Química Orgânica

Volume 2

tradução da 9ª edição norte-americana

Ficha catalográfica do volume 2
Dados Internacionais de Catalogação na Publicação (CIP)
(Câmara Brasileira do Livro, SP, Brasil)

M168q McMurry, John

Química orgânica : volume 2 / John McMurry ; tradução Noveritis do Brasil ; revisão técnica: Robson Mendes Matos. - [3. ed.]. - São Paulo, SP : Cengage Learning, 2016.

688 p. : il. ; 28 cm.

Inclui índice e apêndice.

Tradução de: Organic chemistry (9. ed.).

ISBN 978-85-221-2530-2

1. Química orgânica. I. Matos, Robson Mendes. II. Título.

CDU 547
CDD 547

Índice para catálogo sistemático:
1. Química orgânica 547
(Bibliotecária responsável: Sabrina Leal Araujo - CRB 10/1507)

Ficha catalográfica da obra completa
Dados Internacionais de Catalogação na Publicação (CIP)
(Câmara Brasileira do Livro, SP, Brasil)

M168q McMurry, John

Química orgânica : combo / John McMurry ; tradução Noveritis do Brasil ; revisão técnica: Robson Mendes Matos. - [3. ed.]. - São Paulo, SP : Cengage Learning, 2016.

1368 p. : il. ; 28 cm.

Inclui índice e apêndice.

Tradução de: Organic chemistry (9. ed.).

ISBN 978-85-221-2586-9

1. Química orgânica. I. Matos, Robson Mendes. II. Título.

CDU 547
CDD 547

Índice para catálogo sistemático:
1. Química orgânica 547
(Bibliotecária responsável: Sabrina Leal Araujo - CRB 10/1507)

Química Orgânica

Volume 2

tradução da 9ª edição norte-americana

John McMurry

Cornell University

Tradução

Noveritis do Brasil

Revisão Técnica

Robson Mendes Matos

Professor Associado da Universidade Federal do Rio de Janeiro (Campus Macaé)
D. Phil. em Química pela University of Sussex at Brighton (Inglaterra)

CENGAGE Learning

Austrália • Brasil • Japão • Coreia • México • Cingapura • Espanha • Reino Unido • Estados Unidos

CENGAGE Learning®

Química Orgânica – Volume 2 – tradução da 9ª edição norte-americana

3ª edição brasileira

John McMurry

Gerente editorial: Noelma Brocanelli

Editora de desenvolvimento: Gisela Carnicelli

Supervisora de produção gráfica: Fabiana Alencar Albuquerque

Especialista em direitos autorais: Jenis Oh

Editora de aquisição: Guacira Simonelli

Título original: Organic Chemistry – 9e (ISBN 13: 978-1-305-08048-5)

Tradução da 7ª edição norte-americana: All Tasks

Tradução dos trechos da 9ª edição norte-americana: Noveritis do Brasil

Revisão técnica: Robson Mendes Matos

Copidesque, cotejo e revisão: Solange Aparecida Visconti, Luicy Caetano de Oliviera, Nelson Barbosa, Fábio Gonçalves, Rosângela Ramos da Silva, Eduardo Kobayashi e FZ Consultoria

Diagramação: PC Editorial Ltda.

Capa: BuonoDisegno

Imagem de capa do volume 2: popox/Shutterstock

Imagem de capa do combo: Tamara Kulikova/Shutterstock

ISBNs do volume 2
13: 978-85-221-2530-2
10: 85-221-2530-9

ISBNs do combo
13: 978-85-221-2586-9
10: 85-221-2586-4

Cengage Learning
Condomínio E-Business Park
Rua Werner Siemens, 111 – Prédio 11 – Torre A – Conjunto 12
Lapa de Baixo – CEP 05069-900 – São Paulo – SP
Tel.: (11) 3665-9900 – Fax: (11) 3665-9901
SAC: 0800 11 19 39

Para suas soluções de curso e aprendizado, visite **www.cengage.com.br**

Impresso no Brasil.
Printed in Brazil.
1 2 3 4 5 6 7 8   20 19 18 17

Sumário reduzido

Volume 1

Volume 2

Sumário

Volume 1

1 Estrutura e Ligação 1

2 Ligações Covalentes Polares; Ácidos e Bases 34

6 Uma Visão Geral das Reações Orgânicas 176

7 Alcenos: Estrutura e Reatividade 217

8 Alcenos: Reações e Síntese 258

11 Reações dos Haletos de Alquila: Substituições Nucleofílicas e Eliminações 366

12 Determinação de Estruturas: Espectrometria de Massas e Espectroscopia no Infravermelho 421

13 Determinação Estrutural: Espectroscopia de Ressonância Magnética Nuclear 460

19 Aldeídos e Cetonas: Reações de Adição Nucleofílica 728

20 Ácidos Carboxílicos e Nitrilas 792

21 Derivados dos Ácidos Carboxílicos: Reações de Substituição Nucleofílica de Acila 828

24 Aminas e Heterocíclicos 962

25 Biomoléculas: Carboidratos 1018

26 Biomoléculas: Aminoácidos, Peptídeos e Proteínas 1060

Prefácio

Eu amo escrever e amo explicar química orgânica. Este livro está em sua nona edição, mas eu ainda estou passando por cada palavra e cada explicação, atualizando mil pequenos detalhes e tentando melhorar tudo. Meu objetivo é sempre refinar as características que fizeram as edições anteriores serem tão bem-sucedidas, enquanto adiciono novas.

Alterações e adições para esta edição

O conteúdo do texto foi atualizado para ficar mais preciso (como uma resposta aos comentários dos usuários). As discussões de espectroscopia por RMN e as oportunidades de praticar problemas de mecanismo foram ampliadas substancialmente nesta edição. As alterações incluem:

- As discussões sobre interpretação de espectros de massa foram ampliadas com novos problemas de espectroscopia incluídos ao longo do livro.
- As discussões sobre a teoria da ressonância magnética nuclear e a interpretação de dados RMN foram reorganizadas e ampliadas com novos problemas sobre RMN.
- *Por Que Este Capítulo?* agora precede a introdução em cada capítulo, definindo imediatamente o contexto do que esperar.
- Os *Problemas de mecanismo* nos finais dos capítulos estão agrupados de modo que são facilmente localizados.
- Muitos problemas foram adicionados, incluindo 108 novos problemas de mecanismo e novos problemas de espectroscopia e RMN.
- Olhar Mais Profundo foi mudado para *Algo Extra*, com cobertura atualizada sobre cada tópico.
- Sete novos ensaios *Pratique Sua Análise* e *Raciocínio Científico* e as perguntas correspondentes modeladas em testes profissionais, tais como o MCAT. Os tópicos focam nos últimos desenvolvimentos na aplicação médica, farmacêutica ou biológica da química orgânica. Os tópicos incluem: O Medicamento Quiral Talidomida, Do Gás Mostarda a Medicamentos Anticâncer Alquilantes, Terapia Fotodinâmica (PDT), Inibidores Seletivos da Receptação de Serotonina (ISRSs), Timina no DNA, Melatonina e Serotonina, e O Notável Poder Antibiótico do Ácido Endiândrico C.

Além das sete novas seções *Pratique Sua Análise* e *Raciocínio Científico*, mudanças específicas dentro dos capítulos individuais incluem:

- Capítulo 2 – Ligações Covalentes Polares; Ácidos e Bases. Figuras de carga formal foram adicionadas para maior precisão. Novos problemas de mecanismo foram adicionados no final do capítulo.

- Capítulo 3 – Compostos Orgânicos: Alcanos e Sua Estéreoquímica. As figuras e passos para a nomeação de alcanos foram revistos com base nos comentários dos leitores.
- Capítulo 6 – Uma Visão Geral das Reações Orgânicas. Novos problemas foram adicionados no final do capítulo, incluindo problemas de mecanismo de reação.
- Capítulo 7 – Alcanos: Estrutura e Reatividade. A estereoquímica do alcano foi atualizada com exemplos expandidos para praticar geometria E e Z. Problemas práticos sobre os mecanismos foram adicionados no final do capítulo.
- Capítulo 8 – Alcanos: Reações e Síntese. Novos problemas de prática de mecanismo foram adicionados no final do capítulo.
- Capítulo 9 – Alcinos: Uma Introdução à Síntese Orgânica. As seções sobre a nomenclatura dos alcinos e suas reações foram atualizadas para maior precisão. Novos problemas de mecanismo foram adicionados no final do capítulo.
- Capítulo 10 – Haletos orgânicos. As reações de Suzuki-Miyaura, os desenhos de seta curvada e os mecanismos de deslocamento de elétrons estão enfatizados em novos problemas no final do capítulo.
- Capítulo 11 – Reações de Haletos de Alquila. Existem problemas adicionais de final do capítulo, com foco particular nos mecanismos da reação e eliminação.
- Capítulo 12 – Determinação da Estrutura: Espectrometria de Massa e Espectroscopia no Infravermelho. Discussão expandida sobre a interpretação dos espectros de massa, exemplos adicionais e novos problemas foram adicionados.
- Capítulo 13 – Determinação Estrutural: Espectroscopia de Ressonância Magnética Nuclear. As discussões sobre a teoria da ressonância magnética nuclear e a interpretação dos dados de RMN foram ampliadas e reorganizadas e foram adicionados novos problemas.
- Capítulo 14 – Dienos Conjugados e Espectroscopia no Ultravioleta. Novos problemas foram adicionados no final do capítulo, incluindo problemas de mecanismo.
- Capítulo 15 – Benzeno e Aromaticidade. A discussão da caracterização espectroscópica dos derivados do benzeno foi expandida. Novos problemas de mecanismo e de espectroscopia foram adicionados no final do capítulo.
- Capítulo 16 – Química do Benzeno: Substituição Eletrofílica Aromática. Novos problemas foram adicionados no final do capítulo, incluindo problemas de prática de mecanismo.
- Capítulo 17 – Álcoois e Fenóis. Novos problemas e exemplos de espectroscopia foram adicionados, juntamente com novos problemas de mecanismo no final do capítulo.
- Capítulo 18 – Éteres e Epóxidos; Tióis e Sulfetos. Novos problemas e exemplos de espectroscopia foram adicionados, juntamente com novos problemas de mecanismo no final do capítulo.
- Capítulo 19 – Aldeídos e Cetonas: Reações da Adição Nucleofílica. A discussão de espectroscopia de IV e RMN de aldeídos/cetonas foi expandida. Foram adicionados novos problemas de RMN e de prática de mecanismo.
- Capítulo 20 – Ácidos Carboxílicos e Nitrilas. A discussão de espectroscopia de IV e RMN do ácido carboxílico foi atualizada. Novos problemas foram adicionados no final do capítulo, incluindo problemas de mecanismo e espectroscopia.
- Capítulo 21 – Derivados do Ácido Carboxílico: Reações de Substituição Nucleofílica de Acila. A discussão dos efeitos eletrônicos na espectroscopia IV e NMR de derivados do ácido carboxílico foi expandida com dois novos problemas de espectroscopia de IV de final de capítulo, juntamente com novos problemas de mecanismo. Também foram adicionados quatro novos exemplos práticos para a síntese de ésteres, amidas e aminas.
- Capítulo 22 e Capítulo 23 – Reações de Substituição Alfa à Carbonila. Novos problemas foram adicionados no final do capítulo, incluindo problemas adicionais de prática de mecanismo.

- Capítulo 24 – Aminas e Heterocíclicos. A discussão de espectroscopia de IV e RMN de aminas foi atualizada e novos problemas de espectroscopia e prática de mecanismo foram adicionados no final do capítulo.
- Capítulo 25 – Biomoléculas: Carboidratos. A cobertura de outros carboidratos importantes foi ampliada e os exemplos trabalhados relacionados ao desenho das projeções de Fischer foram revisados.
- Capítulo 26 – Biomoléculas: Aminoácidos, Peptídeos e Proteínas. O recurso *Algo Extra* "Banco de Dados da Proteína" foi revisado e atualizado para torná-lo mais atual.
- Capítulo 28 – Biomoléculas: Ácidos Nucleicos. O conteúdo sobre síntese e sequenciamento de DNA foi atualizado e revisado.

Recursos

- A seção *Por Que Este Capítulo?* é um pequeno parágrafo que aparece antes da introdução de cada capítulo e diz aos alunos por que o material prestes a ser estudado é importante.
- Cada *Problema para Praticar* inclui uma estratégia e uma Solução detalhada e é seguido por problemas para os alunos tentarem resolver por conta própria. Este livro tem mais de 1800 problemas no texto e de final de capítulo.
- Uma seção de visão geral, *Uma Prévia dos Compostos da Carbonila*, segue o Capítulo 18 e enfatiza a ideia de que estudar química orgânica requer recapitulação e olhar para frente.
- Novas seções de *Problemas de Mecanismo*, na sua maioria, foram adicionadas aos problemas de final de capítulo. Tais problemas estão agrupados com este título.
- A nova característica *Pratique Sua Análise e Raciocínio Científico* fornece ensaios de duas páginas e questões com estilo de exame profissionais correspondentes, sobre temas especiais relacionados as aplicações médicas, farmacêuticas e biológicas da química orgânica. Estas seções estão localizadas em vários pontos ao longo do livro. Ensaios e perguntas mencionam conteúdo de química orgânica de capítulos anteriores. O formato múltipla escolha das perguntas foi modelado em exames profissionais, tal como o MCAT. O foco está em reforçar as bases da química orgânica através de exemplos de aplicações práticas e do mundo real.
- Ensaios aplicados chamados *Algo Extra* complementam o texto e destacam as aplicações para a química. Eles incluem "De Onde Vêm os Medicamentos?" no Capítulo 6 e "Mecânica Molecular" no Capítulo 4.
- Sumarinho e palavras-chaves ajudam os estudantes, pois evidenciam conceitos-chave de cada capítulo.
- Sumários das Reações nos finais de capítulos apropriados reúnem as reações chave do capítulo em uma lista completa.

Materiais de apoio para professores

Acesse a página deste livro no site da Cengage para baixar os slides de ppt.

Contribuições especiais

Esta revisão não teria sido possível sem o trabalho de diversos colaboradores importantes. Agradecimentos especiais vão para KC Russell da Northern Kentucky University por escrever as muitas perguntas novas sobre mecanismo que aparecem nesta edição; para James S. Vyvyan da Western Washington University por remodelar as discussões de espectroscopia e RMN e os problemas correspondentes ao longo do livro; para Andrew Frazer da University of Central Florida pela criação das novas seções Pratique sua Análise e Raciocínio Científico e

Gordon W. Gribble do Dartmouth College por ajudar no seu desenvolvimento; e Jordan L. Fantini, da Denison University por analisar cuidadosamente o material novo e personificações do manuscrito conforme o revia através da produção.

Revisores

Este livro se beneficiou muito com os comentários e sugestões úteis daqueles que o revisaram. Eles incluem:

REVISORES DESTA EDIÇÃO

Peter Bell, Tarleton State University
Andrew Frazer, University of Central Florida
Stephen Godleski, State University of New York-Brockport
Susan Klein, Manchester College
Barbara Mayer, California State University-Fresno
James Miranda, Sacramento State University
Pauline Schwartz, University of New Haven
Gabriela Smeureanu, Hunter College
Douglas C. Smith, California State University-San Bernardino
Linfeng Xie, University of Wisconsin-Oshkosh
Yan Zhao, Iowa State University

REVISORES DA OITAVA EDIÇÃO

Andrew Bolig, San Francisco State University
Indraneel Ghosh, University of Arizona
Stephen Godleski, State University of New York-Brockport
Gordon Gribble, Dartmouth College
Matthew E. Hart, Grand Valley State University
Darren Johnson, University of Oregon
Ernest G. Nolen, Colgate University
Douglas C. Smith, California State University-San Bernardino
Gary Sulikowski, Vanderbilt University
Richard Weiss, Georgetown University
Yan Zhao, Iowa State University

REVISORES DA SÉTIMA EDIÇÃO

Arthur W. Bull, Oakland University
Robert Coleman, Ohio State University
Nicholas Drapela, Oregon State University
Christopher Hadad, Ohio State University
Eric J. Kantorowski, California Polytechnic State University
James J. Kiddle, Western Michigan University
Joseph B. Lambert, Northwestern University
Dominic McGrath, University of Arizona
Thomas A. Newton, University of Southern Maine
Michael Rathke, Michigan State University
Laren M. Tolbert, Georgia Institute of Technology

capítulo 18

Éteres e Epóxidos; Tióis e Sulfetos

©Heiko Kiera/Shutterstock.com

O apavorante e inesquecível odor dos gambás é devido a uma mistura de vários tióis simples.

Neste capítulo:

POR QUE ESTE CAPÍTULO? Este capítulo encerra a cobertura dos grupos funcionais com ligações simples C–O e C–S que se iniciou no Capítulo 17. Vamos nos concentrar principalmente nos éteres e dar apenas uma breve olhada nos tióis e sulfetos antes de fazermos uma cobertura ampla dos compostos com ligações C=O nos Capítulos 19 a 23.

Assim como os álcoois vistos no capítulo anterior, os **éteres (R–O–R)** também são derivados orgânicos da água, mas possuem dois grupos orgânicos ligados ao mesmo átomo de oxigênio em vez de um só. Os grupos orgânicos podem ser alquila, arila ou vinila, e o átomo de oxigênio pode fazer parte de uma cadeia linear ou de um anel.

Talvez o éter mais conhecido seja o éter dietílico, uma substância familiar que possui um longo histórico e é muito utilizada como anestésico e, também, como solvente na indústria. Outros éteres muito utilizados incluem o anisol, um éter aromático com um odor muito agradável usado em perfumes, e o tetrahidrofurano (THF), um éter cíclico muito utilizado como solvente.

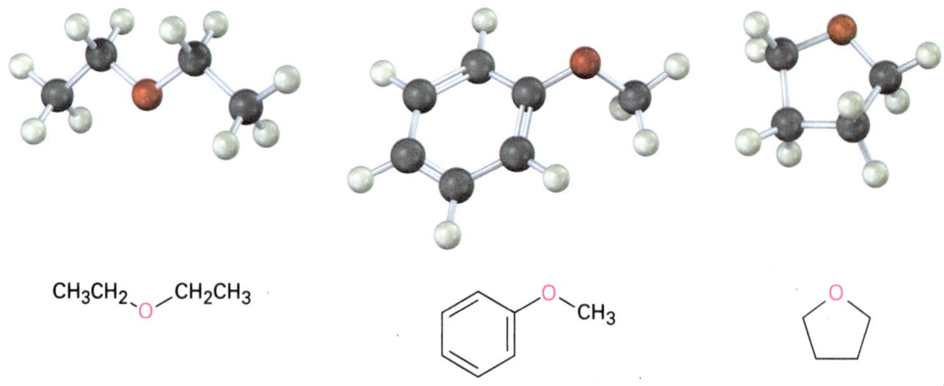

Éter dietílico | **Anisol (Éter fenilmetílico)** | **Tetraidrofurano**

Os **tióis** (RS–H) e os **sulfetos** (R–S–R′) são os análogos de enxofre dos álcoois e éteres, respectivamente. Ambos os grupos funcionais são encontrados em várias biomoléculas, embora isso não aconteça na mesma proporção que seus análogos que contêm oxigênio.

18.1 Nomenclatura e propriedades dos éteres

Os éteres simples sem a presença de outros grupos funcionais são nomeados da seguinte forma:

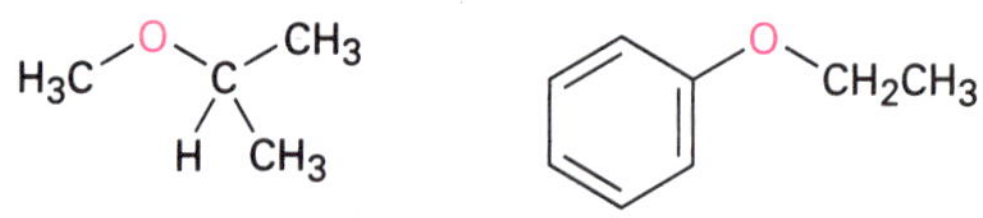

Éter *tert*-butilmetílico | **Éter etilfenílico**

Se outros grupos funcionais estiverem presentes, a parte de éter é considerada um substituinte *alcóxido*. Por exemplo:

***p*-dimetoxibenzeno** | **4-*tert*-butóxi-1-ciclohexeno**

Assim como os álcoois, os éteres têm a mesma geometria da água. As ligações R–O–R apresentam um ângulo de ligação próximo ao tetraédrico (112° no éter dimetílico) e o oxigênio possui hibridização sp^3.

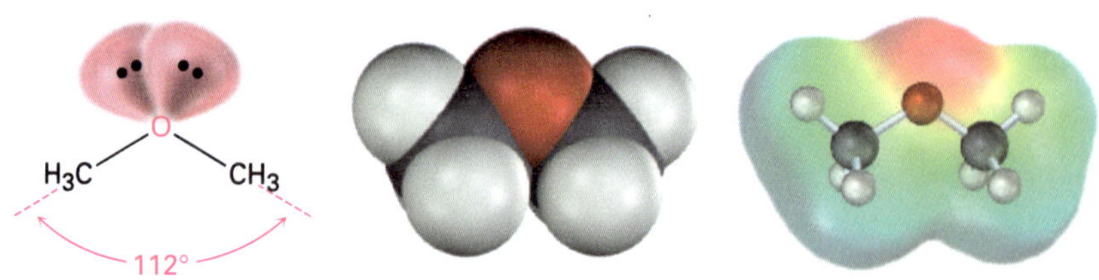

O átomo eletronegativo de oxigênio é responsável pelo pequeno momento dipolo dos éteres. As temperaturas de ebulição geralmente são um pouco maiores que a dos alcanos semelhantes. A Tabela 18.1 compara as temperaturas de ebulição de alguns éteres comuns com os hidrocarbonetos correspondentes.

TABELA 18.1 Comparação das temperaturas de ebulição de éteres e hidrocarbonetos

Éter	Ponto de ebulição (° C)	Hidrocarboneto	Ponto de ebulição (° C)
CH_3OCH_3	−25	$CH_3CH_2CH_3$	−45
$CH_3CH_2OCH_2CH_3$	34,6	$CH_3CH_2CH_2CH_2CH_3$	36
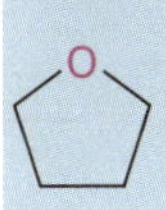	65	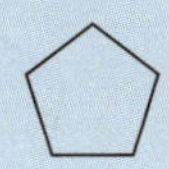	49
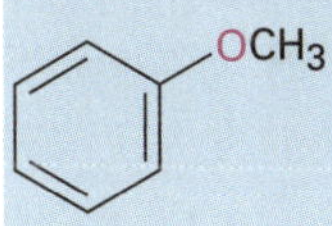	158	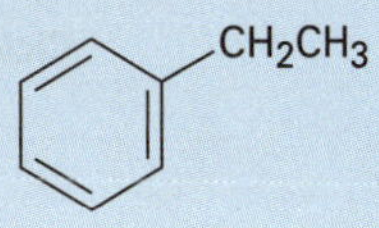	136

Os éteres são relativamente estáveis e não reativos em diversos aspectos, mas, às vezes, reagem lentamente com o oxigênio do ar formando os *peróxidos*, compostos que contêm uma ligação O—O. Os peróxidos de éteres com baixa massa molecular, como o éter diisopropílico e o tetrahidrofurano, são explosivos e extremamente perigosos, mesmo em pequenas quantidades. Os éteres são muito úteis como solventes no laboratório, mas sempre precisam ser utilizados com cuidado e não se pode armazená-los por muito tempo.

PROBLEMA 18.1 Escreva o nome dos seguintes éteres:

(a) $CH_3CHOCHCH_3$ (com CH_3 em cada CH)

(b) 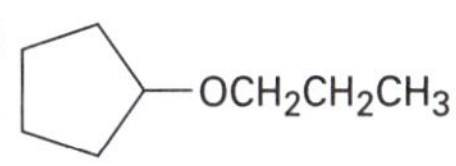

(c) 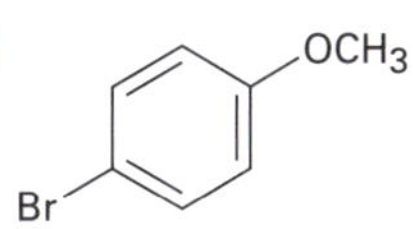

(d) 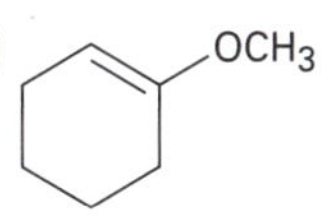

(e) $CH_3CHCH_2OCH_2CH_3$ (com CH_3 no CH)

(f) $H_2C{=}CHCH_2OCH{=}CH_2$

18.2

Preparação de éteres

O éter dietílico e outros éteres simétricos simples são preparados industrialmente pela reação de desidratação de álcoois catalisada por ácido sulfúrico. A reação ocorre através de uma substituição S_N2 de água de uma molécula protonada de etanol pelo átomo de oxigênio de um segundo etanol. Infelizmente, esse método é limitado à utilização de álcoois primários, pois os álcoois secundários e terciários desidratam por um mecanismo E1 para produzir alcenos (**Seção 17.6**).

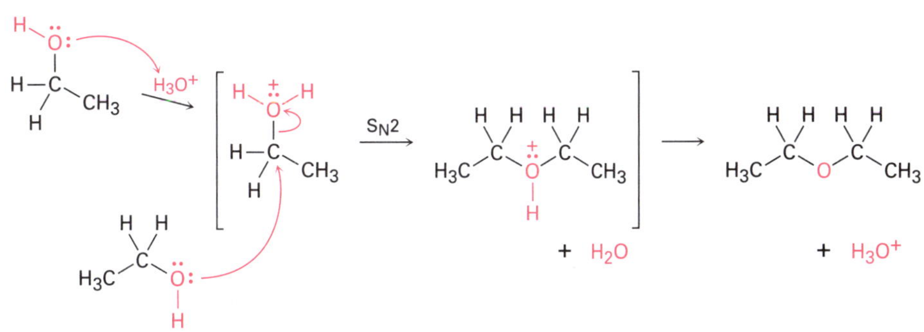

A SÍNTESE DE ÉTERES DE WILLIAMSON

O método geralmente mais conveniente para a preparação de éteres é por meio da *síntese de éteres de Williamson*, na qual um íon alcóxido reage com um haleto de alquila primário ou tosilato em uma reação S_N2. Como vimos anteriormente na **Seção 17.2**, o íon alcóxido, em geral, é preparado pela reação de um álcool com uma base forte como o hidreto de sódio, NaH.

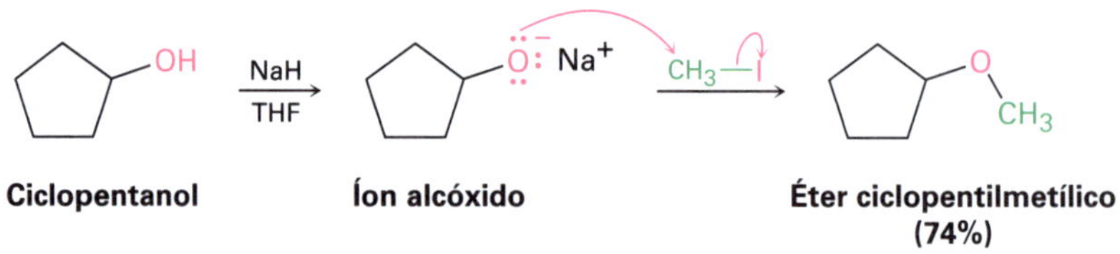

Uma variação útil da síntese de Williamson envolve o óxido de prata, Ag_2O, como uma base mais branda que NaH. Nessas condições, o álcool livre reage diretamente com o haleto de alquila, dessa forma não havendo a necessidade do alcóxido metálico intermediário. Os açúcares reagem particularmente bem. Por exemplo, a glicose reage com excesso de iodometano na presença de Ag_2O para formar um pentaéter com rendimento de 85%.

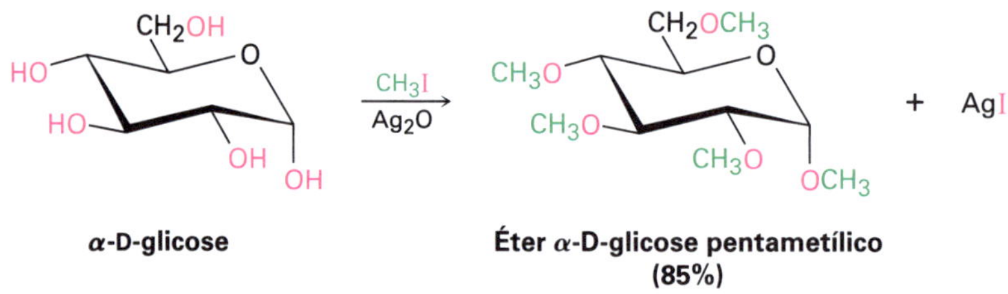

Como a síntese de Williamson é uma reação S_N2, ela está sujeita a todas as restrições discutidas na **Seção 11.3**. Os haletos de alquila primários e os tosilatos funcionam melhor porque pode ocorrer a competição com a reação de eliminação E2 em substratos mais impedidos. Os éteres assimétricos podem então ser preparados pela reação entre um íon alcóxido mais impedido e um haleto menos impedido em vez de vice-versa. Por exemplo, o éter *tert*-butilmetílico, uma substância usada na década de 1990 como um antidetonante na gasolina, é mais bem preparado pela reação do íon *tert*-butóxido com o iodometano em vez da reação do íon metóxido com o 2-cloro-2-metilpropano.

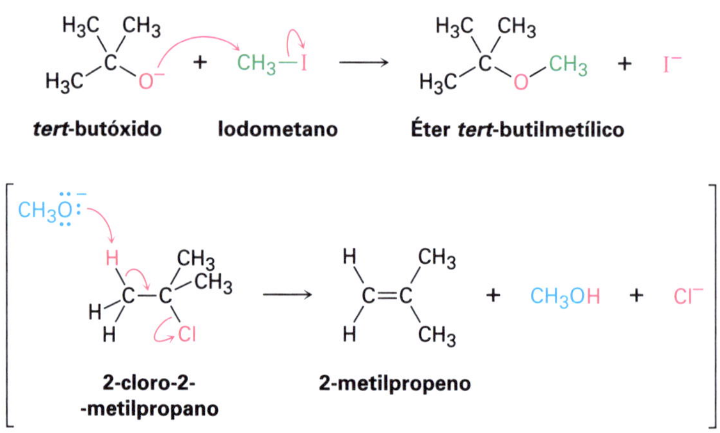

PROBLEMA 18.2 Por que supostamente apenas éteres simétricos podem ser preparados pela desidratação catalisada por ácido sulfúrico? Qual(ais) produto(s) você esperaria se o etanol e o 1-propanol fossem deixados reagir juntos? Em qual proporção os produtos seriam formados se dois álcoois possuíssem reatividades iguais?

PROBLEMA 18.3 Como você prepararia os seguintes éteres usando uma síntese de Williamson?

(a) Éter metilpropílico **(b)** (Anisol) éter fenilmetílico
(c) Éter benzilisopropílico **(d)** Éter 2,2-etildimetilpropílico

ALCOXIMERCURAÇÃO DE ALCENOS

Vimos na **Seção 8.4** que os alcenos reagem com a água na presença de acetato mercúrico para formar um produto de hidroximercuração. O tratamento posterior com o $NaBH_4$ rompe a ligação C–Hg e leva à formação de álcool. Uma reação de **alcoximercuração** similar ocorre quando um alceno é tratado com um *álcool* na presença de acetato mercúrico ou, ainda melhor, trifluoroacetato mercúrico $(CF_3CO_2)_2Hg$. A desmercuriação por meio da reação com o $NaBH_4$ então dá origem a um éter. O resultado líquido é uma adição de Markovnikov do álcool a um alceno.

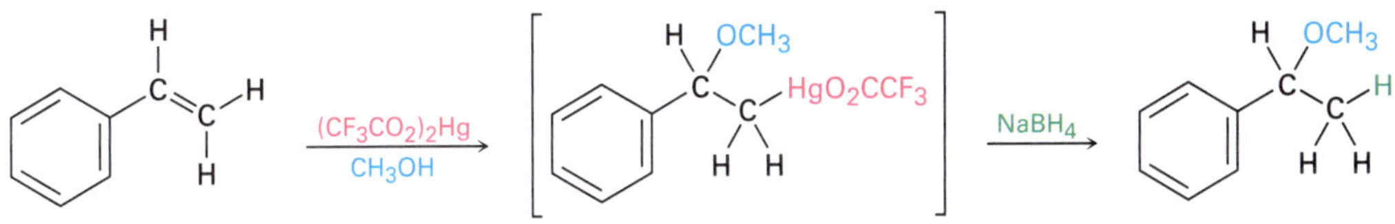

Estireno **1-metóxi-1--feniletano (97%)**

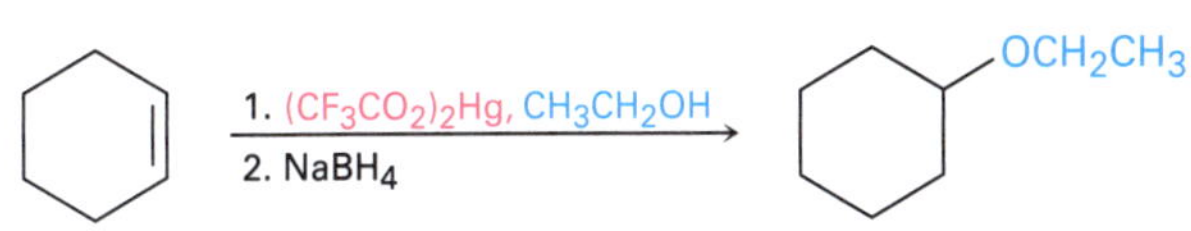

Ciclohexeno **Éter ciclohexiletílico (100%)**

O mecanismo da reação de alcoximercuração é semelhante àquele descrito na **Seção 8.4** para a hidroximercuração. A reação se inicia pela adição eletrofílica de Hg^{2+} ao alceno, seguida pela reação do cátion intermediário com o álcool e a redução da ligação C–Hg pelo $NaBH_4$. Uma variedade de álcoois e alcenos pode ser usada na reação de alcoximercuriação. Os álcoois primários, secundários e até os terciários reagem bem, mas os éteres diterciários não podem ser preparados em virtude do impedimento estérico.

PROBLEMAS PARA PRATICAR 18.1

Sintetizando um éter

Como você prepararia o éter etilfenílico? Utilize o método que você achar mais apropriado, a síntese de Williamson ou a reação de alcoximercuração.

Estratégia Desenhe o éter alvo, identifique os dois grupos ligados ao oxigênio, e lembre-se das limitações dos dois métodos para preparar éteres. A síntese de Williamson é uma reação S_N2 e necessita que um dos dois grupos ligados ao oxigênio seja um éter secundário ou (preferencialmente) primário. A reação de alcoximercuração necessita que um dos dois grupos seja proveniente de um precursor alceno. O éter etilfenílico poderia ser preparado por ambos os métodos.

Éter etilfenílico

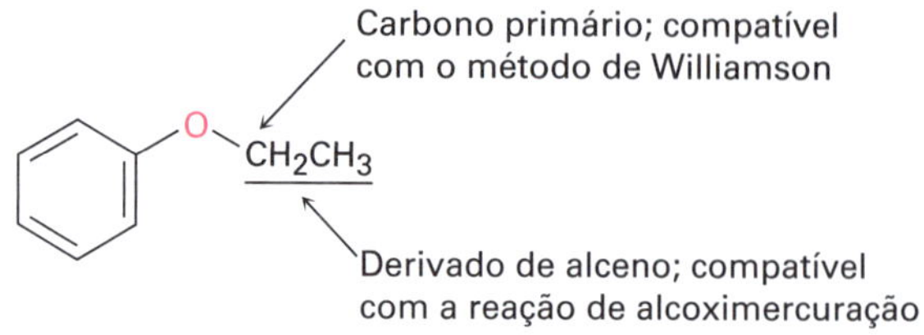

Solução

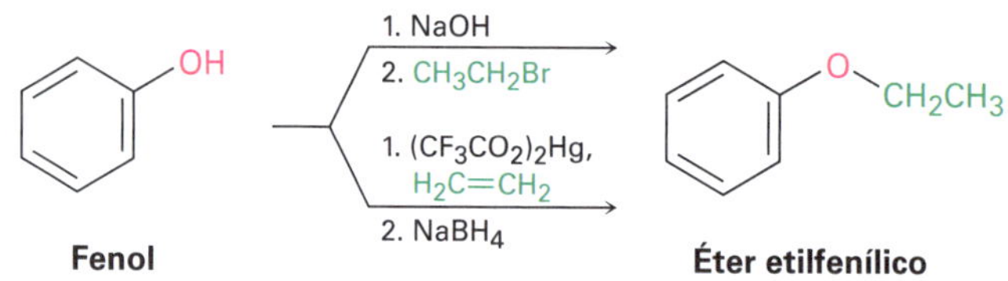

PROBLEMA 18.4 Avalie o mecanismo de oximercuração mostrado na **Figura** 8.3, e depois escreva o mecanismo da reação de mercuração de alcóxi de 1-metilciclopenteno com etanol. Use as setas curvas para mostrar o fluxo de elétrons em cada etapa.

PROBLEMA 18.5 Como você prepararia os seguintes éteres? Utilize o método que julgar mais apropriado, a síntese de Williamson ou a reação de alcoximercuriação.

(a) Éter butilciclohexílico
(b) Éter benziletílico ($C_6H_5CH_2OCH_2CH_3$)
(c) Éter *sec*-buti-*tert*-butílico
(d) Tetrahidrofurano

PROBLEMA 18.6 Classifique os haletos a seguir de acordo com a ordem de sua reatividade na síntese de Williamson:

(a) Bromoetano, 2-bromopropano, bromobenzeno
(b) Cloroetano, bromoetano, 1-iodopropeno

18.3 Reações de éteres: clivagem ácida

Os éteres não reagem com a maioria dos reagentes utilizados na química orgânica, uma propriedade que justifica seu amplo uso como solvente em muitas reações. Os halogênios, os ácidos diluídos, as bases e os nucleófilos não têm efeito sobre a maioria dos éteres. Na realidade, os éteres sofrem apenas uma reação de uso geral – a quebra com ácidos fortes. Tanto HBr quanto HI aquosos funcionam bem, mas o HCl não quebra éteres.

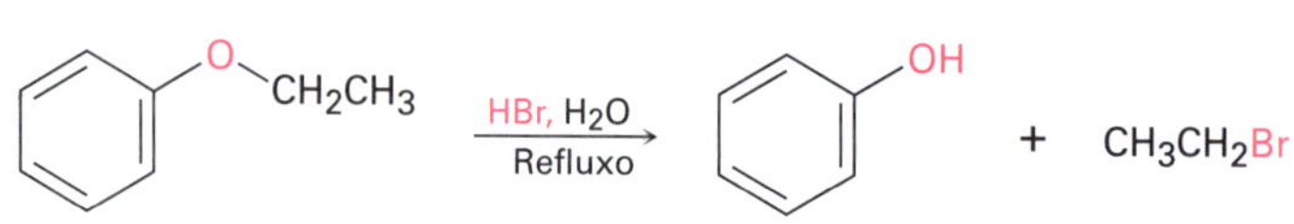

Clivagens ácidas de éter são reações típicas de substituição nucleofílica e ocorrem por mecanismos S_N1 ou S_N2, dependendo da estrutura do substrato. Os éteres com apenas grupos alquila primário e secundário reagem por um mecanismo S_N2, no qual o I^- ou o Br^- ataca o éter protonado no sítio menos impedido. Isso geralmente resulta em uma quebra seletiva em um único álcool e também um único haleto de alquila. Por exemplo, o éter etilisopropílico forma exclusivamente o álcool isopropílico e o iodoetano na quebra com o HI, uma vez que o ataque nucleofílico pelo íon iodeto ocorre no sítio primário menos impedido em vez do secundário mais impedido.

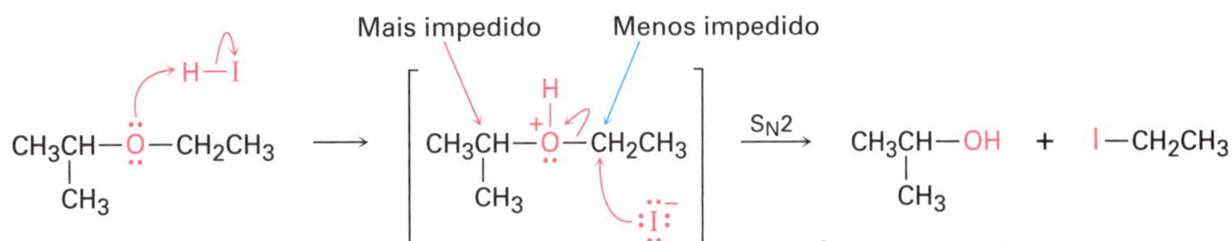

Éter etilisopropílico **Álcool isopropílico** **Iodoetano**

Os éteres com um grupo terciário, benzílico ou alílico, sofrem quebra por meio de um mecanismo S_N1 ou E1, uma vez que esses substratos podem produzir carbocátions intermediários estáveis. Essas reações são normalmente rápidas e ocorrem à temperatura moderada. Os éteres *tert*-butílicos, por exemplo, reagem por um mecanismo E1 sob o tratamento com o ácido trifluoroacético a 0 °C. Veremos na **Seção 26.7** que a reação geralmente é utilizada na síntese de peptídeos no laboratório.

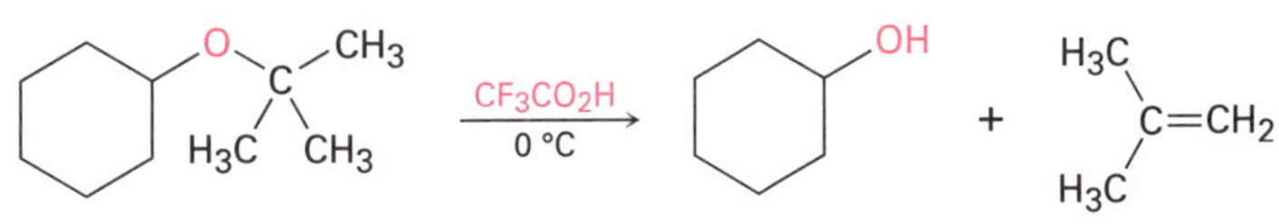

Éter *tert*-butilciclohexílico **Ciclohexanol (90%)** **2-metilpropeno**

Problemas para praticar 18.2

Prevendo os produtos de uma reação de clivagem de éter

Preveja os produtos da seguinte reação:

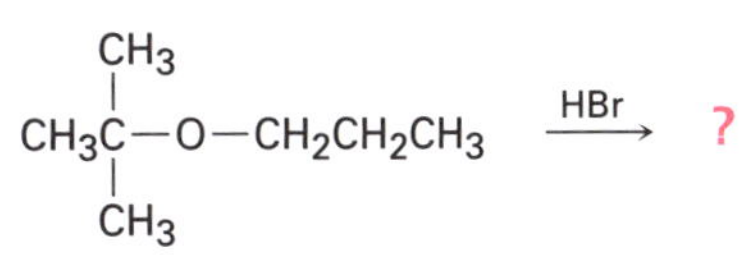

Estratégia Identifique o padrão de substituição dos dois grupos ligados ao átomo de oxigênio – nesse caso, um grupo alquila terciário e um grupo alquila primário. Então recorde-se das regras para a quebra de éteres. Um éter com apenas grupos alquila primário e secundário geralmente sofre quebra por meio de um ataque S_N2 de um nucleófilo sobre o grupo alquila menos impedido. Porém, um éter contendo um grupo alquila terciário normalmente sofre quebra por um mecanismo S_N1. Nesse caso, vai ocorrer uma quebra S_N1 de uma ligação C–O terciária, levando à formação do 1-propanol e de um brometo de alquila terciário. Além disso, pode ocorrer uma reação competitiva E1 levando ao alceno.

Solução

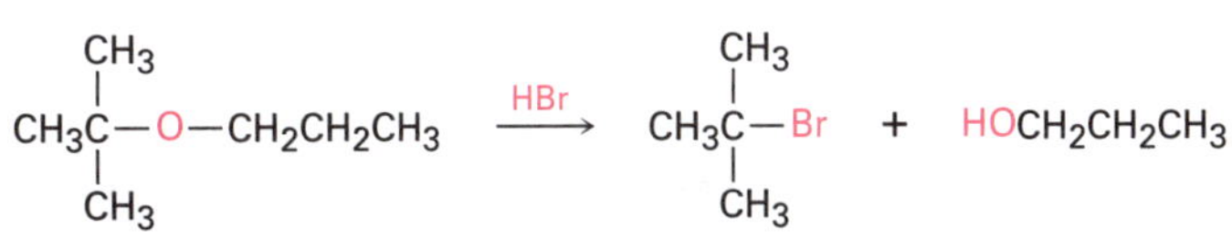

éter *tert*-butilpropílico **2-bromo-2-metilpropano** **1-propanol**

PROBLEMA 18.7 Preveja os produtos das seguintes reações:

(a)

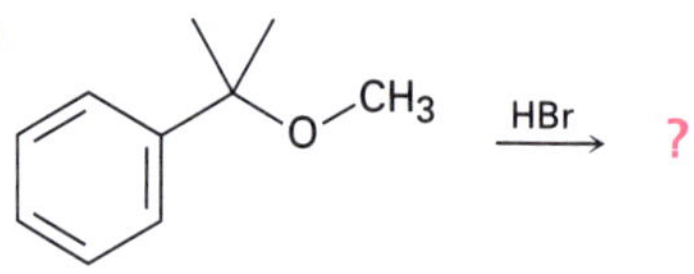

(b)

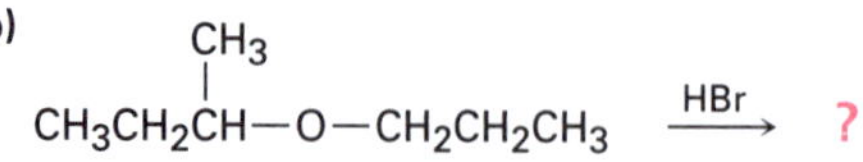

PROBLEMA 18.8 Escreva o mecanismo da quebra catalisada por ácido do éter *tert*-butilciclohexílico para dar origem ao ciclohexanol e ao 2-metilpropeno.

PROBLEMA 18.9 Por que o HI e o HBr são mais eficazes que o HCl na quebra de éteres? (**Seção 11.3**.)

18.4 Reações de éteres: rearranjo de Claisen

Ao contrário da reação de clivagem de éter induzida por ácido discutida na seção anterior, que é geral para todos os éteres, o **rearranjo de Claisen** é específico dos éteres alilarílicos ($H_2C{=}CHCH_2{-}O{-}Ar$) e éteres alilvinílicos ($H_2C{=}CHCH_2{-}O{-}CH{=}CH_2$). O tratamento de um íon fenóxido com 3-bromopropeno (brometo de alila) resulta na síntese de éter de Williamson e na formação de um éter de alilarílico. O aquecimento do éter alilarílico, a 200-250 °C, causa o rearranjo de Claisen, gerando um *o*-alilfenol. O resultado líquido é a alquilação do fenol em uma posição orto.

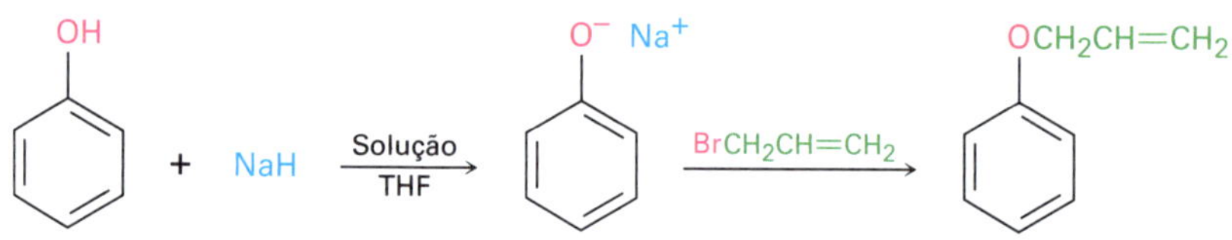

Fenol **Fenóxido de sódio** **Éter alilfenílico**

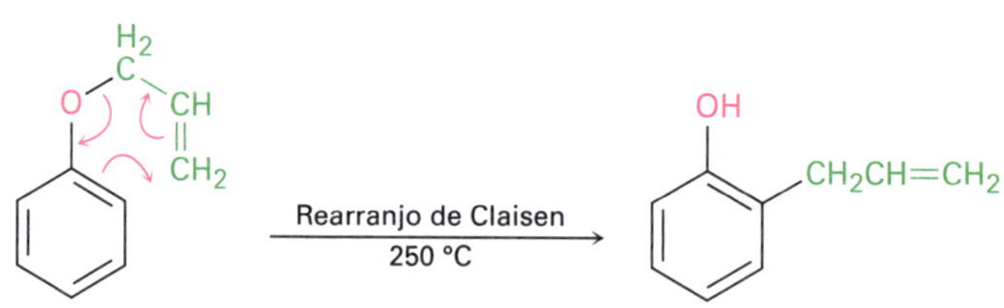

Éter alilfenílico ***o*-alilfenol**

Um rearranjo semelhante ocorre com éteres de alilvinílicos que conduz a uma cetona ou aldeído γ, δ insaturado.

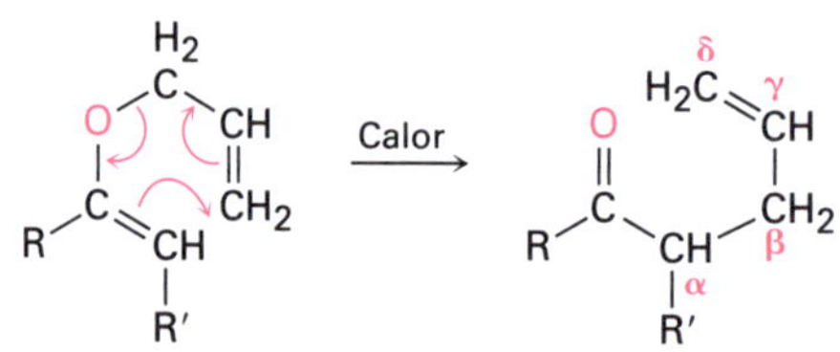

Éter alilvinílico **Uma cetona γ,δ insaturada**

De maneira semelhante à reação de Diels-Alder abordada nas **Seções 14.4** e **14.5**, o rearranjo de Claisen acontece em uma única etapa por um mecanismo pericíclico no qual ocorre uma reorganização dos elétrons ligantes por meio de um estado de transição cíclico de seis membros. O intermediário 6-alil-2,4--ciclohexadienona então se isomeriza para formar o *o*-alilfenol (**Figura 18.1**).

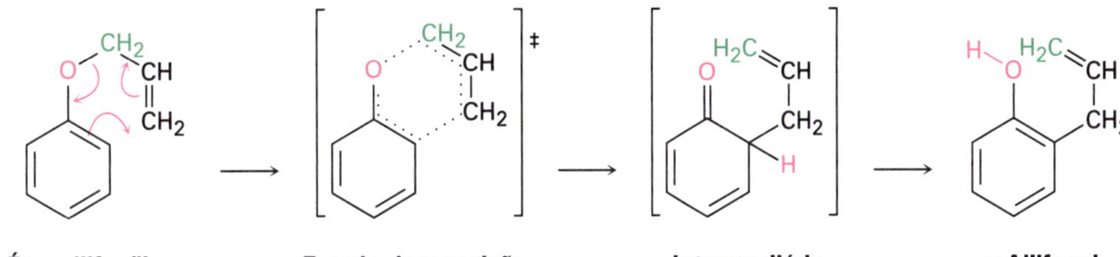

Éter alilfenílico — Estado de transição — Intermediário (6-alil-2,4-ciclohexadienona) — *o*-Alilfenol

Figura 18.1 O mecanismo do rearranjo de Claisen. A quebra da ligação C–O e a formação da ligação C–C ocorrem simultaneamente.

Evidências para esse mecanismo decorrem da observação de que o rearranjo ocorre com uma inversão do grupo alila. Ou seja, o éter alilfenílico marcado com ^{14}C no carbono do *éter* alílico dá origem ao *o*-alilfenol no qual o carbono marcado é o vinílico *terminal* (o carbono em verde na **Figura 18.1**). Abordaremos a reação mais detalhadamente na **Seção 30.8**.

Rearranjos de Claisen são incomuns nas rotas biológicas, mas um exemplo bem estudado ocorre durante a biosíntese dos aminoácidos fenilalanina e tirosina. Ambas, a fenilalanina e a tirosina, surgem de um precursor chamado prefenato, que é ele próprio formado por um rearranjo de Claisen biológico, do corismato éter alilvinílico.

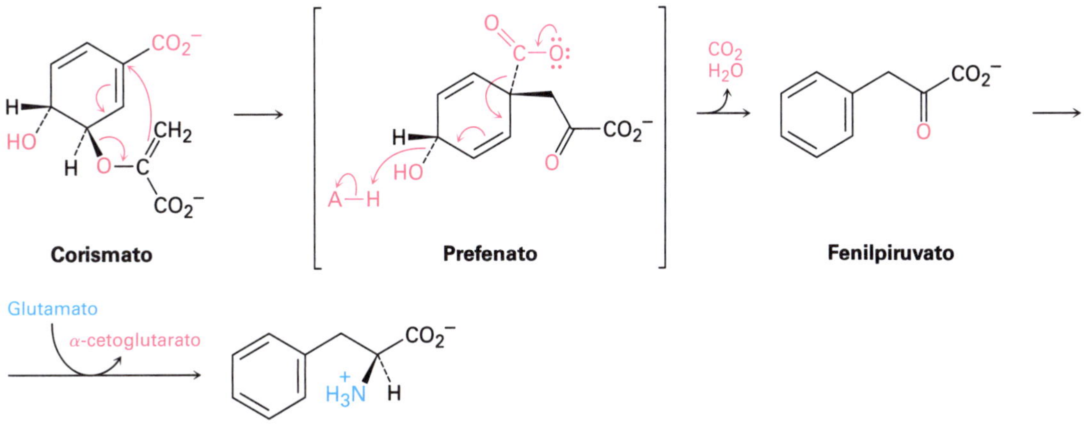

Corismato — Prefenato — Fenilpiruvato — Fenilalanina

PROBLEMA 18.10 Qual produto você esperaria obter do rearranjo de Claisen do éter 2-butenilfenílico?

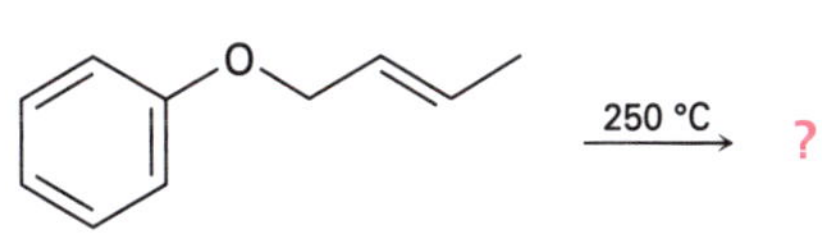

éter 2-butenilfenílico

18.5 Éteres cíclicos: epóxidos

A maioria dos éteres cíclicos comporta-se como os éteres de cadeia linear. A química do grupo funcional éter é a mesma, independentemente se a reação ocorre em um éter de cadeia linear ou em um éter cíclico. Os éteres cíclicos comuns, como o tetrahidrofurano e o dioxano, por exemplo, são frequentemente usados como solventes em razão de sua inércia química, ainda que possam sofrer quebra pelo tratamento com ácidos fortes.

1,4-dioxano Tetrahidrofurano

O único grupo de éteres cíclicos que se comporta de maneira diferente dos éteres de cadeia linear é o dos compostos com anel de três membros denominados *epóxidos* ou *oxiranos* que vimos na **Seção 8.7**. A tensão do anel de três membros é responsável pela reatividade química única dos epóxidos.

O óxido de etileno, o epóxido mais simples, é um intermediário na fabricação tanto do etilenoglicol, utilizado como agente anticongelante em automóveis, quanto na de polímeros de poliéster. Aproximadamente 24 milhões de toneladas métricas de óxido de etileno são produzidas em todo o mundo a cada ano, a maioria delas por oxidação por ar do etileno sobre um catalisador de óxido de prata a 300 °C. Todavia, esse processo não é muito útil para outros epóxidos, e é de pouco valor no laboratório.

Observe que o nome *óxido de etileno* não é um nome sistemático porque a terminação *-eno* implica a presença de uma ligação dupla na molécula. Entretanto, esse nome é muito utilizado porque o óxido de etileno é derivado *do* etileno pela adição de um átomo de oxigênio. Outros epóxidos simples são nomeados de maneira semelhante. O nome sistemático do óxido de etileno é 1,2-epoxietano.

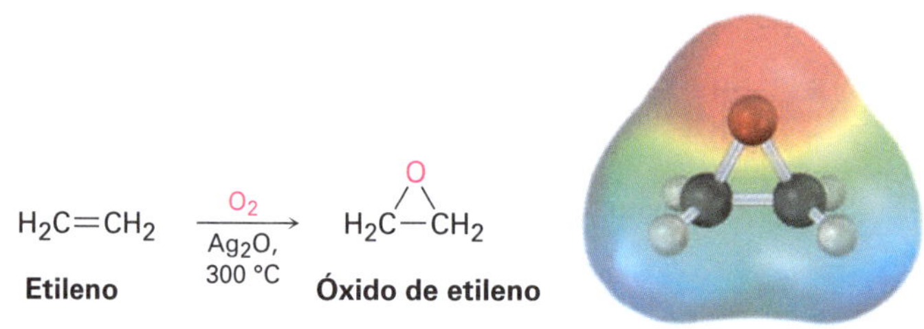

No laboratório, como vimos na **Seção 8.7**, os epóxidos são preparados pelo tratamento de um alceno com um peroxiácido (RCO_3H), normalmente o ácido *m*-cloroperoxibenzoico.

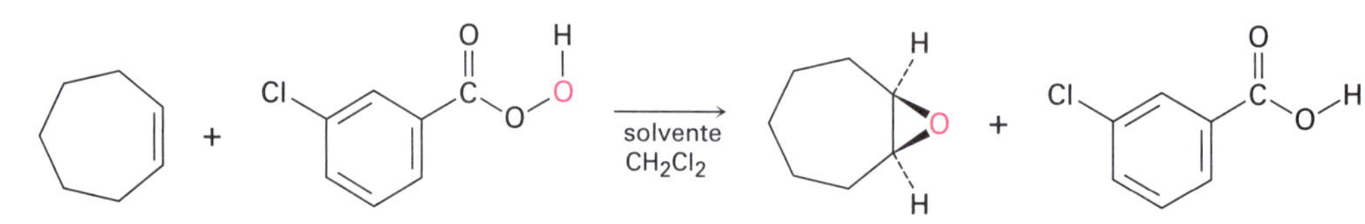

Os epóxidos também podem ser preparados a partir de halohidrinas, elas próprias produzidas pela adição eletrofílica de HO–X em alcenos (**Seção 8.3**). Quando uma halohidrina é tratada com uma base, HX é eliminado e um epóxido é produzido por uma síntese *intramolecular* de éter de Williamson. Isto é, o íon alcóxido nucleofílico e o haleto de alquila eletrofílico estão na mesma molécula.

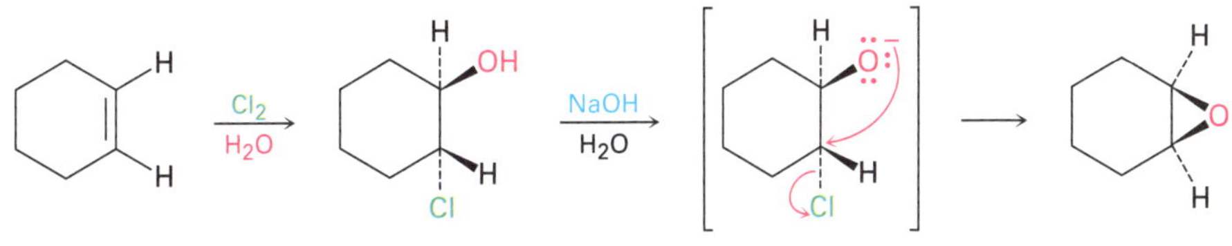

Ciclohexeno — *trans*-2-cloro-ciclohexanol — 1,2-epoxiciclohexano

PROBLEMA 18.11 A reação do *cis*-2-buteno com o ácido *m*-cloroperoxibenzoico leva à formação de um epóxido diferente daquele obtido pela reação com o isômero trans. Explique.

18.6

Reações de epóxidos: abertura do anel

ABERTURA DE EPÓXIDO CATALISADA POR ÁCIDOS

Os epóxidos são quebrados pelo tratamento com ácido da mesma maneira que os outros éteres, mas sob condições muito mais brandas por causa da tensão no anel. Como vimos na **Seção 8.7**, ácido aquoso diluído na temperatura ambiente é suficiente para facilitar a hidrólise de epóxidos para obter 1,2-dióis, também chamados *glicóis vicinais*. (A palavra *vicinal* significa "adjacente" e um *glicol* é um diol.) A clivagem do epóxido ocorre por ataque por trás similar a S_N2 de um nucleófilo no epóxido protonado, gerando um *trans*-1,2-diol como produto.

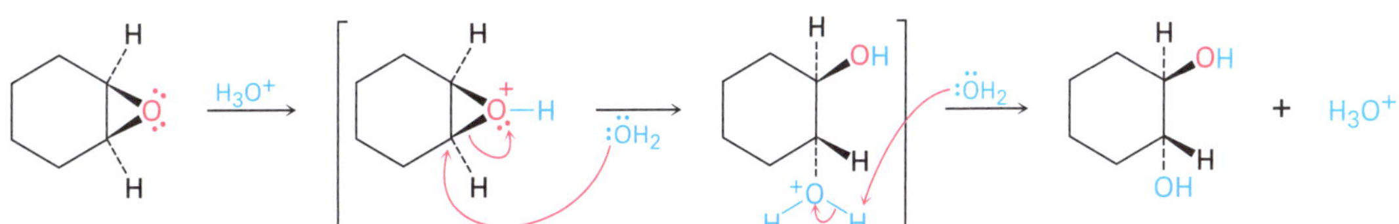

1,2-epoxiciclohexano — ***trans*-1,2-ciclohexanodiol (86%)**

Lembre-se do seguinte esquema:

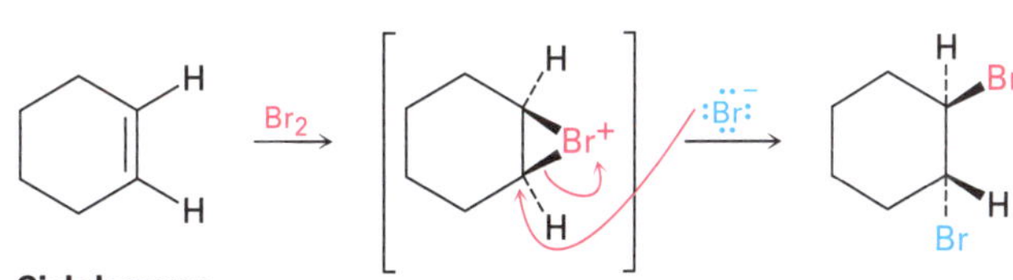

Ciclohexano — ***trans*-1,2-dibromo-ciclohexano**

Os epóxidos também podem ser abertos pela reação com outros ácidos além do H_3O^+. Se um ácido HX anidro for utilizado, por exemplo, um epóxido será convertido em uma halohidrina trans:

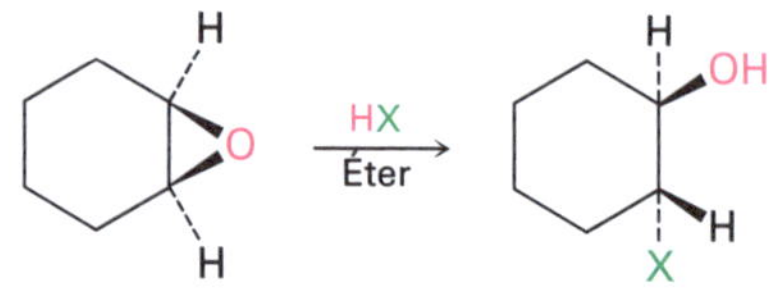

Um *trans*-2-halociclohexanol

em que X = F, Br, Cl ou I

A regioquímica de abertura do anel catalisada por ácido depende da estrutura do epóxido e, geralmente, uma mistura de produtos é formada. Quando ambos os átomos de carbono do epóxido são primários ou secundários, o ataque nucleofílico ocorre principalmente no sítio menos substituído, um resultado semelhante ao de uma reação S_N2. Entretanto, quando um dos átomos de carbono do epóxido é terciário, o ataque nucleofílico acontece principalmente no sítio mais substituído, um resultado semelhante a uma reação S_N1. Assim, o 1,2-epoxipropano reage com o HCl para formar principalmente o 1-cloro-2-propanol, porém o 2-metil-1,2-epoxipropano leva à formação do 2-cloro-2-metil-1-propanol como produto majoritário.

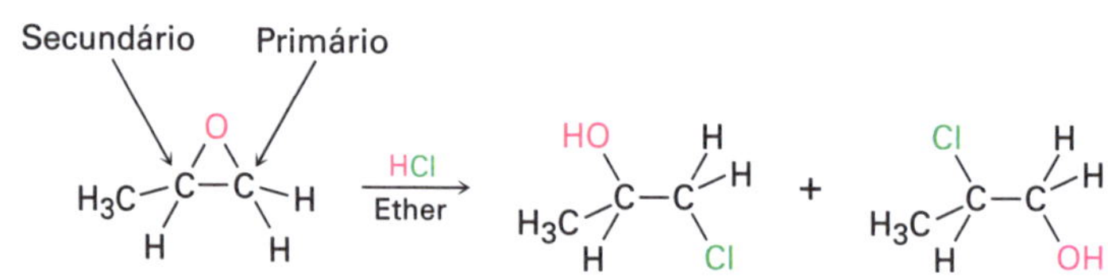

1,2-epoxipropano **1-cloro-2-propanol (90%)** **2-cloro-1-propanol (10%)**

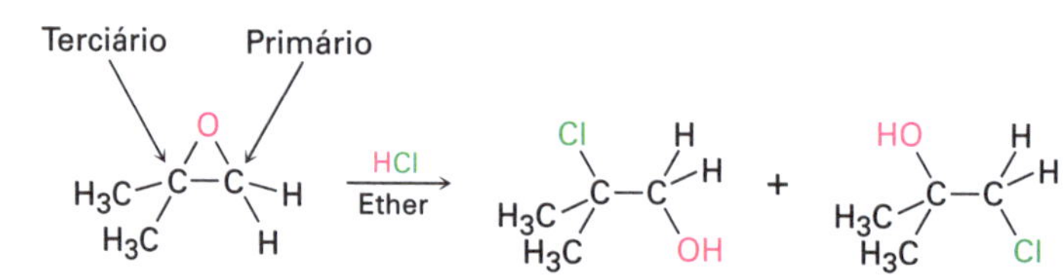

2-metil-1,2-epoxipropano **2-cloro-2-metil--1-propanol (60%)** **1-cloro-2-metil--2-propanol (40%)**

Os mecanismos dessas aberturas de epóxido catalisadas por ácido são mais complexos que aparentam à primeira vista. Eles não aparentam ser nem puramente S_N1 nem S_N2, ao contrário, parecem ser um intermediário entre esses dois extremos apresentando características de ambos. Tome como exemplo a reação do 1,2-epoxi-1-metilciclohexano com o HBr apresentada na **Figura 18.2**. A reação produz um único estereoisômero do 2-bromo-2-metilciclohexanol no qual os grupos –Br e –OH são trans, um resultado parecido com S_N2 provocado pelo deslocamento por trás do oxigênio do epóxido. Porém o fato de o Br^- atacar o lado terciário mais impedido em vez do secundário menos impedido é um resultado parecido com S_N1 no qual está envolvido um carbocátion terciário mais estável.

Evidentemente, o estado de transição para a abertura de epóxido catalisada por ácido apresenta uma geometria do tipo S_N2, porém também expressa um forte caráter de carbocátion do tipo S_N1. Uma vez que a carga positiva no epóxido protonado é compartilhada pelo átomo de carbono mais substituído, o ataque por trás do Br^- ocorre no sítio altamente substituído.

Figura 18.2 Abertura do anel do 1,2-epóxi-1-metilciclohexano com HBr. Existe alto grau de caráter de carbocátion similar a S_N1 no estado de transição, o que leva ao ataque da parte de trás do nucleófilo no centro terciário e a formação de um produto isompérico que tem grupos trans $-Br$ e $-OH$.

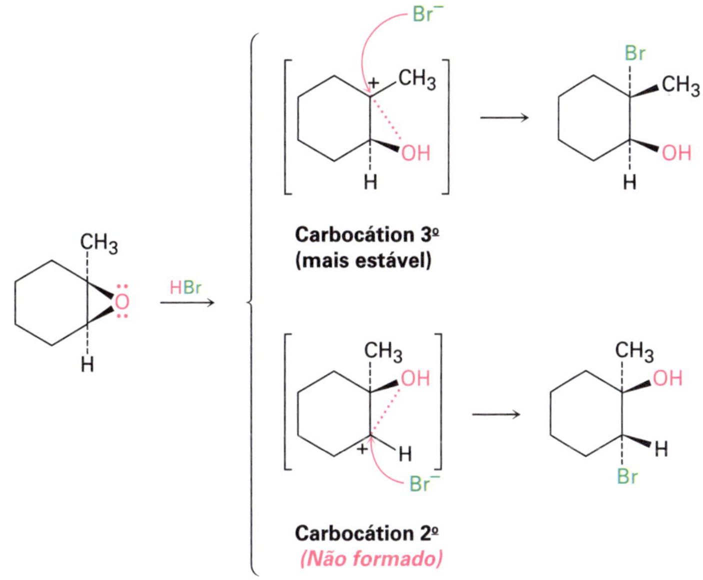

PROBLEMAS PARA PRATICAR 18.3

Prevendo o produto da abertura do anel do epóxido

Preveja o produto majoritário da seguinte reação:

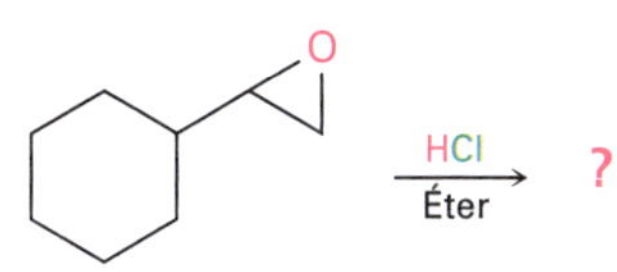

Estratégia Identifique o padrão de substituição dos dois átomos de carbono do epóxido. Nesse caso, um átomo de carbono é primário e o outro, secundário. Então, recorde-se das regras sobre quebra de epóxidos. Um epóxido que contém apenas átomos de carbono secundários e terciários geralmente sofre quebra por um ataque nucleofílico do tipo S_N2 no átomo de carbono menos impedido. Porém, um epóxido com um átomo de carbono terciário normalmente sofre quebra por um mecanismo do tipo S_N1. Nesse caso, deve ocorrer uma quebra do tipo S_N2 da ligação primária C$-$O do epóxido.

Solução

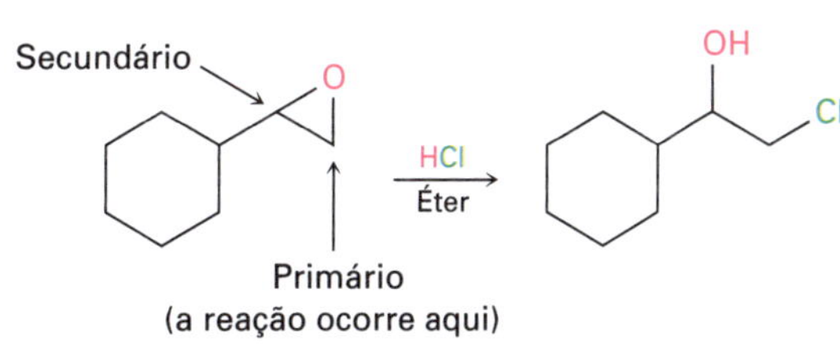

PROBLEMA 18.12 Preveja o produto majoritário de cada uma das seguintes reações:

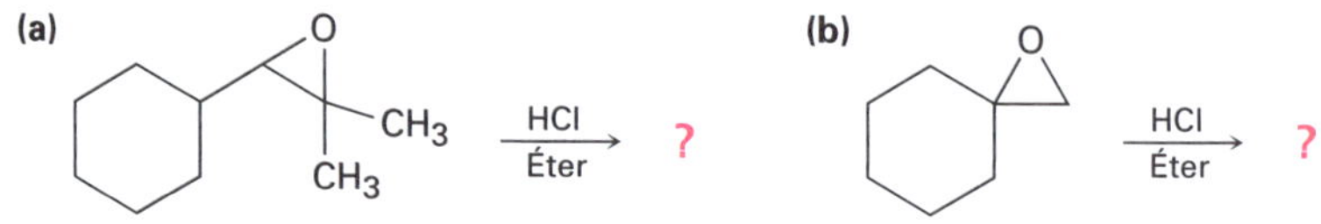

PROBLEMA 18.13 Como você prepararia os seguintes dióis?

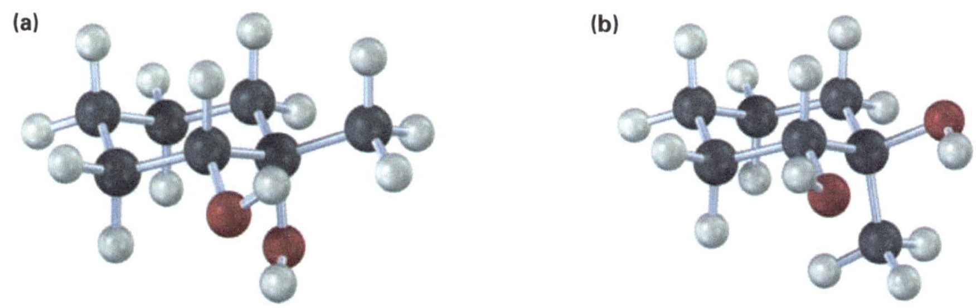

ABERTURA DE EPÓXIDOS CATALISADA POR BASE

Diferente dos outros éteres, os anéis de epóxidos podem sofrer quebra por bases e nucleófilos da mesma forma que por ácidos. Embora um oxigênio de éter seja normalmente um grupo abandonador ruim em uma reação S_N2 (**Seção 11.3**), a tensão do anel de três membros faz que os epóxidos reajam com o íon hidróxido a temperaturas elevadas.

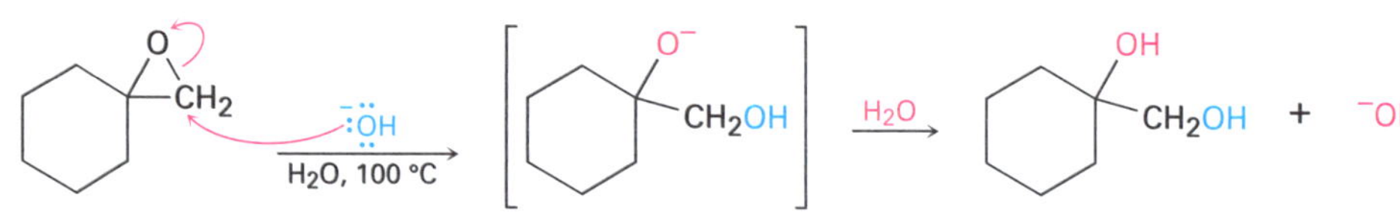

Óxido de metilenociclohexano **1-hidroximetilciclohexanol (70%)**

A abertura do epóxido catalisada por base é uma reação S_N2 típica, na qual o ataque do nucleófilo ocorre no carbono do epóxido menos impedido. Por exemplo, 1,2-epoxipropano reage com o íon etóxido exclusivamente no carbono primário menos substituído, para gerar 1-etóxi-2-propanol.

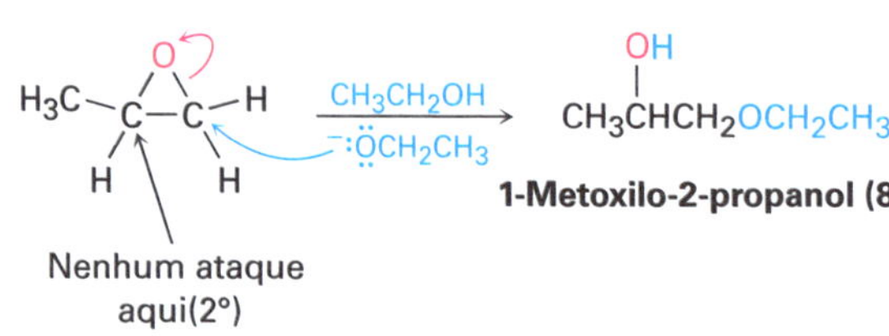

Muitos diferentes nucleófilos podem ser utilizados para a abertura do epóxido, incluindo aminas (RNH_2 ou R_2NH) e reagentes de Grignard (RMgX). Um exemplo de amina reagindo com epóxido ocorre na síntese comercial de metoprolol, um assim chamado betabloqueador que é utilizado para o tratamento de arritmias cardíacas, hipertensão e ataques cardíacos. betabloqueadores estão entre os medicamentos mais prescritos no mundo.

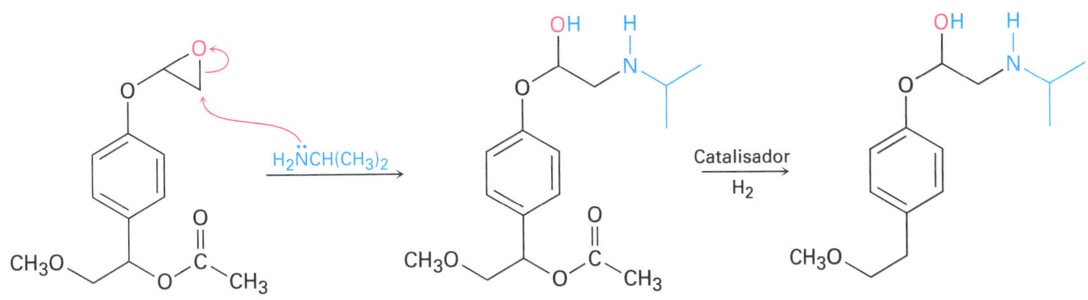

Metoprolol

Uma abertura de anel nucleofílica similar ocorre quando os epóxidos são tratados com regentes de Grignard. O óxido de etileno é frequentemente utilizado, o que permite a conversão de um reagente de Grignard em um álcool primário tendo dois carbonos a mais que o haleto de alquila de partida. O 1-bromobutano, por exemplo, é convertido no 1-hexanol pela reação de seu reagente de Grignard com o óxido de etileno.

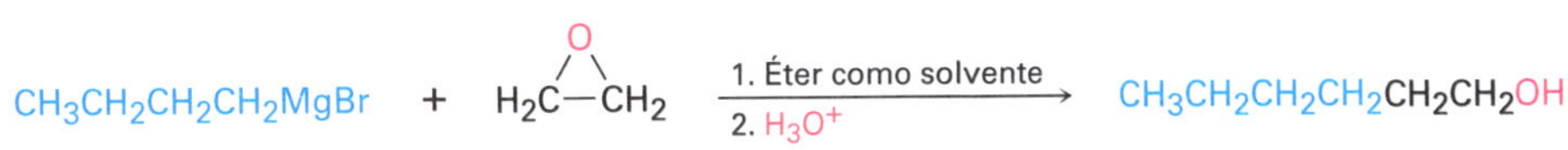

Brometo de butilmagnésio **Óxido de etileno** **1-hexanol (62%)**

PROBLEMA 18.14 Preveja o produto majoritário das seguintes reações:

(a)

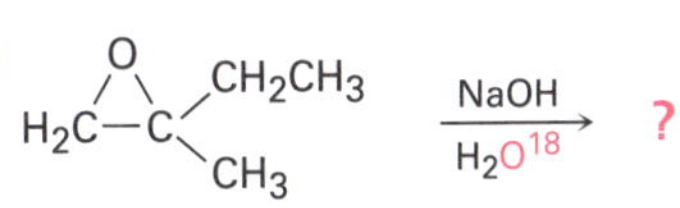

(b)

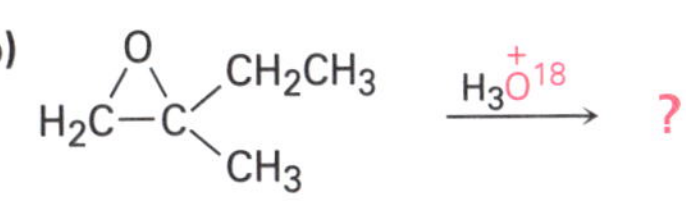

(c)

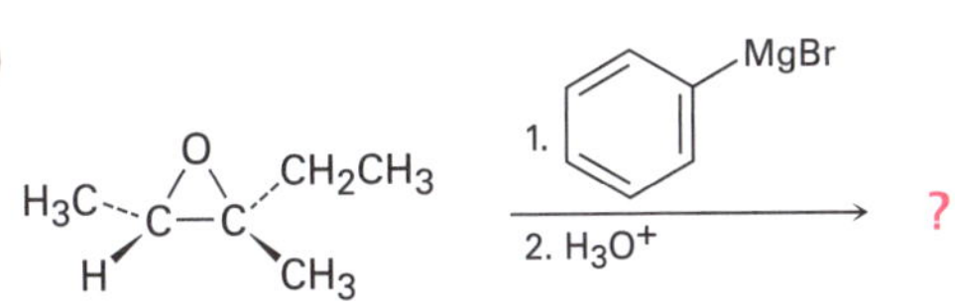

18.7

Éteres de coroa

Descobertos no início dos anos 1960 por Charles Pedersen da empresa DuPont, os **éteres de coroa** constituem uma relativamente recente aquisição para a família dos éteres. Eles são denominados de acordo com o formato geral *x*-coroa-*y*, em que *x* é o número total de átomos no anel e *y* é o número de átomos de oxigênio. Assim, o éter 18-coroa-6 é constituído por um anel de 18 membros contendo seis átomos de oxigênio de éter. Observe o tamanho e o caráter negativo (vermelho) da cavidade do éter de coroa no seguinte mapa de potencial eletrostático.

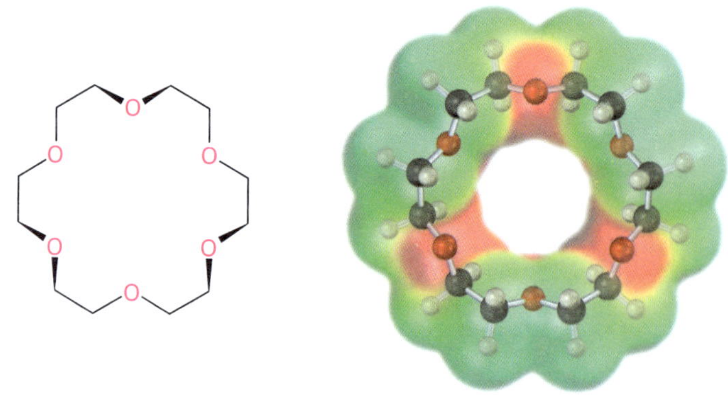

Éter 18-coroa-6

A importância de éteres de coroa provém da sua capacidade para sequestrar os cátions metálicos específicos no centro da cavidade do poliéster. 18-coroa-6, por exemplo, liga-se fortemente com o íon potássio. Como resultado, uma solução de 18-coroa-6 em um solvente orgânico apolar dissolverá muitos sais de potássio. O permanganato de potássio, $KMnO_4$, se dissolve em tolueno na presença do 18-coroa-6 e a solução resultante é um reagente muito valioso para oxidar alcenos.

O efeito de utilizar um éter de coroa na dissolução de um sal em um hidrocarboneto ou éter como solvente é semelhante ao efeito de dissolver um sal em um solvente aprótico polar como DMSO, DMF ou HMPA (**Seção 11.3**). Em ambos os casos, o cátion metálico é fortemente solvatado deixando o ânion descoberto. Assim, a reatividade S_N2 de um ânion é extremamente aumentada na presença de um éter de coroa.

Embora éteres de coroa não ocorram naturalmente, um grupo de compostos chamados *ionóforos* tem propriedades similares de ligação de íons. Produzidos por vários microrganismos, os ionóforos são moléculas solúveis em gordura que se ligam a íons específicos e facilitam o transporte de íons pelas membranas biológicas. O antibiótico valinomicina, por exemplo, se liga especificamente a íons K^+ com seletividade de dez mil vezes sobre Na^+.

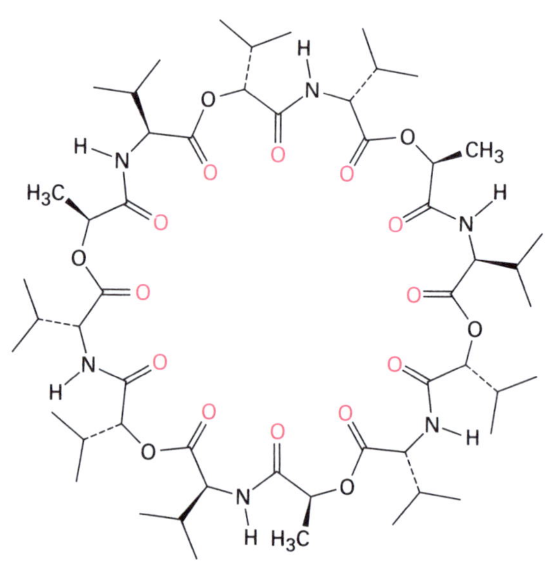

Valinomicina

PROBLEMA 18.15 Os éteres 15-coroa-5 e 12-coroa-4 complexam-se com Na^+ e Li^+, respectivamente. Construa modelos desses éteres de coroa e compare os tamanhos das cavidades.

18.8 Tióis e sulfetos

TIÓIS

Os tióis, algumas vezes chamados *mercaptanas,* são os análogos de enxofre dos álcoois. Eles são nomeados pelo mesmo sistema de nomenclatura dos álcoois, com o sufixo *-tiol* no lugar do sufixo *-ol*. O grupo −SH em si é denominado **grupo mercapto**. Como os álcoois, os tióis são fracamente ácidos; o pK_a do CH_3SH, por exemplo, é de 10,3. Ao contrário de álcoois, no entanto, os tióis não formam tipicamente ligações de hidrogênio, porque o átomo de enxofre não é suficientemente eletronegativo.

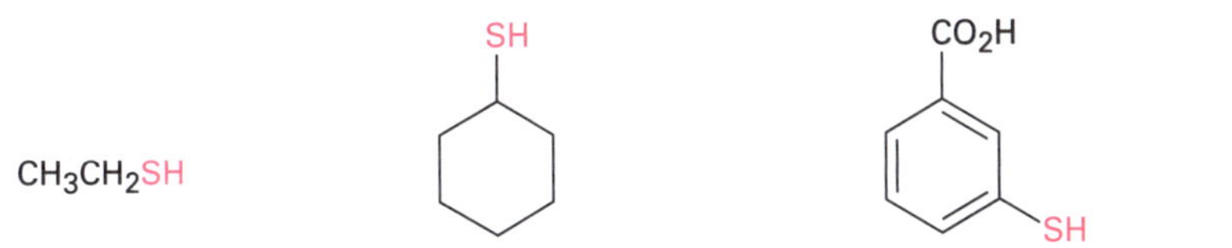

Etanotiol — Ciclohexanotiol — Ácido *m*-mercaptobenzoico

A característica mais marcante dos tióis é seu odor terrível. O odor do gambá, por exemplo, é decorrente principalmente de tióis simples, como o 3-metil-1-butanotiol e o 2-buteno-1-tiol. Tióis voláteis como o etanotiol também são adicionados ao gás natural e ao propano liquefeito para servir como um alerta facilmente detectável em caso de vazamentos.

Os tióis são geralmente preparados a partir dos haletos de alquila por um deslocamento S_N2 por um nucleófilo de enxofre, como, por exemplo, o ânion hidrossulfeto, ^-SH.

1-bromooctano — 1-octanotiol (83%)

A reação geralmente funciona insuficientemente a menos que seja usado um excesso de nucleófilo, uma vez que o produto tiol pode sofrer uma nova reação S_N2 com o haleto de alquila para fornecer um sulfeto como subproduto. Para superar esse problema, a tioureia, $(NH_2)_2C{=}S$, é, em geral, utilizada como nucleófilo na preparação de um tiol a partir de um haleto de alquila. A reação ocorre por meio de um deslocamento do íon haleto para formar o sal intermediário alquilisotioureia, que é hidrolisado por subsequente reação com base aquosa.

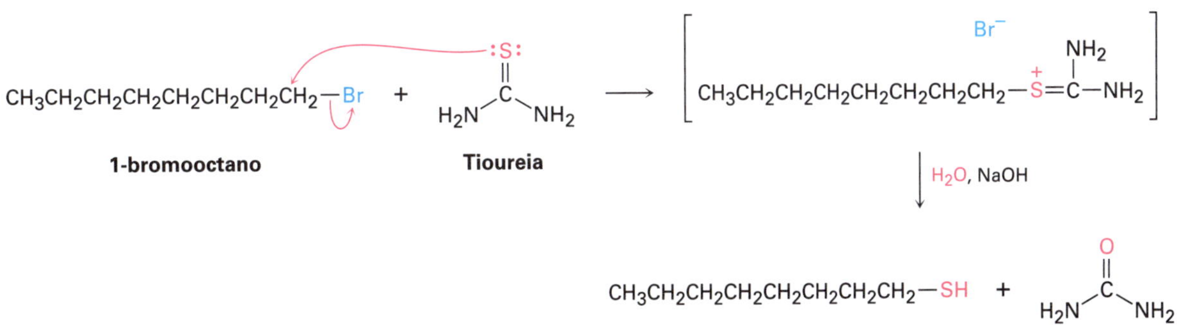

1-bromooctano — Tioureia — 1-octanotiol (83%) — Ureia

Os tióis podem ser oxidados por Br_2 ou I_2 para produzir **dissulfetos** (**RSSR'**). A reação é facilmente revertida, e um dissulfeto pode ser reduzido novamente a um tiol pelo tratamento com ácido e zinco.

$$2\,R{-}SH \underset{Zn,\ H^+}{\overset{I_2}{\rightleftharpoons}} R{-}S{-}S{-}R \ + \ 2\,HI$$

Um tiol **Um dissulfeto**

Essa interconversão tiol-dissulfeto é a parte principal de diversos processos biológicos. Veremos no **Capítulo 26**, por exemplo, que a formação de um dissulfeto está envolvida na definição da estrutura e das conformações tridimensionais das proteínas, onde as "pontes" de dissulfeto frequentemente formam ligações cruzadas entre as unidades do aminoácido cisteína nas cadeias proteicas. A formação de dissulfeto também está envolvida no processo no qual as células se protegem da degradação oxidativa. Um componente celular chamado de *glutationa* remove os oxidantes perigosos em potencial e se oxida em dissulfeto de glutationa no processo. A redução de volta ao tiol necessita da coenzima adenina flavina dionucleotídeo reduzida, abreviada como $FADH_2$.

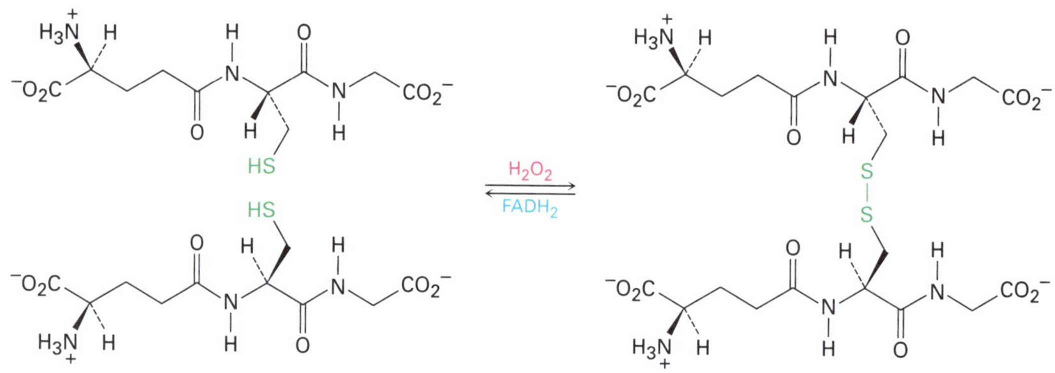

Glutationa (GSH) **Dissulfeto de glutationa (GSSG)**

SULFETOS

Os sulfetos são análogos de enxofre dos éteres da mesma forma que os tióis são análogos dos álcoois. Os sulfetos recebem seus nomes seguindo as mesmas regras dos éteres, com *sulfeto* utilizado no lugar de *éter* para os compostos simples, e *alquiltio* utilizado no lugar de *alcoxi* em compostos mais complexos.

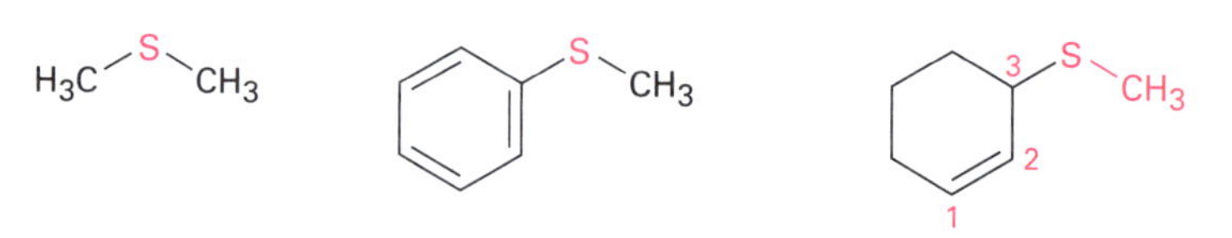

Sulfeto dimetílico **Sulfeto fenilmetílico** **3-(metiltio)ciclohexeno**

O tratamento de um tiol com uma base, como o NaH, leva à formação do **íon tiolato** (**RS**$^-$) correspondente, que sofre reação com um haleto de alquila primário ou secundário para dar origem a um sulfeto. A reação ocorre por um mecanismo S_N2 semelhante à síntese de Williamson de éteres (**Seção 18.2**).

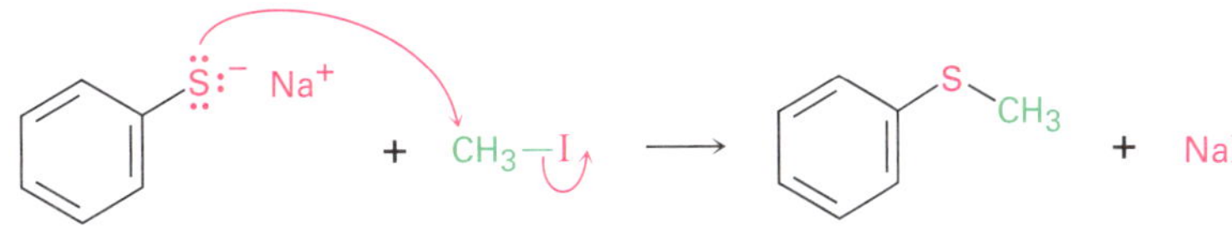

Benzenotiolato de sódio — Sulfeto fenilmetílico (96%)

Apesar da semelhança estrutural próxima, os sulfetos e éteres diferem substancialmente na sua química. Uma vez que os elétrons de valência no enxofre estão mais afastados do núcleo e menos fortemente atraídos que os elétrons do oxigênio (elétrons 3*p* *versus* elétrons 2*p*), os compostos de enxofre são mais nucleofílicos que seus compostos análogos de oxigênio. Diferentemente dos éteres dialquílicos, os sulfetos dialquílicos reagem rapidamente com os haletos de alquila primários por um mecanismo S_N2 para fornecer o **íon sulfônio** (R_3S^+).

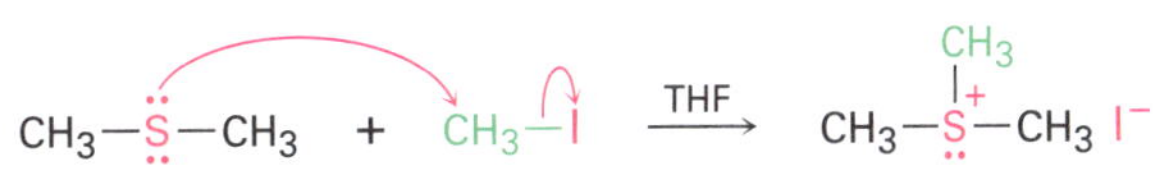

Dimetilsulfeto — Iodometano — Iodeto de trimetilsulfônio

O exemplo mais comum desse processo nos seres vivos é a reação do aminoácido metionina com o trifosfato de adenosina (ATP; **Seção 6.8**) para formar a *S*-adenosilmetionina. A reação é de alguma forma anormal em relação ao grupo abandonador biológico neste processo S_N2 ser o íon *trifosfato* e não o íon *difosfato*, como se vê com mais frequência (**Seção 11.6**)

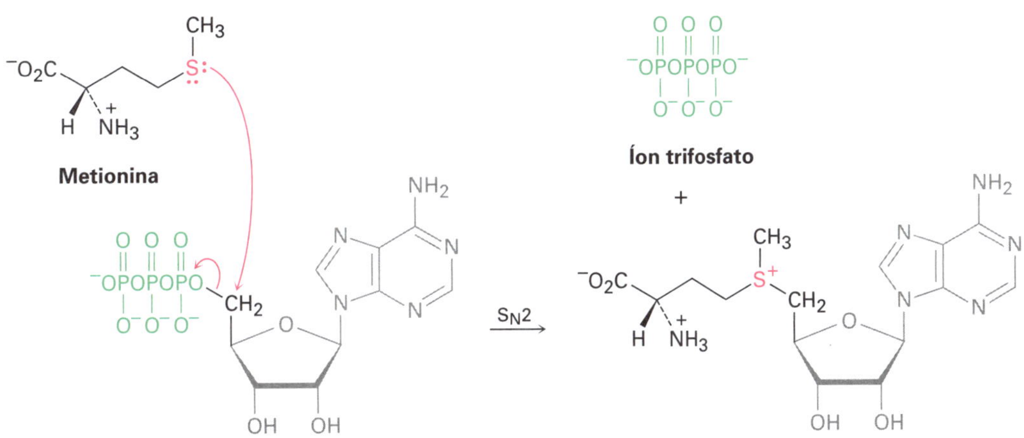

Trifosfato de adenosina (ATP) — *S*-adenosilmetionina

Os íons sulfônio são agentes alquilantes úteis porque um nucleófilo pode atacar um dos grupos ligados a um enxofre carregado positivamente, deslocando um sulfeto neutro como grupo abandonador. Vimos em um exemplo da **Seção 11.6** (**Figura 11.16**) no qual a *S*-adenosilmetionina transferiu um grupo metila para a norepinefrina para formar a adrenalina.

Uma outra diferença entre os sulfetos e os éteres é que os sulfetos são facilmente oxidados. O tratamento de um sulfeto com o peróxido de hidrogênio, H_2O_2, à temperatura ambiente leva à formação do **sulfóxido** (R_2SO) correspondente, e oxidação adicional do sulfóxido com um peroxiácido dá origem a uma **sulfona** (R_2SO_2).

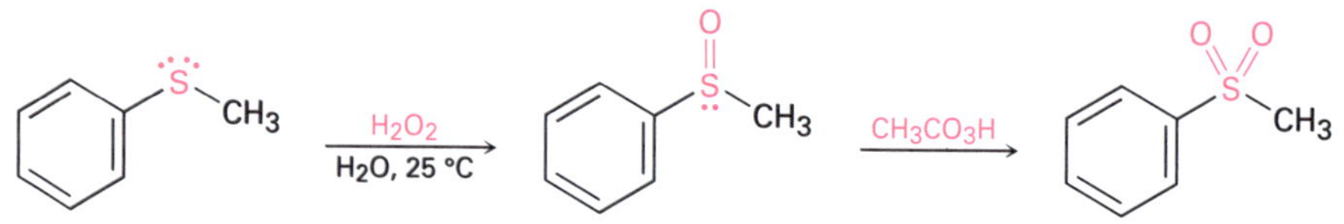

Sulfeto fenilmetílico **Sulfóxido fenilmetílico** **Sulfona fenilmetílica**

O dimetilsulfóxido (DMSO) é um sulfóxido particularmente bem conhecido muito utilizado como solvente aprótico polar. Entretanto, o DMSO deve ser manuseado com cuidado, pois tem uma habilidade extraordinária para penetrar na pele, carregando consigo qualquer coisa que se dissolva nele.

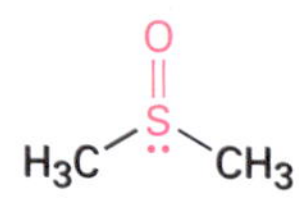

Dimetilsulfóxido (um solvente aprótico polar)

PROBLEMA 18.16 Dê nome aos seguintes compostos:

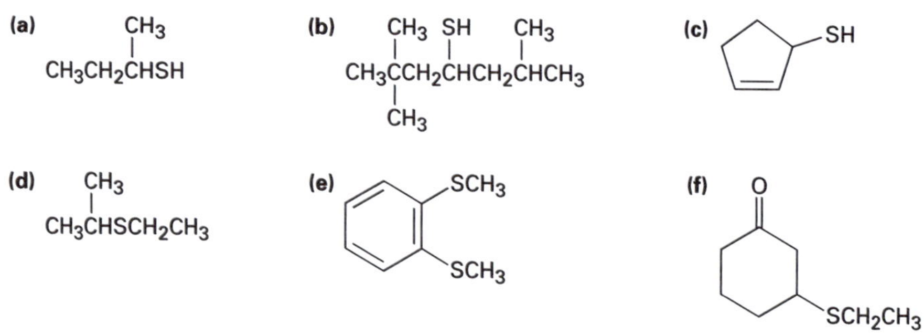

PROBLEMA 18.17 O 2-buteno-1-tiol é um dos componentes do jato mal cheiroso que o gambá solta. Como você sintetizaria essa substância a partir do 2-butenoato de metila? E a partir do 1,3-butadieno?

Metil-2-butenoato **2-buteno-1-tiol**

18.9 Espectroscopia de éteres

ESPECTROSCOPIA NA REGIÃO DO INFRAVERMELHO

Os éteres são difíceis de identificar pela espectroscopia na região do infravermelho (IV). Embora apresentem uma absorção característica devido ao estiramento da ligação simples C–O na faixa de 1.050 a 1.150 cm^{-1}, muitos outros tipos de absorções também ocorrem na mesma faixa. A **Figura 18.3** exibe o espectro no IV do éter dietílico, identificando o estiramento C–O. Éteres fenilalquílicos mostram duas absorções fortes para o estiramento C–O em 1.050 e 1.250 cm^{-1}. A **Figura 18.4** mostra o espectro no IV do anisol.

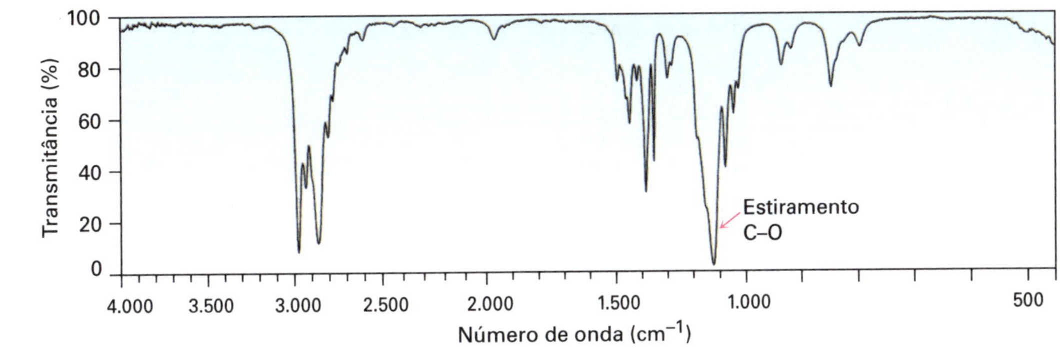

Figura 18.3 Espectro no infravermelho do éter dietílico, $CH_3CH_2OCH_2CH_3$.

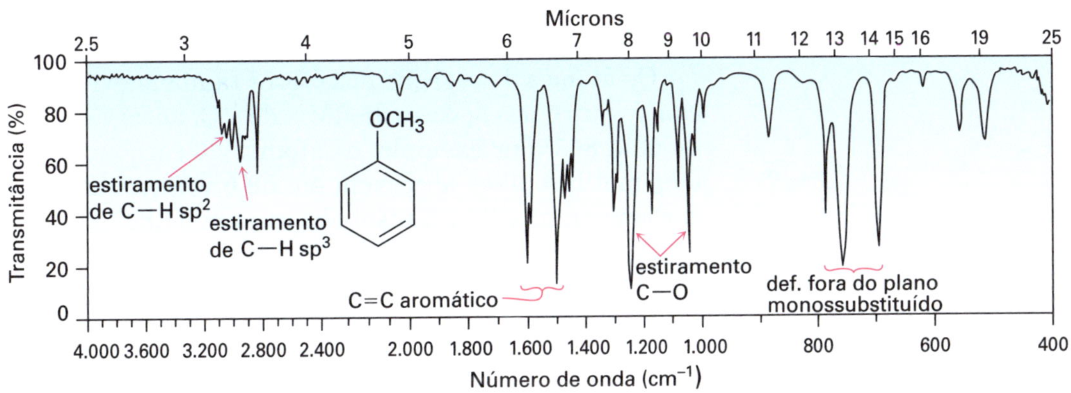

Figura 18.4 O espectro no infravermelho do anisol (líquido puro, janelas de KBr).

ESPECTROSCOPIA DE RESSONÂNCIA MAGNÉTICA NUCLEAR

Os hidrogênios no carbono próximo ao oxigênio do éter são deslocados para um campo magnético mais baixo em relação à ressonância de um alcano normal, exibindo absorções no espectro de RMN de ^{1}H na região de 3,4 a 4,5δ. Esse deslocamento para campo mais baixo pode ser visto claramente no espectro do éter dipropílico apresentado na **Figura 18.5**.

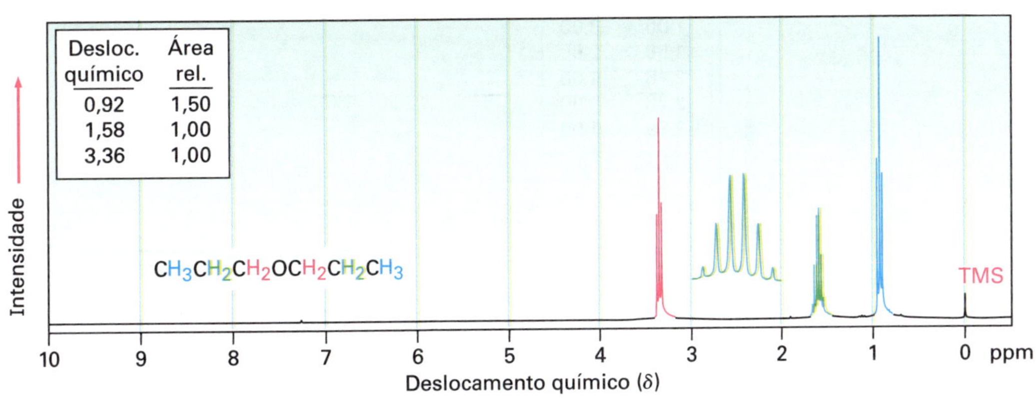

Figura 18.5 Espectro de RMN de ^{1}H do éter dipropílico. Os hidrogênios no carbono próximo ao oxigênio estão deslocados para campo baixo em 3,4δ.

Os epóxidos absorvem em um campo magnético ligeiramente mais alto que os outros éteres, exibindo ressonâncias características de 2,5 a 3,5δ nos espectros de RMN de ^{1}H, como indicado para o 1,2-epoxipropano na **Figura 18.6**. Os hidrogênios do metileno deste epóxido são diastereotópicos e exibem desdobramento complexo (**Seções 13.7** e **13.8**).

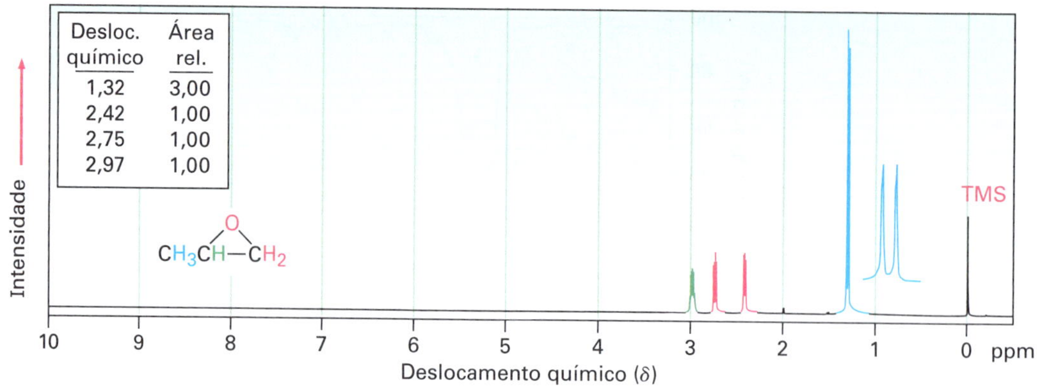

Figura 18.6 Espectro de RMN de ¹H do 1,2-epoxipropano.

Os átomos de carbono dos éteres também exibem um deslocamento em campo baixo no espectro de RMN de ^{13}C, absorvendo geralmente na região de 50 a 80δ. Por exemplo, os átomos de carbono próximos ao oxigênio no éter metilpropílico absorvem em 58,5 e 74,8δ. De maneira semelhante, o carbono da metila no anisol absorve em 54,8δ.

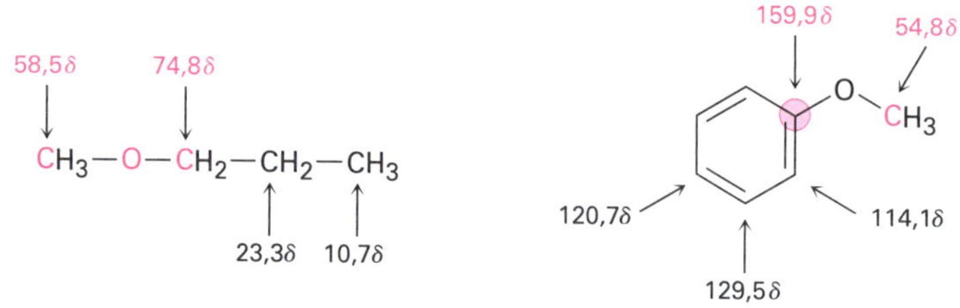

PROBLEMA 18.18 O espectro de RMN de ¹H apresentado a seguir é de um éter com a fórmula C_4H_8O. Proponha uma estrutura.

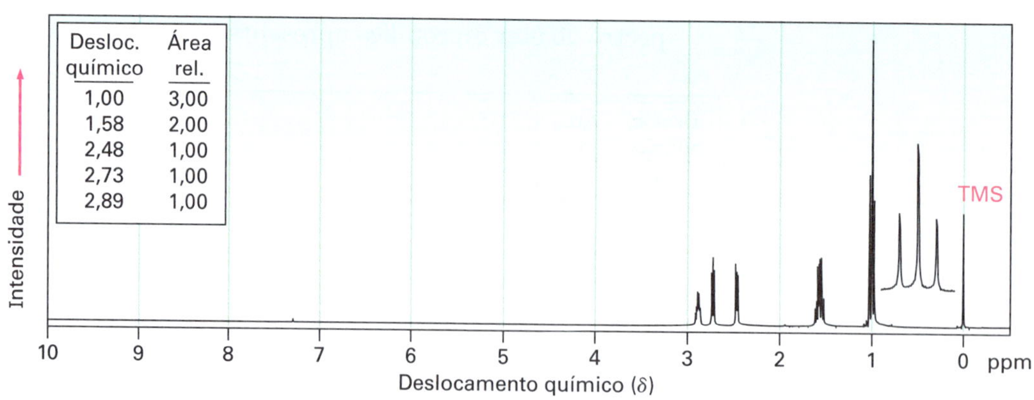

Algo extra

Resinas e adesivos epóxi

Os caiaques muitas vezes são feitos de um polímero de alta resistência, revestidos com resina epóxi.

Poucas pessoas leigas em química sabem exatamente o significado de um epóxido, porém praticamente todas já usaram uma "cola epóxi" para reparos caseiros ou uma resina epóxi como cobertura protetora. Em todo o mundo, o valor de cerca de 21 bilhões de dólares em epóxis é usado anualmente para um vasto número de aplicações de adesivos e de revestimentos, incluindo muitos na indústria aeroespacial. Grande parte do novo Boeing 787 Dreamliner, por exemplo, é mantida em conjunto com colas à base de epóxi.

As resinas epóxi e os adesivos mais largamente utilizados são baseados em um pré-polímero feito do bisfenol A e da epicloroidrina. No tratamento com base em condições cuidadosamente controladas, o bisfenol A é convertido em seu ânion, que age como um nucleófilo em uma reação S_N2 com a epicloroidrina. Cada molécula de epicloroidrina pode reagir com duas moléculas do bisfenol A, uma vez por substituição S_N2 do íon cloreto e uma vez pela abertura do anel de epóxido. Ao mesmo tempo, cada bisfenol A pode reagir com duas epicloroidrinas, levando a uma cadeia polimérica longa. Cada extremidade de uma cadeia de pré-polímero tem um grupo epóxi que não reagiu, e cada cadeia tem numerosos grupos de álcoois secundários separados regularmente ao longo de sua parte central.

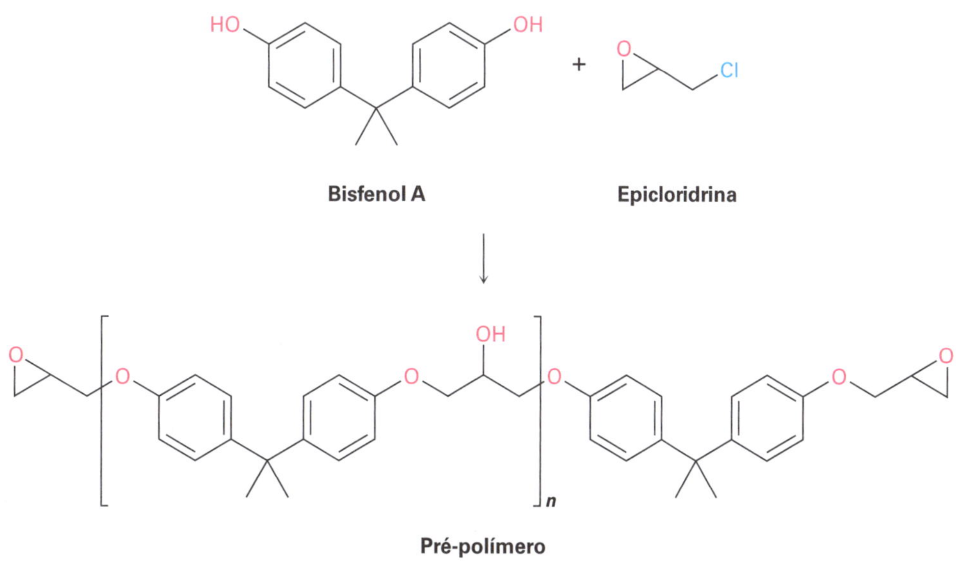

Quando o epóxido está para ser usado, um agente de cura básico como uma amina terciária, R_3N, é adicionado fazendo que as cadeias do prepolímero se liguem umas às outras. Essa "união cruzada" das cadeias é

(continua)

(continuação)

simplesmente uma reação S_N2 de abertura de anel do epóxido catalisada por base de um grupo $-OH$ situado no meio de uma cadeia com um grupo epóxido da extremidade de outra cadeia. O resultado dessa união cruzada é a formação de um vasto entrelaçamento tridimensional que possui altíssima resistência à deformação e resistência química.

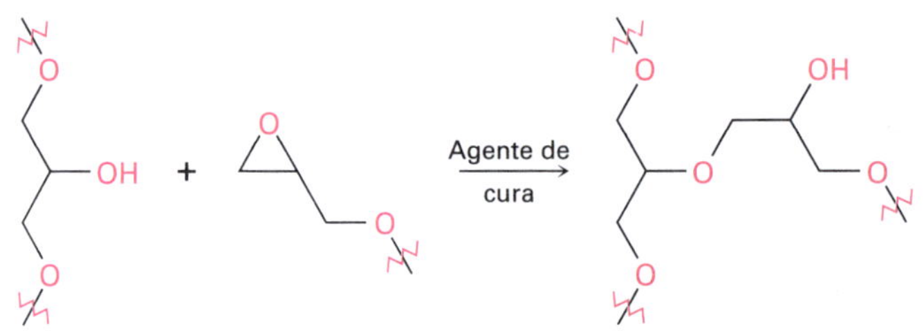

Resumo

Palavras-chave

alcoximercuração, 685
dissulfetos (RSSR'), 698
éteres (R–O–R'), 681
éteres de coroa, 695
grupo mercapto, 697
íon tiolato (R S⁻), 698
íon sulfônio, 699
rearranjo de Claisen, 688
sulfetos, 682
sulfona, 699
sulfóxido (R_2SO), 699
tióis, 682

Este capítulo terminou a cobertura dos grupos funcionais com ligações simples C–O e C–S, centrados principalmente em éteres, epóxidos, tióis e sulfetos. **Éteres** são compostos que têm dois grupos orgânicos ligados ao mesmo átomo de oxigênio, ROR′. Esses grupos podem ser alquila, vinila ou arila, e o átomo de oxigênio pode fazer parte de uma cadeia linear ou de um anel. Os éteres são preparados pela síntese de Williamson, a qual envolve uma reação S_N2 de um íon alcóxido com um haleto de alquila primário, ou pela reação de **alcoximercuração**/desmercuração, a qual envolve a adição de Markovnikov de um álcool a um alceno.

Os éteres são inertes à maioria dos reagentes, mas podem sofrer quebra no tratamento com ácidos fortes. Normalmente o HI e o HBr são os ácidos mais empregados. A reação de quebra ocorre por um mecanismo S_N2 no sítio menos substituído quando somente grupos alquila primários e secundários estão ligados ao átomo de oxigênio do éter. Porém, essa reação pode ocorrer por um mecanismo S_N1 ou E1 se um dos grupos alquila ligados ao átomo de oxigênio for um grupo terciário. Éteres alilarílicos e éteres de alilvinílicos sofrem o **rearranjo de Claisen** para gerar *o*-alilfenóis e cetonas γ,δ insaturadas, respectivamente.

Os epóxidos são éteres cíclicos nos quais o átomo de oxigênio faz parte de um anel de três membros. Em virtude da tensão no anel, os epóxidos sofrem reação de quebra no tratamento tanto com ácidos quanto com bases. A abertura do anel induzida por ácido ocorre com uma regioquímica que depende da estrutura do epóxido. A quebra da ligação C–O no sítio menos substituído acontece se ambos os átomos de carbono do epóxido forem primários ou secundários, mas a quebra da ligação C–O no sítio mais substituído ocorre se um dos carbonos do epóxido for terciário. A abertura do anel catalisada por base ocorre por reação S_N2 de um nucleófilo no carbono menos impedido do epóxido.

Tióis, os análogos de enxofre dos álcoois, geralmente são preparados por uma reação S_N2 de um haleto de alquila com tioureia. A oxidação branda de tióis produz um **dissulfeto**, e a redução branda de um dissulfeto leva de volta ao tiol. **Sulfetos**, os análogos de enxofre dos éteres, são preparados por uma reação S_N2, entre um ânion tiolato e um haleto de alquila primário ou secundário. Sulfetos são mais nucleofílicos que os éteres e podem ser alquilados por reação com um haleto de alquila primário, para se obter um íon sulfônio. Os sulfetos também podem ser oxidados a **sulfóxidos** e a **sulfonas**.

Resumo das reações

1. Preparação de éteres (**Seção 18.2**)

(a) Síntese de éter de Williamson

$$RO^- + R'CH_2X \longrightarrow ROCH_2R' + X^-$$

(b) Alcoximercuração/desmercuração

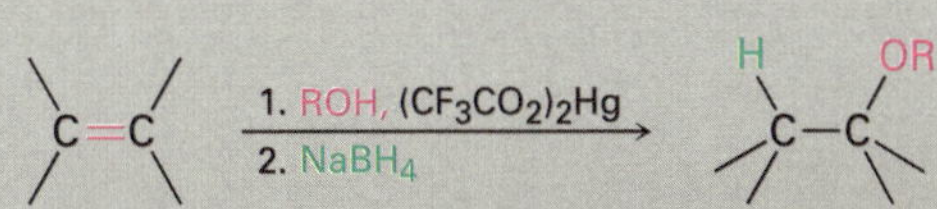

2. Reações de éteres

(a) Quebra por HBr ou HI (**Seção 18.3**)

$$R{-}O{-}R' \xrightarrow[H_2O]{HX} RX + R'OH$$

(b) Rearranjo de Claisen (**Seção 18.4**)

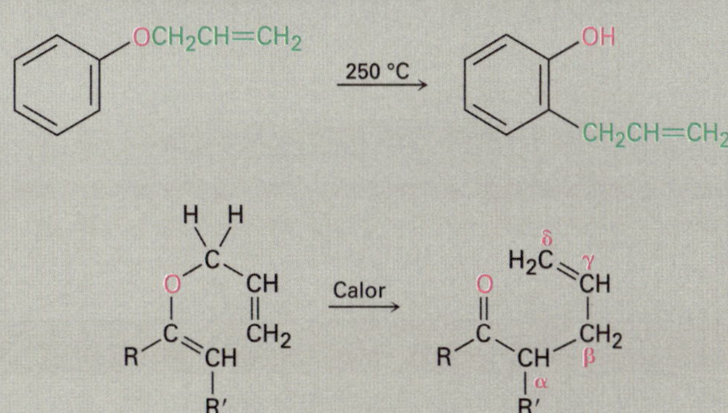

(c) Abertura de epóxido catalisada por ácido (**Seção 18.6**)

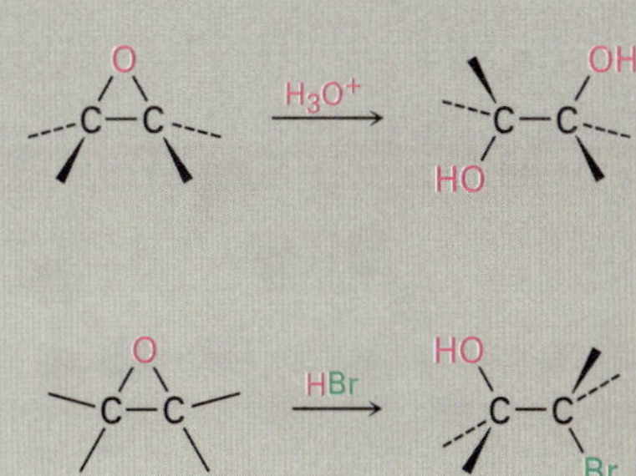

(d) Abertura de epóxido catalisada por base (**Seção 18.6**)

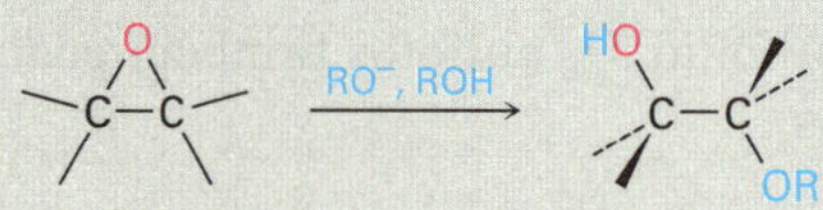

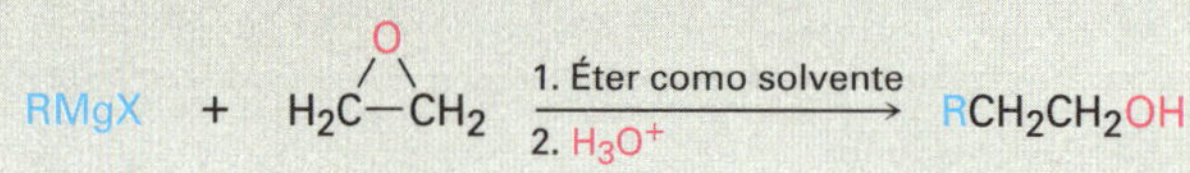

3. Síntese de tióis (**Seção 18.8**)

$$RCH_2Br \xrightarrow[2.\ H_2O,\ NaOH]{1.\ (H_2N)_2C{=}S} RCH_2SH$$

4. Oxidação de tióis a dissulfetos (**Seção 18.8**)

$$2\ RSH \xrightarrow{I_2,\ H_2O} RS{-}SR$$

5. Síntese de sulfetos (**Seção 18.8**)

$$RS^- + R'CH_2Br \longrightarrow RSCH_2R' + Br^-$$

6. Oxidação de sulfetos a sulfóxidos e sulfonas (**Seção 18.8**)

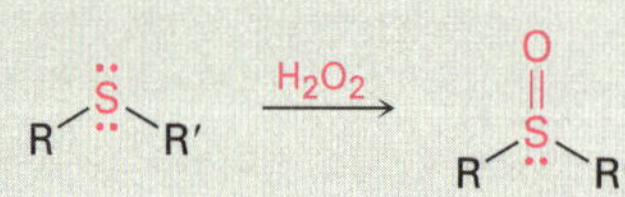

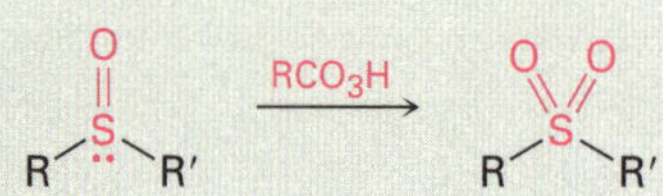

EXERCÍCIOS

Visualizando a química

(Os Problemas 18.1 a 18.18 aparecem no decorrer do capítulo.)

18.19 Escreva os nomes IUPAC para os seguintes compostos (marrom-avermelhado = Br; amarelo = S):

(a)

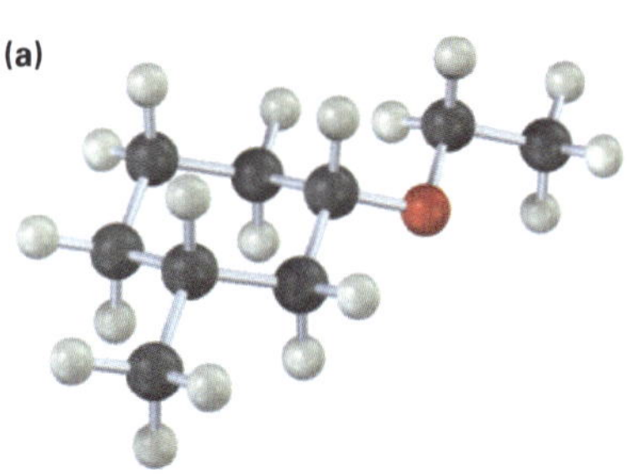

(b)

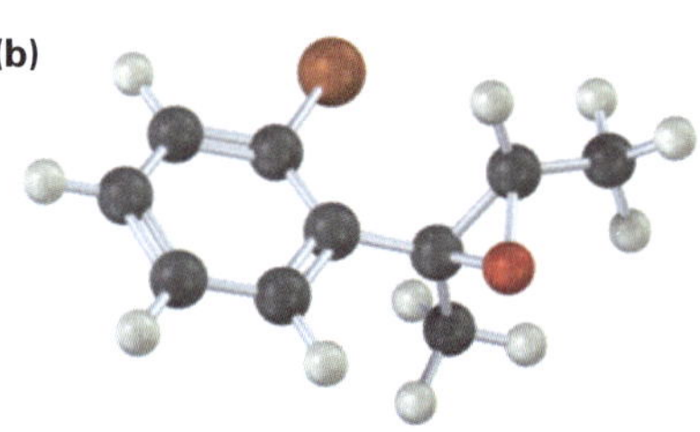

(c)

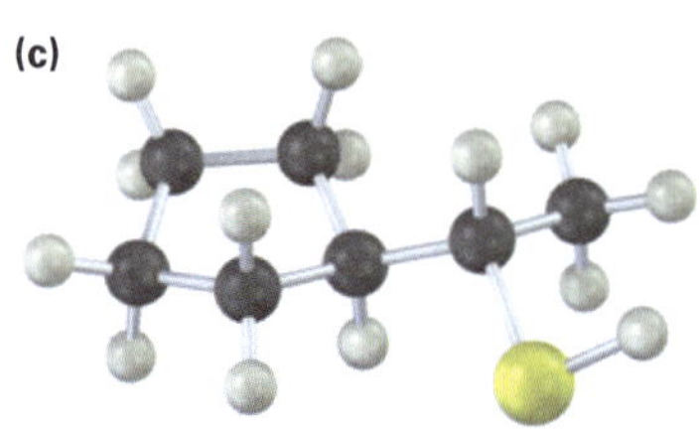

18.20 Mostre o produto, incluindo a estereoquímica, que resultaria da reação do seguinte epóxido com o HBr:

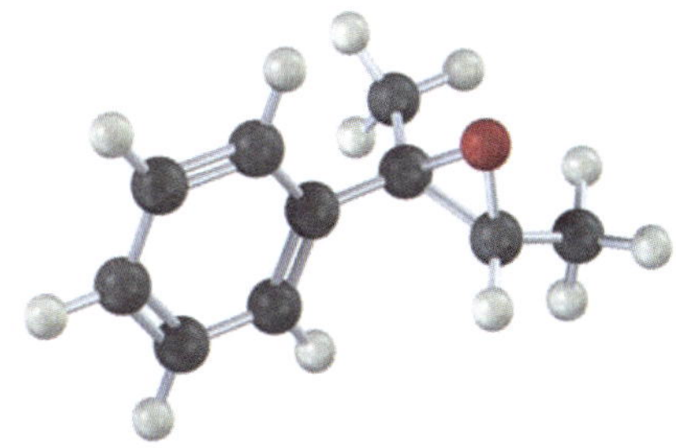

18.21 Mostre o produto, incluindo a estereoquímica, da seguinte reação:

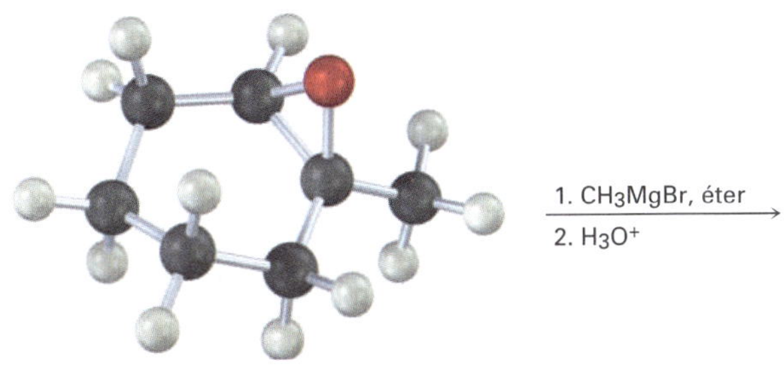

18.22 O tratamento do seguinte alcano com um peroxiácido produz um epóxido diferente daquele obtido pela reação com o Br_2 aquoso seguido de tratamento com uma base. Proponha as estruturas dos dois epóxidos e explique o resultado.

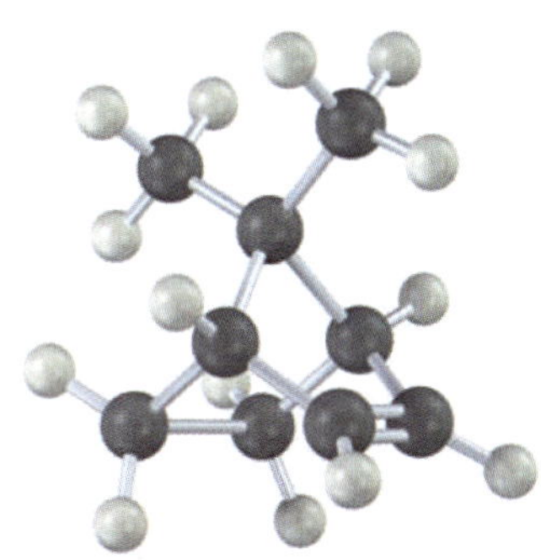

Problemas de mecanismo

18.23 Preveja o(s) produto(s) e mostre o mecanismo para cada reação a seguir. O que cada mecanismo tem em comum?

(a)

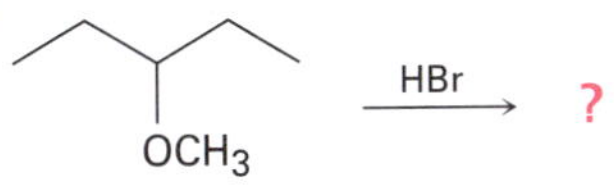

(b)

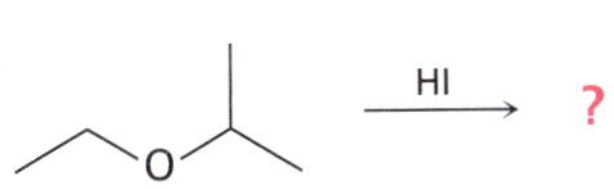

(c)

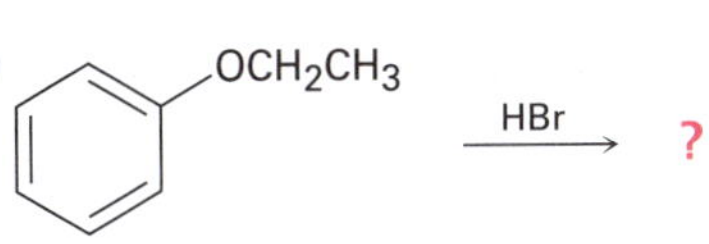

(d)

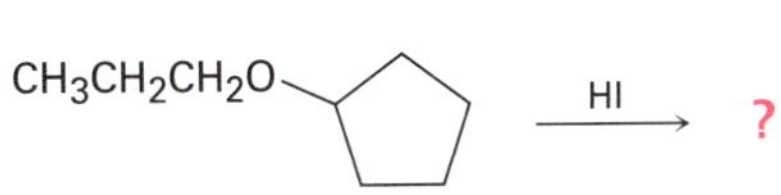

18.24 Preveja o(s) produto(s) e mostre o mecanismo para cada reação a seguir. O que cada mecanismo tem em comum?

(a)

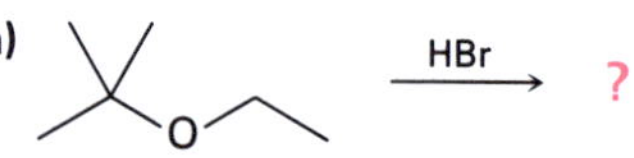

(b)

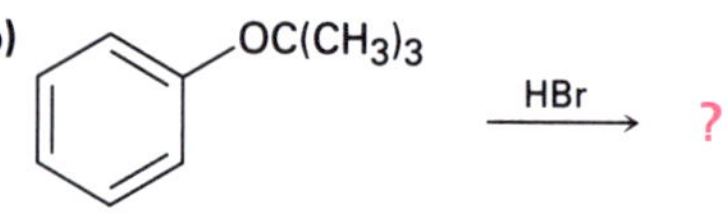

(c)

(d)

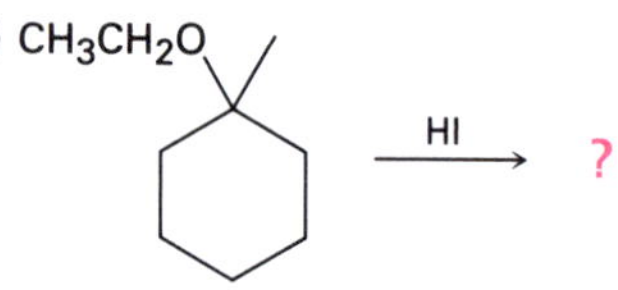

18.25 Preveja o(s) produto(s) e forneça o mecanismo para cada processo de duas etapas a seguir.

(a)

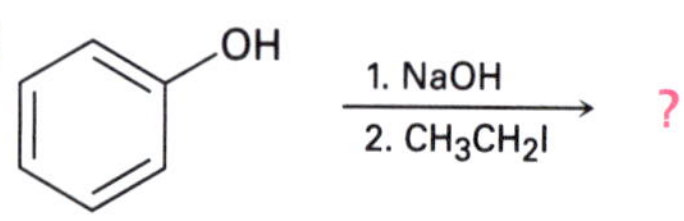

(b)

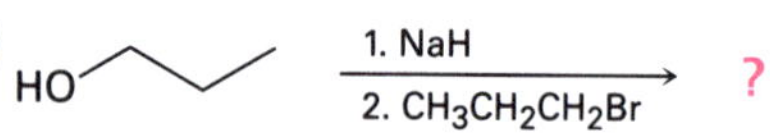

(c)

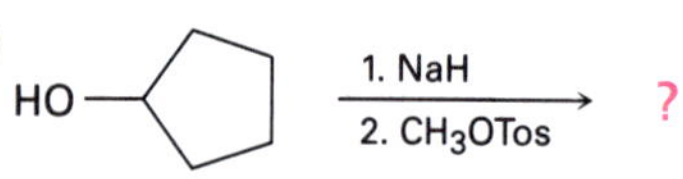

(d)

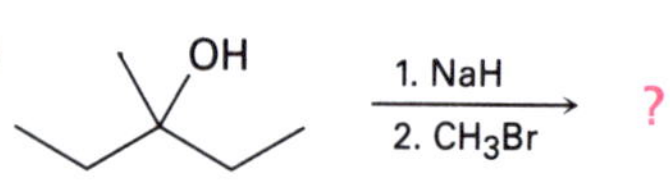

18.26 A alcomercuração de alcenos envolve a formação de um intermediário organomercúrio (I), o qual é reduzido com $NaBH_4$ para se obter um éter. Para cada reação a seguir, preveja o produto éter e forneça mecanismo.

(a)

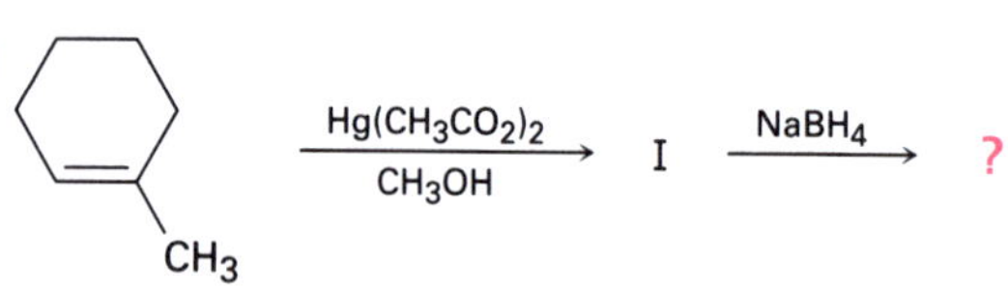

(b)

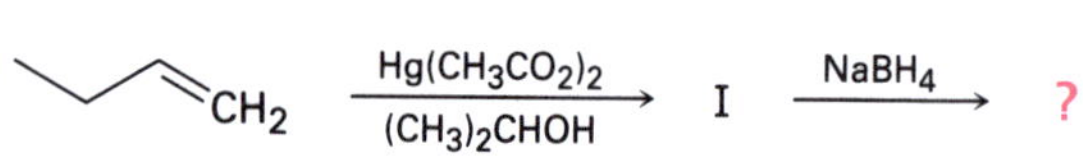

(c)

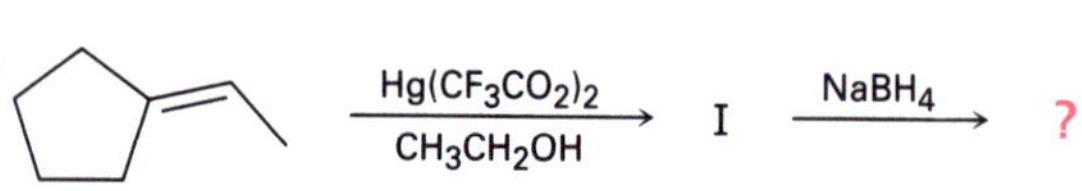

18.27 Preveja o(s) produto(s) e mostre o mecanismo para cada reação a seguir. O que os mecanismos têm em comum?

(a) 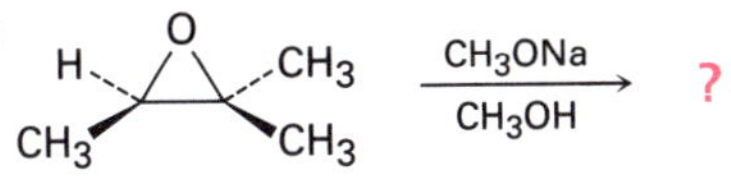

(b) 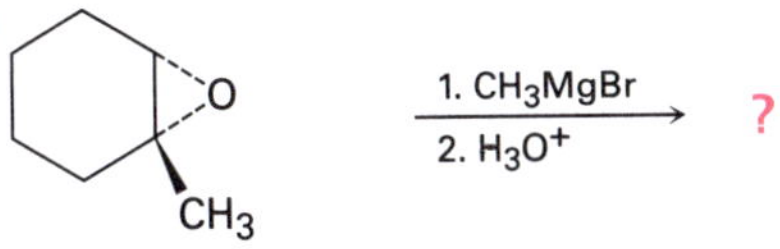

(c) 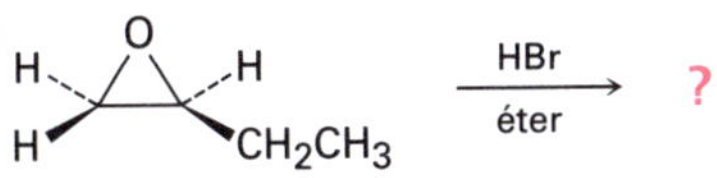

(d) 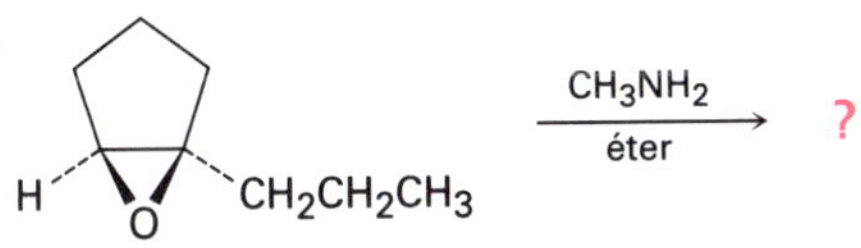

18.28 Preveja o(s) produto(s) e forneça o mecanismo para cada reação a seguir. O que os mecanismos têm em comum?

(a) 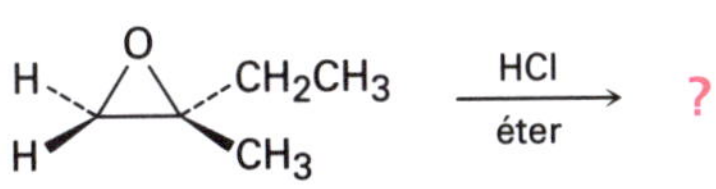

(b) 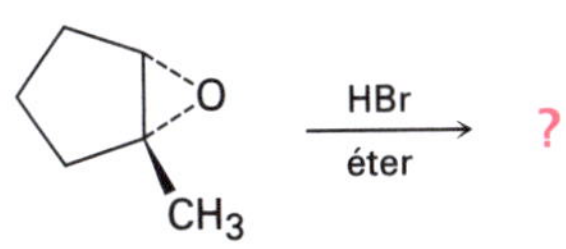

(c) 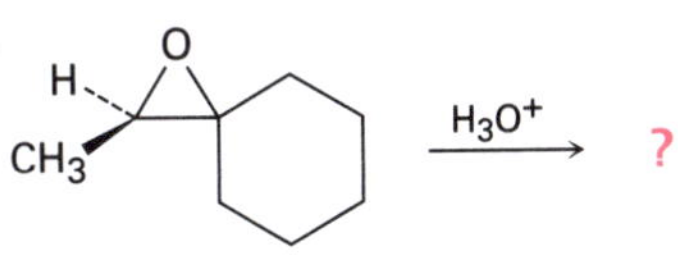

(d) 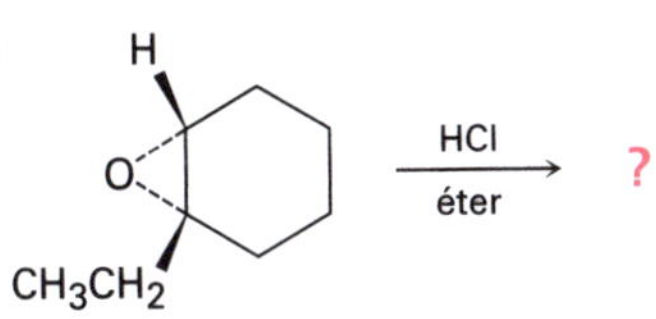

18.29 Na formação do pré-polímero usado para fazer resinas epóxi, um bisfenol reage com epicloroidrina na presença de uma base. Mostre o produto e o mecanismo quando dois mols de fenol reagem com epiclori-drina.

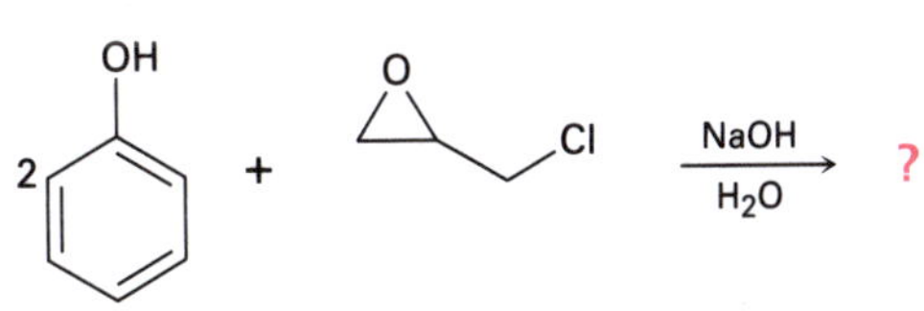

Epicloridrina

18.30 Éteres sofrem uma reação de clivagem catalisada por ácido, quando tratados com o ácido de Lewis BBr_3 à temperatura ambiente. Proponha um mecanismo para a reação.

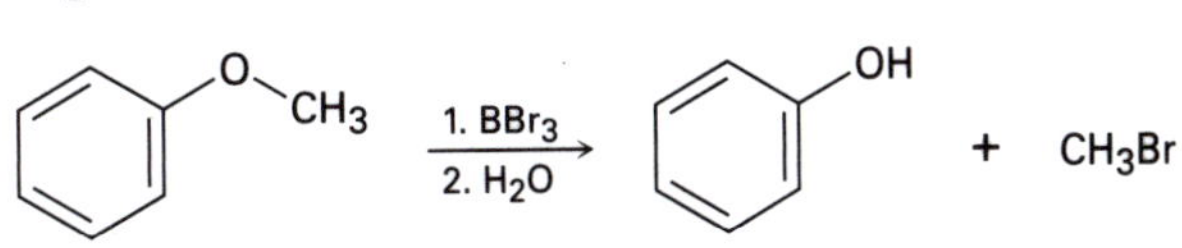

18.31 O tratamento do 1,1-difenil-1,2-epoxietano com ácido aquoso leva à formação do difenilacetaldeído como produto majoritário. Proponha um mecanismo para a reação.

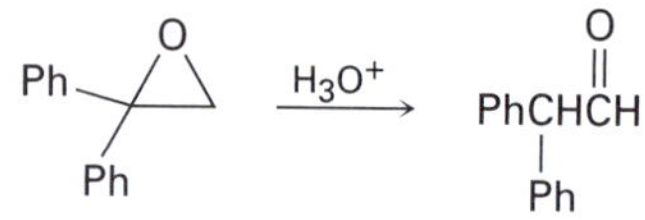

18.32 A fluoxetina, um antidepressivo intensamente prescrito com o nome de Prozac, pode ser preparada por uma rota que começa com a reação entre um fenol e um cloreto de alquila.

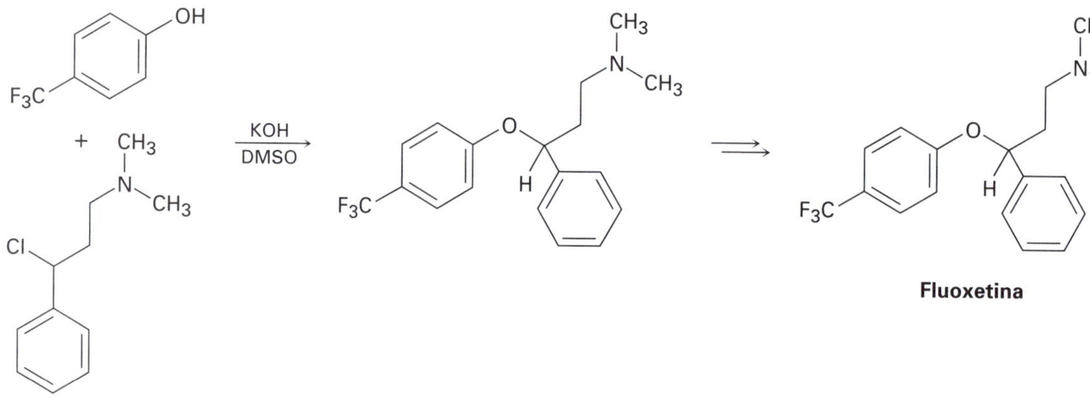

Fluoxetina

(a) A velocidade da reação depende tanto do fenol quanto do haleto de alquila. É uma reação S_N1 ou S_N2? Mostre o mecanismo.

(b) O enantiômero ativo fisiologicamente da fluoxetina possui estereoquímica (*S*). Com base na sua resposta no item (a), desenhe a estrutura do cloreto de alquila que você precisaria, mostrando a estereoquímica correta.

18.33 Quando o 2-metil-2,5-pentanodiol é tratado com o ácido sulfúrico, ocorre a desidratação e o 2,2-dimetiltetrahidrofurano é formado. Sugira um mecanismo para essa reação. Quais dos dois átomos de oxigênio é o mais provável de ser eliminado e por quê?

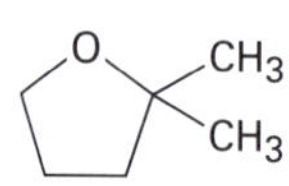

2,2-dimetiltetrahidrofurano

18.34 Os éteres arilmetílicos, como o anisol, são quebrados a iodometano e a um íon fenóxido pelo tratamento com o LiI em DMF a quente. Proponha um mecanismo para a reação.

18.35 O herbicida acifluorfen pode ser preparado por uma rota que começa com a reação entre um fenol e um fluoreto de arila. Proponha um mecanismo.

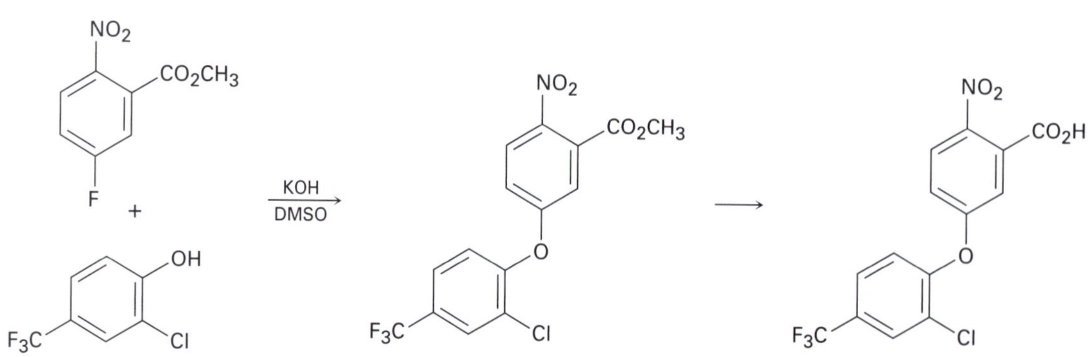

Acifluorfen

18.36 Os aldeídos e as cetonas sofrem reação com álcoois catalisada por ácido dando origem aos *hemiacetais*, compostos que têm um oxigênio tipo álcool e um oxigênio tipo éter ligados ao mesmo átomo de carbono. A continuação da reação de um hemiacetal com o álcool leva à formação de um *acetal*, um composto que possui dois átomos de oxigênio tipo éter ligados ao mesmo átomo de carbono.

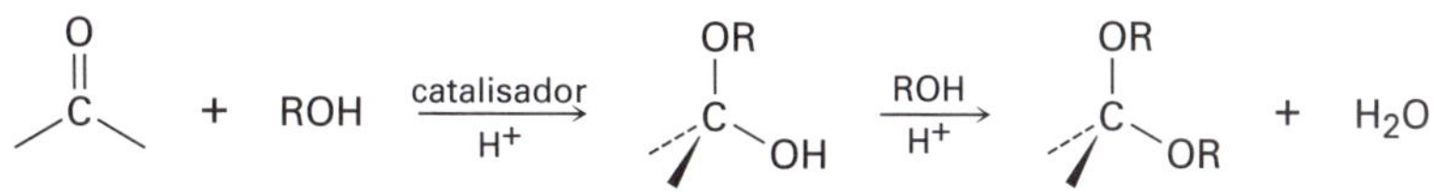

Um hemiacetal **Um acetal**

(a) Mostre as estruturas do hemiacetal e do acetal que você obteria a partir da reação da ciclohexanona com o etanol.

(b) Proponha um mecanismo para a conversão de um hemiacetal em acetal.

18.37 Proponha um mecanismo para explicar a seguinte transformação. Quais são os dois tipos de reações que estão ocorrendo?

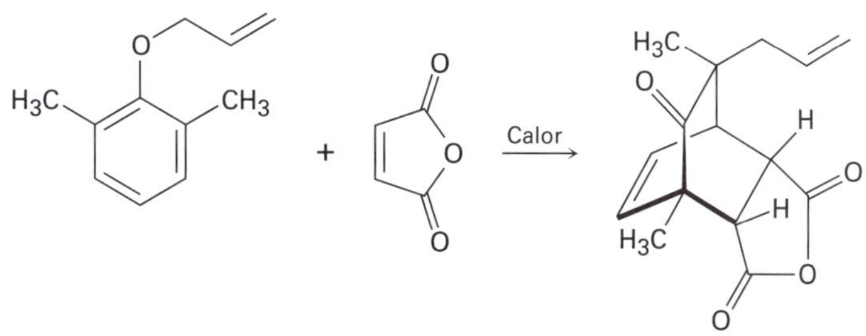

Problemas adicionais

Nomenclatura éteres

18.38 Desenhe as estruturas correspondentes aos seguintes nomes IUPAC:

(a) Éter etil-1-etilpropílico

(b) Éter di(*p*-clorofenílico)

(c) Ácido 3,4-dimetoxibenzoico

(d) Ciclopentiloxiciclohexano

(e) 4-alil-2-metoxifenol (eugenol; do óleo de cravo)

18.39 Escreva os nomes IUPAC para as seguintes estruturas:

(a)
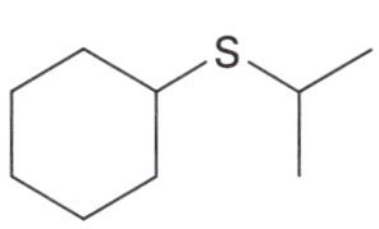

(b)
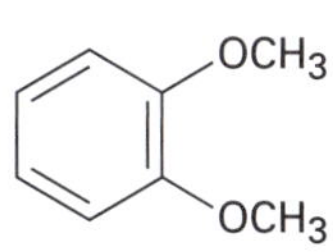

(c)
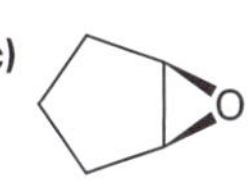

(d)
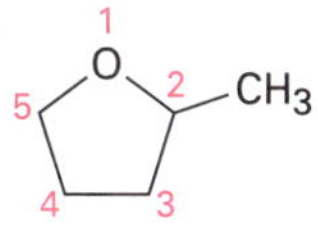

(e)
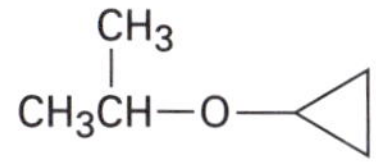

(f)
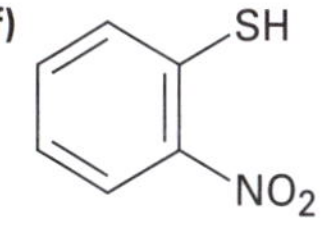

(g)
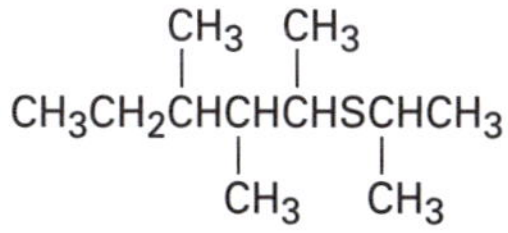

(h)
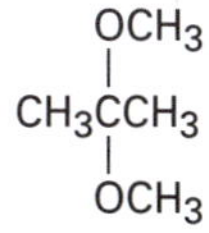

(i)
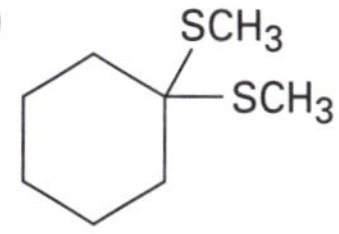

Sintetizando éteres

18.40 Como você prepararia os seguintes éteres?

(a) 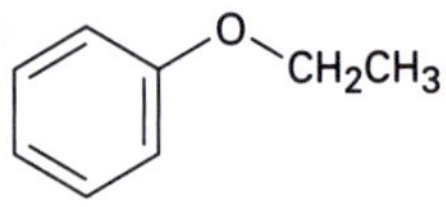

(b) 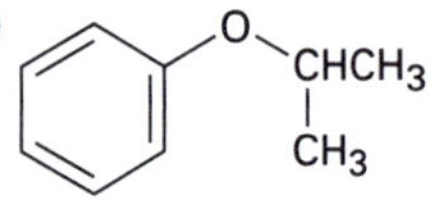

(c) 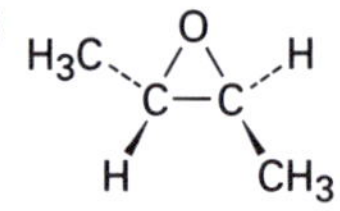

(d) 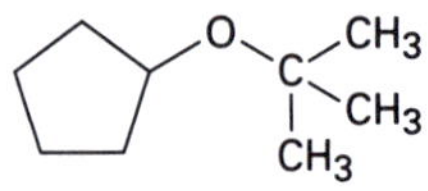

(e) 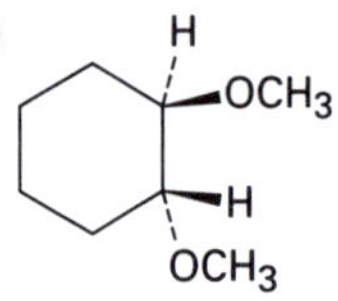

(f) 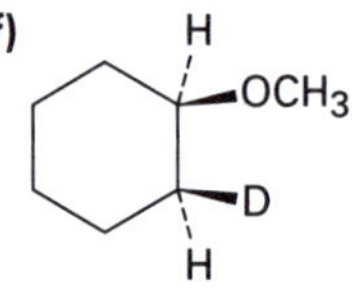

18.41 Como você prepararia os seguintes compostos a partir do 1-feniletanol?

(a) Éter 1-feniletilmetílico

(b) Fenilepoxietano

(c) Éter *tert*-butil-1-feniletílico

(d) 1-Feniletanotiol

18.42 Os éteres *tert*-butílicos podem ser preparados pela reação de um álcool com o 2-metilpropeno na presença de um catalisador ácido. Proponha um mecanismo para essa reação.

18.43 O tratamento do *trans*-2-clorociclohexanol com o NaOH leva à formação do 1,2-epoxiciclohexano, porém a reação do isômero cis nas mesmas condições produz a ciclohexanona. Proponha mecanismos para ambas as reações e explique por que são obtidos resultados diferentes.

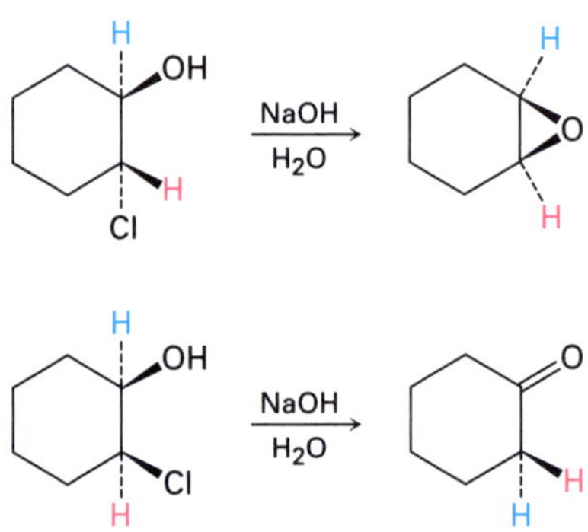

Reações de éteres e epóxidos

18.44 Preveja os produtos obtidos das seguintes reações de quebra de éter:

(a) 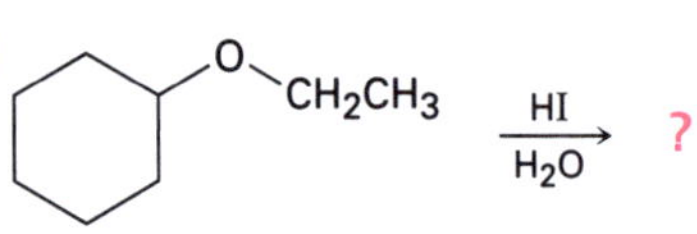

(b) 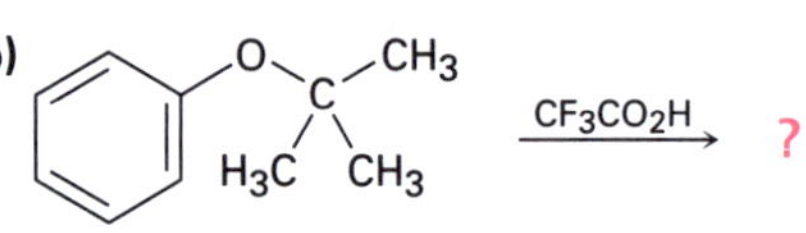

(c) $H_2C{=}CH{-}O{-}CH_2CH_3 \xrightarrow[H_2O]{HI}$?

(d) 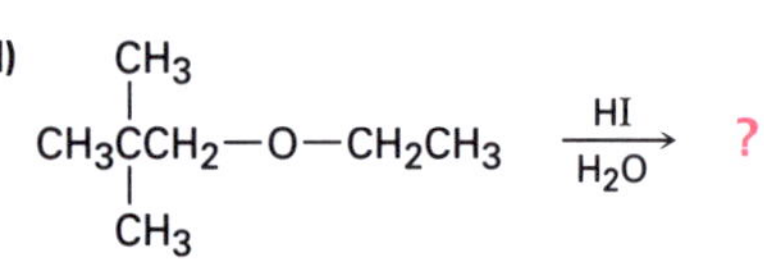

18.45 Como você realizaria as seguintes transformações? Pode ser necessária mais de uma etapa.

(a) 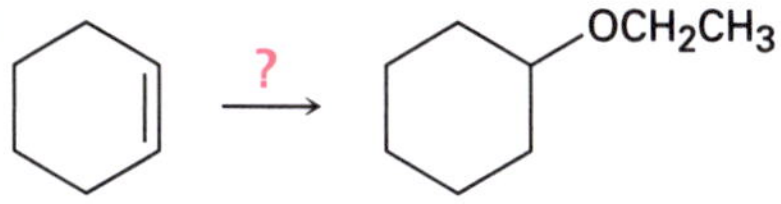

(b) 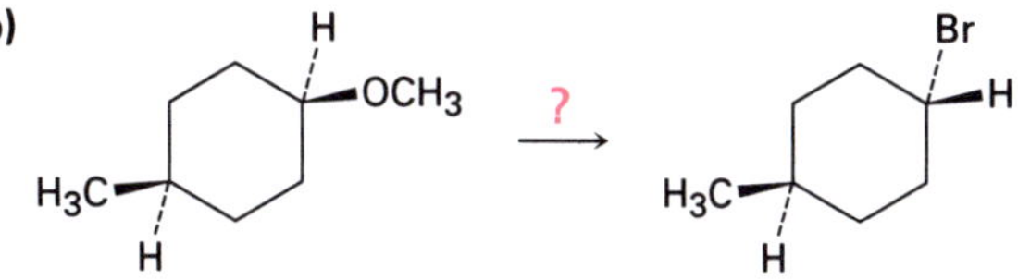

(c) 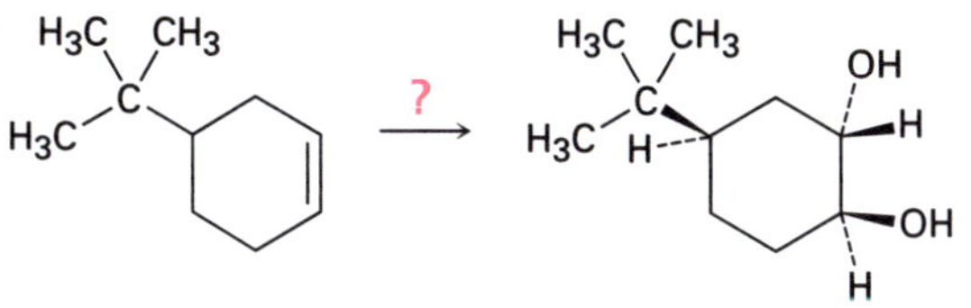

(d) $CH_3CH_2CH_2CH_2C{\equiv}CH \xrightarrow{?} CH_3CH_2CH_2CH_2CH_2CH_2OCH_3$

(e) 

18.46 Qual produto você esperaria da clivagem do tetrahidrofurano com o HI?

18.47 Escreva o mecanismo da hidrólise do *cis*-5,6-epoxidecano pela reação com ácido aquoso. Qual é a estereoquímica do produto, supondo que ocorra um ataque normal S_N2 pela parte de trás?

18.48 Qual é a estereoquímica do produto formado da hidrólise catalisada por ácido do *trans*-5,6-epoxidecano? Como o produto difere do que se formou no Problema 18.47?

18.49 A hidrólise catalisada por ácido do 1,2-epoxiciclohexano produz um 1,2-diol trans-diaxial. Qual produto você esperaria obter a partir da hidrólise ácida do *cis*-3-*tert*-butil-1,2-epoxiciclohexano? (Lembre-se de que o grupo volumoso *tert*-butila trava o anel de ciclohexano em uma conformação específica.)

18.50 Imagine que você tenha tratado o (2*R*,3*R*)-2,3-epoxi-3-metilpentano com ácido aquoso para realizar uma reação de abertura de anel.

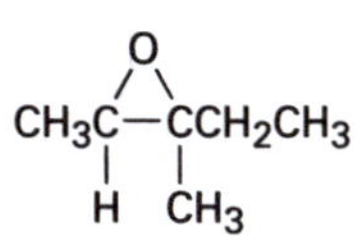

2,3-epoxi-3-metilpentano
(a estereoquímica não foi aplicada aqui)

(a) Desenhe o epóxido, mostrando a estereoquímica.

(b) Desenhe e dê nome do produto, revelando sua estereoquímica.

(c) O produto é quiral? Explique.

(d) O produto é oticamente ativo? Explique.

18.51 Os epóxidos são reduzidos pelo tratamento com o hidreto de alumínio e lítio para formar os álcoois. Proponha um mecanismo para essa reação.

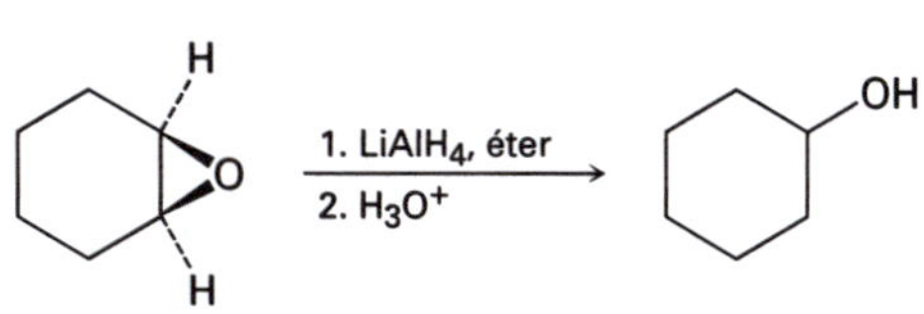

18.52 Mostre a estrutura e a estereoquímica do álcool que seria formado se o 1,2-epoxiciclohexano for reduzido com o hidreto de alumínio e lítio deuterado, $LiAlD_4$ (Problema 18.51).

Espectroscopia

18.53 A raposa vermelha (*Vulpes vulpes*) utiliza um sistema de comunicação química com base em marcas de cheiro na urina. Um componente da urina de raposa é um sulfeto cujo espectro de massas tem $M^+ = 116$. A espectroscopia no IV mostra uma banda intensa em 890 cm^{-1} e o espectro de RMN de ^1H revela os seguintes picos:

1,74δ (3 H, simpleto); 2,11δ (3 H, simpleto); 2,27δ (2 H, tripleto, J = 4,2 Hz); 2,57δ (2 H, tripleto, J = 4,2 Hz); 4,73δ (2 H, banda larga)

Proponha uma estrutura que seja consistente com essas informações. [*Nota*: $(CH_3)_2S$ absorve em 2,1δ.]

18.54 O anetol, $C_{10}H_{12}O$, o constituinte majoritário do óleo de anis, apresenta o espectro de RMN de ^1H mostrado a seguir. Na oxidação com $Na_2Cr_2O_7$, o anetol dá origem ao ácido *p*-metoxibenzoico. Qual é a estrutura do anetol? Atribua todos os picos no espectro de RMN e explique os padrões de desdobramentos observados.

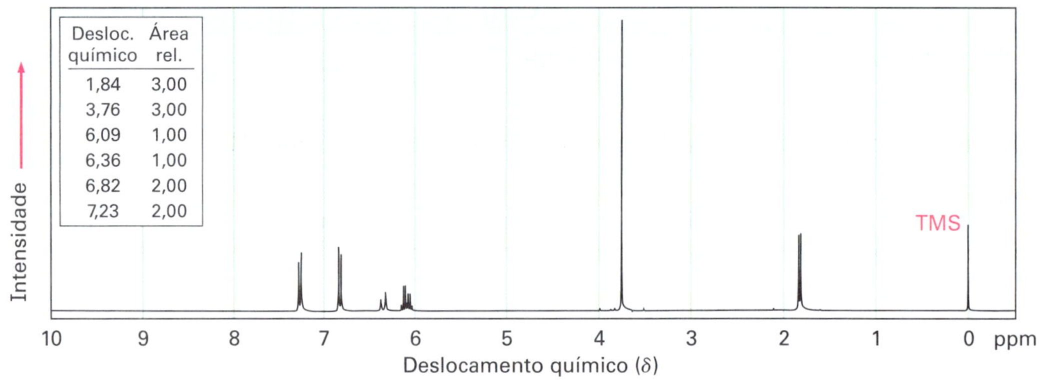

18.55 Proponha as estruturas para os compostos que exibem os seguintes espectros de RMN de ^1H:

(a) $C_5H_{12}S$ (Um hidrogênio SH absorve próximo de 1,6δ.)

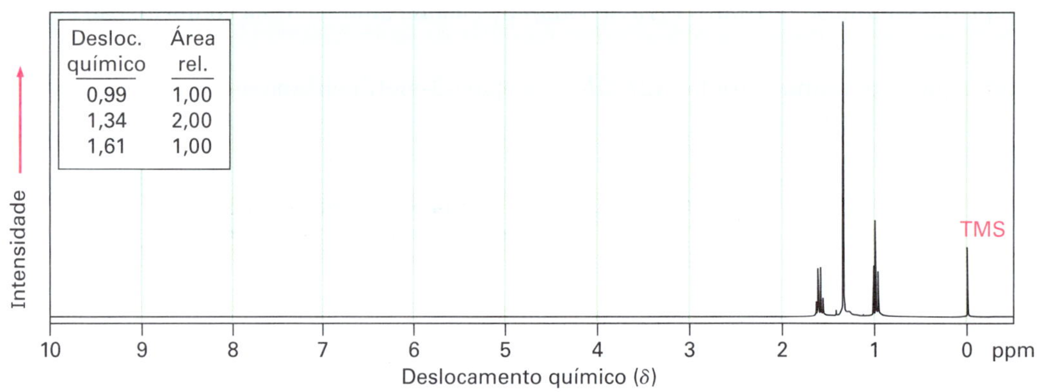

(b) $C_9H_{11}BrO$

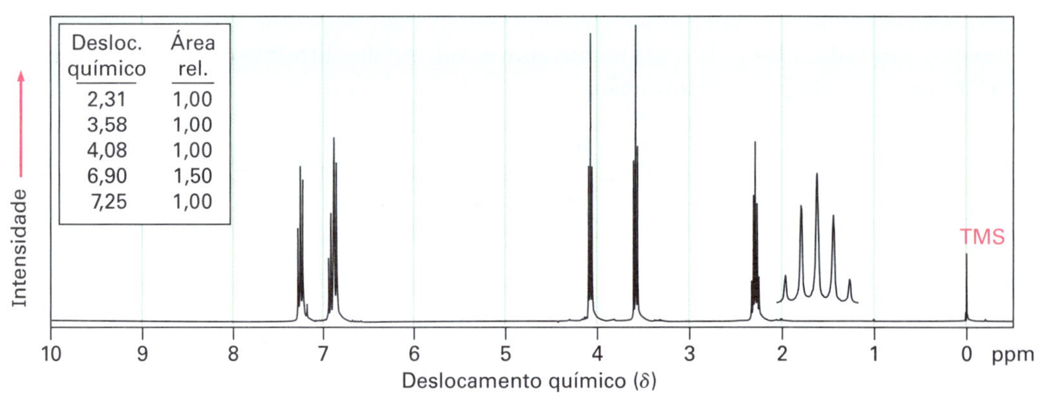

(c) $C_5H_{12}O_2$

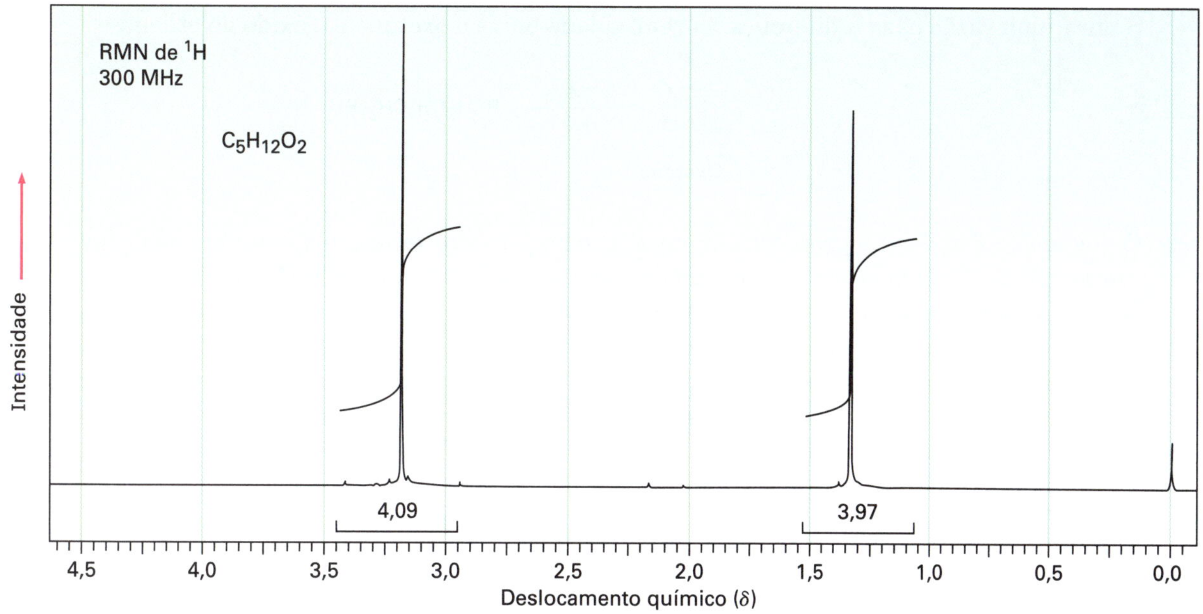

Problemas gerais

18.56 Preveja os produtos das seguintes reações:

(a)

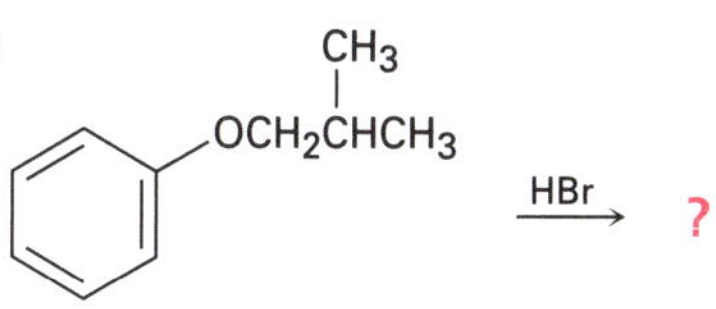

(b)

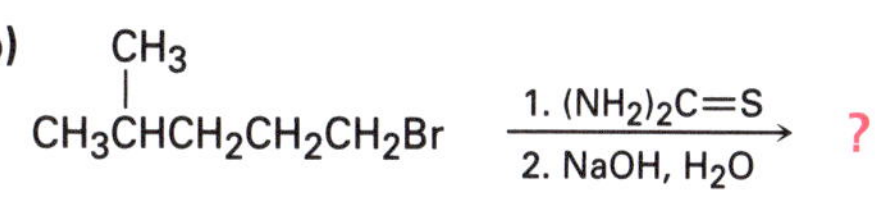

(c)

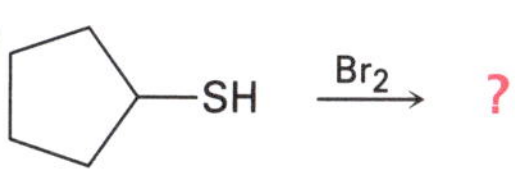

(d)

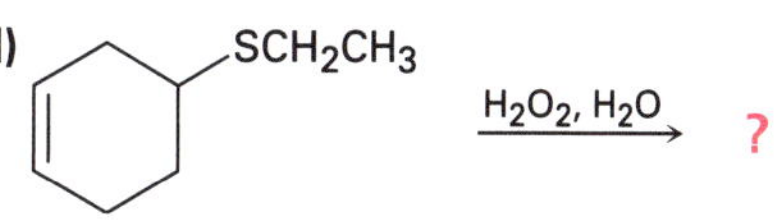

18.57 Como você sintetizaria o anetol (Problema 18.54) a partir do fenol?

18.58 Como você prepararia o éter benzilfenílico a partir do benzeno e do fenol? É necessária mais de uma etapa.

18.59 O *reagente de Meerwein*, tetrafluoroborato de trietiloxônio, é um poderoso agente etilante que converte álcoois em éteres etílicos em pH neutro. Mostre a reação do reagente de Meerwein com o ciclohexanol, e explique por que os sais de trialquiloxônio são reagentes alquilantes muito mais reativos que os iodetos de alquila.

$(CH_3CH_2)_3O^+ \; BF_4^-$ **Reagente de Meerwein**

18.60 O safrol, uma substância isolada do óleo do sassafrás, é usado como um agente de perfumaria. Proponha a síntese do sofrol a partir do catecol (1,2-benzenodiol).

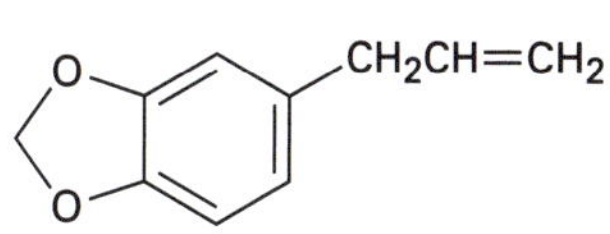

Safrol

18.61 Os reagentes de Grignard reagem com oxetano, um éter cíclico de quatro membros, para se obter os álcoois primários, mas a reação é muito mais lenta que a reação correspondente com óxido de etileno. Sugira uma razão para a diferença na reatividade entre o oxetano e o óxido de etileno.

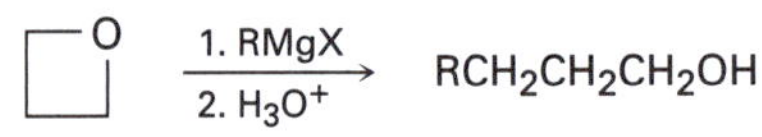

Oxetano

18.62 O *método de Zeisel* é um procedimento analítico para a determinação do número de grupos metoxila em um composto. Uma massa conhecida de um composto é aquecida com o HI concentrado, ocorrendo clivagem ácida e o produto iodometano é destilado e passado em uma solução alcoólica de $AgNO_3$, na qual reage formando um precipitado de iodeto de prata. O AgI é então coletado e pesado, e a porcentagem de grupos metoxila na amostra é, portanto, determinada. Por exemplo, 1,06 g de vanilina, o material responsável pelo odor característico da baunilha, produz 1,60 g de AgI. Se a vanilina tem massa molecular de 152, quantos grupos metoxila ela contém?

18.63 O disparlure, $C_{19}H_{38}O$, é um feromônio sexual liberado pela fêmea da cigarra, *Lymantria dispar*. O espectro de RMN de ^1H do disparlure exibe uma banda larga de absorção na região de alcanos, 1-2δ, e um tripleto em 2,8δ. O tratamento do disparlure inicialmente com ácido aquoso e então com $KMnO_4$, produz dois ácidos carboxílicos identificados como ácido undecanoico e ácido 6-metilheptanoico. (O $KMnO_4$ quebra os 1,2-dióis para produzir ácidos carboxílicos.) Negligenciando a estereoquímica, proponha uma estrutura para o disparlure. O composto real é uma molécula quiral com estereoquímica 7*R*, 8*S*. Desenhe o disparlure, mostrando a estereoquímica correta.

18.64 Como você sintetizaria a mistura racêmica do disparlure (Problema 18.63) a partir de compostos contendo dez ou menos carbonos?

18.65 Como você prepararia o *o*-hidroxifenilacetaldeído a partir do fenol? Mais de uma etapa pode ser necessária.

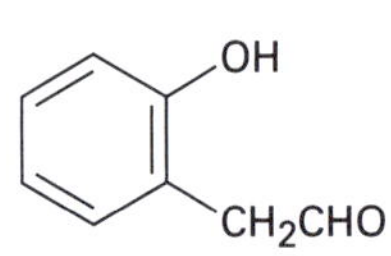

***o*-hidroxifenilacetaldeído**

18.66 Identifique os reagentes de **a-e** no seguinte esquema:

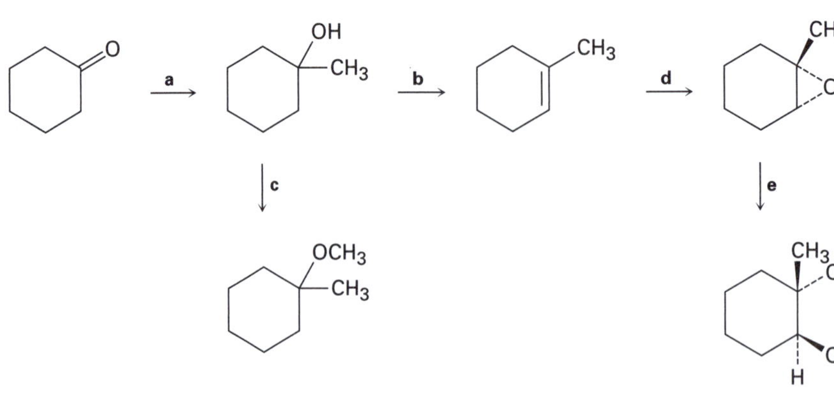

18.67 Proponha estruturas de compostos que tenham o seguinte espectro de RMN de ^1H:

(a) $C_4H_{10}O_2$

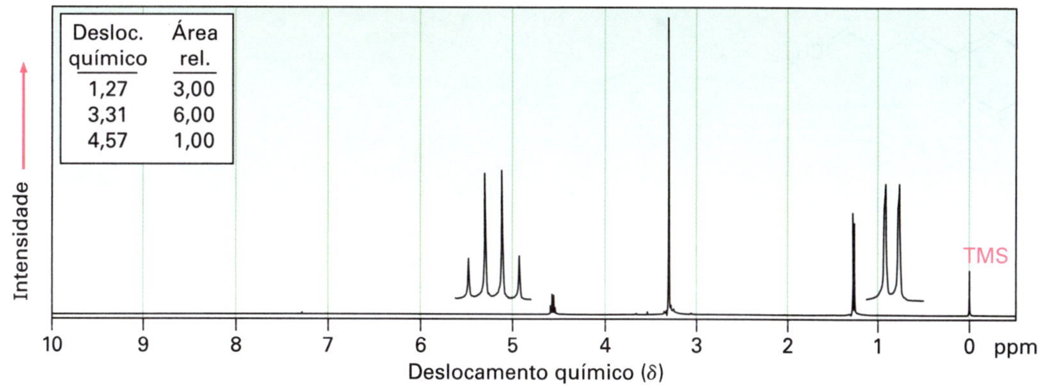

(b) $C_9H_{10}O$

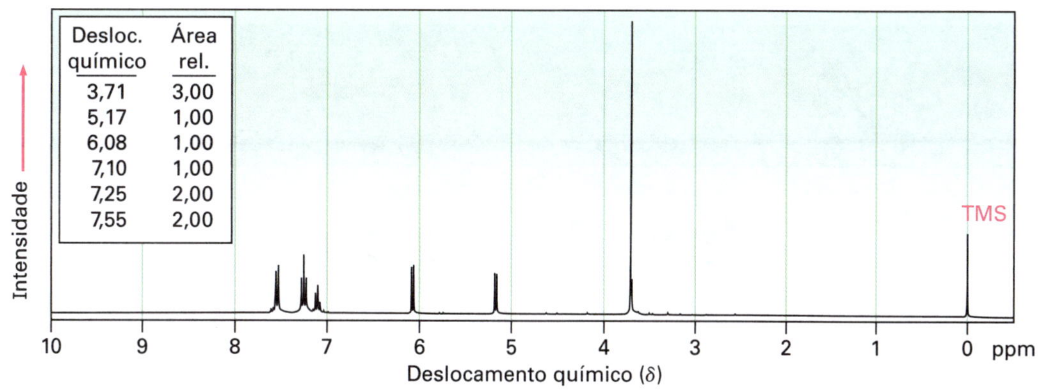

18.68 Vimos na **Seção 17.4** que as cetonas reagem com $NaBH_4$ para formar álcoois. Veremos adiante, na **Seção 22.3**, que as cetonas reagem com o Br_2 para formar as α-bromocetonas. Talvez surpreendentemente, o tratamento com $NaBH_4$ da α-bromocetona obtida a partir da acetofenona produz um epóxido em vez de um bromo álcool. Mostre a estrutura do epóxido e explique sua formação.

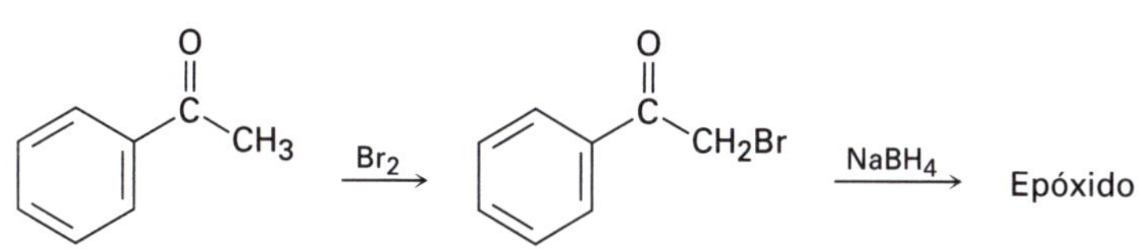

Acetofenona **Uma α-bromocetona**

18.69 Na natureza, a enzima corismato mutase catalisa um rearranjo de Claisen do corismato que envolve tanto a ligação dupla terminal quanto a ligação dupla com o carbono em vermelho. Qual é a estrutura do prefenato, o precursor biológico dos aminoácidos fenilalanina e tirosina?

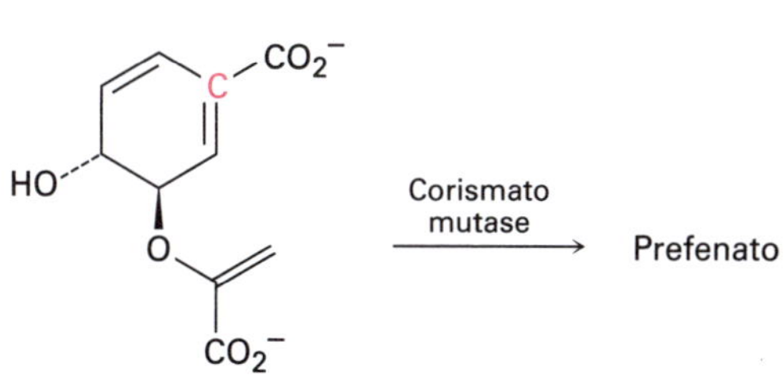

Corismato

18.70 Preveja o(s) produto(s) se os materiais de partida a seguir forem submetidos a um rearranjo de Claisen. Desenhe setas para ilustrar o rearranjo dos elétrons.

(a)

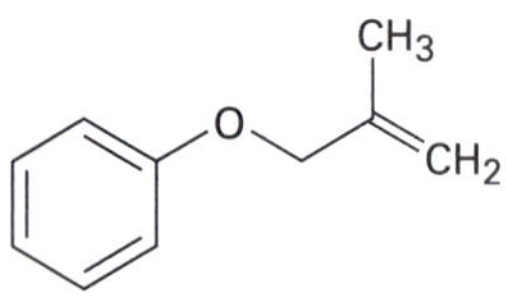

(b)

(c)

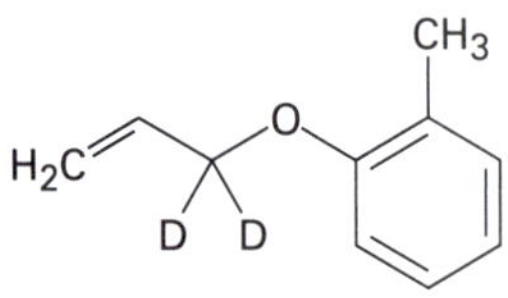

Uma Prévia dos Compostos de Carbonila

Conteúdo

Os compostos carbonílicos estão em toda parte. A maioria das moléculas biológicas contém grupos carbonila, como a maioria dos agentes farmacêuticos e muitos dos produtos químicos sintéticos que afetam nossa vida diária. O ácido cítrico, encontrado em limões e laranjas; o acetaminofeno, o princípio ativo em muitos remédios para dor de cabeça que não precisam de receita médica e o Dacron, um material poliéster usado em roupas, todos contêm tipos diferentes de grupos carbonílicos.

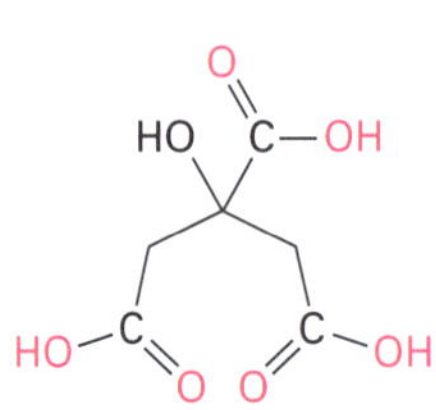

Ácido acético
(um ácido carboxílico)

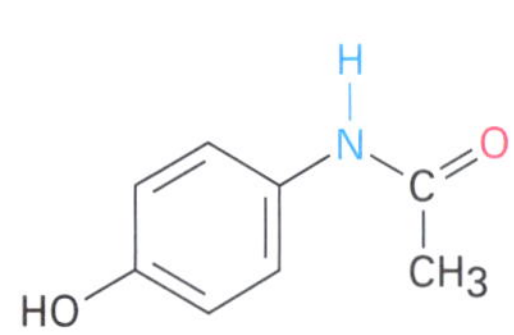

Acetaminofeno
(uma amida)

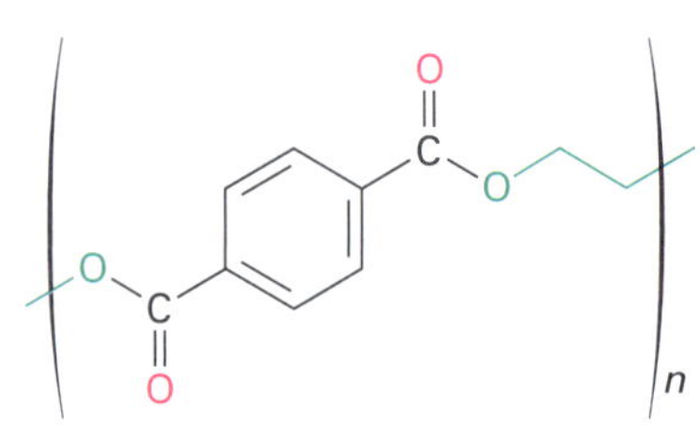

Dacron
(um poliéster)

Em grande parte, a química dos organismos vivos é a química de compostos de carbonila. Assim, passaremos os próximos cinco capítulos discutindo a química do **grupo carbonila, C=O**. Há muitos tipos diferentes de compostos carbonílicos e muitas reações diferentes, mas há apenas alguns princípios fundamentais que ligam o campo inteiro junto. A intenção dessa breve introdução não é mostrar os detalhes específicos das reações, mas, em vez disso, fornecer uma base para a compreensão da química do grupo carbonila. Leia este resumo agora e retorne a ele quando for necessário para que se recorde desse quadro geral.

I.

Tipos de compostos carbonílicos

A **Tabela 1** mostra alguns dos vários tipos de compostos de carbonila. Todos contêm um **grupo acila** (R–C=O) ligado a um outro substituinte. A parte R do grupo acila pode ser praticamente qualquer estrutura parcial orgânica e o outro substituinte ao qual o grupo acila está ligado pode ser um carbono, hidrogênio, oxigênio, halogênio, nitrogênio ou enxofre.

TABELA 1 Tipos de compostos de carbonila

Nome	Fórmula geral	Terminação	Nome	Fórmula geral	Terminação
Aldeído	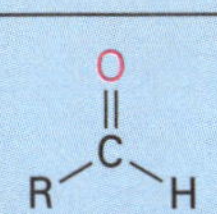	*-al*	Éster	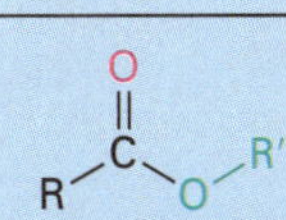	*-oato*
Cetona	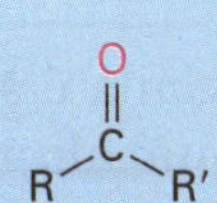	*-ona*	Lactona (éster cíclico)	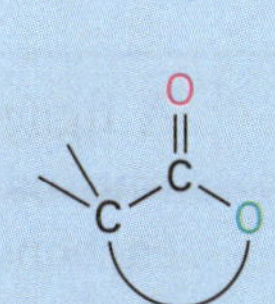	Nenhuma
Ácido carboxílico	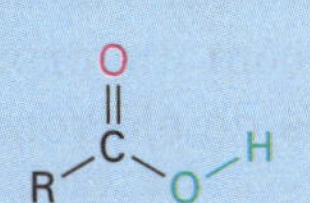	*ácido -oico*	Tioéster	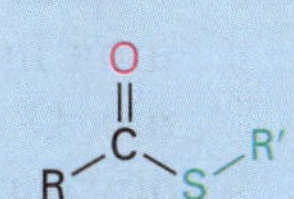	*-tioato*
Haleto de ácido	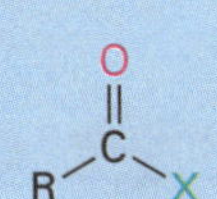	*haleto de -ila ou oíla*	Amida	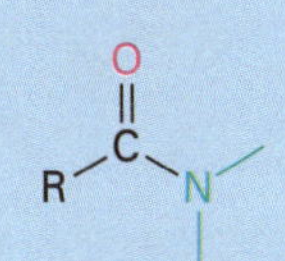	*-amida*
Anidrido de ácido	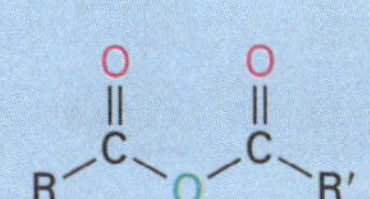	*anidrido oico*	Lactama (amida cíclica)	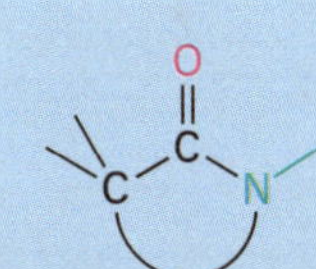	Nenhuma
Fosfato de acila	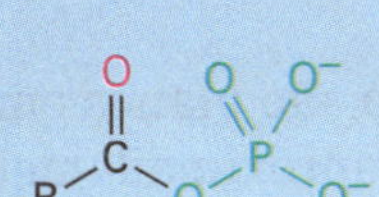	*fosfato de -ila*			

É útil classificar os compostos de carbonila em duas categorias gerais de acordo com os tipos de reações que sofrem. Em uma categoria estão os aldeídos e as cetonas; em outra, os ácidos carboxílicos e seus derivados. O grupo acila em um aldeído ou uma cetona está ligado a um átomo (H ou C, respectivamente) que *não pode* estabilizar a carga negativa e, portanto, não atua como grupo abandonador em uma reação de substituição nucleofílica. Entretanto, o grupo acila em um ácido carboxílico e seus derivados está ligado a um átomo (oxigênio, halogênio, enxofre, nitrogênio) que *pode* estabilizar uma carga negativa e, por conseguinte, *pode* atuar como um grupo abandonador em uma reação de substituição nucleofílica.

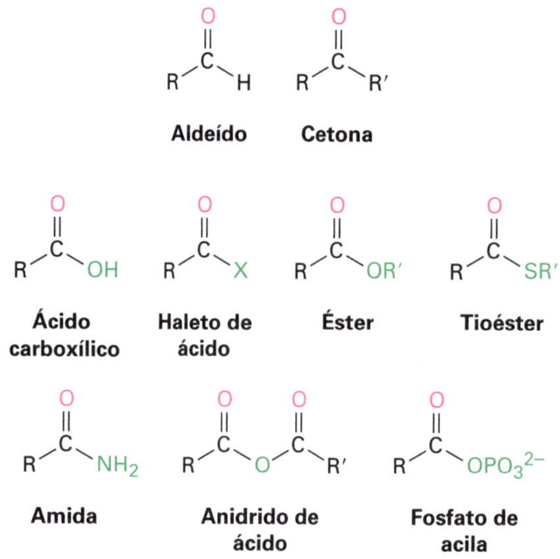

Os grupos –R′ e –H nesses compostos *não podem* atuar como grupos abandonadores nas reações de substituição nucleofílica.

Os grupos –OH, –X, –OR′, –SR, $-NH_2$, –OCOR′, e $-OPO_3^{2-}$ nesses compostos *podem* atuar como grupos abandonadores nas reações de substituição nucleofílica.

II. Natureza do grupo carbonila

A ligação dupla carbono-oxigênio de um grupo carbonila é semelhante em muitos aspectos à ligação dupla carbono-carbono de um alceno. O átomo de carbono do grupo carbonila tem hibridização sp^2 e forma três ligações σ. O quarto elétron de valência permanece em um orbital p do carbono e forma uma ligação π com o oxigênio pela superposição com um orbital p do oxigênio. O átomo de oxigênio também tem dois pares de elétrons não ligantes, que ocupam os dois orbitais restantes.

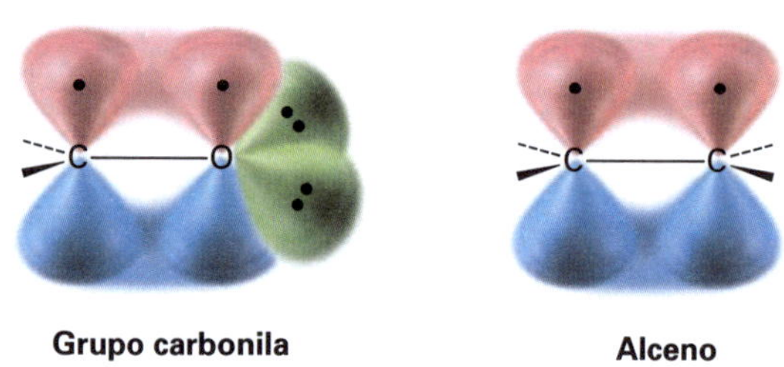

Como os alcenos, os compostos de carbonila são planos em torno da ligação dupla e apresentam ângulos de ligação de aproximadamente 120°. A **Figura 1** mostra a estrutura do acetaldeído e indica os ângulos e os comprimentos de ligação obtidos experimentalmente. Como era de esperar, a ligação dupla carbono-oxigênio é um pouco mais curta (122 pm *versus* 143 pm) e mais forte [732 kJ mol^{-1} (175 kcal mol^{-1}) *versus* 385 kJ mol^{-1} (92 kcal mol^{-1})] que uma ligação simples C–O.

Figura 1 Estrutura do acetaldeído.

Ângulo de ligação (°)		Comprimento de ligação	(pm)
H–C–C	118	C=O	122
C–C=O	121	C–C	150
H–C=O	121	OC–H	109

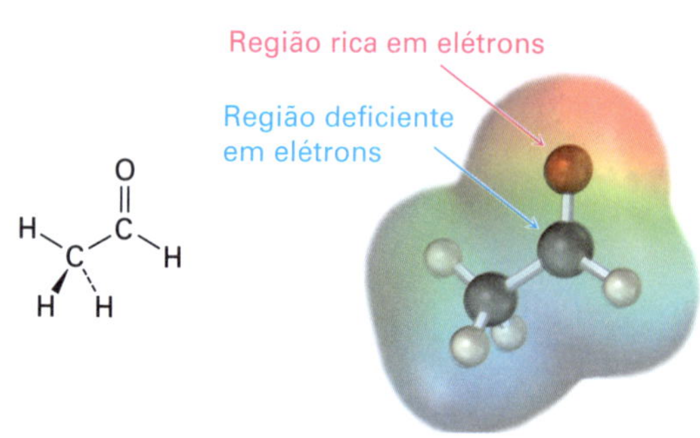

Como indicado pelo mapa de potencial eletrostático na **Figura 1**, a ligação dupla carbono-oxigênio é fortemente polarizada graças à alta eletronegatividade do oxigênio em relação ao carbono. Assim, o átomo de carbono do grupo carbonila apresenta uma carga parcial positiva e é um sítio eletrofílico (ácido de Lewis) e reage com nucleófilos. Contrariamente, o átomo de oxigênio no grupo carbonila carrega uma carga parcial negativa, é um sítio nucleofílico (base de Lewis) e reage com eletrófilos. Veremos nos próximos cinco capítulos que a maioria das reações envolvendo o grupo carbonila pode ser racionalizada por argumentos simples de polaridade.

III. Reações gerais de compostos carbonílicos

Tanto no laboratório quanto nos organismos vivos, a maioria das reações de compostos de carbonila ocorre por um dos quatro mecanismos gerais: *adição nucleofílica, substituição nucleófila de acila, substituição alfa* e *condensação carbonílica*. Esses mecanismos têm muitas variações, da mesma maneira que as reações de adição eletrofílica de alcenos e as reações S_N2, porém essas variações são muito mais fáceis de aprender quando as características fundamentais dos mecanismos são esclarecidas. Vejamos o que são esses quatro mecanismos e a quais tipos de química esses grupos carbonila estão sujeitos.

REAÇÕES DE ADIÇÃO NUCLEOFÍLICA DE ALDEÍDOS E CETONAS (CAPÍTULO 19)

A reação mais comum de aldeídos e cetonas é a **reação de adição nucleofílica**, na qual um nucleófilo, **:**Nu^-, se adiciona ao carbono eletrofílico do grupo carbonila. Uma vez que o nucleófilo utiliza um par de elétrons para formar uma nova ligação com o carbono, dois elétrons da ligação dupla carbono-oxigênio devem se mover para o átomo eletronegativo de oxigênio para gerar um ânion alcóxido. O átomo de carbono do grupo carbonila se hibridiza de sp^2 para sp^3 durante a reação, e o íon alcóxido formado tem, consequentemente, geometria tetraédrica.

Um composto carbonílico (átomo de carbono com hibridização sp^2**)** — **Um intermediário tetraédrico (átomo de carbono com hibridização** sp^3**)**

Uma vez formado, e dependendo da natureza do nucleófilo, o alcóxido tetraédrico intermediário pode posteriormente sofrer uma das duas reações mostradas na **Figura 2**. Geralmente, o alcóxido tetraédrico intermediário é simplesmente protonado pela água ou ácido dando origem a um álcool como produto. De modo alternativo, o intermediário tetraédrico pode ser protonado e expelir o átomo de oxigênio para formar uma nova ligação dupla entre o carbono do grupo carbonila e o nucleófilo. Estudaremos essas reações em detalhes no **Capítulo 19**.

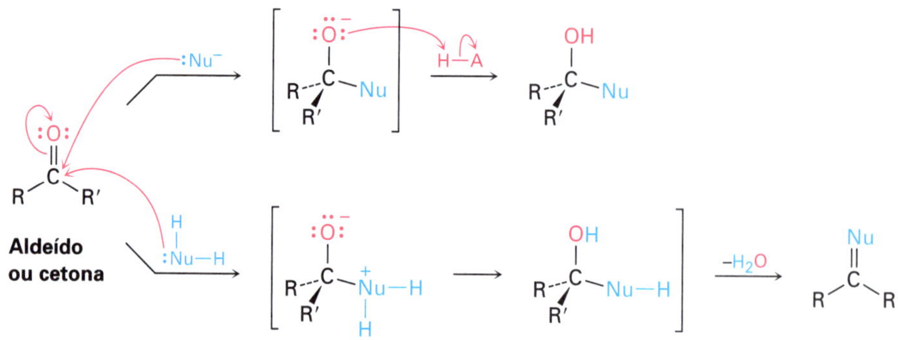

Figura 2 A reação de adição de um aldeído ou uma cetona com um nucleófilo. Dependendo de sua natureza, pode ocorrer a formação de um álcool ou de um novo composto com uma ligação dupla C=Nu.

Formação de um álcool A reação mais simples de um alcóxido intermediário tetraédrico é a protonação para formar um álcool. Já vimos dois exemplos desse tipo de processo durante a redução de aldeídos e cetonas com hidretos como o $NaBH_4$ e o $LiAlH_4$ (**Seção 17.4**) e durante as reações de Grignard (**Seção 17.5**). Durante uma redução, o nucleófilo que se adiciona ao grupo carbonila é um íon hidreto, $H:^-$, enquanto na reação de Grignard, o nucleófilo é um carbânion, $R_3C:^-$.

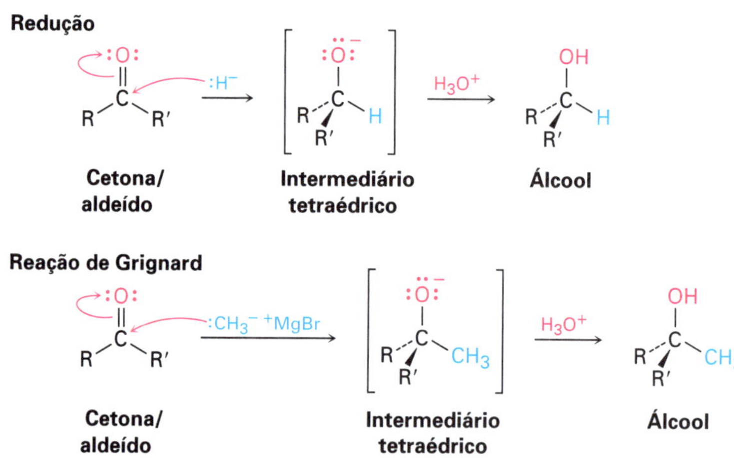

Formação da ligação C=Nu O segundo modo de adição nucleofílica, que normalmente ocorre com os nucleófilos de amina, envolve a eliminação do oxigênio e formação de uma ligação dupla C=Nu. Por exemplo, os aldeídos e as cetonas reagem com as aminas primárias, RNH_2, para formar *iminas*, $R_2C{=}NR'$. Estas reações usam o mesmo tipo de intermediário tetraédrico que o formado durante a redução de hidreto e a reação de Grignard, mas o íon alcóxido inicialmente formado não é isolado. Ao contrário, ele é protonado e depois perde água para formar uma imina, como mostra a **Figura 3**.

Figura 3 Mecanismo de formação de uma imina, $R_2C{=}NR'$, pela reação de uma amina com um aldeído ou uma cetona.

MECANISMO

1. A adição de uma amina neutra (nucleófilo) a um aldeído ou uma cetona leva à formação de um intermediário dipolar tetraédrico.
2. A transferência de um próton do nitrogênio para o oxigênio então forma um intermediário aminoálcool.
3. A desidratação do intermediário aminoálcool leva à formação de uma imina neutra e água como produtos finais.

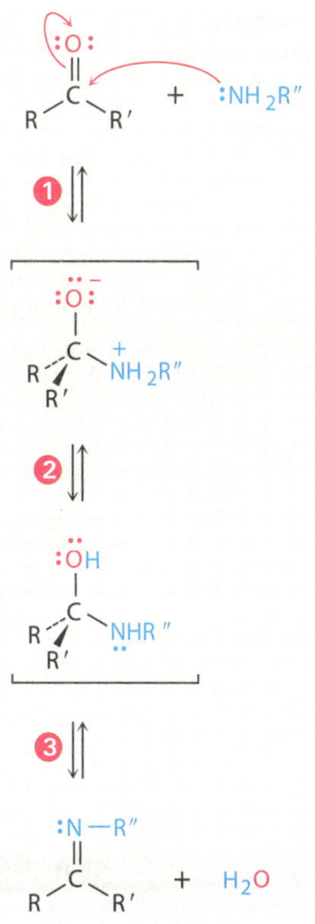

REAÇÕES DE SUBSTITUIÇÃO NUCLEOFÍLICA DE ACILA DE DERIVADOS DE ÁCIDOS CARBOXÍLICOS (CAPÍTULO 21)

A segunda reação fundamental de compostos de carbonila, a **reação de substituição nucleofílica de acila**, está relacionada à reação de adição nucleofílica discutida anteriormente, porém essa reação acontece somente com os derivados de ácidos carboxílicos em vez de aldeídos e cetonas. Quando o grupo carbonila de um derivado de ácido carboxílico reage com um nucleófilo, a adição ocorre de maneira visual; contudo, o alcóxido tetraédrico intermediário inicialmente formado não é isolado. Uma vez que os derivados de ácidos carboxílicos possuem um grupo abandonador ligado ao carbono do grupo carbonila, o intermediário tetraédrico reage logo em seguida expelindo o grupo abandonador e formando um novo composto de carbonila:

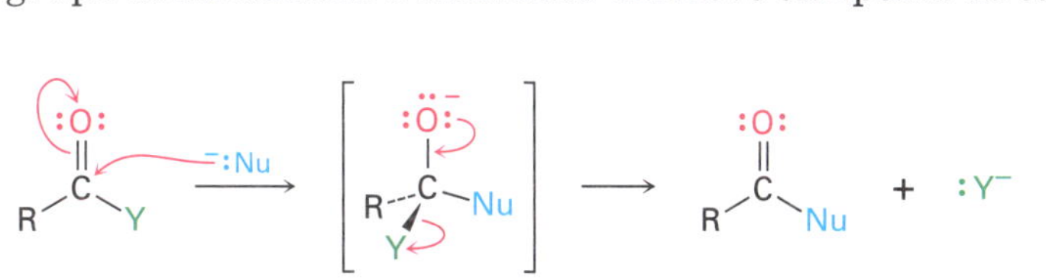

Derivado de ácido carboxílico **Intermediário tetraédrico**

[Y = –OR (éster), –Cl (cloreto de ácido), $-NH_2$ (amida), ou –OCOR (anidrido de ácido)]

O efeito líquido de uma reação de substituição nucleofílica de acila é a substituição de um grupo abandonador pelo nucleófilo que está entrando. Veremos no **Capítulo 21**, por exemplo, que os cloretos de ácidos são rapidamente convertidos em ésteres pelo tratamento com íons alcóxidos (**Figura 4**).

Figura 4 Reação de substituição nucleofílica de acila de um cloreto de ácido com um íon alcóxido formando um éster.

MECANISMO

❶ A adição nucleofílica de um íon alcóxido em um cloreto de ácido dá origem a um intermediário tetraédrico.

❷ Um par de elétrons do oxigênio expele o íon cloreto levando à formação de um produto de substituição, um éster.

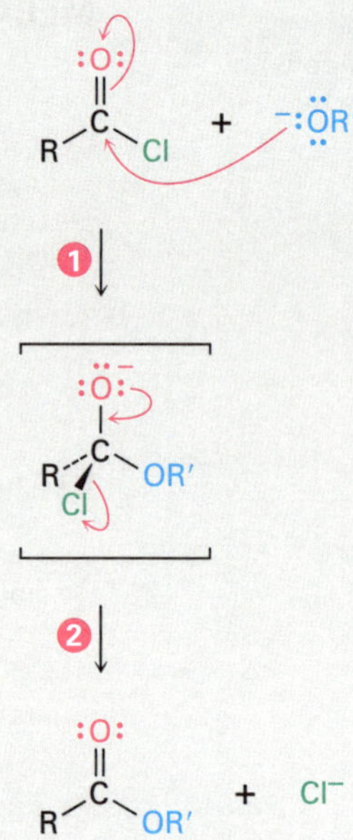

REAÇÕES DE SUBSTITUIÇÃO ALFA (CAPÍTULO 22)

O terceiro tipo de reação de compostos de carbonila, **substituição alfa**, ocorre na posição vizinha ao grupo carbonila – a posição alfa (α). Essa reação, que acontece com todos os tipos de compostos de carbonila independentemente da estrutura, é resultado da substituição de um hidrogênio α por um eletrófilo através da formação de um intermediário *enol* ou *íon enolato*:

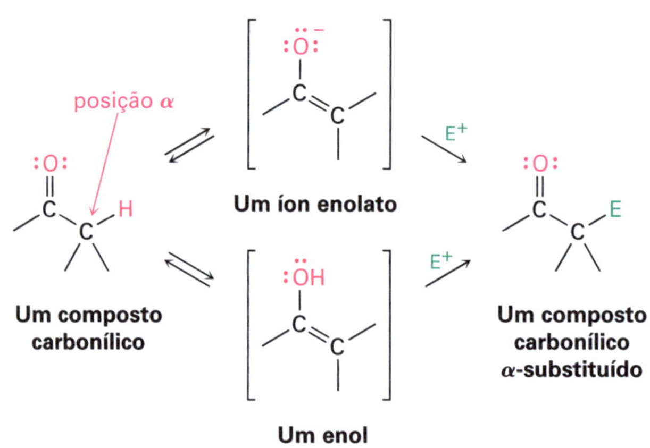

Por razões que exploraremos com mais detalhes no **Capítulo 22**, a presença de um grupo carbonila torna ácidos os átomos de hidrogênio do carbono alfa. Os compostos de carbonila então reagem com uma base forte para formar os íon enolatos.

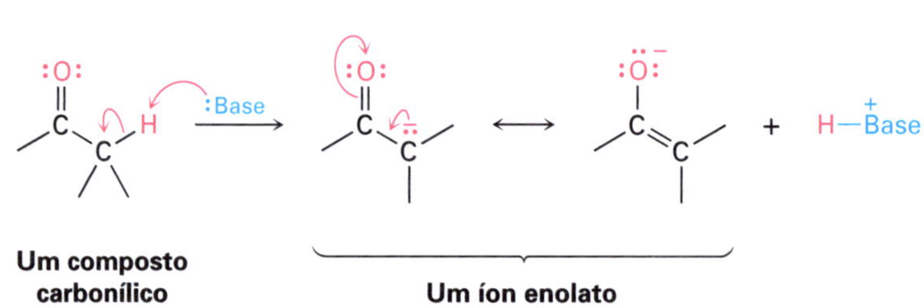

Uma vez que os íons enolatos são carregados negativamente, eles agem como nucleófilos e sofrem muitas das reações apresentadas anteriormente. Por exemplo, os íons enolatos reagem com os haletos de alquila primários em uma reação S_N2. O íon enolato nucleofílico desloca o íon haleto e uma nova ligação C–C é formada:

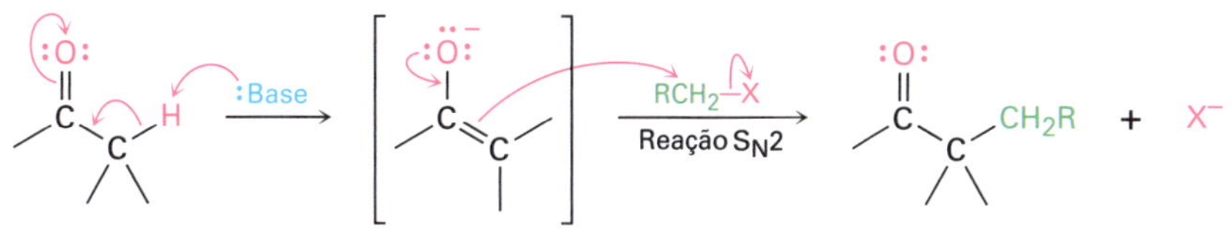

Um composto carbonílico **Um íon enolato**

A reação de alquilação S_N2 entre um íon enolato e um haleto de alquila é um dos métodos mais poderosos disponíveis para a formação de ligações C–C, ou seja, de construção de moléculas maiores a partir de precursores menores. Estudaremos a alquilação de muitos tipos de compostos de carbonila no **Capítulo 22**.

REAÇÕES DE CONDENSAÇÃO CARBONÍLICA (CAPÍTULO 23)

O quarto e último tipo de reação fundamental de compostos de carbonila, **condensação carbonílica**, acontece quando dois compostos de carbonila reagem entre si. Por exemplo, quando o acetaldeído é tratado com uma base, duas moléculas se combinam para formar um hidroxialdeído como produto, também conhecido como *aldol* (*ald*eído + álco*ol*):

Dois acetaldeídos **Aldol**

Embora a reação de condensação de carbonila aparente ser diferente dos outros três processos já abordados, ela na realidade é bastante similar. Uma reação de condensação carbonílica é simplesmente uma combinação de uma etapa de adição nucleofílica com uma etapa de substituição alfa. O íon enolato formado inicialmente a partir de uma molécula de acetaldeído age como nucleófilo atacando o grupo carbonila de outra molécula de acetaldeído como apresentado na **Figura 5**.

Figura 5 Uma reação de condensação carbonílica entre duas moléculas de acetaldeído que leva à formação de um hidroxialdeído como produto.

MECANISMO

❶ A base abstrai um próton alfa ácido de uma molécula de acetaldeído, dando origem a um íon enolato.

❷ O íon enolato então atua como um nucleófilo atacando o grupo carbonila de outra molécula de acetaldeído produzindo um intermediário tetraédrico.

❸ O intermediário é protonado pelo solvente para formar um produto neutro aldol, regenerando o catalisador básico.

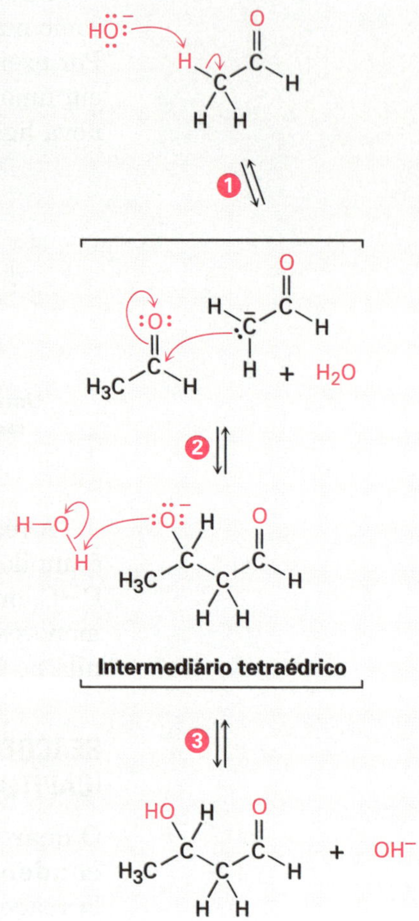

IV. Resumo

Em grande parte, a química dos organismos vivos é a química de compostos de carbonila. Não olhamos para os detalhes de reações carbonílicas específicas nesta curta pré-visualização, mas sim lançamos as bases para os próximos cinco capítulos. Todas as reações do grupo carbonila que estudaremos, nos **Capítulos 19** até o **23** fazem parte de uma das quatro categorias fundamentais discutidas nesta prévia. Saber nosso objetivo deve ajudá-lo a manter-se atento à compreensão do grupo funcional mais importante de todos.

PROBLEMAS

1. Analisando os seguintes mapas de potencial eletrostático, que tipo de composto de carbonila possui o carbono do grupo carbonila mais eletrofílico, uma cetona ou um cloreto de ácido? Qual desses compostos tem o átomo de oxigênio de carbonila mais nucleofílico? Explique.

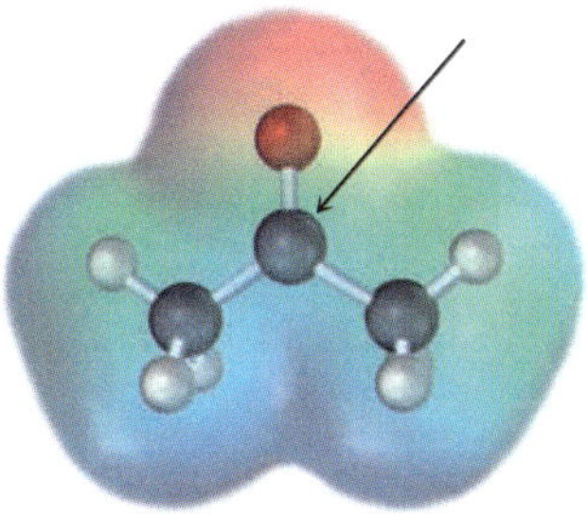

Acetona
(Cetona)

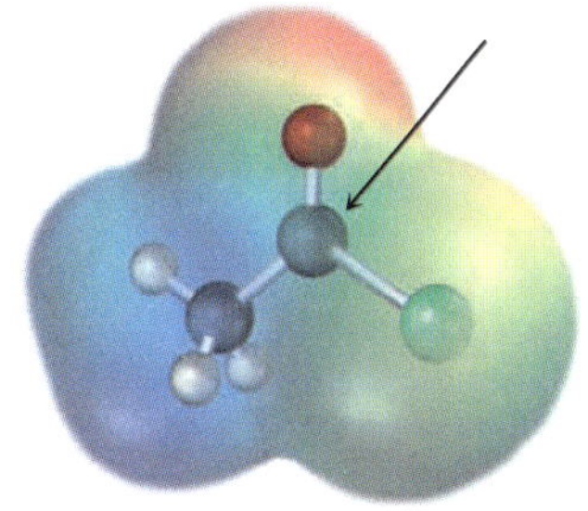

Cloreto de acetila
(Cloreto de ácido)

2. Preveja o produto formado pela adição nucleofílica do íon cianeto (CN^-) ao grupo carbonila da acetona, seguido de protonação para formar um álcool:

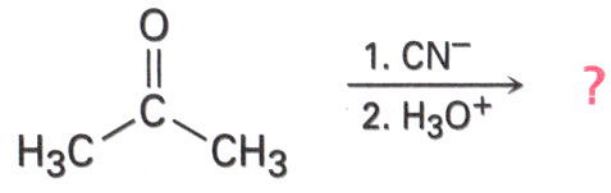

Acetona

3. Classifique cada umas das reações a seguir como reação de adição nucleofílica, substituição nucleofílica de acila, substituição alfa ou condensação de carbonila:

(a)

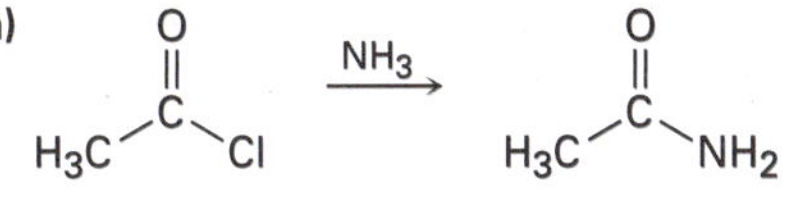

(b)

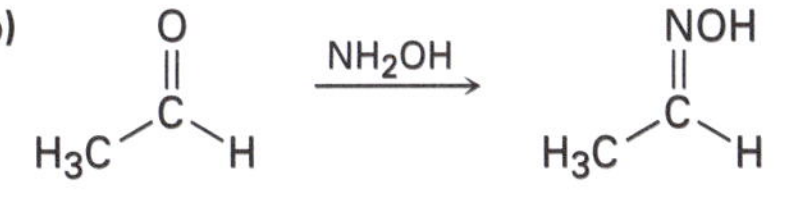

(c)

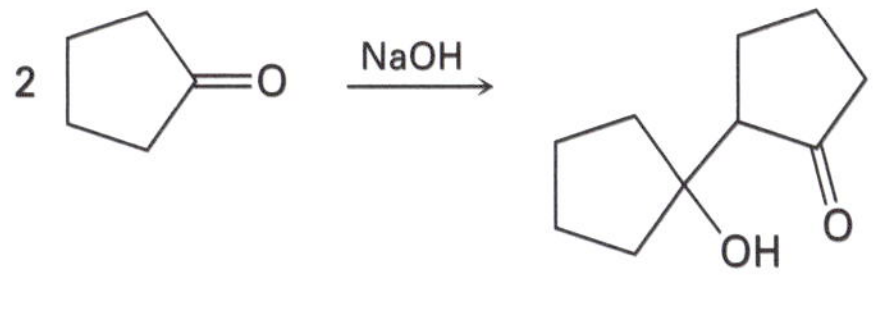

capítulo 19

Aldeídos e Cetonas: Reações de Adição Nucleofílica

Neste capítulo:

Poucas flores são mais bonitas ou mais perfumadas que as rosas. O seu odor perfumado é decorrente de vários compostos orgânicos simples, incluindo a cetona β-damascenona.

POR QUE ESTE CAPÍTULO? Muito da química orgânica é simplesmente a química de compostos de carbonila. Em particular, os aldeídos e cetonas são intermediários na síntese de muitos agentes farmacêuticos, em quase todas as rotas biológicas, e em diversos processos industriais; por isso, é essencial entender suas propriedades e reações. Neste capítulo, vamos olhar para algumas das suas reações mais importantes.

Aldeídos (RCHO) e **cetonas (R_2CO)** estão entre os produtos mais amplamente encontrados. Na natureza, muitas substâncias necessárias para os organismos vivos são aldeídos ou cetonas. Por exemplo, o aldeído fosfato de piridoxal é uma coenzima envolvida em um grande número de reações metabólicas; a cetona hidrocortisona é um hormônio esteroide secretado pelas glândulas adrenais para regular o metabolismo das gorduras, das proteínas e dos carboidratos.

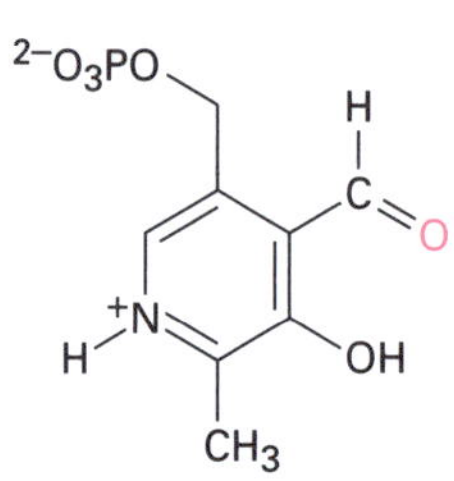

Fosfato de piridoxal (PLP)

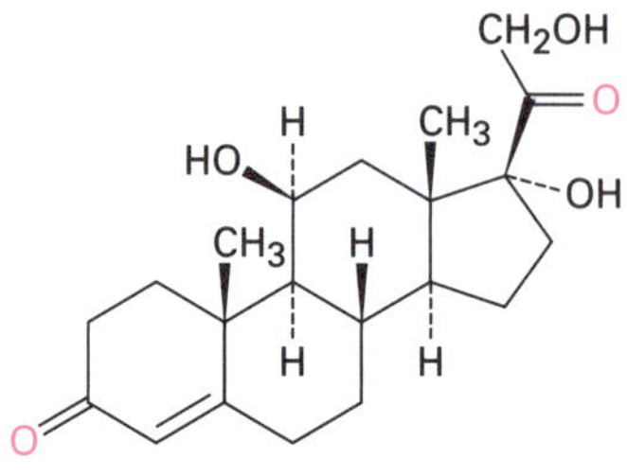

Hidrocortisona

Na indústria química, aldeídos e cetonas simples são produzidos em larga escala para uso como solventes e como materiais de partida para uma infinidade de outros produtos. Por exemplo, mais de 30 milhões de toneladas por ano de formaldeído, $H_2C{=}O$, são produzidas em todo o mundo para uso em materiais de isolamento para construção e nas resinas adesivas que ligam aglomerados e compensados. Acetona, $(CH_3)_2C{=}O$, é amplamente usada como solvente industrial; aproximadamente 6 milhões de toneladas por ano são produzidas em todo o mundo. O formaldeído é sintetizado industrialmente pela oxidação catalítica do metanol e um método de preparação de acetona envolve a oxidação do 2-propanol.

Metanol **Formaldeído**

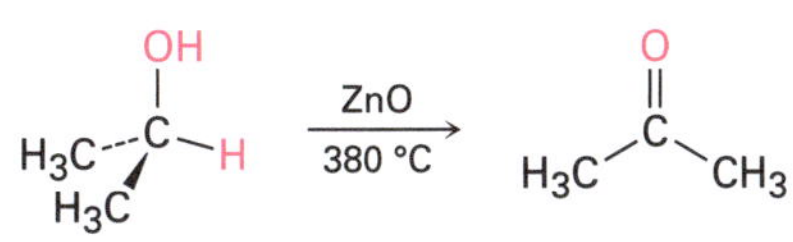

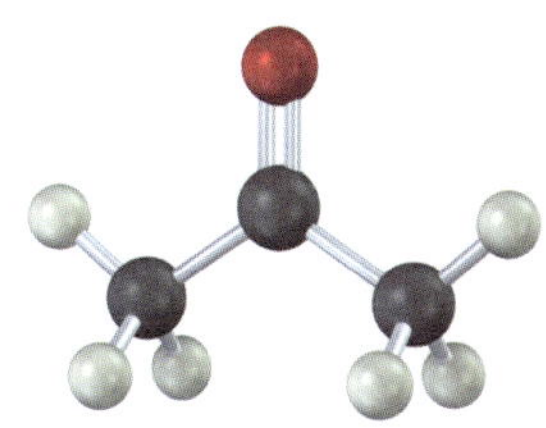

2-propanol **Acetona**

19.1 Nomenclatura de aldeídos e cetonas

Os aldeídos são nomeados pela substituição do *-o* terminal dos nomes dos alcanos correspondentes por *-al*. A cadeia principal deve conter o grupo $-CHO$ e o carbono do $-CHO$ é numerado como carbono 1. Observe nos exemplos seguintes que a cadeia mais longa no 2-etil-4-metilpentanal é na verdade um hexano, mas esta cadeia não inclui o grupo $-CHO$ e, portanto, não é a principal.

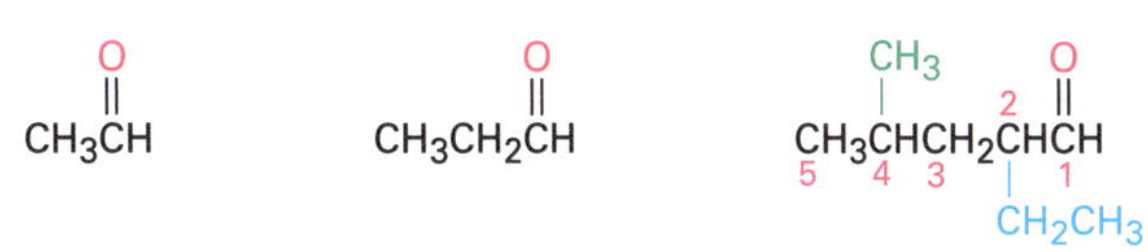

Etanal (acetaldeído) **Propanal (propionaldeído)** **2-etil-4-metilpentanal**

Para os aldeídos cíclicos mais complexos, nos quais o grupo $-CHO$ está ligado diretamente a um anel, o sufixo *-carbaldeído* é utilizado:

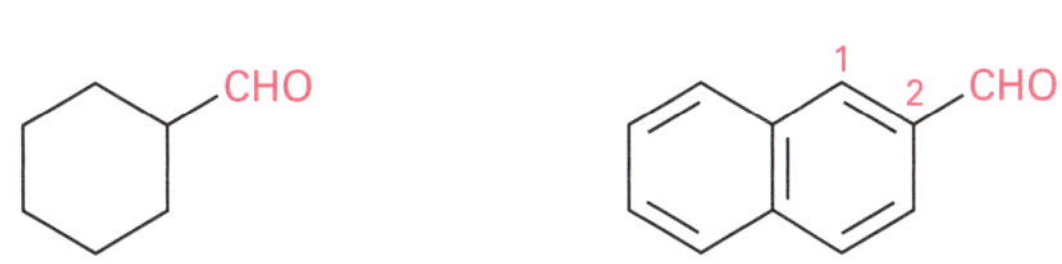

Ciclohexano carbaldeído **2-naftaleno carbaldeído**

Alguns aldeídos simples e bem conhecidos têm nomes comuns reconhecidos pela IUPAC. Vários que você poderá encontrar estão listados na **Tabela 19.1**.

TABELA 19.1 Nomes comuns de alguns aldeídos simples

Fórmula	Nome comum	Nome sistemático
HCHO	Formaldeído	Metanal
CH_3CHO	Acetaldeído	Etanal
$H_2C{=}CHCHO$	Propionaldeído	Propanal
$CH_3CH{=}CHCHO$	Crotonaldeído	2-Butenal
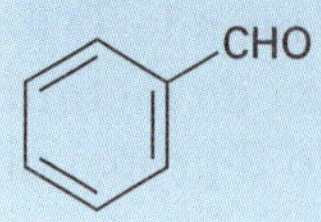	Benzaldeído	Benzenocarbaldeído

As cetonas são nomeadas por substituição do *-o* do nome do alcano correspondente por *-ona*. A cadeia principal é a mais longa que inclui o grupo cetona e a numeração começa na extremidade mais próxima do carbono da carbonila. Tal como acontece com os alcenos (**Seção 7.3**) e álcoois (**Seção 17.1**), o localizador é colocado antes do nome principal usando regras mais antigas, mas antes do sufixo com as diretrizes mais recentes da IUPAC. Por exemplo:

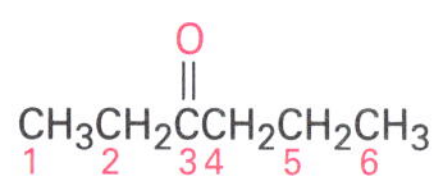

3-hexanona
(Nova: Hexan-3-ona)

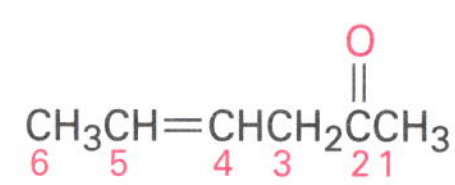

4-hexen-2-ona
(Nova: Hex-4-en-2-ona)

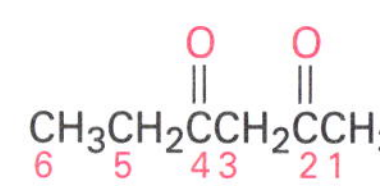

2,4-hexanodiona
(Nova: Hexano-2,4-diona)

A IUPAC permite que algumas cetonas mantenham seus nomes comuns.

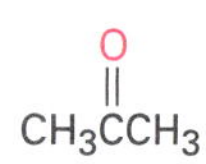

Acetona

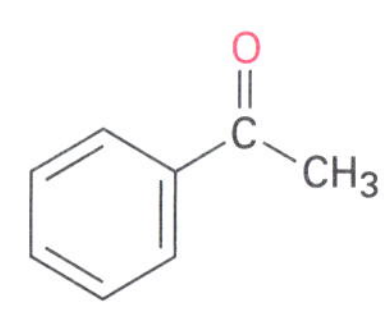

Acetofenona

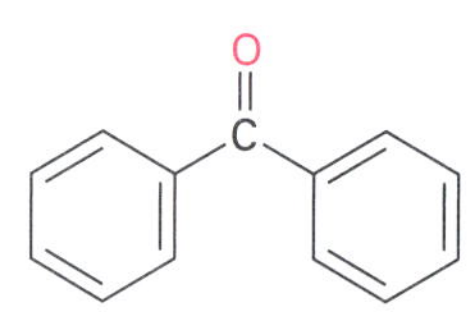

Benzofenona

Quando for necessário se referir ao R−C=O como um substituinte, o nome do **grupo acila** é usado e a terminação *-ila* é incorporada. Assim, $-COCH_3$ é um grupo acetila, −CHO é um grupo formila, −COAr é um grupo aroila e $-COC_6H_5$ é um grupo benzoila.

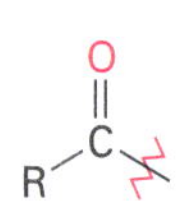

Um grupo acila

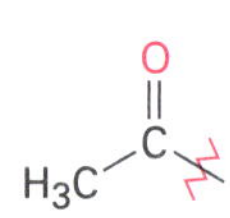

Acetila

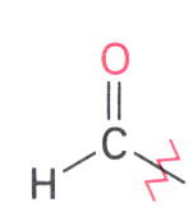

Formila

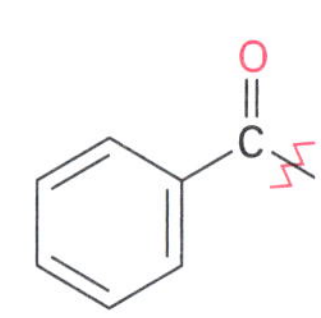

Benzoíla

Se outros grupos funcionais estiverem presentes e o oxigênio da ligação dupla for considerado um substituinte na cadeia principal, o prefixo *oxo-* será usado. Por exemplo:

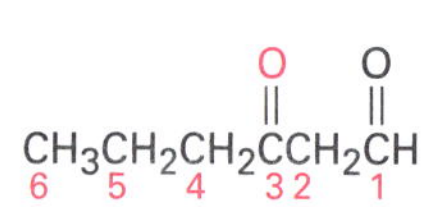

3-oxohexanal

PROBLEMA 19.1 Nomeie os seguintes aldeídos e cetonas:

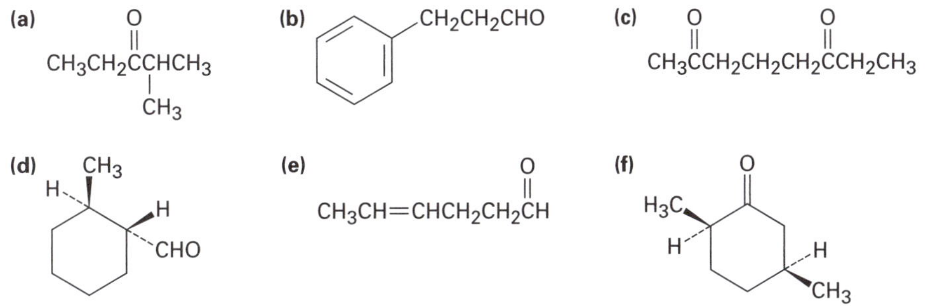

PROBLEMA 19.2 Desenhe as estruturas correspondentes aos seguintes nomes:

(a) 3-metilbutanal
(b) 4-cloro-2-pentanona
(c) Fenilacetaldeído
(d) *cis*-3-*tert*-butilciclohexanocarbaldeído
(e) 3-metil-3-butenal
(f) 2-(1-cloroetil)-5-metilheptanal

19.2 Preparação de aldeídos e cetonas

PREPARAÇÃO DE ALDEÍDOS

Um dos melhores métodos de síntese de aldeído é por oxidação de álcoois primários, como vimos na **Seção 17.7**. A reação é geralmente realizada usando o reagente periodinano de Dess-Martin em solvente diclorometano à temperatura ambiente:

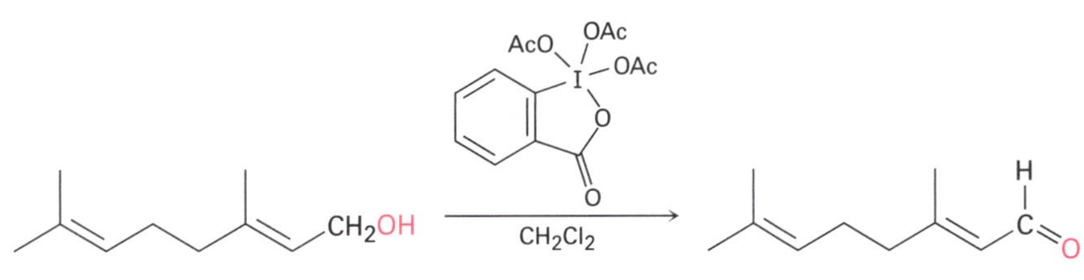

Geraniol **Geranial (84%)**

Um segundo método de síntese de aldeído é o que vamos mencionar aqui apenas brevemente e depois voltaremos a ele na **Seção 21.6**. Certos derivados de ácidos carboxílicos podem ser *parcialmente* reduzidos para produzir aldeídos. A redução parcial de um éster por hidreto de diisobutilalumínio (DIBAL-H), por exemplo, é um importante método de síntese de aldeído em escala de laboratório e processos com mecanismos relacionados também ocorrem por rotas biológicas. A reação é normalmente executada a −78 °C (temperatura do gelo seco) em solução de tolueno.

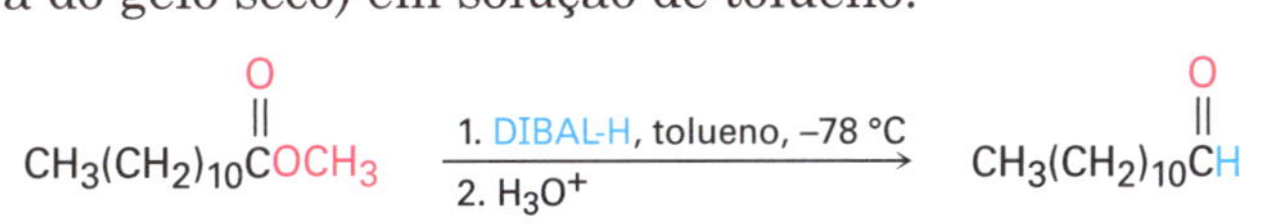

Dodecanoato de metila **Dodecanal (88%)**

em que DIBAH =

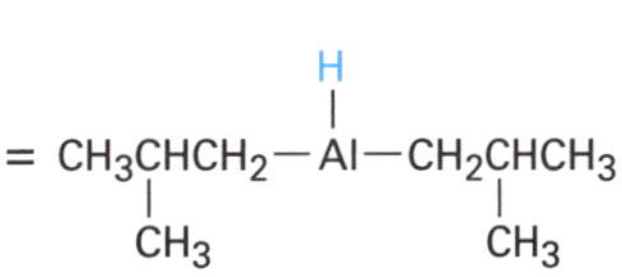

PROBLEMA 19.3 Como você prepararia o pentanal a partir dos seguintes materiais de partida?

(a) $CH_3CH_2CH_2CH_2CH_2OH$
(b) $CH_3CH_2CH_2CH_2CH{=}CH_2$
(c) $CH_3CH_2CH_2CH_2CO_2CH_3$
(d) $CH_3CH_2CH_2CH{=}CH_2$

PREPARAÇÃO DE CETONAS

Para a maioria dos casos, os métodos de síntese de cetonas são similares aos dos aldeídos. Álcoois secundários são oxidados por diversos reagentes, para se obter cetonas (**Seção 17.7**). A escolha do oxidante depende de fatores tais como a escala da reação, o custo e a sensibilidade ácida ou básica do álcool. O periodinano de Dess-Martin ou um reagente de Cr(VI) como o CrO_3 é uma escolha comum.

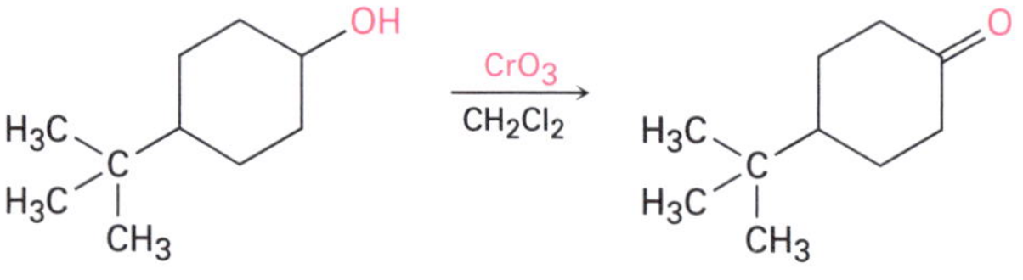

4-*tert*-butilciclohexanol **4-*tert*-butilciclohexanona (90%)**

Outros métodos incluem a ozonólise de alcenos na qual um dos átomos de carbono insaturado é dissubstituído (**Seção 8.8**) e a acilação de Friedel-Crafts de um anel aromático, com um cloreto de ácido na presença do catalisador $AlCl_3$ (**Seção 16.3**).

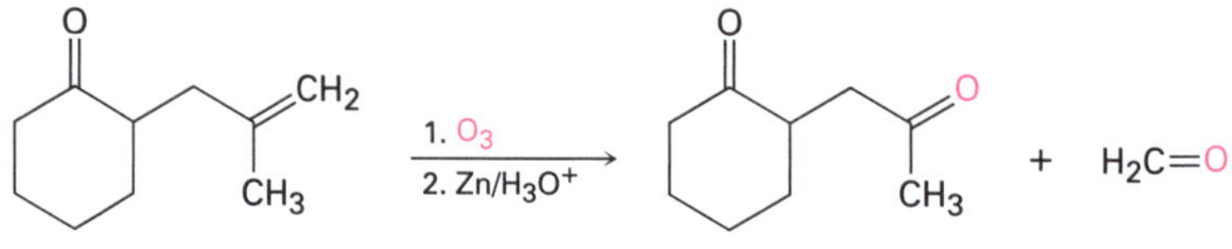

70%

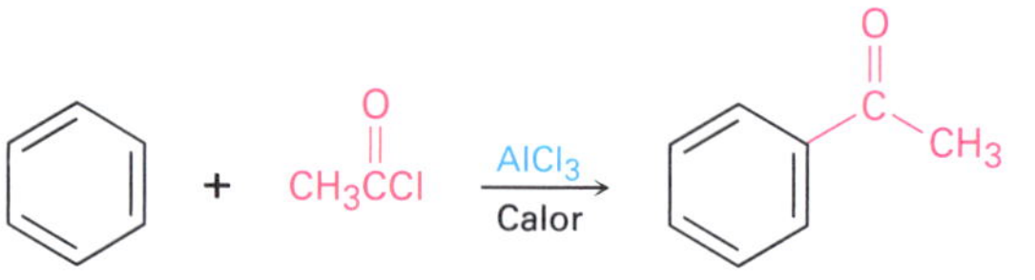

Benzeno **Cloreto de acetila** **Acetofenona (95%)**

Além daqueles métodos já explicados, as cetonas também podem ser preparadas a partir de certos derivados de ácidos carboxílicos, conforme ocorre com os aldeídos. Entre as reações mais úteis deste tipo está aquela entre um cloreto de ácido e um reagente diorganocobre de lítio, como vimos na **Seção 10.7**. Discutiremos essa reação em mais detalhes na **Seção 21.4**.

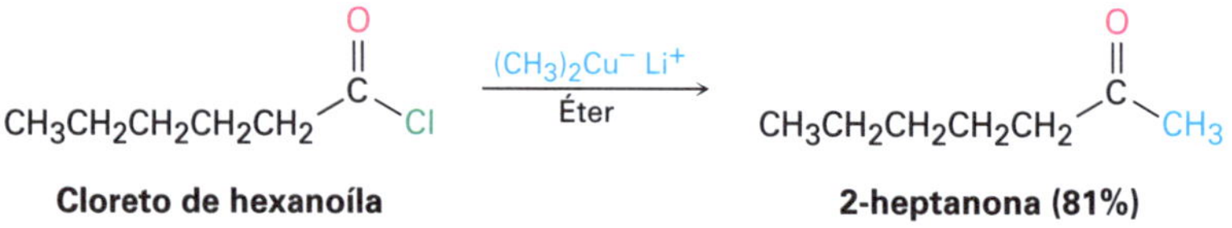

Cloreto de hexanoíla **2-heptanona (81%)**

PROBLEMA 19.4 Como você executaria as seguintes reações? Mais de uma etapa pode ser necessária.

(a) 3-hexino → 3-hexanona
(b) Benzeno → *m*-bromoacetofenona
(c) Bromobenzeno → acetofenona
(d) 1-metilciclohexeno → 2-metilciclohexanona

19.3

Oxidação de aldeídos e cetonas

Os aldeídos são facilmente oxidados para produzir ácidos carboxílicos, mas as cetonas são normalmente inertes à oxidação. A diferença é uma consequência da estrutura: os aldeídos têm um hidrogênio no $-CHO$ que pode ser abstraído durante a oxidação, mas as cetonas não.

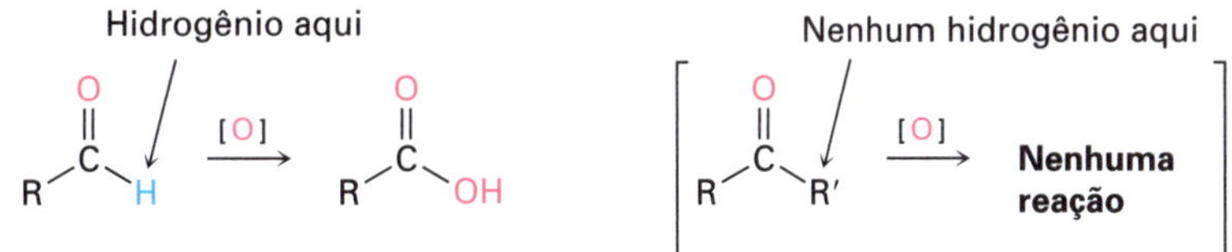

Um aldeído **Um ácido carboxílico** **Uma cetona**

Muitos agentes oxidantes, incluindo $KMnO_4$ e HNO_3 a quente, convertem os aldeídos em ácidos carboxílicos, mas o CrO_3 em ácido aquoso é uma escolha mais comum. A oxidação ocorre rapidamente à temperatura ambiente e geralmente tem bons rendimentos.

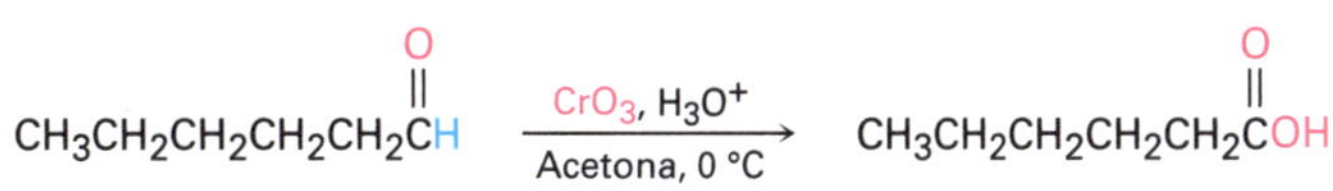

Hexanal **Ácido hexanoico (85%)**

As oxidações dos aldeídos ocorrem através de intermediários 1,1-dióis, ou *hidratos*, os quais são formados por uma adição nucleofílica reversível de água ao grupo carbonila. Mesmo que seja formada apenas uma pequena extensão no equilíbrio, o hidrato reage como qualquer álcool primário ou secundário típico e é oxidado em um composto de carbonila (**Seção 17.7**).

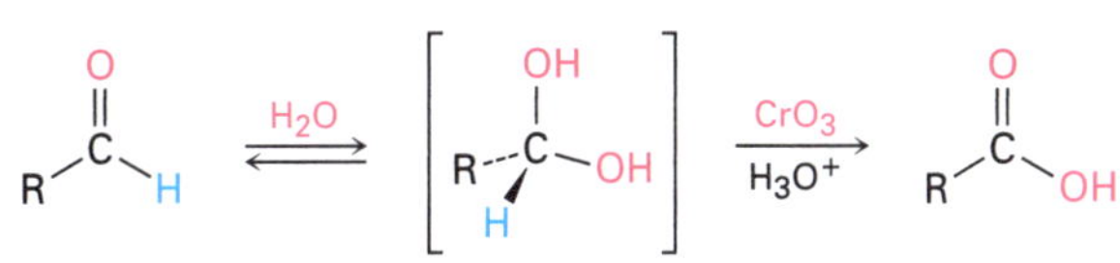

Um aldeído **Um hidrato** **Um ácido carboxílico**

As cetonas são inertes para a maioria dos agentes oxidantes, mas sofrem reação de clivagem lenta da ligação $C-C$ ao lado do grupo carbonila, quando tratadas com $KMnO_4$ alcalino quente. A reação não é muito utilizada e é mencionada aqui apenas para a integralidade.

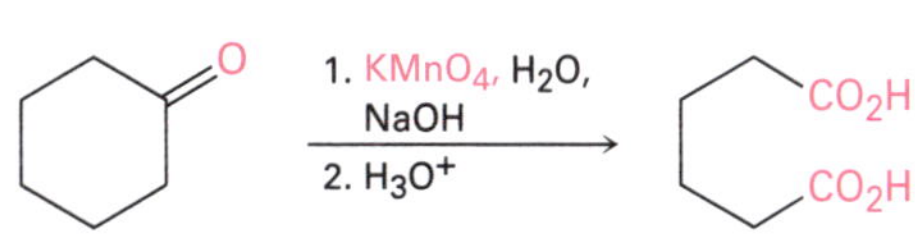

Ciclohexanona **Ácido hexanodioico (79%)**

19.4

Reações de adição nucleofílica de aldeídos e cetonas

Conforme vimos em "Uma prévia dos compostos de carbonila", a reação mais geral de aldeídos e cetonas é a **reação de adição nucleofílica**. Como mostrada na **Figura 19.1**, um nucleófilo, $:Nu^-$, aproxima-se do grupo carbonila em um ângulo de cerca de 105° oposto ao oxigênio da carbonila e forma uma ligação com o átomo de carbono eletrofílico do $C=O$. Ao mesmo tempo, a reibridização do carbono da carbonila de sp^2 para sp^3 ocorre, um par de elétrons da ligação C=O se move na direção do átomo de oxigênio eletronegativo e um íon alcóxido intermediário tetraédrico é produzido. A protonação do alcóxido por adição de ácido, em seguida, dá um álcool.

Figura 19.1 Uma reação de adição nucleofílica a um aldeído ou uma cetona. O nucleófilo aproxima-se do grupo carbonila a partir de um ângulo de aproximadamente 75° em relação ao plano dos orbitais sp^2, o carbono do grupo carbonila se reibridiza de sp^2 para sp^3 e um íon alcóxido é formado. A protonação por adição de ácido, em seguida, dá um álcool.

MECANISMO

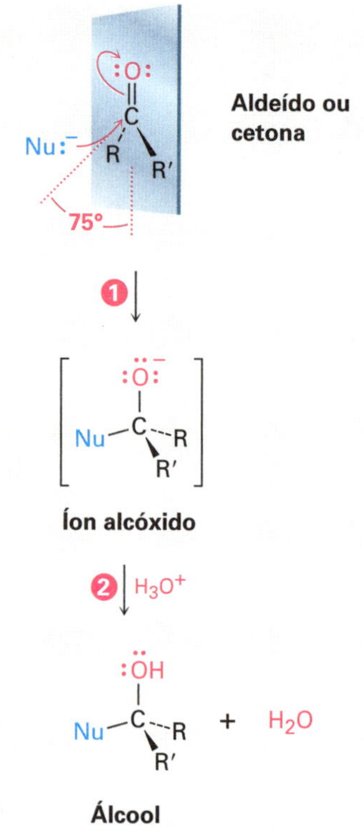

1. Um par de elétrons do nucleófilo ataca o carbono eletrofílico do grupo carbonila, empurrando um par de elétrons da ligação C–O sobre o oxigênio e gerando um ânion alcóxido. O carbono do grupo carbonila se reibridiza de sp^2 para sp^3.

2. A protonação do ânion alcóxido resultante da adição nucleofílica, gera, como produto neutro, de adição um álcool.

O nucleófilo pode ser carregado negativamente (:Nu$^-$) ou ser neutro (:Nu). Se for neutro, entretanto, em geral, contém um átomo de hidrogênio que pode subsequentemente ser eliminado, :Nu–H. Por exemplo:

Alguns nucleófilos carregados negativamente

- $HÖ:^-$ (íon hidróxido)
- $H:^-$ (íon hidreto)
- $R_3C:^-$ (um carbânion)
- $RÖ:^-$ (um íon alcóxido)
- $N{\equiv}C:^-$ (íon cianeto)

Alguns nucleófilos neutros

- $HÖH$ (água)
- $RÖH$ (um álcool)
- $H_3N:$ (amônia)
- $R\ddot{N}H_2$ (uma amina)

As adições nucleofílicas a aldeídos e cetonas têm duas variações gerais, conforme apresentado na **Figura 19.2**. Em uma variação, o intermediário tetraédrico é protonado por água ou ácido para dar um álcool como produto final. Na segunda variação, o átomo de oxigênio da carbonila é protonado e, em seguida, eliminado como HO^- ou H_2O para se obter um produto com ligação dupla C=Nu.

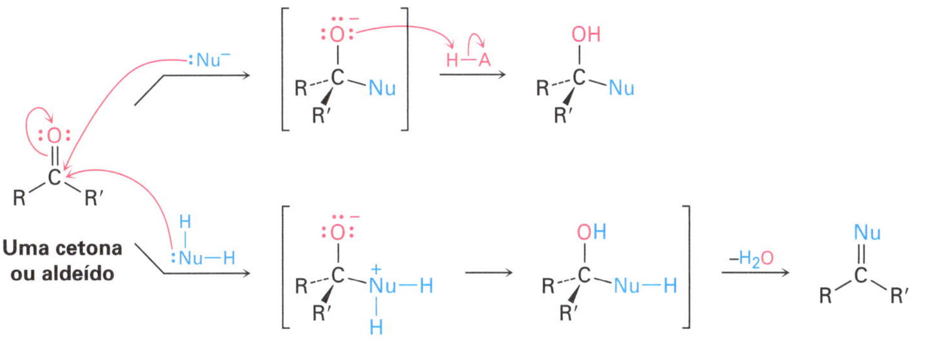

Figura 19.2 Duas rotas gerais de reação seguindo a adição de um nucleófilo a um aldeído ou cetona. A rota superior leva a um álcool; a rota inferior conduz a um produto com uma ligação dupla C=Nu.

Os aldeídos geralmente são mais reativos que as cetonas em reações de adição nucleofílica por razões estéricas e eletrônicas. Estericamente, a presença de apenas um substituinte grande ligado ao carbono da C=O em um aldeído *versus* dois substituintes grandes em uma cetona significa que um nucleófilo está apto a se aproximar de um aldeído mais facilmente. Assim, o estado de transição levando a um intermediário tetraédrico é menos impedido e de menor energia para um aldeído que para uma cetona (**Figura 19.3**).

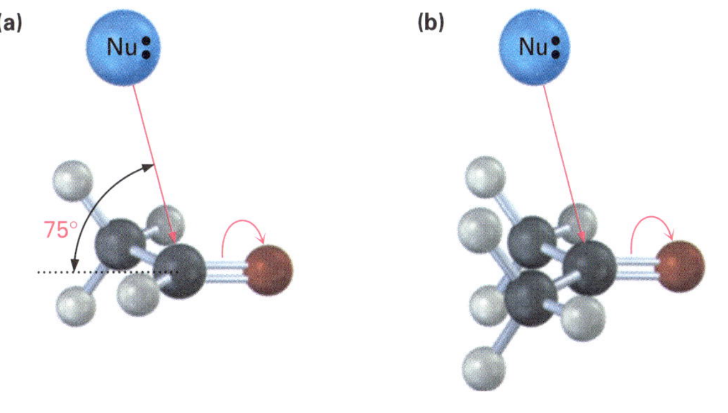

Figura 19.3 O impedimento estérico em reações de adição nucleofílica. **(a)** Adição nucleofílica a um aldeído é estericamente menos impedida porque apenas um substituinte relativamente grande está ligado ao carbono do grupo carbonila. **(b)** Uma cetona, no entanto, tem dois substituintes grandes e é mais impedida. A abordagem do nucleófilo ocorre ao longo da ligação C=O a um ângulo de cerca de 75° em relação ao plano das orbitais sp^2 do carbono.

Eletronicamente, os aldeídos são mais reativos que as cetonas por causa da maior polarização do grupo carbonila dos aldeídos. Para ver esta diferença de polaridade, recorde a ordem de estabilidade dos carbocátions (**Seção 7.9**). Um carbocátion primário é superior em energia e, portanto, mais reativo que um carbocátion secundário, uma vez que ele tem apenas um grupo alquila estabilizando indutivamente a carga positiva em vez de dois. Da mesma forma, um aldeído tem apenas um grupo alquila estabilizando indutivamente a carga no carbono da carbonila em vez de dois e é um pouco mais eletrofílico e, consequentemente, mais reativo que uma cetona.

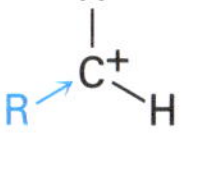

Carbocátion 1º
(menos estável, mais reativo)

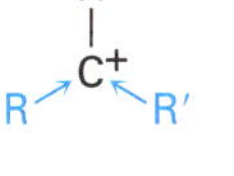

Carbocátion 2º
(mais estável, menos reativo)

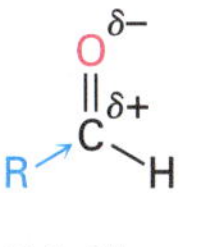

Aldeído
(menos estabilização de δ+, mais reativo)

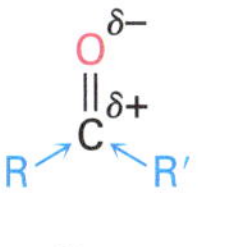

Cetona
(mais estabilização de δ+, menos reativo)

Uma comparação adicional: os aldeídos aromáticos, como o benzaldeído, são menos reativos nas reações de adição nucleofílicas que os aldeídos alifáticos. O efeito de ressonância doador de elétrons do anel aromático torna o grupo carbonila menos eletrofílico. A comparação do mapa de potencial eletrostático do formaldeído e do benzaldeído, por exemplo, mostra que o átomo de carbono do grupo carbonila é menos positivo (menos azul) no aldeído aromático.

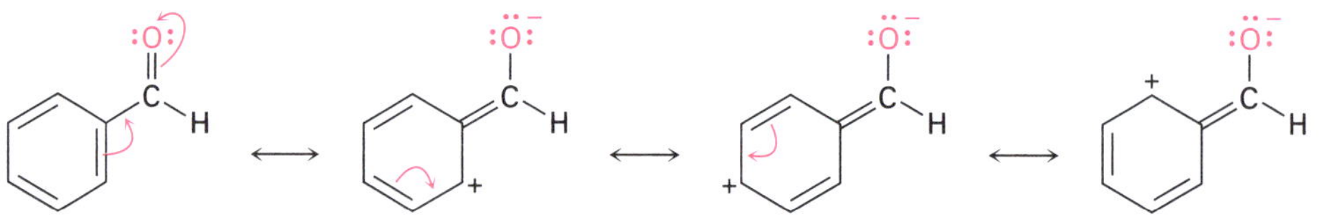

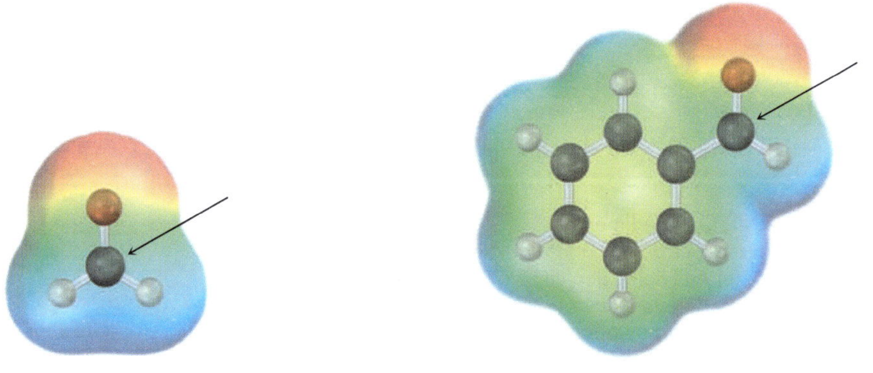

Formaldeído Benzaldeído

PROBLEMA 19.5 Tratamento de um aldeído ou uma cetona com o íon cianeto ($^-$:C≡N), seguido pela protonação do íon alcóxido tetraédrico intermediário, gera uma *cianidrina*. Mostre a estrutura da cianidrina obtida a partir da ciclohexanona.

PROBLEMA 19.6 O *p*-nitrobenzaldeído é mais reativo ante adições nucleofílicas que o *p*-metoxibenzaldeído. Explique.

19.5 Adição nucleofílica de H_2O: hidratação

Os aldeídos e as cetonas reagem com a água para produzir 1,1-dióis, ou dióis *geminais* (*gem*). A reação de hidratação é reversível e um diol gem pode eliminar água para regenerar um aldeído ou cetona.

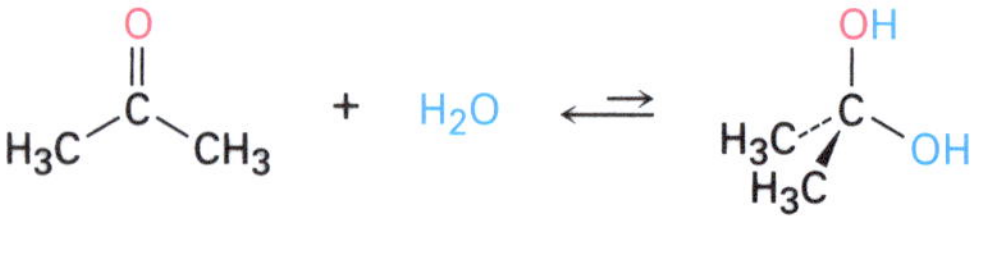

Acetona (99,9%) **Acetona hidratada (0,1%)**

A posição do equilíbrio entre um diol gem e um aldeído ou uma cetona depende da estrutura do composto de carbonila. Embora o equilíbrio favoreça geralmente o composto de carbonila por razões estéricas, o diol gem é favorecido para alguns aldeídos simples. Por exemplo, uma solução aquosa de formaldeído consiste de 99,9% de diol gem e 0,1% de aldeído, no equilíbrio, enquanto uma solução aquosa de acetona é composta de apenas 0,1% de diol gem e 99,9% de cetona.

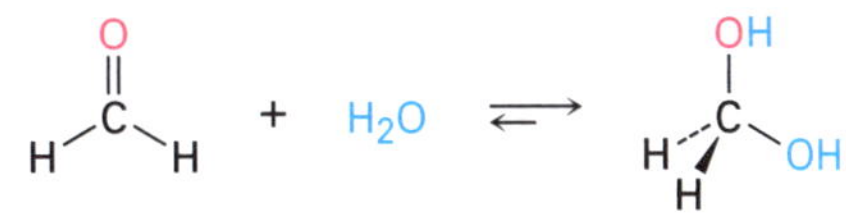

Formaldeído (0,1%) **Formaldeído hidratado (99,9%)**

A adição nucleofílica de água a um aldeído ou cetona é lenta em condições neutras, mas é catalisada tanto por ácido quanto por base. Sob condições básicas (**Figura 19.4a**), o nucleófilo está carregado negativamente (OH^-) e utiliza um par de seus elétrons para formar uma ligação com o átomo de carbono eletrofílico do grupo C=O. Ao mesmo tempo, o átomo de carbono C=O rehibridiza de sp^2 para sp^3 e dois elétrons da ligação π C=O são empurrados para o átomo de oxigênio, levando a um íon alcóxido. A protonação do íon alcóxido pela água, em seguida, leva a um produto de adição neutro, mais OH^- regenerado.

Sob condições ácidas (**Figura 19.4b**), o átomo de oxigênio da carbonila é protonado primeiro por H_3O^+ para tornar o grupo carbonila mais fortemen-

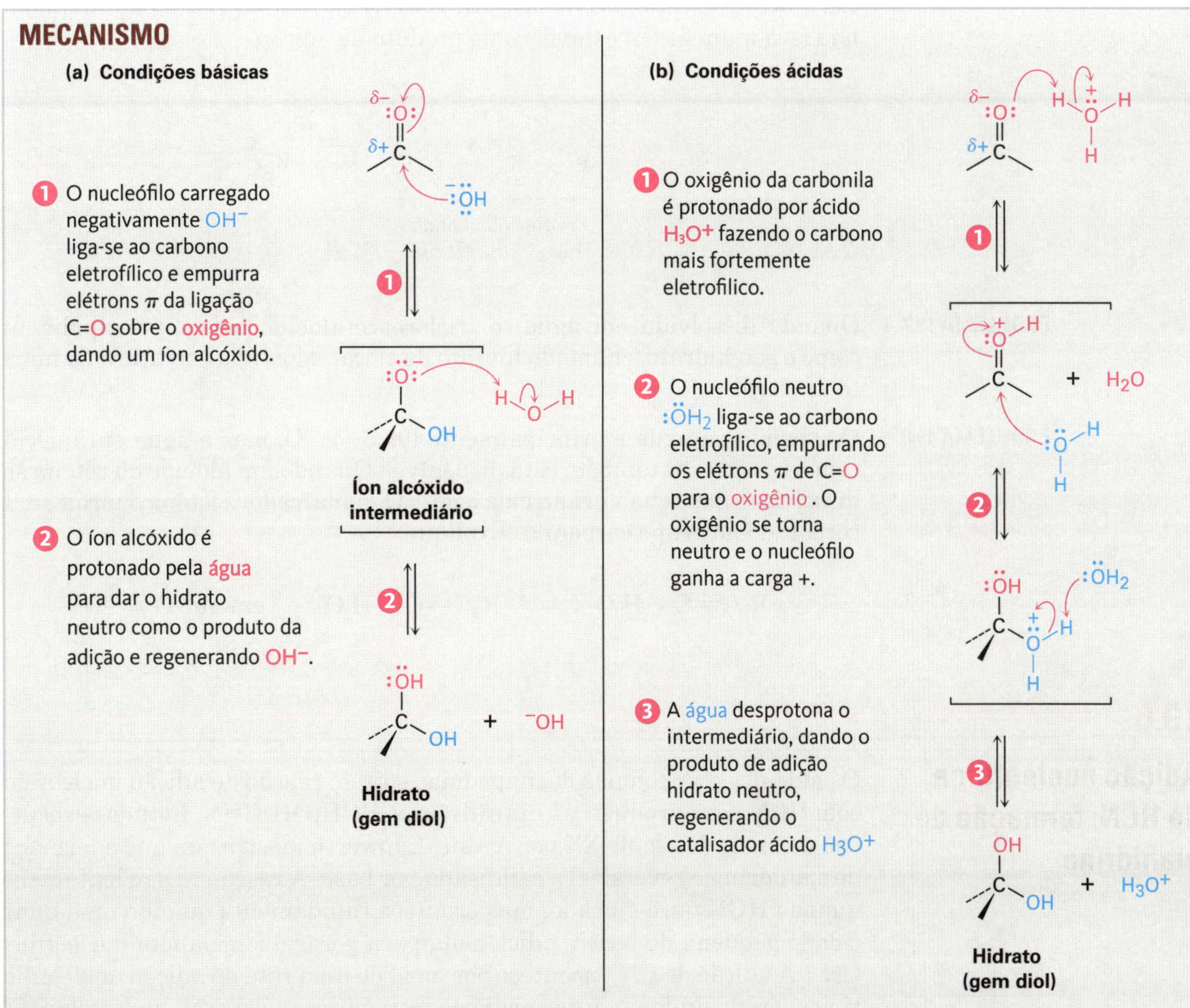

Figura 19.4 O mecanismo para uma reação de adição nucleofílica de aldeídos e cetonas sob ambas as condições, ácidas e básicas. **(a)** Sob condições básicas, um nucleófilo carregado negativamente se adiciona ao grupo carbonila para dar um íon alcóxido intermediário, o qual é subsequentemente protonado. **(b)** Sob condições ácidas, a protonação do grupo carbonila ocorre primeiro, seguida pela adição de um nucleófilo neutro e subsequente desprotonação.

te eletrofílico. Um nucleófilo neutro, H_2O, utiliza então um par de elétrons para ligação com o átomo de carbono do grupo C=O e dois elétrons π da ligação de C=O passam para o átomo de oxigênio. A carga positiva no oxigênio é, assim, neutralizada, enquanto o nucleófilo ganha uma carga positiva. Finalmente, a desprotonação pela água gera o produto de adição neutro e regenera o catalisador H_3O^+.

Observe a principal diferença entre as reações catalisadas por base e por ácido. A reação catalisada por base ocorre rapidamente porque a água é convertida em íon hidróxido, um *nucleófilo* muito melhor. A reação catalisada por ácido acontece rapidamente, uma vez que o composto carbonila é convertido pela protonação em um *eletrófilo* muito melhor.

A reação de hidratação descrita é típica do que acontece quando um aldeído ou cetona são tratados com um nucleófilo do tipo H–Y, onde o átomo Y é eletronegativo e pode estabilizar uma carga negativa (oxigênio, halogênio ou enxofre, por exemplo). Nessas reações, a adição nucleofílica é reversível, com o equilíbrio, geralmente favorecendo o reagente de carbonila em vez do produto de adição tetraédrico. Em outras palavras, o tratamento de um aldeído ou cetona com CH_3OH, H_2O, HCl, HBr ou H_2SO_4 normalmente não leva a um álcool estável como produto de adição.

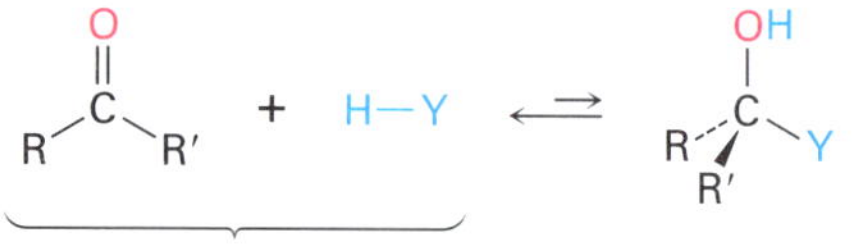

PROBLEMA 19.7 Quando dissolvido em água, o tricloroacetaldeído existe principalmente como o seu hidrato, chamado hidrato de cloral. Mostre a estrutura do hidrato de cloral.

PROBLEMA 19.8 O oxigênio na água é principalmente (99,8%) ^{16}O, mas a água enriquecida com o isótopo ^{18}O também está disponível. Quando um aldeído ou cetona são dissolvidos em água enriquecida com ^{18}O, o marcador isotópico torna-se incorporado no grupo carbonila. Explique.

$$R_2C{=}O + H_2O \rightleftharpoons R_2C{=}O + H_2O \qquad \text{em que } O = {}^{18}O$$

19.6 Adição nucleofílica de HCN: formação de cianidrina

Os aldeídos e as cetonas desimpedidas sofrem reação de adição nucleofílica com HCN para produzir as **cianidrinas**, RCH(OH)C≡N. Estudos executados no início do século XX por Arthur Lapworth mostraram que a formação de cianidrina é reversível e catalisada por base. A reação ocorre lentamente quando HCN puro é usado, mas acontece rapidamente quando uma quantidade pequena de base é adicionada para gerar o íon cianeto nucleofílico, CN^-. A adição de CN^- acontece por meio de uma rota de adição nucleofílica típica, produzindo um intermediário tetraédrico que é protonado pelo HCN para gerar a cianidrina mais o CN^- regenerado.

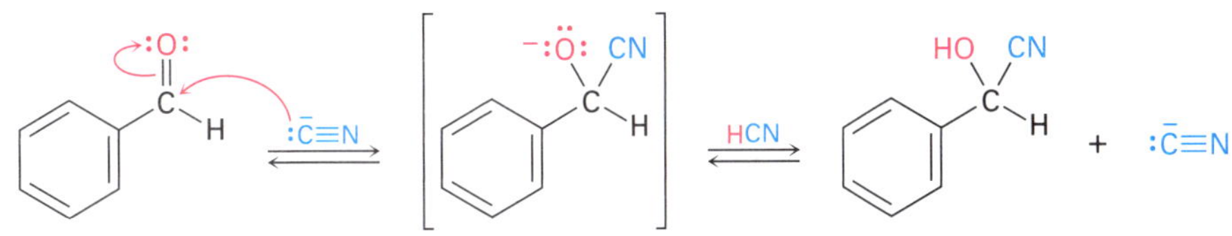

Benzaldeído Intermediário tetraédrico Mandelonitrila (88%)

A formação de cianidrina não é usual porque é um dos poucos exemplos de adição de um ácido prótico (H–Y) a um grupo carbonila. Conforme observado na seção anterior, reagentes como H_2O, HBr, HCl e H_2SO_4 normalmente não geram produtos de adição à carbonila, uma vez que suas constantes de equilíbrio para a reação são desfavoráveis. Com o HCN, entretanto, o equilíbrio favorece o aduto cianidrina.

A formação de cianidrina é útil por causa da química adicional que pode ser executada no produto. Por exemplo, o grupo nitrila (R–C≡N) pode ser reduzido com o $LiAlH_4$ para produzir uma amina primária (RCH_2NH_2) e pode ser hidrolisado por ácido aquoso quente para formar um ácido carboxílico. Assim, a formação de cianidrina fornece um método para a transformação de um aldeído ou cetona em um grupo funcional diferente.

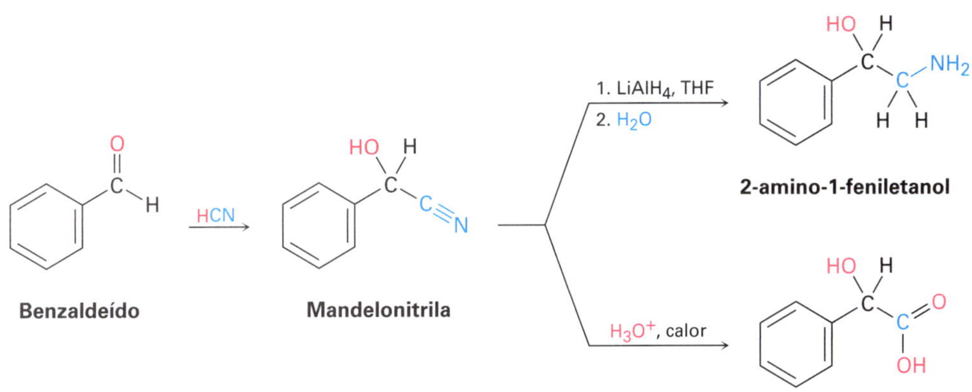

PROBLEMA 19.9 A ciclohexanona forma uma cianidrina com bom rendimento, mas a 2,2,6-trimetilciclohexanona não. Explique.

19.7 Adição nucleofílica de hidreto e reagentes de Grignard: formação de álcool

ADIÇÃO DE REAGENTES DE HIDRETO: REDUÇÃO

Vimos na **Seção 17.4** que o método mais comum para a preparação de álcoois, tanto no laboratório quanto em organismos vivos, é pela redução de compostos de carbonila. Os aldeídos são reduzidos com borohidreto de sódio ($NaBH_4$), para gerar álcoois primários e as cetonas são reduzidas de forma semelhante para se obter álcoois secundários.

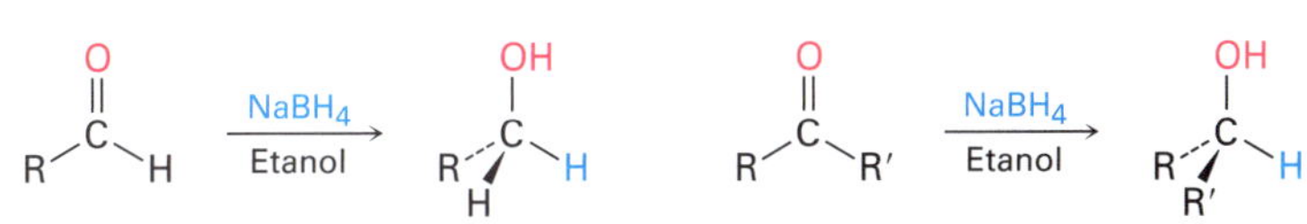

Aldeído Álcool 1° Cetona Álcool 2°

A redução da carbonila ocorre por um mecanismo típico de adição nucleofílica, sob condições básicas, como mostrado anteriormente na **Figura 19.4a**. Embora os detalhes de reduções do grupo carbonila sejam complexos, $LiAlH_4$ e $NaBH_4$ atuam como se fossem doadores de íon hidreto nucleófilo, $:H^-$ e o íon intermediário alcóxido inicialmente formado é então protonado pela adição de ácido aquoso. A reação é efetivamente irreversível, porque o processo inverso exigiria a expulsão de um grupo abandonador muito fraco.

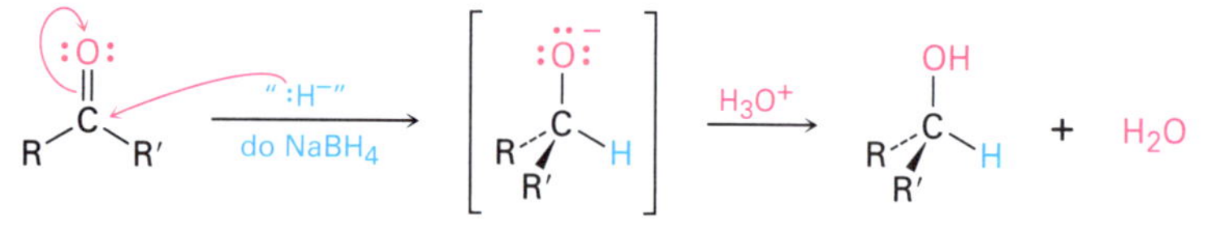

ADIÇÃO DE REAGENTES DE GRIGNARD, RMgX

Assim como aldeídos e cetonas passam pela adição nucleofílica com íon hidreto para gerar álcoois, eles passam por uma adição similar com reagentes de Grignard nucleófilos, R: $^+$MgX. Aldeídos geram álcoois secundários na reação com os reagentes de Grignard em solução de éter e cetonas levam a álcoois terciários.

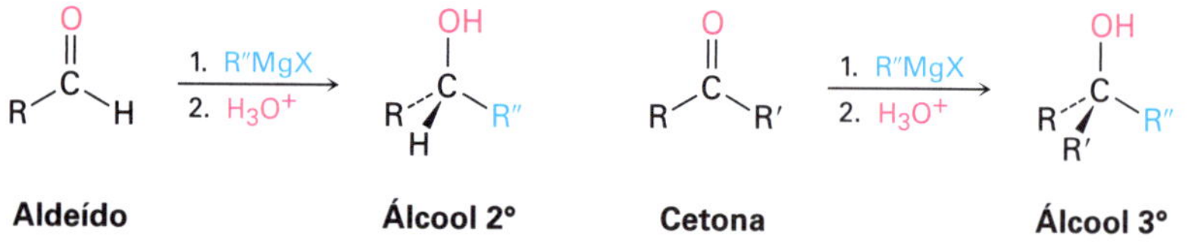

Como mostrado na **Figura 19.5**, uma reação de Grignard se inicia com uma complexação ácido-base de Mg^{2+} com o átomo de oxigênio da carbonila do aldeído ou cetona, tornando assim o grupo carbonila um melhor eletrófilo. A adição nucleofílica de $R:^-$ produz então um alcóxido de magnésio tetraédrico como intermediário e a protonação por adição de água ou ácido aquoso diluído em uma etapa separada produz o álcool neutro. Como a redução, as adições de Grignard são efetivamente irreversíveis, porque um carbânion é um grupo abandonador muito fraco para ser expulso em uma etapa de reversão.

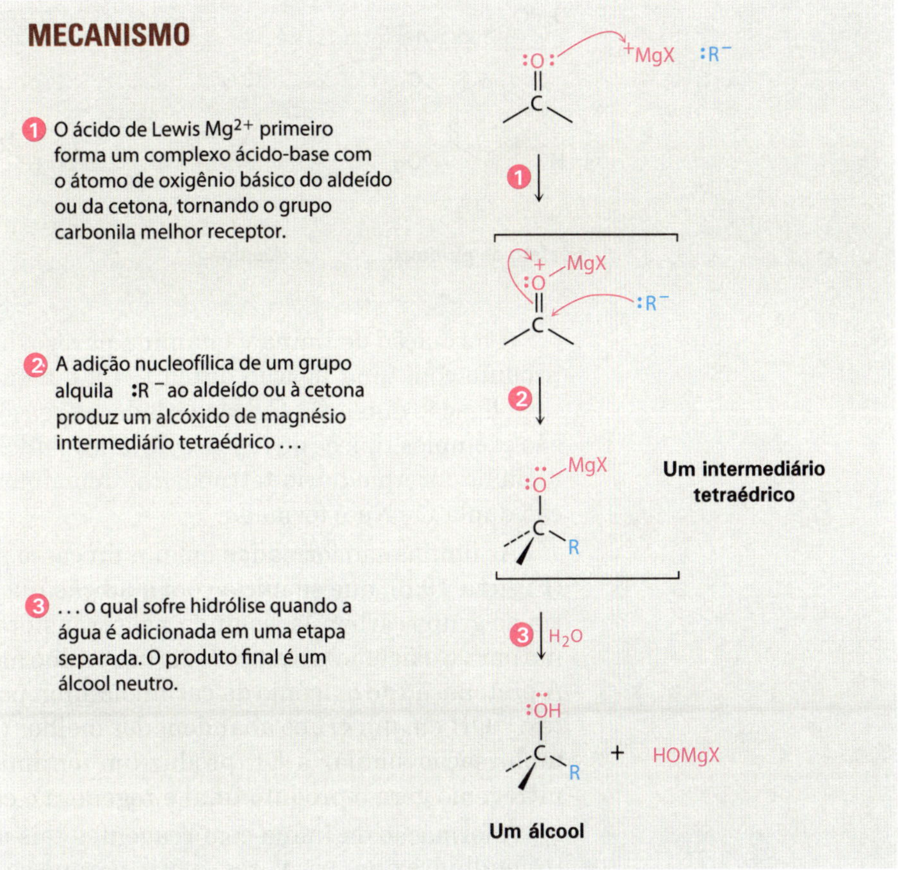

Figura 19.5 Mecanismo da reação de Grignard. A adição nucleofílica de um carbânion a um aldeído ou cetona, seguida pela protonação de um alcóxido intermediário, produzindo um álcool.

19.8 Adição nucleofílica de aminas: formação de enamina e imina

As aminas primárias, RNH_2, adicionam-se a aldeídos e cetonas para gerar as **iminas**, $R_2C{=}NR$. As aminas secundárias, R_2NH, adicionam-se similarmente para produzir as **enaminas**, $R_2N{-}CR{=}CR_2$ (*ene* + *amina* = amina insaturada).

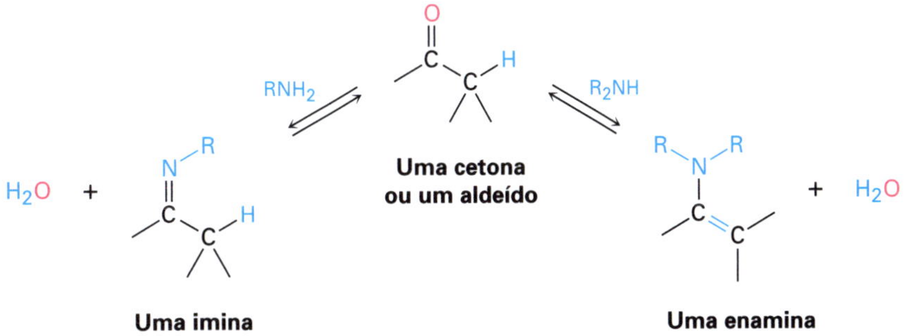

As iminas são particularmente comuns como intermediárias em diversas rotas biológicas, onde geralmente são chamadas de **bases de Schiff**. O aminoácido alanina, por exemplo, é metabolizado no corpo pela reação com o aldeído fosfato piridoxal (PLP), um derivado da vitamina B_6, para formar uma base de Schiff que depois é degradada.

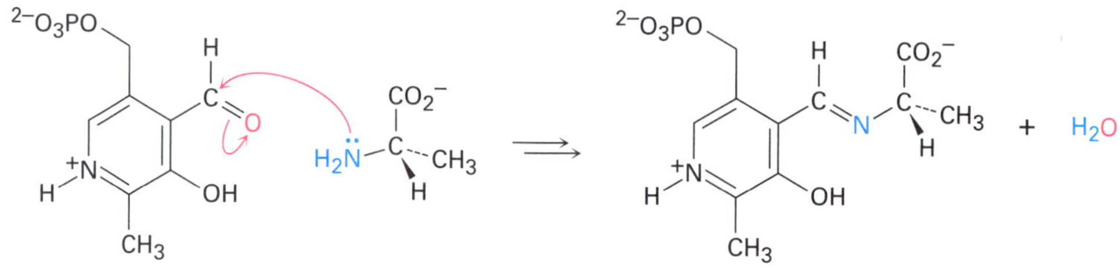

Fosfato de piridoxal **Alanina** **Uma imina (base de Schiff)**

A formação de imina e enamina parece diferente porque uma leva a um produto com uma ligação dupla C=N e a outra conduz a um produto com uma ligação dupla C=C. Na verdade, as reações são muito similares. Ambas são exemplos típicos de reações de adição nucleofílica na qual a água é eliminada do intermediário tetraédrico, inicialmente formado, e uma nova ligação dupla C=Nu é formada.

As iminas são formadas em um processo reversível, catalisado por ácido (**Figura 19.6**), que se inicia com a adição nucleofílica de uma amina primária ao grupo carbonila, seguida pela transferência de um próton do nitrogênio para o oxigênio para produzir um amino álcool neutro, ou *carbinolamina*. A protonação do oxigênio da carbinolamina por um catalisador ácido converte o $-OH$ em um grupo abandonador melhor ($-OH_2^+$), e a perda de água em uma reação similar a E1, produz um íon imínio. A perda de um próton do nitrogênio gera o produto final e regenera o catalisador ácido.

A formação da imina com reagentes tais como hidroxilamina e 2,4-dinitrofenilhidrazina, por vezes, é útil, porque os produtos destas reações – oximas e 2,4-dinitrofenilhidrazonas (2,4-DNPs), respectivamente – são muitas vezes cristalinas e fáceis de manusear. Esses derivados cristalinos são ocasionalmente preparados como um meio de purificar e caracterizar as cetonas ou os aldeídos líquidos.

Oxima

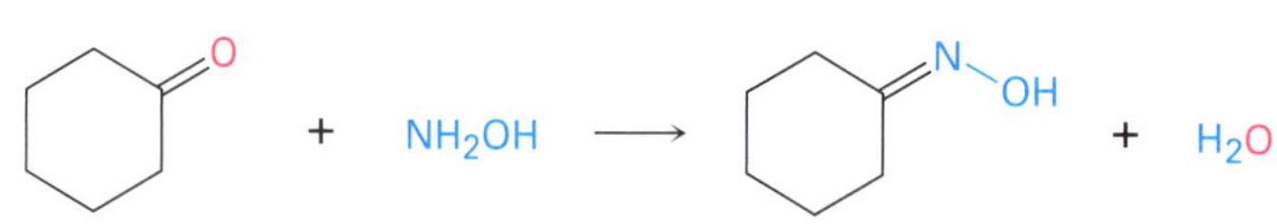

Ciclohexanona **Hidroxilamina** **Oxima ciclohexanona (pf 90 °C)**

2,4-dinitrofenil hidrazona

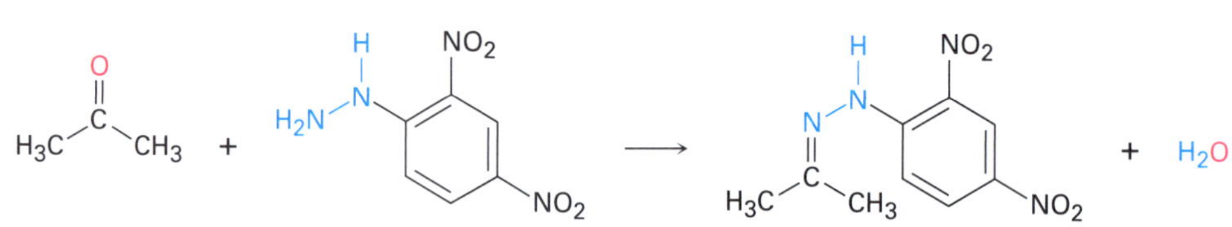

Acetona **2,4-dinitrofenil hidrazina** **Acetona 2,4-dinitrofenil hidrazona (pf 126 °C)**

Figura 19.6 Mecanismo da formação de imina pela reação de um aldeído ou de uma cetona com uma amina primária. A etapa-chave é a adição nucleofílica para gerar um intermediário carbinolamina, o qual perde água para gerar a imina.

MECANISMO

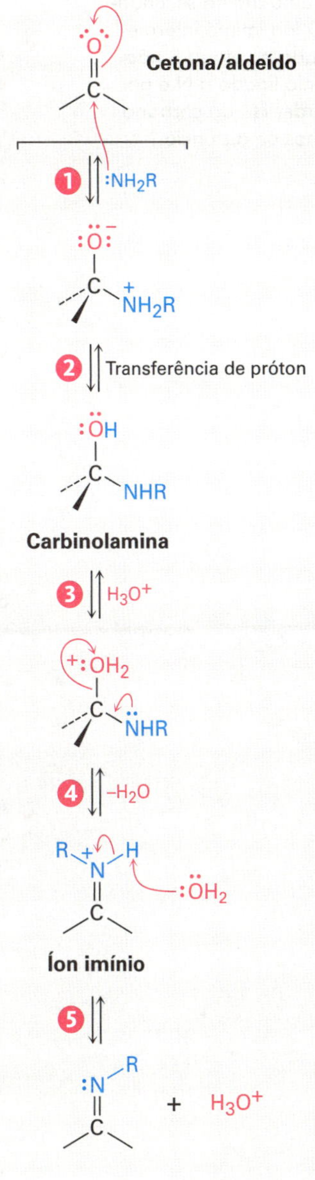

1. O ataque nucleofílico na cetona ou no aldeído pelos elétrons do par isolado da amina leva a um intermediário tetraédrico dipolar.

2. Um próton é então transferido a partir do nitrogênio a um oxigênio, rendendo uma carbinolamina neutra.

3. O catalisador ácido protona o oxigênio da hidroxila.

4. Os elétrons do par isolado do nitrogênio expelem a água, produzindo um íon imínio.

5. A perda do H^+ do nitrogênio gera, então, uma imina neutra.

A reação de um aldeído ou cetona com uma amina secundária, R_2NH, em vez de uma amina primária, produz uma enamina. Conforme mostrado na **Figura 19.7**, o processo é idêntico à formação de imina no estágio do íon imínio, mas nesse ponto não existe próton sobre o nitrogênio que possa ser perdido para formar-se uma imina neutra. Em vez disso, um próton é perdido a partir do carbono *vizinho* (o carbono α), gerando uma enamina.

Figura 19.7 Mecanismo para a formação de enamina pela reação de um aldeído ou de uma cetona com uma amina secundária, R_2NH. O íon imínio intermediário, formado na etapa 3 não tem hidrogênio ligado a N e por isso deve perder H^+ do carbono de dois átomos de distância.

MECANISMO

1. A adição nucleofílica de uma amina secundária à cetona ou ao aldeído, seguida pela transferência de protón do nitrogênio para o oxigênio, gerando uma carbinolamina intermediária no modo normal.
2. A protonação de uma hidroxila por um catalisador ácido converte-a em um melhor grupo abandonador.
3. A eliminação da água pelos elétrons do par isolado sobre o nitrogênio, gera um íon imínio.
4. A perda de um próton do átomo de carbono alfa forma a enamina e regenera o catalisador ácido.

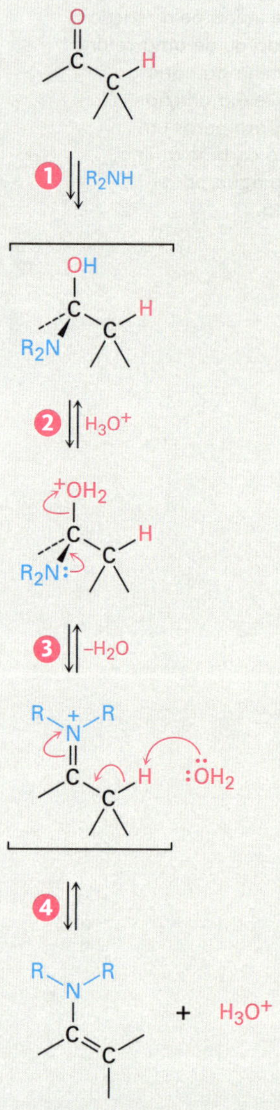

As formações de imina e de enamina são lentas, tanto em pH elevado quanto em pH baixo, mas alcançam uma velocidade máxima em um pH fracamente ácido em torno de 4 a 5. Por exemplo, o gráfico do pH em função da velocidade mostrado na **Figura 19.8** para a reação entre acetona e hidroxilamina, NH_2OH, indica que a velocidade máxima de reação ocorre com pH 4,5.

Podemos explicar a dependência do pH observada na formação de imina olhando as etapas individuais no mecanismo. Tal como indicado na **Figura 19.7**, um catalisador ácido é necessário na etapa 3 para protonar a carbinolamina intermediária, convertendo assim o $-OH$ em um grupo abandonador melhor. Assim, a reação será lenta quando não está presente ácido suficiente (isto é, em um pH elevado). Por outro lado, se excesso de ácido está presente (pH baixo), a amina nucleofílica básica é protonada completamente, de modo que a etapa de adição nucleofílica inicial não pode ocorrer.

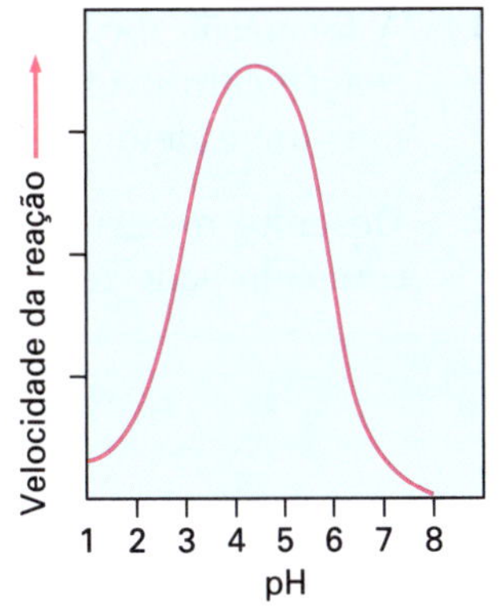

Figura 19.8 Dependência do pH sobre a velocidade da reação entre a acetona e a hidroxilamina: $(CH_3)_2C{=}O + NH_2OH \rightarrow (CH_3)_2C{=}NOH + H_2O$.

Evidentemente, um pH de 4,5 representa um compromisso entre a necessidade de ácido para catalisar a etapa da desidratação que é limitante da velocidade, mas não muito ácido de modo a evitar a protonação completa da amina. Cada reação de adição nucleofílica tem as suas próprias exigências e as condições da reação devem ser otimizadas, para se obter as velocidades de reação máximas.

Problema para praticar 19.1

Prevendo o produto da reação entre uma cetona e uma amina

Mostre os produtos que você obteria pela reação catalisada por ácido da 3-pentanona com a metilamina, CH_3NH_2, e com a dimetilamina, $(CH_3)_2NH$.

Estratégia Vimos que um aldeído ou uma cetona reage com as aminas primárias, RNH_2, para gerar uma imina, na qual o átomo de oxigênio da carbonila foi substituído pelo grupo $=N-R$ da amina. A reação do mesmo aldeído ou cetona com uma amina secundária, R_2NH, forma uma enamina, na qual o átomo de oxigênio foi substituído pelo grupo $-NR_2$ da amina e a ligação dupla moveu-se para uma posição entre o primeiro carbono do grupo carbonila e o carbono vizinho.

Solução

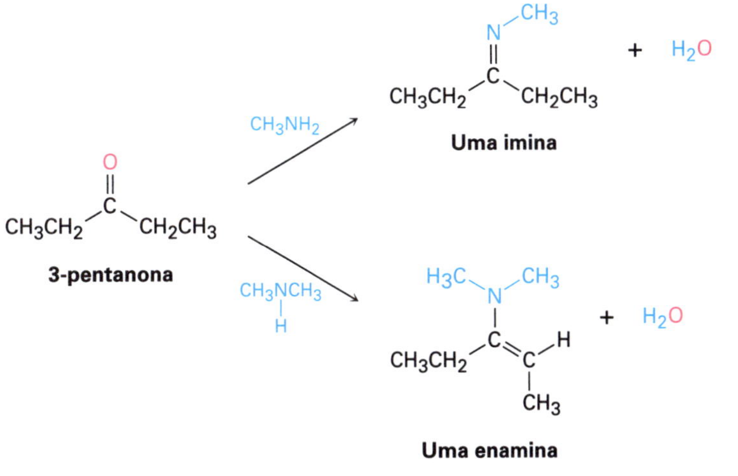

PROBLEMA 19.10 Mostre os produtos que você deveria obter pela reação catalisada por ácido da ciclohexanona com a etilamina, $CH_3CH_2NH_2$, e com a dietilamina, $(CH_3CH_2)_2NH$.

PROBLEMA 19.11 A formação da imina é reversível. Indique todas as etapas envolvidas na reação catalisada por ácido de uma imina com a água (hidrólise) para formar um aldeído ou uma cetona mais amina primária.

PROBLEMA 19.12 Desenhe a seguinte molécula como uma estrutura esquelética e mostre como ela pode ser preparada a partir de uma cetona e de uma amina.

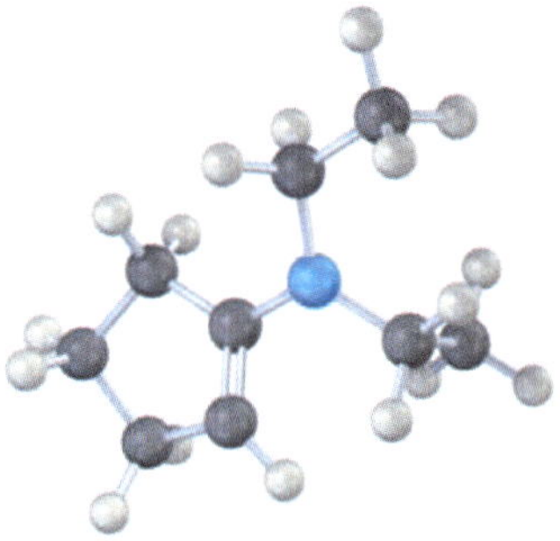

19.9

Adição nucleofílica de hidrazina: reação de Wolff-Kishner

Uma variante útil da reação de formação de imina, anteriormente abordada, envolve o tratamento de um aldeído ou de uma cetona com a hidrazina, H_2N-NH_2, na presença de KOH. Chamada de **reação de Wolff-Kishner**, o processo geral é útil para converter um aldeído ou uma cetona em alcano, $R_2C{=}O \rightarrow R_2CH_2$.

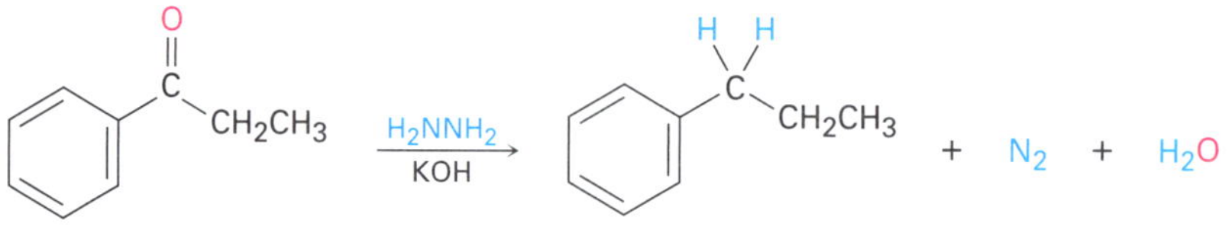

Propiofenona

Propilbenzeno (82%)

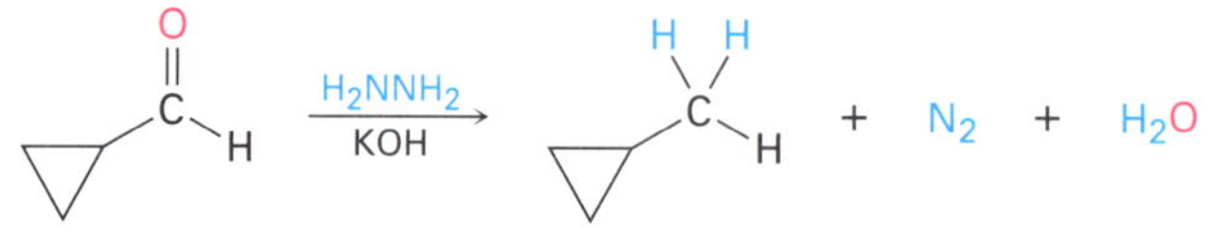

Ciclopropano-carbaldeído

Metilciclo-propano (72%)

Como mostrado na **Figura 19.9**, a reação de Wolff-Kishner envolve a formação de uma *hidrazona* intermediária, $R_2C{=}NNH_2$, seguida pela migração da ligação dupla catalisada por base, perda de gás N_2 para gerar um carbânion e protonação para dar o produto alcano. A migração da ligação dupla ocorre quando uma base remove um dos prótons do NH fracamente ácidos na etapa 2, para gerar um ânion de hidrazona, que tem uma estrutura de ressonância alílica, que coloca a ligação dupla entre nitrogênios e a carga negativa no carbono. Então ocorre a reprotonação no carbono para gerar o produto de rearranjo da ligação dupla. A próxima etapa – perda do nitrogênio e formação de um ânion alquia – é dirigida pela grande estabilidade termodinâmica da molécula N_2.

Observe que a redução de Wolff-Kishner realiza a mesma transformação global que ocorre na hidrogenação catalítica de um acilbenzeno para produzir um alquilbenzeno (**Seção 16.10**). Entretanto, a redução de Wolff--Kishner é mais geral e útil que a hidrogenação catalítica, porque trabalha bem com ambos, alquil e arilcetonas.

MECANISMO

1 A reação da cetona ou aldeído com a hidrazina fornece uma hidrazona pelo caminho normal.

2 A base, em seguida, abstrai um dos prótons fracamente ácidos de N–H produzindo um ânion hidrazona. Esse ânion possui uma forma de ressonância que coloca a carga negativa sobre o carbono e a ligação dupla entre os nitrogênios.

3 A protonação do ânion hidrazona ocorre sobre o carbono para formar um intermediário neutro.

4 A desprotonação do N–H fracamente ácido remanescente ocorre com a perda simultânea do nitrogênio para gerar um carbânion. . .

5 . . . que é protonado para gerar um alcano neutro.

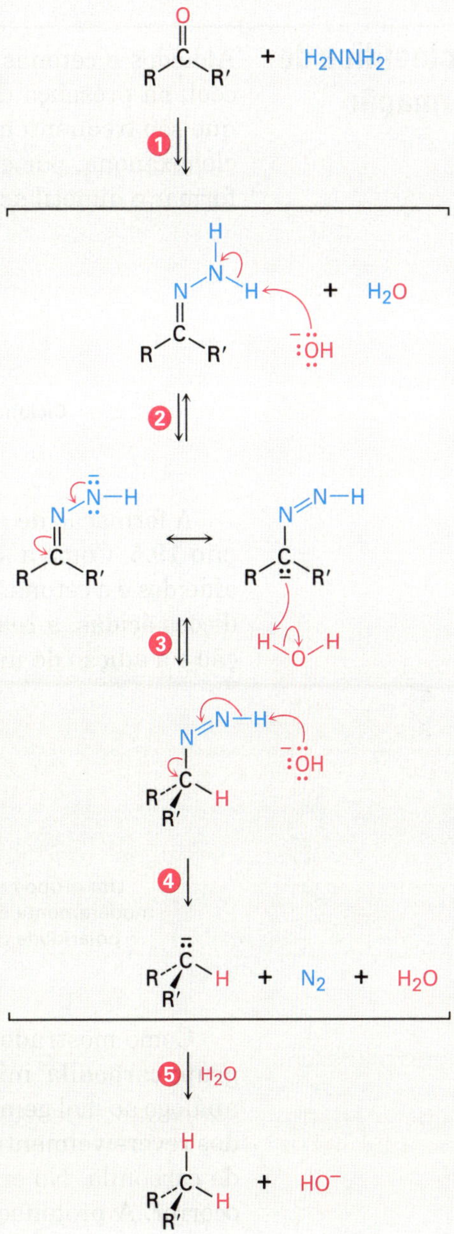

Figura 19.9 O mecanismo para a redução de Wolff-Kishner de um aldeído ou cetona, para se obter um alcano.

PROBLEMA 19.13 Mostre como você poderia preparar os seguintes compostos a partir de 4-metil-3-penten-2-ona, $(CH_3)_2C{=}CHCOCH_3$.

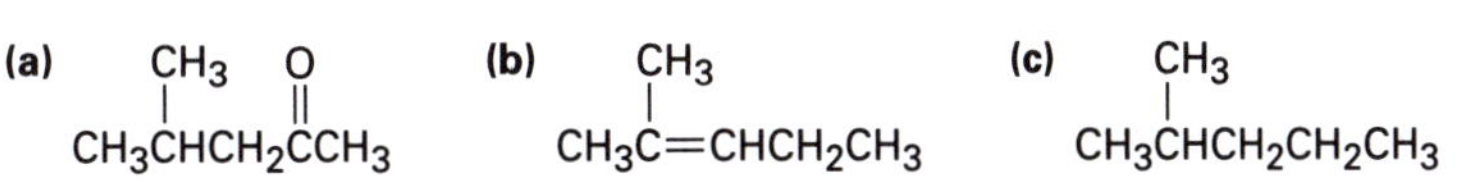

19.10

Adição nucleofílica de álcoois: formação de acetais

Aldeídos e cetonas reagem reversivelmente com 2 equivalentes de um álcool, na presença de um catalisador ácido para gerar **acetais**, $\mathbf{R_2C(OR')_2}$, que são frequentemente chamados *cetais* se derivados de uma cetona. A ciclohexanona, por exemplo, reage com o metanol na presença do HCl para formar o dimetil acetal correspondente.

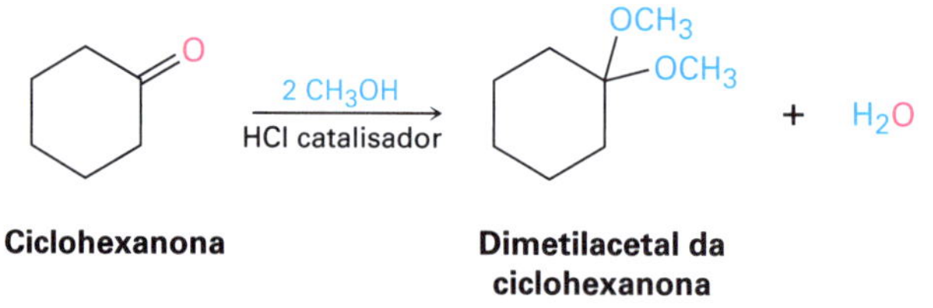

A formação de acetais é similar à reação de hidratação abordada na **Seção 19.5**. Como a água, os álcoois são nucleófilos fracos que se adicionam a aldeídos e a cetonas lentamente, sob condições neutras. Entretanto, sob condições ácidas, a reatividade do grupo carbonila é aumentada pela protonação e a adição de um álcool ocorre rapidamente.

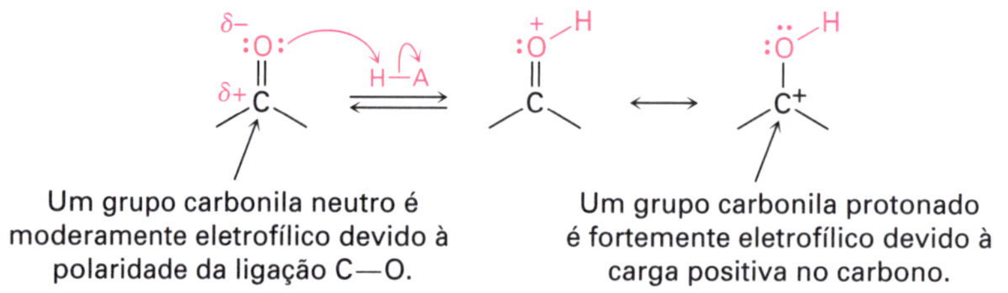

Como mostrado na **Figura 19.10**, a adição nucleofílica de um álcool ao grupo carbonila, inicialmente produz um hidroxiéter chamado **hemiacetal**, análogo ao diol gem formado pela adição de água. Os hemiacetais são formados reversivelmente, com o equilíbrio normalmente favorecendo o composto de carbonila. No entanto, na presença de ácido uma reação adicional pode ocorrer. A protonação do grupo –OH, seguida pela perda de água por um mecanismo E1 leva a um íon oxônio, $R_2C{=}OR^+$, que é submetido a uma segunda adição nucleofílica de álcool, para se obter o acetal protonado. A perda de um próton completa a reação.

Como todas as etapas na formação do acetal são reversíveis, a reação pode ser orientada no sentido direto (do composto de carbonila para o acetal) ou no sentido inverso (do acetal para o composto de carbonila), dependendo das condições. A reação direta é favorecida pelas condições que removem a água do meio e assim deslocam o equilíbrio para a direita. Na prática, isso é frequentemente feito pela retirada da água por meio da destilação, à medida que ela se forma na reação. A reação inversa é beneficiada pelo tratamento do acetal com um grande excesso de ácido aquoso para deslocar o equilíbrio para a esquerda.

Os acetais são úteis porque podem ser empregados como grupos protetores para os aldeídos e as cetonas, do mesmo modo que os éteres trimetilsilílicos são utilizados como grupos protetores para os álcoois **(Seção 17.8)**. Conforme vimos anteriormente, às vezes um grupo funcional interfere com a

Figura 19.10 Mecanismo da formação de acetal catalisado por ácido pela reação de um aldeído ou de uma cetona com um álcool.

MECANISMO

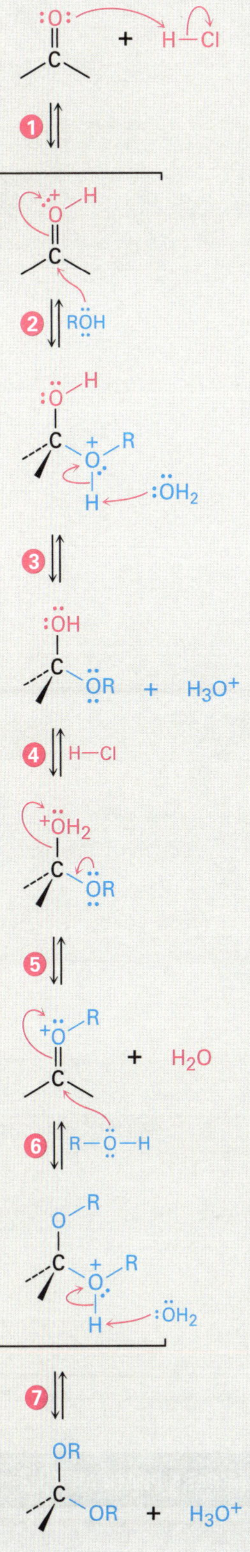

1 A protonação do oxigênio da carbonila polariza fortemente o grupo carbonila e . . .

2 . . . ativa o grupo carbonila para o ataque nucleofílico pelos pares de elétrons do oxigênio do álcool.

3 A perda de um próton gera um hemiacetal intermediário tetraédrico neutro.

Hemiacetal

4 A protonação do grupo hidroxila do hemiacetal converte-o em um bom grupo abandonador.

5 A desidratação forma um íon oxônio intermediário.

6 A adição de um segundo equivalente de álcool gera o acetal protonado.

7 A perda de um próton produz o acetal neutro.

Acetal

química proposta de diferentes maneiras em uma molécula complexa. Por exemplo, se quisermos reduzir apenas o grupo éster do 4-oxopentanoato de etila, a cetona interferiria. O tratamento do ceto-ester de partida com o $LiAlH_4$ reduziria tanto o grupo ceto quanto o grupo éster, para gerar um diol.

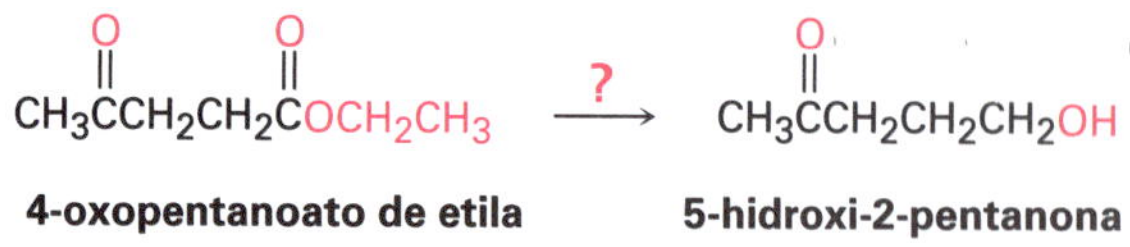

Entretanto, protegendo o grupo ceto como um acetal, o problema pode ser evitado. Da mesma forma que outros éteres, os acetais não reagem com bases, com agentes redutores de hidretos, com reagentes de Grignard e condições redutoras catalíticas, mas são quebrados por ácidos. Assim, podemos realizar a redução seletiva do grupo éster no 4-oxopentanoato de etila, inicialmente convertendo o grupo ceto em um acetal, depois reduzindo o éster com o $LiAlH_4$ e, então, removendo o acetal pelo tratamento com ácido aquoso. Na prática, é normalmente conveniente usar 1 equivalente de um diol, como o etilenoglicol como o álcool para formar um acetal *cíclico*. O mecanismo de formação do acetal cíclico usando 1 equivalente de etilenoglicol é exatamente o mesmo que usando 2 equivalentes de metanol ou outro monoálcool.

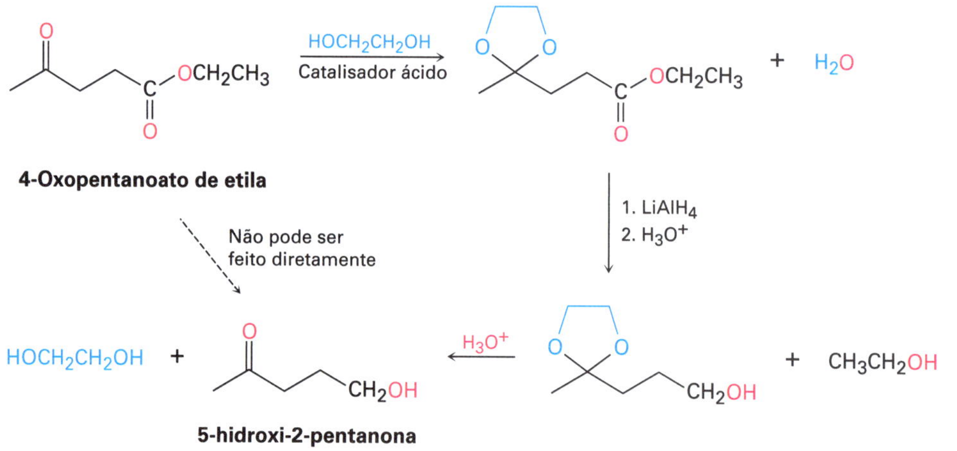

Os grupos acetal e hemiacetal são, em particular, comuns na química dos carboidratos. A glicose, por exemplo, é um polihidroxialdeído que sofre uma reação de adição nucleofílica *interna* e existe de maneira primária como um hemiacetal cíclico.

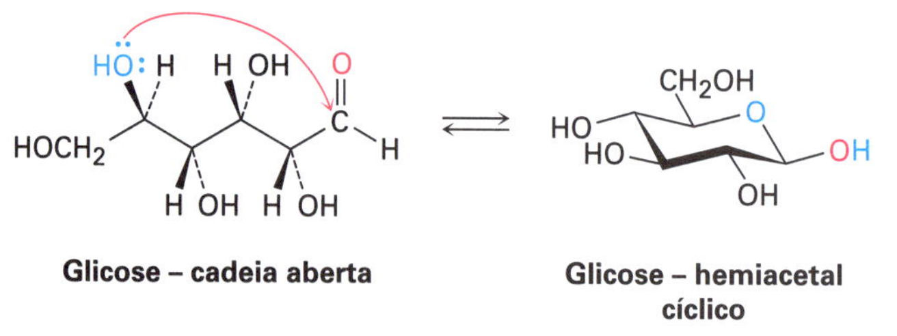

Problema para praticar 19.2

Prevendo o produto da reação entre uma cetona e um álcool

Mostre a estrutura do acetal que você deveria obter pela reação catalisada por ácido da 2-pentanona com o 1,3-propanodiol.

Estratégia A reação catalisada por ácido de um aldeído ou de uma cetona com 2 equivalentes de um monoálcool ou 1 equivalente de um diol rende um acetal, no qual o átomo de oxigênio da carbonila é substituído por dois grupos −OR originários do álcool.

Solução

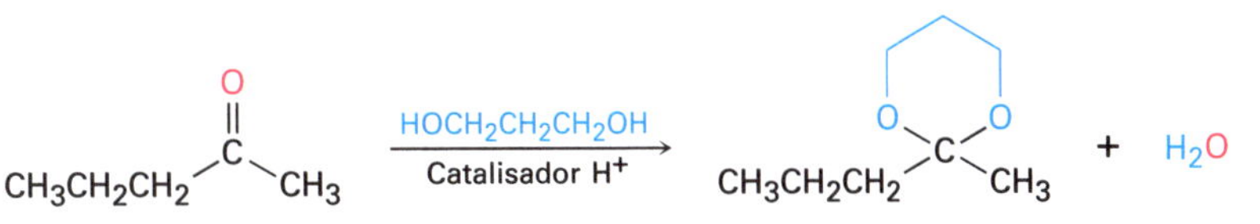

2-pentanona

PROBLEMA 19.14 Mostre todas as etapas na formação de um acetal cíclico catalisado por ácido a partir do etilenoglicol e um aldeído ou uma cetona.

PROBLEMA 19.15 Identifique o composto de carbonila e o álcool que foram usados para preparar o seguinte acetal:

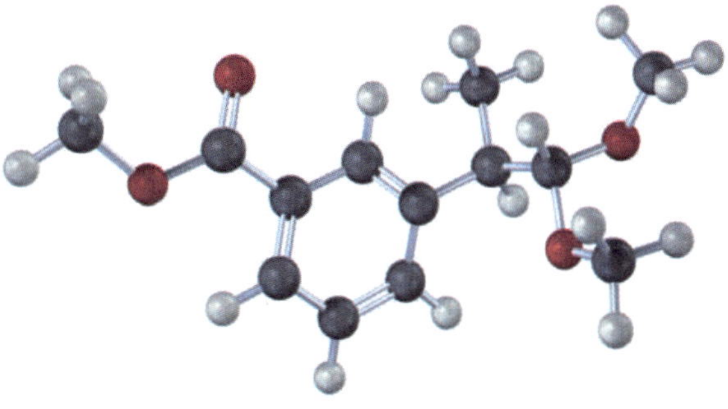

19.11 Adição nucleofílica de ilidas de fósforo: reação de Wittig

Um aldeído ou uma cetona pode ser convertido em um alceno por meio da reação de adição nucleofílica chamada de **reação de Wittig**. A reação não possui equivalente biológico direto, mas é importante por causa de sua ampla utilização no laboratório, na fabricação de medicamentos e graças à sua similaridade de mecanismo com as reações da coenzima do difosfato de tiamina, que veremos na **Seção 29.6**.

Na reação de Wittig, uma ilida de trifenilfósforo, $R_2\bar{C}-\overset{+}{P}Ph_3$, também chamada *fosforano* e por vezes escrita sob a forma de ressonância $R_2C{=}P(Ph)_3$, se adiciona a um aldeído ou cetona, para se obter um intermediário cíclico de quatro membros chamado *oxafosfetano*. O oxafosfetano não é isolado, mas em vez disso decompõe-se espontaneamente para dar um alceno, mais óxido de trifenilfosfina, $O{=}PPh_3$. Em consequência, o átomo de oxigênio do aldeído ou cetona e o $R_2C{=}$ ligado ao fósforo trocam de lugar. (Uma **ilida** é um composto neutro, dipolar com cargas positivas e negativas adjacentes.)

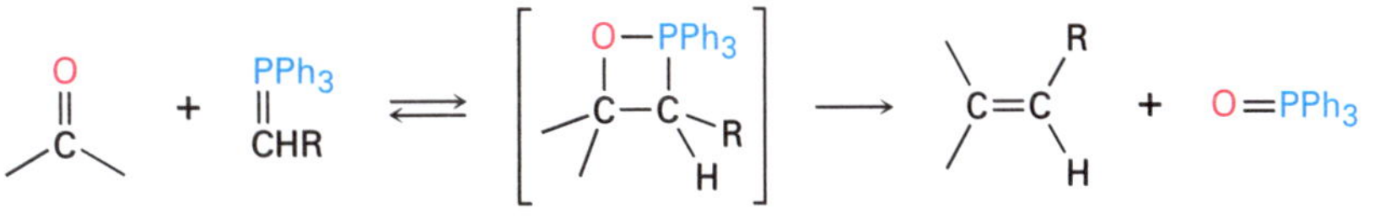

Aldeído/cetona **Ilida** **Oxafosfetano** **Alceno** **Óxido de trifenilfosfina**

A etapa de adição inicial parece ocorrer por diferentes rotas, dependendo da estrutura dos reagentes e as condições experimentais exatas. Uma rota envolve um processo de cicloadição de uma etapa, análogo ao da reação de cicloadição de Diels-Alder (**Seção 14.4**). A outra rota envolve a reação de adição nucleofílica para gerar um intermediário dipolar chamado *betaína*, que é submetido a um fechamento de anel.

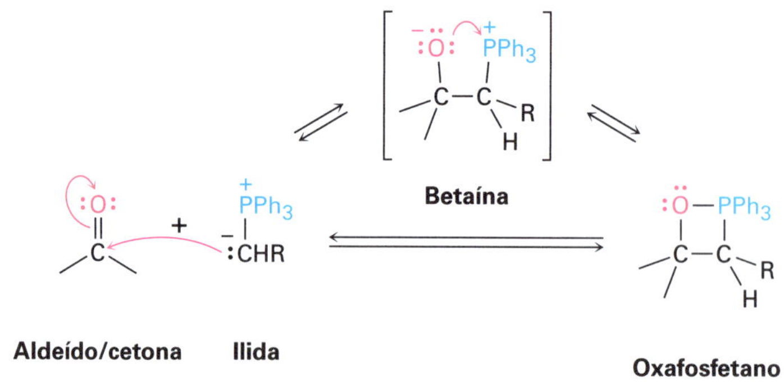

As ilidas de fósforo necessárias para a reação de Wittig são facilmente preparadas pela reação S_N2 de haletos de alquila primários (e alguns secundários) com trifenilfosfina, $(Ph)_3P$, seguida por tratamento com base. Por causa da carga positiva sobre o fósforo, o hidrogênio no carbono vizinho é fracamente ácido e pode ser removido por uma base forte como o butillítio (BuLi) para gerar a ilida neutra. Por exemplo:

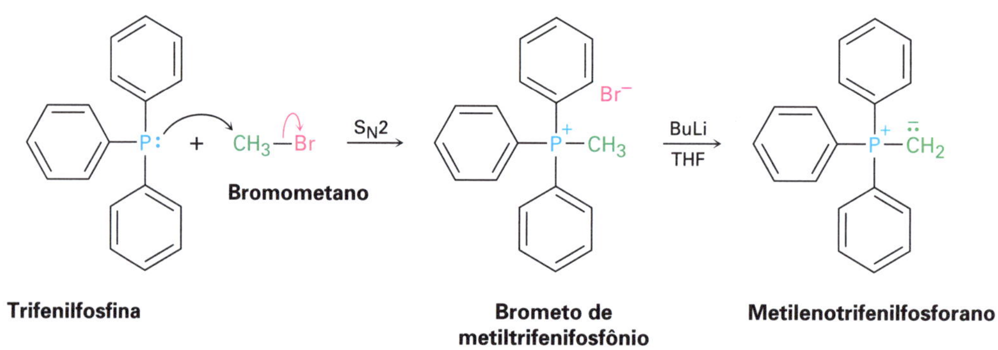

A reação de Wittig é extremamente geral e um grande número de alcenos monossubstituídos, dissubstituídos e trissubstituídos pode ser preparado a partir de combinações apropriadas de fosforanos e aldeídos ou cetonas. No entanto, alcenos tetrassubstituídos não podem ser preparados deste modo, por causa do impedimento estérico.

O valor real da reação de Wittig é que esta produz um alceno puro de estrutura conhecida. A ligação C=C no produto está sempre exatamente onde o grupo C=O se encontrava no reagente e nenhum isômero de alceno (exceto os isômeros *E*, *Z*) são formados. Por exemplo, a reação de Wittig da ciclohexanona com o metilenotrifenilfosforano forma apenas um alceno simples, o metilenociclohexano. Em contraste, a adição de brometo de metilmagnésio à ciclohexanona, seguido por desidratação com $POCl_3$, produz uma mistura aproximada de 9:1 de dois alcenos:

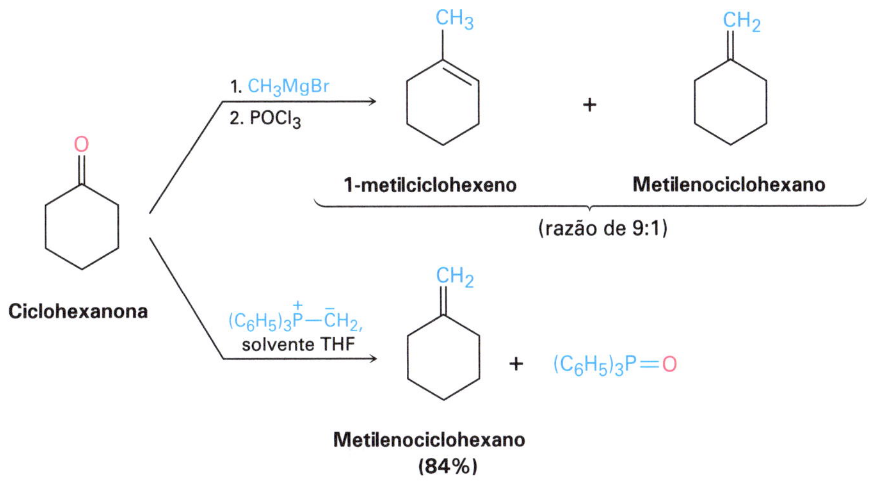

As reações de Wittig são usadas comercialmente na síntese de numerosos agentes farmacêuticos. Por exemplo, a empresa alemã de produtos químicos BASF prepara a vitamina A por meio da reação de Wittig entre uma ilida de 15 carbonos e um aldeído de 5 carbonos.

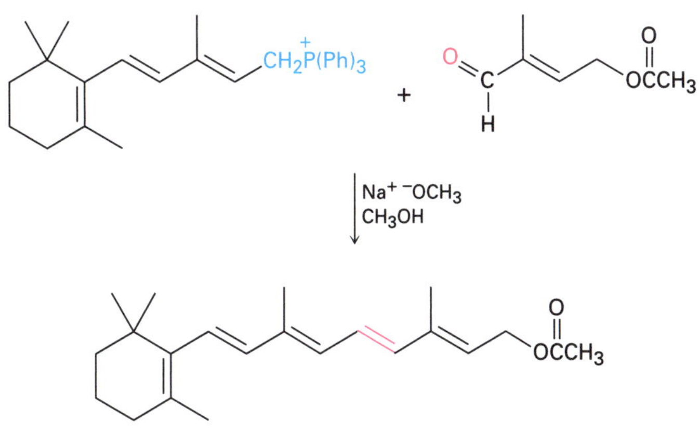

Acetato de vitamina A

Problema para praticar 19.3

Sintetizando um alceno usando uma reação de Wittig

Qual composto de carbonila e qual ilida de fósforo você pode usar para preparar 3-etil-2-penteno?

Estratégia Um aldeído ou uma cetona reagem com uma ilida de fósforo para formar um alceno no qual o átomo de oxigênio do reagente de carbonila é substituído pelo $=CR_2$ da ilida. A preparação da ilida de fósforo normalmente envolve a reação S_N2 de um haleto de alquila primário com trifenilfosfina, pois a ilida é tipicamente primária, $RCH{=}P(Ph)_3$. Isso significa que o carbono do alceno dissubstituído no produto provém do reagente de carbonila, enquanto o carbono do alceno monossubstituído é derivado da ilida.

Solução

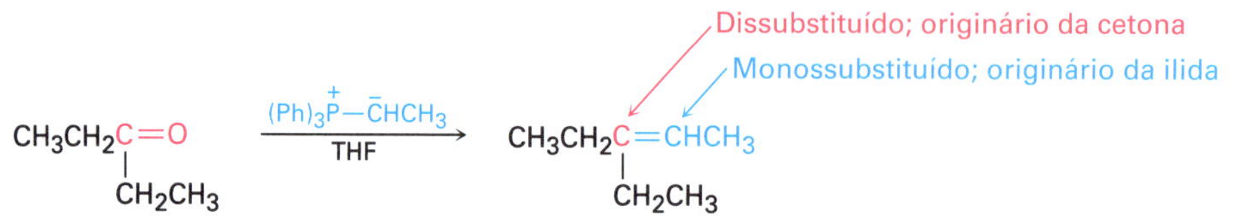

3-pentanona **3-etil-2-penteno**

PROBLEMA 19.16 Qual composto de carbonila e qual ilida de fósforo você deve usar para preparar cada um dos seguintes compostos?

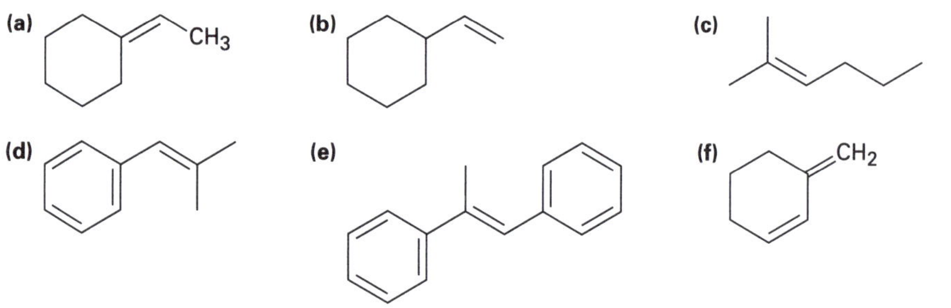

PROBLEMA 19.17 Uma rota para a preparação do β-caroteno, um corante alimentício amarelo e fonte de vitamina A, pode ser executada por meio de uma reação de Wittig *dupla* entre 2 equivalentes de β-ionilidenoacetaldeído e uma de ilida. Mostre a estrutura do produto β-caroteno.

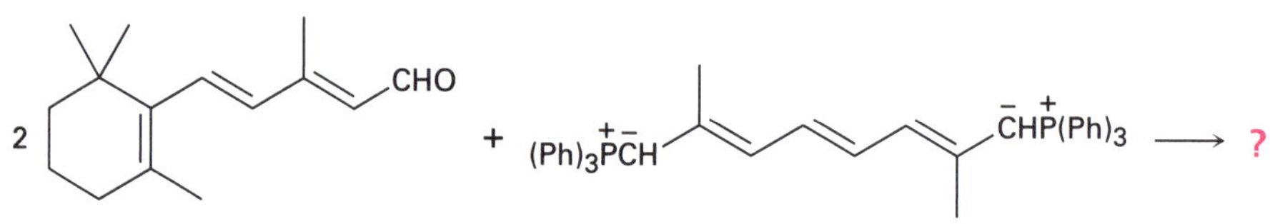

β-ionildenoacetaldeído **Uma diilida**

19.12 Reduções biológicas

Como regra geral, as reações de adição nucleofílicas são características apenas de aldeídos e cetonas e não de derivados de ácido carboxílico. A razão para a diferença é estrutural. Conforme explicado anteriormente em "Uma prévia sobre os compostos de carbonila" e apresentado na **Figura 19.11**, o intermediário tetraédrico produzido pela adição de um nucleófilo a um derivado de um ácido carboxílico pode eliminar um grupo abandonador, levando a uma reação líquida de substituição nucleofílica de acila. O intermediário tetraédrico formado pela adição de um nucleófilo a um aldeído ou a uma cetona, entretanto, possui apenas substituintes alquila ou hidrogênio e, assim, não pode normalmente expelir um grupo abandonador. Entretanto, uma exceção a essa regra é a **reação de Cannizzaro**, descoberta em 1853.

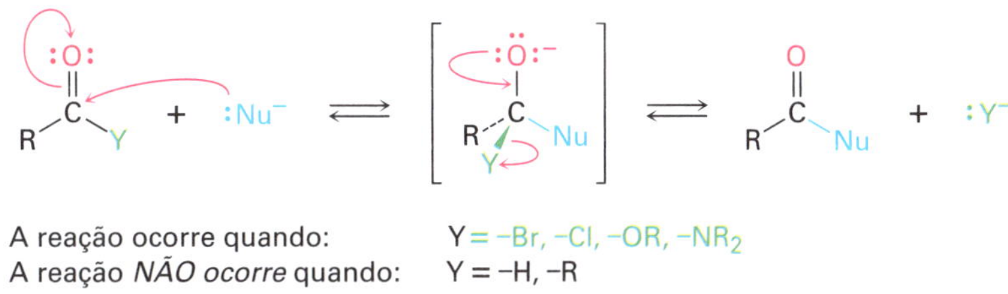

Figura 19.11 Os derivados de ácido carboxílico têm um substituinte eletronegativo Y = −Br, −Cl, −OR, −NR_2 que pode ser expelido como um grupo abandonador do intermediário tetraédrico formado pela adição nucleofílica. Os aldeídos e as cetonas não possuem esse grupo abandonador e assim não sofrem normalmente essa reação.

A reação de Cannizzaro ocorre pela adição nucleofílica de OH^- no aldeído para produzir um intermediário tetraédrico, *o qual expele o íon hidreto como grupo abandonador* e é então oxidado. Uma segunda molécula de aldeído aceita o íon hidreto em outra etapa de adição nucleofílica, sendo, então, reduzida. O benzaldeído, por exemplo, leva a uma mistura de ácido benzoico e álcool benzílico quando aquecido com o NaOH aquoso.

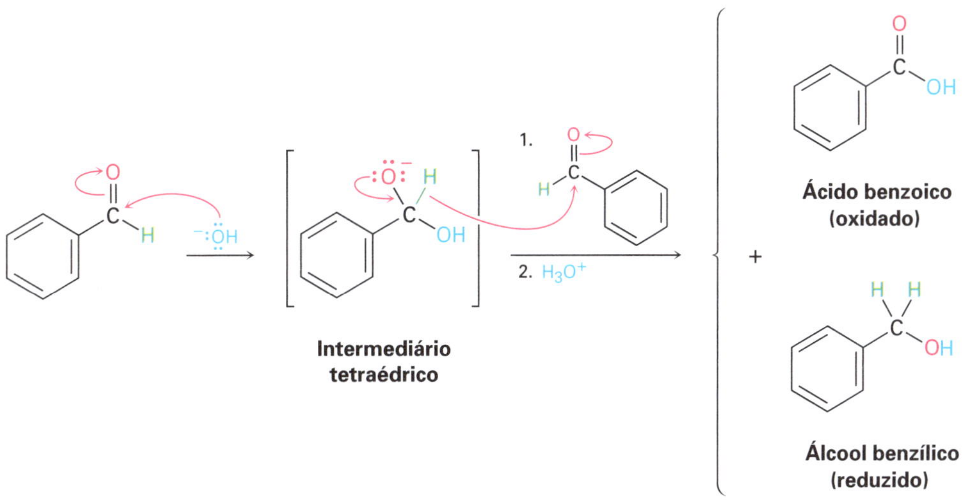

A reação de Cannizzaro raramente é usada hoje, mas é interessante em termos de mecanismo, porque é uma analogia laboratorial simples para a rota biológica primária por meio da qual as reduções de carbonila ocorrem nos organismos. Na natureza, como vimos na **Seção 17.4**, um dos agentes redutores mais importantes é o NADH, dinucleotídeo adenina nicotinamida reduzido. O NADH doa H^- para os aldeídos e as cetonas (e, portanto, os reduz) da mesma forma que o intermediário alcóxido tetraédrico o faz em uma reação de Cannizzaro. O par de elétrons isolado no átomo de nitrogênio do NADH expulsa o H^- como grupo abandonador, o qual se adiciona a um grupo carbonila em outra molécula (**Figura 19.12**). Como exemplo, o piruvato é convertido durante a atividade muscular intensa em (*S*)-lactato, uma reação catalisada pela lactato desidrogenase.

Figura 19.12 Mecanismo de reduções biológicas de aldeído e cetona pela coenzima NADH. A etapa principal é a expulsão de íon hidreto do NADH e doação ao grupo carbonila.

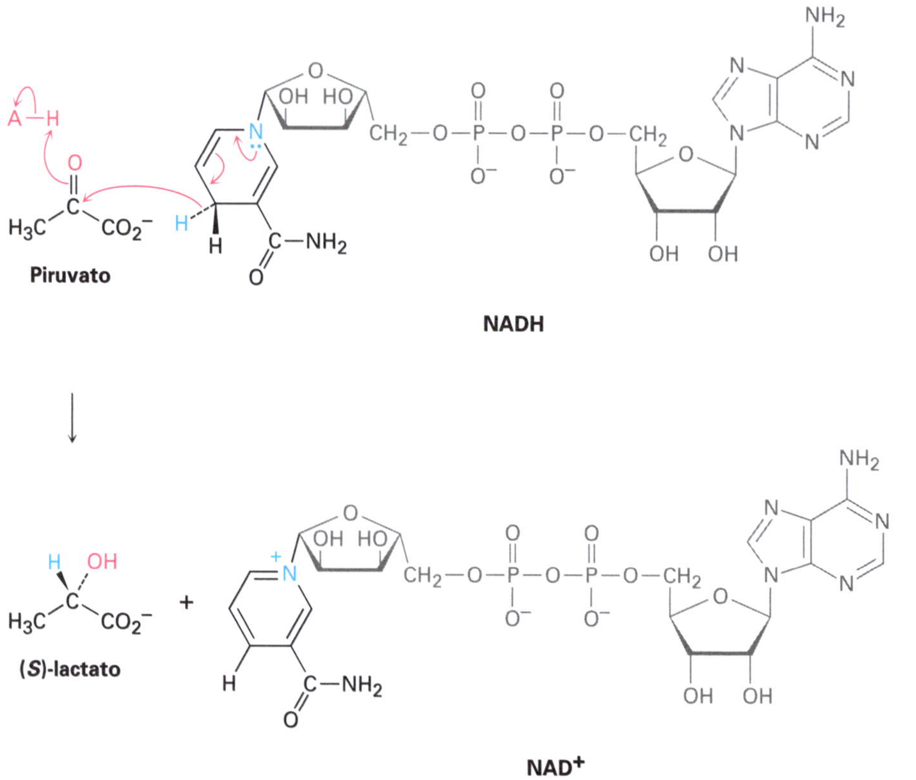

PROBLEMA 19.18 Quando o *o*-ftalaldeído é tratado com uma base, o ácido *o*-(hidroximetil)benzoico é formado. Mostre o mecanismo dessa reação.

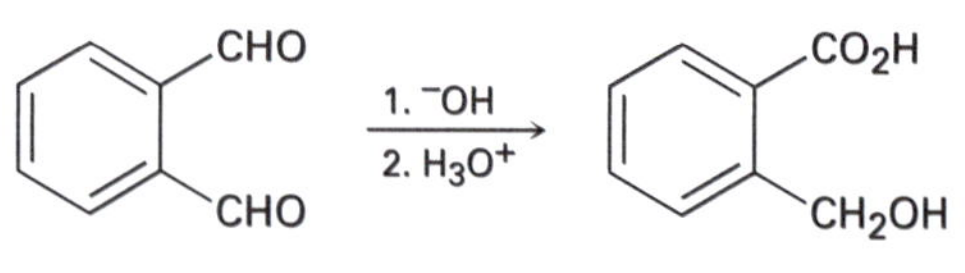

***o*-ftalaldeído** **Ácido *o*-(hidroximetil)benzoico**

PROBLEMA 19.19 Qual é a estereoquímica da redução do piruvato apresentada na **Figura 19.12**? O NADH perde seu hidrogênio *pro-R* ou *pro-S*? A adição ocorre na face *Si* ou na face *Re* do piruvato? (Reveja **Seção 5.11**).

19.13 Adição nucleofílica conjugada em aldeídos e cetonas α,β-insaturados

Todas as reações que explicamos até o presente momento têm envolvido a adição de um nucleófilo diretamente ao grupo carbonila, assim denominado **adição-1,2**. Muito próxima a essa adição está a **adição conjugada**, ou **adição-1,4**, de um nucleófilo a uma ligação dupla C=C de um aldeído ou uma cetona α,β-insaturados. (O átomo de carbono próximo ao grupo carbonila é geralmente chamado *carbono* α, o carbono seguinte é o *carbono* β, e assim por diante. Dessa forma, um aldeído ou uma cetona α,β-insaturados têm uma ligação dupla conjugada com o grupo carbonila.) O produto inicial de adição conjugada é um *íon enolato* estabilizado por ressonância, o qual tipicamente sofre protonação sobre o carbono α para produzir um aldeído ou uma cetona saturados (**Figura 19.13**).

A adição conjugada de um nucleófilo a um aldeído ou a uma cetona α,β-insaturados é provocada pelos mesmos fatores eletrônicos responsáveis

Figura 19.13 Uma comparação de reações de adição nucleofílicas direta (1,2) e conjugada (1,4). Na adição conjugada, um nucleófilo se adiciona ao carbono β de um aldeído ou cetona α,β-insaturado e a protonação ocorre no carbono α.

Adição direta (1,2)

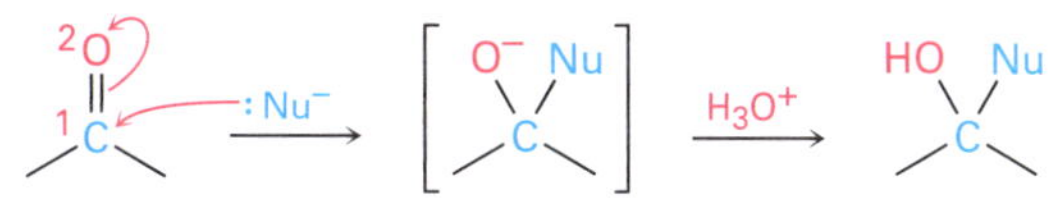

Adição conjugada (1,4)

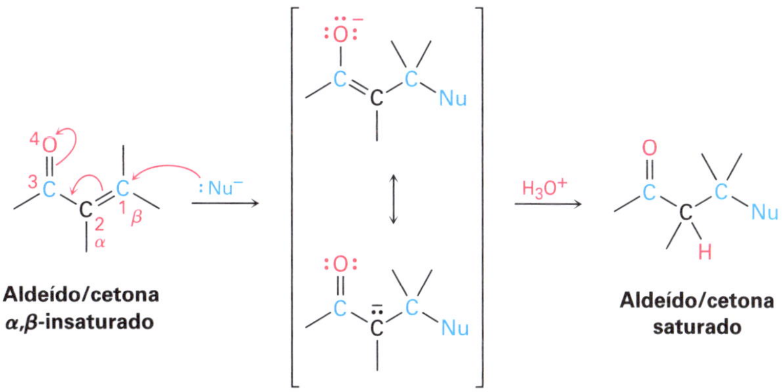

pela adição direta. O átomo de oxigênio eletronegativo de um composto de carbonila α,β-insaturado retira os elétrons a partir do carbono β, tornando-o, portanto, pobre em elétrons e consideravelmente mais eletrofílico que um carbono típico de alceno.

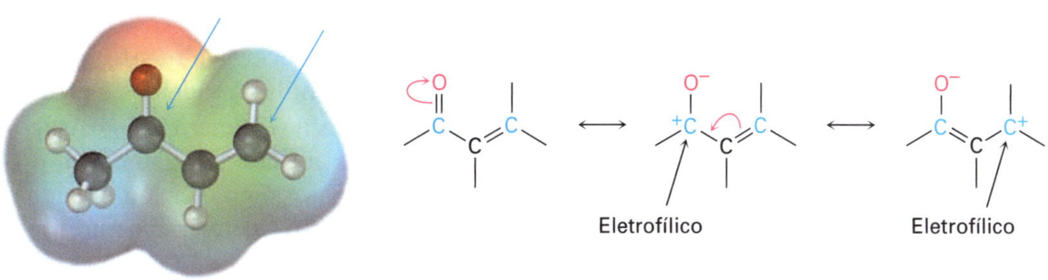

Como notado anteriormente, a adição conjugada de um nucleófilo ao carbono β de um aldeído ou de uma cetona α,β-insaturados leva a um íon enolato intermediário, o qual está protonado no carbono α para gerar o produto saturado (**Figura 19.13**). O efeito líquido é adição do nucleófilo à ligação C=C, com o grupo carbonila intacto. Na verdade, naturalmente, o grupo carbonila é crucial para o sucesso da reação. A ligação C=C não seria ativada para a adição e nenhuma reação ocorreria sem a presença do grupo carbonila.

Ligação dupla ativada

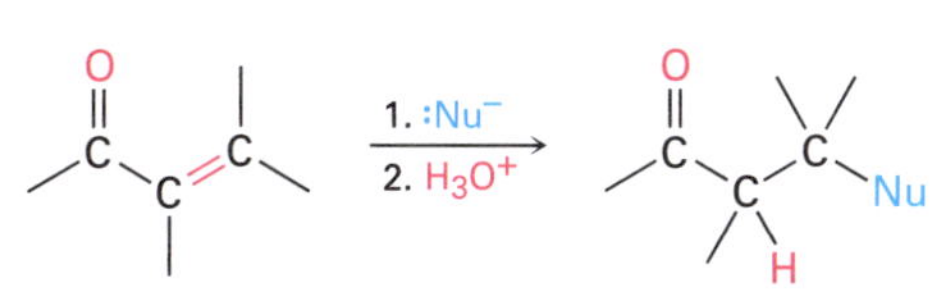

Ligação dupla inativada

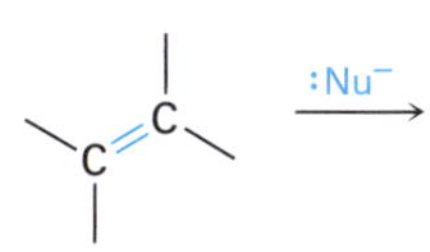

ADIÇÃO CONJUGADA DE AMINAS

Tanto aminas primárias quanto secundárias adicionam-se aos aldeídos e às cetonas α,β-insaturados para gerar β-aminos aldeídos e cetonas em vez das iminas alternativas. Sob condições de reação típicas, os dois modos de adição ocorrem rapidamente. Mas como as reações são reversíveis, geralmente procedem com controle termodinâmico preferencialmente ao controle cinético (**Seção 14.3**), assim o mais estável produto de adição conjugada é frequentemente obtido com a exclusão completa do produto de adição direta menos estável.

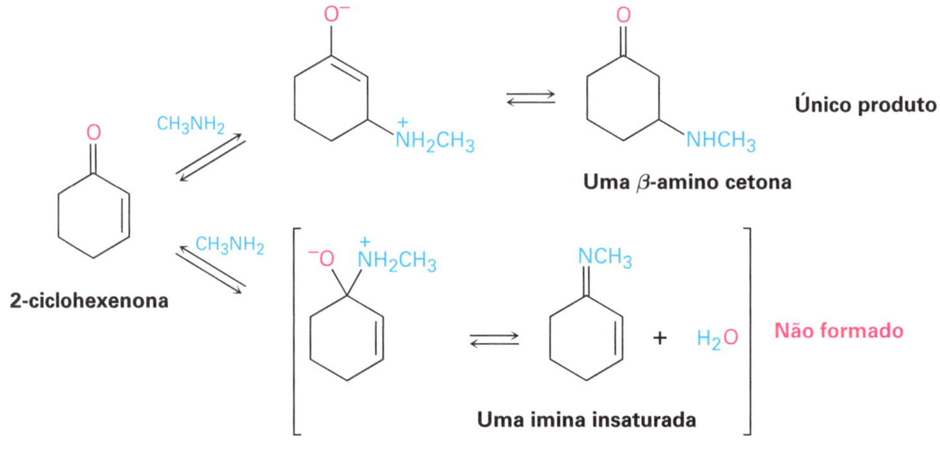

ADIÇÃO CONJUGADA DE ÁGUA

A água pode adicionar-se reversivelmente a aldeídos e cetonas α,β-insaturados para produzir β-hidroxi aldeídos e cetonas, embora a posição do equilíbrio geralmente favoreça o reagente insaturado em vez do aduto saturado. Adições relacionadas a ácidos carboxílicos α,β-insaturados ocorrem em inúmeras rotas biológicas, como o ciclo do ácido cítrico do metabolismo alimentar no qual *cis*-aconitato é convertido em isocitrato, por adição conjugada de água a uma ligação dupla.

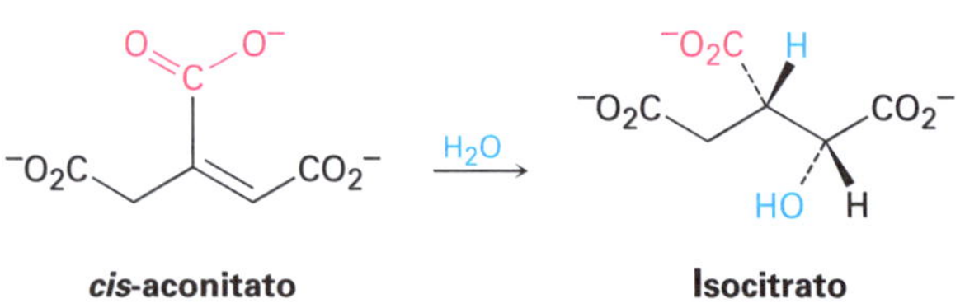

PROBLEMA 19.20 Atribua estereoquímica *R* ou *S* aos dois centros de quiralidade no isocitrato e descubra se OH e H se adicionam à face *Si* ou a face *Re* da ligação dupla.

ADIÇÃO CONJUGADA DE GRUPOS ALQUILA: REAÇÕES COM ORGANOCOBRE

A adição conjugada de um grupo alquila a uma cetona α,β-insaturada (mas não a um aldeído) é uma das mais úteis reações de adição 1,4, da mesma forma que a adição direta de reagente de Grignard é uma das mais úteis adições 1,2.

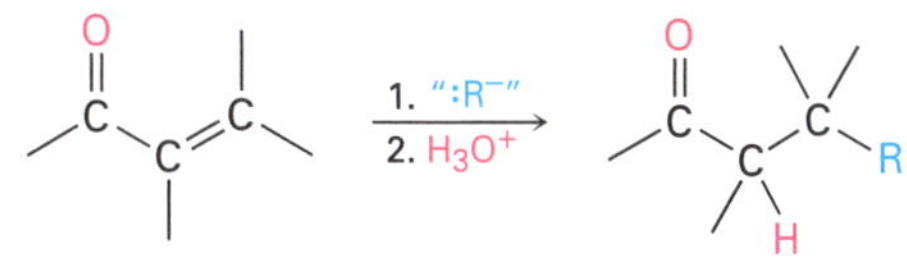

Cetona α,β-insaturada

A adição conjugada de um grupo alquila é executada pelo tratamento de uma cetona α,β-insaturada com um reagente diorganocuprato de lítio. Como vimos na **Seção 10.7**, reagentes lítio diorganocupratos de lítio (Gilman) são preparados por reação entre 1 equivalente de iodeto de cobre(I) e 2 equivalentes de um reagente de organolítio, RLi. O reagente organolítio, por sua vez, é formado pela reação de lítio metálico com um haleto orgânico, da mesma maneira que um reagente de Grignard é preparado pela reação de magnésio metálico com um haleto orgânico.

$$RX \xrightarrow[\text{Pentano}]{2\ Li} RLi + Li^+ X^-$$

$$2\ RLi \xrightarrow[\text{Éter}]{CuI} Li^+(R\bar{C}uR) + Li^+ I^-$$

Um diorganocuprato de lítio (reagente de Gilman)

Grupos alquila primários, secundários e mesmo terciários são submetidos à reação de adição conjugada, tal como os grupos arila e alquila. Os grupos alquila, no entanto, reagem mal no processo de adição conjugada. Reagentes diorganocupratos são únicos na sua capacidade de gerar produtos de adição conjugada. Outros reagentes organometálicos, tais como reagentes de Grignard e organolítios, normalmente resultam em adição direta à carbonila na reação com cetonas α,β-insaturadas.

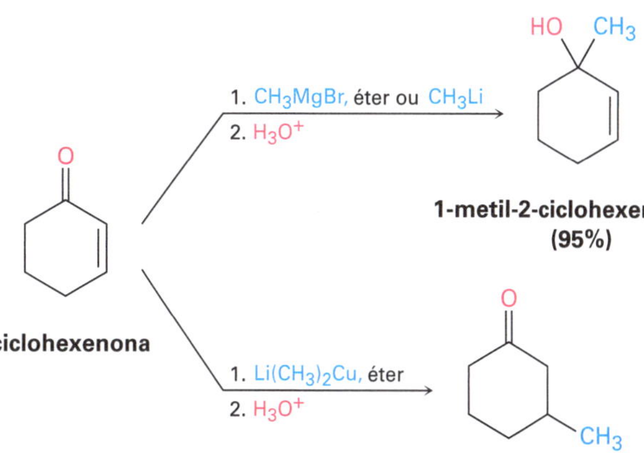

2-ciclohexenona

1-metil-2-ciclohexen-1-ol (95%)

3-metilciclohexanona (97%)

O mecanismo desta reação é pensado envolvendo adição nucleofílica conjugada do ânion diorganocuprato, R_2Cu^-, à cetona insaturada para dar um intermediário contendo cobre. A transferência de um grupo R e a eliminação de uma espécie neutra de organocobre, RCu, formam o produto final.

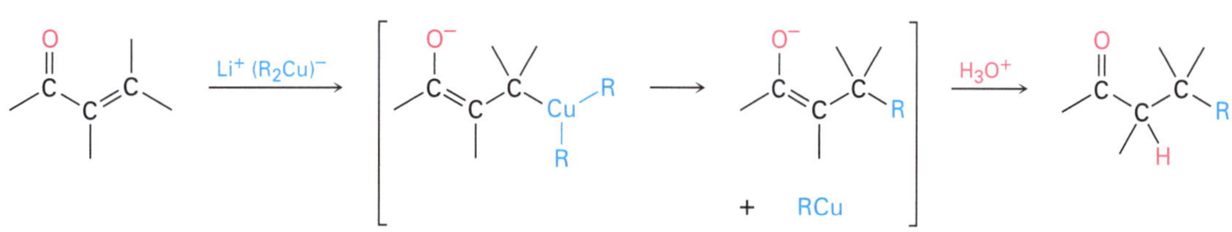

PROBLEMAS PARA PRATICAR 19.4

Usando a reação de adição conjugada

Como você pode usar uma reação de adição conjugada para preparar a 2-metil-3-propilciclopentanona?

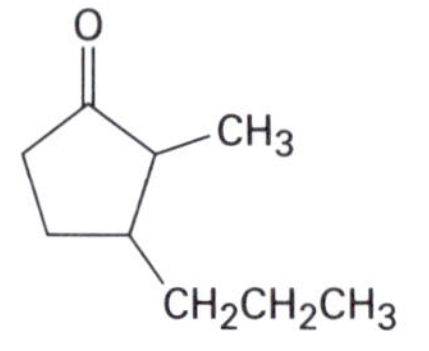

2-metil-3-propilciclopentanona

Estratégia Uma cetona com um grupo substituinte em sua posição β pode ser preparada por uma adição conjugada daquele grupo a uma cetona α,β-insaturada. Nessa etapa, a molécula-chave tem um substituinte propila sobre o carbono β e pode, portanto, ser preparada a partir da 2-metil-2-ciclopentenona pela reação com dipropilcuprato de lítio.

Solução

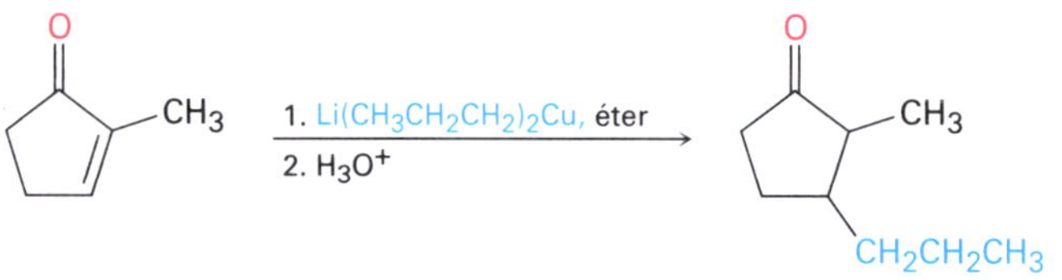

2-metil-2-ciclopentenona **2-metil-3-propilciclopentanona**

PROBLEMA 19.21 O tratamento da 2-ciclohexenona com HCN/KCN leva à formação de uma cetonitrila saturada preferencialmente a uma cianidrina insaturada. Mostre a estrutura do produto e proponha um mecanismo para a reação.

PROBLEMA 19.22 Como as reações de adição conjugada de reagentes de diorganocuprato de lítio podem ser usadas para sintetizar os seguintes compostos?

(a) $CH_3CH_2CH_2CH_2CH_2\overset{O}{\overset{\|}{C}}CH_3$

(b)

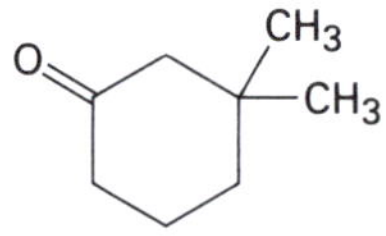

(c)

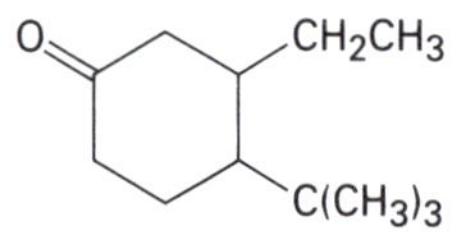

(d)

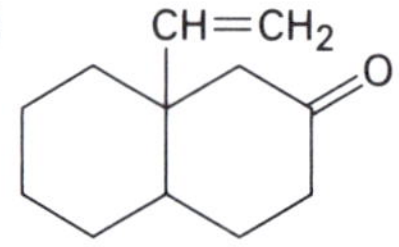

19.14 Espectroscopia de aldeídos e cetonas

ESPECTROSCOPIA NA REGIÃO DO INFRAVERMELHO

Os aldeídos e as cetonas mostram uma forte absorção da ligação C=O na região do infravermelho (IV), a partir de 1.660 a 1.770 cm^{-1}, conforme demonstrado nos espectros do benzaldeído e da ciclohexanona (**Figura 19.14**). Além disso, os aldeídos mostram duas absorções C–H características entre 2.700-2.760 e 2.800-2.860 cm^{-1}. Estas absorbâncias são importantes para distinguir aldeídos de cetonas. A absorbância de frequência mais alta é algumas vezes obscurecida nos casos em que o composto tem muitos grupos C–H saturados, mas o pico de frequência mais baixa é quase sempre visível.

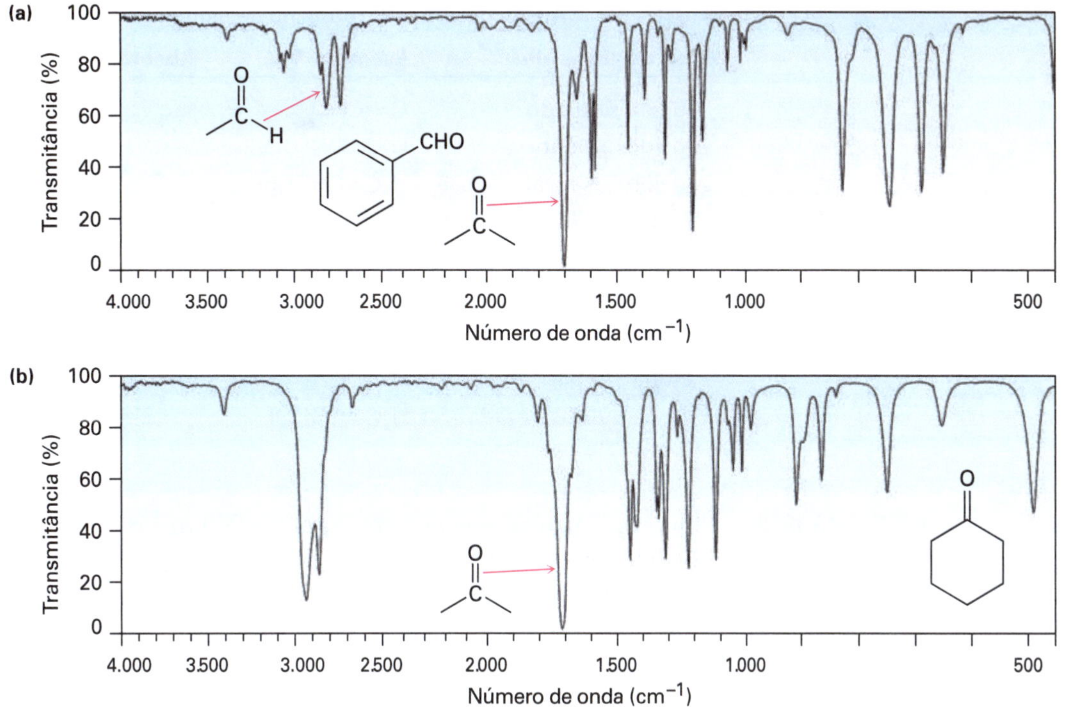

Figura 19.14 Espectro no infravermelho de **(a)** benzaldeído e **(b)** ciclohexanona.

A posição exata da absorção do grupo C=O é um diagnóstico exato da natureza do grupo carbonila. Segundo o que os dados exibidos na **Tabela 19.2** indicam, os aldeídos saturados normalmente apresentam absorções da carbonila próximas de 1.730 cm^{-1} no espectro de IV, mas a conjugação de aldeídos a um anel aromático ou a uma ligação dupla reduz a absorção em cerca de 25 cm^{-1}, ficando próxima de 1.705 cm^{-1}. Tanto as cetonas alifáticas saturadas quanto as ciclohexanonas, absorvem próximo de 1.715 cm^{-1} e a conjugação com uma ligação dupla ou um anel aromático novamente reduz a absorção, cerca de 30 cm^{-1}, para 1.685 a 1.690 cm^{-1}. Esta diminuição da frequência de absorção em sistemas conjugados é facilmente compreendida se considerarmos os contribuintes para a ressonância do composto. A deslocalização da densidade eletrônica de vinila/arila na carbonila, reduz a ordem de ligação do grupo C=O. Isso diminui a constante de força de ligação e, por sua vez, diminui a frequência vibracional. A deformação do ângulo no grupo carbonila, causada pela redução da dimensão do anel das cetonas cíclicas para quatro ou cinco, aumenta a posição de absorção. A ciclohexanona tem a sua absorção de estiramento C=O em 1.715 cm^{-1} enquanto o estiramento da carbonila da ciclopentanona é em 1.750 cm^{-1} e a da ciclobutanona é em 1.785 cm^{-1}.

Os valores na **Tabela 19.2** são consideravelmente constantes de um aldeído ou uma cetona para o(a) outro(a). Como resultado, a espectroscopia no IV é uma ferramenta poderosa para diagnosticar a natureza de um grupo carbonila em uma molécula de estrutura desconhecida. Uma molécula desconhecida que mostra uma absorção no IV em 1.730 cm^{-1} é provavelmente um aldeído em vez de uma cetona; uma molécula que mostra uma absorção no IV em 1.750 cm^{-1} é muito provavelmente uma ciclopentanona, e assim por diante.

TABELA 19.2 Absorções no infravermelho de alguns aldeídos e cetonas

Tipo da carbonila	Exemplo	Absorção no infravermelho (cm^{-1})
Aldeído saturado	CH_3CHO	1,730
Aldeído aromático	PhCHO	1,705
Aldeído α,β-insaturado	$H_2C{=}CHCHO$	1,705
Cetona saturada	CH_3COCH_3	1,715
Ciclohexanona		1,715
Ciclopentanona		1,750
Ciclobutanona		1,785
Cetona aromática	$PhCOCH_3$	1,690
Cetona α,β-insaturada	$H_2C{=}CHCOH_3$	1,685

PROBLEMA 19.23 Como você usaria a espectroscopia no IV para determinar se a reação entre a 2-ciclohexenona e o dimetilcuprato de lítio gera o produto de adição direta ou produto de adição conjugada?

PROBLEMA 19.24 Onde você esperaria que cada um dos compostos seguintes absorvessem no espectro de IV?

(a) 4-penten-2-ona **(b)** 3-penten-2-ona
(c) 2,2-dimetilciclopentanona **(d)** *m*-clorobenzaldeído
(e) 3-ciclohexenona **(f)** 2-hexenal

ESPECTROSCOPIA DE RESSONÂNCIA MAGNÉTICA NUCLEAR

Os hidrogênios de aldeído (RCHO) absorvem próximo de 10δ no espectro de RMN de ^1H e são muito distintos porque nenhuma outra absorção ocorre nessa região. O hidrogênio do aldeído revela um acoplamento spin-spin com os hidrogênios do carbono vizinho, com constante de acoplamento de $J \approx 3$ Hz. O acetaldeído, por exemplo, mostra um quarteto em 9,79δ para o hidrogênio do aldeído, indicando que existem três hidrogênios vizinhos no grupo −CHO (**Figura 19.15**).

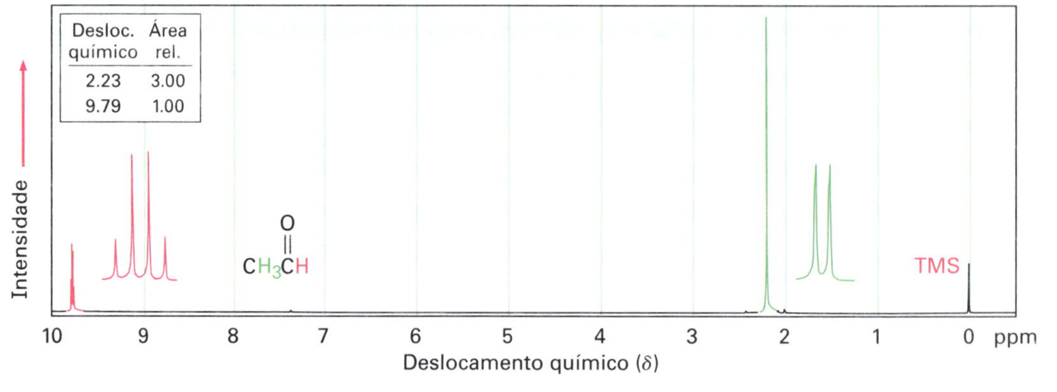

Figura 19.15 Espectro de RMN de ^1H do acetaldeído. A absorção do hidrogênio de aldeído aparece em 9,79δ e é desdobrado em um quarteto.

Hidrogênios no carbono ao lado de um grupo carbonila são ligeiramente desblindados e absorvem normalmente perto de 2,0 a 2,3δ. O grupo metila do acetaldeído na **Figura 19.15**, por exemplo, absorve a 2,23δ. Metil cetonas são particularmente distintas, porque sempre mostram um simpleto acentuado de três hidrogênios perto de 2,1δ. Este efeito de desblindagem é devido a anisotropia dos elétrons π da carbonila. Os hidrogênios alfa passam uma quantidade apreciável de tempo no plano nodal da ligação π da carbonila fazendo com que apareçam em campo mais baixo que os grupos C−H saturados típicos.

Os átomos de carbono do grupo carbonila de aldeídos e cetonas apresentam ressonâncias características de RMN de ^{13}C na faixa de 190 a 215δ. Como nenhum outro tipo de carbono absorve nessa faixa, a presença de uma absorção de RMN próxima de 200δ é uma evidência de um grupo carbonila. Os carbonos de aldeídos saturados ou cetonas normalmente absorvem na região de 200 a 215δ, enquanto os carbonos aromáticos ou da carbonila α,β-insaturada absorvem na região de 190 a 200δ.

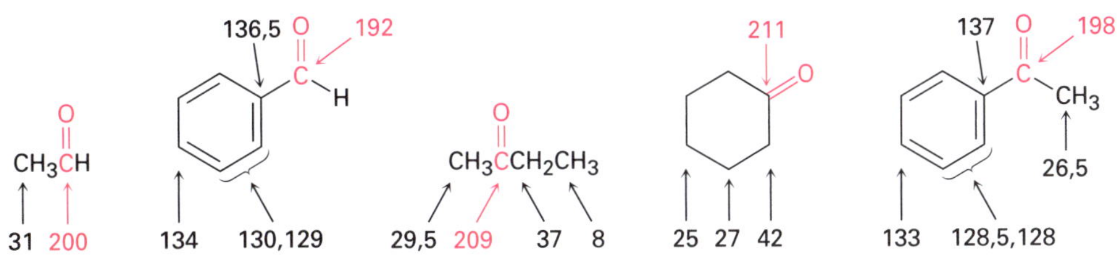

ESPECTROMETRIA DE MASSAS

Os aldeídos alifáticos e as cetonas que contêm hidrogênios nos átomos de carbono γ (gama) sofrem uma quebra característica no espectro de massas chamada *rearranjo de McLafferty*. Um átomo de hidrogênio é transferido do carbono γ para o oxigênio da carbonila, a ligação entre os carbonos α e β é rompida e um fragmento neutro de alceno é produzido. A carga permanece com o fragmento contendo o oxigênio.

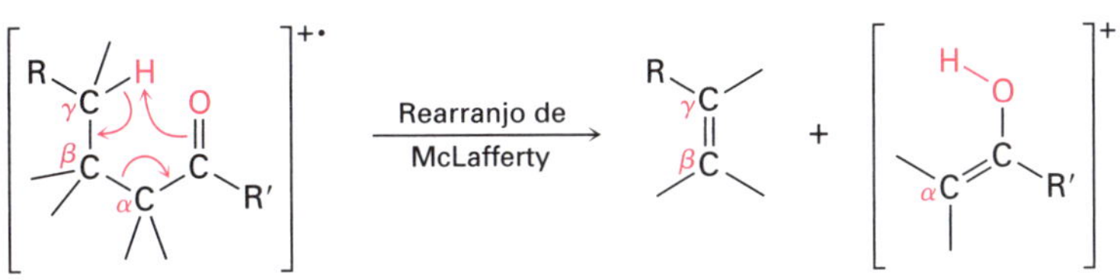

Além da fragmentação pelo rearranjo de McLafferty, aldeídos e cetonas também sofrem clivagem da ligação entre o grupo carbonila e o carbono α, chamada *clivagem α*. A clivagem alfa forma um radical neutro e um cátion acila estabilizado por ressonância.

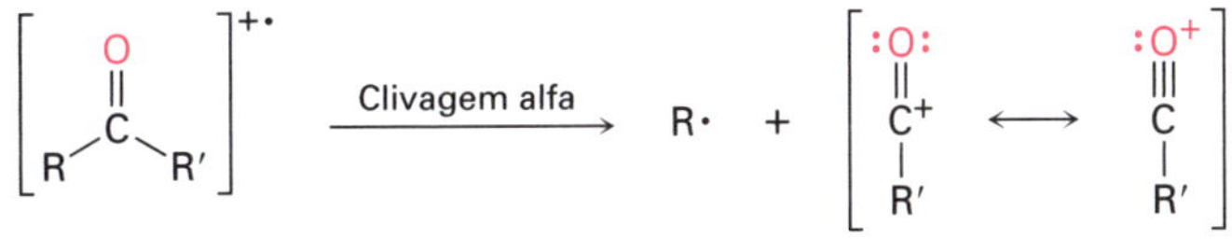

Os fragmentos iônicos do rearranjo de McLafferty e da clivagem α são visíveis no espectro de massas da 5-metil-2-hexanona mostrado na **Figura 19.16**. O rearranjo de McLafferty com a perda de 2-metilpropeno produz um fragmento com $m/z = 58$. A clivagem alfa ocorre, principalmente, no lado mais substituído do grupo carbonila, levando a um fragmento $[CH_3CO]^+$ com $m/z = 43$.

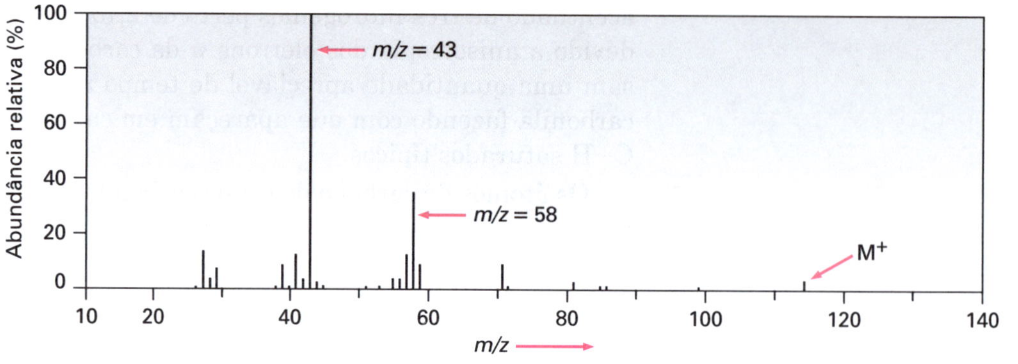

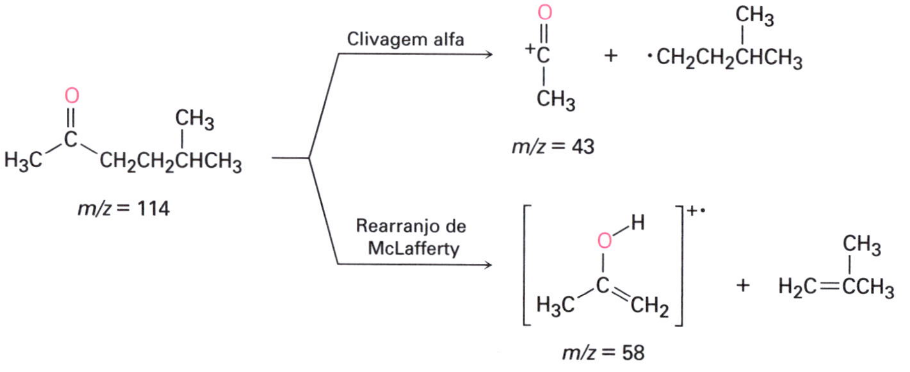

Figura 19.16 Espectro de massas e as reações relacionadas da 5-metil-2-hexanona. O pico em m/z = 58 é devido ao rearranjo de McLafferty. O pico intenso em m/z = 43 é decorrente da clivagem α no lado mais substituído do grupo carbonila. Observe que o pico devido ao íon molecular é muito pequeno.

PROBLEMA 19.25 Como você pode usar a espectrometria de massas para distinguir entre os seguintes pares de isômeros?

(a) 3-metil-2-hexanona e 4-metil-2-hexanona

(b) 3-heptanona e 4-heptanona

(c) 2-metilpentanal e 3-metilpentanal

PROBLEMA 19.26 Descreva as absorções IV proeminentes e picos do espectro de massas que você espera para o seguinte composto:

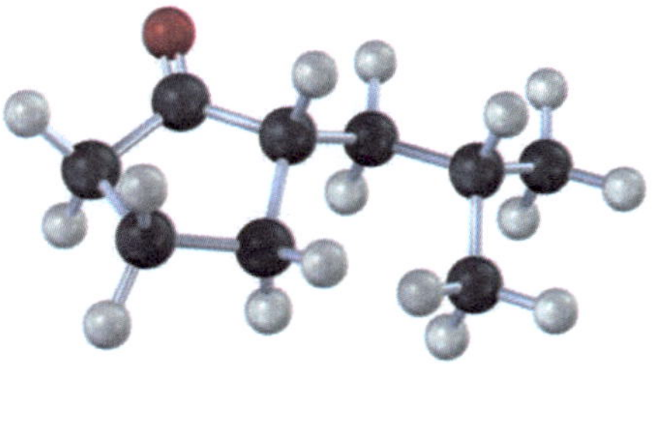

Algo extra

Síntese enantiosseletiva

Quando um produto quiral é formado pela reação entre reagentes aquirais, o produto é racêmico; isto é, ambos os enantiômeros do produto devem ser formados em igual quantidade. A reação de epoxidação do geraniol com ácido *m*-cloroperoxibenzoico, por exemplo, produz uma mistura racêmica de epóxidos (2*S*, 3*S*) e (2*R*, 3*R*).

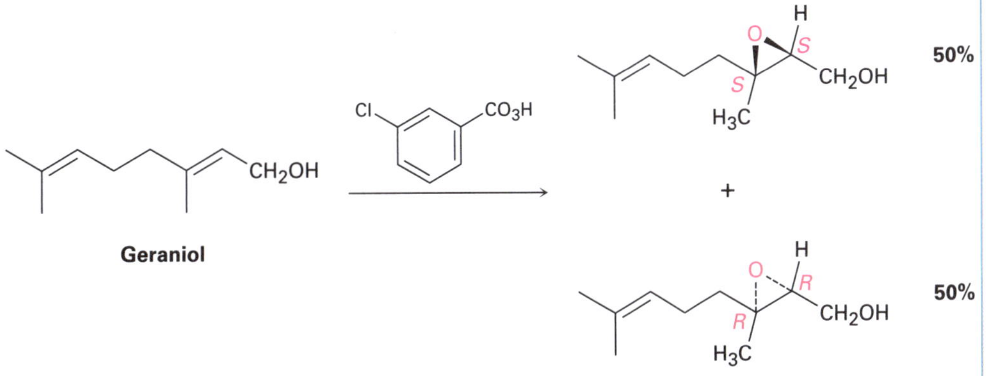

Siegfried Layda/Photographer's Choice/Getty Images

Uma substância produzida a partir do ácido tartárico encontrado na parte inferior deste tonel de vinho catalisa reações enantiosseletivas.

Infelizmente, é comum apenas um simples enântiômero de um determinado medicamento ou único importante substância possuir as propriedades biológicas desejadas. O outro enantiômero pode ser inativo ou mesmo perigoso. Assim, muito trabalho está sendo feito no desenvolvimento de métodos de sínteses *enantiosseletivas*, os quais geram somente um dos dois possíveis enantiômeros. Tanta importância tem a síntese enantiosseletiva que o Prêmio Nobel de Química de 2001 foi dado a três pioneiros no campo: William S. Knowles, K. Barry Sharpless e Ryoji Noyori.

Várias abordagens da síntese enantiosseletiva foram desenvolvidas, mas as mais eficientes são as que usam catalisadores quirais para manter temporariamente uma molécula (substrato) em um ambiente assimétrico – exatamente a mesma estratégia que a natureza utiliza quando catalisa as reações com enzimas quirais. Enquanto nesse ambiente assimétrico, o substrato pode ser mais aberto para a reação de um lado que de outro, levando a um excesso de um produto enantiomérico sobre o outro. Como analogia, pense em uma caneca de café em sua mão direita. A caneca por si só é aquiral, mas tão logo você a segure pela asa, torna-se quiral. Um lado da caneca agora está virado para você, facilitando beber, porém o outro lado está ao contrário. Os dois lados são diferentes, com um lado muito mais acessível para você que o outro.

(continua)

(continuação)

Entre as milhares de reações enantiosseletivas agora conhecidas, uma das mais úteis é a chamada epoxidação de Sharpless, na qual um álcool alílico, como o geraniol, é tratado com peróxido de *tert*-butila, $(CH_3)_3C-OOH$, na presença de tetraisopropóxido de titânio e tartarato de dietila (DET) como um reagente auxiliar quiral. Quando tartarato (*R*,*R*) é usado, o geraniol é convertido no seu epóxido 2*S*, 3*S* com 98% de seletividade, enquanto o uso de tartarato (*S*,*S*) dá o enantiômero epóxido 2*R*, 3*R*. Dizemos que o principal produto em cada caso é formado com um *excesso enantiomérico* de 96%, o que significa que 4% do produto é racêmico (2% 2*S*, 3*S* mais 2% de 2*R*, 3*R*) e um adicional de 96% de um único enantiômero é formado. Os detalhes do mecanismo pelo qual o catalisador quiral atua não são completamente compreendidos, embora pareça que um complexo quiral de duas moléculas de tartarato com um titânio estejam envolvido.

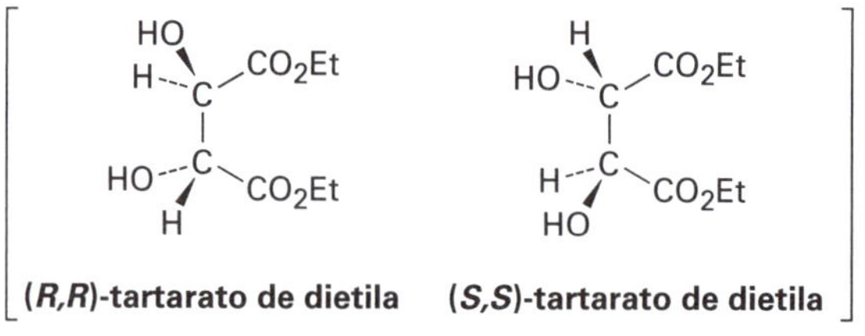

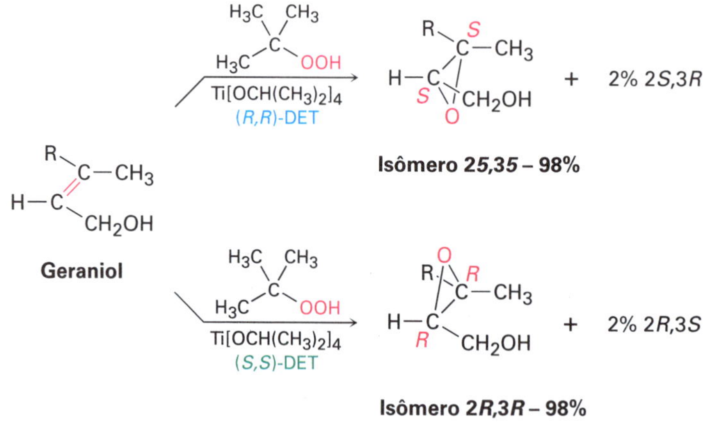

Resumo

Palavras-chave

adição 1,2, 756
adição 1,4, 756
acetais $[R_2C(OR')_2]$, 748
adição conjugada, 756
aldeídos (RCHO), 728
bases de Schiff, 741
cetonas (R_2CO), 728
cianidrinas, 738

Aldeídos e cetonas estão entre os mais importantes de todos os grupos funcionais, tanto na indústria química quanto nas rotas biológicas. Neste capítulo, vimos algumas das suas reações típicas. Os aldeídos são normalmente preparados no laboratório, por oxidação de álcoois primários ou por redução parcial de ésteres. As cetonas são similarmente preparadas por oxidação de álcoois secundários.

A **reação de adição nucleofílica** é o tipo geral de reação mais comum para os aldeídos e as cetonas. Muitos tipos diferentes de produtos podem ser preparados por adição nucleofílica. Aldeídos e cetonas são reduzidos por $NaBH_4$ ou $LiAlH_4$ para produzir álcoois primários e secundários, respecti-

enaminas ($R_2N{-}CR{=}CR_2$), 741
grupo acila, 730
hemiacetal, 748
ilida, 751
iminas ($R_2C{=}NR$), 741
reação de adição nucleofílica, 733
reação de Cannizzaro, 754
reação de Wittig, 751
reação de Wolff-Kishner, 746

vamente. A adição de reagentes de Grignard a aldeídos e cetonas, também fornece álcoois (secundários e terciários, respectivamente) e a adição de HCN produz **cianidrinas**. As aminas primárias se adicionam aos compostos de carbonila, produzindo **iminas**, ou **bases de Schiff**, e as aminas secundárias produzem **enaminas**. A reação de um aldeído ou cetona com hidrazina e base leva a um alcano (a **reação de Wolff-Kishner**). Álcoois se adicionam aos grupos carbonila para se obter os **acetais**, os quais são valiosos como grupos protetores. Ilidas de fósforo se adicionam aos aldeídos e cetonas na **reação de Wittig** para gerar alcenos.

Os aldeídos e as cetonas α,β-insaturados frequentemente reagem com os nucleófilos para gerar o produto de **adição conjugada**, ou **adição 1,4**. Particularmente úteis são a adição conjugada de uma amina e a adição conjugada de um grupo orgânico por reação com um reagente diorganocobre.

A espectroscopia no IV é extremamente útil na identificação dos aldeídos e das cetonas. Os grupos carbonila absorvem na faixa de IV de 1.660 a 1.770 cm^{-1}, cuja posição exata diagnostica o tipo de grupo carbonila presente na molécula. A espectroscopia de RMN de ^{13}C também é útil para os aldeídos e as cetonas porque seus carbonos do grupo carbonila mostram ressonâncias na faixa de 190 a 215δ. A RMN de ^1H é muito útil para os hidrogênios $-CHO$ de aldeído, o qual absorve próximo de 10δ. Os aldeídos e as cetonas sofrem dois tipos característicos de fragmentação no espectrômetro de massas: clivagem α e rearranjo de McLafferty.

Resumo das reações

1. Preparação de aldeídos (**Seção 19.2**)

(a) Oxidação de álcoois primários (**Seção 17.7**)

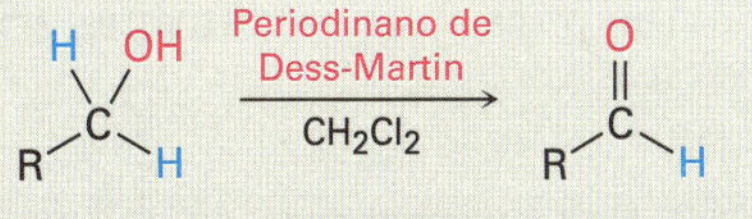

(b) Redução parcial de ésteres (**Seção 19.2**)

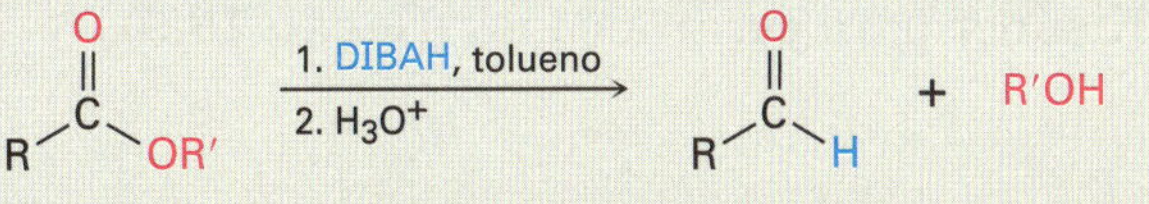

2. Preparação de cetonas

(a) Oxidação de álcoois secundários (**Seção 17.7**)

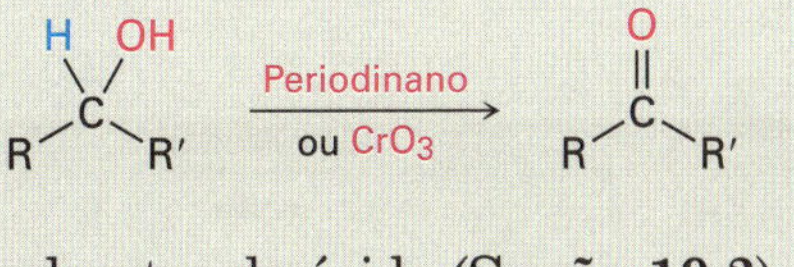

(b) Reação de diorganocobre com cloretos de ácido (**Seção 19.2**)

3. Oxidação de aldeídos (**Seção 19.3**)

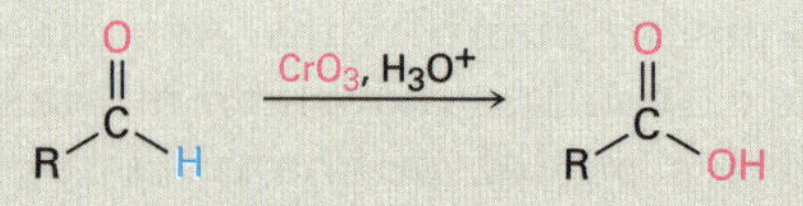

4. Reações de adição nucleofílica de aldeídos e cetonas

(a) Adição de hidreto para gerar álcoois: redução (**Seção 19.7**)

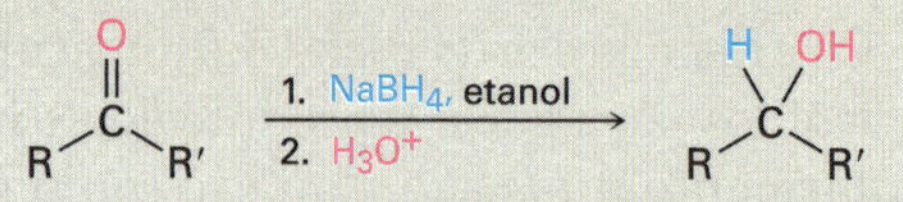

(b) Adição de reagentes de Grignard para gerar álcoois (**Seção 19.7**)

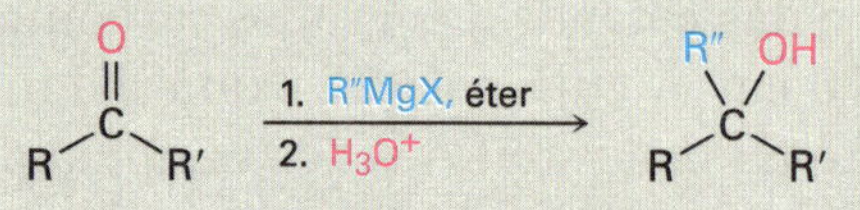

(c) Adição de HCN para gerar cianidrinas (**Seção 19.6**)

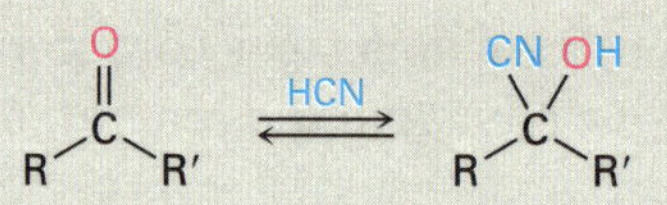

(d) Adição de aminas primárias para gerar iminas (**Seção 19.8**)

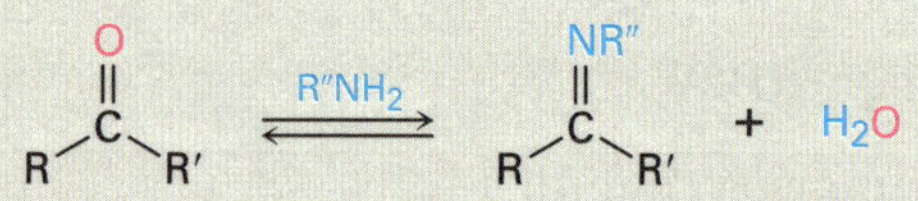

(e) Adição de aminas secundárias para gerar enaminas (**Seção 19.8**)

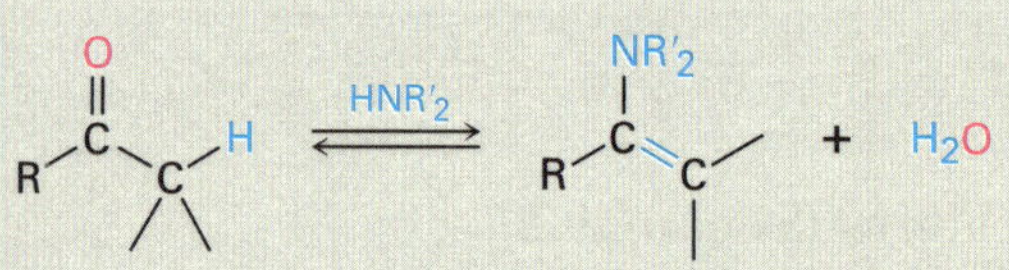

(f) Reação de Wolff-Kishner para gerar alcanos (**Seção 19.9**)

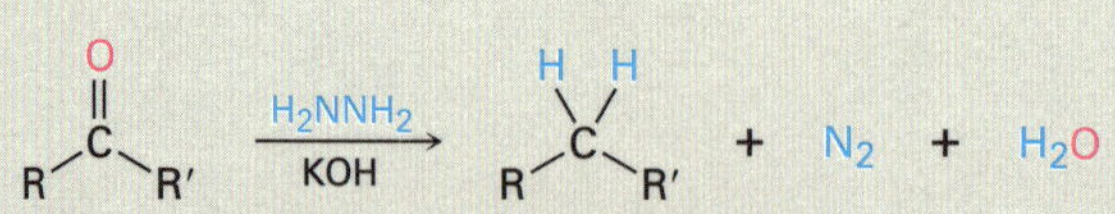

(g) Adição de álcoois para gerar acetais (**Seção 19.10**)

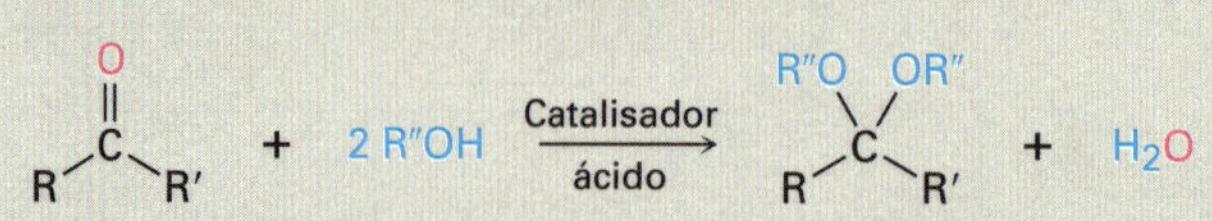

(h) Adição de ilidas de fósforo para se obter alcenos: Reação de Wittig (**Seção 19.11**)

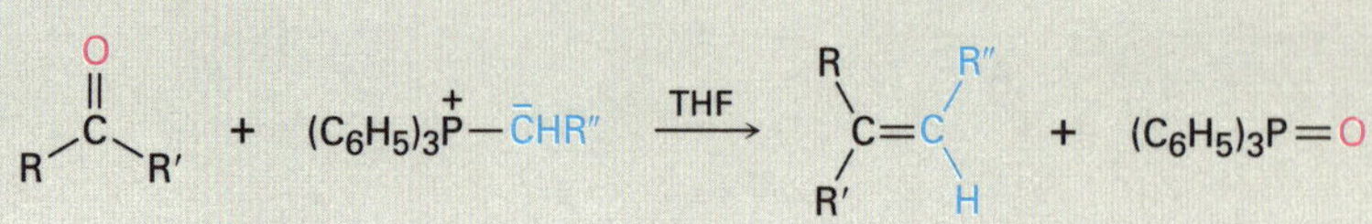

5. Adições conjugadas em aldeídos e cetonas α,β-insaturados (**Seção 19.13**)

(a) Adição conjugada de aminas

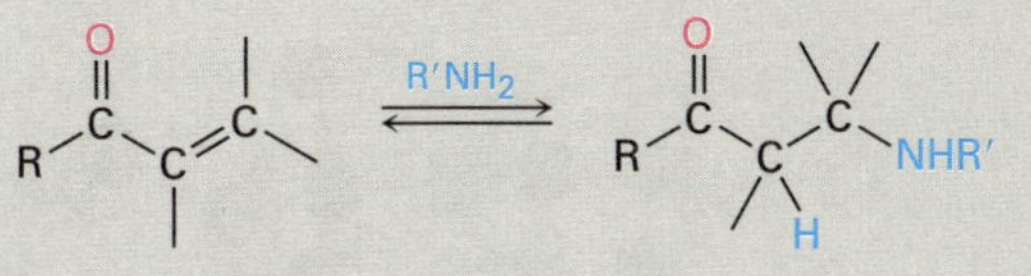

(b) Adição conjugada de água

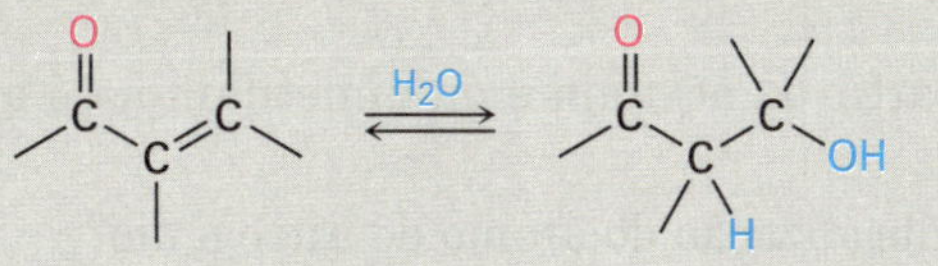

(c) Adição conjugada de grupos alquila, por reação de diorganocobre

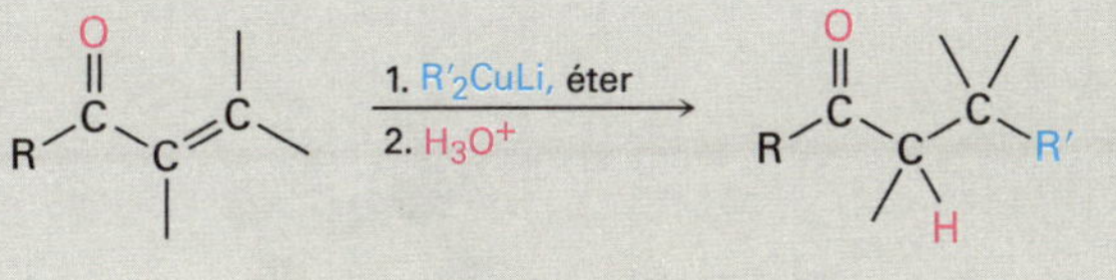

EXERCÍCIOS

Visualizando a química

(Os Problemas 19.1 a 19.26 aparecem no decorrer do capítulo.)

19.27 Cada uma das seguintes substâncias pode ser preparada pela reação de adição nucleofílica entre um aldeído ou uma cetona e um nucleófilo. Identifique os reagentes a partir dos quais cada uma foi preparada. Se a substância for um acetal, reconheça o composto de carbonila e o álcool; se for uma amina, identifique o composto de carbonila e a amina, e assim por diante.

(a)

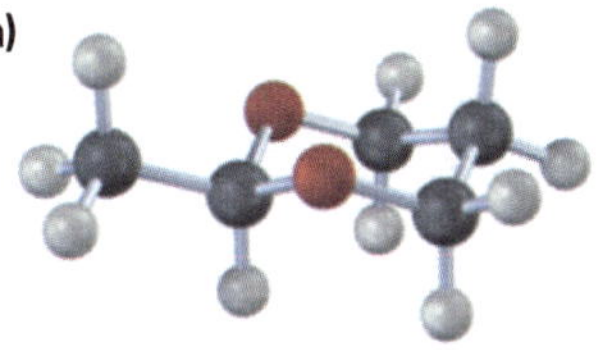

(b)

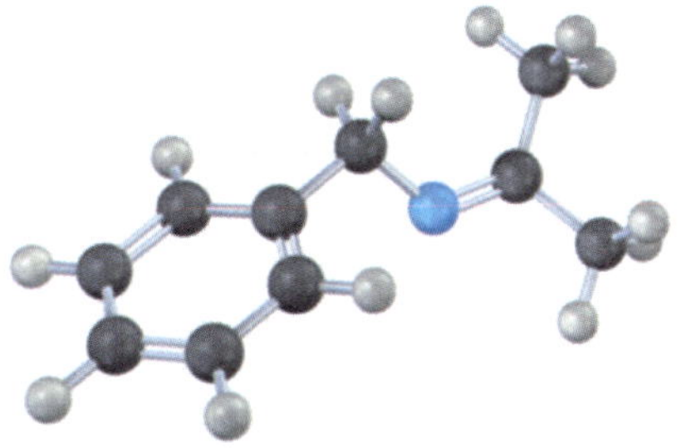

(c)

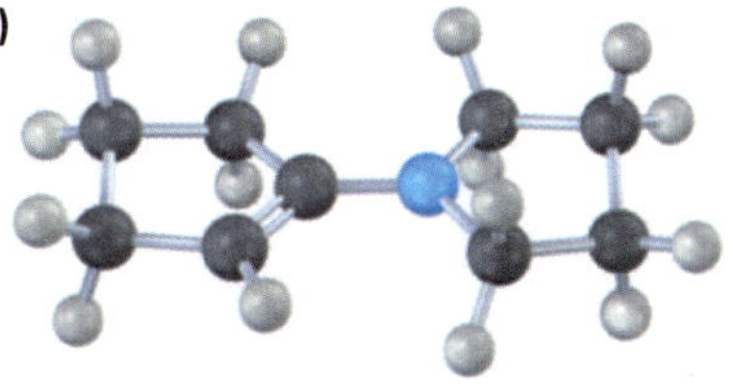

(d)

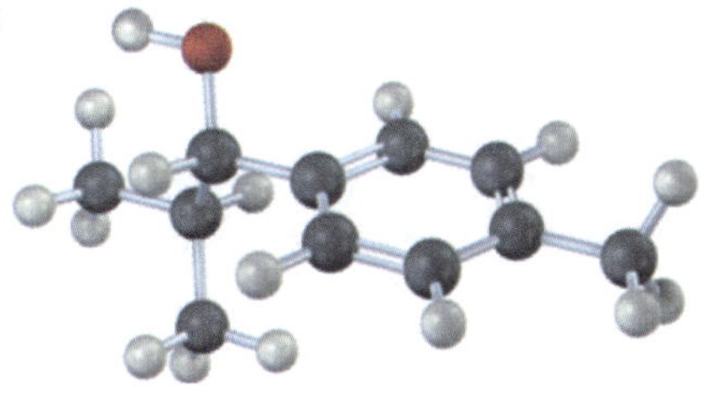

19.28 O seguinte modelo molecular representa um intermediário tetraédrico, resultante da adição de um nucleófilo a um aldeído ou uma cetona. Identifique os reagentes e escreva a estrutura do produto final quando a reação de adição nucleofílica estiver completa.

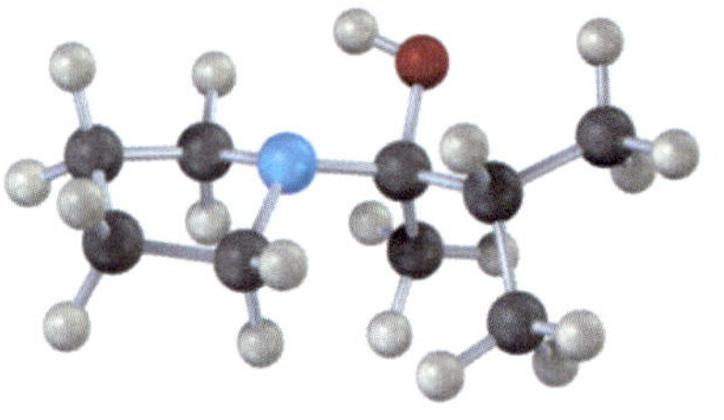

19.29 A enamina preparada a partir da acetona e da dimetilamina é apresentada a seguir em sua forma de energia mais baixa.

(a) Qual é a geometria e hibridização do átomo de nitrogênio?

(b) Qual é o orbital no nitrogênio que acomoda o par isolado de elétrons?

(c) Qual é a relação geométrica entre os orbitais *p* da ligação dupla e o orbital do nitrogênio que acomoda o par isolado? Por que você acha que essa geometria representa o mínimo de energia?

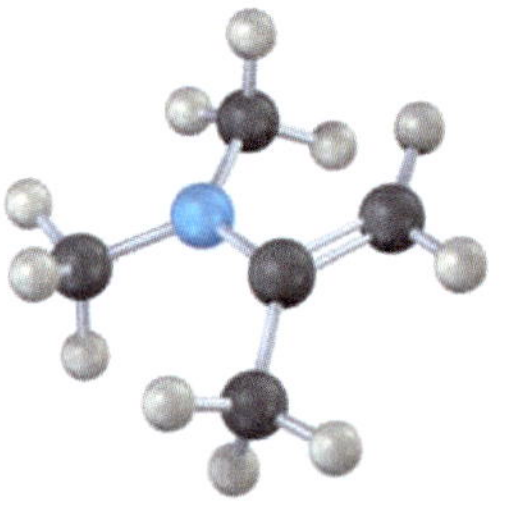

Problemas de mecanismo

19.30 Preveja o(s) produto(s) e mostre o mecanismo para cada reação a seguir. O que cada mecanismo tem em comum?

(a)

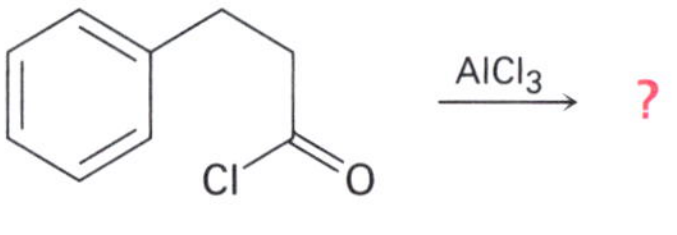

(b)

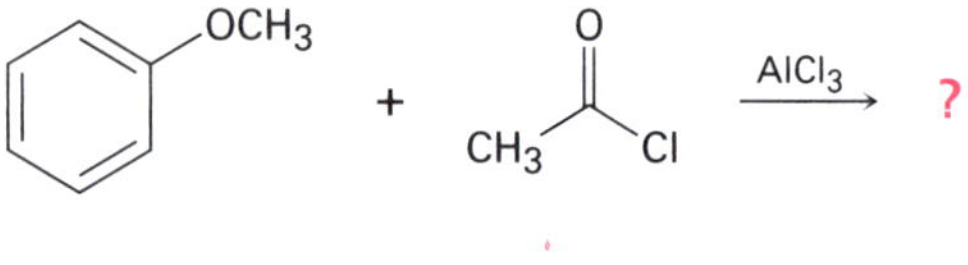

(c)

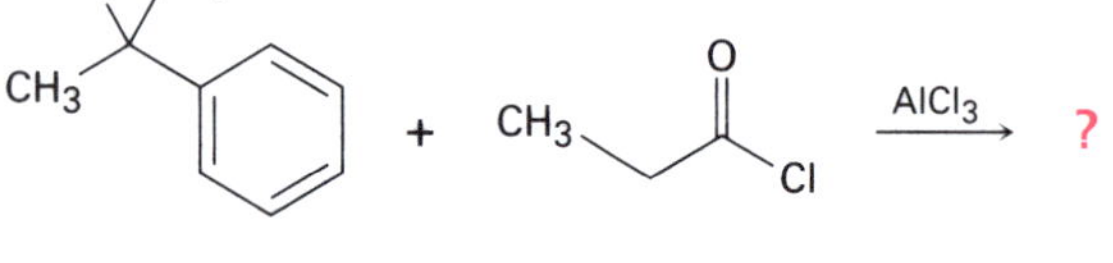

19.31 Preveja o(s) produto(s) e forneça o mecanismo para cada reação a seguir. O que cada mecanismo tem em comum?

(a)

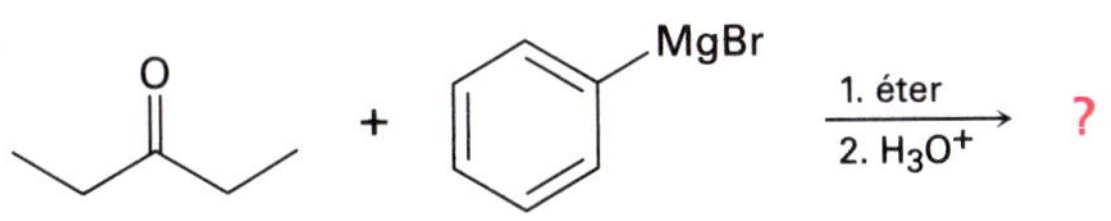

(b)

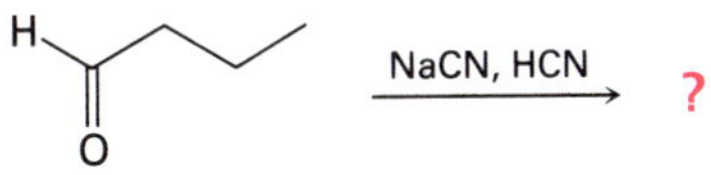

(c)

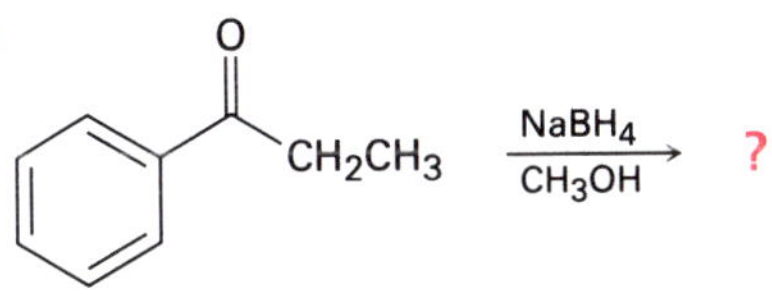

(d)

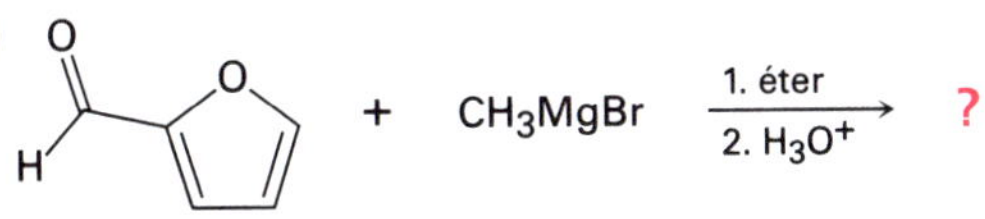

19.32 Preveja o(s) produto(s) e mostre o mecanismo para cada reação a seguir. O que cada mecanismo tem em comum?

(a)

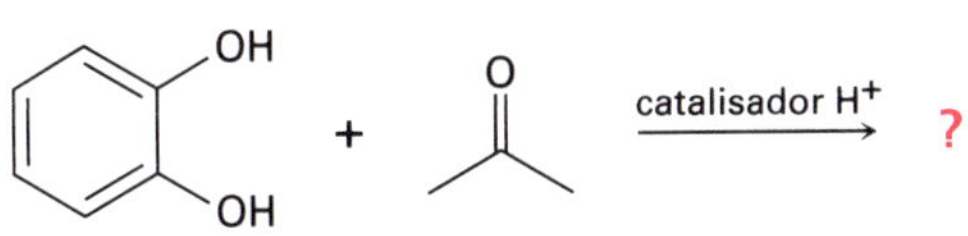

(b)

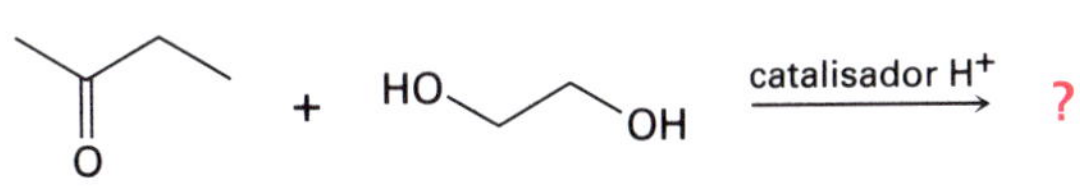

(c)

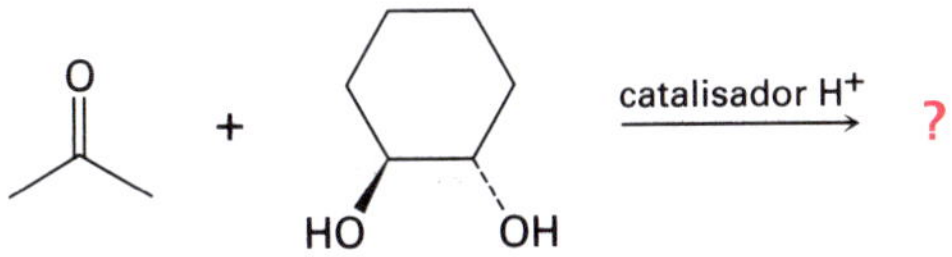

(d)

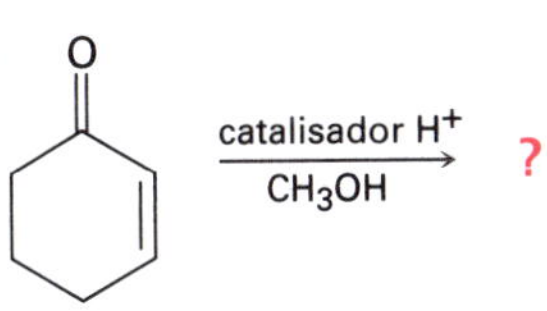

19.33 Preveja o(s) produto(s) e forneça o mecanismo para cada reação a seguir. O que cada mecanismo tem em comum?

(a) 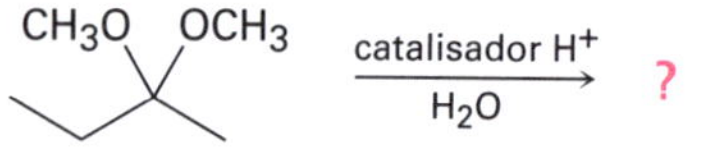

(b) 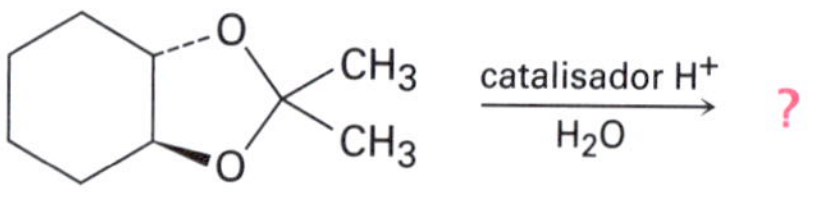

(c) 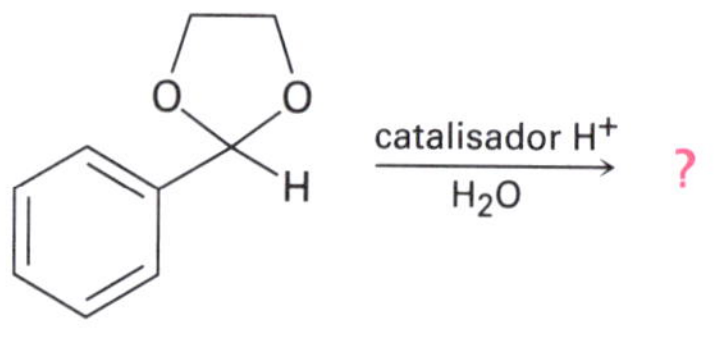

(d) 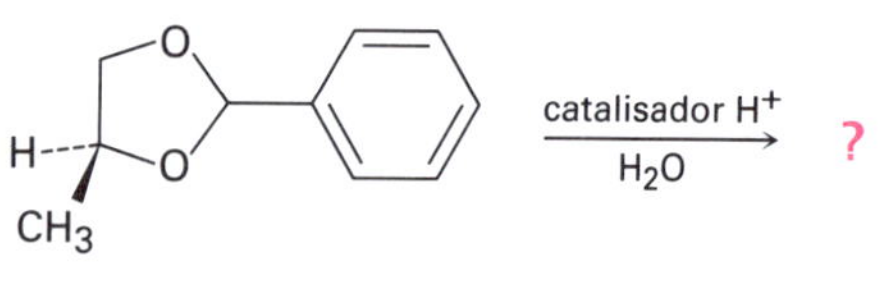

19.34 Preveja o(s) produto(s) e mostre o mecanismo para cada reação a seguir. O que cada mecanismo tem em comum?

(a) 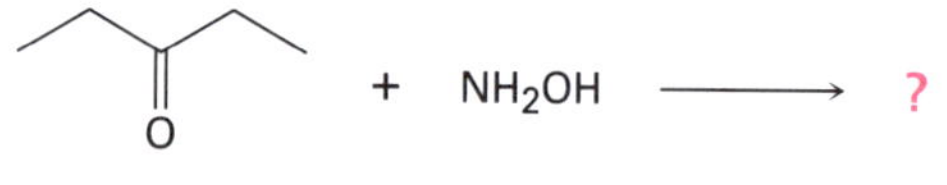

(b) 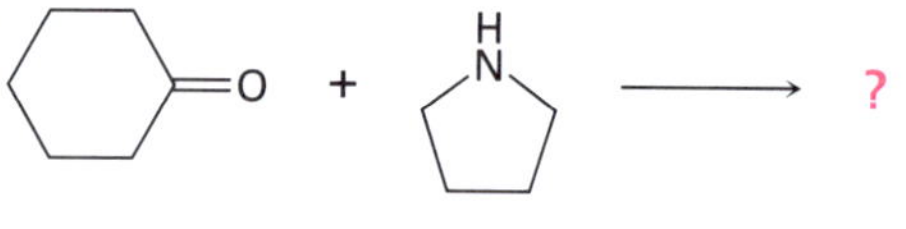

(c) 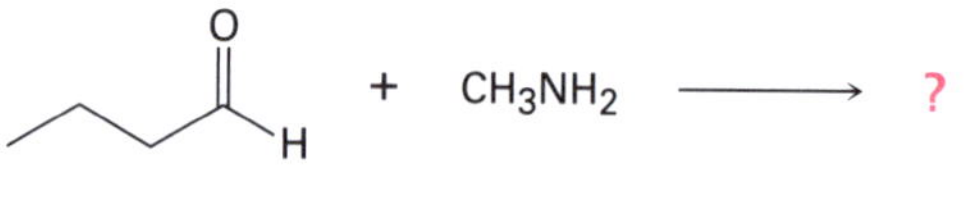

(d) 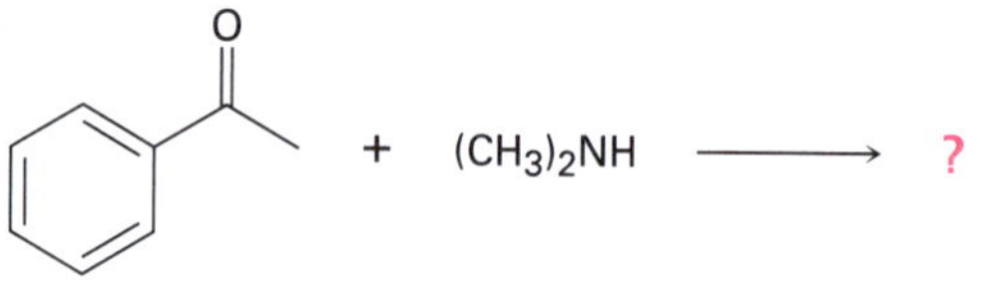

19.35 Preveja o(s) produto(s) e forneça o mecanismo para cada reação a seguir. O que cada mecanismo tem em comum?

(a) 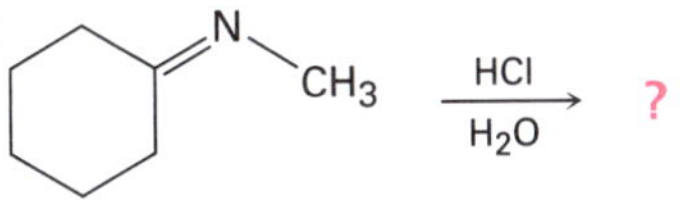

(b) 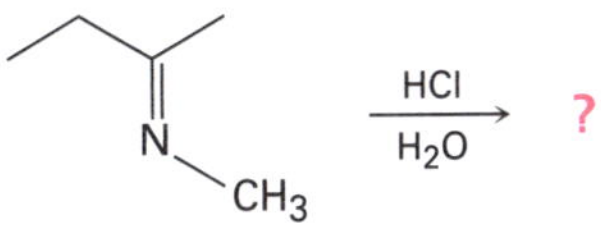

(c) 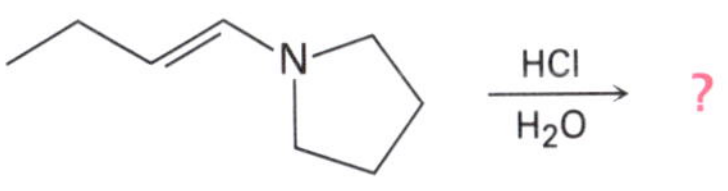

(d) 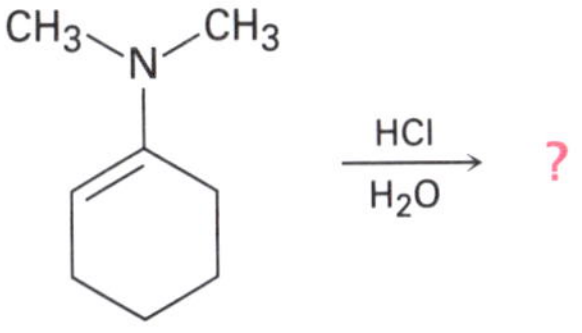

19.36 Não é incomum para os químicos orgânicos preparar acetais por um processo do tipo de troca, conhecido como transacetalização. Preveja o(s) produto(s) e mostre o mecanismo para as reações de transacetalização a seguir.

(a) 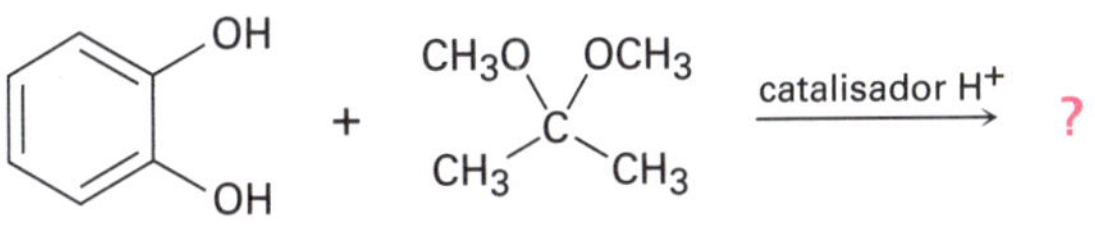

(b) 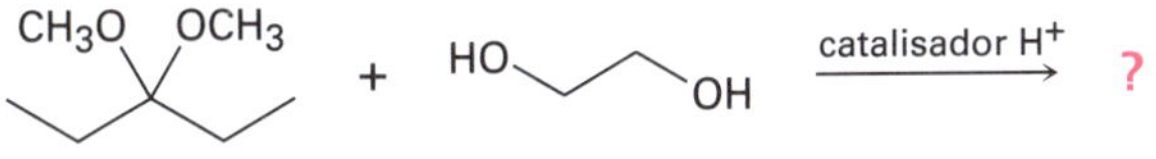

19.37 Quando a α-glicose (Problema 19.52) é tratada com um catalisador ácido na presença de um álcool, um acetal é formado. Proponha um mecanismo para este processo e forneça a estrutura do acetal estéreo-isomérico que seria também de esperar como um produto.

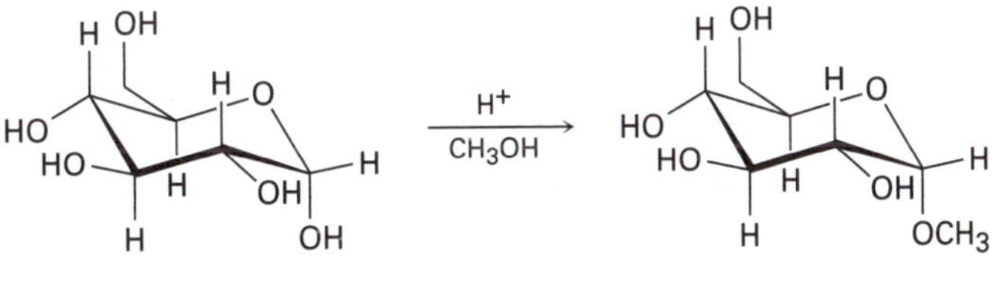

19.38 Preveja os produtos das reações de redução de Wolff-Kishner a seguir. Forneça o mecanismo de fluxo de elétrons para cada um, começando do intermediário hidrazona.

(a)

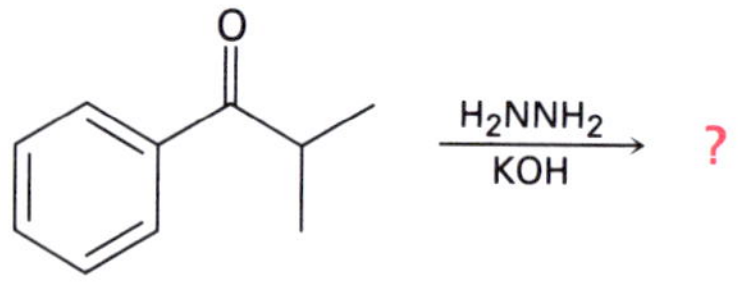

(b)

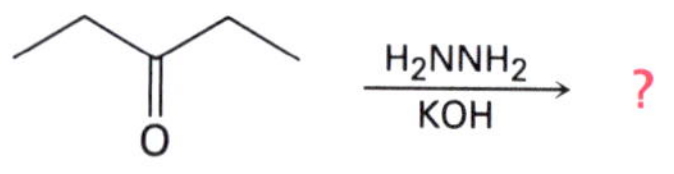

(c)

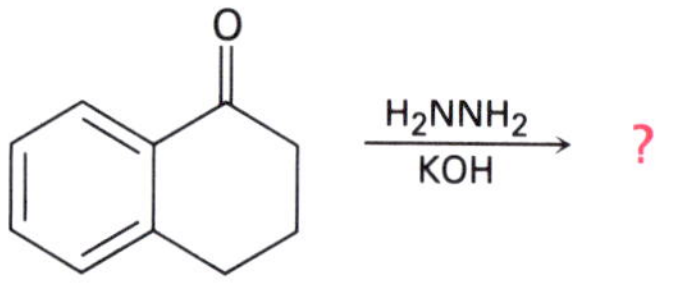

(d)

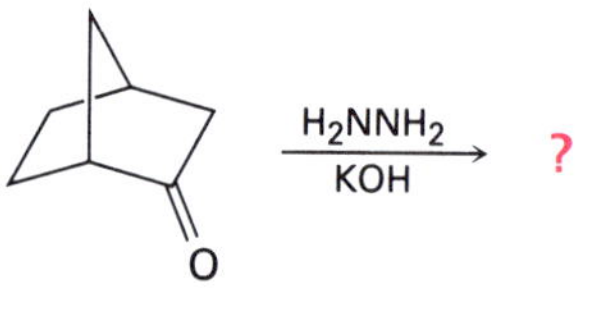

19.39 Os aldeídos podem ser preparados pela reação de Wittig usando-se (metoximetileno)trifenilfosforano como o reagente de Wittig e, então, hidrolisando o produto com ácido. Por exemplo,

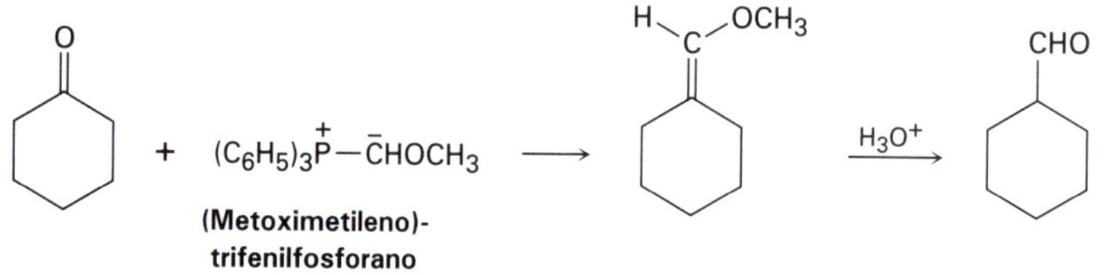

(Metoximetileno)-trifenilfosforano

(a) Como você poderia preparar o fosforano necessário?

(b) Proponha um mecanismo para a etapa de hidrólise.

19.40 Uma das etapas no metabolismo de gorduras é a reação da acil-CoA insaturada com água para formar β-hidroxiacil-CoA. Proponha um mecanismo.

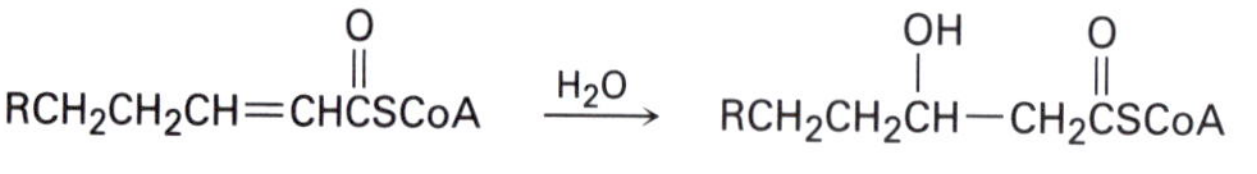

Acil-CoA insaturado **β-hidroxiacil-CoA**

19.41 Os aldeídos e as cetonas reagem com os tióis para produzir os *tioacetais* da mesma forma que eles reagem com os álcoois para produzir os acetais. Preveja o produto da seguinte reação e proponha um mecanismo:

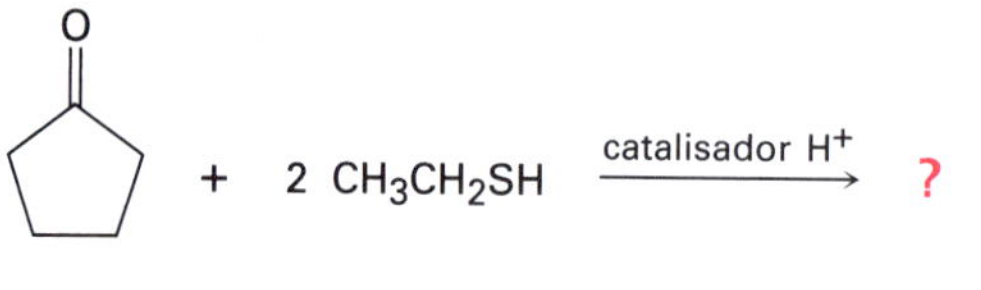

19.42 As cetonas reagem com o metileto de dimetilsulfônio para obter os epóxidos. Sugira um mecanismo para a reação.

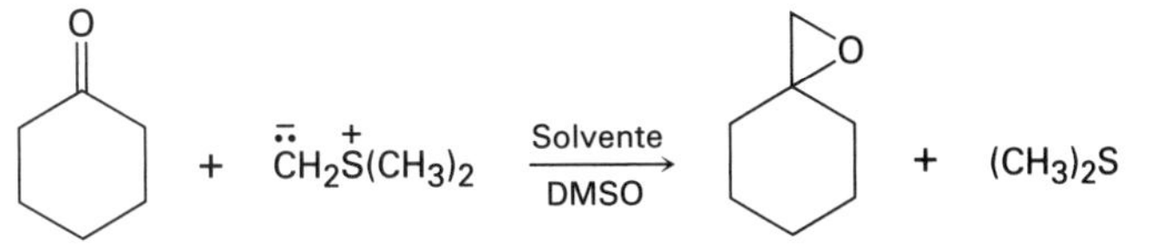

Metileto de dimetilsulfônio

19.43 Quando a ciclohexanona é aquecida na presença de uma grande quantidade de acetona cianidrina e uma pequena quantidade de base, a ciclohexanona cianidrina e a acetona são formadas. Proponha o mecanismo.

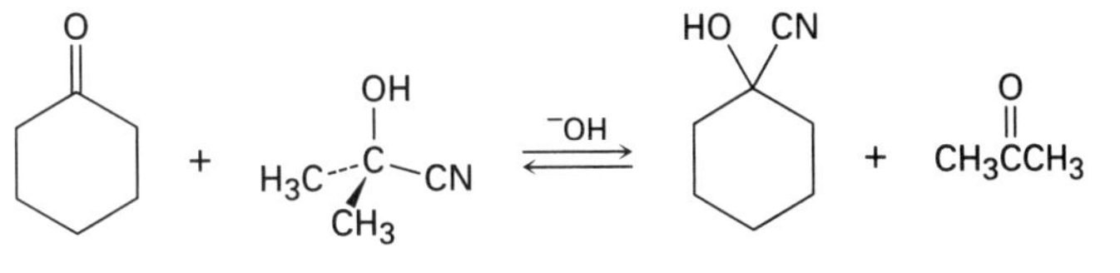

19.44 O paraldeído, um agente sedativo e hipnótico, é preparado pelo tratamento de acetaldeído com um catalisador ácido. Proponha um mecanismo para a reação.

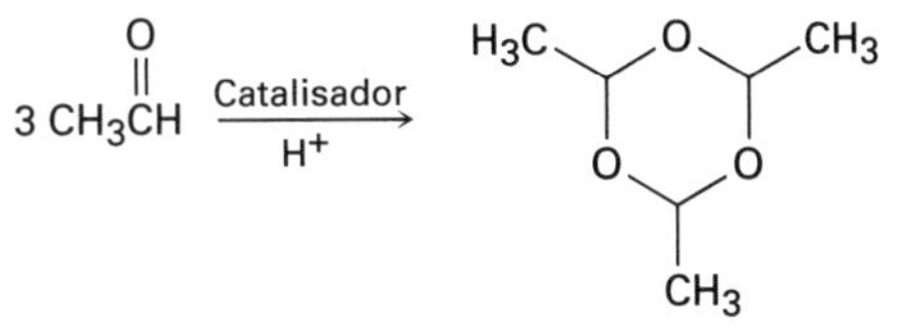

Paraldeído

19.45 A reação de Meerwein-Ponndorf-Verley envolve a redução de uma cetona por tratamento com excesso de triisopropóxido de alumínio, $[(CH_3)_2CHO]_3Al$. O mecanismo do processo é parecido com o da reação de Cannizzaro, na qual o íon hidreto age como um grupo abandonador. Proponha um mecanismo.

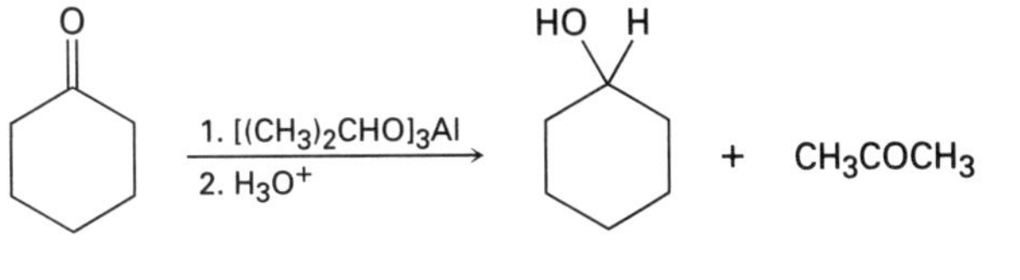

19.46 Proponha um mecanismo para explicar a formação do 3,5-dimetilpirazol a partir da hidrazina e da 2,4-pentanodiona. Observe cuidadosamente para ver o que aconteceu a cada carbono do grupo carbonila, partindo do material inicial até o produto.

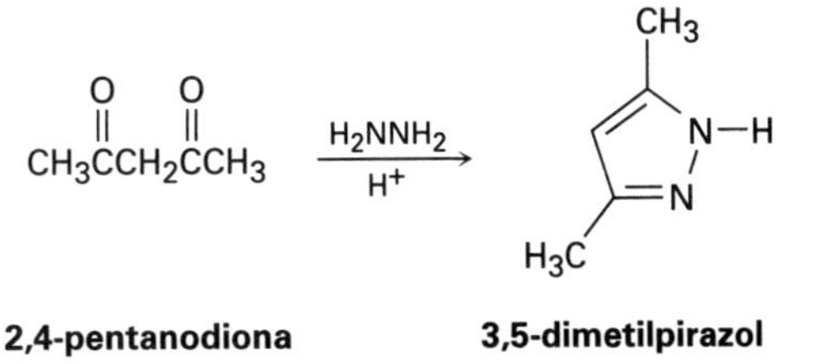

2,4-pentanodiona **3,5-dimetilpirazol**

19.47 À luz da sua resposta para o Problema 19.46, proponha um mecanismo para a formação do 3,5-dimetilisoxazol a partir de hidroxilamina e 2,4-pentanodiona.

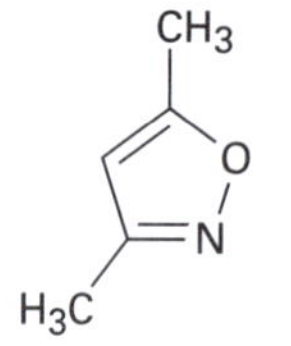

3,5-dimetilisoxazol

19.48 Os alcenos trans são convertidos em seus isômeros cis e vice-versa por meio da epoxidação, seguida pelo tratamento do epóxido com a trifenilfosfina. Proponha um mecanismo para a reação epóxido → alceno.

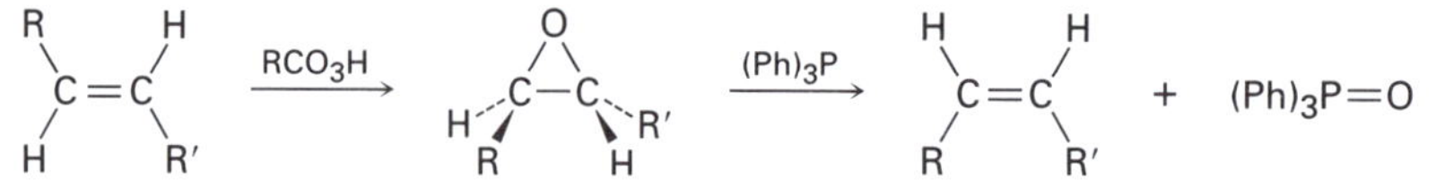

19.49 O tratamento de uma cetona α,β-insaturada com o peróxido de hidrogênio aquoso em meio básico gera uma epoxicetona. A reação é específica para as cetonas insaturadas; as ligações duplas isoladas do alceno não reagem. Proponha um mecanismo.

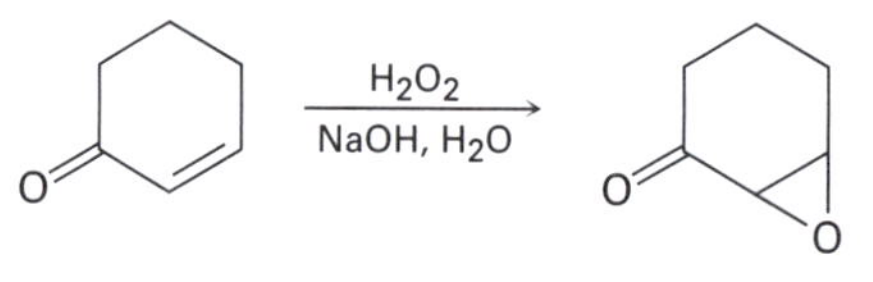

19.50 Uma das rotas biológicas pela qual uma amina é convertida em cetona envolve duas etapas: (1) oxidação da amina por NAD^+ para formar uma imina, e (2) hidrólise da imina para formar cetona mais amônia. O glutamato, por exemplo, é convertido por esse processo em α-cetoglutarato. Mostre a estrutura da imina intermediária e proponha mecanismo para as duas etapas.

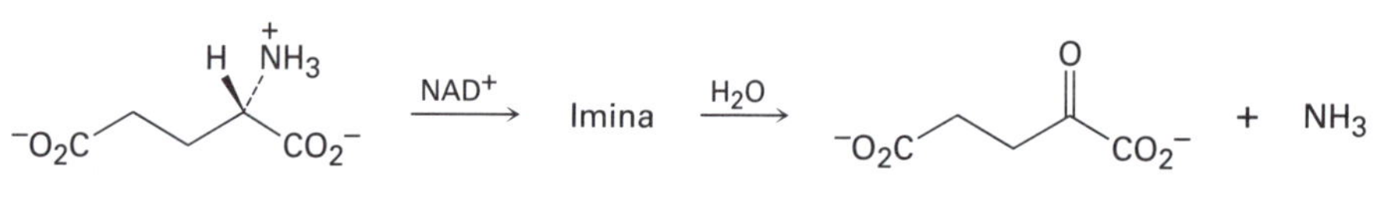

19.51 As aminas primárias reagem com os ésteres para produzir as amidas: $RCO_2R' + R''NH_2 \rightarrow RCONHR'' + R'OH$. Proponha um mecanismo para a seguinte reação de um éster α,β-insaturado.

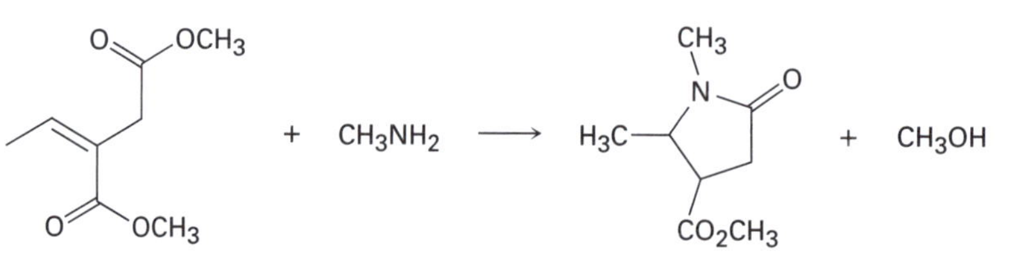

19.52 Quando os cristais de α-glicose pura são dissolvidos em água, a isomerização ocorre lentamente para produzir a β-glicose. Proponha um mecanismo para a isomerização.

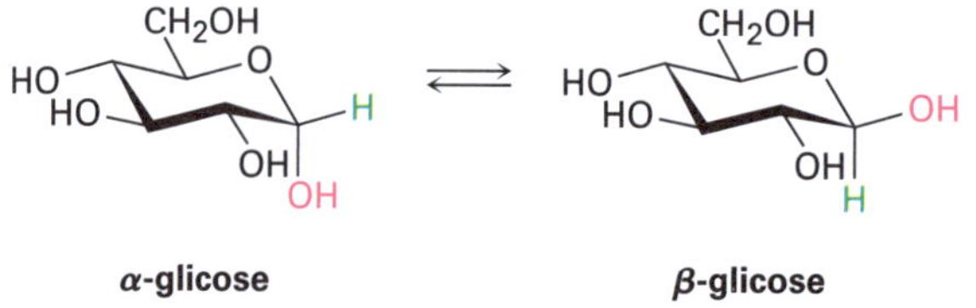

19.53 A reação de Wharton converte uma epoxi cetona em um álcool alílico, por reação com hidrazina. Proponha um mecanismo. (Dica: Reveja a reação de Wolff-Kishner na Seção 19.9.)

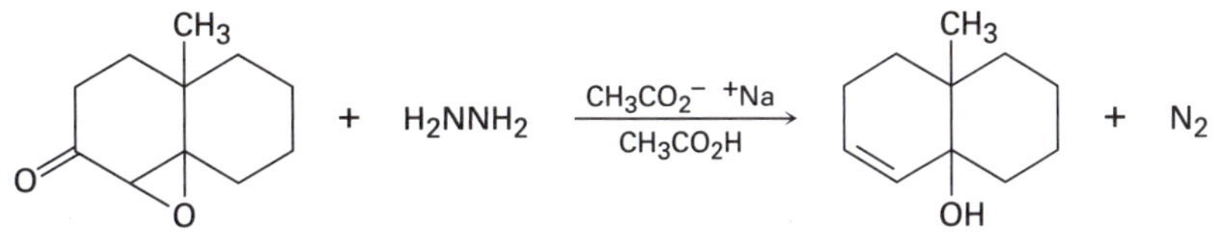

Problemas adicionais

Nomenclatura de aldeídos e cetonas

19.54 Desenhe estruturas correspondentes aos seguintes nomes:

(a) Bromoacetona
(b) (*S*)-2-hidroxipropanol
(c) 2-metil-3-heptanona
(d) (2*S*,3*R*)-2,3,4-trihidroxibutanol
(e) 2,2,4,4-tetrametil-3-pentanona
(f) 4-metil-3-penten-2-ona
(g) Butanodial
(h) 3-fenil-2-propenal
(i) 6,6-dimetil-2,4-ciclohexadienona
(j) *p*-nitroacetofenona

19.55 Desenhe e nomeie os sete aldeídos e cetonas com a fórmula $C_5H_{10}O$. Quais são quirais?

19.56 Forneça nomes IUPAC para os seguintes compostos:

(a) 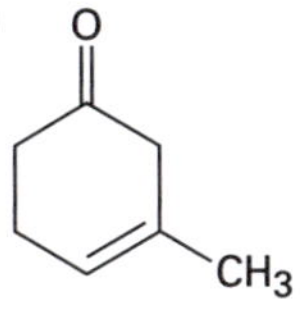

(b) 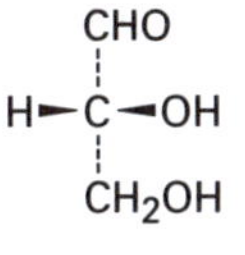

(c) 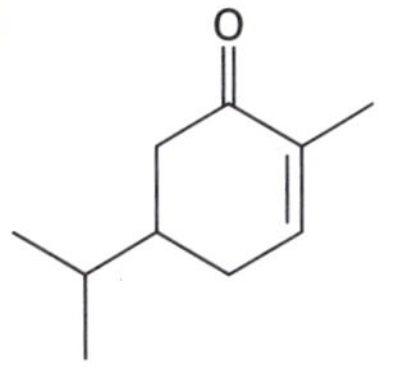

(d) 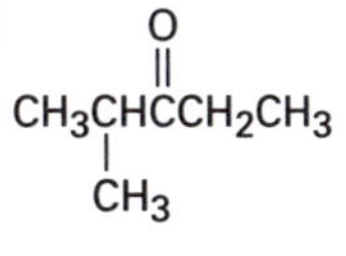

(e) 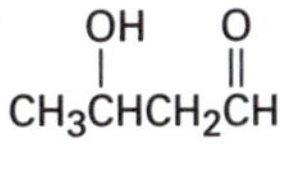

(f) 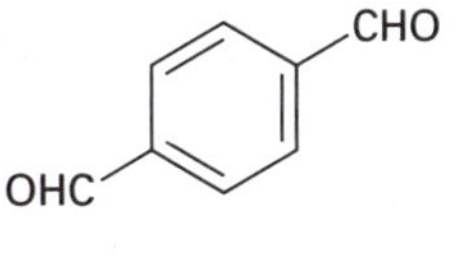

19.57 Desenhe estruturas de compostos que se encaixem nas seguintes descrições:

(a) Uma cetona α,β-insaturada, C_6H_8O
(b) Uma α-dicetona
(c) Uma cetona aromática, $C_9H_{10}O$
(d) Um dieno aldeído, C_7H_8O

Reações de aldeídos e cetonas

19.58 Preveja os produtos da reação de (1) fenilacetaldeído e (2) acetofenona com os seguintes reagentes:

(a) $NaBH_4$ e depois H_3O^+
(b) Reagente de Dess-Martin
(c) NH_2OH, catalisador HCl
(d) CH_3MgBr e depois H_3O^+
(e) 2 CH_3OH, catalisador HCl
(f) H_2NNH_2, KOH
(g) $(C_6H_5)_3P{=}CH_2$
(h) HCN, KCN

19.59 Mostre como você pode usar uma reação de Wittig para preparar os seguintes alcenos. Identifique o haleto de alquila e os compostos de carbonila.

(a) 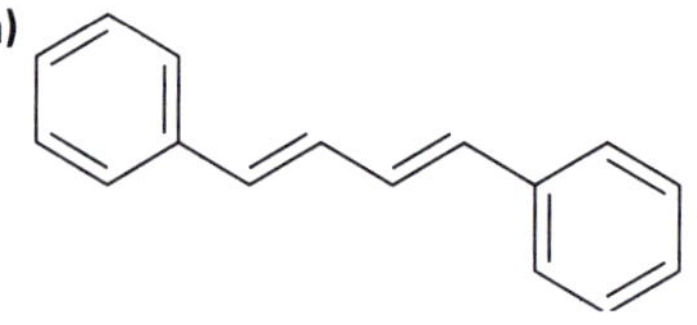

(b) 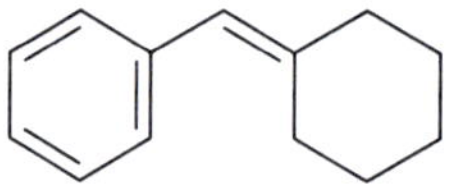

19.60 Como você poderia usar uma reação de Grignard de um aldeído ou de uma cetona para sintetizar os seguintes compostos?

(a) 2-pentanol
(b) 1-butanol
(c) 1-fenilciclohexanol
(d) Difenilmetanol

19.61 Como você pode executar as seguintes transformações seletivas? Um dos dois esquemas requer uma etapa de proteção. (Lembre-se da **Seção 19.4**, a qual explica que os aldeídos são mais reativos que as cetonas para a adição nucleofílica.)

(a) 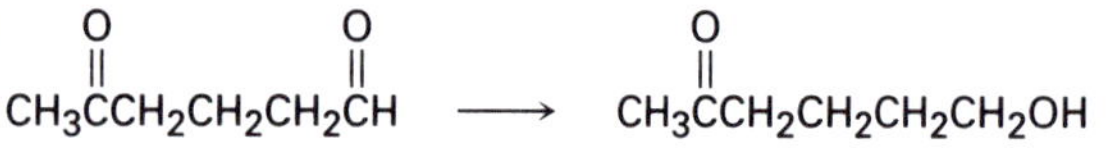

(b) 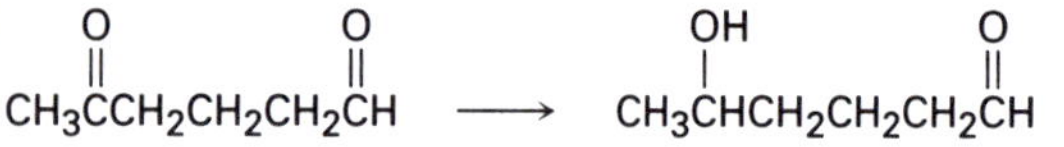

19.62 Como você prepararia as seguintes substâncias a partir da 2-ciclohexenona? Mais de uma etapa pode ser necessária.

(a) 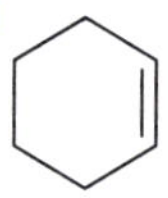

(b) 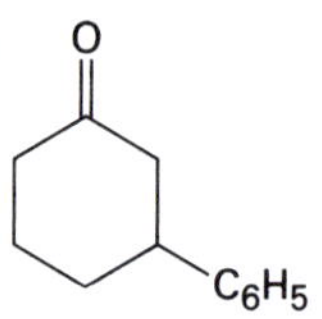

(c) 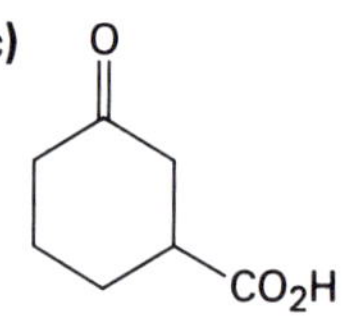

(d) 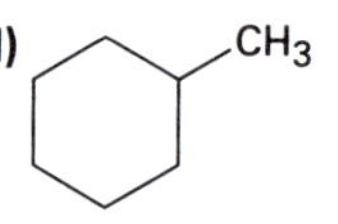

(Duas maneiras)

19.63 Como você sintetizaria as seguintes substâncias a partir do benzaldeído e quaisquer outros reagentes necessários?

(a) 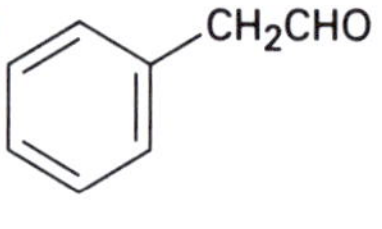

(b) 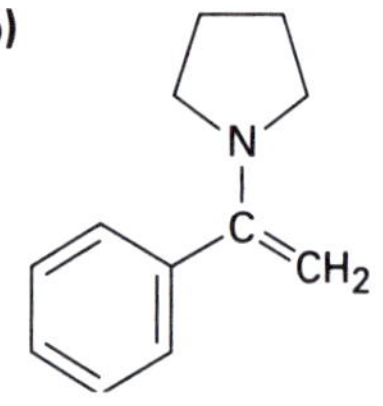

(c) 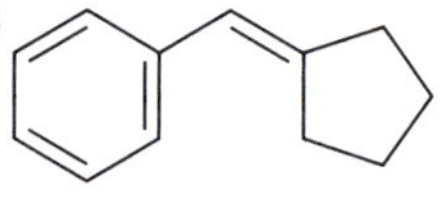

19.64 A carvona é o principal constituinte do óleo de hortelã. Quais produtos você esperaria da reação da carvona com os seguintes reagentes?

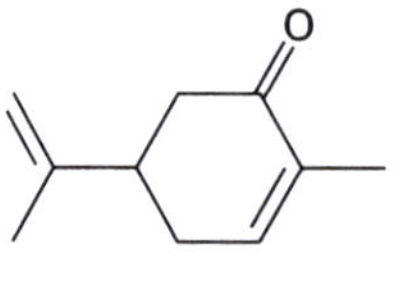

Carvona

(a) $(CH_3)_2Cu^- Li^+$, e em seguida, H_3O^+
(b) $LiAlH_4$, e em seguida, H_3O^+
(c) CH_3NH_2
(d) C_6H_5MgBr e, em seguida, H_3O^+
(e) H_2/Pd
(f) CrO_3, H_3O^+
(g) $(C_6H_5)_3\overset{+}{P}\overset{-}{C}HCH_3$
(h) $HOCH_2CH_2OH$, HCl

19.65 Como você sintetizaria os seguintes compostos a partir da ciclohexanona?

(a) 1-metilciclohexeno
(b) 2-fenilciclohexanona
(c) *cis*-1,2-ciclohexanodiol
(d) 1-ciclohexilciclohexanol

Espectroscopia

19.66 Em qual posição você esperaria observar as absorções no IV para as seguintes moléculas?

(a)
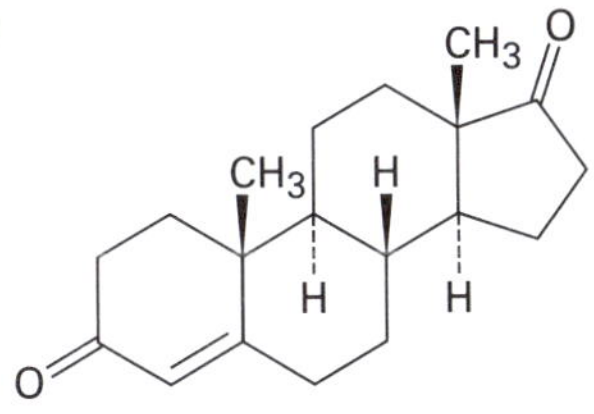
4-androsteno-3,17-diona

(b)
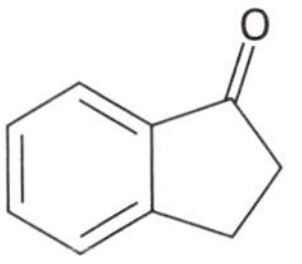
1-indanona

(c)
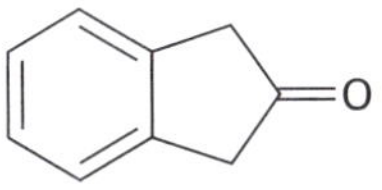

(d)
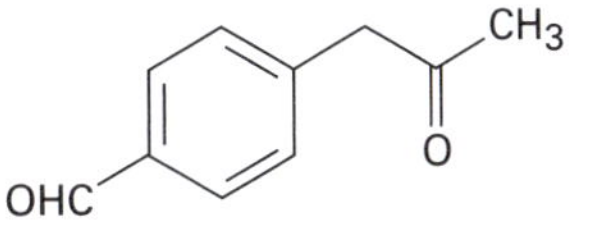

19.67 A desidratação da 3-hidroxi-3-fenilciclohexanona catalisada por ácido leva a uma cetona insaturada. Quais são as possíveis estruturas para o produto? Em que posição no espectro de IV você espera que cada um deles absorva? Se o produto real tem uma absorção em 1.670 cm^{-1}, qual é a sua estrutura?

19.68 Escolha a estrutura que melhor se encaixa no espectro IV mostrado.

(a)
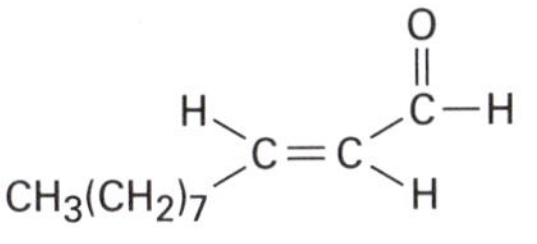

(b)
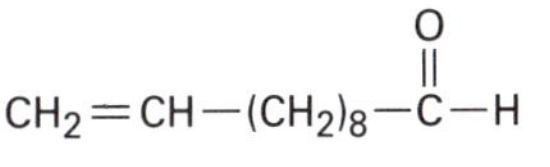

(c)
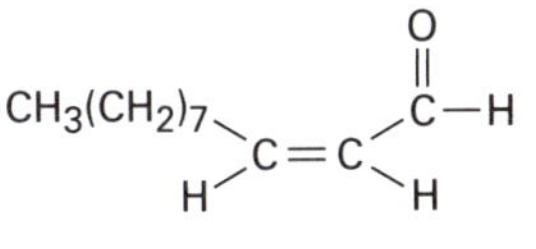

(d)
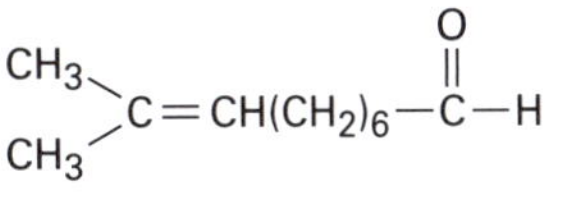

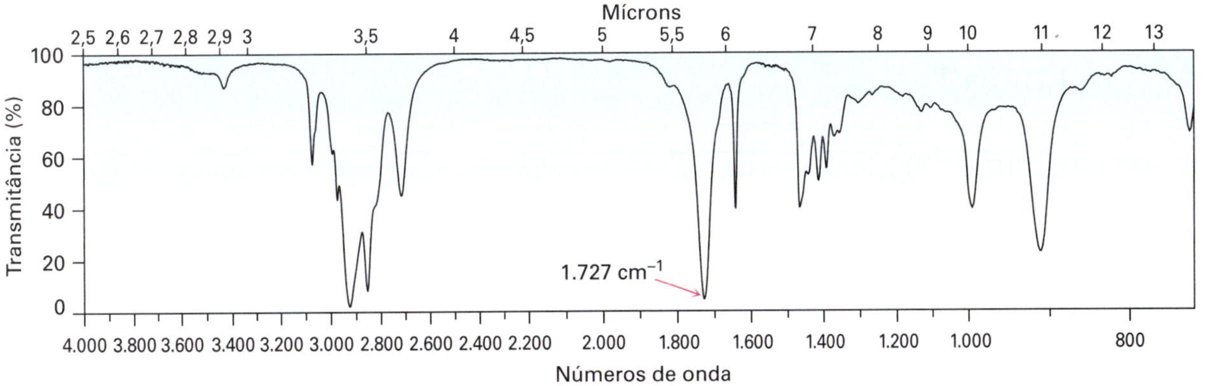

19.69 Proponha as estruturas para as moléculas de acordo com as seguintes descrições. Suponha que os tipos de carbonos (1º, 2º, 3º ou 4º) foram atribuídos pelo DEPT-RMN.

(a) $C_6H_{12}O$; IV: 1.715 cm^{-1}; RMN de ^{13}C: 8,0δ (1º), 18,5δ (1º), 33,5δ (2º), 40,6δ (3º), 214,0δ (4º)
(b) $C_5H_{10}O$; IV: 1.730 cm^{-1}; RMN de ^{13}C: 22,6δ (1º), 23,6δ (3º), 52,8δ (2º), 202,4δ (3º)

(c) C_6H_8O; IV: 1.680 cm^{-1}; RMN de ^{13}C: 22,9δ (2º), 25,8δ (2º), 38,2δ (2º), 129,8δ (3º), 150,6δ (3º), 198,7δ (4º)

19.70 O composto **A**, $C_8H_{10}O_2$, tem uma absorção intensa no IV em 1.750 cm^{-1} e gera o espectro de RMN de ^{13}C mostrado. Proponha uma estrutura para **A**.

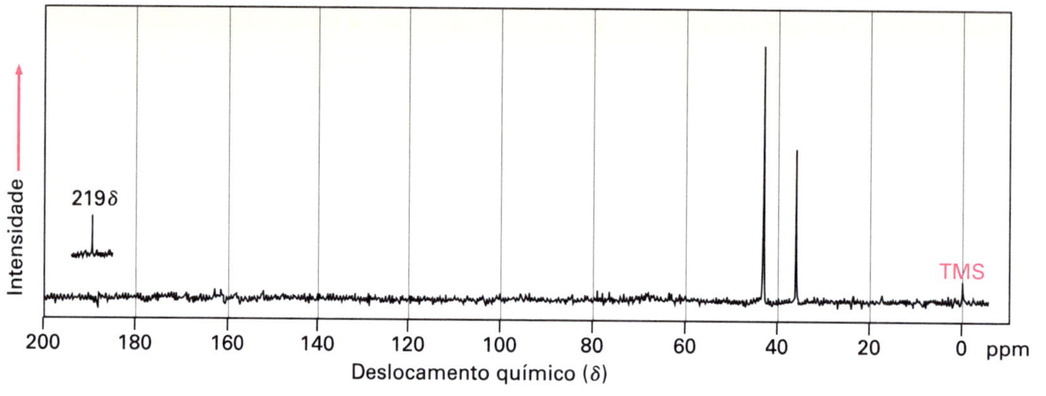

19.71 Proponha as estruturas para as cetonas ou os aldeídos que possuam os seguintes espectros de RMN de ^1H:

(a) C_4H_7ClO

IV: 1.715 cm^{-1}

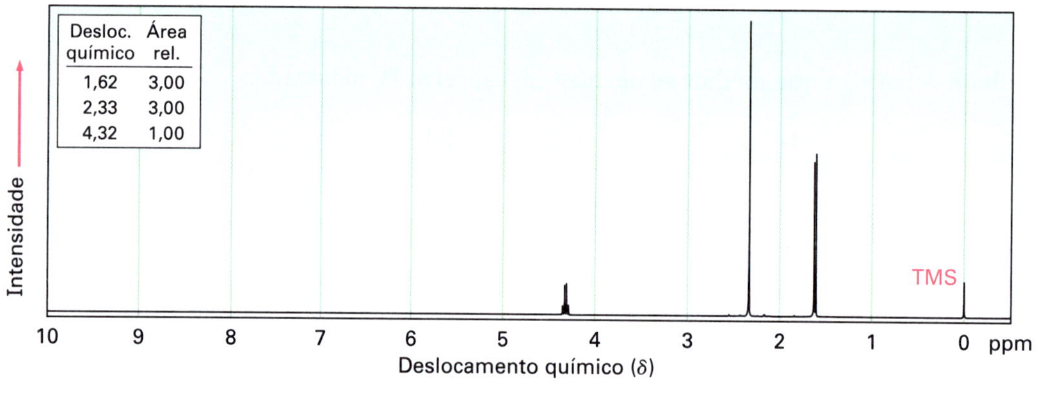

(b) $C_7H_{14}O$

IV: 1.710 cm^{-1}

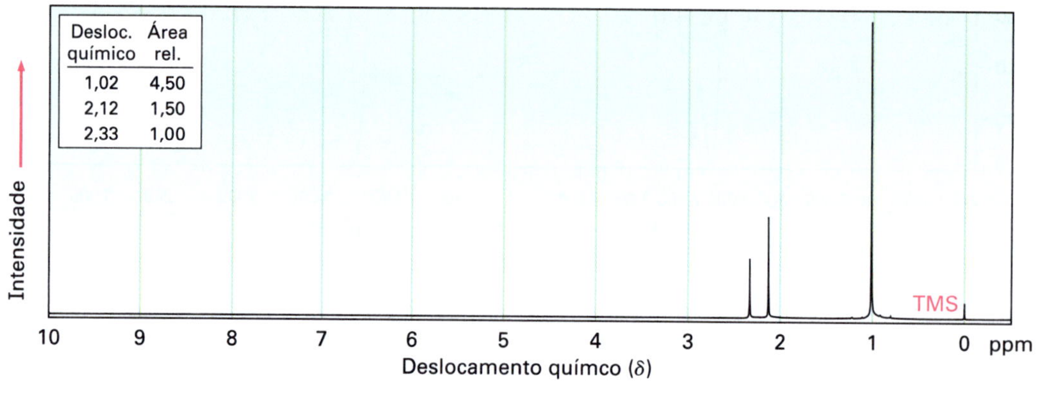

Problemas gerais

19.72 Quando o 4-hidroxibutanal é tratado com metanol na presença de um catalisador ácido, o 2-metoxitetra-hidrofurano é formado. Explique.

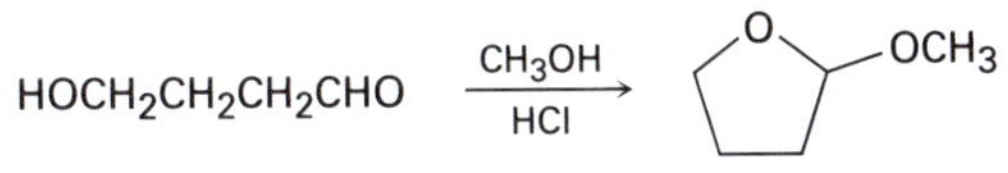

19.73 A reação S_N2 do (dibromometil)benzeno, $C_6H_5CHBr_2$, com o NaOH forma o benzaldeído, em vez do (dihidroximetil)benzeno, $C_6H_5CH(OH)_2$. Explique.

19.74 A reação da 2-butanona com o HCN forma um produto quiral. Qual estereoquímica o produto tem? É oticamente ativo?

19.75 O aminoácido metionina é biossintetizado por uma rota com várias etapas que incluem a reação de uma imina de fosfato de piridoxal (PLP) para formar uma imina insaturada, que depois reage com a cisteína. Que tipos de reações ocorrem nessas duas etapas?

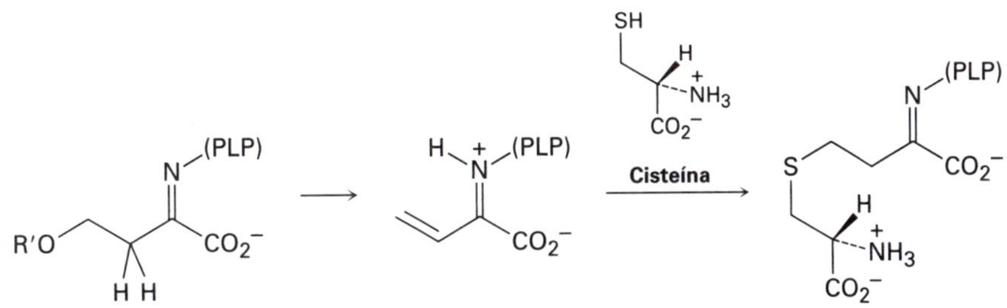

O-sucinilomoserina-PLP imina **Imina insaturada**

19.76 Cada uma das seguintes reações do esquema contém uma ou mais falhas. O que está errado em cada caso? Como você corrigiria cada esquema?

(a)

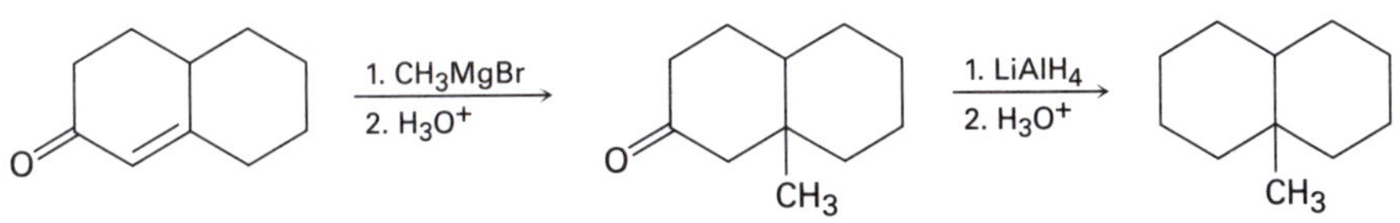

(b) $C_6H_5CH{=}CHCH_2OH \xrightarrow[H_3O^+]{CrO_3} C_6H_5CH{=}CHCHO \xrightarrow{H^+,\ CH_3OH} C_6H_5CH{=}CHCH(OCH_3)_2$

(c)

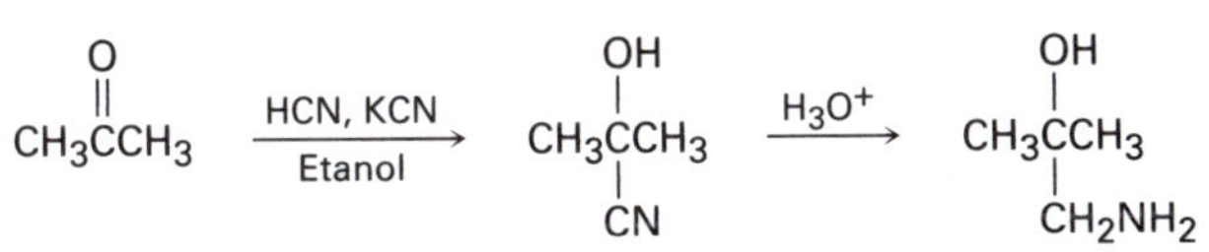

19.77 A 6-metil-5-hepten-2-ona é um constituinte do óleo de capim-limão. Como você poderia sintetizar essa substância a partir de 4-oxopentanoato de metila?

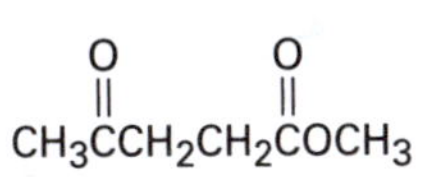

4-oxopentanoato de metila

19.78 O tamoxifeno é um medicamento usado no tratamento de câncer de mama. Como você prepararia o tamoxifeno a partir do benzeno, da cetona a seguir e de qualquer outro reagente necessário?

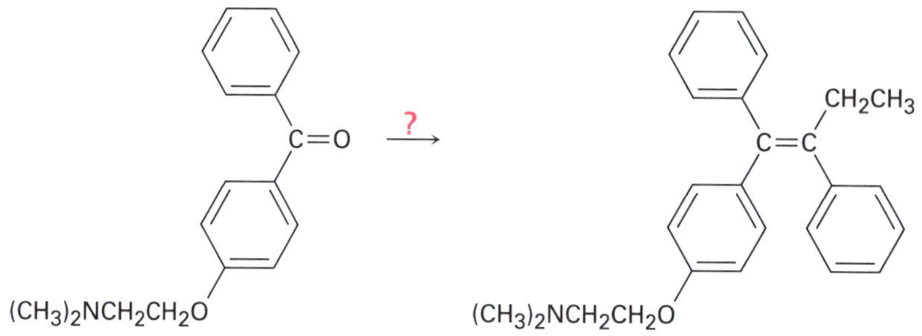

Tamoxifeno

19.79 O composto **A**, MM = 86, apresenta uma absorção no IV em 1.730 cm^{-1} e um espectro de RMN de ^{1}H muito simples, com picos em 9,7δ (1 H, simpleto) e 1,2δ (9 H, simpleto). Proponha uma estrutura para **A**.

19.80 O composto **B** é isômero de **A** (Problema 19.79) e apresenta um pico no IV em 1.715 cm^{-1}. O espectro de RMN de ^{1}H de **B** tem picos em 2,4δ (1 H, hepteto, J = 7 Hz), 2,1δ (3 H, simpleto) e 1,2δ (6 H, dupleto, J = 7 Hz). Qual é a estrutura de **B**?

19.81 O espectro de RMN de ^{1}H mostrado é de um composto com a fórmula $C_9H_{10}O$. Quantas ligações duplas e/ou anéis esse composto contém? Se o composto desconhecido tem uma absorção no IV em 1.690 cm^{-1}, qual é a provável estrutura?

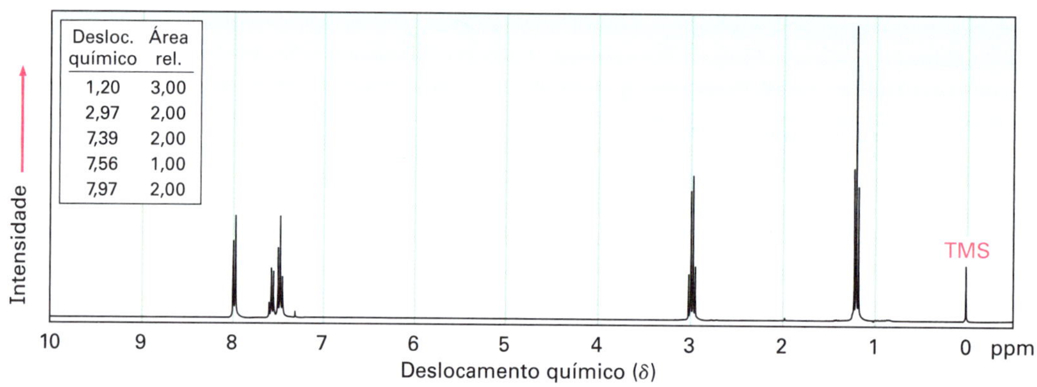

19.82 O espectro de RMN de ^{1}H apresentado é o de um isômero do composto abordado no Problema 19.81. Esse isômero tem uma absorção no IV em 1.730 cm^{-1}. Proponha uma estrutura. [*Observe*: o hidrogênio de aldeído (CHO) frequentemente apresenta baixa constante de acoplamento com hidrogênios adjacentes, de forma que os desdobramentos dos sinais dos aldeídos não são sempre aparentes.]

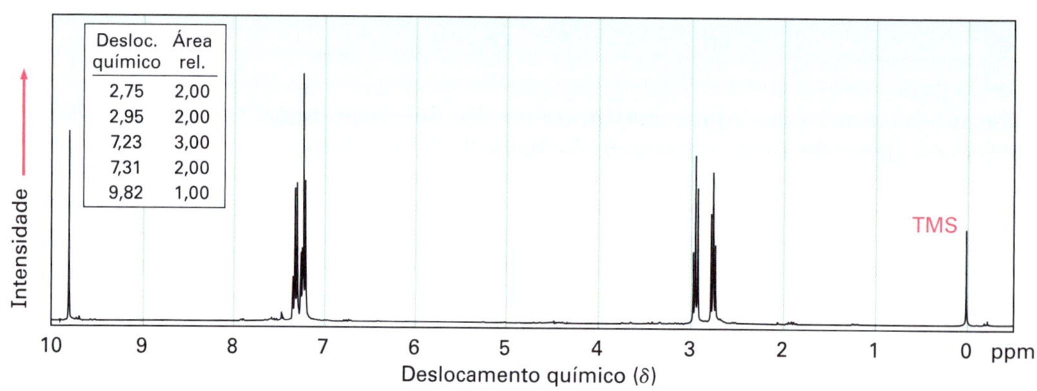

19.83 Proponha as estruturas para as cetonas ou os aldeídos que possuam os seguintes espectros de RMN de ^{1}H.

(a) $C_9H_{10}O_2$

V: 1.695 cm^{-1}

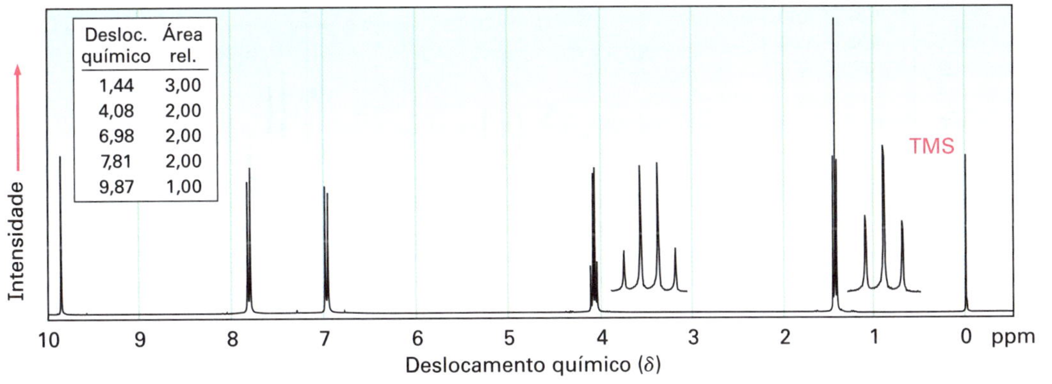

(b) C_4H_6O

IV: 1.690 cm^{-1}

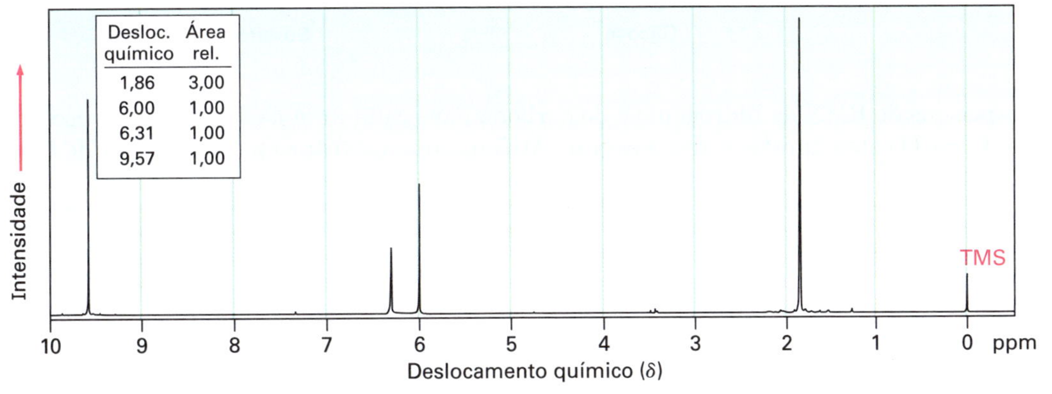

19.84 Proponha estruturas de cetonas ou aldeídos que têm os seguintes espectros de RMN.

(a) $C_{10}H_{12}O$

IV: 1.710 cm^{-1}

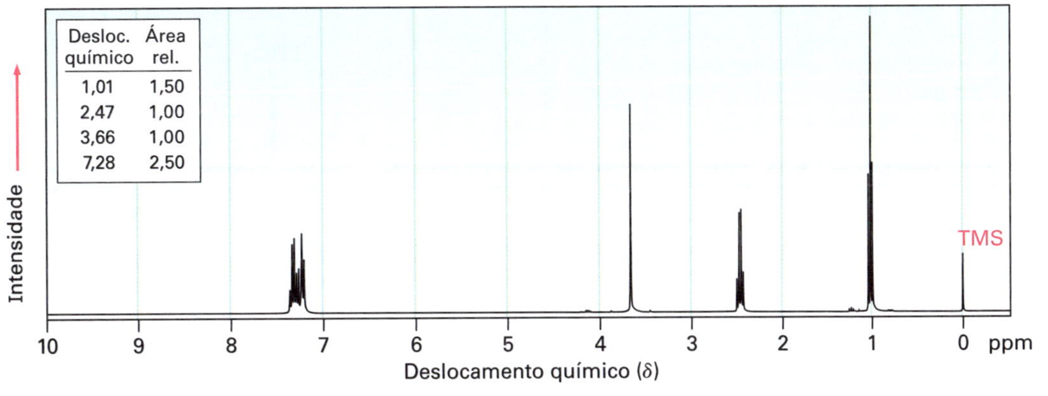

(b) $C_6H_{12}O_3$
IV: 1.715 cm^{-1}

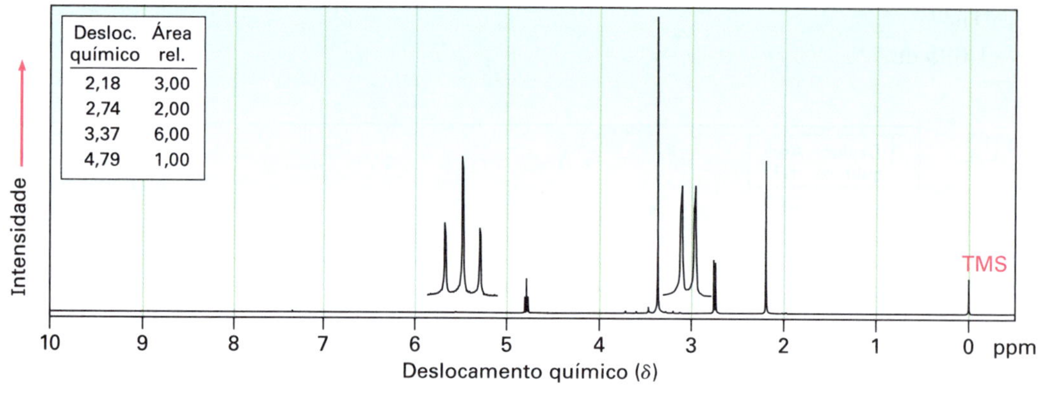

19.85 Quando a glicose (Problema 19.52) é tratada com $NaBH_4$, ocorre a reação para se obter *sorbitol*, um poliálcool comumente usado como aditivo alimentar. Mostre como essa redução acontece.

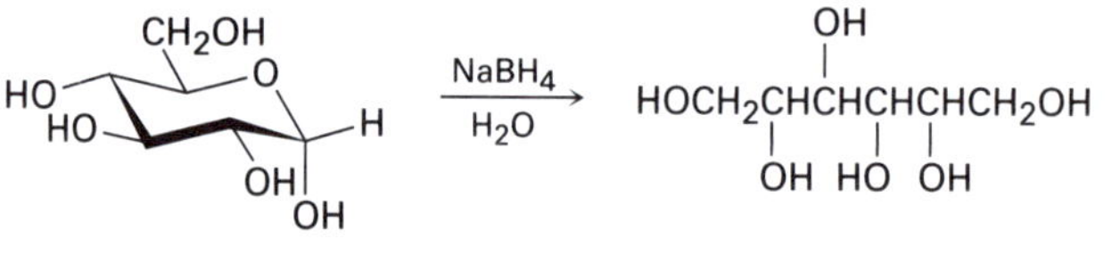

19.86 Os espectros de RMN de hidrogênio e de carbono para cada uma das três cetonas isoméricas com a fórmula $C_7H_{14}O$ estão apresentados a seguir. Atribua uma estrutura para cada par de espectros.

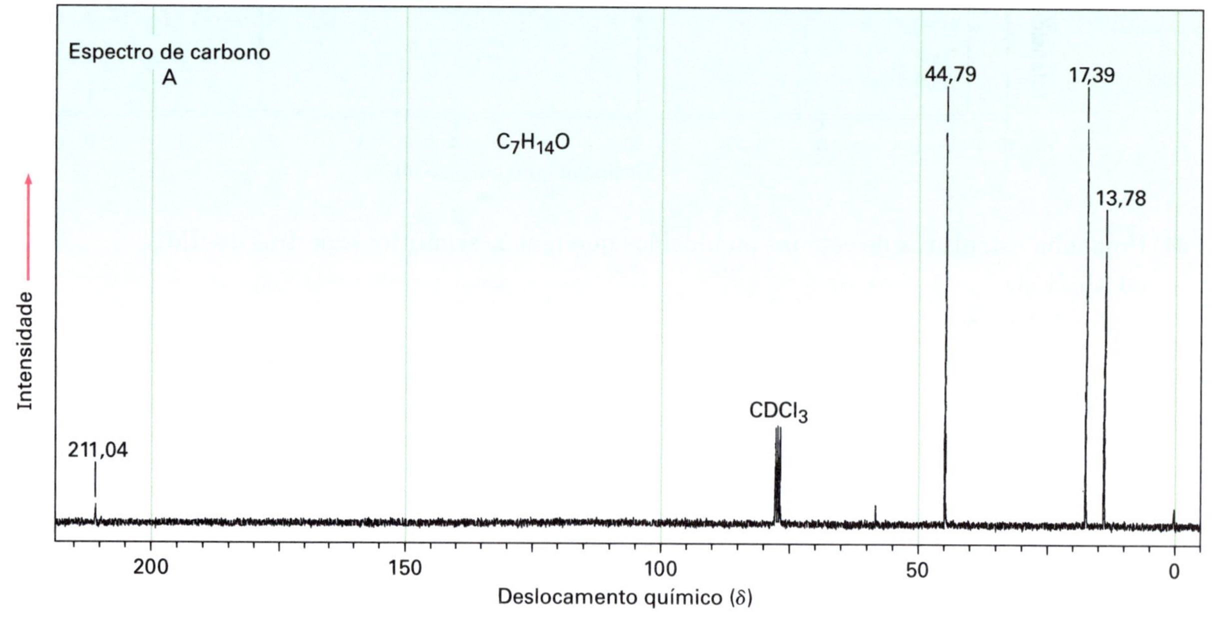

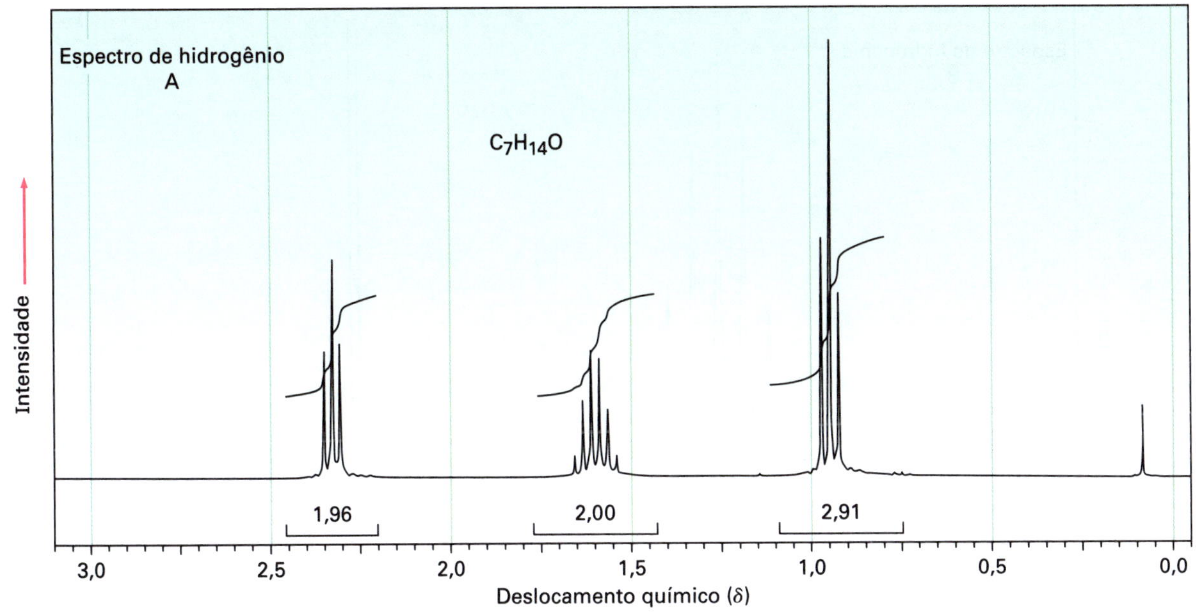
Espectro de hidrogênio
A
$C_7H_{14}O$
Intensidade
1,96
2,00
2,91
3,0
2,5
2,0
1,5
1,0
0,5
0,0
Deslocamento químico (δ)

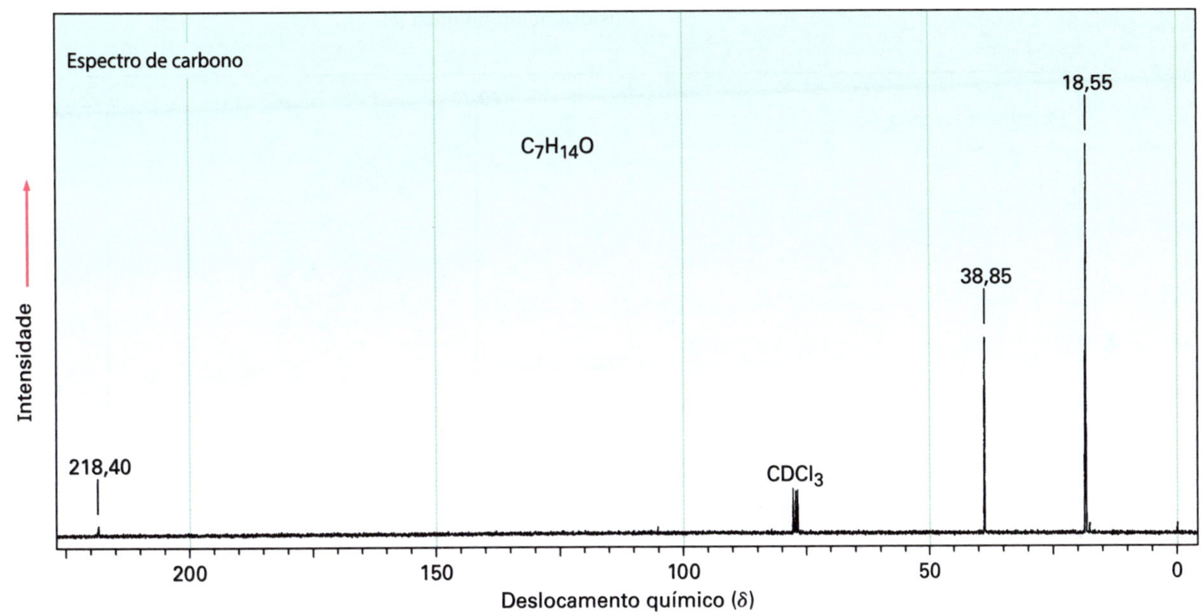
Espectro de carbono
$C_7H_{14}O$
Intensidade
18,55
38,85
218,40
$CDCl_3$
200
150
100
50
0
Deslocamento químico (δ)

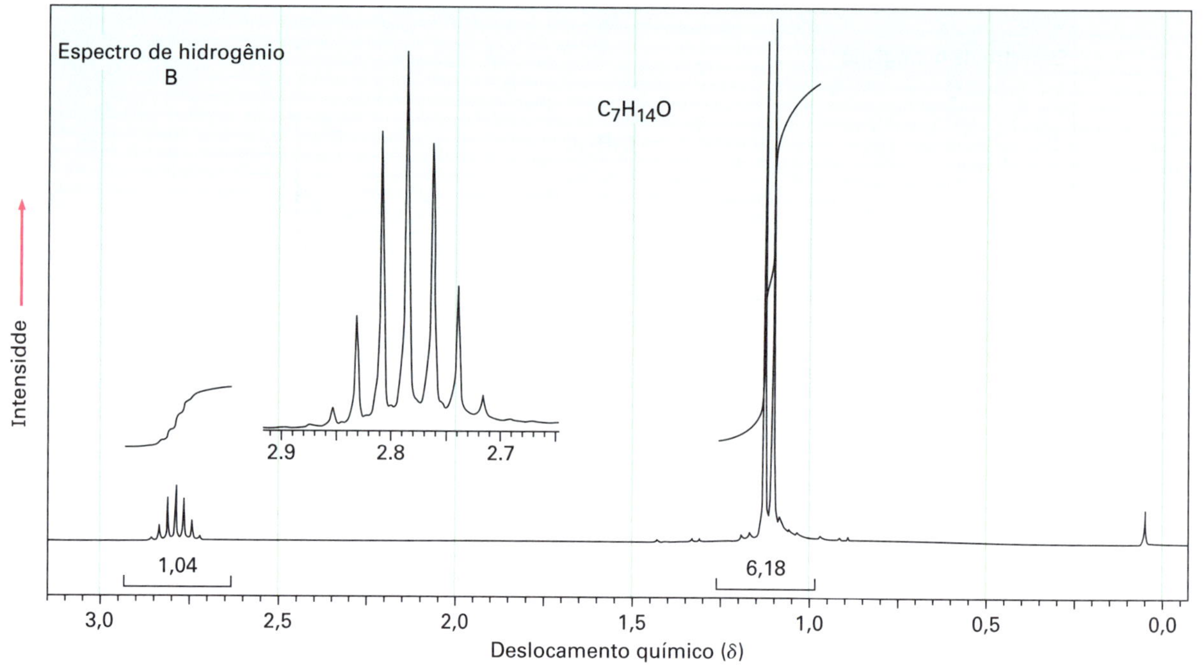
Espectro de hidrogênio
B
C7H14O
Intensidade
2.9
2.8
2.7
1,04
6,18
3,0
2,5
2,0
1,5
1,0
0,5
0,0
Deslocamento químico (δ)

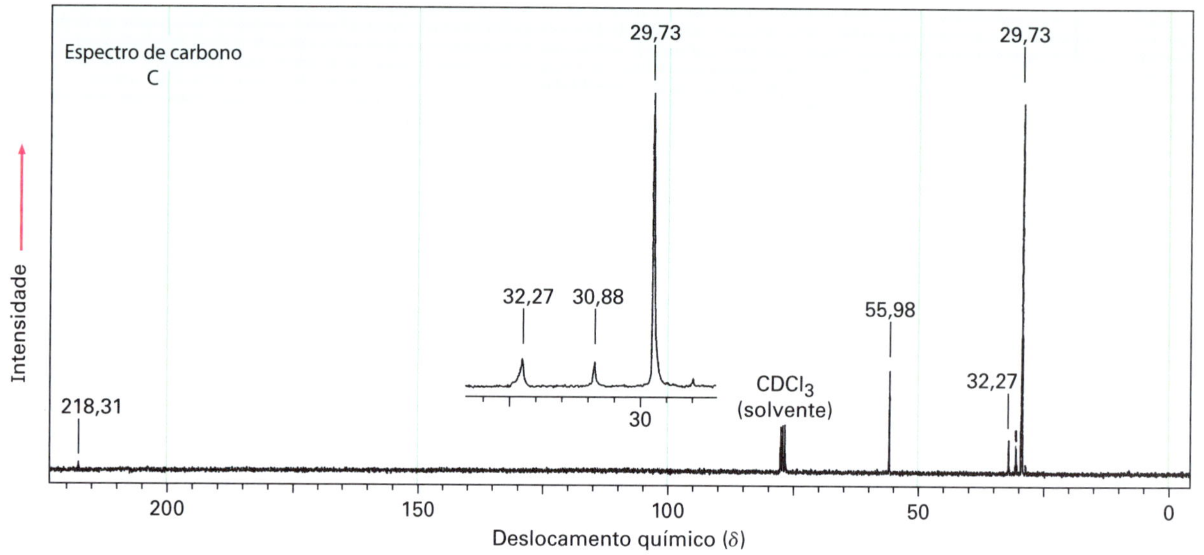
Espectro de carbono
C
29,73
29,73
32,27
30,88
30
55,98
CDCl3
(solvente)
32,27
218,31
Intensidade
200
150
100
50
0
Deslocamento químico (δ)

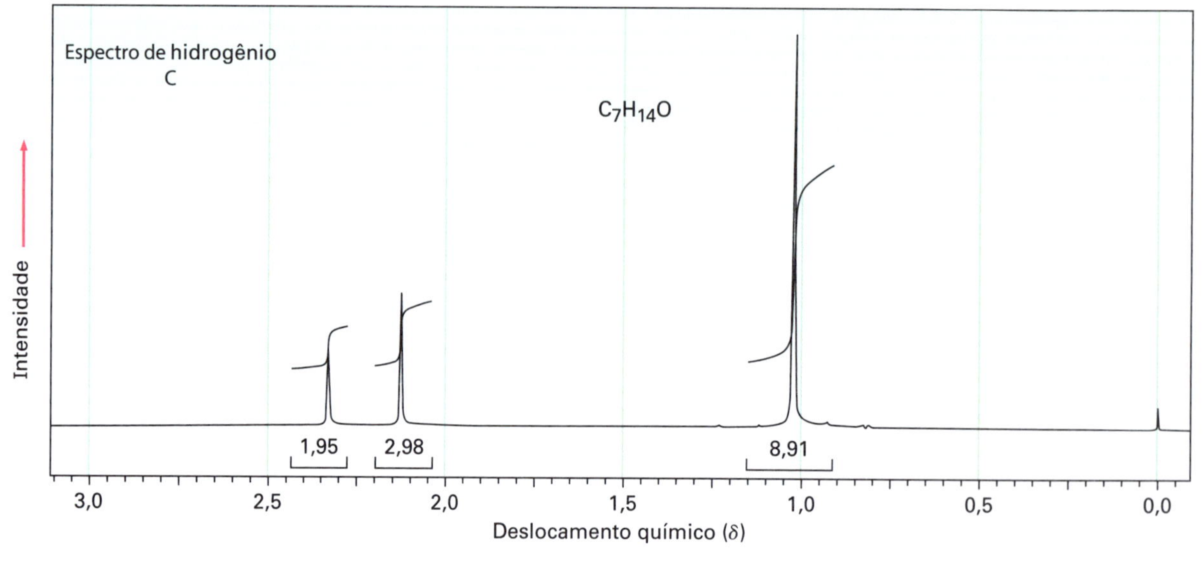
Espectro de hidrogênio
C
C7H14O
Intensidade
1,95
2,98
8,91
3,0
2,5
2,0
1,5
1,0
0,5
0,0
Deslocamento químico (δ)

19.87 O espectro de RMN de hidrogênio para um composto com a fórmula $C_{10}H_{12}O_2$ é mostrado a seguir. O espectro no infravermelho tem uma absorção forte em 1.711 cm^{-1}. Os resultados espectrais de RMN de ^{13}C desacoplados do hidrogênio estão tabulados juntamente com a informação DEPT-135 e DEPT-90. Desenhe a estrutura deste composto.

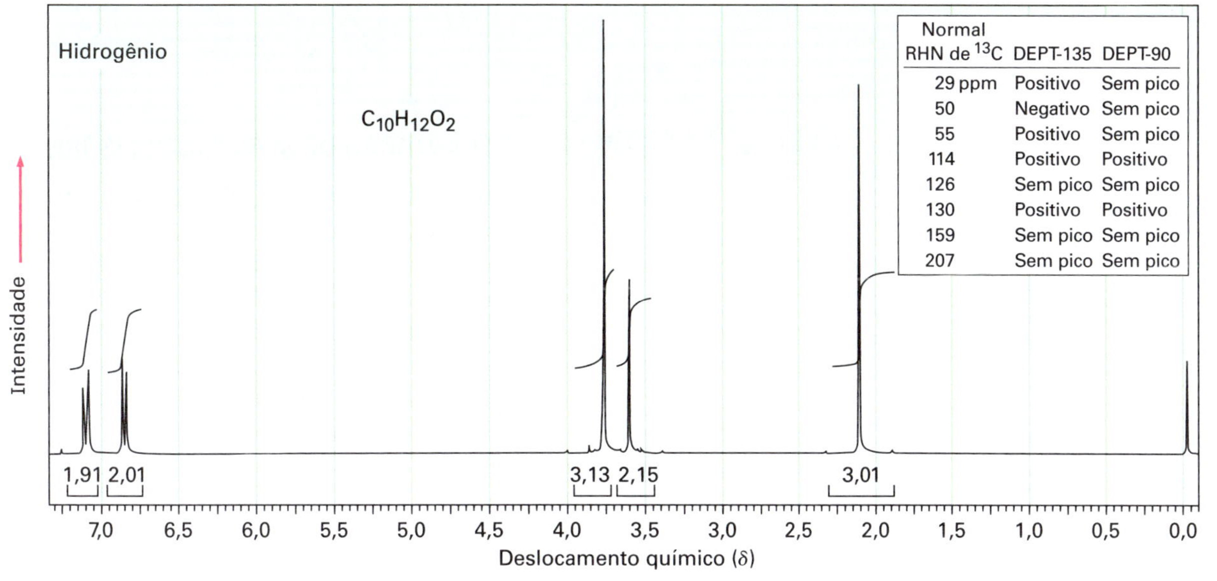

Normal RHN de ^{13}C	DEPT-135	DEPT-90
29 ppm	Positivo	Sem pico
50	Negativo	Sem pico
55	Positivo	Sem pico
114	Positivo	Positivo
126	Sem pico	Sem pico
130	Positivo	Positivo
159	Sem pico	Sem pico
207	Sem pico	Sem pico

Pratique sua Análise e Raciocínio Científico IV

INIBIDORES SELETIVOS DA RECAPTAÇÃO DE SEROTONINA (SSRIs)

Inibidores seletivos da recaptação da serotonina (SSRIs) são compostos químicos utilizados no tratamento de ansiedade, depressão e fobias sociais. O grupo funcional carbonila, encontrado na *cis*-(+)-sertralina, um SSRI popular, aparece em duas famílias químicas diferentes. A primeira família consiste de aldeídos e cetonas e a segunda família consiste de ácido carboxílico (ACs) e derivados de ácido carboxílico (DACs). Ambos sofrem reações de adição nucleofílica, mas os ácidos carboxílicos e seus derivados possuem um átomo mais eletronegativo, ligado ao átomo de carbono que, geralmente, é um bom grupo abandonador.

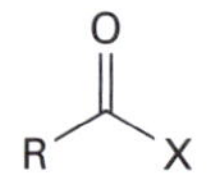

X = H or C

Aldeídos e cetonas

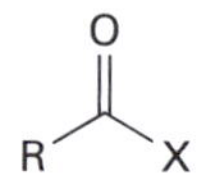

X = um grupo abandonador

Ácidos carboxílicos e seus derivados

Por esta razão, as CAs e DACs sofrem reações de adição-eliminação nucleofílicas enquanto os aldeídos e as cetonas sofrem reações de adição nucleofílicas. Um mecanismo geral é mostrado na **Figura** a seguir para a reação de ácidos carboxílicos e os seus derivados com nucleófilos fortes.

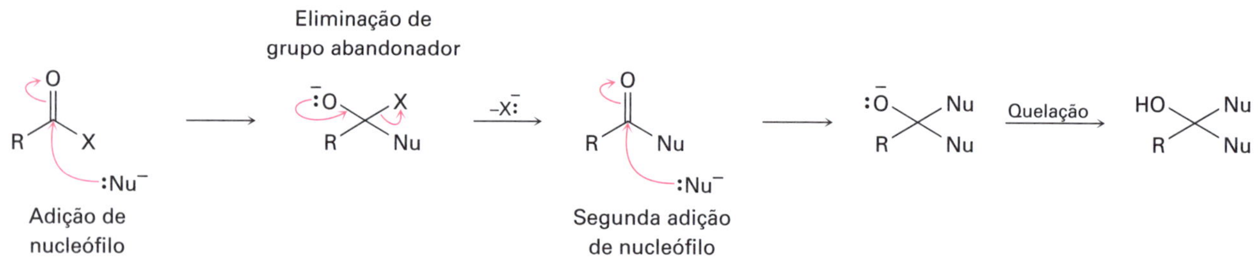

Uma rota sintética para a obtenção de sertralina envolve a utilização de D-fenilglicina em uma série de etapas, que incluem a redução de ácidos carboxílicos e oxidação de álcoois. Em jogo aqui estão as reações de Wittig e a adição de um reagente de Grignard a um aldeído. A sequência de reações começa com D-fenilglicina protegida com dibenzila.

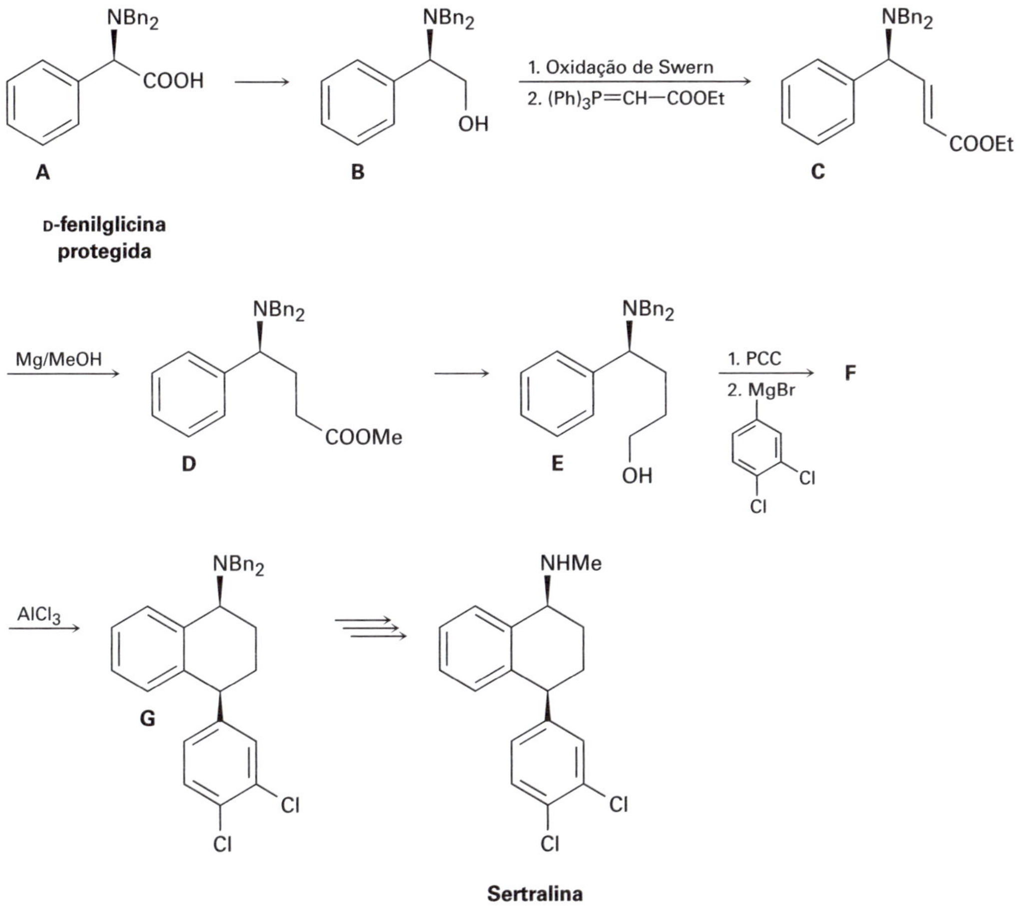

Este processo envolve a redução do grupo carboxílico na D-fenilglicina protegida **A** para se obter **B**, seguida por uma oxidação no aldeído, o qual é então convertido a um alceno **C** usando uma ilida com um grupo éster ligado. O alceno é então reduzido para dar **D**. Outra etapa de redução resulta em um álcool primário **E**. O grupo diclorofenil é introduzido por uma reação de Grignard entre o brometo de 3,4-clorofenilmagnésio gerado *in situ* e o 4-(dibenzilamino)-4-fenilbutanal obtido pela oxidação de **E**. Ciclização intramolecular de Friedel-Crafts de **F** com $AlCl_3$ produz o intermediário *cis* tricíclico **G** juntamente com o isômero *trans* minoritário (não mostrado). Uma série de etapas se seguem para obter o composto desejado.

As perguntas a seguir ajudarão você a entender esta aplicação prática da química orgânica e são semelhantes às questões encontradas nos exames profissionais.

1. A primeira etapa na síntese da *cis*-(+)-sertralina é a redução do grupo ácido carboxílico da D-fenilglicina **A** protegida para gerar um álcool primário **B**. Qual dos seguintes reagentes é utilizado para reduzir o grupo carbonila?
   (a) $NaBH_4$
   (b) H_2, Pd/C
   (c) LiAlH4
   (d) MeMgBr

2. Por que a substituição nucleofílica de alila em um derivado de ácido carboxílico não para no intermediário tetraédrico?
   (a) O grupo abandonador é instável.
   (b) O intermediário tetraédrico é muito instável.
   (c) A recuperação da carbonila é energeticamente favorável.
   (d) O nucleófilo tem caráter básico forte.

3. A oxidação do álcool **B** para formar um aldeído foi seguida por tratamento com uma ilida para gerar o composto **C**. Qual sequência de reagentes produzirá a alida nesta reação de Wittig?
   (a) 1. $BrCH_2COOEt$, 2. $(Ph)_3P$, 3. Butillítio
   (b) 1. $BrCH_2COOEt$, 2. $(Ph)_3P$, 3. NaH
   (c) 1. CH_3Br, 2. $(Ph)_3P$, 3. Butillítil, 4. $Na_2Cr_2O_7$, EtOH/H^+
   (d) 1. CH_3Br, 2. $(Ph)_3P$, 3. NaH, 4. $Na_2Cr_2O_7$, EtOH/H^+

4. Qual das seguintes é a força motriz para a reação de Wittig?
   (a) Formação de um sal de fosfônio
   (b) Eliminação de óxido de trifenilfosfina
   (c) Desprotonação de um sal de fosfônio
   (d) Formação de um alceno

5. Reações de Friedel-Crafts são reações de substituição eletrofílica aromática, entre as quais existem dois tipos: alquilação F-C e acilação F-C. Estas reações são adaptadas para produzir eletrófilos fortes como reagente, fazendo reagir um haleto de alquila ou acila com um ácido forte de Lewis como catalisador. Outros substratos, no entanto, reagem muito bem com ácidos de Lewis para produzir os carbocátions utilizados na reação de alquilação F-C. Identifique a estrutura do composto **F** usado no fechamento do anel de Friedel-Crafts:

   (a)
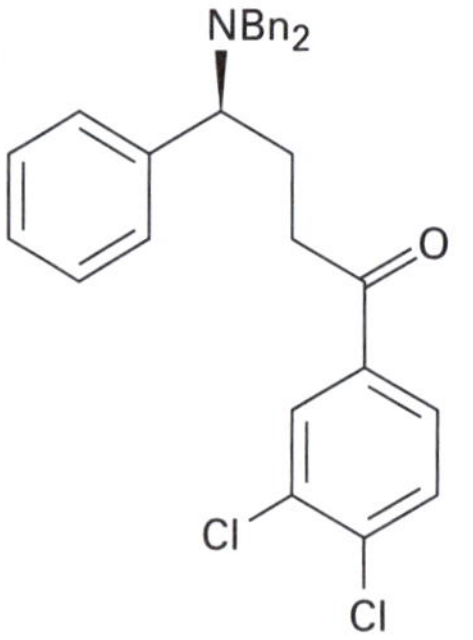

   (b)
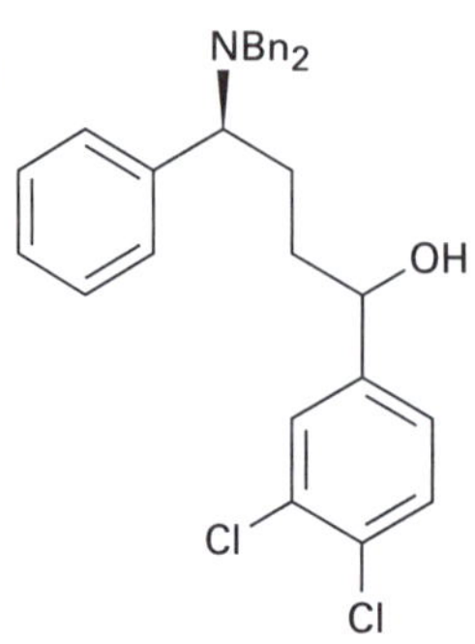

(c)

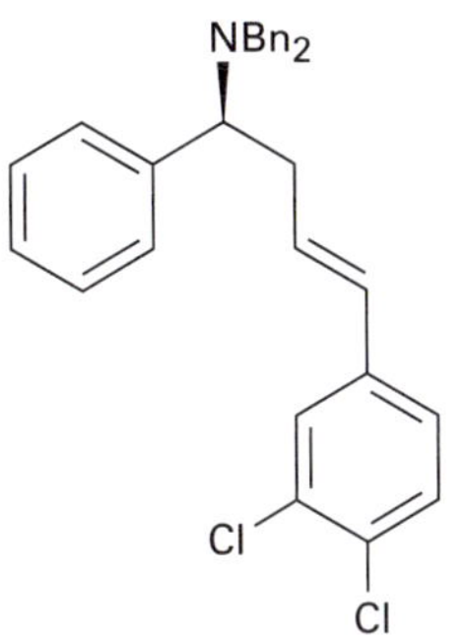

(d)

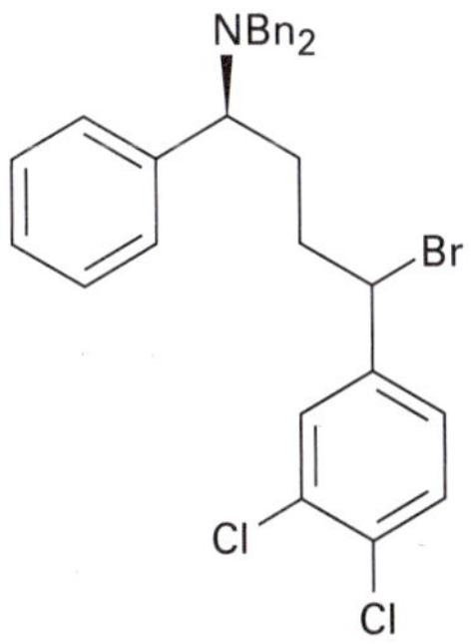

capítulo 20

Ácidos Carboxílicos e Nitrilas

Neste capítulo:

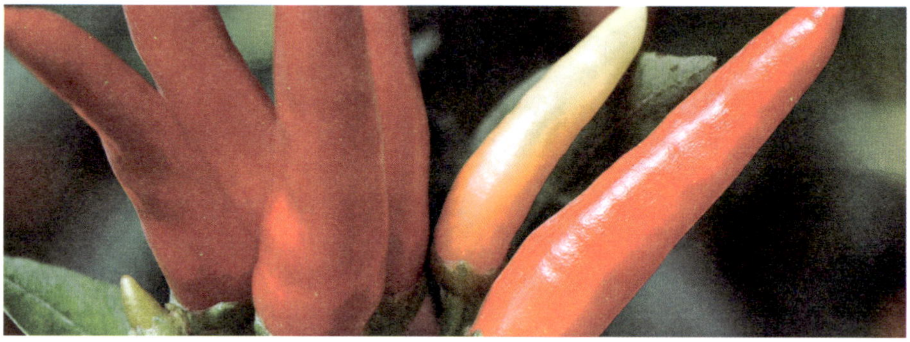

A sensação de queimação produzida por tocar ou comer pimenta é decorrente da capsaicina, um derivado de ácido carboxílico chamado amida.

POR QUE ESTE CAPÍTULO? Os ácidos carboxílicos estão presentes em muitos processos industriais e na maioria dos biológicos, além de serem a base a partir da qual muitos outros derivados de acila são produzidos. Por isso, a compreensão de suas propriedades e reações é fundamental para entender a química orgânica. Vamos estudar tanto ácidos quanto seus parentes próximos, nitrilas ($RC{\equiv}N$), neste capítulo, e derivados do ácido carboxílico no próximo capítulo.

Os **ácidos carboxílicos, RCO_2H,** ocupam um lugar central entre os compostos de carbonila. Além de serem importantes apenas por si só, eles também são materiais de partida na síntese de inúmeros derivados de acila, como cloretos de ácidos, ésteres, amidas e tioésteres. Além disso, os ácidos carboxílicos estão presentes na maior parte das rotas biológicas.

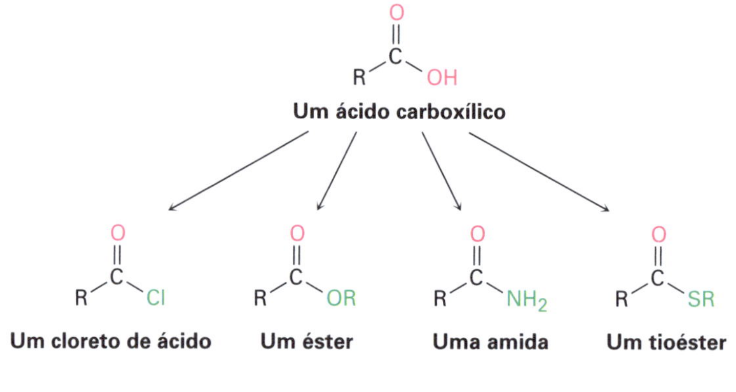

Um grande número de ácidos carboxílicos é encontrado na natureza. Por exemplo, o ácido acético, CH_3CO_2H, é o principal componente orgânico do vinagre; o ácido butanoico, $CH_3CH_2CH_2CO_2H$, é o responsável pelo odor de ranço da manteiga estragada; e o ácido hexanoico (ácido caproico), $CH_3(CH_2)_4CO_2H$, é o responsável pelo aroma único das cabras e de meias sujas (o nome vem do latim *caper*, que significa "cabra"). Outros exemplos são os ácidos cólicos, o principal componente da bile humana, e os ácidos alifáticos de cadeia longa, como o ácido palmítico, $CH_3(CH_2)_{14}CO_2H$, um precursor biológico de gorduras e óleos vegetais.

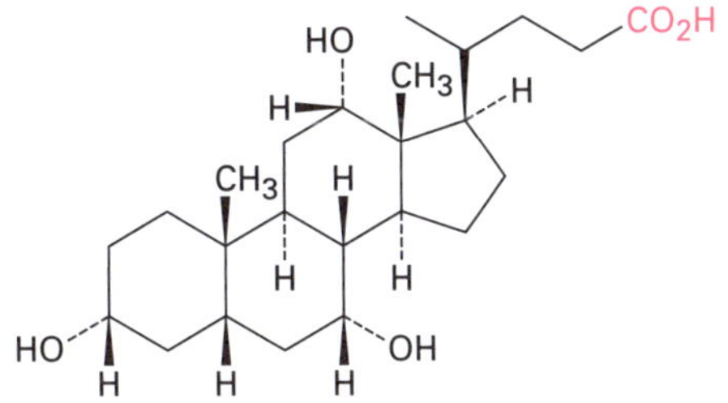

Ácido cólico

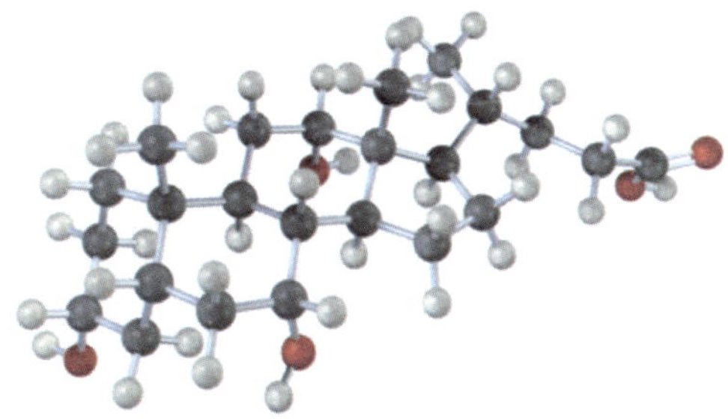

Aproximadamente 13 milhões de toneladas métricas de ácido acético são produzidas por ano em todo o mundo para diversos fins, incluindo a preparação do polímero de acetato de vinila, utilizado em tintas e colas. Cerca de 20% de ácido acético sintetizado industrialmente é obtido pela oxidação do acetaldeído. A maioria dos 80% remanescentes é preparada pela reação, catalisada por ródio, do metanol com o monóxido de carbono:

20.1 Nomenclatura de ácidos carboxílicos e nitrilas

ÁCIDOS CARBOXÍLICOS, RCO_2H

Os ácidos carboxílicos simples, derivados de alcanos de cadeia aberta, são sistematicamente nomeados substituindo-se a terminação *-o* do nome do alcano correspondente por *-oico*, precedido da palavra ácido. O átomo do carbono da carboxila é numerado como C1.

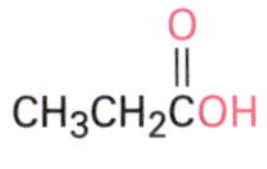

Ácido **propan**oico

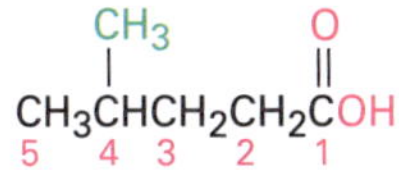

Ácido 4-metil**pentan**oico

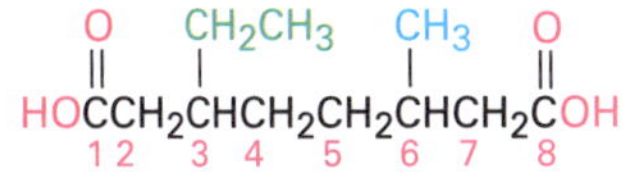

Ácido 3-etil-6-metil**octanedi**oico

Compostos que têm um grupo $-CO_2H$ ligado a um anel são nomeados utilizando-se inicialmente o termo ácido e o sufixo *-carboxílico*. O carbono do CO_2H é ligado ao C1 e não é numerado nesse sistema. Como um substituinte, o grupo CO_2H é chamado de **grupo carboxila**.

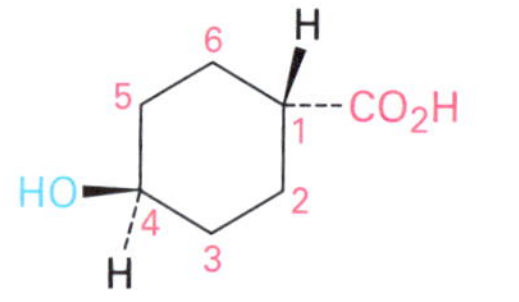

Ácido ***trans*-4-hirdoxiciclohexanocarboxílico**

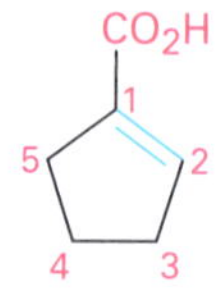

Ácido **1-ciclopentenocarboxílico**

Como muitos ácidos carboxílicos estão entre os primeiros compostos orgânicos a serem isolados e purificados, existem vários nomes comuns (**Tabela 20.1**). Os bioquímicos, em particular, fazem uso frequente destes nomes, então você pode acabar consultando esta lista em várias ocasiões. Usaremos nomes sistemáticos neste livro, com algumas exceções, tais como ácido fórmico (metanoico) e acético (etanoico), cujos nomes são aceitos pela IUPAC e são tão conhecidos que faz pouco sentido se referir a eles de qualquer outra maneira.

TABELA 20.1 Nomes comuns de alguns ácidos carboxílicos e grupos acilas

Estrutura	Nome	Grupo acila
HCO_2H	Fórmico	Formila
CH_3CO_2H	Acético	Acetila
$CH_3CH_2CO_2H$	Propiônico	Propionila
$CH_3CH_2CH_2CO_2H$	Butírico	Butirila
HO_2CCO_2H	Oxálico	Oxalila
$HO_2CCH_2CO_2H$	Malônico	Malonila
$HO_2CCH_2CH_2CO_2H$	Succínico	Succinila
$HO_2CCH_2CH_2CH_2CO_2H$	Glutárico	Glutarila
$HO_2CCH_2CH_2CH_2CH_2CO_2H$	Adípico	Adipoila
$H_2C{=}CHCO_2H$	Acrílico	Acriloila
$HO_2CCH{=}CHCO_2H$	Maleico (cis)	Maleoila
	Fumárico (trans)	Fumaroila
$HOCH_2CO_2H$	Glicólico	Glicoloila
$CH_3CH(OH)CO_2H$	Láctico	Latoila
$CH_3C(=O)CO_2H$	Pirúvico	Piruvoila
$HOCH_2CH(OH)CO_2H$	Glicérico	Gliceroila
$HO_2CCH(OH)CH_2CO_2H$	Málico	Maloíla
$HO_2CC(=O)CH_2CO_2H$	Oxaloacético	Oxaloacetila
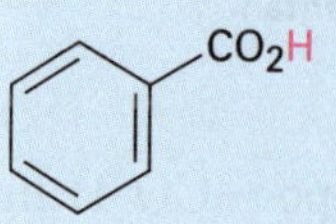	Benzoico	Benzoíla
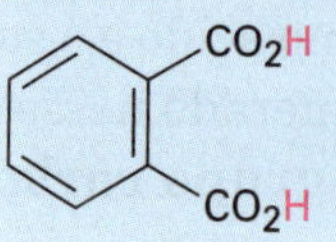	Ftálico	Ftaloila

Também listados na **Tabela 20.1** estão os nomes dos grupos acila $\left(R{-}\overset{O}{\overset{\|}{C}}{-}\right)$ derivados dos ácidos principais. Exceto para as oito entradas na parte superior da **Tabela 20.1**, cujos nomes têm *-ila* no final, todos os outros grupos acila são nomeados usando *-oila* no final.

NITRILAS, RC≡N

Os compostos contendo o grupo funcional −C≡N são chamados **nitrilas** e podem ser submetidos a uma química semelhante à dos ácidos carboxílicos. As nitrilas simples de cadeia aberta são nomeadas adicionando-se o sufixo *-nitrila* ao nome do alcano, com o carbono da nitrila numerado como C1:

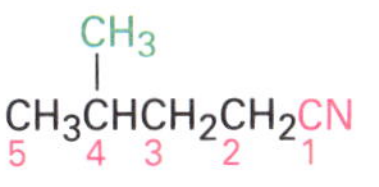

4-metilpentanonitrila

As nitrilas mais complexas também podem ser nomeadas como derivadas de ácidos carboxílicos eliminando a palavra *ácido* no início do nome e substituindo a terminação *-ico* ou *-oico* por *-nitrila*, ou *-carbonitrila*. O átomo de carbono da nitrila está ligado ao C1, mas não é numerado.

$CH_3C{\equiv}N$

Acetonitrila
(a partir de ácido acético)

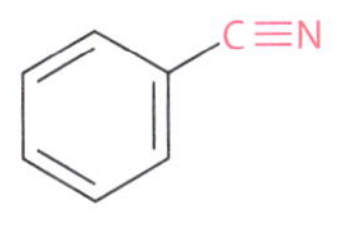

Benzonitrila
(a partir de ácido benzoico)

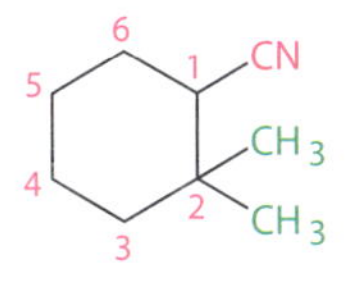

2,2-dimetilciclohexanocarbonitrila
(a partir de ácido 2,2-dimetilciclohexanocarboxílico)

Se um outro derivado de ácido carboxílico está presente na mesma molécula, o prefixo *ciano-* é utilizado para o grupo C≡N.

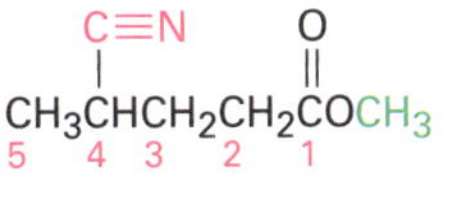

4-cianopentanoato de metila

PROBLEMA 20.1 Dê os nomes IUPAC para os seguintes compostos:

(a) 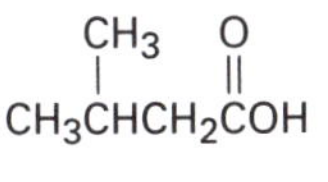 **(b)** 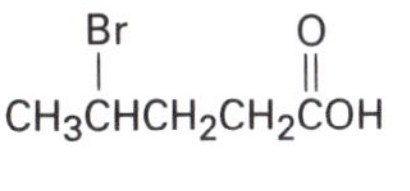 **(c)** 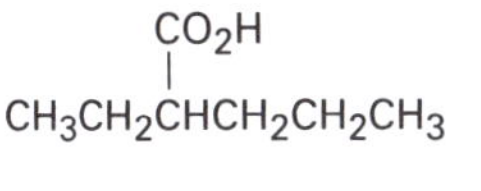

(d) 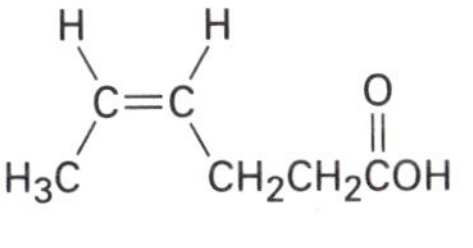 **(e)** 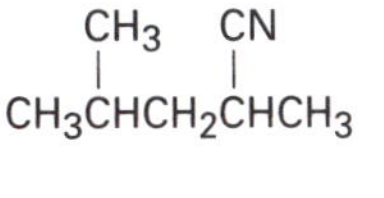 **(f)** 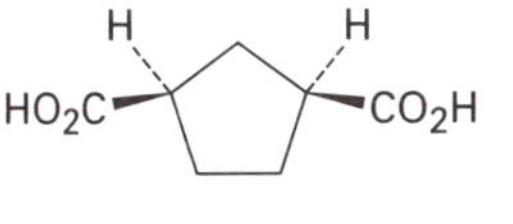

PROBLEMA 20.2 Desenhe as estruturas correspondentes para os seguintes nomes IUPAC:

(a) Ácido 2,3-dimetilhexanoico **(b)** Ácido 4-metilpentanoico
(c) Ácido *trans*-1,2-ciclobutanodicarboxílico **(d)** Ácido *o*-hidroxibenzoico
(e) Ácido (9*Z*,12*Z*)-9,12-octadecadienoico **(f)** 2-pentenonitrila

20.2 Estrutura e propriedades dos ácidos carboxílicos

Os ácidos carboxílicos são similares em alguns aspectos às cetonas e aos álcoois. Como nas cetonas, o carbono da carboxila tem hibridização sp^2, os grupos ácidos carboxílicos são, portanto, planos com ângulos de ligação C−C=O e O=C−O de aproximadamente 120° (**Tabela 20.2**).

TABELA 20.2 Parâmetros físicos para o ácido acético

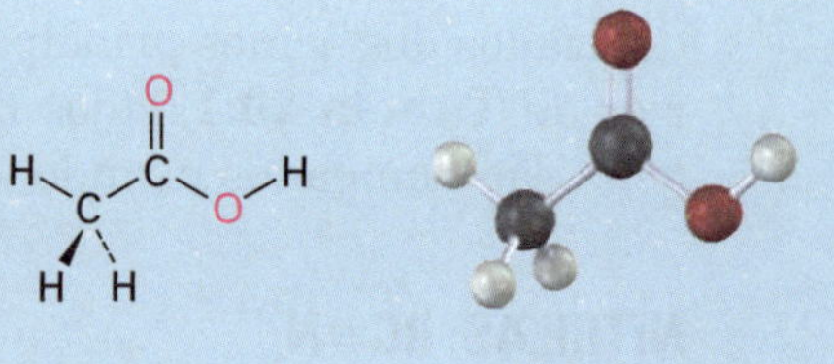

Ângulos de ligação	(graus)	Comprimento de ligação	(pm)
C–C=O	119	C–C	152
C–C–OH	119	C=O	125
O=C–OH	122	C–OH	131

Como os álcoois, os ácidos carboxílicos estão fortemente associados por causa das ligações de hidrogênio. A maioria dos ácidos carboxílicos existe como dímeros cíclicos mantidos juntos por duas ligações de hidrogênio. Esta forte ligação de hidrogênio tem um efeito notável sobre os pontos de ebulição, fazendo os ácidos carboxílicos ferverem muito menos facilmente que os seus álcoois correspondentes. O ácido acético, por exemplo, possui ponto de ebulição de 117,9 °C *versus* 78,3 °C do etanol, mesmo os dois compostos tendo dois carbonos.

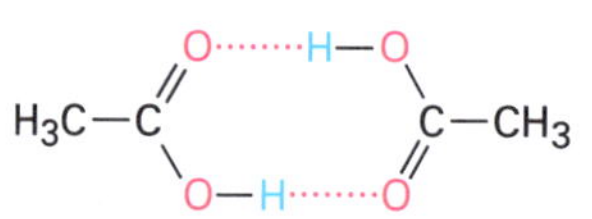

Dímero do ácido acético

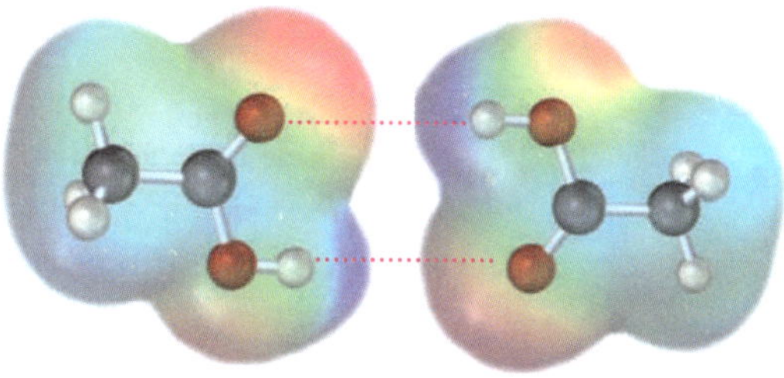

A propriedade mais óbvia dos ácidos carboxílicos está implícita em seu nome: os ácidos carboxílicos são *ácidos*. Portanto, reagem com bases como o NaOH e o $NaHCO_3$ para gerar os sais carboxilatos metálicos, $RCO_2^-M^+$. Os ácidos carboxílicos com mais de seis carbonos são apenas levemente solúveis em água, mas os sais de ácidos carboxílicos dos metais alcalinos são em geral altamente solúveis em água, porque são iônicos. Na verdade, pode-se, frequentemente, purificar os ácidos pela extração de seus sais com base aquosa e, em seguida, reacidificando e extraindo o ácido puro de volta com um solvente orgânico.

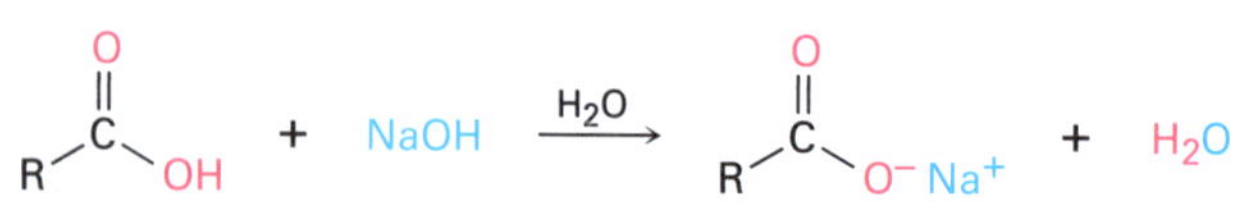

Um ácido carboxílico (insolúvel em água) — Um sal de ácido carboxílico (solúvel em água)

Como outros ácidos de Brønsted-Lowry discutidos na **Seção 2.7**, os ácidos carboxílicos dissociam-se levemente em água para gerar o H_3O^+ e os ânions carboxilatos, RCO_2^-. A extensão exata da dissociação é dada pela constante de acidez, K_a.

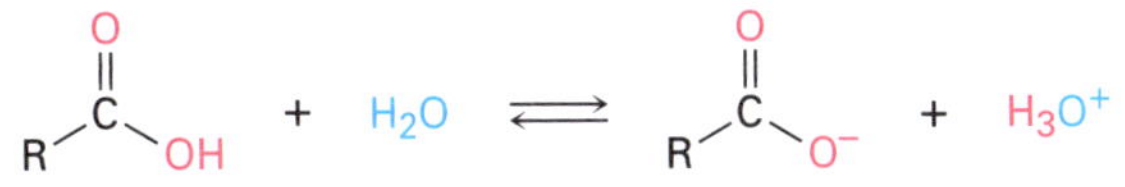

$$K_a = \frac{[RCO_2^-][H_3O^+]}{[RCO_2H]} \quad \text{e} \quad pK_a = -\log K_a$$

Uma lista dos valores K_a para diversos ácidos carboxílicos é fornecida na **Tabela 20.3**. Para a maioria dos ácidos carboxílicos, K_a é aproximadamente 10^{-4} a 10^{-5}. O ácido acético, por exemplo, tem $K_a = 1{,}75 \times 10^{-5}$, que corresponde a um p$K_a$ de 4,76. Em termos práticos, um valor de K_a próximo de 10^{-5} significa que apenas cerca de 0,1% das moléculas em uma solução 0,1 mol L^{-1} estão dissociadas, o oposto a 100% de dissociação encontrada com ácidos inorgânicos fortes, como o HCl.

TABELA 20.3 Acidez de alguns ácidos carboxílicos

Estrutura	K_a	pK_a
CF_3CO_2H	0,59	0,23
HCO_2H	$1{,}77 \times 10^{-4}$	3,75
$HOCH_2CO_2H$	$1{,}5 \times 10^{-4}$	3,84
$C_6H_5CO_2H$	$6{,}46 \times 10^{-5}$	4,19
$H_2C{=}CHCO_2H$	$5{,}6 \times 10^{-5}$	4,25
CH_3CO_2H	$1{,}75 \times 10^{-5}$	4,76
$CH_3CH_2CO_2H$	$1{,}34 \times 10^{-5}$	4,87
CH_3CH_2OH (etanol)	(1×10^{-16})	(16)

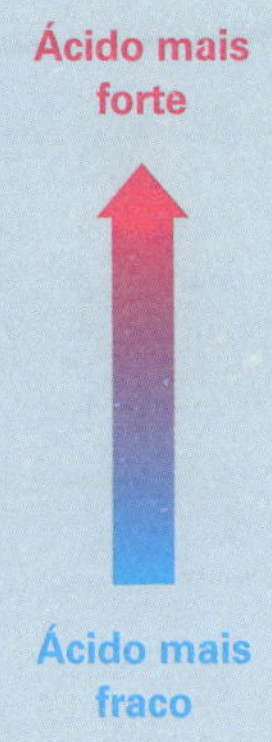

Embora muito mais fracos que os ácidos inorgânicos, os ácidos carboxílicos são, contudo, muito mais fortes que os álcoois e fenóis. O K_a do etanol, por exemplo, é de aproximadamente 10^{-16}, tornando o etanol um ácido mais fraco que o ácido acético por um fator de 10^{11}.

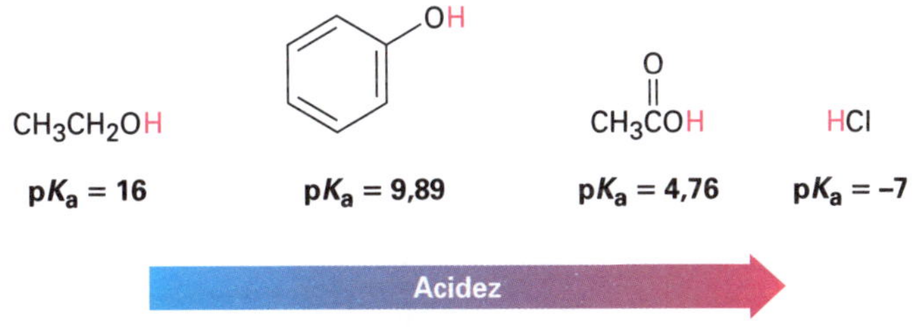

Por que os ácidos carboxílicos são muito mais ácidos que os álcoois, embora ambos contenham o grupo –OH? Um álcool dissocia-se para produzir um íon alcóxido, no qual a carga negativa está localizada em cima de um simples átomo eletronegativo. Um ácido carboxílico, todavia, gera um íon carboxilato, no qual a carga negativa está deslocalizada sobre *dois*

átomos de oxigênio equivalentes (**Figura 20.1**). Em termos de ressonância (**Seção 2.4**), um íon carboxilato é um hídrido de ressonância estabilizado de duas estruturas equivalentes. Como um íon carboxilato é mais estável que um íon alcóxido, ele possui energia mais baixa e é mais favorecido no equilíbrio de dissociação.

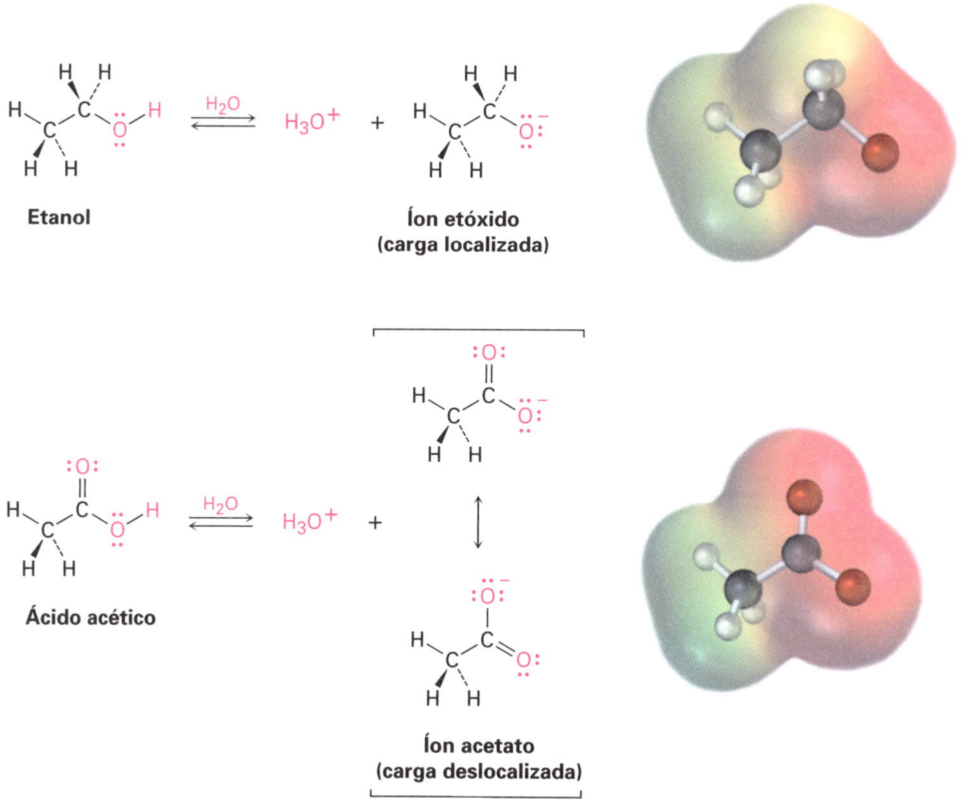

Figura 20.1 Um íon alcóxido tem sua carga localizada sobre um átomo de oxigênio e é menos estável, enquanto um íon carboxilato tem a carga distribuída igualmente sobre ambos os oxigênios pelas duas formas de ressonância e é, portanto, mais estável.

A evidência experimental para a equivalência dos dois oxigênios do carboxilato vem dos estudos cristalográficos de raios X no formiato de sódio. Ambas as ligações carbono-oxigênio são de 127 pm de comprimento, a meio caminho entre a dupla ligação C=O (120 pm) e a ligação simples C–O (134 pm) de ácido fórmico. Um mapa de potencial eletrostático do íon formiato também mostra como a carga negativa (vermelho) está dispersa igualmente sobre os oxigênios.

PROBLEMA 20.3 Suponha que você tenha uma mistura de naftaleno e ácido benzoico que queira separar. Como você deveria tirar vantagem da acidez de um componente na mistura para efetuar a separação?

PROBLEMA 20.4 O K_a para o ácido dicloroacético é de $3{,}32 \times 10^{-2}$. Qual é a porcentagem aproximada de ácido que está dissociado em uma solução aquosa 0,10 mol L^{-1}?

20.3 Ácidos biológicos e a equação de Henderson-Hasselbalch

Em solução ácida e a um pH baixo, um ácido carboxílico está completamente não dissociado e existe inteiramente como RCO_2H. Em solução básica a um pH alto, um ácido carboxílico está completamente dissociado e existe inteiramente como RCO_2^-. Dentro das células vivas, no entanto, o pH não é nem ácido nem básico, mas em vez disso é tamponado para um pH entre quase neutro e 7,3 em seres humanos, um valor muitas vezes referido como *pH fisiológico*. Em que forma, então, os ácidos carboxílicos existem dentro das células? A questão é importante para que compreendamos os catalisadores ácidos tão frequentemente encontrados em reações biológicas.

Se o valor do pK_a de determinado ácido e o pH do meio forem conhecidos, os percentuais de formas dissociadas e não dissociadas podem ser calculados usando a chamada **equação de Henderson-Hasselbalch**.

Para qualquer ácido HA, temos:

$$pK_a = -\log \frac{[H_3O^+]\,[A^-]}{[HA]} = -\log[H_3O^+] - \log\frac{[A^-]}{[HA]}$$

$$= pH - \log \frac{[A^-]}{[HA]}$$

que pode ser rearranjada para dar

$$pH = pK_a + \log\frac{[A^-]}{[HA]}$$ **Equação de Henderson-Hasselbalch**

$$\text{então} \quad \log\frac{[A^-]}{[HA]} = pH - pK_a$$

Essa equação diz que o logaritmo da concentração do ácido dissociado $[A^-]$ dividido pela concentração de ácido não dissociado [HA] é igual ao pH da solução menos o pK_a do ácido. Assim, se conhecermos o pH da solução e o pK_a do ácido, podemos calcular a razão de $[A^-]$ para [HA]. Além disso, quando o pH = pK_a, então HA e A^- estão presentes em quantidades iguais porque o log 1 = 0.

Como exemplo de como usar a equação de Henderson-Hasselbalch, vamos descobrir quais espécies estão presentes em uma solução 0,0010 mol L^{-1} de ácido acético a um pH = 7,3. De acordo com a **Tabela 20.3**, o pK_a do ácido acético é 4,76. Pela equação de Henderson-Hasselbalch, temos:

$$\log\frac{[A^-]}{[HA]} = pH - pK_a = 7{,}3 - 4{,}76 = 2{,}54$$

$$\frac{[A^-]}{[HA]} = \text{antilog}\,(2{,}54) = 3{,}5 \times 10^2 \quad \text{assim} \quad [A^-] = (3{,}5 \times 10^2)\,[HA]$$

Além disso, sabemos que

$$[A^-] + [HA] = 0{,}0010 \text{ mol L}^{-1}$$

Resolvendo as duas equações chegamos a $[A^-] = 0{,}0010$ mol L^{-1} e $[HA] = 3 \times 10^{-6}$ mol L^{-1}. Em outras palavras, a um pH fisiológico de 7,3, essencialmente 100% das moléculas de ácido acético em solução 0,0010 mol L^{-1} estão dissociadas em acetato iônico.

O que é verdade sobre o ácido acético é também verdade para os outros ácidos carboxílicos: no pH fisiológico que existe dentro das células, os ácidos carboxílicos estão totalmente dissociados. Como reflexo desse fato, sempre nos referimos aos ácidos carboxílicos celulares pelo nome do seu ânion – acetato, lactato, citrato, e assim por diante, em vez de ácido acético, ácido lático e ácido cítrico.

PROBLEMA 20.5

Calcule as porcentagens das formas dissociadas e não dissociadas presentes nas seguintes soluções:

(a) 0,0010 mol L^{-1} de ácido glicólico ($HOCH_2CO_2H$; $pK_a = 3{,}83$) em pH = 4,50

(b) 0,0020 mol L^{-1} de ácido propanoico ($pK_a = 4{,}87$) em pH = 5,30

20.4 Efeitos dos substituintes na acidez

A lista de valores de pK_a apresentada anteriormente na **Tabela 20.3** para diferentes ácidos carboxílicos indica que há diferenças substanciais de um ácido para outro. Por exemplo, o ácido trifluoroacético ($K_a = 0{,}59$) é 33 mil vezes mais forte que o ácido acético ($K_a = 1{,}76 \times 10^{-5}$). Como podemos justificar essas diferenças?

Como a dissociação de um ácido carboxílico é um processo de equilíbrio, qualquer fator que estabilize o ânion carboxilato em relação ao ácido carboxílico não dissociado irá deslocar o equilíbrio no sentido do aumento da dissociação, resultando no aumento da acidez. Por exemplo, três átomos de flúor retiradores de elétrons deslocalizam a carga negativa no ânion trifluoroacetato, estabilizando assim o íon e aumentando a acidez do CF_3CO_2H. Da mesma forma, o ácido glicólico ($HOCH_2CO_2H$; $pK_a = 3{,}83$) é mais forte que o ácido acético, por causa do efeito retirador de elétrons do átomo de oxigênio eletronegativo.

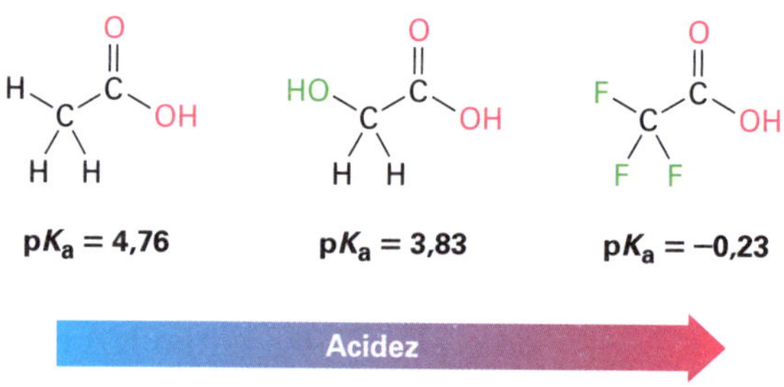

Como os efeitos indutivos operam por meio das ligações σ e dependem da distância, o efeito da substituição por halogênio diminui à medida que o substituinte se afasta do grupo carboxila. Por exemplo, o ácido 2-clorobutanoico tem $pK_a = 2{,}86$, o ácido 3-clorobutanoico tem $pK_a = 4{,}05$ e o ácido 4-clorobutanoico tem $pK_a = 4{,}52$, similar àquele do próprio ácido butanoico.

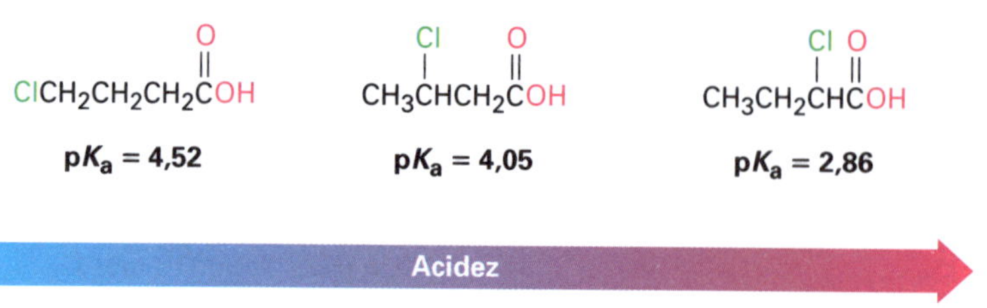

Os efeitos dos substituintes na acidez também são encontrados nos ácidos benzoicos substituídos. Vimos durante a discussão de substituição eletrofílica aromática, na **Seção 16.4**, que substituintes no anel aromático afetam drasticamente a reatividade. Anéis aromáticos com grupos doadores de elétrons são ativados na substituição eletrofílica e anéis aromáticos com os grupos retiradores de elétrons são desativados. Exatamente os mesmos efeitos são observados na acidez de ácidos benzoicos substituídos (**Tabela 20.4**).

TABELA 20.4 Efeitos dos substituintes na acidez de ácidos benzoicos *p*-substituídos

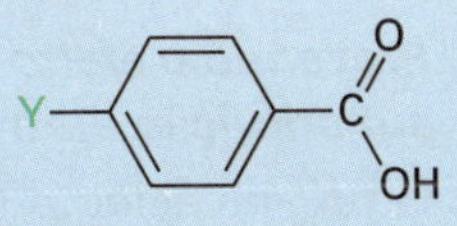

	Y	$K_a \times 10^{-5}$	pK_a	
Ácido mais forte	$-NO_2$	39	3,41	Grupos ativadores
	$-CN$	28	3,55	
	$-CHO$	18	3,75	
	$-Br$	11	3,96	
	$-Cl$	10	4,0	
	$-H$	6,46	4,19	
	$-CH_3$	4,3	4,34	Grupos desativadores
	$-OCH_3$	3,5	4,46	
Ácido mais fraco	$-OH$	3,3	4,48	

Como mostra a **Tabela 20.4**, um grupo doador de elétrons (ativador), tal como a metoxila, diminui a acidez por desestabilizar o ânion carboxilato, e um grupo retirador de elétrons (desativador), como o nitro, aumenta a acidez pela estabilização do ânion carboxilato.

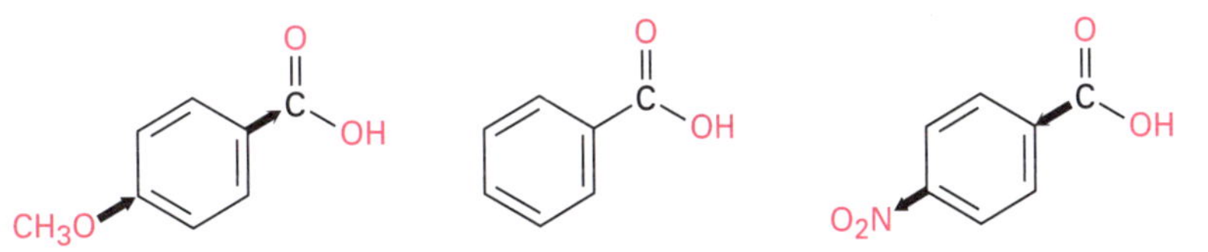

Ácido *p*-metoxibenzoico (pK_a = 4,46) — **Ácido benzoico (pK_a = 4,19)** — **Ácido *p*-nitrobenzoico (pK_a = 3,41)**

Acidez →

Como é muito mais fácil medir a acidez de um ácido benzoico substituído que determinar a reatividade relativa de um anel aromático na substituição eletrofílica, a correlação entre os dois efeitos é importante para prever a reatividade. Se quisermos conhecer o efeito de um determinado substituinte na reatividade eletrofílica, podemos simplesmente encontrar a acidez do ácido benzoico correspondente. O Problema para Praticar 20.1 dá um exemplo.

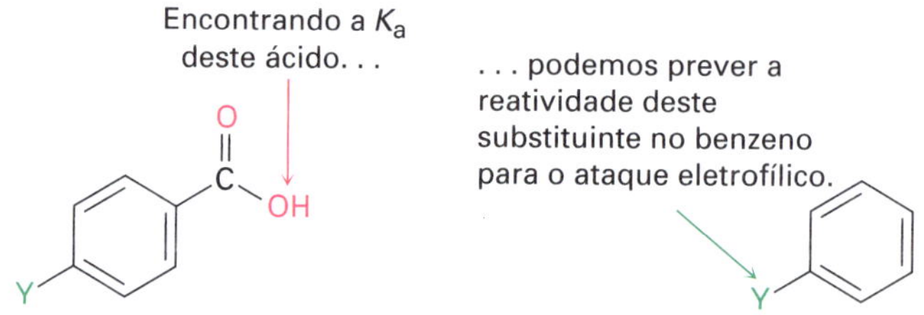

Problemas para praticar 20.1

Prevendo o efeito de um substituinte na reatividade de um anel aromático na substituição eletrofílica

O pK_a do ácido *p*-(trifluorometil)benzoico é 3,6. O substituinte trifluorometila é um grupo ativador ou desativador na substituição eletrofílica aromática?

Estratégia Decida se o ácido *p*-(trifluorometil)benzoico é mais forte ou mais fraco que o ácido benzoico. Um substituinte que aumenta a acidez é um grupo desativador porque retira elétrons, e um substituinte que enfraquece o ácido é um grupo ativador, uma vez que doa elétrons.

Solução Um pK_a de 3,6 significa que *p*-(trifluorometil)benzoico é mais ácido que o ácido benzoico, cujo pK_a é 4,19. Assim, o substituinte trifluorometila favorece a dissociação ajudando a estabilizar a carga negativa. A trifluorometila deve, portanto, ser um grupo desativador retirador de elétrons.

PROBLEMA 20.6 Qual ácido você esperaria ser mais forte: o ácido láctico, encontrado nos músculos cansados, ou o ácido acético? Explique.

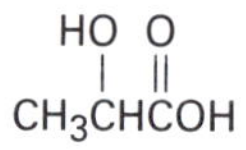

Ácido láctico

PROBLEMA 20.7 Os ácidos dicarboxílicos possuem duas constantes de dissociação, uma para a dissociação inicial em monoânion e uma para a segunda dissociação em um diânion. Para o acido oxálico, HO_2C-CO_2H, a primeira constante de ionização é $pK_{a1} = 1{,}2$ e a segunda constante de ionização é $pK_{a2} = 4{,}2$. Por que o segundo grupo carboxila é muito menos ácido que o primeiro?

PROBLEMA 20.8 O pK_a do ácido *p*-ciclopropilbenzoico é de 4,45. É mais provável que o ciclopropilbenzeno seja mais reativo ou menos reativo que o benzeno na bromação eletrofílica? Explique.

PROBLEMA 20.9 Arranje os seguintes compostos em ordem crescente de acidez. Não recorra a uma tabela de dados de pK_a para ajudá-lo nas respostas.

(a) Ácido benzoico, ácido *p*-metilbenzoico, ácido *p*-clorobenzoico

(b) Ácido *p*-nitrobenzoico, ácido acético, ácido benzoico

20.5 Preparação de ácidos carboxílicos

Vamos revisar rapidamente alguns dos métodos para preparar os ácidos carboxílicos que vimos nos capítulos anteriores:

- A oxidação com $KMnO_4$ ou $Na_2Cr_2O_7$ de um alquilbenzeno substituído produz um ácido benzoico substituído (**Seção 16.8**). Os grupos alquila, tanto primários quanto secundários, podem ser oxidados, mas os grupos terciários não são afetados.

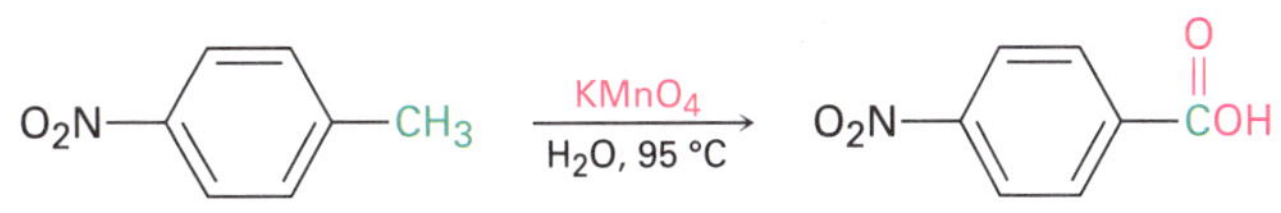

***p*-nitrotolueno** **Ácido *p*-nitrobenzoico (88%)**

- A oxidação de um álcool primário ou um aldeído produz um ácido carboxílico (**Seções 17.7** e **19.3**). Os álcoois primários são frequentemente oxidados com CrO_3 em ácido aquoso e os aldeídos são similarmente oxidados.

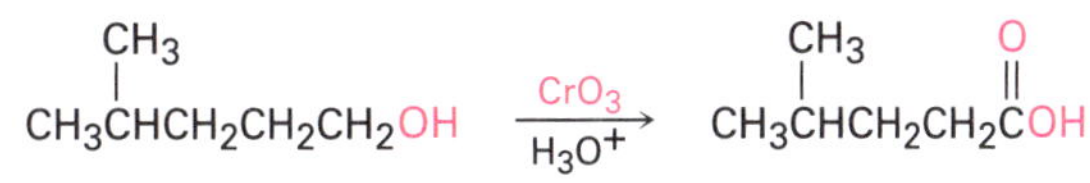

4-metil-1-pentanol **Ácido 4-metilpentanoico**

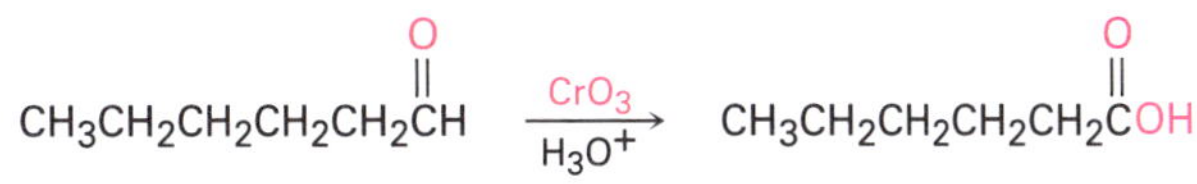

Hexanal **Ácido hexanoico**

HIDRÓLISE DE NITRILAS

Os ácidos carboxílicos podem ser preparados a partir de nitrilas com aquecimento em ácido ou base aquosa por um mecanismo que discutiremos na **Seção 20.7**. Como as nitrilas em si são normalmente preparados por reação S_N2 de um haleto de alquila primário ou secundário com CN^-, a sequência em duas etapas de deslocamento de cianeto, seguida pela hidrólise da nitrila, é uma boa maneira para preparar um ácido carboxílico a partir de um haleto de alquila ($RBr \rightarrow RC{\equiv}N \rightarrow RCO_2H$). Observe que o produto ácido tem um carbono a mais que o haleto de alquila de partida. Um exemplo ocorre em uma rota comercial para a síntese do ibuprofeno, medicamento anti-inflamatório não esteroidal. **(Veja o *Algo Extra* do Capítulo 15.**)

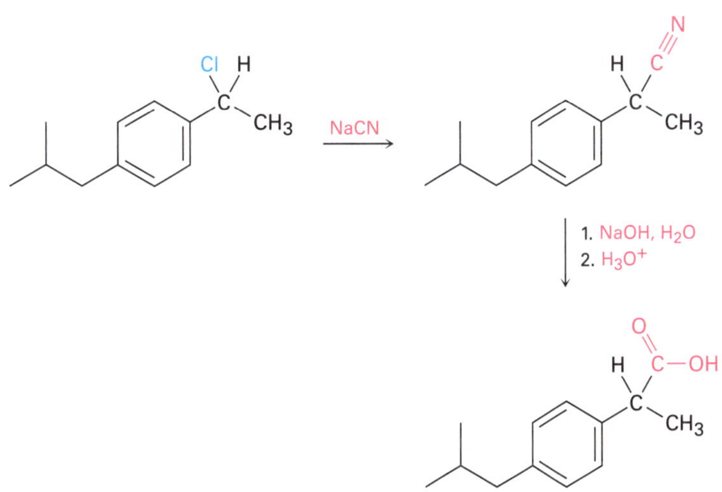

Ibuprofeno

CARBOXILAÇÃO DE REAGENTES DE GRIGNARD

Outro método para se preparar ácidos carboxílicos é pela reação de um reagente de Grignard com CO_2, para formar um carboxilato metálico, seguida pela protonação para gerar o ácido carboxílico. Essa **carboxilação** geralmente é executada borbulhando-se um fluxo de gás CO_2 seco por uma solução de reagente de Grignard. O haleto de organomagnésio adiciona-se a uma ligação de dióxido de carbono C=O em uma reação típica de adição nucleofílica de carbonila, e a protonação do carboxilato por adição de HCl aquoso em uma etapa separada então fornece o ácido carboxílico livre. Por exemplo:

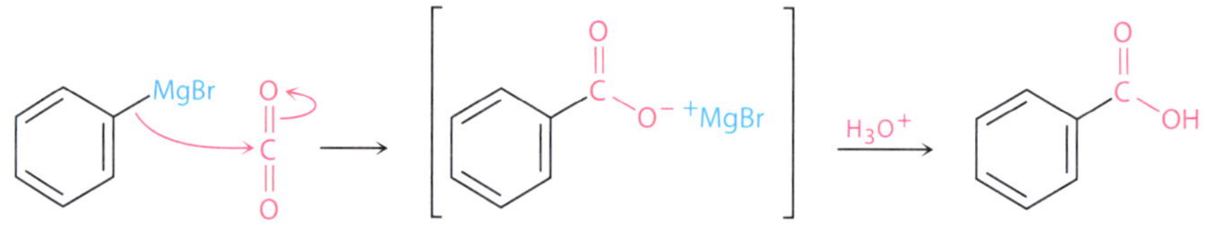

Brometo de fenilmagnésio **Ácido benzoico**

Como observado anteriormente, não existem reagentes de Grignard dentro das células vivas, mas existem outros tipos de carbânions estabilizados, que muitas vezes são carboxilados. Uma das etapas iniciais na biossíntese de ácidos graxos, por exemplo, envolve a formação de um carbânion a partir da acetil-CoA, seguida por carboxilação, para produzir malonil-CoA.

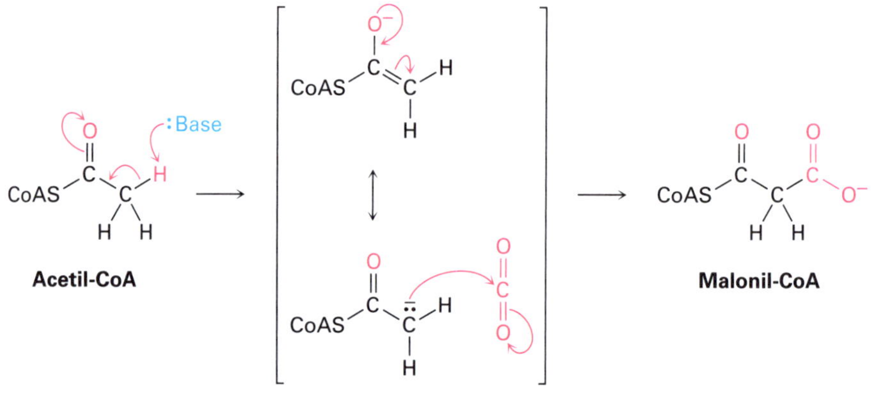

Acetil-CoA **Malonil-CoA**

PROBLEMAS PARA PRATICAR 20.2

Planejando uma rota de síntese para um ácido carboxílico

Como você prepararia o ácido fenilacético ($PhCH_2CO_2H$) a partir do brometo de benzila ($PhCH_2Br$)?

Estratégia Vimos dois métodos para a preparação de ácidos carboxílicos a partir de haletos de alquila: (1) deslocamento do íon cianeto seguido por hidrólise e (2) formação de um reagente de Grignard seguida pela carboxilação. O primeiro método envolve uma reação S_N2 e é, portanto, limitado para usar com os haletos de alquila primários e alguns secundários. O segundo método envolve a formação de um reagente de Grignard e é, consequentemente, limitado para utilizar com os haletos orgânicos que não possuem hidrogênios ácidos ou os grupos funcionais reativos em outros locais na molécula. Neste exemplo, qualquer método funcionaria bem.

Solução

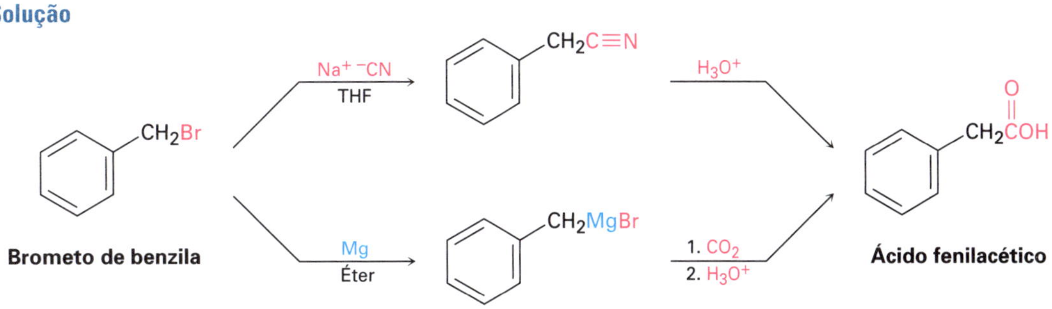

PROBLEMA 20.10 Como você prepararia cada um dos seguintes ácidos carboxílicos?

(a) $(CH_3)_3CCO_2H$ a partir do $(CH_3)_3CCl$

(b) $CH_3CH_2CH_2CO_2H$ a partir do $CH_3CH_2CH_2Br$

20.6 Reações de ácidos carboxílicos: visão geral

Comentamos inicialmente, neste capítulo, que os ácidos carboxílicos são similares em alguns aspectos tanto aos álcoois quanto às cetonas. Assim como os álcoois, os ácidos carboxílicos podem ser desprotonados para gerar ânions, os quais são bons nucleófilos em reações S_N2. Como as cetonas, os ácidos carboxílicos sofrem adição de nucleófilos ao grupo carbonila. No entanto, ácidos carboxílicos também passam por outras reações que não são características nem dos álcoois nem das cetonas. A **Figura 20.2** apresenta algumas das reações gerais de ácidos carboxílicos.

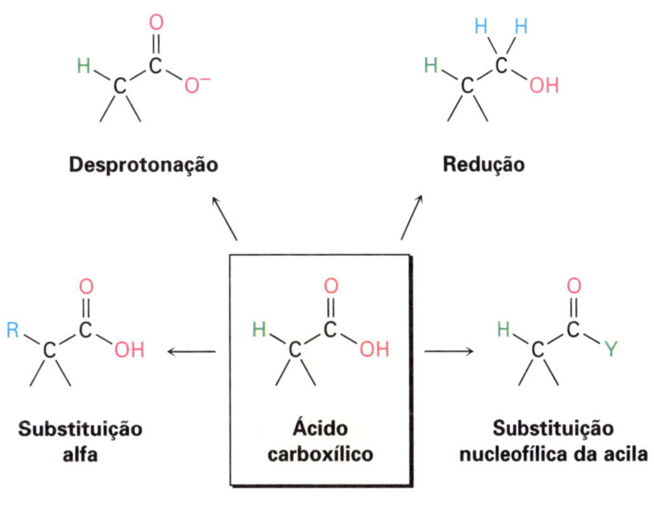

Figura 20.2 Algumas reações gerais dos ácidos carboxílicos.

As reações de ácidos carboxílicos podem ser agrupadas em quatro categorias indicadas na **Figura 20.2**. Das quatro, já discutimos o comportamento ácido de ácidos carboxílicos nas **Seções 20.2** até a **20.4** e mencionamos a redução por tratamento do ácido com $LiAlH_4$ na **Seção 17.4**. As duas categorias remanescentes são exemplos de mecanismos de reação fundamentais do grupo carbonila – substituição nucleofílica de acila e substituição α –, que abordaremos detalhadamente nos **Capítulos 21** e **22**.

PROBLEMA 20.11 Como você prepararia o 2-feniletanol a partir de brometo de benzila? Mais de uma etapa pode ser necessária.

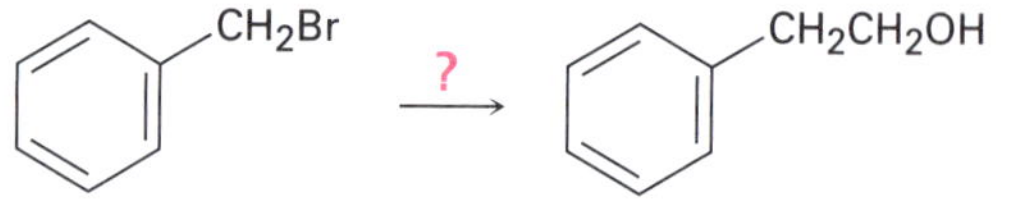

PROBLEMA 20.12 Como você executaria a seguinte transformação? Mais de uma etapa pode ser necessária.

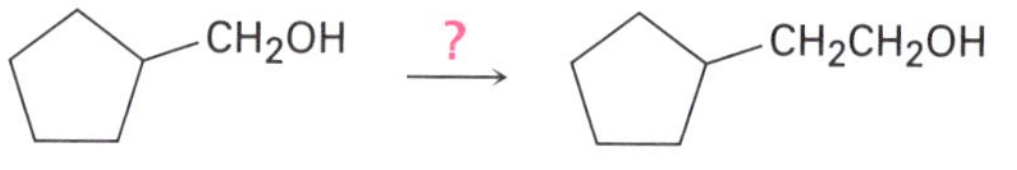

20.7 Química das nitrilas

As nitrilas são análogas aos ácidos carboxílicos no sentido de que, em ambos, o átomo de carbono faz três ligações com um átomo eletronegativo e os dois contêm uma ligação π. Assim, algumas reações de nitrilas e ácidos carboxílicos são similares. Por exemplo, ambos os tipos de compostos são eletrófilos e sofrem reações de adição nucleofílica.

Uma nitrila – três ligações com átomo de nitrogênio **Um ácido – três ligações com dois átomos de oxigênio**

Nitrilas ocorrem com pouca frequência nos organismos vivos, embora várias centenas de exemplos sejam conhecidos. A cianociclina A, por exemplo, foi isolada da bactéria *Streptomyces lavendulae* e descobriu-se que ela possui atividade tanto antimicrobial quanto antitumoral. Além disso, são conhecidos mais de 1.000 compostos chamados de *glicosídeos cianogênicos*. Derivados principalmente de plantas, os glicosídeos cianogênicos contêm um açúcar com um carbono acetal, um oxigênio que está ligado a um carbono contendo nitrila (açúcar −O−C−CN). Na hidrólise com ácido aquoso, o acetal é quebrado (**Seção 19.10**), gerando uma cianidrina (HO−C−CN), que libera cianeto de hidrogênio. Acredita-se que a função principal dos glicosídeos cianogênicos seja a de proteger a planta por meio do envenenamento de qualquer animal tolo o suficiente para comê-la. A lotaustralina encontrada na mandioca-brava é um exemplo.

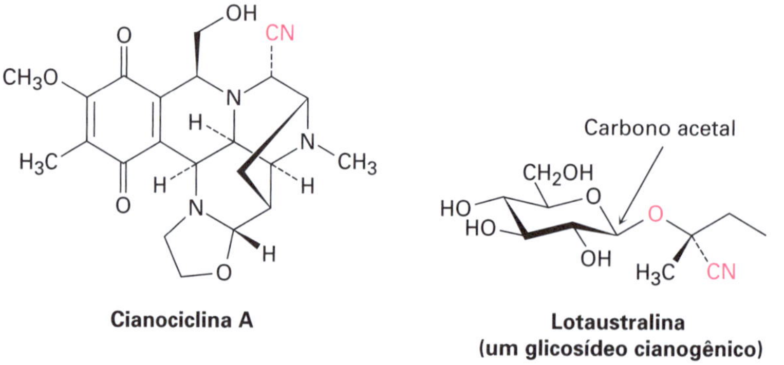

Cianociclina A **Lotaustralina (um glicosídeo cianogênico)**

PREPARAÇÃO DE NITRILAS

O método mais simples de preparação de nitrilas é a reação S_N2 de CN^- com um haleto de alquila primário ou secundário, como discutido na **Seção 20.5**. Um outro método para preparar nitrilas é pela desidratação de uma amida primária, $RCONH_2$. O cloreto de tionila é frequentemente usado para a reação, embora outros agentes desidratantes, como o $POCl_3$, também funcionem.

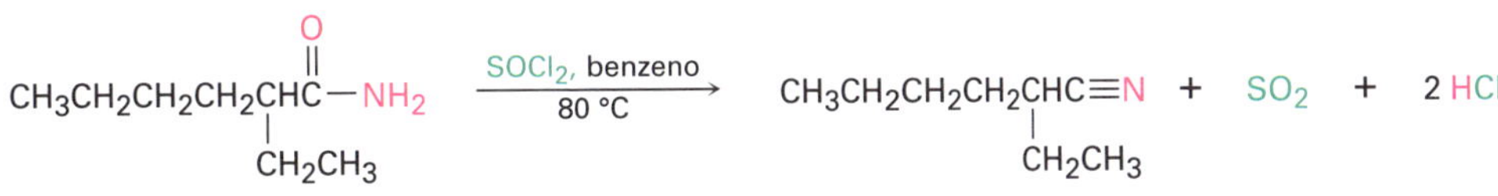

2-etilhexanamida **2-etilhexanonitrila (94%)**

A desidratação ocorre pela reação inicial do $SOCl_2$ no átomo de oxigênio da amida nucleofílica, seguida pela desprotonação e uma subsequente reação semelhante a uma eliminação E2.

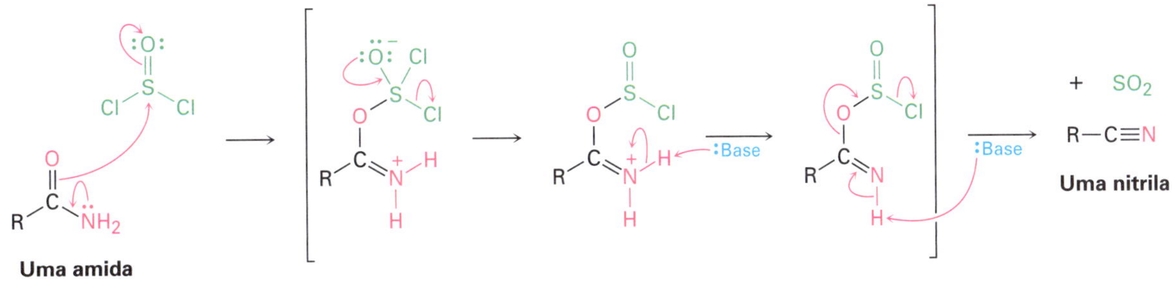

Ambos os métodos de síntese de nitrila – deslocamento S_N2 pelo CN^- em haleto de alquila e desidratação da amida – são úteis, mas a síntese a partir das amidas é mais comum porque não é limitada pelo impedimento estérico.

REAÇÕES DE NITRILAS

Assim como o grupo carbonila, um grupo nitrila é fortemente polarizado e tem um átomo de carbono eletrofílico. As nitrilas são, portanto, atacadas pelo nucleófilo para produzir ânions imina, com hibridização sp^2, em uma reação análoga à formação de um íon alcóxido, com hibridização sp^3, pela adição nucleofílica a um grupo carbonila.

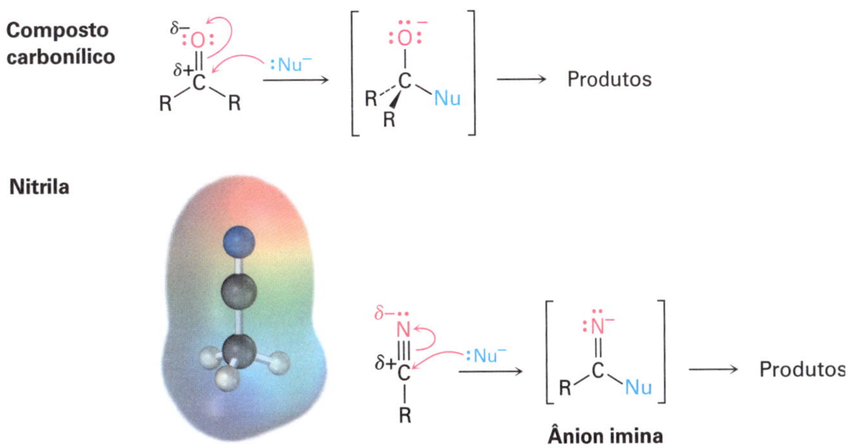

Algumas reações gerais de nitrilas são mostradas na **Figura 20.3**.

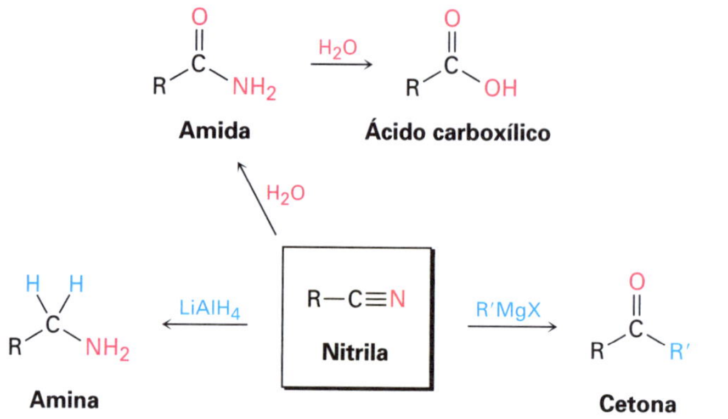

Figura 20.3 Algumas reações de nitrilas.

Hidrólise: conversão de nitrilas em ácidos carboxílicos Entre as reações mais úteis das nitrilas está a hidrólise para se obter primeiro uma amida e, em seguida, um ácido carboxílico, mais amônia ou uma amina. A reação ocorre em uma solução aquosa básica ou ácida:

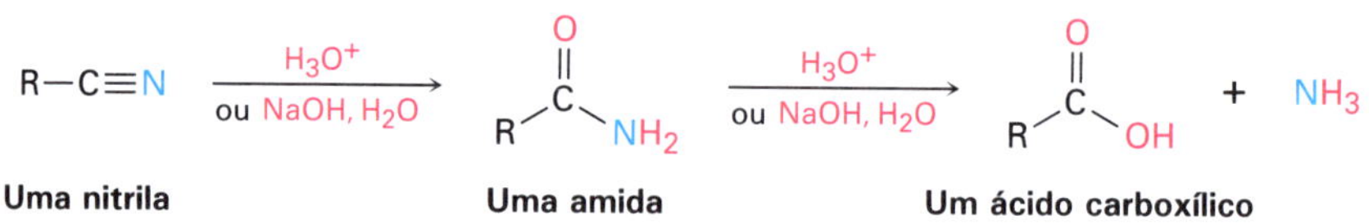

Como mostrado na **Figura 20.4**, a hidrólise da nitrila catalisada por base envolve a adição nucleófila do íon hidróxido à ligação C≡N polar para

Figura 20.4 O mecanismo para a hidrólise básica de uma nitrila para produzir uma amida, que é então hidrolisada ainda mais para um ânion de ácido carboxílico.

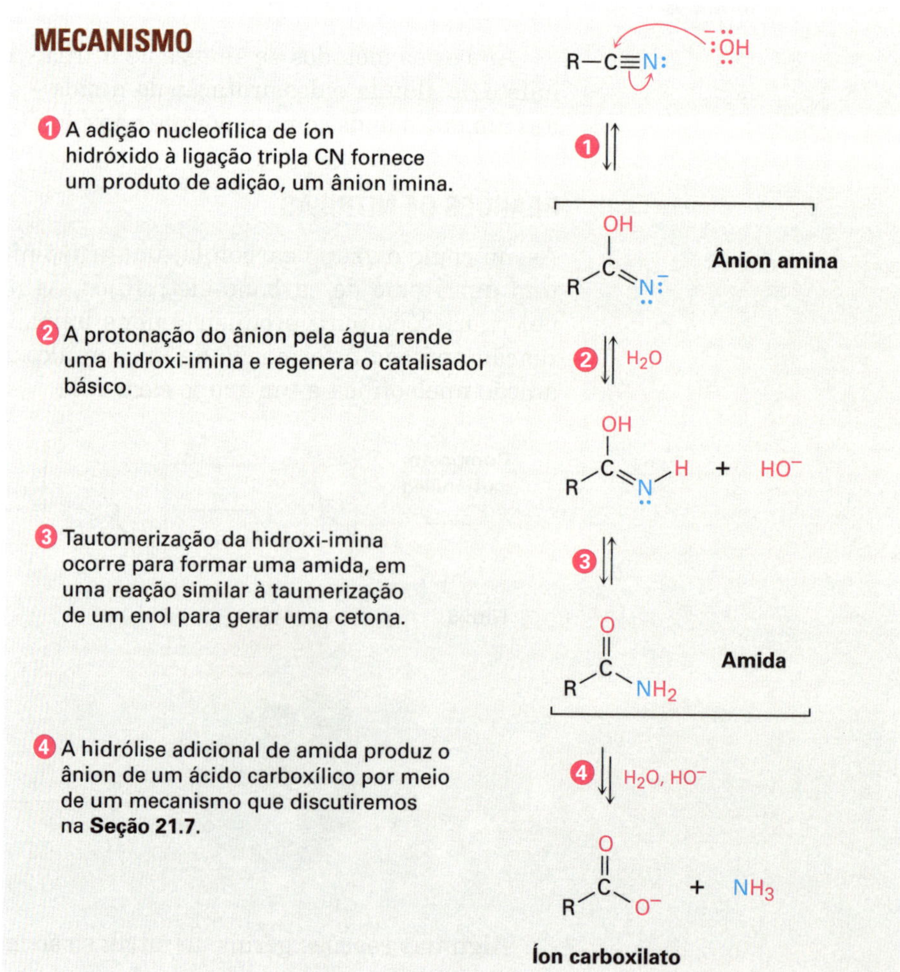

se obter um ânion imina, em um processo semelhante à adição nucleofílica a uma ligação C=O polar para produzir um ânion alcóxido. A protonação, em seguida, dá uma hidroxi-imina, que tautomeriza (**Seção 9.4**) para uma amida, em uma etapa semelhante à tautomerização de um enol para uma cetona. Uma hidrólise adicional fornece um íon carboxilato.

A hidrólise adicional da amida intermediária ocorre por uma adição nucleofílica do íon hidróxido ao grupo carbonila da amida, o que produz um íon alcóxido tetraédrico. A expulsão do íon amida, NH_2^-, como grupo abandonador, fornece o íon carboxilato, conduzindo desse modo a reação na direção dos produtos. A subsequente acidificação em uma etapa separada fornece o ácido carboxílico. Veremos esse processo em mais detalhes na **Seção 21.7**.

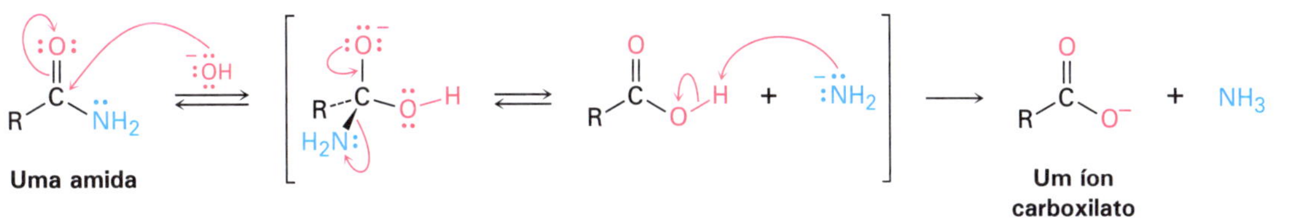

Redução: conversão de nitrilas em aminas A redução de uma nitrila com o $LiAlH_4$ gera uma amina primária, RNH_2. A reação ocorre pela adição nucleofílica de íon hidreto à ligação polar C≡N, produzindo um ânion imina, o qual ainda contém uma ligação C=N e, portanto, sofre uma segunda adição nucleofílica de hidreto para gerar um *diânion*. Tanto o monoânion quanto o diânion intermediários são indubitavelmente estabilizados por complexação ácido-base de Lewis a uma espécie de alumínio, facilitando a segunda adição que de outra forma seria difícil. A protonação do diânion pela adição de água em uma etapa subsequente gera uma amina.

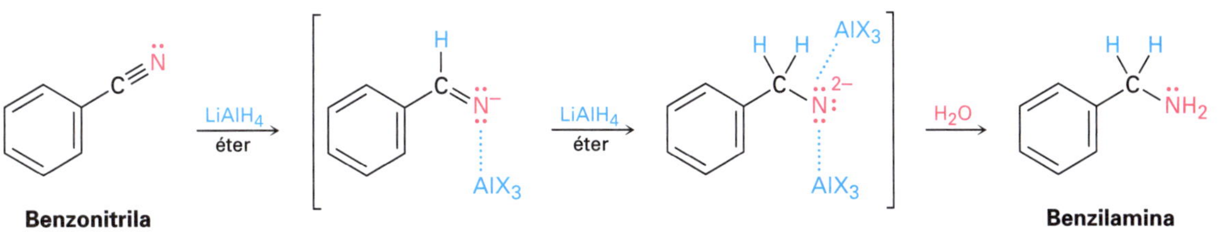

Reação de nitrilas com reagentes de Grignard Os reagentes de Grignard adicionam-se a uma nitrila para produzir um ânion imina intermediário, que é hidrolisado pela adição de água para produzir uma cetona. O mecanismo da hidrólise é o inverso exato da formação da imina (**Figura 19.6**).

Esta reação é semelhante à de redução de uma nitrila a uma amina, exceto que somente uma adição nucleofílica ocorre, em vez de duas, e o nucleófilo atacante é um carbânion (R:⁻) em vez de um íon hidreto. Por exemplo:

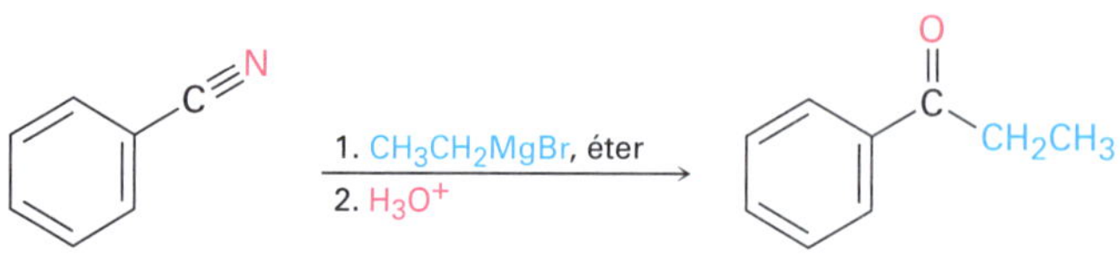

Benzonitrila

Propiofenona (89%)

PROBLEMAS PARA PRATICAR 20.3

Sintetizando uma cetona a partir de uma nitrila

Como você prepararia a 2-metil-3-pentanona a partir de uma nitrila?

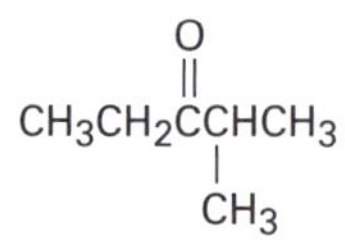

2-metil-3-pentanona

Estratégia Uma cetona resulta da reação entre o reagente de Grignard e uma nitrila, com o carbono C≡N da nitrila tornando-se o carbono da carbonila. Identifique os dois grupos ligados ao átomo de carbono da carbonila no produto. Um deles virá do reagente de Grignard e o outro, da nitrila.

Solução Existem duas possibilidades:

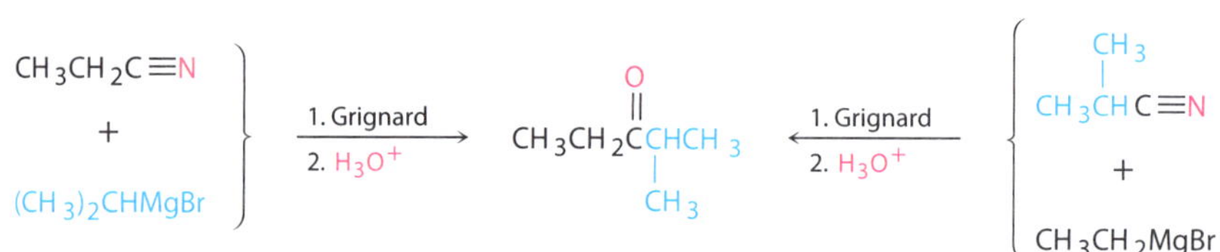

2-metil-3-pentanona

PROBLEMA 20.13 Como você prepararia cada um dos compostos de carbonila a partir de uma nitrila?

(a)

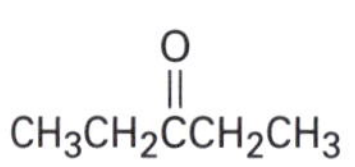

(b)

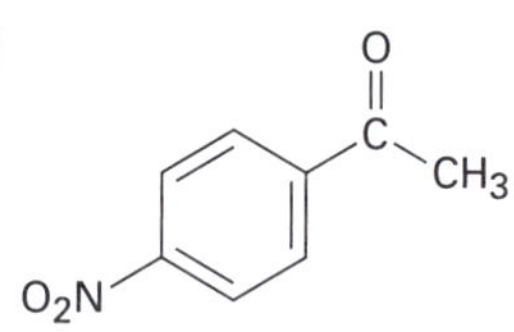

PROBLEMA 20.14 Como você prepararia a 1-fenil-2-butanona, $C_6H_5CH_2COCH_2CH_3$, a partir do brometo de benzila, $C_6H_5CH_2Br$? Mais de uma etapa pode ser necessária.

20.8 Espectroscopia de ácidos carboxílicos e nitrilas

ESPECTROSCOPIA NA REGIÃO DO INFRAVERMELHO

Os ácidos carboxílicos têm duas absorções características no IV que torna o grupo $-CO_2H$ facilmente identificado. A ligação O−H do grupo carboxila origina uma absorção muito larga na faixa de 2.500 a 3.300 cm^{-1}. A ligação C=O mostra uma absorção entre 1.710 e 1.760 cm^{-1}. A posição exata da absorção C=O depende tanto da estrutura da molécula quanto se o ácido está livre (monomérico) ou unido por ligação de hidrogênio (dimérico). Os grupos carboxila absorvem em 1.760 cm^{-1}, porém os mais normalmente encontrados, grupos carboxila diméricos, absorvem em uma banda larga centrada em torno de 1.710 cm^{-1}. Como com outros grupos funcionais que contêm carbonila, a conjugação com um anel benzênico ou alceno reduz a frequência de estiramento C=O de 20 a 30 cm^{-1}.

Carboxila livre (incomum), 1.760 cm^{-1}

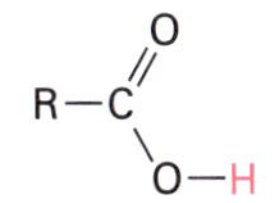

Carboxila associada (usual), 1.710 cm^{-1}

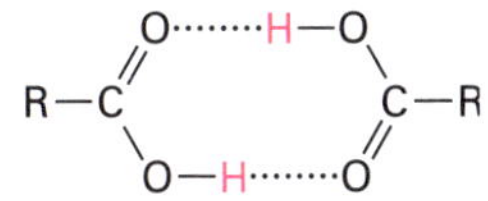

Ambas, a absorção larga do O–H e a absorção do C=O em 1.710 cm^{-1} (dimérico), estão identificadas no espectro no IV do ácido butanoico, apresentado na **Figura 20.5**.

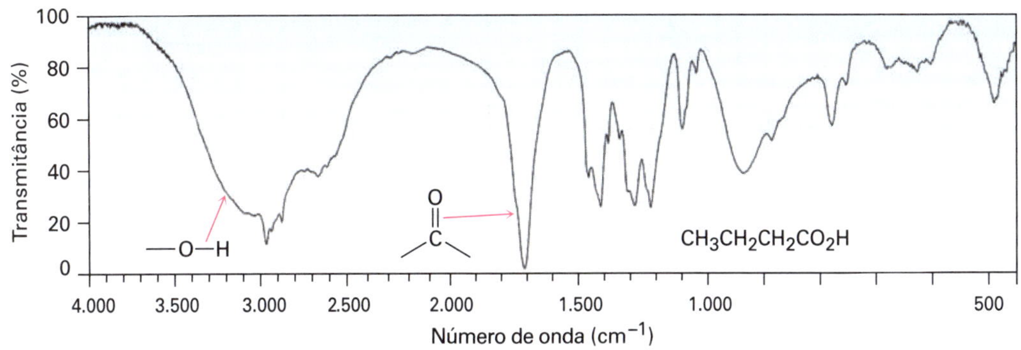

Figura 20.5 Espectro no IV do ácido butanoico, $CH_3CH_2CH_2CO_2H$.

As nitrilas revelam uma intensa e facilmente reconhecida absorção da ligação C≡N próxima de 2.250 cm^{-1} para os compostos saturados e de 2.230 cm^{-1} para as moléculas aromáticas e conjugadas. Poucos outros grupos funcionais absorvem nessa região, de modo que a espectroscopia no IV é diagnóstica para nitrilas.

PROBLEMA 20.15 O ácido ciclopentanocarboxílico e a 4-hidroxiciclohexanona têm a mesma fórmula ($C_6H_{10}O_2$) e ambos contêm um grupo –OH e um C=O. Como você os distinguiria pela espectroscopia no IV?

ESPECTROSCOPIA DE RESSONÂNCIA MAGNÉTICA NUCLEAR

Os átomos de carbono de carboxilas absorvem na faixa de 165 a 185δ no espectro de RMN de ^{13}C, com os aromáticos e os ácidos α, β-insaturados próximos à extremidade de campo alto da faixa (~165δ) e os ácidos alifáticos saturados próximos à extremidade de campo baixo (~185δ). Os carbonos da nitrila absorvem na faixa de 115 a 130δ.

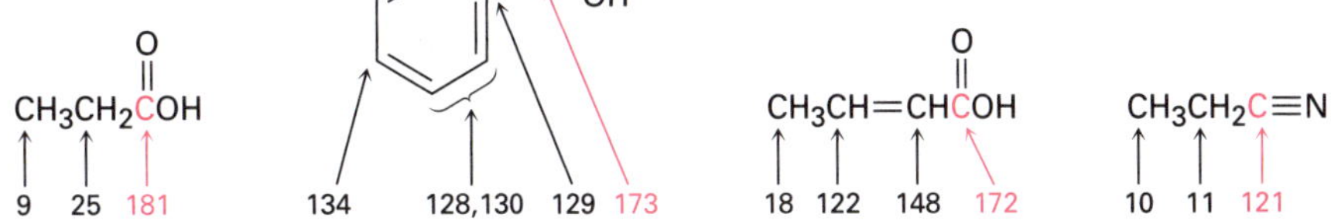

No espectro de RMN de ^1H, os hidrogênios ácidos do $-CO_2H$ normalmente absorvem como um simpleto próximo de 12δ. O deslocamento químico do hidrogênio da carboxila é dependente da concentração e do solvente, uma vez que estas variáveis podem alterar a extensão da ligação de hidrogênio na amostra. Em alguns casos, a ressonância dos hidrogênios da carboxila é ampliada até o ponto de quase não ser detectável. Vestígios de água na amostra podem agravar a situação. Como com os álcoois (**Seção 17.11**), o hidrogênio $-CO_2H$ pode ser substituído por deutério, quando D_2O é adicionado ao tubo da amostra, fazendo com que a absorção desapareça do espectro de RMN. A **Figura 20.6** mostra o espectro de RMN de ^1H do ácido fenilacético. Observe que a absorção do hidrogênio da carboxila ocorre em 12,0δ.

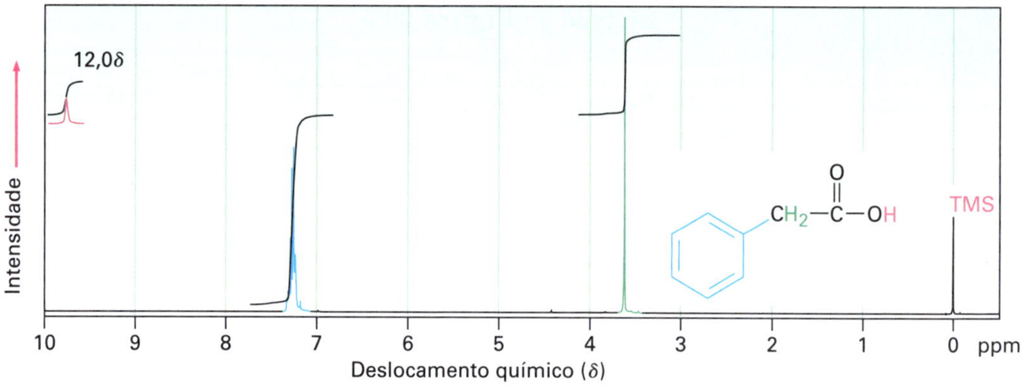

Figura 20.6 Espectro de RMN de hidrogênio do ácido fenilacético, $C_6H_5CH_2CO_2H$.

PROBLEMA 20.16 Como você distinguiria entre os isômeros ácido ciclopentanocarboxílico e a 4-hidroxiciclohexanona pela espectroscopia de RMN de ^1H e de ^{13}C? (Veja o Problema 20.15.)

Algo extra

Vitamina C

Underwood & Underwood/Library of Congress Prints and Photographs Division [LC-USZ62-17179]

Além dos perigos climáticos, os participantes das primeiras expedições polares frequentemente sofriam de escorbuto, causado por uma deficiência de vitamina C na dieta.

A palavra *vitamina*, apesar do uso comum, é na verdade um termo impreciso. De modo geral, vitamina é uma substância orgânica que um dado organismo requer em pequenas quantidades para viver e crescer, mas é incapaz de sintetizar e deve obter na sua dieta. Assim, para ser considerada vitamina, apenas uma pequena quantidade da substância é necessária – algo como alguns microgramas até 100 mg ou mais por dia. Substâncias alimentares necessárias em maior quantidade, como alguns aminoácidos e gorduras insaturadas, não são consideradas vitaminas.

Além disso, diferentes organismos precisam de diferentes vitaminas. Mais de 4.000 espécies de mamíferos podem sintetizar o ácido ascórbico em seus corpos, por exemplo, mas os seres humanos não estão entre eles. O ácido ascórbico é, portanto, uma vitamina humana – que todos nós conhecemos como vitamina C – e deve ser fornecida por nossa dieta. Pequenas quan-

(continua)

(continuação)

tidades de mais de uma dezena de outras substâncias são da mesma forma necessárias pelos seres humanos: retinol (vitamina A), tiamina (vitamina B1) e tocoferol (vitamina E), por exemplo.

A vitamina C certamente é a mais conhecida de todas as vitaminas humanas. Ela foi a primeira a ser descoberta (1928), a primeira a ser estruturalmente caracterizada (1933) e a primeira a ser sintetizada em laboratório (1933). Mais de 110.000 toneladas métricas de vitamina C são sintetizadas no mundo a cada ano, mais que o montante total de todas as outras vitaminas combinadas. Além de seu uso como suplemento, a vitamina C é usada como um preservante de alimentos, um "melhorador de sabor" em pães e como um aditivo de alimentos de origem animal

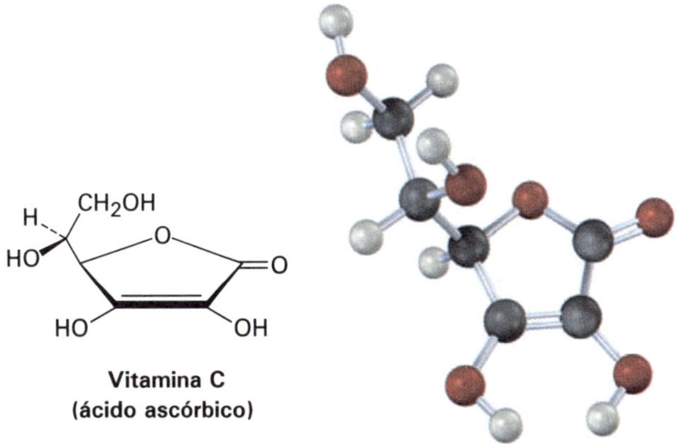

Vitamina C
(ácido ascórbico)

A vitamina C é talvez mais conhecida pelas propriedades antiescorbúticas, o que significa que impede o aparecimento de escorbuto, uma doença com sangramento, afetando quem tem deficiência de vegetais frescos e frutas cítricas na dieta. Na época das explorações, os marinheiros eram suscetíveis ao escorbuto, e o número de mortes foi alto. Vasco da Gama perdeu mais da metade da sua tripulação para a doença durante sua viagem pelo Arco da Boa Esperança, entre os anos de 1497 e 1499.

Atualmente, acredita-se que grandes doses de vitamina C ajudem a prevenir o resfriado comum, curar a infertilidade, retardar o aparecimento de sintomas da síndrome da imunodeficiência adquirida (aids) e inibir o desenvolvimento de câncer gástrico e do colo do útero. Nenhum desses fatos foram sustentados por evidências médicas, no entanto. No maior estudo já feito a respeito do efeito da vitamina C no resfriado comum, uma meta-análise de mais de 100 testes individuais feitos em uma população de 40 mil pessoas não encontrou diferenças na incidência de resfriados entre aqueles indivíduos que tomavam suplemento de vitamina C regularmente e aqueles que não tomavam. Quando tomada *durante* o resfriado, no entanto, a vitamina C parece diminuir a duração do resfriado em um dia talvez.

A preparação industrial de vitamina C envolve a mistura incomum de química orgânica biológica e de laboratório, começando com a glicose e seguindo a rota de cinco etapas mostrada na **Figura 20.7**. Glicose, um pentahidroxialdeído, é primeiramente reduzido a sorbitol, que é depois oxidado pelo microrganismo *Acetobacter suboxydans*. Não é conhecido

(continua)

(continuação)

nenhum reagente químico que seja seletivo o suficiente para oxidar apenas um dos seis grupos de álcool no sorbitol, assim uma reação enzimática é usada. O tratamento com acetona e um catalisador ácido, em seguida, converte quatro dos outros grupos hidroxila em ligações acetal e o grupo hidroxila restante é quimicamente oxidado em um ácido carboxílico por reação com NaOCl aquoso (água sanitária). A hidrólise com ácido remove os dois grupos acetal e provoca uma reação interna de formação de éster que ocorre para produzir o ácido ascórbico. Cada uma das cinco etapas ocorre com um rendimento superior a 90%.

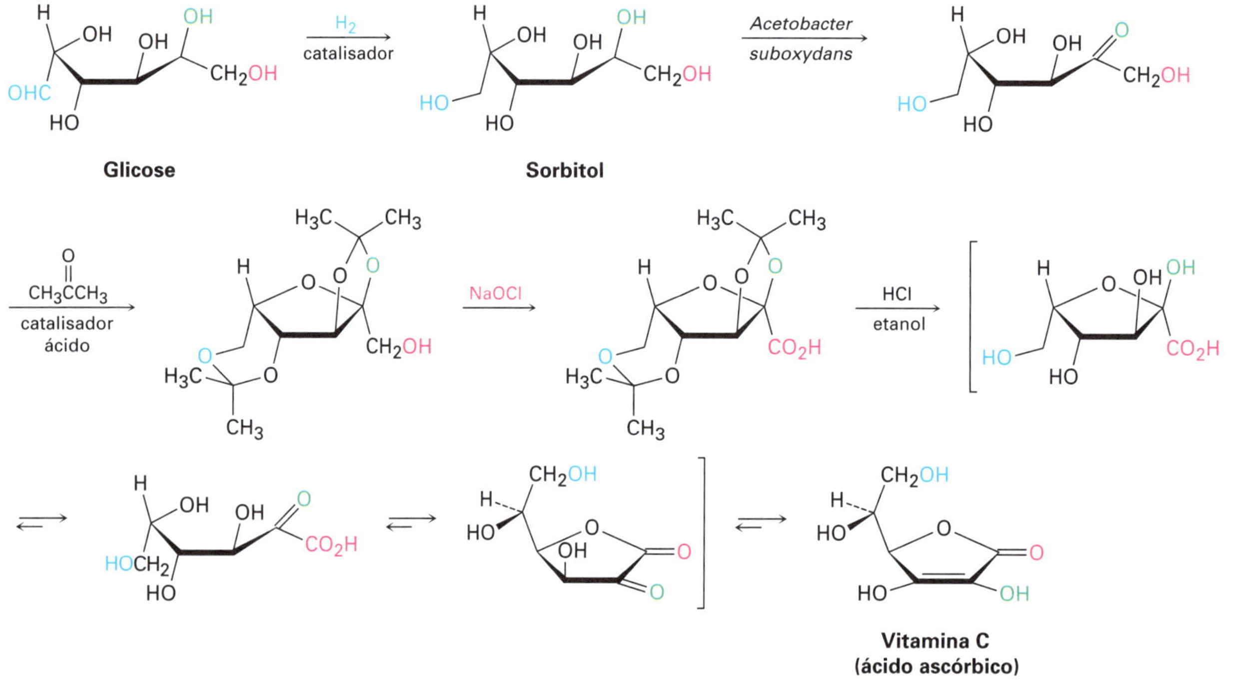

Figura 20.7 Síntese industrial do ácido ascórbico a partir da glicose.

Resumo

Palavras-chave

ácidos carboxílicos, RCO_2H, 792
carboxilação, 804
equação de Henderson--Hasselbalch, 799
grupo carboxila, 793
nitrilas, 795

Os **ácidos carboxílicos** estão entre os blocos de construção mais úteis para a síntese de outras moléculas, tanto na natureza como no laboratório. Assim, a compreensão das suas propriedades e reações é fundamental para a compreensão da bioquímica. Neste capítulo, estudamos tanto os ácidos quanto seus parentes próximos, as **nitrilas (RC≡N)**.

Os ácidos carboxílicos são nomeados sistematicamente iniciando-se pelo termo "ácido" mais o nome do alcano correspondente, substituindo *o* [sufixo] *-o* [do nome do alcano correspondente por] -oico. Da mesma forma que os aldeídos e as cetonas, o átomo de carbono do grupo carbonila tem hibridização sp^2; como os álcoois, os ácidos carboxílicos estão associados por ligações de hidrogênio e, portanto, possuem altos pontos de ebulição.

A característica distinta dos ácidos carboxílicos é sua acidez. Embora mais fracos que os ácidos minerais, como o HCl, os ácidos carboxílicos dissociam-se muito mais facilmente que os álcoois porque os íons carboxilatos resultantes são estabilizados pela ressonância entre duas formas equivalentes.

A maioria dos ácidos carboxílicos tem valores de pK_a próximos de 5, mas o pK_a exato de um determinado ácido depende da sua estrutura. Os ácidos carboxílicos substituídos com grupos retiradores de elétrons são mais ácidos (têm um pK_a menor) porque seus íons carboxilatos são estabilizados. Os ácidos carboxílicos substituídos com grupos doadores de elétrons são menos ácidos (têm um pK_a maior) porque seus íons carboxilatos são desestabilizados. A extensão da dissociação de um ácido carboxílico em uma solução tampão de um determinado pH pode ser calculada com a **equação de Henderson-Hasselbalch**. Dentro de células vivas, em que o pH fisiológico é igual a 7,3, os ácidos carboxílicos estão totalmente dissociados e existem na forma de seus ânions carboxilatos.

Os métodos de síntese para ácidos carboxílicos incluem (1) a oxidação de alquilbenzenos, (2) a oxidação de álcoois primários ou aldeídos, (3) reação de reagentes de Grignard com CO_2 (**carboxilação**), e (4) hidrólise de nitrilas. As reações gerais de ácidos carboxílicos incluem (1) a perda do próton ácido, (2) substituição nucleofílica de acila no grupo carbonila, (3) substituição no carbono α e (4) redução.

As nitrilas são similares em alguns aspectos aos ácidos carboxílicos e são preparadas por reação S_N2 de um haleto de alquila com um íon cianeto ou por desidratação de uma amida. As nitrilas sofrem adição nucleofílica na ligação polar C≡N do mesmo modo que os compostos de carbonila o fazem. As reações de nitrilas mais importantes são sua hidrólise a ácidos carboxílicos, sua redução a aminas primárias e sua reação com os reagentes de Grignard para produzir cetonas.

Os ácidos carboxílicos e as nitrilas são facilmente distinguidos espectroscopicamente. Os ácidos mostram uma absorção característica no IV em 2.500 a 3.300 cm^{-1} em razão da ligação O–H e outra em 1.710 a 1.760 cm^{-1} decorrente da ligação C=O; as nitrilas têm uma absorção em 2.250 cm^{-1}. Os ácidos também revelam absorções de RMN de ^{13}C entre 165 e 185δ e absorções de RMN de ^{1}H próximas de 12δ; as nitrilas têm uma absorção de RMN de ^{13}C na faixa de 115 a 130δ.

Resumo das reações

1. Preparação de ácidos carboxílicos (**Seção 20.5**)
   (a) Carboxilação de reagentes de Grignard

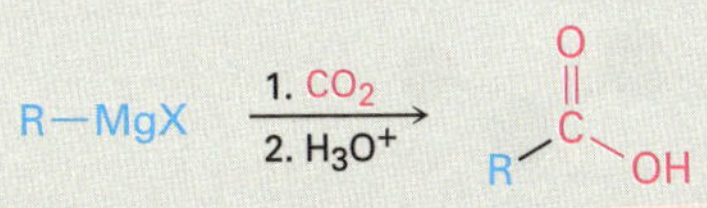

   (b) Hidrólise de nitrilas

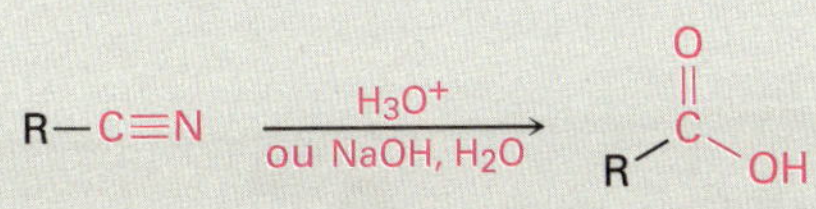

2. Preparação de nitrilas (**Seção 20.7**)
   (a) Reação S_N2 de haletos de alquila

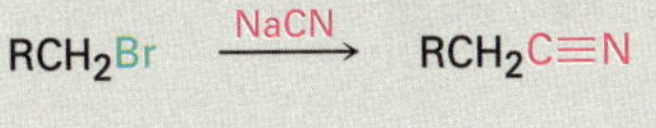

(b) Desidratação de amidas

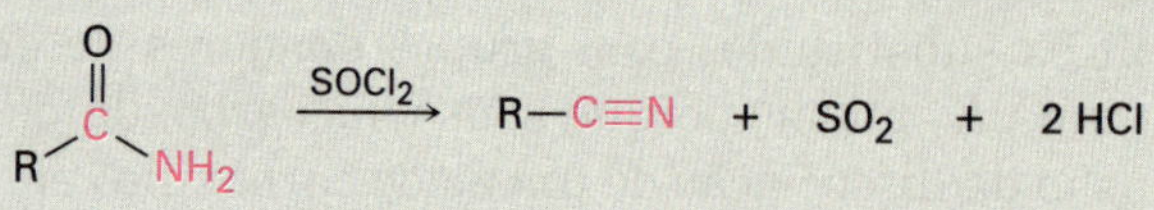

3. Reações de nitrilas (**Seção 20.7**)

(a) Hidrólise para gerar os ácidos carboxílicos

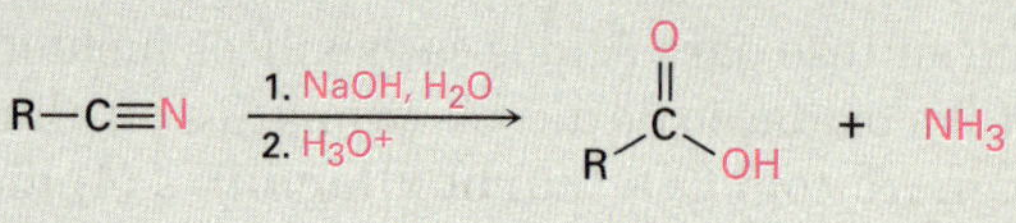

(b) Redução para gerar as aminas primárias

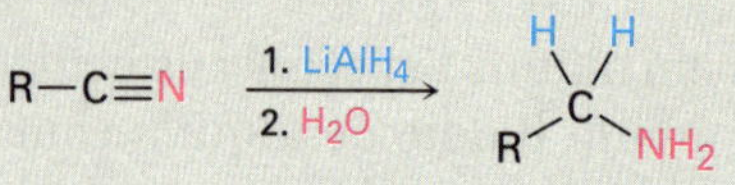

(c) Reação com reagentes de Grignard para formar as cetonas

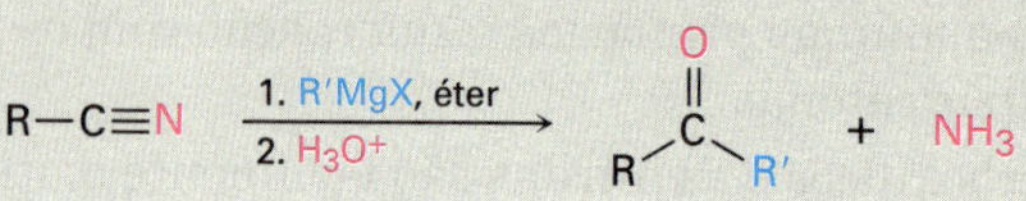

EXERCÍCIOS

Visualizando a química

(Os Problemas 20.1 a 20.16 aparecem no decorrer do capítulo.)

20.17 Dê os nomes IUPAC para os seguintes ácidos carboxílicos (marrom-avermelhado = Br):

(a)

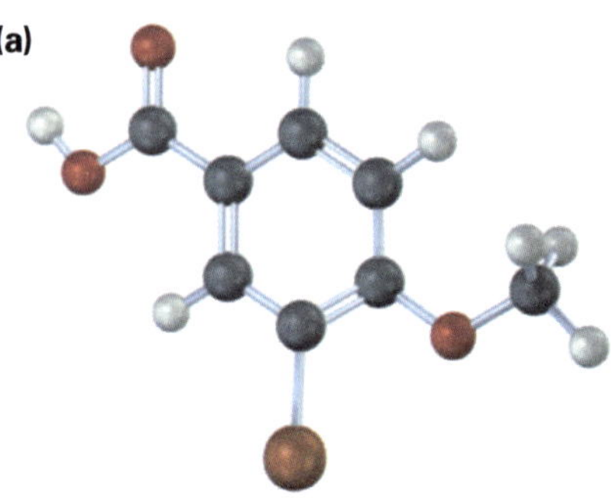

(b)

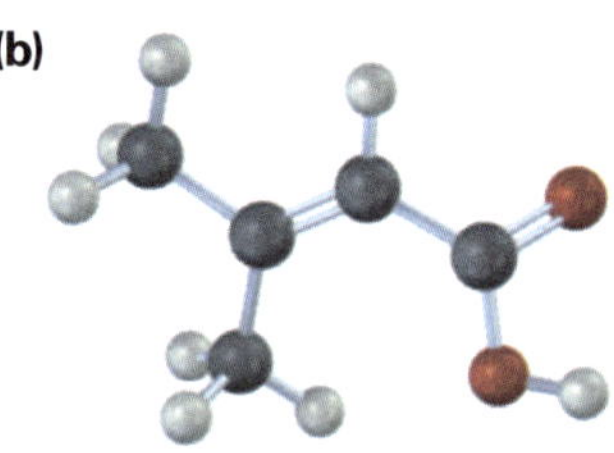

(c)

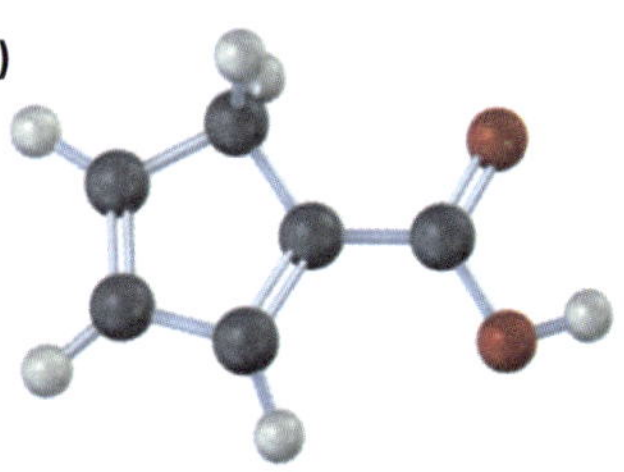

(d)

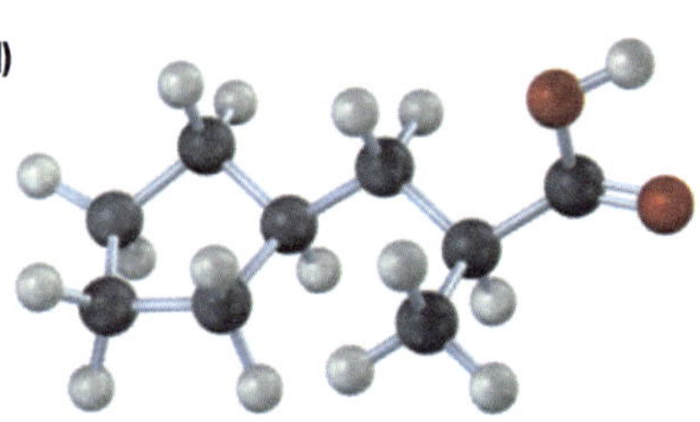

20.18 Você esperaria que os seguintes ácidos carboxílicos fossem mais ácidos ou menos ácidos que o ácido benzoico? Explique. (marrom-avermelhado = Br.)

(a)

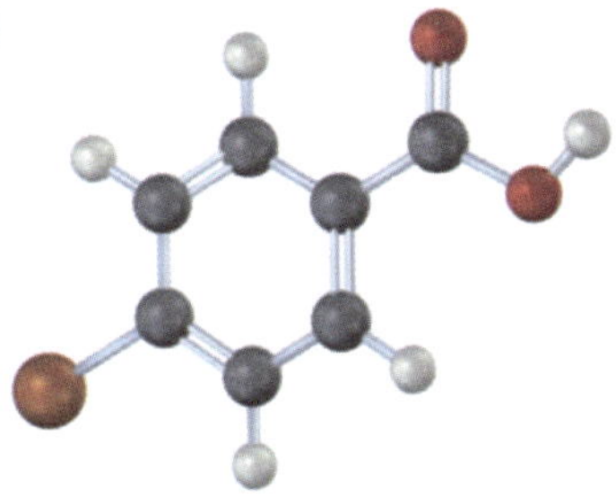

(b)

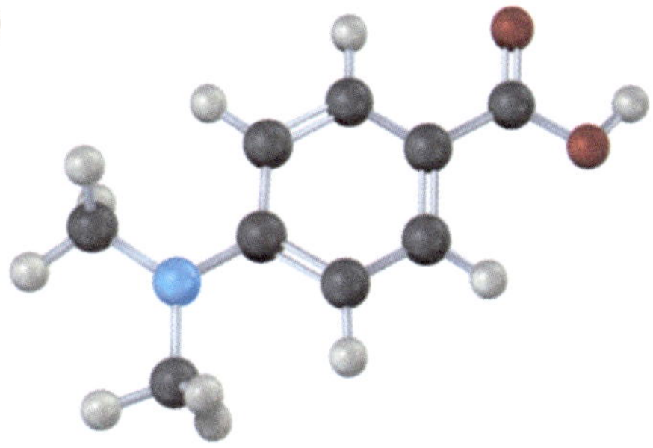

20.19 O seguinte ácido carboxílico não pode ser preparado a partir de um haleto de alquila nem pela rota de hidrólise de nitrila, nem pela rota de carboxilação de Grignard. Explique.

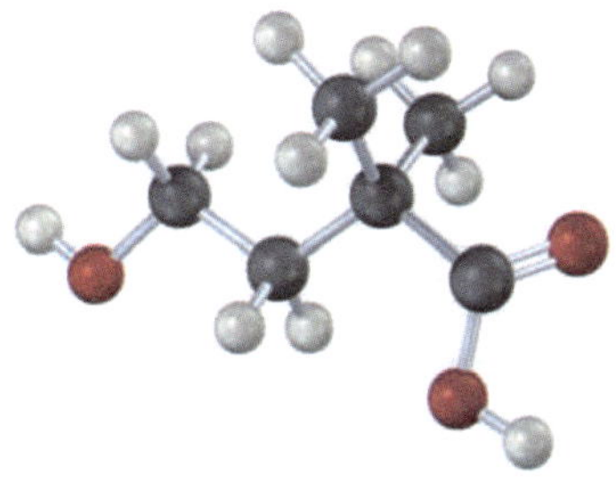

20.20 Os mapas de potencial eletrostático do anisol e do tioanisol são mostrados a seguir. Qual você imagina ser um ácido mais forte, o ácido *p*-metoxibenzoico ou ácido *p*-(metillítio)benzoico? Explique.

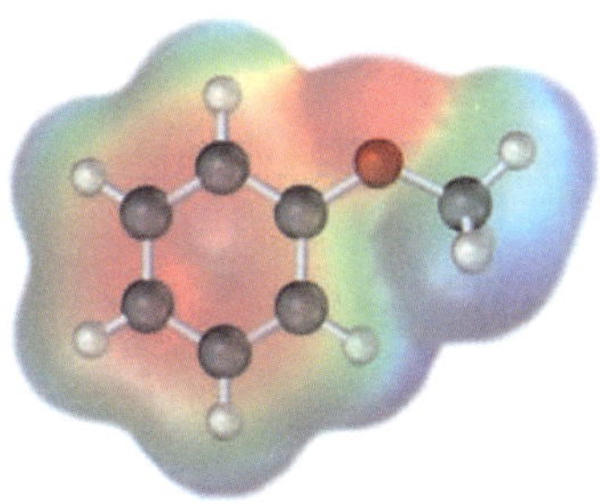

Anisol ($C_6H_5OCH_3$)

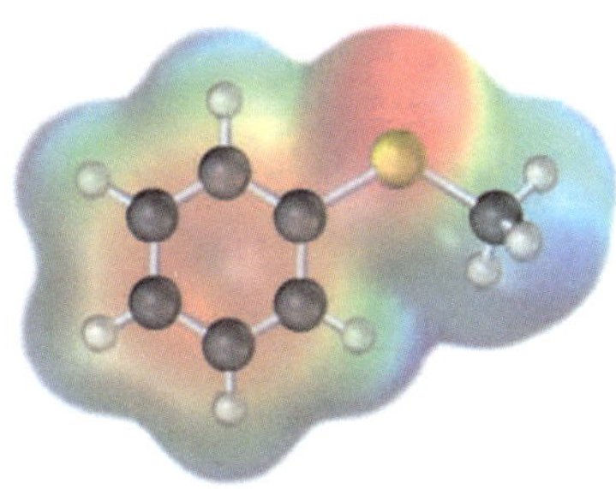

Tioanisol ($C_6H_5SCH_3$)

Problemas de mecanismo

20.21 Preveja o(s) produto(s) e forneça o mecanismo para cada reação a seguir.

(a)

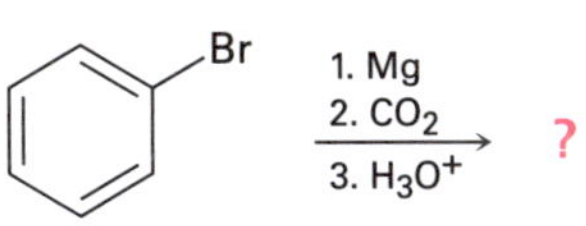

(b)

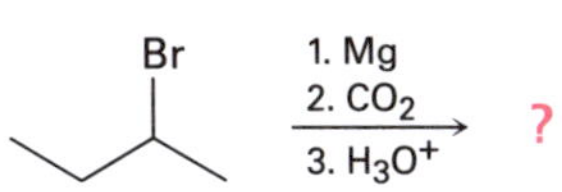

(c)

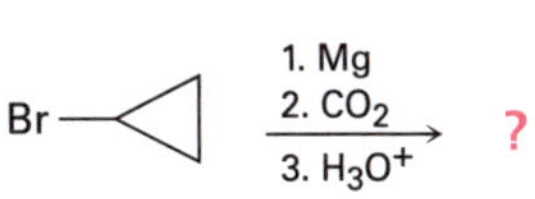

20.22 Preveja o(s) produto(s) e forneça o mecanismo para cada reação a seguir.

(a)

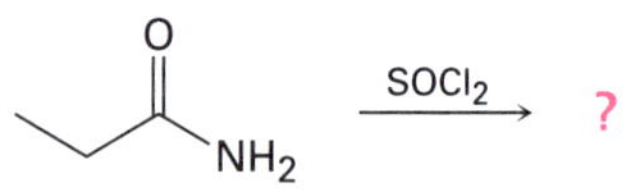

(b)

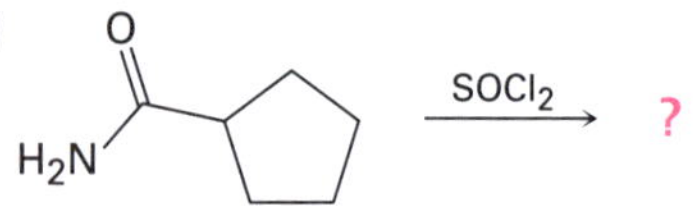

(c)

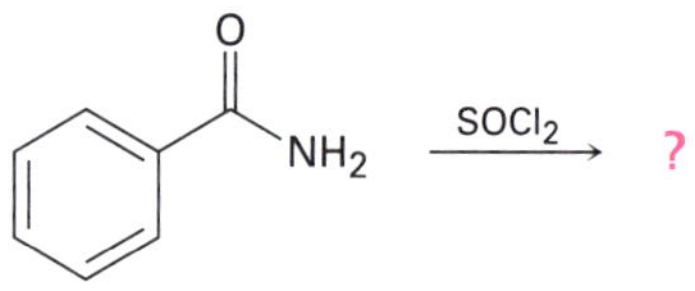

(d)

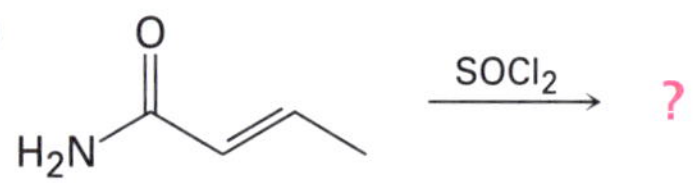

20.23 Preveja o(s) produto(s) e forneça o mecanismo para cada reação a seguir.

(a)

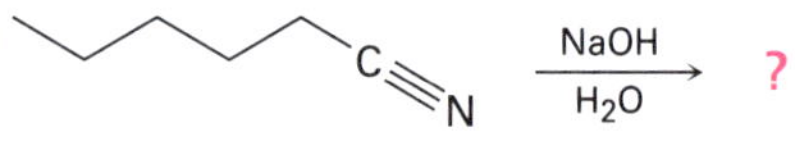

(b)

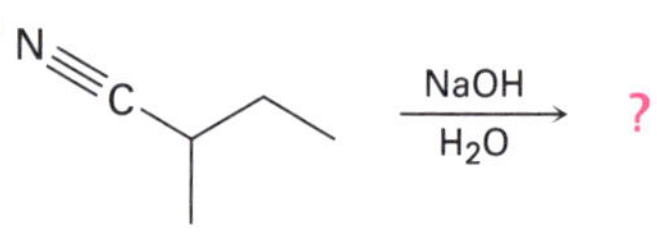

(c)

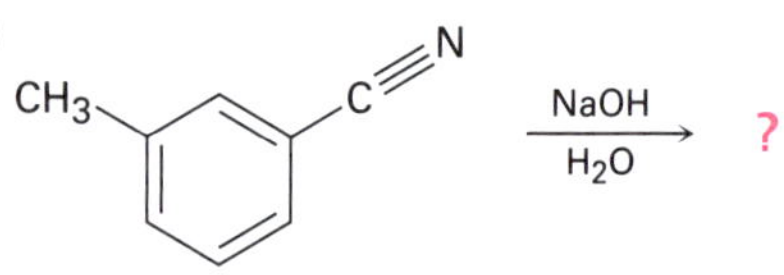

(d)

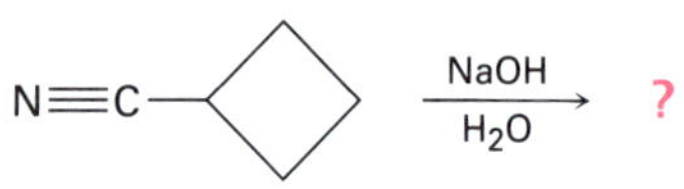

20.24 Preveja o(s) produto(s) e forneça o mecanismo para cada reação a seguir.

(a)

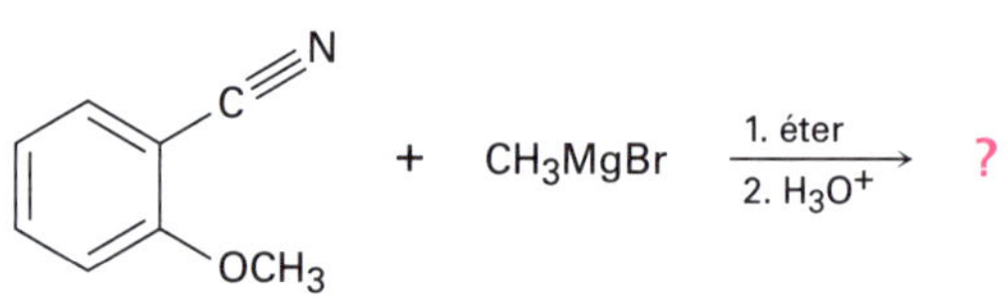

(b)

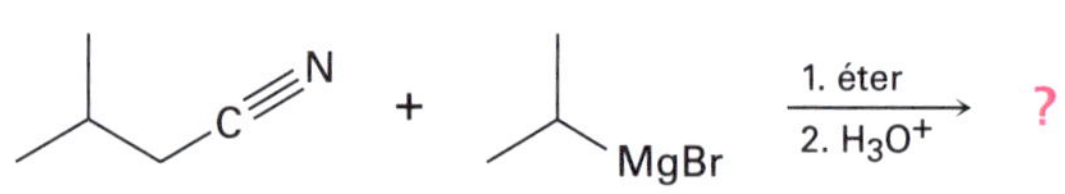

(c)

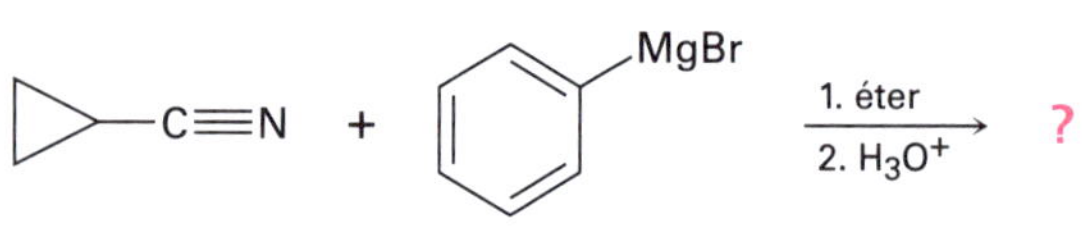

(d)

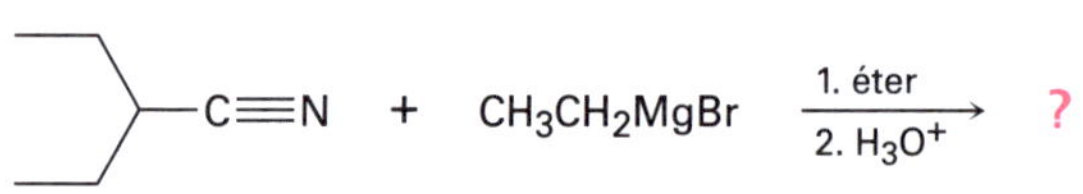

20.25 A hidrólise de uma nitrila catalisada por ácido ocorre pela protonação inicial do átomo de nitrogênio, seguida pela adição nucleofílica de água. Revise o mecanismo de hidrólise de nitrila catalisada por base da **Seção 20.7** e então preveja os produtos de cada reação a seguir e escreva todas as etapas envolvidas na reação catalisada por ácido, utilizando setas curvas para representar o fluxo de elétrons, em cada etapa.

(a)

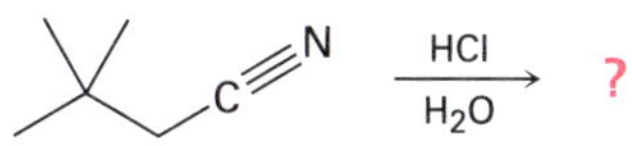

(b)

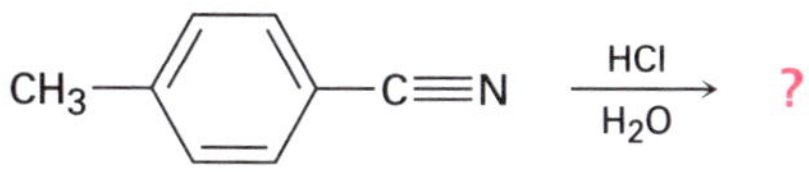

(c)

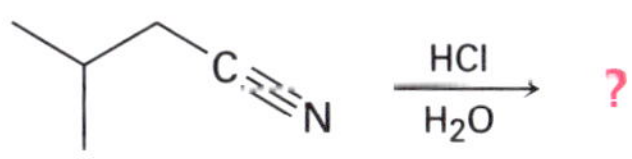

(d)

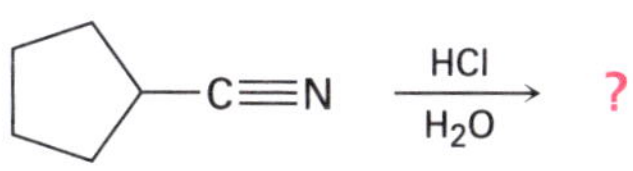

20.26 As nitrilas podem ser convertidas diretamente em ésteres através da reação de Pinner, que produz primeiro um sal de iminoéster que é isolado, e depois tratado com água para dar o produto final. Proponha um mecanismo para a reação de Pinner com setas curvas para mostrar o fluxo de elétrons, em cada etapa.

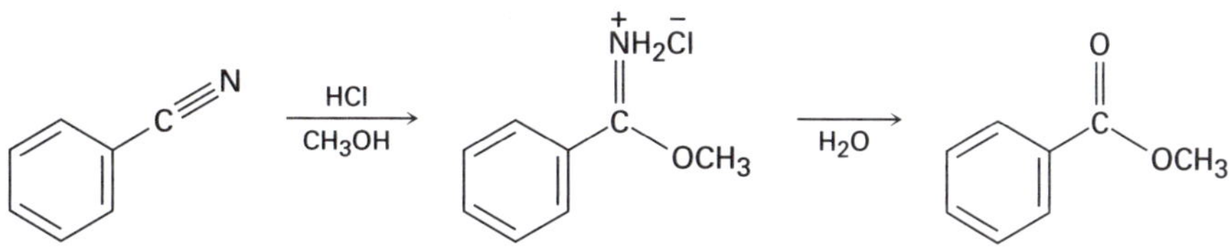

20.27 Os compostos naturais chamados *glicosídeos cianogênicos*, como a lotaustralina, liberam cianeto de hidrogênio, HCN, quando tratados com ácido aquoso. A reação ocorre por hidrólise da ligação de acetal para formar uma cianidrina, que expele o HCN e forma um composto de carbonila.

(a) Mostre o mecanismo da hidrólise do acetal e a estrutura da cianidrina resultante.

(b) Proponha um mecanismo para a perda de HCN e mostre a estrutura do composto de carbonila que se forma.

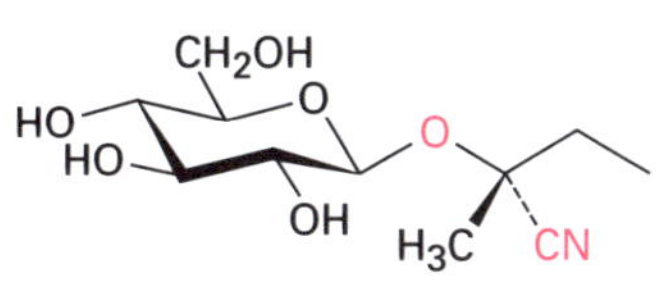

Lotaustralina

20.28 A 2-bromo-6,6-dimetilciclohexanona gera o ácido 2,2-dimetilciclopentanocarboxílico no tratamento com NaOH aquoso seguido pela acidificação, um processo chamado reação de Favorskii. Proponha um mecanismo.

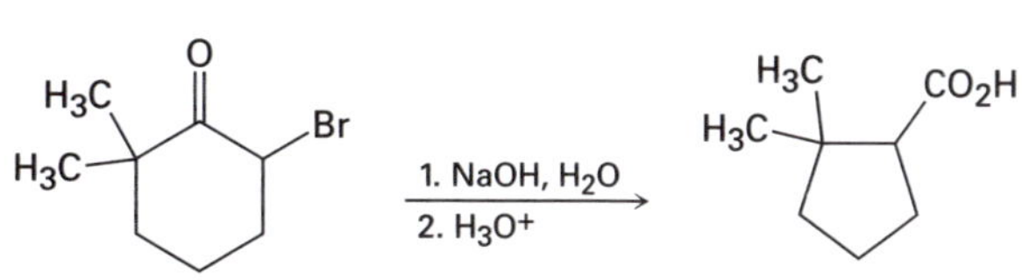

20.29 Compostos naturais chamados terpenoides, que discutiremos na **Seção 27.5**, são biossintetizados por uma rota que envolve a perda de CO_2 de 3-fosfomevalonato 5-difosfato para produzir difosfato de isopentila. Use setas curvas para mostrar o mecanismo desta reação.

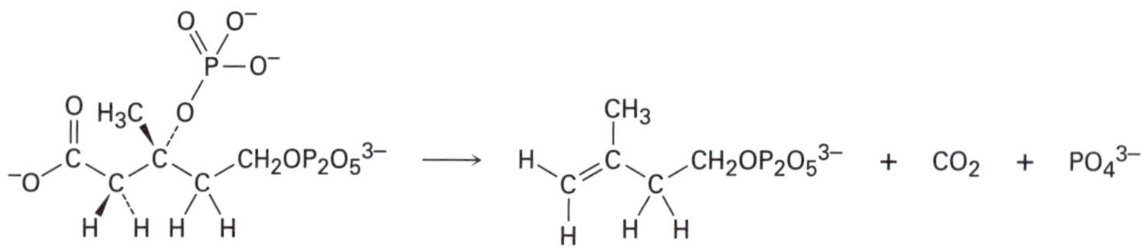

3-fosfomevalonato 5-difosfato

Difosfato de isopentenila

20.30 Na reação de Ritter, um alceno reage com uma nitrila na presença do forte ácido sulfúrico aquoso, para se obter uma amida. Proponha um mecanismo.

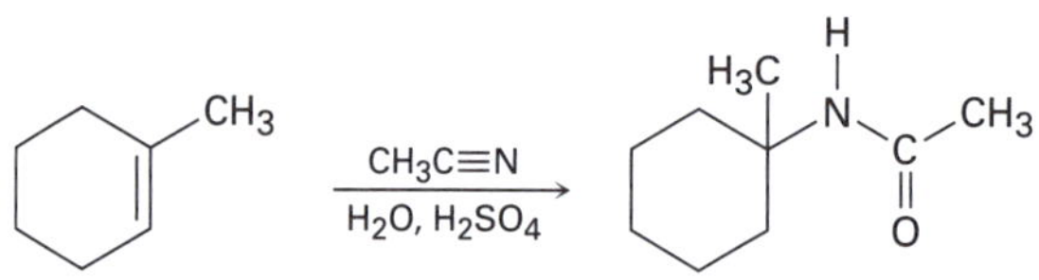

Problemas adicionais

Nomenclatura de ácidos carboxílicos e nitrilas

20.31 Dê os nomes IUPAC para os seguintes compostos:

(a) 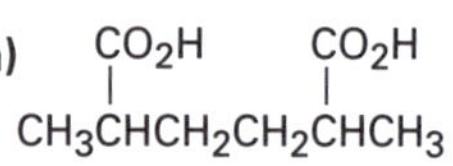

(b) 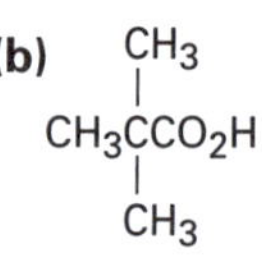

(c) 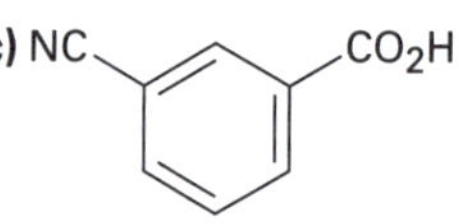

(d) 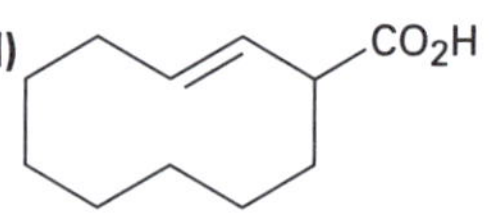

(e) 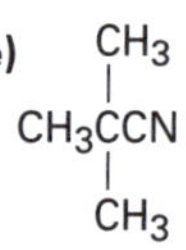

(f) 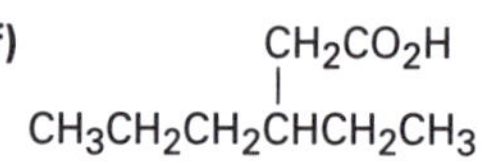

(g) 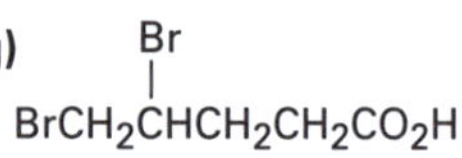

(h) 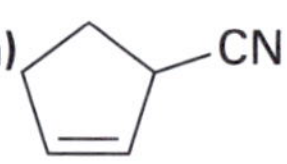

20.32 Desenhe as estruturas que correspondem aos seguintes nomes IUPAC:

(a) Ácido *cis*-1,2-ciclohexanodicarboxílico
(b) Ácido heptanodioico
(c) Ácido 2-hexen-4-oico
(d) Ácido 4-etil-2-propiloctanoico
(e) Ácido 3-cloroftálico
(f) Ácido trifenilacético
(g) 2-ciclobutenocarbonitrila
(h) *m*-benzoilbenzonitrila

20.33 Desenhe e nomeie o que se pede:

(a) Oito ácidos carboxílicos com a fórmula $C_6H_{12}O_2$

(b) Três nitrilas com a fórmula C_5H_7N

20.34 A pregabalina, comercializada como Lyrica, é um fármaco anticonvulsivo, que também é eficaz no tratamento da dor crônica. O nome IUPAC da pregabalina é ácido (*S*) -3-(aminometil)-5-metilhexanoico. (Um grupo aminometila é – CH_2NH_2.) Desenhe a estrutura da pregabalina.

20.35 O ácido isocítrico, um intermediário no ciclo do ácido cítrico de metabolismo de alimentos, possui o nome sistemático ácido (2*R*,3*S*)-3-carboxi-2-hidroxipentanodioico. Desenhe a estrutura.

Acidez dos ácidos carboxílicos

20.36 Ordene os compostos em cada grupo em relação ao aumento da acidez:

(a) Ácido acético, ácido oxálico, ácido fórmico
(b) Ácido *p*-bromobenzoico, ácido *p*-nitrobenzoico, ácido 2,4-dinitrobenzoico
(c) Ácido fluoroacético, ácido 3-fluoropropanoico, ácido iodoacético

20.37 Organize os compostos em cada grupo na ordem crescente de basicidade:

(a) Acetato de magnésio, hidróxido de magnésio, brometo de metilmagnésio
(b) Benzoato de sódio, *p*-nitrobenzoato de sódio, acetileto de sódio
(c) Hidróxido de lítio, etóxido de lítio, formiato de lítio

20.38 Calcule pK_a para os seguintes ácidos:

(a) Ácido láctico, $K_a = 8,4 \times 10^{-4}$
(b) Ácido acrílico, $K_a = 5,6 \times 10^{-6}$

20.39 Calcule os K_a para os seguintes ácidos:

(a) Ácido cítrico, $pK_a = 3,14$
(b) Ácido tartárico, $pK_a = 2,98$

20.40 Ácido tioglicólico, $HSCH_2CO_2H$, uma substância usada em agentes de depilação tem $pK_a = 3,42$. Qual é a porcentagem de dissociação do ácido tioglicólico em solução tampão a pH = 3,0?

20.41 Em humanos, o produto final da degradação das purinas a partir do DNA é o ácido úrico, $pK_a = 5,61$, que é excretado pela urina. Qual é a porcentagem de dissociação do ácido úrico na urina em pH = 6,0 típico? Por que você acha que o ácido úrico é ácido, apesar de não ter um grupo CO_2H?

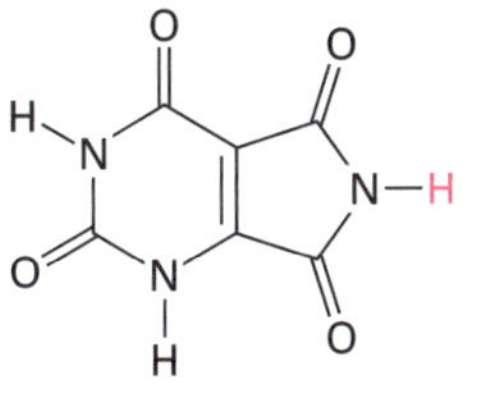

Ácido úrico

20.42 Alguns dados de pK_a de ácidos dibásicos simples são mostrados. Como você pode explicar o fato da diferença entre a primeira e a segunda constantes de ionização diminuir com o aumento da distância entre os grupos carboxila?

Nome	Estrutura	pK_1	pK_2
Oxálico	HO_2CCO_2H	1,2	4,2
Succínico	$HO_2CCH_2CH_2CO_2H$	4,2	5,6
Adípico	$HO_2C(CH_2)_4CO_2H$	4,4	5,4

Reações de ácidos carboxílicos e nitrilas

20.43 Como você converteria o ácido butanoico nos seguintes compostos? Escreva cada etapa mostrando os reagentes necessários.

(a) 1-butanol
(b) 1-bromobutano
(c) Ácido pentanoico
(d) 1-buteno
(e) Octano

20.44 Como você converteria cada um dos seguintes compostos em ácido butanoico? Escreva cada etapa exibindo todos os reagentes.

(a) 1-butanol
(b) 1-bromobutano
(c) 1-buteno
(d) 1-bromopropano
(e) 4-octeno

20.45 Como você converteria a butanonitrila nos seguintes compostos? Escreva cada etapa mostrando os reagentes necessários.

(a) 1-butanol **(b)** Butilamina **(c)** 2-metil-3-hexanona

20.46 Como você prepararia os seguintes compostos a partir do benzeno? Mais de uma etapa pode ser necessária em cada caso.

(a) Ácido *m*-clorobenzoico **(b)** Ácido *p*-bromobenzoico
(c) Ácido fenilacético, $C_6H_5CH_2CO_2H$

20.47 Preveja o produto da reação do ácido *p*-metilbenzoico com cada um dos seguintes compostos:

(a) $LiAlH_4$, em seguida H_3O^+ **(b)** N-bromosuccinimida em CCl_4
(c) CH_3MgBr em éter, depois H_3O^+ **(d)** $KMnO_4$, H_3O^+

20.48 Usando $^{13}CO_2$ como a única fonte de carbono marcado, com outros compostos necessários, como você sintetizaria os seguintes compostos?

(a) $CH_3CH_2{}^{13}CO_2H$ **(b)** $CH_3{}^{13}CH_2CO_2H$

20.49 Como você executaria as seguintes transformações?

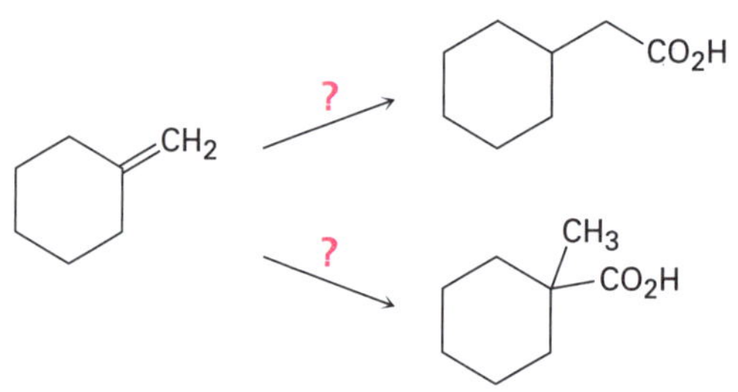

20.50 Qual método – carboxilação de Grignard ou hidrólise de nitrila – você usaria para cada uma das seguintes reações? Explique.

(a)
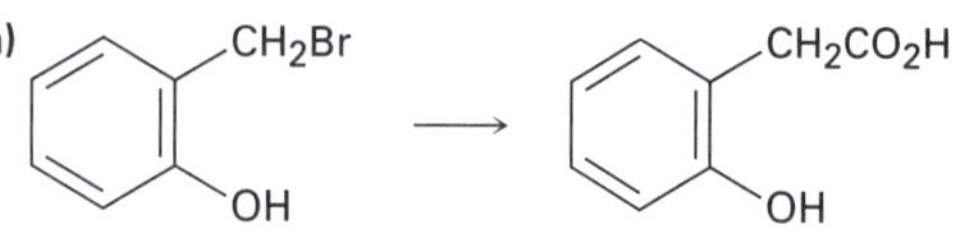

(b) $CH_3CH_2CH(Br)CH_3 \longrightarrow CH_3CH_2CH(CH_3)CO_2H$

(c) $CH_3C(=O)CH_2CH_2CH_2I \longrightarrow CH_3C(=O)CH_2CH_2CH_2CO_2H$

(d) $HOCH_2CH_2CH_2Br \longrightarrow HOCH_2CH_2CH_2CO_2H$

20.51 A 1,6-hexanodiamina, um material de partida necessário para fabricar o náilon, pode ser preparada a partir do 1,3-butadieno. Como você realizaria esta síntese?

$$H_2C{=}CHCH{=}CH_2 \xrightarrow{?} H_2NCH_2CH_2CH_2CH_2CH_2CH_2NH_2$$

20.52 O ácido 3-metil-2-hexenoico (mistura de isômeros *E* e *Z*) foi identificado como a substância responsável pelo odor da transpiração humana. Sintetize o composto, partindo de materiais com cinco ou menos carbonos.

Espectroscopia

20.53 Proponha uma estrutura para um composto $C_6H_{12}O_2$ que se dissolve em NaOH diluído e tem o seguinte espectro de RMN de ^1H: 1,08δ (9 H, simpleto), 2,2δ (2 H, simpleto) e 11,2δ (1 H, simpleto).

20.54 Qual método espectroscópico você usaria para distinguir entre os três ácidos isoméricos a seguir? Diga quais aspectos característicos você esperaria para cada ácido?

$CH_3(CH_2)_3CO_2H$	$(CH_3)_2CHCH_2CO_2H$	$(CH_3)_3CCO_2H$
Ácido pentanoico	**Ácido 3-metibutanoico**	**Ácido 2,2-dimetilpropanoico**

20.55 Como você usaria a RMN (de ^{13}C ou de ^1H) para distinguir entre os seguintes pares de isômeros?

(a) 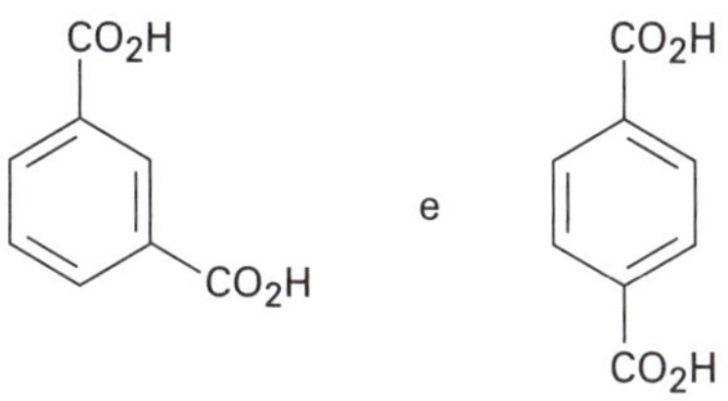

(b) $HO_2CCH_2CH_2CO_2H$ e $CH_3CH(CO_2H)_2$

(c) $CH_3CH_2CH_2CO_2H$ e $HOCH_2CH_2CH_2CHO$

(d) $(CH_3)_2C{=}CHCH_2CO_2H$ e 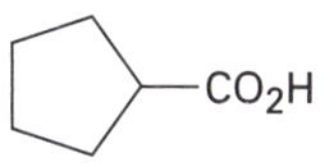

20.56 O composto **A**, $C_4H_8O_3$, tem absorções no infravermelho em 1.710 e entre 2.500 e 3100 cm^{-1}, além do espectro de RMN de ^1H a seguir. Proponha a estrutura para **A**.

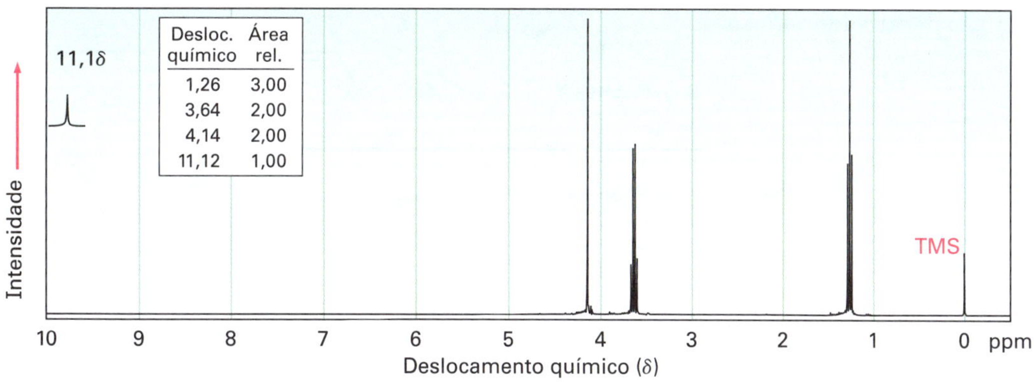

Desloc. químico	Área rel.
1,26	3,00
3,64	2,00
4,14	2,00
11,12	1,00

Problemas gerais

20.57 Um químico que necessitava de ácido 2,2-dimetilpentanoico decidiu sintetizá-lo pela reação do 2-cloro-2--metilpentano com NaCN, seguida pela hidrólise do produto. Entretanto, depois que a sequência de reações foi executada, ele não obteve o produto desejado. O que você supõe que deu errado?

20.58 Mostre como você poderia preparar o agente anti-inflamatório ibuprofeno a partir do isobutilbenzeno. Mais de uma etapa pode ser necessária.

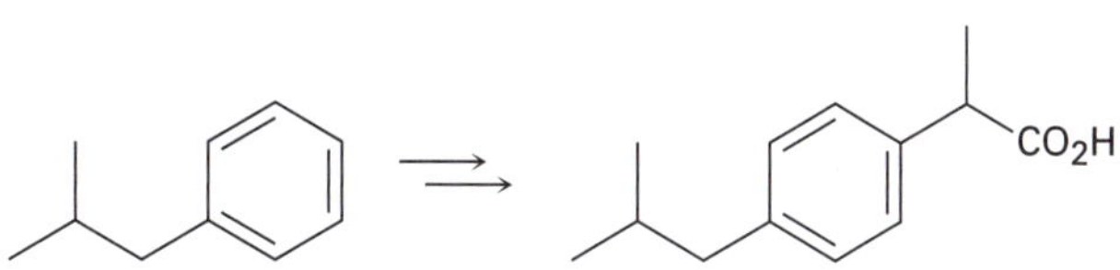

Isobutilbenzeno **Ibuprofeno**

20.59 Todos os seguintes esquemas sintéticos têm pelo menos um erro. O que está errado com cada um?

(a)

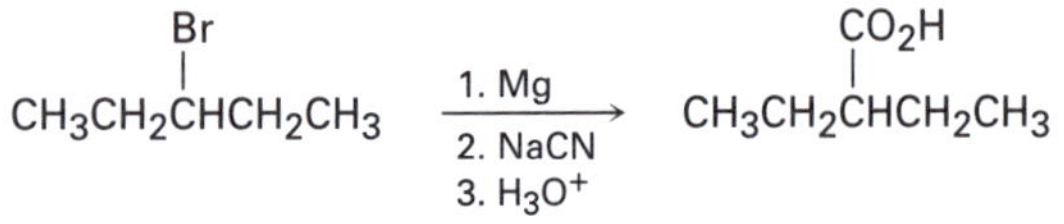

(b)

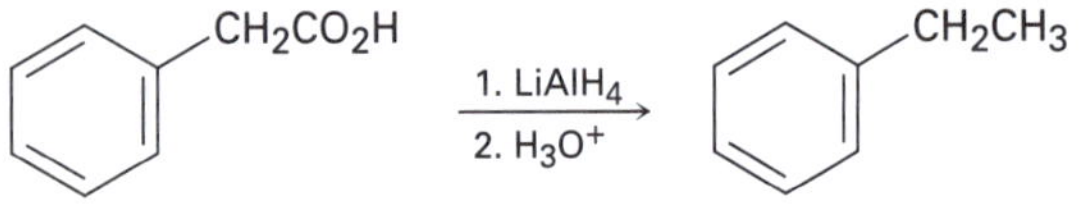

(c)

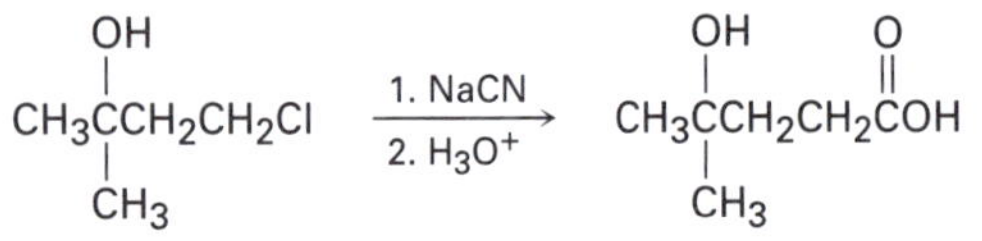

20.60 O ácido *p*-aminobenzoico (PABA) é largamente usado como um agente de proteção solar. Proponha a síntese do PABA, partindo do tolueno.

20.61 Proponha a síntese do medicamento anti-inflamatório Fenclorac a partir do fenilciclohexano.

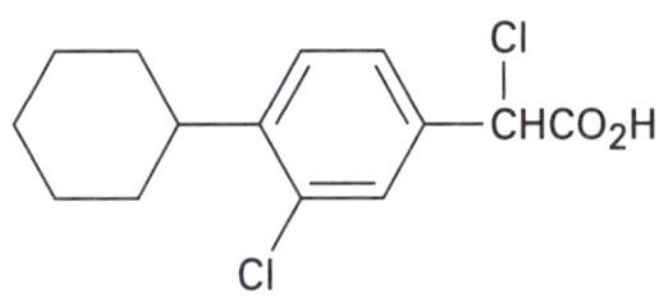

Fenclorac

20.62 Os pK_a de cinco ácidos benzoicos *p*-substituídos ($YC_6H_4CO_2H$) estão listados a seguir. Organize os benzenos substituídos correspondentes (YC_6H_5) em ordem crescente de suas reatividades na substituição eletrofílica aromática. Se o ácido benzoico tem pK_a = 4,19, quais dos substituintes são ativadores e quais são desativadores?

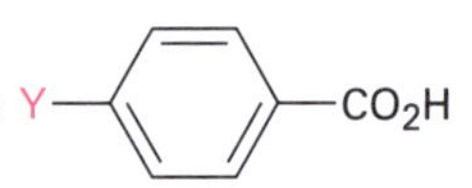

Substituintes Y	pK_a de Y—C_6H_4—CO_2H
—$Si(CH_3)_3$	4,27
—CH=CHC≡N	4,03
—$HgCH_3$	4,10
—OSO_2CH_3	3,84
—PCl_2	3,59

20.63 Como você executaria as seguintes transformações? Mais de uma etapa pode ser necessária em cada caso.

(a)

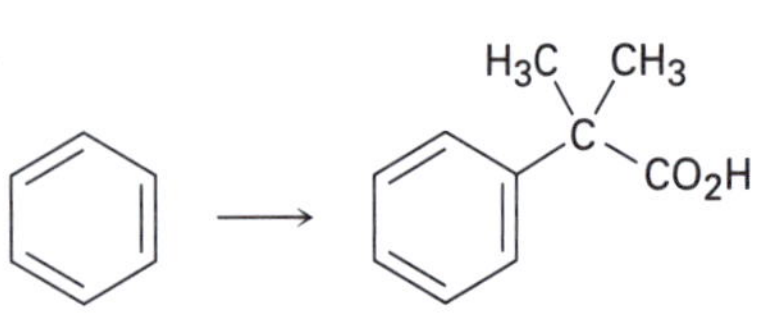

(b)

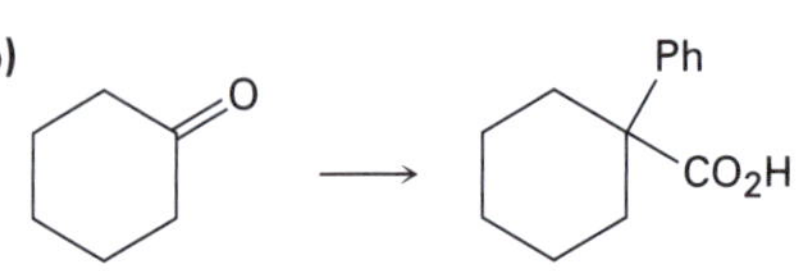

20.64 Os seguintes valores de pK_a foram medidos. Explique por que um grupo hidroxila na posição para diminui a acidez, enquanto um grupo hidroxila na posição meta aumenta a acidez.

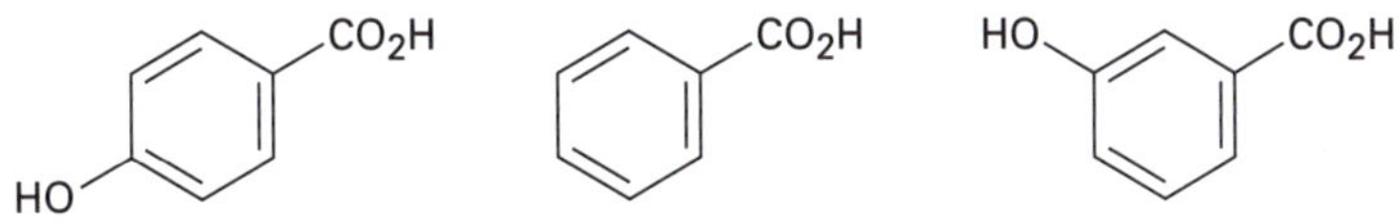

pK_a = 4,48 pK_a = 4,19 pK_a = 4,07

20.65 Identifique os reagentes **a-f** omitidos no seguinte esquema:

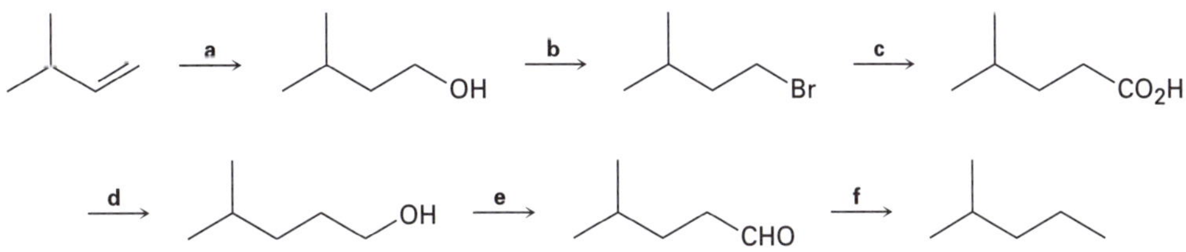

20.66 Proponha uma estrutura para um composto, C_4H_7N, que tem os seguintes espectros no IV e de RMN de ^{1}H:

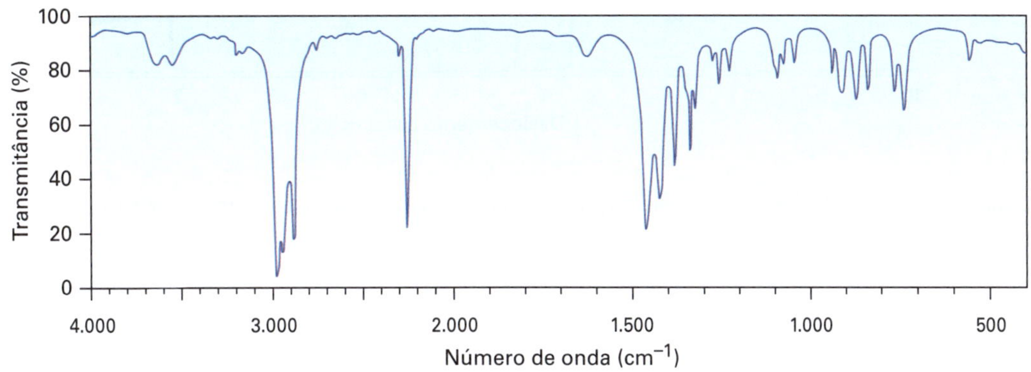

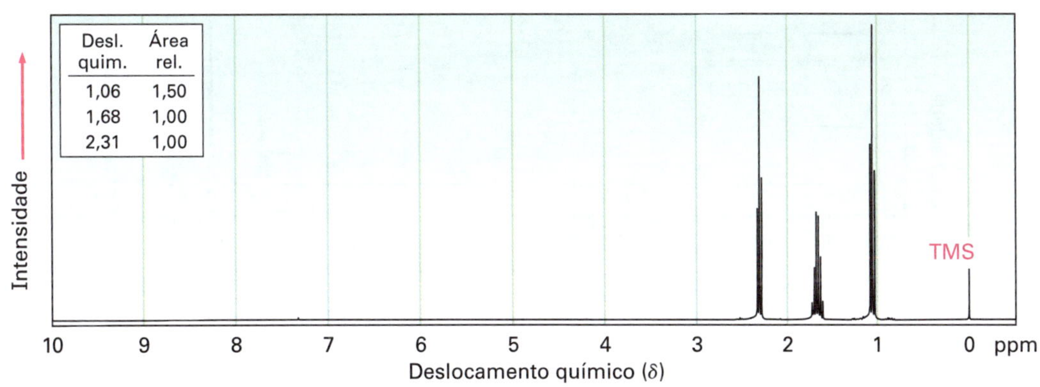

20.67 Os dois espectros de RMN de ¹H apresentados aqui pertencem ao ácido crotônico (*trans*-$CH_3CH=CHCO_2H$) e ao ácido metacrílico [$H_2C=C(CH_3)CO_2H$]. Qual espectro corresponde a cada ácido? Explique.

(a)

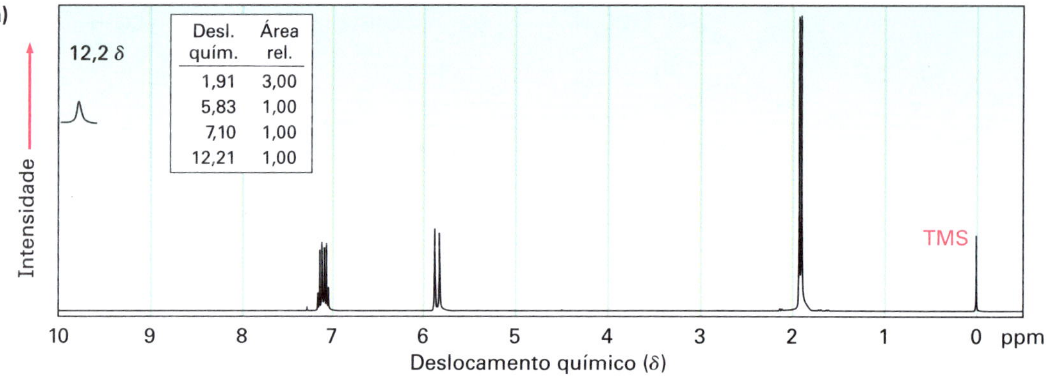

(b)

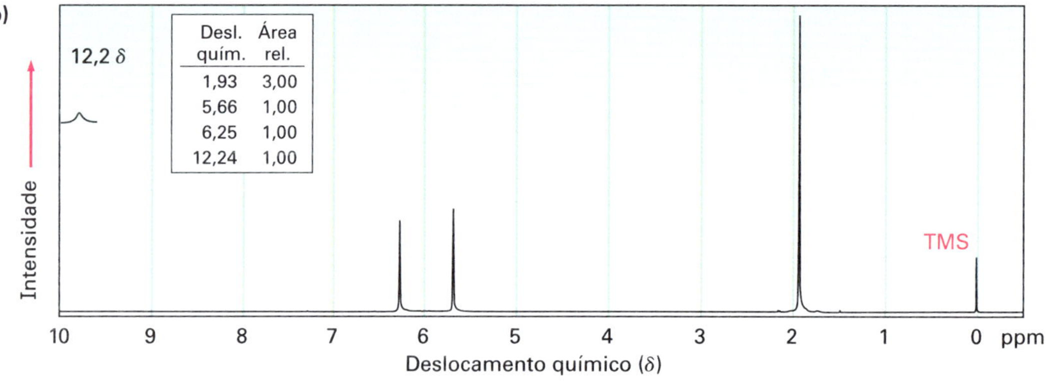

20.68 Os espectros de RMN ¹H e ¹³C a seguir pertencem a um composto com a fórmula $C_6H_{10}O_2$. Proponha uma estrutura para este composto.

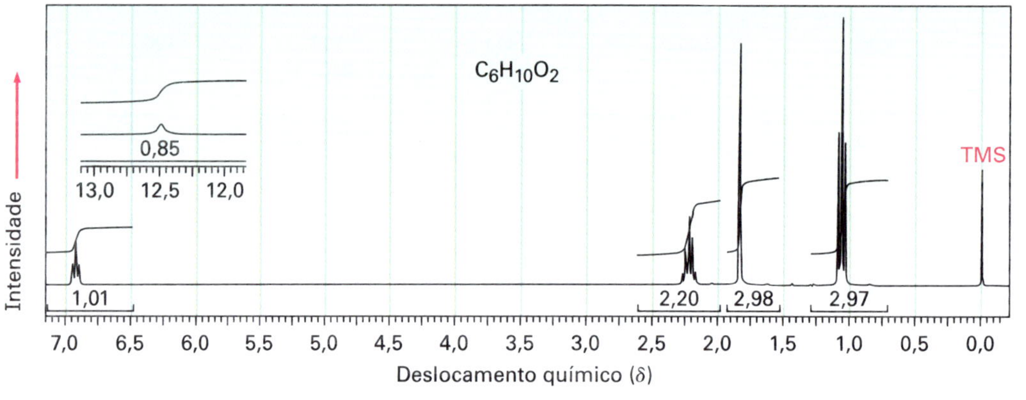

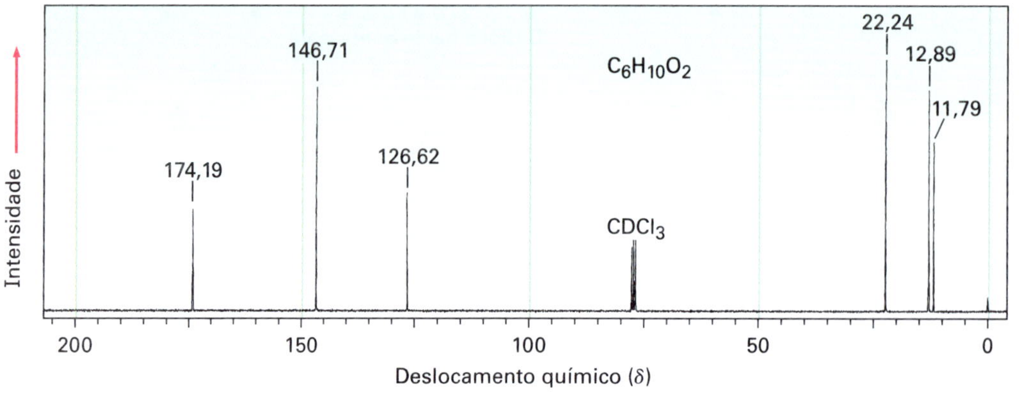

20.69 Proponha as estruturas para os ácidos carboxílicos que mostrem os seguintes picos em seus espectros de RMN de ^{13}C. Suponha que os tipos de carbonos (1º, 2º, 3º e 4º) tenham sido atribuídos pela RMN de DEPT.

(a) $C_7H_{12}O_2$: 25,5 δ (2º); 25,9δ (2º); 29,0δ (2º); 43,1δ (3º); 183,0δ (4º);

(b) $C_8H_8O_2$: 21,4δ (1º); 128,3δ (4º); 129,0δ (3º); 129,7δ (3º); 143,1δ (4º); 168,2δ (4º)

20.70 Os ácidos carboxílicos, que têm um segundo grupo carbonila separados por dois átomos entre si, perdem CO_2 (*descarboxilação*) através de um íon enolato intermediário quando tratado com uma base. Escreva o mecanismo dessa reação de descarboxilação, usando setas curvas para mostrar o fluxo de elétrons em cada etapa.

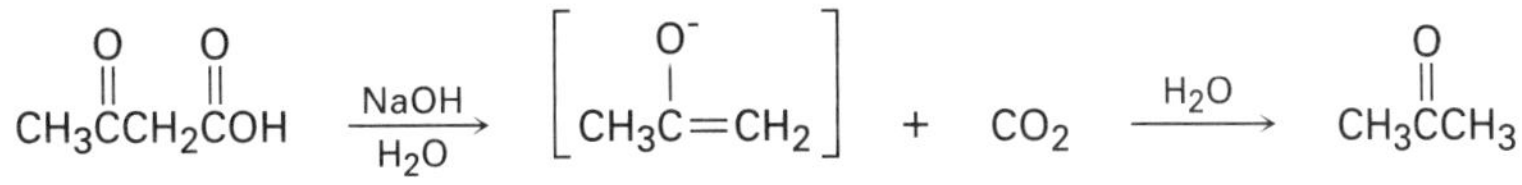

Um íon enolato

capítulo 21

Derivados dos Ácidos Carboxílicos: Reações de Substituição Nucleofílica de Acila

Neste capítulo:

©Greg Epperson/Shutterstock.com

A vida dos alpinistas depende das cordas, geralmente feitas de um polímero de náilon preparado por uma reação de substituição nucleofílica de acila.

POR QUE ESTE CAPÍTULO? Os derivados do ácido carboxílico são as mais amplamente ocorrentes de todas as moléculas, tanto na química de laboratório quanto nas rotas biológicas. Assim, um estudo sobre eles e sobre sua reação fundamental – substituição nucleofílica de acila – é primordial para a compreensão da química orgânica. Começaremos este capítulo aprendendo primeiro sobre os derivados dos ácidos carboxílicos, depois exploraremos a química das reações de substituição de acila.

Intimamente relacionados com os ácidos carboxílicos e nitrilas discutidos no capítulo anterior estão os **derivados de ácidos carboxílicos**, compostos nos quais um grupo acila está ligado a um átomo eletronegativo ou substituinte, que possa atuar como um grupo abandonador na reação de substituição nucleofílica de acila que vimos brevemente na Prévia de Química da Carbonila:

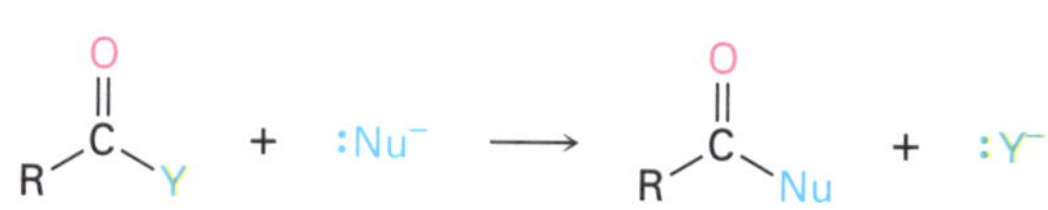

Muitos tipos de derivados de ácidos são conhecidos, mas estaremos preocupados principalmente com quatro dos mais comuns: os **haletos de ácidos**, os **anidridos de ácidos**, os **ésteres** e as **amidas**. Haletos de ácido e anidridos de ácidos são usados apenas no laboratório, enquanto os ésteres e as amidas são comuns em ambos, laboratório e bioquímica. Além disso, os derivados de ácido carboxílico chamados **tioésteres** e **fosfatos de acila** são encontrados principalmente na bioquímica. Observe a similaridade estrutural entre os anidros de ácidos e os fosfatos de acila.

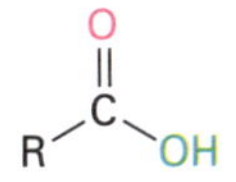

Ácido carboxílico

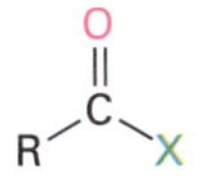

Haleto de ácido (X = Cl, Br)

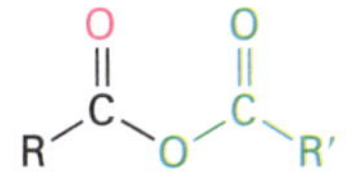

Anidrido de ácido

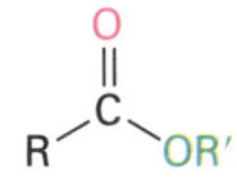

Éster

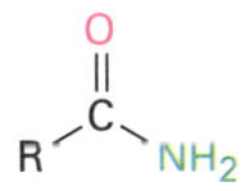

Amida

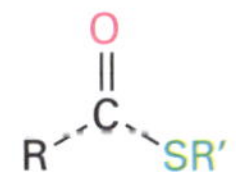

Tioéster

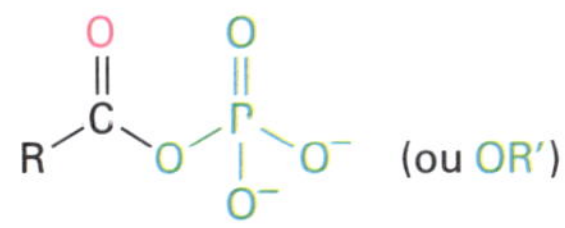

Fosfato de acila

21.1 Nomenclatura de derivados de ácidos carboxílicos

HALETOS DE ÁCIDOS, RCOX

Os nomes dos haletos de ácidos são compostos pelo nome do haleto seguido da preposição *de* e do nome do grupo acila. Como descrito na **Seção 20.1** e mostrado na **Tabela 20.1**, o nome do grupo acila é derivado do nome do ácido carboxílico, eliminando a palavra *ácido* e substituíndo o sufixo *-oico* por *-oila*, ou a terminação *-carboxílico* por *-carbonila*. Para manter as coisas interessantes, no entanto, a IUPAC reconhece oito exceções para as quais uma terminação *-ila* em vez de *-oila* é usada: fórmico (formila), acético (acetila), propiônico (propionila), butírico (butirila), oxálico (oxalila), malônico (malonila), succínico (succinila) e glutárico (glutarila).

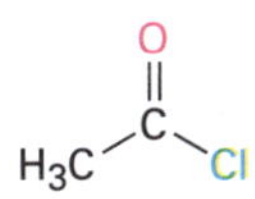

Cloreto de acetila

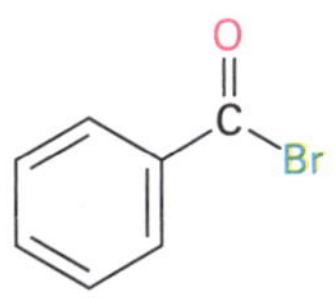

Brometo de benzoíla

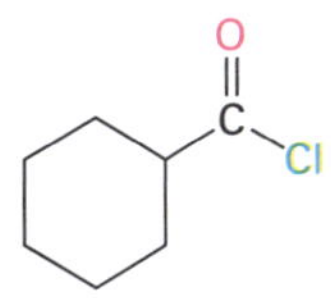

Cloreto de ciclohexanocarbonila

ANIDRIDOS DE ÁCIDOS, RCO_2COR'

Os anidridos simétricos de ácidos monocarboxílicos não substituídos e os anidridos cíclicos de ácidos dicarboxílicos são nomeados pela substituição da palavra *ácido* por *anidrido*:

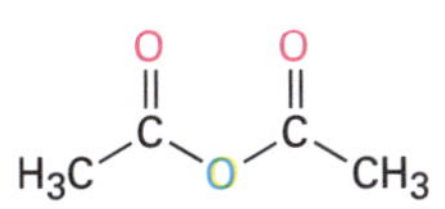

Anidrido acético

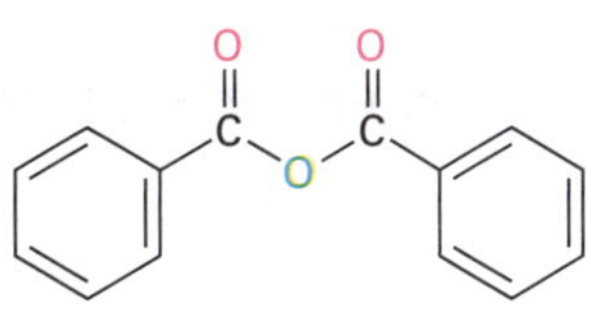

Anidrido benzoico

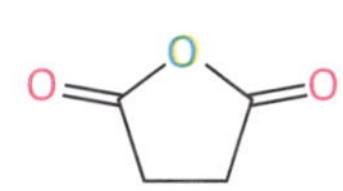

Anidrido succínico

Anidridos assimétricos – preparados a partir de dois ácidos carboxílicos diferentes – são nomeados, listando os dois ácidos em ordem alfabética, precedidos pelo termo *anidrido*:

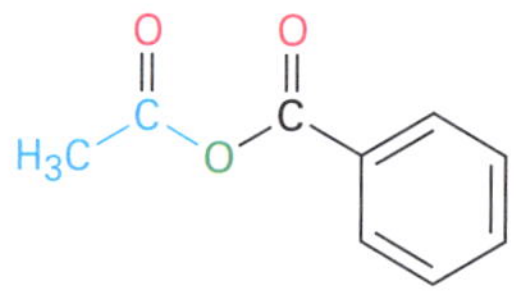

Anidrido acético benzoico

ÉSTERES, RCO_2R'

Os ésteres são nomeados eliminando-se o termo ácido, mantendo-se o nome do ácido carboxílico com a terminação *-oico* sendo trocada por *-ato*, seguido da preposição *de* e do nome do grupo alquila ligado ao oxigênio.

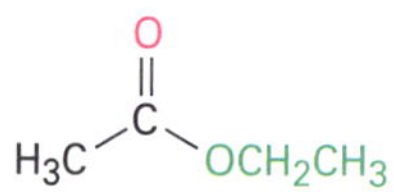

Acetato de etila

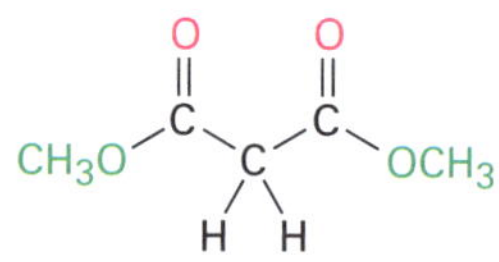

Malonato de dimetila

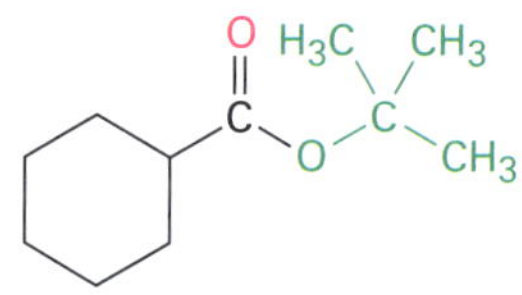

Ciclohexanocarboxilato de *tert*-butila

AMIDAS, $RCONH_2$

As amidas com um grupo $-NH_2$ não substituído são nomeadas substituindo-se a terminação *-oico* ou *-ico* por *-amida*, ou pela substituição da terminação *-carboxílico* por *-carboxamida*. Em ambos os casos, a palavra ácido é eliminada do nome. Por exemplo:

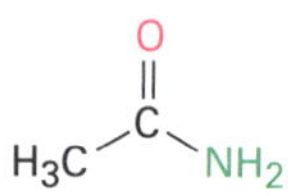

Acetamida

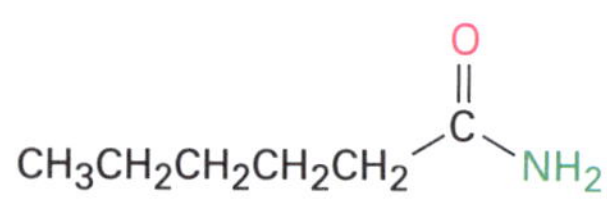

Hexanoamida

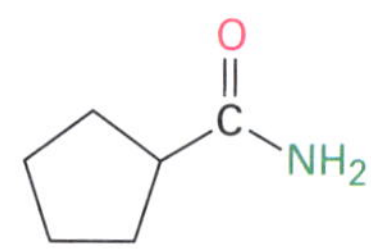

Ciclopentanocarboxamida

Se o átomo de nitrogênio tiver substituições adicionais, o composto é nomeado primeiro pela identificação dos grupos substituintes e depois pela amida principal. Os substituintes são precedidos pela letra *N* para identificá-los como diretamente ligados ao nitrogênio.

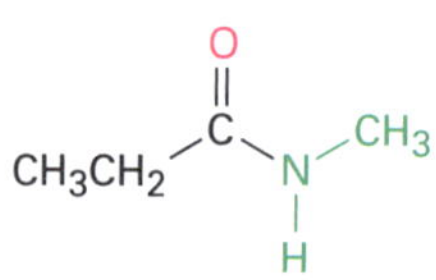

***N*-metilpropanoamida**

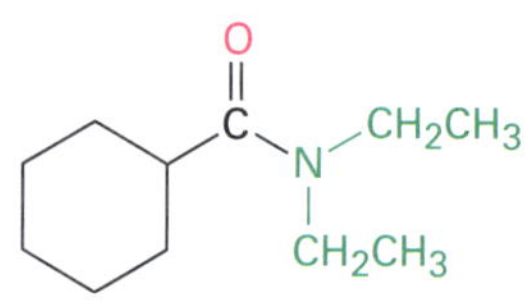

***N,N*-dietilciclohexanocarboxamida**

TIOÉSTERES, RCOSR'

Os tioésteres recebem o nome da mesma forma que os ésteres correspondentes. Se o éster relacionado possui um nome comum, adiciona-se o prefixo *-tio* ao nome do carboxilato; por exemplo, o acetato se torna tioacetato. Se o éster relacionado possui uma nomenclatura sistemática, a terminação *-oato* ou *-carboxilato* é substituída por *-tioato* ou *-carbotioato*; por exemplo, o butanoato se torna butanotioato e o ciclohexanocarboxilato se torna ciclohexanocarbotioato.

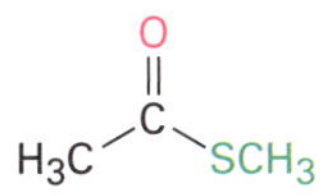

Metil tioacetato

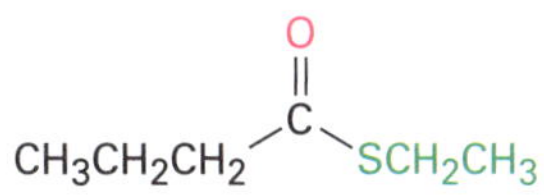

Etil butanotioato

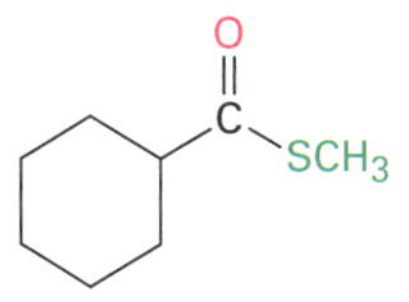

Metil ciclohexanocarbotioato

FOSFATOS DE ACILA, $RCO_2PO_3^{2-}$ E $RCO_2PO_3R'^{-}$

Os fosfatos de acila recebem seus nomes citando-se o grupo acila precedidos da expressão *fosfato de*. Se um grupo alquila está ligado a um dos oxigênios do fosfato, este é identificado após o nome do grupo acila. Na bioquímica, os fosfatos de acetila adenosila são particularmente comuns.

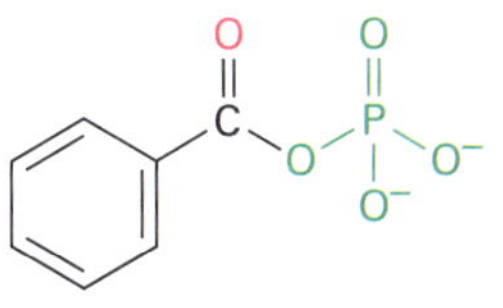

Fosfato de benzoíla

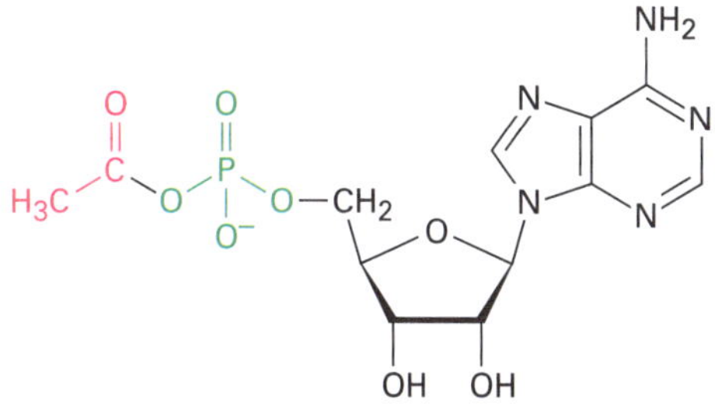

Fosfato de acetila adenosila

Um resumo das regras de nomenclatura para os derivados de ácido carboxílico é dado na **Tabela 21.1**.

TABELA 21.1 Nomenclatura de derivados de ácidos carboxílicos

Grupo funcional	Estrutura	Nomenclatura final
Ácido carboxílico	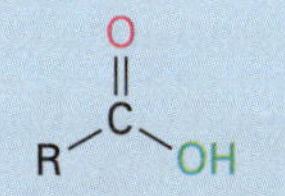	*ácido -ico* *(ácido -carboxílico)*
Haleto de ácido	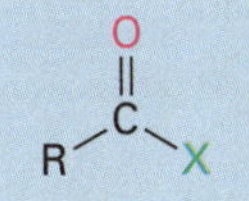	*haleto de -oíla* *(haleto de -carbonila)*
Anidrido de ácido	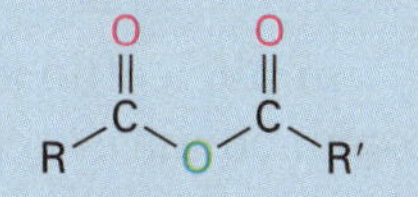	*anidrido*
Amida	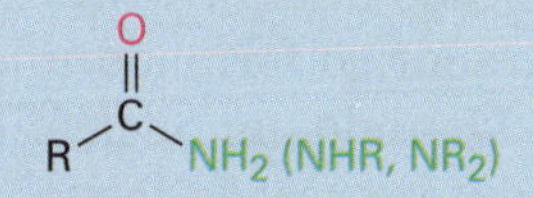	*-amida* *(-carboxamida)*
Éster	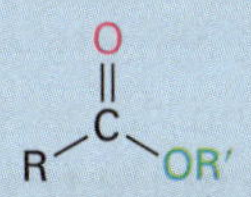	*-oato* *(-carboxilato)*
Tioéster	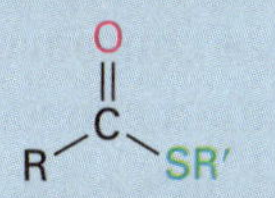	*-tioato* *(-carbotioato)*
Fosfato de acila	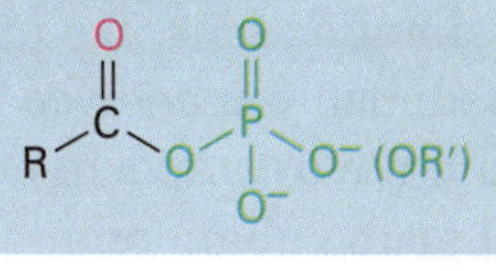	*fosfato de -oíla*

PROBLEMA 21.1 Dê os nomes IUPAC para as seguintes substâncias:

(a) 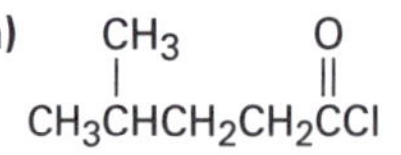

(b) 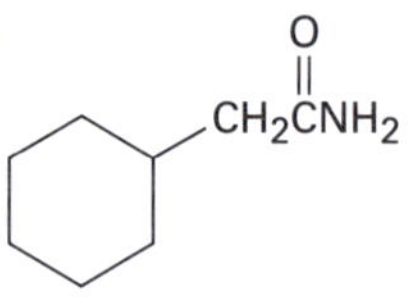

(c) 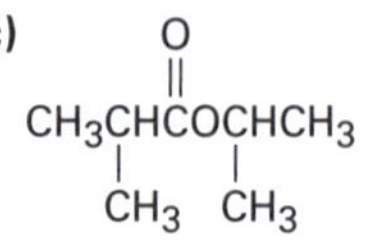

(d) 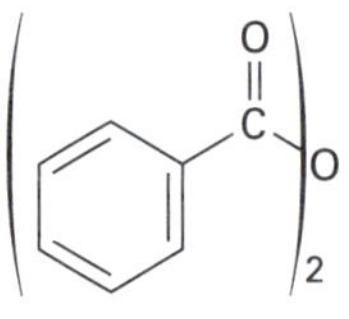

(e) 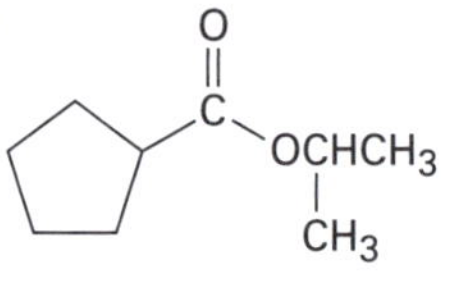

(f) 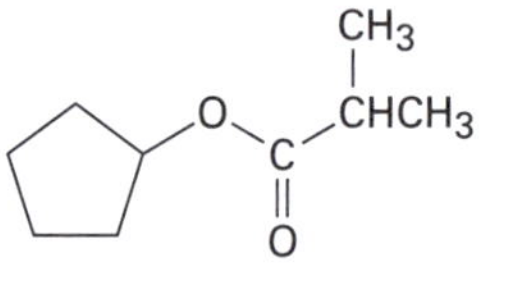

(g) 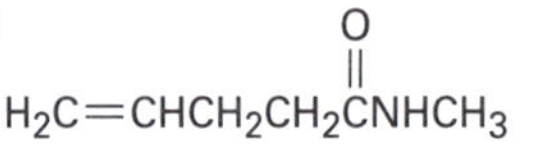

(h) 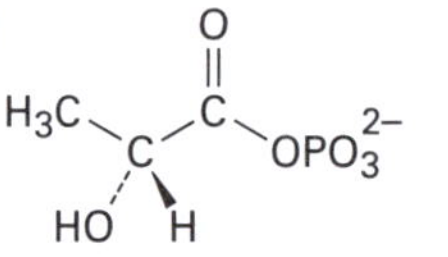

(i) 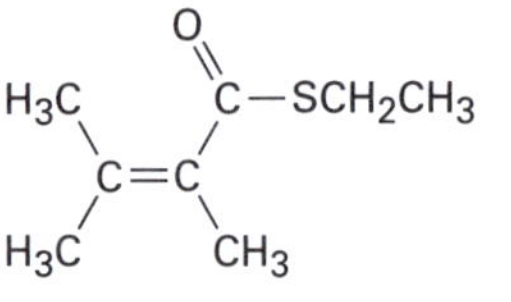

PROBLEMA 21.2 Desenhe as estruturas correspondentes aos seguintes nomes:

(a) Benzoato de fenila

(b) *N*-etil-*N*-metilbutanamida

(c) Cloreto de 2,4-dimetilpentanoíla

(d) 1-metilciclohexanocarboxilato de metila

(e) 3-oxopentanoato de etila

(f.) *p*-bromobenzenotioato de metila

(g) Anidrido fórmico propanoico

(h) Brometo de *cis*-2-metilciclopentanocarbonila

21.2 Reações de substituição nucleofílica de acila

A adição de um nucleófilo a uma ligação polar C=O é a etapa chave em três das quatro principais reações do grupo carbonila. Vimos no **Capítulo 19** que quando um nucleófilo se adiciona a um aldeído ou cetona, o intermediário tetraédrico formado inicialmente pode ser protonado para se obter um álcool. Quando um nucleófilo se adiciona a um derivado de ácido carboxílico, entretanto, a reação segue um caminho diferente. O intermediário tetraédrico inicialmente formado elimina um dos dois substituintes originalmente ligados ao carbono da carbonila, levando a uma **reação de substituição nucleofílica de acila** (**Figura 21.1**).

A diferença de comportamento entre aldeídos/cetonas e derivados de ácido carboxílico é uma consequência da estrutura. Derivados de ácido carboxílico têm um carbono acila ligado a um grupo −Y que pode atuar como um grupo abandonador, frequentemente como um ânion estável. Assim que o intermediário tetraédrico é formado, o grupo abandonador é expulso para gerar um novo composto de carbonila. Entretanto, os aldeídos e cetonas não têm tal grupo abandonador e, portanto, não sofrem substituição.

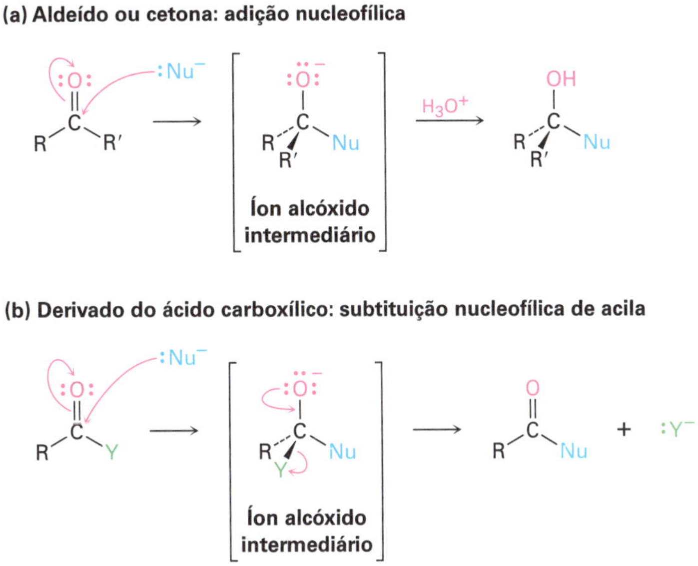

FIGURA 21.1 Os mecanismos gerais das reações de adição nucleofílica e de substituição nucleofílica de acila. Ambas as reações começam com a adição de um nucleófilo a uma ligação C=O polar para formar um íon alcóxido tetraédrico intermediário. **(a)** O intermediário formado a partir de um aldeído ou cetona é protonado para gerar um álcool, mas **(b)** o intermediário formado a partir de um derivado de ácido carboxílico expele um grupo abandonador para se obter um novo composto carbonila.

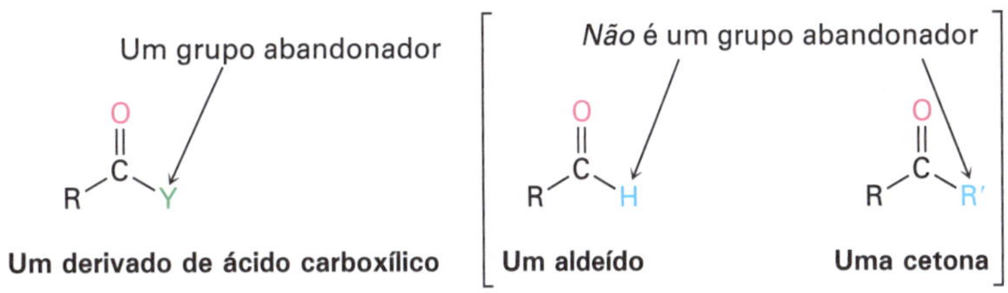

O efeito líquido da sequência da adição/eliminação é uma substituição do nucleófilo pelo grupo −Y, originalmente ligado ao carbono acila. Assim, a reação global é superficialmente similar ao tipo de substituição nucleofílica que ocorre durante uma reação S_N2 (**Seção 11.3**), mas os *mecanismos* das duas reações são completamente diferentes. Uma reação S_N2 ocorre em uma única etapa pelo deslocamento do grupo abandonador pela parte de trás, enquanto uma substituição nucleofílica de acila ocorre em duas etapas e envolve um intermediário tetraédrico.

PROBLEMA 21.3 Mostre um mecanismo para a seguinte reação de substituição nucleofílica de acila, usando setas curvas para indicar o fluxo de elétrons em cada etapa:

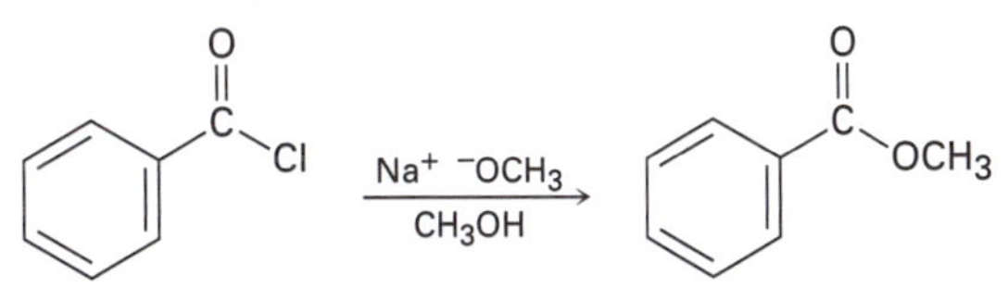

REATIVIDADE RELATIVA DE DERIVADOS DE ÁCIDOS CARBOXÍLICOS

Tanto a etapa inicial de adição quanto a etapa subsequente de eliminação podem afetar a velocidade global de uma reação de substituição nucleofílica de acila, mas a etapa de adição é geralmente a etapa limitante da velocidade. Assim, qualquer fator que torne o grupo carbonila mais reativo, em relação aos nucleófilos, favorece o processo de substituição.

Os fatores estéricos e eletrônicos são importantes na determinação da reatividade. Estericamente, percebe-se que em uma série de derivados de ácidos similares, grupos carbonila desimpedidos reagem com nucleófilos mais facilmente que os grupos estericamente impedidos. A ordem de reatividade é:

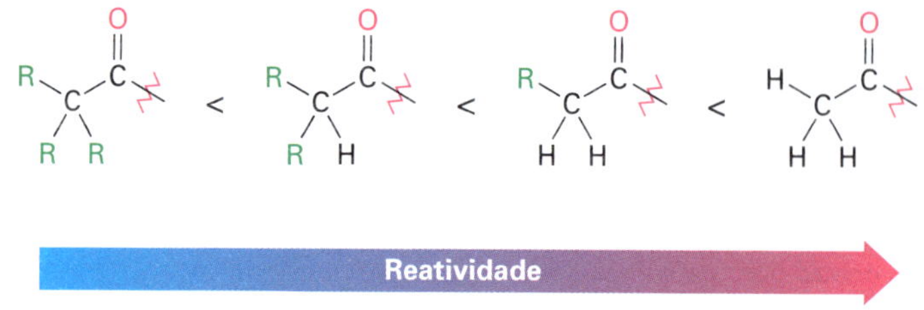

Eletronicamente, nota-se que compostos de acila fortemente polarizados reagem mais facilmente que os menos polarizados. Assim, os cloretos de ácidos são os mais reativos porque o átomo de cloro eletronegativo retira elétrons do carbono da carbonila, enquanto as amidas são as menos reativas. Embora sutilmente, os mapas de potencial eletrostático indicam essas diferenças entre os vários derivados de ácidos carboxílicos pela tonalidade azul-celeste relativa nos carbonos de C=O. Os fosfatos de acila são difíceis de se colocar nessa escala porque eles não são utilizados no laboratório, mas em sistemas biológicos eles parecem ser mais reativos que os tioésteres.

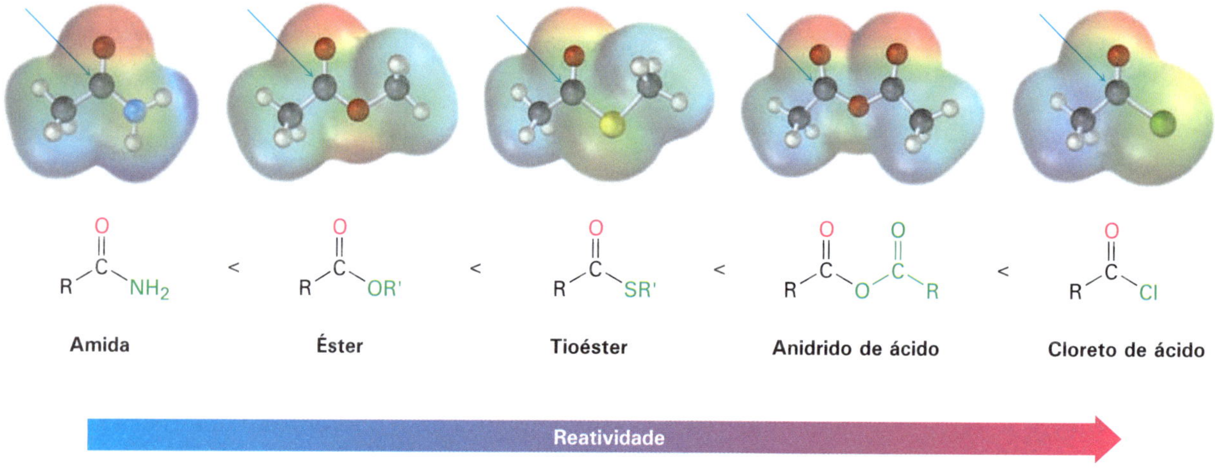

A maneira pela qual vários substituintes afetam a polarização de um grupo carbonila é semelhante ao modo como eles afetam a reatividade de um anel aromático em uma substituição eletrofílica (**Seção 16.4**). Um substituinte cloro, por exemplo, retira elétrons indutivamente de um grupo acila da mesma maneira como retira elétrons de um anel aromático. Similarmente, os substituintes amina, metoxila e tiometila doam elétrons aos grupos acila através de ressonância do mesmo modo como doam elétrons ao anel aromático e, portanto, ativa-os.

Como uma consequência dessas diferenças de reatividade, é normalmente possível converter um derivado de ácido mais reativo em um menos reativo. Por exemplo, os cloretos de ácidos podem ser diretamente convertidos em anidridos, tioésteres, ésteres e amidas, mas as amidas não podem ser diretamente convertidas em ésteres, tioésteres, anidridos ou cloretos de ácidos. Lembrar a ordem de reatividade é consequentemente um modo de se manter informado sobre um grande número de reações (**Figura 21.2**). Outra consequência, como observado anteriormente, é que apenas fosfatos de acila, tioésteres, ésteres e amidas são normalmente encontrados na natureza. Os haletos de ácidos e os anidridos ácidos reagem com a água tão rapidamente que não podem existir nos organismos vivos.

FIGURA 21.2 Interconversões de derivados de ácidos carboxílicos. Um derivado de ácido mais reativo pode ser convertido em um menos reativo, mas não vice-versa.

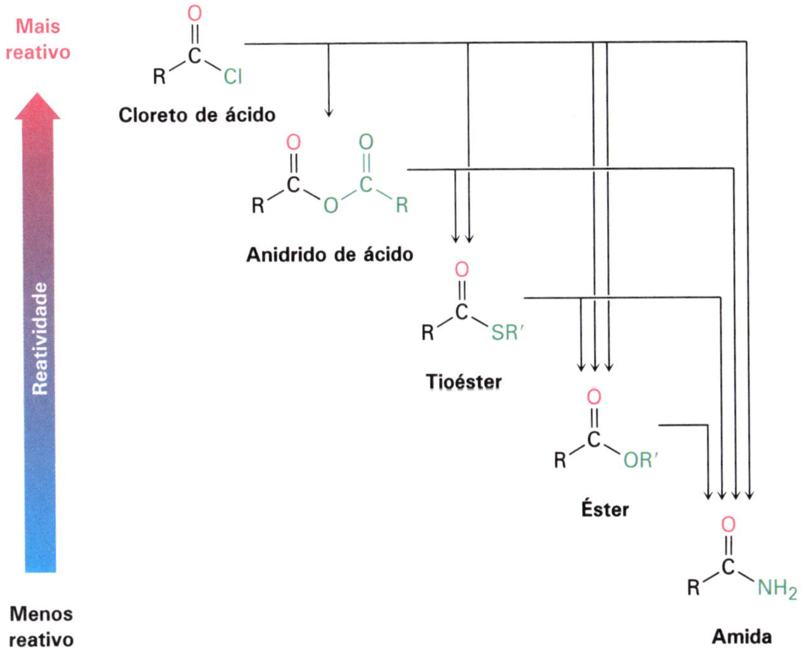

Ao estudar a química dos derivados de ácidos carboxílicos nas próximas seções, estaremos preocupados principalmente com as reações de apenas alguns nucleófilos e veremos que os mesmos tipos de reações tendem a ocorrer (**Figura 21.3**).

Hidrólise	Reação com a água para produzir um ácido carboxílico
Alcoólise	Reação com um álcool para formar um éster
Aminólise	Reação com amônia ou uma amina para gerar uma amida
Redução	Reação com um agente redutor de hidreto para produzir um aldeído ou um álcool
Reação de Grignard	Reação com um reagente organometálico para produzir uma cetona ou um álcool

FIGURA 21.3 Algumas reações gerais de derivados de ácidos carboxílicos.

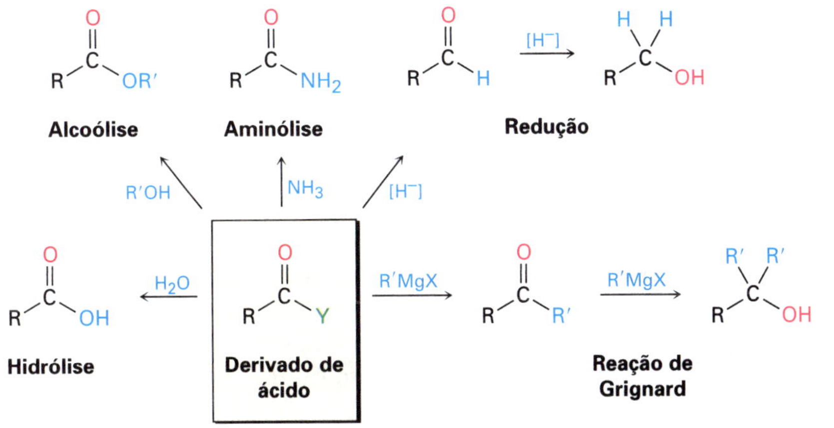

PROBLEMAS PARA PRATICAR 21.1

Prevendo o produto de uma reação de substituição nucleofílica de acila

Preveja o produto da seguinte reação de substituição nucleofílica de acila do cloreto de benzoíla com o 2-propanol:

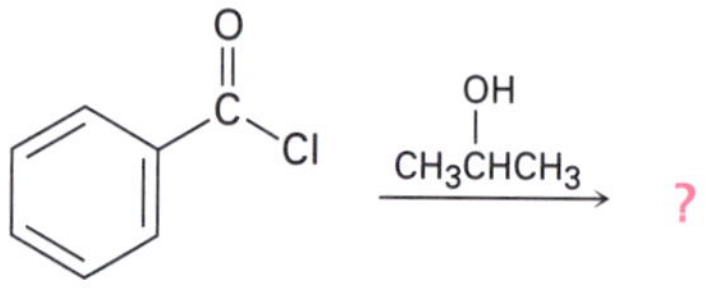

Cloreto de benzoíla

Estratégia Uma substituição nucleofílica de acila envolve a substituição de um nucleófilo por um grupo abandonador em um derivado de ácido carboxílico. Identifique o grupo abandonador (Cl^- no caso de um cloreto de ácido) e o nucleófilo (um álcool, nesse caso) e substitua um pelo outro. O produto é o benzoato de isopropila.

Solução

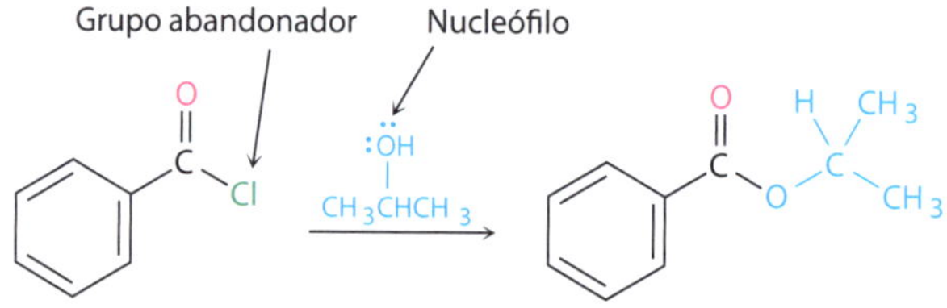

Cloreto de benzoíla **Benzoato de isopropila**

PROBLEMA 21.4 Arranje os compostos em cada um dos seguintes conjuntos na ordem de sua reatividade esperada na substituição nucleofílica de acila.

(a)

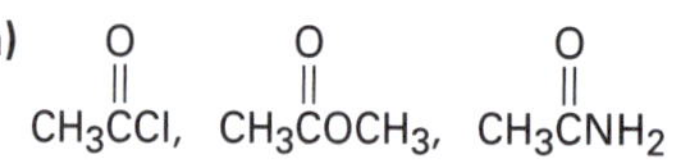

(b)

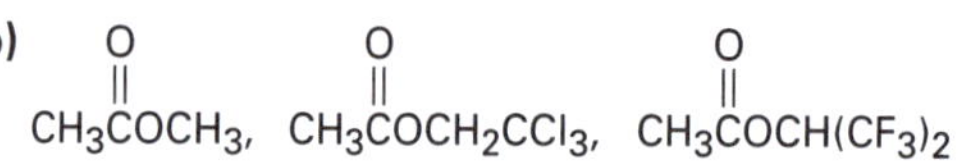

PROBLEMA 21.5 Preveja os produtos das seguintes reações de substituição nucleofílica de acila:

(a)

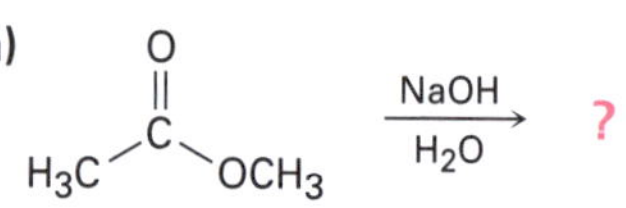

(b)

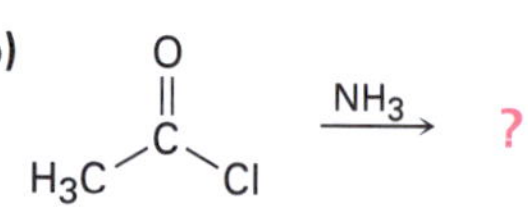

(c)

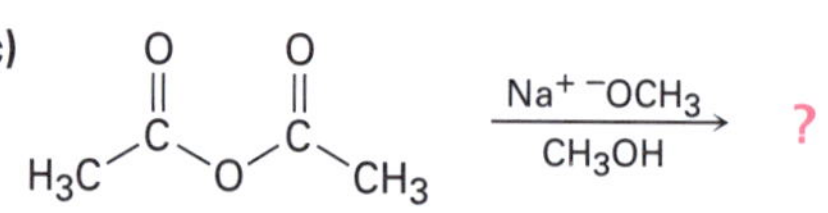

(d)

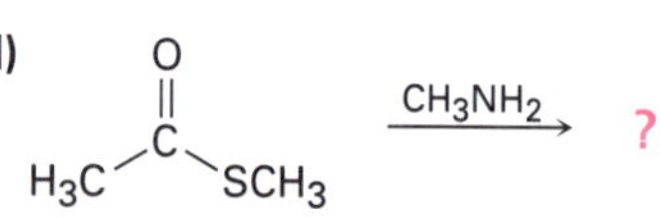

PROBLEMA 21.6 A seguinte estrutura representa um íon alcóxido tetraédrico intermediário formado pela adição de um nucleófilo a um derivado de ácido carboxílico. Identifique o nucleófilo, o grupo abandonador, o derivado de ácido de partida e o produto final.

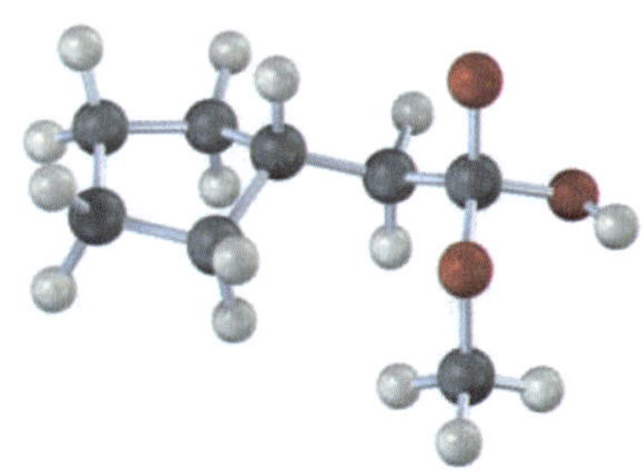

21.3

Reações de ácidos carboxílicos

A substituição nucleofílica de acila direta de um ácido carboxílico é difícil porque o −OH é um grupo abandonador ruim (**Seção 11.3**). Dessa forma, normalmente é necessário melhorar a reatividade do ácido usando um ácido forte como catalisador para protonar a carboxila e torná-la um melhor receptor ou converter o grupo −OH em um melhor grupo abandonador. Em circunstâncias adequadas, entretanto, os cloretos de ácido, os anidridos, os ésteres e as amidas podem ser preparados a partir de ácidos carboxílicos por reações de substituição nucleofílica de acila.

CONVERSÃO DE ÁCIDOS CARBOXÍLICOS EM CLORETOS DE ÁCIDO

No laboratório, os ácidos carboxílicos são convertidos em cloretos de ácido por tratamento com cloreto de tionila, $SOCl_2$.

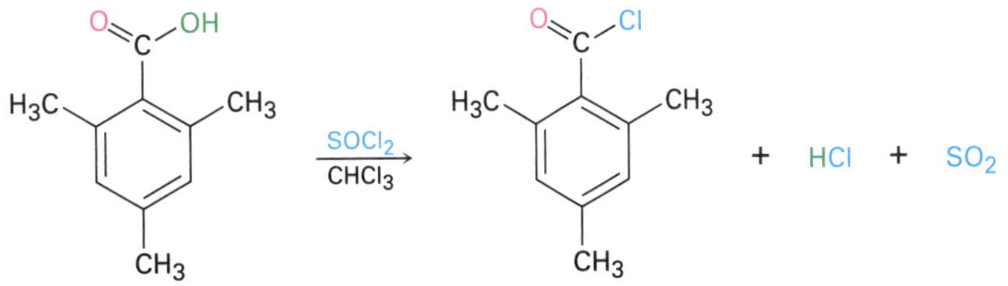

Ácido 2,4,6-trimetilbenzoico   Cloreto de 2,4,6-trimetilbenzoíla (90%)

Esta reação ocorre pela substituição nucleofílica de acila na qual o ácido carboxílico é primeiramente convertido em um intermediário clorossulfito de acila, substituindo assim o −OH do ácido por um grupo abandonador muito melhor. O clorossulfito reage então com o íon cloreto nucleofílico. Você deve se lembrar da **Seção 17.6** na qual um clorossulfito análogo está envolvido na reação de um álcool com $SOCl_2$ para produzir um cloreto de alquila.

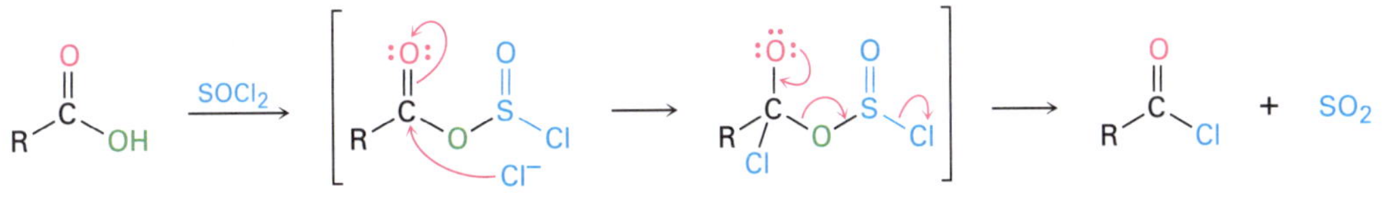

Ácido carboxílico   Clorossulfito   Cloreto de ácido

CONVERSÃO DE ÁCIDOS CARBOXÍLICOS EM ANIDRIDOS DE ÁCIDO

Os anidridos de ácido podem ser obtidos a partir de duas moléculas de ácido carboxílico através de forte aquecimento para remover 1 equivalente de água. Entretanto, devido às altas temperaturas necessárias, apenas o anidrido acético é comumente preparado dessa maneira.

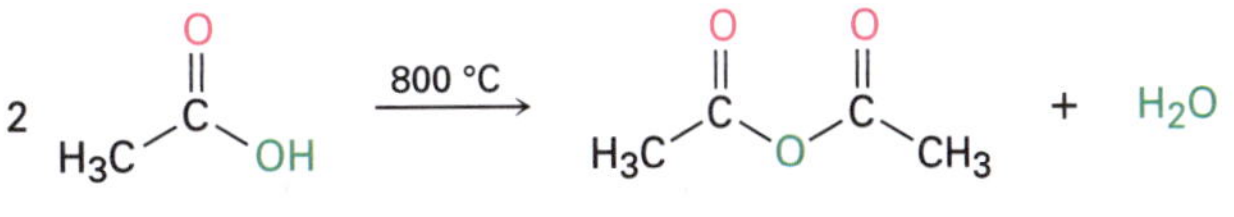

Ácido acético   Anidrido acético

CONVERSÃO DE ÁCIDOS CARBOXÍLICOS EM ÉSTERES

Talvez a reação mais útil dos ácidos carboxílicos seja sua conversão em ésteres. Existem muitos métodos para conseguir isto, incluindo a reação S_N2 de um ânion carboxilato com um haleto de alquila primário que vimos na **Seção 11.3**.

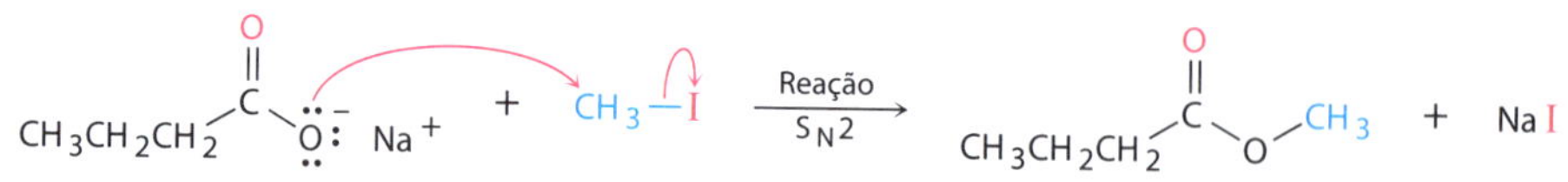

Butanoato de sódio

Butanoato de metila (97%)

Os ésteres podem também ser sintetizados por uma reação de substituição nucleofílica de acila de um ácido carboxílico com um álcool, um processo chamado de **reação de esterificação de Fischer**. Infelizmente, a necessidade de um excesso de um álcool como solvente líquido limita efetivamente o método para a síntese dos ésteres de metila, etila, propila e butila.

Ácido benzoico

Benzoato de etila (91%)

O mecanismo da reação de esterificação de Fischer é mostrado na **Figura 21.4**. Os ácidos carboxílicos não são suficientemente reativos para sofrerem diretamente uma adição nucleofílica, mas sua reatividade é enormemente aumentada na presença de um ácido forte, como HCl ou H_2SO_4. O ácido mineral protona o átomo de oxigênio do grupo carbonila, dessa forma, fornecendo ao ácido carboxílico uma carga positiva e tornando-o muito mais reativo. A subsequente perda de água do intermediário tetraédrico leva à formação do éster.

O efeito líquido da esterificação de Fischer é a substituição de um grupo −OH pelo −OR′. Todas as etapas são reversíveis e a reação tipicamente tem uma constante de equilíbrio próxima de 1. Assim, a reação pode ser conduzida em qualquer sentido, através da escolha das condições da reação. A formação de um éster é favorecida quando um grande excesso de álcool é usado como solvente, mas a formação de um ácido carboxílico é beneficiada quando um grande excesso de água está presente.

As evidências que sustentam o mecanismo mostrado na **Figura 21.4** vêm de experimentos de marcação isotópica. Quando o metanol marcado com ^{18}O reage com o ácido benzoico, o benzoato de metila produzido está marcado com ^{18}O, enquanto a água produzida não está marcada. Assim, é a ligação C−OH do ácido carboxílico que é quebrada durante a reação e não a ligação CO−H, e a ligação RO−H do álcool que é quebrada e não a ligação R−OH.

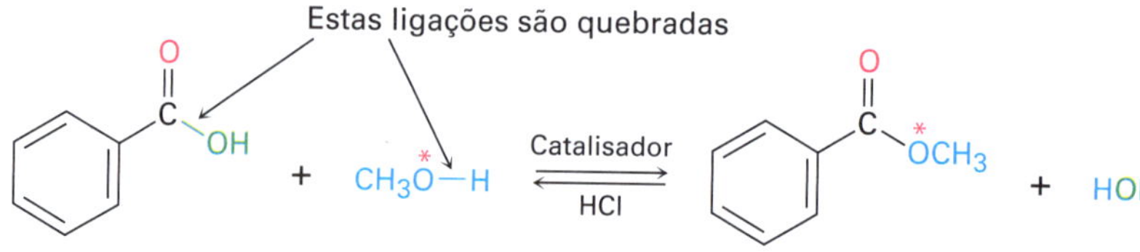

Problemas para praticar 21.2

Síntese de um éster a partir de um ácido

Como você pode preparar o seguinte éster utilizando uma reação de esterificação de Fischer?

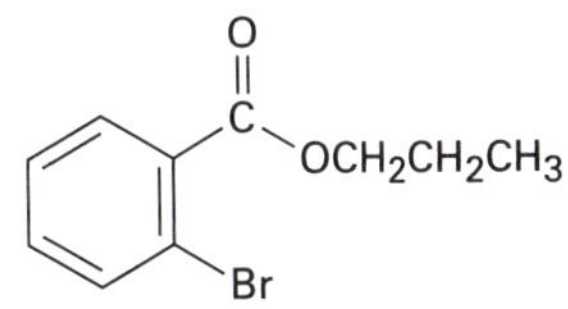

Estratégia Comece identificando as duas partes do éster. A parte acila vem do ácido carboxílico e a parte –OR vem do álcool. Neste caso, a molécula alvo é o *o*--bromobenzoato de propila por isso ela pode ser preparada por tratamento de ácido *o*-bromobenzoico com 1-propanol.

Solução

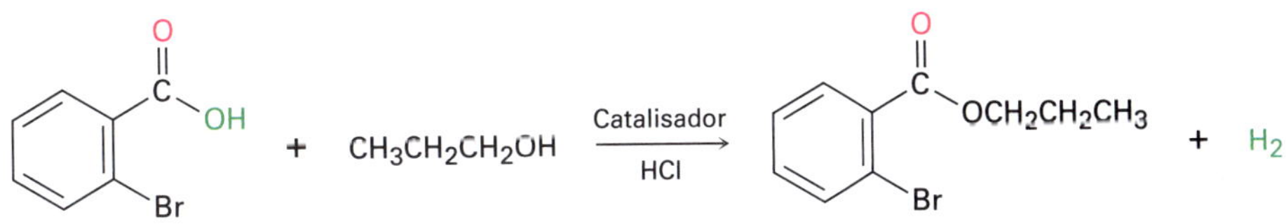

Ácido *o*-bromobenzoico **1-propanol** ***o*-Bromobenzoato de propila**

FIGURA 21.4 Mecanismo de esterificação de Fischer. A reação é uma substituição nucleofílica de acila, catalisada por ácido, de um ácido carboxílico.

MECANISMO

1 A protonação do oxigênio da carbonila ativa o ácido carboxílico. . .

2 . . . para o ataque nucleofílico por álcool gerando um intermediário tetraédrico.

3 A transferência de um próton de um átomo de oxigênio para outro dá origem a um segundo intermediário tetraédrico e converte o grupo OH em um bom grupo abandonador.

4 A perda de um próton e a expulsão de H_2O regeneram o catalisador ácido e geram o éster como produto.

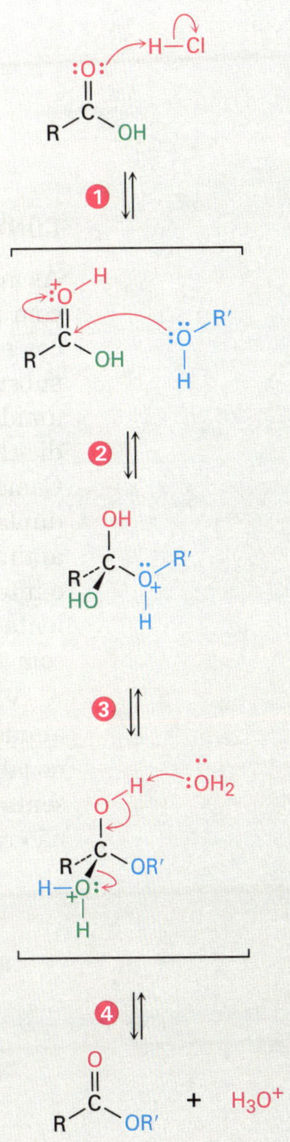

PROBLEMA 21.7 Como você prepararia os seguintes ésteres a partir dos ácidos correspondentes?

(a)

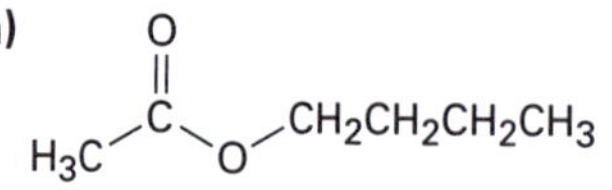

(b)

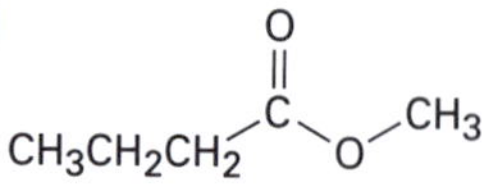

(c)

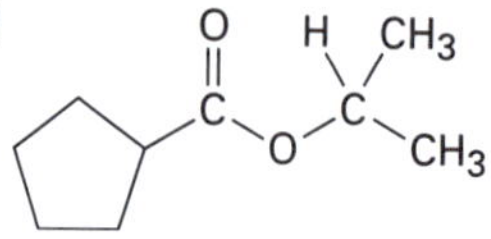

PROBLEMA 21.8 Se a seguinte molécula for tratada com um catalisador ácido, ocorre uma reação de esterificação intramolecular. Qual é a estrutura do produto? (*Intramolecular* significa que ocorre dentro da mesma molécula.)

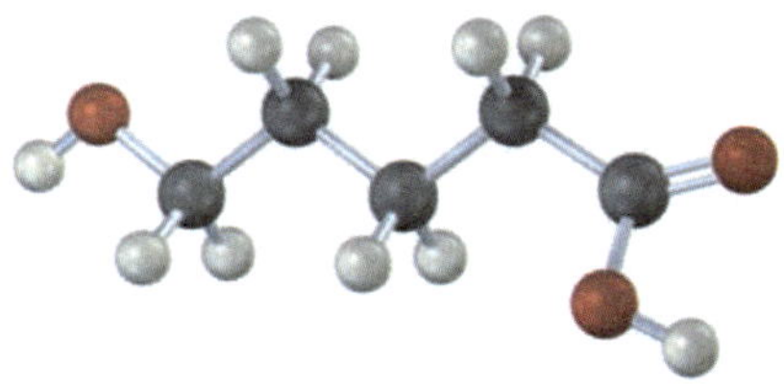

CONVERSÃO DE ÁCIDOS CARBOXÍLICOS EM AMIDAS

As amidas são difíceis de preparar pela reação direta de ácidos carboxílicos com aminas porque as aminas são bases que convertem grupos carboxílicos em seus ânions carboxilatos não reativos. Assim, o $-OH$ precisa ser substituído por um grupo abandonador melhor e não ácido. Na prática, as amidas geralmente são preparadas por tratamento de ácido carboxílico com diciclohexilcarbodiimida (DCC) para ativá-lo, seguido pela adição da amina. Como mostrado na **Figura 21.5**, o ácido se adiciona primeiro a uma ligação dupla C=N do DCC e, em seguida, a substituição nucleofílica de acila pela amina é assegurada. Alternativamente e dependendo do solvente da reação, o intermediário acila reativo também pode reagir com um segundo equivalente de íon carboxilato para gerar um anidrido de ácido que reage então com a amina. O produto de qualquer uma das rotas é o mesmo.

Veremos na **Seção 26.7** que o método induzido por DCC de formação da amida é a etapa principal para a síntese de pequenas proteínas ou *peptídeos* no laboratório. Por exemplo, quando um aminoácido com o seu NH_2 se apresenta não reativo e um segundo aminoácido com o seu $-CO_2H$ se apresenta não reativo e são tratados com DCC, um dipeptídeo é formado.

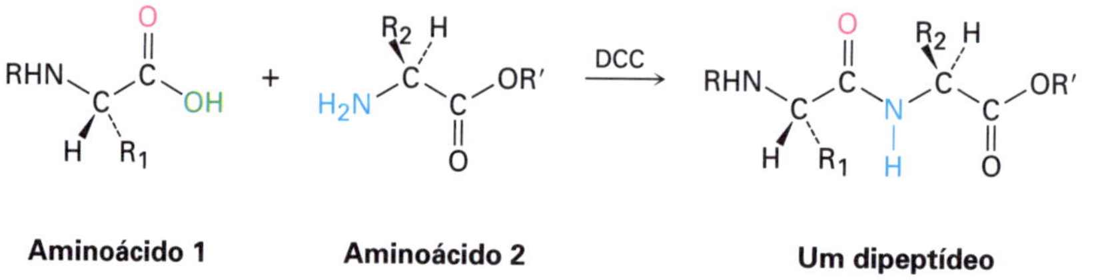

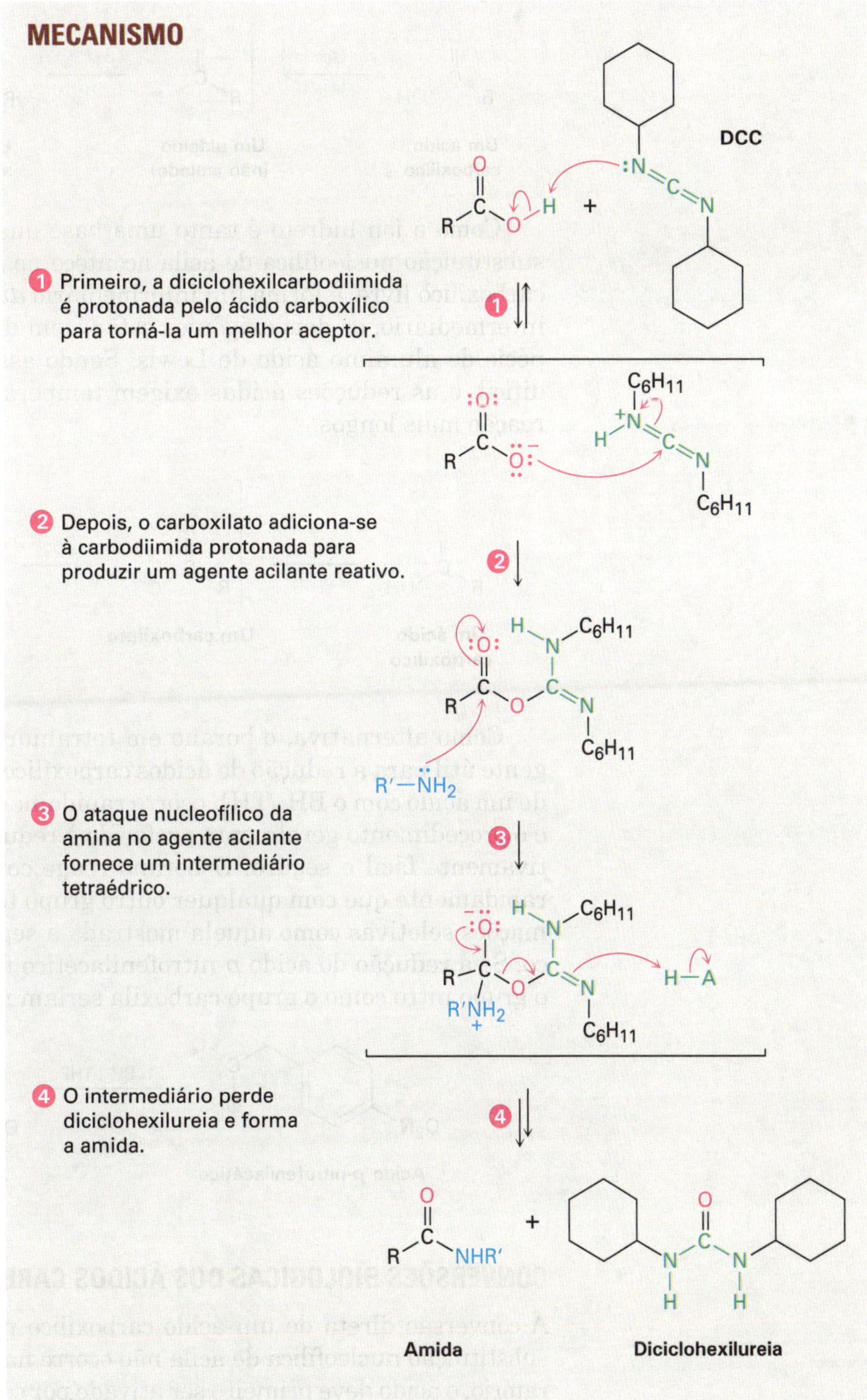

FIGURA 21.5 Mecanismo de formação de amida pela reação de um ácido carboxílico e uma amina com diciclohexilcarbodiimida (DCC).

CONVERSÃO DE ÁCIDOS CARBOXÍLICOS EM ÁLCOOIS

Dissemos na **Seção 17.4** que os ácidos carboxílicos são reduzidos pelo $LiAlH_4$ para formar os álcoois primários, mas adiamos, naquela ocasião, uma discussão sobre o mecanismo de reação. Na verdade, a redução é uma reação de substituição nucleofílica de acila na qual o $-H$ substitui o $-OH$ para formar um aldeído, que posteriormente é reduzido a álcool primário por meio de uma adição nucleofílica. O aldeído intermediário é muito mais reativo que o ácido inicial, por isso reage imediatamente e não é isolado.

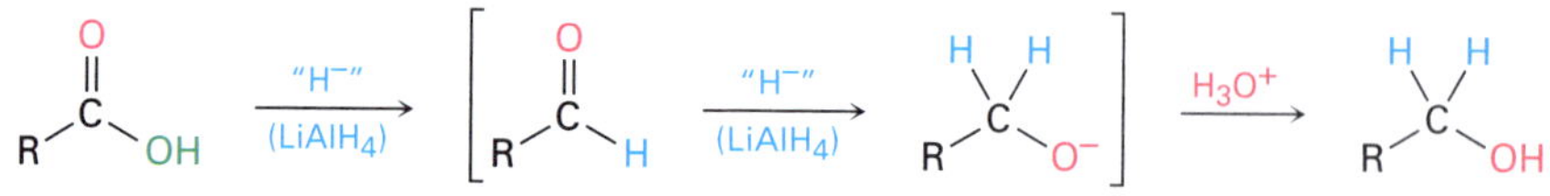

Um ácido carboxílico — Um aldeído (não isolado) — Um íon alcóxido — Um álcool primário

Como o íon hidreto é tanto uma base quanto um nucleófilo, a etapa de substituição nucleofílica de acila acontece no íon carboxilato, e não no ácido carboxílico livre, e forma um intermediário *diânion* com alta energia. Nesse intermediário, os dois oxigênios estão, sem dúvida, complexados a uma espécie de alumínio ácido de Lewis. Sendo assim, a reação é relativamente difícil, e as reduções ácidas exigem temperaturas mais altas e tempos de reação mais longos.

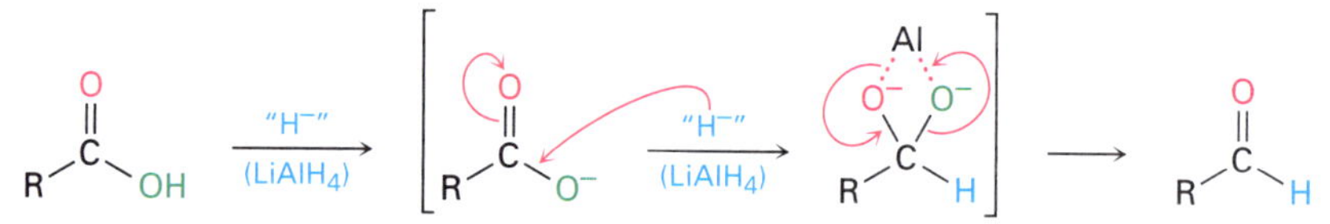

Um ácido carboxílico — Um carboxilato — Um diânion — Um aldeído

Como alternativa, o borano em tetrahidrofurano (BH_3/THF) é um reagente útil para a redução de ácidos carboxílicos a álcoois primários. A reação de um ácido com o BH_3/THF ocorre rapidamente em temperatura ambiente, e o procedimento geralmente preferido à redução com $LiAlH_4$ porque é relativamente fácil e seguro. O borano reage com os ácidos carboxílicos mais rapidamente que com qualquer outro grupo funcional, permitindo transformações seletivas como aquela mostrada a seguir no ácido *p*-nitrofenilacético. Se a redução do ácido *p*-nitrofenilacético fosse feita com o $LiAlH_4$, tanto o grupo nitro como o grupo carboxila seriam reduzidos.

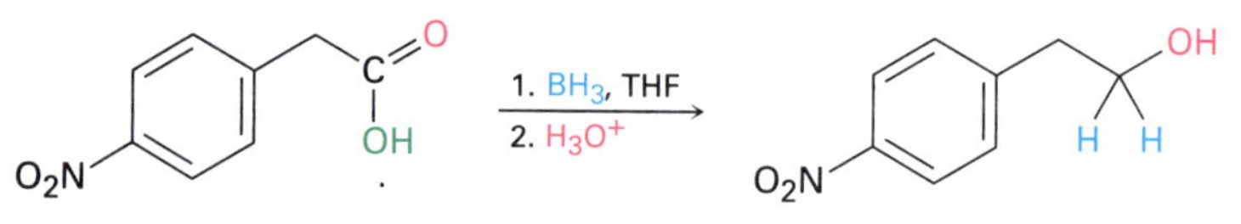

Ácido *p*-nitrofenilacético — 2-ácido *p*-nitrofenil-etanol (94%)

CONVERSÕES BIOLÓGICAS DOS ÁCIDOS CARBOXÍLICOS

A conversão direta de um ácido carboxílico para um derivado de acila por substituição nucleofílica de acila não ocorre na bioquímica. Tal como no laboratório, o ácido deve primeiro ser ativado por conversão do –OH em um grupo abandonador melhor. Esta ativação é muitas vezes realizada nos organismos vivos pela reação do ácido com o trifosfato de adenosina (ATP) para dar um fosfato de acila adenosila ou adenilato de acila, um anidrido misto, combinando um ácido carboxílico e monofosfato de adenosina (AMP, também conhecido como ácido adenílico). Na biossíntese de gorduras, por exemplo, um ácido carboxílico de cadeia longa reage com ATP para gerar um adenilato de acila, seguido por subsequente substituição nucleofílica de acila de um grupo tiol na coenzima A para gerar a correspondente acil-CoA (**Figura 21.6**).

Observe que a primeira etapa na **Figura 21.6** – reação do carboxilato com o ATP para formar um adenilato de acila – é uma substituição nucleofílica de acila no *fósforo*. O carboxilato se adiciona primeiro a uma ligação dupla P=O, formando um intermediário pentacoordenado de fósforo, que expele íons difosfato como um grupo abandonador.

FIGURA 21.6 Na biossíntese de ácidos graxos, um ácido carboxílico é ativado pela reação com ATP para fornecer um adenilato de acila, que sofre substituição nucleofílica de acila com o grupo −SH na coenzima A. (ATP = trifosfato de adenosina; AMP = monofosfato de adenosina.)

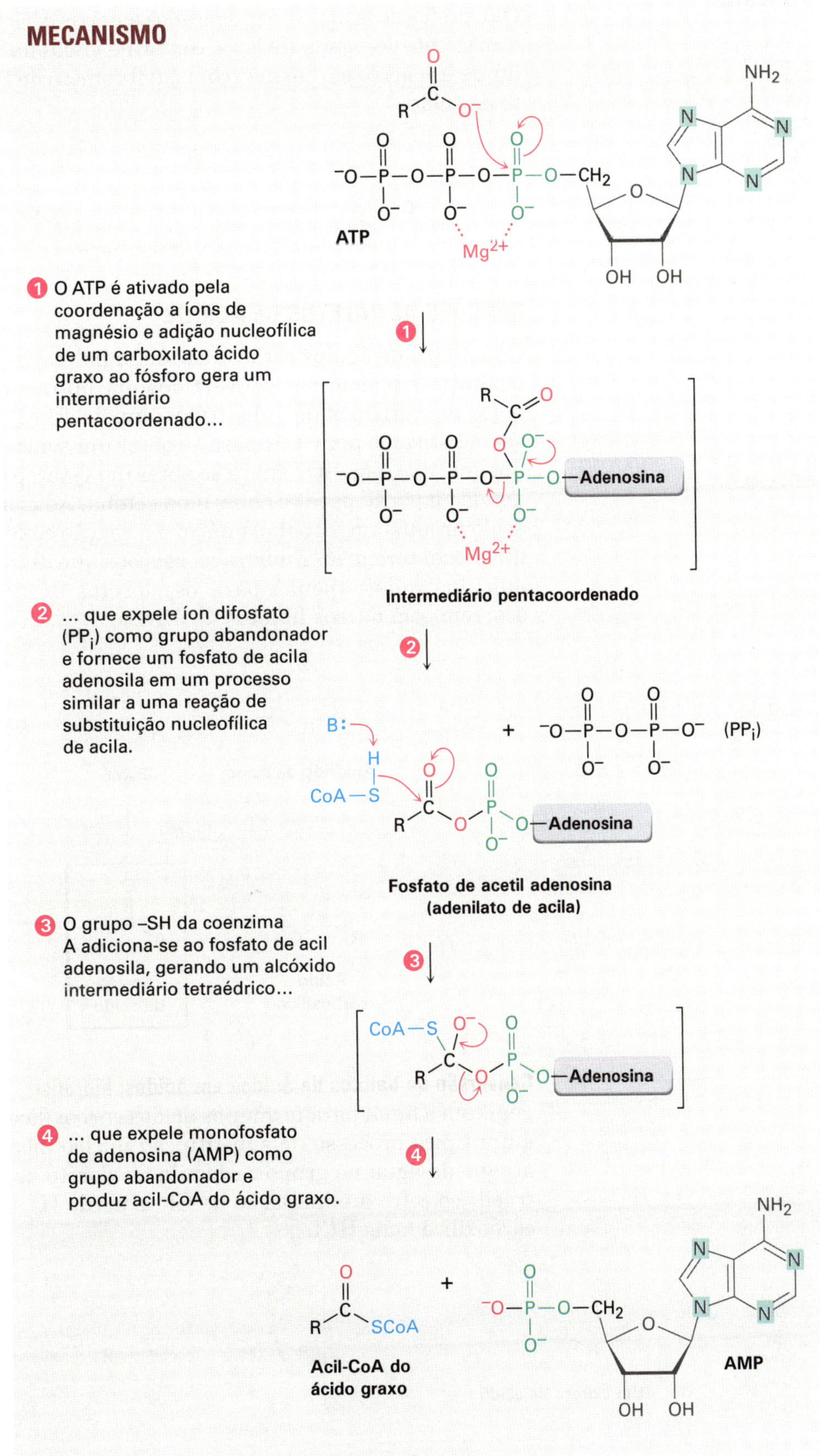

21.4

Química dos haletos de ácidos

PREPARAÇÃO DE HALETOS DE ÁCIDOS

Os cloretos de ácidos são preparados a partir de ácidos carboxílicos pela reação com cloreto de tionila ($SOCl_2$), conforme vimos na seção anterior. Reação similar de um ácido carboxílico com o tribrometo de fósforo (PBr_3) gera o brometo de ácido.

REAÇÕES DE HALETOS DE ÁCIDOS

Os haletos de ácidos estão entre os mais reativos derivados de ácidos carboxílicos e podem ser convertidos em muitos outros tipos de compostos pelos mecanismos de substituição nucleofílica de acila. O halogênio pode ser substituído por –OH para se obter um ácido, por –OCOR para produzir um anidrido, por –OR, para se obter um éster, por $-NH_2$ para se obter uma amida ou por R' para se obter uma cetona. Adicionalmente, a redução de um ácido produz um álcool primário e a reação com um reagente de Grignard, um álcool terciário. Embora as reações que discutiremos nesta seção estejam ilustradas apenas para os cloretos de ácidos, processos similares ocorrem com outros haletos de ácidos.

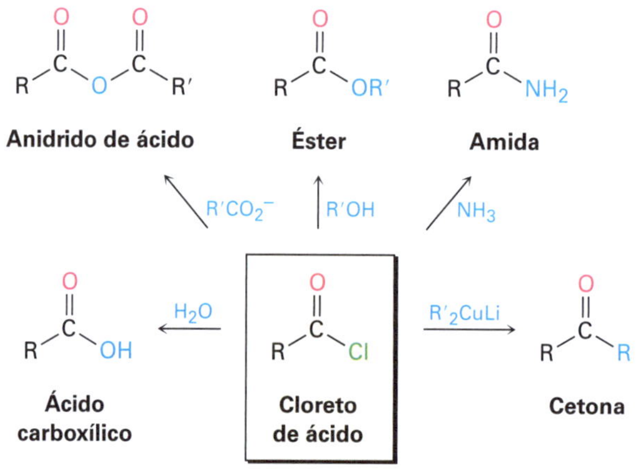

Conversão de haletos de ácidos em ácidos: hidrólise Os cloretos de ácidos reagem com a água para formar os ácidos carboxílicos. Essa reação de hidrólise é um típico processo de substituição nucleofílica de acila e é iniciada pelo ataque da água no grupo carbonila do cloreto de ácido. O intermediário tetraédrico sofre a eliminação de Cl^- e perde H^+ para gerar o produto ácido carboxílico mais HCl.

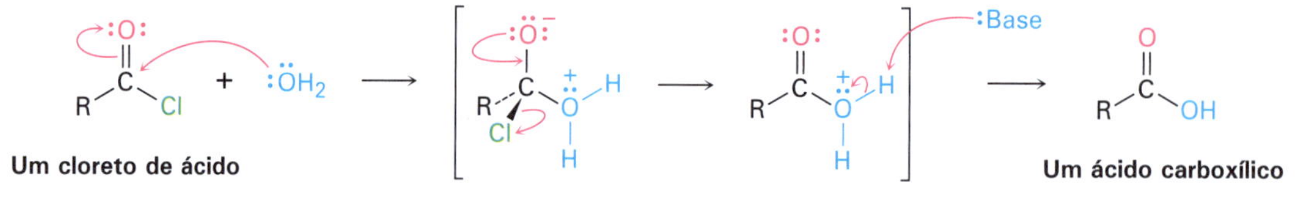

Como HCl é gerado durante a hidrólise, a reação é frequentemente executada na presença de uma base como piridina ou NaOH para remover o HCl e evitar que ele provoque reações laterais.

Conversão dos haletos de ácidos em anidridos A reação de substituição nucleofílica de acila de um cloreto de ácido com um ânion carboxilato fornece um anidrido de ácido. Tanto os anidridos de ácidos simétricos como os assimétricos podem ser preparados dessa maneira.

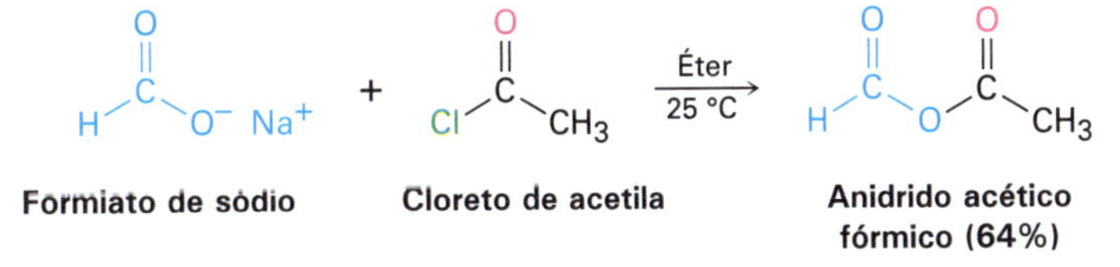

Conversão de haletos de ácido em ésteres: alcoólise Os cloretos de ácidos reagem com álcoois para dar origem aos ésteres em um processo análogo à sua reação com a água para gerar ácidos. Na verdade, essa reação provavelmente é o método mais comum para a preparação de ésteres no laboratório. Como com a hidrólise, as reações de alcoólise são geralmente executadas na presença de piridina ou NaOH para reagir com o HCl formado.

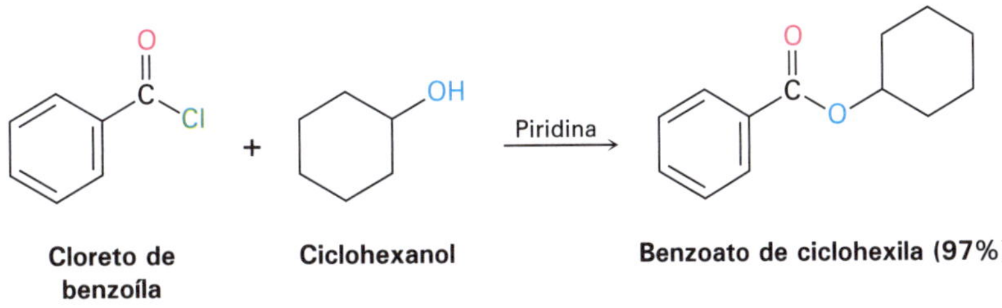

A reação de um álcool com um cloreto de ácido é fortemente afetada por impedimento estérico. Grupos volumosos em qualquer reagente tornam a reação consideravelmente mais lenta, resultando em uma ordem de reatividade entre os álcoois de primários > secundários > terciários. Como resultado, frequentemente é possível esterificar seletivamente um álcool não impedido na presença de um mais impedido. Isso pode ser importante em sínteses complexas nas quais é algumas vezes necessário distinguir entre grupos funcionais similares. Por exemplo,

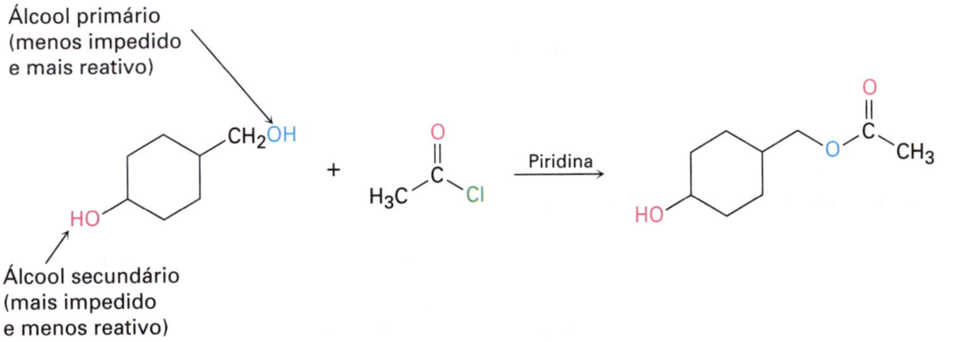

PROBLEMA 21.9 Como você poderia preparar os seguintes ésteres usando uma reação de substituição nucleofílica de acila de um cloreto de ácido?

(a) $CH_3CH_2CO_2CH_3$ **(b)** $CH_3CO_2CH_2CH_3$ **(c)** Benzoato de etila

PROBLEMA 21.10 Qual método você escolheria se quisesse preparar o benzoato de ciclohexila: esterificação de Fischer ou reação de cloreto de ácido com um álcool? Explique.

Conversão de haleto de ácido em amidas: aminólise Os cloretos de ácidos reagem facilmente com amônia e aminas para fornecer amidas. Tal como acontece com o método de cloreto de ácido mais álcool para a preparação de ésteres, essa reação de cloretos de ácidos com aminas é o método mais comum de laboratório para a preparação de amidas. Tanto as aminas monossubstituídas quanto as dissubstituídas podem ser usadas, mas não as aminas trissubstituídas (R_3N).

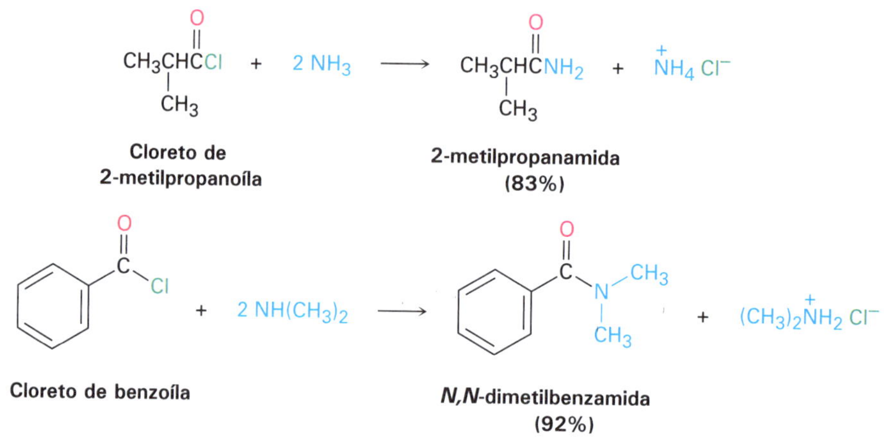

Como o HCl é formado durante a reação, devem-se usar dois equivalentes de aminas. Um equivalente reage com o cloreto de ácido e, o outro, com o subproduto HCl, para formar um sal de cloreto de amônio. No entanto, se o componente amina é valioso, a síntese da amida geralmente é realizada usando um equivalente da amina e mais um equivalente de uma base mais barata, como NaOH. Por exemplo, o sedativo trimetozina é preparado comercialmente pela reação do cloreto de 3,4,5-trimetoxibenzoíla com a amina morfolina, na presença de um equivalente de NaOH.

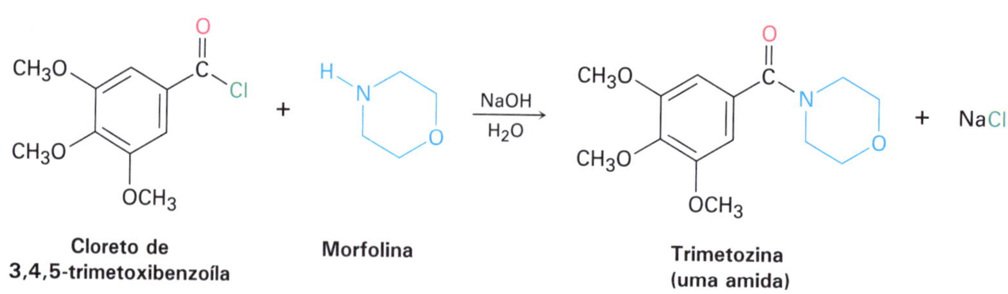

PROBLEMAS PARA PRATICAR 21.3

Síntese de amida a partir de um cloreto de ácido

Como você pode preparar a *N*-metilpropanamida por meio da reação de um cloreto de ácido com uma amina?

Estratégia Como o nome implica, *N*-metilpropanamida pode ser preparado pela reação de *metilamina* com o cloreto do ácido propanoico.

Solução

$$CH_3CH_2\overset{O}{\overset{\|}{C}}Cl + 2\,CH_3NH_2 \longrightarrow CH_3CH_2\overset{O}{\overset{\|}{C}}NHCH_3 + CH_3NH_3^+\,Cl^-$$

Cloreto de propanoíla | Metilamina | *N*-metilpropanamida

PROBLEMA 21.11 Escreva o mecanismo da reação que acabamos de mostrar entre o cloreto de 3,4,5-trimetoxibenzoíla e a morfolina, para formar a trimetozina. Use setas curvas para mostrar o fluxo de elétrons em cada etapa.

PROBLEMA 21.12 Como você prepararia as seguintes amidas usando um cloreto de ácido e uma amina ou amônia?

(a) $CH_3CH_2CONHCH_3$ **(b)** *N,N*-dietilbenzamida **(c)** Propanamida

Conversão de cloretos de ácidos em álcoois: redução e reação de Grignard Os cloretos de ácidos são reduzidos pelo $LiAlH_4$ para produzir álcoois primários. Entretanto, a reação é de pouco valor prático, porque os ácidos carboxílicos principais são mais comuns e eles mesmos podem ser reduzidos pelo $LiAlH_4$ para produzir álcoois.

A redução ocorre por um mecanismo típico de substituição nucleofílica de acila no qual o íon hidreto ($H:^-$) se adiciona ao grupo carbonila, produzindo um intermediário tetraédrico que expulsa o Cl^-. O efeito líquido é uma substituição de $-Cl$ por $-H$ para se obter um aldeído, o qual é, em seguida, ainda mais reduzido por $LiAlH_4$ em uma segunda etapa, para se obter o álcool primário.

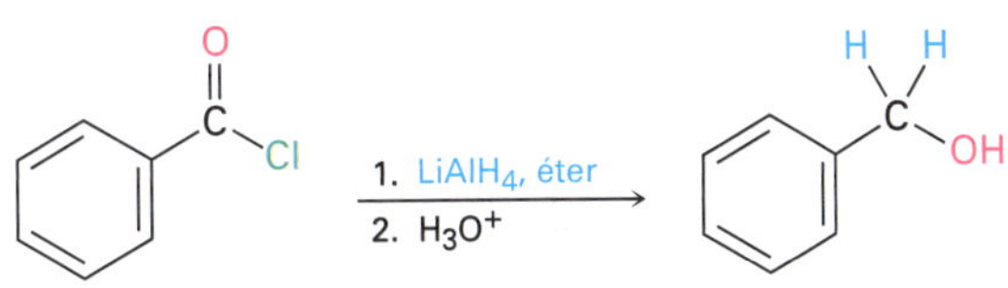

Cloreto de benzoíla **Álcool benzílico (96%)**

Os reagentes de Grignard reagem com os cloretos de ácidos para gerar os álcoois terciários com dois dos substituintes idênticos. O mecanismo dessa reação de Grignard é similar àquele da redução com o $LiAlH_4$. O primeiro equivalente do reagente de Grignard se adiciona ao cloreto de ácido, a perda de Cl^- do intermediário tetraédrico produz uma cetona, e um segundo equivalente do reagente de Grignard se adiciona imediatamente à cetona, para produzir um álcool.

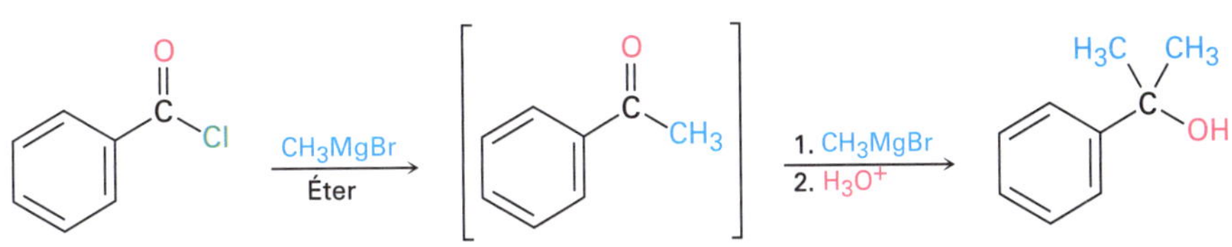

Cloreto de benzoíla **Acetofenona *(Não isolada)*** **2-fenil-2-propanol (92%)**

Conversão de cloretos de ácido em cetonas: reação de diorganocobre A cetona intermediária formada na reação de um cloreto de ácido com um reagente de Grignard não pode geralmente ser isolada porque a adição do segundo equivalente de reagente de organomagnésio ocorre muito rapidamente. Uma cetona *pode*, entretanto, ser isolada da reação de um cloreto de ácido com um diorganocuprato de lítio (Reagentes de Gilman), $Li^+ \; R'_2Cu^-$. A reação ocorre através da substituição nucleofílica de acila inicial no cloreto de ácido pelo ânion diorganocuprato para gerar um diorganocuprato de acila intermediário, seguida pela perda de R′Cu e pela formação da cetona.

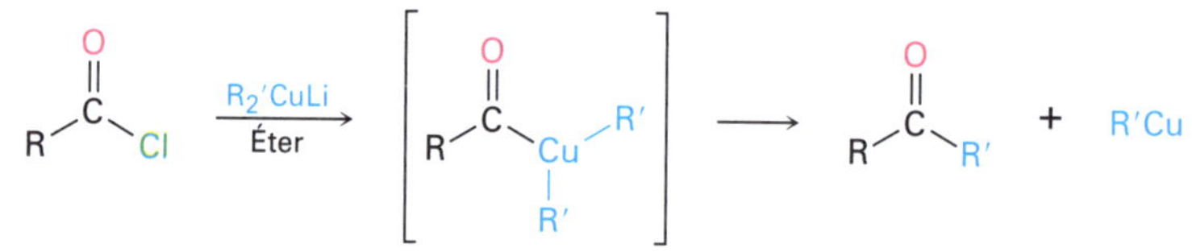

Um cloreto de ácido — Um diorganocuprato de acila — Uma cetona

A reação normalmente é executada a −78 °C em solução de éter, e os rendimentos frequentemente são excelentes. Por exemplo, a manicona, uma substância secretada pelo macho da formiga para coordenar o acasalamento, foi sintetizada pela reação de dietilcuprato de lítio com o cloreto de (*E*)-2,4-dimetil-2-hexenoíla:

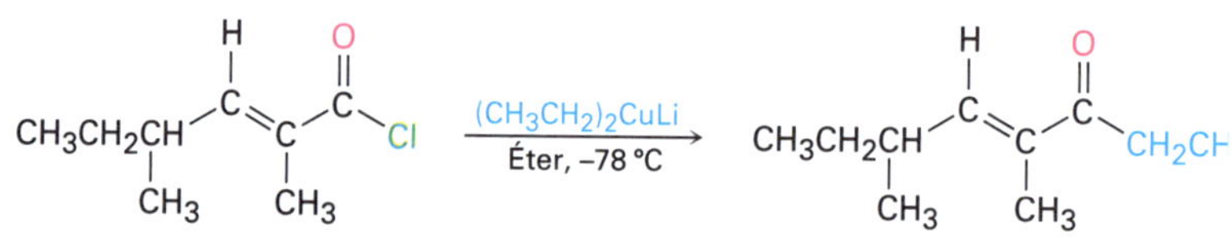

Cloreto de 2,4-dimetilexen-2-hexenoíla — 4,6-dimetil-4-octen-3-ona (manicona, 92%)

Observe que a reação de diorganocuprato ocorre apenas com os cloretos de ácidos. Os ácidos carboxílicos, os ésteres, os anidridos de ácidos e as amidas não reagem com reagentes de diorganocuprato de lítio.

PROBLEMA 21.13 Como você poderia preparar as seguintes cetonas pela reação de um cloreto de ácido com um reagente de diorganocuprato de lítio?

(a)

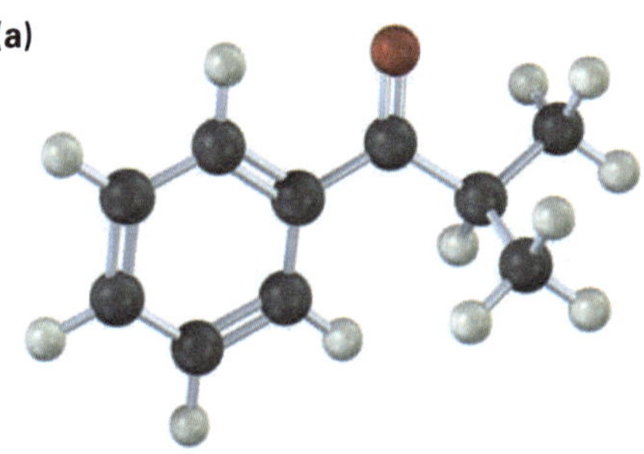

(b)

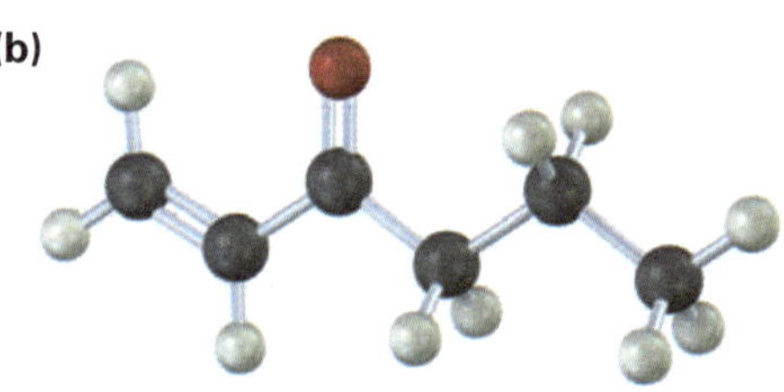

21.5 Química dos anidridos de ácidos

PREPARAÇÃO DE ANIDRIDOS DE ÁCIDOS

Os anidridos ácidos normalmente são preparados pela reação de substituição nucleofílica de acila de um cloreto de ácido com um ânion carboxilato, como vimos na **Seção 21.4**. Tanto os anidridos de ácidos simétricos quanto os assimétricos podem ser preparados dessa forma.

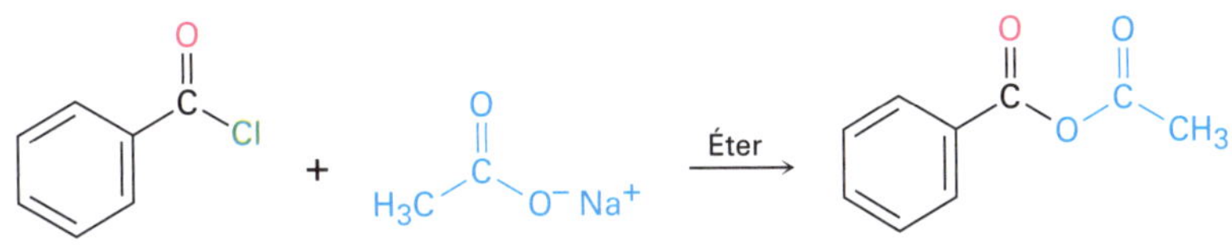

Cloreto de benzoíla **Acetato de sódio** **Anidrido acético benzoico**

REAÇÕES DE ANIDRIDOS DE ÁCIDOS

A química dos anidridos de ácidos é similar àquela dos cloretos de ácidos. Assim, os anidridos de ácidos reagem com água para formar ácidos, com álcoois para gerar ésteres, com aminas para produzir amidas e com $LiAlH_4$ para dar origem a álcoois primários. Entretanto, apenas as reações de formação de éster e amida são mais utilizadas.

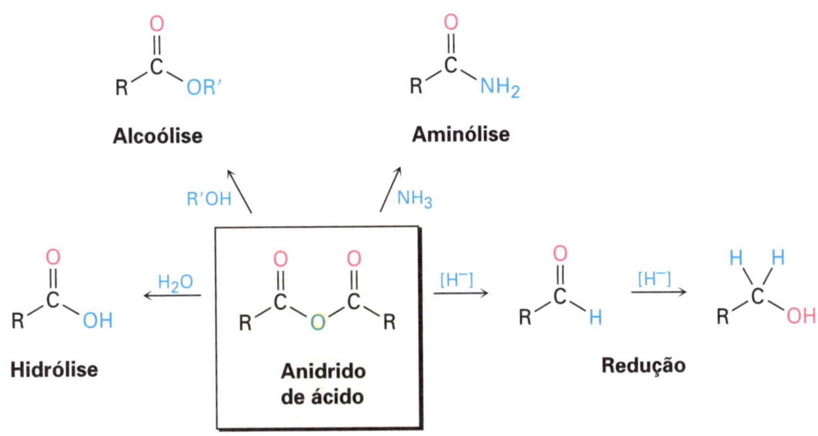

Conversão de anidridos de ácidos em ésteres O anidrido acético frequentemente é usado para se preparar ésteres acetato a partir de álcoois. Por exemplo, a aspirina (ácido acetilsalicílico) é preparada comercialmente pela acetilação do ácido *o*-hidroxibenzoico (ácido salicílico) com o anidrido acético.

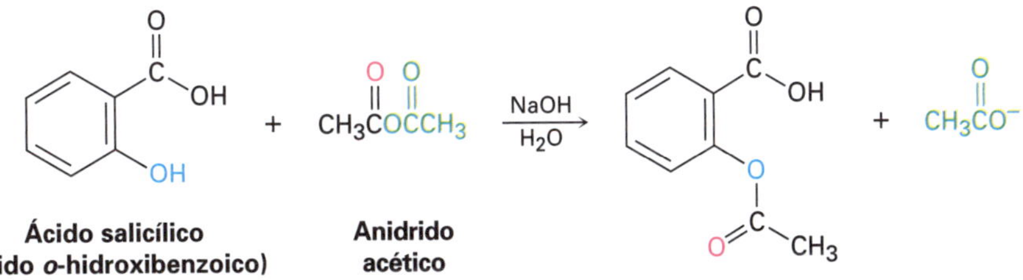

Conversão de anidridos de ácidos em amidas O anidrido acético também é comumente utilizado para preparar acetamidas *N*-substituídas a partir de aminas. O acetominofeno, um medicamento usado como analgésico e vendido sem prescrição médica, como o Tylenol, é preparado pela reação da *p*-hidroxianilina com o anidrido acético. Apenas o grupo mais nucleofílico $-NH_2$ reage em vez do grupo menos nucleofílico $-OH$.

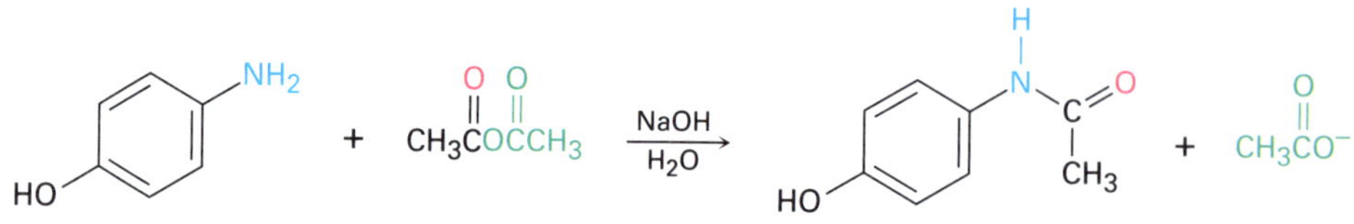

p-hidroxianilina — Anidrido acético — Acetominofeno

Observe em ambas as reações anteriores que apenas "metade" da molécula de anidrido é usada, enquanto a outra metade age como o grupo abandonador durante a etapa de substituição nucleofílica de acila e produz o íon acetato como um subproduto. Assim, os anidridos são ineficientes e os cloretos de ácidos são normalmente preferidos para introduzir os substituintes acila, exceto o grupo acetila.

PROBLEMA 21.14 Escreva o mecanismo para a reação entre a *p*-hidroxianilina e o anidrido acético para se preparar o acetaminofeno.

PROBLEMA 21.15 Qual o produto você esperaria da reação de 1 equivalente de metanol com um anidrido cíclico, como o anidrido ftálico (anidrido 1,2-benzenodicarboxílico)? Qual é o destino da segunda "metade" do anidrido nesse caso?

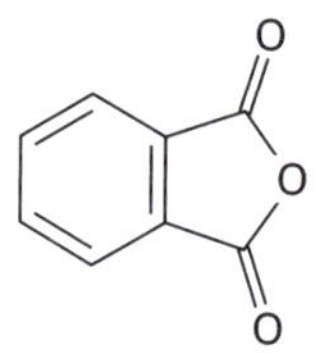

Anidrido ftálico

21.6 Química dos ésteres

Os ésteres estão entre os mais comuns de todos os compostos naturais. Muitos ésteres simples são líquidos de odor agradável, responsáveis pela fragrância de flores e frutos. Por exemplo, o butanoato de metila é encontrado no óleo de abacaxi, e o acetato de isopentila é um dos constituintes do óleo da banana. A ligação de ésteres está presente também em gorduras animais e em muitas moléculas biologicamente importantes.

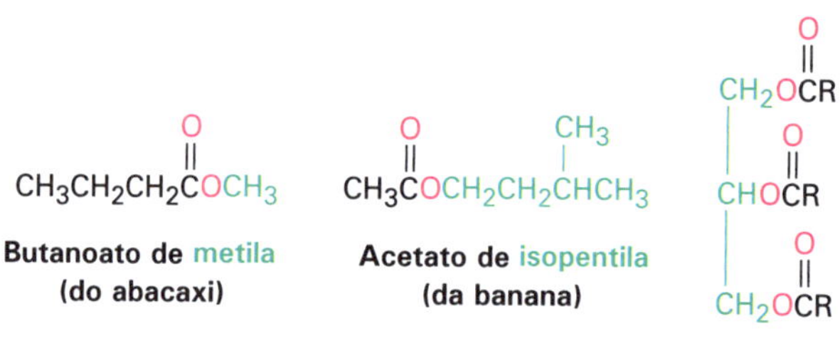

Butanoato de metila (do abacaxi) — Acetato de isopentila (da banana) — Uma gordura (R = cadeias C_{11-17})

A indústria química utiliza os ésteres para uma variedade de propósitos. O acetato de etila, por exemplo, é um solvente muito comum e os ftalatos de dialquila são usados como plastificantes para evitar que os polímeros tornem-se quebradiços. Você deve saber que atualmente existe uma preocupação com a possível toxicidade dos ftalatos em altas concentrações, embora uma avaliação recente feita pela U.S. Food and Drug Administration (FDA), agência que regulamenta e fiscaliza a produção de alimentos e medicamentos nos Estados Unidos, tenha descoberto que o risco é mínimo para a maioria das pessoas, com a possível exceção de bebês do sexo masculino.

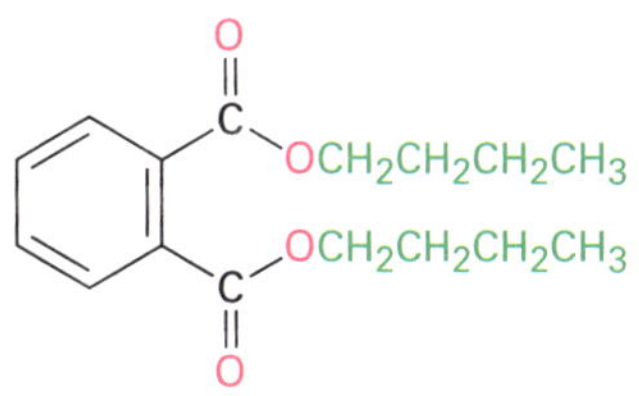

Ftalato de dibutila (um plastificante)

PREPARAÇÃO DE ÉSTERES

Os ésteres geralmente são preparados a partir de ácidos carboxílicos pelos métodos já discutidos. Dessa forma, os ácidos carboxílicos são convertidos diretamente em ésteres, pela reação S_N2 de um íon carboxilato com um haleto de alquila primário ou pela esterificação de Fischer de um ácido carboxílico com um álcool na presença de um ácido mineral como catalisador. Além disso, os cloretos de ácidos são convertidos em ésteres pelo tratamento com um álcool na presença da base (**Seção 21.4**).

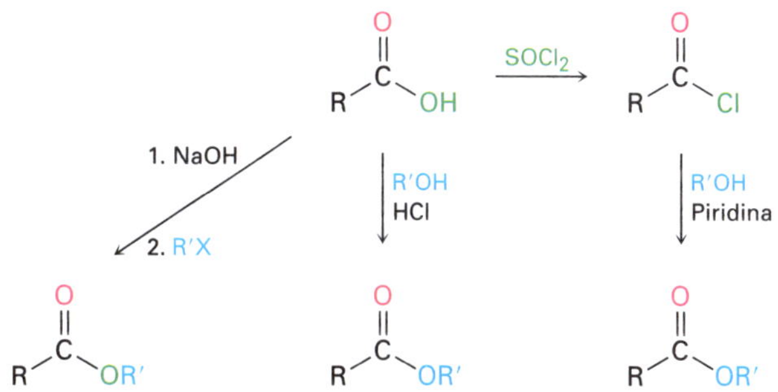

Método limitado a haletos de alquila primários | **Método limitado a álcoois simples** | **O método é muito geral**

REAÇÕES DE ÉSTERES

Os ésteres sofrem os mesmos tipos de reações que vimos para os outros derivados de ácidos carboxílicos, mas são menos reativos em relação aos nucleófilos que cloretos de ácidos ou anidridos. Todas as suas reações são igualmente aplicáveis tanto para ésteres acíclicos quanto cíclicos, chamados **lactonas**.

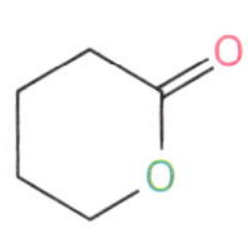

Uma lactona (éster cíclico)

Conversão de ésteres em ácidos carboxílicos: hidrólise Um éster é hidrolisado por uma base aquosa ou por um ácido aquoso, para produzir um ácido carboxílico mais um álcool:

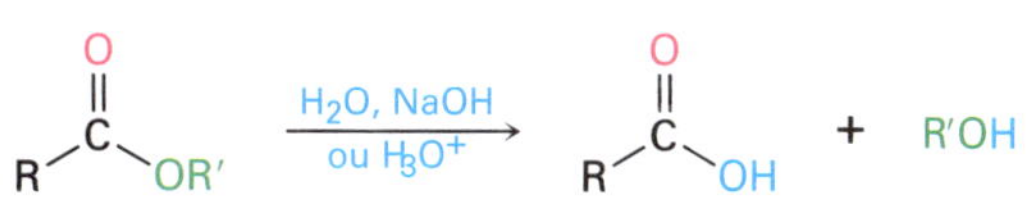

Éster **Ácido** **Álcool**

A hidrólise do éster em solução básica é denominada **saponificação**, originária da palavra latina *sapo*, que significa "sabão". Veremos na **Seção 27.2** que o sabão é na verdade feito com a fervura de gordura animal com base aquosa, para hidrolisar as ligações éster.

Como mostrado na **Figura 21.7**, a hidrólise do éster ocorre através de uma rota típica de substituição nucleofílica de acila, na qual o íon hidróxido é o nucleófilo que se adiciona ao grupo carbonila do éster para produzir um intermediário tetraédrico. A perda de íon alcóxido, então, gera um ácido carboxílico, que é desprotonado para dar origem ao íon carboxilato. A adição de HCl aquoso em uma etapa separada após a saponificação estar completa, então, protona o íon carboxilato e gera o ácido carboxílico.

O mecanismo mostrado na **Figura 21.7** é sustentado com estudos de marcação isotópica. Quando o propanoato de etila, marcado com ^{18}O no oxigênio do tipo éter, é hidrolisado em NaOH aquoso, o ^{18}O marcado aparece exclusivamente no etanol. Nenhum dos marcadores permanece com o ácido propanoico, indicando que a saponificação ocorre pela quebra da ligação C−OR′ e não na ligação CO−R′.

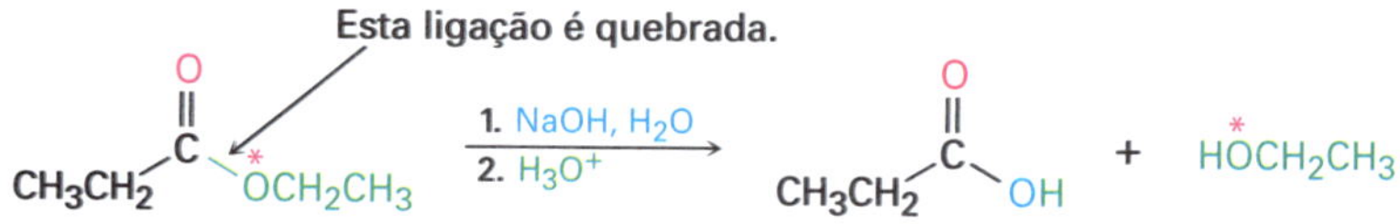

A hidrólise catalisada por éster pode ocorrer por meio de mais de um mecanismo, dependendo da estrutura do éster. A rota normal, entretanto, é exatamente o inverso de uma reação de esterificação de Fischer (**Seção 21.3**). Como mostrado na **Figura 21.8**, o éster é primeiro ativado para o

FIGURA 21.7 Mecanismo de hidrólise de éster induzida por base (saponificação).

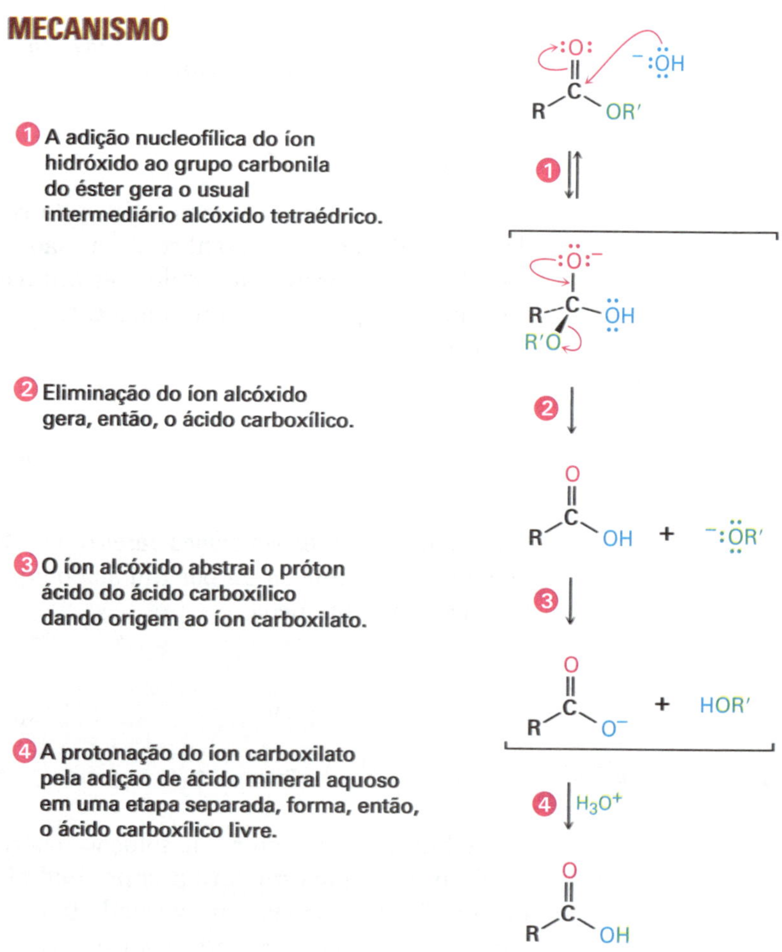

FIGURA 21.8 Mecanismo da hidrólise de éster catalisada por ácido. A reação direta é uma hidrólise; a reação inversa é uma esterificação de Fischer e é, portanto, o inverso da Figura 21.4.

MECANISMO

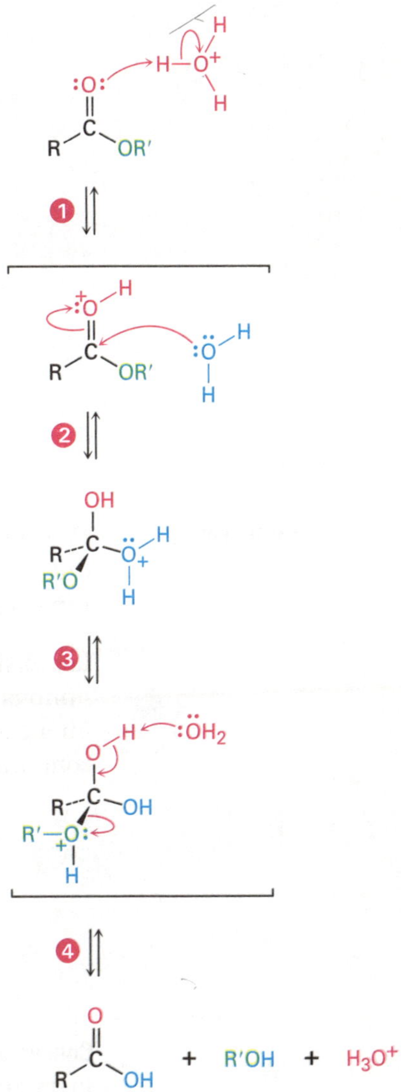

1. A protonação do grupo carbonila o ativa...
2. ... para o ataque nucleofílico pela água, gerando um intermediário tetraédrico.
3. A transferência de um próton converte, então, o OR′ em um bom grupo abandonador.
4. A expulsão do álcool gera o ácido carboxílico livre e regenera o catalisador ácido.

ataque nucleofílico pela protonação do átomo de oxigênio da carboxila e a adição nucleofílica de água ocorre em seguida. A transferência de um próton e a eliminação de álcool produz o ácido carboxílico. Como essa reação de hidrólise é o inverso de uma reação de esterificação de Fischer, a **Figura 21.8** é o oposto da **Figura 21.4**.

A hidrólise é comum na bioquímica, particularmente na digestão de gorduras e óleos da alimentação. Deixaremos uma abordagem completa dos detalhes de mecanismo da hidrólise de gorduras para a **Seção 29.2**, mas observaremos por enquanto que a reação é catalisada por diversas enzimas lipase e envolve duas reações de substituição nucleofílica de acila sequenciais. A primeira é uma reação de *transesterificação* na qual um grupo álcool da lipase adiciona-se a uma ligação de éster na molécula de gordura para formar um intermediário tetraédrico que expele o álcool e forma um intermediário de enzima acila. A segunda é uma adição de água à enzima acila, seguida pela expulsão da enzima para se obter um ácido hidrolisado e uma enzima regenerada.

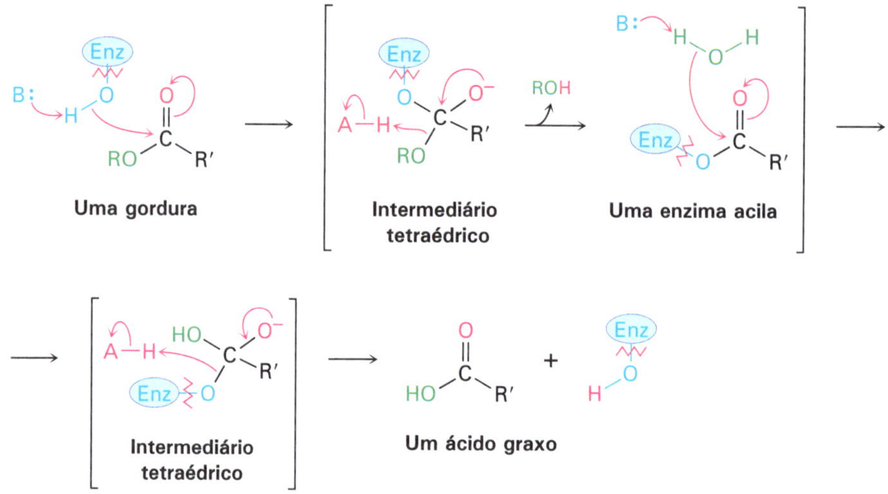

Uma gordura — Intermediário tetraédrico — Uma enzima acila — Intermediário tetraédrico — Um ácido graxo

PROBLEMA 21.16 Por que a saponificação de um éster é irreversível? Em outras palavras, por que o tratamento de um ácido carboxílico com um íon alcóxido não produz um éster?

Conversão de ésteres em aminas: aminólise Os ésteres reagem com amônia e aminas para produzir amidas. Entretanto, a reação não é usada com frequência porque normalmente é mais fácil preparar uma amida começando com um cloreto de ácido (**Seção 21.4**).

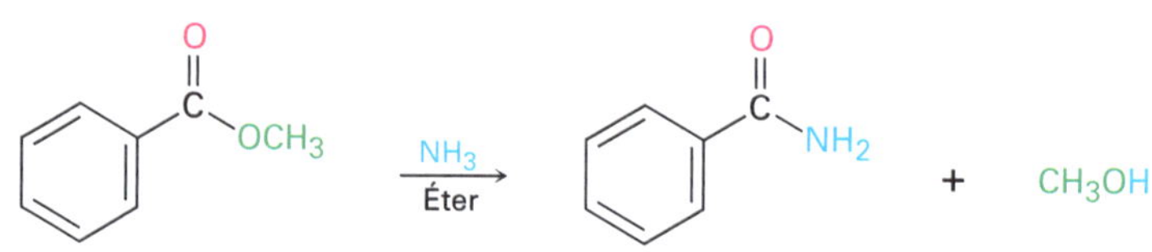

Benzoato de metila — Benzamida

Conversão de ésteres em álcoois: redução Os ésteres são facilmente reduzidos pelo tratamento com o $LiAlH_4$ para produzir os álcoois primários (**Seção 17.4**).

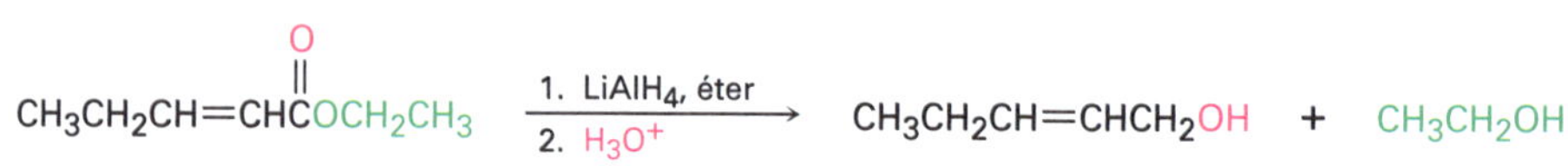

2-pentanoato de etila — 2-penten-1-ol (91%)

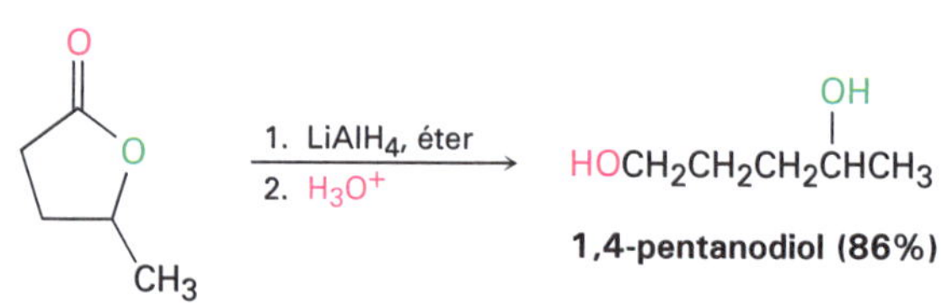

Uma lactona — 1,4-pentanodiol (86%)

O mecanismo de redução de éster é similar àquele da redução do cloreto de ácido na qual um íon hidreto primeiro adiciona-se ao grupo carbonila, seguido pela eliminação do íon alcóxido para produzir um aldeído. Uma redução adicional do aldeído gera um álcool primário.

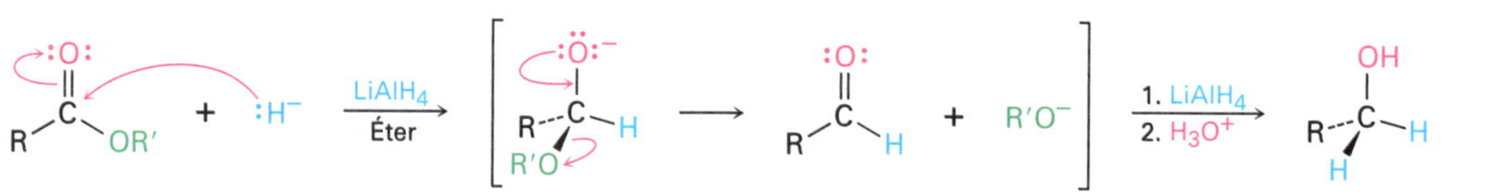

Aldeído — Um álcool primário

O aldeído intermediário pode ser isolado se 1 equivalente de hidreto de diisobutilalumínio (DIBAH ou DIBAL-H) for usado como um agente redutor em vez do $LiAlH_4$. A reação tem de ser executada a −78 °C para evitar redução adicional a álcool. Essas reduções parciais de derivados de ácido carboxílico a aldeídos também ocorrem em diversas rotas biológicas, embora o substrato seja um tioéster ou um fosfato de acila em vez de um éster.

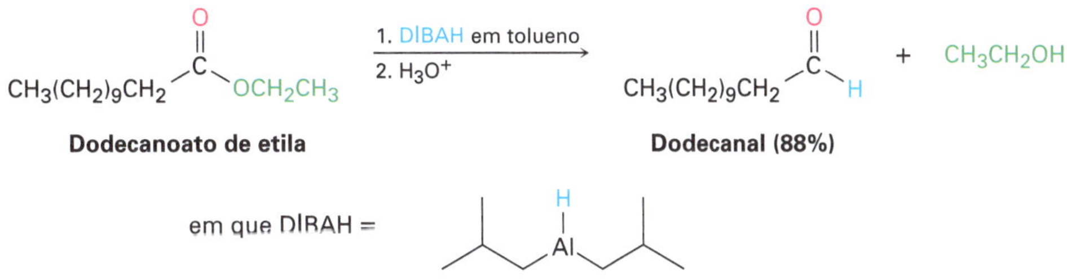

Dodecanoato de etila **Dodecanal (88%)**

PROBLEMA 21.17 Qual produto você esperaria da reação da butirolactona com o $LiAlH_4$? E com o DIBAH?

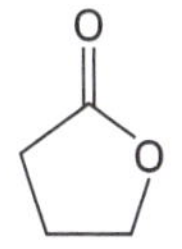

Butirolactona

PROBLEMA 21.18 Mostre os produtos que você obteria pela redução dos seguintes ésteres com o $LiAlH_4$:

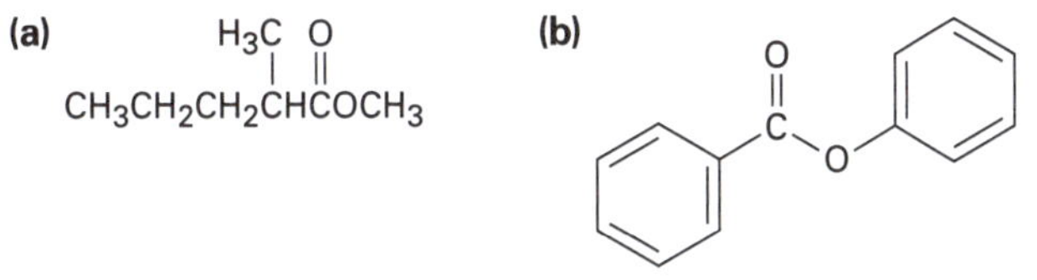

Conversão de ésteres em álcoois: reação de Grignard Os ésteres reagem com 2 equivalentes de um reagente de Grignard para produzir um álcool terciário no qual dois dos substituintes são idênticos (**Seção 17.5**). A reação ocorre pelo mecanismo de substituição nucleofílica usual para gerar uma cetona intermediária, a qual reage posteriormente com o reagente de Grignard para produzir um álcool terciário.

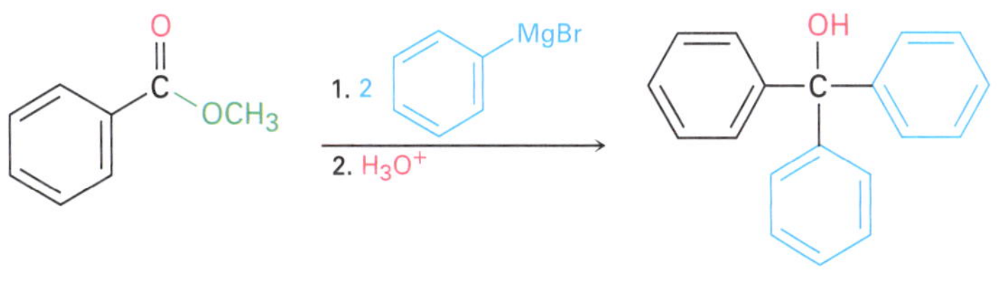

Benzoato de metila **Trifenilmetanol (96%)**

PROBLEMA 21.19 Com qual éster e com qual reagente de Grignard você iniciaria a preparação dos seguintes álcoois?

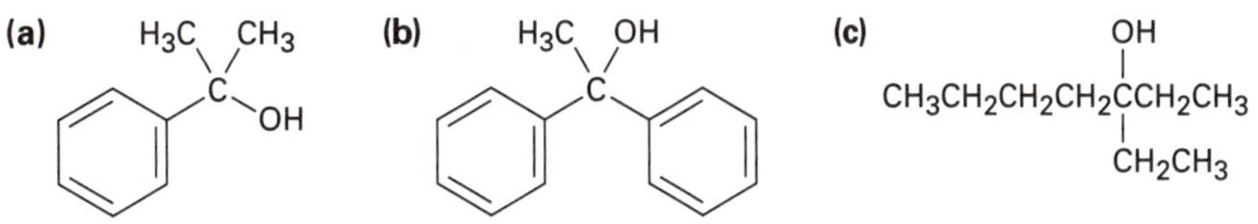

21.7

Química das amidas

As amidas, assim como os ésteres, são abundantes em todos os seres vivos – proteínas, ácidos nucleicos e muitos medicamentos possuem grupos funcionais amida. A razão para esta abundância de amidas é que elas são estáveis nas condições aquosas encontradas nos organismos vivos. As amidas são as menos reativas entre os derivados de ácidos comuns e sofrem relativamente poucas reações de substituição nucleofílica de acila.

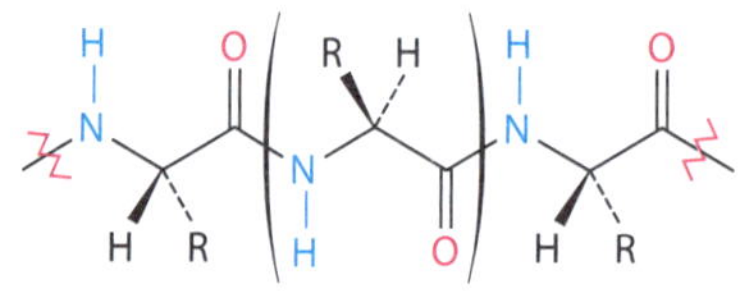

Um segmento de proteína

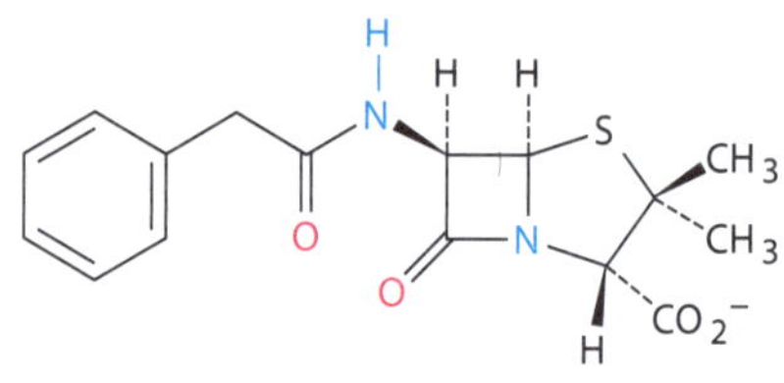

Benzilpenicilina (penicilina G)

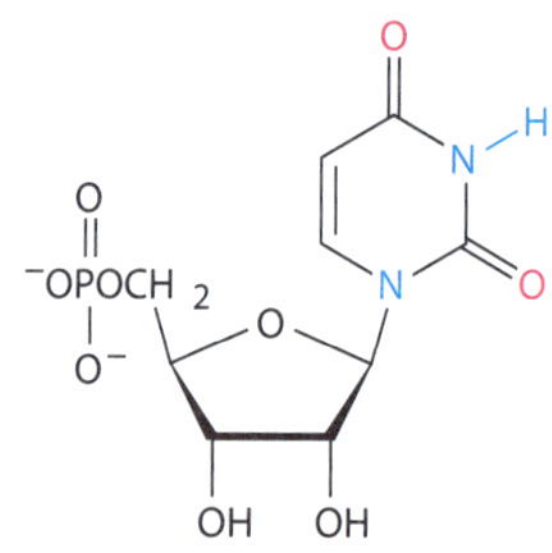

Fosfato de uridina 5′ (um ribonucleotídeo)

PREPARAÇÃO DE AMIDAS

As amidas são normalmente preparadas pela reação de um cloreto de ácido com uma amina (**Seção 21.4**). Amônia e aminas monossubstituídas e dissubstituídas sofrem a reação.

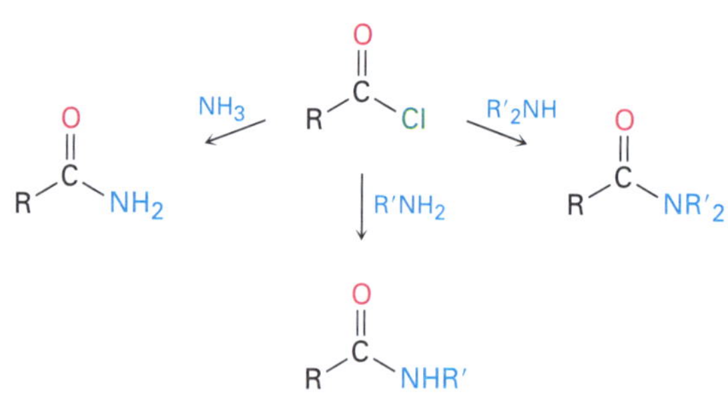

REAÇÕES DE AMIDAS

Conversão de amidas em ácidos carboxílicos: hidrólise As amidas sofrem hidrólise para formar ácidos carboxílicos mais amônia ou uma amina sob aquecimento em ácido aquoso ou base aquosa. As condições necessárias para a hidrólise da amida são mais extremas que as necessárias para a hidrólise dos cloretos de ácido e dos ésteres, mas os mecanismos são semelhantes. A reação de hidrólise ácida ocorre pela adição nucleofílica de água à amida protonada, seguida pela transferência de um próton do oxigênio ao nitrogênio, para torná-lo um grupo abandonador melhor e posterior eliminação. As etapas são reversíveis, com o equilíbrio deslocado no sentido do produto pela protonação da NH_3 na etapa final.

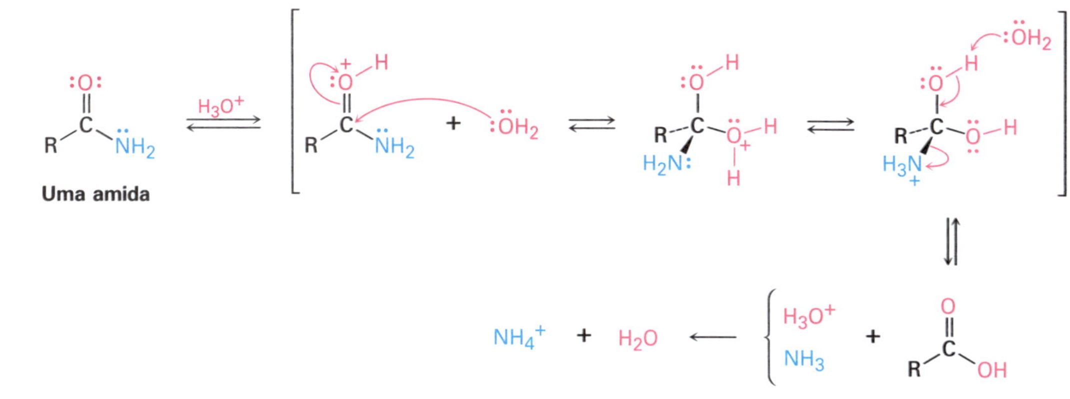

Uma amida

Um ácido carboxílico

A hidrólise básica ocorre pela adição nucleofílica de OH^- ao grupo carbonila de amida, seguida por eliminação do íon amideto ($^-NH_2$) e subsequente desprotonação do inicialmente formado ácido carboxílico pela amônia. As etapas são reversíveis com o equilíbrio deslocado no sentido do produto pela desprotonação final do ácido carboxílico. A hidrólise básica é substancialmente mais difícil que a reação análoga catalisada por ácido porque o íon amideto é um grupo abandonador muito fraco, tornando a etapa de eliminação difícil.

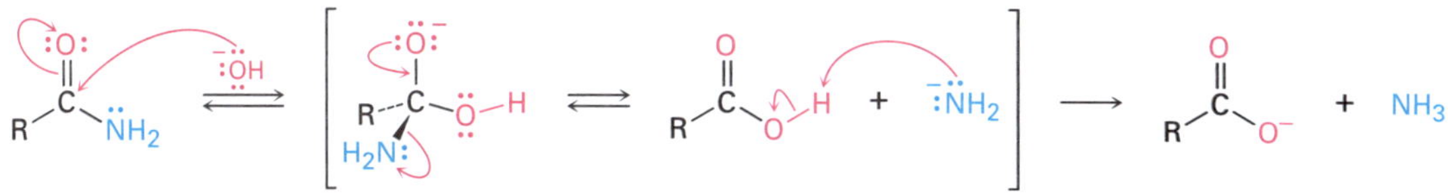

Uma amida

Um íon carboxilato

A hidrólise de amida é comum na bioquímica. Da mesma forma que a hidrólise de ésteres é a etapa inicial na digestão das gorduras alimentares, a hidrólise de amidas é a etapa inicial na digestão das proteínas dos alimentos. A reação é catalisada pelas enzimas proteases e ocorre por um mecanismo quase idêntico àquele que vimos a pouco na hidrólise de gordura. Isto é, uma substituição nucleofílica de acila de um grupo de álcool na enzima em uma ligação de amida na proteína fornece uma enzima acila intermediária que então sofre hidrólise.

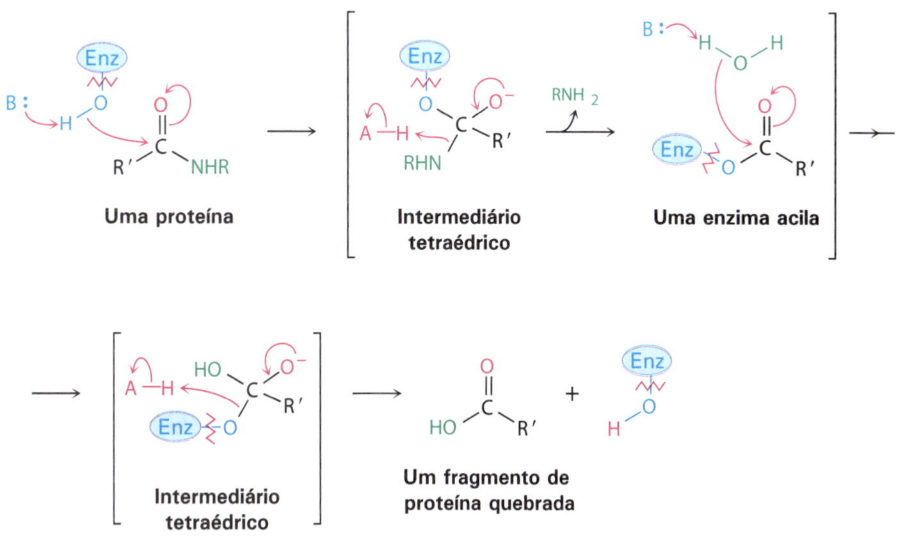

Uma proteína

Intermediário tetraédrico

Uma enzima acila

Intermediário tetraédrico

Um fragmento de proteína quebrada

Conversão de amidas em aminas: redução Como outros derivados de ácidos carboxílicos, as amidas podem ser reduzidas pelo $LiAlH_4$. O produto da redução, entretanto, é uma amina em vez de álcool. O efeito líquido de uma reação de redução de amida é, dessa forma, a conversão de um grupo carbonila da amida em um grupo metileno ($C{=}O \rightarrow CH_2$). Esse tipo de reação é específico para amidas e não ocorre com outros derivados de ácidos carboxílicos.

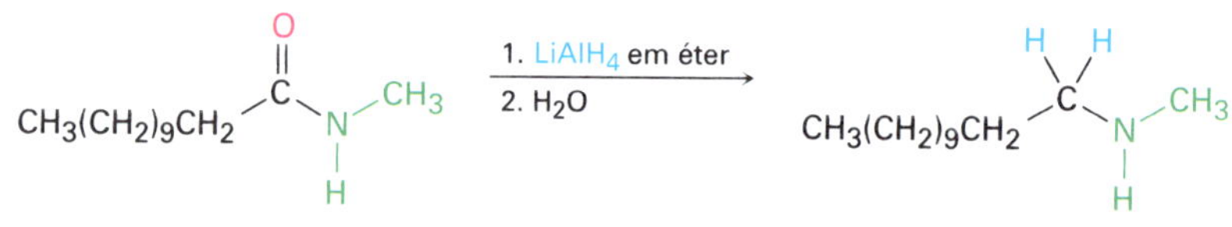

***N*-metildodecanamida** **Dodecilmetilamina (95%)**

A redução de amida ocorre pela adição nucleofílica de íon hidreto ao grupo carbonila da amida, seguida pela expulsão do átomo de *oxigênio* como um grupo abandonador ânion aluminato para gerar um íon imínio intermediário. O íon imínio intermediário sofre então redução adicional pelo $LiAlH_4$ para produzir a amina.

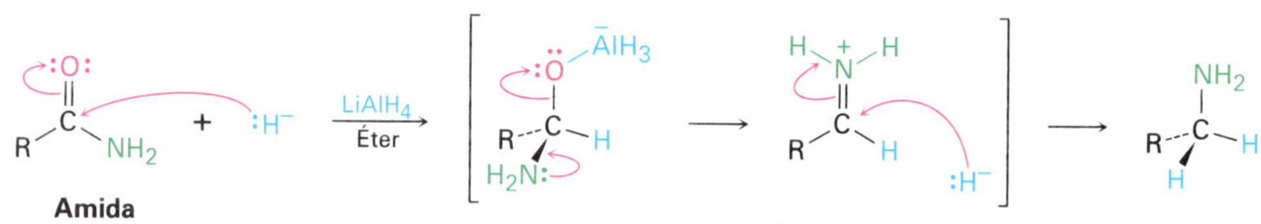

Amida **Íon imínio** **Amina**

A reação é eficaz tanto com amidas acíclicas quanto cíclicas, ou **lactamas**. A redução de uma lactama é um bom método para a preparação de aminas cíclicas.

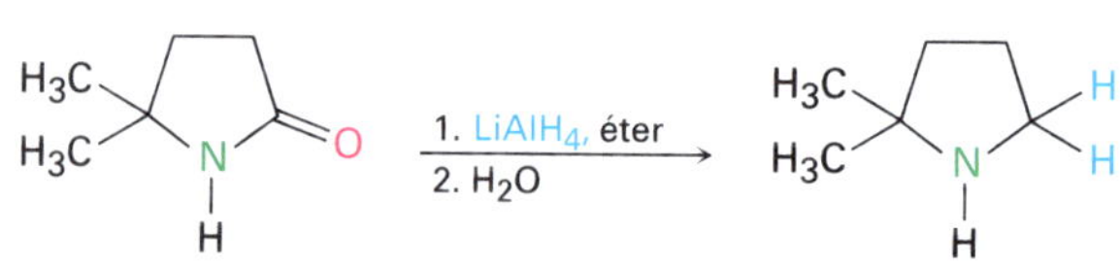

Uma lactama **Uma amina cíclica (80%)**

PROBLEMAS PARA PRATICAR 21.4

Sintetizando uma amina a partir de uma amida

Como você pode preparar *N*-etilanilina pela redução de uma amida com $LiAlH_4$?

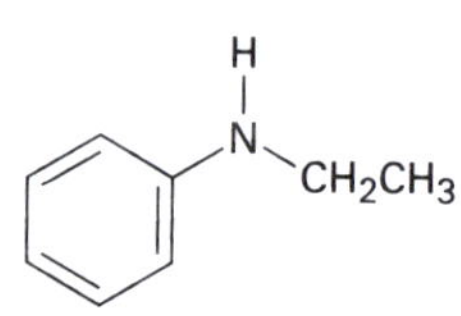

***N*-etilanilina**

Estratégia A redução de uma amida com $LiAlH_4$ produz uma amina. Para encontrar o material de partida para a síntese da *N*-etilanilina, procure por uma posição CH_2 próxima do átomo de nitrogênio e substitua este CH_2 por $C{=}O$. Neste caso, a amida é *N*-fenilacetamida.

Solução

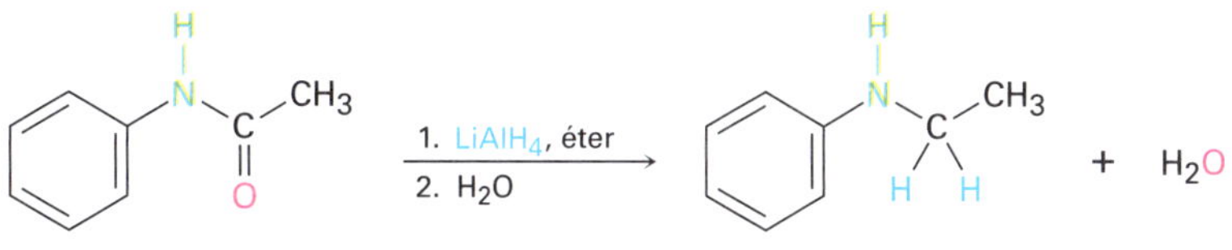

***N*-fenilacetamida** **N-etilanilina**

PROBLEMA 21.20 Como você converteria a *N*-etilbenzamida em cada um dos seguintes produtos?

(a) Ácido benzoico **(b)** Álcool benzílico **(c)** $C_6H_5CH_2NHCH_2CH_3$

PROBLEMA 21.21 Como você usaria a reação de uma amida com o $LiAlH_4$ como a etapa-chave indo do bromociclohexano para o (*N,N*-dimetilaminometil)ciclohexano? Escreva todas as etapas na sequência das reações.

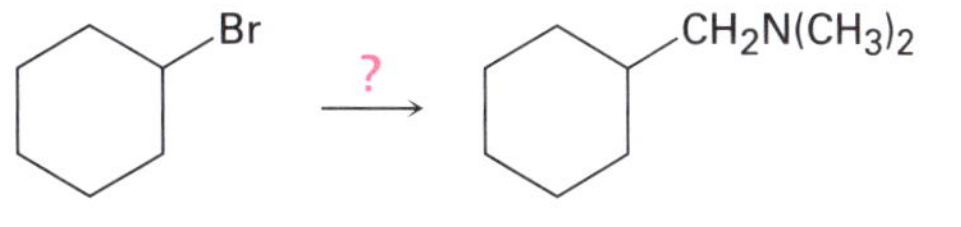

(*N,N*-dimetilaminometil)ciclohexano

21.8 Química dos tioésteres e dos fosfatos de acila: derivados biológicos dos ácidos carboxílicos

Como mencionado na introdução do capítulo, o substrato para as reações de substituição nucleofílica de acila que ocorrem nos seres vivos é geralmente um tioéster (RCOSR′) ou um fosfato de acila ($RCO_2PO_3^{2-}$ ou $RCO_2PO_3R'^{-}$). Nenhum é tão reativo como um cloreto de ácido ou anidrido de ácido, ainda que sejam estáveis o suficiente para existir nos seres vivos e reativos o bastante para sofrer substituição de acila.

As acil-CoA, como a acetil-CoA, são os tioésteres mais comuns na natureza. A coenzima A (normalmente abreviada como CoA) é um tiol formado por uma ligação de anidrido fosfórico (O=P–O–P=O) entre a fosfopanteteína e o 3′,5′-bisfosfato de adenosina. (O prefixo "*bis*" significa "dois" e indica que o 3′,5′-bisfosfato de adenosina tem dois grupos fosfato, um no C3′ e um no C5′.) A reação da coenzima A com um fosfato de acila ou adenilato de acila fornece a acil-CoA (**Figura 21.9**). Como vimos na **Seção 21.3** (**Figura 21.6**), a formação do adenilato de acila ocorre por meio da reação de um ácido carboxílico com o ATP e é em si uma reação de substituição nucleofílica de acila que ocorre no fósforo.

Uma vez formada, uma acil CoA é um substrato para reações de substituição nucleofílica de acila adicionais. Por exemplo, a *N*-acetilglicosamina, um constituinte da cartilagem e de outros tecidos conjuntivos, é sintetizada pela reação de aminólise entre a glicosamina e a acetil-CoA.

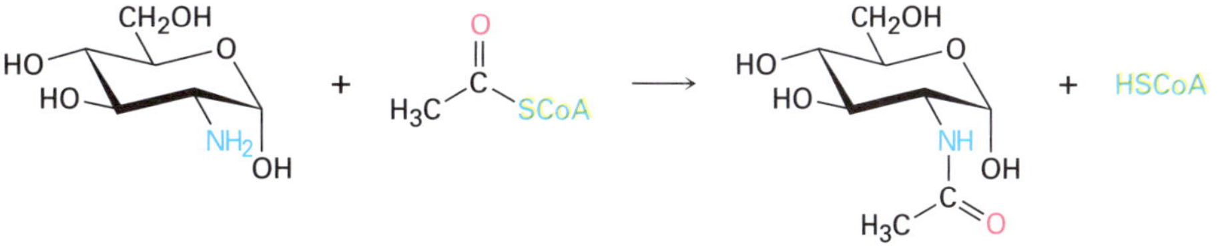

Glicosamina (uma amina) ***N*-acetilglicosamina (uma amida)**

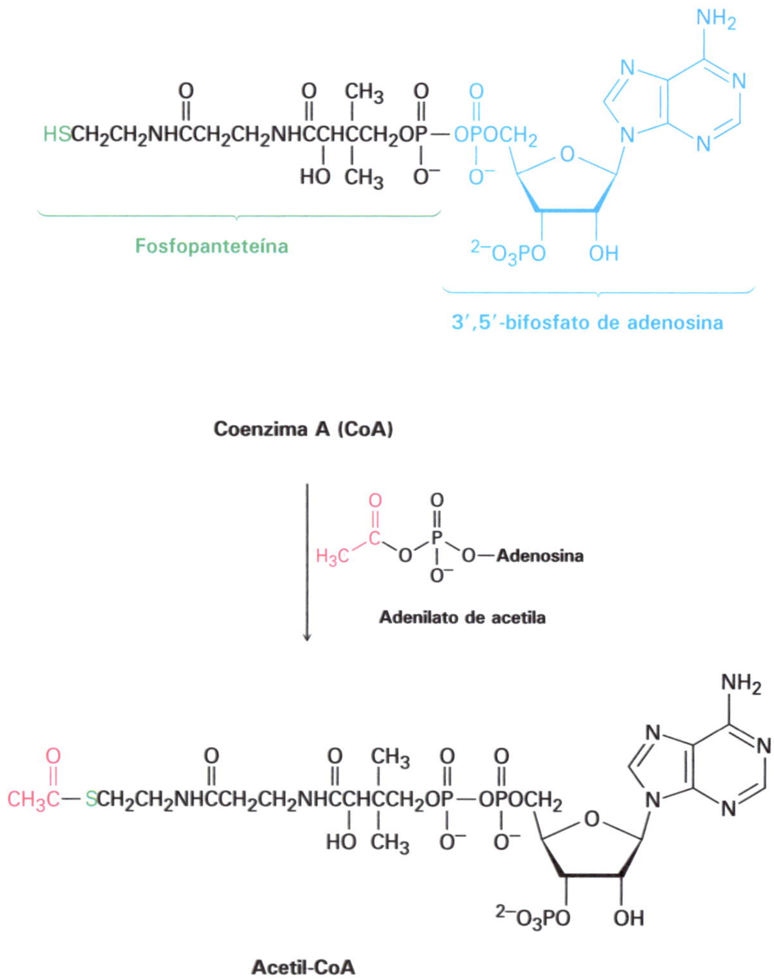

FIGURA 21.9 Formação do tioéster acetil-CoA por meio de reação de substituição nucleofílica da coenzima A (CoA) com o adenilato de acetila.

Outro exemplo de reação de substituição nucleofílica de acila sobre um tioéster – esta é uma substituição por um íon hidreto para efetuar a redução parcial de um tioéster a um aldeído – ocorre na biossíntese do mevaldeído, um intermediário na síntese de terpenoides, que discutiremos em alguns detalhes na **Seção 27.5**. Nesta reação, (3S)-3-hydroxi-3-metil-glutaril-CoA é reduzida por doação de hidreto do NADPH.

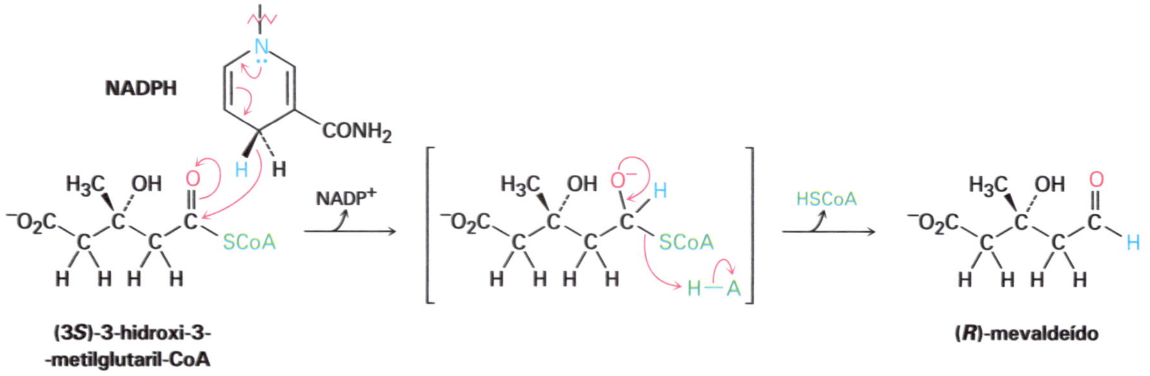

PROBLEMA 21.22 Escreva o mecanismo da reação mostrada na **Figura 21.9** entre a coenzima A e o adenilato de acetila para fornecer a acetil-CoA.

21.9 Poliamidas e poliésteres: polímeros de crescimento em etapas

Quando uma amina reage com um cloreto de ácido, uma amida é formada. O que aconteceria, entretanto, se uma *diamina* e um *cloreto de diácido* reagissem? Cada parceiro formaria duas ligações de amida, unindo mais e mais moléculas até que resultasse em uma poliamida gigante. Da mesma forma, a reação de um diol com um diácido levaria à formação de um poliéster.

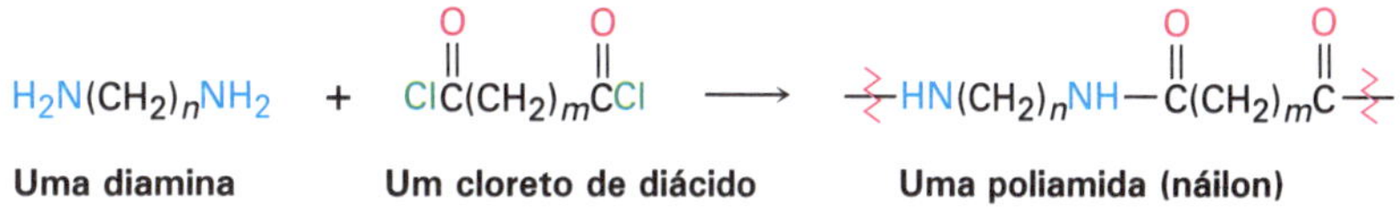

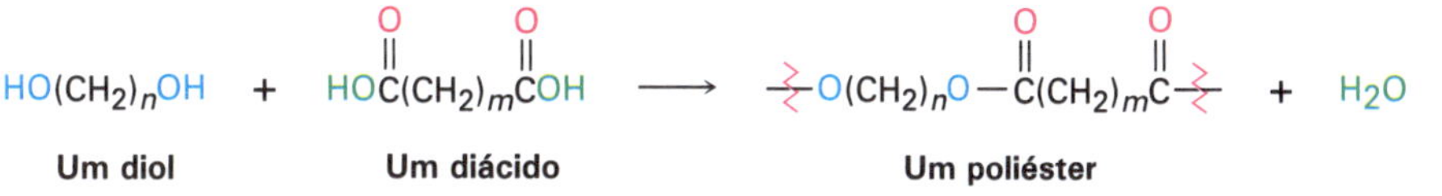

Existem duas classes principais de polímeros sintéticos: **polímeros de crescimento em cadeia e polímeros de crescimento em etapas**. Polietileno e outros polímeros de alceno e dieno, como aqueles que vimos nas **Seções 8.10** e **14.6**, são polímeros de crescimento em cadeia, porque são produzidos em processos de reação em cadeia. Um iniciador se adiciona a uma ligação C=C para gerar um intermediário reativo, o qual se adiciona a uma segunda molécula de alceno para produzir um novo intermediário, o qual se adiciona a uma terceira molécula, e assim por diante. Em contraste, poliamidas e poliésteres são polímeros de crescimento em etapas uma vez que cada ligação no polímero é formada de modo independente em uma etapa discreta. A etapa principal de formação de ligações é muitas vezes uma substituição nucleofílica de acila de um derivado de ácido carboxílico. Alguns polímeros de crescimento em etapas comercialmente importantes são mostrados na **Tabela 21.2**.

POLIAMIDAS (NÁILONS)

Os polímeros de crescimento em etapas mais conhecidos são as poliamidas, ou *náilons*, inicialmente preparados por Wallace Carothers, da Companhia DuPont, pelo aquecimento de uma diamina com um diácido. Por exemplo, o náilon 66 é preparado pela reação do ácido adípico (ácido hexanodioico) com a hexametilenodiamina (1,6-hexanodiamina) a 280 °C. A designação "66" indica o número de átomos de carbono da diamina (o primeiro 6) e do diácido (o segundo 6).

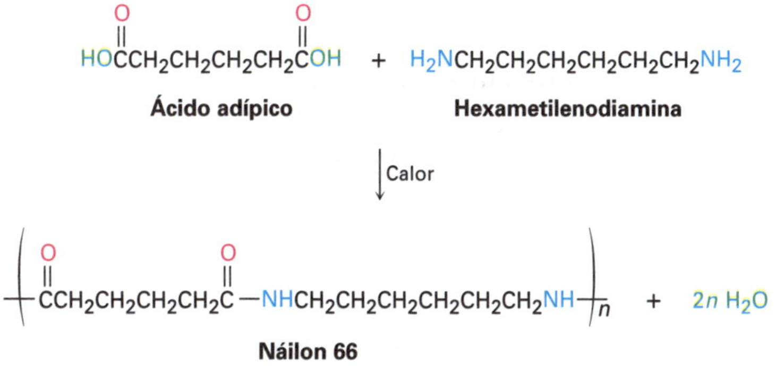

TABELA 21.2 Alguns polímeros de crescimento por etapas mais comuns e seus usos

Monômero	Estrutura	Polímero	Usos
Ácido adípico + Hexametilenodiamina	$HOC(=O)CH_2CH_2CH_2CH_2C(=O)OH$ $H_2NCH_2CH_2CH_2CH_2CH_2CH_2NH_2$	Náilon 66	Fibras, vestuário, reforços de pneus
Tereftalato de dimetila + Etilenoglicol	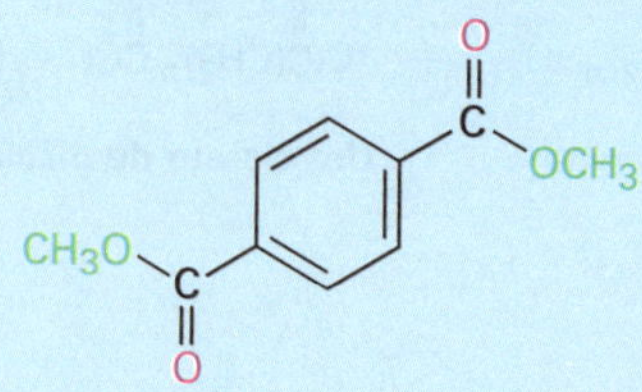 $HOCH_2CH_2OH$	Dacron, Terilene, Mylar	Fibras, vestuário, reforços de pneus
Caprolactama	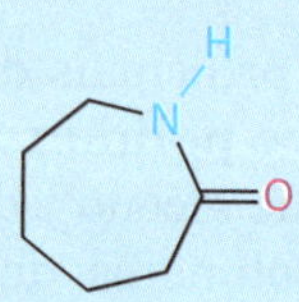	Náilon 6, Perlon	Fibras, moldes
Carbonato de difenila + Bisfenol A	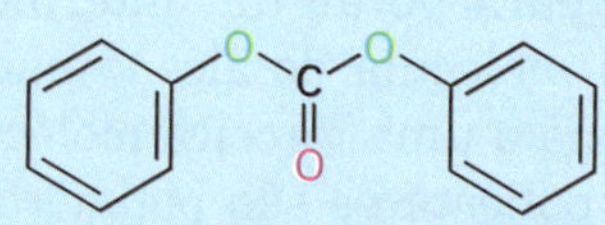 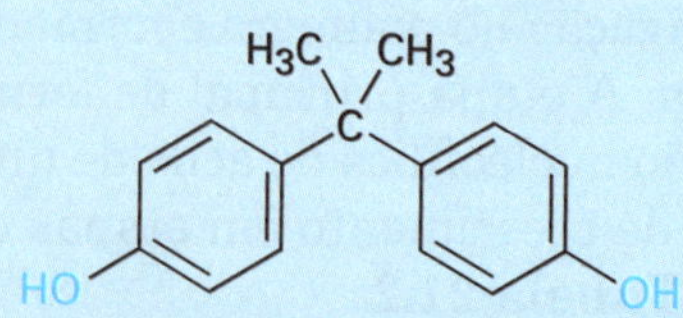	Lexan, policarbonato	Equipamentos domésticos, artigos moldados
Tolueno-2,6-diisocianato + Poli(2-buteno-1,4-diol)	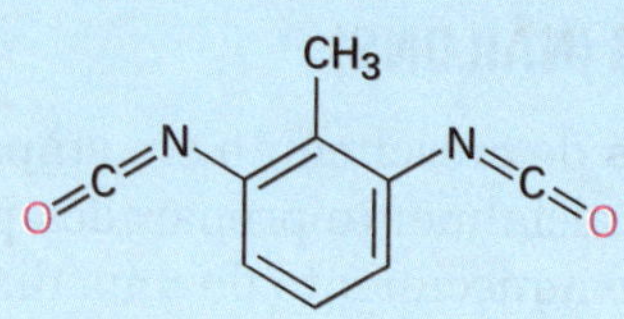 $HO\{CH_2CH{=}CHCH_2\}_nOH$	Poliuretano, Spandex	Fibras, revestimentos, espumas

Os náilons são usados tanto em aplicações de engenharia quanto na fabricação de fibras. Uma combinação de alta resistência ao impacto e resistência à abrasão torna o náilon um excelente substituto do metal para rolamentos e engrenagens. Como fibras, o náilon é utilizado em uma variedade de aplicações, de vestuários, reforços de pneus a cordas.

POLIÉSTERES

O poliéster mais largamente útil é aquele feito pela reação entre o tereftalato de dimetila (1,4-benzenodicarboxilato de dimetila) e o etilenoglicol

(1,2-etanodiol). O produto é usado sob a marca Dacron, para fazer fibras de tecidos ou reforços de pneus, e sob o nome Mylar na produção de fitas de gravação. A força elástica do filme de tereftalato de polietileno está próxima àquela do aço.

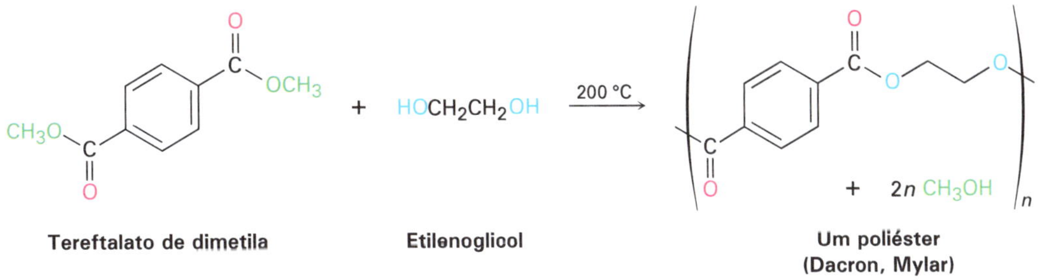

O Lexan, um policarbonato preparado a partir do carbonato de difenila e bisfenol A, é um outro poliéster de valor comercial. O produto tem uma resistência incomum ao alto impacto, tornando-o valioso para uso em telefones, capacete de segurança para ciclistas e gabinetes de computadores *laptop*.

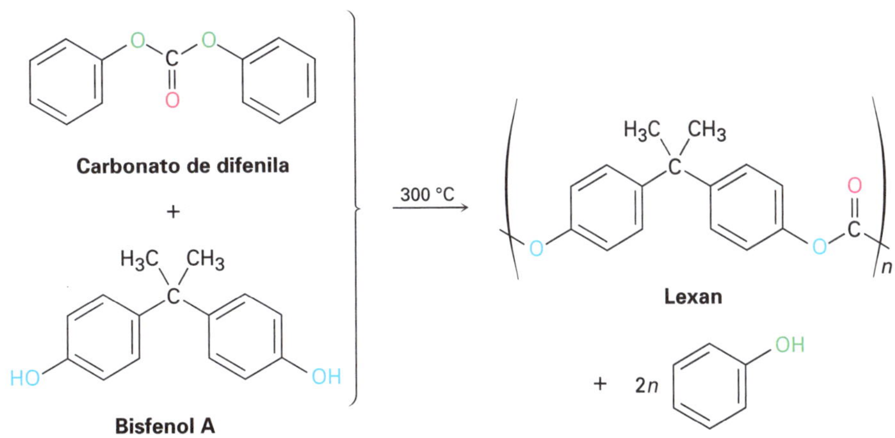

SUTURAS E POLÍMEROS BIODEGRADÁVEIS

Uma vez que os plásticos são muito frequentemente descartados em vez de reciclados, muito trabalho tem sido feito no desenvolvimento de polímeros biodegradáveis, que podem ser degradados rapidamente em aterros sanitários por micro-organismos do solo. Entre os polímeros biodegradáveis mais comuns estão o poli(ácido glicólico) (PGA), o poli(ácido láctico) (PLA) e o poli(hidroxibutirato) (PHB). Todos são poliésteres e consequentemente são susceptíveis à hidrólise de suas ligações de éster. Descobriu-se que os copolímeros de PGA com PLA possuem particularmente uma gama de usos. Um copolímero 90/10 de poli(ácido glicólico) com poli(ácido láctico) é utilizado, por exemplo, em suturas absorvíveis. As suturas são totalmente hidrolisadas e absorvidas pelo corpo em 90 dias após a cirurgia.

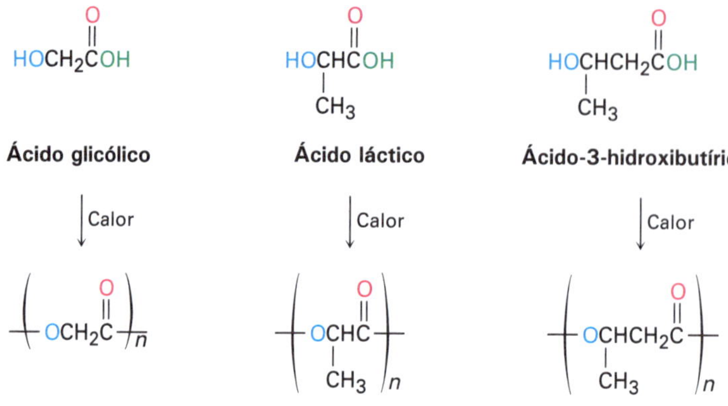

Ácido glicólico — Ácido láctico — Ácido-3-hidroxibutírico

Poli(ácido glicólico) — Poli(ácido lático) — Poli(hidroxibutirato)

Na Europa, o interesse está centrado particularmente no poli(hidroxibutirato), que pode ser transformado tanto em películas para embalagem como em itens moldados. O polímero se degrada em 4 semanas em aterros sanitários, tanto por hidrólise de éster quanto por reação de eliminação E1cB do átomo de oxigênio β ao grupo carbonila. A utilização de poli(hidroxibutirato) é limitada por causa de seu custo – cerca de quatro vezes maior que o do polipropileno.

PROBLEMA 21.23 Desenhe as estruturas dos polímeros de crescimento em etapas que você esperaria obter das seguintes reações:

(a) $BrCH_2CH_2CH_2Br + HOCH_2CH_2CH_2OH \xrightarrow{\text{Base}} ?$

(b) $HOCH_2CH_2OH + HO_2C(CH_2)_6CO_2H \xrightarrow{\text{Catalisador } H_2SO_4} ?$

(c) $H_2N(CH_2)_6NH_2 + ClC(=O)(CH_2)_4C(=O)Cl \longrightarrow ?$

PROBLEMA 21.24 O Kevlar, um polímero tipo náilon preparado pela reação do ácido 1,4-benzenodicarboxílico (ácido tereftálico) com o 1,4-diaminobenzeno (*p*-fenilenodiamina), é tão resistente que é usado para fazer coletes à prova de balas. Desenhe a estrutura de um segmento de Kevlar.

21.10 Espectroscopia dos derivados de ácidos carboxílicos

ESPECTROSCOPIA NA REGIÃO DO INFRAVERMELHO

Todos os compostos contendo carbonilas têm intensas absorções na região do IV, na faixa de 1.650 a 1.850 cm^{-1}. Conforme mostrado na **Tabela 21.3**, a posição exata da absorção fornece informação acerca do tipo específico de grupo carbonila. Para comparação, as absorções no IV de aldeídos, cetonas e ácidos carboxílicos estão incluídas na tabela, com os valores para os derivados de ácidos carboxílicos.

Cloretos de ácidos são facilmente detectados pela absorção característica perto de 1.810 cm^{-1}. Anidridos de ácidos podem ser identificados por duas absorções na região da carbonila, uma em 1.820 cm^{-1} e outra em 1.760 cm^{-1}. Observe que cada um destes grupos funcionais tem um forte grupo retirador de elétrons ligados à carbonila. A retirada de densidade eletrônica por indução encurta a ligação C=O, aumentando assim a sua frequência de estiramento. Os ésteres são detectados pela sua absorção a 1.735 cm^{-1}, um valor

TABELA 21.3 Absorções no infravermelho de alguns compostos de carbonila

Tipo de carbonila	Exemplo	Absorção (cm^{-1})
Cloreto de ácido saturado	Cloreto de acetila	1.810
Cloreto de ácido aromático	Cloreto de benzoíla	1.770
Ácido anidrido saturado	Anidrido acético	1.820, 1.760
Éster saturado	Acetato de etila	1.735
Éster aromático	Benzoato de etila	1.720
Amida saturada	Acetamida	1.690
Amida aromática	Benzamida	1.675
Amida *N*-substituída	*N*-metilacetamida	1.680
Amida *N*,*N*-dissubstituída	*N*,*N*-dimetilacetamida	1.650
Aldeído saturado	Acetaldeído	1.730
Cetona saturada	Acetona	1.715
Ácido carboxílico saturado	Ácido acético	1.710

um pouco mais elevado que para aldeídos e para cetonas. Amidas, por outro lado, absorvem perto da extremidade inferior de número de onda da região da carbonila, com o grau de substituição no nitrogênio afetando a posição exata da banda IV. Isto é, para as amidas, a deslocalização da densidade eletrônica (ressonância) do nitrogênio para a carbonila alonga a ligação C=O e diminui a sua frequência de estiramento.

PROBLEMA 21.25 Quais tipos de grupos funcionais os compostos podem ter se apresentam as seguintes absorções no IV?

(a) 1.735 cm^{-1} **(b)** 1.810 cm^{-1}

(c) 2.500–3.300 cm^{-1} e 1.710 cm^{-1} **(d)** 1.715 cm^{-1}

PROBLEMA 21.26 Proponha as estruturas para os compostos que possuam as seguintes fórmulas e absorções no IV:

(a) $C_6H_{12}O_2$, 1.735 cm^{-1} **(b)** C_4H_9NO, 1.650 cm^{-1} **(c)** C_4H_5ClO, 1.780 cm^{-1}

ESPECTROSCOPIA DE RESSONÂNCIA MAGNÉTICA NUCLEAR

Os hidrogênios no carbono próximo a um grupo carbonila são ligeiramente desprotegidos e absorvem próximo de 2δ no espectro de RMN de ^1H. A identidade do grupo carbonila não pode ser determinada por RMN de ^1H porque a anisotropia da carbonila – semelhante para todos os derivados de ácidos – faz que seus hidrogênios absorvam na mesma faixa. Em razão da rotação restrita em torno da ligação O=C –N da amida resultante da deslocalização por ressonância, os substituintes no nitrogênio aparecem em diferentes deslocamentos químicos, mesmo que e os grupos sejam iguais. A **Figura 21.10** mostra o espectro de RMN de ^1H do acetato de etila.

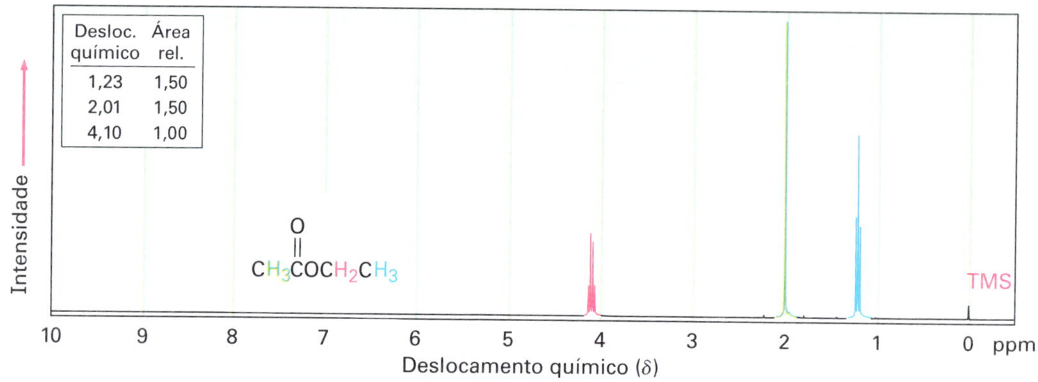

FIGURA 21.10 Espectro de RMN de hidrogênio do acetato de etila.

Embora a RMN de ^{13}C seja útil para se determinar a presença ou a ausência de um grupo carbonila em uma molécula, é difícil determinar a identidade do grupo carbonila. Os aldeídos e cetonas absorvem próximos de 200δ, enquanto os átomos de carbono do grupo carbonila de vários derivados de ácidos absorvem na faixa de 160 a 180δ (**Tabela 21.4**).

TABELA 21.4 Absorção de RMN de ^{13}C em alguns compostos de carbonila

Composto	Absorção (δ)	Composto	Absorção (δ)
Ácido acético	177,3	Anidrido acético	166,9
Acetato de etila	170,7	Acetona	205,6
Cloreto de acetila	170,3	Acetaldeído	201,0
Acetamida	172,6		

Algo extra

Antibióticos β-lactama

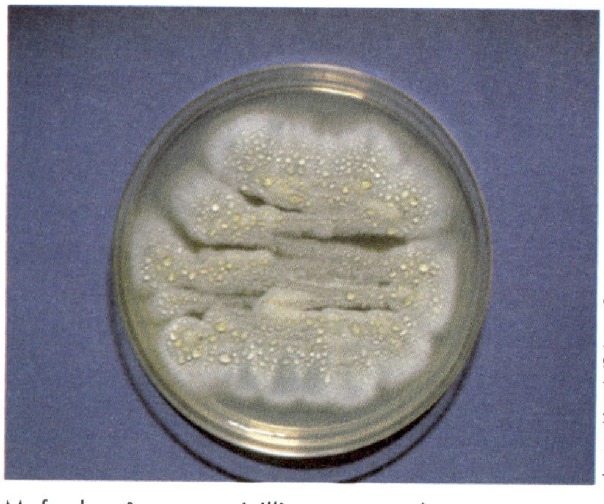

Leonard Lessin/Science Source

Mofo do gênero *penicillium* crescendo em uma placa de petri.

Você nunca deve subestimar o valor do trabalho duro e do pensamento lógico, mas também é verdade que a sorte cega desempenha um papel na maioria das descobertas científicas reais. O que foi chamado "o supremo exemplo de sorte em toda a história científica" ocorreu no final do verão de 1928, quando o bacteriologista escocês Alexander Fleming saiu de férias deixando em seu laboratório uma placa de cultura recentemente inoculada com a bactéria *Staphylococcus aureus*.

Enquanto Fleming estava longe, uma extraordinária cadeia de eventos se sucedeu. Primeiro, cerca de nove dias de frio abaixaram a temperatura do laboratório a um ponto no qual o *Staphylococcus* na placa não pôde crescer. Durante esse tempo, os esporos de uma colônia do tipo *Penicillium notatum*, que estavam sendo cultivados em

(continua)

(continuação)

um laboratório no piso inferior foram carregados pelo vento para dentro do laboratório de Fleming e se depositaram na placa de cultura. A temperatura então subiu, e tanto o *Staphylococcus* como o *Penicillium* começaram a crescer. No retorno de suas férias, Fleming descartou a placa em uma bandeja com antissépticos, com a intenção de esterilizá-la. Evidentemente que a placa não foi mergulhada o suficiente no antisséptico, pois quando de repente Fleming resolveu olhá-la poucos dias mais tarde, o que viu mudou o curso da história humana: ele notou que o crescimento do mofo *Penicillium* parecia dissolver as colônias de estafilococos.

Fleming então compreendeu que o mofo *Penicillium* devia produzir uma substância química que matava a bactéria *Staphylococcus* e tentou durante vários anos isolar a substância. Finalmente, em 1939, o patologista australiano Howard Florey e o refugiado alemão Ernst Chain conseguiram isolar a substância ativa, chamada *penicilina*. A espetacular capacidade da penicilina de curar infecções em camundongos foi logo demonstrada, e testes em humanos foram feitos com sucesso logo após. Por volta de 1943, a penicilina foi produzida em larga escala para uso militar na Segunda Guerra Mundial e por volta de 1944 estava sendo utilizada em civis. Fleming, Florey e Chain compartilharam o Prêmio Nobel de medicina em 1945.

A agora chamada benzilpenicilina, ou penicilina G, a substância descoberta por Fleming é mais um membro de larga classe dos denominados antibióticos β-lactama, compostos com um anel de lactama de quatro membros (amida cíclica). O anel de lactama de quatro membros está unido a um anel de cinco membros contendo enxofre, e o átomo de carbono próximo ao grupo carbonila da lactama está ligado a um substituinte acilamina, RCONH−. Essa cadeia lateral de acilamina pode ser modificada no laboratório para fornecer centenas de análogos da penicilina com diferentes perfis de atividades biológicas. A ampicilina, por exemplo, possui um substituinte α-aminofenilacetamida [PhCH(NH_2)CONH−].

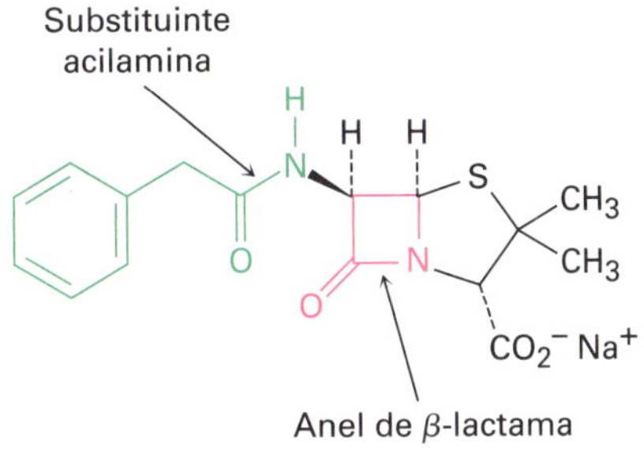

Benzilpenicilina (penicilina G)

Muito relacionadas às penicilinas estão as *cefalosporinas*, um grupo de antibióticos de β-lactama que contém um anel de seis membros insaturado contendo enxofre. A cefalexina, comercializada sob a marca de Keflex, é um exemplo. As cefalosporinas geralmente têm maior atividade antibacteriana que as penicilinas, particularmente contra cepas de bactérias resistentes.

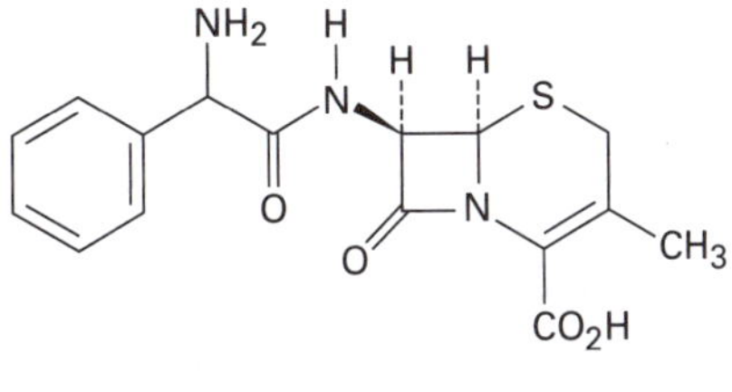

Cefalexina (uma cefalosporina)

(continua)

(continuação)

A atividade biológica das penicilinas e cefalosporinas é em razão da presença de um anel de β-lactama tensionado, o qual reage com a enzima transpeptidase e a desativa. Essa enzima é necessária para sintetizar e reparar as paredes das células bacterianas. Com a parede incompleta ou enfraquecida, a célula bacteriana sofre ruptura e morre.

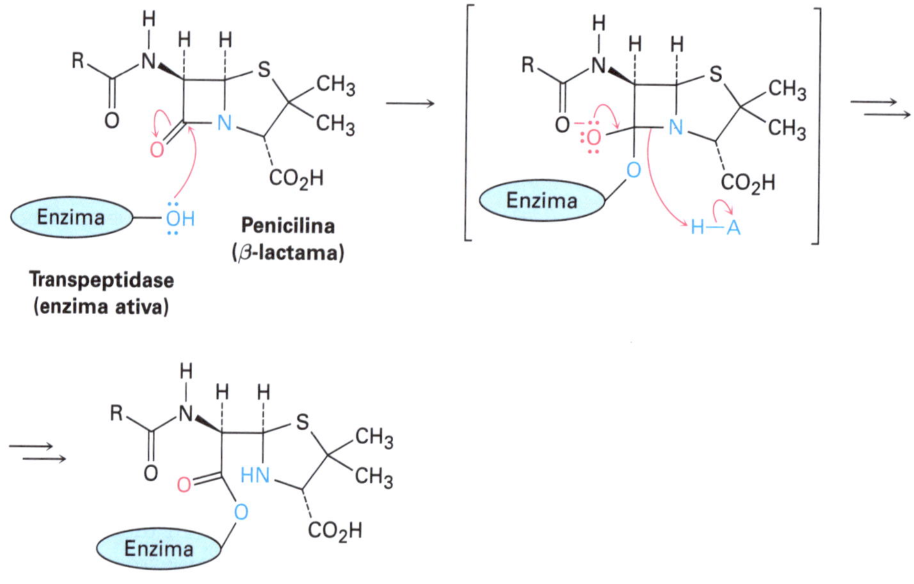

(enzima inativa)

Resumo

Palavras-chave

- amidas, 828
- anidridos de ácidos, 828
- derivados de ácidos carboxílicos, 828
- ésteres, 828
- fosfatos de acila, 829
- haletos de ácidos, 828
- lactamas, 858
- lactonas, 851
- polímeros de crescimento em cadeia, 861
- polímeros de crescimento em etapas, 861
- reação de esterificação de Fischer, 838
- reação de substituição nucleofílica de acila, 832
- saponificação, 851
- tioésteres, 829

Derivados de ácidos carboxílicos – compostos nos quais o grupo –OH de um ácido carboxílico foi substituído por um outro substituinte – estão entre os que mais amplamente ocorrem de todas as moléculas e estão envolvidos em quase todas as rotas biológicas. Neste capítulo, cobrimos a química necessária para compreendê-los e, assim, também necessária para o entendimento dos organismos vivos. **Haletos de ácidos**, **anidridos de ácidos**, **ésteres** e **amidas** são os derivados mais comuns no laboratório; **tioésteres** e **fosfatos de acilas** são comuns em moléculas biológicas.

A química dos derivados de ácidos carboxílicos é dominada pela **reação de substituição nucleofílica de acila**. Em termos de mecanismo, essas substituições ocorrem por adição de um nucleófilo ao grupo carbonila polar do derivado de ácido para fornecer um intermediário tetraédrico, seguida pela expulsão de um grupo abandonador.

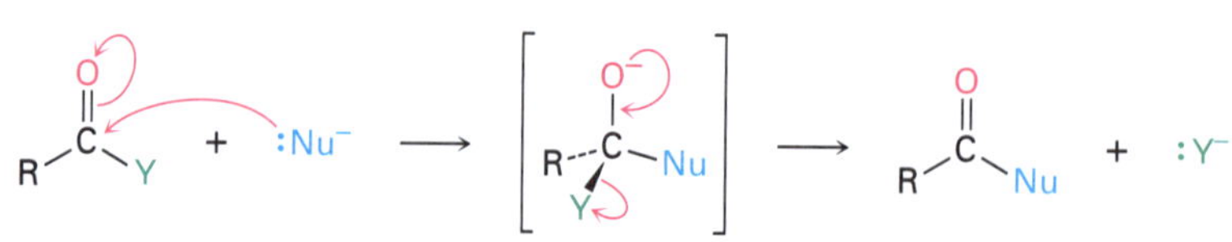

A reatividade de um derivado de ácido na substituição depende tanto do ambiente estérico próximo ao grupo carbonila quanto da natureza eletrônica do substituinte, Y. A ordem de reatividade é: haleto de ácido > anidrido de ácido > tioéster > éster > amida.

As reações mais comuns de derivados de ácidos carboxílicos são de substituição por água, para se obter um ácido (hidrólise), por um álcool para se obter um éster (alcoólise), por uma amina para produzir uma amida (aminólise), por íon hidreto, para se obter um álcool (redução) e por um haleto de organomagnésio para produzir um álcool (reação de Grignard).

Os **polímeros de crescimento em etapas**, como as poliamidas e os poliésteres, são preparados pelas reações entre as moléculas difuncionais. As poliamidas (náilons) são formadas pela reação entre um diácido e uma diamina; os poliésteres são formados a partir de um diácido e um diol.

A espectroscopia no IV é uma ferramenta valiosa para a análise estrutural de derivados de ácidos. Os cloretos de ácidos, os anidridos, os ésteres e as amidas mostram absorções características no IV que podem ser usadas para identificar esses grupos funcionais.

Resumo das reações

1. Reações de ácidos carboxílicos (**Seção 21.3**)

(a) Conversão em cloretos de ácidos

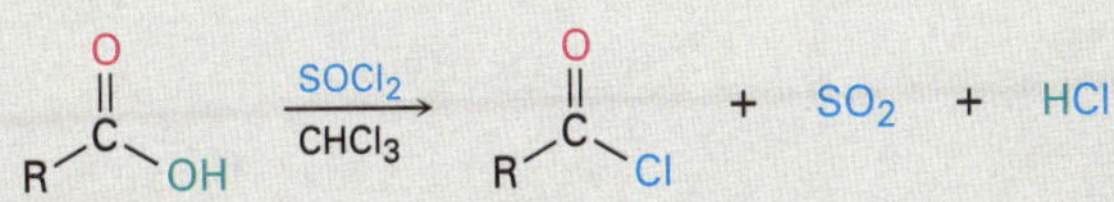

(b) Conversão em ésteres

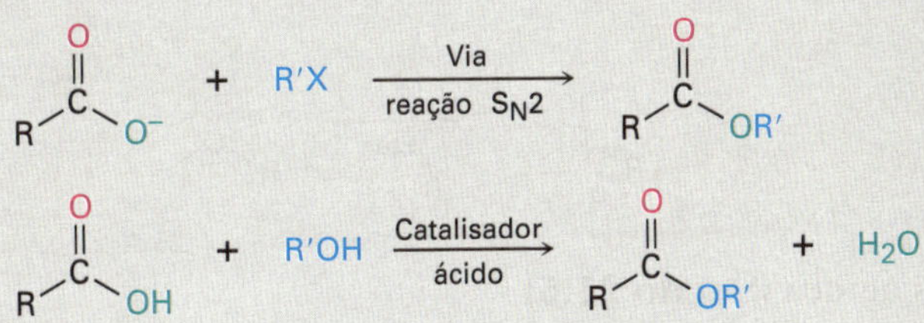

(c) Conversão em amidas

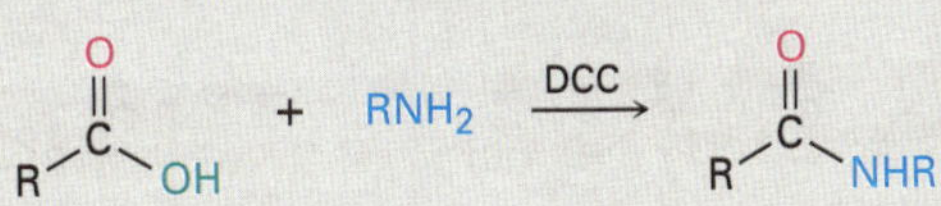

(d) Redução para produzir álcoois primários

2. Reações de cloretos de ácidos (**Seção 21.4**)

(a) Hidrólise para produzir ácidos

(b) Reação com carboxilatos para produzir anidridos

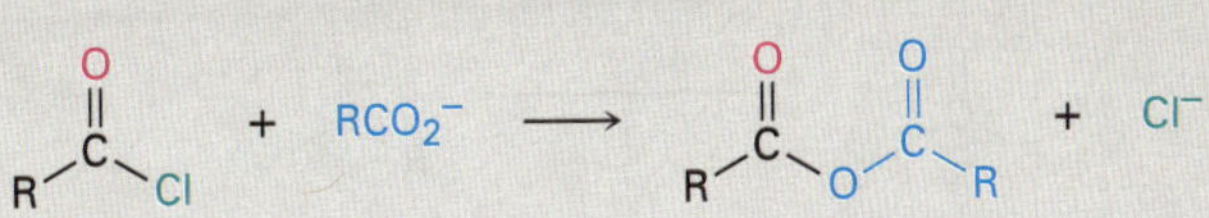

(c) Alcoólise para formar ésteres

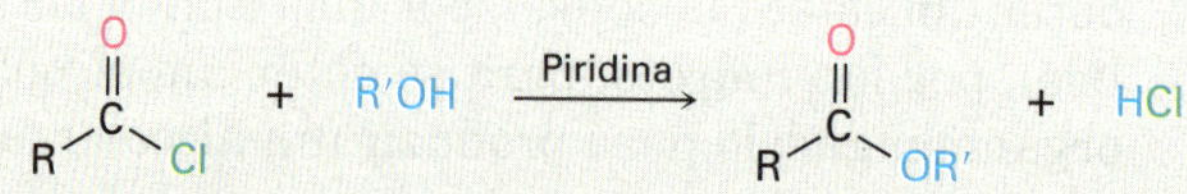

(d) Aminólise para gerar as amidas

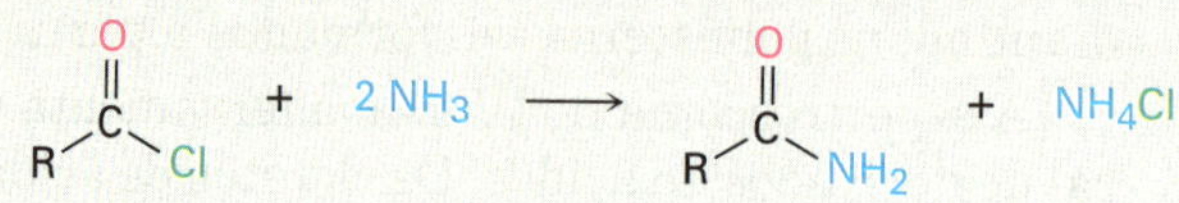

(e) Redução para produzir álcoois primários

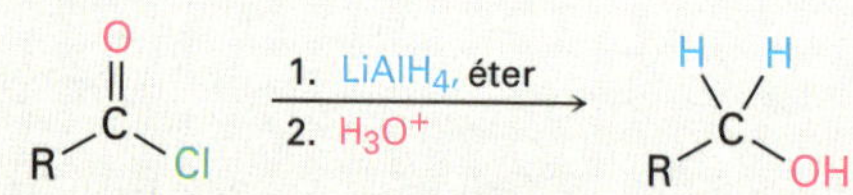

(f) Reação de Grignard para produzir os álcoois terciários

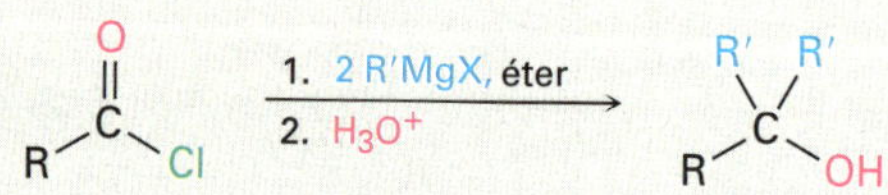

(g) Reação de diorganocuprato para produzir cetonas

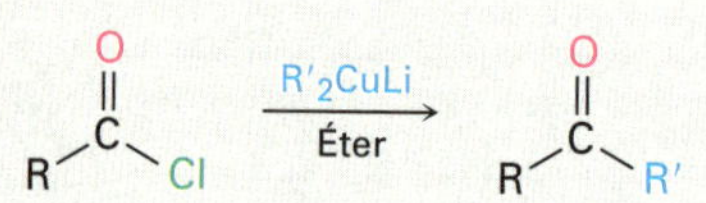

3. Reações de anidridos ácidos (**Seção 21.5**)

(a) Hidrólise para produzir ácidos

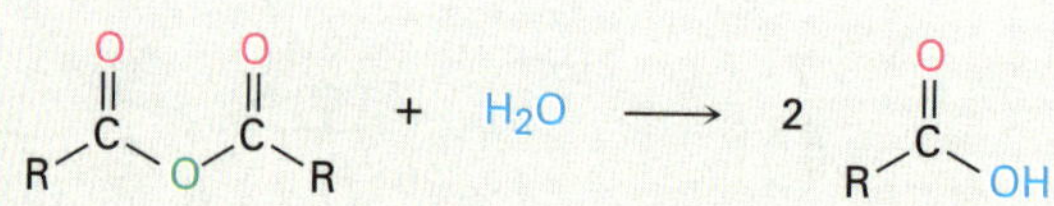

(b) Alcoólise para gerar ésteres

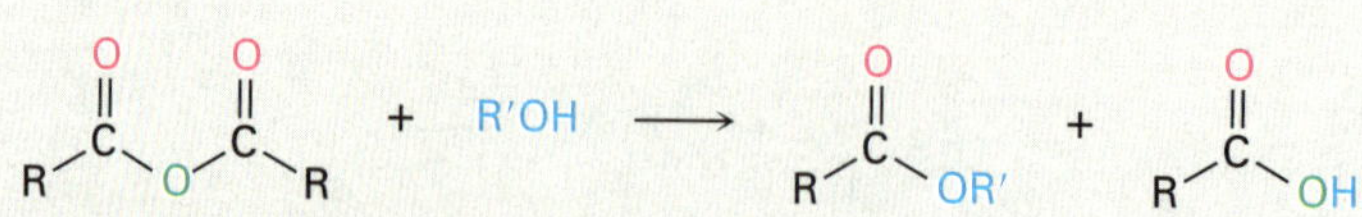

(c) Aminólise para fornecer as amidas

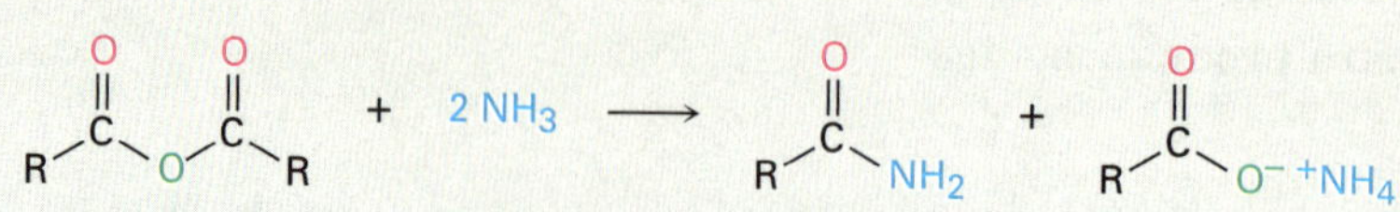

4. Reações de ésteres (**Seção 21.6**)

(a) Hidrólise para formar ácidos

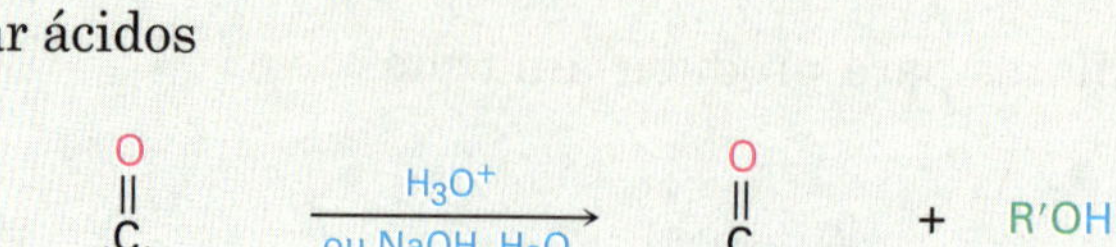

(b) Redução para produzir álcoois primários

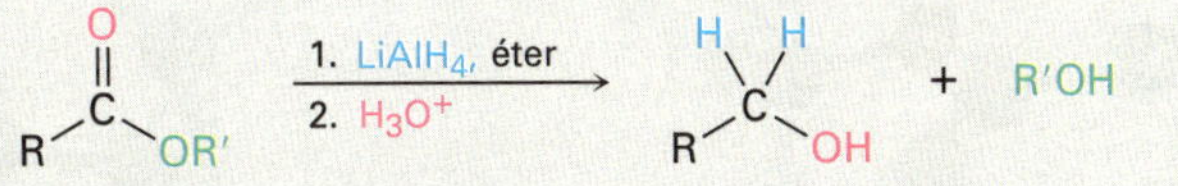

(c) Redução parcial para produzir aldeídos

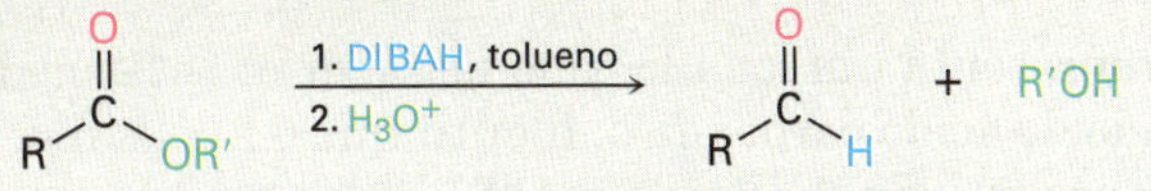

(d) Reação de Grignard para produzir álcoois terciários

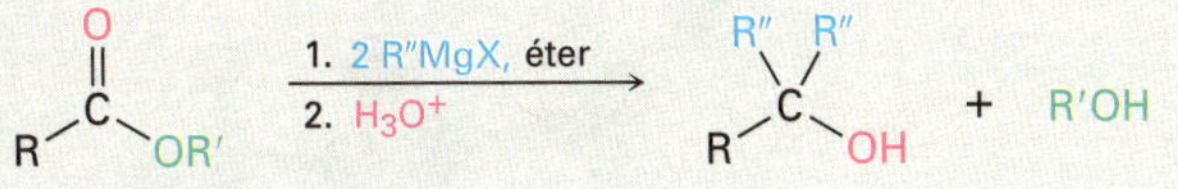

5. Reações de amidas (**Seção 21.7**)

(a) Hidrólise para produzir ácidos

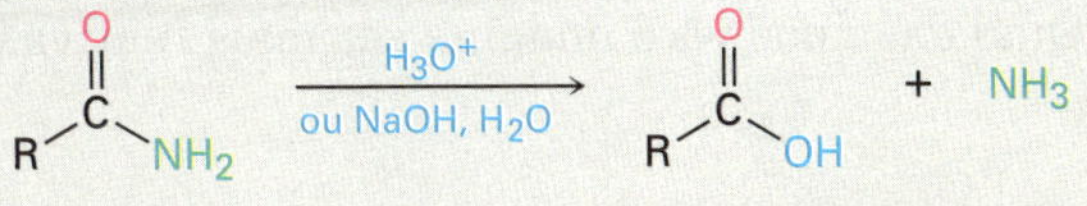

(b) Redução para produzir aminas

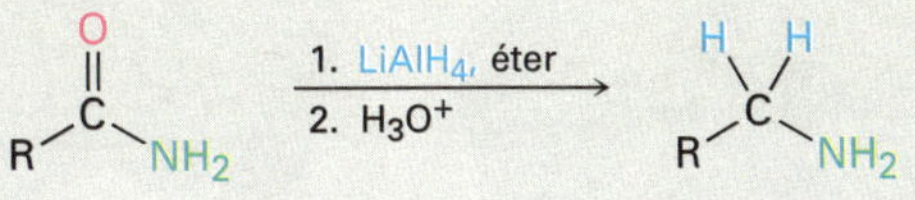

EXERCÍCIOS

Visualizando a química

(Os Problemas 21.1 a 21.26 aparecem no decorrer do capítulo.)

21.27 Nomeie os seguintes compostos:

(a)

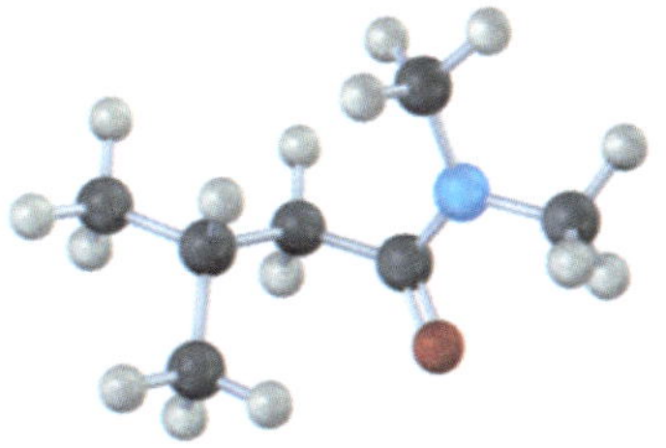

(b)

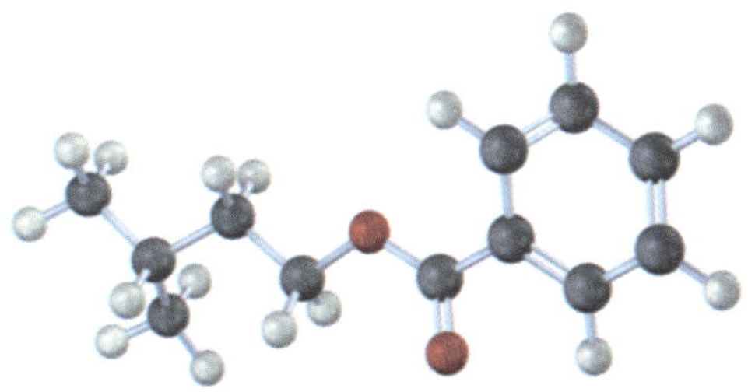

21.28 Como você prepararia os seguintes compostos iniciando com um ácido carboxílico apropriado e quaisquer outros reagentes necessários? (Marrom-avermelhado = Br)

(a)

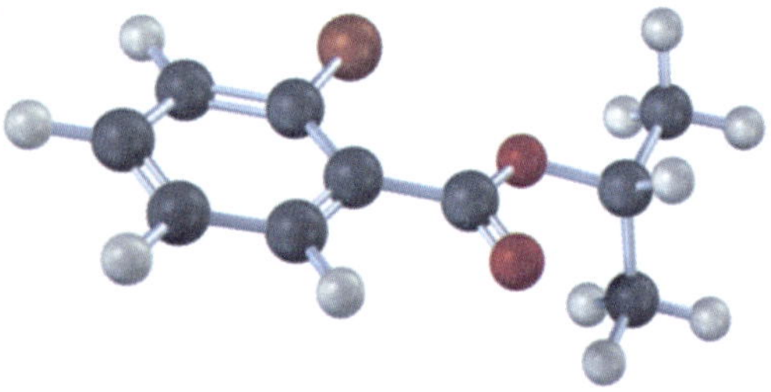

(b)

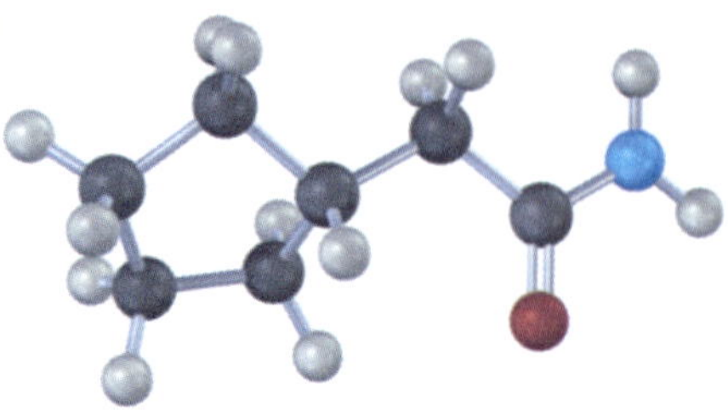

21.29 A seguinte estrutura representa um íon alcóxido tetraédrico intermediário, formado pela adição de um nucleófilo a um derivado de ácido carboxílico. Identifique o nucleófilo, o grupo abandonador, o derivado de ácido de partida e o produto final. (Verde = Cl)

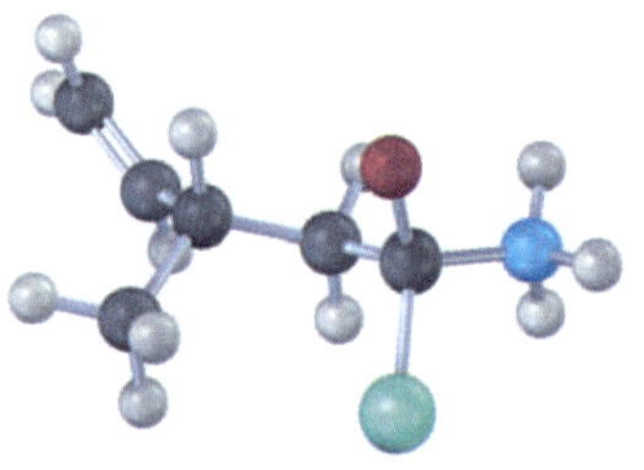

21.30 Os mapas de potencial eletrostático de uma amida típica (acetamida) e de uma azida de acila (azida de acetila) são mostrados. Qual das duas você imagina ser mais reativa em reações de substituição nucleofílica de acila? Explique.

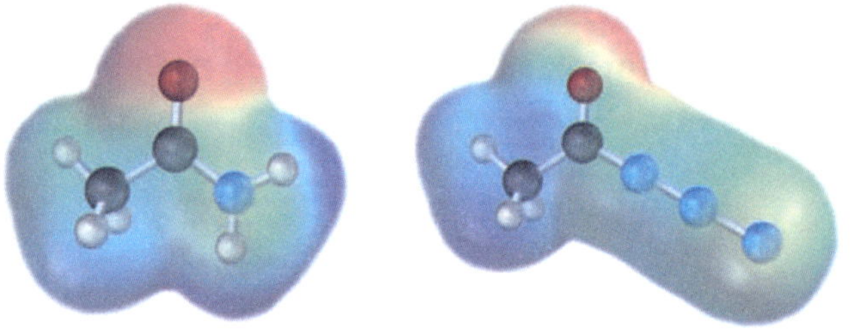

Acetamida

Azida de acetila

Problemas de mecanismo

21.31 Preveja o(s) produto(s) e forneça o mecanismo para cada reação a seguir.

(a)

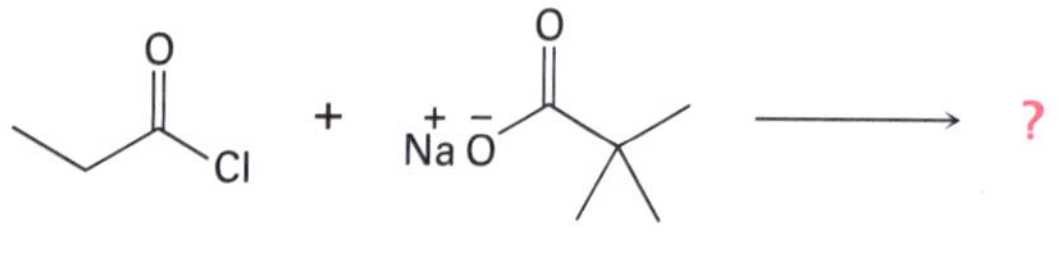

(b)

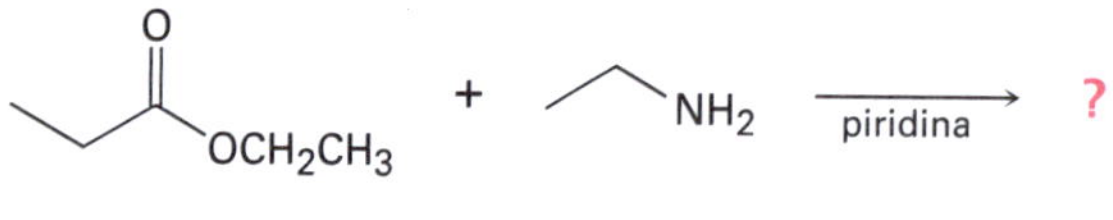

(c)
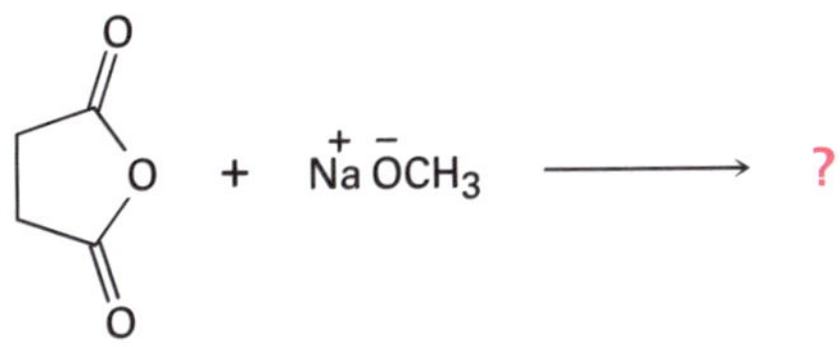

(d)
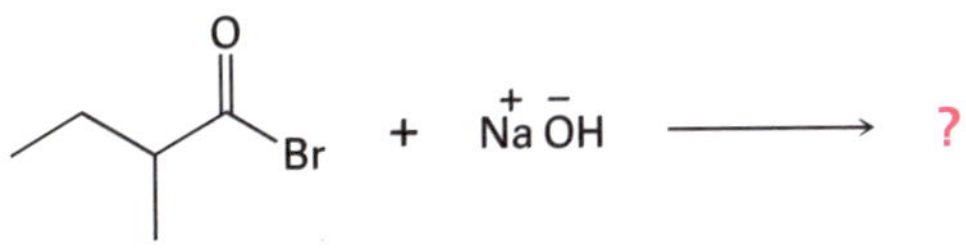

21.32 Preveja o(s) produto(s) e forneça o mecanismo para cada reação a seguir.

(a)
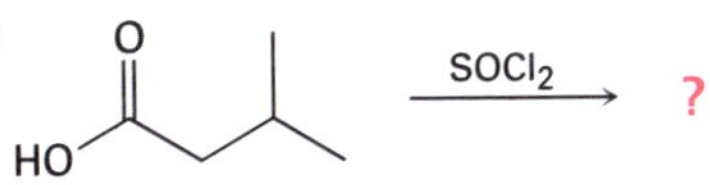

(b)
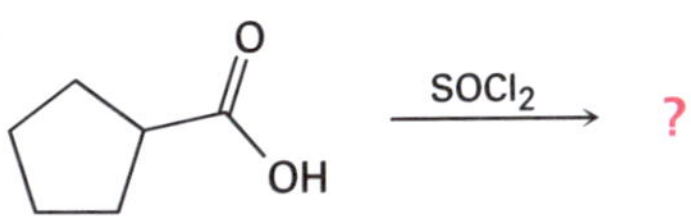

(c)
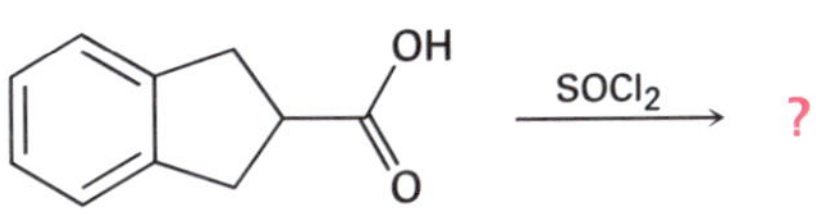

(d)
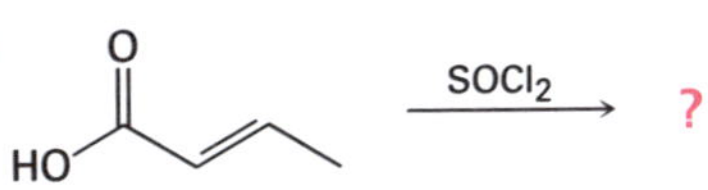

21.33 Preveja o(s) produto(s) e forneça o mecanismo para cada reação a seguir.

(a)
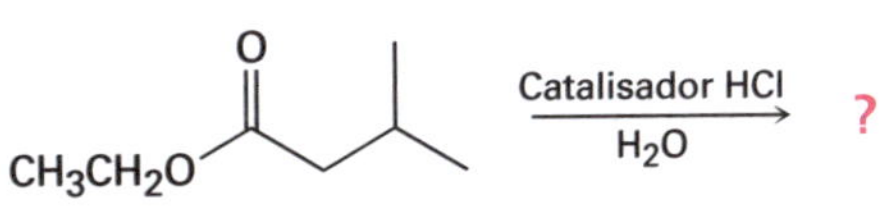

(b)
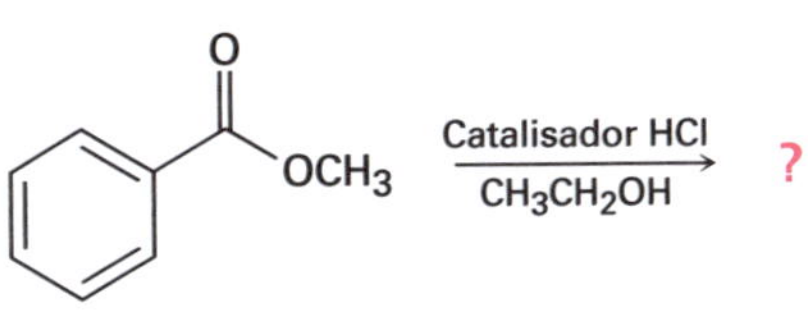

(c)
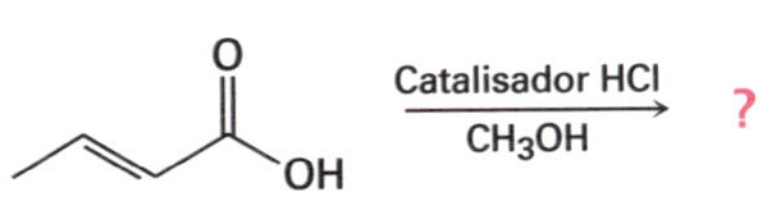

(d)
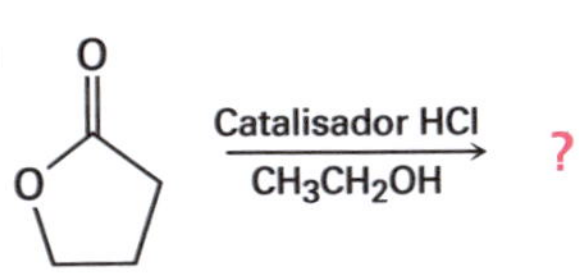

21.34 Preveja o(s) produto(s) e forneça o mecanismo para cada reação a seguir.

(a)

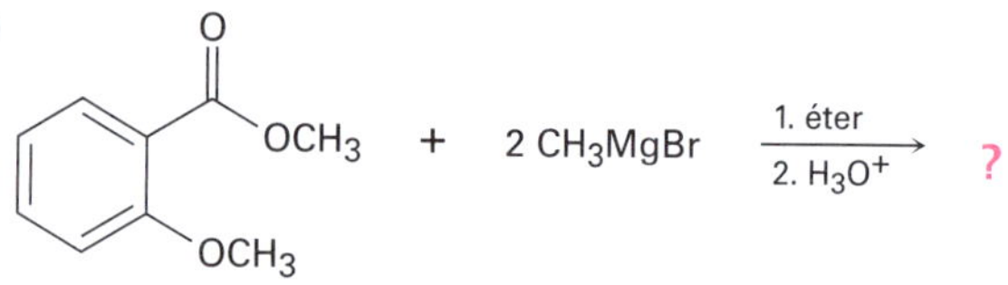

(b)

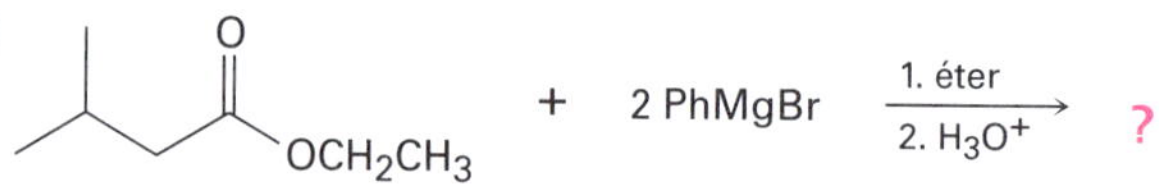

(c)

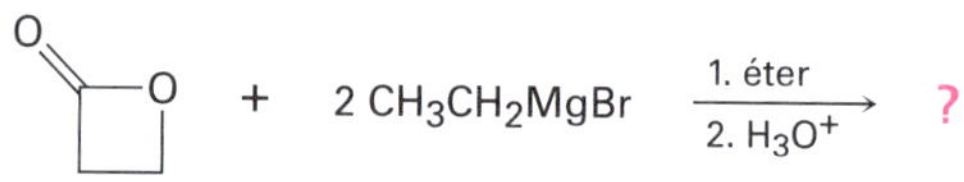

(d)

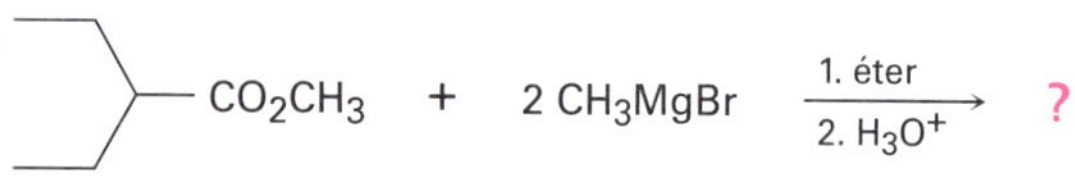

21.35 Anidridos mistos piválicos são muitas vezes utilizados para formar ligações de amida entre os aminoácidos. Diferentemente da reação, com um anidrido simétrico, esta reação é altamente de regioneletiva, com o nucleófilo adicionando apenas à carbonila do aminoácido. Forneça o mecanismo completo para a reação a seguir e explique a regiosseletividade.

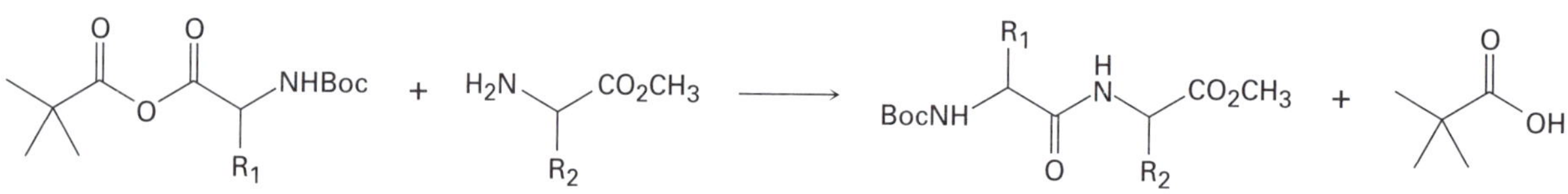

Anidrido misto de pivaloilo/ aminoácido

21.36 Quando 4-dimetilaminopiridina (DMAP) é adicionada em quantidades catalíticas ao anidrido acético e a um álcool, aumenta significativamente a velocidade de formação de éster. O processo começa com uma reação entre o anidrido acético e o DMAP, para formar um intermediário acetilopiridínio altamente reativo, que é mais reativo que o próprio anidrido acético. Proponha um mecanismo para este processo que inclua a formação e a reação do intermediário acetilopiridínio.

21.37 As gorduras são sintetizadas a partir de 3-fosfatoglicerol e acila-CoA de ácido graxo CoA por uma sequência de reação que começa com a seguinte etapa. Mostre o mecanismo da reação.

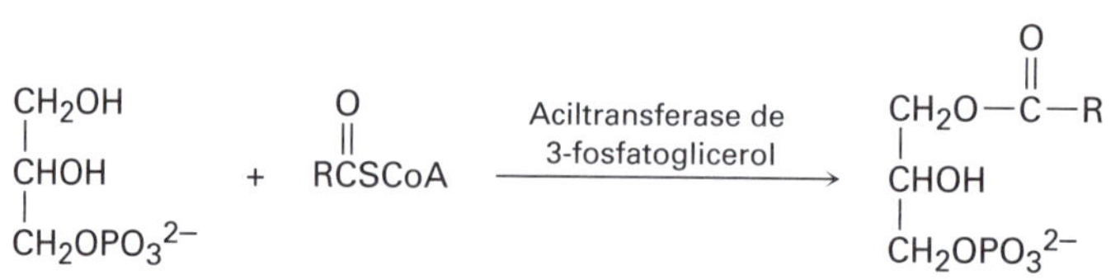

3-fosfatoglicerol **Acila-CoA de ácido graxo** **1-acil 3-fosfatoglicerol**

21.38 O tratamento de um α-aminoácido com DCC produz uma 2,5-dicetopiperazina. Proponha um mecanismo.

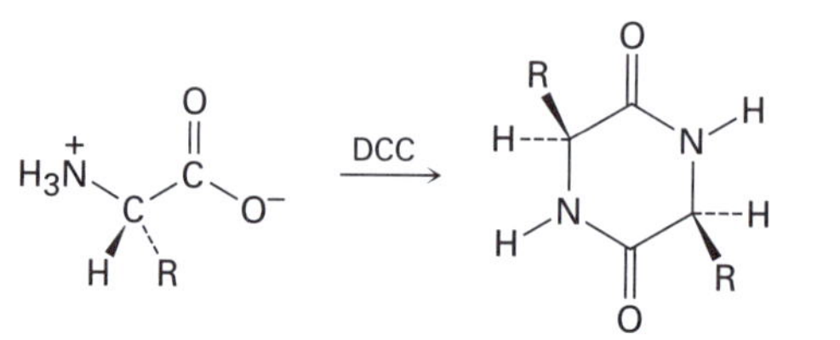

Um α-aminoácido **Uma 2,5-dicetopiperazina**

21.39 O anidrido succínico gera a imida cíclica succinimida quando aquecido com cloreto de amônio a 200 °C. Proponha um mecanismo para essa reação. Por que você acha que uma temperatura de reação tão alta é necessária?

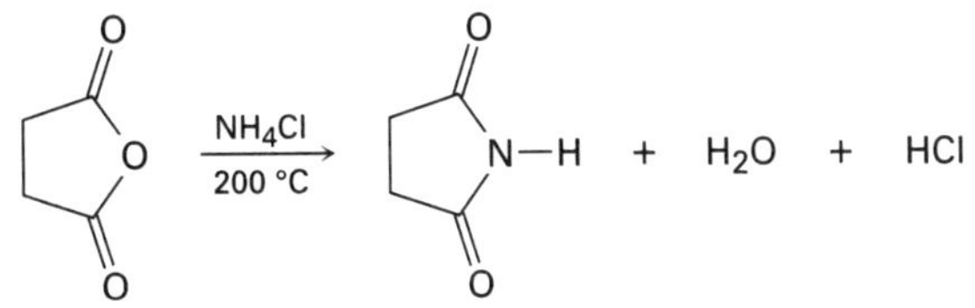

21.40 A hidrólise de um tioéster biológico para obter o carboxilato correspondente geralmente é mais complexa que o resultado geral possa sugerir. A conversão de succinil-CoA para succinato no ciclo do ácido cítrico, por exemplo, ocorre por formação inicial de um fosfato de acila, seguido por reação com difosfato de guanosina (GDP, um parente do difosfato de adenosina [ADP]) para se obter o succinato e o trifosfato de guanosina (GTP, um parente do ATP). Sugira um mecanismo para as duas etapas.

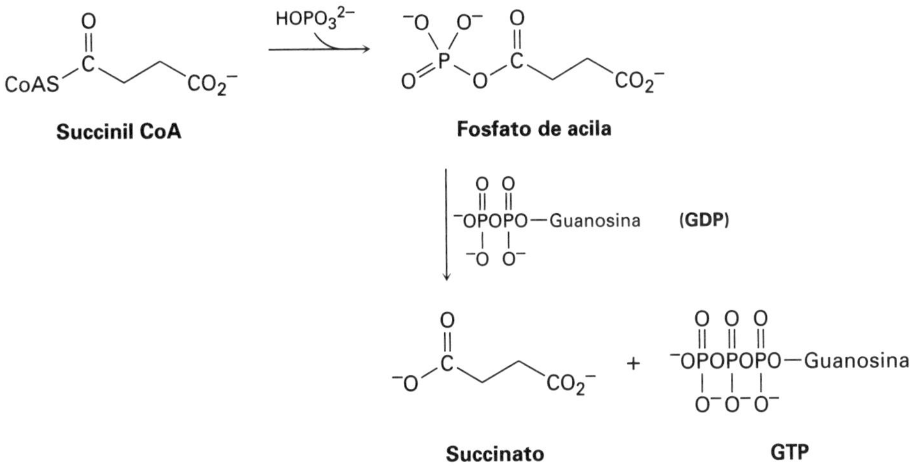

21.41 Uma etapa na rota da *gliconeogênese* para a biossíntese da glicose é a redução parcial do 3-fosfoglicerato para fornecer o 3-fosfatogliceraldeído. O processo ocorre por meio da fosforilação com ATP para fornecer 1,3-bifosfoglicerato, reação com um grupo tiol na enzima para formar um tioéster ligado à enzima e à redução com o NADH. Sugira um mecanismo para as três reações.

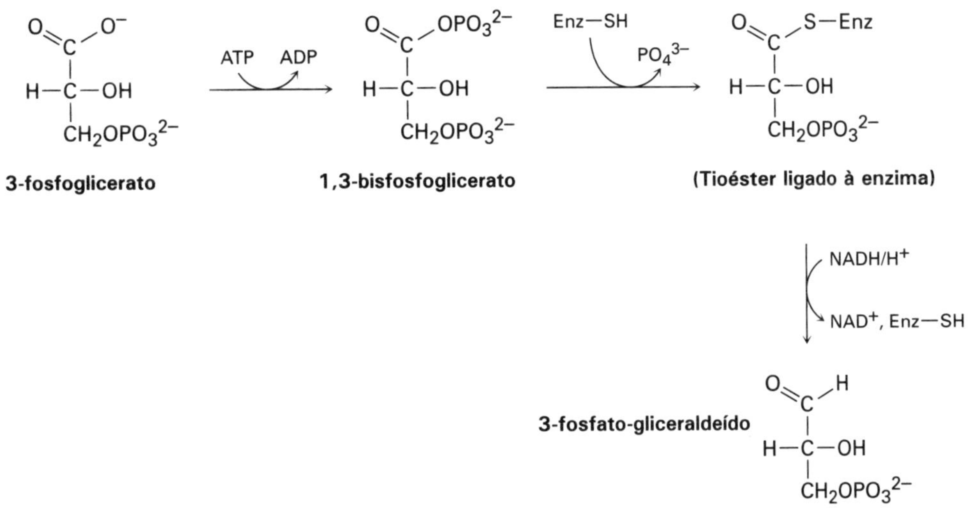

21.42 As bactérias normalmente desenvolvem resistência à penicilina e a outros antibióticos β-lactama (veja *Algo Extra* neste capítulo) em razão da síntese bacteriana das enzimas β-lactamase. Tazobactam, no entanto, é capaz de inibir a atividade da β-lactamase, capturando-a, impedindo assim o desenvolvimento da resistência.

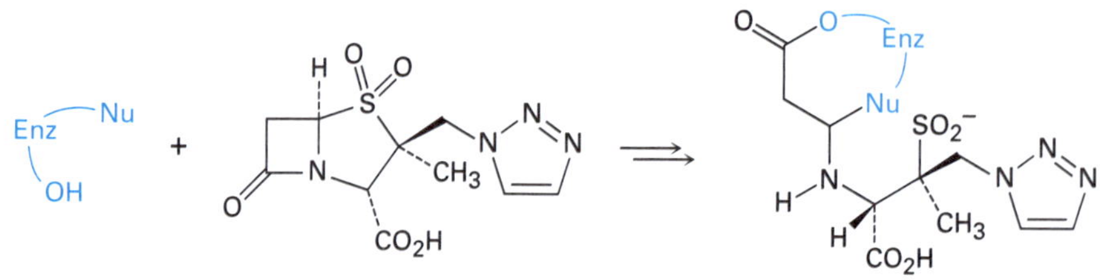

β-lactamase **Tazobactam** **β-lactamase capturada**

(a) A primeira etapa da captura é a reação de um grupo hidroxila da β-lactamase para abrir o anel da β-lactama de tazobactam. Mostre o mecanismo.

(b) A segunda etapa é a abertura do anel contendo enxofre do tazobactam para se obter uma imina acíclica intermediária. Mostre o mecanismo.

(c) A ciclização da imina intermediária resulta no produto capturado β-lactamase. Mostre o mecanismo.

21.43 A seguinte reação, chamada de *rearranjo do ácido benzílico*, ocorre pelas reações típicas do grupo carbonila. Proponha um mecanismo (Ph = fenila)

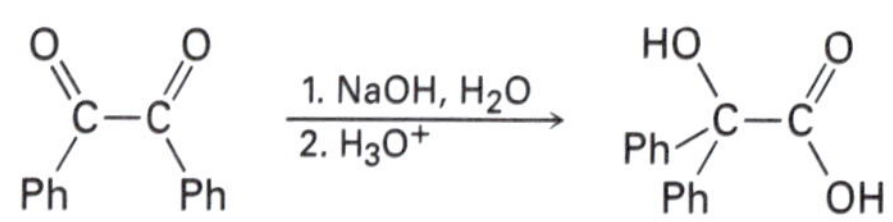

Benzila **Ácido benzílico**

21.44 Na *reação de iodofórmio*, uma triiodometilcetona reage com NaOH aquoso para gerar um íon carboxilato e o iodofórmio (triiodometano). Proponha um mecanismo para essa reação.

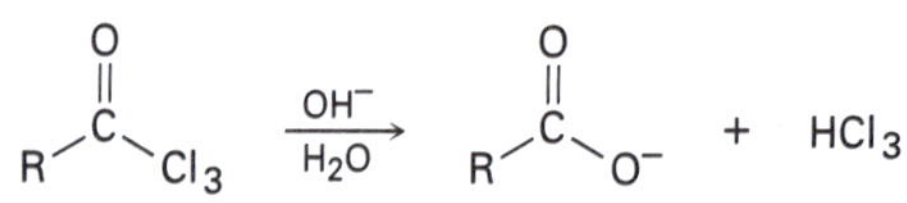

Problemas adicionais

Nomenclatura de derivados de ácido carboxílico

21.45 Dê os nomes IUPAC para os seguintes compostos:

(a)

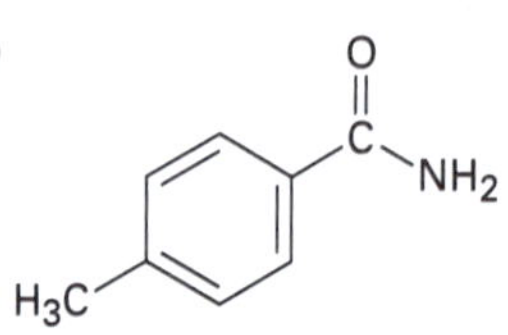

(b)

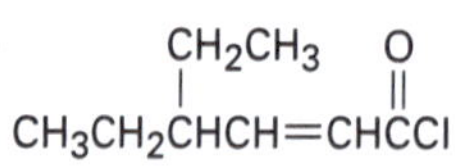

(c)

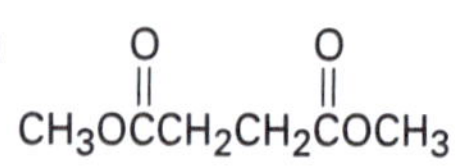

(d)

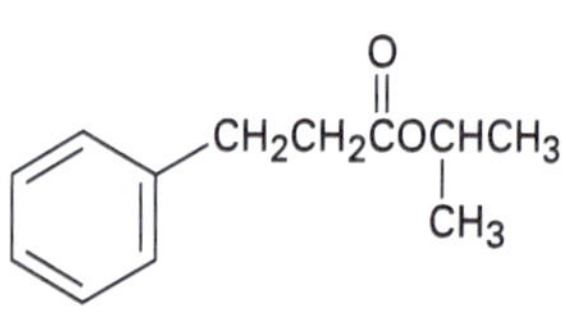

(e)

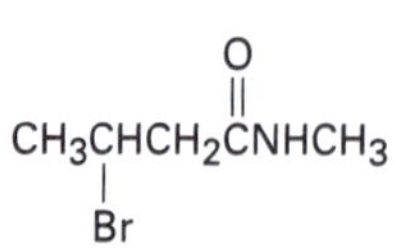

(f)

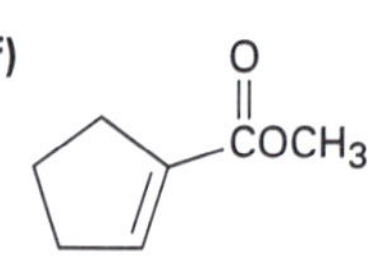

(g)

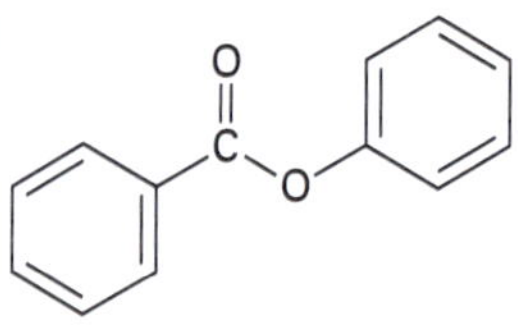

(h)

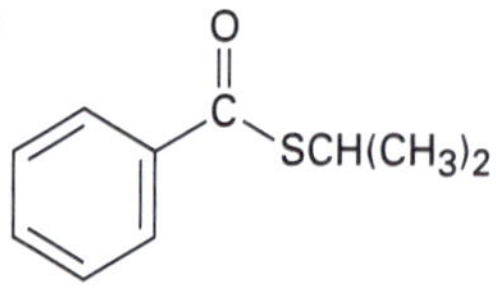

21.46 Desenhe as estruturas correspondendo aos seguintes nomes:

(a) *p*-bromofenilacetamida **(b)** *m*-benzoilbenzamida **(c)** 2,2-dimetilhexanamida
(d) Ciclohexanocarboxilato de ciclohexila **(e)** 2-ciclobutenocarboxilato de etila
(f.) Anidrido succinico

21.47 Desenhe e nomeie os compostos que se encaixam às seguintes descrições:

(a) Três cloretos de ácidos possuindo a fórmula C_6H_9ClO
(b) Três amidas contendo a fórmula $C_7H_{11}NO$

Reações de substituição nucleofílica de acila

21.48 Preveja o produto, se houver algum, das reações entre o cloreto de propanoíla e os seguintes reagentes:

(a) $Li(Ph)_2Cu$ em éter **(b)** $LiAlH_4$, depois H_3O^+
(c) CH_3MgBr, em seguida H_3O^+ **(d)** H_3O^+
(e) Ciclohexanol **(f)** Anilina
(g) $CH_3CO_2^-$ ^+Na

21.49 Responda ao Problema 21.48 para a reação dos reagentes listados com propanoato de metila.

21.50 Responda ao Problema 21.48 para a reação dos reagentes listados com a propanamida.

21.51 Qual produto você esperaria obter da reação de Grignard contendo um excesso de brometo de fenilmagnésio com o carbonato de dimetila, $CH_3OCO_2CH_3$?

21.52 Como você pode preparar os seguintes compostos a partir de ácido butanoico?

(a) 1-butanol **(b)** Butanal **(c)** 1-bromobutano
(d) Pentanonitrila **(e)** 1-buteno **(f)** *N*-metilpentanamida
(g) 1-hexanona **(h)** Butilbenzeno **(i)** Butanonitrila

21.53 Preveja os produtos das seguintes reações:

(a)
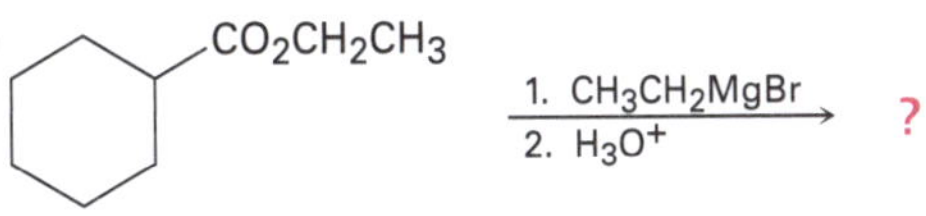

(b)
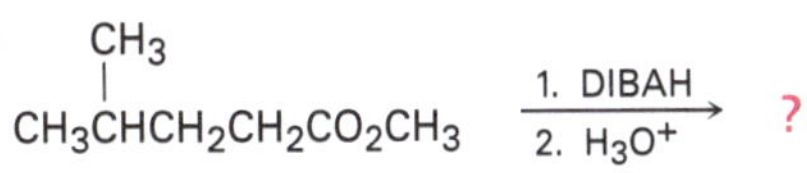

(c)
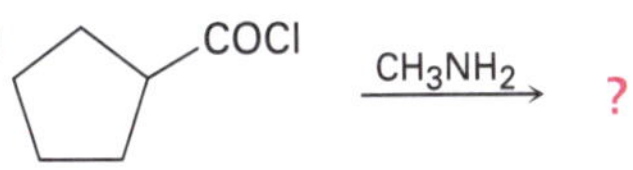

(d)
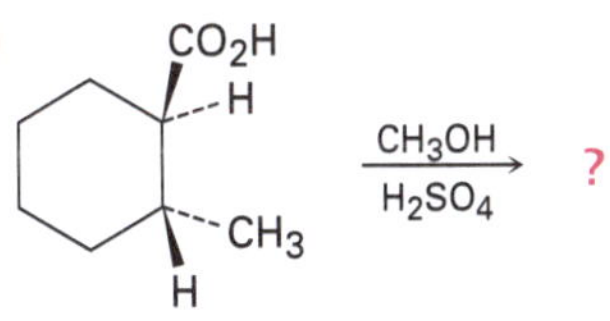

(e)
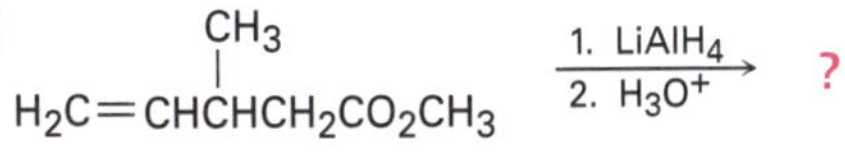

(f)
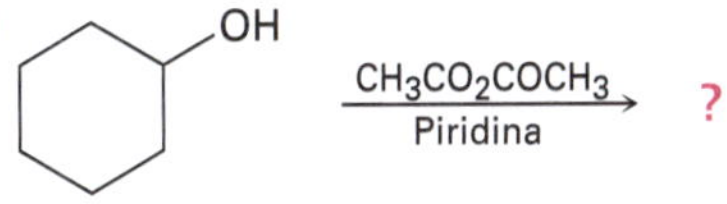

(g)
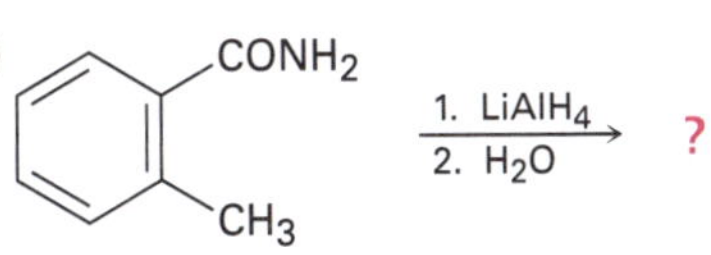

(h)
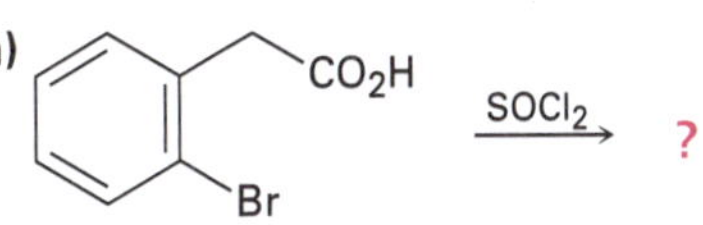

21.54 A seguinte ordem de reatividade foi encontrada para a saponificação de acetatos de alquila por NaOH aquoso. Explique.

$$CH_3CO_2CH_3 > CH_3CO_2CH_2CH_3 > CH_3CO_2CH(CH_3)_2 > CH_3CO_2C(CH_3)_3$$

21.55 Explique a observação de que a tentativa de esterificação de Fischer do ácido 2,4,6-trimetilbenzoico com metanol e HCl é sem sucesso. Nenhum éster é obtido e o ácido é recuperado sem alteração. Qual método alternativo de esterificação deve ser bem-sucedido?

21.56 Esboce os métodos para a preparação da acetofenona (fenilmetilcetona) iniciando dos seguintes compostos:

(a) Benzeno **(b)** Bromobenzeno **(c)** Benzoato de metila
(d) Benzonitrila **(e)** Estireno

21.57 O tratamento do ácido 5-aminopentanoico com DCC (diclohexilcarbodiimida) produz uma lactama. Mostre a estrutura do produto e o mecanismo da reação.

21.58 Quando o benzoato de *etila* é aquecido em metanol contendo uma pequena quantidade de HCl, o benzoato de *metila* é formado. Proponha um mecanismo para a reação.

21.59 A azida de *tert*-butoxicarbonila, um reagente usado na síntese de proteínas, é preparada pelo tratamento de cloreto de *tert*-butoxicarbonila com a azida de sódio. Proponha um mecanismo para essa reação.

Polímeros de crescimento em etapas

21.60 O polímero de crescimento em etapas, náilon 6, é preparado a partir da caprolactama. A síntese envolve a reação inicial da caprolactama com a água para gerar um aminoácido intermediário de cadeia aberta, seguida por aquecimento para formar o polímero. Proponha os mecanismos para ambas as etapas e mostre a estrutura do náilon 6.

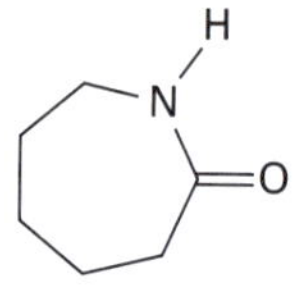

Caprolactama

21.61 A *Qiana*, uma fibra de poliamida com uma textura sedosa, tem a estrutura mostrada a seguir. Quais são as unidades monoméricas usadas na síntese da Qiana?

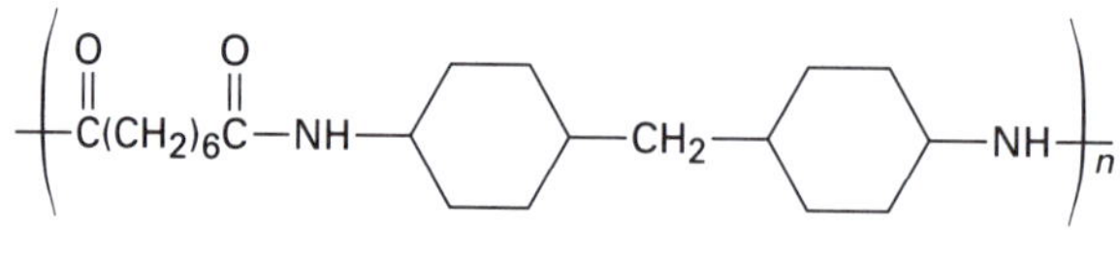

Qiana

21.62 Qual é a estrutura do polímero produzido pelo tratamento da β-propiolactona com uma pequena quantidade de íon hidróxido?

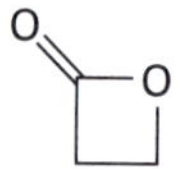

β-propiolactona

21.63 As poliimidas que têm a estrutura como a mostrada a seguir são usadas em revestimento de vidros e plásticos para aumentar a resistência ao risco. Como você sintetizaria uma poliimida? (Problema 21.39.)

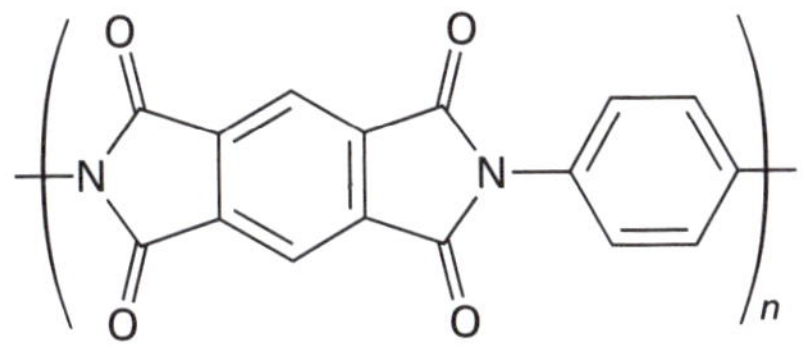

Uma poliimida

Espectroscopia

21.64 Como você distinguiria espectroscopicamente entre os seguintes pares de isômeros? Diga que diferenças você esperaria ver.

(a) *N*-metilpropanamida e *N*,*N*-dimetilacetamida

(b) 5-hidroxipentanonitrila e ciclobutanocarboxamida

(c) Ácido 4-clorobutanoico e cloreto de 3-metoxipropanoíla

(d) Propanoato de etila e acetato de propila

21.65 Proponha uma estrutura para um composto, $C_4H_7ClO_2$, que tem os seguintes espectros no IV e de RMN de ^1H:

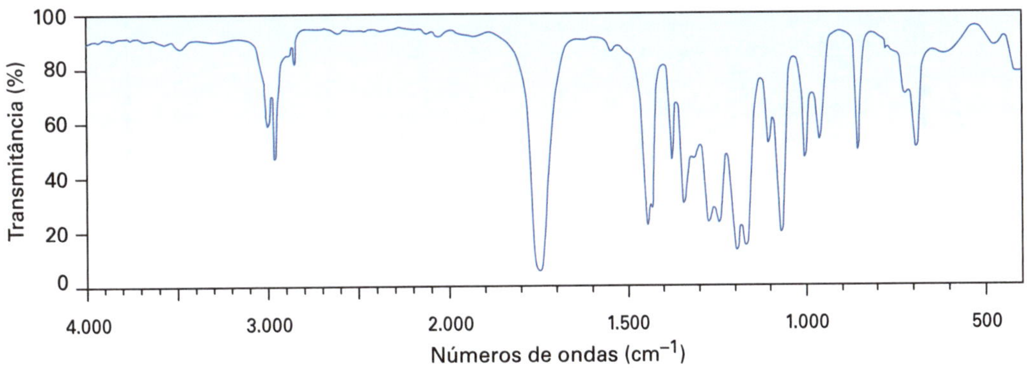

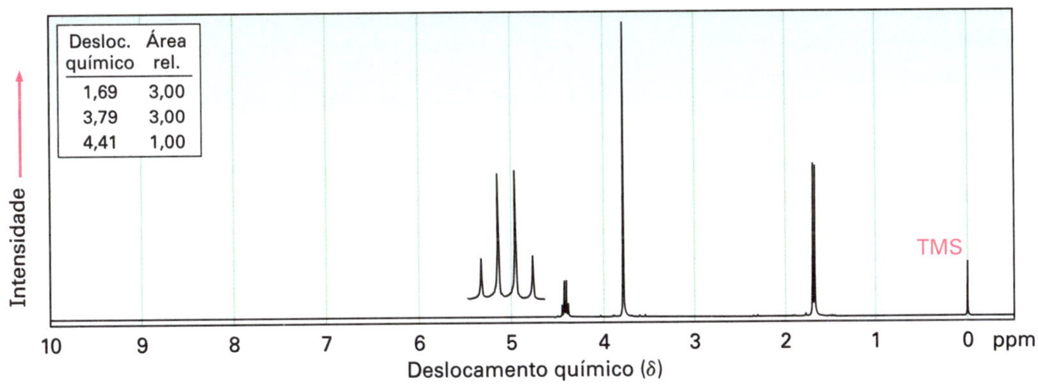

21.66 Atribua estruturas para os compostos com os seguintes espectros de RMN de ^1H:

(a) C_4H_7ClO

IV: 1.810 cm^{-1}

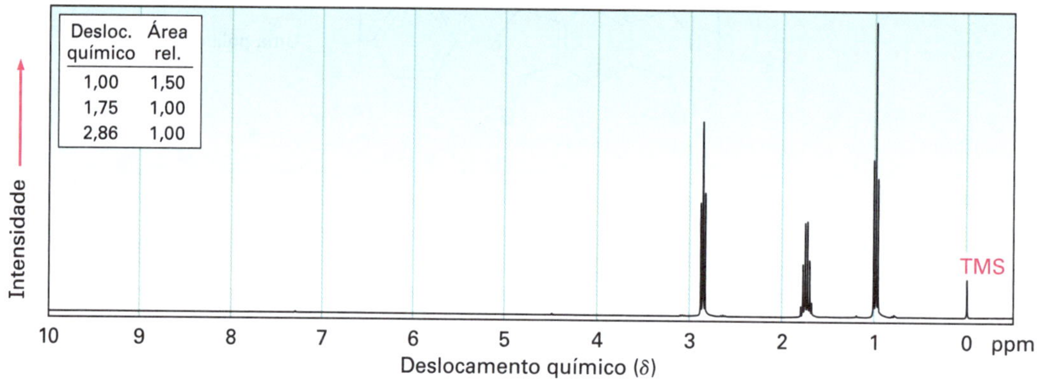

(b) $C_5H_7NO_2$

IV: 2.250, 1.735 cm^{-1}

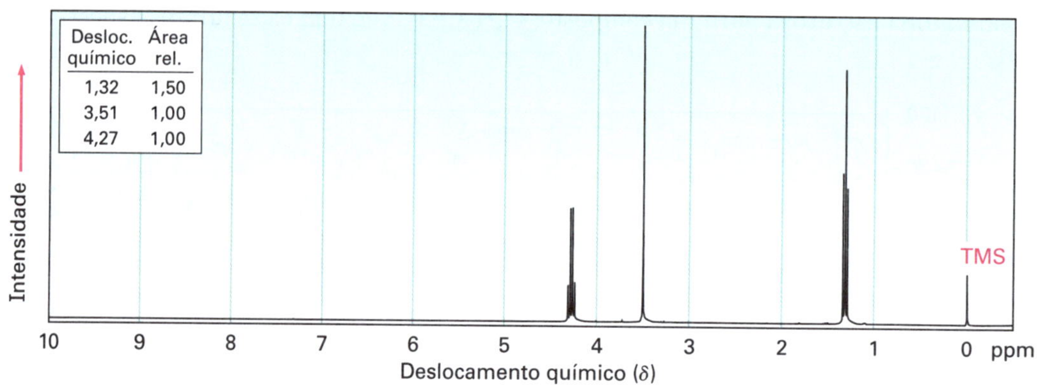

Problemas gerais

21.67 A seguinte ordem de reatividade foi encontrada para a hidrólise básica dos benzoatos de metila *p*-substituídos:

$$Y = NO_2 > Br > H > CH_3 > OCH_3$$

Como você pode explicar essa ordem de reatividade? Onde você espera que Y = C ≡ N, Y = CHO e Y = NH_2 estejam nessa lista?

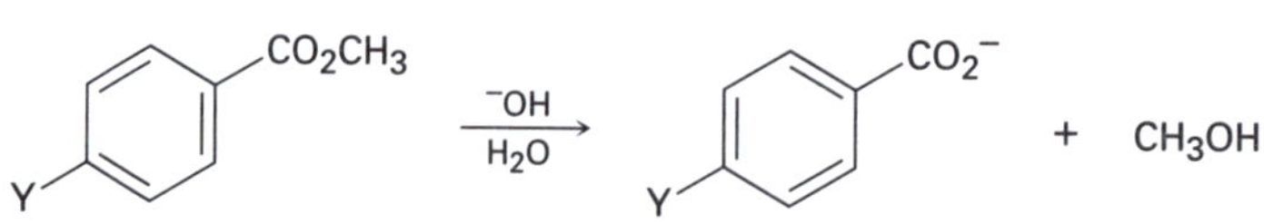

21.68 Quando um ácido carboxílico é dissolvido em água marcada isotopicamente, o átomo marcado rapidamente se incorpora em *ambos* os átomos de oxigênio do ácido carboxílico. Explique.

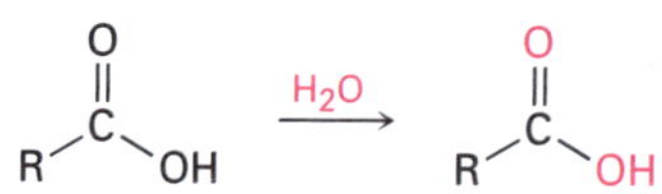

21.69 Dissemos na Seção 21.6 que os estudos de mecanismos sobre a hidrólise de ésteres têm sido realizados usando-se o propanoato de etila marcado com ^{18}O no oxigênio do tipo éter. Suponha que o ácido acético marcado com ^{18}O seja sua única fonte de oxigênio isotópico e, então, proponha uma síntese do propanoato de etila marcado.

21.70 O tratamento de ácido carboxílico com o anidrido trifluoroacético leva a um anidrido assimétrico que rapidamente reage com álcool para gerar um éster:

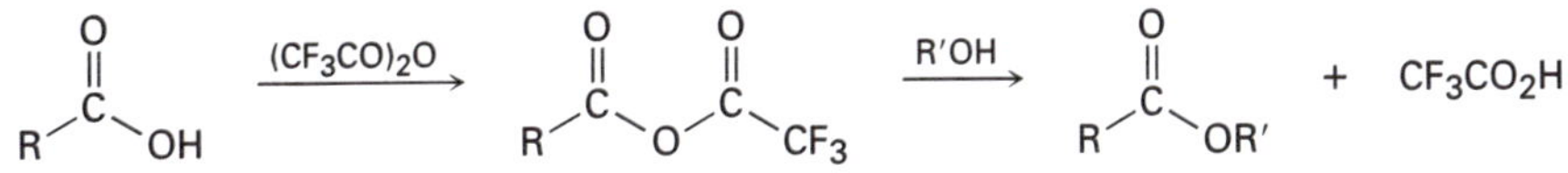

(a) Proponha um mecanismo para a formação de um anidrido assimétrico.

(b) Por que o anidrido assimétrico é anormalmente reativo?

(c) Por que o anidrido assimétrico reage como indicado em vez de produzir um éster trifluoroacetato mais um ácido carboxílico?

21.71 O Butacetin é um agente analgésico (para acabar com a dor) que é sintetizado comercialmente a partir do *p*-fluoronitrobenzeno. Proponha uma síntese.

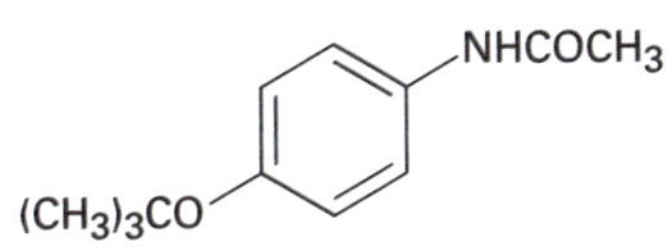

Butacetin

21.72 O 4-aminosalicilato de fenila é um medicamento usado no tratamento da tuberculose. Proponha uma síntese desse composto partindo do ácido 4-nitrosalicílico.

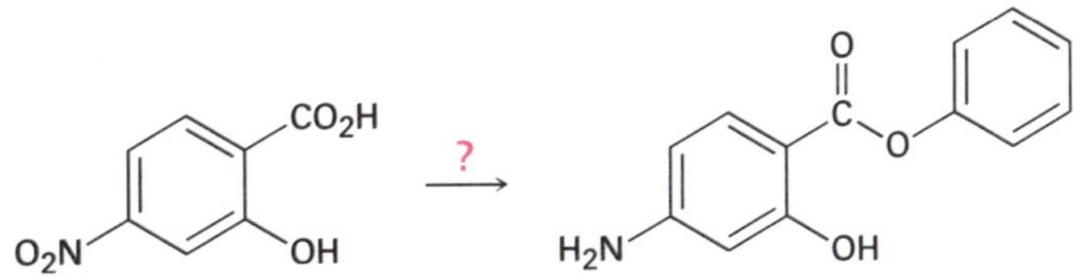

Ácido 4-nitrosalicílico **4-aminosalicilato de fenila**

21.73 O *N,N*-dietil-*m*-toluamida (DEET) é um princípio ativo em muitos repelentes de insetos. Como você pode sintetizar essa substância a partir do *m*-bromotolueno?

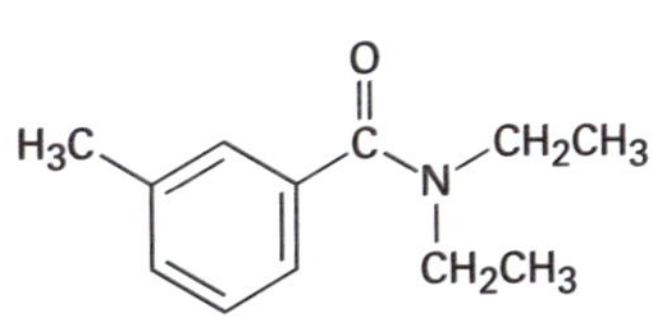

***N,N*-dietil-*m*-toluamida**

21.74 O ácido tranexâmico, um medicamento usado como anticoagulante do sangue, é preparado comercialmente a partir de *p*-metilbenzonitrila. Formule as etapas prováveis de serem usadas na síntese. (Não se preocupe a respeito dos isômeros cis-trans. O aquecimento a 300 °C interconverte os isômeros.)

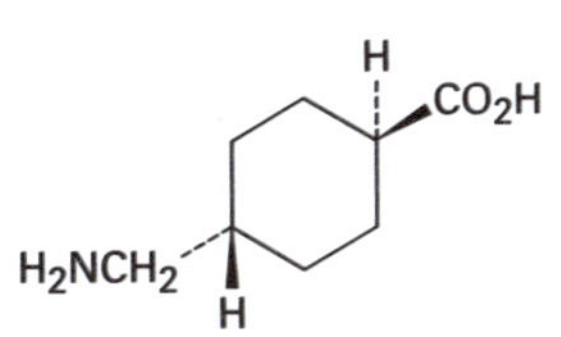

Ácido tranexâmico

21.75 O método utilizado frequentemente para se preparar os ésteres metílicos é pela reação de ácidos carboxílicos com o diazometano, CH_2N_2:

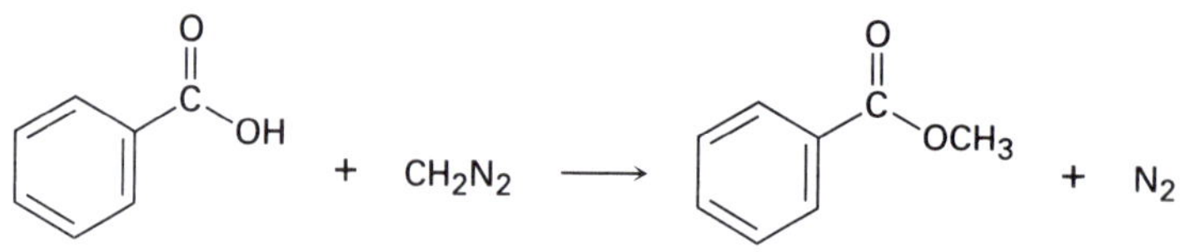

Ácido benzoico **Diazometano** **Benzoato de metila (100%)**

A reação ocorre em duas etapas: (1) protonação do diazometano pelo ácido carboxílico para produzir o íon metildiazônio, $CH_3N_2^+$, mais um íon carboxilato; e (2) reação do íon carboxilato com o $CH_3N_2^+$.

(a) Represente as duas estruturas de ressonância do diazometano e explique a etapa 1.

(b) Qual tipo de reação ocorre na reação da etapa 2?

21.76 Desenhe a estrutura do polímero que se esperaria obter a partir da reação de tereftalato de dimetila com um triol, como o glicerol. Qual característica estrutural este novo polímero tem que não estava presente no Dacron (**Tabela 21.2**)? Como você acha que esta nova característica pode afetar as propriedades do polímero?

21.77 Determine as estruturas para os compostos com os seguintes espectros de RMN de ^1H:

(a) $C_5H_{10}O_2$

IV: 1.735 cm^{-1}

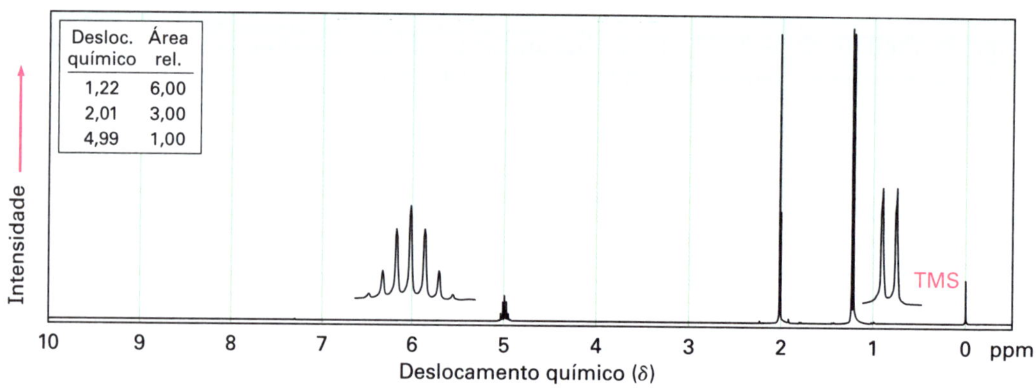

Desloc. químico	Área rel.
1,22	6,00
2,01	3,00
4,99	1,00

(b) $C_{11}H_{12}O_2$

IV: 1.710 cm^{-1}

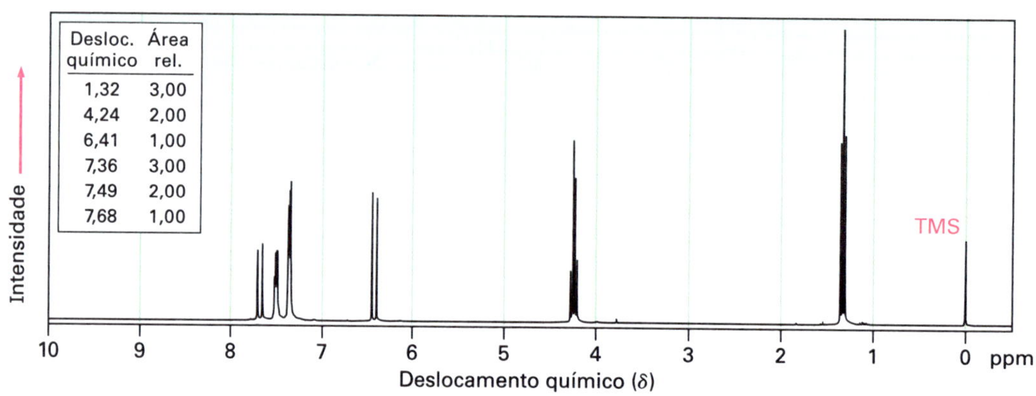

Desloc. químico	Área rel.
1,32	3,00
4,24	2,00
6,41	1,00
7,36	3,00
7,49	2,00
7,68	1,00

21.78 Proponha as estruturas para os compostos com os seguintes espectros de RMN de ^{1}H:

(a) $C_5H_9ClO_2$

IV: 1.735 cm^{-1}

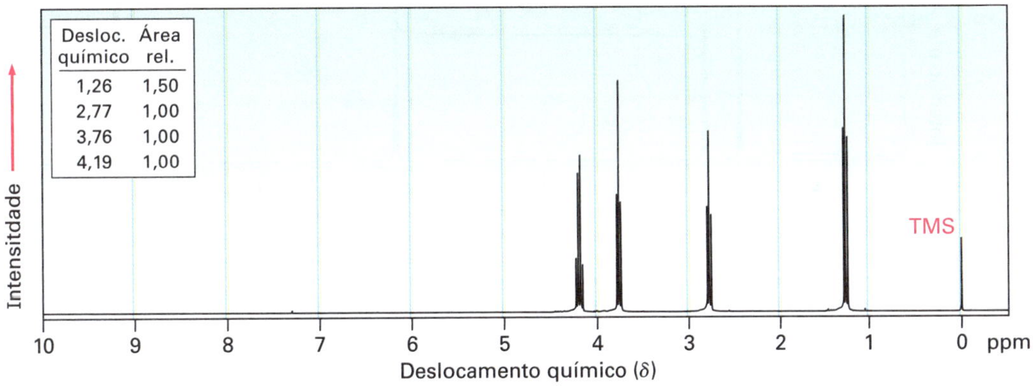

(b) $C_7H_{12}O_4$

IV: 1.735 cm^{-1}

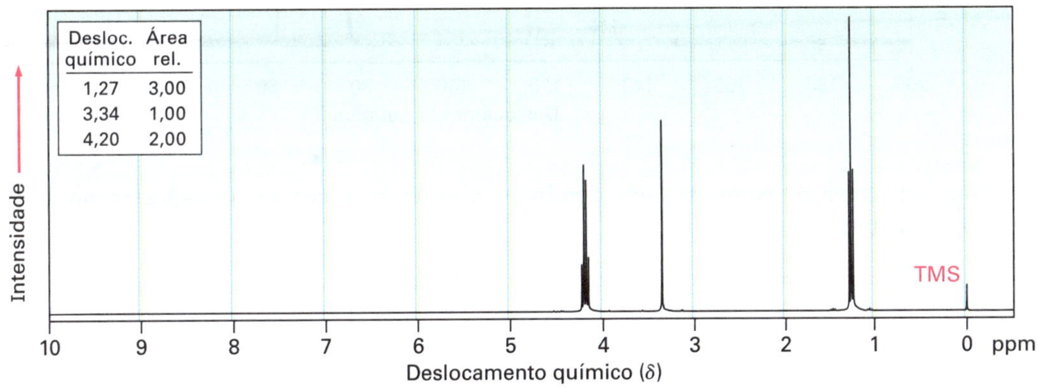

21.79 Proponha uma estrutura para o composto com a fórmula $C_{19}H_9NO_2$ e os seguintes espectros no IV e de RMN.

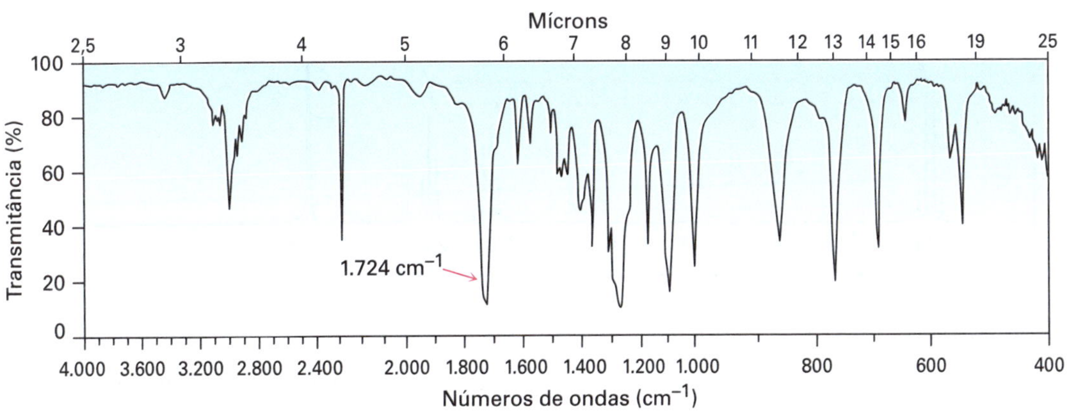

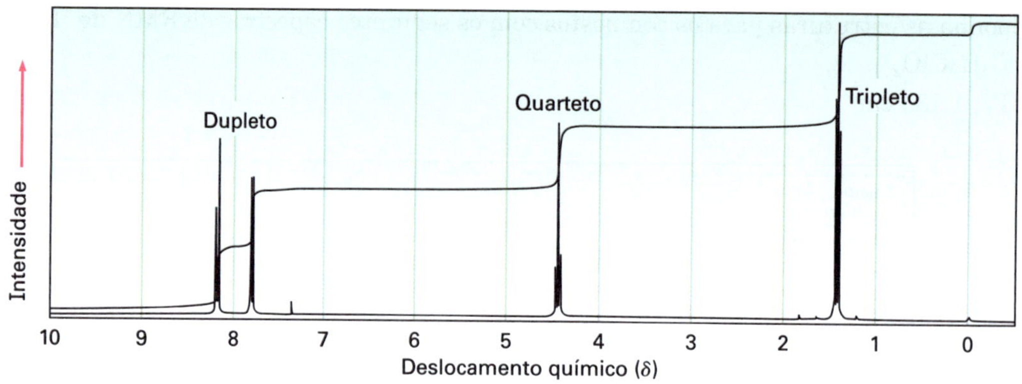

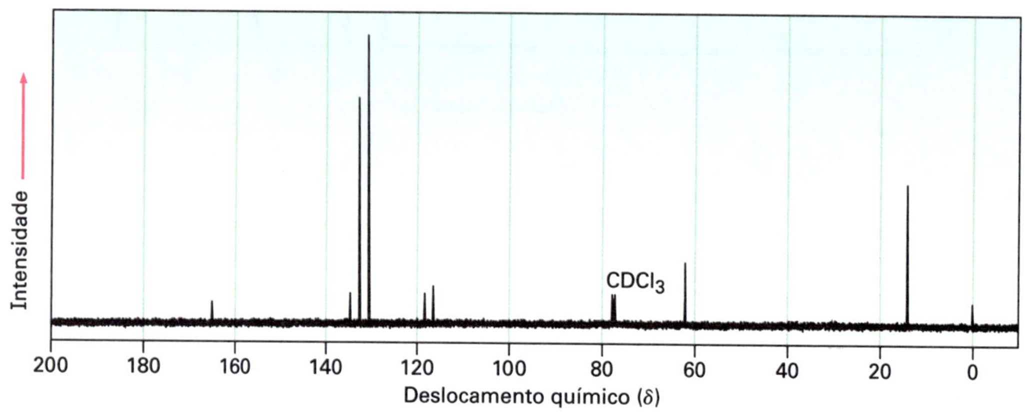

21.80 Desenhe a estrutura do composto que produziu o espectro a seguir. O espectro no infravermelho tem bandas fortes em 1.720 e 1.738 cm^{-1}.

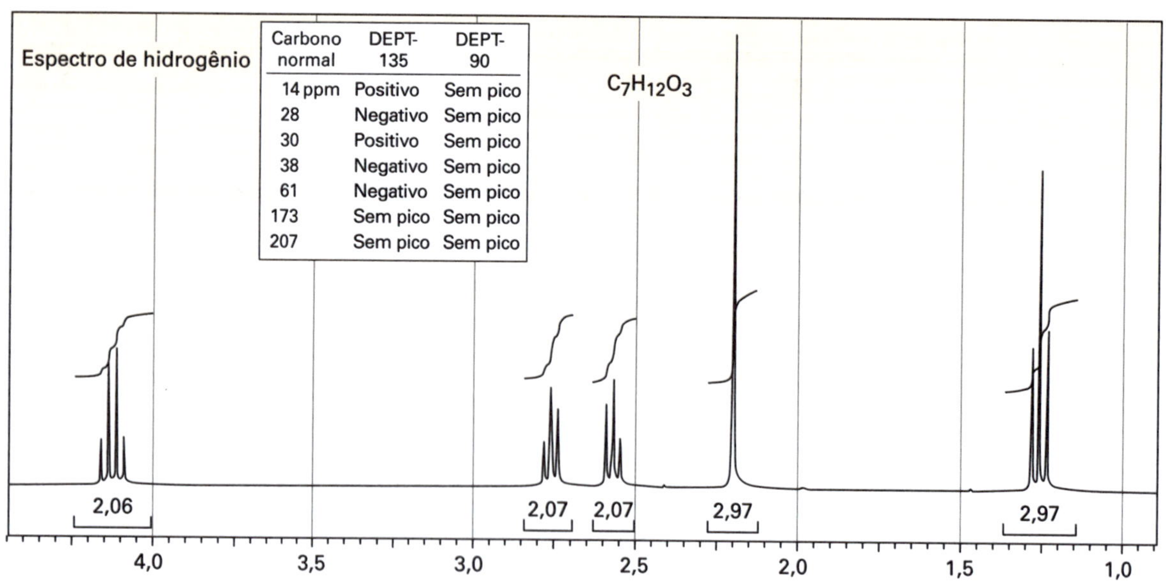

Carbono normal	DEPT-135	DEPT-90
14 ppm	Positivo	Sem pico
28	Negativo	Sem pico
30	Positivo	Sem pico
38	Negativo	Sem pico
61	Negativo	Sem pico
173	Sem pico	Sem pico
207	Sem pico	Sem pico

21.81 Quando uma amida é formada a partir de um cloreto de ácido ou de um anidrido, são necessários dois mols de base. No entanto, quando um éster é utilizado como material de partida, é necessário apenas um mol de base. Explique essa reatividade em termos da basicidade dos grupos abandonadores.

21.82 As colas epóxi são preparadas em duas etapas. A reação S_N2 do sal dissódico de bisfenol A com a epiclorohidrina forma um "pré-polímero", o qual é então "curado" pelo tratamento com uma triamina como a $H_2NCH_2CH_2NHCH_2CH_2NH_2$.

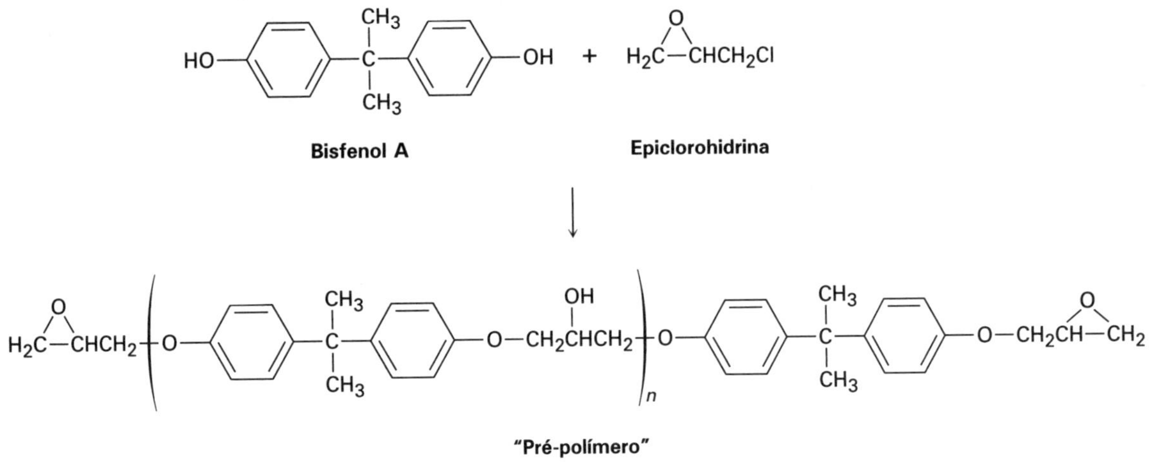

Represente as estruturas para mostrar como a adição de uma triamina resulta no fortalecimento do polímero.

capítulo 22

Reações de Substituição Alfa à Carbonila

©justasc/Shutterstock.com

O gás lacrimogêneo é um controverso dispositivo de controle de tumulto, usado por algumas forças militares e policiais. Ele é uma clorocetona simples preparada por uma reação de substituição α a uma carbonila.

Neste capítulo:

POR QUE ESTE CAPÍTULO? Assim como as adições nucleofílicas e as substituições nucleofílicas de acilas, diversos esquemas de laboratório, sínteses de medicamentos e rotas bioquímicas utilizam frequentemente as reações de substituição *α* à carbonila. Seu grande valor é que elas constituem um dos poucos métodos gerais para a formação de ligações carbono-carbono, tornando possível, assim, a construção de moléculas maiores a partir de precursores menores. Veremos neste capítulo como e por que essas reações ocorrem.

Nós dissemos na Prévia de Química da Carbonila que muito da química dos compostos de carbonila pode ser explicado apenas por quatro tipos de reações fundamentais: adições nucleofílicas, substituições nucleofílicas de acila substituições α e condensações carbonílicas. Após ter estudado as duas primeiras dessas reações nos últimos três capítulos, vamos olhar detalhadamente o terceiro principal processo do grupo carbonila – a **reação de substituição *α***.

As reações de substituição alfa ocorrem na posição *próxima* ao grupo carbonila – a *posição α* – e envolvem a substituição de um átomo de hidrogênio *α* por um eletrófilo, E, por meio de um intermediário enol ou íon enolato. Vamos começar aprendendo mais sobre essas duas espécies.

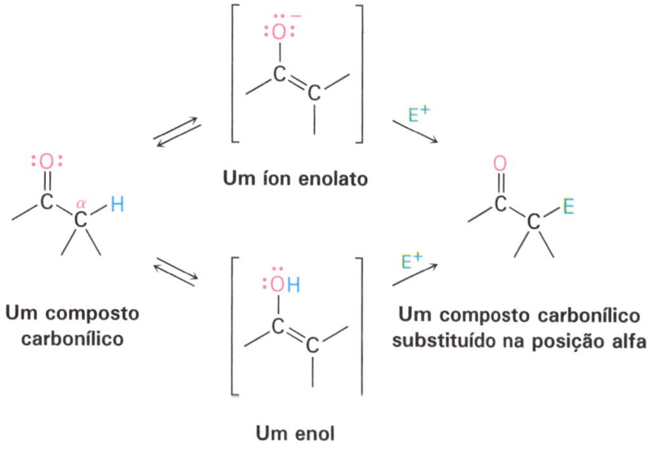

22.1 Tautomerismo ceto--enólico

Um composto carbonílico com um átomo de hidrogênio no seu carbono α está em equilíbrio com seu isômero **enol** correspondente (**Seção 9.4**). Esta interconversão espontânea entre dois isômeros, geralmente com a mudança de posição de um átomo de hidrogênio, é denominada tautomerismo, do grego *tauto*, significando "o mesmo", e *meros*, significando "parte". Os isômeros ceto e enol individuais são chamados **tautômeros**.

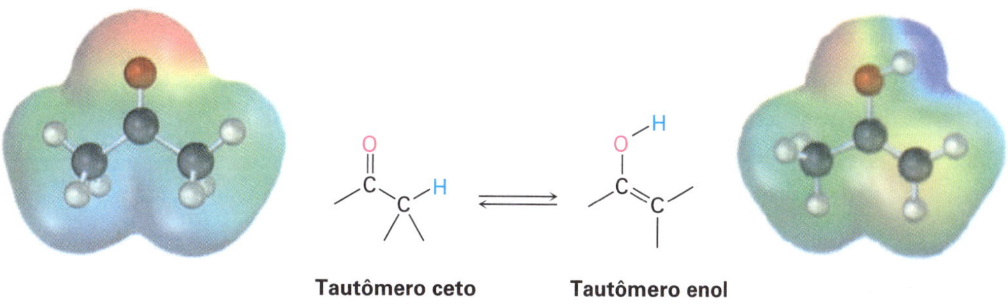

Observe a diferença entre tautômeros e formas de ressonância. Tautômeros são compostos isômeros – diferentes compostos com estruturas diferentes – enquanto formas de ressonância são representações diferentes de um único composto. Tautômeros têm seus *átomos* dispostos de forma diferente, enquanto as formas de ressonância diferem apenas na posição de seus *elétrons* π e não ligantes.

A maioria dos compostos de carbonila existe quase exclusivamente na forma ceto no equilíbrio e é, em geral, difícil de isolar o enol puro. Por exemplo, a ciclohexanona contém apenas cerca de 0,0001% de seu tautômero enol à temperatura ambiente. A porcentagem de tautômero enol é ainda menor para os ácidos carboxílicos, os ésteres e as amidas. O enol só pode predominar quando estabilizado por conjugação ou ligação de hidrogênio intramolecular. Assim, 2,4-pentanodiona é cerca de 76% tautômero enol. Embora enóis sejam escassos no equilíbrio, no entanto, são responsáveis por grande parte da química de compostos de carbonila porque eles são muito reativos.

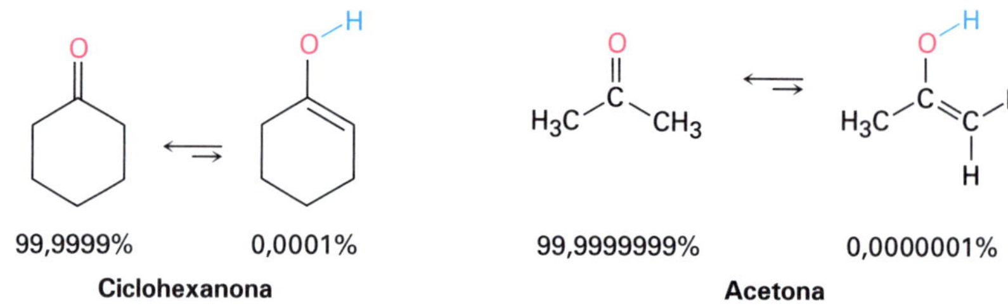

O tautomerismo ceto-enólico de compostos de carbonila é catalisada tanto por ácidos quanto por bases. A catálise ácida ocorre pela protonação do átomo de oxigênio da carbonila para gerar um cátion intermediário que perde H^+ de seu carbono α para gerar um enol neutro (**Figura 22.1a**). Essa perda de próton de um cátion intermediário é similar ao que ocorre durante uma reação E1 quando um carbocátion perde H^+ para formar um alceno (**Seção 11.10**).

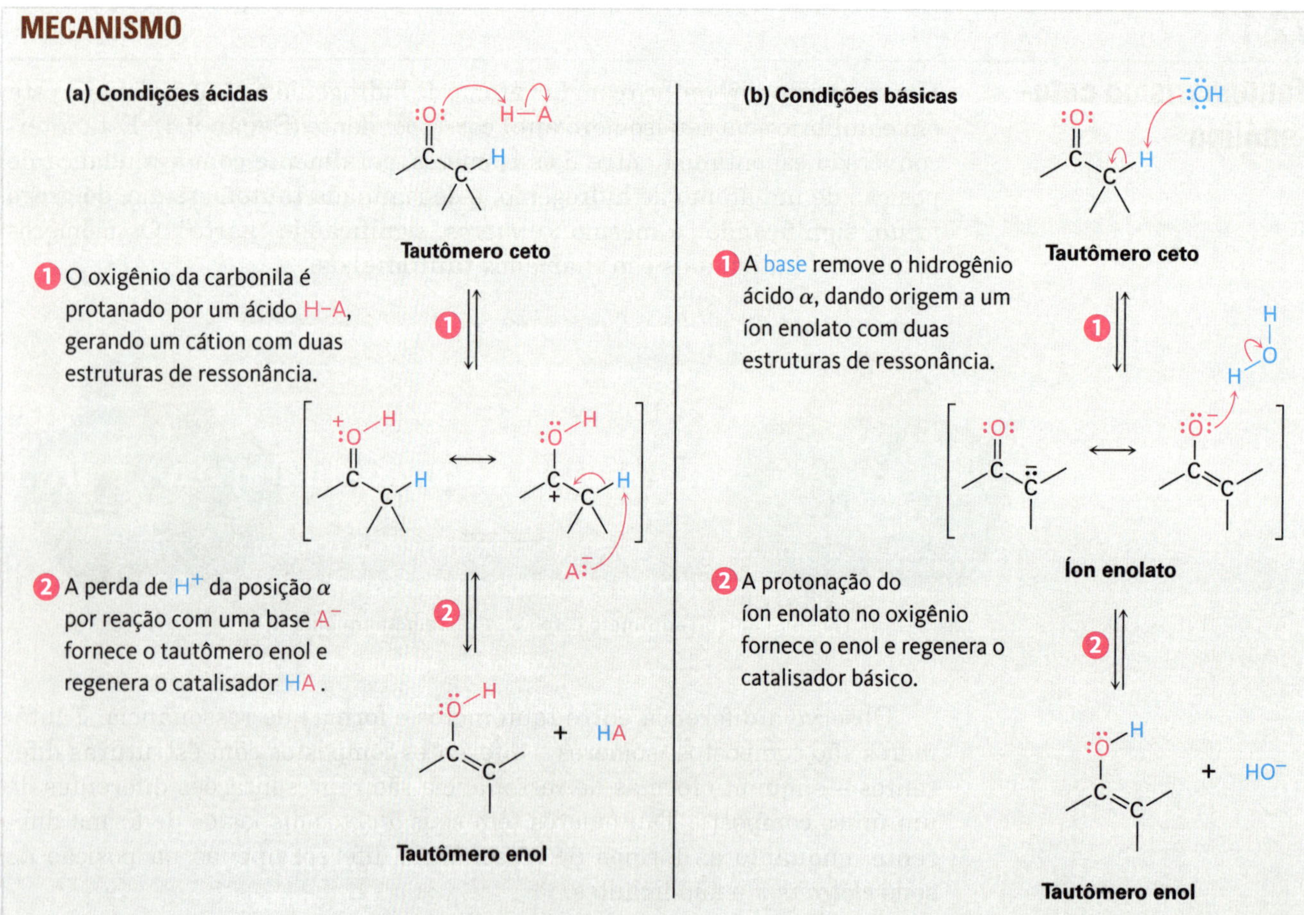

FIGURA 22.1 Mecanismo de formação de enol sob ambas as condições, catalisada por ácido e catalisada por base. **(a)** A catálise ácida envolve (1) protonação inicial do oxigênio da carbonila seguida pela (2) remoção de H^+ da posição α. **(b)** A catálise básica envolve (1) a desprotonação inicial da posição α para dar um íon enolato, seguida pela (2) reprotonação no oxigênio.

A formação de enol catalisada por base ocorre porque o grupo carbonila torna o hidrogênio no carbono α levemente ácido. Assim, um composto de carbonila pode atuar como ácido e doar um de seus hidrogênios α para uma base suficientemente forte. O ânion estabilizado por ressonância resultante, um **íon enolato**, é então protonado para gerar um composto neutro. Se a protonação do íon enolato ocorre no carbono α, o tautômero ceto é regenerado e nenhuma mudança líquida ocorre. Se, no entanto, a protonação tem lugar no átomo de oxigênio, um tautômero enol é formado (**Figura 22.1b**).

Observe que apenas os hidrogênios nas posições α de um composto de carbonila são ácidos. Os hidrogênios em β, γ, δ, e assim por diante, não são ácidos e não podem ser removidos por base porque os ânions resultantes não podem ser estabilizados por ressonância pela carbonila.

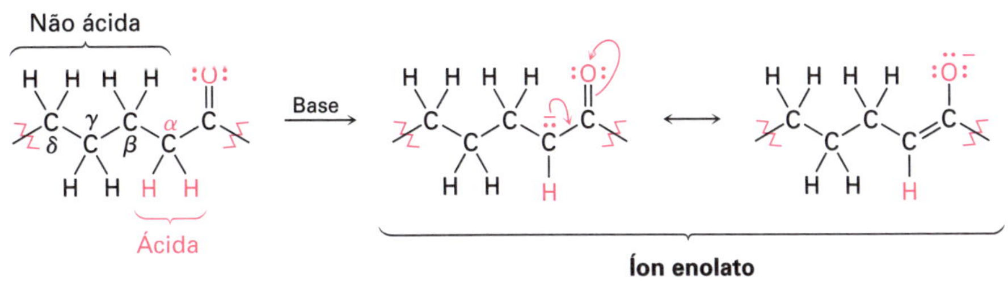

PROBLEMA 22.1 Desenhe as estruturas para os tautômeros dos seguintes compostos:

(a) Ciclopentanona **(b)** Tioacetato de etila
(c) Acetato de etila **(d)** Propanal
(e) Ácido acético **(f)** Fenilacetona

PROBLEMA 22.2 Quantos hidrogênios ácidos possui cada uma das moléculas listadas no Problema 22.1? Identifique-os.

PROBLEMA 22.3 Desenhe as estruturas para todas as formas monoenólicas da seguinte molécula. Qual você espera ser a mais estável? Explique.

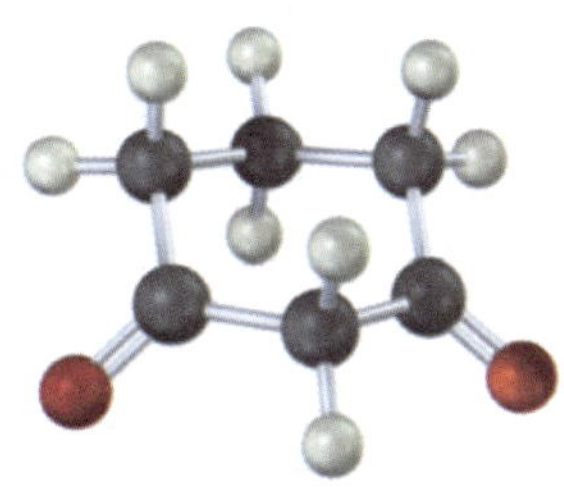

22.2 Reatividade de enóis: reações de substituição α

Qual é o comportamento químico dos enóis? Uma vez que suas ligações duplas são ricas em elétrons, os enóis comportam-se como nucleófilos e reagem com os eletrófilos, da mesma maneira que os alcenos o fazem. Mas, por causa da doação de elétrons por ressonância de um par isolado de elétrons no oxigênio, os enóis são mais ricos em elétrons e correspondentemente mais reativos que os alcenos. É possível observar no seguinte mapa de potencial eletrostático do etenol ($H_2C{=}CHOH$) como existe uma quantidade substancial de densidade eletrônica (vermelho-amarelo) no carbono α.

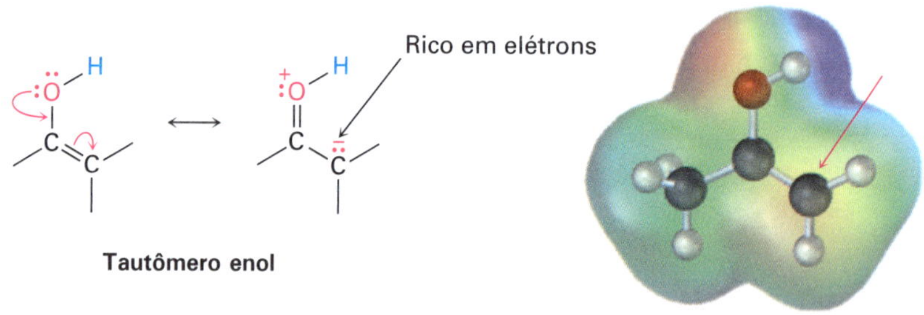

Quando um *alceno* reage com um eletrófilo, E^+, a adição inicial gera um cátion intermediário e a reação subsequente com um nucleófilo, como um íon de haleto, leva a um produto de adição (**Seção 7.7**). Quando um enol reage com um eletrófilo, no entanto, apenas a etapa inicial de adição é a mesma (**Figura 22.2**). Em vez de reagir com um nucleófilo para se obter um produto de adição, o cátion intermediário perde o próton $-OH$ para dar um composto de carbonila α substituído.

FIGURA 22.2 Mecanismo geral da reação de substituição da carbonila. Na etapa 3, o cátion formado inicialmente perde H^+ para regenerar um composto de carbonila.

MECANISMO

1 A formação de enol catalisada por ácido ocorre pelo mecanismo usual.

2 Um par de elétrons do oxigênio do enol ataca um eletrófilo (E^+), formando uma nova ligação e levando a um cátion intermediário que é estabilizado por ressonância entre duas formas.

3 A perda de um próton a partir do oxigênio gera o produto de substituição α neutro à medida que uma nova ligação C=O é formada.

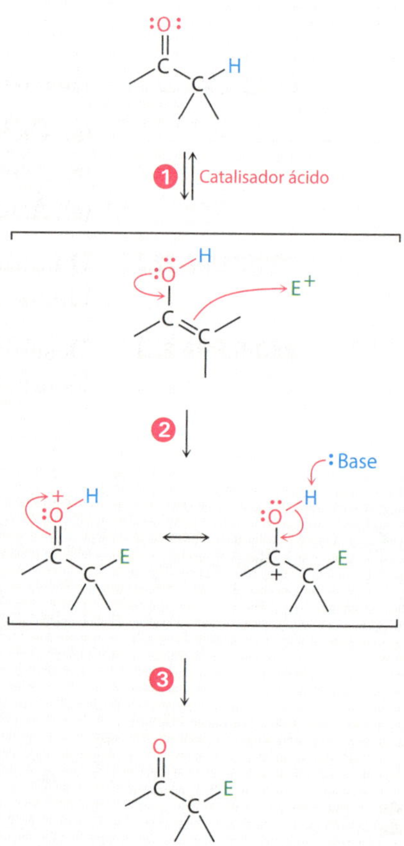

22.3 Halogenação alfa de aldeídos e cetonas

Uma reação de substituição α particularmente comum no laboratório é a halogenação de aldeídos e cetonas em suas posições α através da reação com Cl_2, Br_2 ou I_2 em solução ácida. O bromo em ácido acético como solvente é frequentemente usado.

Acetofenona α-bromoacetofenona (72%)

Extraordinariamente, a halogenação da cetona também ocorre em sistemas biológicos, em particular nas algas marinhas, onde se encontra o dibromoacetaldeído, a bromoacetona, a 1,1,1-tribromoacetona e outros compostos relacionados.

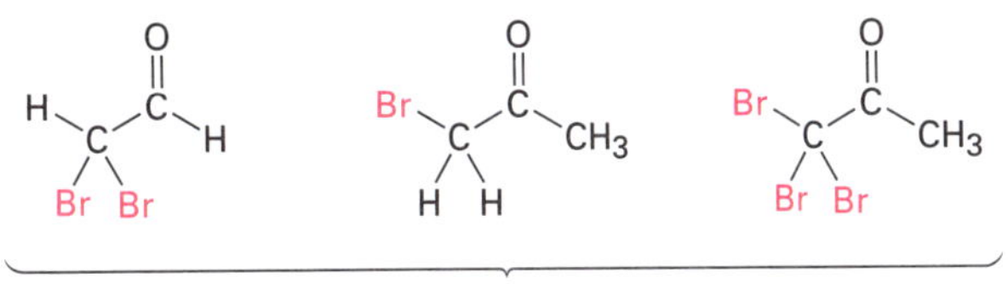

Da alga havaiana *Asparagopsis taxiformis*

Esta forma de halogenação é uma típica reação de substituição α que prossegue pela formação catalisada por ácido de um intermediário enol, como mostrado na **Figura 22.3**.

Evidências para o mecanismo apresentado na **Figura 22.3** incluem a observação de que as halogenações catalisadas por ácido apresentam cinética de segunda ordem e seguem a lei de velocidade

$$\text{Velocidade de reação} = k\ [\text{cetona}]\ [H^+]$$

Em outras palavras, a velocidade da halogenação depende apenas das concentrações de cetona e ácido e é independente da concentração de halogênio. O halogênio não está envolvido na etapa limitante da velocidade, o que faz que cloração, bromação e iodação de uma determinada substância ocorram com uma mesma velocidade.

Além disso, se um aldeído ou cetona for tratado com D_3O^+, os hidrogênios α ácidos serão substituídos por deutério. Para uma determinada cetona, a velocidade da troca de deutério é idêntica à velocidade de halogenação, indicando que um intermediário comum – um enol – está envolvido em ambos os processos.

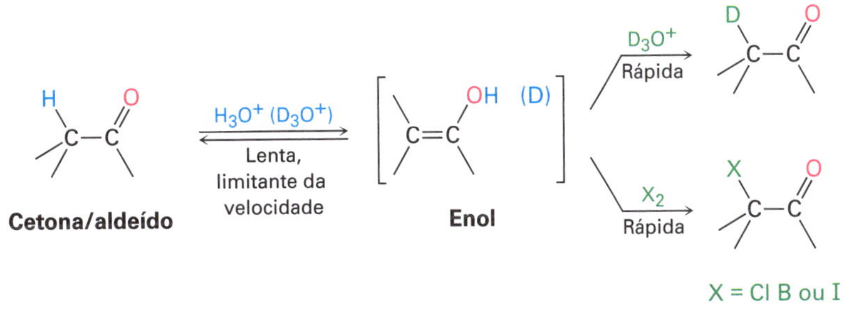

As α-bromocetonas são úteis no laboratório porque podem ser desidrobromadas pelo tratamento com base para formar cetonas α,β-insaturadas. Por exemplo, a 2-bromo-2-metilciclohexanona gera a 2-metil-2-ciclohexanona quando aquecidas em piridina. A reação ocorre por uma rota de eliminação E2 (**Seção 11.8**) e é um bom método para introduzir uma ligação C=C em moléculas. Observe que a bromação da 2-metilciclohexanona ocorre

FIGURA 22.3 Mecanismo da bromação da acetona catalisada por ácido.

MECANISMO

❶ O átomo de oxigênio do grupo carbonila é protonado pelo catalisador ácido.

❷ A perda de um próton ácido do carbono α ocorre de forma normal para gerar um enol intermediário.

❸ Um par de elétrons do enol ataca o bromo, gerando um cátion intermediário que é estabilizado por ressonância entre duas formas.

❹ A perda do próton do –OH forma o produto alfa-halogenado e regenera o catalisador ácido.

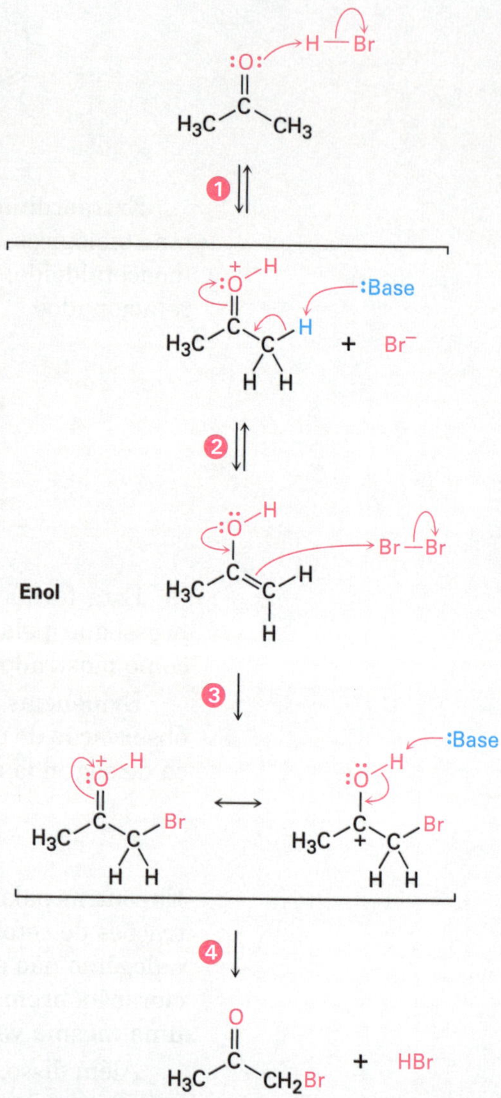

principalmente na posição α porque o enol mais substituído é favorecido em relação ao menos substituído (**Seção 7.6**).

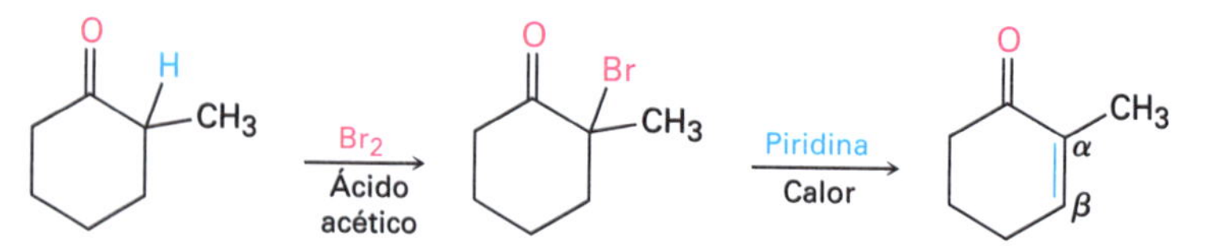

2-metilciclohexanona | **2-bromo-2-metil--ciclohexanona** | **2-metil-2-ciclohexanona (63%)**

PROBLEMA 22.4 Escreva o mecanismo completo da deuteração da acetona no tratamento com D_3O^+.

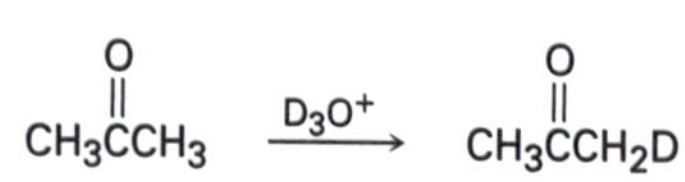

PROBLEMA 22.5 Mostre como você deve preparar a 1-penten-3-ona a partir da 3-pentanona.

22.4

Bromação alfa de ácidos carboxílicos

A bromação α de compostos de carbonila pelo Br_2 em ácido acético é limitada a aldeídos e cetonas porque os ácidos, os ésteres e as aminas não formam os enóis em extensão suficiente. Os ácidos carboxílicos, entretanto, podem ser bromados em alfa por uma mistura de Br_2 e PBr_3 na reação de Hell-Volhard-Zelinskii (HVZ).

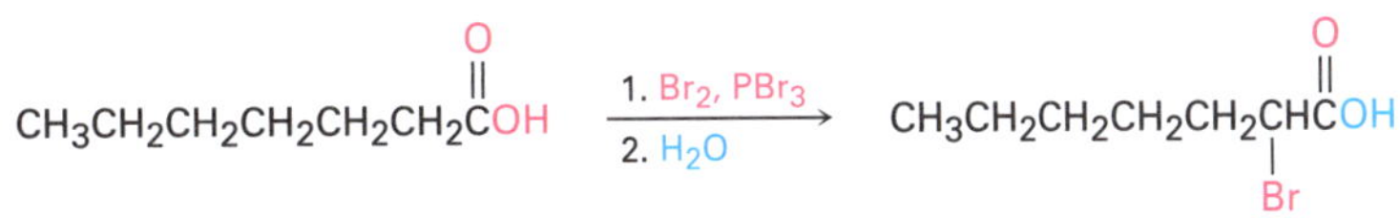

Ácido heptanoico **Ácido 2-bromoheptanoico (90%)**

A reação de Hell-Volhard-Zelinskii é um pouco mais complexa que parece e na realidade envolve a substituição α de um enol de brometo de ácido em vez de um enol de ácido carboxílico. O processo começa com a reação do ácido carboxílico com o PBr_3 para formar um brometo de ácido e HBr (**Seção 21.4**). O HBr formado então catalisa a enolização do brometo de ácido, e o enol resultante reage com Br_2 em uma reação de substituição α para formar um α bromo brometo ácido. A adição de água hidrolisa o brometo de ácido em uma reação de substituição nucleofílica de acila e produz o ácido α bromo carboxílico.

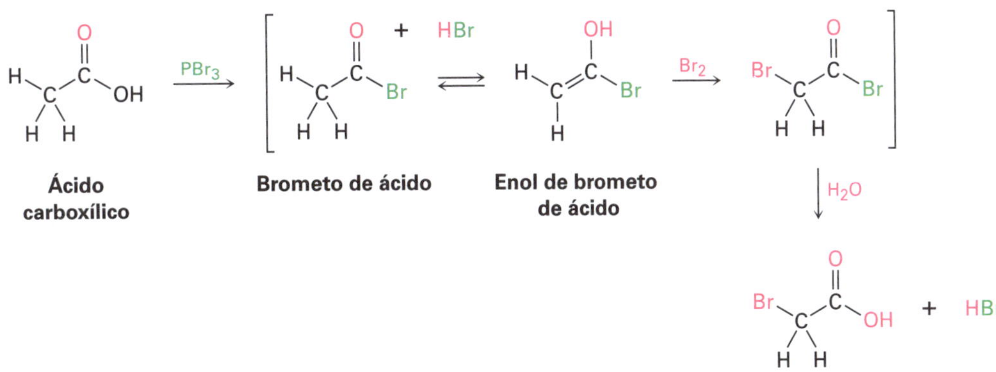

Ácido carboxílico **Brometo de ácido** **Enol de brometo de ácido** **Ácido α bromocarboxílico**

PROBLEMA 22.6 Se é adicionado metanol em vez de água ao final de uma reação de Hell-Volhard-Zelinskii, é produzido um éster em vez de um ácido. Mostre como você poderia executar a seguinte transformação e proponha um mecanismo para a etapa formadora de éster.

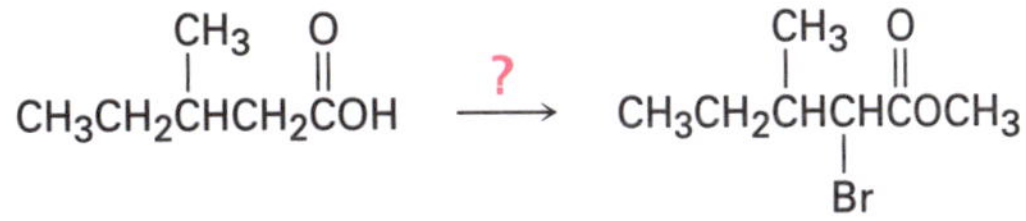

22.5

Acidez de átomos de hidrogênio alfa: formação de íon enolato

Como observado na **Seção 22.1**, um hidrogênio na posição α de um composto carbonílico é levemente ácido e pode ser removido por uma base forte para produzir um íon enolato. Se compararmos a acetona (pK_a = 19,3) com o etano ($pK_a \approx 60$), por exemplo, a presença de um grupo carbonila vizinho aumenta a acidez da cetona em relação ao alcano por um fator de 10^{40}.

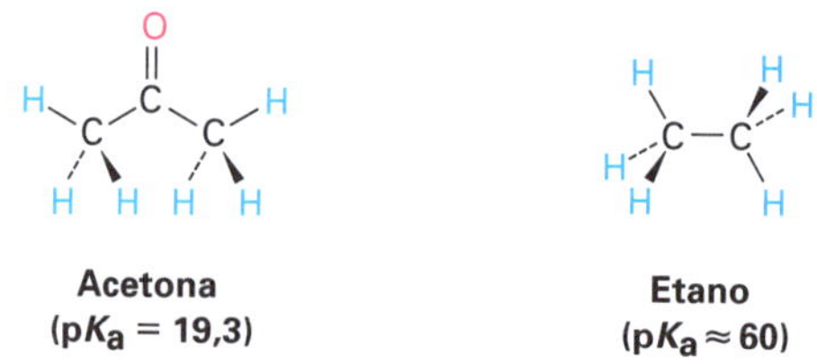

A abstração do próton de um composto carbonílico ocorre quando a ligação C–H α é orientada aproximadamente paralela aos orbitais p do grupo carbonila. O átomo de carbono α do íon enolato tem hibridização sp^2 e um orbital p que se superpõe com os orbitais p do grupo carbonila vizinho. Assim, a carga negativa é compartilhada pelo átomo de oxigênio eletronegativo e o íon enolato é estabilizado por ressonância (**Figura 22.4**).

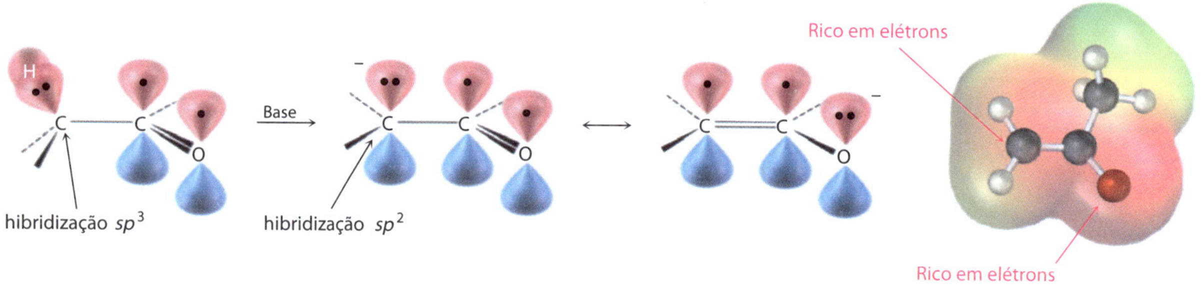

FIGURA 22.4 Mecanismo de formação do íon inolato por meio da abstração de um próton α de um composto carbonílico. O íon inolato é estabilizado por ressonância e a carga negativa (vermelho) é compartilhada pelo átomo de oxigênio e pelo carbono α, como indicado pelo mapa de potencial eletrostático.

Como os compostos de carbonila são apenas fracamente ácidos, é necessário uma base forte para a formação do íon enolato. Se um íon alcóxido, como o etóxido de sódio, for usado como base, a desprotonação ocorre apenas até a extensão de cerca de 0,1%, porque a acetona é um ácido mais fraco que o etanol (pK_a = 16). Se, entretanto, uma base mais forte for utilizada, um composto de carbonila é completamente convertido em seu íon enolato.

Na prática, a base forte diisopropilamideto de lítio [$LiN(i\text{-}C_3H_7)_2$; abreviada LDA] é comumente usada para gerar íons enolatos. Como o sal de lítio do ácido fraco diisopropilamina, pK_a = 36, LDA pode prontamente desprotonar a maioria dos compostos de carbonila. Ele é facilmente preparado pela reação de butillítio com diisopropilamina e é solúvel em solventes orgânicos em razão dos seus dois grupos alquila.

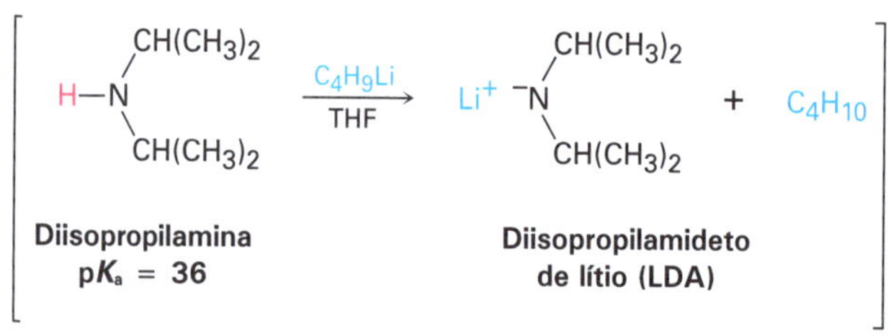

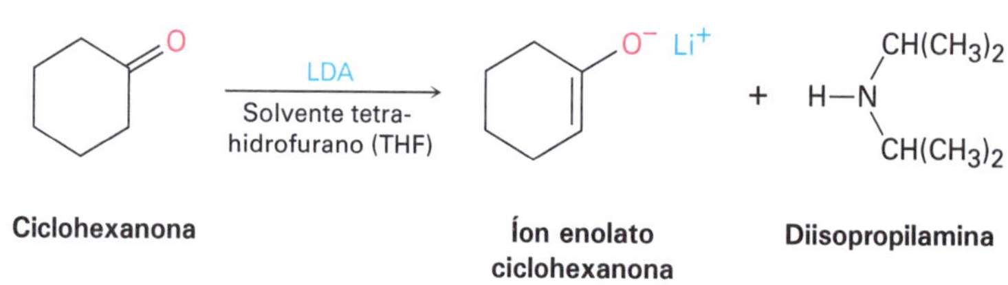

Muitos tipos de compostos de carbonila, incluindo aldeídos, cetonas, ésteres, tioésteres, ácidos e amidas, podem ser convertidos em íons enolatos pela reação com LDA. A **Tabela 22.1** lista os valores de pK_a aproximados de diferentes tipos de compostos de carbonila e mostra como esses valores se comparam a outras substâncias ácidas que vimos. Observe que as nitrilas também são ácidas e podem ser convertidas em ânions similares aos enolatos.

TABELA 22.1 Constantes de acidez para alguns compostos orgânicos

Grupo funcional	Exemplo	pK_a
Ácido carboxílico	CH_3COH (C=O)	5
1,3-dicetona	$CH_3CCH_2CCH_3$ (2 C=O)	9
3-ceto-ester	$CH_3CCH_2COCH_3$ (2 C=O)	11
1,3-diéster	$CH_3OCCH_2COCH_3$ (2 C=O)	13
Álcool	CH_3OH	16
Cloreto de ácido	CH_3CCl (C=O)	16
Aldeído	CH_3CH (C=O)	17
Cetona	CH_3CCH_3 (C=O)	19
Tioéster	CH_3CSCH_3 (C=O)	21
Éster	CH_3COCH_3 (C=O)	25
Nitrila	$CH_3C{\equiv}N$	25
N,N-dialquilamida	$CH_3CN(CH_3)_2$ (C=O)	30
Dialquilamina	$HN(i\text{-}C_3H_7)_2$	36

Quando um átomo de hidrogênio é cercado por dois grupos carbonila, sua acidez aumenta ainda mais. A **Tabela 22.1** demonstra, portanto, que 1,3-dicetonas (β-dicetonas), 3-oxoésteres (β-ceto-esteres) e 1,3-diésteres (ésteres malônicos) são mais ácidos que a água. Os íons enolatos derivados desses compostos β-dicarbonílicos são estabilizados pelo compartilhamento da carga negativa dos oxigênios de duas carbonilas vizinhas. O íon enolato da 2,4-pentanodiona, por exemplo, tem três formas de ressonância. Formas de ressonância similares podem ser representadas para outros íons enolatos duplamente estabilizados.

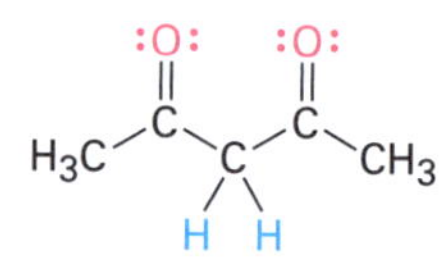

2,4-pentanodiona ($pK_a = 9$)

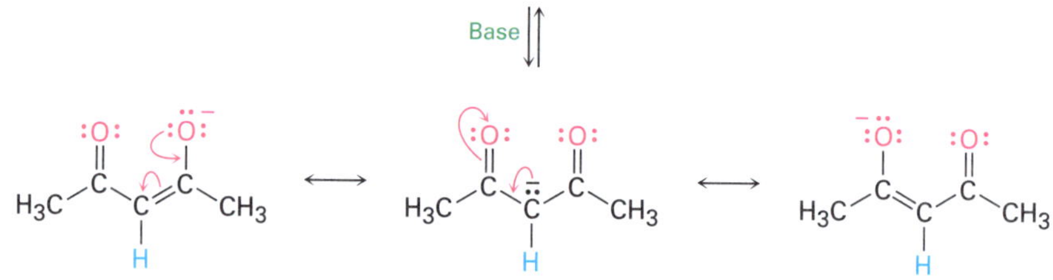

PROBLEMAS PARA PRATICAR 22.1

Identificando os hidrogênios ácidos em um composto

Identifique os hidrogênios mais ácidos em cada um dos seguintes compostos e classifique os compostos em ordem crescente de acidez:

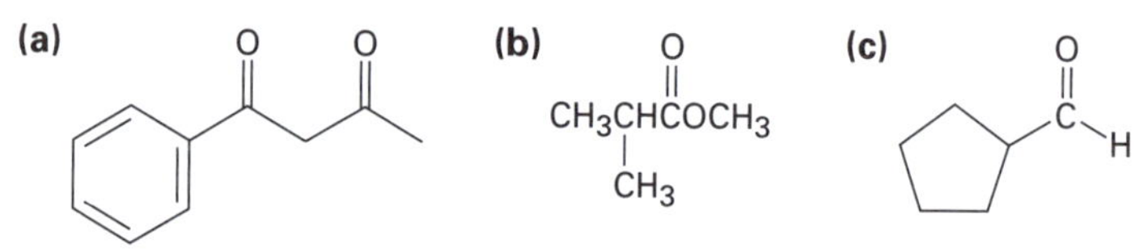

Estratégia Os hidrogênios no carbono próximo ao grupo carbonila são ácidos. Em geral, um composto β-dicarbonílico é o mais ácido, uma cetona ou aldeído são os próximos mais ácidos e um derivado de ácido carboxílico é o menos ácido. Lembre-se de que álcoois, fenóis e ácidos carboxílicos são também ácidos por causa de seus hidrogênios −OH.

Solução A ordem de acidez é (a) > (c) > (b). Os hidrogênios ácidos são apresentados em vermelho:

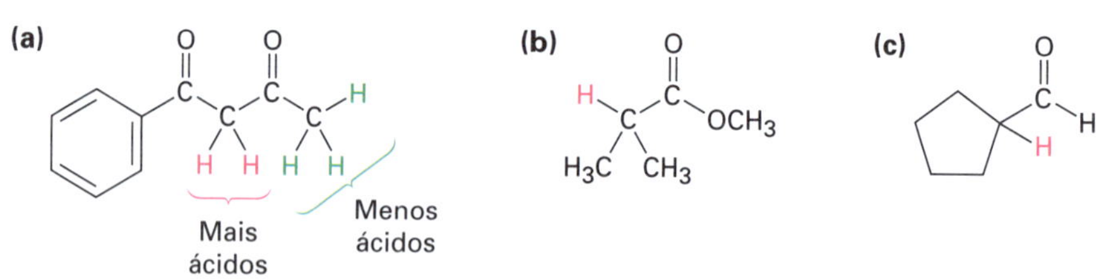

PROBLEMA 22.7 Identifique os hidrogênios mais ácidos em cada uma das seguintes moléculas:

(a) CH_3CH_2CHO **(b)** $(CH_3)_3CCOCH_3$ **(c)** CH_3CO_2H
(d) Benzamida **(e)** $CH_3CH_2CH_2CN$ **(f)** $CH_3CON(CH_3)_2$

PROBLEMA 22.8 Desenhe uma estrutura de ressonância do ânion acetonitrila, $-\!:CH_2C{\equiv}N$, e justifique a acidez das nitrilas.

22.6 Reatividade dos íons enolato

Os íons enolato são mais úteis que os enóis por duas razões. Em primeiro lugar, os enóis puros não podem normalmente ser isolados, mas podem ser gerados apenas como intermediários de vida curta em baixa concentração. Ao contrário, as soluções estáveis de íons enolato puros são facilmente preparadas a partir da maioria dos compostos de carbonila pela reação com uma base forte. Em segundo lugar, os íons enolato são mais reativos que enóis e sofrem muitas reações que estes não sofrem. Enquanto os enóis são neutros, os íons enolato são negativamente carregados, tornando-os nucleófilos muito melhores.

Como são híbridos de ressonância de duas formas não equivalentes, os íons enolato podem ser examinados como carbânions α-ceto ($^-$C$-$C$=$O) ou como alcóxidos vinílicos (C$=$C$-$O$^-$). Dessa forma, os íons enolato podem reagir com eletrófilos no carbono ou no oxigênio. A reação no oxigênio gera um derivado de enol, enquanto a reação no carbono produz um composto de carbonila α-substituído (**Figura 22.5**). Ambos os tipos de reatividade são conhecidos, mas a reação no carbono é a mais comum.

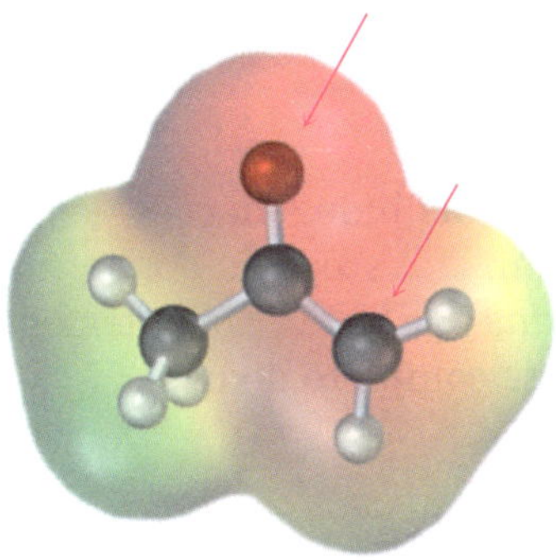

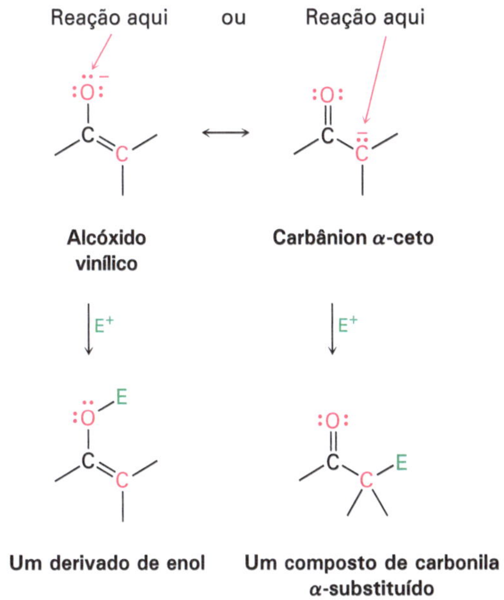

FIGURA 22.5 O mapa de potencial eletrostático do íon enolato da acetona mostra como a carga negativa está deslocalizada tanto no oxigênio quanto no carbono α. Como consequência, são possíveis dois modos de reação de um íon enolato com um eletrófilo, E$^+$. A reação no carbono para gerar um produto de carbonila α-substituído é a mais comum.

Como um exemplo de reatividade do íon enolato, aldeídos e cetonas sofrem halogenação α promovida por base. Mesmo bases relativamente fracas, como o íon hidróxido, são eficazes para a halogenação porque não é necessário converter completamente a cetona em seu íon enolato. Assim que é gerada uma pequena quantidade de enolato, o halogênio reage com ele imediatamente, removendo-o da reação e dirigindo o equilíbrio na direção da formação de mais íons enolato.

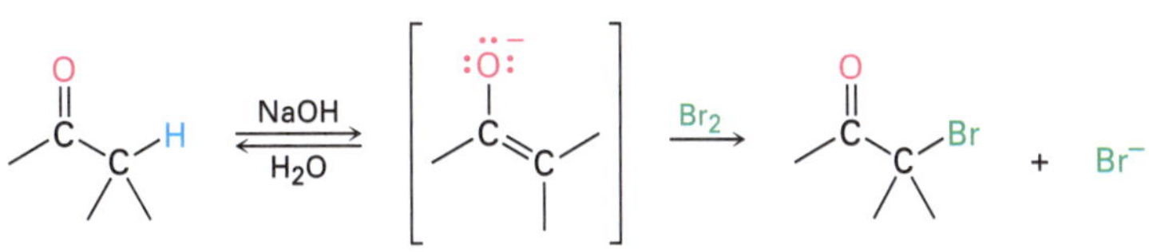

A halogenação de aldeídos e cetonas promovida por base é pouco utilizada na prática porque é difícil interromper a reação no produto monossubstituído. Uma cetona α-halogenada geralmente é mais ácida que a cetona de partida não substituída, por causa do efeito indutivo retirador de elétrons do átomo de halogênio. Dessa maneira, os produtos monohalogenados são por si só rapidamente convertidos em íons enolato e halogenados em seguida.

Se for usado um excesso de base e de halogênio, uma metilcetona será triplamente halogenada e então quebrada pela base na *reação de halofórmio*. Os produtos são um ácido carboxílico mais um halofórmio (clorofórmio, $CHCl_3$; bromofórmio, $CHBr_3$; ou um iodofórmio, CHI_3). Observe que a segunda etapa da reação é uma substituição nucleofílica de acila de $^-CX_3$ pelo ^-OH. Isto é, um carbânion estabilizado por halogênio age como um grupo abandonador.

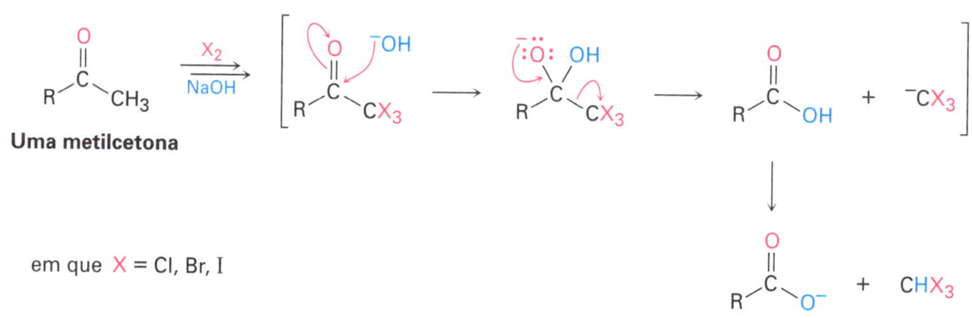

PROBLEMA 22.9 Por que você acha que as halogenações de cetona em meio ácido são referidas como sendo catalizadas por ácido, enquanto as halogenações em meio básico são *promovidas* por base? Em outras palavras, por que a halogenação exige um equivalente completo de base?

22.7 Alquilação de íons enolato

Talvez a mais útil reação de íons enolato seja a alquilação por tratamento com um haleto de tosilato de alquila, formando assim uma nova ligação C–C e juntando duas peças menores em uma molécula maior. A alquilação ocorre quando o íon enolato nucleofílico reage com o haleto de alquila eletrofílico em uma reação S_N2 e desloca o grupo abandonador através do ataque por trás.

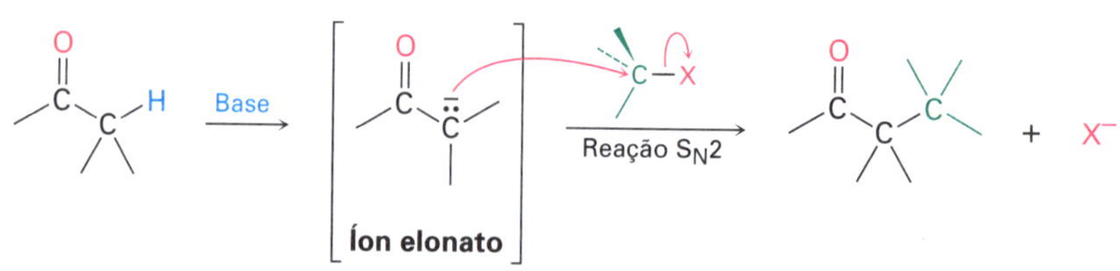

As reações de alquilação estão sujeitas às mesmas limitações que afetam todas as reações S_N2 (**Seção 11.3**). Assim, o grupo abandonador X no agente alquilante R–X pode ser cloreto, brometo, iodeto ou tosilato. O grupo alquila R deve ser primário ou metila e preferencialmente deve ser alílico ou benzílico. Os haletos secundários reagem fracamente e os haletos terciários não reagem de forma alguma porque, em vez disso, ocorre uma eliminação E2 competitiva de HX. Os haletos de vinila e arila também não são reativos, pois a aproximação por trás é estericamente impedida.

R–X { –X: Tosilato > –I > –Br > –Cl
R–: Alílico ≈ Benzílico > H_3C– > RCH_2–

SÍNTESE DE ÉSTER MALÔNICO

Uma das mais antigas e conhecidas reações de alquilação da carbonila é a **síntese do éster malônico**, um método para se preparar um ácido carboxílico a partir de um haleto de alquila enquanto aumenta a cadeia carbônica em dois átomos.

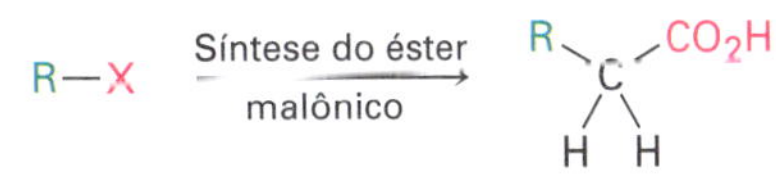

Propanodioato de dietila, comumente chamado de malonato de dietila ou *éster malônico*, é relativamente ácido ($pK_a = 13$) porque seus hidrogênios α estão flanqueados por dois grupos carbonila. Dessa forma, o éster malônico é facilmente convertido em seu íon enolato pela reação com o etóxido de sódio em etanol. O íon enolato, por sua vez, é um bom nucleófilo que reage rapidamente com um haleto de alquila para gerar um éster malônico α-substituído. Observe nos exemplos seguintes que a abreviação "Et" é usada para um grupo etila, $-CH_2CH_3$:

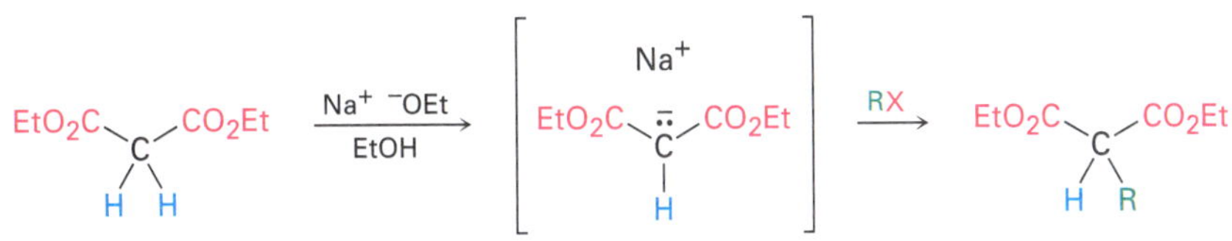

Propanodioato de dietila (Éster malônico) **Éster malônico de sódio** **Um éster malônico alquilado**

O produto de uma alquilação de éster malônico tem um hidrogênio ácido α restante, de modo que o processo de alquilação pode ser repetido para se obter um éster malônico dialquilado.

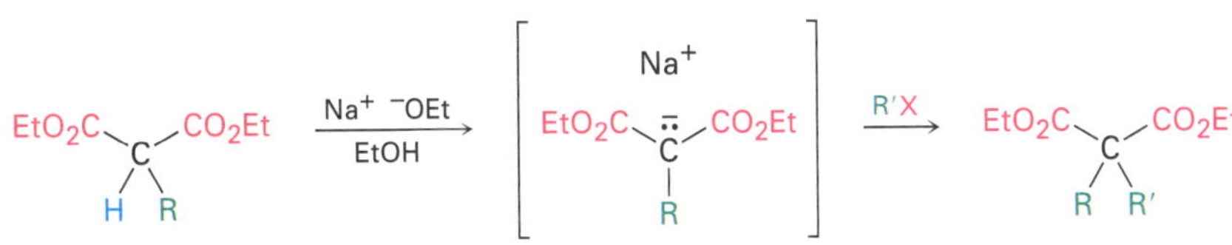

Um éster malônico alquilado **Um éster malônico dialquilado**

No aquecimento com ácido clorídrico aquoso, o éster malônico alquilado (ou dialquilado) sofre hidrólise dos seus dois grupos éster seguido pela *descarboxilação* (perda de CO_2) para se obter um ácido monocarboxílico substituído.

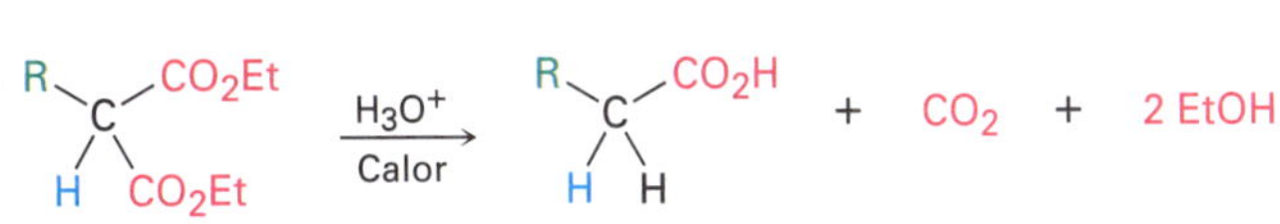

Um éster malônico alquilado **Um ácido carboxílico**

A descarboxilação não é uma reação geral de ácidos carboxílicos. Ao contrário, é única para compostos que têm um *segundo* grupo carbonila separado por dois átomos de $-CO_2H$. Isto é, apenas os ácidos malônicos e os β-ceto-ácidos sofrem perda de CO_2 sob aquecimento. A reação de descarboxilação ocorre por um mecanismo cíclico e envolve a formação inicial de um enol, portanto, justificando a necessidade de ter um segundo grupo carbonila apropriadamente posicionado.

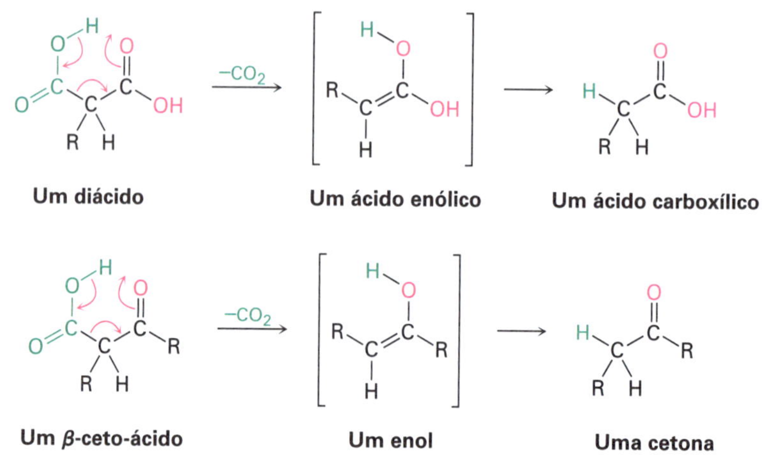

Como observado anteriormente, o efeito global da síntese de éster malônico é o de converter um haleto de alquila em um ácido carboxílico enquanto alonga a cadeia carbônica em dois átomos ($RX \rightarrow RCH_2CO_2H$).

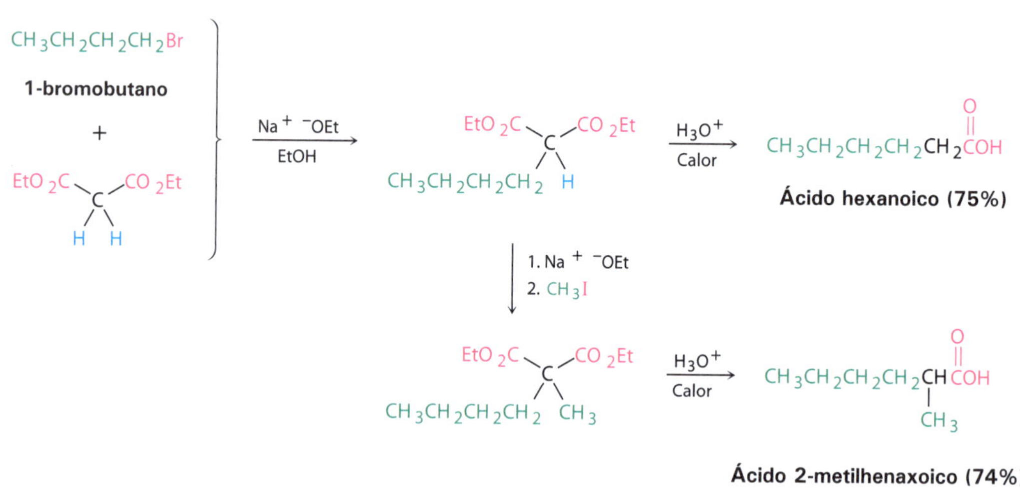

A síntese do éster malônico também pode ser usada para preparar os ácidos cicloalcanos carboxílicos. Por exemplo, quando o 1,4-dibromobutano é tratado com o malonato de dietila na presença de 2 equivalentes da base etóxido de sódio, a segunda etapa de alquilação ocorre intramolecularmente para gerar um produto cíclico. A hidrólise e a descarboxilação, então, dão origem ao ácido ciclopentanocarboxílico. Os anéis de três, quatro, cinco e seis átomos podem ser preparados dessa forma, mas o rendimento diminui para anéis maiores.

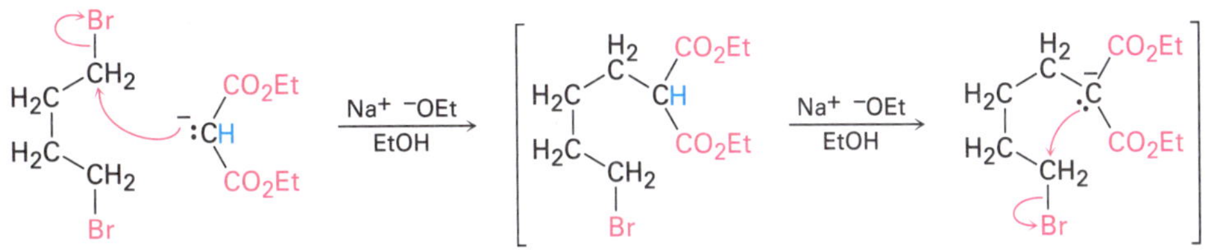

1,4-dibromobutano

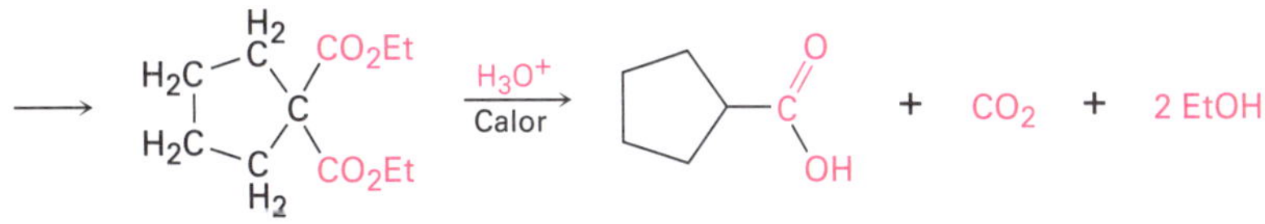

Ácido ciclopentanocarboxílico

PROBLEMAS PARA PRATICAR 22.2

Usando a síntese do éster malônico para preparar um ácido carboxílico

Como você prepararia o ácido heptanoico usando a síntese do éster malônico?

Estratégia A síntese do éster malônico converte um haleto de alquila em um ácido carboxílico tendo dois carbonos a mais. Assim, uma cadeia de ácido com sete carbonos deve ser derivada do haleto de alquila de cinco carbonos, o 1-bromopentano.

Solução

$$CH_3CH_2CH_2CH_2CH_2Br + CH_2(CO_2Et)_2 \xrightarrow[\text{2. } H_3O^+\text{, calor}]{\text{1. } Na^+\ ^-OEt} CH_3CH_2CH_2CH_2CH_2CH_2COOH$$

PROBLEMA 22.10 Como você poderia usar a síntese do éster malônico para preparar os seguintes compostos? Mostre todas as etapas.

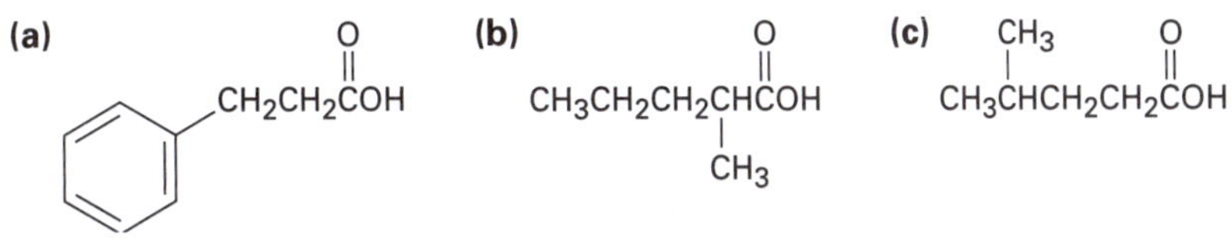

PROBLEMA 22.11 Os ácidos acéticos mono e dialquilados podem ser preparados pela síntese do éster malônico, mas os ácidos acéticos trialquilados (R_3CCO_2H) não. Explique.

PROBLEMA 22.12 Mostre como você poderia usar a síntese de éster malônico para preparar o seguinte composto:

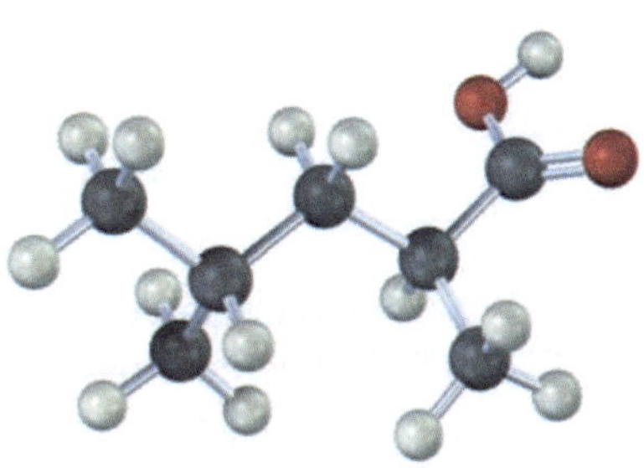

SÍNTESE DE ÉSTER ACETOACÉTICO

Da mesma maneira que a síntese do éster malônico converte um haleto de alquila em um ácido carboxílico, a **síntese do éster acetoacético** converte um haleto de alquila em uma metilcetona com três carbonos a mais.

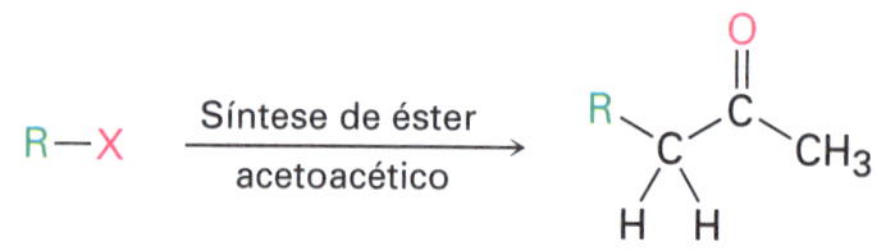

O 3-oxobutanoato de etila, comumente denominado acetoacetato de etila ou *éster acetoacético*, é muito parecido com o éster malônico, pois seus hidrogênios α são circundados por dois grupos carbonila. É, portanto, facilmente convertido em seu íon enolato, o qual pode ser alquilado pela reação com um haleto de alquila. Uma segunda alquilação também pode ser executada, se desejado, uma vez que o éster acetoacético tem dois hidrogênios α ácidos.

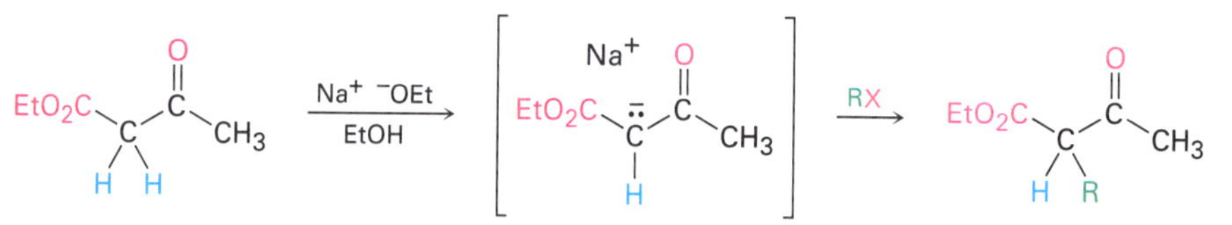

Acetoacetato de etila (éster acetoacético) — **Éster acetoacético de sódio** — **Um éster acetoacético monoalquilado**

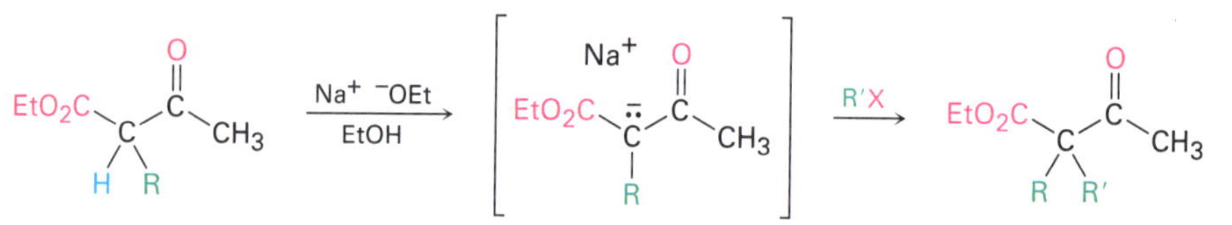

Um éster acetoacético monoalquilado — **Um éster acetoacético dialquilado**

Sob aquecimento com HCl aquoso, o éster acetoacético alquilado (ou dialquilado) é hidrolisado a um β-ceto-ácido, o qual então sofre descarboxilação para formar uma cetona. A descarboxilação ocorre no mesmo modo que na síntese do éster malônico e envolve um enol cetona como produto inicial.

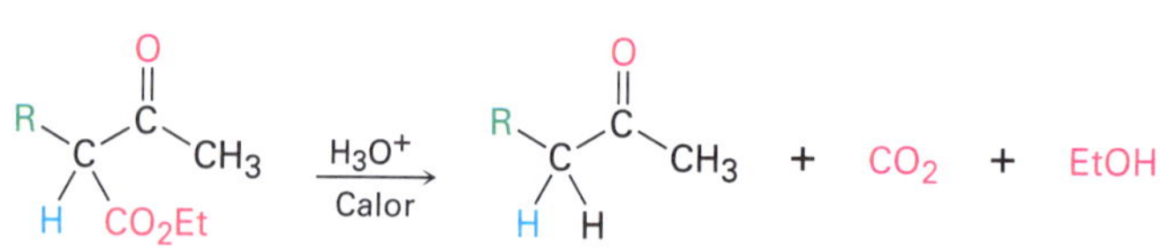

Um éster acetoacético alquilado — **Uma metilcetona**

A sequência de três etapas de (1) formação do íon enolato, (2) alquilação e (3) hidrólise/descarboxilação é aplicável a todos os β-ceto-esteres com hidrogênios α ácidos, não apenas ao éster acetoacético. Por exemplo, os β-ceto-esteres cíclicos como o 2-oxociclohexanocarboxilato de etila podem ser alquilados e descarboxilados para gerar ciclohexanonas substituídas na posição 2.

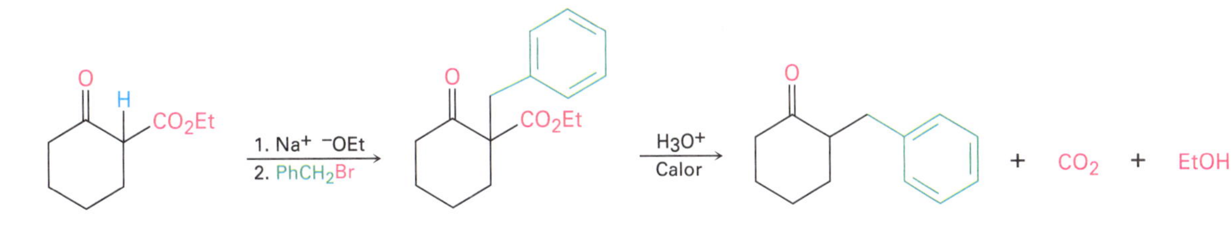

2-oxociclohexano-carboxilato de etila (um β-ceto-ester cíclico)

2-benzilciclohexanona (77%)

Problemas para praticar 22.3

Usando a síntese do éster acetoacético para preparar uma cetona

Como você prepararia a 2-pentanona por uma síntese do éster acetoacético?

Estratégia A síntese do éster acetoacético produz uma metilcetona por adição de três carbonos a um haleto de alquila.

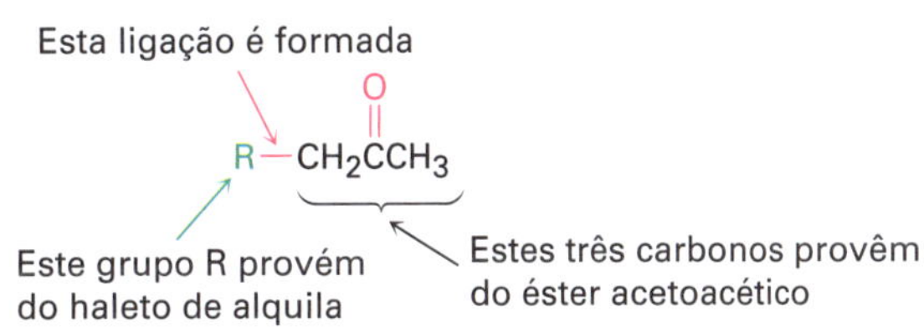

Dessa forma, a síntese do éster acetoacético da 2-pentanona deve envolver reação do bromoetano.

Solução

$$CH_3CH_2Br + EtOC(=O)CH_2C(=O)CH_3 \xrightarrow[\text{2. } H_3O^+\text{, calor}]{\text{1. } Na^+ \ ^-OEt} CH_3CH_2CH_2C(=O)CH_3$$

2-pentanona

PROBLEMA 22.13 Quais haletos de alquila você usaria para preparar as seguintes cetonas pela síntese do éster acetoacético?

(a) $CH_3CH(CH_3)CH_2CH_2C(=O)CH_3$ **(b)**

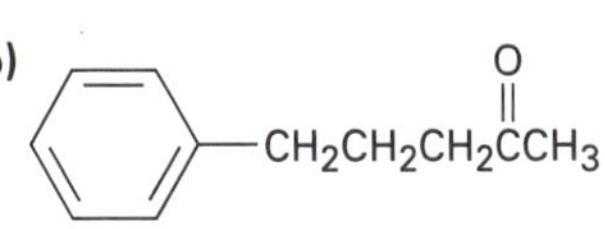

PROBLEMA 22.14 Qual dos seguintes compostos *não pode* ser preparado pela síntese do éster acetoacético? Explique.

(a) Fenilacetona **(b)** Acetofenona **(c)** 3,3-dimetil-2-butanona

PROBLEMA 22.15 Como você prepararia o seguinte composto usando uma síntese do éster acetoacético?

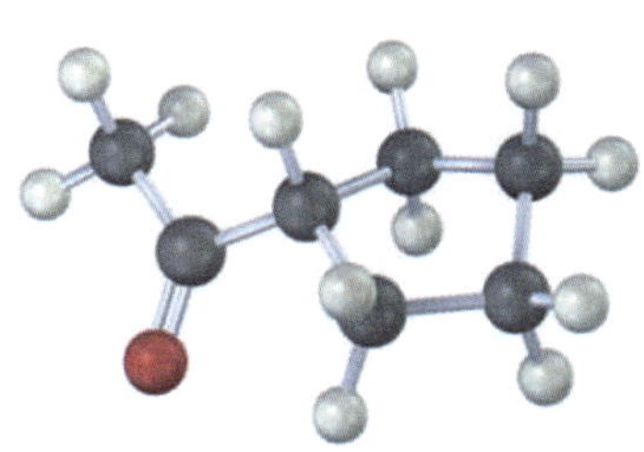

ALQUILAÇÃO DIRETA DE CETONAS, ÉSTERES E NITRILAS

Tanto a síntese do éster malônico como a síntese do éster acetoacético são fáceis de realizar, porque envolvem compostos dicarbonílico relativamente ácidos. Como resultado, o etóxido de sódio em etanol como solvente pode ser usado para preparar os íons enolato necessários. Alternativamente, entretanto, é possível também em muitos casos alquilar diretamente a posição α de compostos *mono*carbonílicos. É necessário uma base forte e estericamente impedida como LDA para que a completa conversão para íon enolato ocorra em vez da adição nucleofílica e um solvente aprótico deve ser utilizado.

As cetonas, os ésteres e as nitrilas podem ser alquiladas empregando-se LDA ou bases similares de dialquilamida em THF. Entretanto, os aldeídos raramente fornecem altos rendimentos de produtos puros, pois seus íons enolato sofrem reações de condensação carbonílica em vez da alquilação. (Estudaremos essa reação de condensação no próximo capítulo.) Alguns exemplos específicos de reações de alquilação são mostrados a seguir.

Lactona

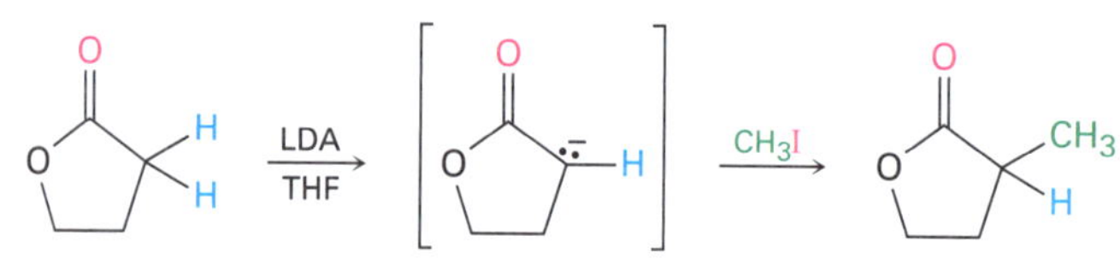

Butirolactona → **2-metilbutirolactona (88%)**

Éster

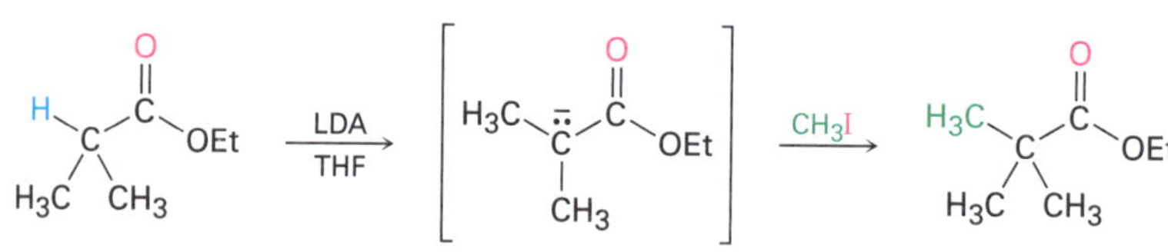

2-metilpropanoato de etila → **2,2-dimetilpropanoato de etila (87%)**

Cetona

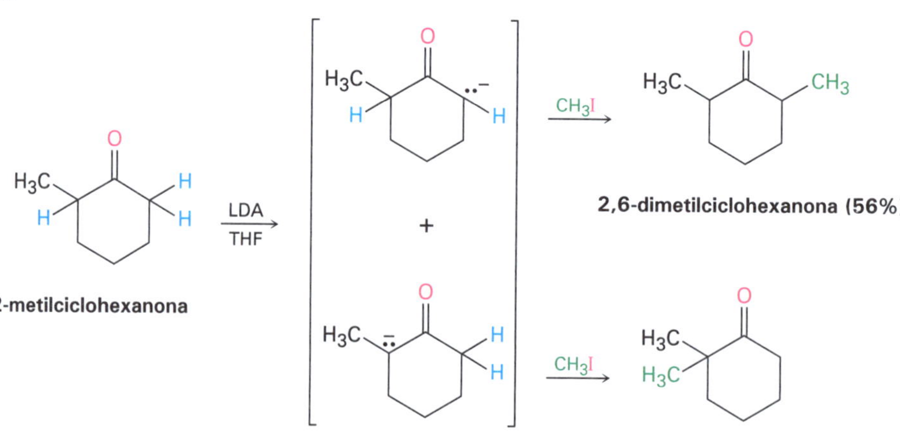

2-metilciclohexanona

2,6-dimetilciclohexanona (56%)

2,2-dimetilciclohexanona (6%)

Nitrila

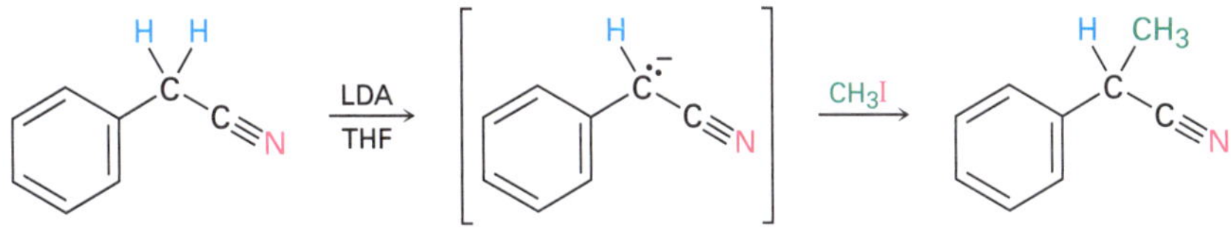

Fenilacetonitrila **2-fenilpropanonitrila (71%)**

Observe no exemplo de cetona que a alquilação da 2-metilciclohexanona leva a uma mistura de produtos, uma vez que são formados ambos os possíveis íons enolato. Em geral, o produto principal em tais casos ocorre por alquilação na posição menos impedida e, portanto, mais acessível. Dessa forma, a alquilação da 2-metilciclohexanona ocorre principalmente no C6 (secundário) em vez de no C2 (terciário).

Problemas para praticar 22.4

Utilizando uma reação de alquilação para preparar um éster substituído

Como você deve usar uma reação de alquilação para preparar o 1-metilciclohexanocarboxilato de etila?

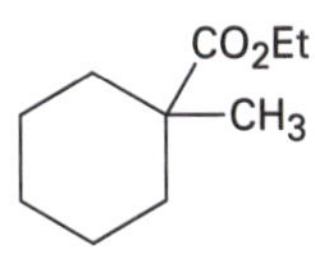

1-metilciclohexanocarboxilato de etila

Estratégia Uma reação de alquilação é usada para introduzir um grupo metila ou alquila primário na posição α de uma cetona, um éster ou uma nitrila, pela reação S_N2 de um íon enolato com um haleto de alquila. Assim, necessitamos olhar a molécula-alvo e identificar qualquer grupo metila ou alquila primário ligado a um carbono α. No presente caso, o alvo tem um grupo metila na posição α, que pode ser introduzido por uma alquilação de um íon enolato de éster com o iodometano.

Solução

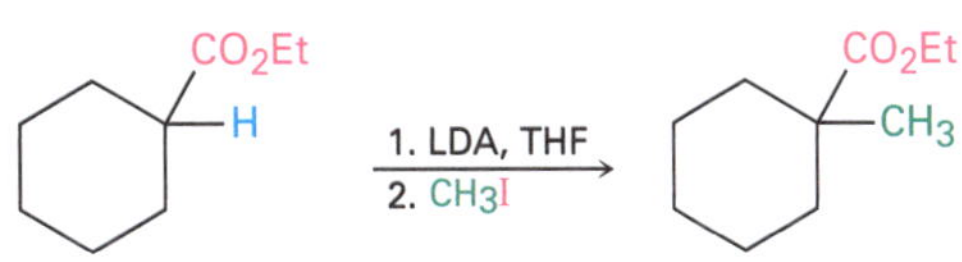

Ciclohexanocarboxilato de etila **1-metilciclohexanocarboxilato de etila**

PROBLEMA 22.16 Mostre como você pode preparar os seguintes compostos usando uma reação de alquilação como etapa principal:

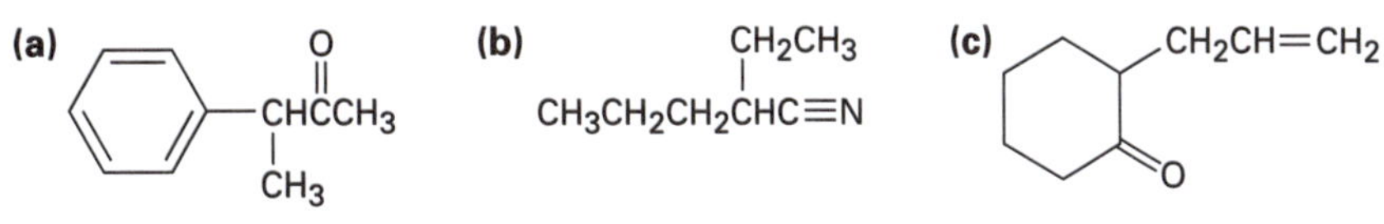

(d) 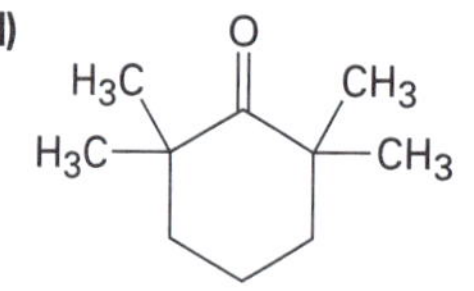

(e) 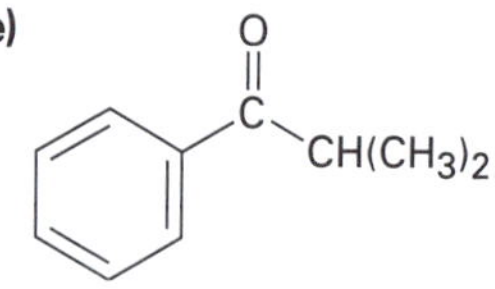

(f) 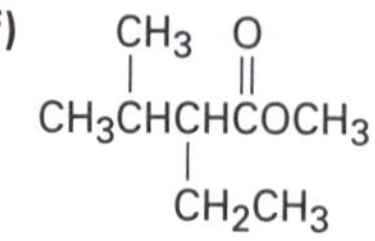

ALQUILAÇÕES BIOLÓGICAS

As alquilações são raras, mas não são desconhecidas na bioquímica. Um exemplo ocorre durante a biossíntese do antibiótico indolmicina a partir do indolpiruvirato quando uma base abstrai um hidrogênio ácido de uma posição α e o íon enolato resultante executa uma alquilação S_N2 no grupo metila da *S*-adenosilmetionina (SAM; **Seção 11.6**). Embora seja conveniente falar que o "íon enolato" é intermediário em rotas biológicas, é improvável que existam por muito tempo em um ambiente celular aquoso. Em vez disso, a remoção e a alquilação de um próton ocorrem essencialmente ao mesmo tempo (**Figura 22.6**).

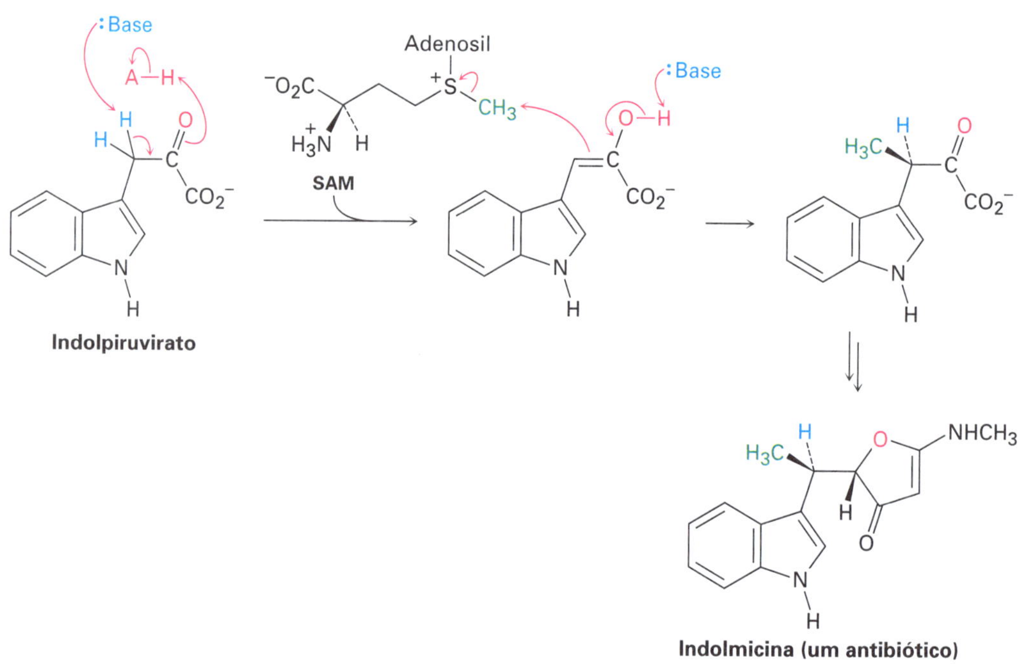

FIGURA 22.6 A biossíntese de indolmicina a partir do indolpiruvirato ocorre através de uma rota que inclui uma reação de alquilação de um íon enolato intermediária de curta duração.

Algo extra

Barbitúricos

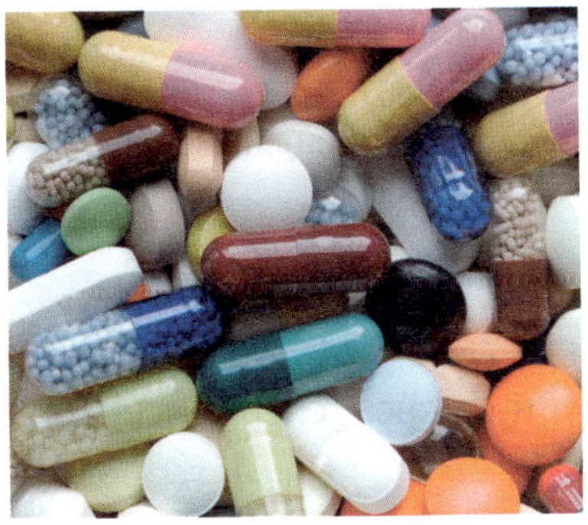

© ajt/Shutterstock.com

Diferentes barbitúricos são apresentados em diversas cores, dando origem a nomes usuais referentes a essas cores, usados por quem faz abuso de drogas.

O uso de remédios de ervas para tratar enfermidades e doenças remonta a milhares de anos, mas o uso medicinal de produtos químicos preparados no laboratório tem uma história muito mais curta. Os barbitúricos, uma grande classe de fármacos com ampla variedade de utilizações, constituem um dos primeiros sucessos da química medicinal. A síntese e a utilização médica de barbitúricos remonta a 1904, quando a Bayer, uma empresa química alemã, comercializou pela primeira vez um composto chamado barbital, chamado no comércio de Veronal, como tratamento para a insônia. Desde essa época, mais que 2.500 análogos barbitúricos diferentes foram sintetizados por companhias farmacêuticas, mais de 50 têm sido usados medicinalmente e cerca de uma dúzia ainda estão em uso como anestésicos, sedativos, anticonvulsivos e ansiolíticos.

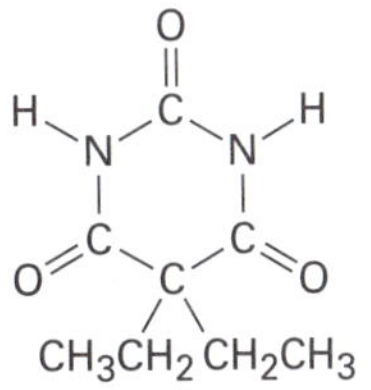

Barbital (Veronal), o primeiro barbitúrico

A síntese de barbitúricos é relativamente simples e se baseia em reações que são agora familiares: alquilações de enolato e substituições nucleofílicas de acila. Começando com malonato de dietila ou éster malônico, a alquilação do íon enolato correspondente com haletos de alquila simples proporciona grande variedade de ésteres malônicos substituídos diferentes. A reação com a ureia, $(H_2N)_2C{=}O$, então, gera os barbitúricos, pela reação de substituição nucleofílica de acila dupla dos grupos éster com os grupos $-NH_2$ da ureia (**Figura 22.7**). Amobarbital (Amytal), pentobarbital (Nembutal) e secobarbital (Seconal) são exemplos típicos.

Além das suas utilizações médicas prescritas, muitos barbitúricos também têm encontrado uso ilegal generalizado, como drogas ilícitas. Cada barbitúrico tem um comprimido de tamanho, forma e cor regulamentados e seus usuais nomes muitas vezes imitam aquelas cores. Apesar de ainda serem usados hoje, a maioria dos barbitúricos foi substituída por alternativas mais seguras, mais potentes, com estruturas muito diferentes.

(continua)

(continuação)

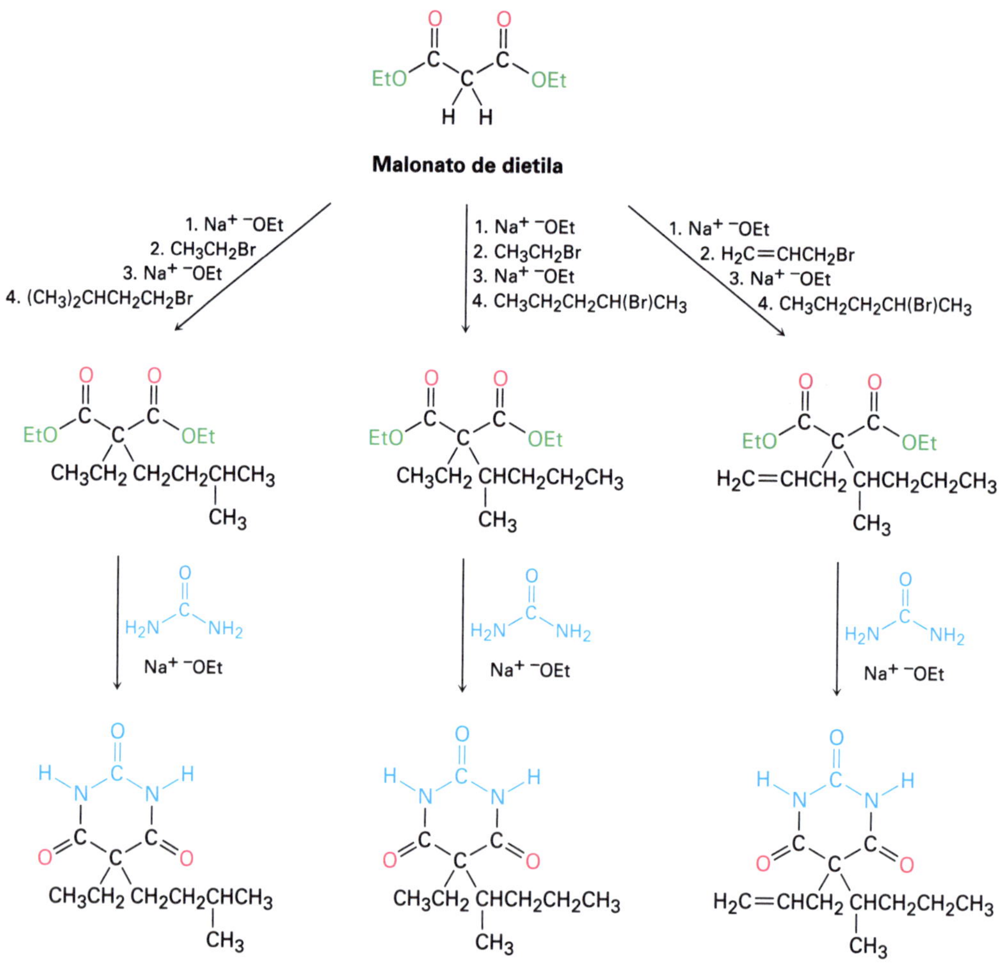

Amobarbital
(azuis, pássaros azuis, céus azuis)

Fenobarbital
(nimbies, jaquetas amarelas, submarinos amarelos)

Secobarbital
(rosas, vermelhos, pássaros vermelhos balas vermelhas)

FIGURA 22.7 A síntese dos barbitúricos baseia-se nas alquilações de éster malônico e reações de substituição nucleofílicas de acilas. Mais de 2.500 barbitúricos diferentes foram sintetizados ao longo dos últimos 100 anos. Além dos usos médicos legais, alguns barbitúricos também são usados ilegalmente como drogas ilícitas, com nomes derivados de suas cores.

Resumo

Palavras-chave

enol, 887
íon enolato, 889
reação de substituição α, 886
síntese do éster acetoacético, 902
síntese do éster malônico, 899
tautômeros, 887

A **reação de substituição** α de um composto de carbonila por meio de um **enol** ou **íon enolato** intermediário é um dos quatro tipos de reações fundamentais na química do grupo carbonila.

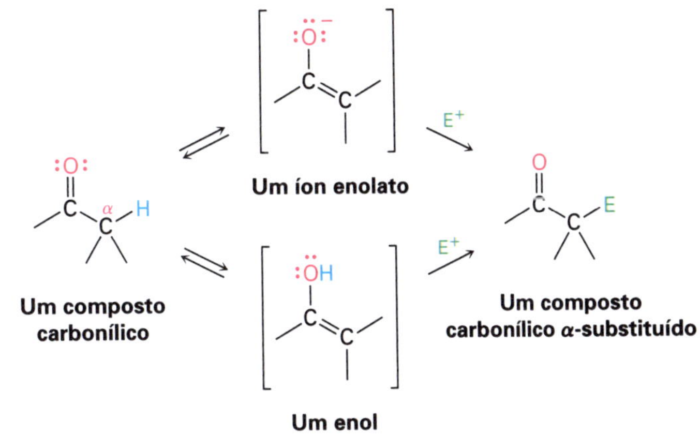

Os compostos de carbonila estão em um equilíbrio rápido com seus enóis, um processo chamado tautomerismo ceto-enólico. Embora os **tautômeros** enol estejam normalmente presentes apenas em uma pequena extensão no equilíbrio e normalmente não podem ser isolados na forma pura, eles no entanto contêm uma ligação dupla altamente nucleofílica e reagem com eletrófilos em uma **reação de substituição** α. Um exemplo é a halogenação α de cetonas no tratamento com Cl_2, Br_2 ou I_2 em solução ácida. A bromação alfa de ácidos carboxílicos pode ser conseguida de modo semelhante pela reação de Hell-Volhard-Zelinskii (HVZ), na qual um ácido é tratado com Br_2 e PBr_3. Os produtos halogenados α podem, em seguida, se submeter à eliminação E2 induzida por base para se obter compostos carbonílicos α,β-insaturados.

Átomos de hidrogênio alfa de compostos carbonílicos são fracamente ácidos e podem ser removidos por bases fortes, como diisopropilamideto de lítio (LDA), para se obter íons enolatos nucleofílicos. A reação mais útil de íons enolatos é a sua alquilação S_N2 com haletos de alquila. A **síntese do éster malônico** converte um haleto de alquila em um ácido carboxílico com a adição de dois átomos de carbono ($RX \rightarrow RCH_2CO_2H$). De modo similar, a **síntese do éster acetoacético** converte um haleto de alquila em uma acetona metila, com a adição de três átomos de carbono ($RX \rightarrow RCH_2COCH_3$). Além disso, muitos compostos de carbonila, incluindo as cetonas, os ésteres e as nitrilas, podem ser diretamente alquilados pelo tratamento com LDA e um haleto de alquila.

Resumo das reações

1. Halogenação de aldeído/cetona (**Seção 22.3**)

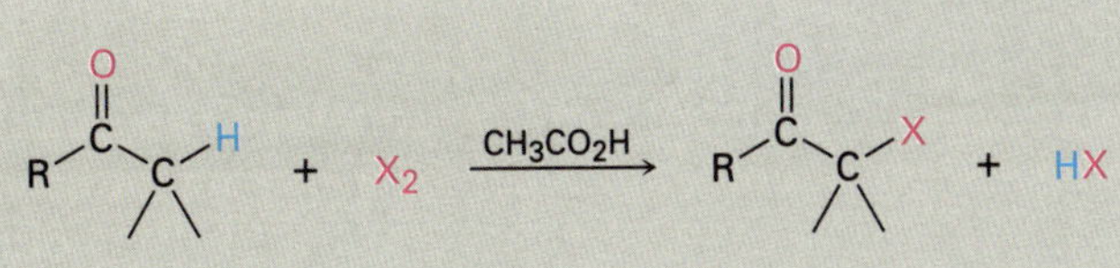

2. Bromação de ácidos de Hell-Volhard-Zelinskii (**Seção 22.4**)

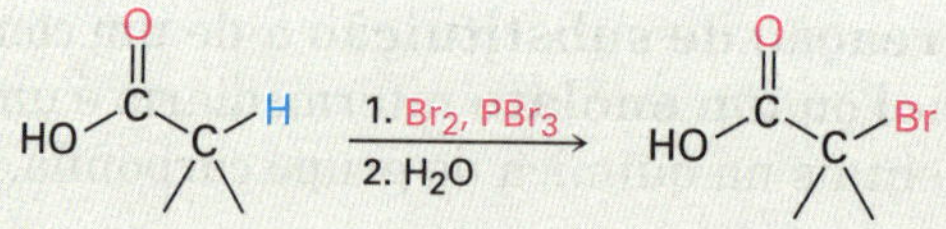

3. Desidrobromação de α-bromocetonas (**Seção 22.3**)

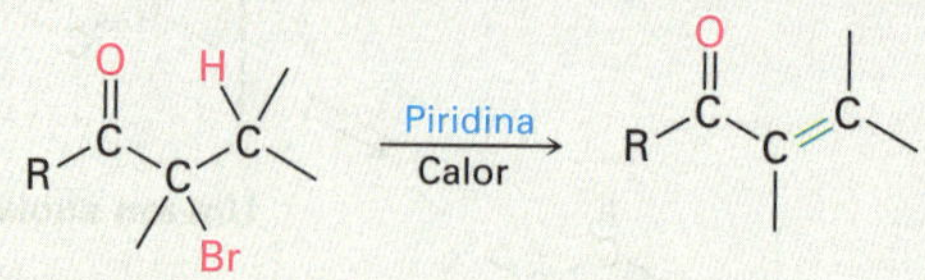

4. Reação de halofórmio (**Seção 22.6**)

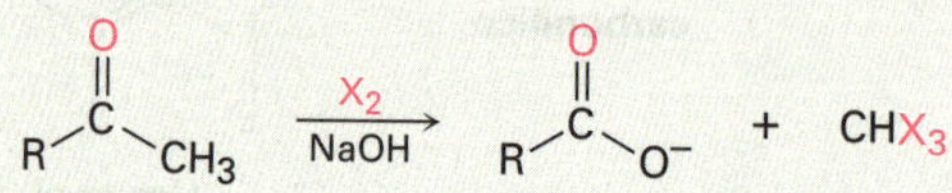

5. Alquilação de íons enolatos (**Seção 22.7**)

(a) Síntese do éster malônico

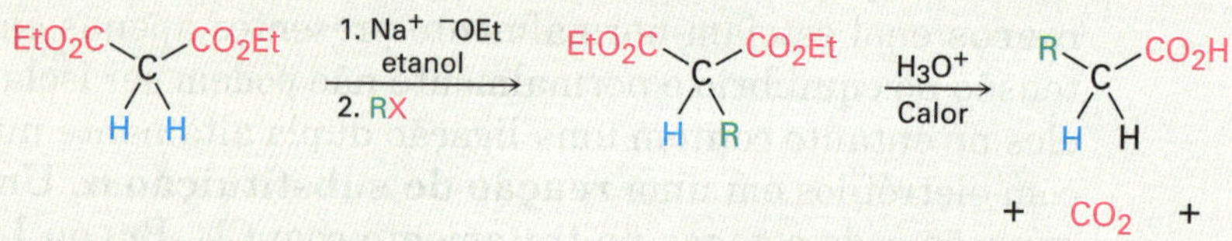

(b) Síntese do éster acetoacético

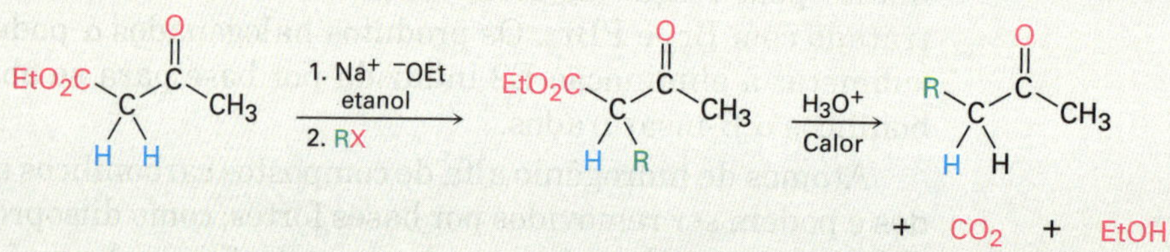

(c) Alquilação direta de cetonas

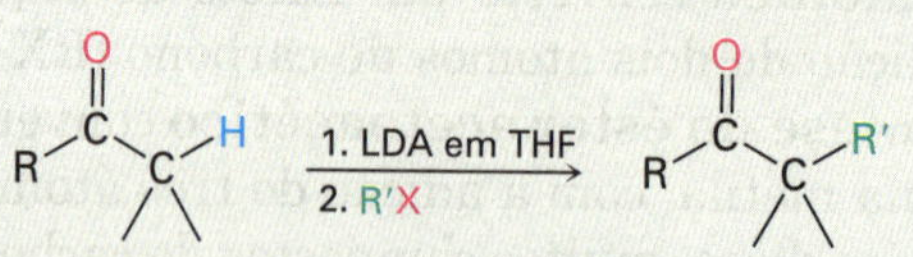

(d) Alquilação direta de ésteres

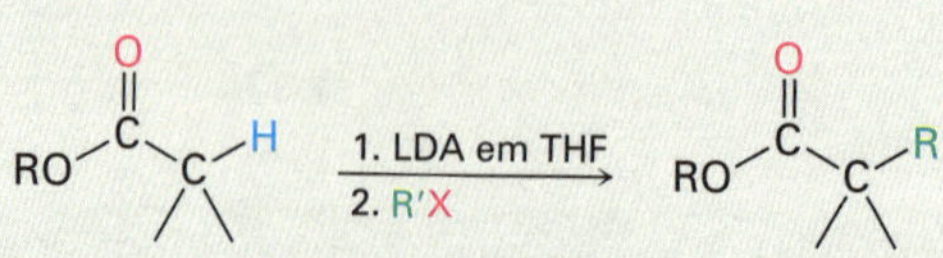

(e) Alquilação direta de nitrilas

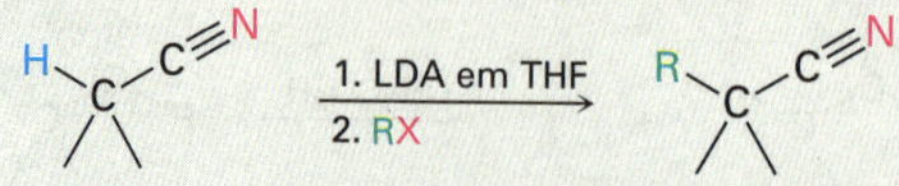

EXERCÍCIOS

Visualizando a química

(Os Problemas 22.1 a 22.16 aparecem no decorrer do capítulo.)

22.17 Mostre as etapas na preparação de cada uma das seguintes substâncias, usando uma síntese do éster malônico ou uma síntese do éster acetoacético:

(a) 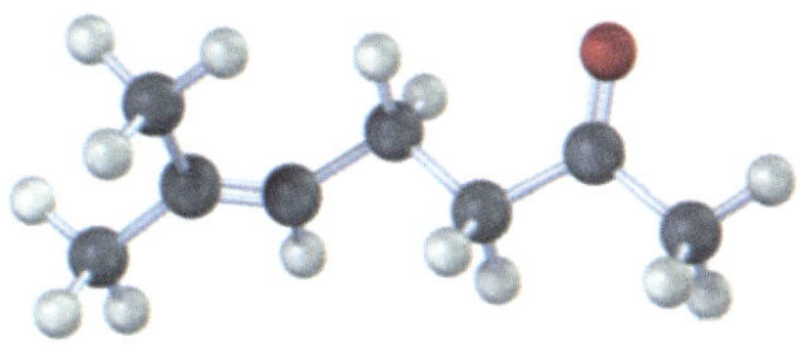

(b) 

22.18 Ao contrário da maioria das β-dicetonas, a β-dicetona a seguir não possui enol suficientemente detectável e é tão ácida quanto a acetona. Explique.

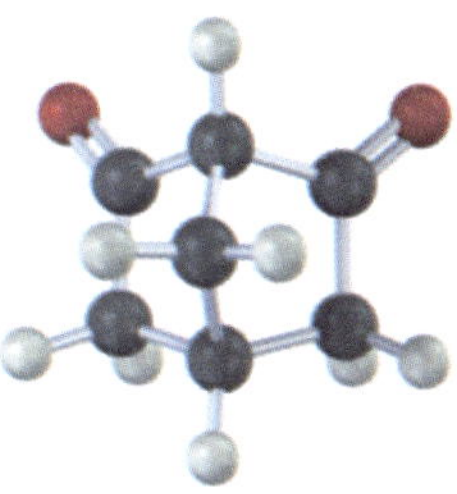

22.19 Para um dado átomo de hidrogênio α ser ácido, a ligação C$-$H deve ser paralela aos orbitais p da ligação dupla C=O (isto é, perpendicular ao plano do grupo carbonila adjacente). Identifique o átomo de hidrogênio mais ácido na seguinte estrutura. Ele é axial ou equatorial?

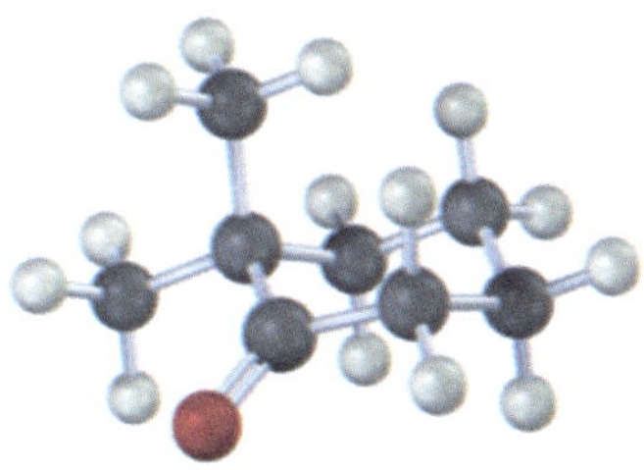

Problemas de mecanismo

22.20 Para cada reação a seguir, forneça o correspondente tautômero ceto/enol e forneça o mecanismo completo.

(a) 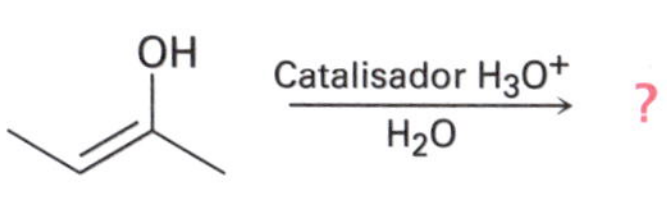

(b) 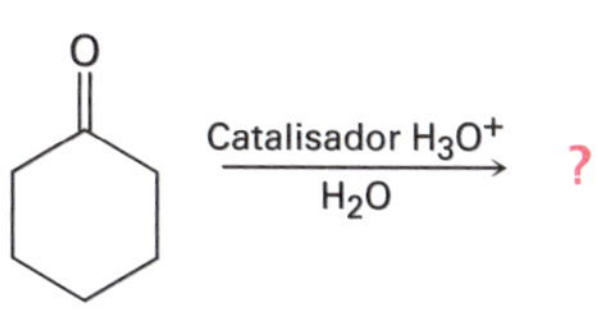

(c) 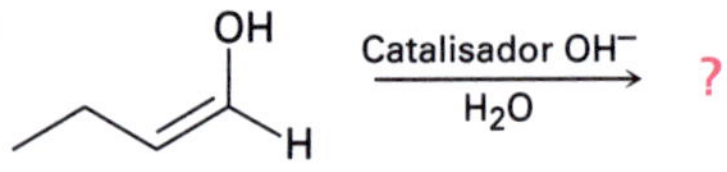

(d) 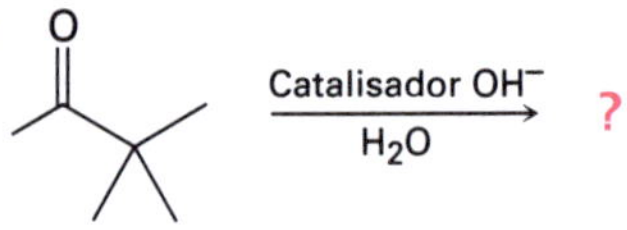

22.21 Preveja o(s) produto(s) e forneça o mecanismo para cada reação a seguir.

(a) 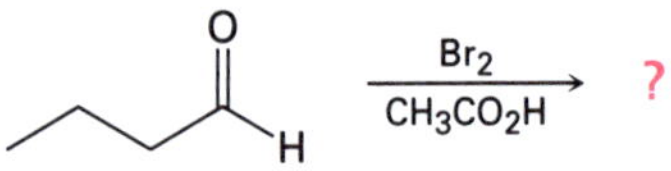

(b) 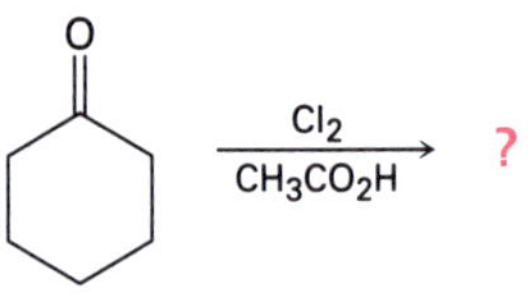

(c) 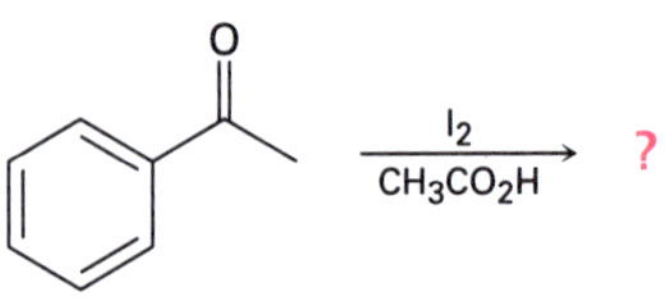

(d) 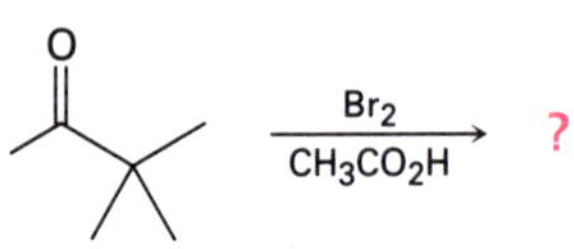

22.22 Preveja o(s) produto(s) e forneça o mecanismo para cada reação a seguir.

(a) 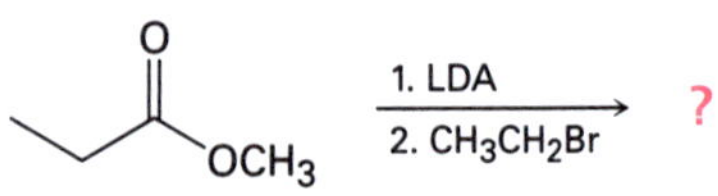

(b) 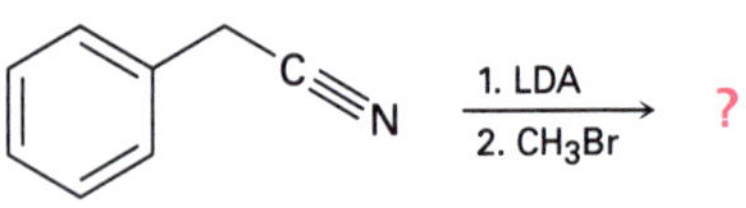

(c) 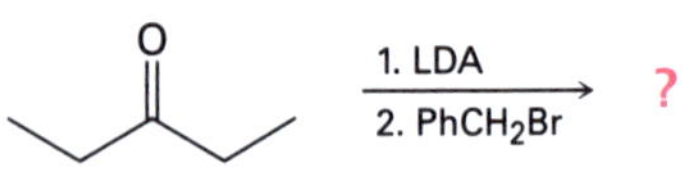

(d) 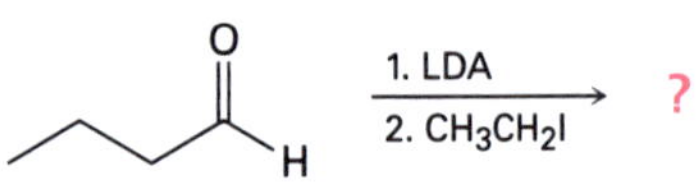

22.23 Os dois β-ceto-ácidos óticos a seguir foram descarboxilados usando as condições tipicamente utilizadas para a síntese de acetoacetato. Os produtos cetônicos também serão oticamente ativos? Forneça o mecanismo completo para explicar a sua resposta.

(a) 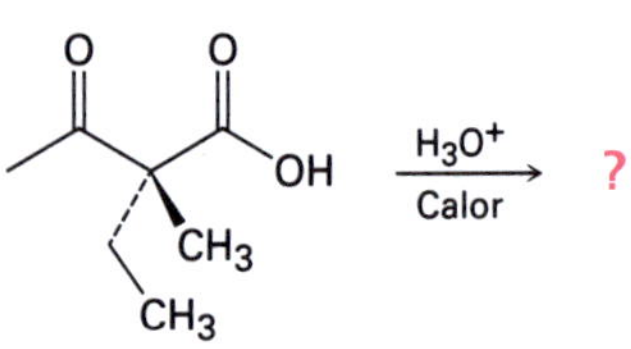

(b) 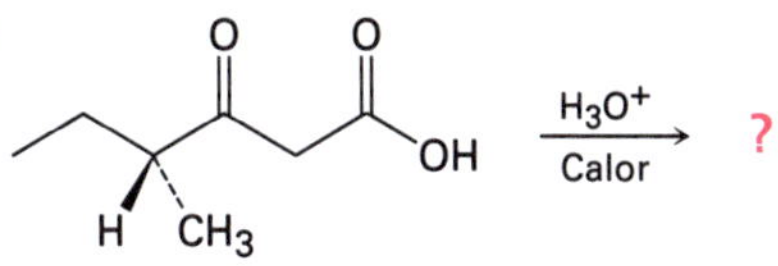

22.24 Na reação de Hell-Volhard-Zelinskii, apenas uma quantidade catalítica de PBr_3 é necessária por causa do equilíbrio a seguir. Reveja o mecanismo para a reação de um ácido carboxílico com cloreto de tionila e proponha um mecanismo para o equilíbrio.

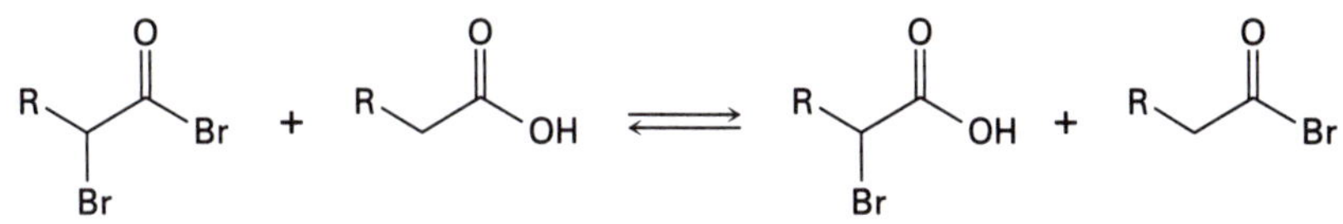

22.25 Quando uma cetona é tratada com ácido e um halogênio, o produto α-monohalogenado pode ser obtido com elevado rendimento. No entanto, sob condições básicas, é extremamente difícil isolar o produto monohalogenado. Forneça uma explicação para esta reatividade.

22.26 As cetonas β,γ-insaturadas não conjugadas, como a 3-ciclohexenona, estão em equilíbrio catalisado por ácido com seus isômeros α,β-insaturados conjugados. Proponha um mecanismo para essa isomerização.

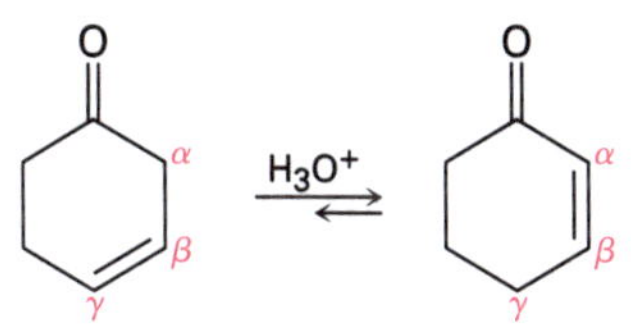

22.27 Uma consequência da isomerização catalisada por base de cetonas insaturadas, descrita no Problema 22.55 é que 2-ciclopentenonas 2-substituídas podem ser interconvertidas com 2-ciclopentenonas 5-substituídas. Proponha um mecanismo para esta isomerização.

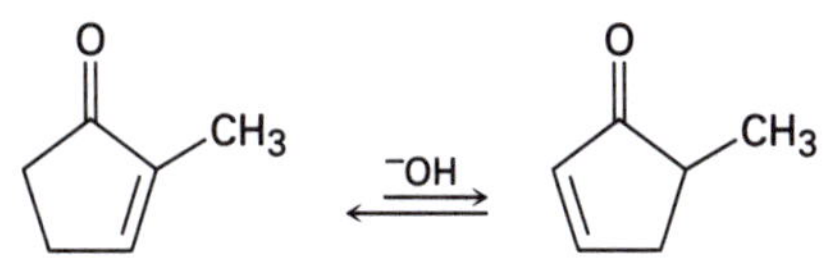

22.28 Utilizando setas curvas, proponha um mecanismo para a seguinte reação, uma das etapas na metabolização do aminoácido alanina.

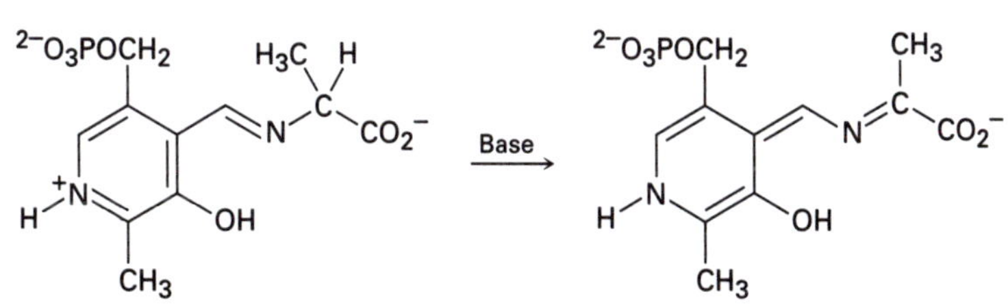

22.29 Utilizando setas curvas, proponha um mecanismo para a seguinte reação, uma das etapas na biossíntese do aminoácido tirosina.

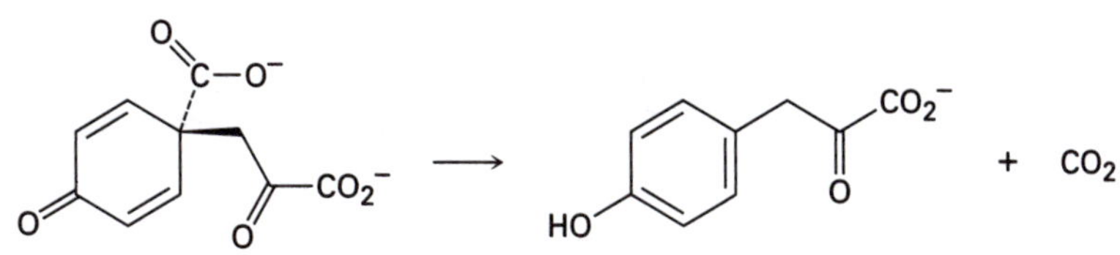

22.30 Uma das etapas na biossíntese da glicose é a isomerização da frutose-6-fosfato em glicose-6-fosfato. Proponha um mecanismo utilizando a catálise ácida ou básica, conforme necessário.

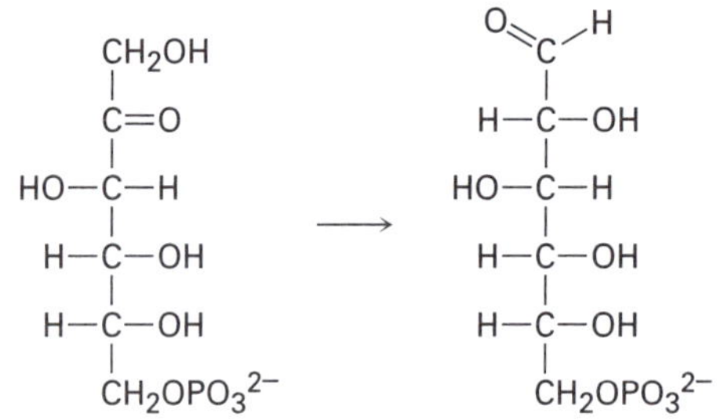

Frutose-6-fosfato **Glicose-6-fosfato**

22.31 A *reação de Favorskii* envolve o tratamento de uma α-bromocetona com base para formar um produto com um anel contraído. Por exemplo, a reação da 2-bromociclohexanona com NaOH aquoso produz o ácido ciclopentanocarboxílico. Proponha um mecanismo.

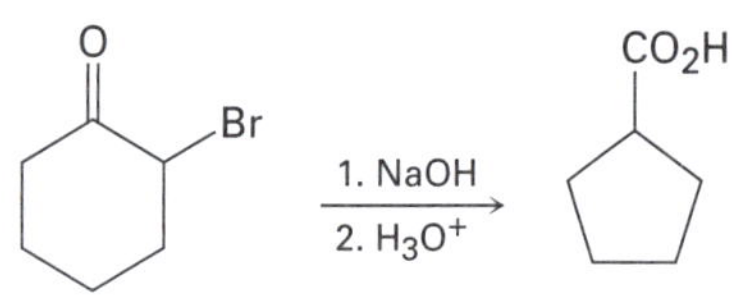

22.32 O tratamento de uma cetona cíclica com o diazometano é um método para se executar uma *reação de expansão de anel*. Por exemplo, o tratamento da ciclohexanona com o diazometano dá origem a uma cicloheptanona. Proponha um mecanismo.

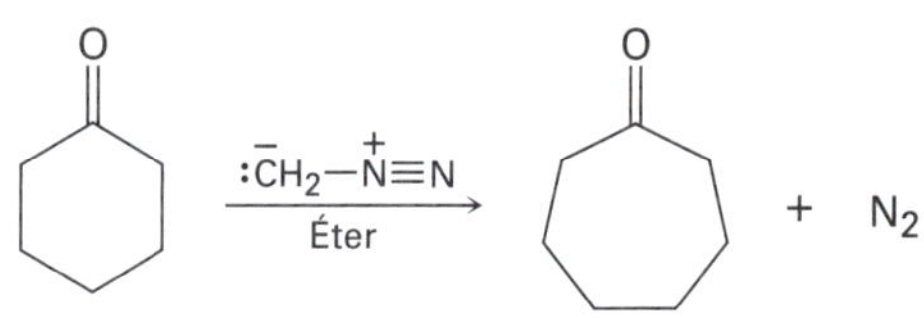

22.33 A etapa final em uma tentativa de síntese do laureno, um hidrocarboneto isolado da alga marinha *Laurencia glandulifera*, envolveu a reação de Wittig apresentada. O produto obtido, entretanto, não foi o laureno, mas um isômero. Proponha um mecanismo para justificar esse resultado inesperado.

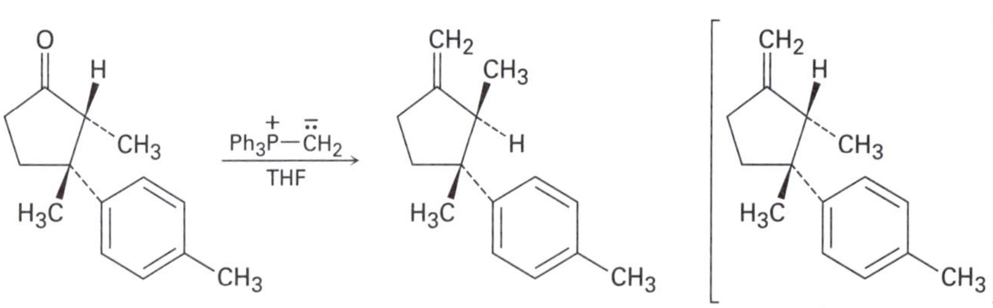

Laureno
(*Não formado*)

22.34 Os aminoácidos podem ser preparados pela reação de haletos de alquila com o acetamidomalonato de dietila, seguido pelo aquecimento do produto de alquilação inicial com HCl aquoso. Mostre como você prepararia a alanina, $CH_3CH(NH_2)CO_2H$, um dos 20 aminoácidos encontrados nas proteínas e proponha um mecanismo para a conversão, catalisada por ácido, do produto de alquilação inicial para o aminoácido.

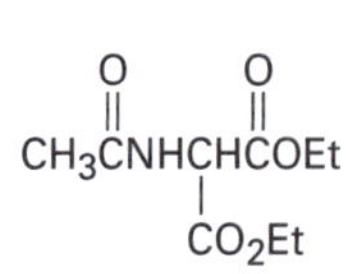

Acetamidomalonato de dietila

22.35 Os aminoácidos podem ser também preparados por uma sequência de duas etapas que envolve a reação de Hell-Volhard-Zelinskii de um ácido carboxílico, seguida pelo tratamento com amônia. Mostre como você prepararia a leucina, $(CH_3)_2CHCH_2CH(NH_2)CO_2H$, e proponha um mecanismo da segunda etapa.

22.36 O aquecimento da carvona com ácido sulfúrico a converte em carvacrol. Proponha um mecanismo para a isomerização.

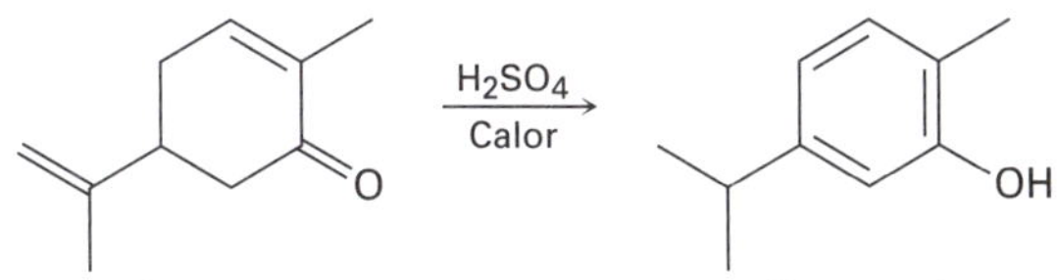

Carvona **Carvacrol**

Problemas adicionais

Acidez de compostos carbonílicos

22.37 Identifique todos os hidrogênios ácidos ($pK_a < 25$) nas seguintes moléculas:

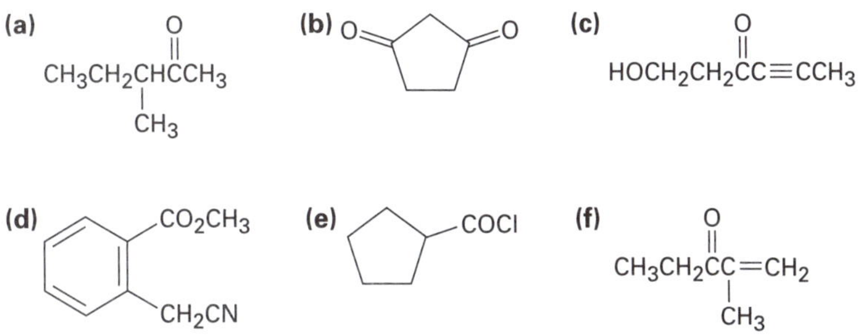

22.38 Organize os seguintes compostos na ordem crescente de acidez:

(a) $CH_3CH_2CO_2H$ **(b)** CH_3CH_2OH **(c)** $(CH_3CH_2)_2NH$

(d) CH_3COCH_3 **(e)** 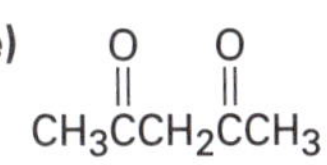 **(f)** CCl_3CO_2H

22.39 Escreva as estruturas de ressonância para os seguintes ânions:

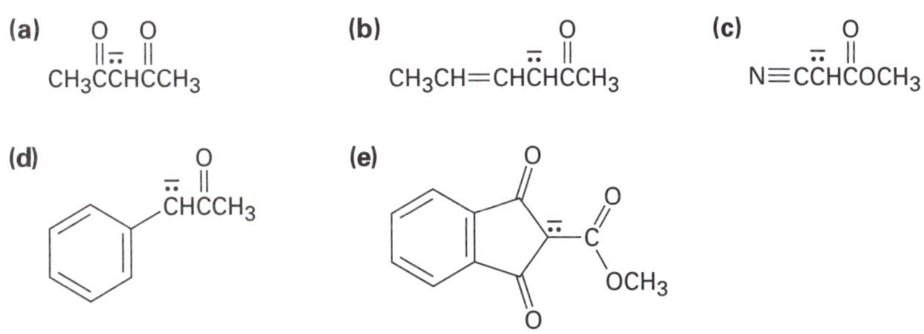

22.40 O tratamento com base do seguinte composto de carbonila α,β-insaturado gera um ânion pela remoção de H^+ do carbono γ. Por que os hidrogênios no átomo de carbono γ são ácidos?

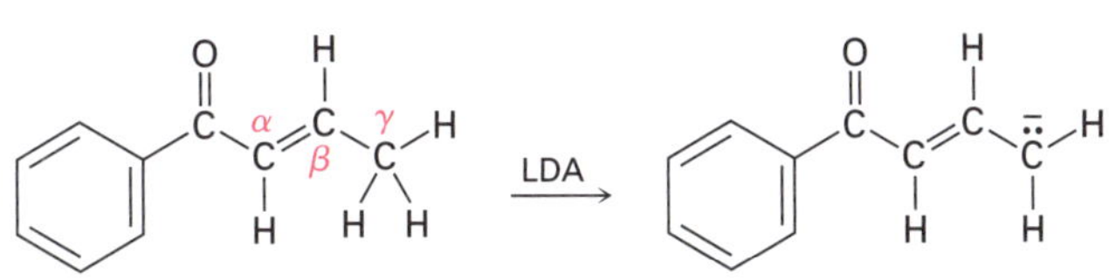

22.41 O tratamento da 1-fenil-2-propenona com uma base forte, como LDA, não produz um ânion, mesmo que ela contenha um hidrogênio no átomo de carbono próximo ao grupo carbonila. Explique.

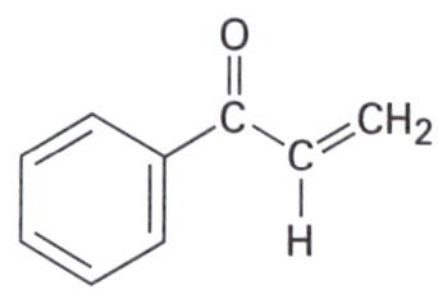
1-fenil-2-propenona

Reações de substituição α

22.42 Preveja o(s) produto(s) das seguintes reações:

(a) 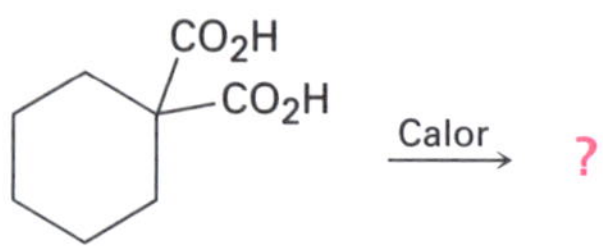

(b) 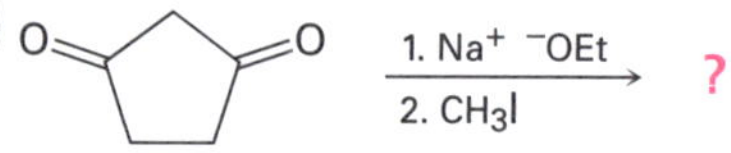

(c) 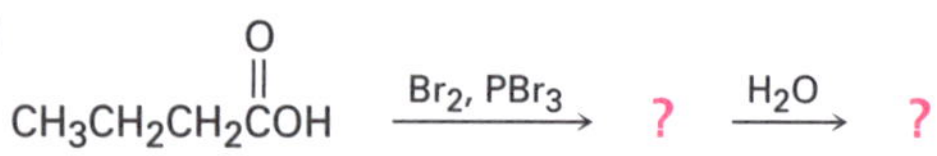

(d) 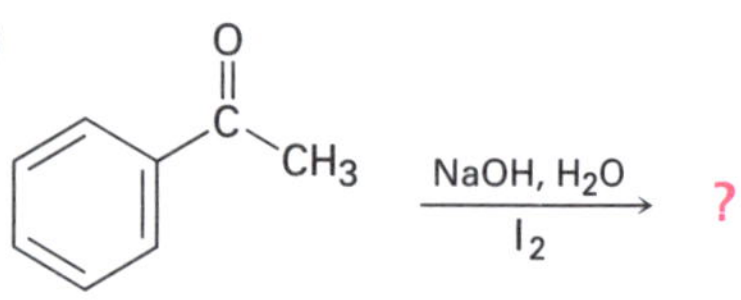

22.43 Quais, se houver algum, dos seguintes compostos podem ser preparados por uma síntese do éster malônico? Mostre o haleto de alquila que você usaria em cada caso.

(a) Pentanoato de etila **(b)** 3-metilbutanoato de etila

(c) 2-metilbutanoato de etila **(d)** 2,2-dimetilpropanoato de etila

22.44 Quais, se houver algum, dos seguintes compostos podem ser preparados por uma síntese do éster acetoacético? Explique.

(a) 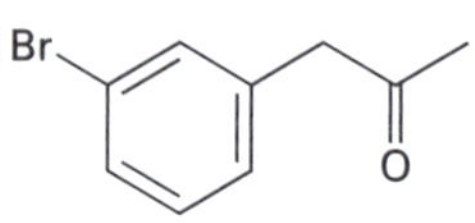

(b) 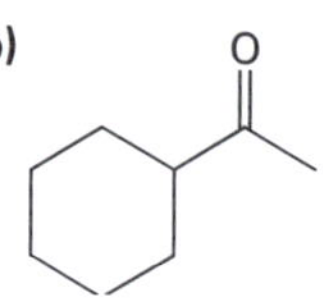

(c) 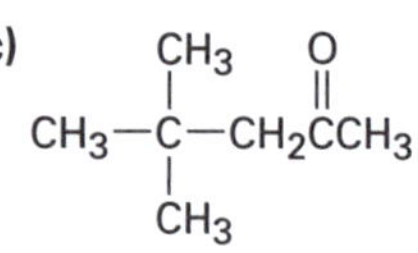

22.45 Como você prepararia as seguintes cetonas usando uma síntese do éster acetoacético?

(a) 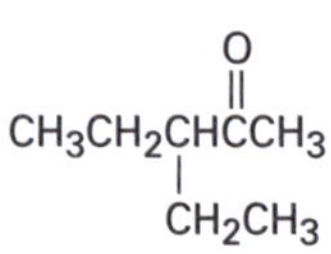

(b) 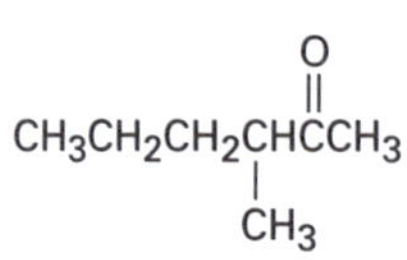

22.46 Como você prepararia os seguintes compostos utilizando uma síntese do éster acetoacético ou uma síntese do éster malônico?

(a) 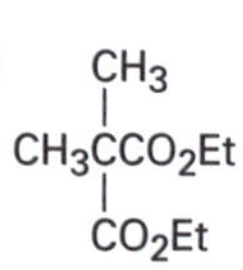

(b) 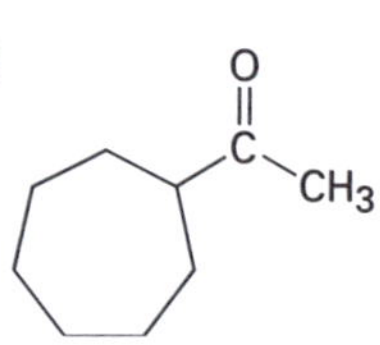

(c) 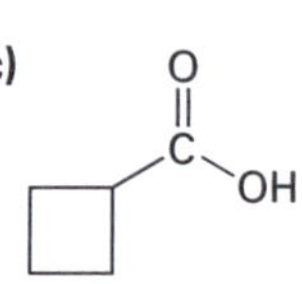

(d) 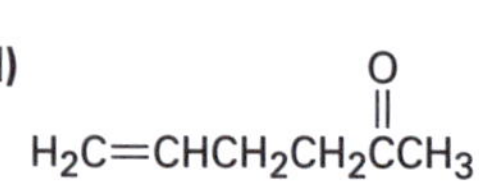

22.47 Quais das seguintes substâncias sofreriam uma reação de halofórmio?

(a) CH_3COCH_3 **(b)** Acetofenona **(c)** CH_3CH_2CHO

(d) CH_3CO_2H **(e)** $CH_3C{\equiv}N$

22.48 Como você converteria geraniol em geranilacetato de etila ou geranilacetona?

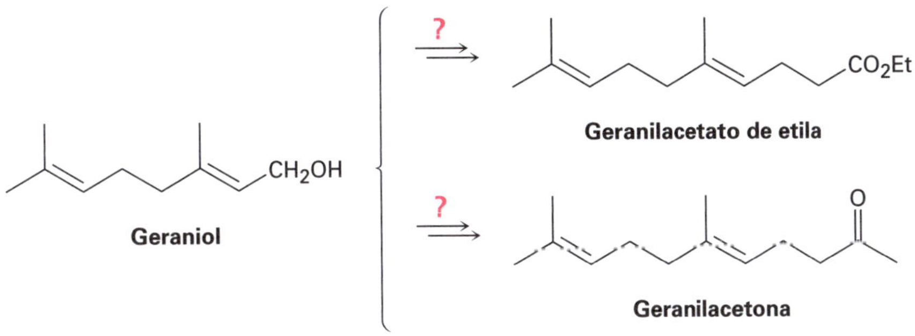

Geraniol **Geranilacetato de etila** **Geranilacetona**

22.49 Aprobarbital, um barbitúrico, uma vez usado no tratamento de insônia, é sintetizado em três etapas a partir do malonato de dietila. Mostre como você sintetizaria o intermediário dialquilado necessário e em seguida, proponha um mecanismo para a reação deste intermediário com ureia para dar aprobarbital.

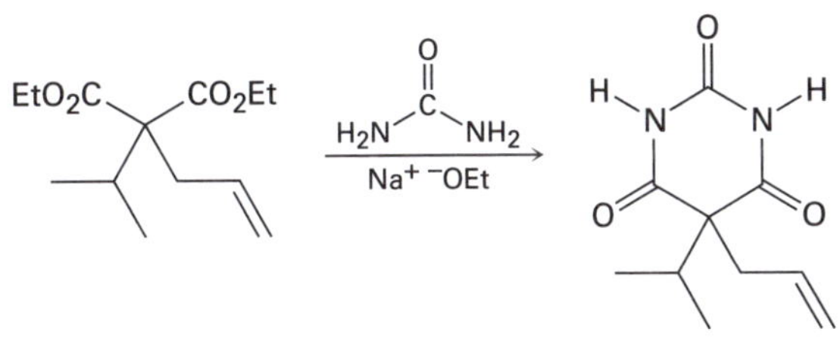

Aprobarbital

Problemas gerais

22.50 Um modo de determinar o número de hidrogênios ácidos em uma molécula é tratar o composto com NaOD em D_2O, isolar o produto e determinar sua massa molecular pela espectrometria de massas. Por exemplo, se a ciclohexanona for tratada com NaOD em D_2O, o produto vai ter MM = 102. Explique como funciona esse método.

22.51 Quando a (*R*)-2-metilciclohexanona oticamente ativa é tratada com uma base ou um ácido aquoso, ocorre a racemização. Explique.

22.52 Você esperaria que a (*S*)-3-metilciclohexanona oticamente ativa fosse racemizada no tratamento com ácido ou base, da mesma maneira que a 2-metilciclohexanona (Problema 22.51)? Explique.

22.53 Quando um ácido carboxílico oticamente ativo, como o ácido (*R*)-2-fenilpropanoico, é bromado sob condições de Hell-Volhard-Zelinskii, o produto é oticamente ativo ou racêmico? Explique.

22.54 Preencha os reagentes **a-c** que estão faltando no seguinte esquema:

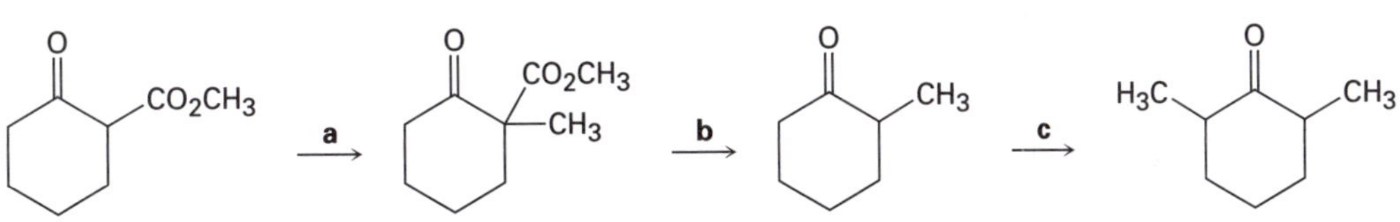

22.55 A interconversão das cetonas insaturadas descritas no Problema 22.26 é também catalisada por base. Explique.

22.56 Embora as 2-ciclopentenonas substituídas na posição 2 estejam em equilíbrio catalisado por base com seus isômeros 2-ciclopentenona substituídas na posição 5 (Problema 22.55), a isomerização análoga não é observada para as 2-ciclohexenonas substituídas na posição 2. Explique.

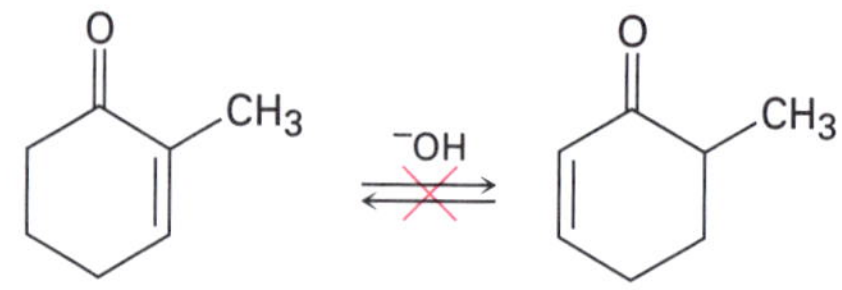

22.57 Todas as tentativas para isolar compostos nitrosos primários e secundários resultaram apenas na formação de oximas. Os compostos nitrosos terciários, entretanto, são estáveis. Explique.

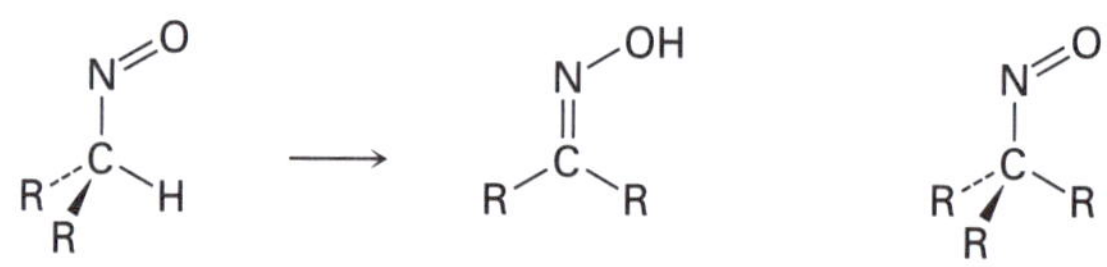

Um composto nitroso 1º ou 2º (instável) — **Uma oxima** — **Um composto nitroso 3º (estável)**

22.58 Como você sintetizaria os seguintes compostos a partir da ciclohexanona? Mais de uma etapa pode ser necessária.

(a) 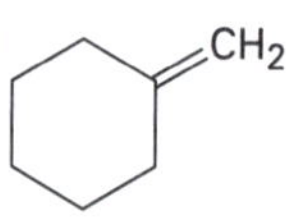

(b) 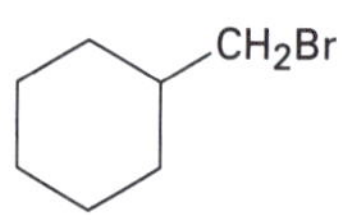

(c) 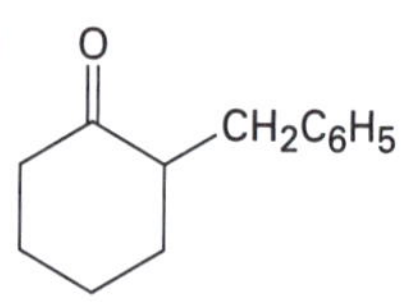

(d) 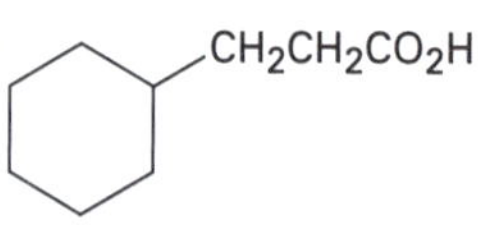

(e) 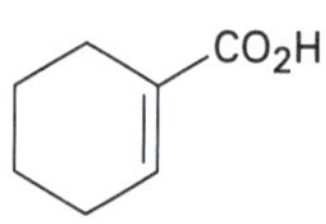

(f) 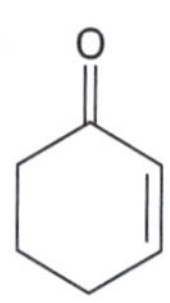

22.59 Os dois isômeros *cis* e *trans*-4-*tert*-butil-2-metilciclohexanona são interconvertidos por tratamento com uma base. Qual isômero você acha que é mais estável e por quê?

22.60 As seguintes rotas sintéticas estão incorretas. O que está errado em cada uma?

(a) 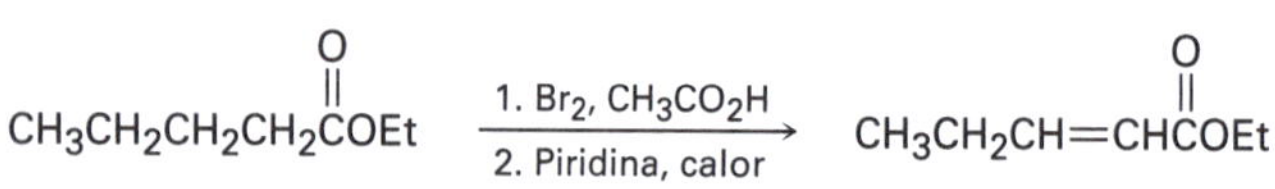

(b) 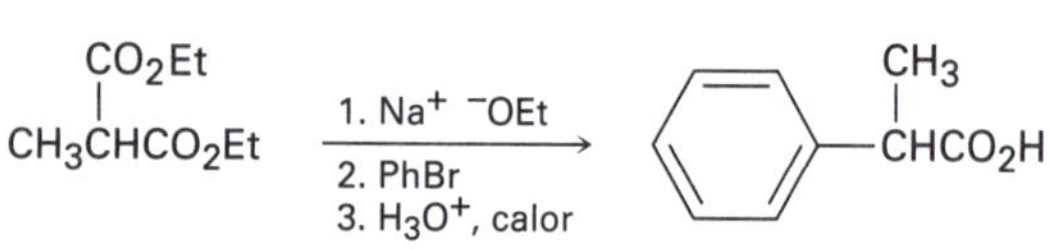

(c) 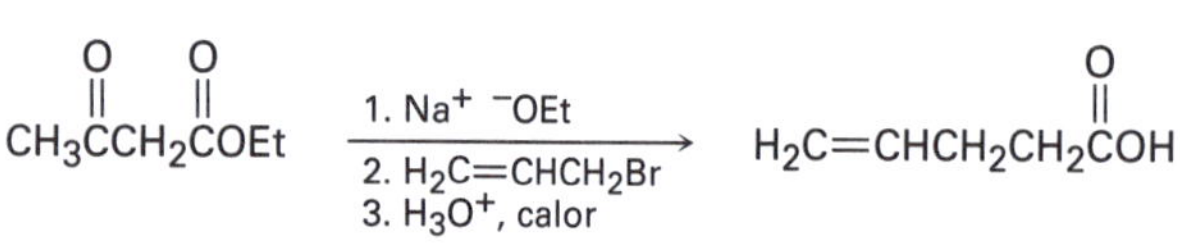

22.61 As tentativas de reação de Grignard da ciclohexanona com o brometo de *tert*-butilmagnésio apresenta apenas cerca de 1% de rendimento do produto de adição esperado junto com 99% da ciclohexanona sem reagir. Se for adicionado D_3O^+ à mistura de reação depois de um período adequado, entretanto, a ciclohexanona "que não reagiu" encontrada terá um átomo de deutério incorporado a ela. Explique.

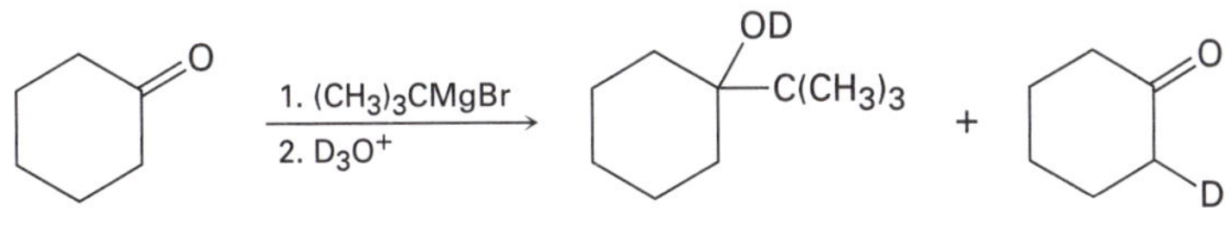

22.62 As cetonas reagem lentamente com o cloreto de benzenoselenenila na presença de HCl para gerar as α-fenilselenocetonas. Proponha um mecanismo para essa reação de substituição α catalisada por ácido.

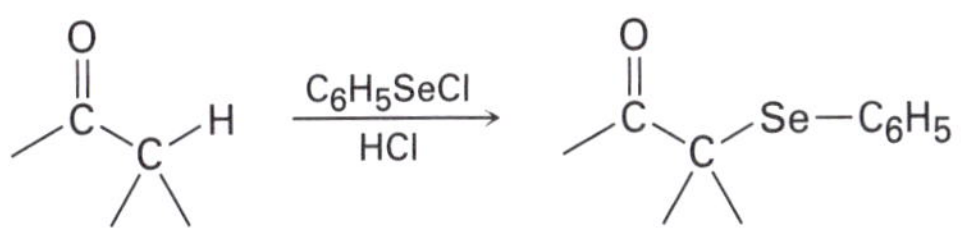

22.63 Já no século XVI, os incas na América do Sul mascavam folhas de coca, *Erythroxylon coca*, para combater a fadiga. Os estudos químicos da *Erythroxylon coca*, feitos por Friedrich Wöhler em 1862, resultaram na descoberta da *cocaína*, $C_{17}H_{21}NO_4$, como o componente ativo. A hidrólise básica da cocaína leva ao metanol, ao ácido benzoico e a outro composto chamado *ecgonina*, $C_9H_{15}NO_3$. A oxidação da ecgonina com CrO_3 gera um ceto-ácido que rapidamente perde CO_2 sob aquecimento, gerando a tropinona.

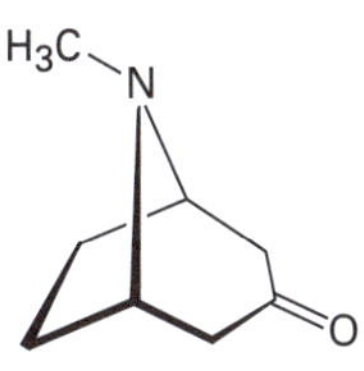

Tropinona

(a) Qual é a estrutura provável do ceto-ácido?

(b) Qual é a estrutura provável para ecgonina, negligenciando a estereoquímica?

(c) Qual é a estrutura provável para a cocaína, negligenciando a estereoquímica?

22.64 A etapa-chave em uma síntese de laboratório do sativeno, um hidrocarboneto isolado do fungo *Helminthosporium sativum*, envolve o seguinte tratamento com base de um cetotosilato. Qual é o tipo de reação que está ocorrendo? Como você completaria a síntese?

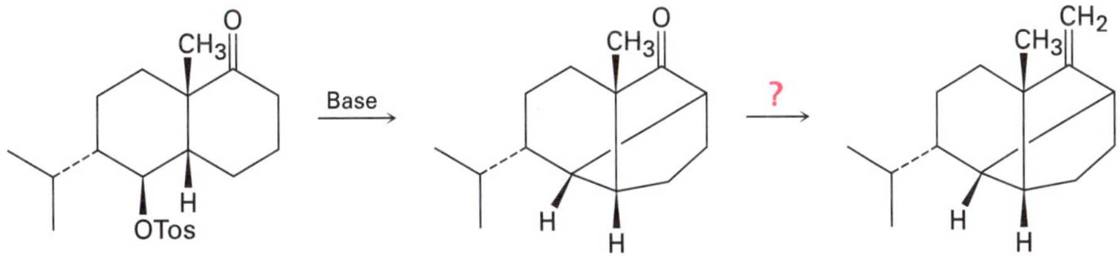

Um cetotosilato **Sativeno**

22.65 Pentotal de sódio é um derivado de barbitúrico de curta duração, utilizado como anestésico geral e conhecido na cultura popular como um soro da verdade. Ele é sintetizado como os outros barbitúricos (veja o *Algo extra* no final deste capítulo), utilizando tioureia, $(H_2N)_2C{=}S$, no lugar da ureia. Como você sintetizaria o pentotal de sódio?

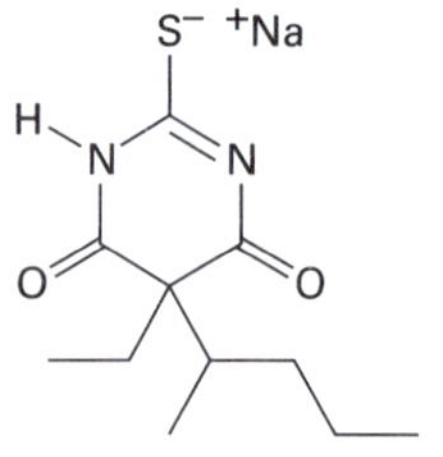

Pentotal de sódio

capítulo 23

Reações de Condensação Carbonílica

Picturebank/Alamy

Muitas das moléculas necessárias a todos os organismos em crescimento são biossintetizadas usando reações de condensação carbonílica.

Neste capítulo:

POR QUE ESTE CAPÍTULO? Veremos também posteriormente neste capítulo e novamente no Capítulo 29 que as reações de condensação carbonílica ocorrem em grande número das rotas metabólicas. Na verdade, praticamente todas as classes de biomoléculas – carboidratos, lipídeos, proteínas, ácidos nucleicos, entre outros – são biossintetizadas por rotas metabólicas que envolvem esse tipo de reação. Da mesma forma que com a reação de substituição α discutida no capítulo anterior, o grande valor das condensações carbonílica é que elas são um dos poucos métodos gerais para a formação de ligações carbono-carbono, possibilitando assim a construção de moléculas maiores a partir de precursores menores. Neste capítulo, veremos como e por que essas reações ocorrem.

Vimos três dos quatro tipos de reações envolvendo compostos carbonílicos e, também, já estudamos dois tipos gerais de comportamento. Nas reações de adição nucleofílica e de substituição nucleofílica de acila, um composto de carbonílico se comporta como um eletrófilo quando um reagente rico em elétrons se adiciona a ele. Nas reações de substituição alfa, um composto carbonila comporta-se como um nucleófilo quando é convertido em um enol ou em um íon enolato. Na reação de condensação carbonílica que estudaremos neste capítulo, o composto de carbonila se comporta *tanto* como um eletrófilo quanto como um nucleófilo.

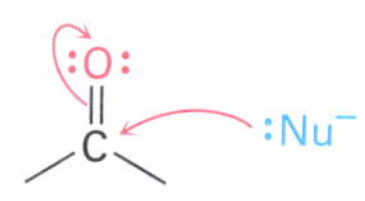

O grupo carbonila eletrofílico reage com nucleófilos

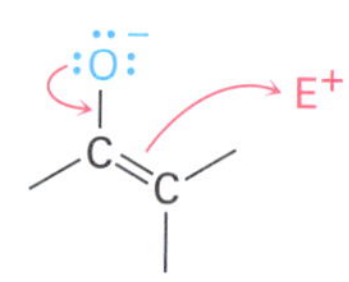

O íon enolato nucleofílico reage com eletrófilos

23.1 Condensação carbonílica: a reação aldólica

As **reações de condensação carbonílica** ocorrem entre dois compostos carbonílicos e envolvem uma *combinação* de etapas de adição nucleofílica e substituição α. Um dos compostos de carbonila é convertido em um íon enolato nucleófilo e se adiciona ao grupo carbonila eletrofílico do segundo composto reagente. Desta forma, o composto reagene nucleofílico sofre uma reação de substituição α e o parceiro eletrofílico sofre uma adição nucleofílica. O mecanismo geral do processo está mostrado na **Figura 23.1**.

FIGURA 23.1
O mecanismo geral de uma reação de condensação carbonílica. Um dos compostos de carbonila transforma-se em um doador nucleofílico e adiciona-se ao outro composto como um receptor eletrofílico. Após protonação, o produto final é um composto β-hidroxicarbonílico.

MECANISMO

❶ Um composto carbonílico com um átomo de hidrogênio é convertido por base em seu íon enolato.

Um íon enolato

❷ Esse íon enolato atua como um doador nucleofílico e se adiciona ao grupo carbonila eletrofílico do segundo composto carbonílico.

❸ A protonação do íon alcóxido tetraédrico intermediário forma o produto de condensação neutro e regenera o catalisador básico.

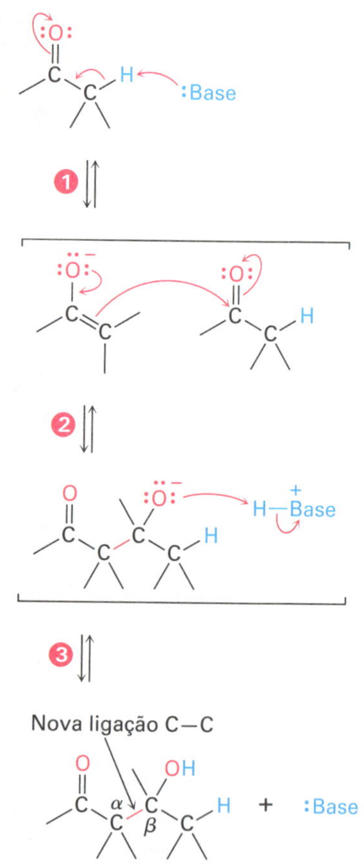

Um composto β -hidroxicarbonílico

Aldeídos e cetonas com um átomo de hidrogênio α sofrem uma reação de condensação carbonílica catalisada por base chamada de **reação aldólica**. Por exemplo, o tratamento do acetaldeído com uma base como o etóxido ou hidróxido de sódio em um solvente prótico leva à formação rápida e reversível do 3-hidroxibutanal, conhecido como *aldol* (*ald*eído + álco*ol*), justificando o nome geral da reação.

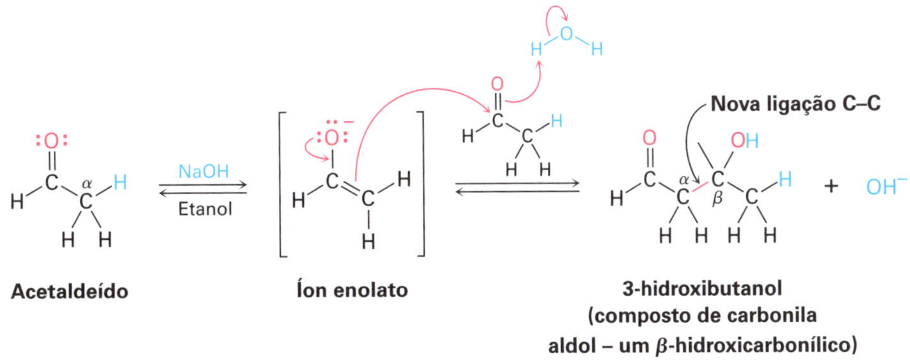

A posição exata do equilíbrio aldólico depende tanto das condições de reação quanto da estrutura do substrato. O equilíbrio geralmente favorece o produto de condensação no caso de aldeídos sem um substituinte α (RCH_2CHO) mas favorece o reagente para aldeídos dissubstituídos (R_2CHCHO) e para a maioria das cetonas. Os fatores estéricos são os prováveis responsáveis por essas tendências, uma vez que o aumento na substituição em um sítio próximo ao da reação aumenta o impedimento estérico no produto aldólico.

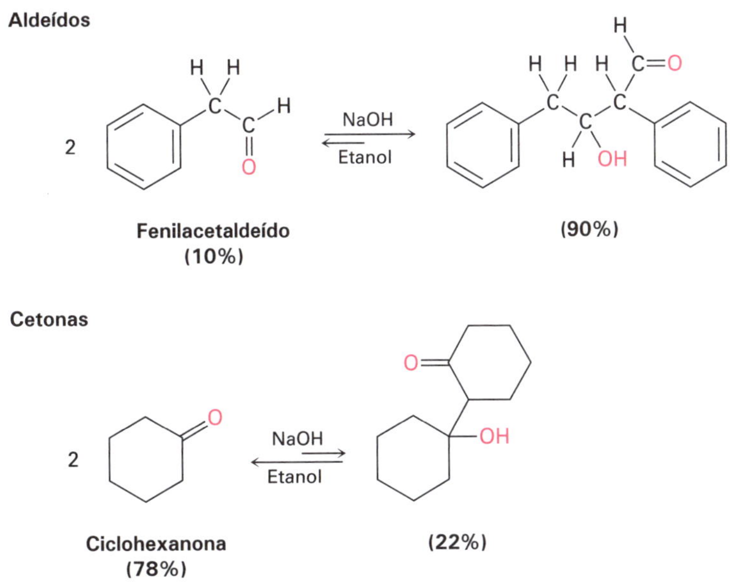

Problemas para praticar 23.1

Prevendo o produto de uma reação aldólica

Qual é a estrutura do produto aldólico a partir do propanal?

Estratégia Uma reação aldólica combina duas moléculas do reagente, formando uma ligação química entre o carbono α de uma molécula e o carbono da carbonila de uma segunda molécula. O produto é um β-hidroxialdeído ou uma β-hidroxicetona, significando que os dois átomos de oxigênio no produto têm uma relação 1,3.

Solução

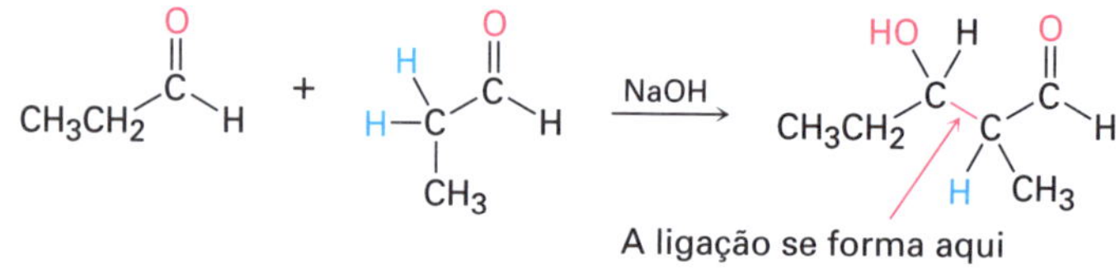

PROBLEMA 23.1 Preveja o produto da reação aldólica dos seguintes compostos:

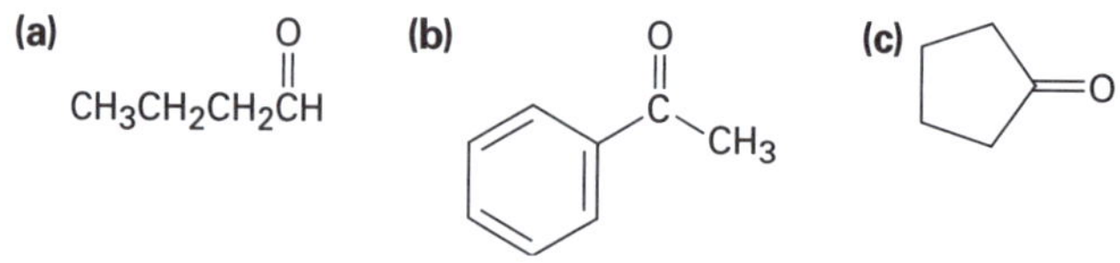

PROBLEMA 23.2 Usando setas curvas para indicar o fluxo de elétrons em cada etapa, mostre como a reação retroaldólica catalisada por base da 4-hidroxi-4-metil-2-pentanona ocorre para resultar em 2 equivalentes de acetona.

23.2 Condensação carbonílica *versus* substituições alfa

Dois dos quatro tipos gerais de reações envolvendo o grupo carbonila – a reação de condensação carbonílica e a reação de substituição α – ocorrem em condições básicas e envolvem o íon enolato como intermediário. Em razão da semelhança das condições experimentais de ambas as reações, como podemos prever qual das duas vai ocorrer em uma determinada ocasião? Quando geramos o íon enolato com a intenção de realizar uma alquilação α, como podemos ter a certeza de que a reação de condensação carbonílica não vai ocorrer?

Não existe uma resposta simples para essa questão, mas as condições experimentais corretas normalmente têm muita relação com o resultado. As reações de substituição alfa necessitam de um equivalente de base forte e, em geral, são realizadas de tal forma que um composto de carbonila seja rapida e completamente convertido no seu íon enolato à baixa temperatura. Um eletrófilo é então adicionado rapidamente para garantir que o íon enolato reativo reaja prontamente. Em uma reação de alquilação de uma cetona, por exemplo, podemos partir de 1 equivalente de diisopropilamideto de lítio (LDA) em solução de tetrahidrofurano a −78 °C. A geração rápida e completa do íon enolato de cetona ocorreria, e nenhuma cetona não reagente permaneceria, o que significa que nenhuma reação de condensação ocorreria. Adicionaríamos então imediatamente um haleto de alquila para completar a reação de alquilação.

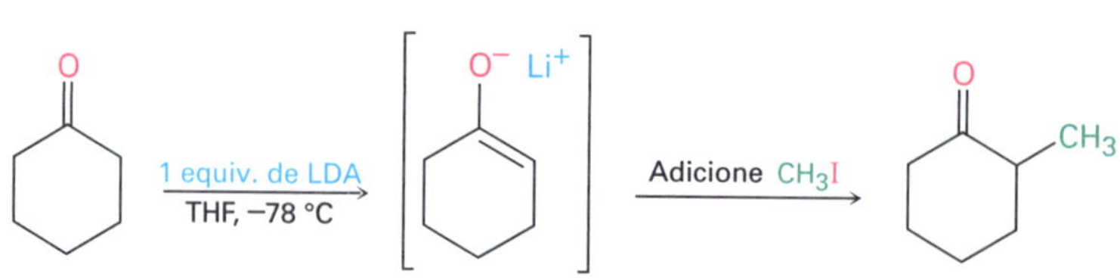

Por outro lado, as reações de condensação carbonílica necessitam apenas de uma quantidade catalítica de uma base relativamente fraca em vez de 1 equivalente de base de modo que uma pequena quantidade de íon enolato é gerada na presença do composto de carbonila que ainda não reagiu. Depois de ocorrer uma condensação, o catalisador básico é regenerado. Para realizar a reação aldólica do propanal, por exemplo, dissolve-se o aldeído em metanol, adiciona-se 0,05 equivalente de metóxido de sódio, seguido de aquecimento da mistura para dar origem ao produto aldólico.

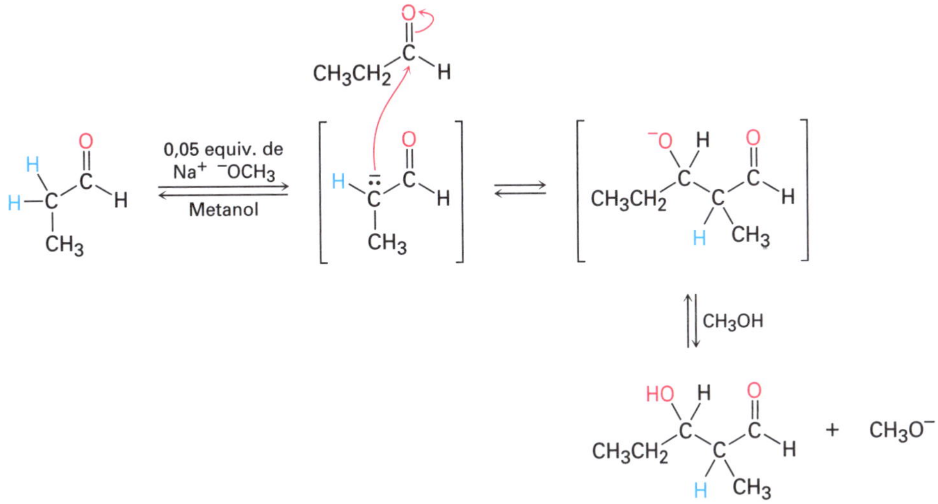

23.3 Desidratação de produtos aldólicos: síntese de enonas

Os β-hidroxialdeídos ou cetonas formados a partir das reações aldólicas podem ser facilmente desidratados dando origem às enonas conjugadas ou produtos α,β-insaturados. De fato, é esta perda de água que dá nome à reação de *condensação*, uma vez que a água é o produto da condensação quando a enona se forma como produto.

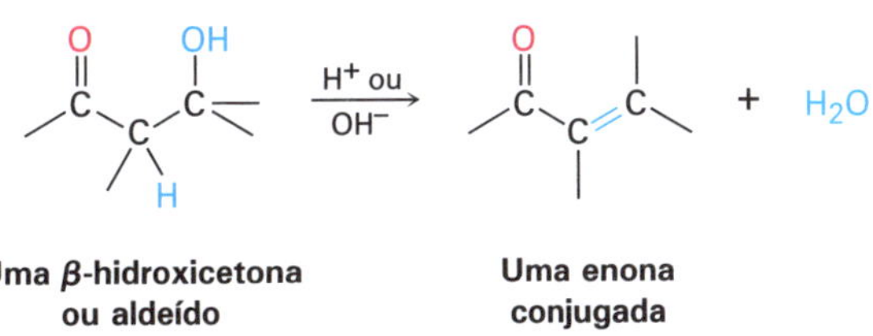

A maioria dos álcoois é resistente à desidratação por base (**Seção 17.6**), pois o íon hidróxido é um grupo abandonador fraco, porém os produtos aldólicos se desidratam facilmente por causa do grupo carbonila. Em condições básicas, um hidrogênio α ácido é removido, dando origem a um íon enolato que expulsa o grupo abandonador ^-OH em uma reação E1cB (**Seção 11.10**). Em condições ácidas é formado um enol, o grupo $-OH$ é protonado e a água é expelida em uma reação E1 ou E2.

Catalisada por base

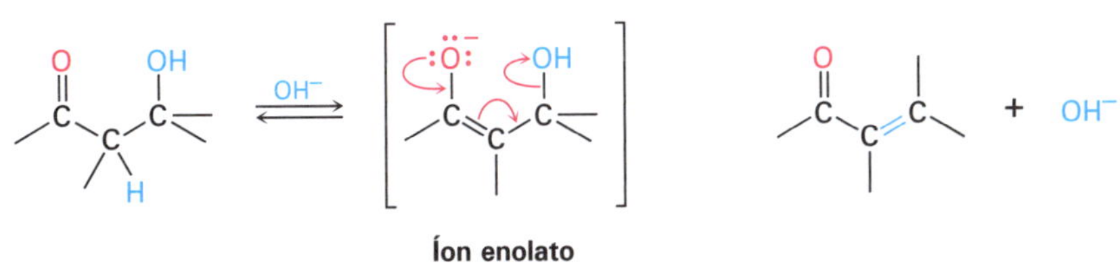

Catalisada por ácido

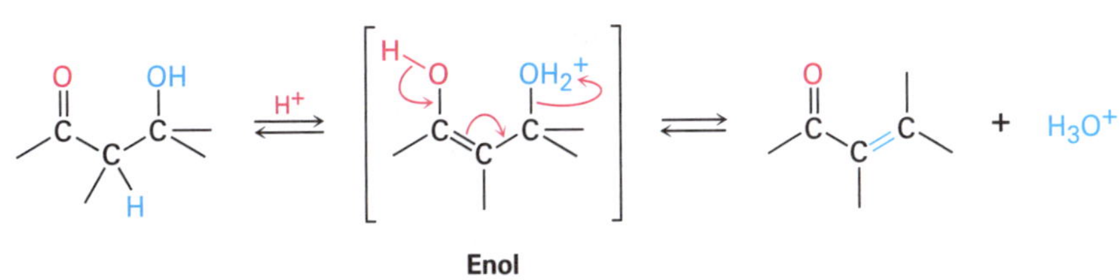

As condições de reação necessárias para a desidratação aldólica são normalmente um pouco mais vigorosas (temperatura um pouco mais elevada, por exemplo) que as condições necessárias para a formação aldólica. Como resultado, as enonas conjugadas normalmente são obtidas diretamente das reações aldólicas sem isolar os compostos β-hidroxi carbonílicos intermediários.

As enonas conjugadas são mais estáveis que as não conjugadas pela mesma razão que os dienos conjugados são mais estáveis que os não conjugados (**Seção 14.1**). A interação entre os elétrons π da ligação C=C e os elétrons π da ligação C=O leva a uma representação de orbitais moleculares para uma enona conjugada com uma interação dos elétrons π sobre os quatro centros atômicos (**Figura 23.2**).

FIGURA 23.2 Os orbitais moleculares π ligantes de uma enona conjugada (propenal) e de um dieno conjugado (1,3-butadieno) são semelhantes na forma e estão distribuídos sobre todo o sistema π.

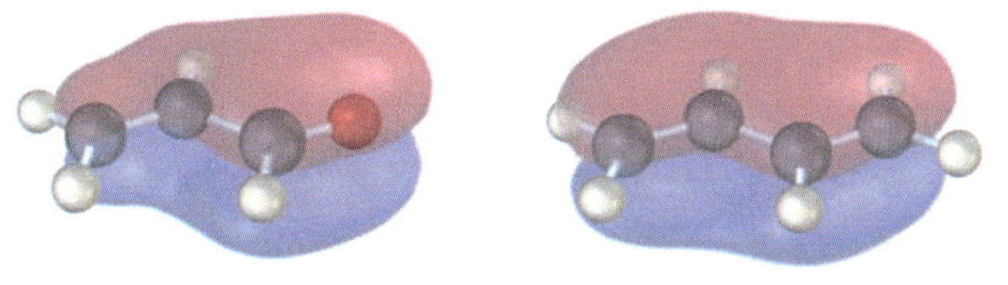

A verdadeira importância de uma reação de desidratação aldólica é que a remoção de água da mistura reacional pode ser usada para deslocar o equilíbrio aldólico em direção aos produtos. Mesmo que a etapa inicial de uma reação aldólica seja desfavorável, como geralmente acontece com as cetonas, a etapa seguinte de desidratação faz com que a maioria das reações aldólicas ocorra com rendimento elevado. A ciclohexanona, por exemplo, leva à formação da ciclohexilidenociclohexanona com 92% de rendimento, embora o equilíbrio inicial seja desfavorável.

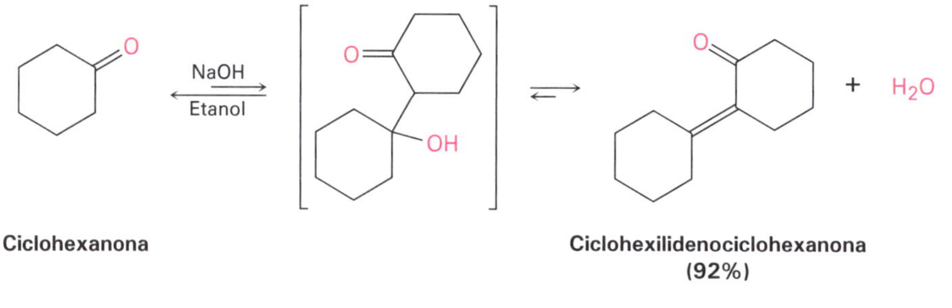

PROBLEMAS PARA PRATICAR 23.2

Prevendo o produto de uma reação aldólica

Qual é a estrutura da enona obtida a partir da condensação aldólica do acetaldeído?

Estratégia Na reação aldólica, H_2O é eliminada e uma ligação dupla é formada pela remoção de dois hidrogênios da posição α ácida de uma molécula e um oxigênio da carbonila de uma segunda molécula. O produto é, portanto, um aldeído ou uma cetona α,β-insaturada.

Solução

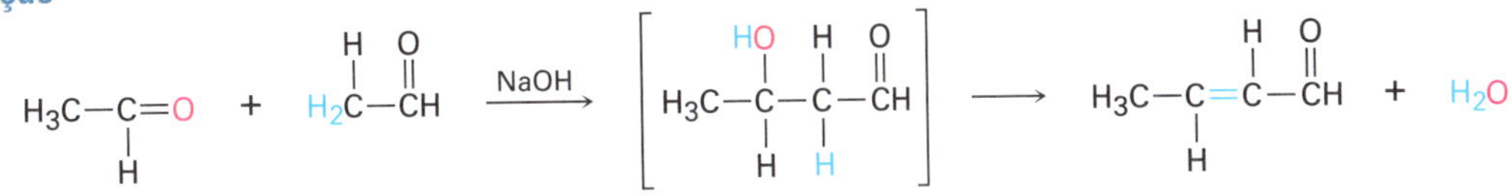

2-butenal

PROBLEMA 23.3 Qual enona como produto você espera obter da reação de condensação aldólica dos seguintes compostos?

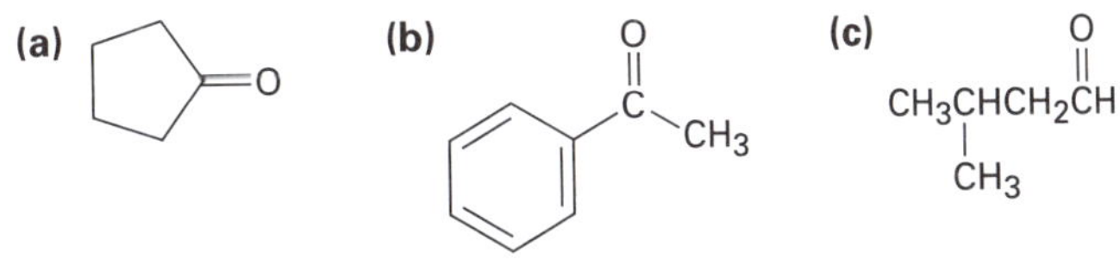

PROBLEMA 23.4 A condensação aldólica da 3-metilciclohexanona gera uma mistura de duas enonas, não levando em conta os isômeros de ligação dupla. Represente-os.

23.4 Uso das reações aldólicas em síntese

A reação aldólica dá origem a um β-hidroxi aldeído/cetona ou a um aldeído/cetona α,β-insaturado, dependendo do reagente e das condições experimentais. Ao aprender a raciocinar de trás para frente, é possível prever quando uma reação aldólica poderá ser útil nas sínteses. Sempre que a molécula alvo contiver um β-hidroxialdeído/cetona ou um grupo funcional enona conjugado, ela provavelmente vem de uma reação aldólica.

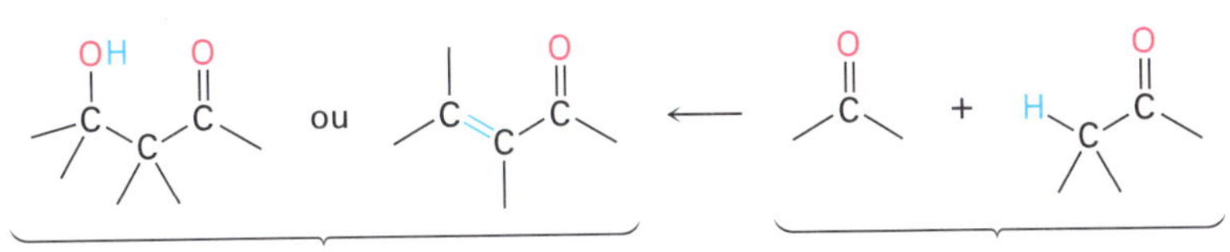

Podemos estender esse tipo de raciocínio mais um pouco, imaginando que transformações subsequentes devem ser realizadas nos produtos aldólicos. Por exemplo, uma cetona saturada pode ser preparada pela hidrogenação catalítica de uma enona como produto. Um bom exemplo pode ser encontrado na preparação industrial do 2-etil-1-hexanol, um álcool usado na síntese de plastificantes para polímeros. Embora o 2-etil-1-hexanol lembre um pouco um produto aldólico à primeira vista, é de fato preparado comercialmente a partir do butanal por meio de uma reação aldólica. Raciocinando de trás para frente, podemos pensar que o 2-etil-1-hexanol seja proveniente do 2-etilhexanal por redução. O 2-etilhexanal, por sua vez, pode ser preparado pela redução catalítica do 2-etil-2-hexenal, que é o produto da condensação aldólica do butanal. As reações a seguir estão apresentadas sequencialmente na ordem inversa.

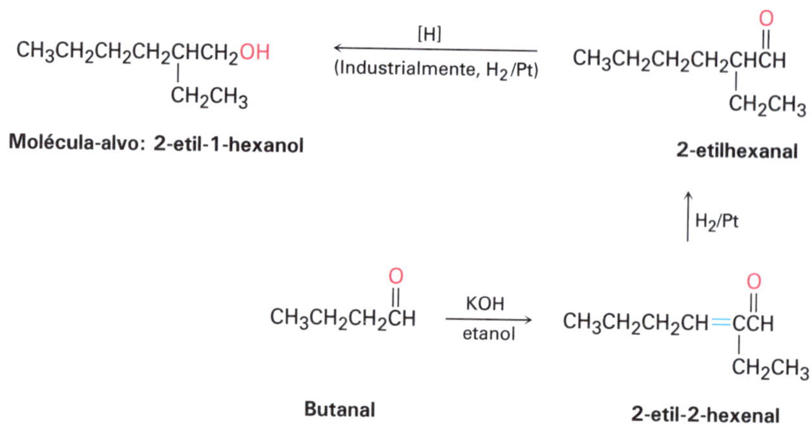

PROBLEMA 23.5 Quais dos seguintes compostos são produtos de condensações aldólicas? Qual é o precursor aldeído ou o cetona em cada caso?

(a) 2-hidroxi-2-metilpentanal **(b)** 5-etil-4-metil-4-hepten-3-ona

PROBLEMA 23.6 O 1-butanol é preparado comercialmente por uma rota que se inicia com uma reação aldólica. Mostre as etapas mais prováveis de estar envolvidas.

PROBLEMA 23.7 Mostre como você sintetizaria o seguinte composto a partir de uma reação aldólica:

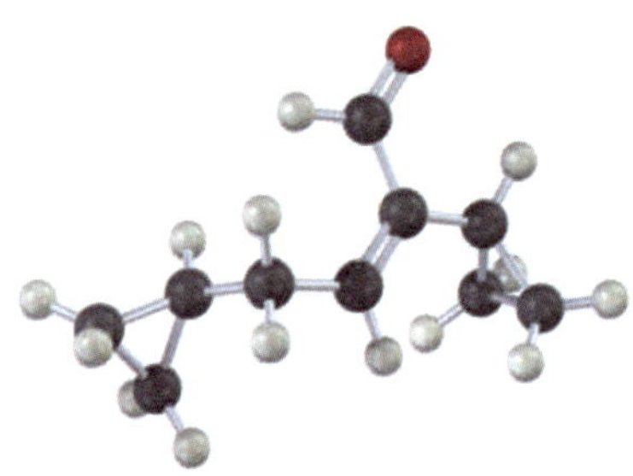

23.5 Reações aldólicas cruzadas

Até agora, consideramos somente as reações aldólicas simétricas, nas quais dois componentes de carbonila são idênticos. O que aconteceria em uma reação aldólica entre dois compostos de carbonila diferentes?

Em geral, uma reação aldólica cruzada entre dois aldeídos ou cetonas semelhantes leva à formação de uma de quatro produtos possíveis. Por exemplo, o tratamento com base de uma mistura de acetaldeído com propanal dá origem a uma mistura complexa contendo dois produtos aldólicos "simétricos" e dois produtos aldólidos "cruzados". Obviamente, essa não é uma reação de valor prático.

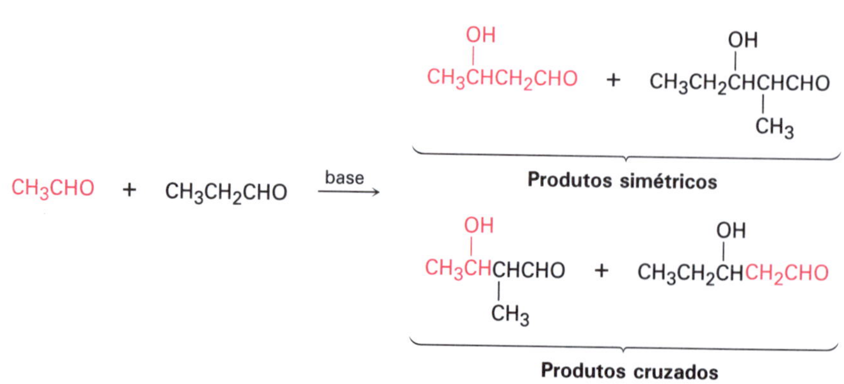

Por outro lado, as reações aldólicas cruzadas podem levar à formação de um único produto se uma das duas condições a seguir existirem:

- Se um dos compostos de carbonila não contiver hidrogênio (e assim não puder formar um íon enolato para tornar-se um doador), mas tiver um grupo carbonila livre (e, portanto, é um bom receptor de nucleófilos), então uma reação aldólica cruzada provavelmente será bem-sucedida. Esse é o caso, por exemplo, quando o benzaldeído ou o formaldeído são empregados como um dos compostos de carbonila.

  Nem o benzaldeído nem o formaldeído formam um íon enolato para condensar consigo mesmo ou com outra molécula, ambos os compostos têm um grupo carbonila desprotegido. A cetona 2-metilciclohexanona, por exemplo, dá origem a um produto aldólico cruzado na reação com o benzaldeído.

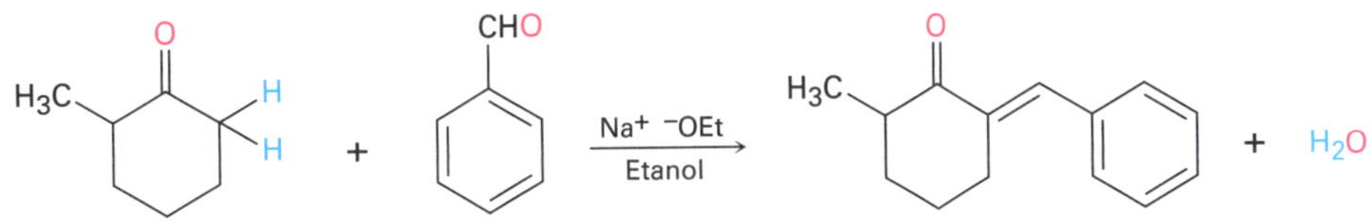

2-metilciclohexanona (doador) **Benzaldeído (receptor)** **78%**

- Se um dos compostos de carbonila for muito mais ácido que os demais, e portanto for transformado em seu íon enolato preferencialmente a outro, então provavelmente uma reação aldólica cruzada será bem-sucedida. O acetoacetato de etila, por exemplo, é completamente convertido em seu íon enolato preferencialmente à formação do íon enolato a partir das moléculas monocarbonílicas. Assim, as condensações aldólicas com acetoacetato de etila ocorrem preferencialmente formando produtos cruzados.

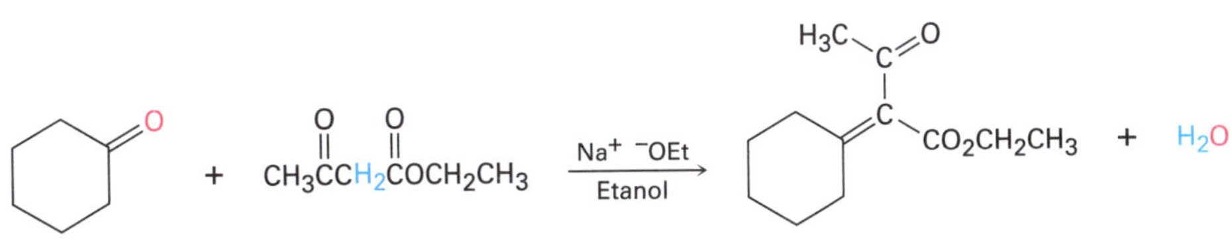

Ciclohexanona (receptor) **Acetoacetato de etila (doador)** **80%**

A situação pode ser resumida afirmando-se que uma reação aldólica cruzada leva à formação de uma mistura de produtos, a menos que uma das moléculas não tenha hidrogênio α, mas seja um bom receptor eletrofílico (como o benzaldeído), ou seja, um bom doador nucleofílico ácido (como o acetoacetato de etila).

PROBLEMA 23.8 Quais dos seguintes compostos podem provavelmente ser preparados por uma reação aldólica cruzada? Mostre os reagentes que você utilizaria em cada caso.

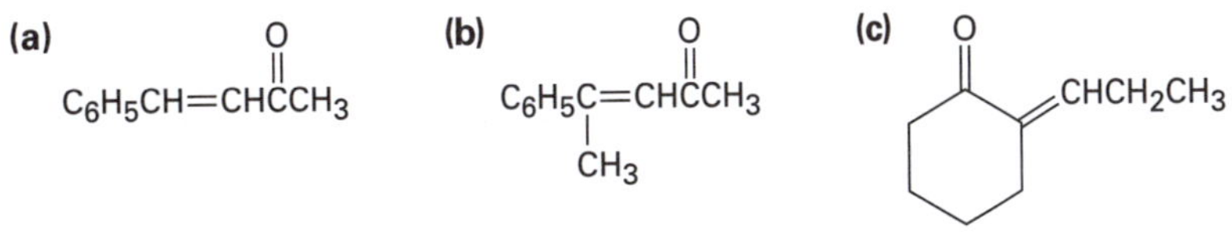

23.6

Reações aldólicas intramoleculares

As reações aldólicas que vimos até aqui são todas *intermoleculares*, o que significa que são reações que ocorrem entre duas moléculas diferentes. Quando alguns compostos *di*carbonílicos são tratados com uma base, pode ocorrer uma reação aldólica *intramolecular*, dando origem a um produto cíclico. Por exemplo, o tratamento de uma 1,4-dicetona como a 2,5-hexanodiona tratada com uma base rende uma ciclopentanona como produto. O tratamento com uma base de uma 1,5-dicetona como a 2,6-heptanodiona gera uma ciclohexenona.

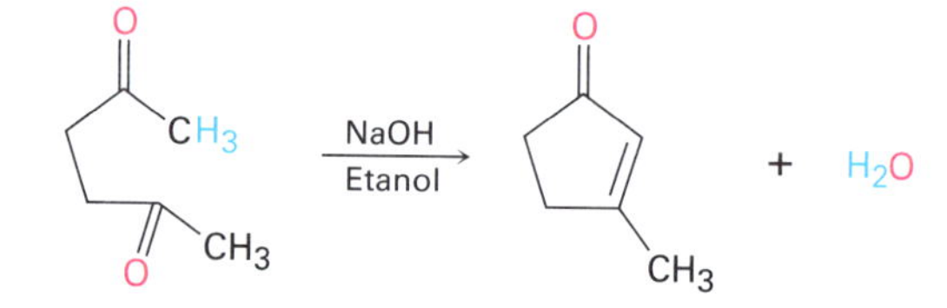

-2,5-hexadiona (uma 1,4-dicetona) 3-metil-2-ciclopentenona

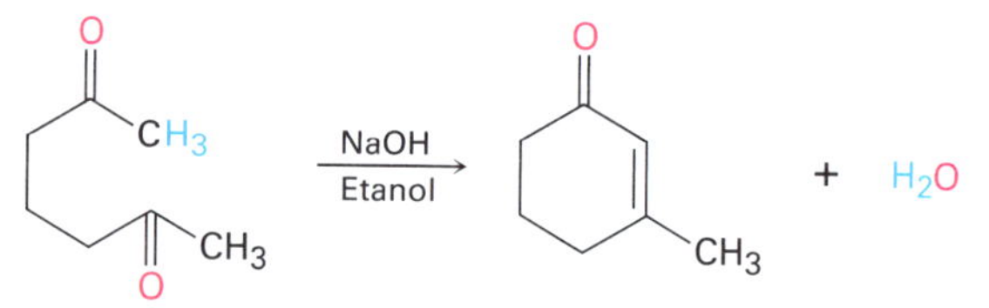

2,6-heptadiona (uma 1,5-dicetona) 3-metil-2-ciclohexenona

O mecanismo das reações aldólicas intramoleculares é semelhante ao das reações intermoleculares. A única diferença é que tanto o ânion carbonílico nucleofílico doador quanto o receptor carbonílico eletrofílico pertencem agora à mesma molécula. Entretanto, uma complicação é que as reações aldólicas intramoleculares levam à formação de uma mistura de produtos, dependendo do íon enolato gerado. Por exemplo, a 2,5-hexanodiona pode gerar um produto cíclico com um anel de cinco membros, a 3-metil-2-ciclopentanona ou um produto cíclico com um anel de três membros, ou a (2-metilciclopropenil) etanona (**Figura 23.3**). Na prática, somente a ciclopentanona é formada.

FIGURA 23.3 A reação aldólica intramolecular da 2,5-hexanodiona produz a 3-metil-2-ciclopentanona em vez do ciclopropeno alternativo.

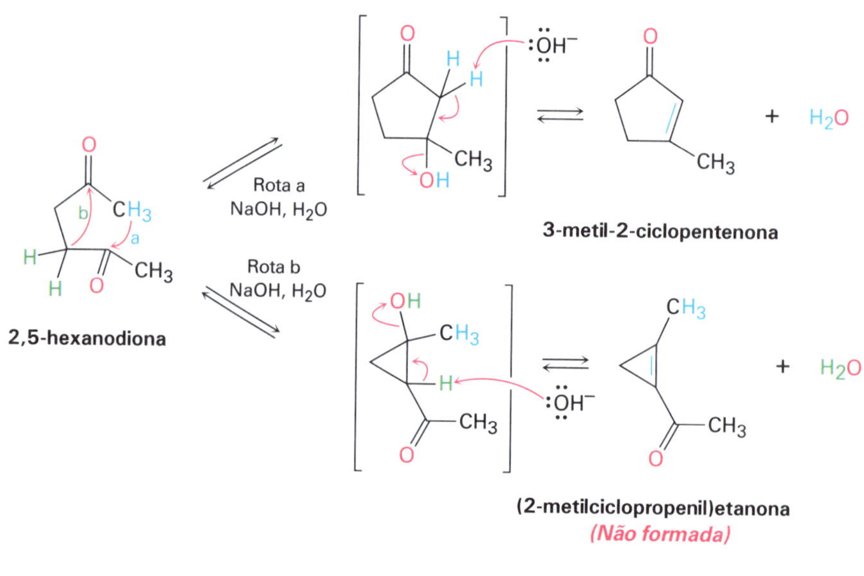

A seletividade observada na reação aldólica intramolecular da 2,5-hexanodiona deve-se ao fato de que todas as etapas no mecanismo são reversíveis, então um equilíbrio é atingido. Assim, o produto ciclopentanona, de menor tensão no anel, é consideravelmente mais estável que o ciclopropeno altamente tensionado. Por razões semelhantes, as reações aldólicas intramoleculares de 1,5-dicetonas levam à formação somente de ciclohexenonas como produtos em vez de ciclobutenos.

PROBLEMA 23.9 O tratamento de uma 1,3-dicetona como a 2,4-pentanodiona com base não forma um produto de condensação aldólica. Explique.

PROBLEMA 23.10 Que produto você esperaria obter a partir do tratamento com uma base da 1,6-ciclodecanodiona?

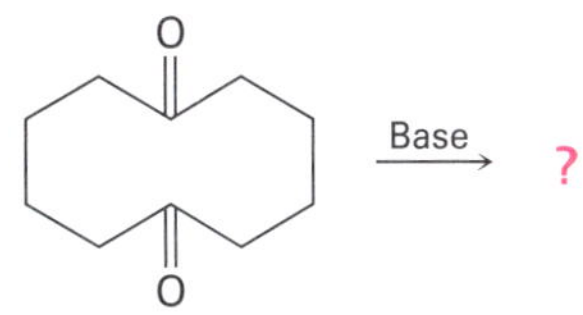

1,6-ciclodecanodiona

23.7 Reação de condensação de Claisen

Os ésteres, como os aldeídos e cetonas, são fracamente ácidos. Quando um éster contendo um átomo de hidrogênio α é tratado com 1 equivalente de uma base, como o etóxido de sódio, ocorre uma reação de condensação carbonílica reversível dando origem a um β-ceto-ester. Por exemplo, o tratamento do acetato de etila com uma base produz o acetoacetato de etila. Essa reação entre duas moléculas de éster é conhecida como **reação de condensação de Claisen**. (Usaremos os ésteres de etila, abreviados como "Et", por conveniência, mas outros tipos de ésteres também funcionam.)

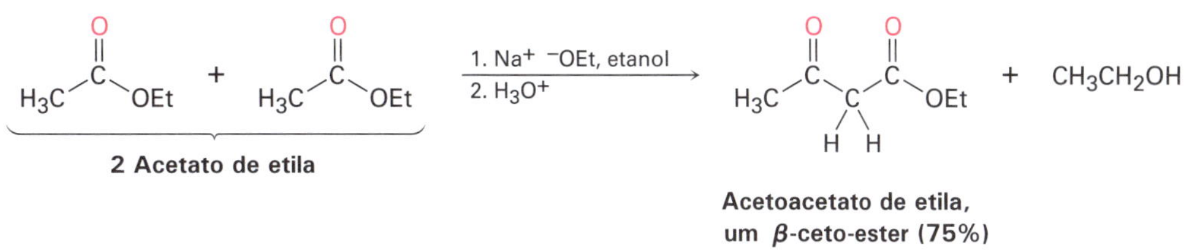

O mecanismo da reação de condensação de Claisen é semelhante ao da condensação aldólica e envolve a adição nucleofílica de um íon enolato de éster do grupo de carbonila de uma segunda molécula de éster (**Figura 23.4**). A única diferença entre a condensação aldólica de um aldeído ou cetona e a condensação de Claisen de um éster envolve o destino dos intermediários tetraédricos inicialmente formados. O intermediário tetraédrico na reação aldólica é protonado para resultar em um álcool como produto – exatamente o mesmo comportamento visto anteriormente para aldeídos e cetonas (**Seção 19.4**). O intermediário tetraédrico na reação de Claisen, entretanto, expele um alcóxido como grupo abandonador para resultar em um produto de substituição de acila – conforme visto anteriormente para ésteres (**Seção 21.6**).

FIGURA 23.4
Mecanismo da reação de condensação de Claisen.

MECANISMO

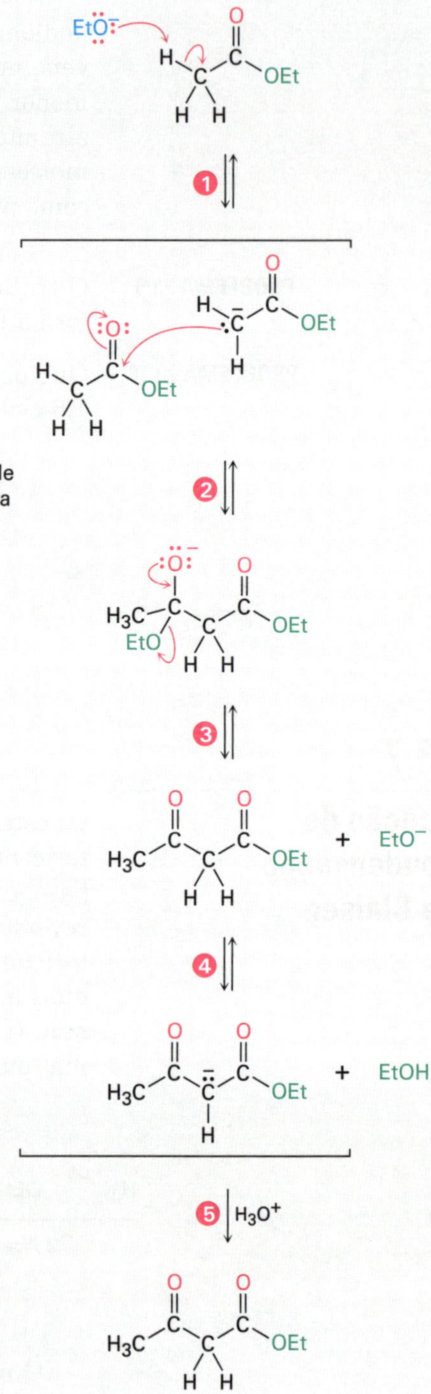

❶ A base abstrai um átomo de hidrogênio alfa ácido de uma molécula de éster, dando origem a um íon enolato tipo éster.

❷ O íon enolato adiciona-se em uma reação de adição nucleofílica a uma segunda molécula de éster, formando um intermediário alcoóxido tetraédrico.

❸ O intermediário tetraédrico expulsa o íon etóxido para gerar um novo composto carbonílico, acetoacetato de etila.

❹ Porém, o íon etóxido é básico o suficiente para desprotonar o acetoacetato de etila, deslocando assim o equilíbrio e completando a reação.

❺ A protonação do íon enolato pela adição de um ácido aquoso em uma etapa separada leva à formação do produto β-ceto-ester final.

Se o éster de partida tem mais de um átomo de hidrogênio α ácido, o produto β-ceto-ester tem um átomo de hidrogênio altamente ácido e duplamente ativado que pode ser abstraído por uma base. Essa deprotonação do produto requer o uso de um equivalente completo de base, em vez de uma quantidade catalítica. Além do mais, a desprotonação serve para deslocar completamente o equilíbrio no sentido do produto, de tal forma que as condensações de Claisen geralmente acontecem com rendimento elevado.

PROBLEMAS PARA PRATICAR 23.3

Prevendo o produto de uma reação de condensação de Claisen

Qual produto você esperaria obter da condensação de Claisen do propanoato de etila?

Estratégia A condensação de Claisen de um éster resulta na perda de uma molécula de álcool e na formação de um produto no qual o grupo acila de um reagente se liga ao carbono α de um segundo reagente. O produto é um β-ceto-ester.

Solução

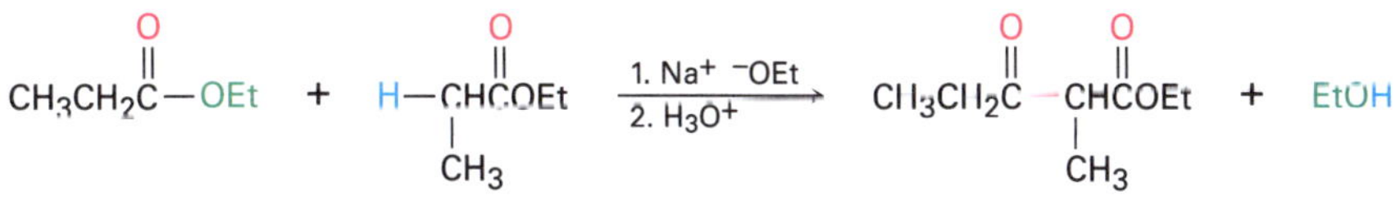

2-propanoato de etila 2-metil-3-oxopentanoato de etila

PROBLEMA 23.11 Mostre os produtos que você esperaria obter da condensação de Claisen dos seguintes ésteres:

(a) $(CH_3)_2CHCH_2CO_2Et$

(b) Fenilacetato de etila

(c) Ciclohexilacetato de etila

PROBLEMA 23.12 Como mostra a **Figura 23.4**, a reação de Claisen é reversível. Ou seja, um β-ceto-ester pode sofrer quebra em dois fragmentos pelo tratamento com base. Utilizando as setas curvas para indicar o movimento de elétrons, aponte o mecanismo pelo qual essa quebra ocorre.

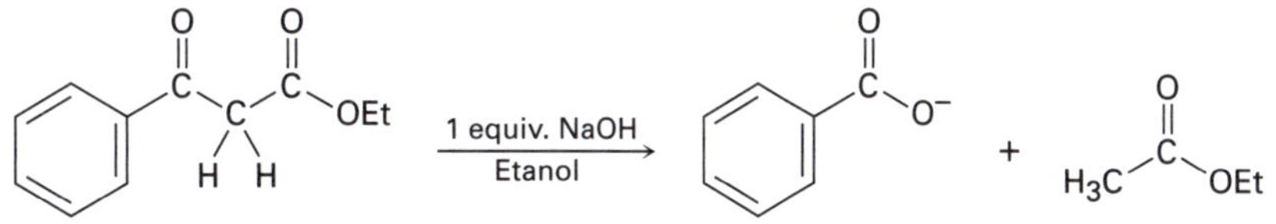

23.8

Condensações de Claisen cruzadas

A condensação de Claisen cruzada de dois ésteres diferentes é semelhante à condensação aldólica cruzada de dois aldeídos ou cetonas diferentes (**Seção 23.5**). As reações de Claisen cruzadas ocorrem com êxito se somente um dos dois ésteres não possuir um átomo de hidrogênio α e, dessa forma, não pode formar um íon enolato. Por exemplo, o benzoato de etila e o formiato de etila não podem produzir íons enolatos e, assim, não servem como doadores. Podem, entretanto, se comportar como receptores eletrofílicos em reações com outros ânions de ésteres para dar origem a produtos β-ceto-esteres cruzados.

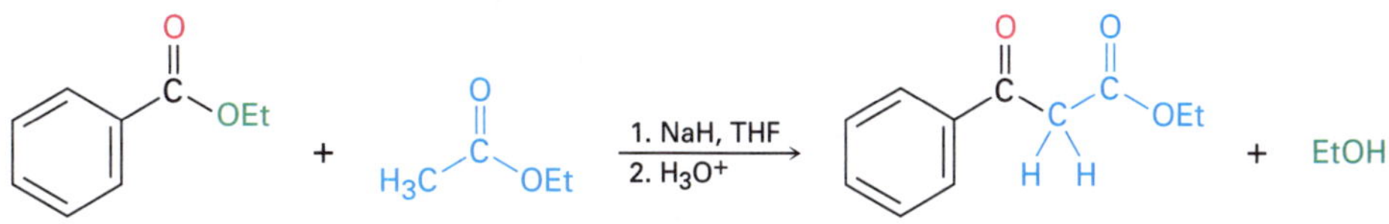

Benzoato de etila (receptor) **Acetato de etila (doador)** **Benzoilacetato de etila**

As reações de Claisen cruzadas também podem ser realizadas entre um éster e uma cetona, resultando na síntese de uma β-dicetona. A reação funciona melhor quando o componente éster não tem hidrogênios α e, portanto, não pode agir como o doador nucleofílico. Por exemplo, o formiato de etila gera produtos com rendimento elevado em reações de condensação de Claisen com as cetonas.

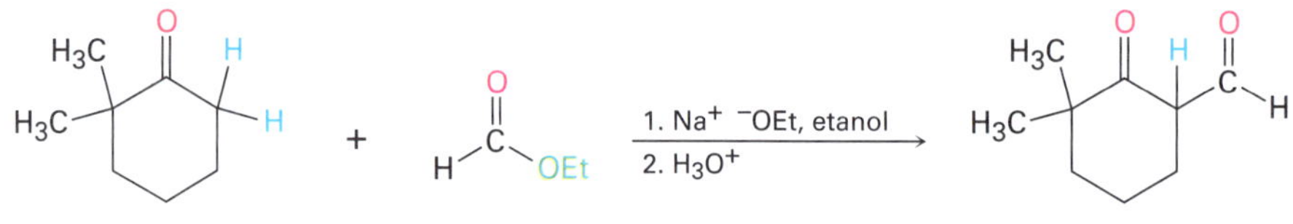

2,2-dimetilciclohexanona (doador) | Formato de etila (receptor) | Um β-cetoaldeído (91%)

Problemas para praticar 23.4

Prevendo o produto de uma reação de condensação de Claisen cruzada

O oxalato de dietila $(CO_2Et)_2$ geralmente fornece rendimentos elevados nas reações de Claisen cruzadas. Qual produto você esperaria obter da reação de Claisen cruzada do acetato de etila com o oxalato de dietila?

Estratégia A reação de Claisen cruzada é eficaz quando somente um dos dois reagentes apresenta um átomo de hidrogênio α ácido. Nesse caso, o acetato de etila pode ser convertido em seu íon enolato, porém o mesmo não acontece com o oxalato de dietila. Assim, o acetato de etila atua como doador e o oxalato de dietila como receptor.

Solução

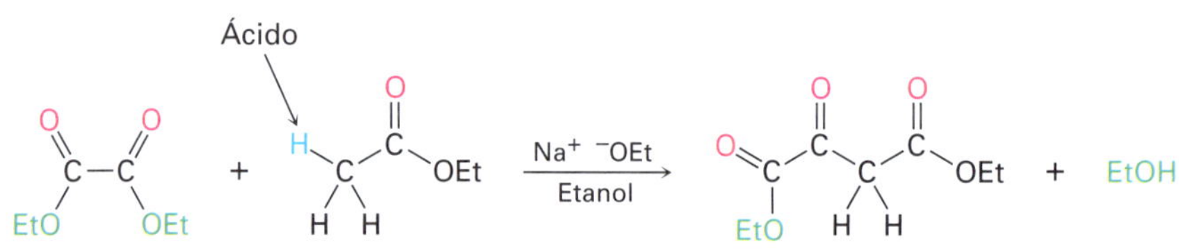

Oxalato de dietila | **Acetato de etila**

PROBLEMA 23.13 | Qual produto você esperaria obter da seguinte reação do tipo Claisen cruzada?

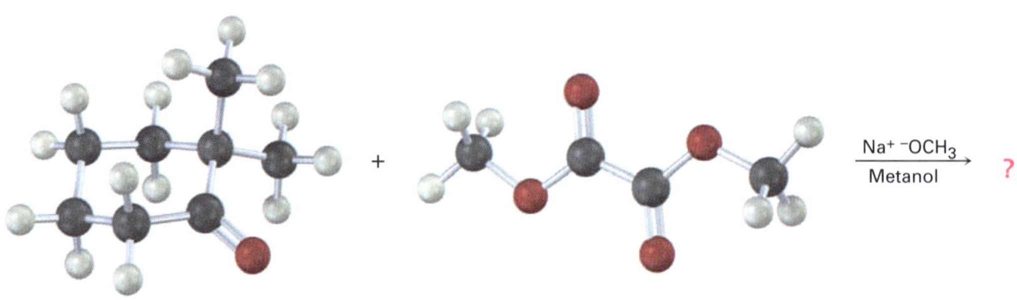

23.9 Condensações de Claisen intramoleculares: a ciclização de Dieckmann

As condensações de Claisen intramoleculares podem ser realizadas com diésteres, da mesma maneira que acontece com as condensações aldólicas com dicetonas (**Seção 23.6**). Denominada **ciclização de Dieckmann**, essa reação funciona melhor com 1,6 e 1,7-diésteres. A ciclização de Dieckmann de um 1,6-diéster dá origem a um β-ceto-ester cíclico com um anel de cinco membros, e a ciclização de um 1,7-diéster produz um β-ceto-ester cíclico com um anel de seis membros.

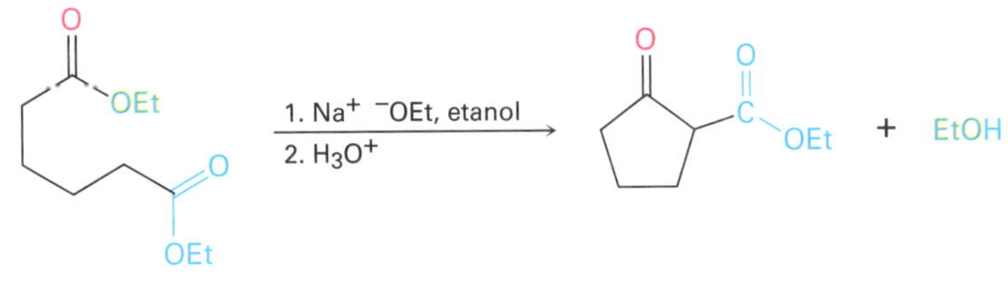

Hexanodioato de dietila (um 1,6-diéster)

2-oxociclopentanocarboxilato de etila (82%)

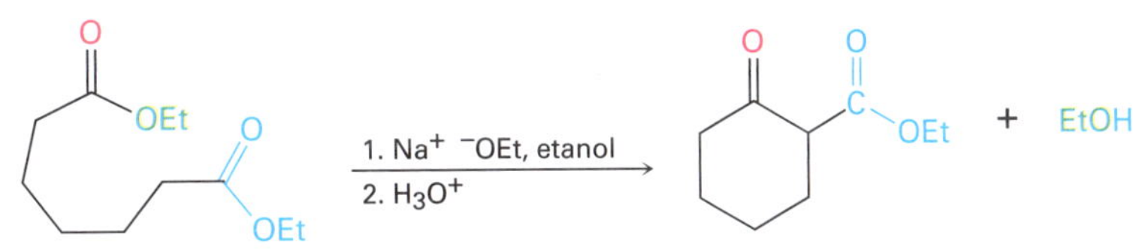

Heptanodioato de dietila (um 1,7-diéster)

2-oxociclohexanocarboxilato de etila

O mecanismo da ciclização de Dieckmann, apresentado na **Figura 23.5**, é semelhante ao da reação de Claisen. Um dos dois grupos ésteres é convertido em um íon enolato, que então realiza uma substituição nucleofílica de acila no segundo grupo éster na outra extremidade da molécula. Como resultado, temos a formação de um β-ceto-ester cíclico.

O β-ceto-ester cíclico produzido na reação de ciclização de Dieckmann pode posteriormente ser alquilado e descarboxilado por uma série de reações semelhantes àquelas empregadas na síntese do éster acetoacético (**Seção 22.7**). Por exemplo, a alquilação e a posterior descarboxilação do 2-oxociclohexanocarboxilato de etila dá origem à 2-alquilciclohexanona. A sequência completa de (1) ciclização de Dieckmann, (2) alquilação do β-ceto-ester e (3) decarboxilação é um método excelente para se preparar ciclohexanonas e ciclopentanonas substituídas na posição 2.

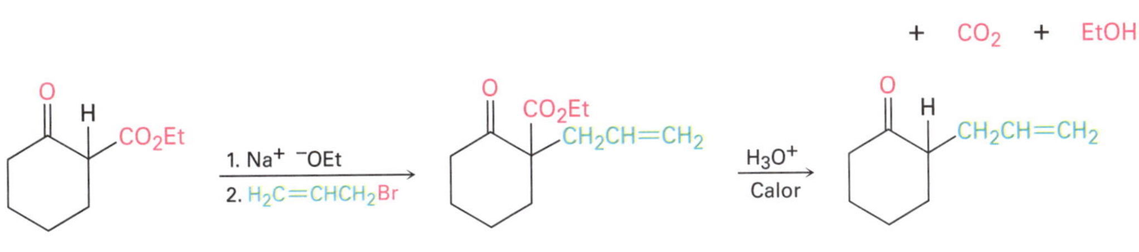

2-oxociclohexanocarboxilato de etila

2-alquilciclohexanona (83%)

FIGURA 23.5 Mecanismo da ciclização de Dieckmann de um 1,7-diéster para formar um β-ceto-ester como produto.

MECANISMO

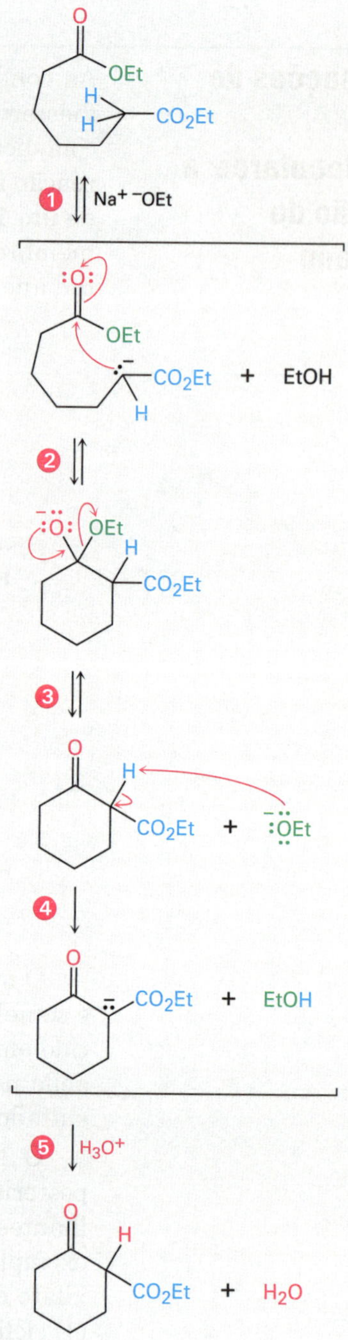

1 A base abstrai um próton α ácido de um átomo de carbono vizinho aos grupos éteres, dando origem a um íon enolato.

2 A adição nucleofílica intramolecular de um íon enolato do éster ao grupo carbonila de um segundo éster na outra extremidade da cadeia gera um intermediário cíclico tetraédrico.

3 A perda de um íon alcóxido do intermediário tetraédrico leva à formação de um β-ceto-ester cíclico.

4 A desprotonação de um β-ceto-ester ácido resulta no íon enolato. . .

5 . . . que é então protonado pela adição de um ácido aquoso ao final da reação para gerar um β-ceto-ester neutro como produto.

PROBLEMA 23.14 Qual produto você esperaria obter a partir da seguinte reação?

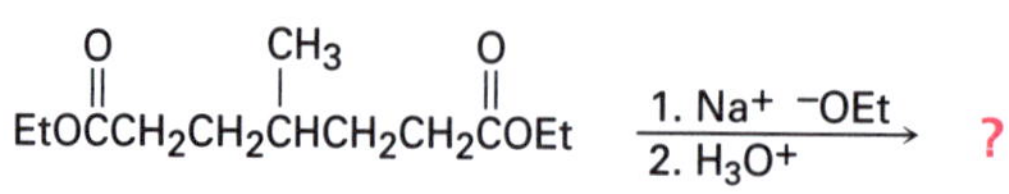

PROBLEMA 23.15 A ciclização de Dieckmann do 3-metilheptanodioato de dietila produz uma mistura de dois β-ceto-esteres como produtos. Quais são as estruturas desses compostos e por que é formada uma mistura?

23.10 Adições de carbonila conjugadas: a reação de Michael

Vimos na **Seção 19.13** que determinados nucleófilos, como as aminas, podem reagir com aldeídos e cetonas α,β-insaturados para formar um produto de adição conjugada em vez do produto resultante de adição direta:

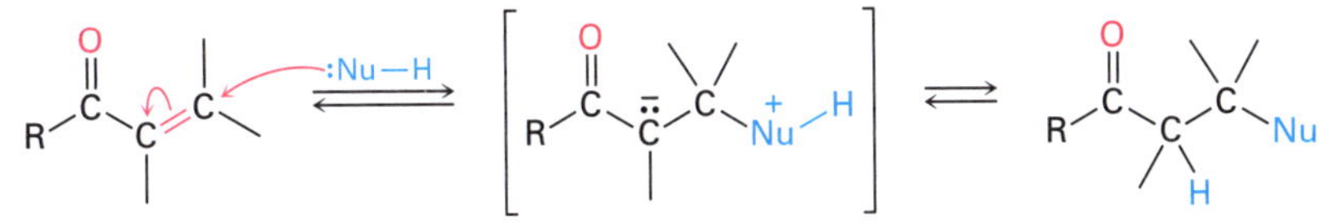

Produto da adição conjugada

Exatamente o mesmo tipo de adição conjugada pode ocorrer quando um íon enolato nucleofílico reage com um composto de carbonila α,β-insaturado – um processo conhecido como **reação de Michael**.

As melhores reações de Michael são aquelas que acontecem quando um determinado íon enolato estável, como os derivados de um β-ceto-ester ou de outro composto 1,3-dicarbonílico, se adiciona a uma cetona α,β-insaturada desimpedida. Por exemplo, o acetoacetato de etila reage com a 3-buten-2-ona na presença de etóxido de sódio como catalisador para formar um produto da adição conjugada.

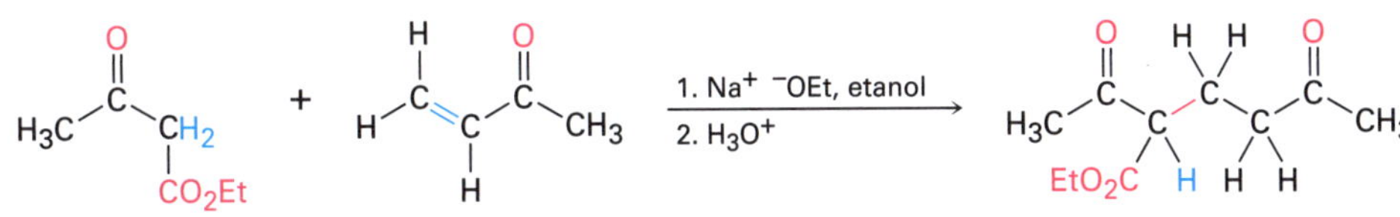

Acetoacetato de etila **3-buten-2-ona**

As reações de Michael ocorrem pela adição de um íon enolato nucleofílico doador, ao carbono β de um receptor carbonílico α,β-insaturado, de acordo com o mecanismo proposto na **Figura 23.6**.

FIGURA 23.6
Mecanismo da reação de Michael entre um β-ceto-ester e uma cetona α,β-insaturada. A reação é uma adição conjugada de um íon enolato a um composto de carbonila insaturado.

MECANISMO

1. O catalisador básico remove um próton alfa ácido do β-ceto-ester de partida para gerar um íon enolato estabilizado como nucleófilo.
2. O nucleófilo se adiciona ao eletrófilo, uma cetona α,β-insaturada em uma reação de Michael para formar um novo produto enolato.
3. O produto enolato retira um próton ácido, tanto do solvente como do ceto-ester de partida, dando origem ao produto final da adição.

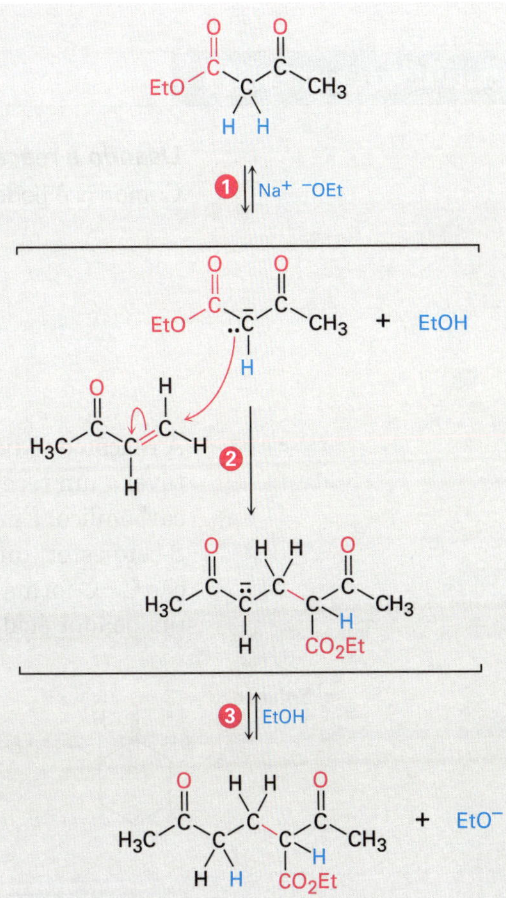

A reação de Michael ocorre em uma variedade de compostos de carbonila α,β-insaturados e não somente em enonas conjugadas. Os aldeídos, os ésteres, as nitrilas, as amidas e os nitrocompostos insaturados, todos podem agir como receptores eletrofílicos nas reações de Michael (**Tabela 23.1**). De modo análogo, uma variedade de diferentes doadores também pode ser usada, incluindo as β-dicetonas, os β-ceto-esteres, os ésteres malônicos, as β-ceto-nitrilas e os nitrocompostos.

TABELA 23.1 Alguns doadores e receptores de Michael

Receptores de Michael		Doadores de Michael	
$H_2C{=}CH\overset{\overset{O}{\|}}{C}H$	Propenal	$R\overset{\overset{O}{\|}}{C}CH_2\overset{\overset{O}{\|}}{C}R'$	β-dicetona
$H_2C{=}CH\overset{\overset{O}{\|}}{C}CH_3$	3-buten-2-ona	$R\overset{\overset{O}{\|}}{C}CH_2\overset{\overset{O}{\|}}{C}OEt$	β-ceto-ester
$H_2C{=}CH\overset{\overset{O}{\|}}{C}OEt$	Propeonato de etila	$EtO\overset{\overset{O}{\|}}{C}CH_2\overset{\overset{O}{\|}}{C}OEt$	Malonato de dietila
$H_2C{=}CH\overset{\overset{O}{\|}}{C}NH_2$	Propenamida	$R\overset{\overset{O}{\|}}{C}CH_2C{\equiv}N$	β-cetonitrila
$H_2C{=}CHC{\equiv}N$	Propenitrila	RCH_2NO_2	Nitrocomposto
$H_2C{=}\overset{\overset{NO_2}{\mid}}{C}H$	Nitroetileno		

PROBLEMAS PARA PRATICAR 23.5

Usando a reação de Michael

Como você pode obter o seguinte composto utilizando uma reação de Michael?

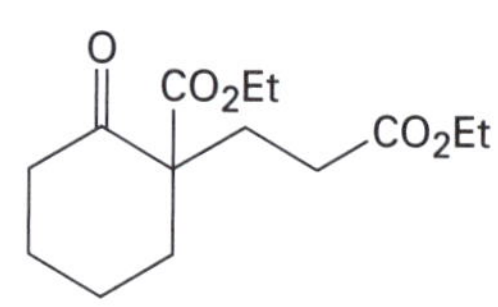

Estratégia A reação de Michael envolve a adição conjugada de um íon enolato doador estável a um receptor de carbonila α,β-insaturado, levando a um produto 1,5-dicarbonílico. Em geral, o íon enolato estável é derivado de uma β-dicetona, um β-ceto-ester, um éster malônico ou algum outro composto semelhante. A ligação C–C formada na etapa de adição conjugada é aquela entre o carbono α de um doador ácido e o carbono β de um receptor insaturado.

Solução

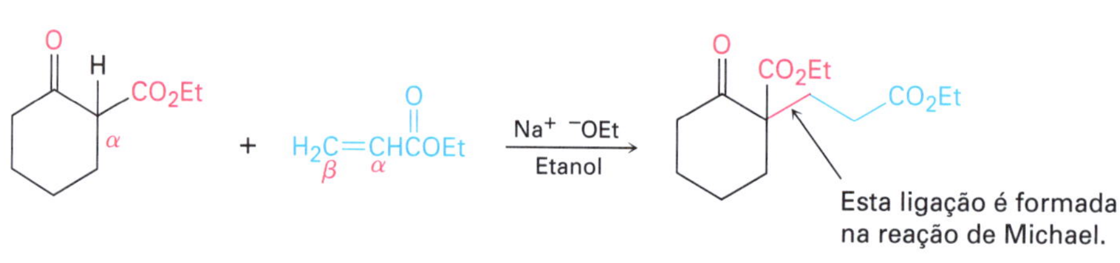

PROBLEMA 23.16 Qual produto você esperaria obter da reação de Michael catalisada por base da 2,4-pentanodiona com cada um dos seguintes receptores α,β-insaturados?

(a) 2-ciclohexenona **(b)** Propenonitrila **(c)** 2-butenoato de etila

PROBLEMA 23.17 Qual produto você esperaria obter da reação de Michael catalisada por base da 3-buten-2-ona com cada um dos seguintes doadores nucleofílicos?

(a) 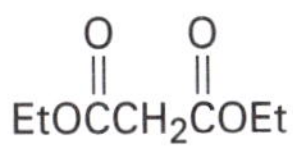

(b) 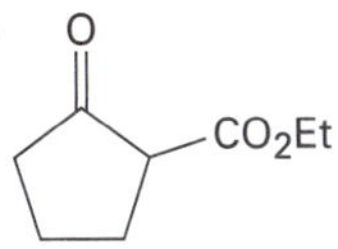

PROBLEMA 23.18 Como você prepararia o seguinte composto a partir da reação de Michael?

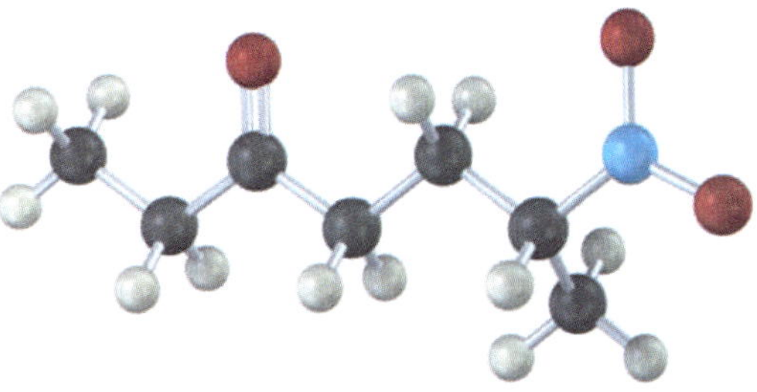

23.11 Condensações carbonílicas com enaminas: a reação de Stork

Além dos íons enolato, outros tipos de nucleófilos também podem se adicionar aos receptores α,β-insaturados em reações semelhantes às de Michael. Entre os mais importantes e úteis desses nucleófilos, particularmente na bioquímica, estão as *enaminas*, que são prontamente preparadas pela reação entre uma cetona e uma amina secundária (**Seção 19.8**). Por exemplo:

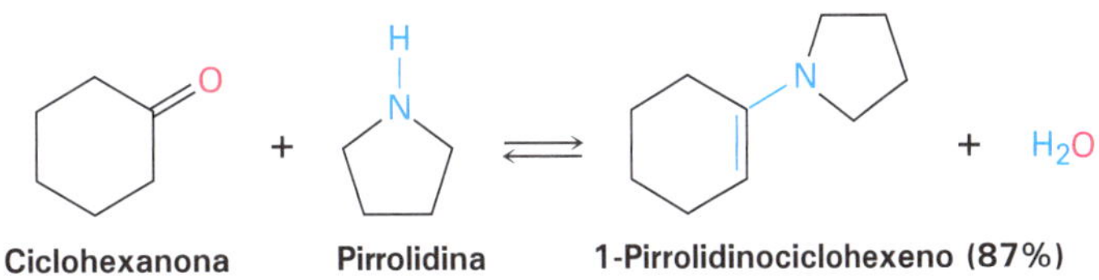

Como indicam as seguintes estruturas de ressonância, as enaminas são eletronicamente semelhantes aos íons enolato. A superposição do orbital contendo o par isolado de elétrons com os orbitais p da ligação dupla é responsável pelo aumento na densidade eletrônica no átomo de carbono α, tornando esse átomo fortemente nucleofílico. O mapa de potencial eletrostático do N,N-dimetilaminoetileno mostra o deslocamento da densidade eletrônica (região vermelha) em direção à posição α.

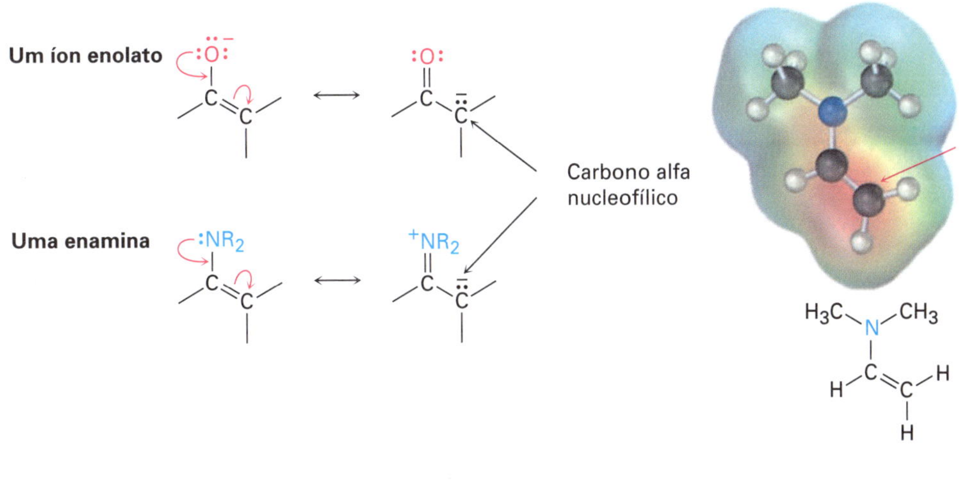

O comportamento das enaminas lembra muito o dos íons enolato e por isso participam extensivamente dos mesmos tipos de reações. Na **reação de Stork**, por exemplo, uma enamina se adiciona a um receptor carbonílico α,β-insaturado em um processo do tipo Michael. O produto inicial sofre hidrólise ácida para formar o composto 1,5-dicarbonílico. A reação global é então uma sequência de três etapas (1) formação da enamina a partir da cetona, (2) adição do tipo Michael a um composto de carbonila α,β-insaturado e (3) hidrólise da enamina para gerar novamente uma cetona.

O efeito líquido da reação de Stork é a adição de Michael de uma cetona a um composto de carbonila α,β-insaturado. Por exemplo, a ciclohexanona reage com a amina cíclica pirrolidina para gerar uma enamina. Posteriormente, a reação com uma enona como a 3-buten-2-ona produz um aduto de Michael e, finalmente, a hidrólise ácida completa a sequência dando origem a uma 1,5-dicetona como produto (**Figura 23.7**).

A reação de Michael enamina tem duas vantagens sobre a reação de íon enolato de Michael, o que a torna particularmente útil nas rotas biológicas. Em primeiro lugar, a enamina é neutra, de fácil preparo e de fácil manuseio, enquanto um íon enolado é carregado, às vezes é difícil de preparar e precisa ser manuseado com cuidado.

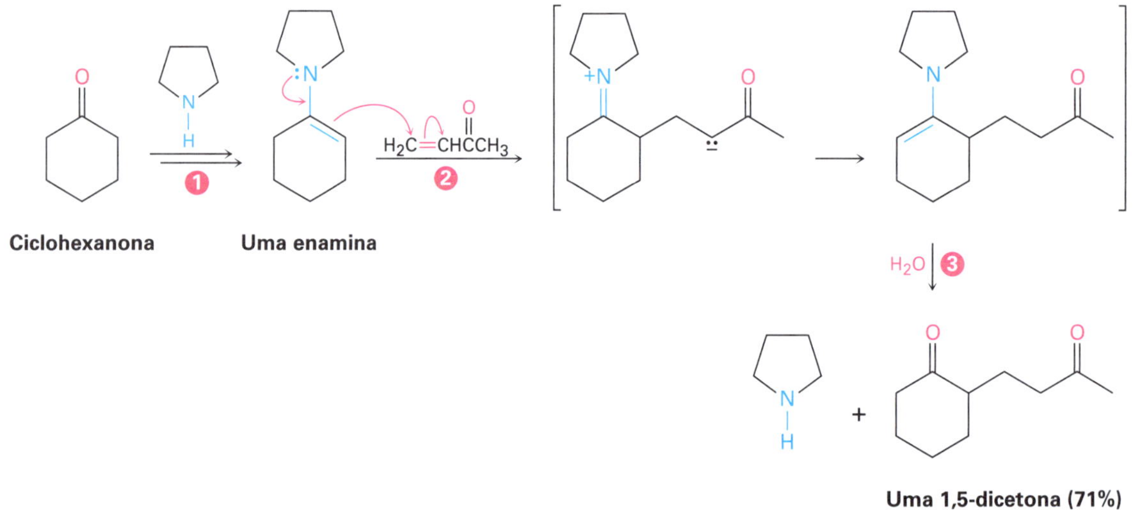

FIGURA 23.7 A reação de Stork entre ciclohexanona e 3-butena-2-ona. (❶) A ciclohexanona é primeiro convertida em uma enamina, (❷) a enamina se adiciona a uma cetona α,β insaturada em uma reação de Michael e (❸) o produto da adição conjugada é hidrolisado para resultar em uma 1,5-dicetona.

Em segundo lugar, uma enamina de uma *mono*cetona pode ser utilizada em uma adição de Michael, considerando que apenas os íons enolatos de β-dicarbonílicos podem ser utilizados.

Problemas para praticar 23.6

Utilizando a reação de Stork de enamina

Como você deve usar a reação de enamina para preparar o seguinte composto?

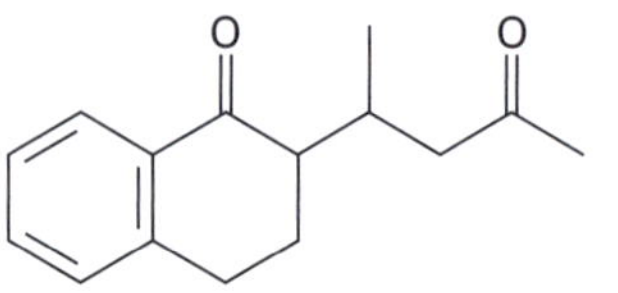

Estratégia O resultado global da reação de uma enamina é a adição de Michael de uma cetona como doadora a um composto de carbonila α,β-insaturado como receptor, dando origem a um produto 1,5-dicarbonílico. A ligação C–C formada na etapa de adição de Michael é aquela entre o carbono α de uma cetona doadora e o carbono β de um receptor insaturado.

Solução

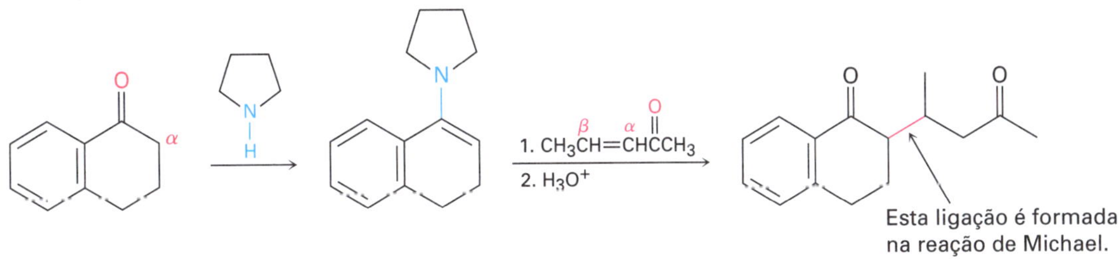

PROBLEMA 23.19 Quais produtos resultariam, após a hidrólise, da reação da enamina preparada a partir da ciclopentanona e da pirrolidina com os seguintes receptores α,β-insaturados?

(a) $CH_2{=}CHCO_2Et$ **(b)** $H_2C{=}CHCHO$ **(c)** $CH_3CH{=}CHCOCH_3$

PROBLEMA 23.20 Indique como você deve usar a reação de enamina para preparar cada um dos seguintes compostos:

(a)

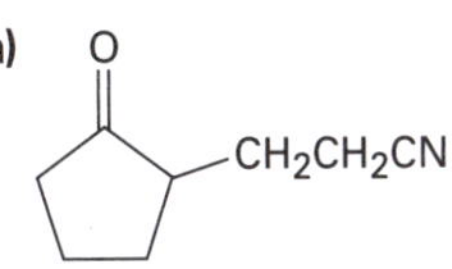

(b)

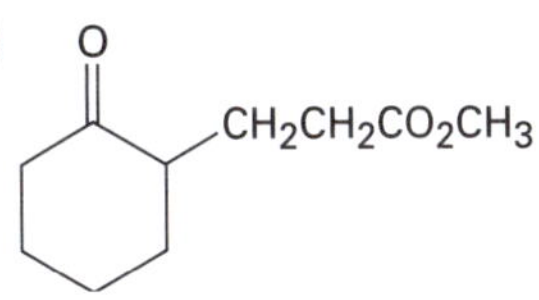

23.12 Reação de anelação de Robinson

As reações de condensação de carbonila são provavelmente os métodos mais versáteis disponíveis de síntese de moléculas complexas. Juntando algumas das reações fundamentais em uma sequência lógica, podemos realizar transformações muito interessantes. Um exemplo é a **reação de anelação de Robinson**, usada na síntese de moléculas policíclicas.

A anelação de Robinson é um processo de duas etapas que combina uma reação de Michael com uma reação aldólica intramolecular. Essa é uma reação que ocorre entre um doador nucleofílico, como um β-ceto-ester, uma enamina ou uma β-dicetona, e uma cetona α,β-insaturada receptora, como a 3-buten-2-ona. O produto é uma 2-ciclohexenona substituída.

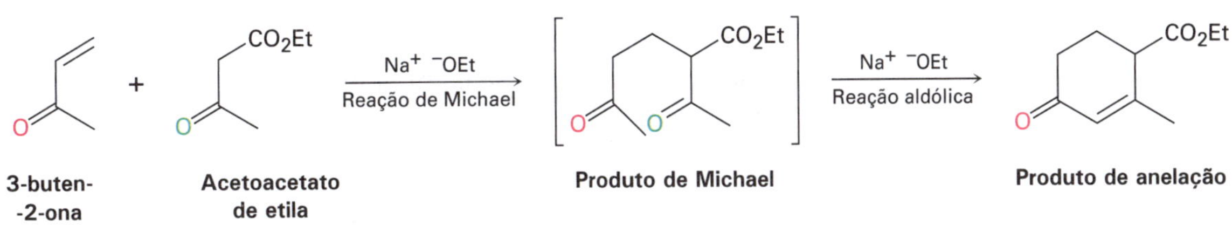

A primeira etapa da reação de anelação de Robinson é simplesmente uma reação de Michael. Uma enamina ou um íon enolato de um β-ceto-ester ou de uma β-dicetona realiza uma adição conjugada a uma cetona α,β-insaturada, originando uma 1,5-dicetona. Porém, como vimos na **Seção 23.6**, a

1,5-dicetona sofre condensação aldólica intramolecular para formar as ciclohenonas, quando tratadas com base. Assim, o produto final contém um anel de seis membros, finalizando a reação de anelação. Um exemplo ocorre durante a síntese comercial do hormônio estrógeno (**Figura 23.8**).

Nesse exemplo, a 2-metil-1,3-ciclopentanodiona (uma β-dicetona) é utilizada para gerar o íon enolato necessário para a reação de Michael. E uma cetona α,β-insaturada aril-substituída é empregada como receptor. A reação de Michael catalisada por base entre esses dois compostos leva à formação de um intermediário tricetona, que então sofre ciclização em uma reação de condensação aldólica intramolecular para dar origem ao produto de anelação de Robinson. Outras etapas ainda são necessárias para completar a síntese do estrógeno.

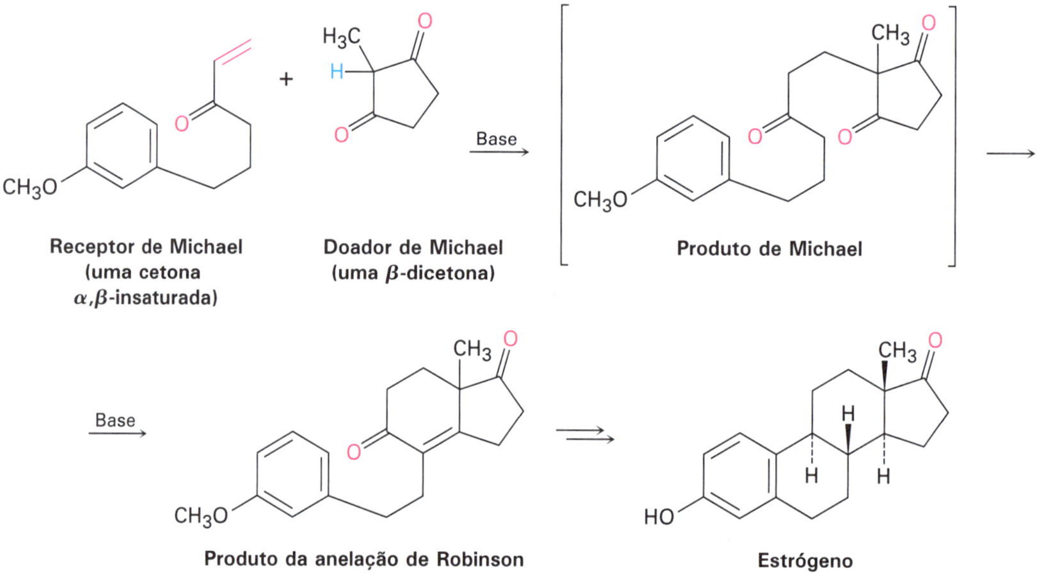

FIGURA 23.8 Síntese do hormônio estrógeno usando uma reação de anelação de Robinson. O doador nucleofílico é uma β-dicetona.

PROBLEMA 23.21 Qual produto você esperaria da reação de anelação de Robinson da 2-metil-1,3-ciclopentanodiona com a 3-buten-2-ona?

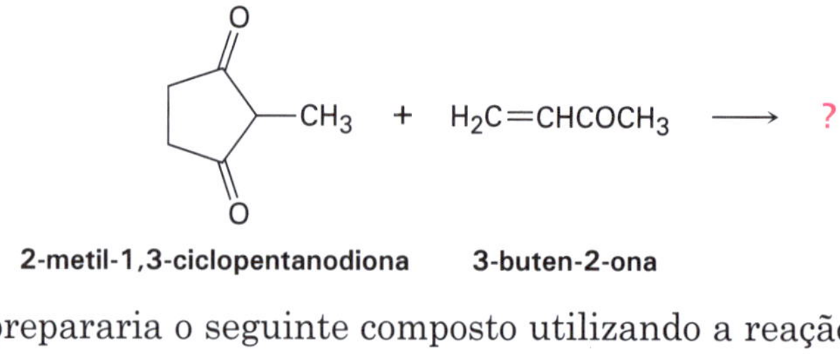

PROBLEMA 23.22 Como você prepararia o seguinte composto utilizando a reação de anelação de Robinson entre uma β-dicetona e uma cetona α,β-insaturada? Desenhe as estruturas tanto dos reagentes quanto do intermediário do produto de adição de Michael.

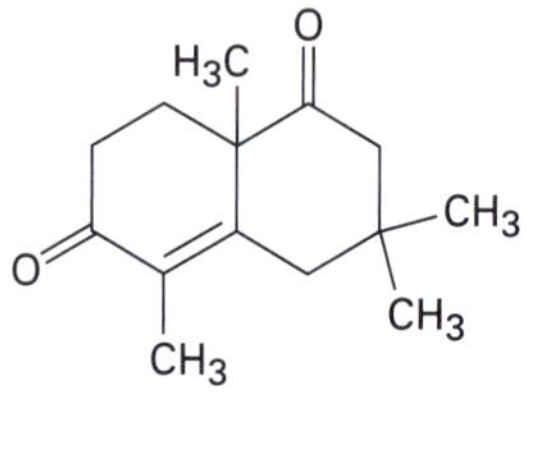

23.13 Algumas reações biológicas de condensação carbonílica

REAÇÕES ALDÓLICAS BIOLÓGICAS

As reações aldólicas ocorrem em muitas rotas biológicas, mas são particularmente importantes no metabolismo dos carboidratos, onde as enzimas chamadas de *aldolases* catalisam a adição de um íon enolato cetona a um aldeído. As aldolases são encontradas em todos os organismos e são de dois tipos. Aldolase tipo I ocorre principalmente em animais e plantas superiores; aldolase tipo II ocorre principalmente em fungos e bactérias. Os dois tipos catalisam o mesmo tipo de reação, mas a aldolase tipo I opera por meio de uma enamina, enquanto a aldolase tipo II requer um íon metálico (geralmente Zn^{2+}) como ácido de Lewis e opera por meio de um íon enolato.

Um exemplo de uma reação catalisada por aldolase ocorre na biossíntese da glicose quando a dihidroxiacetona fosfato reage com o gliceraldeído-3--fosfato para formar a frutose 1,6-bifosfato. Em animais e em vegetais superiores, a dihidroxiacetona fosfato primeiro é convertida em uma amina pela reação com o grupo $-NH_2$ em um aminoácido lisina na enzima. Depois, a enamina adiciona-se ao gliceraldeído-3-fosfato, e o íon imínio resultante é hidrolisado. Nas bactérias e fungos, a reação aldólica ocorre diretamente, com o grupo carbonila de cetona do gliceraldeído-3-fosfato complexando-se a um íon Zn^{2+} tornando-o um melhor receptor.

Aldolase tipo I

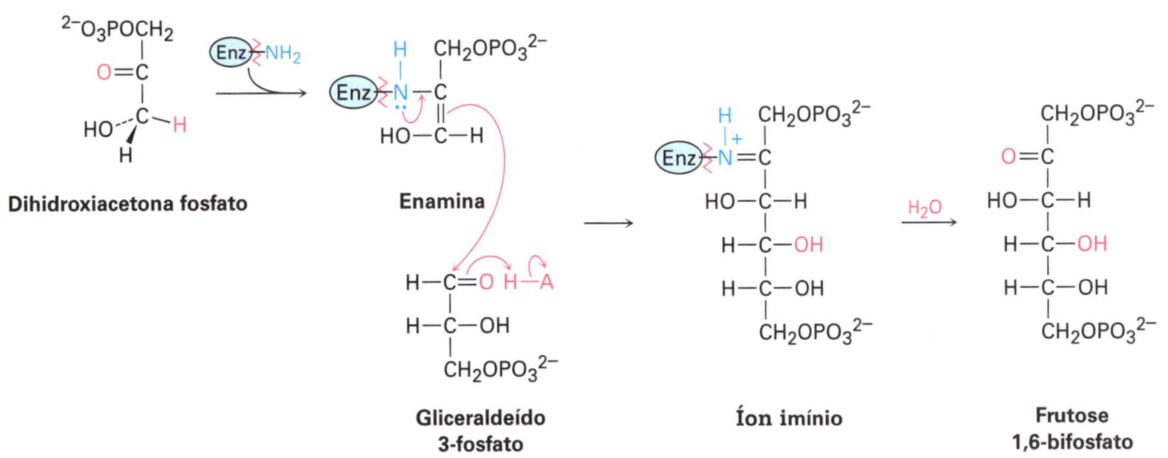

Aldolase tipo II

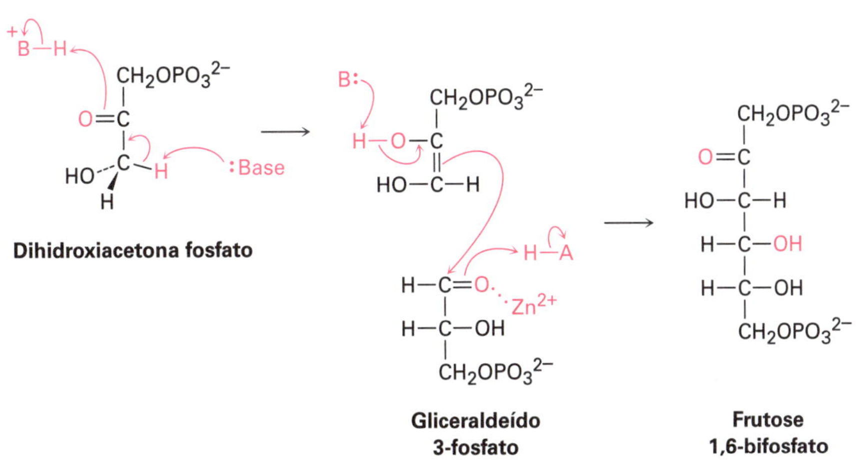

Observe que as reações catalisadas pela aldolase são reações aldólicas cruzadas, que ocorrem entre dois compostos diferentes, o contrário das reações aldólicas simétricas entre compostos idênticos, que geralmente ocorrem no laboratório. Reações aldólicas cruzadas geralmente resultam em misturas de produtos no laboratório, mas são bem-sucedidas em sistemas vivos, devido à seletividade dos catalisadores enzimáticos.

CONDENSAÇÕES DE CLAISEN BIOLÓGICAS

Assim como as reações aldólicas, as condensações de Claisen também ocorrem em um grande número de rotas biológicas. Na biossíntese dos ácidos graxos, por exemplo, um íon enolato gerado por meio de uma descarboxilação (**Seção 22.7**) de um malonil-ACP se adiciona ao grupo carbonila de outro grupo acila ligado pela ligação de tioéster a uma enzima sintase. O intermediário tetraédrico resultante expele a sintase, formando o acetoacetil-ACP. (A abreviação ACP refere-se à proteína transportadora de acila, que forma ligações tioésteres com grupos acila.)

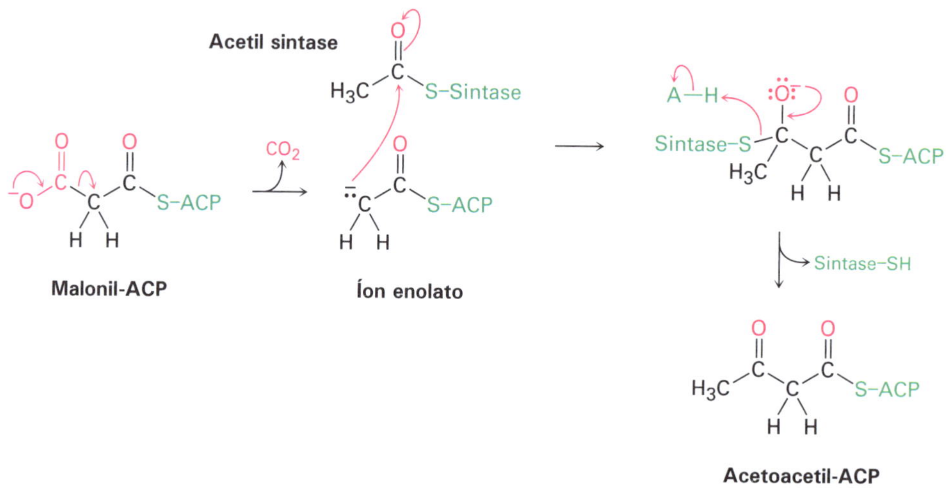

As condensações de Claisen cruzadas também acontecem com frequência em organismos vivos, particularmente na rota para a biossíntese de ácidos graxos, que discutiremos na **Seção 29.4**. Butirila sintase, por exemplo, reage com o malonil-ACP na condensação de Claisen cruzada para formar o 3-cetohexanoil-ACP.

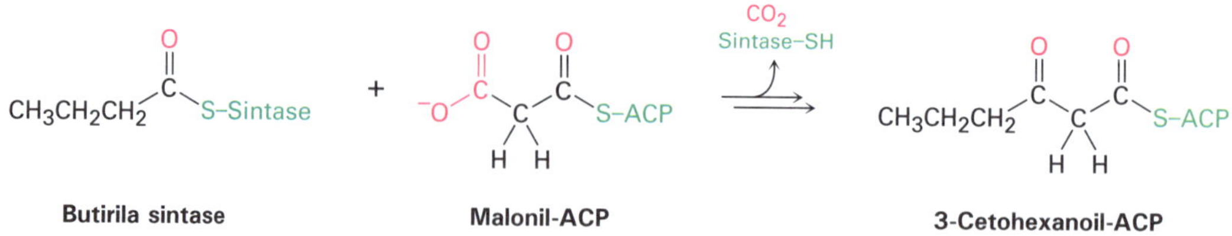

Algo extra

Prólogo para metabolismo

Você é o que você come. Moléculas dos alimentos são metabolizadas por rotas que envolvem as quatro principais reações do grupo carbonila.

Erich Lessing/Art Resource, NY

A bioquímica é a química das carbonilas. A maior parte das rotas metabólicas utilizadas pelos organismos vivos envolve uma ou mais de uma das quatro reações fundamentais do grupo carbonila que vimos nos Capítulos 19 ao 23. A digestão e a quebra metabólica da maioria das moléculas energéticas – como gorduras, carboidratos e proteínas – ocorrem por meio de reações de adição nucleofílica, substituições nucleofílicas de acila, substituições α e condensações carbonílicas. De maneira semelhante, os hormônios e outras moléculas de importância biológica vital são construídos a partir de precursores menores pelas mesmas reações do grupo carbonila.

Tome a *glicólise*, por exemplo, a rota metabólica pela qual cada organismo converte a glicose em piruvato como primeira etapa na extração de energia dos carboidratos:

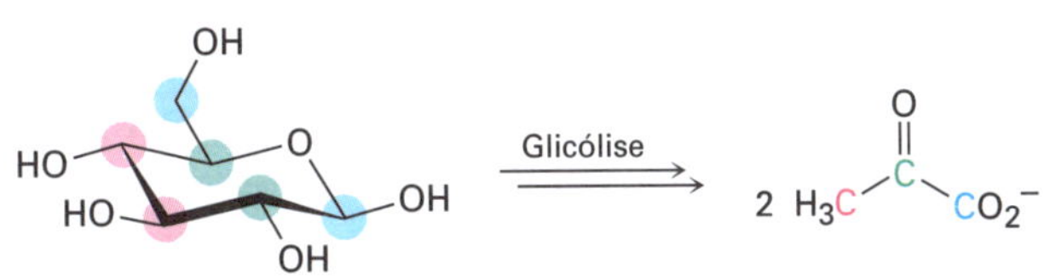

Glicólise é um processo de dez etapas que começa com isomerização da glicose a partir de sua forma hemiacetal cíclica para a forma de aldeído de cadeia aberta – o inverso da reação de adição nucleofílica. O aldeído então passa por uma tautomerização dando origem a um enol, que, por sua vez, sofre outra tautomerização para formar uma cetona, a frutose.

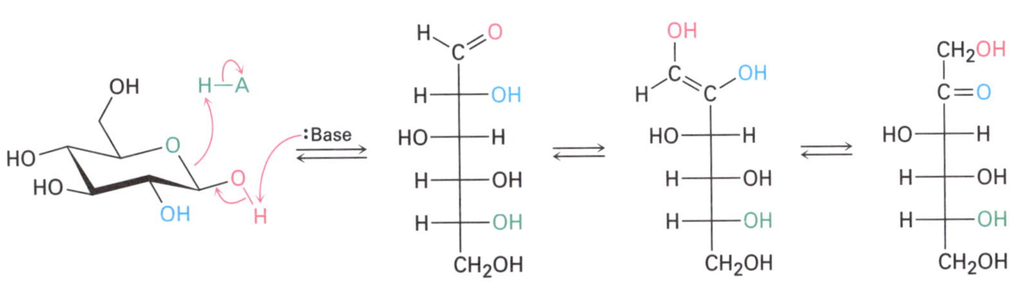

Frutose, uma β-hidroxicetona, é então quebrada por uma reação retroaldólica em duas moléculas de três carbonos – uma cetona e um aldeído. Novas reações do grupo carbonila então ocorrem até ser formado piruvato.

(continua)

(continuação)

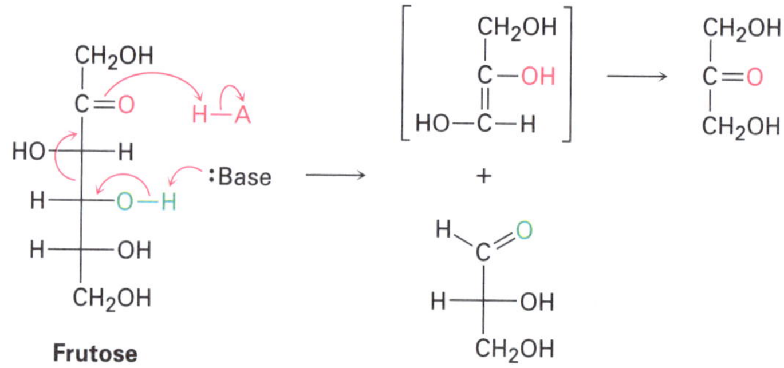

Esses exemplos são apenas uma introdução, vamos ver algumas das principais rotas metabólicas mais detalhadamente no Capítulo 29. Ou seja, você ainda não chegou ao fim da química do grupo carbonila. Uma sólida compreensão das reações do grupo carbonila é crucial para a compreensão da bioquímica.

Resumo

Palavras-chave

Neste capítulo discutimos a quarta e última das reações comuns do grupo carbonílico – a condensação carbonílica. Uma **reação de condensação carbonílica** ocorre entre duas moléculas contendo grupos carbonila e envolve etapas de adição nucleofílica e substituição α. Uma das moléculas é convertida por uma base em um íon enolato nucleofílico, que então se adiciona a um grupo carbonila eletrofílico de uma segunda molécula. A primeira molécula sofre uma reação de substituição α, enquanto a segunda molécula sofre uma reação de adição nucleofílica.

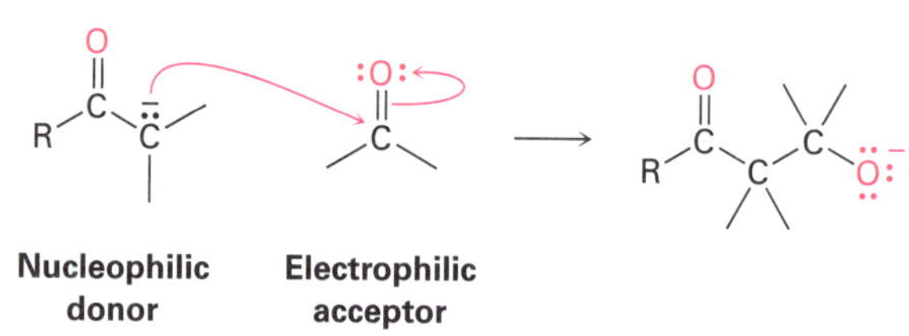

A **reação aldólica** é uma reação de condensação carbonílica que ocorre entre duas moléculas de aldeído ou cetona. As reações aldólicas são reversíveis, levando primeiro a β-hidroxialdeído/cetonas e depois a produtos carbonílicos α,β-insaturados após desidratação. As condensações aldólicas cruzadas entre duas cetonas ou aldeídos diferentes geralmente dão origem a uma mistura de quatro produtos. Entretanto, uma reação cruzada pode ter êxito se uma das duas moléculas for surpreendentemente um bom doador (acetoacetato de etila, por exemplo) ou se atuar somente como um receptor (formaldeído e benzaldeído, por exemplo). As condensações aldólicas intramoleculares das 1,4 e 1,5-dicetonas também ocorrem, constituindo um bom modo de sintetizar os anéis de cinco e seis membros.

A **reação de condensação de Claisen** é uma condensação carbonílica que ocorre entre duas moléculas de ésteres, gerando um β-ceto-ester como produto. As condensações cruzadas de Claisen entre dois ésteres diferentes têm êxito somente quando uma das moléculas não possui átomos de hidrogênio α ácidos (benzoato de etila e formiato de etila, por exemplo) e então pode se comportar apenas como uma molécula receptora. Condensações intramoleculares de Claisen, chamadas **reações de ciclização de Dieckmann**, resultam em β-ketoésteres cíclicos de cinco e seis membros, começando com diésteres 1,6 e 1,7.

A adição conjugada de um carbono nucleofílico a um receptor α,β-insaturado é conhecida como **reação de Michael**. As melhores reações de Michael ocorrem entre os doadores relativamente ácidos (β-ceto-esteres ou α-dicetonas) e receptores α,β-insaturados desimpedidos. As enaminas, preparadas pela reação de uma cetona com uma amina dissubstituída, também são bons doadores de Michael.

As reações de condensação carbonílica são largamente utilizadas em sínteses. Um exemplo de sua versatilidade é a **reação de anelação de Robinson**, levando à formação de ciclohexenonas substituídas. O tratamento de uma β-dicetona ou um β-ceto-ester com uma cetona α,β-insaturada dá origem inicialmente a um produto de adição de Michael, seguido de uma ciclização aldólica intramolecular. As reações de condensação são também muito utilizadas pela natureza na biossíntese de moléculas como gorduras e esteroides.

Resumo das reações

1. Reação aldólica (**Seção 23.1**)

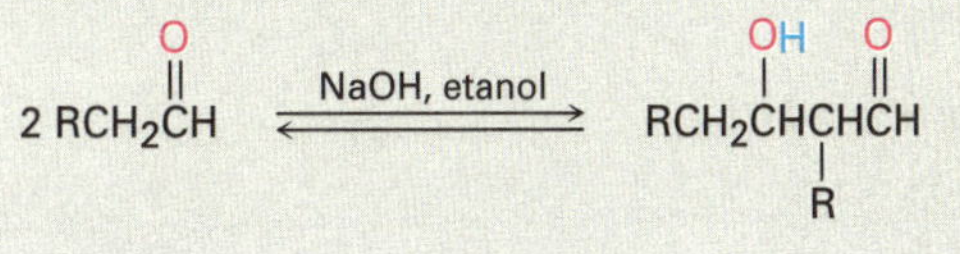

2. Reação aldólica cruzada (**Seção 23.5**)

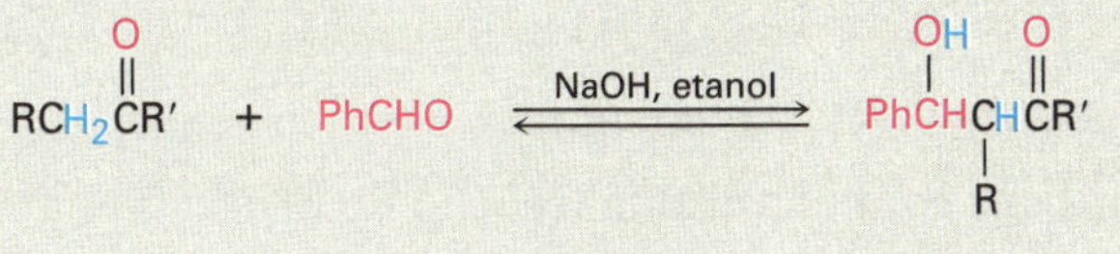

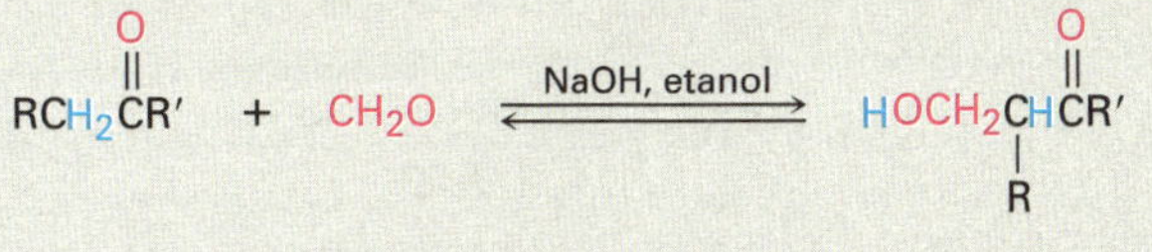

3. Reação aldólica intramolecular (**Seção 23.6**)

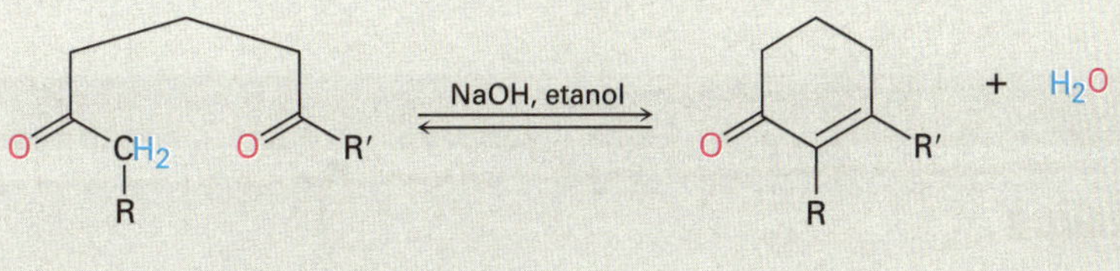

4. Desidratação de produtos aldólicos (**Seção 23.3**)

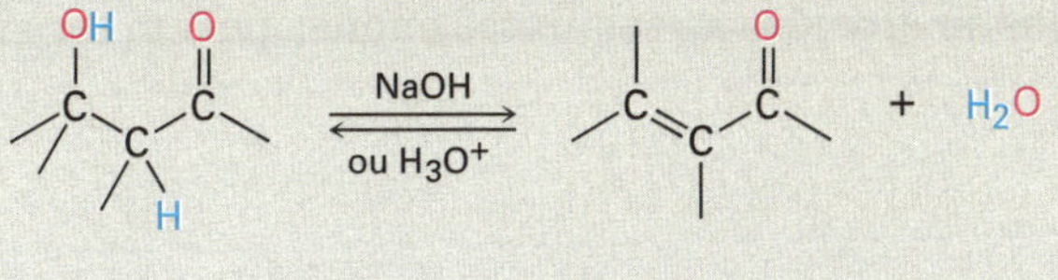

5. Reação de condensação de Claisen (**Seção 23.7**)

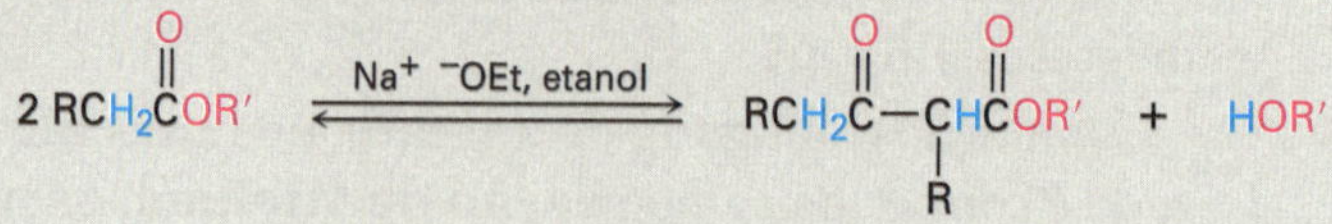

6. Reação de condensação cruzada de Claisen (**Seção 23.8**)

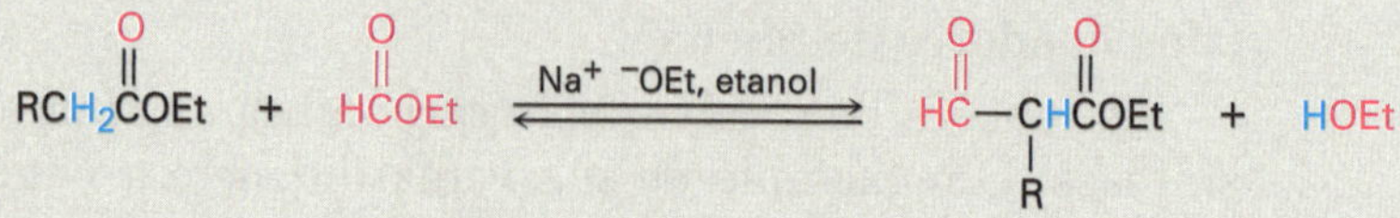

7. Condensação de Claisen intramolecular (ciclização de Dieckmann; **Seção 23.9**)

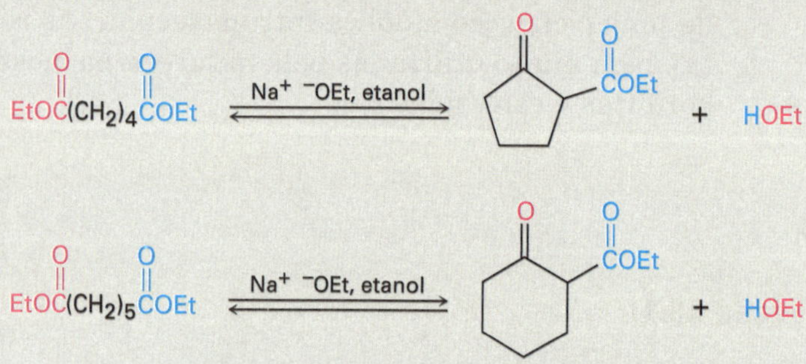

8. Reação de Michael (**Seção 23.10**)

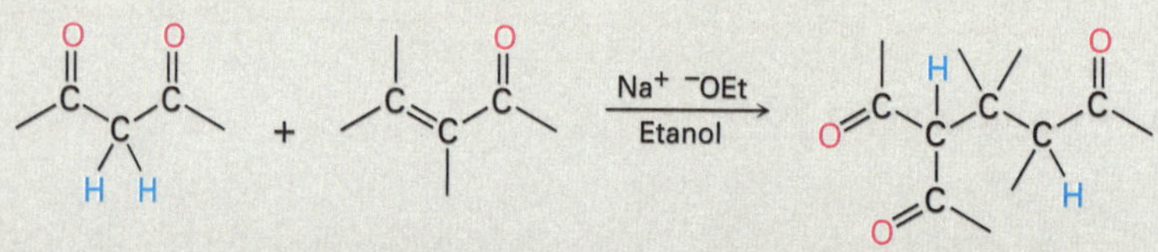

9. Condensações carbonílicas com enaminas (reação de Stork; **Seção 23.11**)

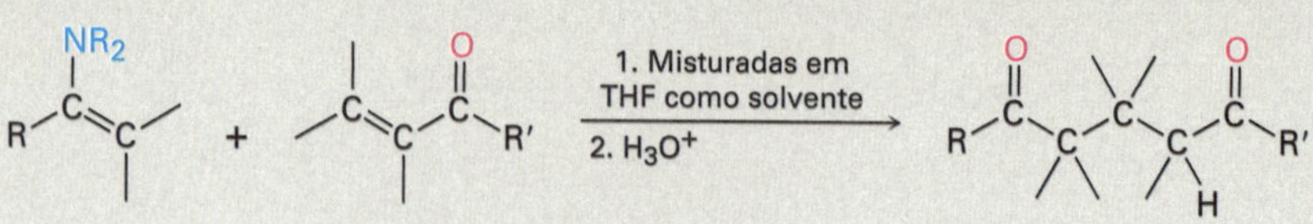

EXERCÍCIOS

Visualizando a química

(Os Problemas 23.1 a 23.22 aparecem no decorrer do capítulo.)

23.23 A partir de quais cetonas ou aldeídos as seguintes enonas podem ter sido preparadas por meio da reação aldólica?

(a)

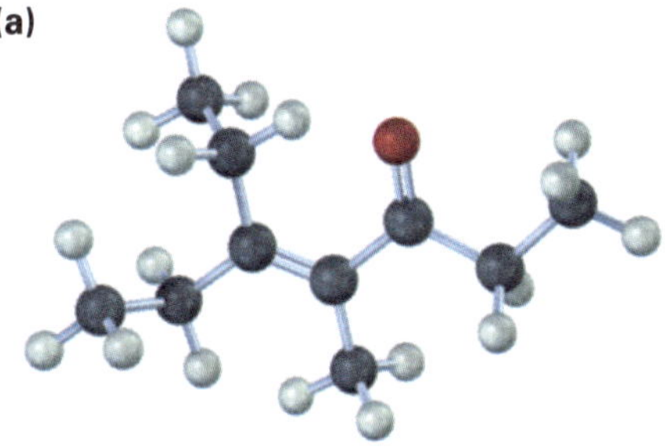

(b)

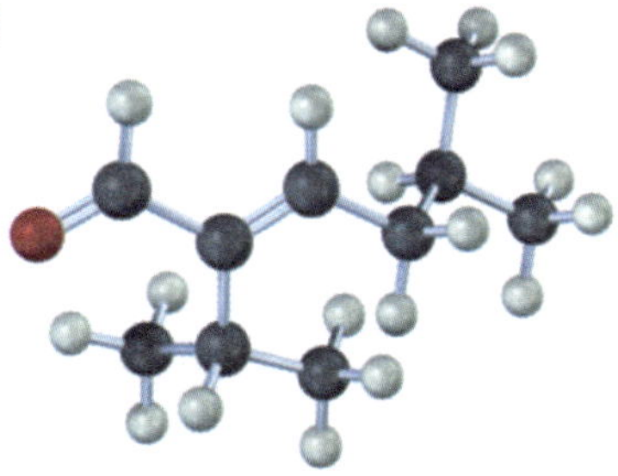

23.24 A seguinte estrutura representa um intermediário formado pela adição de um íon enolato de éster a uma segunda molécula de éster. Identifique o reagente, o grupo abandonador e o produto.

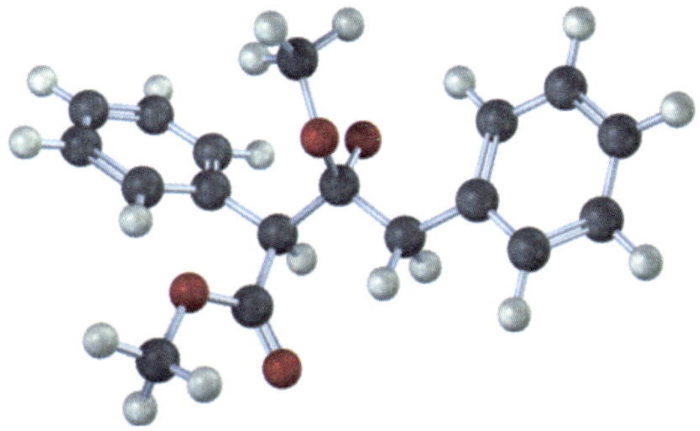

23.25 A seguinte molécula foi preparada por uma reação aldólica intramolecular. Qual precursor dicarbonílico foi utilizado para sua preparação?

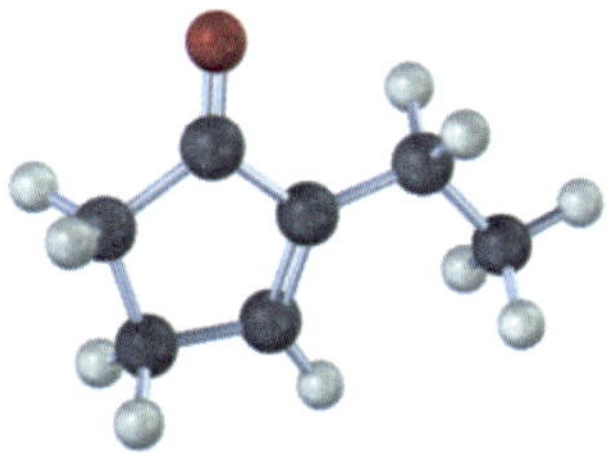

23.26 A seguinte molécula foi preparada pela reação de anelação de Robinson. Quais reagentes foram usados?

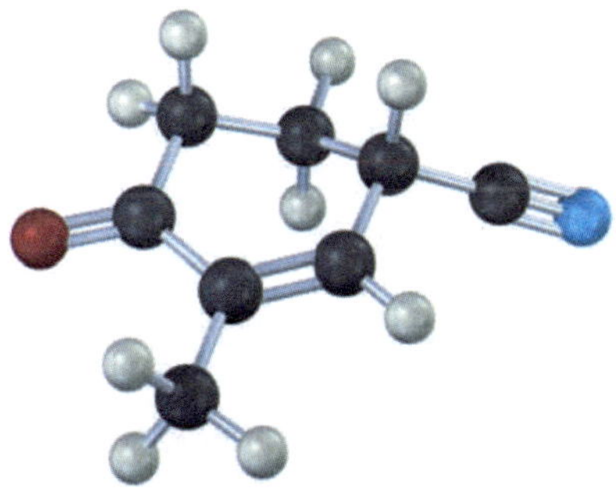

Problemas de mecanismo

23.27 Preveja o produto de adição para cada reação a seguir e forneça o mecanismo.

(a) 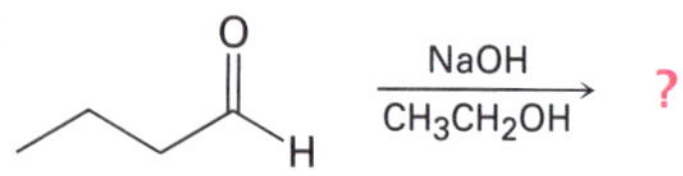

(b) 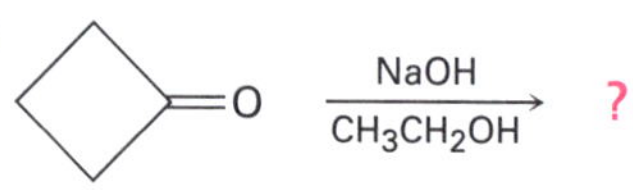

(c) 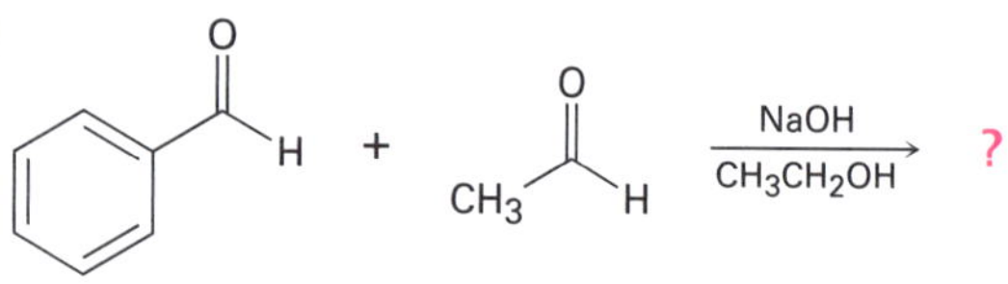

(d) 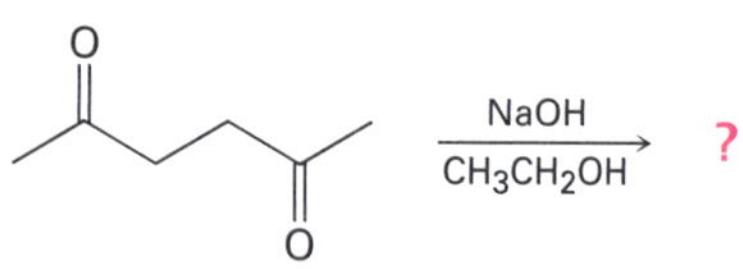

23.28 Com base em suas respostas para o Problema 23.27, preveja o produto de desidratação para cada reação e forneça o mecanismo.

23.29 Preveja o(s) produto(s) e forneça o mecanismo para cada reação a seguir.

(a) 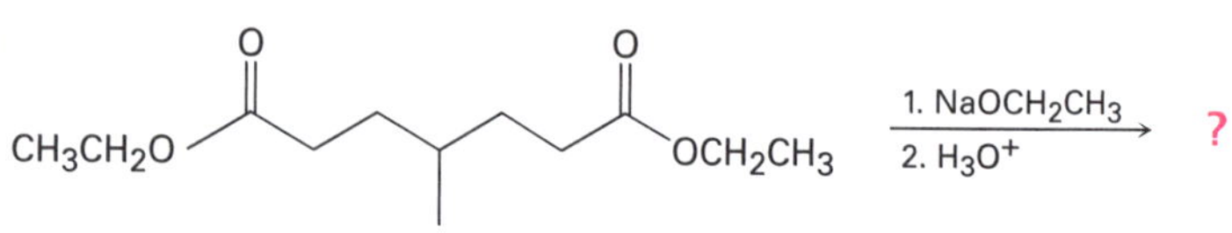

(b) 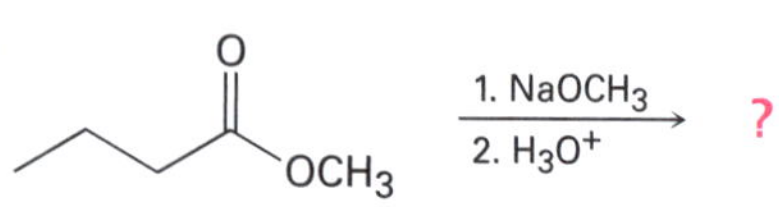

(c) 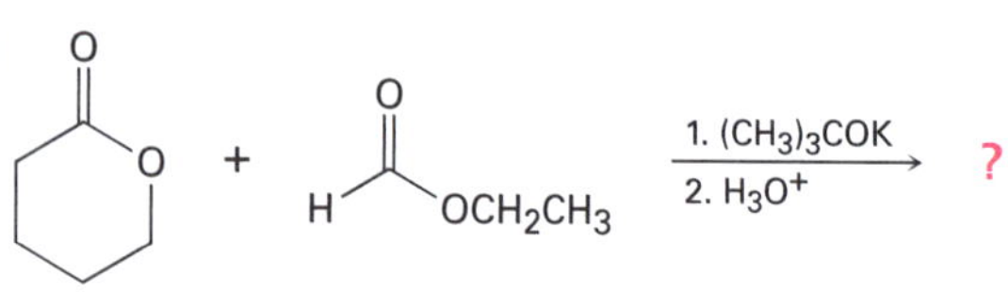

(d) 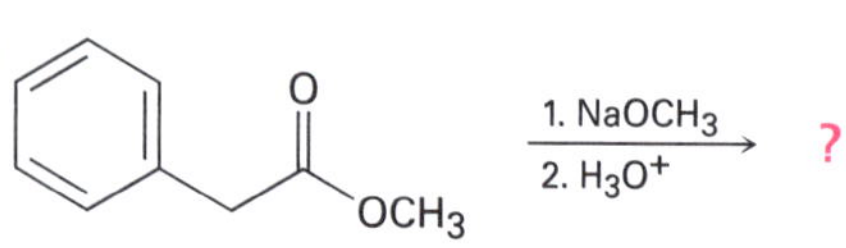

23.30 Preveja o(s) produto(s) e forneça o mecanismo para cada reação a seguir.

(a) 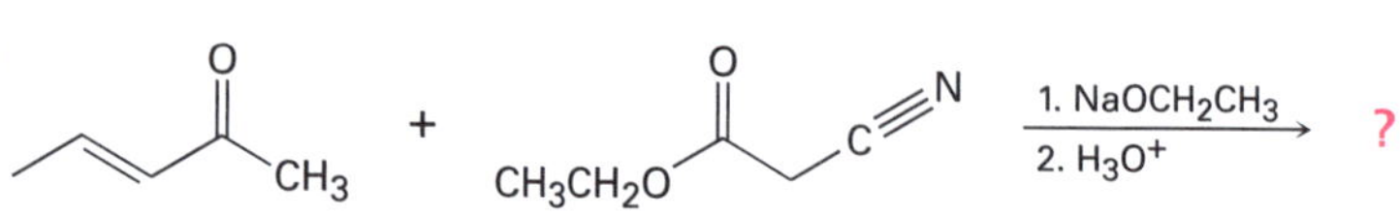

(b) 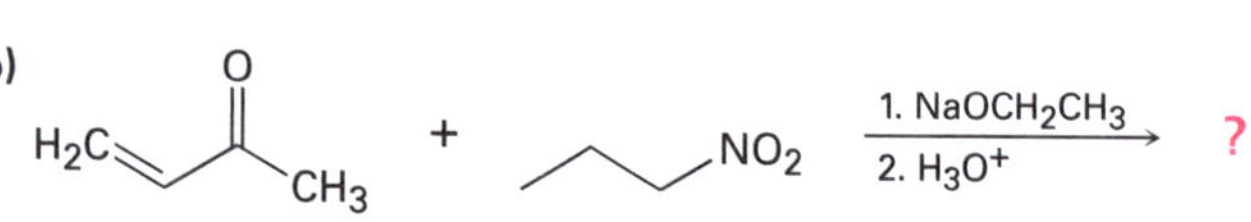

(c)

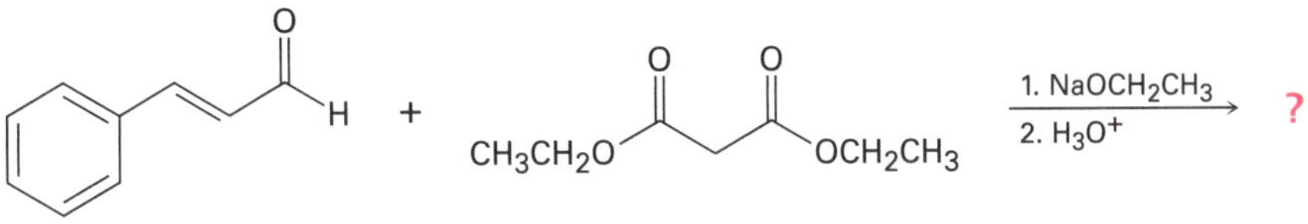

(d)

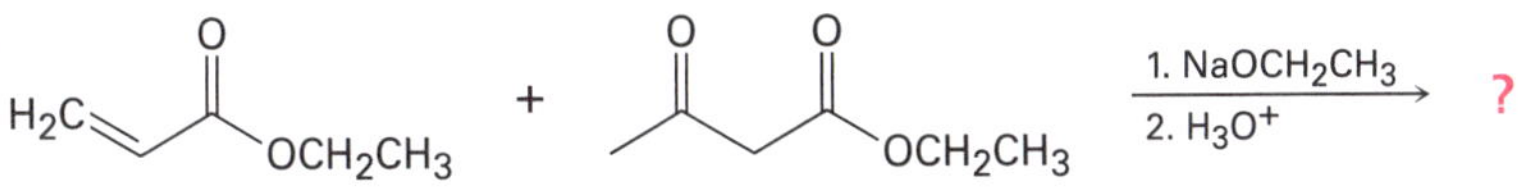

23.31 Preveja o(s) produto(s) e forneça o mecanismo para cada reação a seguir.

(a)

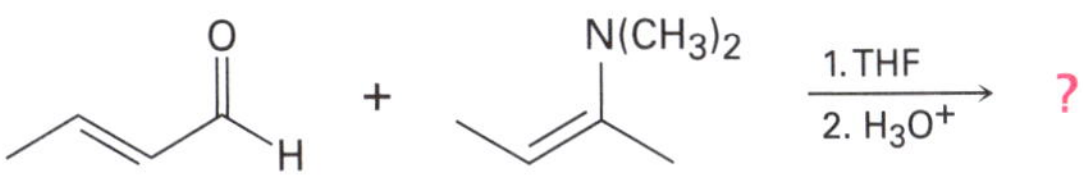

(b)

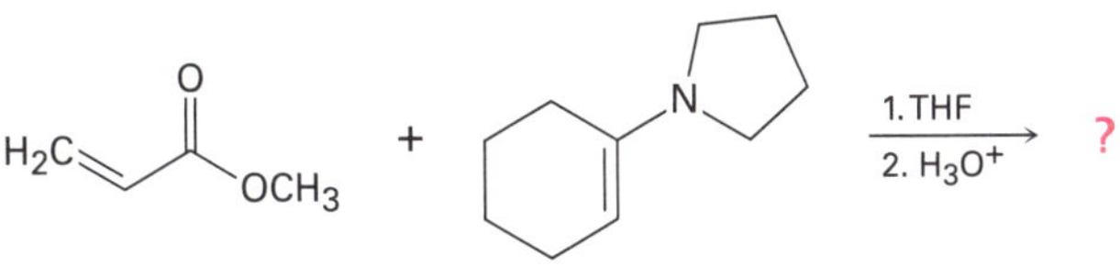

(c)

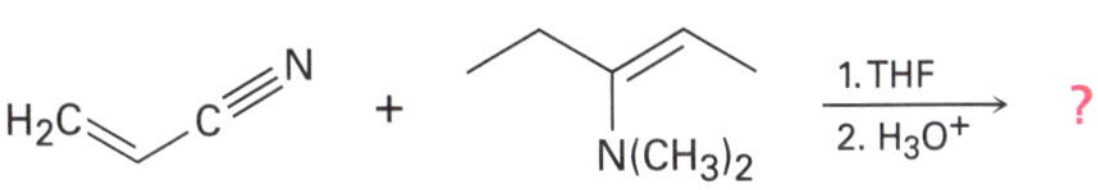

(d)

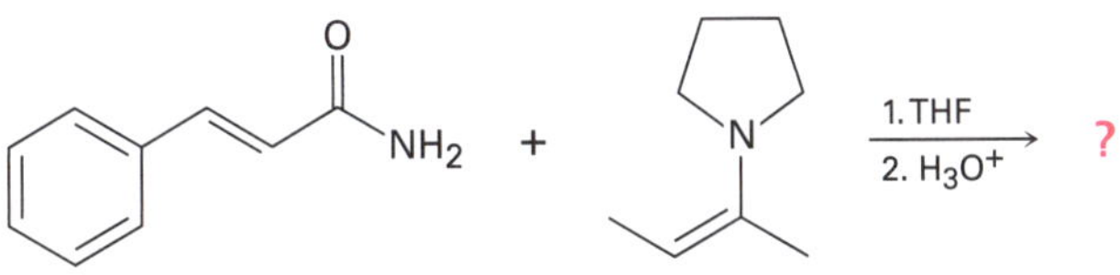

23.32 Condensação de Knoevenagel é uma reação que envolve um composto de metileno ativo (um CH_2 flanqueado por dois grupos retiradores de elétrons) e um aldeído e cetona. Proponha um mecanismo para a reação a seguir.

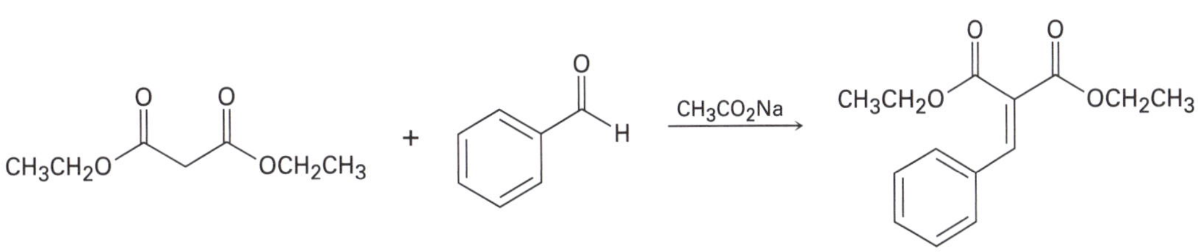

23.33 Azlactonas são materiais de partida importantes usados na síntese de deidro-aminoácidos. Eles reagem com aldeídos para formar um intermediário que é hidrolisado sob condições ácidas para dar o produto aminoácido final. Forneça a estrutura do intermediário e proponha um mecanismo para sua formação.

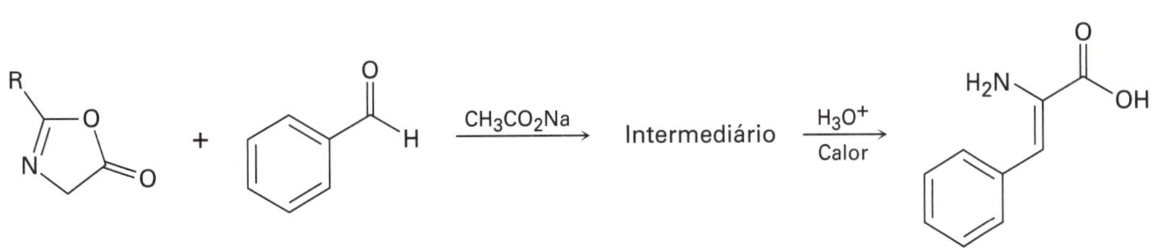

Azlactona **Deidro-α-aminoacido**

23.34 A leucina, um dos vinte aminoácidos encontrados nas proteínas, é metabolizado por uma rota que inclui a etapa a seguir. Proponha um mecanismo.

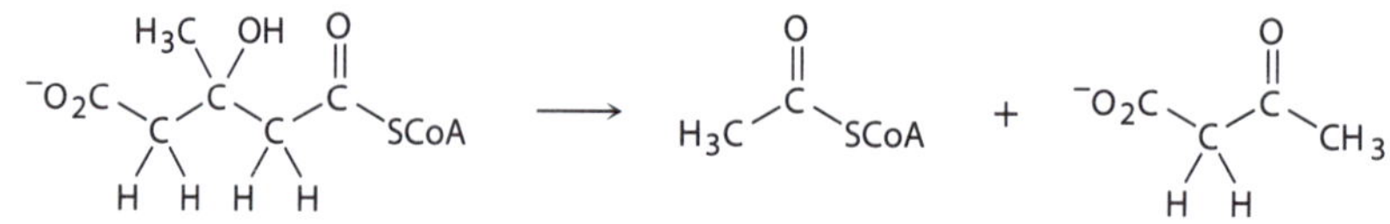

3-hidroxi-3-metilglutaril-CoA **Acetil-CoA** **Acetoacetato**

23.35 A isoleucina, outro dos 20 aminoácidos encontrados nas proteínas, é metabolizada por uma rota que inclui a etapa a seguir. Proponha um mecanismo.

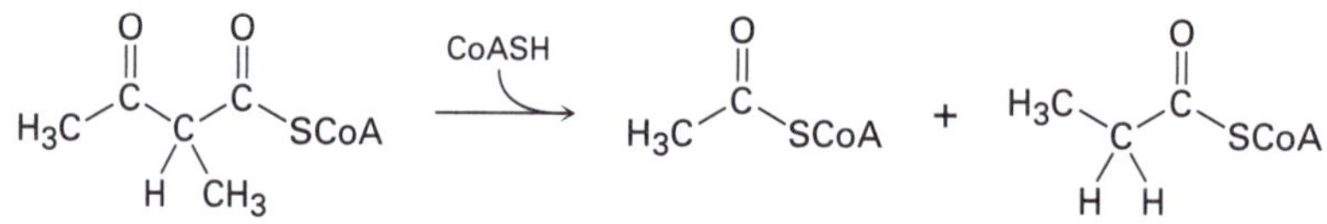

2-metil-3-cetoburitil-CoA **Acetil-CoA** **Propionil-CoA (propanoil-CoA)**

23.36 A primeira etapa no ciclo do ácido cítrico é a reação do oxaloacetato com a acetil-CoA para formar um citrato. Proponha um mecanismo utilizando, se necessário, um ácido ou uma base como catalisador.

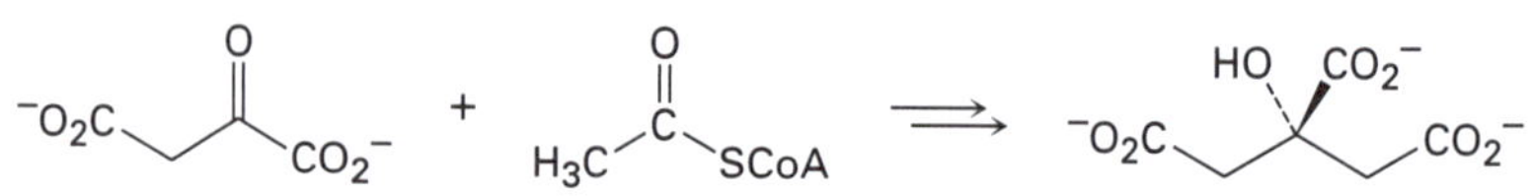

Oxaloacetato **Acetil-CoA** **Citrato**

23.37 O aminoácido leucina é biossintetizado a partir de um α-cetoisovalerato pela seguinte sequência de etapas. Mostre o mecanismo de cada uma.

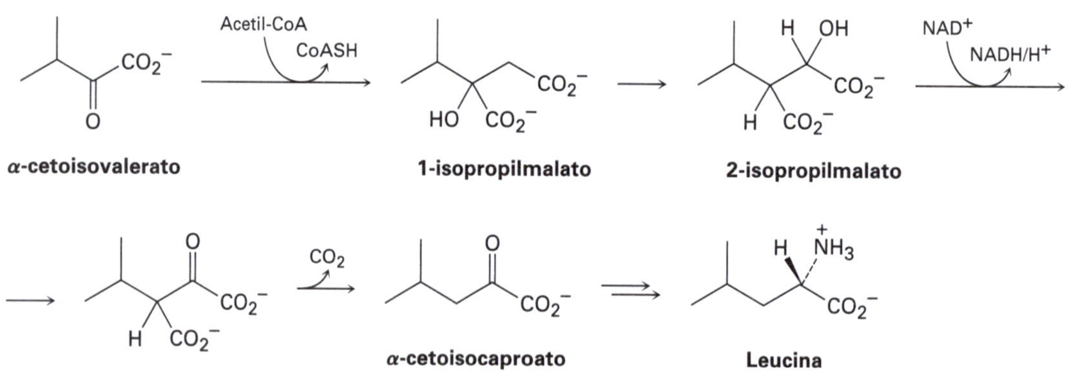

23.38 A reação de Knoevenagel é uma reação de condensação carbonílica de um éster com um aldeído ou cetona para fornecer um produto α,β-insaturado. Mostre o mecanismo da reação de Knoevenagel do malonato de dietila com o benzaldeído.

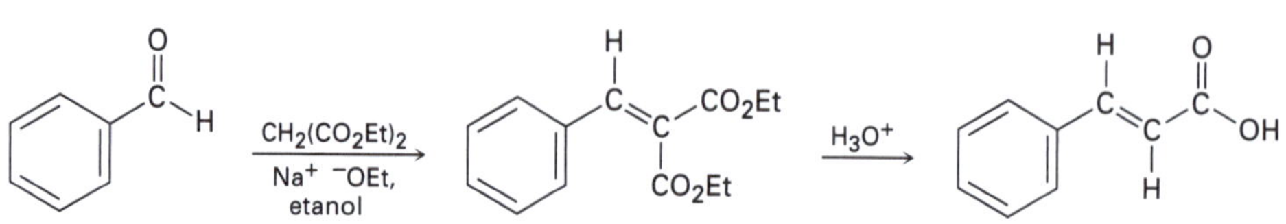

Benzaldeído **Ácido cinâmico (91%)**

23.39 A reação de Darzens envolve a condensação catalisada por base em duas etapas do cloroacetato de etila com uma cetona para produzir um éster epóxido. A primeira etapa é uma reação de condensação carbonílica, e a segunda, uma reação S_N2. Escreva ambas as etapas, indicando os mecanismos.

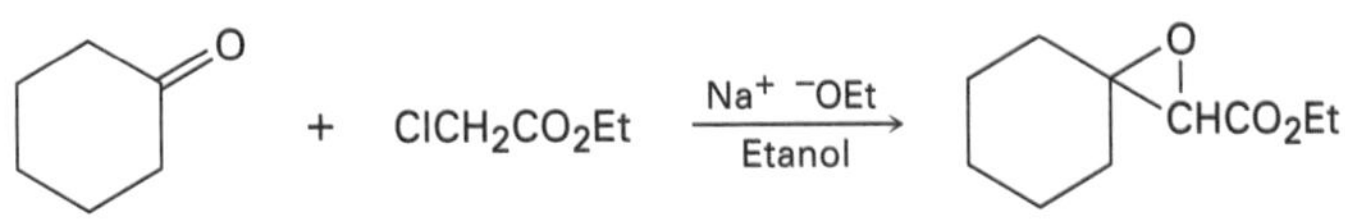

23.40 A reação a seguir envolve uma hidrólise seguida por uma reação de substituição nucleofílica de acila. Escreva as duas etapas e mostre os mecanismos.

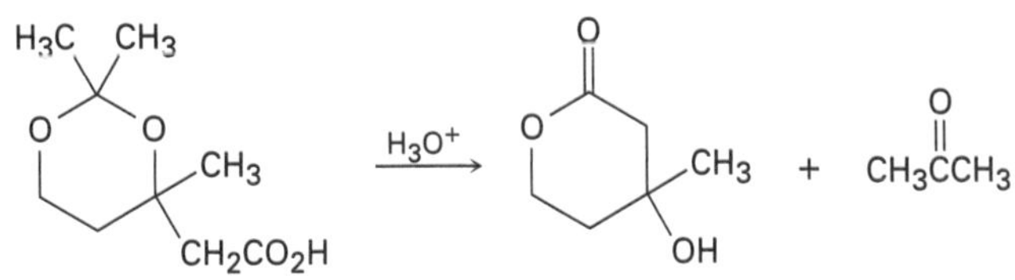

23.41 A seguinte reação envolve uma reação de Michael intramolecular seguida de uma reação aldólica intramolecular. Escreva ambas as etapas, indicando os mecanismos.

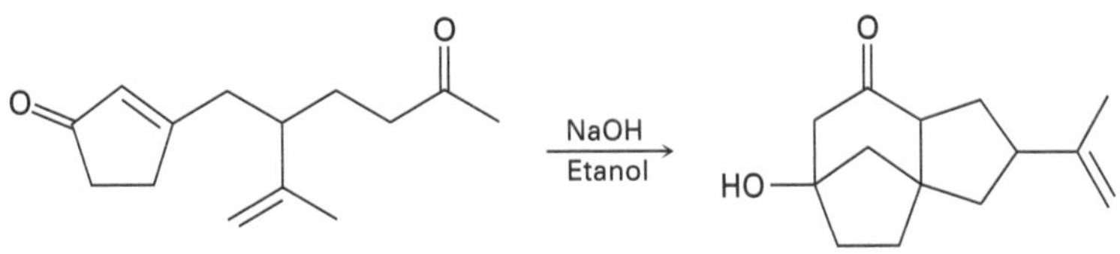

23.42 A seguinte reação envolve uma reação de adição conjugada seguida de uma condensação de Claisen intramolecular. Escreva ambas as etapas, indicando os mecanismos.

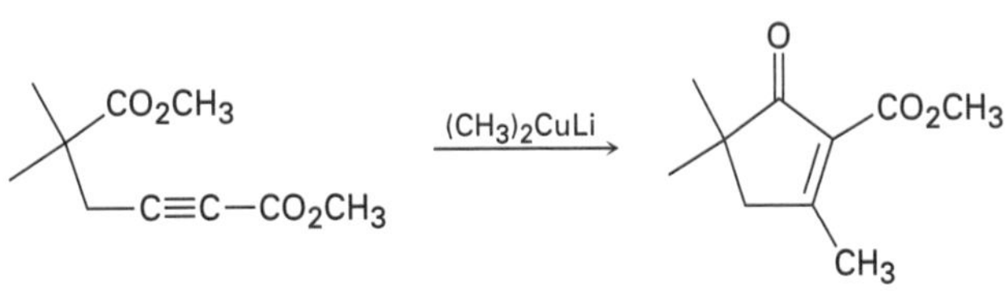

23.43 A seguinte reação envolve uma reação aldólica intramolecular seguida de uma reação *retroaldólica*. Escreva ambas as etapas, indicando os mecanismos.

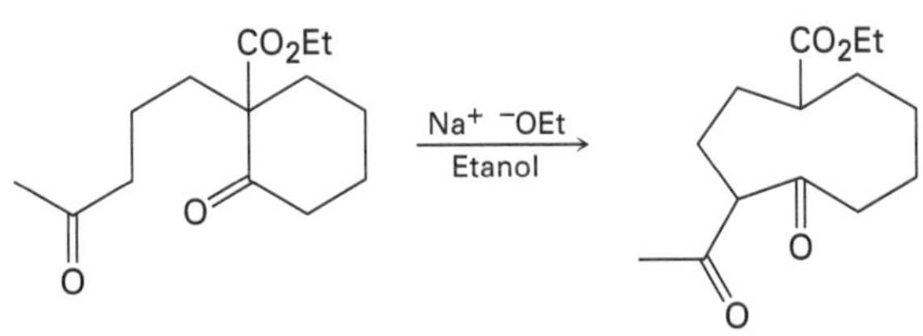

23.44 Proponha um mecanismo para explicar a seguinte isomerização catalizada por base:

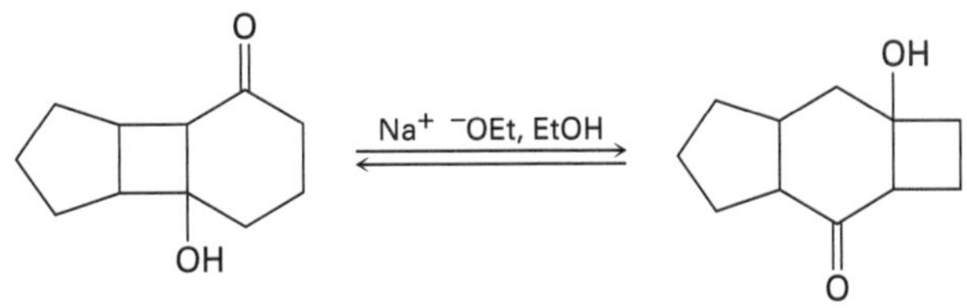

23.45 A reação de Mannich de uma cetona, uma amina e um aldeído é uma das poucas reações na química orgânica que envolve três reagentes. A ciclohexanona, por exemplo, reage com a dimetilamina e o acetaldeído para formar uma aminocetona. A reação ocorre em duas etapas que envolvem reações típicas dos grupos carbonila.

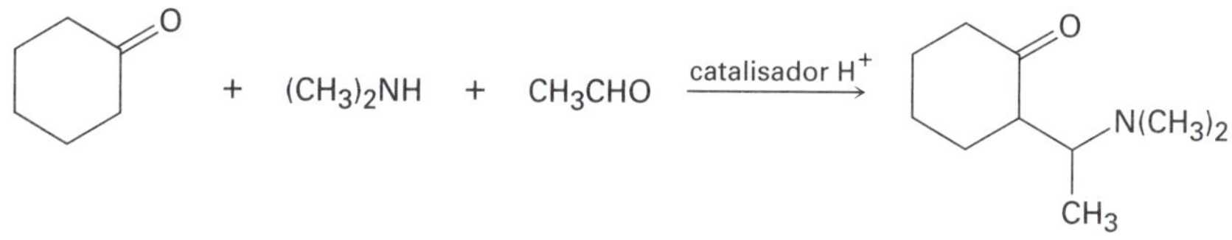

(a) A primeira etapa é uma reação entre o aldeído e a amina, dando origem a um íon imínio intermediário ($R_2C{=}NR_2^+$) mais a água. Proponha um mecanismo e indique a estrutura do íon imínio intermediário.

(b) A segunda etapa é uma reação entre o íon imínio intermediário e a cetona para gerar o produto final. Proponha um mecanismo.

23.46 A cocaína tem sido preparada por uma sequência começando com uma reação de Mannich (Problema 23.45) entre a acetonadicarboxilato de dimetila, uma amina e um dialdeído. Mostre as estruturas da amina e do dialdeído.

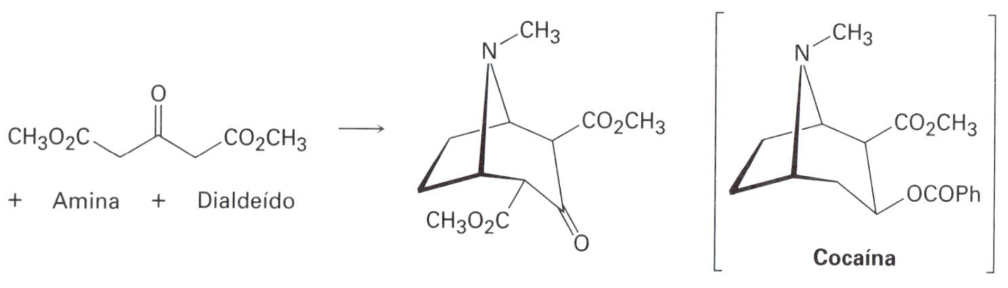

23.47 Proponha um mecanismo para explicar a seguinte reação de uma enamina com haleto de alquila:

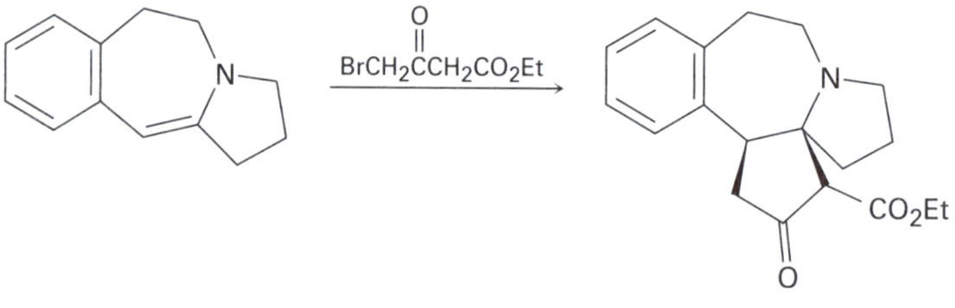

Problemas adicionais

Reações aldólicas

23.48 Quais dos seguintes compostos você espera que sofram condensações aldólicas intramoleculares? Mostre o produto das reações realizadas com sucesso.

(a) Trimetilacetaldeído
(b) Ciclobutanona
(c) Benzofenona (difenilcetona)
(d) 3-pentanona
(e) Decanal
(f) 3-fenil-2-propenal

23.49 Como você sintetizaria cada um dos seguintes compostos a partir de uma reação aldólica? Em cada caso, indique a estrutura do(s) aldeído(s) ou da(s) cetona(s) de partida que você usaria.

(a) 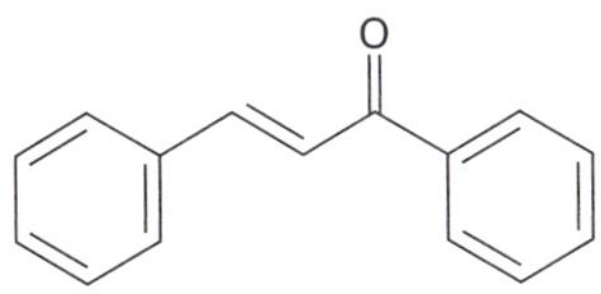 **(b)** 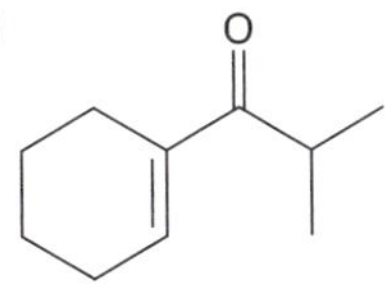

(c) 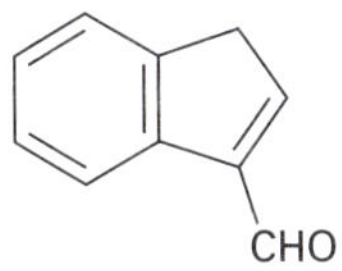 **(d)** 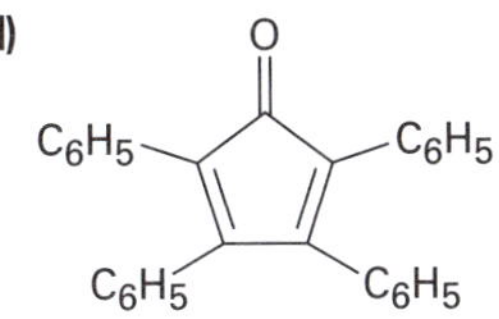

23.50 Que produto você esperaria obter a partir da ciclização aldólica do hexanodial, $OHCCH_2CH_2CH_2CH_2CHO$?

23.51 A ciclização aldólica intramolecular da 2,5-heptanodiona com o NaOH aquoso leva à formação de uma mistura de duas enonas como produto na proporção 9:1. Escreva suas estruturas e mostre como cada produto é originado.

23.52 O produto majoritário formado a partir da ciclização aldólica intramolecular da 2,5-heptanodiona (Problema 23.51) exibe dois simpletos no espectro de RMN de ^1H em 1,65δ e 1,90δ, e não apresenta nenhuma absorção na região de 3 a 10δ. Qual é a estrutura?

23.53 O tratamento do produto minoritário formado da ciclização aldólica intramolecular da 2,5-heptanodiona (Problemas 23.51 e 23.52) com o NaOH aquoso o converte em seu produto majoritário. Proponha um mecanismo que explique essa reação de isomerização catalisada por base.

23.54 Como você explicaria o fato de a 2,2,6-trimetilciclohexanona não formar um produto aldólico que possa ser detectado embora esse composto possua um átomo de hidrogênio α ácido?

23.55 A reação aldólica é catalisada tanto por ácido quanto por base. Qual é o nucleófilo reativo na reação aldólica catalisada por ácido? Proponha um mecanismo.

23.56 O cinamaldeído, um constituinte aromático do óleo extraído da canela, pode ser sintetizado por uma reação de condensação aldólica cruzada. Indique os materiais de partida que você usaria e escreva a reação.

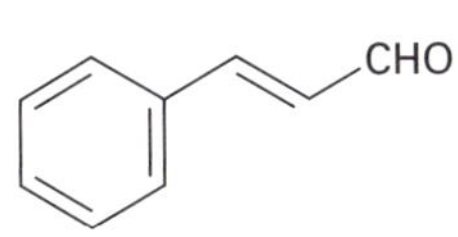

Cinamaldeído

23.57 A cetona bicíclica exibida a seguir não sofre reação de condensação intramolecular ainda que tenha dois átomos de hidrogênio α. Explique.

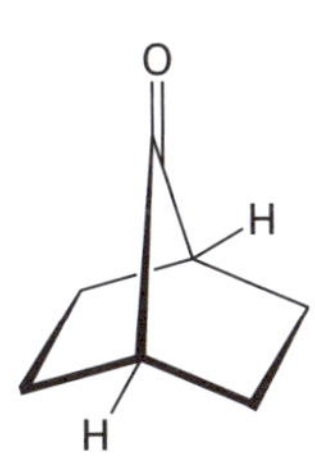

Condensações de Claisen

23.58 Represente as estruturas dos possíveis produtos obtidos das seguintes reações de condensação de Claisen. Diga qual, se houver, você espera que seja predominante em cada caso.

(a) $CH_3CO_2Et + CH_3CH_2CO_2Et$ **(b)** $C_6H_5CO_2Et + C_6H_5CH_2CO_2Et$

(c) $EtOCO_2Et$ + ciclohexanona **(d)** $C_6H_5CHO + CH_3CO_2Et$

23.59 Na reação cruzada de Claisen da ciclopentanona com formiato de etila, o produto desejado é obtido com rendimento elevado se os dois reagentes carbonílicos são misturados, primeiramente, e a base é adicionada em seguida, em vez de misturar primeiro a base com a ciclopentanona e depois adicionar o formiato de etila. Explique.

23.60 O dimetilacetoacetato de etila reage instantaneamente à temperatura ambiente quando tratado com o íon etóxido para formar dois produtos, o acetato de etila e o 2-metilpropanoato de etila. Proponha um mecanismo para essa reação de quebra.

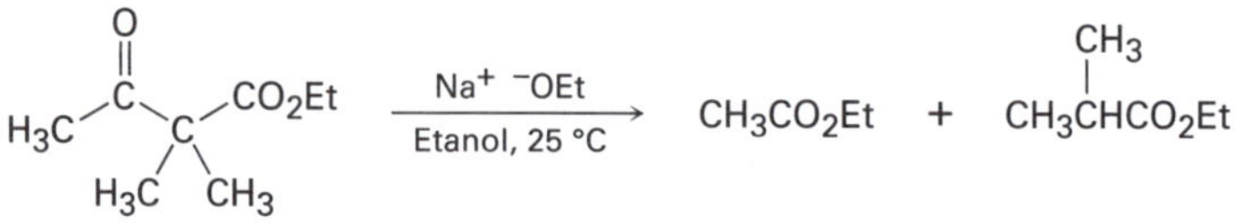

23.61 Ao contrário da reação rápida descrita no Problema 23.60, o acetoacetato de etila necessita de uma temperatura superior a 150 °C para sofrer o mesmo tipo de reação de quebra. Como você explicaria essa diferença de reatividade?

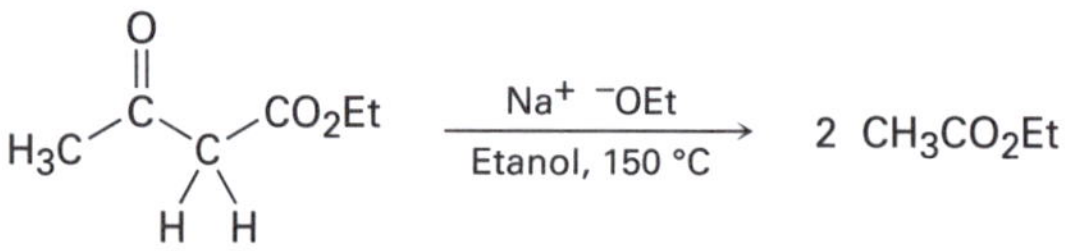

Reações de Michael e enamina

23.62 Como os seguintes compostos poderiam ser preparados utilizando-se as reações de Michael? Indique o doador nucleofílico e o receptor eletrofílico em cada caso.

(a) 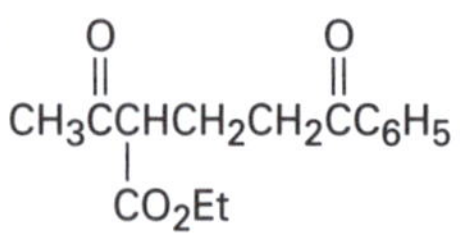

(b) 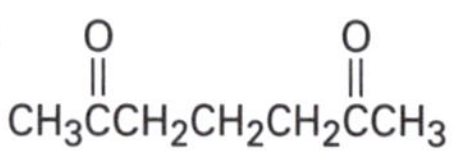

(c) 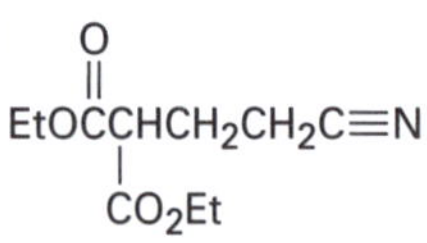

(d) 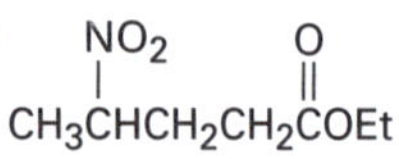

(e) 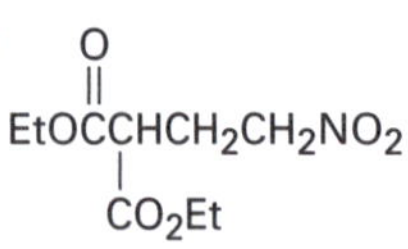

(f) 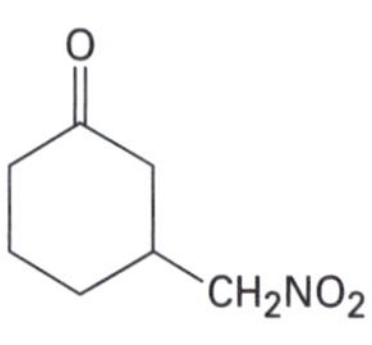

23.63 A denominada cetona de Wieland-Miescher é um material de partida muito valioso utilizado na síntese de hormônios esteroides. Como você prepararia essa cetona a partir da 1,3-ciclohexanodiona?

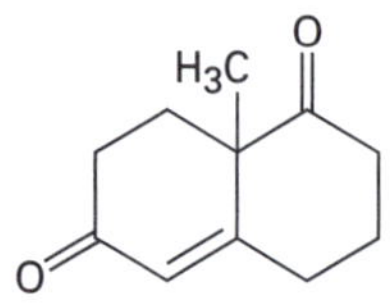

Cetona de Wieland-Miescher

23.64 A reação de Stork de enamina e a reação aldólica intramolecular podem ser realizadas em sequência com a finalidade de se realizar a síntese de ciclohexenonas. Por exemplo, a reação da enamina pirrolidina da ciclohexanona com a 3-buten-2-ona, seguida da hidrólise da enamina e do tratamento com uma base, leva à formação do produto indicado a seguir. Escreva cada etapa, apontando o mecanismo.

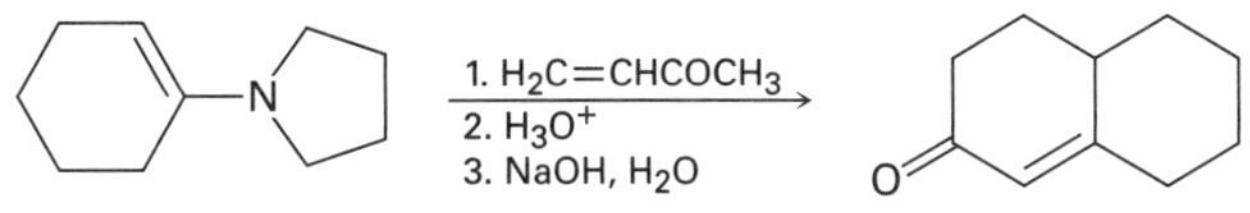

23.65 Como você prepararia as seguintes ciclohexenonas, combinando uma reação de Stork de enamina com uma condensação aldólica intramolecular? (Problema 23.64.)

(a) 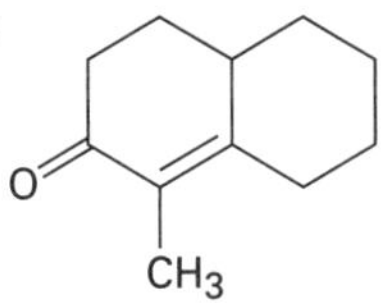

(b) 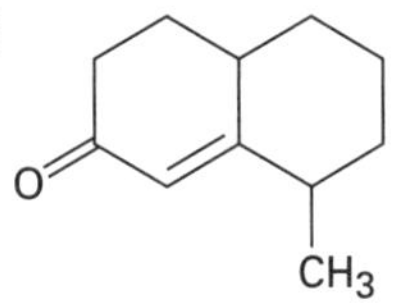

(c) 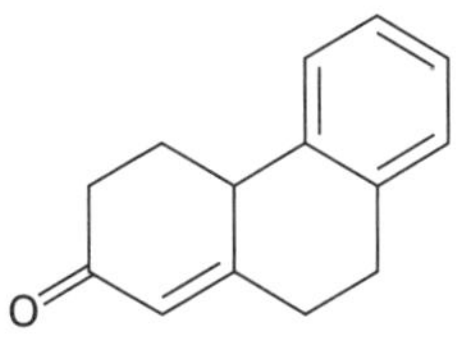

23.66 A seguinte reação envolve duas reações de Michael intramoleculares sucessivas. Escreva ambas as etapas, indicando os mecanismos.

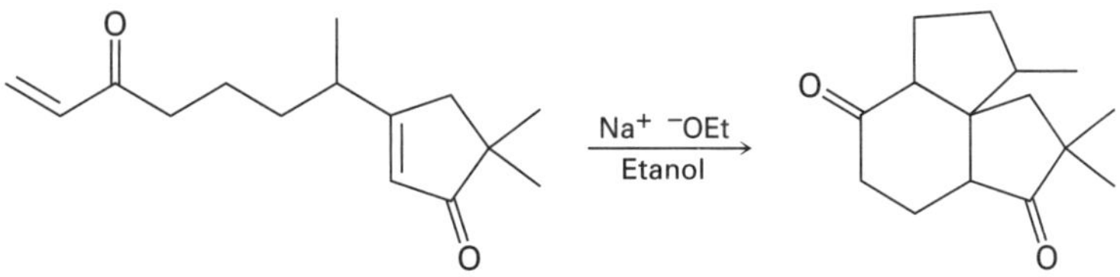

Problemas gerais

23.67 Quais os produtos de condensação você esperaria obter do tratamento das seguintes substâncias com etóxido de sódio em etanol?

(a) Butanoato de etila **(b)** Cicloheptanona
(c) 3,7-nonanodiona **(d)** 3-fenilpropanal

23.68 As seguintes reações são improváveis de dar origem aos produtos indicados com rendimento elevado. O que há de errado em cada uma delas?

(a) 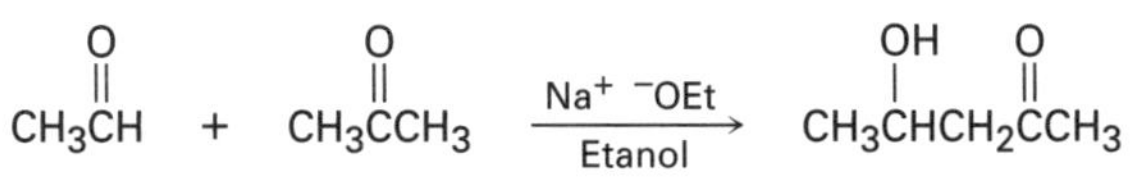

(b) 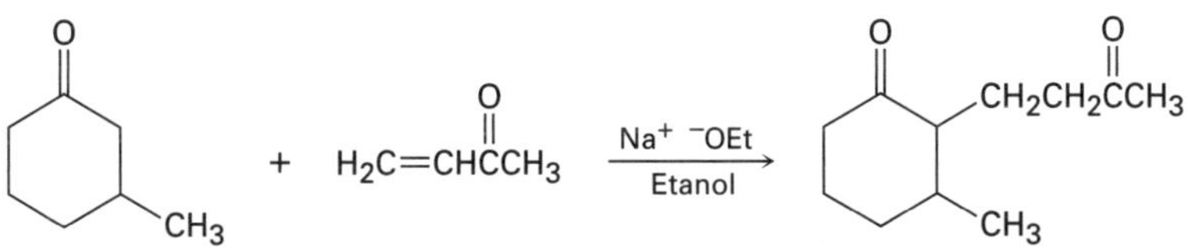

(c) 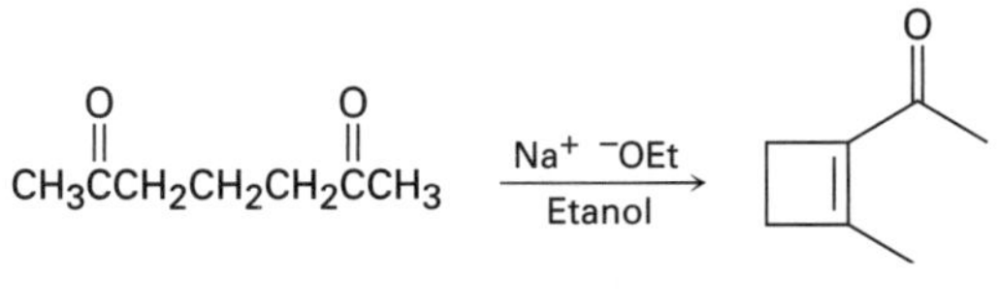

23.69 Complete os reagentes **a-h** que estão faltando no seguinte esquema:

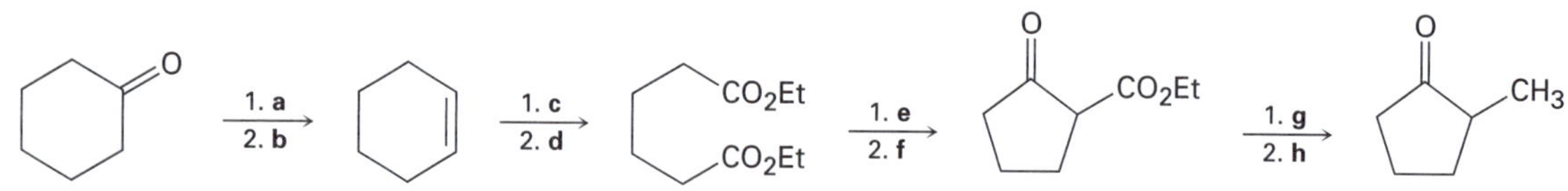

23.70 Como você prepararia os seguintes compostos a partir da ciclohexanona?

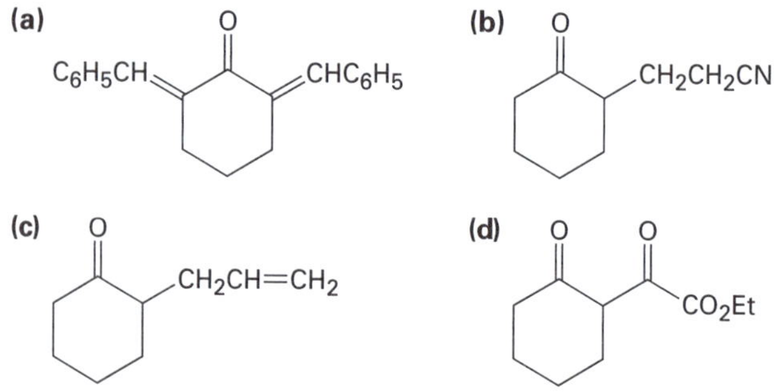

23.71 O composto conhecido como éster de Hagemann é preparado pelo tratamento de uma mistura de formaldeído e acetoacetato de etila com base, seguido de descarboxilação catalisada por ácido.

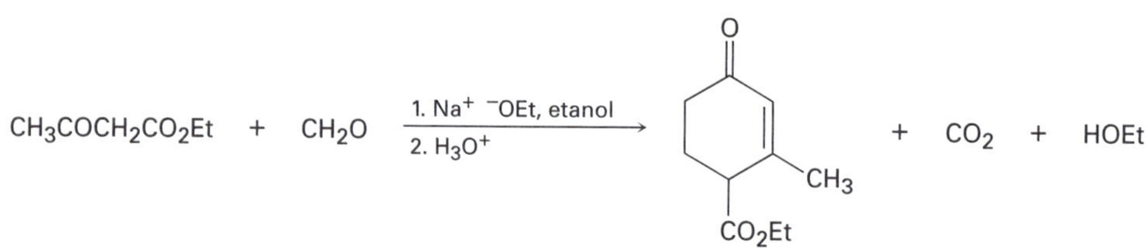

Éster de Hagemann

(a) A primeira etapa é uma condensação aldólica entre o acetoacetato de etila e o formaldeído dando origem a um produto α,β-insaturado. Escreva a reação e indique a estrutura do produto.

(b) A segunda etapa é uma reação de Michael entre o acetoacetato de etila e o produto insaturado da primeira etapa. Mostre a estrutura do produto.

23.72 A terceira e quarta etapas na síntese do éster de Hagemann a partir do acetoacetato de etila e do formaldeído (Problema 23.71) são uma ciclização aldólica intramolecular para formar a ciclohexenona substituída e uma reação de descarboxilação. Escreva ambas as reações e mostre os produtos obtidos em cada etapa.

23.73 Quando a 2-metilciclohexenona é convertida em uma enamina, é formado um único produto apesar de a cetona de partida ser assimétrica. Construa modelos moleculares dos dois produtos possíveis e explique o fato de o único produto formado ser aquele com uma ligação dupla em posição oposta ao átomo de carbono substituído com metila.

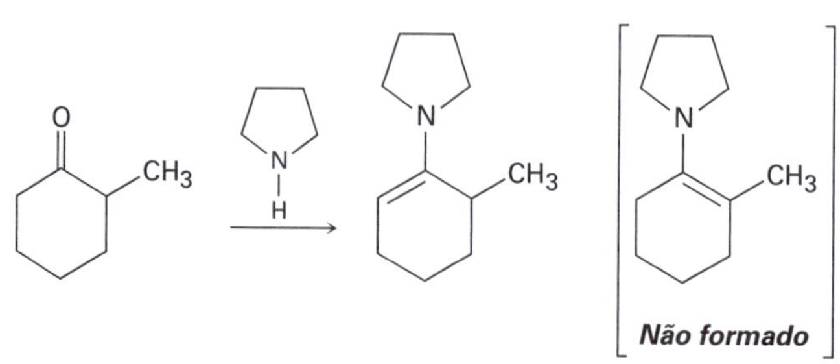

Pratique sua Análise e Raciocínio Científico V

TIMINA NO DNA

As moléculas de ribonucleotídeos no RNA (ácido ribonucleico) são constituídas de três partes: (a) uma base nitrogenada (adenina, uracila, citosina ou guanina), (b) um açúcar ribose, e (c) um grupo fosfato. DNA (ácido desoxirribonucleico) é similar em estrutura ao RNA, mas em vez de uracila ele usa a base timina (5-metil-uracila), e em vez de açúcar ribose contém desoxirribose. Metilação da timina protege o DNA tornando-o irreconhecível para enzimas que podem quebrá-lo, tornando-o assim o DNA mais imune ao ataque de vírus e bactérias. O tempo de vida do RNA é curto em comparação ao tempo do DNA, o que significa que as mutações no RNA são menos prejudiciais para o organismo que as mutações no DNA. Portanto, o RNA pode suportar o uso de uracila que, na falta de um grupo metila, é mais fácil de sintetizar que timina. A reação da timidilato sintase cria timina no DNA.

Timina, que é uma pirimidina, forma um par de bases com adenina, estabelecendo assim a hélice dupla do DNA. Defeitos na atividade da timidilato sintase podem causar várias anormalidades biológicas e genéticas. dTMP é monofosfato de deoxitimidina.

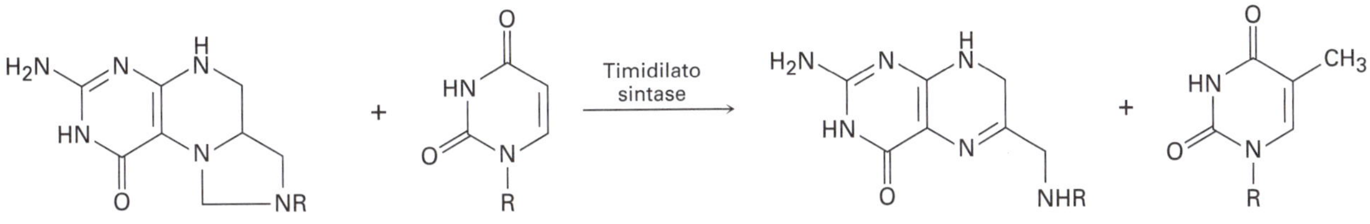

***N,N'*-metilenotetrahidrofolato (metileno-THF)** + **dUMP** → **7,8-diidrofolato** + **dTMP**

A timidilato sintase adquire um único carbono do cossubstrato AT,AT′-metilenetetrahidrofolato (metileno-THF) e o transfere para a dUMP (uracila). As etapas dessa reação são mostradas na figura a seguir. A primeira etapa, **A**, na síntese de timina envolve um ataque no sítio ativo da enzima, que se adiciona ao carbono β da dUMP – um exemplo de adição conjugada. Na segunda etapa, **B**, a enzima, o substrato e a coenzima são reunidos em um intermediário covalente. Uma base catalítica abstrai um próton da posições 5 da uracila (carbono α), eliminando assim a coenzima na etapa **C**. Transferência de um íon hidreto da coenzima para o grupo metileno, seguido pela eliminação da enzima, forma dTMP e diidrofolato (DHF), conforme mostrado na etapa **D**.

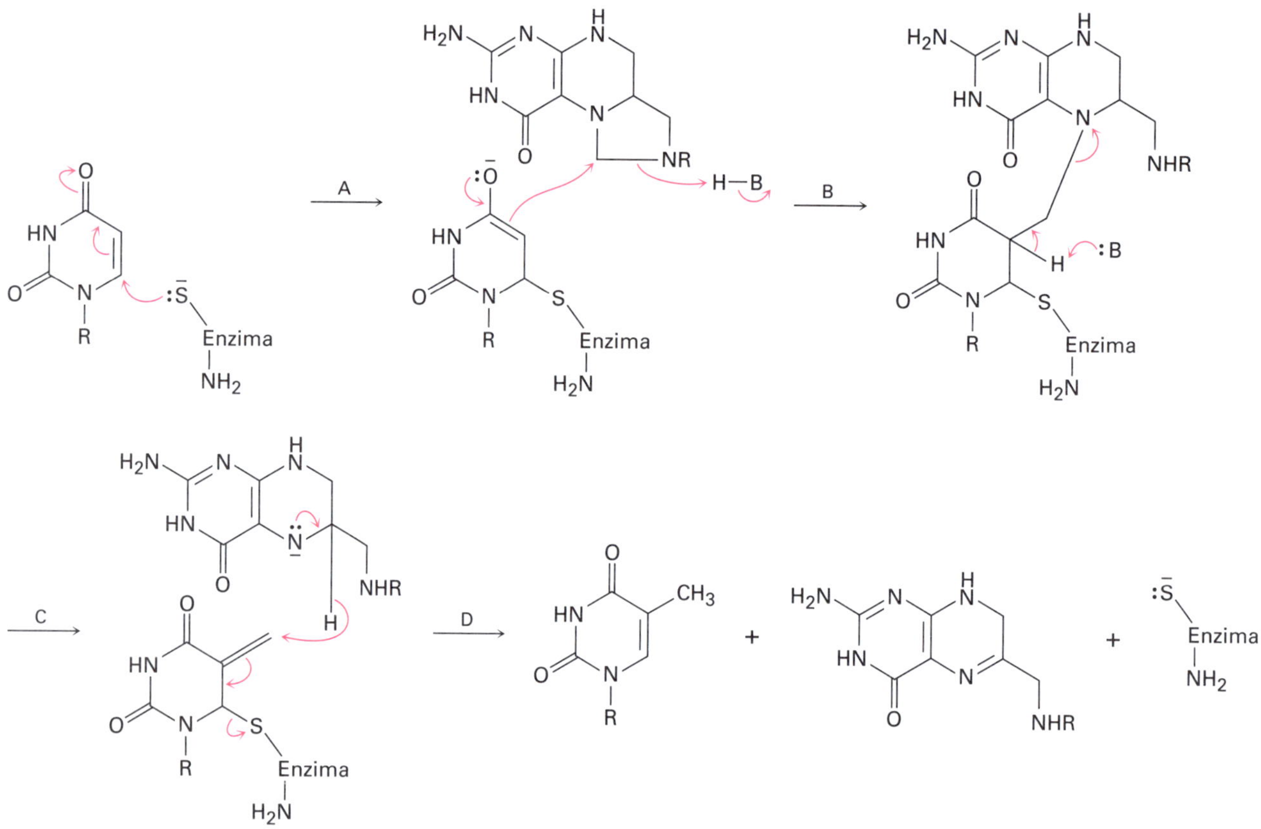

As perguntas a seguir ajudarão você a entender esta aplicação prática da química orgânica e são semelhantes às questões existentes nos exames profissionais.

1. Aldeídos e cetonas α,β-insaturados, como uracila, apresentam reatividade única na posição β. A reatividade da posição β é chamada adição conjugada ou adição 1,4, por que o nucleófilo e o próton são adicionados nas extremidades de um sistema π conjugado. Isso geralmente é realizado com o uso de nucleófilos básicos leves. Isso difere da concorrente adição 1,2, no qual nucleófilos altamente reativos tendem em favor do ataque direto na carbonila. Na etapa **A**, temos o ataque do tiolato da enzima no carbono β da dUMP. Quais dos seguintes reagentes podem fazer adição conjugada na dUMP (fragmento de citosina) na etapa **A**?
   (a) $LiAlH_4$
   (b) $[Cu(CH_3CH_2)_2]Li$
   (c) $Mg(CH_2CH_3)Br$
   (d) $LiCH_2CH_3$

2. A adição conjugada para a posição β da enona em dUMP (etapa **A**) também é conhecida por qual outro nome?
   (a) Aldólica intramolecular
   (b) Condensação de Claisen
   (c) Adição de Michael
   (d) Condensação de Perkin

3. Qual é o nome da espécie que ataca o metileno-THF na etapa **B** dessa reação?
   (a) Enolato
   (b) Enol
   (c) Tautômero
   (d) Epímero

4. A reação na etapa **B** é um exemplo de qual tipo de mecanismo?
   (a) E1
   (b) S_N1
   (c) E2
   (d) S_N2

5. A reação na etapa **C** é um exemplo de qual tipo de eliminação?
   (a) E1
   (b) S_N1
   (c) E2
   (d) S_N2

6. A eficácia do medicamento antitumoral e antiviral 5-fluoruracil é baseada na diminuição de produção de timina e, portanto, interrompe a produção de DNA, levanto à morte da célula. Em qual etapa nesse mecanismo esse medicamento age?

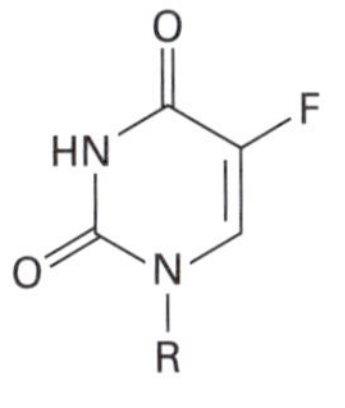

5-fluoruracil

   (a) Na etapa **A**, o flúor eletronegativo torna o carbono β da uracila muito reativo.
   (b) Na etapa **B**, o ataque do aduto da uracila da enzima no metileno-THF é evitado por causa do impedimento estérico.
   (c) Na etapa **C**, a eliminação do flúor não é possível com o uso da base presente.
   (d) Na etapa **D**, a adição de H^- (hidreto) é impedida pelo efeito retirador de elétron do flúor sobre a amida.

capítulo 24

Aminas e Heterocíclicos

©Mikadun/Shutterstock.com

O odor característico e inconfundível do peixe se deve a uma mistura de alquilaminas simples.

Neste capítulo:

POR QUE ESTE CAPÍTULO? Ao final deste capítulo, já teremos visto todos os grupos funcionais comuns. Desses grupos, aminas e compostos de carbonila são os mais abundantes e os quimicamente mais ricos. Além das proteínas e dos ácidos nucleicos, a maioria dos agentes farmacológicos contém grupos funcionais amina e muitas das coenzimas necessárias para a catálise biológica são aminas.

As **aminas** são derivados orgânicos da amônia da mesma maneira que os álcoois e os éteres são derivados orgânicos da água. Como a amônia, as aminas contêm um átomo de nitrogênio com um par isolado de elétrons. A presença desse par de elétrons explica o comportamento básico e nucleofílico das aminas. Veremos a seguir que a maior parte da química das aminas depende da existência desse par de elétrons isolado.

As aminas são largamente encontradas nos organismos vivos. A trimetilamina, por exemplo, é encontrada nos tecidos animais e é parcialmente responsável pelo odor característico dos peixes. A nicotina, por exemplo, é encontrada no tabaco, enquanto a cocaína é um estimulante encontrado nos arbustos da planta da coca na América do Sul. Além disso, os aminoácidos são os blocos fundamentais a partir dos quais todas as proteínas são feitas, e as bases de aminas cíclicas são constituintes dos ácidos nucleicos.

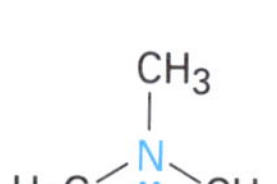

Trimetilamina

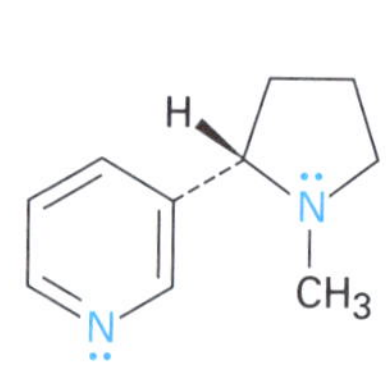

Nicotina

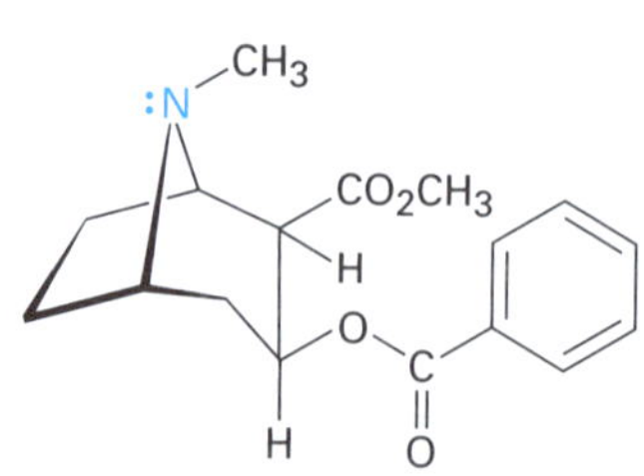

Cocaína

24.1

Nomenclatura de aminas

As aminas podem ser alquil-substituídas (**alquilaminas**) ou aril-substituídas (**arilaminas**). Embora muito da química dessas duas classes de aminas seja semelhante, também existem diferenças importantes. As aminas são classificadas como **primária (RNH_2)**, **secundária (R_2NH)** ou **terciária (R_3N)**, dependendo do número de substituintes orgânicos ligados ao nitrogênio. Assim, a metilamina (CH_3NH_2) é uma amina primária, a dimetilamina [$(CH_3)_2NH$] é uma amina secundária, e a trimetilamina [$(CH_3)_3N$] é uma amina terciária. Observe que o emprego dos termos *primário*, *secundário* e *terciário* é diferente de como os utilizávamos anteriormente. Quando falávamos de álcoois ou de haletos de alquila terciários, estávamos nos referindo ao grau de substituição no átomo de carbono alquílico, porém quando falamos de uma amina terciária, estamos nos referindo ao grau de substituição no átomo de nitrogênio.

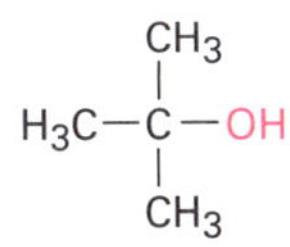

Álcool *tert*-butílico (um álcool terciário)

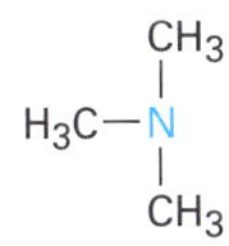

Trimetilamina (uma amina terciária)

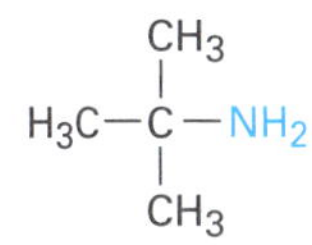

***tert*-butilamina (uma amina primária)**

Existem também compostos contendo um átomo de nitrogênio ligado a quatro grupos, entretanto o átomo de nitrogênio deve carregar uma carga formal positiva. Esses compostos são denominados **sais de amônio quaternários**.

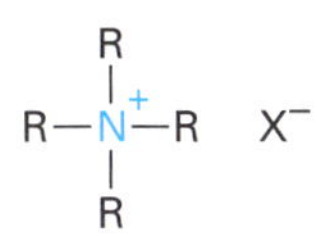

Um sal de amônio quaternário

As aminas primárias são nomeadas de acordo com as regras da IUPAC de diversas maneiras, dependendo da estrutura. Para as aminas simples, o sufixo *-amina* é adicionado ao nome do substituinte alquílico. Você deve também se lembrar do Capítulo 15 que a fenilamina, $C_6H_5NH_2$, possui o nome comum de *anilina*:

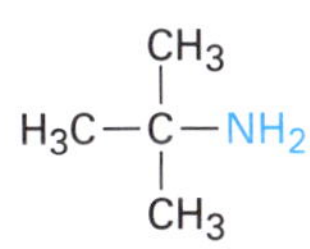

***tert*-butilamina**

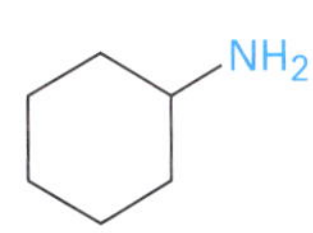

Ciclohexilamina

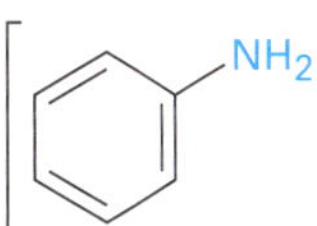

Anilina

De modo alternativo, o sufixo *-amina* pode ser usado em substituição à terminação *-o* do nome da cadeia principal:

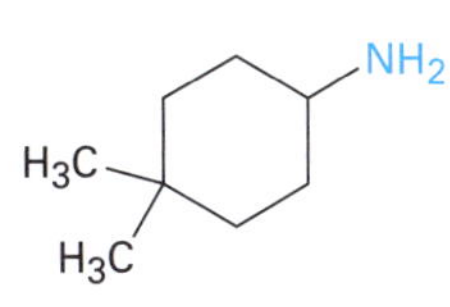

4,4-dimetilciclohexanamina

$H_2NCH_2CH_2CH_2CH_2NH_2$

1,4-butanodiamina

As aminas com mais de um grupo funcional são nomeadas considerando-se o grupo $-NH_2$ como um substituinte *amino* na molécula principal:

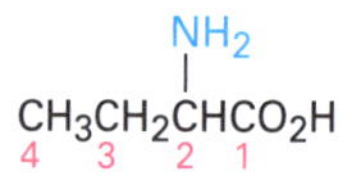

Ácido 2-aminobutanoico

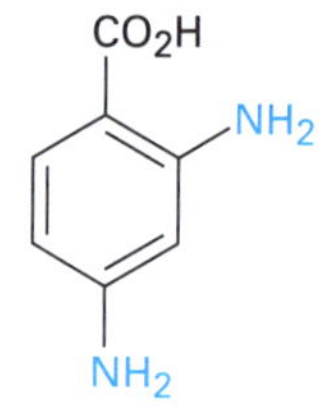

Ácido 2,4-diaminobenzoico

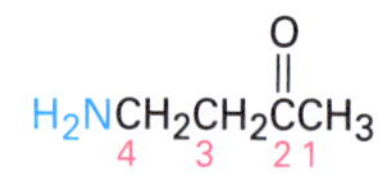

4-amino-2-butanona

As aminas secundárias e terciárias simétricas são nomeadas adicionando-se o prefixo *di-* ou *tri-* ao grupo alquila:

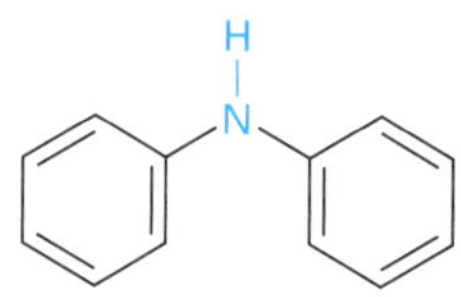

Difenilamina

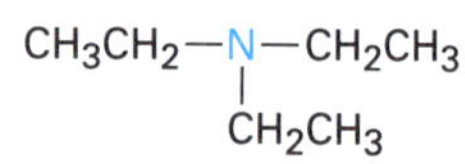

Trietilamina

As aminas secundárias e terciárias assimetricamente substituídas são referidas como aminas primárias *N*-substituídas. O maior grupo alquila leva o nome da cadeia principal e os outros grupos alquila são considerados *N*-substituintes na cadeia principal (*N* porque está ligado ao nitrogênio).

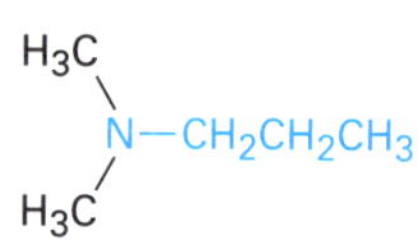

***N,N*-dimetilpropilamina**

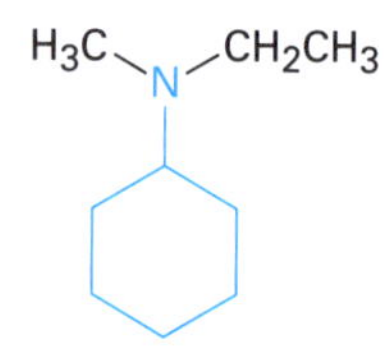

***N*-etil-*N*-metilciclohexilamina**

As **aminas heterocíclicas**, compostos nos quais o átomo de nitrogênio faz parte do anel, são também comuns e cada anel heterocíclico recebe o seu próprio nome principal. O átomo de nitrogênio heterocíclico sempre recebe a numeração correspondente à posição 1.

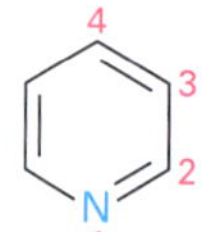

Piridina

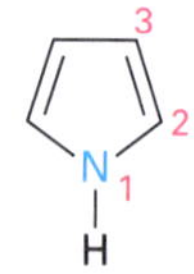

Pirrol

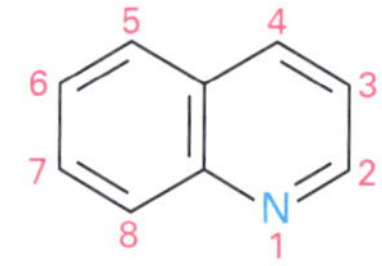

Quinolina

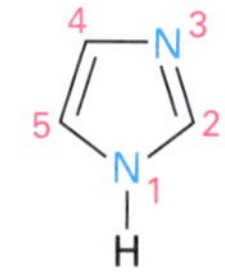

Imidazol

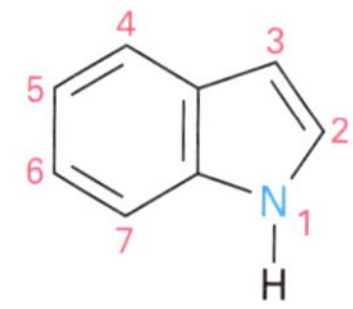

Indol

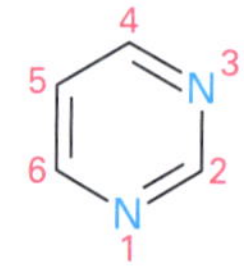

Pirimidina

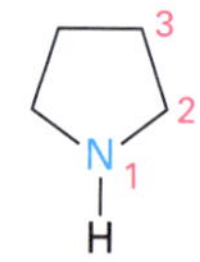

Pirrolidina

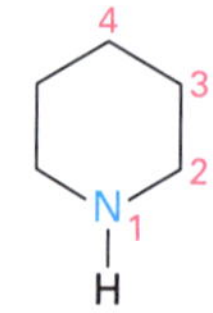

Piperidina

PROBLEMA 24.1 Escreva o nome dos seguintes compostos:

(a) $CH_3NHCH_2CH_3$

(b) 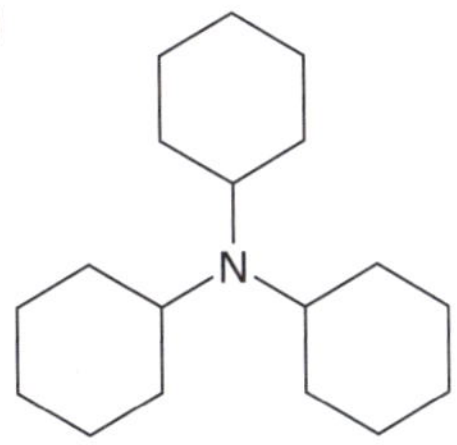

(c) 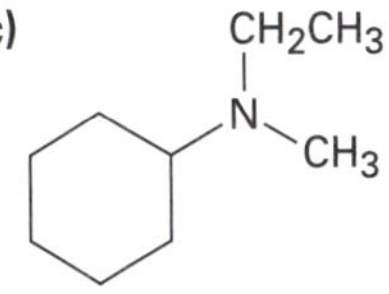

(d) 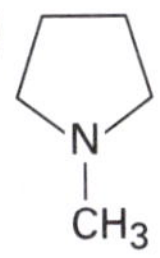

(e) 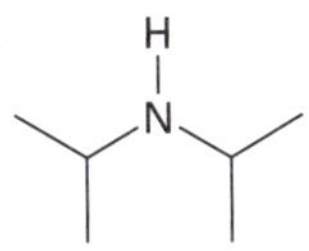

(f) 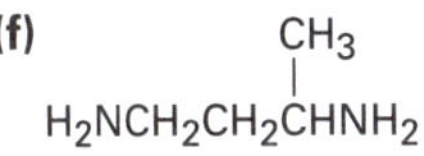

PROBLEMA 24.2 Desenhe as estruturas correspondentes aos seguintes nomes IUPAC:

(a) Triisopropilamina
(b) Trialilamina
(c) *N*-metilanilina
(d) *N*-etil-*N*-metilciclopentilamina
(e) *N*-isopropilciclohexilamina
(f) *N*-etilpirrol

PROBLEMA 24.3 Desenhe as estruturas das seguintes aminas heterocíclicas:

(a) 5-Metoxiindol
(b) 1,3-dimetilpirrol
(c) 4-(*N,N*-dimetilamino)piridina
(d) 5-aminopirimidina

24.2 Estrutura e propriedades das aminas

As ligações nas alquilaminas são similares às ligações na amônia. O átomo do nitrogênio tem hibridização sp^3, com seus três substituintes ocupando três vértices de um tetraedro regular e o par de elétrons isolados ocupando o quarto vértice. Como esperado, os ângulos da ligação C−N−C são próximos do valor tetraédrico de 109°. Para a trimetilamina, o ângulo da ligação C−N−C é 108° e o comprimento da ligação C−N é 147 pm.

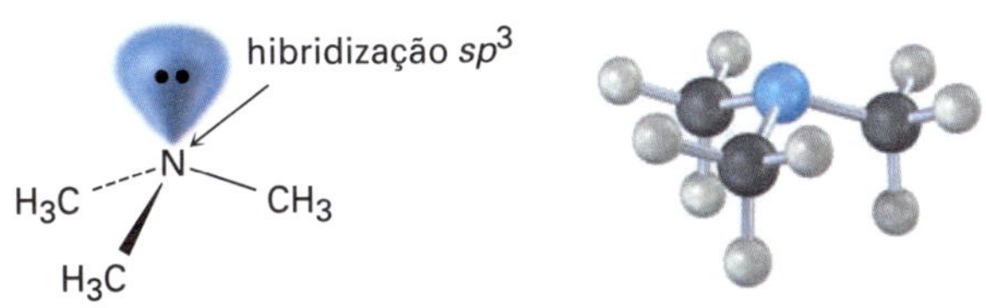

Trimetilamina

Uma das consequências da geometria tetraédrica é que uma amina com três substituintes diferentes no átomo de nitrogênio é quiral, como vimos na **Seção 5.10**. Entretanto, diferentemente dos compostos quirais de carbono, as aminas quirais geralmente não podem ser separadas porque as duas formas enantioméricas rapidamente se interconvertem através de *inversão piramidal*, da mesma maneira que um haleto de alquila se inverte em uma reação S_N2. A inversão piramidal ocorre através de uma re-hibridização momentânea do átomo de nitrogênio para uma geometria plana, de hibridização sp^2, seguida de uma re-hibridização do intermediário plano para uma geometria tetraédrica sp^3 (**Figura 24.1**). A barreira para a inversão é de aproximadamente 25 kJ mol^{-1} (6 kcal mol^{-1}), uma quantidade apenas duas vezes maior que a barreira para a rotação em torno de uma ligação simples C−C.

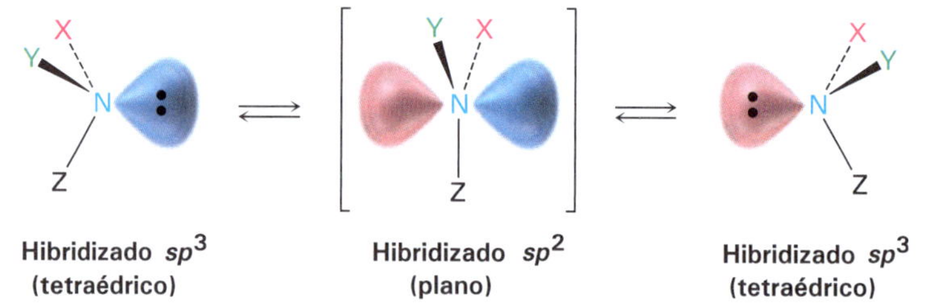

FIGURA 24.1 A inversão piramidal interconverte rapidamente as duas imagens especulares (enantioméricas) de uma amina.

As alquilaminas têm uma variedade de aplicações na indústria química como materiais de partida para a preparação de inseticidas e fármacos. Por exemplo, o labetalol, um β-bloqueador usado para o tratamento da pressão sanguínea alta, é preparado por meio de uma reação S_N2 de um epóxido com uma amina primária. A substância comercializada para utilização como remédio é uma mistura de todos os quatro estereoisômeros possíveis, mas a atividade biológica deriva basicamente a partir do isômero (*R,R*).

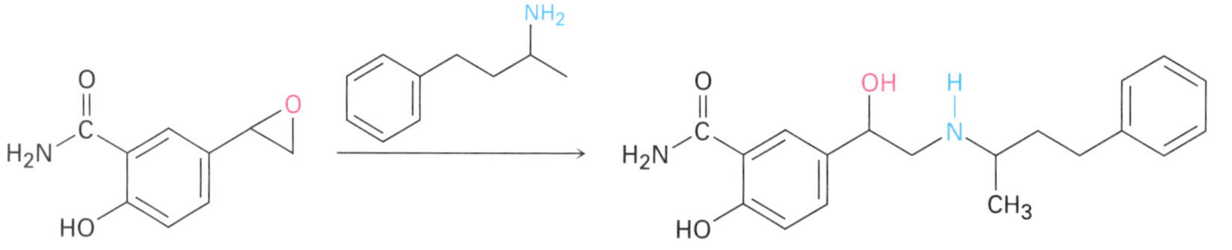

Labetalol

Da mesma maneira que os álcoois, as aminas com menos de cinco átomos de carbono geralmente são solúveis em água. Além disso, as aminas primárias e secundárias formam ligações de hidrogênio e estão altamente associadas. Como resultado, as aminas têm temperaturas de ebulição mais elevadas que os alcanos de massas moleculares equivalentes. A dietilamina (MM = 73 u), por exemplo, entra em ebulição a 56,3 °C, enquanto o pentano (MM = 72 u) entra em ebulição a 36,1 °C.

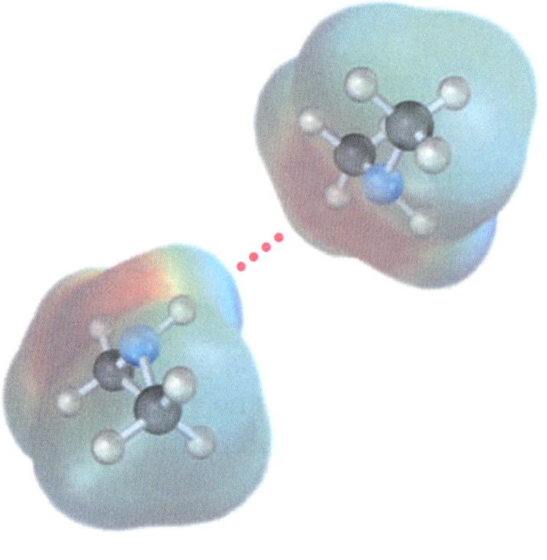

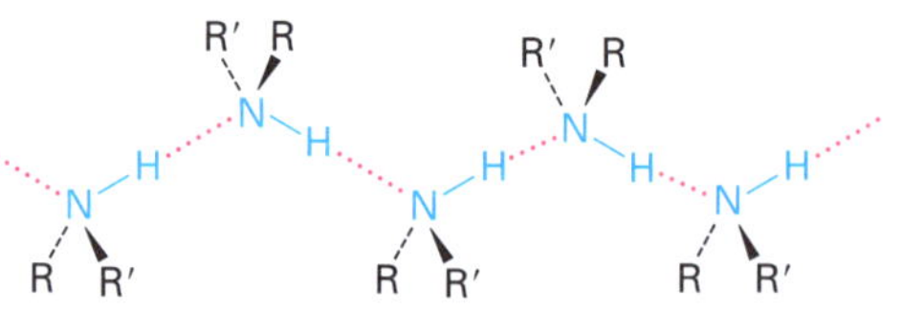

Uma outra característica das aminas é o seu odor. Aminas de baixa massa molecular, como a trimetilamina, têm um aroma similar ao do peixe, enquanto aminas como a cadaverina (1,5-pentanodiamina) e a putrescina (1,4-butanodiamina) têm odores terríveis que você pode esperar de seus nomes comuns. Ambas diaminas surgem a partir da decomposição de proteínas.

24.3 Basicidade de aminas

A química das aminas é dominada pelo par de elétrons isolado no nitrogênio, o que torna as aminas básicas e nucleofílicas. Elas reagem com ácidos para formar sais ácido-base e com os eletrófilos em muitas das reações polares vistas nos capítulos anteriores. Observe no seguinte mapa de potencial eletrostático da trimetilamina como a região negativa (vermelha) corresponde ao par de elétrons isolado no nitrogênio.

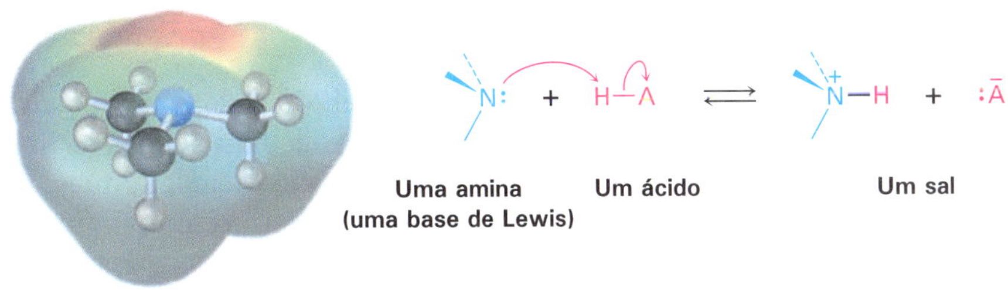

As aminas são bases muito mais fortes que álcoois e éteres, com seus análogos contendo oxigênio. Quando uma amina é dissolvida em água, é estabelecido um equilíbrio no qual a água se comporta como um ácido e transfere um próton à amina. Da mesma maneira que a força de um ácido carboxílico pode ser medida pela definição de constante de acidez K_a (**Seção 2.8**), a força de uma base pode ser estabelecida definindo-se uma *constante de basicidade* K_b. Quanto maior o valor de K_b e menor o valor de pK_b, mais favorável é o equilíbrio para a transferência de prótons e, portanto, mais forte a base.

Para a reação:

$$RNH_2 + H_2O \rightleftarrows RNH_3^+ + OH^-$$

$$K_b = \frac{[RNH_3^+]\ [OH^-]}{[RNH_2]}$$

$$pK_b = -\log K_b$$

Na prática, os valores de K_b não são muito empregados. Em vez disso, a maneira mais conveniente de se medir a basicidade de uma amina (RNH_2) é olhar a acidez do íon amônio correspondente (RNH_3^+).

Para a reação:

$$RNH_3^+ + H_2O \rightleftarrows RNH_2 + H_3O^+$$

$$K_a = \frac{[RNH_2]\ [H_3O^+]}{[RNH_3^+]}$$

então $$K_a \cdot K_b = \left[\frac{[RNH_2]\ [H_3O^+]}{[RNH_3^+]}\right]\left[\frac{[RNH_3^+]\ [OH^-]}{[RNH_2]}\right]$$

$$= [H_3O^+]\ [OH^-] = K_w = 1{,}00 \times 10^{-14}$$

Portanto $$K_a = \frac{K_w}{K_b} \quad \text{e} \quad K_b = \frac{K_w}{K_a}$$

e $$pK_a + pK_b = 14$$

Estas equações estabelecem que a K_b de uma amina multiplicada pela K_a do íon amônia correspondente é igual a K_w, a constante do produto iônico da água ($1{,}00 \times 10^{-14}$). Assim, se sabemos a K_a para um íon amônio, também é conhecida a K_b da amina correspondente porque $K_b = K_w/K_a$. Quanto mais ácido for o íon amônio, menos fortemente o próton é mantido e mais fraca é a base correspondente. Isto é, uma base mais fraca tem um íon amônio com um pK_a menor, e uma base mais forte tem um íon amônio com um pK_a maior.

Base fraca:	pK_a menores para o íon amônio
Base forte:	pK_a maiores para o íon amônio

A **Tabela 24.1** exibe os valores de pK_a de alguns íons amônio e indica que existe uma faixa ampla de basicidades de aminas. As alquilaminas mais simples apresentam basicidades semelhantes, cujos valores de pK_a para os íons amônio correspondentes estão em uma faixa estreita que varia de 10 a 11. As alquilaminas, entretanto, são consideradas menos básicas que as alquilaminas, que, por sua vez, são mais básicas que as aminas heterocíclicas, como a piridina e o pirrol.

TABELA 24.1 Basicidade de algumas aminas comuns

Nome	Estrutura	pK_a do íon amônio
Amônia	NH_3	9,26
Alquilamina primária		
Metilamina	CH_3NH_2	10,64
Etilamina	$CH_3CH_2NH_2$	10,75
Alquilamina secundária		
Dietilamina	$(CH_3CH_2)_2NH$	10,98
Pirrolidina	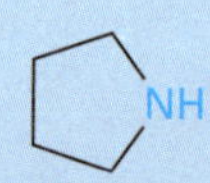	11,27
Alquilamina terciária		
Trietilamina	$(CH_3CH_2)_3N$	10,76
Arilamina		
Anilina	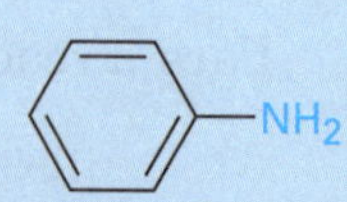	4,63
Aminas heterocíclicas		
Piridina	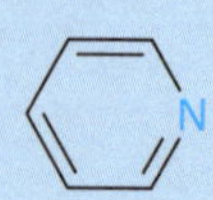	5,25
Pirimidina	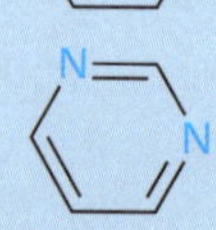	1,3
Pirrol	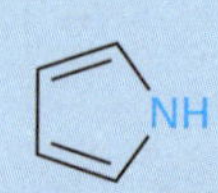	0,4
Imidazol	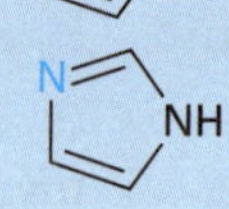	6,95

Em contraste com as aminas, as amidas ($RCONH_2$) não são básicas. As amidas não são protonadas por ácidos aquosos e são nucleófilos fracos. A principal razão para esta diferença de basicidade entre as aminas e as amidas é que uma amida é estabilizada pela deslocalização dos pares de elétrons isolados do nitrogênio através de superposição de orbital com o grupo carbonila. Em termos de ressonância, as amidas são mais estáveis e menos reativas que as aminas, porque elas são híbridas de duas formas de ressonância. Esta estabilização por ressonância da amida é perdida quando o átomo de nitrogênio é protonado, assim a protonação é desfavorecida. Os seguintes mapas de potencial eletrostático mostram claramente uma densidade eletrônica reduzida no nitrogênio da amida.

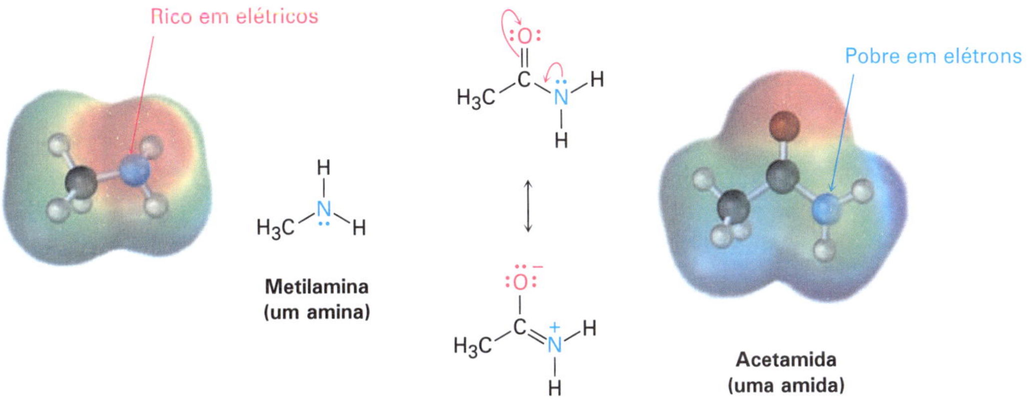

Para purificar as aminas, muitas vezes é possível tirar proveito de sua basicidade. Por exemplo, se uma mistura de uma amina básica e um composto neutro como uma cetona ou álcool é dissolvida em um solvente orgânico e então uma solução aquosa ácida é adicionada, a amina básica se dissolve na camada aquosa na forma de sal protonado, enquanto o composto neutro permanece na camada orgânica. A amina purificada é então obtida pela separação da camada aquosa, seguida da neutralização do íon amônio pela adição de NaOH (**Figura 24.2**).

FIGURA 24.2 Separação e purificação de uma amina a partir de uma mistura por extração do seu sal de amônio em água.

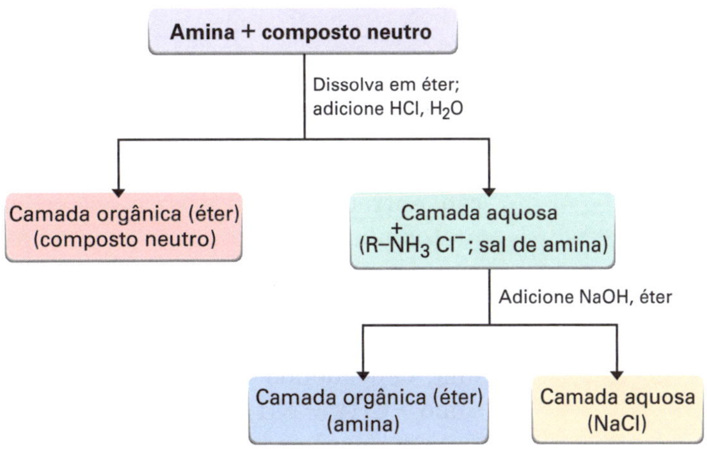

Além do seu comportamento como bases, as aminas primárias e secundárias podem também atuar como ácidos muito fracos porque um próton N–H pode ser removido por uma base suficientemente forte. Vimos, por exemplo, como a diisopropilamina ($pK_a \approx 36$) reage com o butillítio para formar o diisopropilamideto de lítio (LDA; **Seção 22.5**). Os ânions dialquilamina, como o LDA, são bases extremamente poderosas muito utilizadas no laboratório de química orgânica para gerar íons enolatos a partir de compostos de carbonila (**Seção 22.7**). Eles não são, no entanto, encontrados na bioquímica.

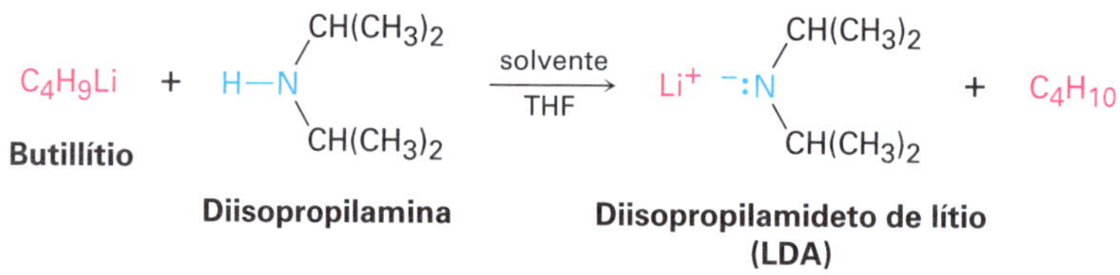

PROBLEMA 24.4 Qual composto em cada um dos pares a seguir é o mais básico?

(a) $CH_3CH_2NH_2$ ou $CH_3CH_2CONH_2$ **(b)** NaOH ou CH_3NH_2
(c) CH_3NHCH_3 ou piridina

PROBLEMA 24.5 O íon benzilamônio ($C_6H_5CH_2NH_3^+$) tem um pK_a = 9,33 e o íon propilamônio apresenta pK_a = 10,71. Qual é a base mais forte, a benzilamina ou a propilamina? Qual é o valor de pK_b correspondente para ambos os compostos?

24.4 Basicidade das arilaminas

Como observado anteriormente, as arilaminas normalmente são menos básicas que as alquilaminas. O íon anilínio, por exemplo, apresenta pK_a = 4,63, enquanto o íon metilamônio tem pK_a = 10,64. As arilaminas são menos básicas que as alquilaminas porque o par de elétrons isolado do nitrogênio está deslocalizado pela interação com o sistema de elétrons π do anel aromático e estão menos disponíveis para a ligação com o H^+. Em termos de ressonância, as arilaminas são estabilizadas em relação às alquilaminas em consequência de suas cinco formas de ressonância.

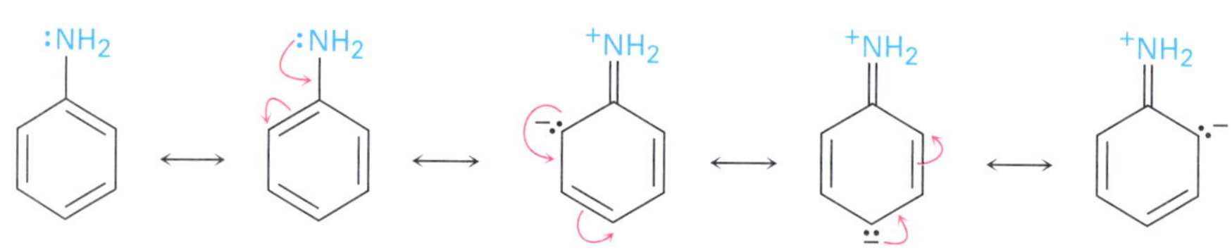

Grande parte da estabilização por ressonância se perde na protonação, entretanto, a diferença de energia entre as formas protonadas e não protonadas é muito maior para as arilaminas do que para as alquilaminas. Como resultado, as arilaminas são menos básicas. A **Figura 24.3** ilustra a diferença.

As arilaminas substituídas podem ser mais ou menos básicas que a anilina, dependendo do substituinte. Os substituintes doadores de elétrons como $-CH_3$, $-NH_2$ e $-OCH_3$, que aumentam a reatividade do anel aromático em relação à substituição eletrofílica (**Seção 16.4**), também aumentam a basicidade da arilamina correspondente. Os substituintes retiradores de elétrons, como $-Cl$, $-NO_2$ e $-CN$, que diminuem a reatividade do anel aromático em relação à substituição eletrofílica, também diminuem a basicidade da arilamina. A **Tabela 24.2** considera somente as anilinas *p*-substituídas, porém tendências semelhantes são observadas para os derivados na posição orto e meta.

FIGURA 24.3 As arilaminas possuem $\Delta G°$ de protonação mais positivo e são, portanto, menos básicas que as alquilaminas devido à estabilização por ressonância no estado fundamental. Os mapas de potencial eletrostático mostram que a densidade eletrônica do par isolado está deslocalizada na amina, mas no íon amônio correspondente a carga está localizada.

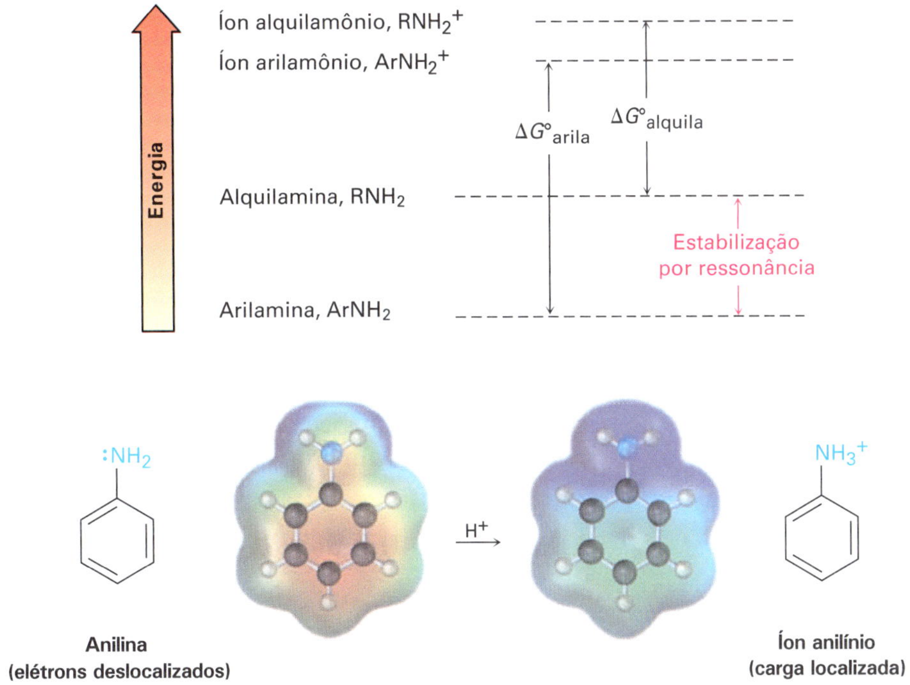

TABELA 24.2 Força básica para algumas anilinas *p*-substituídas

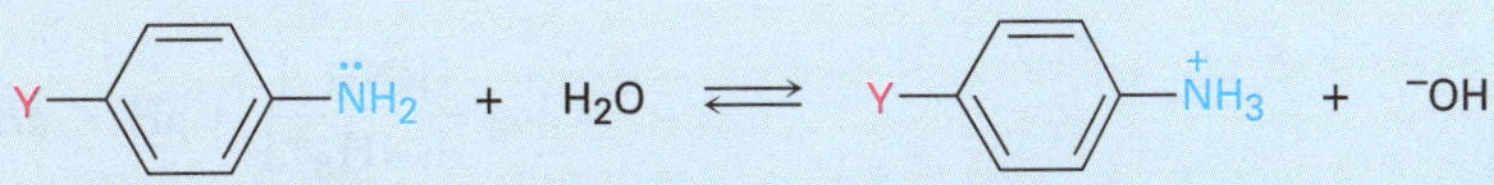

	Substituinte, Y	pK_a	
Base mais forte	$-NH_2$	6,15	Grupos ativadores
	$-OCH_3$	5,34	Grupos ativadores
	$-CH_3$	5,08	Grupos ativadores
	$-H$	4,63	
	$-Cl$	3,98	Grupos desativadores
	$-Br$	3,86	Grupos desativadores
	$-CN$	1,74	Grupos desativadores
Base mais fraca	$-NO_2$	1,00	Grupos desativadores

PROBLEMA 24.6 Sem olhar a **Tabela 24.2**, coloque os seguintes compostos em ordem crescente de basicidade.

(a) *p*-nitroanilina, *p*-aminobenzaldeído, *p*-bromoanilina

(b) *p*-cloroanilina, *p*-aminoacetofenona, *p*-metilanilina

(c) *p*-(trifluorometil)anilina, *p*-metilanilina, *p*-(fluorometil)anilina

24.5 Aminas biológicas e a equação de Henderson-Hasselbalch

Vimos na **Seção 20.3** que a extensão de dissociação de um ácido carboxílico HA em uma solução tampão aquosa para um determinado pH pode ser calculada com a equação de Henderson-Hasselbalch. Além disso, concluímos que no pH fisiológico de 7,3 dentro de células vivas, os ácidos carboxílicos estão quase totalmente dissociados em seus ânions carboxilatos, o RCO_2^-.

Equação de Henderson-Hasselbalch: $$pH = pK_a + \log\frac{[A^-]}{[HA]}$$

$$\text{então} \quad \log\frac{[A^-]}{[HA]} = pH - pK_a$$

E sobre bases de amina? De que forma elas existem em pH fisiológico? Como amina ($A^- = RNH_2$) ou como o íon amônio ($HA = RNH_3^+$)? Vamos considerar uma solução de metilamina 0,0010 mol L^{-1} em pH = 7,3, por exemplo. De acordo com a Tabela 24.1, o pK_a do íon metilamônio é 10,64, então, pela equação de Henderson-Hasselbalch, temos:

$$\log\frac{[RNH_2]}{[RNH_3{}^+]} = pH - pK_a = 7{,}3 - 10{,}64 = -3{,}34$$

$$\frac{[RNH_2]}{[RNH_3{}^+]} = \text{antilog}(-3{,}34) = 4{,}6 \times 10^{-4}$$

$$\text{então} \quad [RNH_2] = (4{,}6 \times 10^{-4})[RNH_3{}^+]$$

Além disso, sabemos que

$$[RHN_2] + [RNH_3{}^+] = 0{,}0010 \text{ mol } L^{-1}$$

Ao resolver simultaneamente as duas equações obtêm-se $[RNH_3^+]$ = 0,0010 mol L^{-1} e $[RHN_2] = 5 \times 10^{-7}$ mol L^{-1}. Em outras palavras, em pH fisiológico de 7,3, essencialmente 100% da metilamina em uma solução 0,0010 mol L^{-1} existe em sua forma protonada como íon metilamônio. Isso também é verdade para outras bases amina, por isso escrevemos as aminas celulares em sua forma protonada e os aminoácidos, em sua forma de carboxilato de amônio para refletir suas estruturas no pH fisiológico.

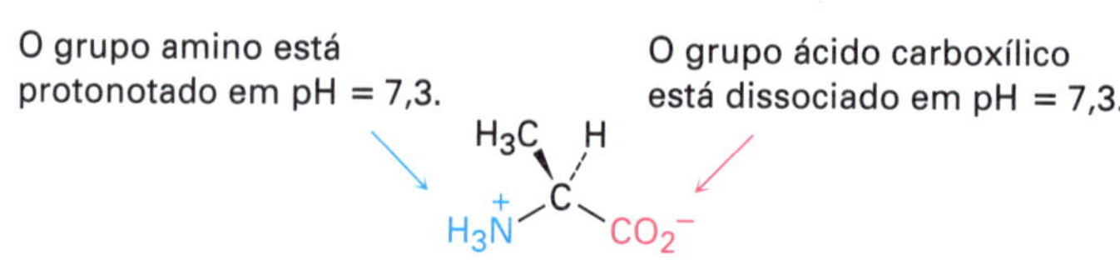

Alanina
(um aminoácido)

PROBLEMA 24.7 Calcule as porcentagens das formas neutras e protonadas presentes em uma solução de pirimidina de 0,0010 mol L^{-1} com pH = 7,3. O pK_a do íon pirimidínio é 1,3.

24.6 Síntese de aminas

REDUÇÃO DE NITRILAS, AMIDAS E NITROCOMPOSTOS

Vimos nas **Seções 20.7** e **21.7** como as aminas podem ser preparadas pela redução de nitrilas e amidas com $LiAlH_4$. A sequência de duas etapas do deslocamento S_N2 com CN^-, seguida de redução, converte haletos de alquila em alquilaminas primárias contendo mais de um átomo de carbono. A redução de amidas converte ácidos carboxílicos e seus derivados em aminas com o mesmo número de átomos de carbono.

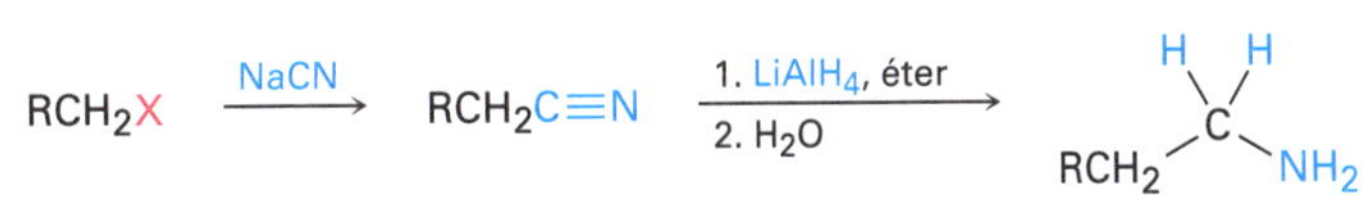

Haleto de alquila **Amina 1ª**

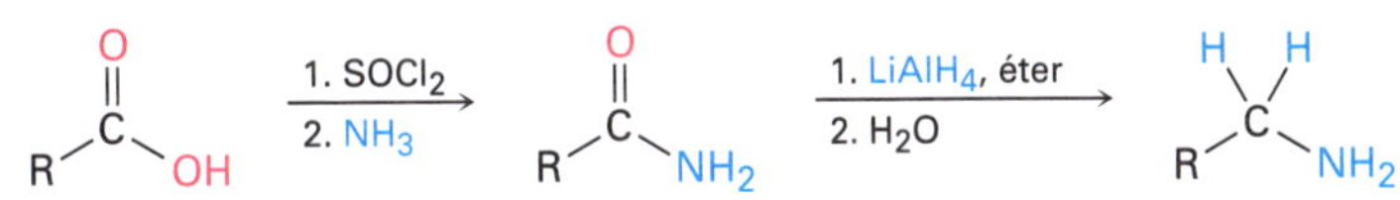

Ácido carboxílico **Amina 1ª**

As arilaminas normalmente são preparadas pela nitração de um material de partida aromático, seguida da redução do grupo nitro (**Seção 16.2**). A etapa de redução pode ser realizada de várias maneiras, dependendo das circunstâncias. A hidrogenação catalítica sobre platina funciona bem, porém é geralmente incompatível com a presença de qualquer outro grupo na molécula que também possa sofrer redução, como as ligações C=C ou grupos carbonila. Ferro, zinco, estanho e o cloreto de estanho(II) ($SnCl_2$) também são eficientes quando empregados em solução ácida aquosa. O cloreto de estanho(II) é especialmente brando e geralmente é utilizado quando outros grupos funcionais passíveis de redução estão presentes.

***p-tert*-butilnitrobenzeno** ***p-tert*-butilanilina (100%)**

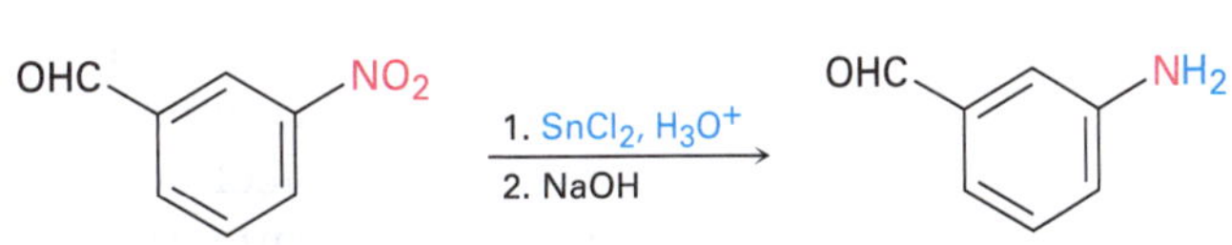

***m*-nitrobenzaldeído** ***m*-aminobenzaldeído (90%)**

PROBLEMA 24.8 Proponha as estruturas para uma nitrila ou uma amida que possa ser precursor de cada uma das seguintes aminas:

(a) $CH_3CH_2CH_2NH_2$ **(b)** $(CH_3CH_2CH_2)_2NH$
(c) Benzilamina, $C_6H_5CH_2NH_2$ **(d)** *N*-etilanilina

REAÇÕES S_N2 DE HALETOS DE ALQUILA

A amônia e outras aminas são bons nucleófilos em reações S_N2. Como resultado, o método mais simples de síntese de alquilaminas é por meio da reação de alquilação S_N2 da amônia ou de uma alquilamina com um haleto de alquila. Se for utilizada amônia, o resultado será uma amina primária; se uma amina primária for empregada, o resultado será uma amina secundária, e assim por diante. Até as aminas terciárias reagem rapidamente com haletos de alquila para dar origem a sais de amônio quaternários, $R_4N^+ X^-$.

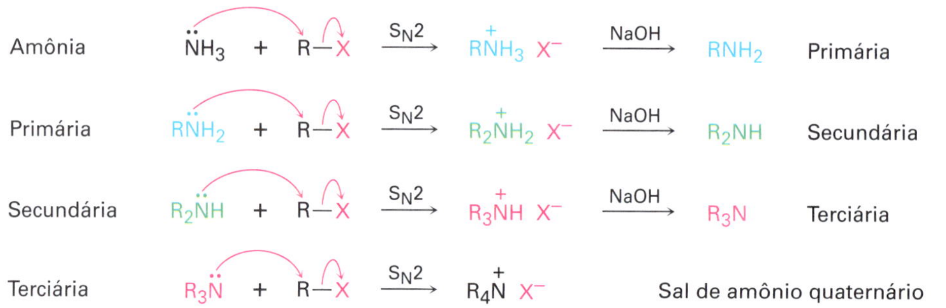

Infelizmente, essas reações não cessam após ter ocorrido uma única alquilação. Uma vez que a amônia e as aminas primárias possuem a mesma reatividade, a substância monoalquilada formada inicialmente, em geral, sofre reações adicionais formando uma mistura de produtos. Mesmo as aminas secundária e terciária sofrem alquilações adicionais, embora em uma extensão menor. Por exemplo, o tratamento do 1-bromooctano com um excesso duplo de amônia leva à formação de uma mistura contendo apenas 45% de octilamina. Uma quantidade quase igual de dioctilamina é produzida pela alquilação dupla, juntamente com pequenas quantidades de trioctilamina e brometo de tetraoctilamônio.

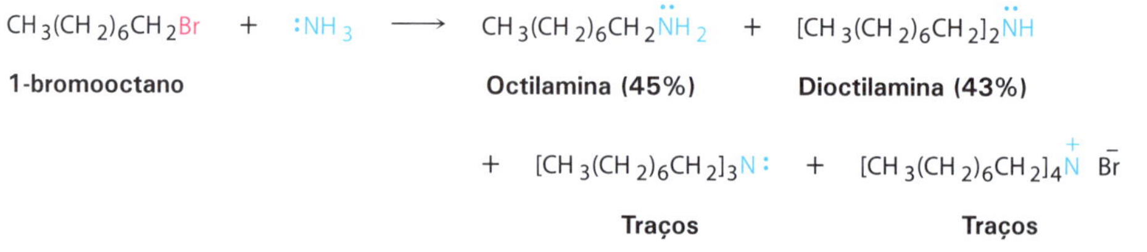

Um método melhor para a preparação de aminas primárias é a utilização do íon azida, N_3^-, em vez de amônia, como o nucleófilo para a reação S_N2 com um haleto de alquila primário ou secundário. O produto é uma azida de alquila, a qual não é nucleofílica, de modo que mais alquilações não podem ocorrer. A redução subsequente da azida de alquila com $LiAlH_4$ conduz então à amina primária desejada. Embora este método funcione bem, azidas de alquila de baixa massa molecular são explosivas e devem ser manuseadas com cuidado.

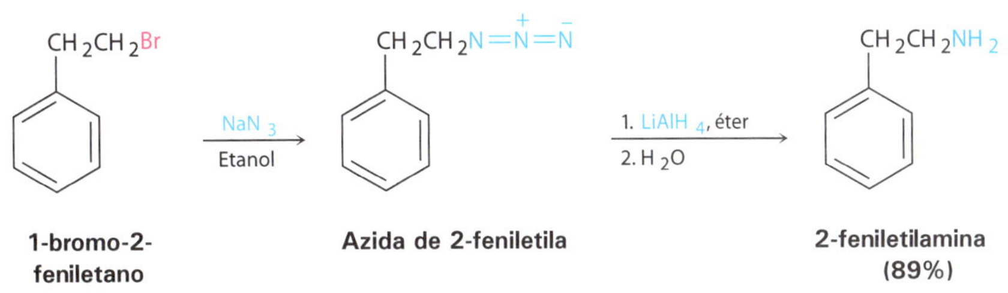

Uma outra opção para a preparação de amina primária a partir de um haleto de alquila é a **síntese de amina de Gabriel** que usa uma alquilação da *ftalimida*. Uma **imida** (−CONHCO−) é semelhante aos β-ceto-esteres em razão de o hidrogênio ácido do N−H estar circundado por dois grupos carbonila. Assim, as imidas são desprotonadas por bases como KOH e os ânions resultantes sofrem reação de alquilação rapidamente de maneira semelhante ao que ocorre na síntese do éster acetoacético (**Seção 22.7**). A hidrólise básica de amidas *N*-alquiladas resulta então na formação de uma amina primária. Observe que a etapa de hidrólise da imida é muito parecida com a da hidrólise de uma amida (**Seção 21.7**).

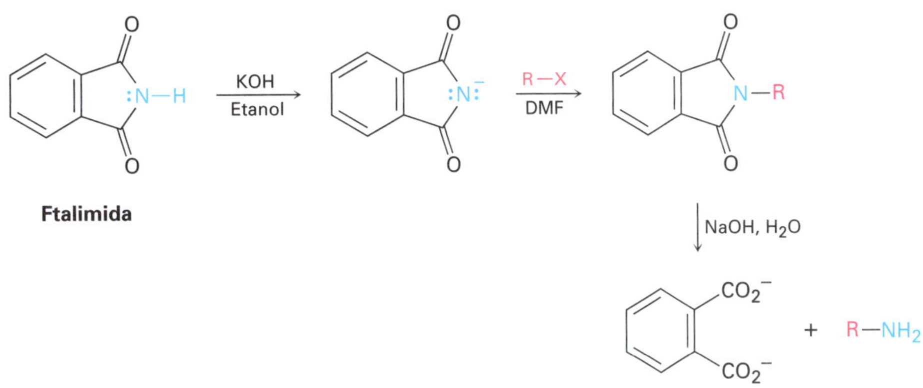

PROBLEMA 24.9 Escreva o mecanismo da última etapa da síntese de amina de Gabriel, a hidrólise básica da ftalimida para produzir uma amina mais o íon ftalato.

PROBLEMA 24.10 Mostre dois métodos para a síntese da dopamina, um neurotransmissor envolvido na regulação do sistema nervoso central. Utilize qualquer haleto de alquila necessário.

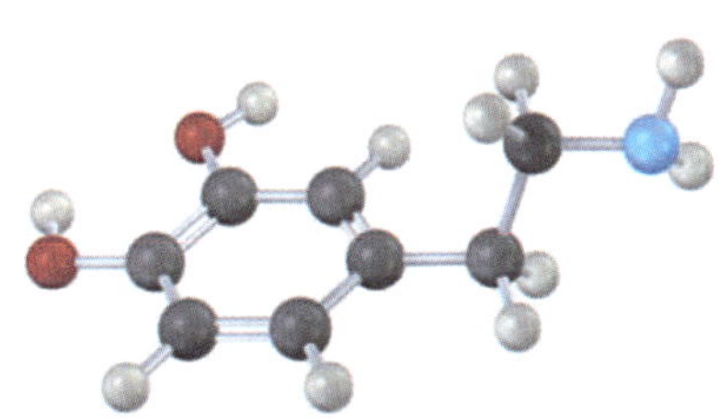

Dopamina

AMINAÇÃO REDUTIVA DE ALDEÍDOS E CETONAS

As aminas podem ser sintetizadas em uma única etapa pelo tratamento de um aldeído ou cetona com amônia ou uma amina na presença de um agente redutor, um processo denominado **aminação redutiva**. Por exemplo, a anfetamina, um estimulante do sistema nervoso central, é preparada comercialmente pela aminação redutiva da fenil-2-propanona com amônia, usando gás hidrogênio sobre um catalisador de níquel como o agente redutor. No laboratório, tanto o $NaBH_4$ quanto o $NaBH(OAc)_3$ são habitualmente utilizados (OAc = acetato).

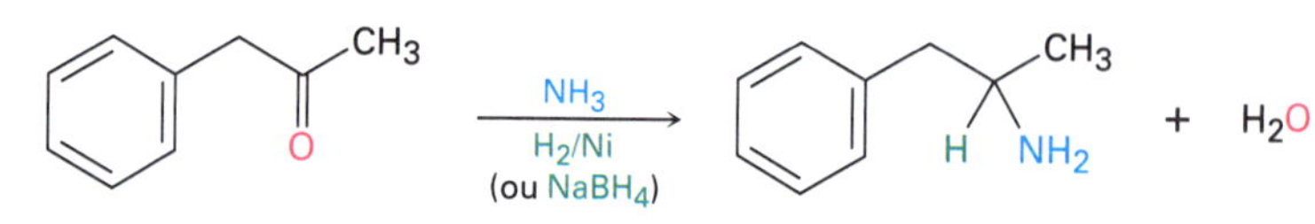

Fenil-2-propanona **Anfetamina**

A aminação redutiva ocorre pela rota mostrada na **Figura 24.4**. Uma imina intermediária é formada primeiro por uma reação de adição nucleofílica (**Seção 19.8**) e a ligação C=N da imina é então reduzida para a amina, tal como a ligação C=O de uma cetona pode ser reduzida a um álcool.

Amônia, aminas primárias e secundárias podem ser usadas na reação de aminação redutiva, levando à formação de aminas primárias, secundárias e terciárias, respectivamente.

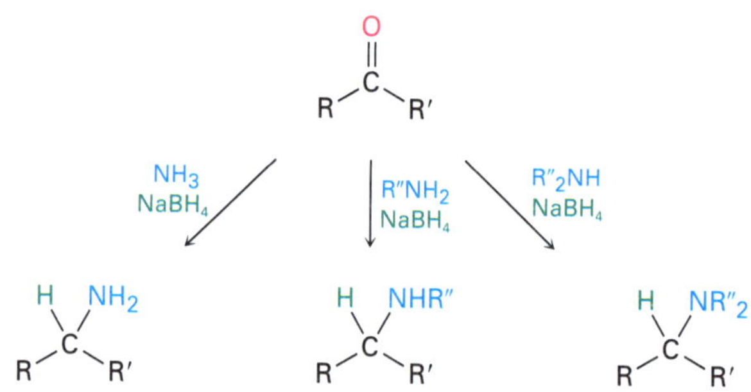

Amina primária **Amina secundária** **Amina terciária**

FIGURA 24.4 O mecanismo para a aminação redutiva de uma cetona para se obter uma amina. Detalhes da etapa de formação da imina são mostrados na Figura 19.6.

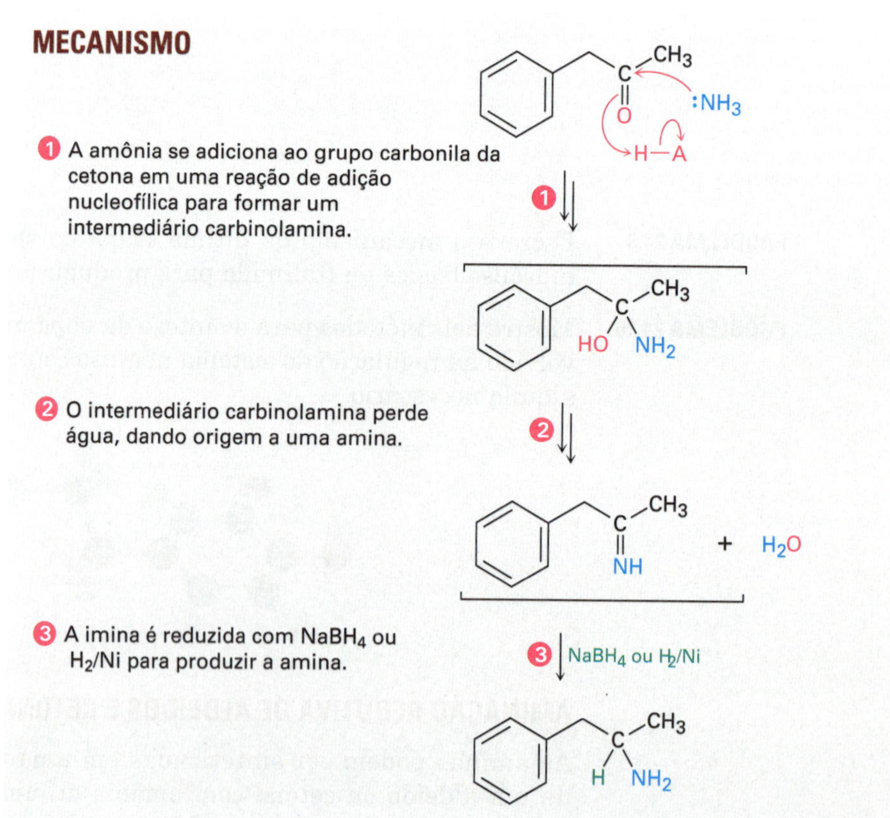

As reações de aminação redutiva também acontecem em várias rotas biológicas. Por exemplo, na biossíntese do aminoácido prolina, o glutamato 5-semialdeído sofre uma formação interna de imina para fornecer o 1-pirrolínio 5-carboxilato, que depois é reduzido por adição nucleofílica do íon hidreto à ligação C=N. A nicotinamida adenina dinucleotídeo reduzida, NADH, atua como um agente redutor biológico.

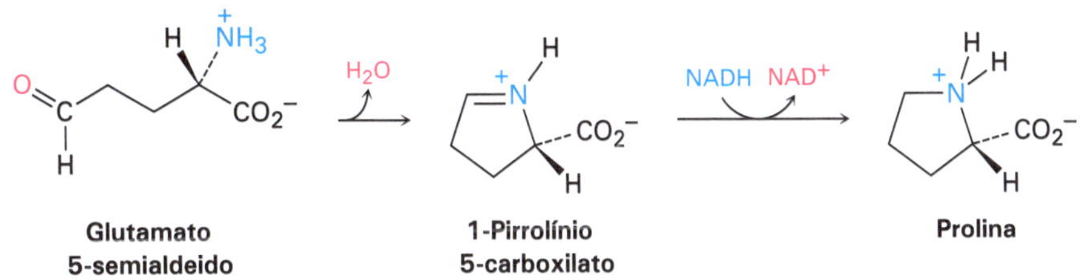

Problemas para praticar 24.1

Usando uma reação de aminação redutiva

Como você deve preparar a *N*-metil-2-feniletilamina usando uma reação de aminação redutiva?

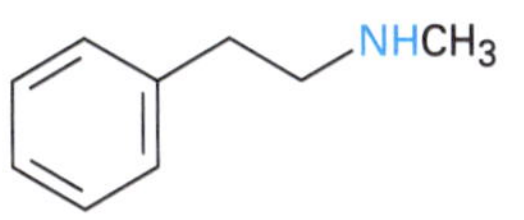

***N*-metil-2-feniletilamina**

Estratégia Observe a molécula-alvo e identifique os grupos ligados ao nitrogênio. Um dos grupos deve ser proveniente de um componente aldeído ou cetona e, o outro, derivado de uma amina. No caso da *N*-metil-2-feniletilamina, duas combinações podem conduzir ao produto: fenilacetaldeído mais metilamina ou formaldeído mais 2-feniletilamina. Em geral, é melhor escolher a combinação com o componente amina mais simples – nesse caso, a metilamina – e utilizar um excesso dessa amina como reagente.

Solução

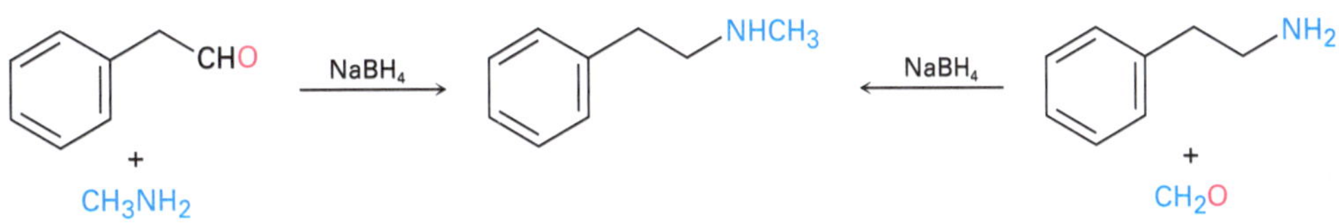

PROBLEMA 24.11 Como você prepararia as seguintes aminas usando reações de aminação redutiva? Mostre todos os possíveis precursores, se mais de um for possível.

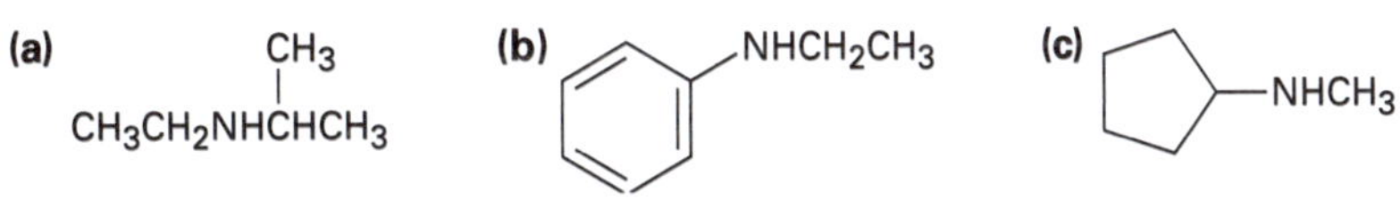

PROBLEMA 24.12 Como você prepararia a seguinte amina usando uma reação de aminação redutiva?

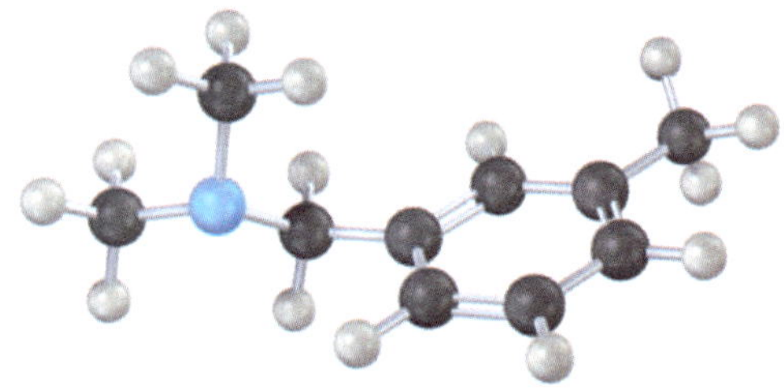

OS REARRANJOS DE CURTIUS E HOFMANN

Os derivados de ácidos carboxílicos podem ser convertidos em aminas primárias com perda de um átomo de carbono através tanto do **rearranjo de Hofmann** quanto do **rearranjo de Curtius**. Embora o rearranjo de Hofmann envolva uma amida primária e o de Curtius, uma azida de acila, ambos ocorrem através de mecanismos semelhantes.

Rearranjo de Hofmann

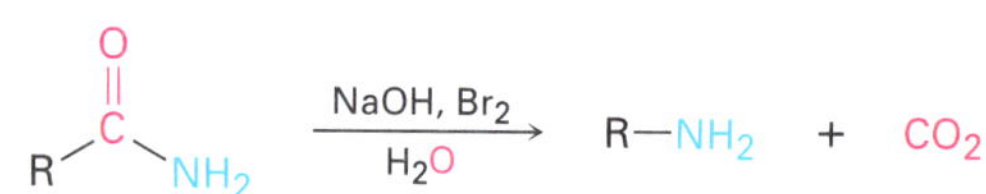

Uma amida

Rearranjo de Curtius

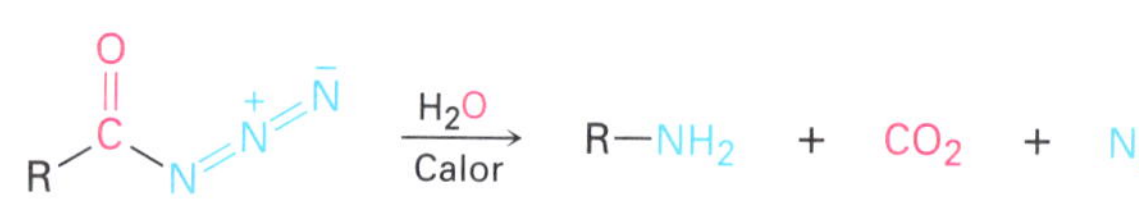

Uma azida de acila

O rearranjo de Hofmann ocorre quando uma amida primária, $RCONH_2$, é tratada com Br_2 e base (**Figura 24.5**). O mecanismo completo é muito extenso, porém a maioria das etapas individuais já foi estudada anteriormente. Assim, a bromação de uma amida nas etapas 1 e 2 é semelhante àquela promovida por base de um íon enolato proveniente de uma cetona (**Seção 22.6**), e o rearranjo do ânion bromoamida na etapa 4 é parecido com o rearranjo de carbocátion (**Seção 7.11**). A adição nucleofílica de água ao grupo carbonila isocianato na etapa 5 é um processo típico de grupo carbonila (**Seção 19.4**), bem como a etapa final de descarboxilação (**Seção 22.7**).

Apesar da sua complexidade em termos de mecanismo, o rearranjo de Hofmann normalmente fornece altos rendimentos tanto de arilaminas quanto de alquilaminas. Por exemplo, o supressor de apetite fentermina é preparado comercialmente por intermédio do rearranjo de Hofmann de uma amida primária. A combinação de fentermina e outro inibidor de apetite, fenfluramina, comumente conhecido pelo nome de Fen-Phen (abreviação do inglês de *Fen*fluramine e *Phen*termine), é suspeita de causar danos ao coração.

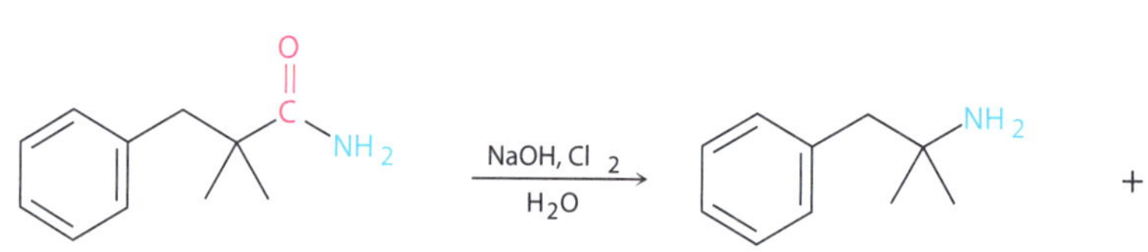

2,2-dimetil-3-fenilpropanamida **Fentermina**

FIGURA 24.5 Mecanismo do rearranjo de Hofmann de uma amida em amina. Cada etapa é análoga a uma reação estudada anteriormente.

MECANISMO

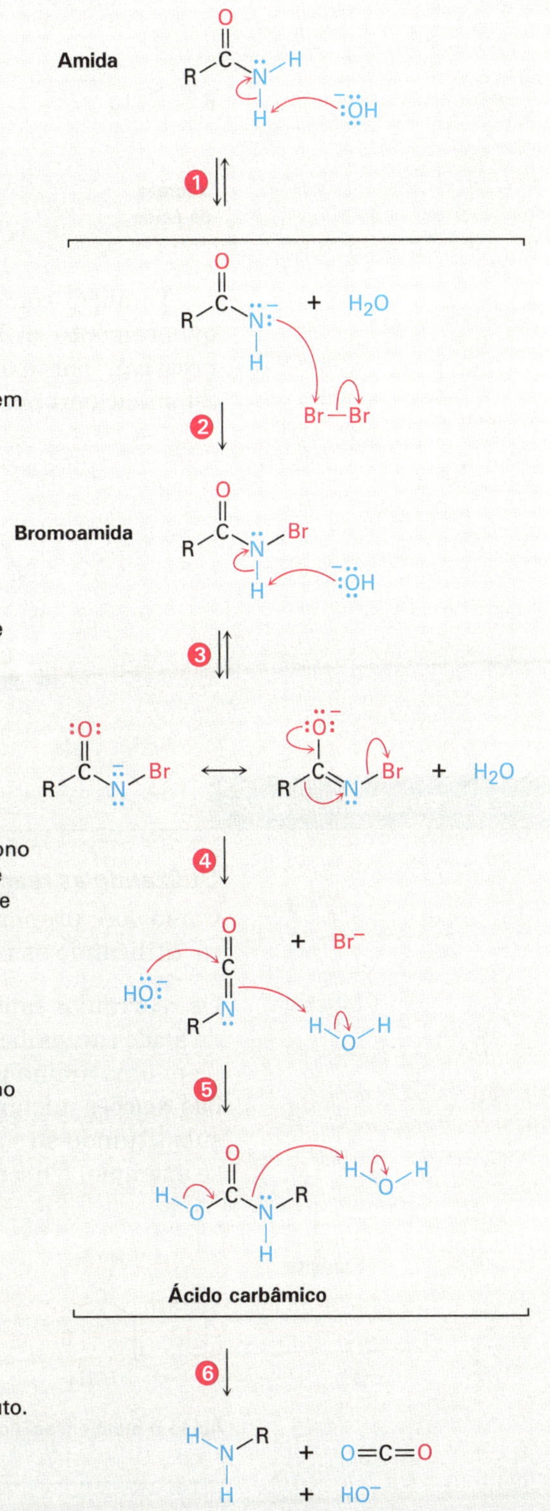

❶ A base abstrai um próton ácido N–H formando um ânion.

❷ O ânion então reage com o bromo em uma reação de substituição α para gerar uma *N*-bromoamida.

❸ A remoção do próton remanescente por uma base leva à formação de um ânion bromoamida estabilizado por ressonância . . .

❹ . . . que se rearranja quando o grupo R ligado ao átomo de carbono da carbonila migra para o átomo de nitrogênio ao mesmo tempo em que o íon brometo deixa a molécula.

❺ Uma molécula de água é adicionada ao isocianato formado no rearranjo em uma etapa de adição nucleofílica para produzir um ácido carbâmico.

❻ O ácido carbâmico espontaneamente perde CO_2, originando uma amina como produto.

O rearranjo de Curtius, como o de Hofmann, envolve a migração de um grupo –R do átomo de carbono de C=O para o nitrogênio vizinho, com perda simultânea de um grupo abandonador. A reação ocorre com o aquecimento de uma azida de acila, preparada por intermédio de uma reação de substituição nucleofílica de acila de um cloreto de ácido.

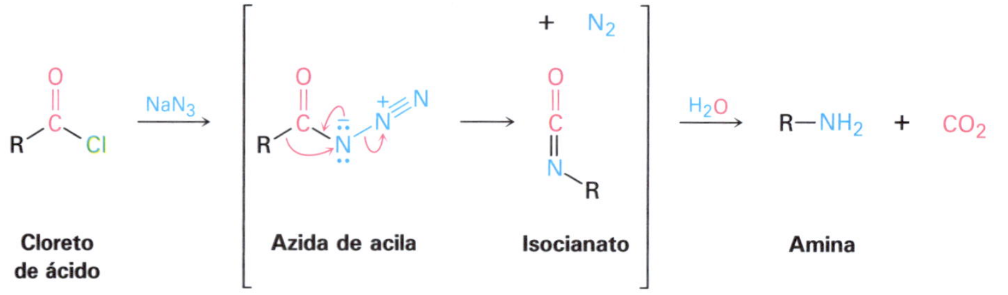

Também como o rearranjo de Hofmann, o rearranjo de Curtius é frequentemente utilizado comercialmente. A tranilcipromina, droga antidepressiva, por exemplo, é feita pelo rearranjo de Curtius de cloreto de 2-fenilciclopropanocarbonila.

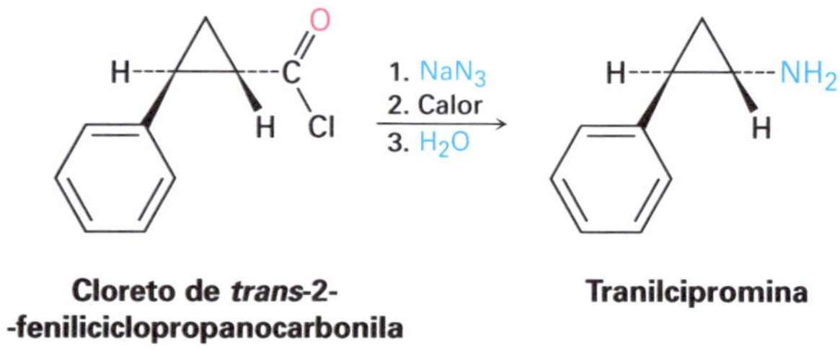

Problemas para praticar 24.2

Utilizando as reações de Hofmann e Curtius

Como você prepararia a *o*-metilbenzilamina a partir de um ácido carboxílico, utilizando os rearranjos de Hofmann e de Curtius?

Estratégia Os rearranjos tanto de Hofmann quanto de Curtius convertem um derivado de ácido carboxílico – uma amida (Hofmann) ou um cloreto de ácido (Curtius) – em uma amina primária com a perda de um carbono, $RCOY \rightarrow RNH_2$. Ambas reações iniciam com o mesmo ácido carboxílico, que pode ser identificado substituindo-se o grupo $-NH_2$ do produto amina por um grupo $-CO_2H$. Nesse exemplo, é necessário o ácido *o*-metilfenilacético.

Solução

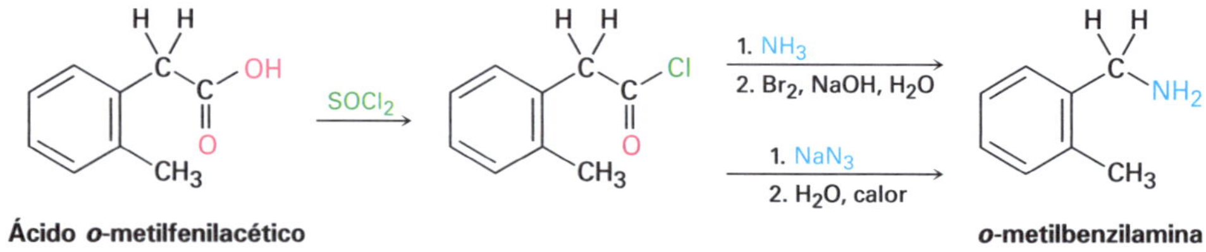

PROBLEMA 24.13 Como você prepararia as seguintes aminas, usando os rearranjos de Hofmann e de Curtius em um derivado de ácido carboxílico?

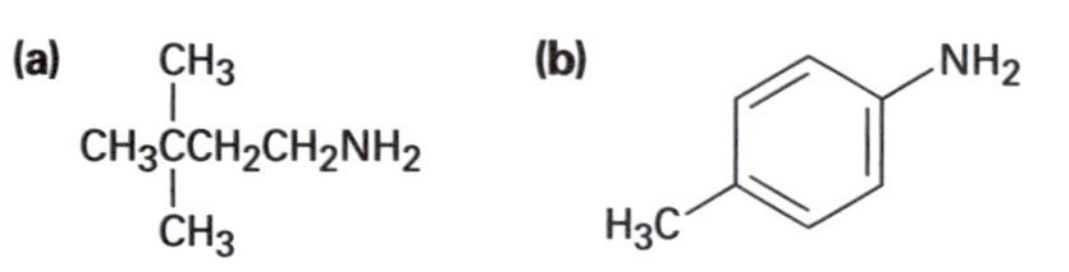

24.7

Reações de aminas

ALQUILAÇÃO E ACILAÇÃO

Estudamos anteriormente as duas reações mais gerais envolvendo as aminas – alquilação e acilação. Vimos no início deste capítulo que as aminas primárias, secundárias e terciárias podem ser alquiladas pela reação com um haleto de alquila primário. As alquilações de aminas primárias e secundárias são difíceis de controlar e normalmente fornecem misturas de produtos, mas aminas terciárias alquiladas formam exclusivamente os sais de amônio quaternários. As aminas primárias e secundárias (mas não as terciárias) também podem ser aciladas através de uma reação de substituição de acila com um anidrido de ácido ou um cloreto de ácido, para gerar uma amida (**Seções 21.4** e **21.5**). Observe que a superacilação do nitrogênio não ocorre porque o produto de amida é muito menos nucleofílico e menos reativo que a amina de partida.

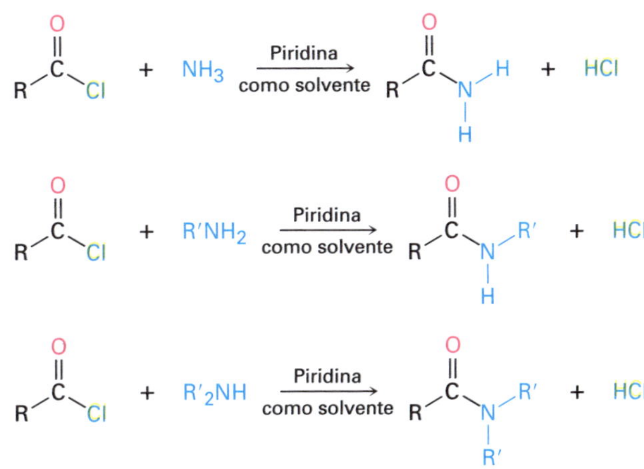

ELIMINAÇÃO DE HOFMANN

Como os álcoois, as aminas podem ser convertidas em alcenos por uma reação de eliminação. Mas uma vez que um íon amida, NH_2^-, é um grupo abandonador fraco, ele deve primeiro ser convertido em um grupo abandonador melhor. Na **reação de eliminação de Hofmann**, uma amina é completamente metilada por reação com uma quantidade em excesso de iodometano para produzir o sal de amônio quaternário correspondente. Este sal é então submetido a eliminação para se obter um alceno por aquecimento com uma base, tipicamente óxido de prata, Ag_2O. Por exemplo, a 1-metilpentilamina é convertida em 1-hexeno.

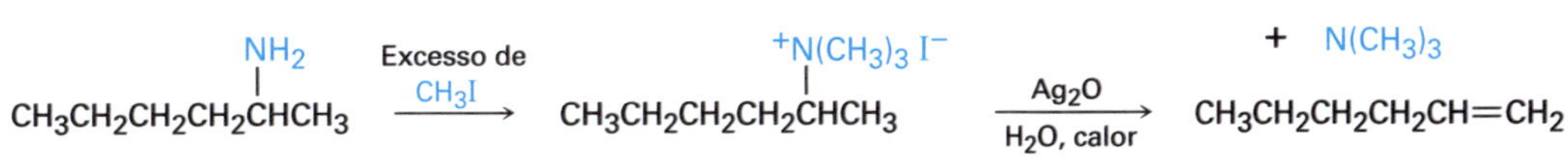

1-metilpentilamina | **Iodeto de (1-metilpentil) trimetilamônio** | **1-hexeno (60%)**

O óxido de prata age trocando o íon iodeto por íon hidróxido no sal quaternário, proporcionando assim a base necessária para a eliminação. A etapa de eliminação verdadeira é uma reação E2 (**Seção 11.8**), na qual o íon hidróxido remove um próton ao mesmo tempo em que o átomo de nitrogênio carregado positivamente deixa a molécula.

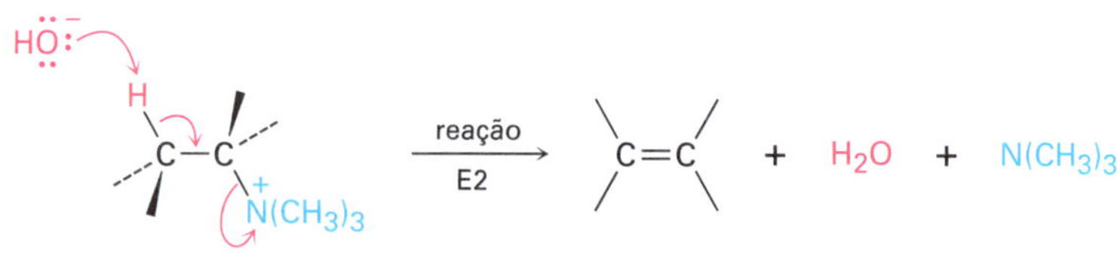

Sal de amônio quaternário **Alceno**

Ao contrário do que acontece nas outras reações E2, o produto principal da eliminação de Hofmann é o alceno menos substituído em vez do mais substituído, como mostrado pela reação de hidróxido de (1-metilbutil) trimetilamônio, para gerar 1-penteno em vez do alternativo 2-penteno. A razão para este resultado não Zaitsev é provavelmente estérica. Devido ao grande tamanho do grupo abandonador trialquilamina, a base deve abstrair um hidrogênio da posição mais acessível, menos impedida.

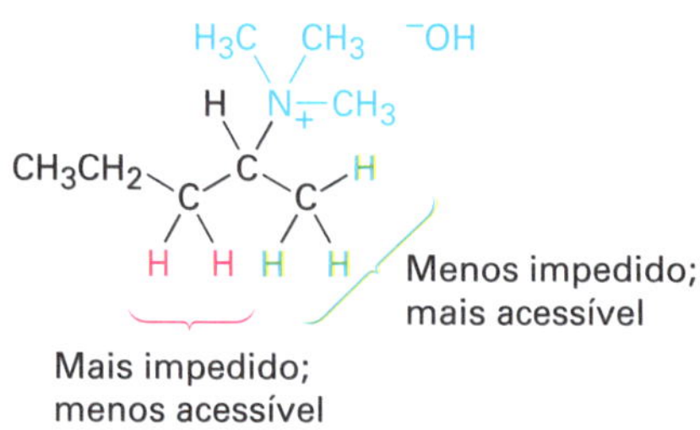

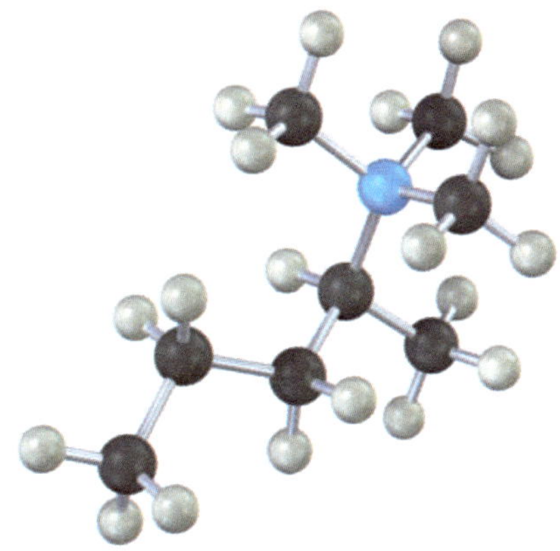

Hidróxido de (1-metilbutil-trimetilamônio)

↓

$CH_3CH_2CH_2CH{=}CH_2$ + $CH_3CH_2CH{=}CHCH_3$

1-penteno (94%) **2-penteno (6%)**

A reação de eliminação de Hofmann não é atualmente muito utilizada no laboratório, mas eliminações biológicas análogas ocorrem frequentemente, embora geralmente com íons amônio protonados, em vez de sais de amônio quaternário. Na biossíntese de ácidos nucleicos, por exemplo, a substância chamada adenilsuccinato sofre uma eliminação de um nitrogênio carregado positivamente para formar fumarato junto com monofosfato de adenosina.

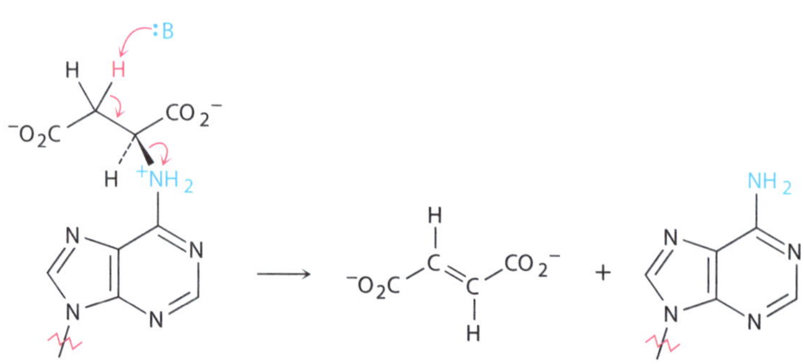

Adenilsuccinato **Fumarato** **Monofosfato de adenosina**

PROBLEMAS PARA PRATICAR 24.3

Prevendo produto de uma eliminação de Hofmann

Qual produto você esperaria obter da eliminação de Hofmann da seguinte amina?

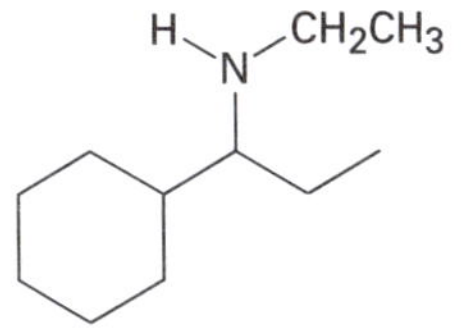

Estratégia A eliminação de Hofmann é uma reação E2 que converte uma amina em um alceno e ocorre com regioquímica não Zaitsev para formar a ligação dupla menos substituída. Para prever o produto, olhe o reagente e identifique as posições a partir das quais podem ocorrer eliminação (as posições dos dois carbonos longe do nitrogênio). Então realize uma reação de eliminação utilizando o hidrogênio mais acessível. No presente exemplo, existem três posições possíveis nas quais as eliminações podem acontecer – uma posição primária, uma secundária e uma terciária. A posição primária é a mais acessível e leva à formação do alceno menos substituído, o etileno.

Solução

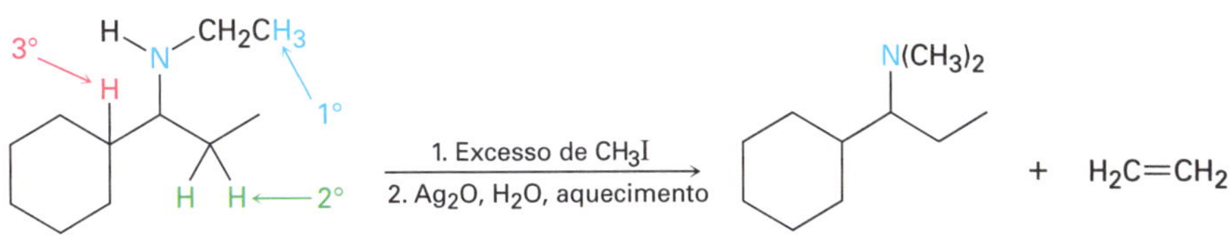

PROBLEMA 24.14 Quais produtos você esperaria obter a partir da reação de eliminação de Hofmann das seguintes aminas? Se mais de um produto for gerado, indique aquele que se forma em maior quantidade.

(a) 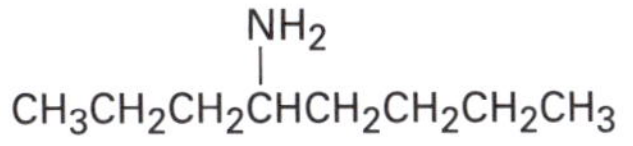

(b) 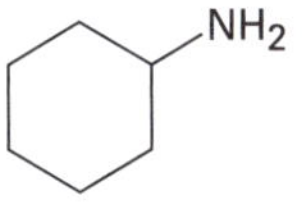

(c) 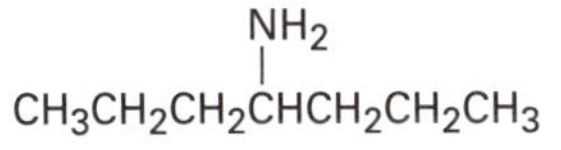

(d) 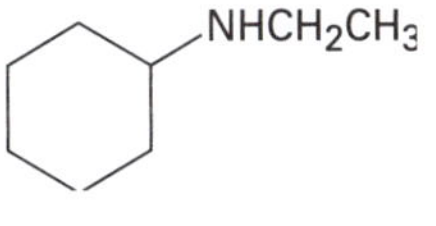

PROBLEMA 24.15 Qual produto você esperaria obter a partir da reação de eliminação de Hofmann de uma amina heterocíclica como a piperidina? Escreva todas as etapas.

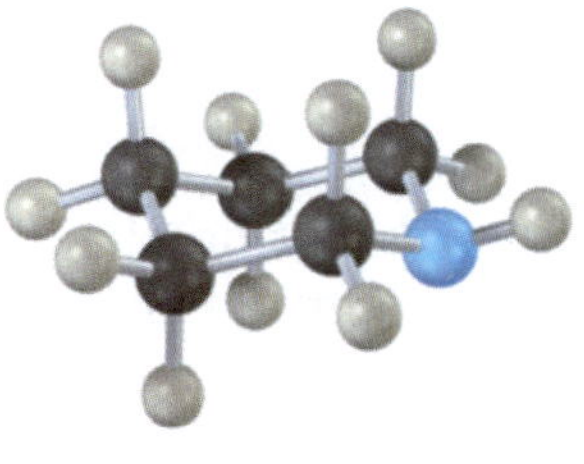

Piperidina

24.8

Reações de arilaminas

SUBSTITUIÇÃO ELETROFÍLICA AROMÁTICA

Um grupo amino é fortemente ativador e orientador orto- e para- em reações de substituição eletrofílica aromática (**Seção 16.4**). Esta alta reatividade dos benzenos amino-substituídos pode ser um inconveniente, por vezes, porque muitas vezes é difícil evitar a polissubstituição. Por exemplo, a reação da anilina com Br_2 ocorre rapidamente e forma o produto 2,4,6-tribromado. O grupo amino é um ativador tão forte que é impossível cessar a reação no produto monobromado.

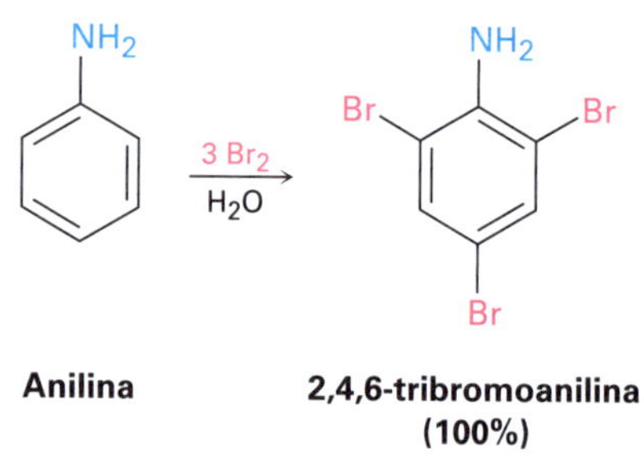

Um outro fator negativo dos benzenos amino-substituídos em reações de substituição aromática é que as reações de Friedel-Crafts não são bem-sucedidas (**Seção 16.3**). O grupo amino forma um complexo ácido-base com o catalisador $AlCl_3$, que impede que a reação prossiga normalmente. Esses fatores negativos podem ser superados realizando-se as reações de substituição eletrofílica aromática na amida correspondente em vez de na amina livre.

Como vimos na **Seção 21.5**, o tratamento de uma amina com anidrido acético produz acetamida. Os substituintes amida (−NHCOR), mesmo sendo ativadores e orientadores orto- e para-, são menos fortemente ativadores e menos básicos que os grupos amina, uma vez que o par isolado de elétrons do nitrogênio está deslocalizado pelo grupo carbonila vizinho. Como resultado, a bromação de uma *N*-arilamina dá origem a um único produto monobromado e a hidrólise da amida com solução aquosa básica então produz a amina livre. Por exemplo, a *p*-toluidina (4-metilanilina) pode ser acetilada, bromada e hidrolizada para formar a 2-bromo-4-metilanilina. Nenhum produto 2,6-dibromado é formado na reação.

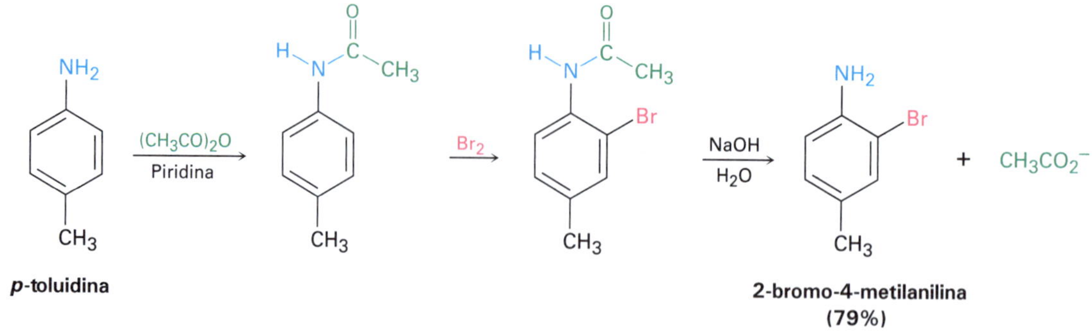

As reações de alquilação e acilação de Friedel-Crafts de *N*-arilaminas também ocorrem normalmente. Por exemplo, a benzoilação da acetanilida (*N*-acetilanilina) nas condições da reação de Friedel-Crafts resulta na formação da 4-aminobenzofenona com rendimento de 80% após a hidrólise.

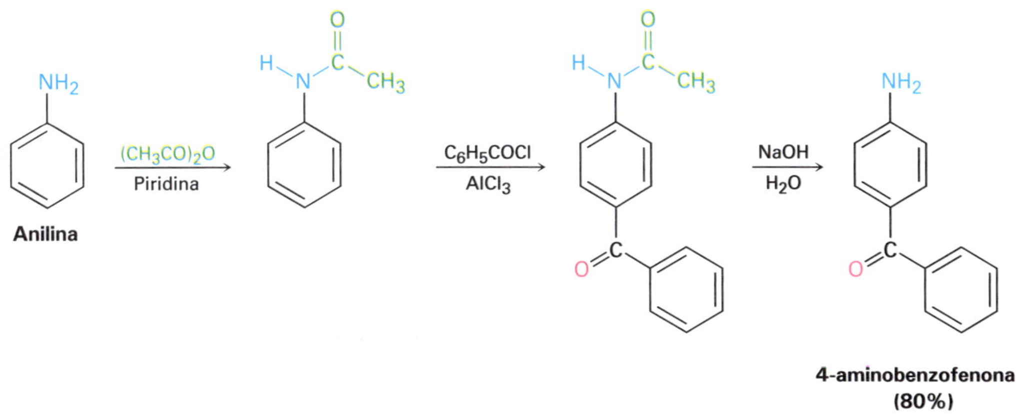

A modulação da reatividade dos benzenos amino-substituídos transformando-os em amidas é um truque bastante útil e permite a muitos tipos de reações de substituição eletrofílica aromática, que de outra maneira seriam impossíveis, possam acontecer normalmente. Um exemplo é a preparação dos medicamentos sulfa, como sulfanilamida.

Os medicamentos sulfa foram os primeiros agentes farmacêuticos a serem utilizados clinicamente contra a infecção bacteriana. Embora em grande parte tenham sido substituídos hoje por antibióticos mais seguros e mais poderosos, os medicamentos sulfa são creditados com os salvadores de vidas de milhares de feridos durante a Segunda Guerra Mundial e ainda são prescritos para infecções no trato urinário. Eles são preparados por clorossulfonação da acetanilida, seguida por reação do cloreto de *p*-(*N*-acetilamina) benzenossulfonila com amônia ou uma outra amina para se obter uma sulfonamida. A hidrólise da amida, em seguida, produz o fármaco sulfa. Note que a hidrólise da amida pode ser efetuada na presença do grupo sulfonamida, porque as sulfonamidas hidrolisam muito lentamente.

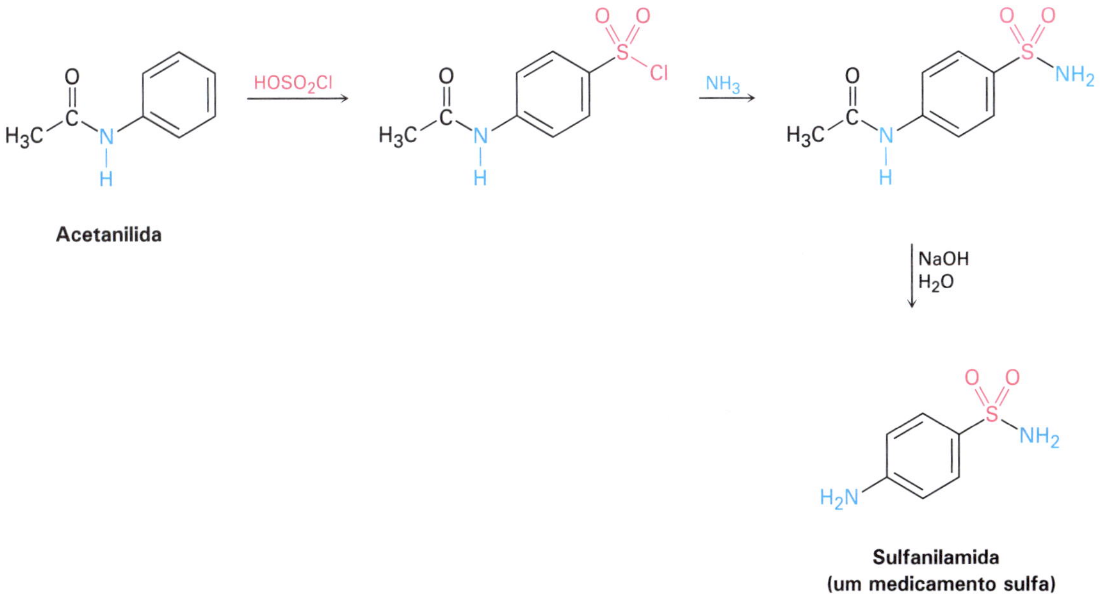

PROBLEMA 24.16 | Proponha uma síntese do medicamento sulfatiazol a partir do benzeno e qualquer amina que seja necessária.

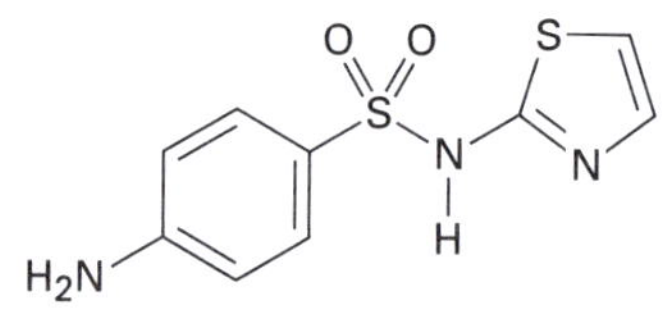

Sulfatiazol

PROBLEMA 24.17 Proponha as sínteses dos seguintes compostos a partir do benzeno:

(a) *N*-*N*-dimetilanilina **(b)** *p*-cloroanilina

(c) *m*-cloroanilina **(d)** 2,4-dimetilanilina

SAIS DE DIAZÔNIO: A REAÇÃO DE SANDMEYER

As arilaminas primárias reagem com o ácido nitroso, HNO_2 para formar os *sais de arenodiazônio* estáveis, $Ar-\overset{+}{N} \equiv NX^-$, um processo chamado de *reação de diazotização*. As alquilaminas também reagem com o ácido nitroso, mas os produtos alcano diazônio correspondentes são tão reativos que eles não podem ser isolados. Em vez disso, eles imediatamente perdem nitrogênio para formar carbocátions. A perda semelhante de N_2 de um íon arenodiazônio para gerar um cátion arila é desfavorecida pela instabilidade do cátion.

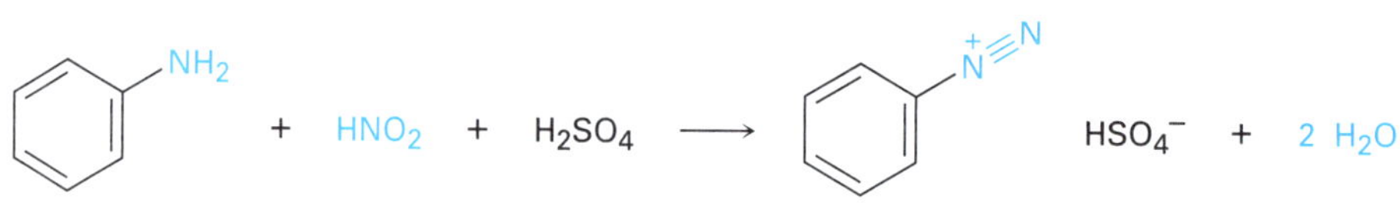

Os sais de arenodiazônio são extremamente úteis porque o grupo diazônio (N_2) pode ser substituído por um nucleófilo em uma reação de substituição.

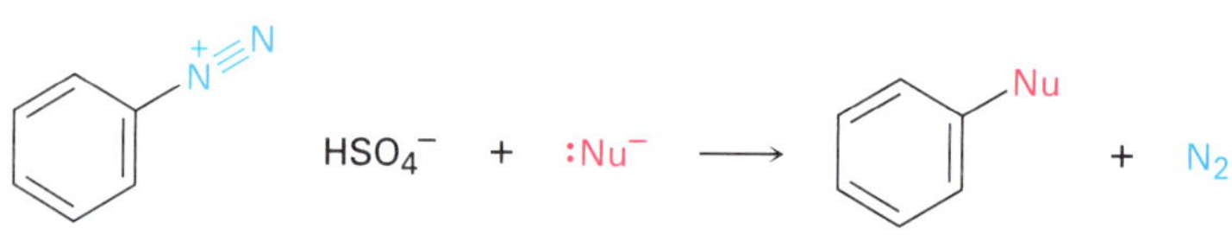

Muitos nucleófilos diferentes – haleto, hidreto, cianeto e hidróxido, dentre outros – reagem com os sais de arenodiazônio, dando origem a diferentes tipos de benzenos substituídos. A sequência completa de (1) nitração, (2) redução, (3) diazotização e (4) substituição nucleofílica é provavelmente o método mais versátil de substituição aromática.

Os cloretos e brometos de arila são preparados pela reação de um sal de arenodiazônio com o haleto de cobre(I) correspondente, CuX, um processo denominado **reação de Sandmeyer**. Os iodetos de arila podem ser preparados pela reação direta com o NaI sem empregar o sal de cobre(I). Os rendimentos estão geralmente entre 60% e 80%.

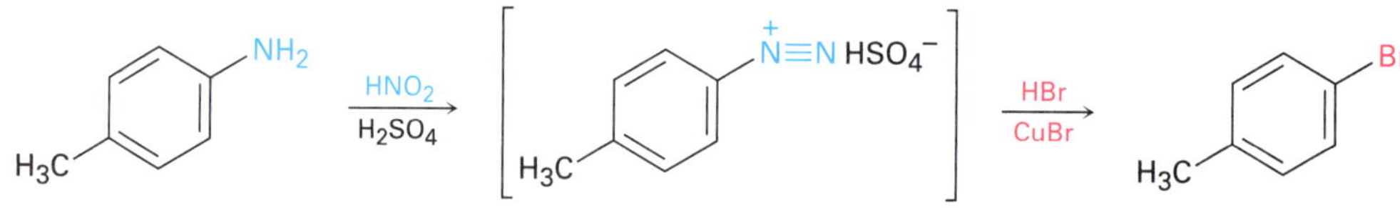

p-metilanilina

p-bromotolueno (73%)

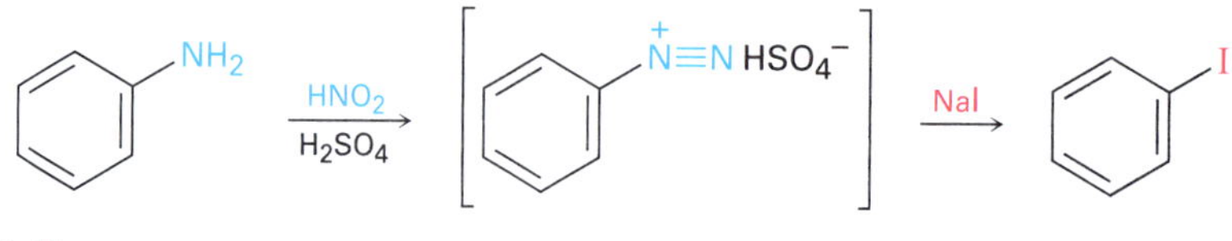

Anilina

Iodobenzeno (67%)

O tratamento semelhante de um sal de arenodiazônio com o CuCN produz uma nitrila, ArCN, que pode então ser convertida em outros grupos funcionais, como em carboxila. Por exemplo, a reação de Sandmeyer do bissulfato de *o*-metilbenzenodiazônio com o CuCN leva à formação do *o*-metilbenzonitrila, que pode ser hidrolisada para formar o ácido *o*-metilbenzoico. Esse produto não pode ser preparado a partir do *o*-xileno pela rota usual de oxidação da cadeia lateral, pois ambos os grupos metila seriam oxidados.

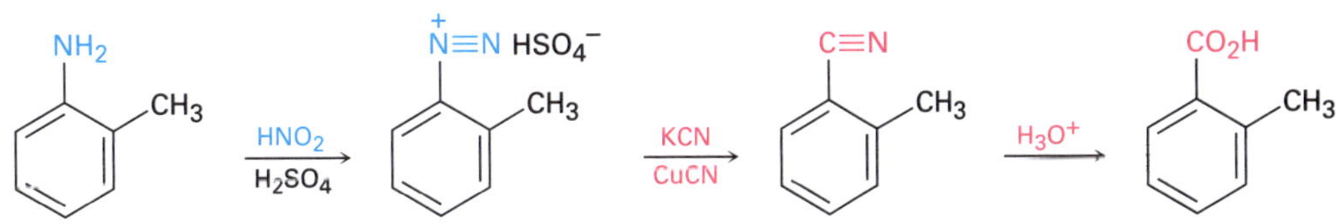

***o*-metilanilina** **Bissulfato de *o*-metilbenzenodiazônio** ***o*-metilbenzonitrila** **Ácido *o*-metilbenzoico**

O grupo diazônio também pode ser substituído por −OH para gerar um fenol e também por −H, dando origem a um areno. Um fenol é preparado pela reação do sal de arenodiazônio com o óxido de cobre(I) em solução aquosa de nitrato de cobre(II), uma reação que é especialmente importante, pois existem poucos métodos gerais para introduzir um grupo −OH no anel aromático.

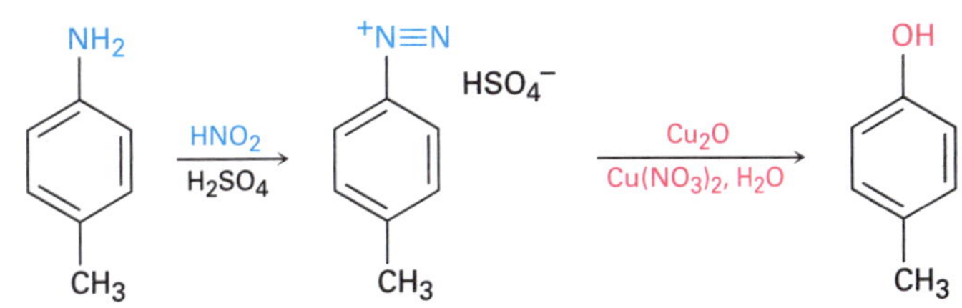

***p*-metilanilina (*p*-toluidina)** ***p*-cresol (93%)**

A redução de um sal de diazônio para gerar um areno acontece no tratamento com o ácido hipofosforoso, H_3PO_2. Essa reação é usada principalmente quando existe a necessidade de introduzir temporariamente um substituinte amino no anel para tirar vantagem do seu efeito orientador. Suponha, por exemplo, que você precise preparar o 3,5-dibromotolueno. Este produto não pode ser feito por bromação direta de tolueno porque a reação ocorreria nas posições 2 e 4. Partindo da *p*-metilanilina (*p*-toluidina), entretanto ocorre a dibromação na posição orto- ao substituinte amino fortemente orientador, e a diazotização seguida pelo tratamento com o H_3PO_2 leva à formação do produto desejado.

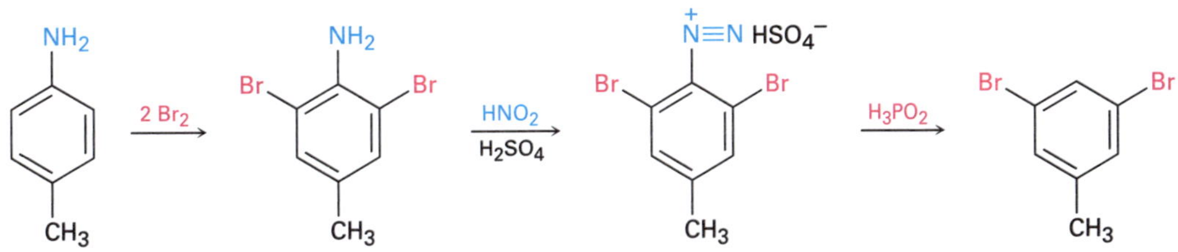

***p*-metilanilina** **3,5-dibromotolueno**

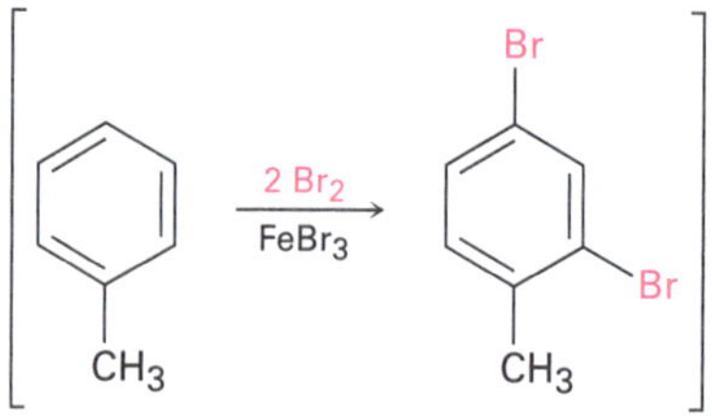

Tolueno 2,4-dibromotolueno

Em termos de mecanismo, essas reações de substituição do íon diazônio ocorrem por intermédio de radical em vez de rotas polares. Na presença de um composto de cobre(I), por exemplo, acredita-se que o íon arenodiazônio é, inicialmente, convertido em um radical arila mais cobre(II), seguido da reação que dará origem ao produto mais o catalisador de cobre(I) regenerado.

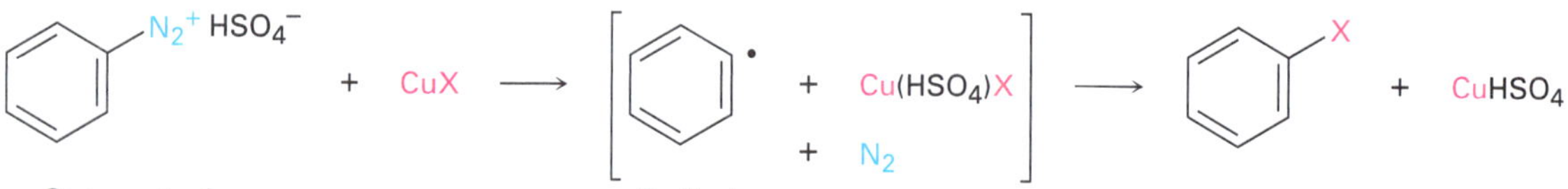

Composto de diazônio Radical arila

Problemas para praticar 24.4

Utilizando as reações de substituição de diazônio

Como você prepararia a *m*-hidroxiacetofenona a partir do benzeno utilizando uma reação de substituição de diazônio no seu esquema?

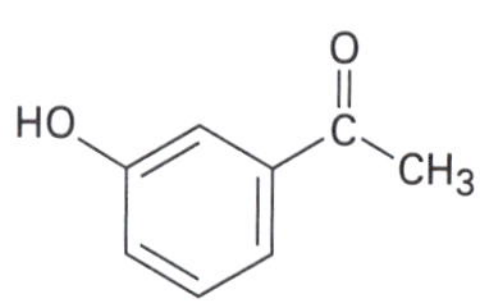

***M*-hidroxiacetofenona**

Estratégia Como sempre, as sínteses orgânicas são planejadas trabalhando retrossinteticamente, a partir do produto final, uma etapa de cada vez. Primeiro, identifique os grupos funcionais no produto e lembre-se de como esses grupos podem ser sintetizados. A *m*-hidroxiacetofenona tem um grupo $-OH$ e um grupo $-COCH_3$ em uma relação meta no anel benzênico. Um grupo hidroxila normalmente é introduzido no anel aromático por uma sequência de quatro etapas: nitração, redução, diazotização e substituição do íon diazônio. Um grupo acetila é introduzido por uma reação de acilação de Friedel-Crafts.

Em seguida, pergunte-se como seria o precursor imediato do produto. Uma vez que um grupo acetila é orientador meta- e um grupo hidroxila é um orientador orto- e para-, a acetofenona poderia ser um precursor da *m*-hidroxiacetofenona. O benzeno, por sua vez, é o precursor da acetofenona.

Solução

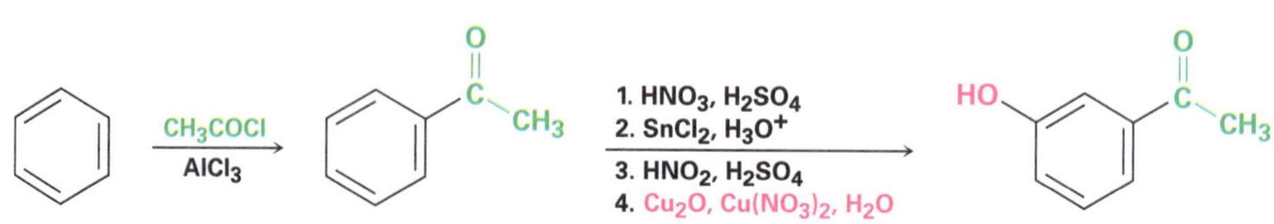

Benzeno Acetofenona *M*-hidroxiacetofenona

PROBLEMA 24.18 Como você prepararia os seguintes compostos a partir do benzeno, utilizando uma reação de substituição do íon diazônio?

(a) Ácido *p*-bromobenzoico **(b)** Ácido *m*-bromobenzoico

(c) *m*-bromoclorobenzeno **(d)** Ácido *p*-metilbenzoico

(e) 1,2,4-tribromobenzeno

REAÇÕES DE ACOPLAMENTO DE DIAZÔNIO

Os sais de arenodiazônio sofrem uma reação de acoplamento com anéis aromáticos ativados como fenóis e arilaminas dando origem a um produto colorido de muito brilho, denominado **composto azo**, Ar–N=N–Ar':

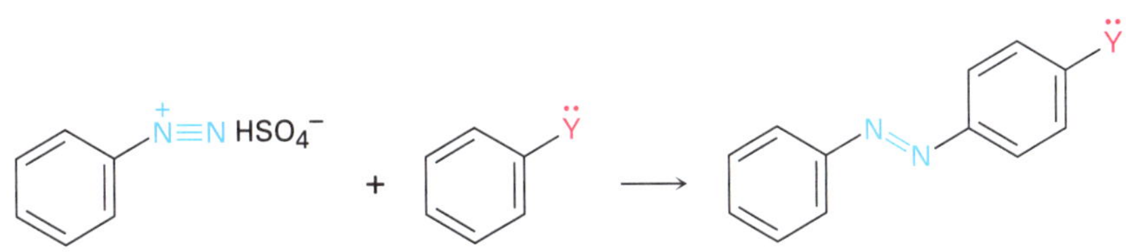

Um composto azo

em que Y = –OH ou –NR$_2$

As reações de acoplamento de diazônio são substituições eletrofílicas aromáticas típicas nas quais o íon diazônio carregado positivamente é o eletrófilo que reage com o anel rico em elétrons de um fenol ou de uma arilamina. A reação geralmente ocorre na posição para-.

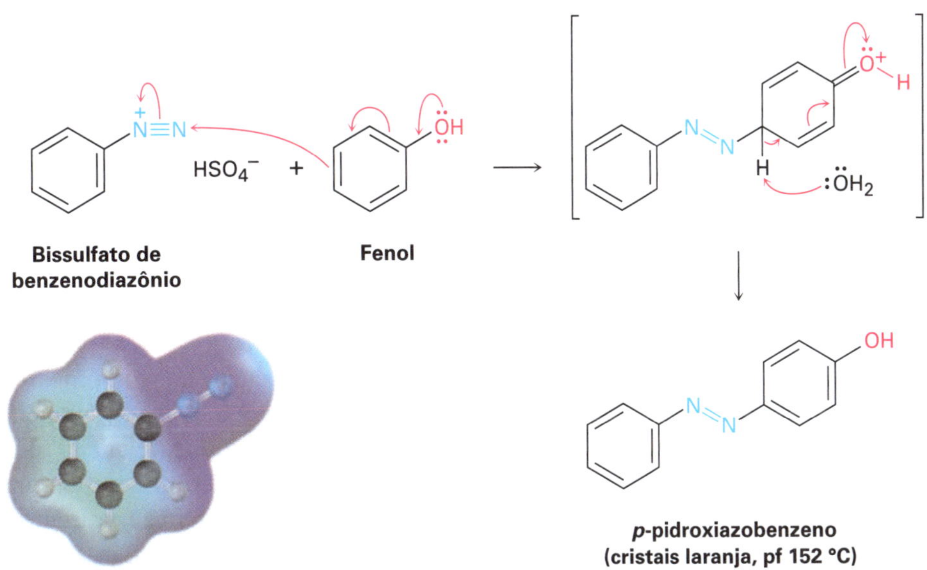

Bissulfato de benzenodiazônio

Fenol

***p*-pidroxiazobenzeno (cristais laranja, pf 152 °C)**

Os produtos de acoplamento azo são largamente empregados como corantes têxteis, por que a conjugação estendida do sistema aromático π faz que eles absorvam na região do visível do espectro eletromagnético (**Seção 14.9**). O *p*-(dimetilamino)azobenzeno, por exemplo, é um composto amarelo brilhante utilizado antigamente como corante na margarina.

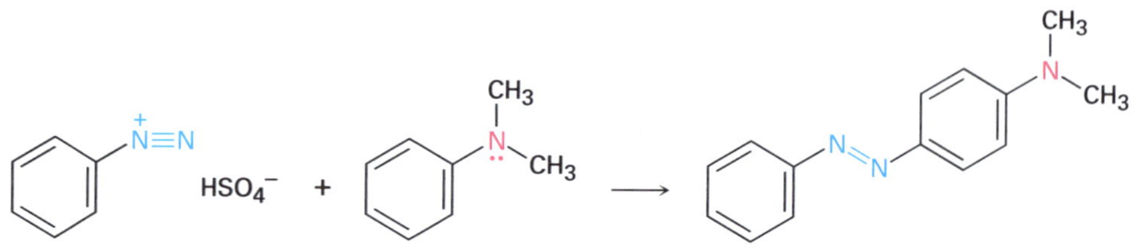

Bissulfato de benzeno diazônio — *N,N*-dimetilanilina — *p*-(dimetilamino)azobenzeno (cristais amarelos, pf 127 °C)

PROBLEMA 24.19 Proponha uma rota sintética para o *p*-(dimetilamino)azobenzeno a partir do benzeno como seu único reagente orgânico de partida.

24.9 Aminas heterocíclicas

Como observado na **Seção 15.5** em conexão com uma discussão sobre aromaticidade, um composto orgânico cíclico que contém átomos de dois ou mais elementos em seu anel é chamado de um *heterociclo*. As aminas heterocíclicas são particularmente comuns e muitas têm propriedades biológicas importantes. O fosfato de piridoxal, uma coenzima; sildenafil (Viagra), um produto farmacêutico bem conhecido; e heme, o veículo de oxigênio no sangue, são alguns exemplos.

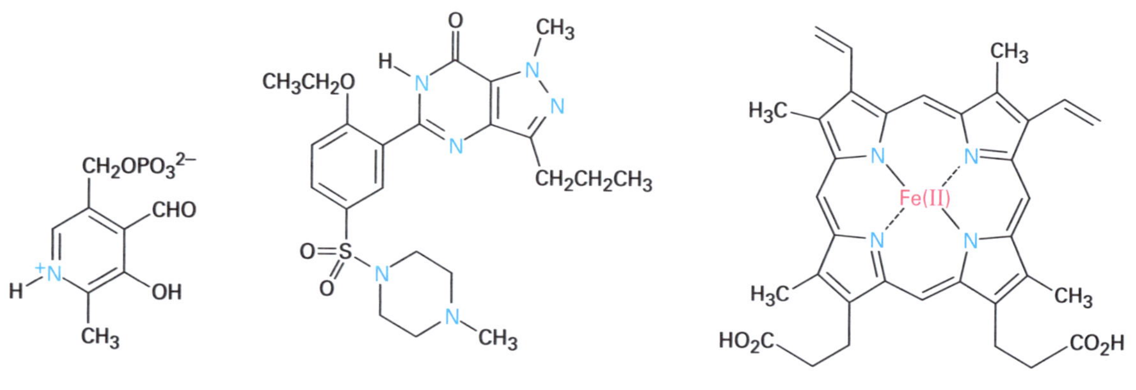

Fosfato de piridoxal (uma coenzima) — Sildenafil (Viagra) — Heme

A maioria dos heterociclos possui a mesma química que seus análogos de cadeia aberta. As lactonas e os ésteres acíclicos têm comportamento semelhante, as lactamas e as amidas acíclicas têm comportamento semelhante e os ésteres cíclicos e acíclicos têm comportamento semelhante. Entretanto, em alguns casos, particularmente quando o anel é insaturado, os heterociclos possuem propriedades únicas e interessantes.

PIRROL E IMIDAZOL

O pirrol, a amina heterocíclica insaturada com cinco membros mais simples, é obtida para fins comerciais pelo tratamento do furano com amônia sobre alumina como catalisador a 400 °C. O furano, o análogo do pirrol que contém oxigênio, é obtido por desidratação catalisada por ácido de açúcares de cinco carbonos encontrados na casca da aveia e nos sabugos do milho.

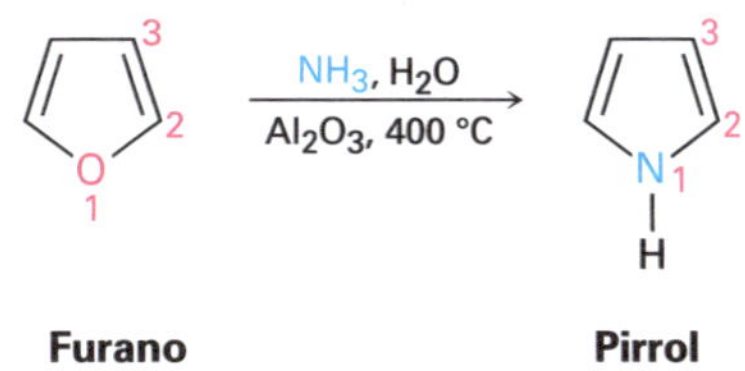

Embora o pirrol pareça ser tanto uma amina como um dieno conjugado, suas propriedades químicas não são consistentes com nenhuma dessas características estruturais. Diferentemente da maioria das aminas, o pirrol não é básico – o pK_a do íon pirrolínio é 0,4; diferentemente da maioria dos outros dienos conjugados, o pirrol sofre reações de substituição eletrofílica, e não adições. A razão para essas duas propriedades, como observado anteriormente na **Seção 15.5**, é que o pirrol possui seis elétrons π e é aromático. Cada um dos quatro carbonos contribui com um elétron π, e o nitrogênio hibridizado sp^2 contribui com mais dois do seu par isolado.

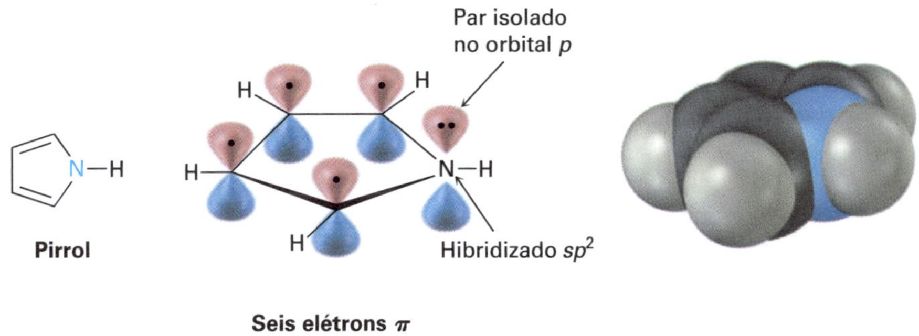

Como o par isolado do nitrogênio faz parte do sexteto aromático, a protonação no nitrogênio destruiria a aromaticidade do anel. O átomo de nitrogênio no pirrol é menos rico em elétrons, menos básico e menos nucleofílico que o nitrogênio em uma amina alifática. Seguindo o mesmo princípio, os átomos de carbono do pirrol são mais ricos em elétrons e mais nucleofílicos que os carbonos com ligações duplas típicas. O anel de pirrol é reativo diante de eletrófilos da mesma maneira que as enaminas (**Seção 23.11**). Os mapas de potencial eletrostático mostram como o nitrogênio do pirrol é pobre em elétrons (menos vermelho) em comparação com o nitrogênio no seu correspondente saturado, a pirrolidina, enquanto os átomos de carbono do pirrol são ricos em elétrons (mais vermelhos) em comparação com os carbonos no 1,3-ciclopentadieno.

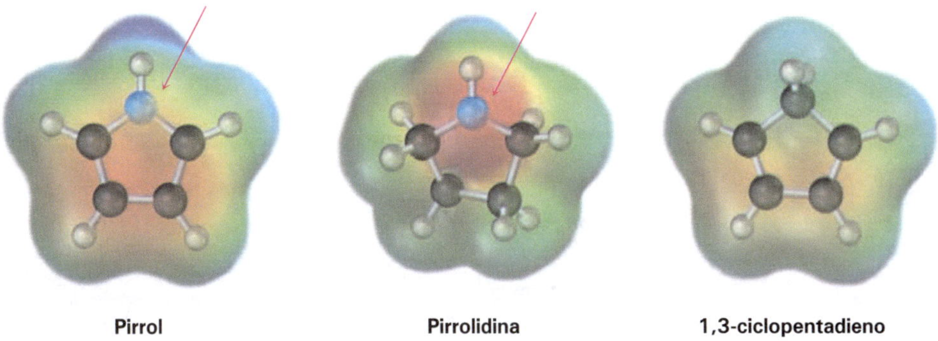

A química do pirrol é semelhante à dos anéis de benzeno ativados. Entretanto, em geral, os heterociclos são mais reativos diante de eletrófilos que os anéis de benzeno, e baixas temperaturas geralmente são necessárias para controlar as reações. A halogenação, a nitração, sulfonação e a acilação de Friedel-Crafts podem ser realizadas. Por exemplo:

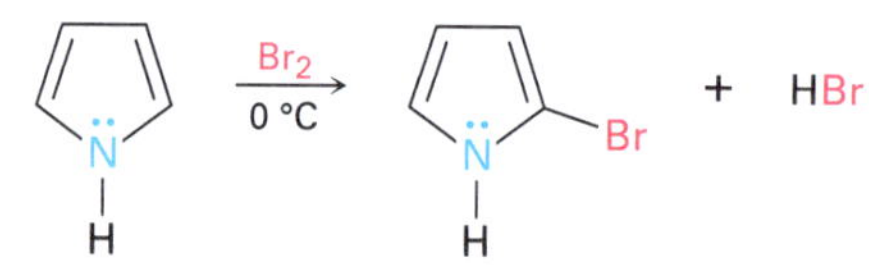

Pirrol — 2-bromopirrol (92%)

Geralmente, as substituições eletrofílicas ocorrem no C2, a posição próxima ao nitrogênio, pois a reação nessa posição leva a um cátion intermediário mais estável que possui três formas de ressonância, enquanto a reação no C3 fornece um cátion menos estável com apenas duas formas de ressonância (**Figura 24.6**).

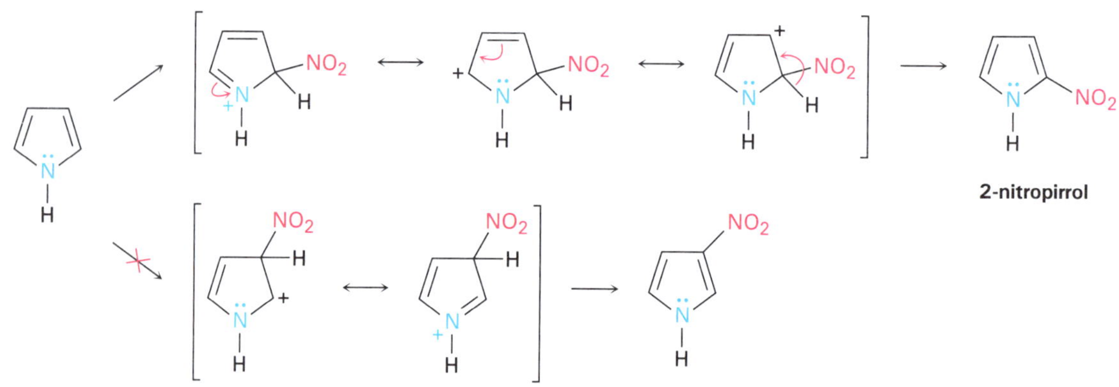

2-nitropirrol

3-nitropirrol
(Não formado)

FIGURA 24.6 Nitração eletrofílica do pirrol. O intermediário produzido pela reação no C2 é mais estável que o produzido pela reação no C3.

Outras aminas heterocíclicas com cinco membros comuns incluem o imidazol e o tiazol. O imidazol, um constituinte do aminoácido histidina, possui dois nitrogênios, mas apenas um deles é básico. O tiazol, o sistema de anel com cinco membros no qual a estrutura de tiamina (vitamina B_1) é baseada, também contém um nitrogênio básico que é alquilado na tiamina para formar um íon amônio quartenário.

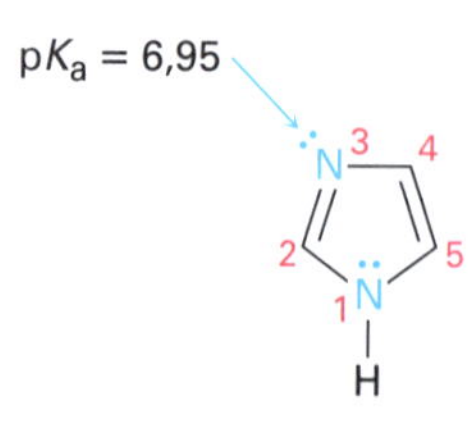

Imidazol

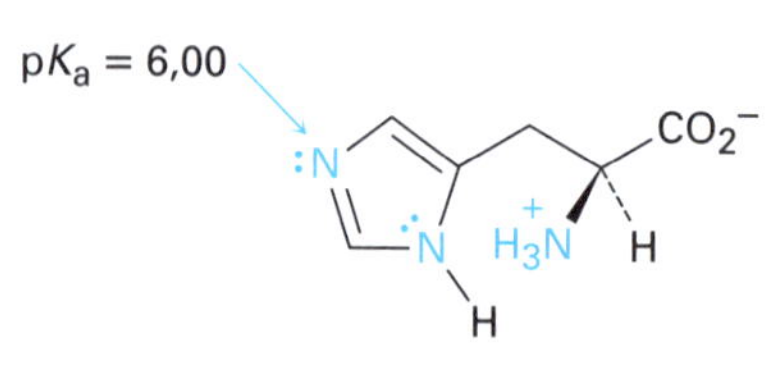

Histidina

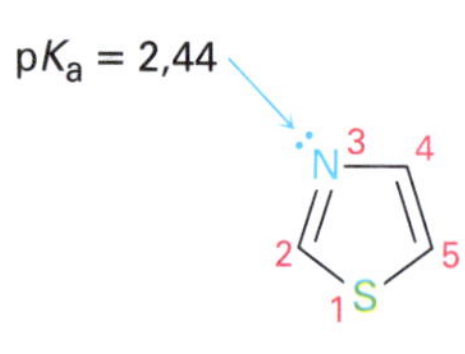

Tiazol

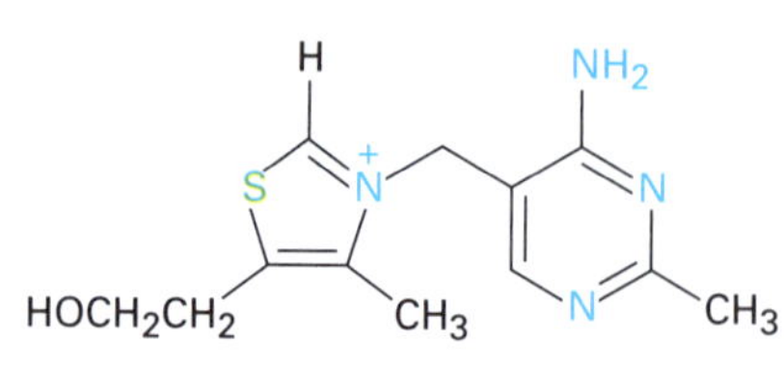

Tiamina (vitamina B_1)

PROBLEMA 24.20 Desenhe uma figura do orbital do tiazol. Suponha que tanto o átomo de nitrogênio quanto o de enxofre estejam hibridizados sp^2 e mostre os orbitais que os pares isolados ocupam.

PROBLEMA 24.21 Qual a porcentagem de protonação do átomo de nitrogênio do imidazol na histidina em um pH fisiológico de 7,3? (**Seção 24.5**.)

PIRIDINA E PIRIMIDINA

A piridina é um análogo heterocíclico do benzeno que contém nitrogênio. Assim como o benzeno, a piridina é uma molécula plana e aromática, com ângulos de ligação de 120° e comprimentos de ligação C–C de 139 pm, intermediários entre ligações simples e duplas. Os cinco átomos de carbono e o nitrogênio hibridizado sp^2 contribuem, cada um, com um elétron π para o sexteto aromático, e os elétrons do par isolado ocupam um orbital sp^2 no plano do anel (**Seção 15.5**).

Como mostrado na Tabela 24.1, a piridina (pK_a = 5,25) é uma base mais forte que o pirrol, mas mais fraca que as alquilaminas. A basicidade diminuída da piridina, comparada a uma alquilamina, se deve ao fato de os elétrons do par isolado no nitrogênio da piridina estarem em um orbital sp^2, enquanto aqueles no nitrogênio de uma alquilamina estarem no orbital sp^3. Uma vez que os orbitais *s* possuem densidade eletrônica máxima no núcleo, mas os orbitais *p* possuem um nó no núcleo, os elétrons em um orbital com mais caráter *s* são mantidos mais próximos ao núcleo carregado positivamente e se tornam menos disponíveis para ligação. Como resultado, o átomo de nitrogênio hibridizado sp^2 (33% de caráter *s*) na piridina é menos básico que o nitrogênio hibridizado sp^3 em uma alquilamina (25% de caráter *s*).

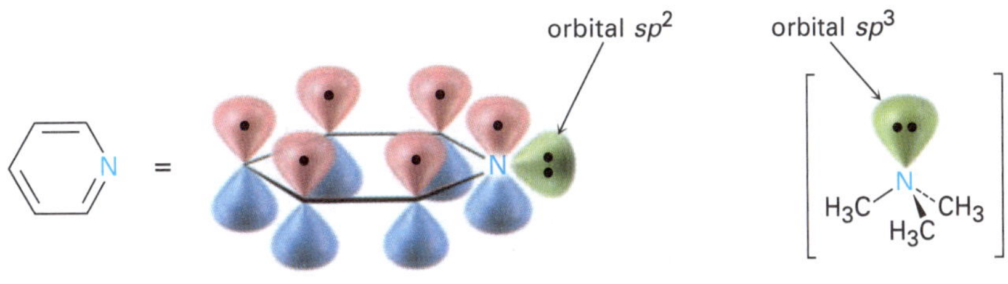

Piridina

Diferentemente do benzeno, a piridina sofre reações de substituição eletrofílica aromática com dificuldade. A halogenação pode ser executada sob condições drásticas, mas a nitração ocorre com rendimento muito baixo, e as reações de Friedel-Crafts não são bem-sucedidas. As reações geralmente formam o produto substituído na posição 3.

Piridina **3-bromopiridina (30%)**

A baixa reatividade da piridina diante da substituição eletrofílica aromática é causada por uma combinação de fatores. Um deles é a complexação ácido-base entre o átomo de nitrogênio do anel básico e o eletrófilo que está chegando e coloca uma carga positiva no anel, desativando-o. Igualmente importante é o fato de a densidade eletrônica do anel diminuir pelo efeito indutivo retirador de elétrons do átomo eletronegativo de nitrogênio. Assim, a piridina possui um substancial momento dipolo (μ = 2,26 D), com os carbonos do anel agindo como a extremidade positiva do dipolo. A reação de um eletrófilo com os átomos de carbono polarizado é positivamente difícil.

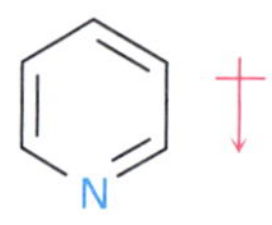

μ = 2,26 D

Além da piridina, a diamina de seis membros pirimidina também é comumente encontrada em moléculas biológicas, particularmente como um constituinte dos ácidos nucleicos. Com um pK_a de 1,3, a pirimidina é substancialmente menos básica que a piridina por causa do efeito indutivo do segundo nitrogênio.

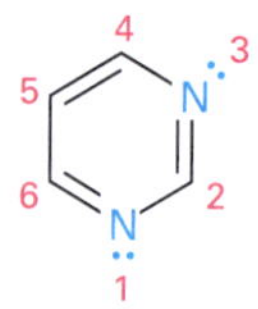

Pirimidina
pK_a = 1,3

PROBLEMA 24.22 As reações de substituição eletrofílica aromática da piridina normalmente ocorrem no C3. Desenhe os carbocátions intermediários resultantes da reação de um eletrófilo no C2, C3 e C4 e explique o resultado observado.

HETEROCICLOS POLICÍCLICOS

Como vimos na **Seção 15.6**, a quinolina, a isoquinolina, o indol e a purina são heterociclos policíclicos comuns. Os primeiros três contêm um anel de benzeno e um anel aromático heterocíclico, enquanto a purina contém dois anéis heterocíclicos conjugados. Todos os quatro sistemas de anéis são comumente encontrados na natureza, e diversos compostos com esses anéis mostram pronunciada atividade fisiológica. A quinina do alcaloide quinolina, por exemplo, é amplamente utilizada como droga antimalária, o triptofano é um aminoácido comum e a purina e a adenina é um constituinte de ácidos nucleicos.

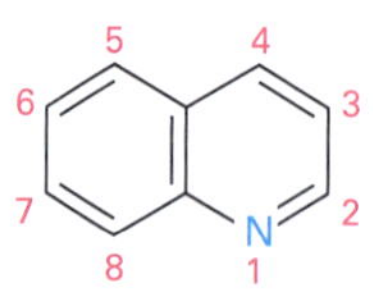

Quinolina

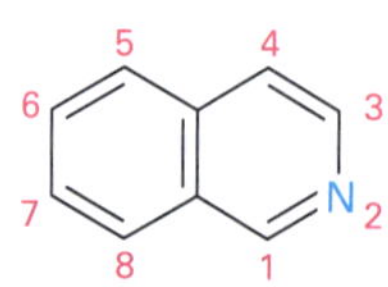

Isoquinolina

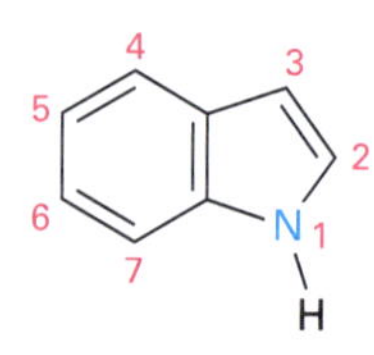

Indol

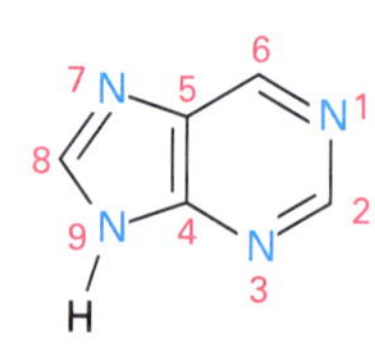

Purina

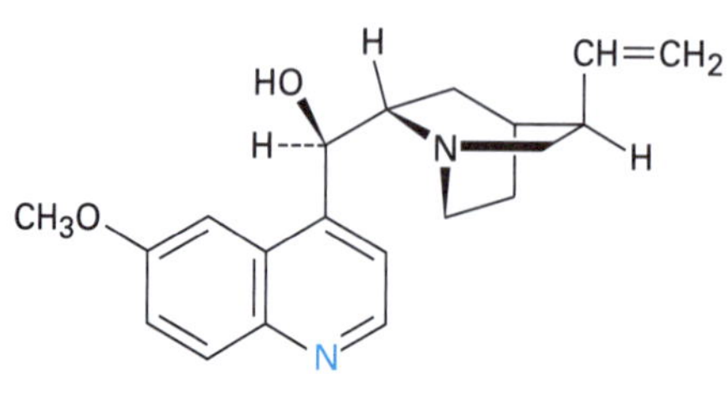

Quinina
(antimalária)

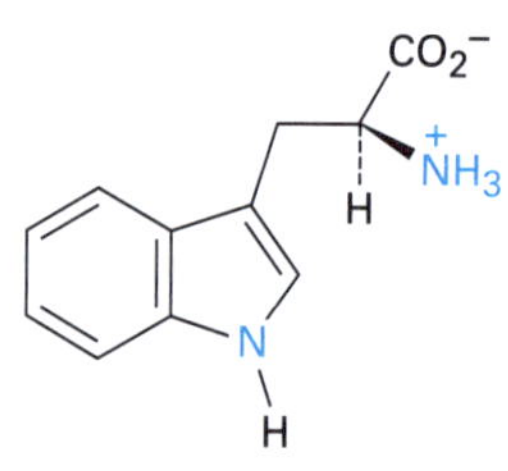

Triptofano
(aminoácido)

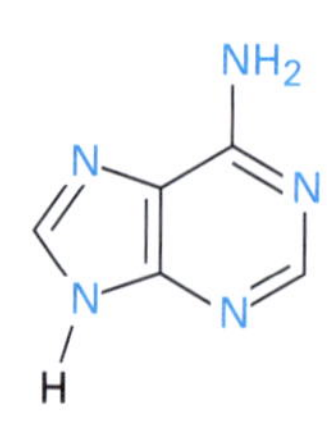

Adenina
(constituinte do DNA)

A química desses heterociclos policíclicos é exatamente o que se deve esperar do conhecimento dos heterociclos mais simples como a piridina e o pirrol. Tal como acontece com a piridina, ambas quinolina e isoquinolina são menos reativas, no que diz respeito a substituição eletrofílica, que o benzeno por causa do átomo de nitrogênio eletronegativo que retira elétrons do anel. A reação ocorre no anel de benzeno, em vez de no anel de piridina contendo nitrogênio e uma mistura de produtos de substituição é obtida.

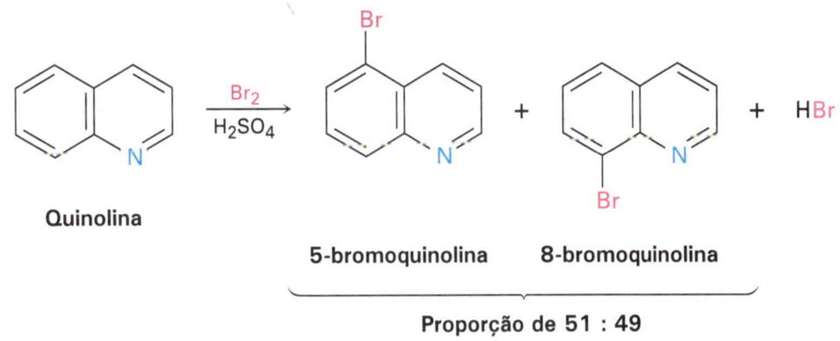

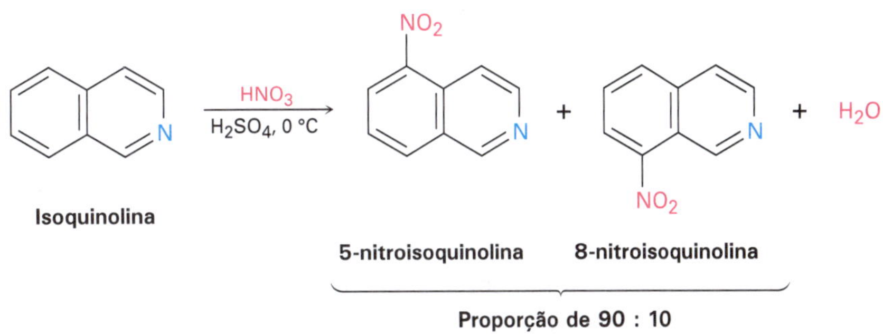

O indol possui um nitrogênio não básico parecido com o do pirrol e sofre substituição eletrofílica com mais facilidade que o benzeno. A substituição ocorre no C3 do anel do pirrol rico em elétron, e não no anel de benzeno.

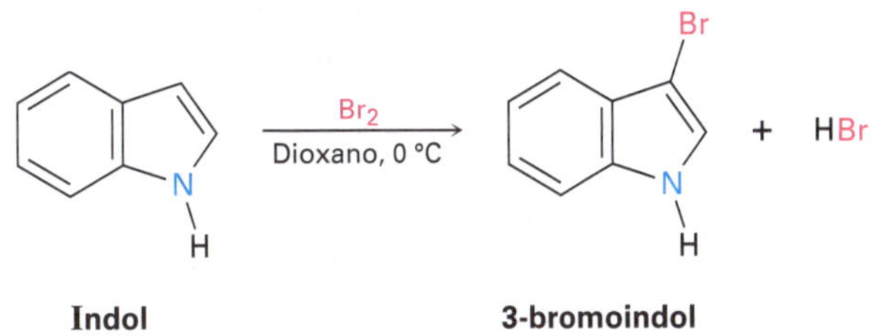

A purina possui três nitrogênios básicos parecidos com a piridina, com elétrons do par isolado em orbitais sp^2 no plano do anel. O nitrogênio da purina remanescente não é básico e é parecido com o do pirrol, com seu par isolado como parte do sistema aromático de elétrons π.

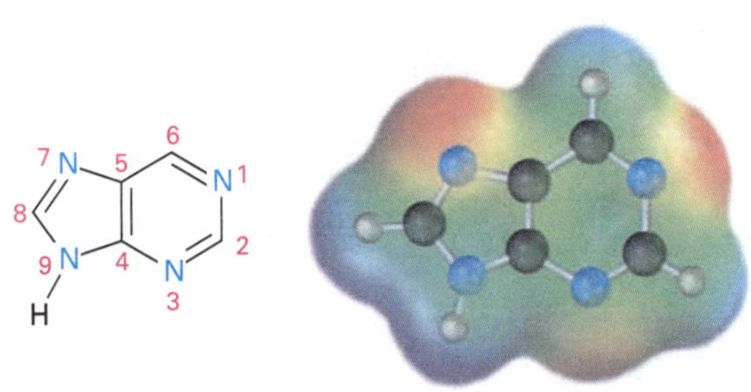

Purina

PROBLEMA 24.23 Qual átomo de nitrogênio no alcaloide indol alucinógeno *N-N*-dimetiltriptamina é mais básico? Justifique.

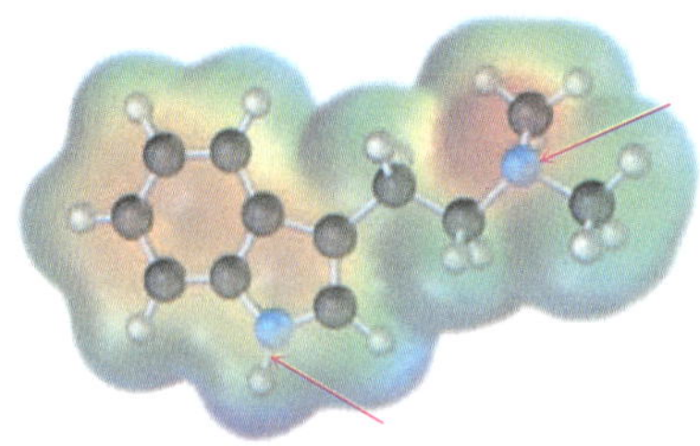

***N,N*-dimetiltriptamina**

PROBLEMA 24.24 O indol reage com os eletrófilos no C3 em vez de reagir no C2. Desenhe as formas de ressonância dos cátions intermediários resultantes da reação no C2 e C3, e explique os resultados observados.

24.10 Espectroscopia de aminas

ESPECTROSCOPIA NA REGIÃO DO INFRAVERMELHO

As aminas primárias e secundárias podem ser identificadas pela presença de absorções características na região do espectro IV entre 3.300 e 3.500 cm^{-1} atribuídas ao estiramento da ligação N–H. Os álcoois também absorvem na mesma região (**Seção 17.11**), porém as bandas de absorção das aminas geralmente são mais finas e menos intensas que aquelas relativas à hidroxila. As aminas primárias mostram um par de faixas a cerca de 3.350 e 3.450 cm^{-1} devido aos modos vibracionais de estiramento simétrico e assimétrico, respectivamente. As aminas secundárias mostram uma única banda em 3.350 cm^{-1}, porque apenas um modo vibracional de estiramento é possível neste caso. As aminas terciárias não têm absorção nesta região porque elas não têm ligações N–H. A **Figura 24.7** recorda o espectro de IV da ciclohexilamina da **Seção 12.8**. Além das absorções de estiramento N–H, outro pico proeminente é a deformação N–H (tesoura) um pouco acima de 1.600 cm^{-1}.

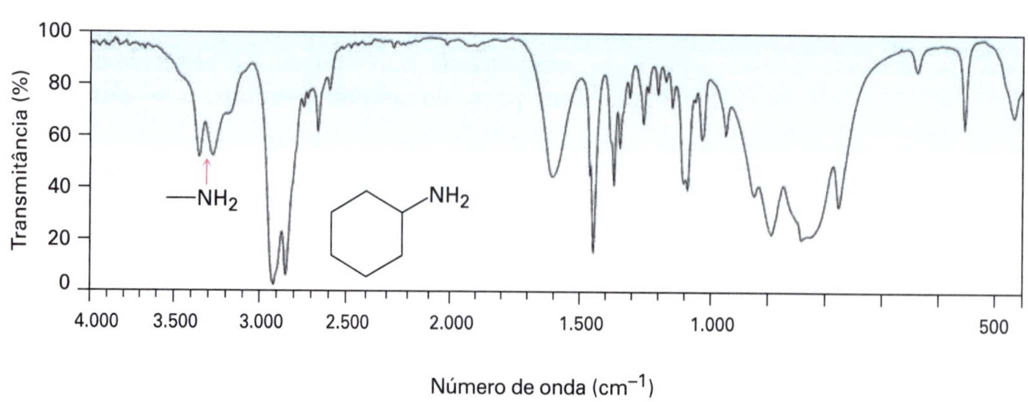

FIGURA 24.7 Espectro no IV da ciclohexilamina.

ESPECTROSCOPIA DE RESSONÂNCIA MAGNÉTICA NUCLEAR

As aminas são difíceis de ser identificadas somente pela espectroscopia de RMN de ^1H, porque os hidrogênios do N−H tendem a aparecer como sinais largos sem uma definição clara dos acoplamentos com os hidrogênios C−H vizinhos. Tal como acontece com absorções O−H (**Seção 17.11**), as absorções de amina N−H podem aparecer em uma faixa larga e são mais bem identificadas por adição de uma pequena quantidade de D_2O na amostra. Assim, ocorre a troca de N−H por N−D, e o sinal de N−H desaparece do espectro de RMN.

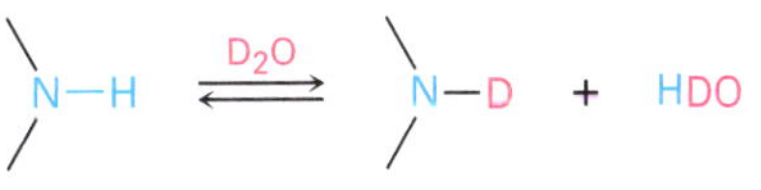

Os hidrogênios no carbono próximo do nitrogênio estão desblindados por causa do efeito retirador de elétrons do nitrogênio, e eles, portanto, absorvem em campo mais alto que os hidrogênios de alcanos. Os grupos *N*-metila são particularmente nítidos, pois absorvem como um simpleto estreito de três hidrogênios na região de 2,2 a 2,6δ. A ressonância do grupo *N*-metila em 2,42δ é facilmente observada no espectro de RMN de ^1H da *N*-metilciclohexilamina (**Figura 24.8**).

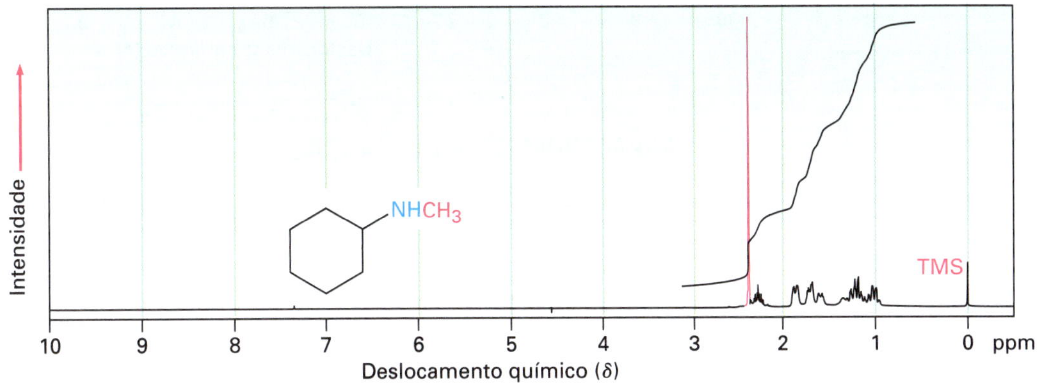

FIGURA 24.8 Espectro de RMN de ^1H da *N*-metilciclohexilamina.

Os carbonos próximos aos nitrogênios da amina são ligeiramente desblindados no espectro de RMN de ^{13}C e absorvem aproximadamente 20 ppm em campo mais baixo que absorveriam no caso de um alcano de estrutura similar. Na *N*-metilciclohexilamina, por exemplo, o carbono do anel ao qual o nitrogênio está ligado absorve em uma posição 24 ppm mais baixa que qualquer outro carbono do anel.

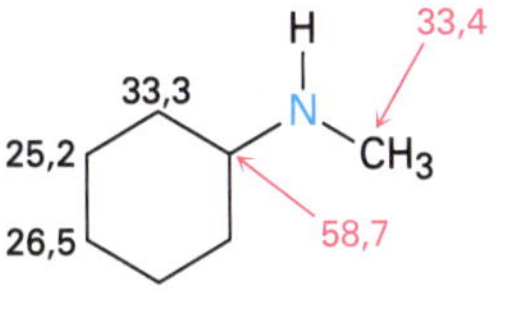

PROBLEMA 24.25 O composto **A**, $C_6H_{12}O$, apresenta uma absorção no IV em 1.715 cm^{-1} e produz o composto **B**, $C_6H_{15}N$, quando tratado com amônia e $NaBH_4$. Os espectros no IV e de RMN de ^1H do composto **B** são mostrados a seguir. Qual a estrutura do composto **A** e do composto **B**?

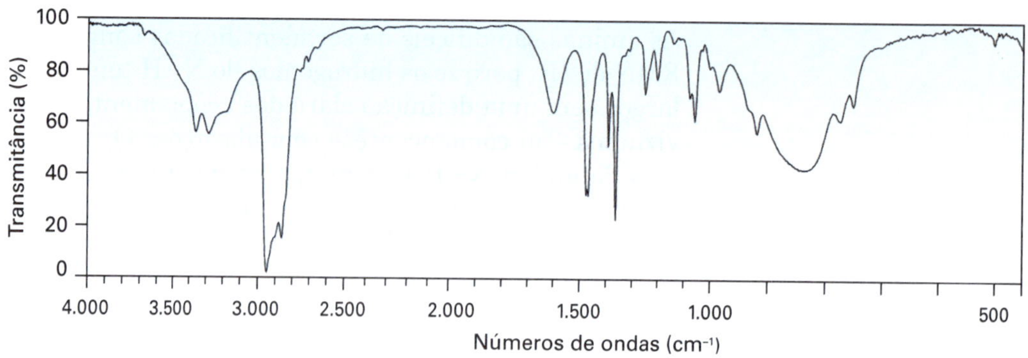

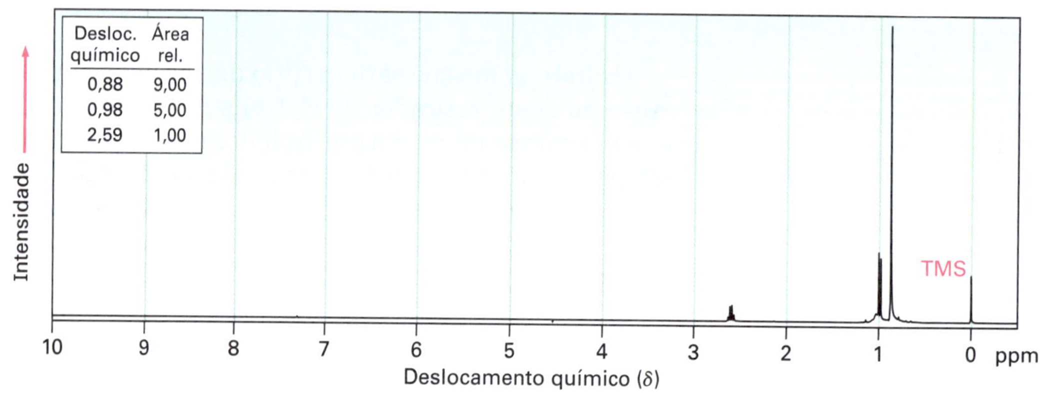

ESPECTROMETRIA DE MASSAS

A *regra do nitrogênio* da espectrometria de massas diz que um composto com um número ímpar de átomos de nitrogênio tem uma massa molecular ímpar. Assim, a presença do nitrogênio em uma molécula é detectada simplesmente pela observação de seu espectro de massas. Um íon molecular ímpar geralmente significa que o composto desconhecido tem um ou três átomos de nitrogênio, e um íon molecular par normalmente indica que o composto tem dois átomos de nitrogênio ou nenhum. A lógica por trás dessa regra provém do fato de que o átomo de nitrogênio é trivalente e, dessa forma, necessita de um número ímpar de átomos de hidrogênio na molécula. Por exemplo, a morfina tem a fórmula $C_{17}H_{19}NO_3$ e uma massa molecular de 285 *u*.

As alquilaminas sofrem uma reação característica de clivagem α no espectrômetro de massas, de maneira semelhante ao observado para os álcoois (**Seção 17.11**). Uma ligação C–C próxima ao átomo de nitrogênio é quebrada, levando à formação de um radical alquila e um cátion contendo nitrogênio estabilizado por ressonância.

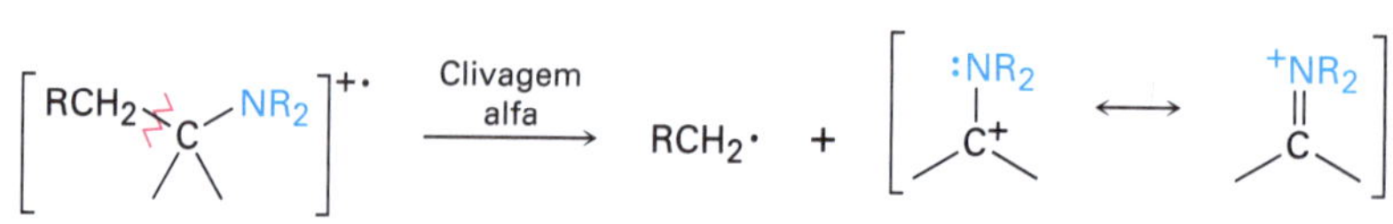

Como um exemplo, o espectro de massas da *N*-etilpropilamina mostrado na **Figura 24.9** apresenta picos em $m/z = 58$ e $m/z = 72$, correspondendo aos dois modos possíveis de clivagem α.

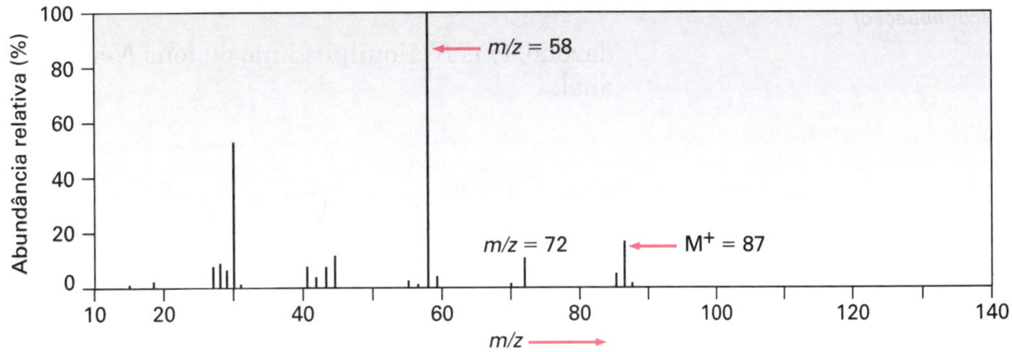

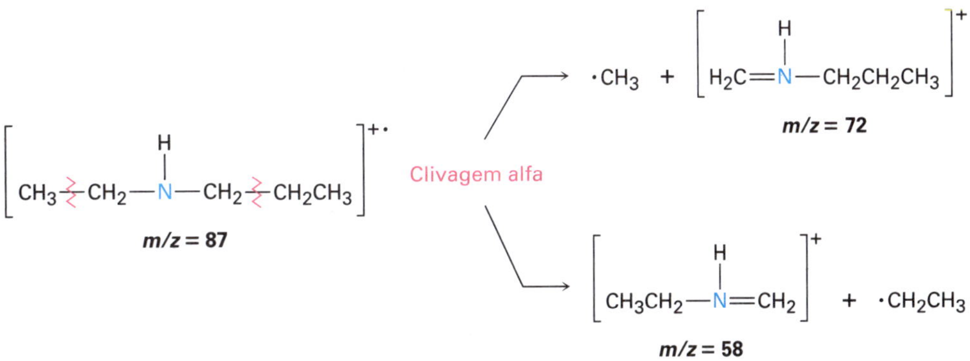

FIGURA 24.9 Espectro de massas da *N*-etilpropilamina. Os dois modos possíveis de clivagem α levam aos íons dos fragmentos observados em $m/z = 58$ e $m/z = 72$.

Algo extra

Química verde II: líquidos iônicos

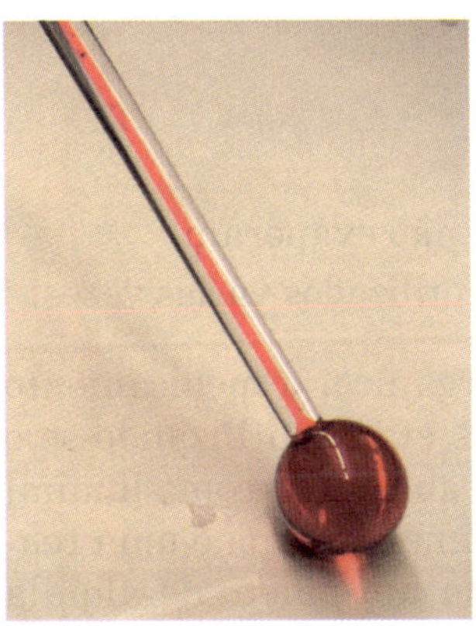

Cortesia de Dr. Robin Rogers

Sim, esse líquido realmente consiste de uma substância iônica, e não de substância molecular.

Líquidos feitos de íons? Geralmente, quando pensamos em compostos iônicos, pensamos em sólidos de alto ponto de fusão: cloreto de sódio, sulfato de magnésio, carbonato de lítio etc. Mas sim, há também compostos iônicos que são líquidos à temperatura ambiente e eles estão ganhando importância como solventes de reação, em particular para utilização em processos de química verde (veja o *Algo Extra* no Capítulo 11). Mais de 1.500 líquidos iônicos são conhecidos e cerca de 500 estão disponíveis comercialmente.

Os líquidos iônicos têm sido estudados há quase um século; o primeiro a ser descoberto foi o nitrato de etilamônio, $CH_3CH_2NH_3^+\ NO_3^-$, com um ponto de fusão de 12 °C. Entretanto, os líquidos iônicos mais comuns na atualidade são sais nos quais o cátion é assimétrico e um ou os dois íons são volumosos de tal forma que as cargas se encontram dispersas por um grande volume. Os dois fatores minimizam a energia de rede e desfavorecem a formação do sólido. Os cátions típicos são íons amônio quaternários de aminas heterocíclicas, os íons 1,3-dialquilimi-

(continua)

(continuação)

dazólio, íons *N*-alquilpiridínio ou íons *N*-alquilpiridínio substituídos no anel.

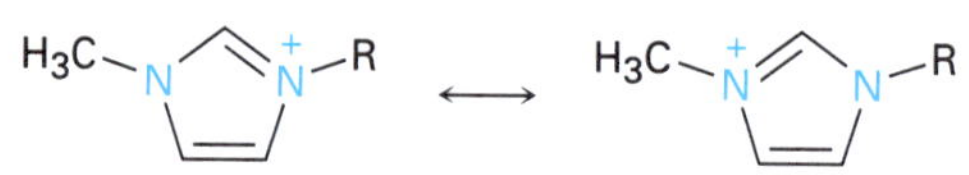

[R = $-CH_3$, $-CH_2CH_3$, $-CH_2CH_2CH_2CH_3$, $-CH_2CH_2CH_2CH_2CH_2CH_2CH_2CH_3$]

Íons 1,3-dialquilimidazólio

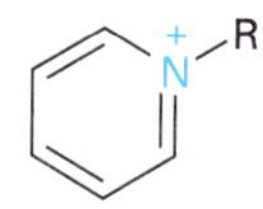

[R = $-CH_2CH_3$, $-CH_2CH_2CH_2CH_3$, $-CH_2CH_2CH_2CH_2CH_2CH_3$]

Íons *N*-alquilpiridínio

Os ânions são tão variados quanto os cátions, e mais de 250 líquidos iônicos diferentes com diferentes combinações de ânion/cátion estão disponíveis para fins comerciais. O hexafluorofosfato, o tetrafluoroborato, os sulfatos de alquila, os trifluorometanosulfonatos (triflatos) e os haletos são apenas algumas possibilidades.

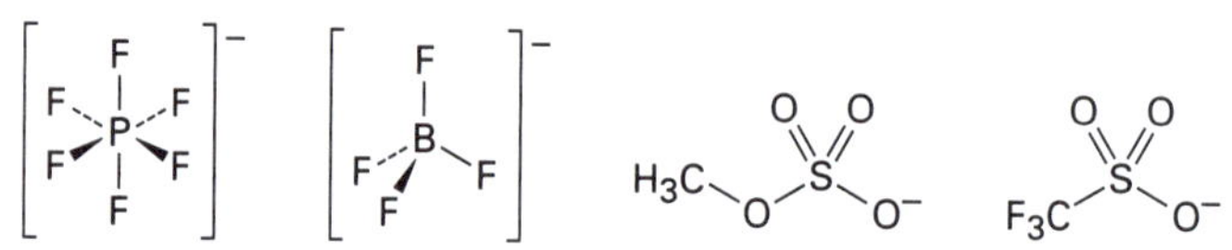

Cl^-, Br^-, I^-

Hexafluorofosfato | **Tetrafluoroborato** | **Sulfato de metila** | **Tetrafluorometanossulfenato** | **Haleto**

Os líquidos iônicos têm várias características importantes que os tornam atraentes para uso, tanto como solventes na química verde quanto como produtos químicos de especialidade em aplicações como aditivos em tintas e refrigerantes:

- Eles dissolvem tanto compostos orgânicos polares quanto apolares, fornecendo altas concentrações de soluto e, por isso, minimizam a quantidade necessária de solvente.
- Eles podem ser otimizados para reações específicas variando as estruturas do cátion e do ânion.
- Eles não são inflamáveis.
- Eles são estáveis termicamente.
- Eles possuem pressões de vapor desprezíveis e não evaporam.
- Eles geralmente são recuperáveis e podem ser reutilizados várias vezes.

Como exemplo de utilização na química orgânica, o medicamento analgésico Pravadoline foi sintetizado em duas etapas utilizando-se o hexafluorofosfato de 1-butil-3-metilimidazólio, abreviado como [bmim] [PF_6], como solvente para as duas etapas. A primeira etapa é uma reação S_N2 induzida por base do 2-metilindol com um haleto de alquila primário, e a segunda é uma acilação de Friedel-Crafts. Ambas as etapas acontecem com um rendimento de 95% e o solvente iônico é recuperado simplesmente lavando a mistura da reação, primeiro com tolueno e depois com água.

(continua)

(continuação)

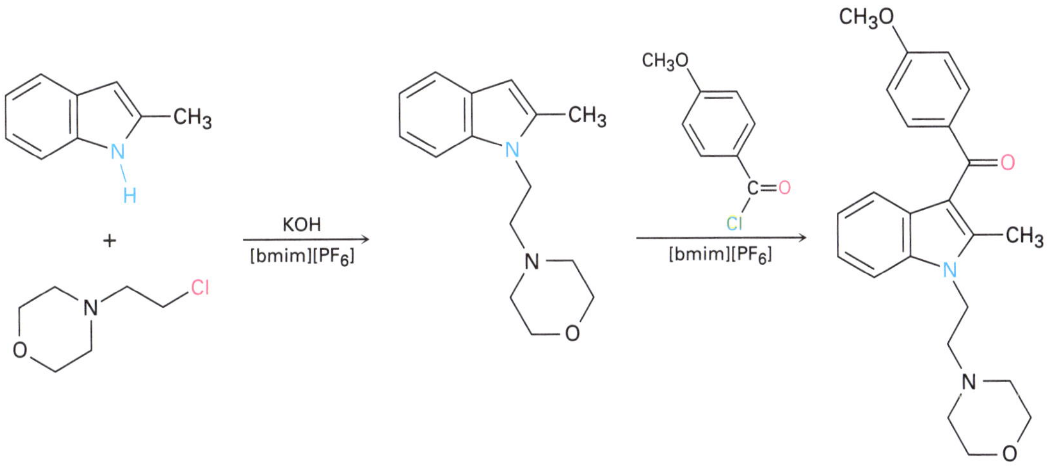

Pravadolina

O primeiro processo comercial utilizando um catalisador de líquido iônico foi introduzido pela PetroChina em 2008, quando abriu uma fábrica de produção de 65.000 toneladas por ano de gasolina alquilada a partir do isobutano. O catalisador líquido iônico à base de alumínio substitui os catalisadores de ácido sulfúrico e de ácido fluorídrico que tinham sido usados anteriormente.

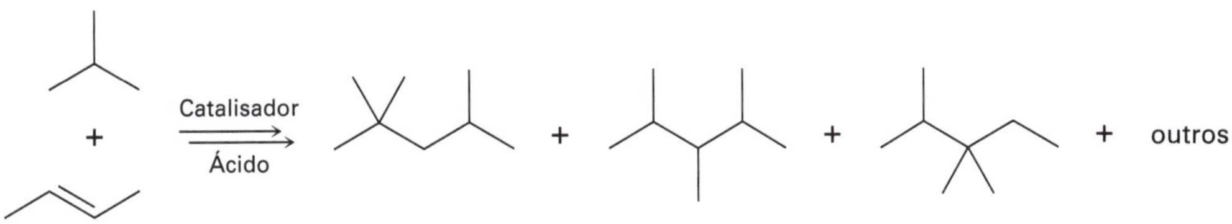

52% 20% 18%

Resumo

Palavras-chave

alquilaminas, 963
aminas, 962
amina heterocíclica, 964
amina primária (RNH_2), 963
amina secundária (R_2NH), 963
amina terciária (R_3N), 963
aminação redutiva, 975
arilaminas, 963
compostos azo (Ar–N=N–Ar′), 989
imida (–CONHCO–), 975
reação de eliminação de Hofmann, 981
reação de Sandmeyer, 986
rearranjo de Curtius, 978
rearranjo de Hofmann, 978

Vimos até agora todos os grupos funcionais comuns que ocorrem na química orgânica e bioquímica. Destes grupos, as aminas estão entre os mais abundantes e os que têm a química mais rica. Além de proteínas e ácidos nucleicos, a maioria dos agentes farmacêuticos contêm grupos funcionais amina e muitas das coenzimas comuns necessárias para reações biológicas são aminas.

As **aminas** são os derivados orgânicos da amônia. São nomeadas de acordo com as regras da IUPAC pela adição do sufixo *-amina* aos nomes dos substituintes alquila ou considerando-se o grupo amino como substituinte no caso de uma molécula mais complexa.

A química das aminas é dominada pelo par de elétrons isolado no nitrogênio, que torna as aminas tanto básicas quanto nucleofílicas. A basicidade das **arilaminas** geralmente é menor que das **alquilaminas** porque os elétrons dos pares isolados de nitrogênio estão deslocalizados pela interação com o sistema π aromático. Os substituintes retiradores de elétrons do anel aromático diminuem a basicidade de uma anilina substituída, enquanto os substituintes doadores de elétrons aumentam a basicidade. As alquilaminas são suficientemente básicas e elas existem quase inteiramente na sua forma protonada em pH fisiológico de 7,3.

As **aminas heterocíclicas** são compostos que contêm um ou mais átomos de nitrogênio como parte de um anel. As aminas heterocíclicas saturadas geralmente possuem a mesma química de seus análogos de cadeia aberta, mas heterociclos insaturados como o pirrol, o imidazol, a piridina e a pirimidina são aromáticos. Os quatro são anormalmente estáveis e sofrem substituição aromática na reação com eletrófilos. O pirrol não é básico porque seus elétrons do par isolado do nitrogênio fazem parte do sistema aromático π. Os heterociclos de anéis fundidos como a quinolina, a isoquinolina, o indol e a purina são comumente encontrados em moléculas biológicas.

As arilaminas são preparadas pela nitração de um anel aromático seguida de redução. As alquilaminas são preparadas pela reação S_N2 de amônia ou de uma amina com um haleto de alquila ou por **síntese de amina de Gabriel**. As aminas também podem ser preparadas por vários métodos redutivos, incluindo a redução de amidas, nitrilas e azidas com $LiAlH_4$. A reação de **aminação redutiva** também é um método importante no qual uma cetona ou um aldeído é tratado com uma amina na presença de um agente redutor como $NaBH_4$. Além disso, as aminas são resultantes dos **rearranjos de Hofmann** e **de Curtius** de derivados de ácidos carboxílicos. Ambos os métodos envolvem a migração de um grupo –R ligado ao carbono da carbonila, levando à formação de um produto com um átomo de carbono a menos que o material de partida.

Muitas das reações de aminas são familiares dos capítulos anteriores. Assim, as aminas reagem com haletos de alquila em reações S_N2 e com cloretos de ácidos em reações de substituição nucleofílica de acila. As aminas também sofrem eliminação E2 dando origem a alcenos se forem, primeiramente transformadas em um composto quaternário pelo tratamento com o iodometano e então aquecidas com o óxido de prata (**eliminação de Hofmann**).

As arilaminas são convertidas pela diazotização com o ácido nitroso em **sais de arenodiazônio**, $ArN_2^+ X^-$. O grupo diazônio pode ser substituído por muitos outros substituintes na **reação de Sandmeyer** para fornecer uma variedade de compostos aromáticos substituídos. Os cloretos, brometos e iodetos de arila e as arilnitrilas podem ser preparados a partir de sais de arenodiazônio, da mesma forma que os arenos e os fenóis. Além da reatividade nas reações de substituição, os sais de diazônio podem sofrer acoplamento com os fenóis e as arilaminas dando origem a compostas **azo** coloridos e brilhantes.

Resumo das reações

1. Sintese de aminas **(Seção 24.6)**

(a) Redução de nitrilas

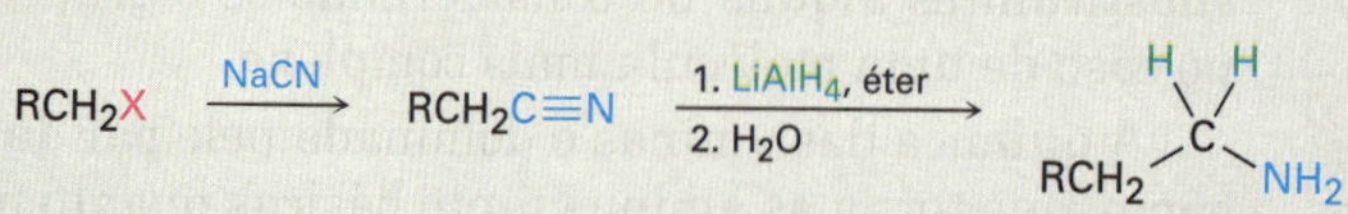

(b) Redução de amidas

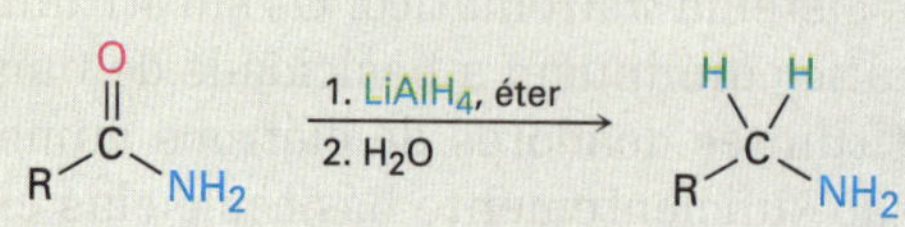

(c) Redução de nitrobenzenos

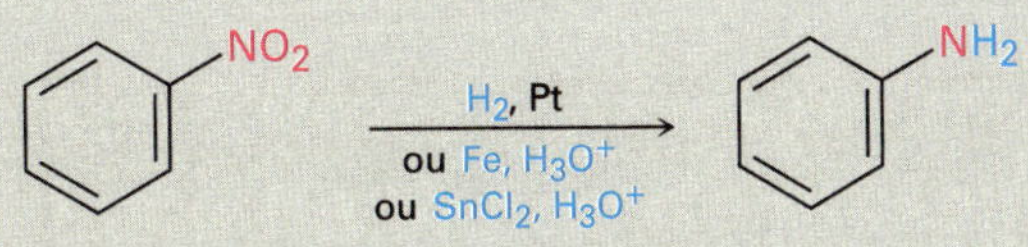

(d) Alquilação S_N2 de haletos de alquila

Amônia	$\ddot{N}H_3$ + R—X	$\longrightarrow$	$R\overset{+}{N}H_3\ X^-$	$\xrightarrow{\text{NaOH}}$	RNH_2	Primária
Primária	$R\ddot{N}H_2$ + R—X	$\longrightarrow$	$R_2\overset{+}{N}H_2\ X^-$	$\xrightarrow{\text{NaOH}}$	R_2NH	Secundária
Secundária	$R_2\ddot{N}H$ + R—X	$\longrightarrow$	$R_3\overset{+}{N}H\ X^-$	$\xrightarrow{\text{NaOH}}$	R_3N	Terciária
Terciária	$R_3\ddot{N}$ + R—X	$\longrightarrow$	$R_4\overset{+}{N}\ X^-$			Sal de amônio quaternário

(e) Síntese de amina de Gabriel

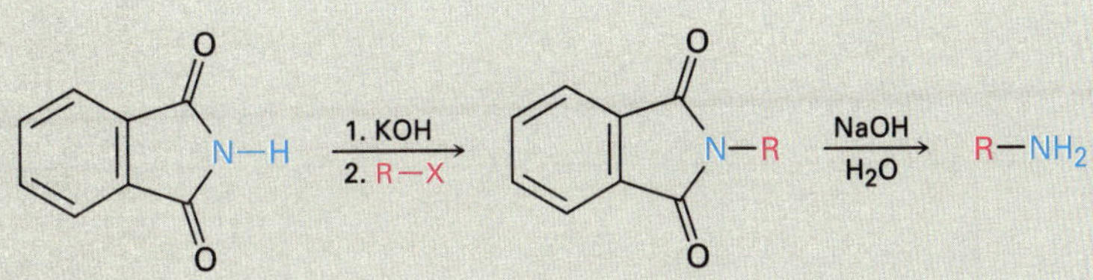

(f) Redução de azidas

$$RCH_2{-}X \xrightarrow[\text{etanol}]{Na^+\ ^-N_3} RCH_2{-}N{=}\overset{+}{N}{=}\overset{-}{N} \xrightarrow[\text{2. } H_2O]{\text{1. } LiAlH_4\text{, éter}} R{-}NH_2$$

(g) Aminação redutiva de cetonas/aldeídos

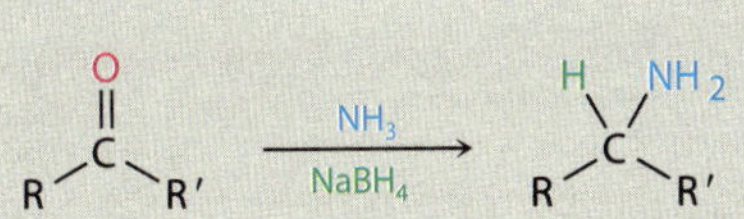

(h) Rearranjo de Hofmann de amidas

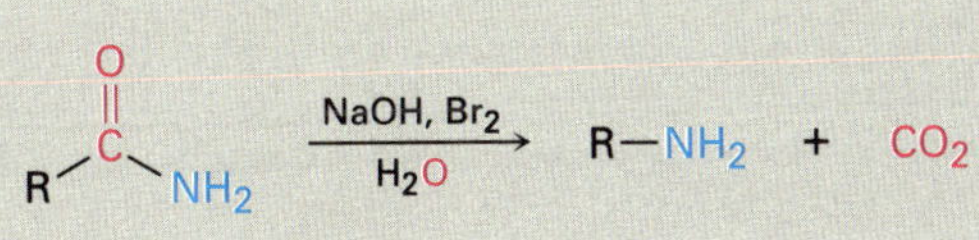

(i) Rearranjo de Curtius de azidas de acila

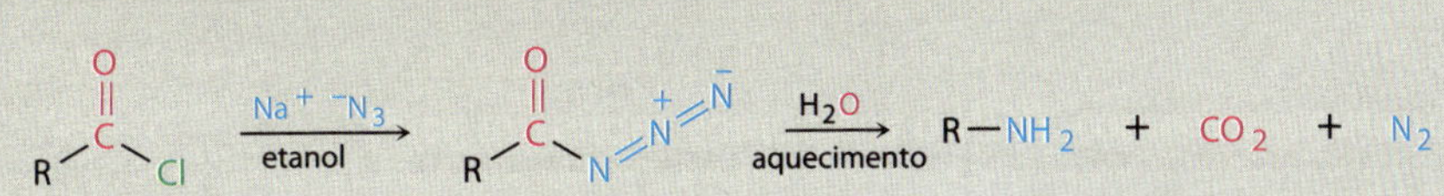

2. Reações de aminas

(a) Alquilação com haletos de alquila; veja a reação 1(d)

(b) Eliminação de Hofmann (**Seção 24.7**)

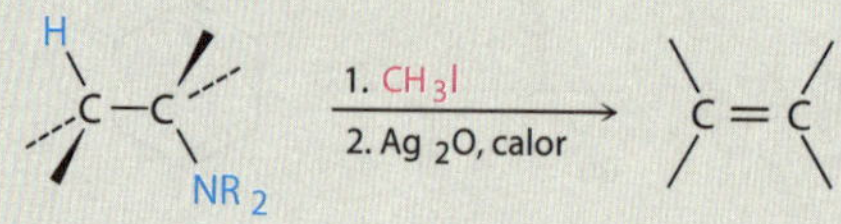

(c) Diazotização (**Seção 24.8**)

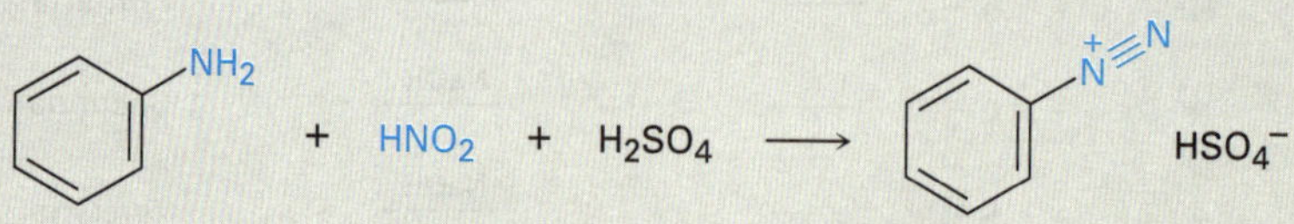

3. Reações de sais de arenodiazônio (**Seção 24.8**)

(a) Substituições nucleofílicas

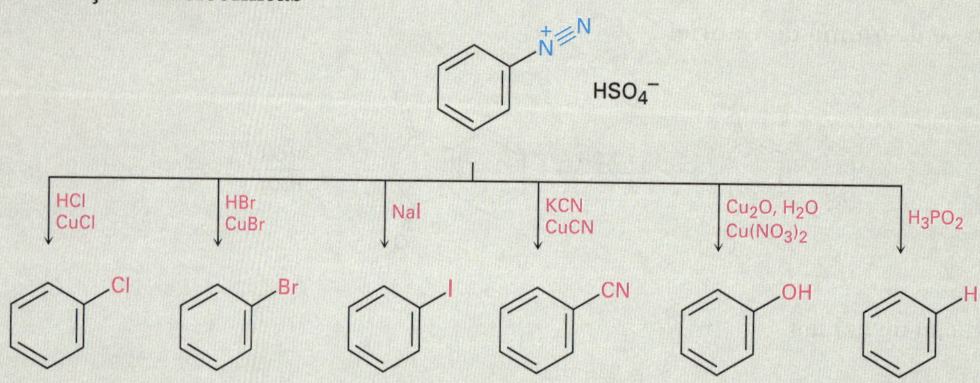

(b) Acoplamento de diazônio

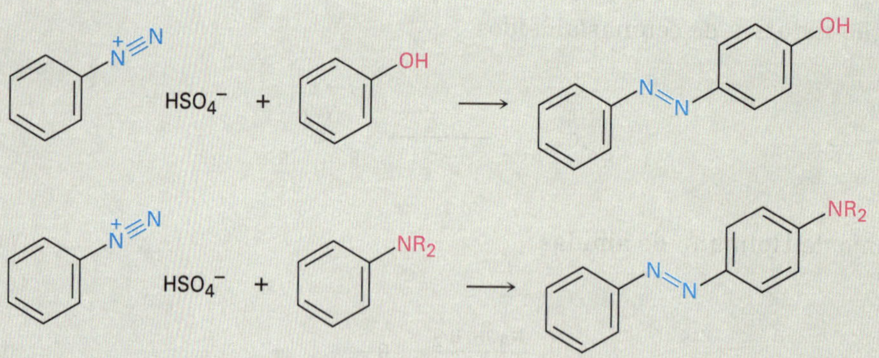

EXERCÍCIOS

Visualizando a química

(Os Problemas 24.1 a 24.25 aparecem no decorrer do capítulo.)

24.26 Escreva o nome das seguintes aminas e identifique-as como primária, secundária ou terciária:

(a)

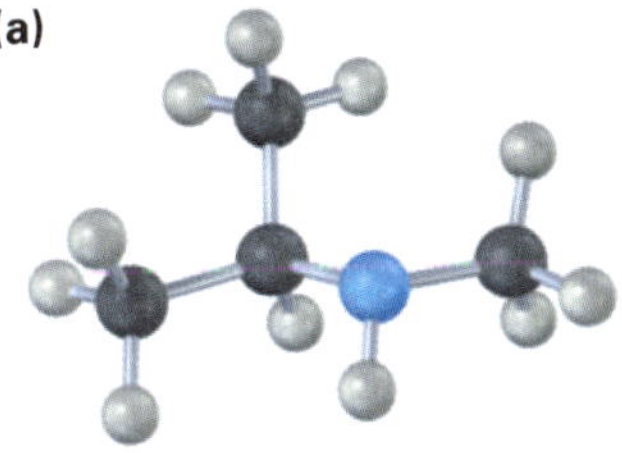

(b)

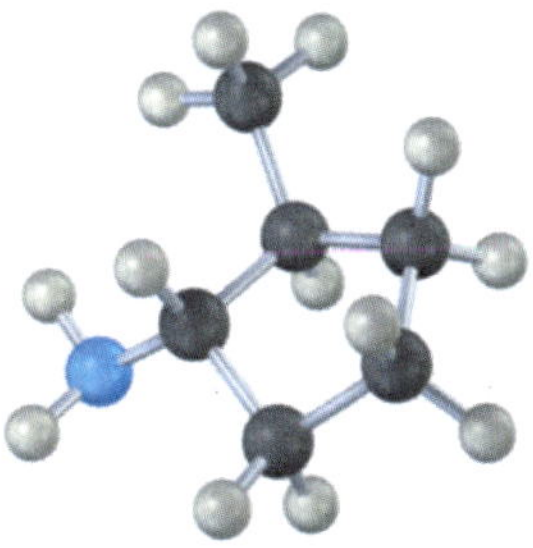

(c)

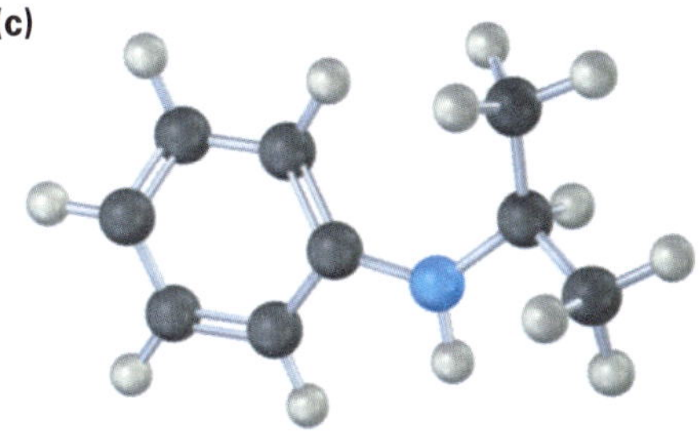

24.27 O seguinte composto contém três átomos de nitrogênio. Coloque-os em ordem crescente de basicidade.

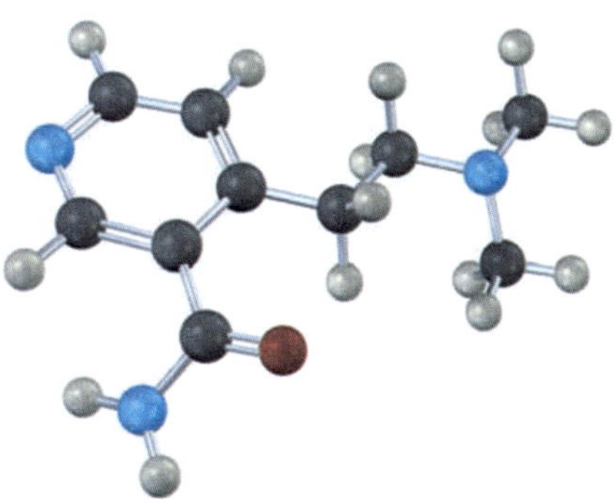

24.28 Escreva o nome da seguinte amina, incluindo a estereoquímica *R*,*S* e desenhe o produto da sua reação com excesso de iodometano seguida de aquecimento com Ag_2O (eliminação de Hofmann). A estereoquímica do alceno formado é *Z* ou *E*? Explique.

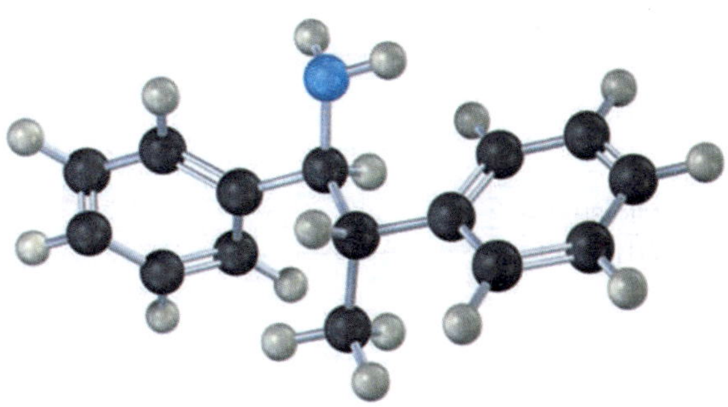

24.29 Qual dos átomos de nitrogênio do seguinte composto é mais básico? Explique.

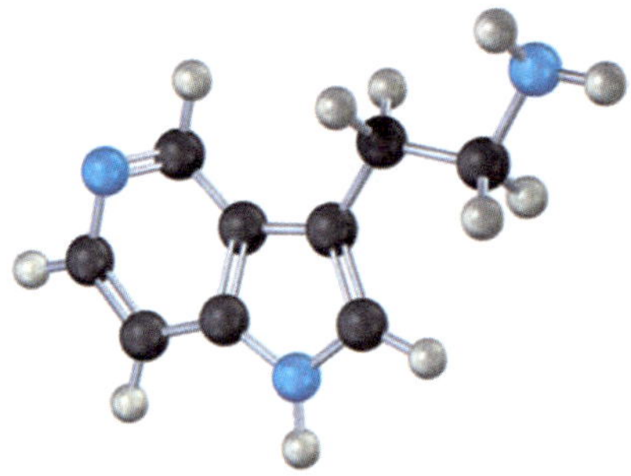

Problemas de mecanismo

24.30 Preveja o(s) produto(s) de cada reação a seguir e forneça o mecanismo completo.

(a)

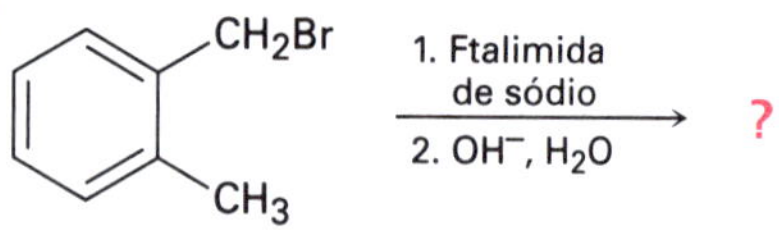

(b)

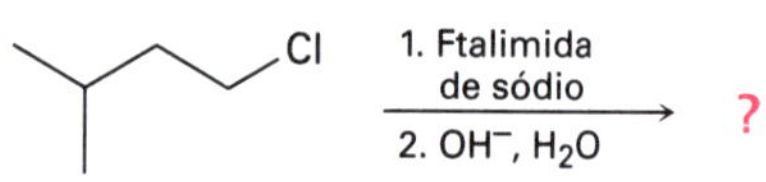

(c)

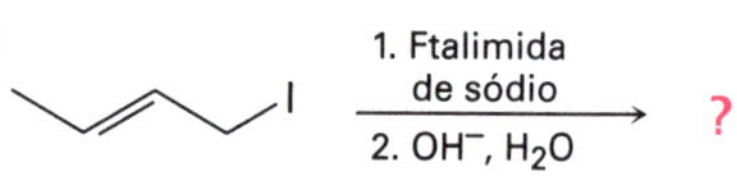

(d)

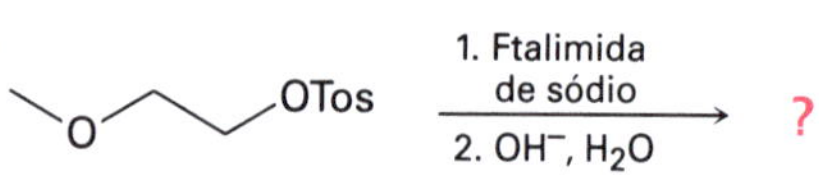

24.31 Preveja o(s) produto(s) e forneça o mecanismo para cada reação a seguir.

(a)

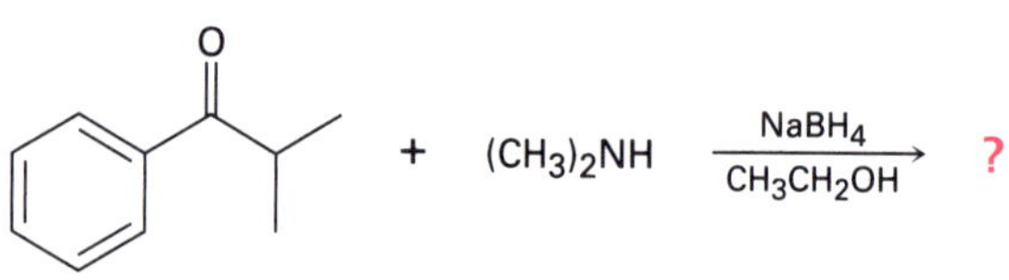

(b)

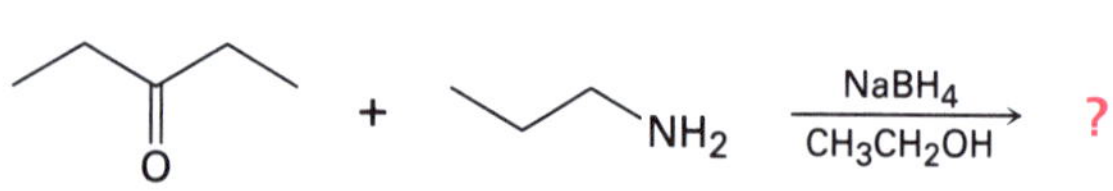

(c)

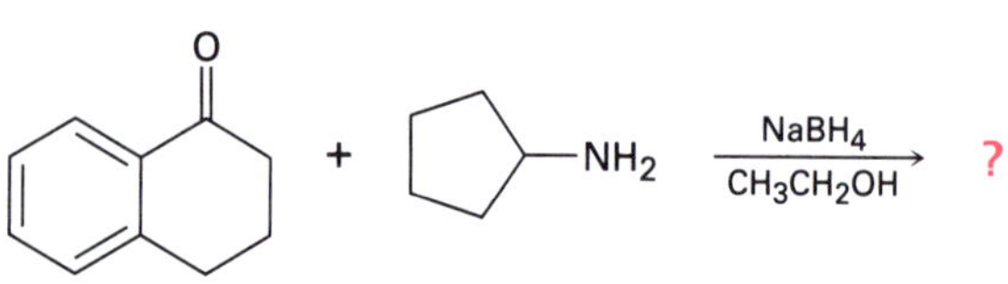

(d)

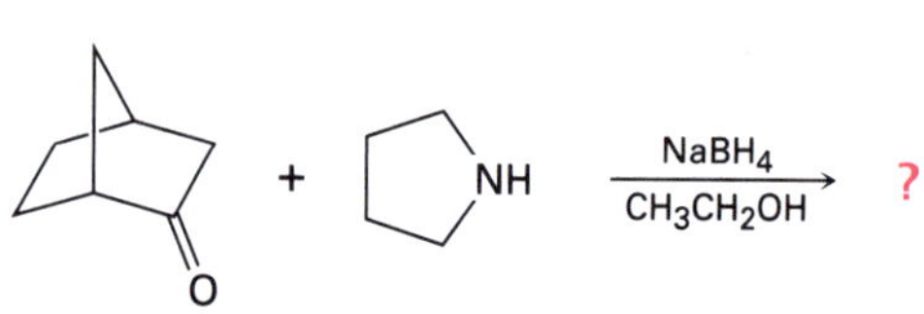

24.32 Preveja o(s) produto(s) e forneça o mecanismo para cada reação a seguir.

(a)

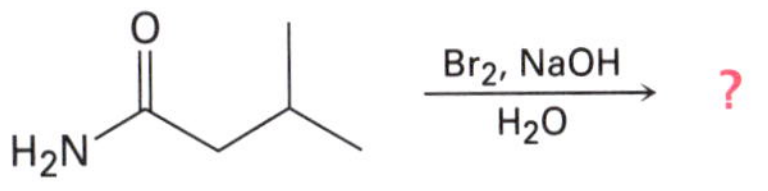

(b)

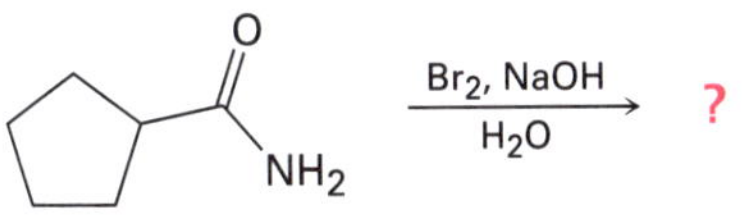

(c)

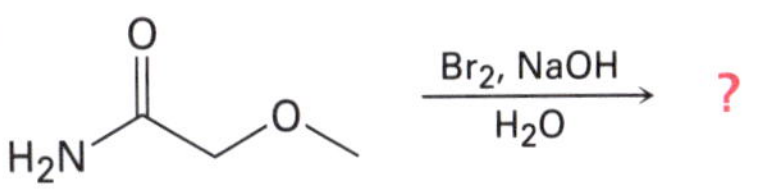

(d)

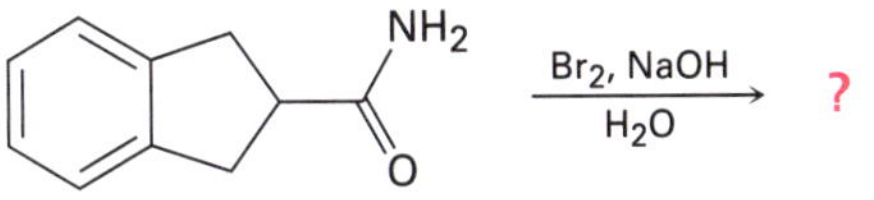

24.33 Preveja o(s) produto(s) e forneça o mecanismo para cada reação a seguir.

(a)

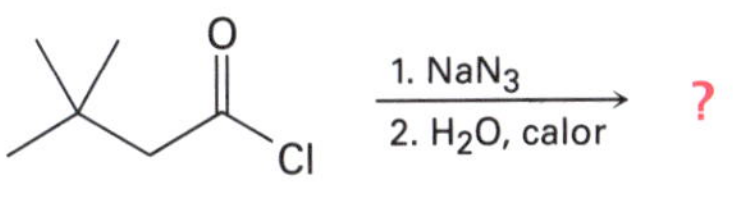

(b)

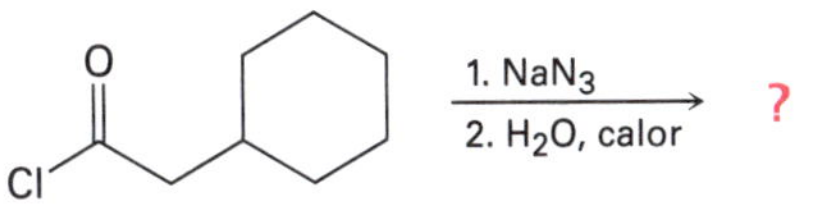

(c)

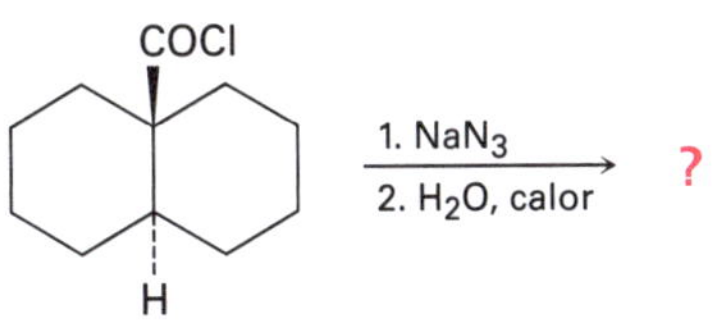

(d)

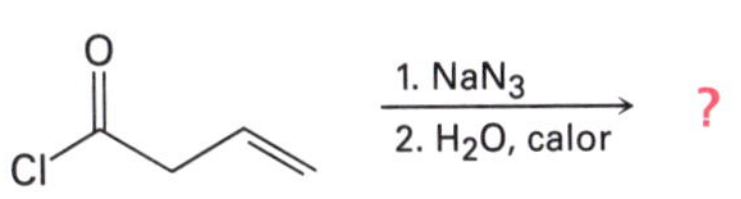

24.34 A diazotização da anilina envolve primeiro a formação de NO^+ (íon nitrosônio) por desidratação do ácido nitroso com ácido sulfúrico. O nitrogênio da anilina, em seguida, atua como um nucleófilo e, ao final, perde água. Proponha um mecanismo para a formação do sal de diazônio da anilina. Use setas curvas para mostrar todo o movimento de elétrons.

24.35 Os pirróis substituídos geralmente são preparados pelo tratamento de uma 1,4-dicetona com amônia. Proponha um mecanismo.

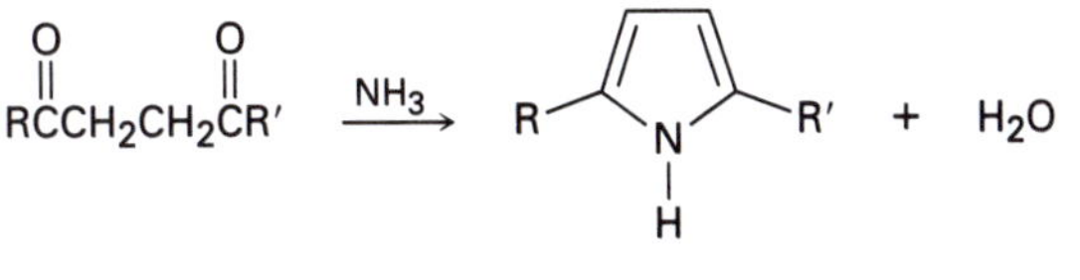

24.36 O 3,5-dimetilisoxazol é preparado por meio da reação da 2,4-pentadiona com a hidroxilamina. Proponha um mecanismo.

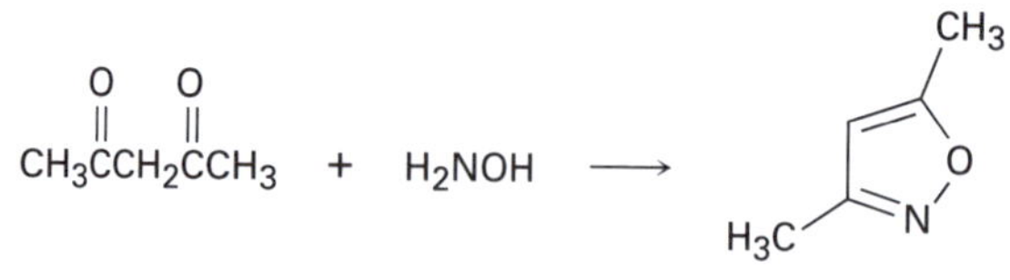

3,5-dimetilisoxazol

24.37 Um dos problemas da reação de aminação redutiva como um método de preparação de aminas é a formação de subprodutos. Por exemplo, a aminação redutiva do benzaldeído com a metilamina leva à formação de uma mistura de *N*-metilbenzilamina e *N*-metildibenzilamina. Como você supõe que a amina terciária, um subproduto, seja formada? Proponha um mecanismo.

24.38 A clorofila, o heme, a vitamina B_{12} e um hospedeiro de outras substâncias são biossintetizadas a partir do porfobilinogênio (PGB), que é formado a partir da condensação de duas moléculas de 5-aminolevulinato. Os dois 5-aminolevulinatos estão ligados ao aminoácido lisina (Lis) na enzima, uma na forma de enamina e uma na forma de imina, e acredita-se que a sua condensação ocorra por meio das etapas a seguir. Utilizando setas curvas, mostre o mecanismo de cada etapa.

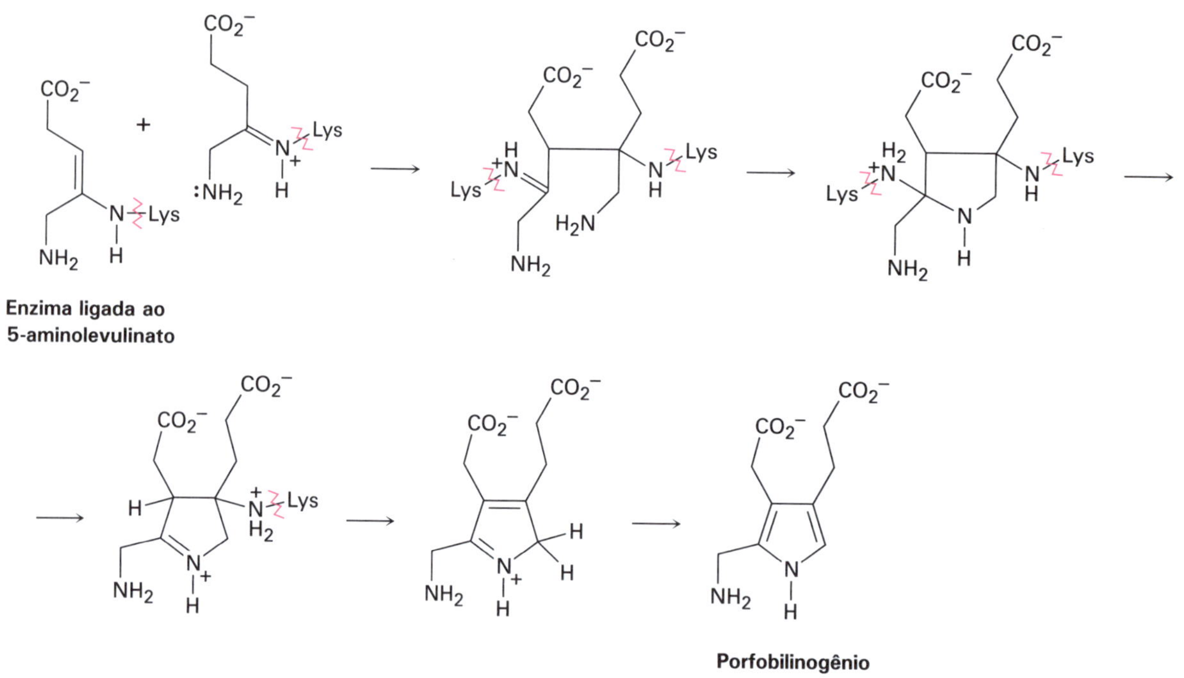

Enzima ligada ao 5-aminolevulinato

Porfobilinogênio (PBG)

24.39 A colina, um componente dos fosfolipídeos das membranas celulares, pode ser preparada pela reação S_N2 de trimetilamina com óxido de etileno. Mostre a estrutura da colina e proponha um mecanismo para essa reação.

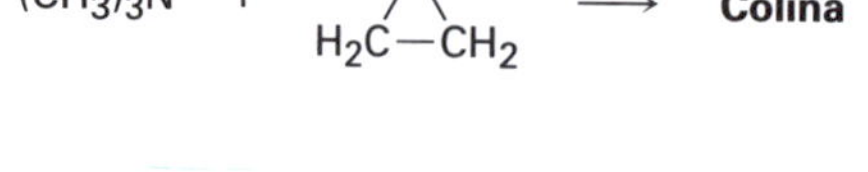

24.40 O antibiótico antitumoral mitomicina C funciona por meio da formação de ligações cruzadas nas cadeias de DNA.

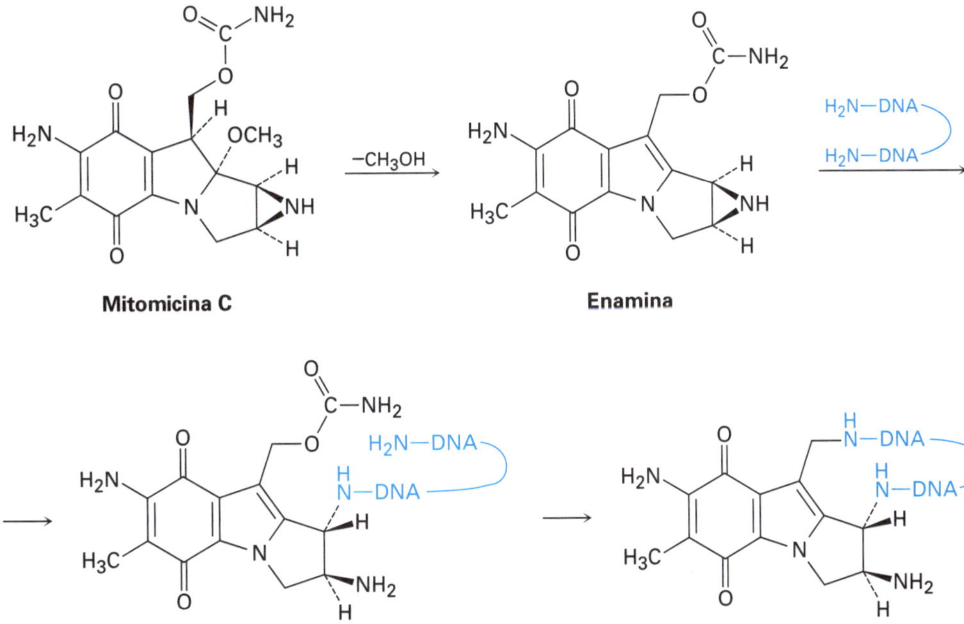

Mitomicina C

Enamina

(a) A primeira etapa é a perda de metóxido e a formação de um íon imínio intermediário que é desprotonado para formar uma enamina. Mostre o mecanismo.

(b) A segunda etapa é a reação da enamina com o DNA para abrir o anel de três membros (aziridina) que contém nitrogênio. Mostre o mecanismo.

(c) A terceira etapa é perda de carbamato ($NH_2CO_2^-$) e a formação de um íon imínio insaturado, seguida pela adição conjugada de outra parte da cadeia de DNA. Mostre o mecanismo.

24.41 Os α-aminoácidos podem ser preparados pela síntese de Strecker, um processo com duas etapas no qual o aldeído é tratado com cianeto de amônio seguido pela hidrólise do intermediário amino nitrila com ácido aquoso. Proponha um mecanismo para a reação

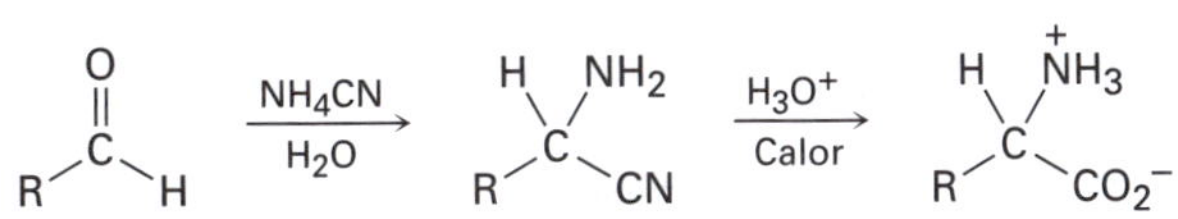

Um α-aminoácido

24.42 Uma das reações utilizadas para a determinação da sequência de nucleotídeos em uma cadeia de DNA é a reação com a hidrazina. Proponha um mecanismo para a seguinte reação, que ocorre por adição conjugada inicial seguida por formação interna de amida.

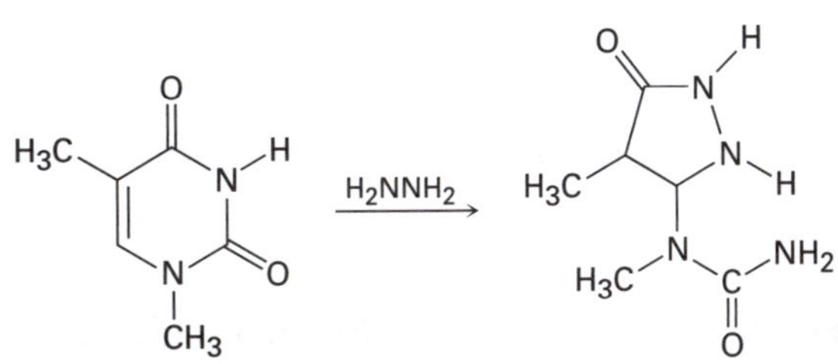

24.43 Quando uma α-hidroxiamida é tratada com Br_2 em solução aquosa de NaOH sob as condições do rearranjo de Hofmann, ocorre perda de CO_2 e é formado um aldeído de cadeia mais curta. Proponha um mecanismo.

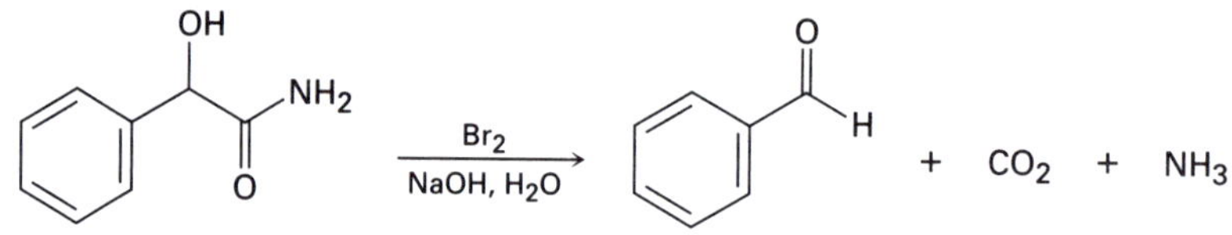

24.44 A seguinte transformação envolve uma reação de adição nucleofílica conjugada (**Seção 19.13**) seguida de uma reação de substituição nucleofílica intramolecular de acila (**Seção 21.2**). Mostre o mecanismo.

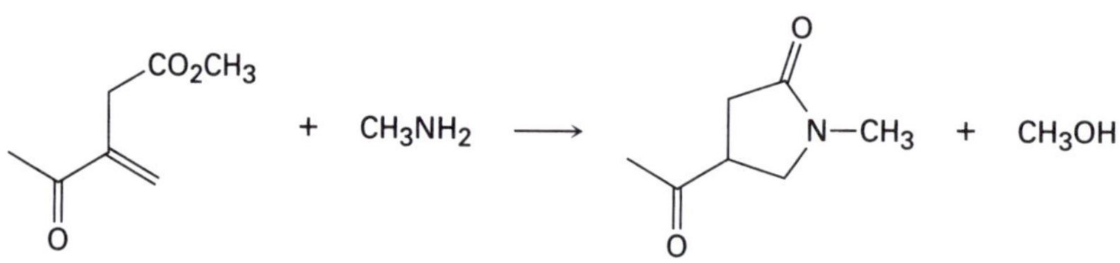

24.45 Proponha um mecanismo para a seguinte reação:

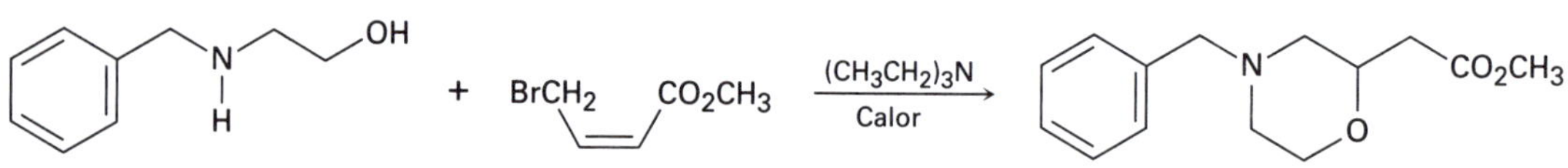

24.46 Uma etapa da biossíntese da morfina é a reação da dopamina com o p-hidroxifenilacetaldeído para formar a (S)-norcoclaurina. Supondo-se que a reação seja catalisada por ácido, proponha um mecanismo.

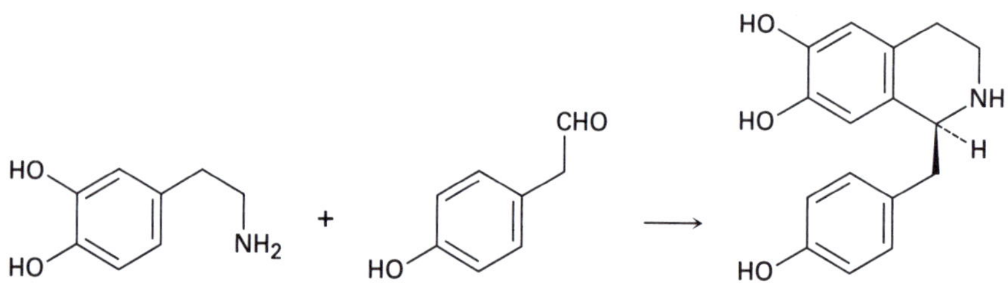

Dopamina | ***p*-hidroxifenil-acetaldeído** | **(*S*)-norcoclaurina**

Problemas adicionais

Nomeando aminas

24.47 Escreva o nome dos seguintes compostos:

(a) 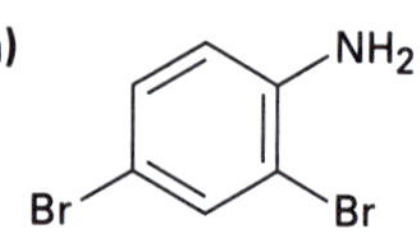

(b) 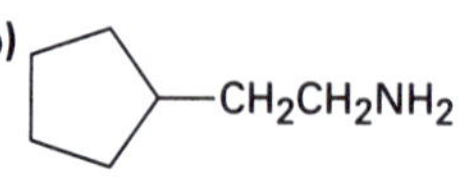

(c) 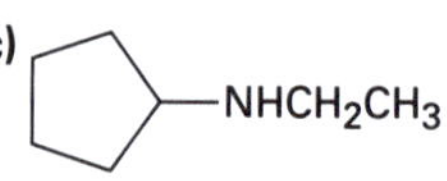

(d) 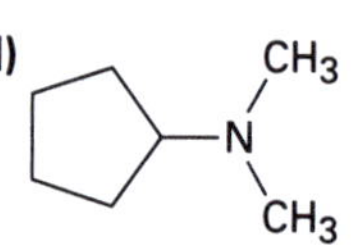

(e) 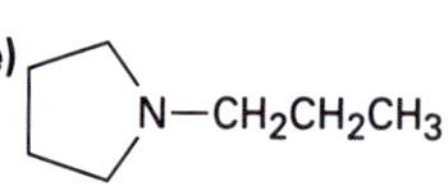

(f) $H_2NCH_2CH_2CH_2CN$

24.48 Desenhe as estruturas correspondentes aos seguintes nomes IUPAC:

(a) *N,N*-dimetilanilina **(b)** (Ciclohexilmetil)amina
(c) *N*-metilciclohexilamina **(d)** (2-metilciclohexil)amina
(e) Ácido 3-(*N,N*-dimetilamino)propanoico

24.49 Classifique cada um dos átomos de nitrogênio de amina nas seguintes substâncias como primário, secundário ou terciário:

(a)
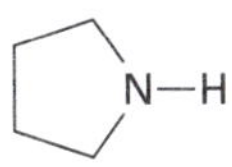

(b)
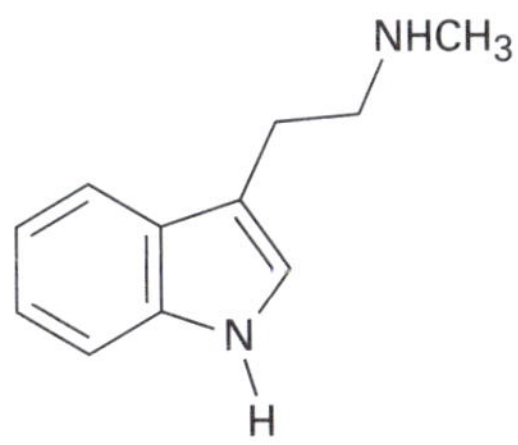

(c)
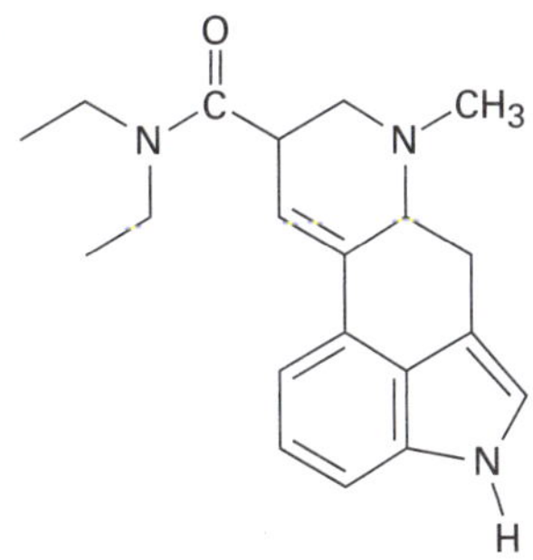

Dietilamida do ácido lisérgico

Basicidade das aminas

24.50 Embora o pirrol seja uma base muito mais fraca que a maioria das outras aminas, ele é um ácido muito mais forte (p*K*a ≈ 15 para o pirrol *versus* 35 para a dietilamina). O próton N–H é facilmente abstraído por base para produzir o ânion do pirrol, $C_4H_4N^-$. Explique.

24.51 A histamina, cuja liberação no corpo provoca secreções nasais e constrição das vias respiratórias, possui três átomos de nitrogênio. Liste-os em ordem crescente de basicidade e explique a sua ordenação.

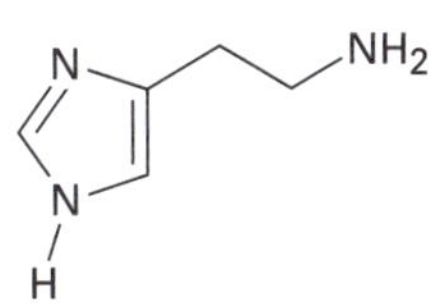

Histamina

24.52 Explique por que a *p*-nitroanilina (pK_a = 1,0) é menos básica que a *m*-nitroanilina (pK_a = 2,5) por um fator de 30. Desenhe as estruturas de ressonância que sustentam o seu argumento. (Os valores de pK_a correspondem aos respectivos íons amônio.)

Síntese de aminas

24.53 Como você prepararia as seguintes substâncias a partir do 1-butanol?

(a) Butilamina **(b)** Dibutilamina **(c)** Propilamina
(d) Pentilamina **(e)** *N,N*-dimetilbutilamina **(f)** Propeno

24.54 Como você prepararia as seguintes substâncias a partir do ácido pentanoico?

(a) Pentanamida **(b)** Butilamina **(c)** Pentilamina
(d) Ácido 2-bromopentanoico **(e)** Hexanonitrila **(f)** Hexilamina

24.55 Como você prepararia a anilina a partir dos seguintes materiais de partida?

(a) Benzeno **(b)** Benzamida **(c)** Tolueno

24.56 Como você prepararia a benzilamina, $C_6H_5CH_2NH_2$, a partir do benzeno? É necessária mais de uma etapa.

24.57 Como você prepararia a pentilamina a partir dos seguintes materiais de partida?

(a) Pentanoamida **(b)** Pentanonitrila **(c)** 1-buteno
(d) Hexanamida **(e)** 1-butanol **(f)** 5-deceno
(g) Ácido pentanoico

24.58 Como a reação de aminação redutiva deve ser empregada para sintetizar a efedrina, um aminoálcool que é largamente utilizado no tratamento da asma?

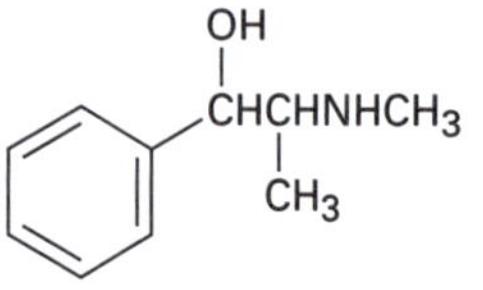

Efedrina

Reações de aminas

24.59 Como você converteria a anilina em cada um dos produtos a seguir?

(a) Benzeno **(b)** Benzamida **(c)** Tolueno

24.60 Dê as estruturas dos produtos orgânicos majoritários que você esperaria da reação de *m*-toluidina (*m*-metilanilina) com os seguintes reagentes:

(a) Br_2 (1 mol) **(b)** CH_3I (excesso)
(c) CH_3COCl em piridina **(d)** O produto de (c), em seguida HSO_3Cl

24.61 Mostre os produtos da reação da *p*-bromoanilina com os seguintes reagentes:

(a) CH_3I (excesso) **(b)** HCl **(c)** HNO_2, H_2SO_4
(d) CH_3COCl **(e)** CH_3MgBr **(f)** CH_3CH_2Cl, $AlCl_3$
(g) O produto de **(c)** com CuCl, HCl
(h) O produto de **(d)** com CH_3 CH_2 Cl, $AlCl_3$

24.62 Quais produtos majoritários você esperaria obter da reação de eliminação de Hofmann das seguintes aminas?

(a) 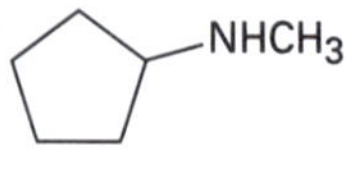

(b) 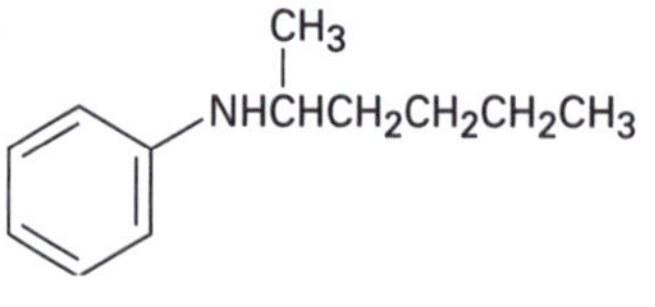

(c) 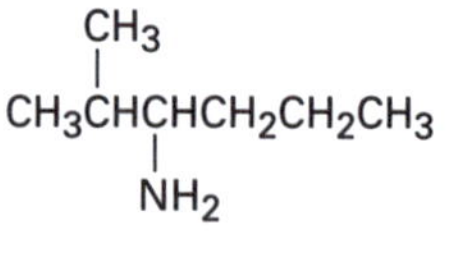

24.63 Como você prepararia os seguintes compostos a partir do tolueno? Em algumas etapas a reação de substituição de diazônio é necessária.

(a) 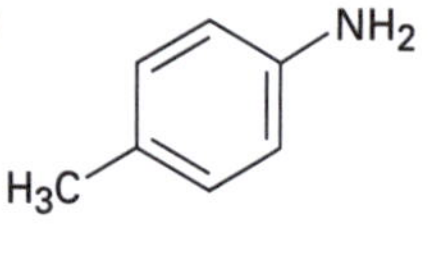

(b) 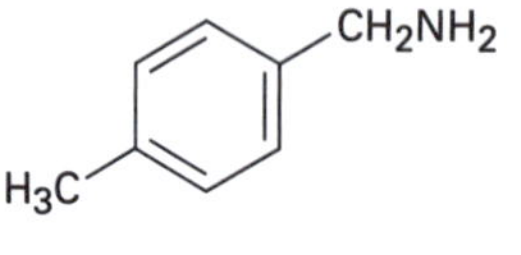

(c) 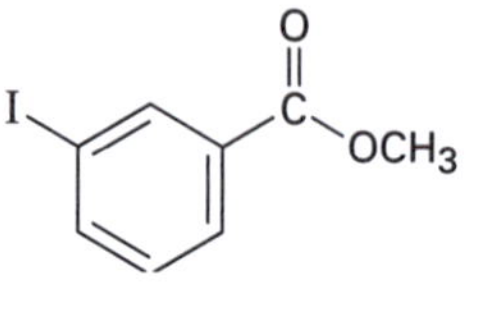

24.64 Preveja o(s) produto(s) das seguintes reações. Se mais de um produto for formado, diga qual será o majoritário.

(a)

(b)

(c)

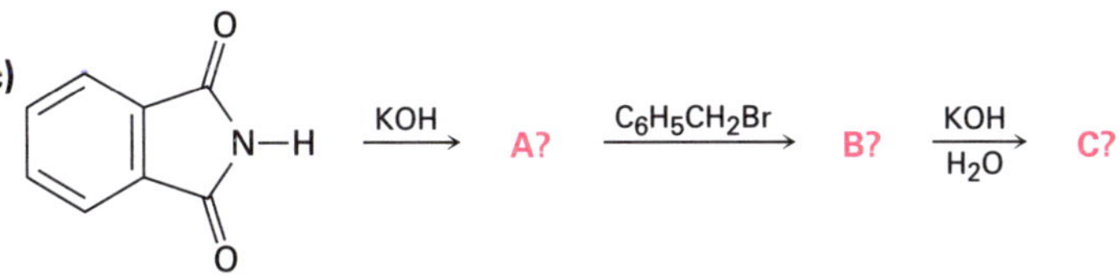

(d) $BrCH_2CH_2CH_2CH_2Br$ + 1 mol CH_3NH_2 $\xrightarrow[H_2O]{NaOH}$?

Espectroscopia

24.65 A fenacetina, uma substância inicialmente usada em remédios sem receita médica para a dor de cabeça, apresenta a fórmula $C_{10}H_{13}NO_2$. A fenacetina é um composto neutro e não se dissolve em ácido ou base. Quando aquecido com solução aquosa de NaOH, a fenacetina produz uma amina, $C_8H_{11}NO$, cujo espectro de RMN de ^1H é mostrado a seguir. Quando aquecido com HI, a amina sofre quebra dando origem a um aminofenol, C_6H_7NO. Qual é a estrutura da fenacetina, e quais as estruturas da amina e do aminofenol?

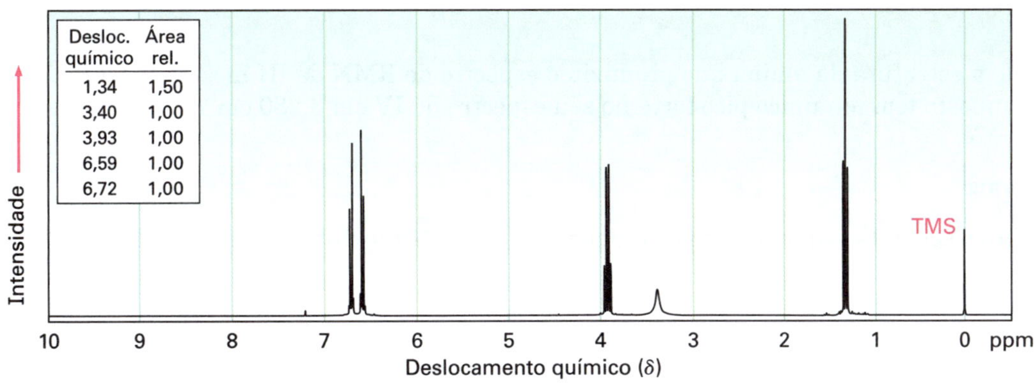

24.66 Proponha as estruturas para as aminas que apresentam os seguintes espectros de RMN de ^1H:

(a) C_3H_9NO

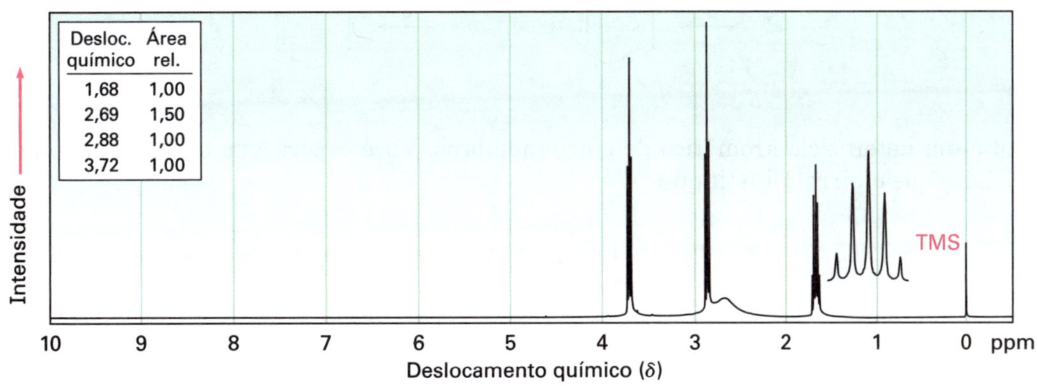

(b) $C_4H_{11}NO_2$

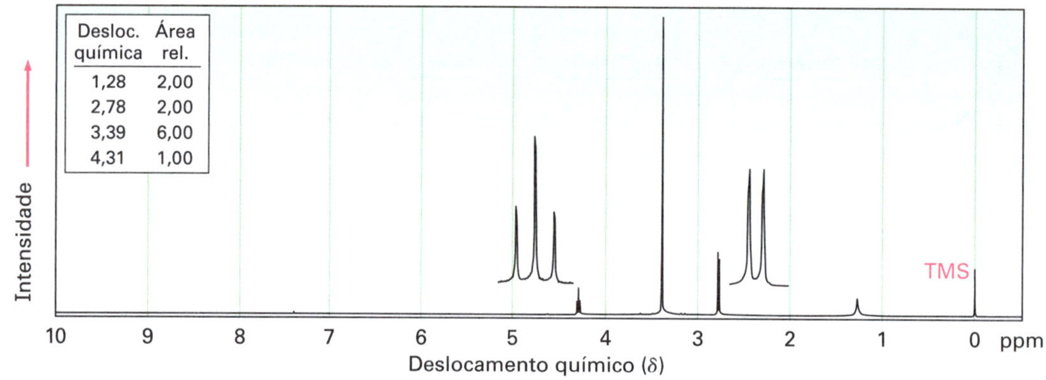

(c) $C_8H_{11}N$

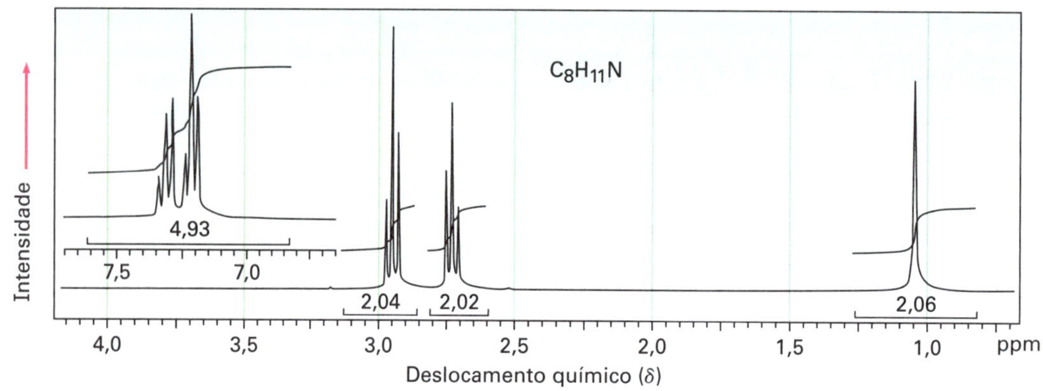

24.67 Desenhe a estrutura da amina que produziu o espectro de RMN de ^1H mostrado na Problema 24.66(c). Este composto tem um único pico forte no seu espectro de IV em 3.280 cm^{-1}.

Problemas gerais

24.68 Complete o seguinte esquema com os reagentes **a-e** que estão faltando:

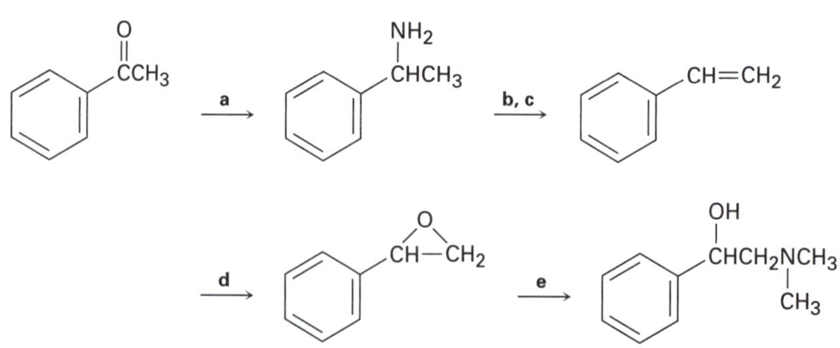

24.69 O oxazol é um heterociclo aromático de cinco membros. Você espera que o oxazol seja mais básico ou menos básico que o pirrol? Justifique.

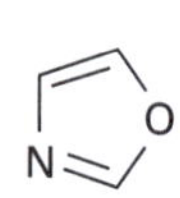

Oxazol

24.70 A protonação de uma amida utilizando ácido forte ocorre no oxigênio em vez de ocorrer no nitrogênio. Sugira uma razão para esse comportamento, levando-se em conta a ressonância.

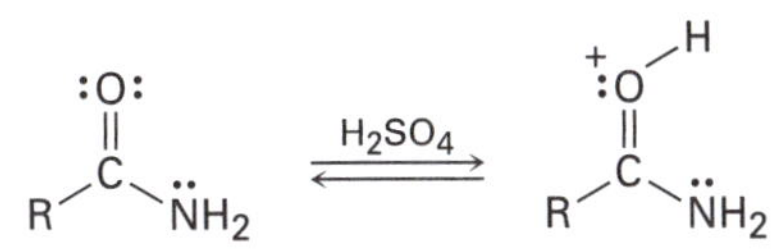

24.71 Deduza a estrutura do composto com a fórmula $C_8H_{11}N$ que produziu o seguinte espectro no IV.

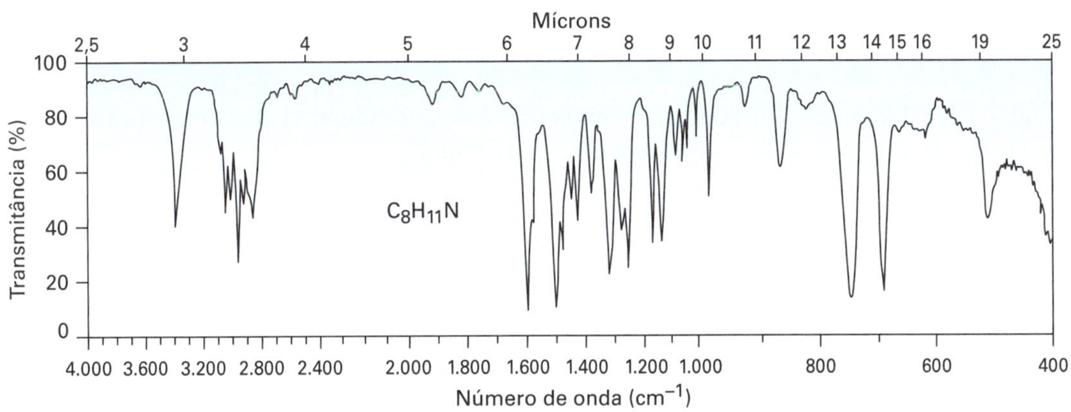

24.72 Preencha os reagentes **a-d** que faltam na seguinte síntese da metanfetamina racêmica a partir do benzeno.

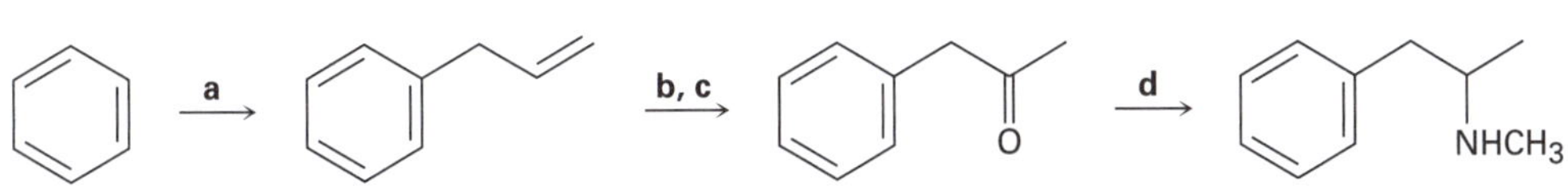

(*R,S*)-metanfetamina

24.73 A ciclopentamina é uma substância semelhante à anfetamina, estimulante do sistema nervoso central. Proponha a síntese da ciclopentamina a partir de reagentes contendo cinco ou menos átomos de carbono.

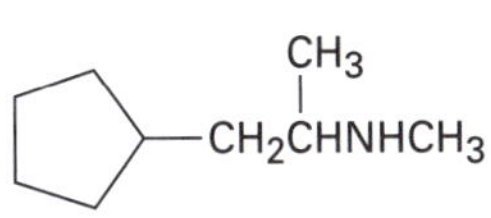

Ciclopentamina

24.74 A tetracaína é uma substância usada como um anestésico da medula espinhal.

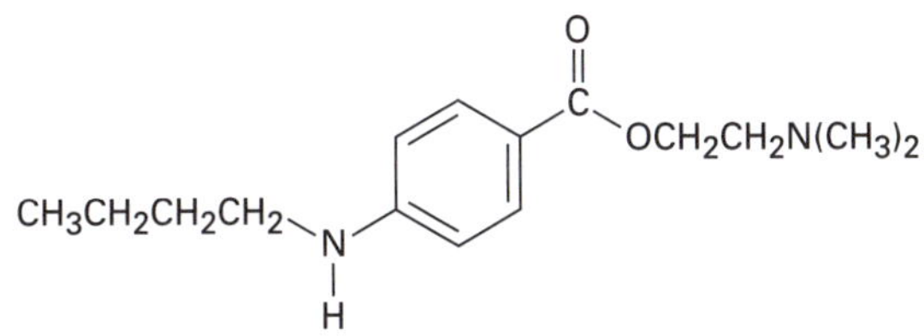

Tetracaína

(a) Como você prepararia a tetracaína a partir de um derivado da anilina, $ArNH_2$?

(b) Como você prepararia a tetracaína a partir do ácido *p*-nitrobenzoico?

(c) Como você prepararia a tetracaína a partir do benzeno?

24.75 A atropina, $C_{17}H_{23}NO_3$, é um alcaloide venenoso isolado de folhas e raízes da *Atropa belladonna*, a mortal beladona. Em pequenas doses, a atropina atua como um relaxante muscular; 0,5 ng (nanograma, 10^{-9} g) é suficiente para causar dilatação da pupila. A hidrólise básica da atropina leva à formação do ácido trópico, $C_6H_5CH(CH_2OH)CO_2H$ e tropina, $C_8H_{15}NO$. A tropina é um álcool oticamente inativo que origina o tropideno na desidratação com H_2SO_4. Proponha uma estrutura para a atropina.

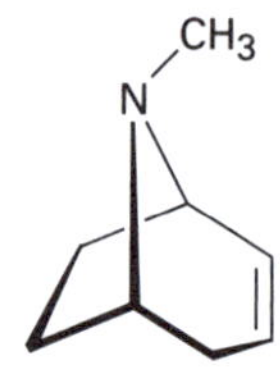

Tropideno

24.76 O tropideno (Problema 24.75) pode ser convertido em tropilideno (1,3,5-cicloheptatrieno) através de uma série de etapas. Como você realizaria essa conversão?

24.77 Proponha uma estrutura para o produto com a fórmula $C_9H_{17}N$ que se forma quando a 2-(2-cianoetil)-ciclohexanona é reduzida cataliticamente.

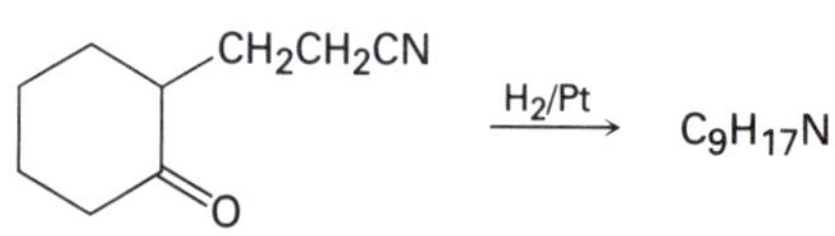

24.78 A coniina, $C_8H_{17}N$, é o princípio tóxico do veneno cicuta ingerido por Sócrates. Quando sofre reação de eliminação de Hofmann, a coniina produz o 5-(*N*,*N*-dimetilamino)-1-octeno. Se a coniina é uma amina secundária, qual é sua estrutura?

24.79 Como você prepararia a coniina (Problema 24.78) a partir da acrilonitrila ($H_2C{=}CHCN$) e 3-oxoexanoato de etila ($CH_3CH_2CH_2COCH_2CO_2Et$)? (Dica: Veja o Problema 24.77.)

24.80 A tiramina é um alcaloide encontrado, entre outros lugares, no visgo, uma planta parasita, e no queijo curado. Como você sintetizaria a tiramina a partir do benzeno? E a partir do tolueno?

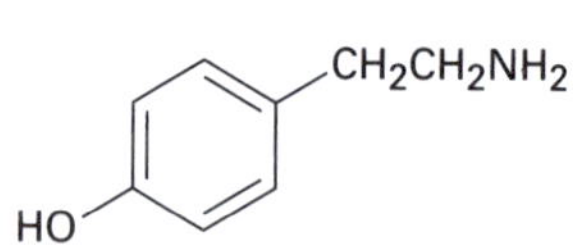

Tiramina

24.81 A reação do ácido antranílico (ácido *o*-aminobenzoico) com HNO_2 e H_2SO_4 leva à formação de um sal de diazônio que pode ser tratado com uma base para dar origem a um carboxilato de diazônio neutro.

(a) Qual é a estrutura do carboxilato de diazônio neutro?

(b) O aquecimento do carboxilato de diazônio resulta na formação de CO_2, N_2 e um intermediário que reage com o 1,3-ciclopentadieno para formar o seguinte produto:

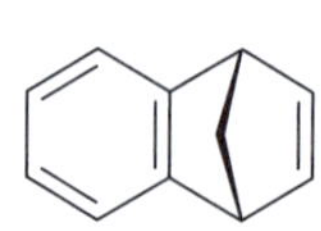

Qual é a estrutura do intermediário e que tipo de reação sofre com o ciclopentadieno?

24.82 O ciclooctatetraeno foi, primeiramente, sintetizado em 1911 por uma rota que envolvia a seguinte transformação:

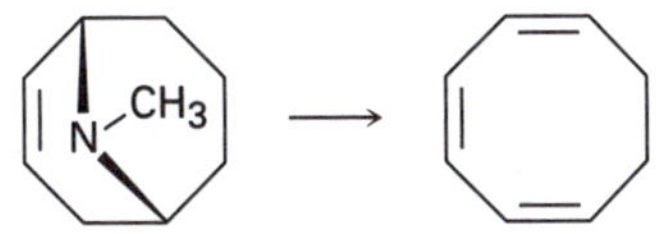

Como você usaria a eliminação de Hofmann para realizar essa reação? Como você terminaria a síntese através da conversão do ciclooctatrieno em ciclooctatetraeno?

24.83 Proponha as estruturas para os compostos que apresentam os seguintes espectros de RMN de ^1H:

(a) $C_9H_{13}N$

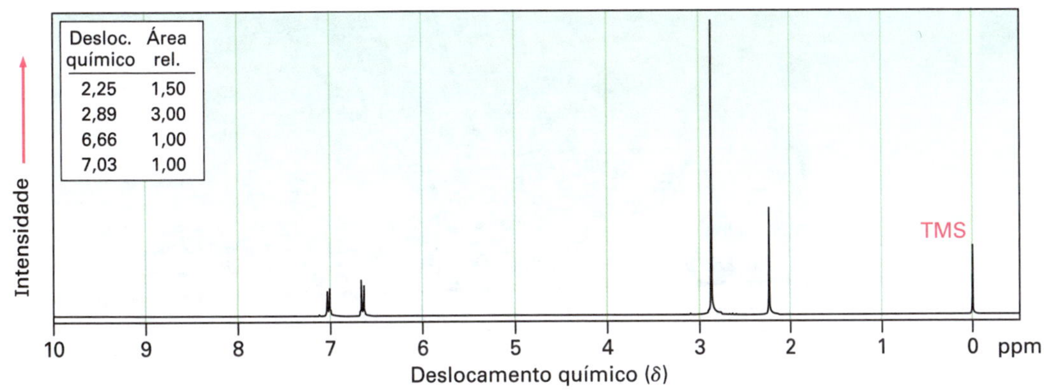

b) $C_{15}H_{17}N$

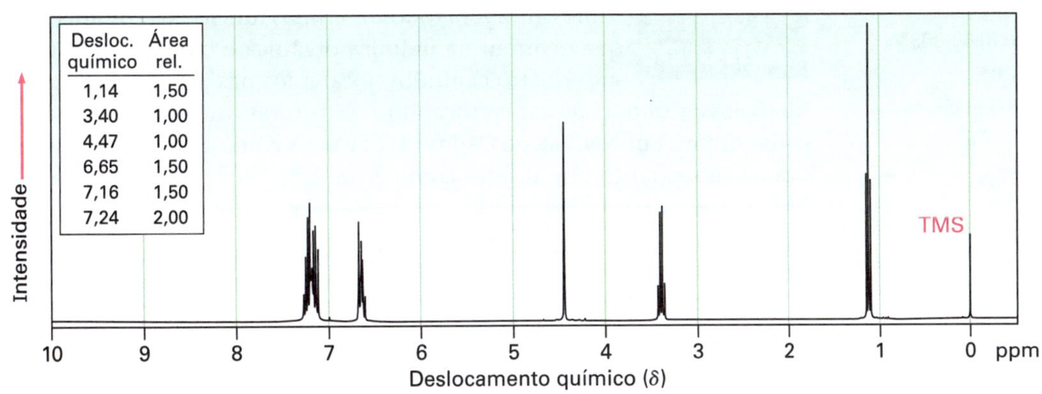

24.84 4-dimetilaminopiridina (DMAP) atua como um catalisador em reações de transferência de acila. A atividade catalítica da DMAP decorre do seu caráter nucleofílico no nitrogênio da piridina e não do grupo dimetilamino. Explique esse comportamento, levando a ressonância em conta.

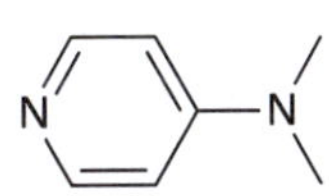

capítulo 25

Biomoléculas: Carboidratos

Produzido por abelhas a partir do néctar de flores, o mel é basicamente uma mistura dos dois açúcares mais simples, frutose e glicose.

Neste capítulo:

POR QUE ESTE CAPÍTULO? Vimos até agora todos os grupos funcionais comuns e tipos de reação que ocorrem na química orgânica e bioquímica. Neste e nos próximos quatro capítulos, focaremos nas principais classes de moléculas biológicas; vamos começar verificando as estruturas e funções biológicas primárias dos carboidratos. Em seguida, no Capítulo 29, vamos voltar ao assunto para ver como os carboidratos são tanto sintetizados como degradados nos organismos.

Os **carboidratos** ocorrem em todos os organismos vivos. O açúcar e o amido nos alimentos e a celulose na madeira, no papel e no algodão são basicamente carboidratos puros. Os carboidratos modificados formam parte do revestimento das células vivas, outros carboidratos fazem parte dos ácidos nucleicos que contêm nossas informações genéticas, e ainda há outros que são utilizados como medicamentos.

A palavra carboidrato deriva historicamente do fato de que a glicose, o primeiro carboidrato simples a ser obtido na forma pura, tem a fórmula molecular $C_6H_{12}O_6$ e foi originalmente pensado como um "hidrato de carbono, $C_6(H_2O)_6$". Essa visão logo foi abandonada, mas o nome permaneceu. Atualmente, o termo *carboidrato* é utilizado para se referir livremente à ampla classe de aldeídos e cetonas poliidroxilados comumente chamados de açúcares. A glicose, também conhecida em trabalhos médicos como *dextrose*, é o exemplo mais familiar.

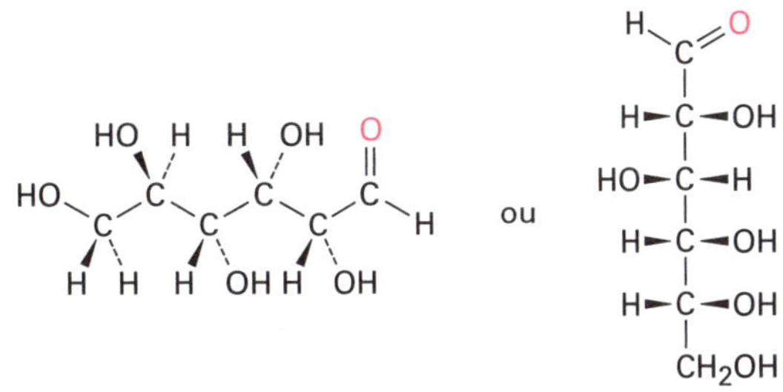

Glicose (dextrose),
um pentaidroxihexanal

Os carboidratos são sintetizados pelos vegetais verdes durante a fotossíntese, um processo complexo no qual a luz solar fornece a energia para converter CO_2 e H_2O em glicose mais oxigênio. Diversas moléculas de glicose são então conectadas quimicamente para armazenamento, no vegetal, em forma de celulose ou de amido. Estima-se que mais de 50% da massa seca da biomassa da Terra – todos os vegetais e animais – consistam de polímeros de glicose. Depois de ingeridos e metabolizados, os carboidratos fornecem aos animais uma fonte disponível de energia instantânea. Sendo assim, os carboidratos agem como intermediários químicos pelos quais a energia solar é armazenada e utilizada para suporte da vida.

$$6\,CO_2 + 6\,H_2O \xrightarrow{\text{Luz solar}} 6\,O_2 + \underset{\text{Glicose}}{C_6H_{12}O_6} \longrightarrow \text{Celulose, amido}$$

Como os humanos e a maior parte de outros mamíferos não possuem as enzimas necessárias para a digestão da celulose, eles precisam do amido como sua fonte alimentar de carboidratos. Entretanto, os animais de pasto, como as vacas, possuem micro-organismos em seu primeiro estômago que são capazes de digerir a celulose. Assim, a energia armazenada na celulose é movida para a parte superior da cadeia alimentar quando os animais ruminantes comem grama e depois são utilizados para a alimentação.

25.1 Classificação dos carboidratos

Em geral os carboidratos são classificados como simples ou complexos. Os **açúcares simples**, ou **monossacarídeos**, são carboidratos como a glicose e a frutose, que não podem ser convertidos por hidrólise em moléculas menores de açúcar. Os **carboidratos complexos** são constituídos de duas ou mais moléculas de açúcar unidas por ligações de acetal (**Seção 19.10**). A sacarose (açúcar comum), por exemplo, consiste de uma glicose ligada a uma frutose. Do mesmo modo, a celulose é composta de vários milhares de unidades de glicose ligadas entre si. A hidrólise catalisada por enzima de um carboidrato complexo divide o carboidrato em seus monossacarídeos constituintes.

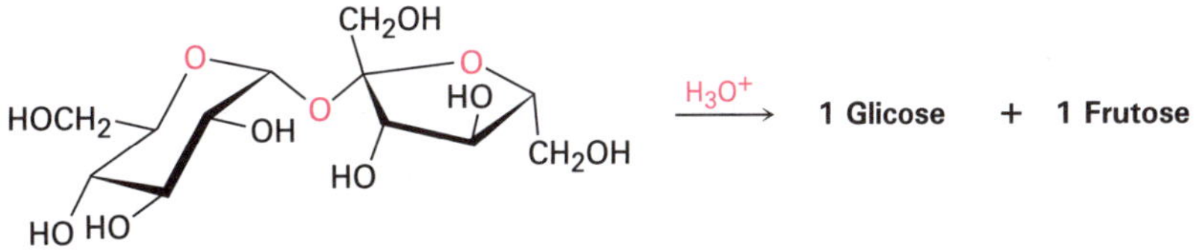

Sacarose
(um dissacarídeo)

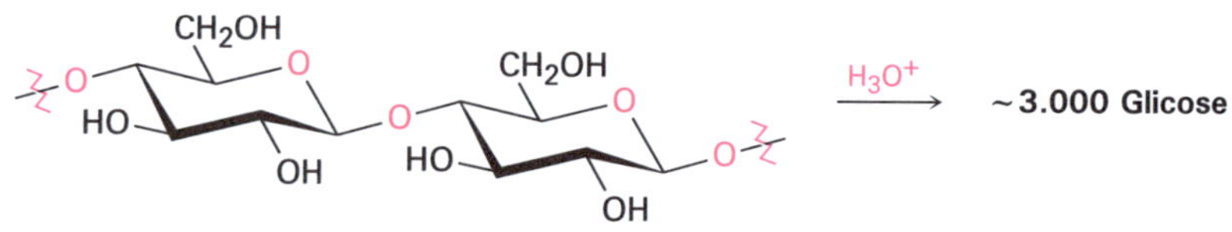

Celulose
(um polissacarídeo)

Os monossacarídeos são posteriormente classificados como **aldoses** ou **cetoses**. O sufixo *-ose* designa um carboidrato, e os prefixos *aldo-* e *ceto-* identificam o tipo de grupo carbonila presente na molécula, se aldeído ou cetona. O número de átomos de carbono no monossacarídeo é indicado pelo prefixo numérico adequado: *tri-*, *tetr-*, *pent-*, *hex-* e assim por diante, no nome. Juntando tudo, a glicose é uma aldohexose, um açúcar de aldeído com seis carbonos; a frutose é uma cetohexose, um cetoaçúcar com seis carbonos; a ribose é uma aldopentose, um açúcar de aldeído com cinco carbonos; e a sedoheptulose é uma cetoheptose, um cetoaçúcar com sete carbonos. A maior parte dos açúcares comuns simples são pentoses ou hexoses.

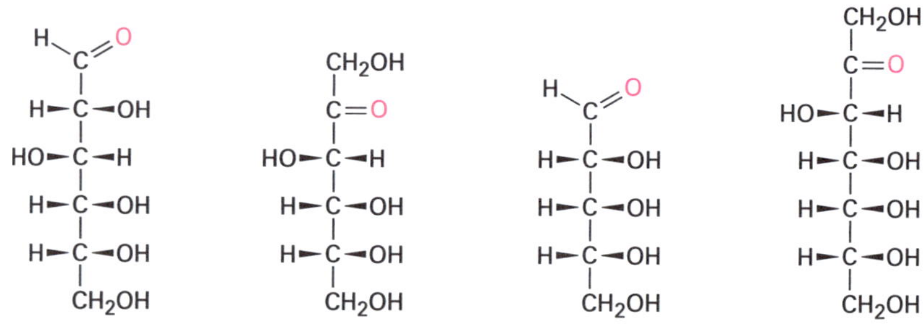

Glicose (uma aldohexose) | **Frutose (uma cetohexose)** | **Ribose (uma aldopentose)** | **Sedoheptulose (uma cetoheptose)**

PROBLEMA 25.1 Classifique cada um dos monossacarídeos a seguir:

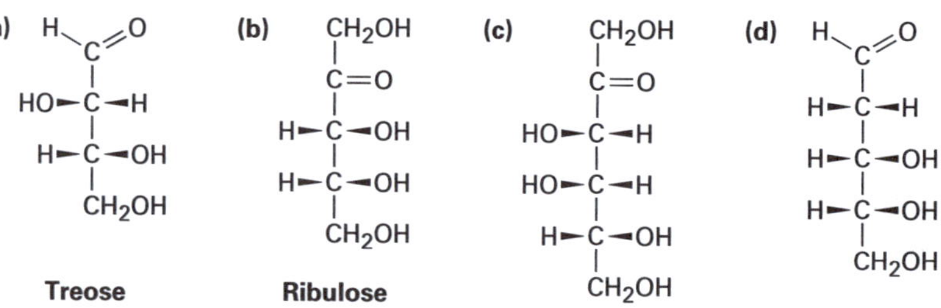

(a) Treose **(b) Ribulose** **(c) Tagatose** **(d) 2-desoxirribose**

25.2 Representando a estereoquímica dos carboidratos: projeções de Fischer

Como os carboidratos geralmente têm vários centros de qualidade, foi reconhecido há muito tempo que era necessário um método rápido para representar sua estereoquímica. Em 1891, o químico alemão Emil Fischer sugeriu um método baseado na projeção de um átomo de carbono tetraédrico sobre uma superfície plana. Estas **projeções de Fischer** logo foram adotadas e agora são um meio comum da representação da estereoquímica em centros de quiralidade, especialmente na química dos carboidratos.

Um átomo de carbono tetraédrico é representado, em uma projeção de Fischer, por duas linhas cruzadas. As linhas horizontais representam as ligações que saem da página, e as linhas verticais representam as ligações que entram na página.

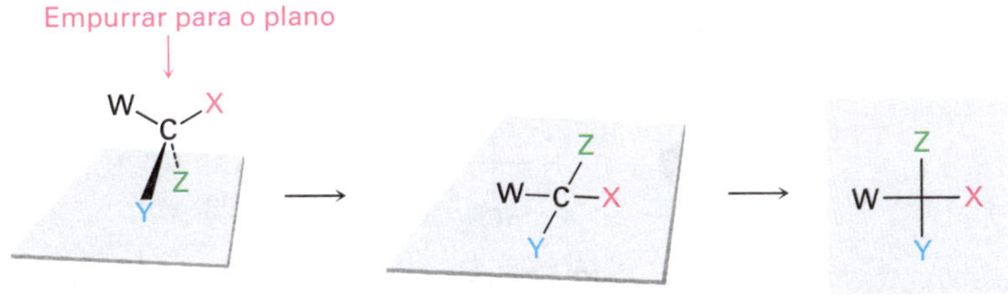

Por exemplo, o (*R*)-gliceraldeído, o monossacarídeo mais simples, pode ser desenhado conforme a **Figura 25.1**.

FIGURA 25.1 Uma projeção de Fischer do (*R*)-gliceraldeído.

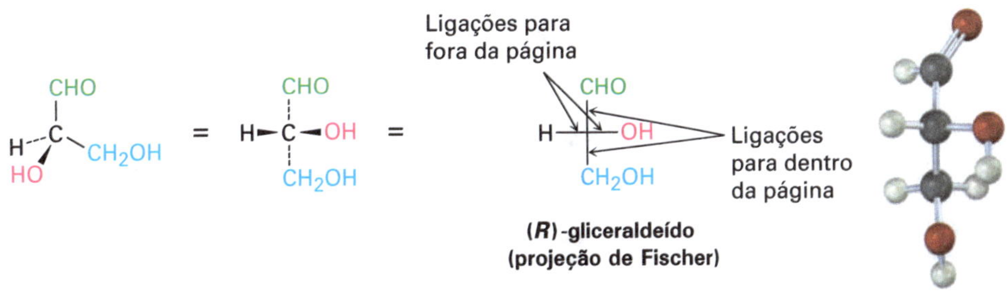

Como uma determinada molécula quiral pode ser desenhada de muitas maneiras diferentes, em geral é necessário comparar duas projeções para vermos se representam os mesmos ou diferentes enantiômeros. Para testar a identificação, as projeções de Fischer podem ser movimentadas sobre o papel, mas são permitidos apenas dois tipos de movimento; movimentar a projeção de Fischer de outra forma inverte seu significado.

- Uma projeção de Fischer pode ser girada de 180° sobre a folha, mas não de 90° ou 270°. Apenas a rotação de 180° mantém a convenção de Fischer ao manter o mesmo grupo de substituintes para fora e para dentro do plano. Por exemplo, na projeção de Fischer do (*R*)-gliceraldeído a seguir, os grupos –H e –OH saem do plano antes e depois de uma rotação de 180°.

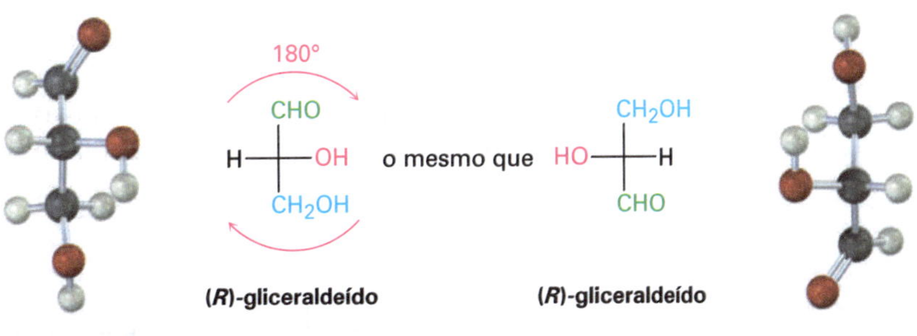

A rotação de 90° quebra a convenção de Fischer ao trocar os grupos que entram no plano e aqueles que saem. Nas seguintes projeções de Fischer do (*R*)-gliceraldeído, os grupos –H e –OH originalmente saem do plano, mas vão para dentro dele após uma rotação de 90°. Como resultado, a projeção depois de girada representa o (*S*)-gliceraldeído.

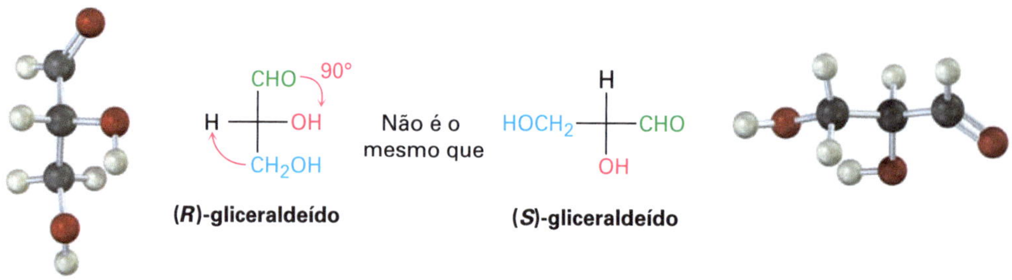

- Uma projeção de Fischer pode ter apenas um grupo que se mantém fixo enquanto os outros três rodam em sentido horário ou anti-horário. O efeito é simplesmente girar em torno de uma ligação simples, o que não modifica a estereoquímica.

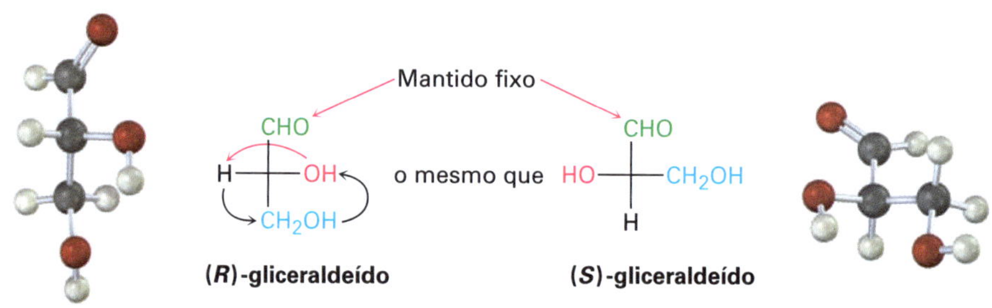

As designações estereoquímicas *R*,*S* (**Seção 5.5**) podem ser atribuídas ao centro de quiralidade em uma projeção de Fischer seguindo-se três etapas, como apresentada no Problemas para Praticar 25.1.

ETAPA Nº 1 Classifique os quatro substituintes da maneira usual (**Seção 5.5**).

ETAPA Nº 2 Coloque o grupo de classificação mais baixa, normalmente H, na parte superior da projeção de Fischer, utilizando um dos movimentos permitidos. Isso significa que o grupo de prioridade mais baixa é orientado para trás, longe de quem visualiza, como exigido para atribuir a configuração.

ETAPA Nº 3 Determine o sentido de rotação $1 \rightarrow 2 \rightarrow 3$ dos três grupos remanescentes e atribua a configuração *R* ou *S*.

Os carboidratos com mais de um centro de quiralidade são mostrados nas projeções de Fischer empilhando os centros em cima um do outro, com o carbono da carbonila no ou perto do topo. A glicose, por exemplo, possui quatro grupos de quiralidade empilhados em uma projeção de Fischer. Entretanto, essa representação não mostra um panorama preciso da conformação de uma molécula, que na realidade se enrola em torno de si mesma como uma pulseira.

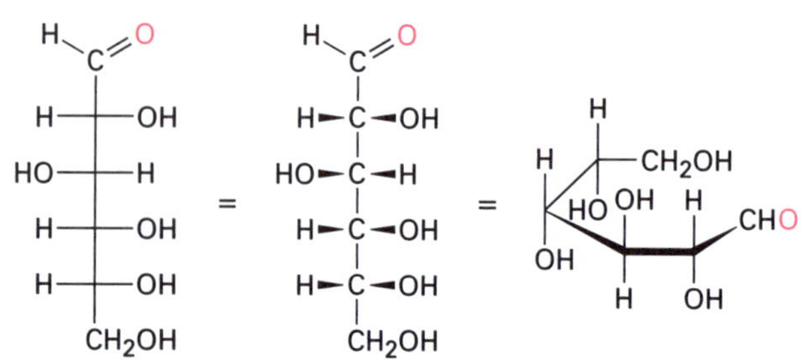

Glicose
(grupo carbonila na parte superior)

Problemas para praticar 25.1

Atribuindo configuração R ou S para uma projeção de Fischer

Atribua uma configuração R ou S para a projeção de Fischer da alanina a seguir:

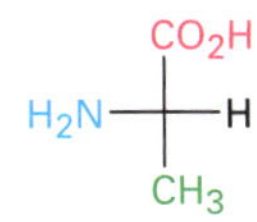

Alanina

Estratégia Siga os passos no texto. (1) Classifique os quatro substituintes no carbono quiral. (2) Manipule a projeção de Fischer para colocar o grupo de classificação mais baixa na parte superior através da realização de um dos movimentos permitidos. (3) Determine a direção $1 \rightarrow 2 \rightarrow 3$ dos três grupos restantes.

Solução A classificação dos grupos é: (1) $-NH_2$, (2) $-CO_2H$, (3) $-CH_3$ e (4) $-H$. Para trazer o grupo de menor classificação ($-H$) até a parte superior, podemos manter o grupo $-CH_3$ estacionário durante a rotação dos outros três grupos no sentido anti-horário.

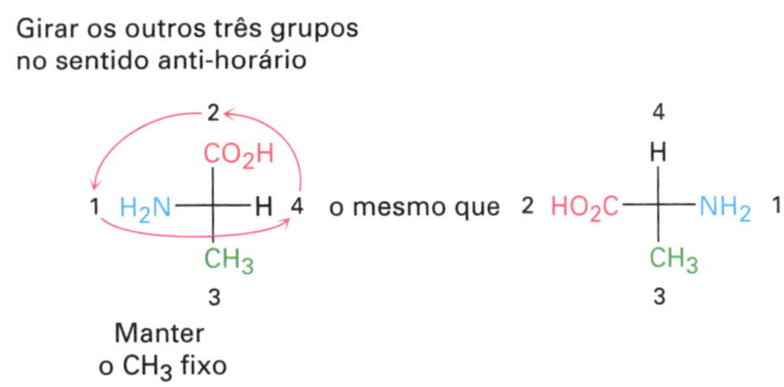

Ir da primeira para a segunda, para a terceira mais alta classificação requer uma curva para a esquerda, correspondendo à estereoquímica S.

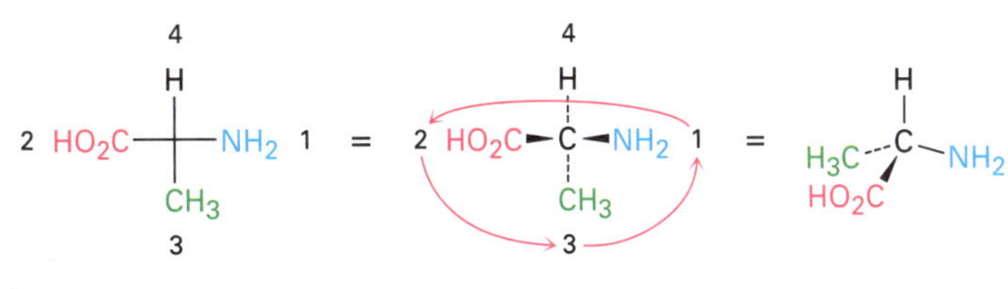

Configuração *S*

PROBLEMA 25.2 Converta cada uma das seguintes projeções de Fischer em uma representação tetraédrica e atribua a estereoquímica R ou S:

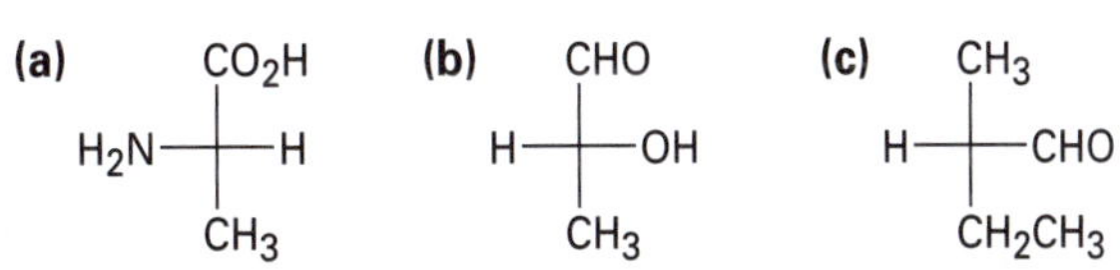

PROBLEMA 25.3 Quais das seguintes projeções de Fischer do gliceraldeído representam o mesmo enantiômero?

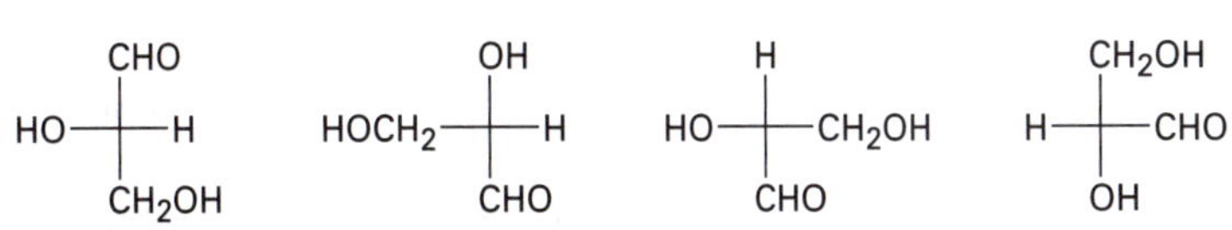

A **B** **C** **D**

PROBLEMA 25.4 Desenhe novamente a seguinte molécula como uma projeção de Fischer e atribua a configuração *R* ou *S* para o centro de quiralidade (verde = Cl):

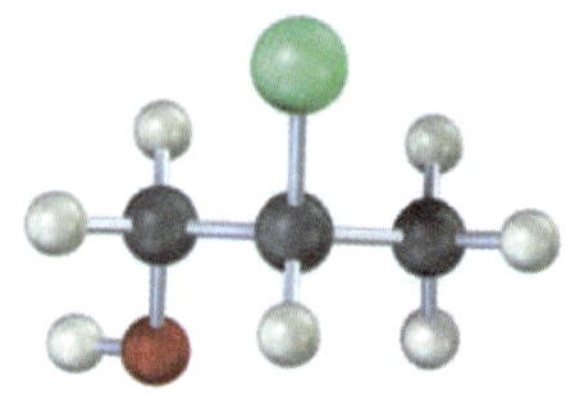

PROBLEMA 25.5 Desenhe novamente a aldotetrose a seguir como uma projeção de Fischer e atribua a configuração *R* ou *S* para cada centro de quiralidade:

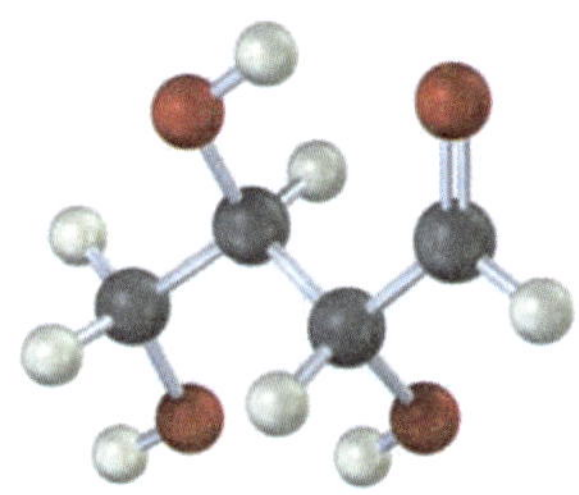

25.3 Açúcares D,L

O gliceraldeído, a aldose mais simples, possui apenas um centro de quiralidade e, assim, duas formas enantioméricas (imagem especular). Entretanto, apenas o enantiômero dextrorrotatório é natural. Isto é, uma amostra de um gliceraldeído natural colocada em um polarímetro gira o plano da luz polarizada no sentido horário, simbolizado (+). Uma vez que se descobriu que o (+)-gliceraldeído possui uma configuração *R* no C2, pode-se representá-lo em uma projeção de Fischer, como mostra a **Figura 25.1**. Por razões históricas, muito antes da adoção do sistema *R,S*, o (*R*)-(+)-gliceraldeído também pode ser simbolizado como D-gliceraldeído (D de dextrorrotatório). O outro enantiômero, o (*S*)-(−)-gliceraldeído, é conhecido como L-gliceraldeído (L de levorrotatório).

Graças à maneira como os monossacarídeos são biossintetizados na natureza, a glicose, a frutose e a maior parte (mas não todos) de outros monossacarídeos naturais possuem a mesma configuração estereoquímica *R* que o D-gliceraldeído no centro quiral mais distante do grupo carbonila. Consequentemente, nas projeções de Fischer, a maior parte dos açúcares naturais possui o grupo hidroxila do centro de quiralidade da parte inferior apontando para a direita (**Figura 25.2**). Todos os compostos desse tipo são chamados de **açúcares D**.

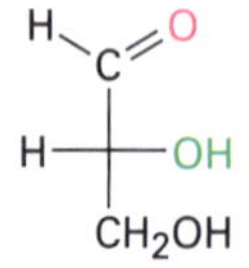

D-gliceraldeído [(*R*)-(+)-gliceraldeído]

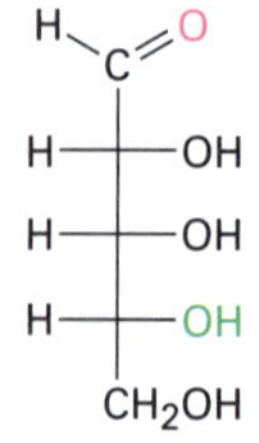

D-ribose

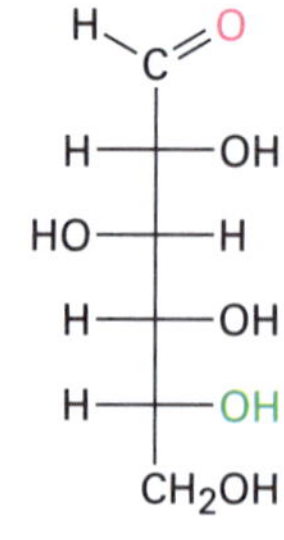

D-glicose

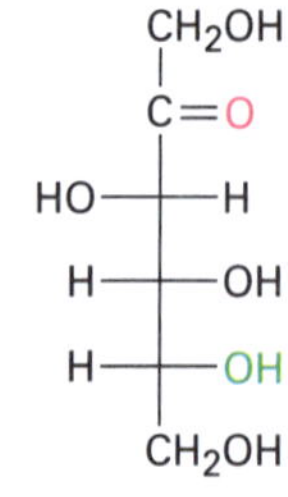

D-frutose

FIGURA 25.2 Alguns açúcares D naturais. O grupo −OH, no centro de quiralidade mais afastado do grupo carbonila, possui a mesma configuração que o (*R*)-(+)-gliceraldeído e aponta para a direita nas projeções de Fischer.

Em contraste com os açúcares D, os **açúcares L** possuem uma configuração *S* no centro de quiralidade mais baixo, com o grupo −OH inferior apontando para a esquerda nas projeções de Fischer. Sendo assim, um açúcar L é a imagem especular (enantiômero) do açúcar D correspondente e possui a configuração oposta à do açúcar D em todos os centros de quiralidade.

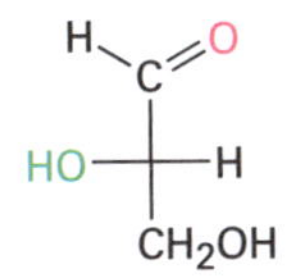

L-gliceraldeído
[(*S*)-(–)-gliceraldeído]

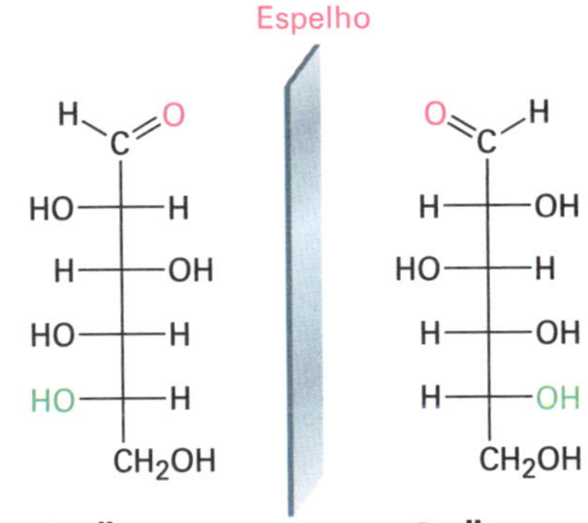

L-glicose
(que não ocorre naturalmente)

D-glicose

Observe que as notações D e L não possuem relação com o sentido no qual um determinado açúcar gira a luz polarizada no plano; um açúcar D pode ser tanto dextrorrotatório quanto levorrotatório. O prefixo D indica apenas que o grupo –OH, no centro de quiralidade mais baixo, possui estereoquímica *R* e aponta para a direita quando a molécula é desenhada em uma projeção de Fischer. Observe também que o sistema D,L de nomenclatura de carboidratos descreve a configuração em apenas um centro de quiralidade e isso não diz nada sobre a configuração ou outros centros de quiralidade que podem estar presentes.

PROBLEMA 25.6 Atribua a configuração *R* ou *S* para cada centro de quiralidade nos monossacarídeos a seguir e diga qual é açúcar D ou açúcar L:

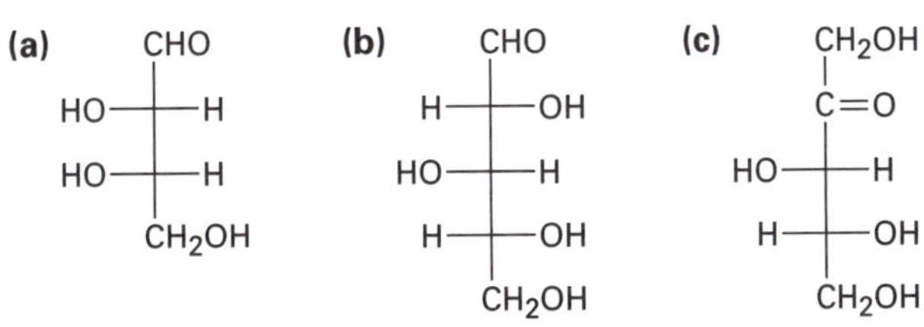

PROBLEMA 25.7 A (+)-arabinose, uma aldopentose que é amplamente distribuída nos vegetais, é sistematicamente nomeada (2*R*,3*S*,4*S*)-2,3,4,5-tetrahidroxipentanal. Desenhe uma projeção de Fischer da (+)-arabinose e identifique-a como açúcar D ou açúcar L.

25.4 Configurações das aldoses

As aldotetroses são açúcares de quatro carbonos com dois centros de quiralidade. Sendo assim, existem $2^2 = 4$ aldotetroses estereoisoméricas possíveis ou dois pares de enantiômeros D,L chamados de eritrose e treose.

As aldopentoses possuem três centros de quiralidade e um total de $2^3 = 8$ esteroisômeros possíveis, ou quatro pares de enantiômeros D,L. Esses quatro pares de enantiômeros são chamados de ribose, arabinose, xilose e lixose. Todos, exceto as lixoses, ocorrem amplamente na natureza. A D-ribose é um constituinte importante do RNA (ácido ribonucleico), a L-arabinose é encontrada em diversas plantas e a D-xilose é encontrada na madeira.

As aldohexoses possuem quatro centros de quiralidade e um total de $2^4 =$ 16 esteroisômeros possíveis, ou oito pares de enantiômeros D,L. O nome dos oito são alose, altrose, glicose, manose, gulose, idose, galactose e talose. Apenas a D-glicose, do amido e da celulose, e a D-galactose, de resina e da pectina de frutas, são amplamente encontradas na natureza. A D-manose e a D-talose também são naturais, mas com menos abundância.

As projeções de Fischer das aldoses D com quatro, cinco e seis carbonos são apresentadas na **Figura 25.3**. Começando com o D-gliceraldeído, pode-

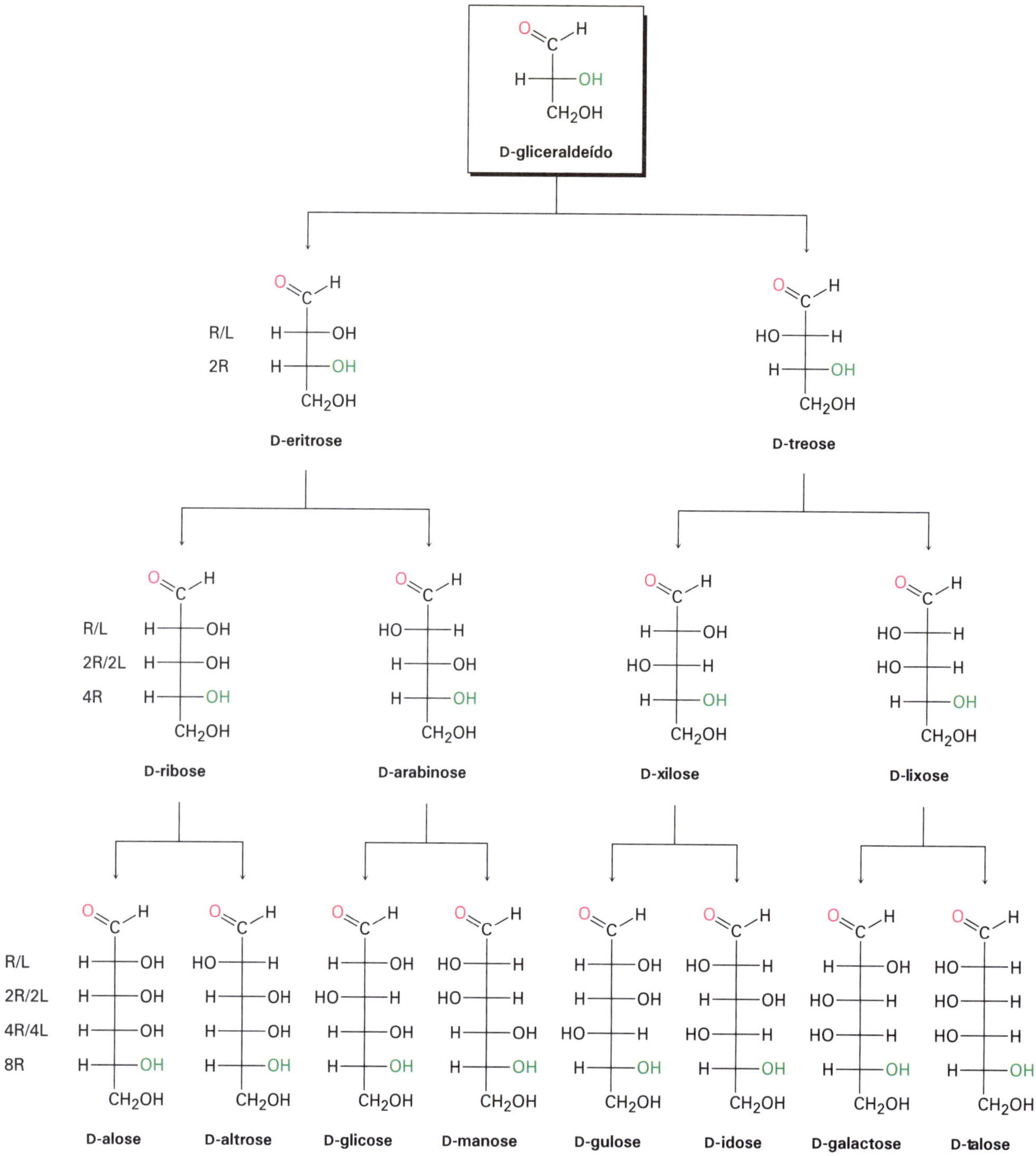

FIGURA 25.3 Configurações das aldoses D. As estruturas estão dispostas da esquerda para a direita para que o grupo –OH no C2 alterne direita/esquerda (R/L) quando passa por uma série. Da mesma maneira, os grupos –OH no C3 alternam duas direitas/duas esquerdas (2R, 2L), os grupos –OH no C4 alternam 4R/4L e os grupos –OH no C5 estão à direita em todos os oito (8R). Cada aldose D possui um enantiômero L correspondente que não está mostrado.

mos imaginar a construção de duas aldotetroses D ao inserir um novo centro de quiralidade um pouco abaixo do carbono do aldeído. Cada uma das duas aldotetroses D leva a duas aldopentoses D (quatro, no total), e cada uma das quatro aldopentoses D leva a duas aldohexoses D (oito, no total). Além disso, cada uma das aldoses D na **Figura 23.5** possui um enantiômero L que não está mostrado.

Louis Fiesel, da Universidade de Harvard, sugeriu o procedimento a seguir para facilitar a lembrança das estruturas das oito aldohexoses D:

ETAPA Nº 1 Monte oito projeções de Fischer com o grupo $-CHO$ na parte superior e o grupo $-CH_2OH$ na parte inferior.

ETAPA Nº 2 No C5, coloque os grupos $-OH$ para a direita (série D) em todas as projeções.

ETAPA Nº 3 No C4, alterne os grupos $-OH$ para a direita e quatro para a esquerda nas outras oito projeções.

ETAPA Nº 4 No C3, alterne os grupos $-OH$ para a direita duas e para a esquerda nas outras duas.

ETAPA Nº 5 No C2, alterne os grupos $-OH$ para a direita, para a esquerda, para a direita, para a esquerda.

ETAPA Nº 6 Nomeie os oito isômeros.

A estrutura das 4D-aldopentoses pode ser gerada de uma forma similar.

Problemas para praticar 25.2

Desenhando uma projeção de Fischer

Desenhe uma projeção de Fischer da L-frutose.

Estratégia Como a L-frutose é o enantiômero da D-frutose, apenas olhe para a estrutura da D-frutose e reverta a configuração em cada centro de quiralidade.

Solução

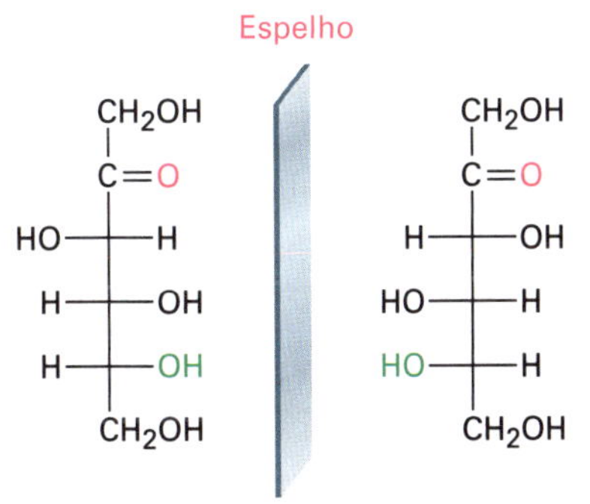

D-frutose L-frutose

Problemas para praticar 25.3

Desenhando uma projeção de Fischer de um modelo molecular

Desenhe a seguinte aldotetrose como uma projeção de Fischer e identifique a mesma como um açúcar D ou um L:

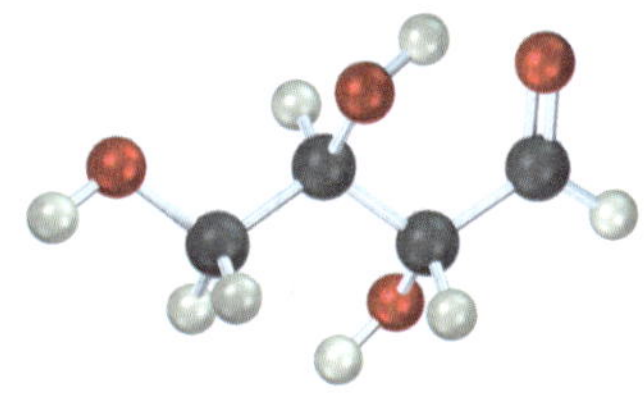

Estratégia A projeção de Fischer de um monossacarídeo é desenhada verticalmente, com o grupo carbonila na ou perto da parte superior e o grupo $-CH_2OH$ na parte inferior. Os $-H$ e $-OH$ interiores são desenhados para os lados, apontando para fora da página voltados para o espectador.

Solução

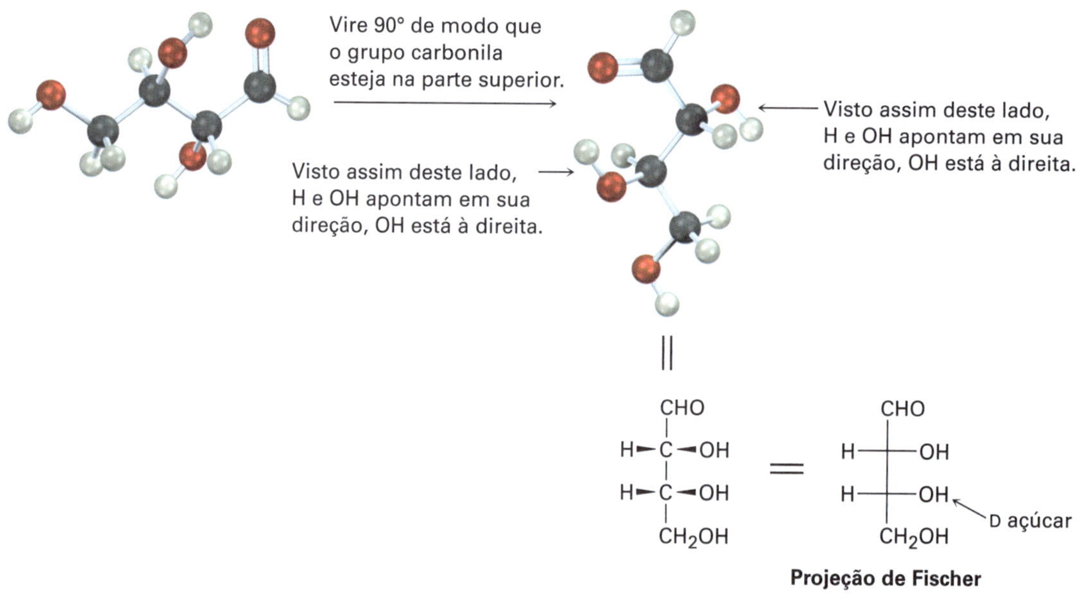

PROBLEMA 25.8 Apenas os açúcares D estão mostrados na **Figura 25.3**. Desenhe projeções de Fischer para os açúcares L a seguir:

(a) L-xilose **(b)** L-galactose **(c)** L-alose

PROBLEMA 25.9 Quantas aldoheptoses existem? Quantas delas são açúcares D e quantas são açúcares L?

PROBLEMA 25.10 O modelo a seguir é de uma aldopentose. Desenhe uma projeção de Fischer do açúcar, nomeie-o e identifique-o como açúcar D ou açúcar L.

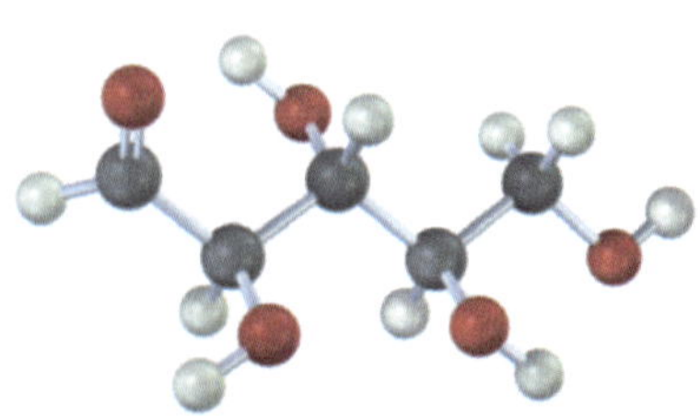

25.5 Estruturas cíclicas dos monossacarídeos: anômeros

Dissemos na **Seção 19.10** que os aldeídos e as cetonas sofrem uma rápida reação de adição nucleofílica reversível com álcoois para formar os hemiacetais.

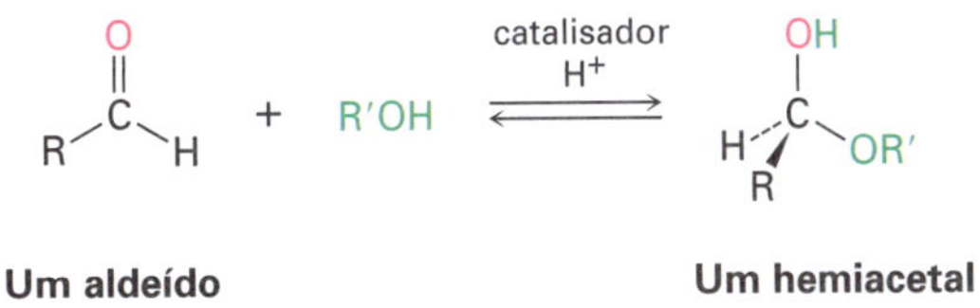

Se os grupos carbonila e hidroxila estão na mesma molécula, pode ocorrer uma adição nucleofílica intramolecular levando à formação de um hemiacetal cíclico. Hemiacetais cíclicos de cinco e seis membros são relativamente livres de tensão e particularmente estáveis, e, consequentemente, muitos carboidratos existem em um equilíbrio entre as formas de cadeia aberta e cíclica. A glicose, por exemplo, existe em solução aquosa principalmente na forma de **piranose** de seis membros que resulta de uma adição nucleofílica intramolecular de um grupo $-OH$ no C5 ao C1 grupo carbonila (**Figura 25.4**). A palavra *piranose* é derivada de *pirano*, nome do éter cíclico insaturado de seis membros.

Da mesma forma que os anéis de ciclohexano (**Seção 4.6**), os anéis de piranose possuem uma geometria do tipo cadeira com substituintes axiais e equatoriais. Por convenção, os anéis geralmente são desenhados com o átomo de oxigênio hemiacetal na parte de trás à direita, como mostrado na **Figura 25.4**. Observe que um grupo $-OH$ à direita, em uma projeção de Fischer, está na face inferior do anel de piranose, e o grupo $-OH$ da esquerda está em uma projeção de Fischer na face superior do anel. Para os açúcares D, o grupo terminal $-CH_2OH$ está na parte superior do anel, enquanto para os açúcares L, o grupo terminal $-CH_2OH$ está na parte inferior.

Quando um monossacarídeo de cadeia aberta sofre ciclização para uma forma de piranose, gera um novo centro de quiralidade no antigo carbono da carbonila e produz mais dois diasteroisômeros, chamados de **anômeros**. O átomo de carbono hemiacetal é chamado de **centro anomérico**. Por exemplo, a glicose forma reversivamente um ciclo em solução aquosa de uma mistura de 37:63 de dois anômeros (**Figura 25.4**). O composto com seu novo grupo $-OH$ gerado no C1 cis ao $-OH$ no centro de quiralidade mais baixo em uma projeção de Fischer é chamado de **anômero α**; sua nomenclatura completa é α-D-glicopiranose. O composto com seu novo grupo $-OH$ gerado no C1 trans ao $-OH$ no centro de quiralidade mais baixo em uma projeção de Fischer é chamado de **anômero β**; sua nomenclatura completa é β-D-glicopiranose. Observe que na β-D-glicopiranose, todos os substituintes no anel são equatoriais. Assim, a β-D-glicopiranose é a menos impedida estericamente e a mais estável das oito aldohexoses D.

Alguns monossacarídeos também existem na forma de hemiacetal cíclicos com cinco membros chamados de forma **furanose**. Por exemplo, a D-frutose existe em solução de água como 68% de β-piranose, 2,7% de α-piranose, 0,5% de cadeia aberta, 22,4% de β-furanose e 6,2% de α-furanose. A forma de piranose resulta da adição do grupo $-OH$ no C6 ao grupo carbonila, enquanto a forma de furanose resulta da adição do grupo $-OH$ no C5 ao grupo carbonila (**Figura 25.5**).

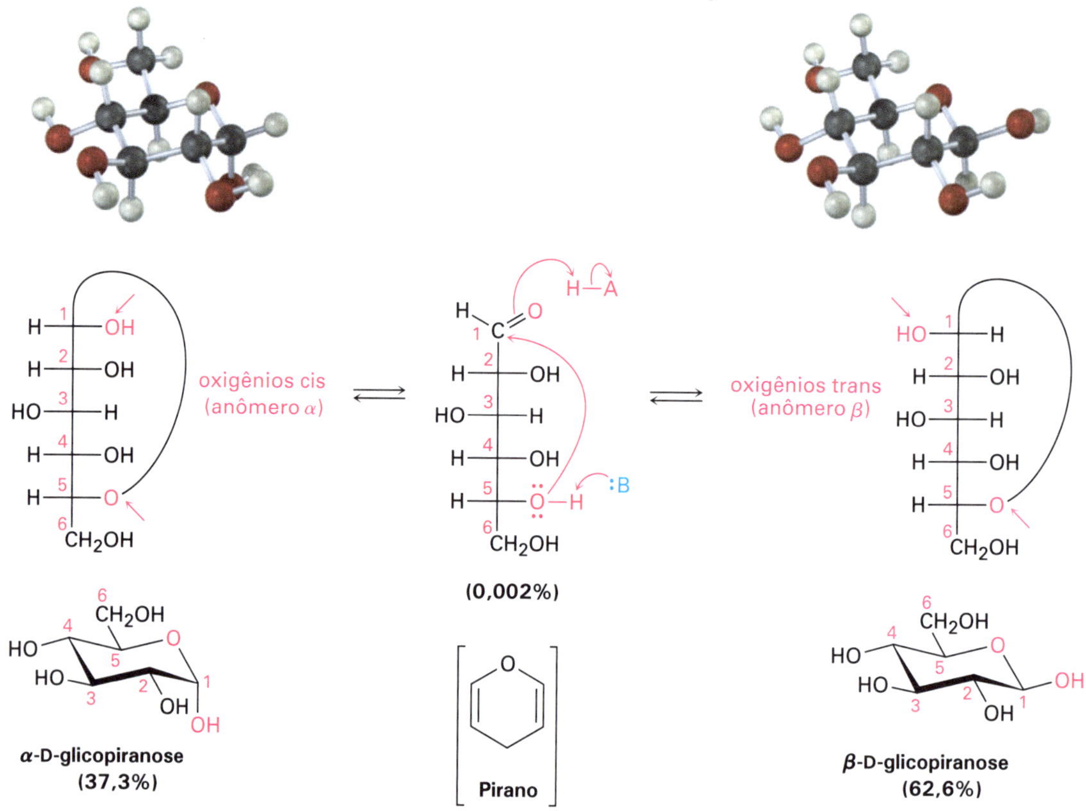

FIGURA 25.4 Glicose em suas formas de piranose cíclica. Como explicado no texto, dois anômeros são formados pela ciclização da glicose. A molécula cujo novo grupo −OH formado no C1 é cis em relação ao átomo de oxigênio no centro de quiralidade mais baixo (C5) em uma projeção de Fischer é o anômero α. A molécula cujo novo grupo −OH formado é trans em relação ao átomo de oxigênio no centro de quiralidade mais baixo em uma projeção de Fischer é o anômero β.

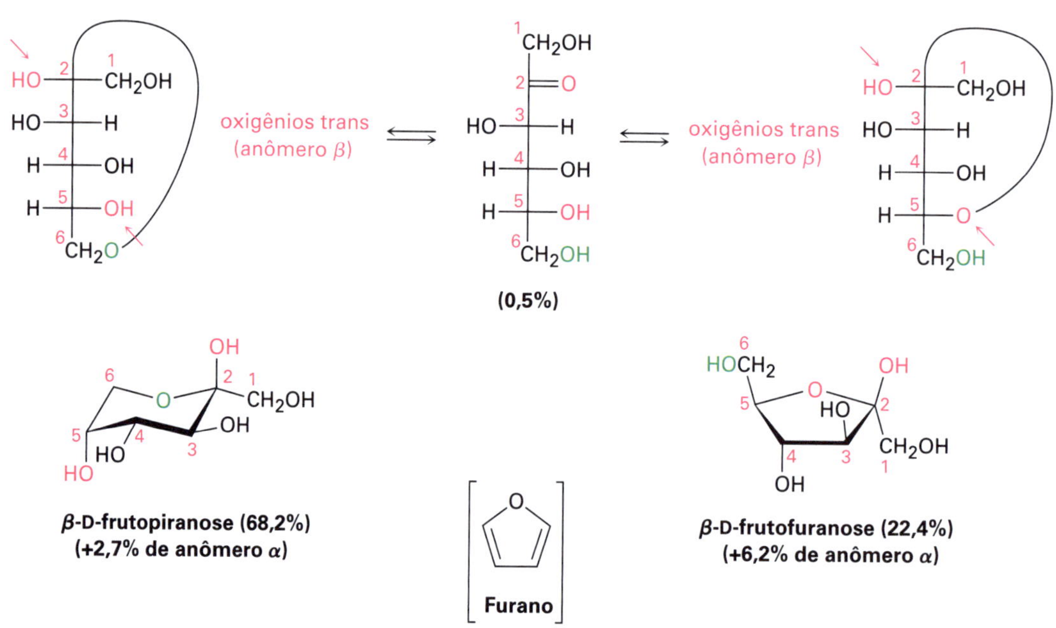

FIGURA 25.5 Formas de piranose e furanose da frutose em solução aquosa. Os dois anômeros da piranose resultam da adição do grupo −OH no C6 ao C2 do grupo carbonila; os dois anômeros da furanose resultam da adição do grupo −OH no C5 ao C2 do grupo carbonila.

Ambos os anômeros da D-glicopiranose podem ser cristalizados e purificados. A α-D-glicopiranose pura possui ponto de fusão de 146 °C e rotação específica, $[\alpha]_D = +112{,}2$; a β-D-glicopiranose pura tem um ponto de fusão de 148 a 155 °C e rotação específica de +18,7. Quando uma amostra de um ou outro anômero puro é dissolvida em água, no entanto, a sua rotação ótica muda lentamente até ela atingir um valor constante de +52,6. Isto é, a rotação específica da solução do α-anômero diminui de +112,2 para +52,6 e a rotação específica da solução do β-anômero aumenta de +18,7 para +52,6. Chamada **mutarrotação**, essa mudança na rotação ótica deve-se à interconversão lenta de anômeros puros para formar uma mistura em equilíbrio com proporção 37:63.

A mutarrotação ocorre através da abertura reversível do anel de cada anômero para o aldeído de cadeia aberta, seguido por um novo fechamento. Embora o equilíbrio seja lentamente atingido em pH neutro, o processo é catalisado tanto por ácido como por base.

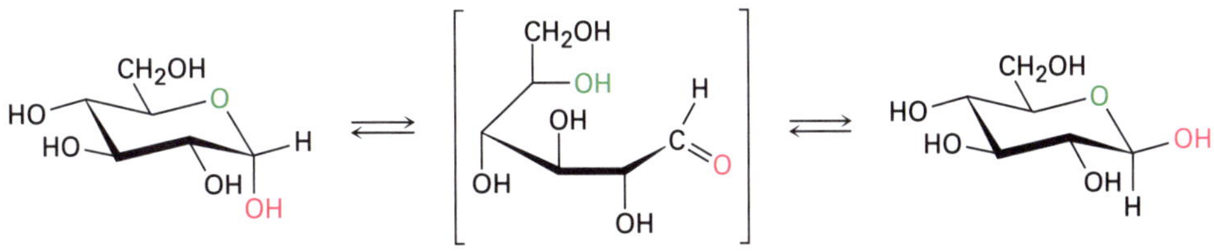

α-D-glicopiranose
$[\alpha]_D = +112{,}2$

β-D-glicopiranose
$[\alpha]_D = +18{,}7$

PROBLEMAS PARA PRATICAR 25.4

Desenhando uma conformação em cadeira de uma aldohexose

A D-manose difere da D-glicose em sua estereoquímica no C2. Desenhe a D-manose em sua forma de piranose do tipo cadeira.

Estratégia Primeiro desenhe uma projeção de Fischer da D-manose. Depois, coloque-a de lado e enrole-a para que o grupo $-CHO$ (C1) fique à frente à direita, e o grupo $-CH_2OH$ (C6) esteja para trás, à esquerda. Agora, conecte o $-OH$ no C5 ao C1 do grupo carbonila para formar o anel de piranose. No desenho na forma de cadeira, levante o carbono mais à esquerda (C4) e abaixe o carbono mais à direita (C1).

Solução

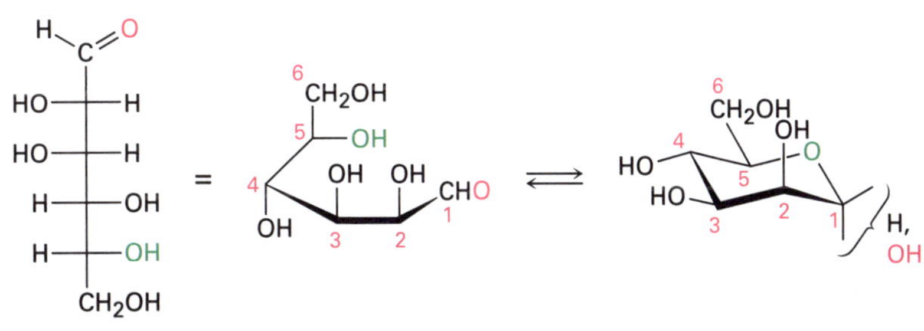

D-manose **(Forma de piranose)**

PROBLEMAS PARA PRATICAR 25.5

Desenhando uma conformação em cadeira de uma piranose

Desenhe a β-L-glicopiranose na sua conformação em cadeira mais estável.

Estratégia É provavelmente mais fácil começar desenhando a conformação em cadeira de β-D-glicopiranose. Em seguida, desenhe sua imagem especular, o enantiômero L, alterando a estereoquímica em cada posição no anel e realize um giro nele para dar para a cadeira a conformação mais estável. Note que o grupo $-CH_2OH$ está na face inferior do anel no enantiômero L, como está o anomérico $-OH$.

Solução

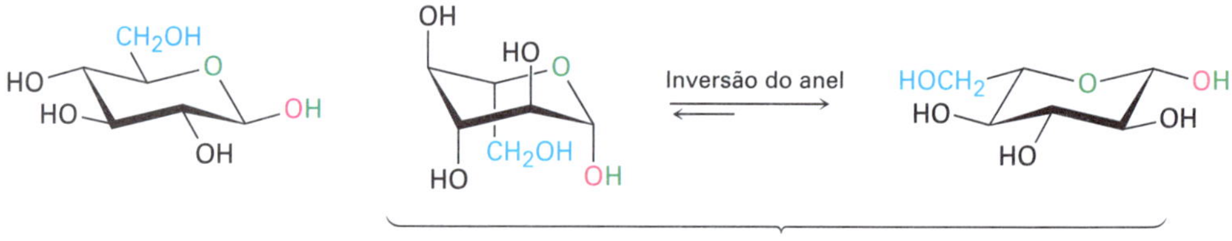

β-D-glicopiranose β-L-glicopiranose

PROBLEMA 25.11 A ribose existe amplamente em uma forma de furanose, produzida pela adição do grupo $-OH$ no C4 ao C1 do aldeído. Desenhe a D-ribose em sua forma de furanose.

PROBLEMA 25.12 A **Figura 25.5** mostra apenas os anômeros β-piranose e β-furanose da D-frutose. Desenhe os anômeros α-piranose e α-furanose.

PROBLEMA 25.13 Desenhe a β-D-galactopiranose e a β-manopiranose em suas conformações em cadeira mais estáveis. Classifique cada substituinte do anel como axial ou equatorial. Qual você espera que seja mais estável, a galactose ou a manose?

PROBLEMA 25.14 Desenhe a β-L-galactopiranose em sua conformação em cadeira mais estável, e classifique os substituintes como axiais ou equatoriais.

PROBLEMA 25.15 Identifique o monossacarídeo a seguir, escreva seu nome completo e desenhe sua forma de cadeia aberta na projeção de Fischer.

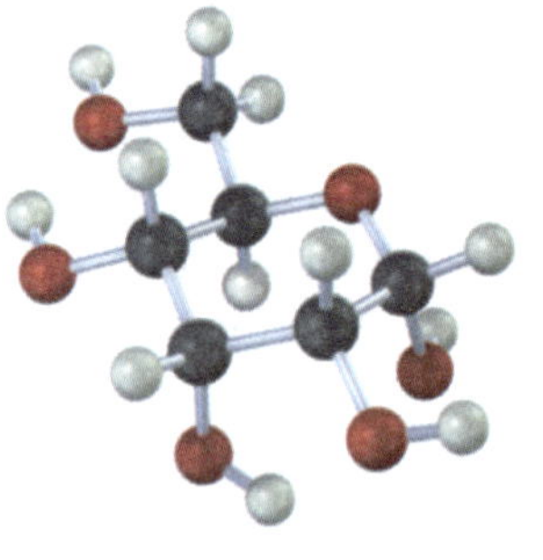

25.6 Reações dos monossacarídeos

Como os monossacarídeos contêm apenas dois tipos de grupos funcionais, hidroxilas e carbonilas, a maior parte da química dos monossacarídeos é a química familiar desses dois grupos. Como vimos, álcoois podem ser convertidos em ésteres e éteres e podem ser oxidados; compostos de carbonila podem reagir com nucleófilos e podem ser reduzidos.

ÉSTER E FORMAÇÃO DE ÉTER

Os monossacarídeos se comportam como álcoois simples em muito de sua química. Por exemplo, os grupos –OH de carboidratos podem ser convertidos em ésteres e éteres, que geralmente são mais fáceis de ser trabalhados do que os açúcares livres. Graças a seus diversos grupos hidroxila, os monossacarídeos são, em geral, solúveis em água e insolúveis em solventes orgânicos como o éter. Também são difíceis de purificar e tendem a formar xaropes, e não cristais, quando a água é removida. Entretanto, os derivados de éster e éter são solúveis em solventes orgânicos e facilmente purificados e cristalizados.

A esterificação normalmente é executada ao se tratar o carboidrato com um cloreto de ácido ou anidrido de ácido na presença de uma base (**Seções 21.4** e **21.5**). Todos os grupos –OH reagem, incluindo o anomérico. Por exemplo, a β-D-glicopiranose é convertida em seu pentacetato por meio de tratamento com o anidrido de ácido em solução de piridina.

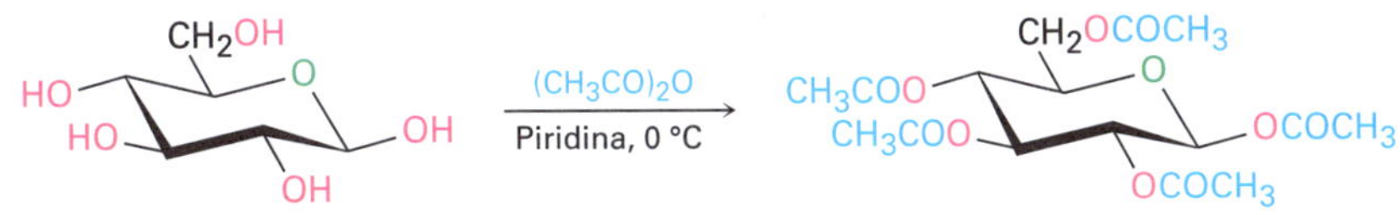

β-D-glicopiranose **Penta-O-acetil-β-D-glicopiranose (91%)**

Os carboidratos são convertidos em éteres por meio de tratamento com haleto de alquila na presença de uma base – a síntese de éter de Williamson (**Seção 18.2**). As condições padrão de Williamson utilizando uma base forte tendem a degradar moléculas de açúcar sensíveis, mas o óxido de prata funciona bem como base branda e proporciona altos rendimentos de éteres. Por exemplo, a α-D-glicopiranose é convertida em seu éter pentametílico com rendimento de 85% na reação com iodometano e Ag_2O.

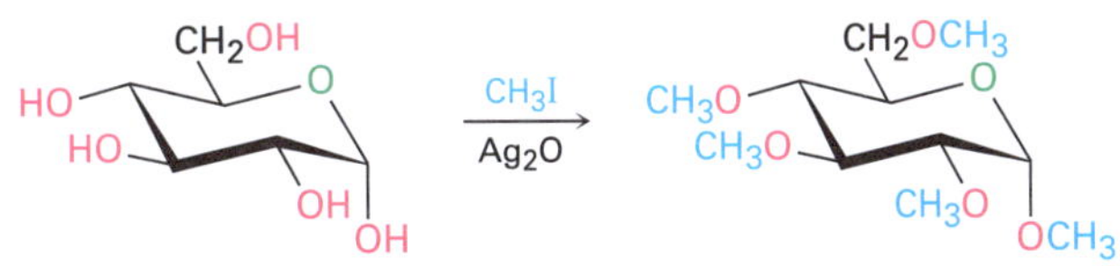

α-D-glicopiranose **Éter pentametílico da α-D-glicopiranose (85%)**

PROBLEMA 25.16 Desenhe os produtos que se obteria pela reação da β-D-ribofuranose com:

(a) CH_3I, Ag_2O **(b)** $(CH_3CO)_2O$, piridina

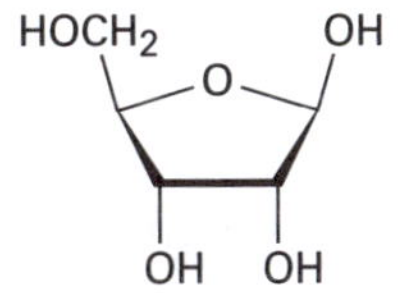

β-D-ribofuranose

FORMAÇÃO DE GLICOSÍDEO

Vimos na **Seção 19.10** que o tratamento de um hemiacetal com um álcool e com um catalisador ácido forma um acetal.

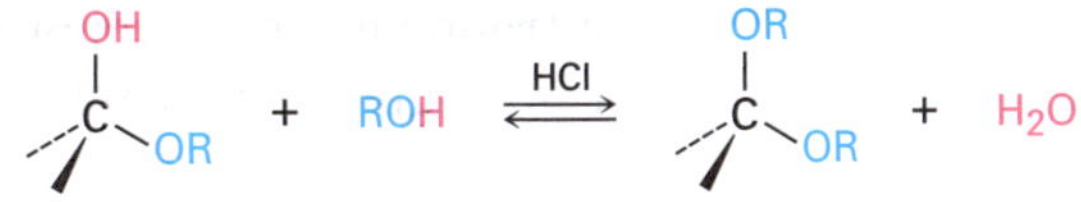

Um hemiacetal **Um acetal**

Da mesma maneira, o tratamento de um hemiacetal de monossacarídeo com um álcool e um catalisador ácido forma um acetal chamado de **glicosídeo**, no qual o –OH anomérico foi substituído por um grupo –OR. Por exemplo, a reação da β-D-glicopiranose com o metanol fornece uma mistura de metil-α e β-D-glicopiranosídeos. (Observe que glicosídeo é o nome do grupo funcional para qualquer açúcar.)

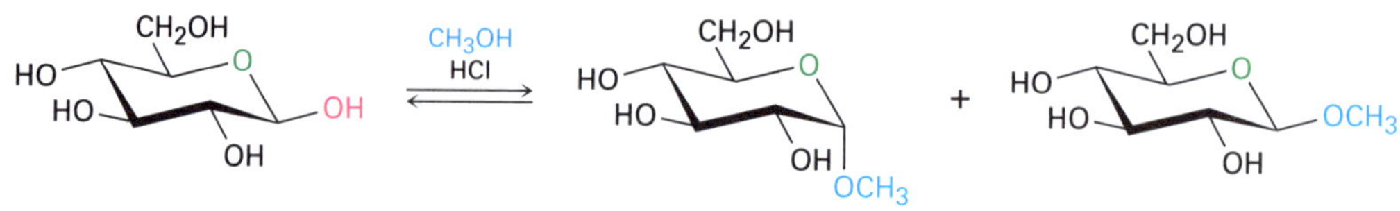

β-D-glicopiranose (um hemiacetal cíclico) — **Metil-α-D-glicopiranose (66%)** — **Metil-β-D-glicopiranose (33%)**

Os glicosídeos são nomeados primeiro citando-se o grupo alquila e, então, substituindo-se a terminação *-ose* do açúcar por *-osídeo*. Assim como todos os acetais, os glicosídeos são estáveis em água neutra. Não estão em equilíbrio com a forma de cadeia aberta e não mostram mutarrotação. Entretanto, eles podem ser convertidos de novo para a forma de monossacarídeo livre mais álcool por meio de hidrólise em ácido aquoso (**Seção 19.10**).

Os glicosídeos são abundantes na natureza, e diversas moléculas biologicamente importantes contêm ligações glicosídicas. Por exemplo, a digitoxina, o princípio ativo das preparações de digitalis, utilizadas para o tratamento de doenças cardíacas, é um glicosídeo que consiste de um álcool esteroide ligado a um trissacarídeo. Observe também que três açúcares estão unidos entre si por meio de ligações glicosídicas.

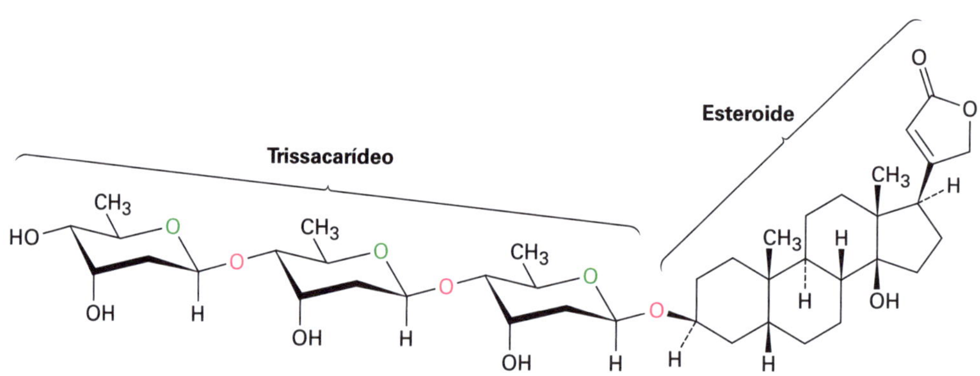

Digitoxigenina, um glicosídeo

A síntese de glicosídeos no laboratório pode ser difícil por causa dos numerosos grupos –OH na molécula de açúcar. Um método que é especialmente adequado para a preparação da glicose β-glicosídeo envolve o tratamento do pentacetato de glicose com HBr, seguido pela adição do álcool apropriado na presença do óxido de prata. Chamada de *reação de Koenigs-Knorr*, a sequência envolve a formação de um brometo de piranosila, seguida por substituição nucleofílica. Por exemplo, a metilarbutina, um glicosídeo encontrado nas peras, foi preparado por meio da reação do brometo de tetra-acetil-α-D-glicopiranosila com *p*-metoxifenol.

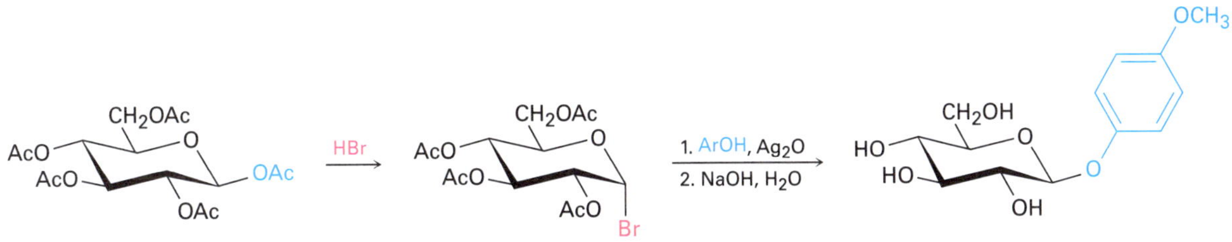

Pentacetil-β-D-glicopiranose

Brometo de tetracetil-α-D-glicopiranosila

Metilarbutina

Embora a reação de Koenigs-Knorr pareça envolver uma simples substituição S_N2 por trás do íon brometo por íon alcóxido, a situação é realmente mais complexa. Os anômeros α e β do brometo de tetracetil-α-D-glicopiranosila formam o mesmo produto β-glicosídeo, o que indica que reagem por uma rota comum.

Este resultado pode ser compreendido assumindo que o brometo de tetracetil-D-glicopiranosila (anômero α ou β) sofre uma perda de Br^- em uma reação tipo S_N1 espontânea de Br^- em uma reação, seguida de reação interna com o grupo éster no C2 para formar um íon oxônio. Uma vez que o acetato no C2 está na parte inferior do anel de glicose, a ligação C–O também se forma a partir da parte inferior. A substituição S_N2 do íon oxônio por trás ocorre com a inversão usual de configuração, produzindo um β-glicosídeo e regenerando o acetato no C2 (**Figura 25.6**).

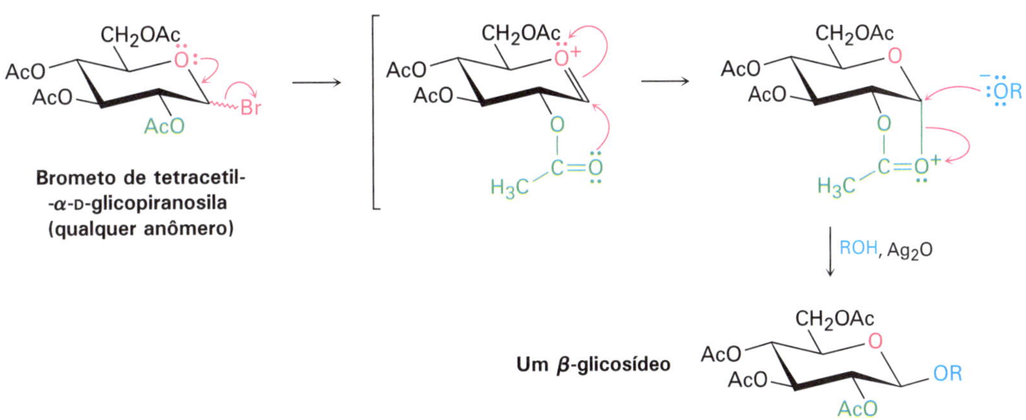

Brometo de tetracetil-α-D-glicopiranosila (qualquer anômero)

Um β-glicosídeo

FIGURA 25.6 Mecanismo da reação de Koenigs-Knorr, mostrando o efeito do grupo vizinho perto de um acetato.

A participação apresentada pelo grupo acetato vizinho na reação de Koenigs-Knorr é referida como *efeito do grupo vizinho* e sua ocorrência é comum na química orgânica. Geralmente se notam os efeitos do grupo vizinho apenas porque eles afetam a velocidade ou a estereoquímica da reação; o grupo vizinho por si só não sofre nenhuma mudança evidente durante a reação.

FORMAÇÃO BIOLÓGICA DE ÉSTER: FOSFORILAÇÃO

Nos seres vivos, os carboidratos ocorrem não apenas na forma livre, mas também ligados por seus centros anoméricos a outras moléculas como lipídeos (glicolipídeos) ou proteínas (glicoproteínas). Coletivamente chamadas de *glicoconjugados*, essas moléculas ligadas a açúcares são componentes das paredes celulares e são cruciais ao mecanismo pelos quais os diferentes tipos de célula reconhecem uma a outra.

A formação de glicoconjugados ocorre pela reação do lipídeo ou proteína com um difosfato nucleosídeo de glicosila. Este difosfato é ele próprio formado por reação inicial de um monossacarídeo com o trifosfato de adenosina (ATP) para formar um monofosfato de glicosila, seguido por reação com o trifosfato de uridina (UTP), para gerar um difosfato de glicosiluridina. (Veremos as estruturas dos fosfatos nucleosídeos na **Seção 28.1**.) O objetivo dessa fosforilação é ativar o grupo −OH anomérico do açúcar e torná-lo um grupo abandonador melhor em uma reação de substituição nucleofílica por meio de uma proteína ou lipídeo (**Figura 25.7**).

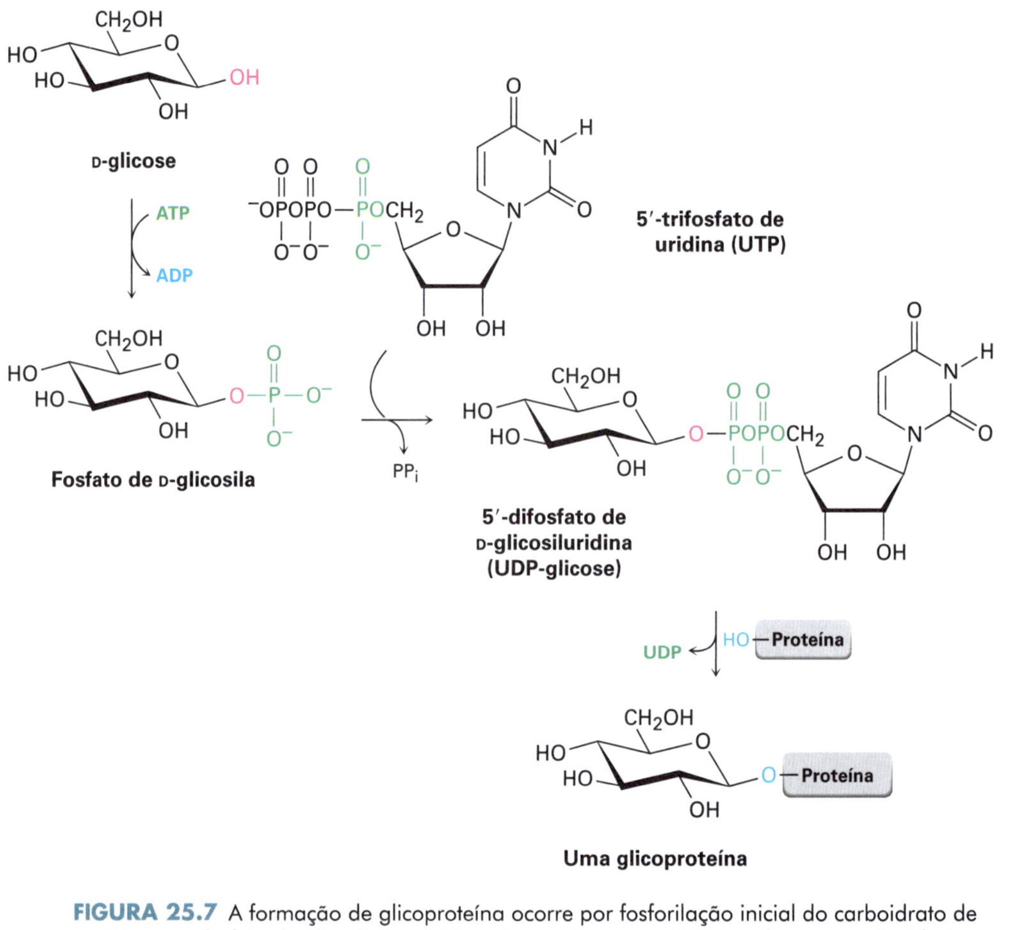

FIGURA 25.7 A formação de glicoproteína ocorre por fosforilação inicial do carboidrato de partida a um fosfato de glicosila, seguida pela reação com o UTP para formar um 5′-difosfato de D-glicosiluridina (UDP-glicose). A substituição nucleofílica por um grupo −OH (ou $-NH_2$) em uma proteína fornece a glicoproteína.

REDUÇÃO DE MONOSSACARÍDEOS

O tratamento de uma aldose ou cetose com $NaBH_4$ a reduz a um poliálcool chamado de **alditol**. A redução ocorre através da reação da forma de cadeia aberta presente no equilíbrio aldeído/cetona $\rightleftarrows$ hemiacetal. Embora apenas uma pequena quantidade da forma de cadeia aberta esteja presente em determinado momento, essa pequena quantidade é reduzida e mais é produzida por abertura de anel da forma de piranose e essa quantidade adicional é reduzida, e assim por diante, até que toda a amostra tenha sofrido reação.

D-glucitol, o alditol produzido por redução da D-glicose, é em si uma substância de ocorrência natural encontrada em muitas frutas. É utilizado sob o nome D-sorbitol, como adoçante e substituto do açúcar em muitos alimentos.

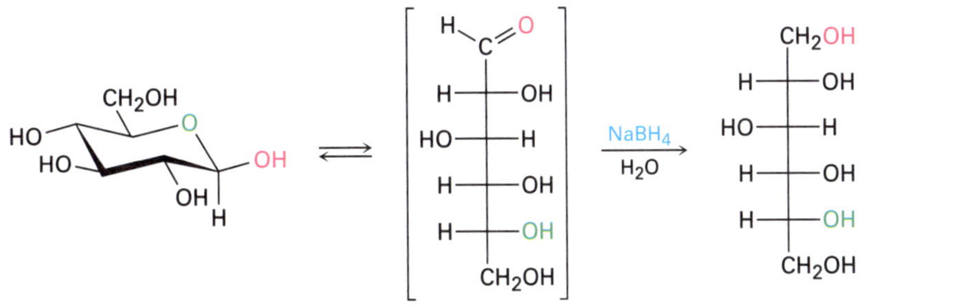

β-D-glicopiranose D-glicose D-glicitol (D-sorbitol), um alditol

PROBLEMA 25.17 A redução da D-glicose leva a um alditol oticamente ativo (D-glicitol), cnquanto a redução da D-galactose leva a um alditol oticamente inativo. Explique.

PROBLEMA 25.18 A redução da L-glicose com $NaBH_4$ leva ao mesmo alditol (D-glicitol) que a redução da D-glicose. Explique.

OXIDAÇÃO DE MONOSSACARÍDEOS

Como outros aldeídos, aldoses são facilmente oxidadas para se obter os ácidos carboxílicos correspondentes, chamados **ácidos aldônicos**. Uma solução tamponada de Br_2 aquoso é frequentemente utilizada para este fim.

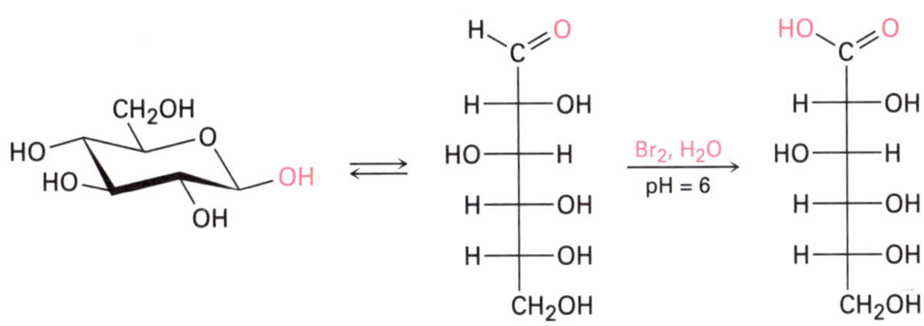

D-glicose

Ácido D-glucônico (um ácido aldônico)

Historicamente, a oxidação de uma aldose com Ag^+ em amônia aquosa (chamada reagente de Tollens) ou Cu^{2+} com citrato de sódio aquoso (reagente de Benedict) formou a base de testes simples para o que são chamados **açúcares redutores**. (*Redutores* porque a aldose reduz o metal que é o agente oxidante.) Alguns kits simples de teste de diabetes vendidos em farmácias ainda utilizam o reagente de Benedict para detectar a glicose na urina, apesar de os métodos mais modernos os terem substituídos amplamente.

Todas as aldoses são açúcares redutores porque contêm um grupo aldeído, mas algumas cetoses também são açúcares redutores. Por exemplo, a frutose reduz o reagente de Tollens, mesmo não possuindo um grupo aldeído. A redução ocorre porque a frutose é facilmente isomerizada para uma mistura de aldoses (glicose e manose) em solução básica por uma série de mudanças tautoméricas ceto-enólica (**Figura 25.8**). Glicosídeos, no entanto, são não redutores, porque o grupo acetila não é hidrolisado a um aldeído sob condições básicas.

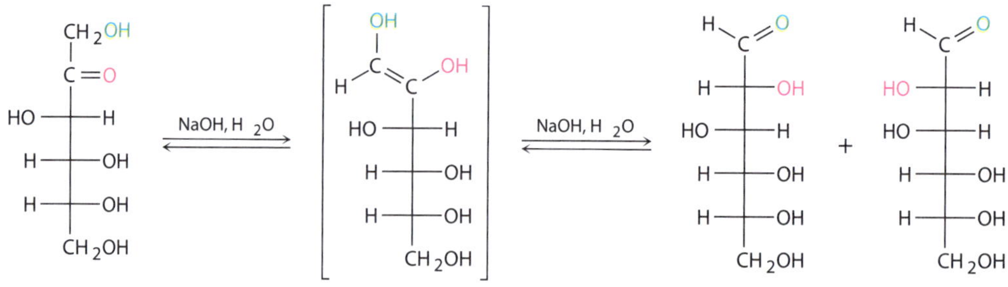

D-frutose — Um enediol — D-glicose — D-manose

FIGURA 25.8 Frutose, uma cetose, é um açúcar redutor, porque sofre duas tautomerizações cetoenólicas catalisadas por base, que resultam na conversão para uma mistura de aldoses.

Se HNO_3 (ácido nítrico) diluído quente é usado como o agente oxidante, uma aldose é oxidada para se obter um ácido dicarboxílico chamado de **ácido aldárico**. Tanto a carbonila de aldeído quanto o grupo $-CH_2OH$ terminal são oxidados nesta reação.

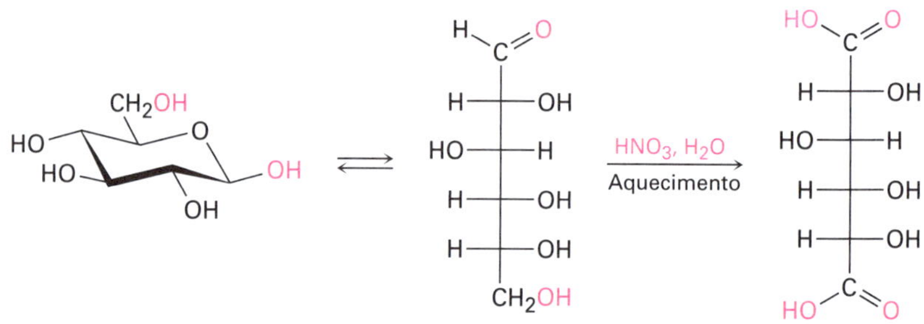

D-glicose

Ácido D-glicárico
(um ácido aldárico)

Por fim, se apenas o $-CH_2OH$ terminal da aldose é oxidado sem afetar o grupo $-CHO$, o produto é um ácido monocarboxílico chamado de **ácido urônico**. A reação só pode ser feita enzimaticamente; não se conhece nenhum reagente químico que possa realizar esta oxidação seletiva no laboratório.

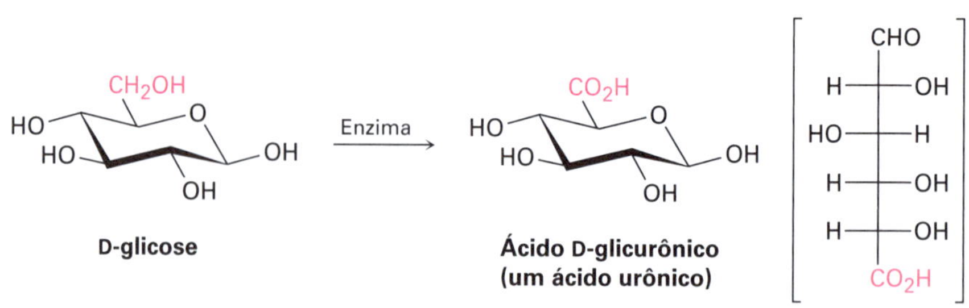

D-glicose

Ácido D-glicurônico
(um ácido urônico)

PROBLEMA 25.19 A D-glicose produz um ácido aldárico oticamente ativo no tratamento com HNO_3, mas a D-alose produz um ácido aldárico oticamente inativo. Explique.

PROBLEMA 25.20 Qual das seis D-aldoses produz ácidos aldáricos oticamente ativos na oxidação, e qual produz ácidos aldáricos oticamente inativos (meso) (Problema 25.19)?

PROLONGAMENTO DE CADEIA: A SÍNTESE DE KILIANI-FISCHER

Antigamente, muito da atividade química dos carboidratos foi dedicado a desvendar os relacionamentos estereoquímicos entre os monossacarídeos. Um dos métodos mais importantes utilizados era a *síntese de Kiliani-Fischer*, que resulta no prolongamento de uma cadeia de aldose em um átomo de carbono. O C1 do grupo aldeído do açúcar de partida transforma-se no C2 do açúcar de cadeia prolongada e um novo carbono C1 é adicionado. Por exemplo, uma aldopentose é convertida pela síntese de Kiliani-Fischer em duas aldohexoses.

A descoberta da sequência de prolongamento de cadeia teve seu início na observação de Henrich Kiliani, em 1886, de que as aldoses reagem com o HCN para formar as cianoidrinas (**Seção 19.6**). Emil Fischer imediatamente percebeu a importância da descoberta de Kiliani e desenvolveu um método para a conversão do grupo nitrila de cianoidrina em um aldeído.

O método original de Fischer para a conversão de nitrila em um aldeído envolve a hidrólise a um ácido carboxílico, fechamento de anel a um éster cíclico (lactona) e redução subsequente. Um aperfeiçoamento moderno envolve a redução da nitrila sobre um catalisador de paládio, produzindo uma imina intermediária que é hidrolisada a um aldeído. Observe que a cianoidrina é formada como uma mistura de estereoisômeros no novo centro de quiralidade, logo as duas novas aldoses diferem apenas em sua estereoquímica no C2, resultado da síntese de Kiliani-Fischer. Por exemplo, a extensão da cadeia da D-arabinose produz uma mistura de D-glicose e D-manose.

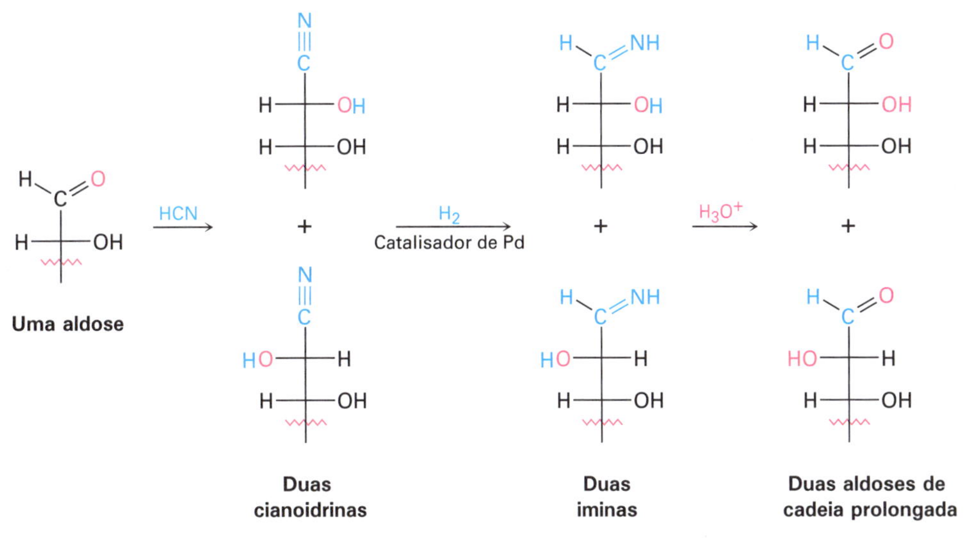

PROBLEMA 25.21 Qual(is) produto(s) é(são) esperado(s) em uma reação de Kiliani-Fischer da D-ribose?

PROBLEMA 25.22 Que aldopentose forneceria em uma mistura de L-gulose e L-idose na extensão de cadeia de Kiliani-Fischer?

ENCURTAMENTO DE CADEIA: A DEGRADAÇÃO DE WOHL

Assim como a síntese de Kiliani-Fischer prolonga uma cadeia de aldose em um carbono, a *degradação de Wohl* encurta uma cadeia em um carbono. A degradação de Wohl é quase o oposto exato da sequência de Kiliani-Fischer. Isto é, o grupo carbonila de aldeído da aldose é primeiro convertido em nitrila, resultando na perda de HCN na cianoidrina sob condições básicas – o contrário da reação de adição nucleofílica.

A conversão do aldeído em uma nitrila é realizada por tratamento de uma aldose com hidroxilamina para produzir uma imina chamada *oxima* (**Seção 19.8**), seguido de desidratação da oxima com anidrido acético. A degradação de Wohl não fornece grandes rendimentos de aldoses de cadeia encurtada, mas a reação é geral para todas as aldopentoses e aldohexoses. Por exemplo, a D-galactose é convertida pela degradação de Wohl em D-lixose.

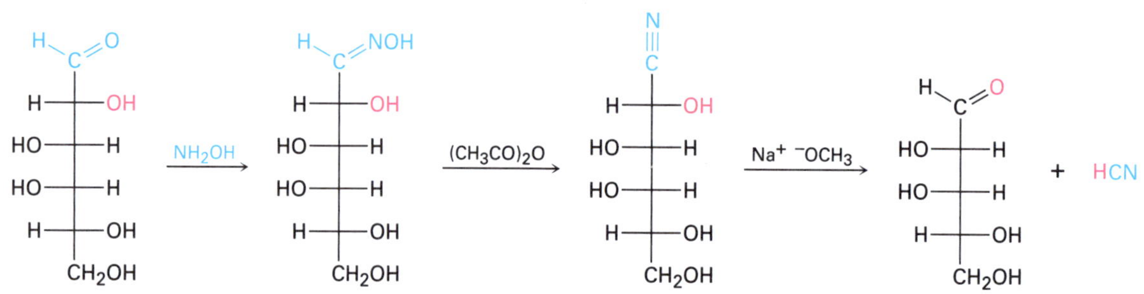

PROBLEMA 25.23 Duas das quatro D-aldopentoses produzem D-treose na degradação de Wohl. Quais são as suas estruturas?

25.7 Os oito monossacarídeos essenciais

Os seres humanos precisam obter oito monossacarídeos para seu bom funcionamento. Apesar de todos os oito poderem ser biosintetizados a partir de precursores simples se necessário, é mais energeticamente eficiente obtê-los a partir da dieta. Os oito são L-fucose (6-desoxi-L-galactose), D-galactose, D-glicose, D-manose, *N*-acetil-D-glucosamina, *N*-acetil-D-galactosamina, D-xilose e ácido *N*-acetil-D neuramínico (**Figura 25.9**). Todos são utilizados para a síntese dos componentes glicoconjugados de membranas celulares e a glicose é também a fonte primária de energia do corpo.

Dos oito monossacarídeos essenciais, galactose, glicose e manose são aldohexoses simples, enquanto a xilose é uma aldopentose. A fucose é um **desoxiaçúcar**, o que significa que tem um átomo de oxigênio "faltante". Isto é, um grupo −OH (o que está no C6) é substituído por um −H. A *N*-acetilglicosamina e a *N*-acetilgalactosamina são amidas derivadas dos **aminoaçúcares** nas quais o −OH (aquele no C2) é substituído por um grupo $-NH_2$. O ácido *N*-acetilneuramínico é o composto pai dos ácidos siálicos, um grupo de mais de 30 compostos com modificações diferentes, incluindo diversas oxidações, acetilações, sulfonações e metilações. Observe que o ácido neurâmico possui nove carbonos e é um produto de uma reação aldólica da *N*-acetilmanosamina com o piruvirato ($CH_3COCO_2^-$). Veremos na **Seção 25.11** que o ácido neuramínico é crucial para o mecanismo pelo qual o vírus da gripe se propaga.

Todos os monossacarídeos essenciais surgem da glicose, por meio de conversões resumidas na **Figura 25.10**. Não vamos olhar especificamente para essas conversões, mas pode-se notar que os Problemas de 25.30 até 25.32 e 25.35, no final do capítulo, conduzem você através de várias das rotas biosintéticas.

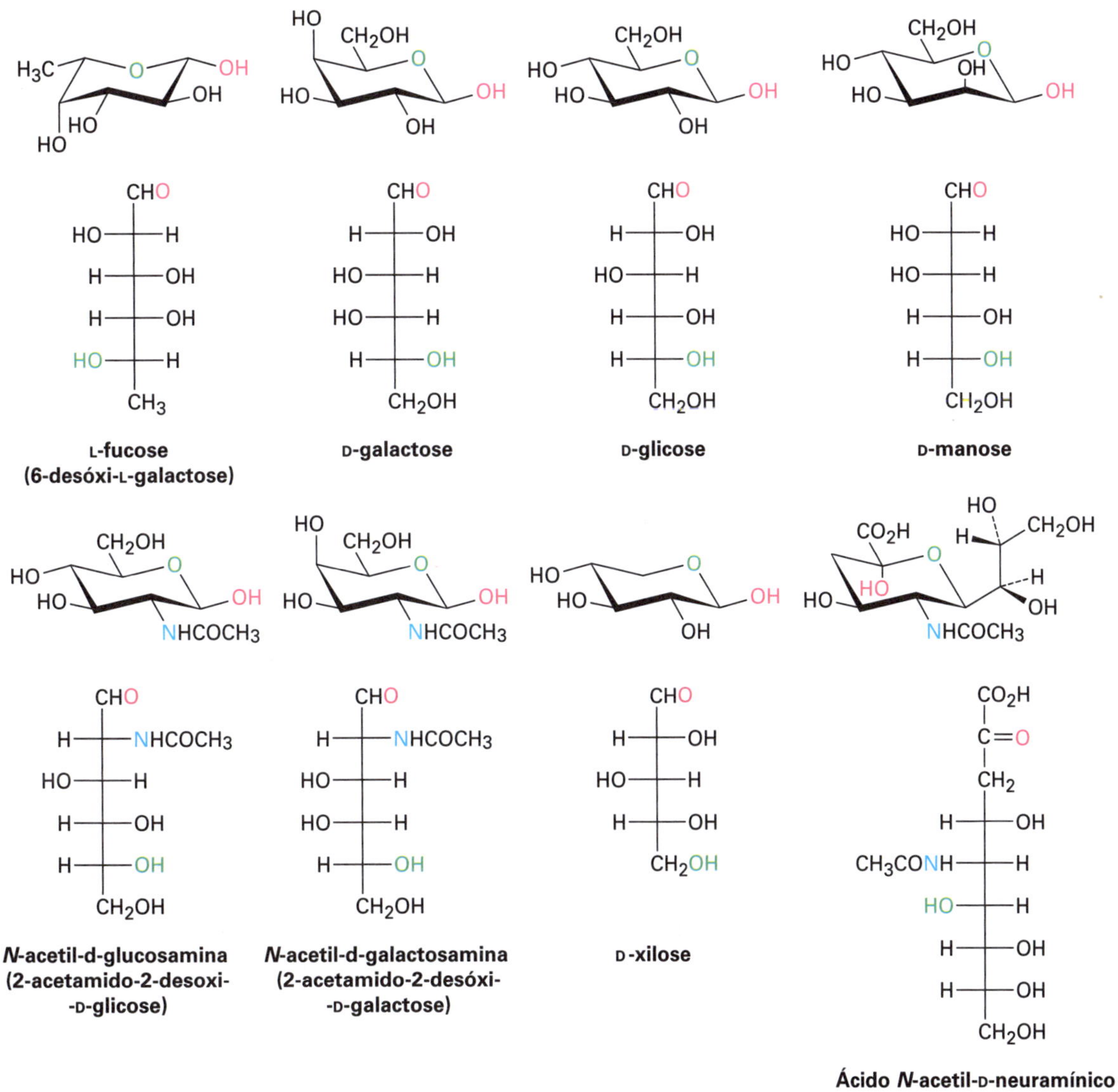

FIGURA 25.9 Estruturas dos oito monossacarídeos essenciais aos seres humanos.

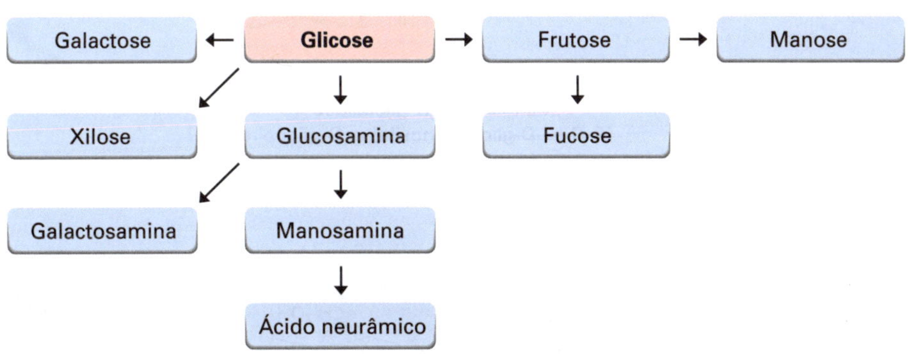

FIGURA 25.10 Uma visão geral das rotas biossintéticas para os oito monossacarídeos essenciais.

PROBLEMA 25.24 Mostre como os ácidos neuramínicos podem surgir por meio de uma reação aldólica de *N*-acetilmanosamina com piruvato (CH_3COCO_2-).

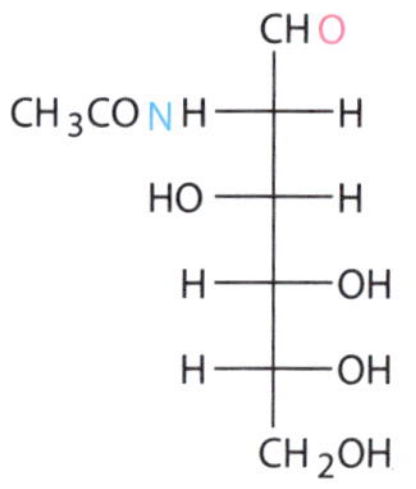

N-acetilmanosamina

25.8 Dissacarídeos

Vimos na **Seção 25.6** que a reação de um monossacarídeo com um álcool produz um glicosídeo no qual o grupo –OH anomérico é trocado por um substituinte –OR. Se o álcool é em si um açúcar, o produto glicosídico é um **dissacarídeo**.

MALTOSE E CELOBIOSE

Os dissacarídeos contêm uma ligação de acetal glicosídica entre o carbono anomérico de um açúcar e um grupo –OH em qualquer posição em outro açúcar. Uma ligação glicosídica entre o C1 do primeiro açúcar e um grupo –OH no C4 do segundo açúcar é particularmente comum. Essa ligação é chamada de *ligação 1 → 4*.

A ligação glicosídica com um carbono anomérico pode ser α ou β. A maltose, o dissacarídeo obtido pela hidrólise do amido catalisada por enzima, consiste de duas unidades de α-D-glicopiranose agregadas por uma ligação α-glicosídica 1 → 4. A celobiose, o dessacarídeo obtido pela hidrólise parcial da celulose, é composta de duas unidades de β-D-glicopiranose unidas por uma ligação glicosídica 1 → 4.

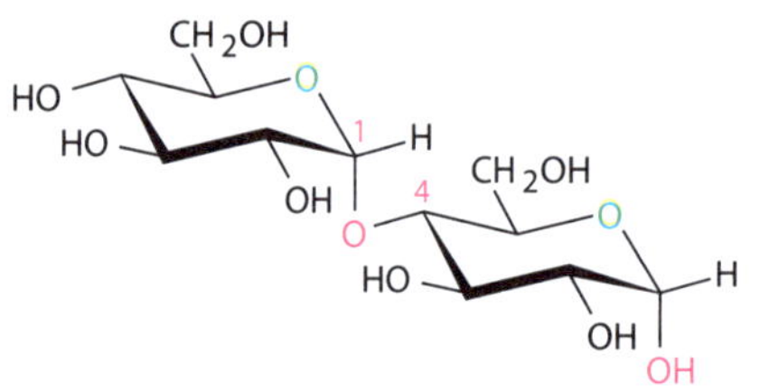

Maltose, um-α-glicosídeo 1 → 4
[4-*O*-(α-D-glicopiranosila)-α-D-glicopiranose]

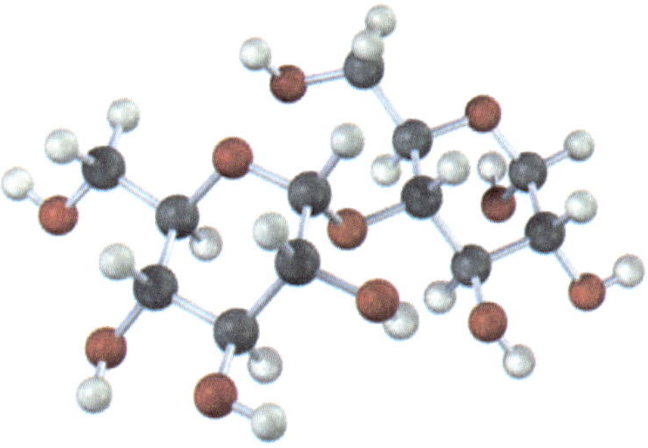

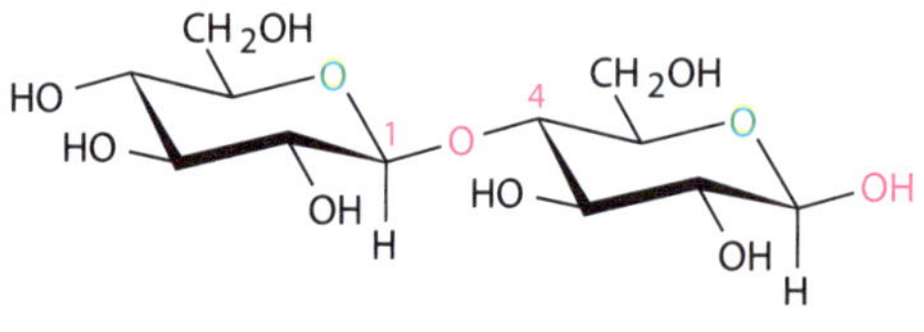

Celobiose, um-β-glicosídeo 1 → 4
[4-*O*-(β-D-glicopiranosila)-β-D-glicopiranose]

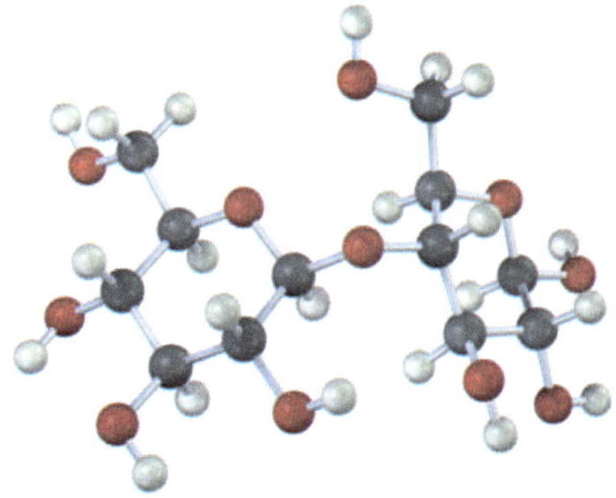

A maltose e a celobiose são açúcares redutores porque os carbonos anoméricos nas unidades de glicopiranose à direita possuem grupos hemiacetais e estão em equilíbrio com as formas de aldeído. Por uma razão similar, tanto a maltose como a celobiose exibem mutarrotação nos anômeros α e β da unidade de glicopiranose à direita.

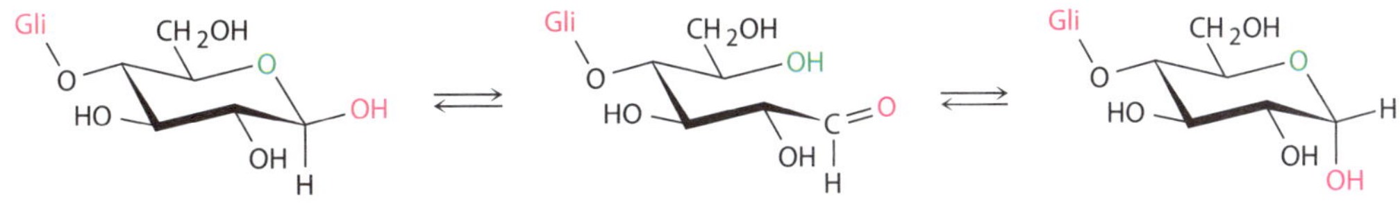

Maltose ou celobiose (anômeros β) **Maltose ou celobiose (aldeídos)** **Maltose ou celobiose (anômeros α)**

Apesar das similaridades em suas estruturas, a celobiose e a maltose possuem propriedades biológicas muito diferentes. A celobiose não pode ser digerida por humanos e não pode ser fermentada por levedura. Entretanto, a maltose é digerida sem dificuldades e é rapidamente fermentada.

PROBLEMA 25.25 Mostre o produto que seria possível obter da reação da celobiose com os seguintes reagentes:

(a) $NaBH_4$ **(b)** Br_2, H_2O **(c)** CH_3COCl, piridina

LACTOSE

A lactose é um dissacarídeo que ocorre naturalmente tanto no leite humano como no de vaca. É amplamente utilizada no cozimento e nas fórmulas de leite comerciais para crianças. Como a maltose e a celobiose, a lactose é um açúcar redutor. Ela exibe mutarrotação e é um β-glicosídeo com ligação $1 \rightarrow 4$. Ao contrário da maltose e da celobiose, no entanto, a lactose contém dois diferentes monossacarídeos – D-glicose e D-galactose – unidos por uma ligação β-glicosídica entre C1 da galactose e C4 da glicose.

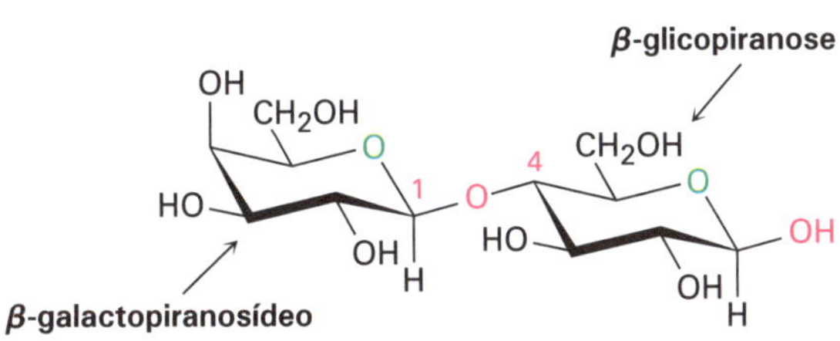

Lactose, um $1 \rightarrow 4$-β-glicosídeo
[4-*O*-(β-D-galactopiranosila)-β-D-glicopiranose

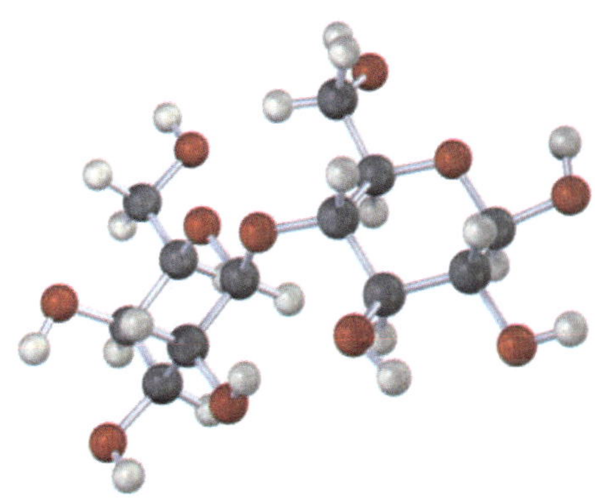

SACAROSE

A sacarose, ou açúcar comum, está entre os mais abundantes produtos químicos orgânicos puros do mundo, seja proveniente da cana-de-açúcar (20% em massa), seja da beterraba (15% em massa), seja bruto ou refinado, todo açúcar comum é sacarose.

A sacarose é um dissacarídeo que produz 1 equivalente de glicose e 1 equivalente de frutose na hidrólise. Esta mistura 1:1 de glicose e frutose é muitas vezes chamada *açúcar invertido* porque o sinal de rotação ótica muda ou inverte, durante a hidrólise da sacarose ($[\alpha]_D = +66{,}5$) para uma mistura de glicose/frutose ($[\alpha]_D = -22{,}0$). Alguns insetos, como as abelhas, têm enzimas chamadas invertases, que catalisam a hidrólise da sacarose. O mel, de fato, é basicamente uma mistura de glicose, frutose e sacarose.

Diferente da maior parte dos dissacarídeos, a sacarose não é um açúcar redutor e não sofre mutarrotação. Essas observações implicam o fato de a sacarose não ser um hemiacetal e de que a glicose e a frutose devem ser glicosídeos. Isso pode acontecer apenas se os dois açúcares estiverem unidos por uma ligação glicosídica entre os carbonos anoméricos dos dois açúcares – C1 da glicose e C2 da frutose.

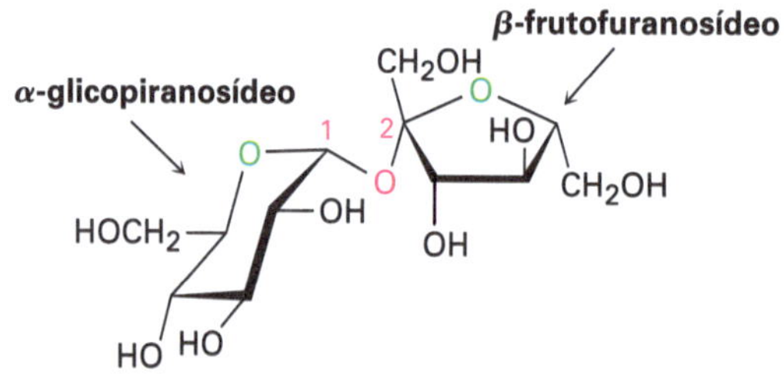

Sacarose, um glicosídeo 1 → 2
[α-D-glicopiranosila β-D-frutofuranosídeo1 → 2]

25.9 Polissacarídeos e suas sínteses

Os **polissacarídeos** são carboidratos complexos nos quais dezenas, centenas ou até milhares de açúcares simples são unidos por meio de ligações glicosídicas. Como possuem apenas um grupo –OH anomérico livre no fim de uma cadeia muito longa, os polissacarídeos não são açúcares redutores e não mostram mutarrotação perceptível. A celulose e o amido são os dois polissacarídeos de maior ocorrência.

CELULOSE

A celulose consiste de vários milhares de unidades de D-glicose conectadas por ligações β-glicosídicas 1 → 4 como as da celobiose. Diferentes moléculas de celulose interagem para formar uma estrutura agregada grande mantida unida por ligações de hidrogênio.

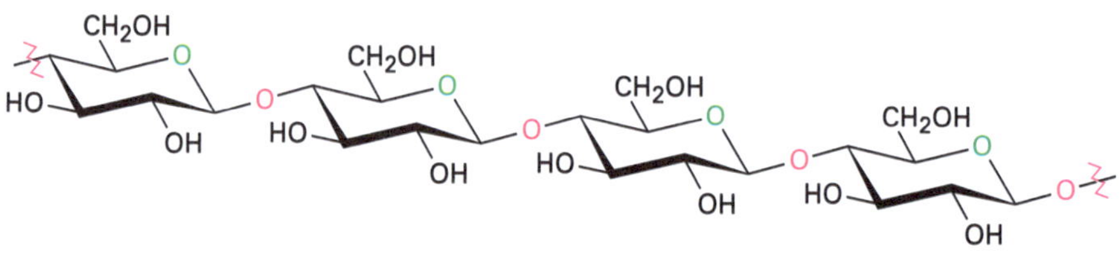

Celulose, um polímero D-glicopiranosídeo 1 → 4

A natureza utiliza a celulose basicamente como um material estrutural para fornecer força e rigidez às plantas. As folhas, gramas e o algodão, por exemplo, são constituídos principalmente de celuloses primárias. A celulose também serve como matéria-prima para a fabricação de acetato de celulose, conhecido comercialmente como acetato de *raion*, e nitrato de celulose, conhecido como algodão-pólvora. O algodão-pólvora é o ingrediente principal da pólvora sem fumaça, o propelente explosivo utilizado em bombas de artilharia e munição para armas de fogo.

AMIDO E GLICOGÊNIO

Batatas, milho e cereais em grãos contêm grandes quantidades de *amido*, um polímero de glicose no qual as unidades de monossacarídeos são unidas por ligações α-glicosídicas $1 \rightarrow 4$ como as que estão na maltose. O amido pode ser separado em duas frações: amilose e amilopectina. A amilose é responsável por cerca de 20% da massa do amido e consiste de diversas centenas de moléculas unidas por ligações α-glicosídicas $1 \rightarrow 4$.

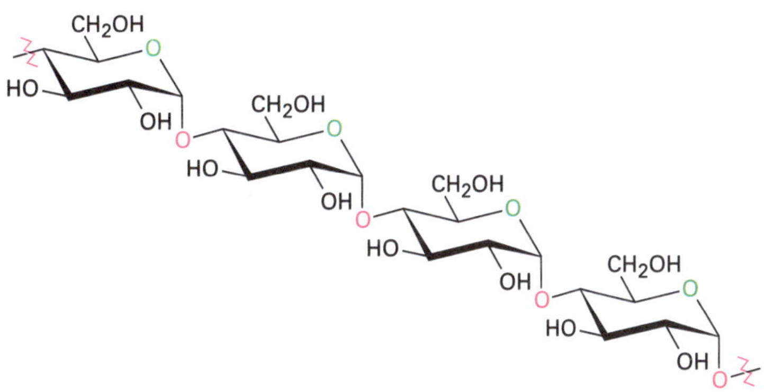

Amilose, um polímero de α-D-glicopiranosídeo $1 \rightarrow 4$

A amilopectina é responsável pelos 80% restantes no amido e sua estrutura é mais complexa que a da amilose. Diferentemente da celulose e da amilose, que são polímeros lineares, a amilopectina contém ramificações de α-glicosídeo $1 \rightarrow 6$ aproximadamente a cada 25 unidades de glicose.

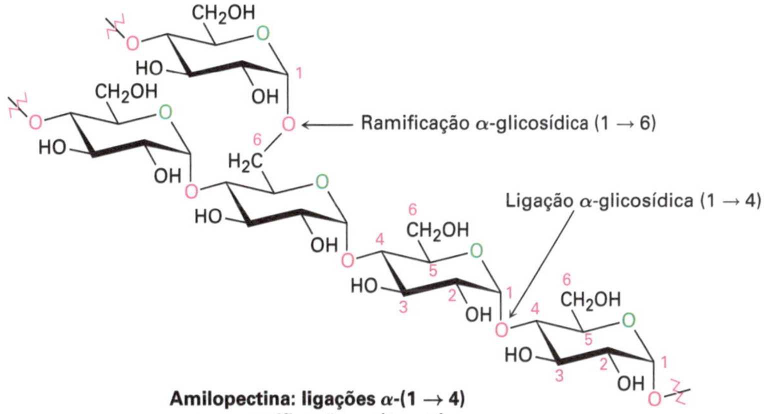

Amilopectina: ligações α-(1 $\rightarrow$ 4) com ramificações α-(1 $\rightarrow$ 6)

O amido é digerido na boca e no estômago por α-glicosidases, que catalisam a hidrólise das ligações glicosídicas e liberam moléculas individuais de glicose. Assim como a maior parte das enzimas, as α-glicosidases são altamente seletivas em sua ação. Hidrolisam apenas as ligações α-glicosídicas no amido e deixam as ligações β-glicosídicas intocáveis na celulose. Assim, os seres humanos conseguem digerir batatas e grãos, mas não conseguem digerir gramas e folhas.

O *glicogênio* é um polissacarídeo que tem a mesma função de armazenamento de energia nos animais que os amidos têm em relação aos vegetais. Os carboidratos obtidos pela alimentação que não são necessários para energia imediata são convertidos pelo corpo em glicogênio para armazenamento de longo prazo. Assim como as amilopectinas encontradas no amido, o glicogênio contém uma estrutura complexa em ramificações com ligações $1 \rightarrow 4$ e $1 \rightarrow 6$ (**Figura 25.11**). As moléculas de glicogênio são maiores que as de amilopectina – com até 100 mil unidades de glicose – e contêm ainda mais ramificações.

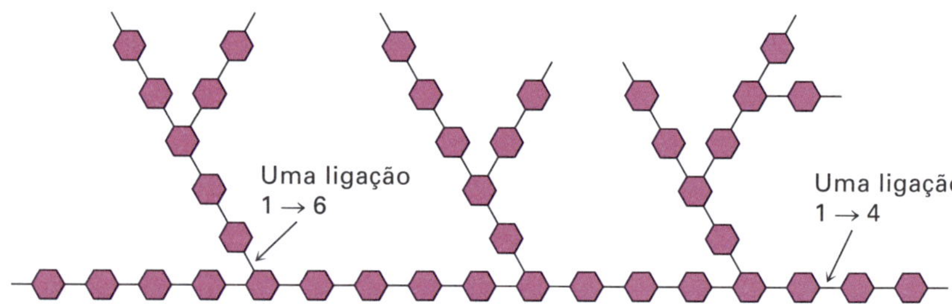

FIGURA 25.11 Uma representação da estrutura do glicogênio. Os hexágonos representam as unidades de glicose unidas por ligações glicosídicas $1 \rightarrow 4$ e $1 \rightarrow 6$.

SÍNTESE DE POLISSACARÍDEOS

Com numerosos grupos –OH de reatividade similar, os polissacarídeos são tão estruturalmente complexos que sua síntese no laboratório tem sido um problema particularmente difícil. Entretanto, diversos métodos foram desenvolvidos recentemente e isso simplificou muito o problema. Entre essas novas abordagens está o *método de montagem glical.*

Preparado facilmente a partir do monossacarídeo apropriado, um glical é um açúcar insaturado com ligação dupla C1–C2. Para deixá-lo pronto para a síntese de polissacarídeos, o grupo –OH do glical é inicialmente protegido no seu grupo –OH principal pela formação de um éter silílico (**Seção 17.8**) e nos seus dois grupos –OH secundários adjacentes pela formação de um éster cíclico de carbonato. Depois, o glical protegido é epoxidado.

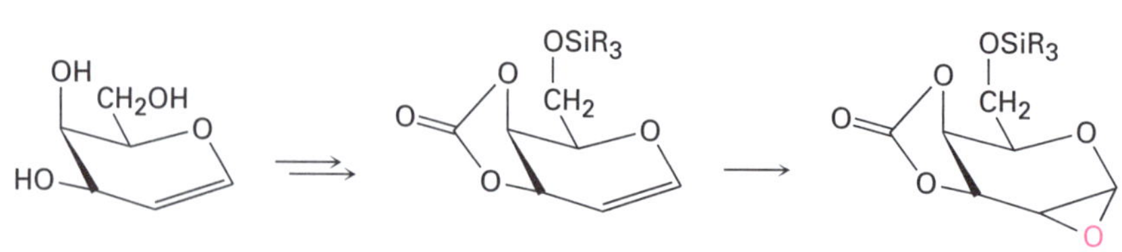

O tratamento do epóxido de glical protegido na presença do $ZnCl_2$ com um segundo glical que possui grupos –OH livres causa a abertura do anel de epóxido catalisada por ácido por um ataque S_N2 por trás (**Seção 18.6**) e produz um dissacarídeo. O próprio dissacarídeo é um glical, por isso pode ser epoxidado e acoplado novamente para produzir um trissacarídeo, e assim por diante. A utilização dos açúcares apropriados em cada etapa possibilita o preparo de uma grande variedade de polissacarídeos. Após estes açúcares estarem ligados, os grupos protetores de éteres silílico e carbonato cíclico são removidos por hidrólise.

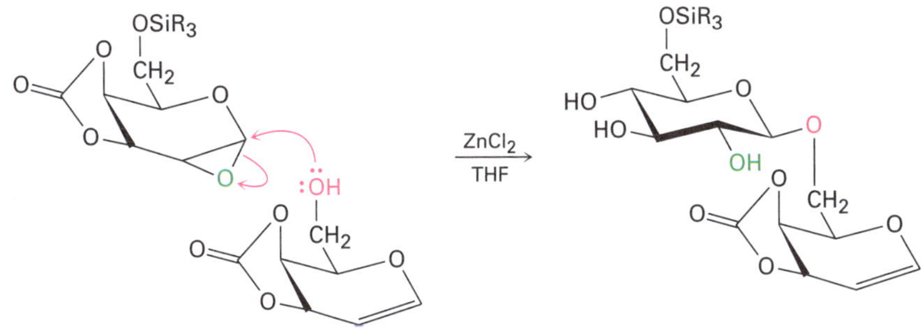

Um glical dissacarídeo

Entre os numerosos polissacárideos complexos que foram sintetizados no laboratório, o hexassacárideo Y de Lewis é um marcador de tumor que está atualmente sendo testado como uma vacina potencial contra o câncer.

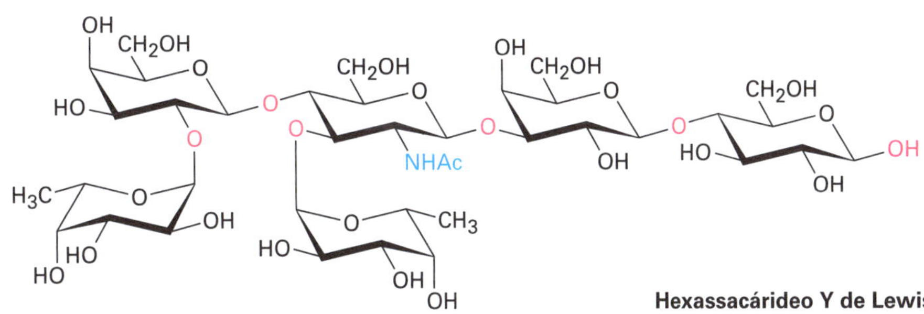

Hexassacárideo Y de Lewis

25.10 Alguns outros carboidratos importantes

Além dos carboidratos comuns mencionados nas seções anteriores, existe uma variedade de materiais derivados de carboidratos. Sua semelhança estrutural com os açúcares é clara, mas não são simples aldoses ou cetoses.

Os desoxiaçúcares, como vimos na **Seção 25.7**, possuem um oxigênio "faltante". Isto é, um grupo $-OH$ é substituído por um $-H$. O desoxiaçúcar mais comum é a 2-desoxirribose, um monossacarídeo encontrado no DNA (ácido desoxirribonucleico). Observe que a 2-desoxirribose existe em soluções aquosas como uma mistura de equilíbrio complexo das formas de furanose e de piranose.

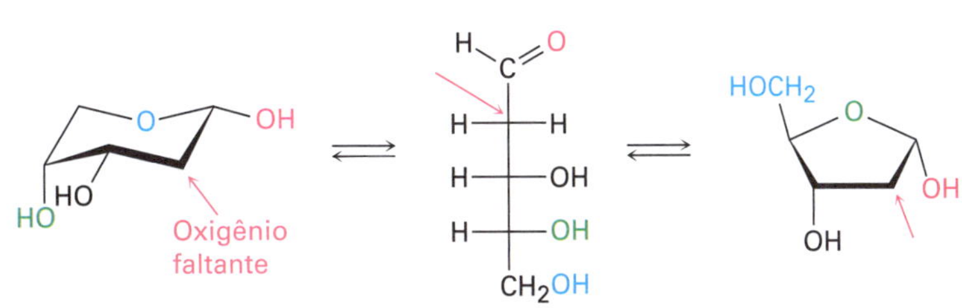

α-D-2-desoxirribopiranose (40%) (+35% de anômero β) **(0,7%)** **α-D-2-desoxirribofuranose (13%) (+12% de anômero β)**

Os aminoaçúcares, como a D-glicosamina, têm um grupo $-OH$ substituído por um grupo $-NH_2$. A N-acetilamida derivada da D-glicosamina é a unidade do monossacarídeo da quitina, a qual constitui a crosta mais dura que protege os insetos e os frutos do mar. Outros aminoaçúcares ainda são encontrados em antibióticos como a espreptomicina e a gentamicina.

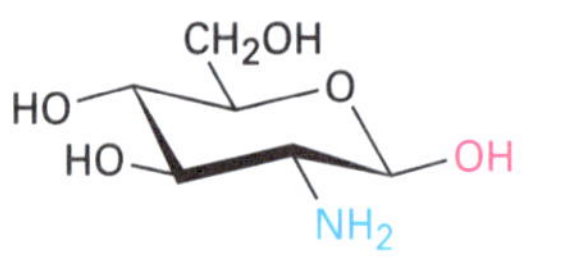

β-D-glicosamina

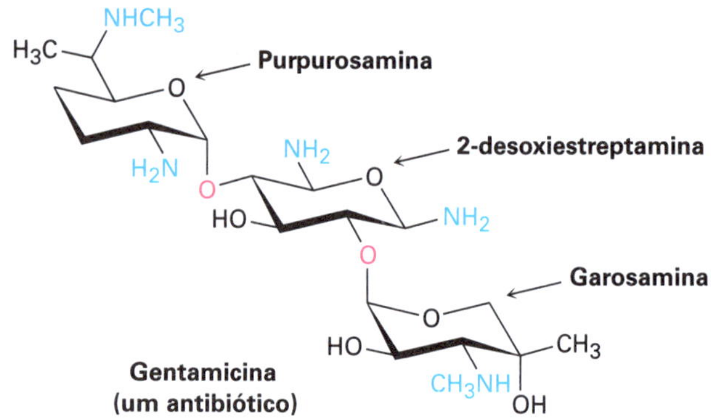

Gentamicina
(um antibiótico)

25.11 Carboidratos da superfície celular e vírus da gripe

Antigamente, pensava-se que os carboidratos fossem úteis na natureza apenas como materiais estruturais e como fontes de energia. Embora os carboidratos realmente sirvam para esses fins, eles também possuem muitas outras funções bioquímicas importantes. Como observado na **Seção 25.6**, por exemplo, os glicoconjugados estão centralmente envolvidos no reconhecimento célula-célula, o processo crítico pelo qual um tipo de célula distingue outro. Neste processo, pequenas cadeias de polissacarídeos, ligadas covalentemente por ligações glicosídicas a grupos $-OH$ ou $-NH_2$ nas proteínas, atuam como marcadores bioquímicos nas superfícies das células, tal como ilustrado pelo vírus da gripe.

Cada ano, surtos sazonais de gripe ocorrem em todo o mundo, geralmente sem aviso especial. Estes surtos são causados por subtipos de vírus da gripe conhecidos que já estão presentes na população e podem geralmente ser controlados ou prevenidos por vacinação. A cada 10 a 40 anos, no entanto, um novo e virulento subtipo, nunca antes visto em humanos, aparece. O resultado pode ser uma pandemia mundial, capaz de causar grande perturbação e matar milhões de pessoas.

Três dessas pandemias atacaram no século XX, a mais grave das quais foi a "gripe espanhola" de 1918 a 1919, que matou um número estimado de 50 milhões de pessoas em todo o mundo, incluindo muitos jovens adultos saudáveis. Já são mais de 40 anos desde a última pandemia, um surto da "gripe de Hong Kong", de 1968 a 1969, e muitos funcionários de saúde pública temem que outra possa ocorrer em breve. A gripe de Hong Kong foi relativamente suave em comparação com a gripe espanhola – as vítimas globais foram apenas 750 mil – mas não há nenhuma maneira de saber quão mortal o próximo surto será.

Vários surtos de gripe potencialmente graves têm ocorrido nos últimos anos. O primeiro, descoberto em 1997, é comumente chamado de "gripe aviária"; o segundo, encontrado no início de 2009, é o da "gripe suína". A gripe aviária é causada pela transferência para os seres humanos de um vírus aviário H5N1, que já matou dezenas de milhões de aves, principalmente no sudeste da Ásia. A infecção humana por este vírus foi observada pela primeira vez em Hong Kong em 1997 e, em meados de 2013, 622 casos e 371 mortes foram confirmados em 15 países. A gripe suína é causada por um vírus H1N1 relacionado com aqueles encontrados em porcos, embora a origem exata do vírus ainda não seja conhecida. O vírus parece se espalhar rapidamente nos seres humanos – mais de 3.000 casos foram encontrados nos primeiros 2 meses após ele ter sido identificado. Em meados de 2010, 18.449 mortes, em 214 países, haviam sido notificadas.

As classificações H5N1 e H1N1 para as duas cepas virais estão baseadas no comportamento de dois tipos de glicoproteínas que revestem a superfície viral – hemaglutinina (H, tipo 5 ou tipo 1) e neuraminidase (N, tipo 1), uma enzima. A infecção ocorre quando uma partícula viral ou vírion, liga-se à parte de ácido siálico (**Seção 25.7**) de um receptor de glicoproteína na célula-alvo e, em seguida, é engolida pela célula. Novas partículas virais são produzidas no interior da célula infectada, passam de volta para fora e são de novo presas pelo ácido siálico ligado a glicoproteínas em receptores da superfície celular. Finalmente, a enzima neuraminidase presente na superfície viral cliva a ligação entre a glicoproteína do receptor e o ácido siálico, libertando assim o vírion e lhe permitindo invadir uma nova célula (**Figura 25.12**).

O que pode, então, ser feito para limitar a gravidade de uma pandemia de gripe? O desenvolvimento de uma vacina é o único meio para limitar a propagação do vírus, mas o trabalho não pode começar até que a cepa contagiosa de um vírus tenha aparecido. Até essa altura, a única esperança é que uma droga antiviral possa limitar a gravidade da infecção. O oseltamivir, vendido como Tamiflu, e o zanamivir, vendido como Relenza, são apenas duas de muitas substâncias conhecidas capazes de inibir a enzima neuraminidase. Com a enzima bloqueada, vírions recém-formados não são liberados e a propagação da infecção dentro do corpo é assim limitada. Você deve ter notado na **Figura 25.12** a semelhança na forma entre o ácido *N*-acetilneuramínico e ambos oseltamivir e zanamivir, que permite que as drogas se liguem e bloqueiem a ação da neuraminidase. Infelizmente, o vírus da gripe suína H1N1 desenvolveu resistência quase completa ao oseltamivir em um ano depois de aparecer, por isso, os químicos terão que trabalhar duro para se manter à frente.

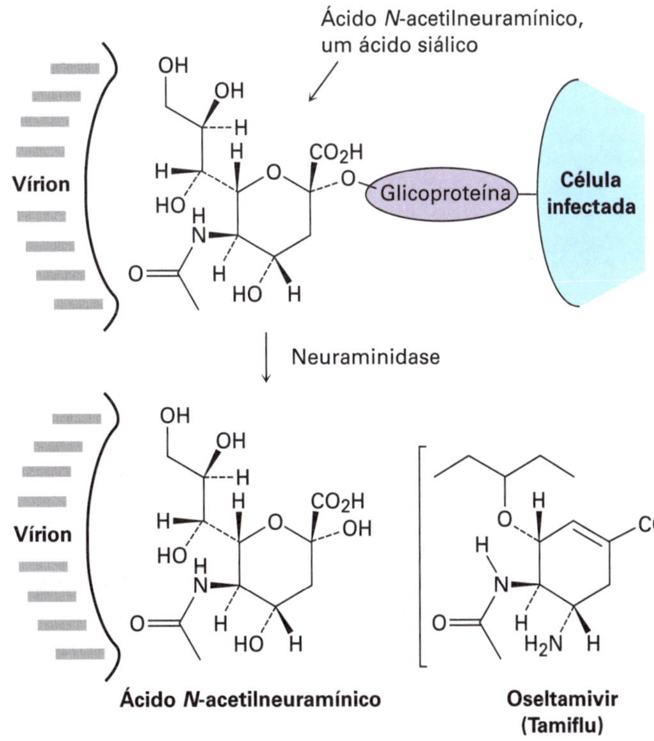

FIGURA 25.12 A liberação de um vírion recém-formado de uma célula infectada ocorre quando a neuraminidase, presente na superfície do vírion, cliva a ligação que mantém o vírion em uma molécula de ácido siálico em um receptor de glicoproteína na célula infectada. O oseltamivir, vendido sob o nome comercial Tamiflu, inibe a enzima neuraminidase por se ligar ao seu sítio ativo, impedindo assim a liberação do vírion.

Algo extra

Doçura

A coisa verdadeira provém de um canavial como este.

Ao dizer a palavra *açúcar*, a maior parte das pessoas imediatamente pensa em balas, sobremesas e assim por diante. Na verdade, a maior parte dos carboidratos simples tem sabor doce, mas o grau de doçura varia bastante de um açúcar para outro. Com a sacarose (açúcar comum) como ponto de referência, a frutose é quase duas vezes mais doce, mas a lactose apresenta apenas cerca de um sexto da doçura. As comparações são difíceis, no entanto, porque a doçura observada varia dependendo da prova da concentração da solução e da opinião pessoal. No entanto, a ordenação na **Tabela 25.1** geralmente é aceita.

TABELA 25.1 Doçura de alguns açúcares e de substitutos de açúcares

Nome	Tipo	Doçura
Lactose	Dissacarídeo	0,16
Glicose	Monossacarídeo	0,75
Sacarose	Dissacarídeo	1,00
Frutose	Monossacarídeo	1,75
Aspartame	Sintético	180
Acessulfame-K	Sintético	200
Sacarina	Sintético	350
Sucralose	Semissintético	600
Alitame	Semissintético	2.000

O desejo de muitas pessoas de cortar as calorias ingeridas levou ao desenvolvimento de adoçantes sintéticos como a sacarina, o aspartame, o acessulfame e a sucralose. Todos são, de longe, mais doces que os açúcares naturais, por isso a escolha entre um e outro depende do gosto pessoal, regulamentações governamentais e da estabilidade ao calor (para produtos cozidos). A sacarina, um dos adoçantes mais antigos, foi utilizada por mais de um século, mesmo deixando sabor residual quase metálico. Foram levantadas dúvidas sobre sua segurança e carcinogenicidade em potencial no fim dos anos 1970, mas agora está liberada das suspeitas.

O acessulfame de potássio, um dos adoçantes aprovados mais recentemente, comprova ser extremamente popular em refrigerantes por causa de seu pouco sabor residual. A sucralose, outro adoçante aprovado recentemente, é particularmente útil em alimentos cozidos em razão de sua estabilidade em altas temperaturas. O alitame, comercializado em alguns países sob o nome de Aclame, não está aprovado para venda nos Estados Unidos. Ele é cerca de 2.000 vezes mais doce que a sacarose e,

(continua)

(continuação)

como o acesulfame-K, não tem sabor residual. Dos cinco adoçantes sintéticos listados na **Tabela 25.1**, apenas a sucralose tem semelhança estrutural clara com um carboidrato, embora ele difira drasticamente ao conter três átomos de cloro. O aspartame e o alitame são ambos dipeptídeos.

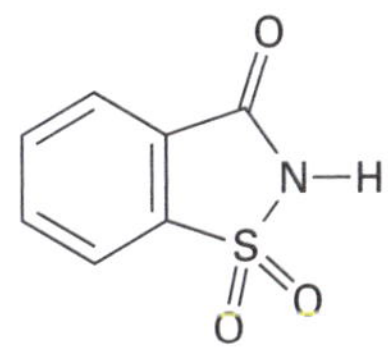

Sacarina

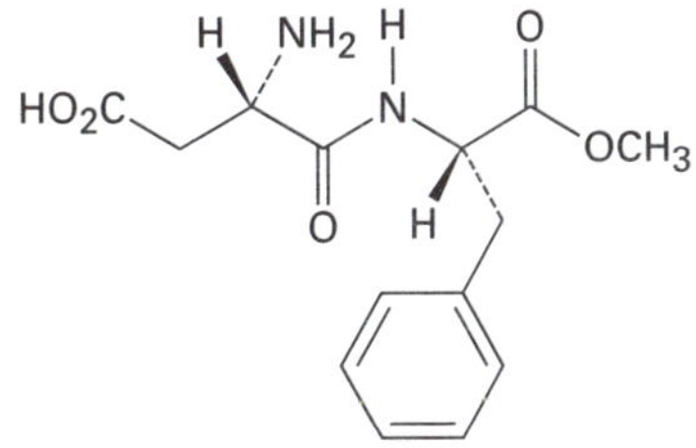

Aspartame

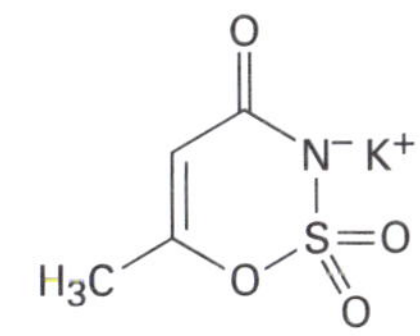

Acessulfame de potássio

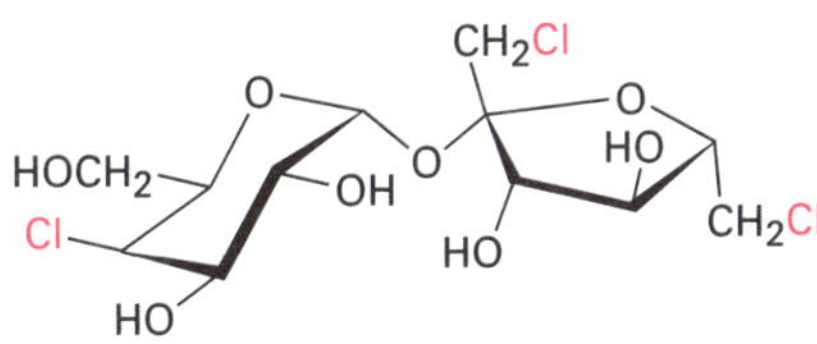

Sucralose

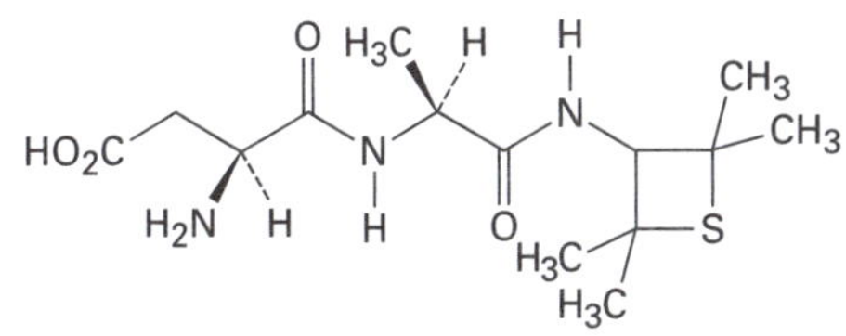

Alitame

Resumo

Palavras-chave

- ácido aldárico, 1038
- ácidos aldônicos, 1037
- ácido urônico, 1038
- açúcares D, 1024
- açúcares L, 1024
- açúcares redutores, 1037
- açúcares simples, 1019
- aldoses, 1020
- alditol, 1036
- aminoaçúcares, 1040
- anômeros, 1029
- anômero α, anômero β, 1029
- carboidrato, 1018
- carboidratos complexos, 1019
- centro anomérico, 1029
- cetoses, 1020
- desoxiaçúcar, 1040
- dissacarídeo, 1042
- furanose, 1029
- glicosídeo, 1034
- monossacarídeos, 1019

Agora que vimos todos os grupos funcionais e tipos de reação comuns, nosso foco mudou para olhar para as principais classes de moléculas biológicas. Os **carboidratos** são poliidroxialdeídos ou cetonas. Eles são classificados de acordo com o número de átomos de carbono e o tipo de grupo carbonila que contêm. A glicose, por exemplo, é uma aldohexose, um açúcar-aldeído com seis carbonos. Os **monossacarídeos** foram posteriormente classificados como **açúcares D** ou **açúcares L**, dependendo da estereoquímica do centro de quiralidade mais distante do grupo carbonila. A estereoquímica do carboidrato frequentemente é retratada com a utilização das **projeções de Fischer**, que representam um centro de quiralidade como a intersecção de duas linhas cruzadas.

Os monossacarídeos normalmente existem como hemiacetais cíclicos em vez de aldeídos ou cetonas de cadeia aberta. A ligação de hemiacetal resulta da reação do grupo carbonila com um grupo –OH distante em três ou quatro átomos de carbono. O hemiacetal cíclico com cinco membros é chamado de **furanose**, e o hemiacetal cíclico com seis membros é chamado de **piranose**. A ciclização conduz à formação de um novo centro de quiralidade chamado **centro anomérico** e a produção de dois hemiacetais diastereoisoméricos chamados **anômeros alfa** (α) e **beta** (β).

Muito da química dos monossacarídeos é a química familiar de álcoois e aldeídos/cetonas. Assim, os grupos hidroxila de carboidratos formam ésteres e éteres. O grupo carbonila de um monossacarídeo pode ser reduzido com o $NaBH_4$ para formar um **alditol**, oxidado com Br_2 aquoso para formar um **ácido aldônico**, oxidado com HNO_3 para formar um **ácido urônico** ou tratado com álcool na presença de ácido para formar um **glicosídeo**. Os monossacarídeos também podem ter suas cadeias prolongadas pela **síntese de Kiliani-Fischer** em várias etapas e podem ter suas cadeias encurtadas por meio da **degradação de Wohl**.

Os **dissacarídeos** são carboidratos complexos nos quais os açúcares simples são unidos por uma ligação glicosídica entre o **centro anomérico** de uma unidade e uma hidroxila da segunda unidade. Os açúcares podem ser os mesmos, como na maltose e na celobiose, ou diferentes, como na lactose e na sacarose. A ligação glicosídica pode ser α (maltose) ou β (celobiose, lactose) e pode envolver qualquer hidroxila do segundo açúcar. Uma ligação $1 \rightarrow 4$ é mais comum (celobiose, maltose), mas outras como a $1 \rightarrow 2$ (sacarose) também são conhecidas. Os **polissacarídeos**, como a celulose, o amido e o glicogênio, são utilizados na natureza como materiais estruturais, como meios de armazenamento de energia de longo prazo e como marcadores de superfície de células.

Resumo das reações

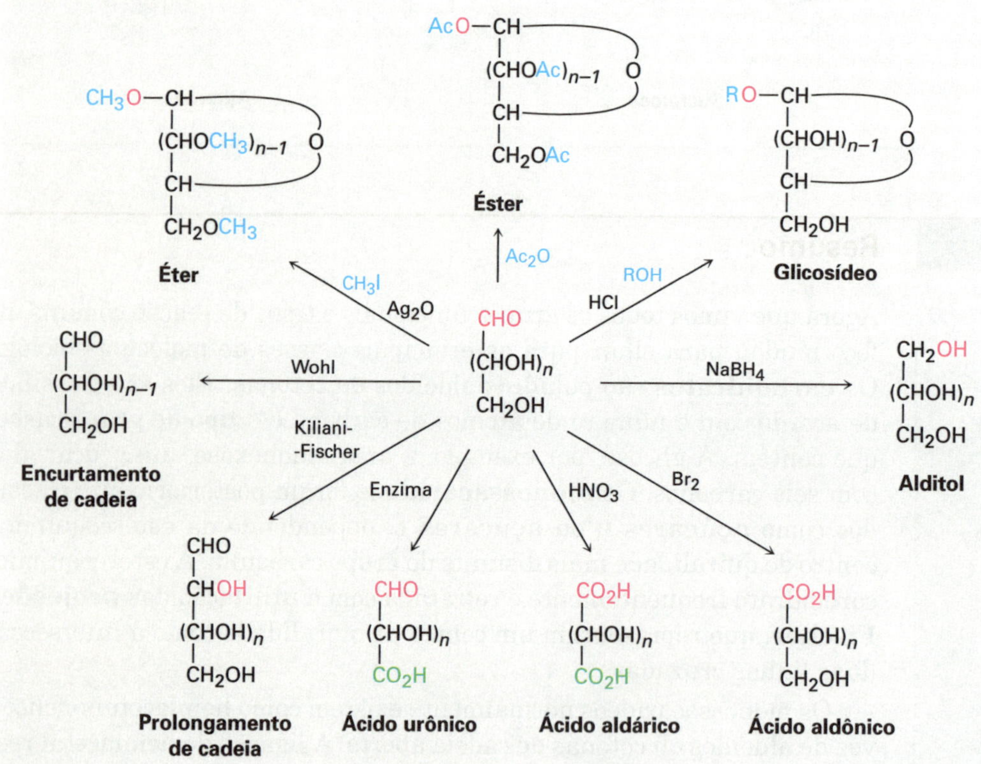

EXERCÍCIOS

Visualizando a química

(Os Problemas 25.1 a 25.25 aparecem no decorrer do capítulo.)

25.26 Identifique as seguintes aldoses e diga qual é açúcar D e qual é açúcar L:

(a)

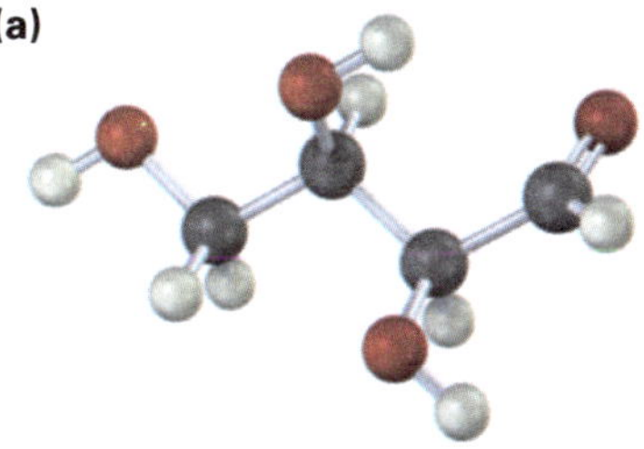

(b)

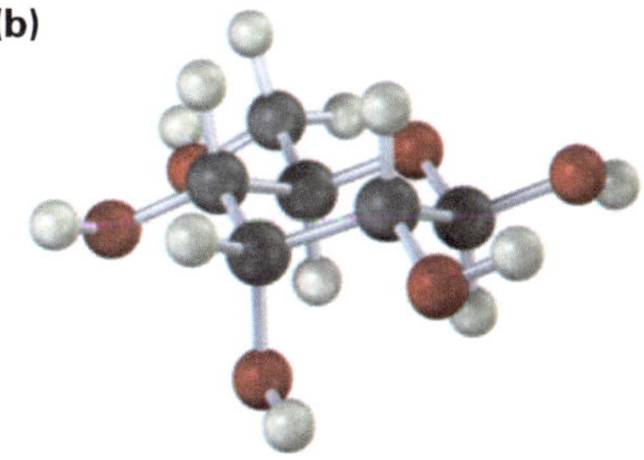

25.27 Desenhe as projeções de Fischer das moléculas a seguir, colocando o grupo carbonila na parte superior na forma usual. Identifique cada uma como açúcar D ou açúcar L:

(a)

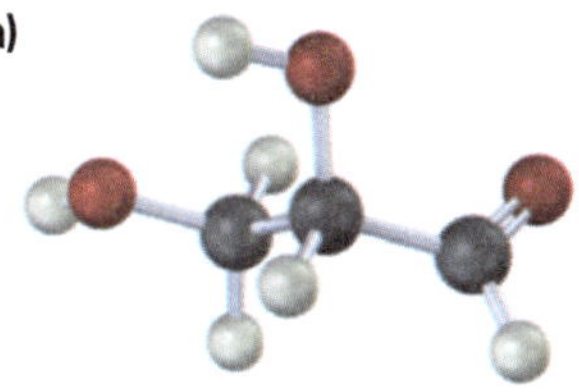

(b)

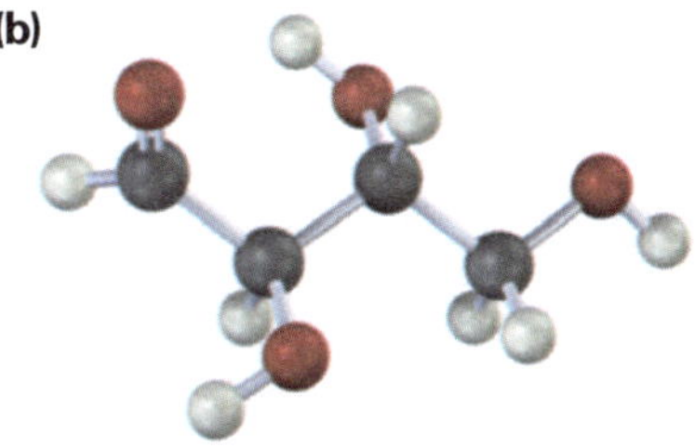

25.28 A estrutura a seguir é de uma aldohexose L em sua forma de piranose. Identifique-a e diga se é um anômero α ou β.

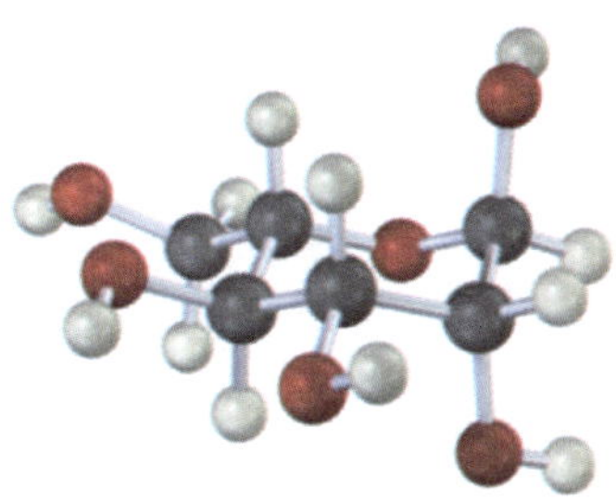

25.29 O modelo a seguir é de uma aldohexose:

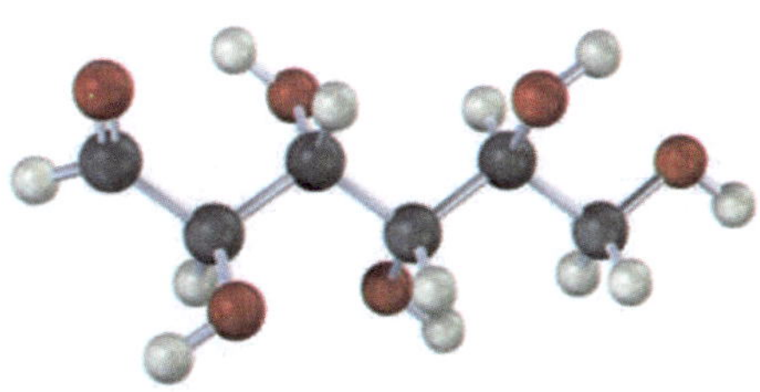

(a) Desenhe as projeções de Fischer do açúcar, de seu enantiômero e de um diasteroisômero.

(b) É um açúcar D ou L? Explique.

(c) Desenhe o anômero β do açúcar em sua forma de furanose.

Problemas de mecanismo

25.30 A galactose, um dos oito monossacarídeos mais essenciais (**Seção 25.7**), é biossintetizada a partir da UDP-glicose pela galactose 4-epimerase, onde UDP = difosfato de uridila (um difosfato ribonucleotídeo; **Seção 28.1**). A enzima necessita de NAD^+ para atividade (**Seção 17.7**), mas não é um reagente estequiométrico, e o NADH não é o produto da reação final. Proponha um mecanismo.

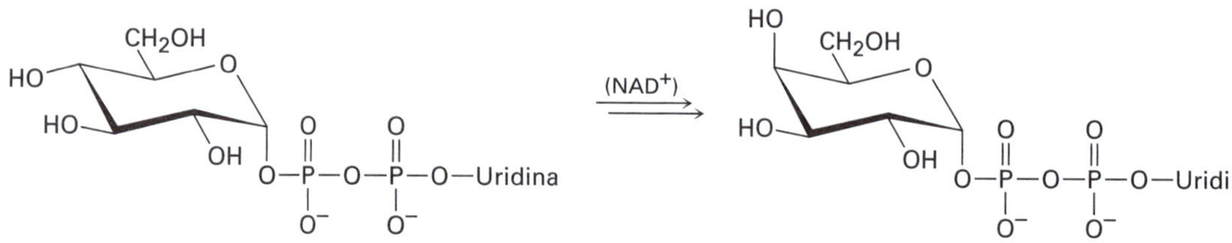

UDP-glicose **UDP-galactose**

25.31 A manose, um dos oito monossacarídeos essenciais (**Seção 25.7**), é biossintetizada como seu 6-fosfato a partir da frutose 6-fosfato. Não é necessário nenhum cofator de enzima. Proponha um mecanismo.

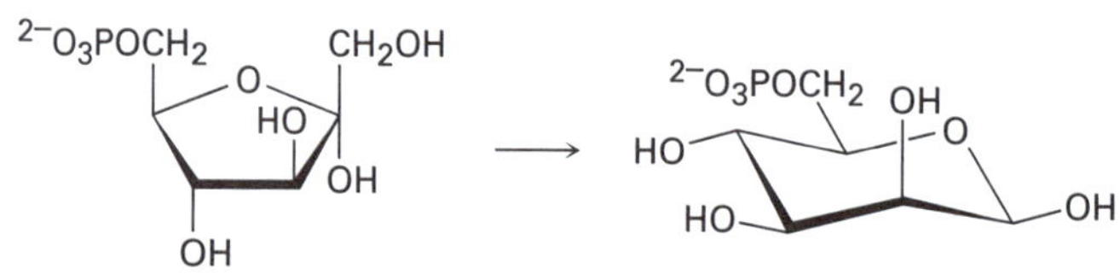

Frutose 6-fosfato **Manose 6-fosfato**

25.32 A glicosamina, um dos oito monossacarídeos essenciais (**Seção 25.7**) é biossintetizada como seu 6-fosfato a partir da frutose 6-fosfato por meio da reação com amônia. Proponha um mecanismo.

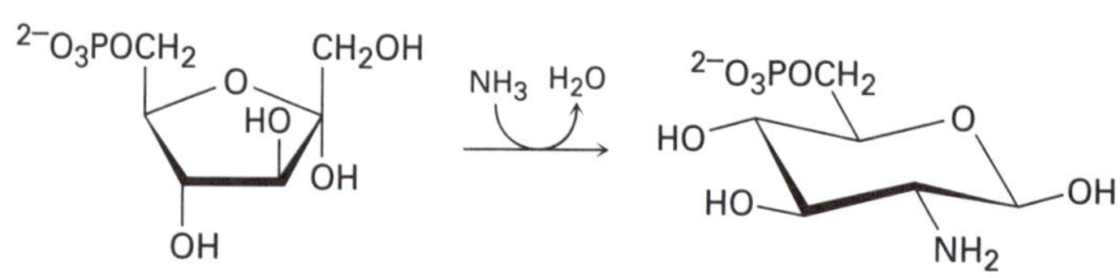

Frutose 6-fosfato **Glicosamina 6-fosfato**

25.33 A D-glicose reage com acetona na presença de ácido para produzir a não redutora 1,2:5,6-diisopropriliden-D-glicofuranose. Proponha um mecanismo.

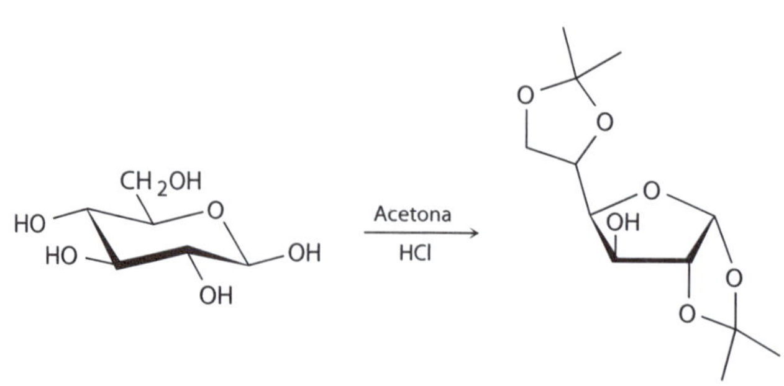

1,2:5,6-diisoproprilideno-D-glicofuranose

25.34 Uma das etapas na rota biológica para o metabolismo do carboidrato é a conversão da frutose-1,6-bifosfato em dihidroxiacetona fosfato e gliceraldeído-3-fosfato. Proponha um mecanismo para a transformação.

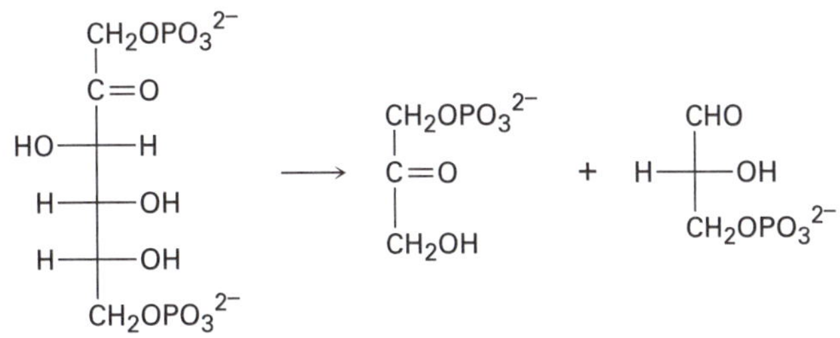

Frutose-1,6-bifosfato **Dihidroxiacetona fosfato** **Gliceraldeído-3-fosfato**

25.35 A L-fucose, um dos oito monossacarídeos essenciais (**Seção 25.7**), é biossintetizada a partir da GPD-D-manose por meio da sequência de reação das três etapas a seguir, onde GDP = difosfato de guanosina (um difosfato ribonucleosídeo; **Seção 28.1**):

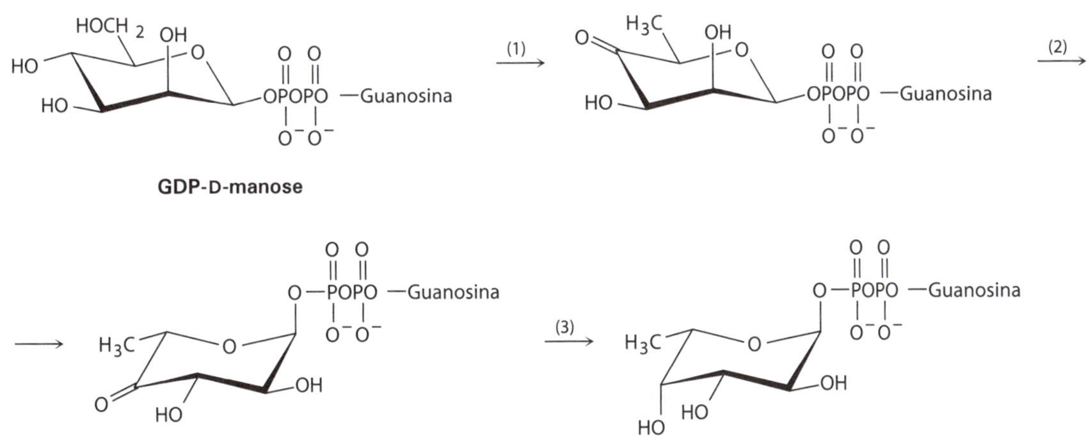

GDP-D-manose **GDP-L-fucose**

(a) A etapa 1 envolve uma oxidação a cetona, uma desidratação a enona e uma redução conjugada. A etapa necessita de $NADP^+$, mas não se forma nenhum NADPH como produto da reação final. Proponha um mecanismo.

(b) A etapa 2 realiza duas epimerizações e utiliza sítios ácidos e básicos na enzima, mas não necessita de uma coenzima. Proponha um mecanismo.

(c) A etapa 3 necessita do NADPH como coenzima. Mostre o mecanismo.

Problemas adicionais

Estruturas dos carboidratos

25.36 Classifique cada um dos açúcares a seguir (por exemplo, a glicose é uma aldohexose).

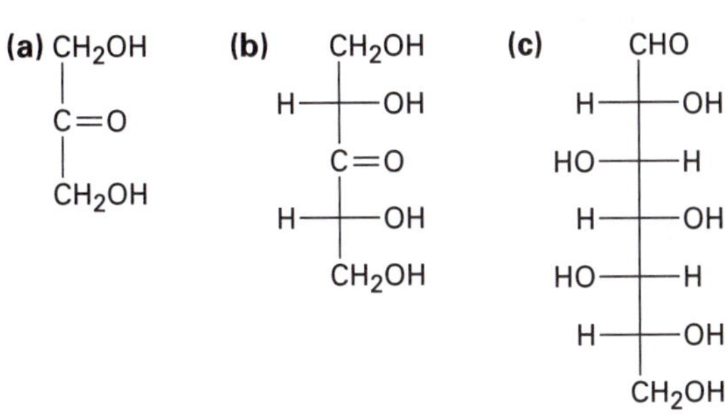

25.37 Escreva as estruturas de cadeia aberta para o seguinte:

(a) Uma cetotetrose **(b)** Uma cetopentose

(c) Uma desoxialdohexose **(d)** Um aminoaçúcar com cinco carbonos

25.38 Qual é a relação estereoquímica da D-ribose com a L-xilose? Quais as generalizações que se pode fazer a respeito das propriedades a seguir desses dois açúcares?

(a) Ponto de fusão **(b)** Solubilidade em água

(c) Rotação específica **(d)** Densidade

25.39 O ácido ascórbico (vitamina C) possui configuração D ou L?

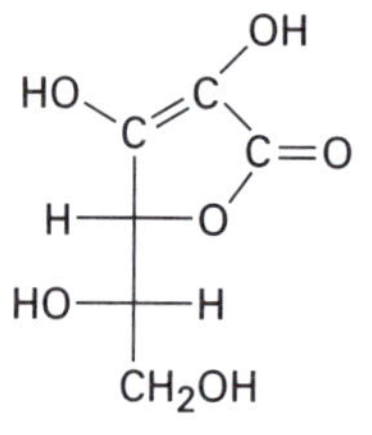

Ácido ascórbico

25.40 Desenhe a estrutura tridimensional da forma de furanose do ácido ascórbico (Problema 25.39) e atribua a estereoquímica *R* ou *S* para cada centro de quiralidade.

25.41 Atribua uma configuração *R* ou *S* para cada centro de quiralidade das moléculas a seguir:

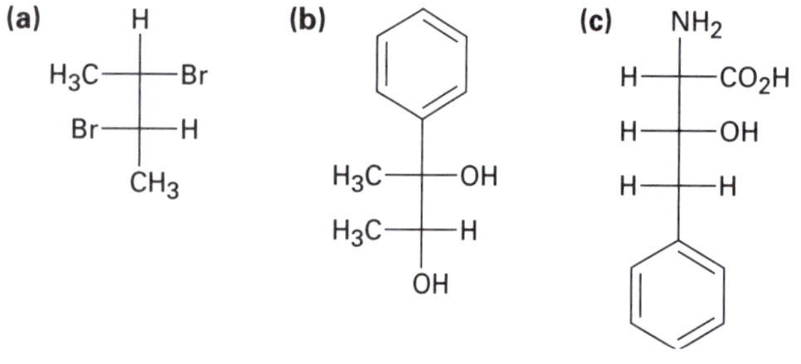

25.42 Desenhe as projeções de Fischer das moléculas a seguir:

(a) O enantiômero *S* do 2-bromobutano

(b) O enantiômero *R* da alamina, $CH_3CH(NH_2)CO_2H$

(c) O enantiômero *R* do ácido 2-hidroxipropanoico

(d) O enantiômero *S* do 3-metilhexano

25.43 Desenhe as projeções de Fischer para as duas aldopentoses D cujas estereoquímicas em C3, C4, C5 e C6 são as mesmas da D-glicose em C2, C3, C4 e C5.

25.44 A estrutura a seguir é da alose. Trata-se de uma forma de furanose ou de piranose? É um anômero α ou β? É um açúcar D ou L?

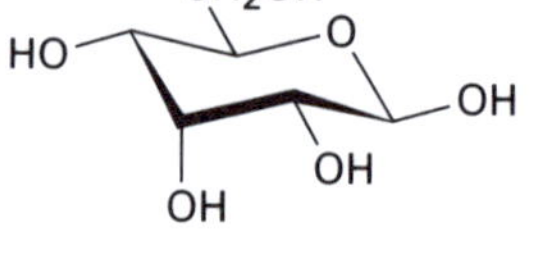

25.45 Qual a nomenclatura do açúcar a seguir?

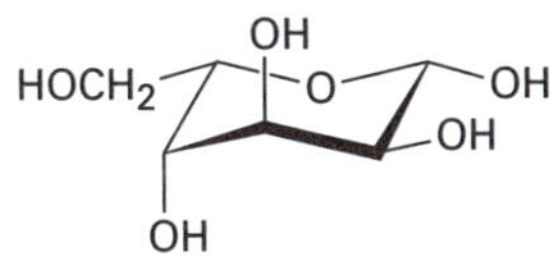

25.46 Escreva os açúcares a seguir em suas formas de cadeia aberta:

(a)

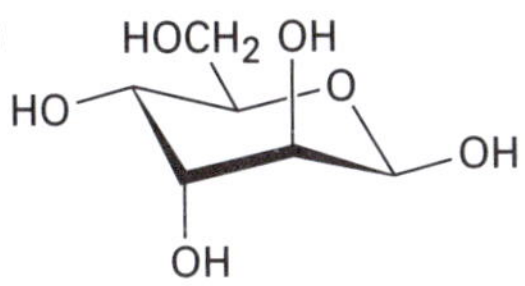

(b)

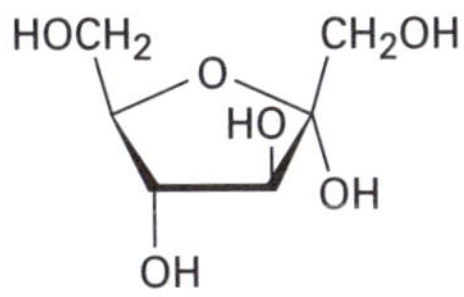

(c)

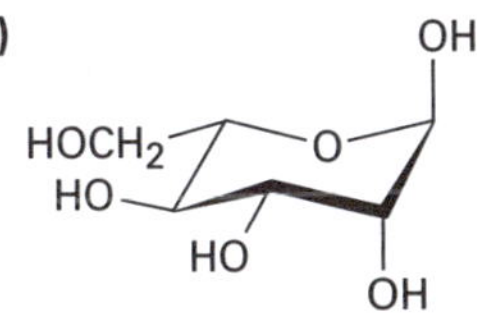

25.47 Desenhe a D-ribulose em sua forma β-hemiacetal cíclica de cinco membros.

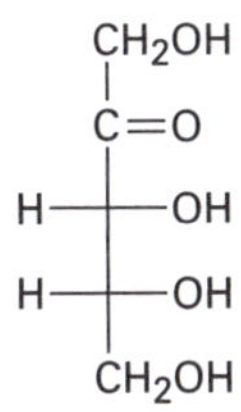

Ribulose

25.48 Veja as estruturas da D-talose na Figura 25.3 e desenhe o anômero β em sua forma de piranose. Identifique os substituintes do anel como axiais ou equatoriais.

Reações dos carboidratos

25.49 Desenhe estruturas para os produtos que você espera obter da reação da β-D-talopiranose com cada um dos reagentes a seguir:

(a) $NaBH_4$ em H_2O **(b)** HNO_3 diluído quente **(c)** Br_2, H_2O
(d) CH_3CH_2OH, HCl **(e)** CH_3I, Ag_2O **(f)** $(CH_3CO)_2O$, piridina

25.50 Quantas D-2-cetohexoses são possíveis? Desenhe-as.

25.51 Uma das D-2-cetohexoses é chamada de *sorbose*. No tratamento com $NaBH_4$, a sorbose produz uma mistura de gulitol e iditol. Qual é a estrutura da sorbose?

25.52 Outra D-2-cetohexose, a *psicose*, produz uma mistura de alitol e altriol quando reduzida com $NaBH_4$. Qual é a estrutura da psicose?

25.53 A L-gulose pode ser preparada a partir da D-glicose por uma rota que começa com a oxidação do ácido D-glucárico, que cicliza para formar duas lactonas com anéis de seis membros. Separando as lactonas e reduzindo-as com amálgama de sódio formam-se a D-glicose e a L-gulose. Quais são as estruturas das duas lactonas, e qual delas é reduzida a L-gulose?

25.54 A gentiobiose, um dissacarídeo raro encontrado no açafrão e na genciana, é um açúcar redutor e forma apenas D-glicose na hidrólise com ácido aquoso. A reação da gentiobiose com o iodometano e com o Ag_2O produz um derivado de octametil que pode ser hidrolisado com ácido aquoso para produzir um equivalente da 2,3,4,5,6-tetra-*O*-metil-D-glicopiranose e um equivalente da 2,3,4-tri-*O*-metil-D-glicopiranose. Se a gentiobiose contém uma ligação β-glicosídica, qual é a sua estrutura?

Problemas gerais

25.55 Todas as aldoses exibem mutarrotação. Por exemplo, a α-D-galactopiranose possui $[\alpha]_D = +150{,}7$ e a β-D-galactopiranose possui $[\beta]_D = +52{,}8$. Se o anômero é dissolvido em água e permite-se atingir o equilíbrio, a rotação específica da solução é de $+80{,}2$. Quais são as porcentagens de cada anômero no equilíbrio? Desenhe as formas de piranose dos dois anômeros.

25.56 Qual outra D-aldohexose forma o mesmo alditol que a D-talose?

25.57 Qual das oito aldohexoses D fornecem os mesmos ácidos aldáricos que seus enantiômeros L?

25.58 Qual das outras três aldopentoses D fornece o mesmo ácido aldárico que a D-lixose?

25.59 Desenhe a estrutura da L-galactose e responda as questões a seguir:

(a) Qual das outras aldohexoses fornece o mesmo ácido aldárico que a L-galactose na oxidação com HNO_3 quente?

(b) Essa outra aldohexose é um açúcar D ou um açúcar L?

(c) Desenhe essa outra aldohexose em sua conformação em piranose mais estável.

25.60 A amigdalina, ou laetrila, é um glicosídeo cianogênico isolado, em 1 830, das sementes de amêndoa e de damasco. A hidrólise ácida da amigdalina libera HCN, juntamente com o benzaldeído e 2 equivalentes de D-glicose. Se a amigdalina é um β-glicosídeo do benzaldeído cianoidrina com a gentiobiose (Problema 21.54), qual é a sua estrutura?

25.61 A trealose é um dissacarídeo não redutor que é hidrolisado por ácido aquoso para produzir dois equivalentes de D-glicose. A metilação seguida por hidrólise produz dois equivalentes da 2,3,4,6-tetra-*O*--metilglicose. Quantas estruturas são possíveis para a trealose?

25.62 A trealose (Problema 25.61) é quebrada por enzimas que hidrolisam α-glicosídeos, mas não por enzimas que hidrolisam β-glicosídeos. Qual é a estrutura e a nomenclatura sistemática da trealose?

25.63 A isotrealose e a neotrealose são quimicamente similares à trealose (Problemas 25.61 e 25.62), exceto que a neotrealose é hidrolisada apenas por enzimas de β-glicosidase, enquanto a isotrealose é hidrolisada tanto pela enzima α-glicosidase como pela β-glicosidase. Quais são as estruturas da isotrealose e da neotrealose?

25.64 A D-manose reage com a acetona para fornecer um derivado de diisopropilideno (Problema 25.33) que ainda é reduzido frente ao reagente de Tollens. Proponha uma estrutura provável para esse derivado.

25.65 A glicose e a manose podem ser interconvertidas (em baixo rendimento) pelo tratamento com NaOH aquoso diluído. Proponha um mecanismo.

25.66 Proponha um mecanismo para explicar o fato de o ácido D-glutônico e o ácido D-manônico serem interconvertidos quando qualquer um é aquecido em piridina como solvente.

25.67 Os *ciclitóis* são um grupo de derivados de açúcar carbociclicos que possuem a formulação geral 1,2,3,4,5,6-ciclohexanohexol. Quantos ciclitóis estereoisoméricos são possíveis? Desenhe-os em suas formas de cadeira.

25.68 O composto **A** é uma aldopentose D que pode ser oxidada a um ácido aldárico **B** oticamente inativo. Na extensão de cadeia de Kiliani-Fischer, **A** é convertido em **C** e **D**; **C** pode ser oxidado a um ácido aldárico **E** oticamente inativo, mas **D** é oxidado a um ácido aldárico **F** oticamente inativo. Quais as estruturas de **A** – **F**?

25.69 Açúcares simples sofrem reação com fenilidrazina, $PhNHNH_2$, para produzir derivados cristalinos chamados de *osazonas*. Entretanto, a reação é um pouco complexa, como mostrado pelo fato de a glicose e a frutose produzirem a mesma osazona.

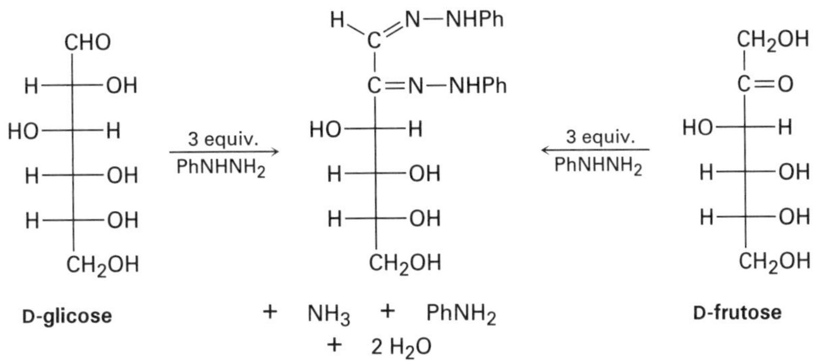

(a) Desenhe a estrutura de um terceiro açúcar que produz a mesma osazona que a glicose e a frutose.

(b) Utilizando a glicose como exemplo, a primeira etapa na formação da osazona é a tautomerização da fenilidrazina para produzir uma imina chamada de *fenilidrazona*. Desenhe a estrutura do produto.

(c) A segunda e terceira etapas na formação da osazona são a tautomerização da fenilidrazona para produzir um enol, seguida pela eliminação de anilina para fornecer uma cetoimina.

(d) A etapa final é a reação da cetoimina com dois equivalentes da fenilidrazina para produzir a osazona mais amônia. Proponha um mecanismo para essa etapa.

25.70 Quando aquecida a 100 °C, a D-idose sofre uma perda reversível de água e existe primariamente como 1,6-anidro-D-idopiranose.

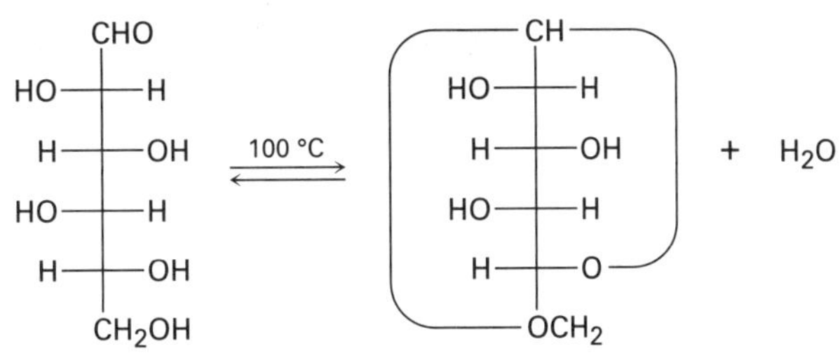

D-idose **1,6-anidro-D-idopiranose**

(a) Desenhe a D-idose em sua forma de piranose, mostrando a conformação em cadeira mais estável do anel.

(b) Qual é a mais estável: α-D-idopiranose ou β-idopiranose? Explique.

(c) Desenhe a 1,6-anidro-D-idopiranose em sua conformação mais estável.

(d) Quando aquecido a 100 °C sob as mesmas condições que as utilizadas para a D-idose, a D-glicose não sofre perda de água e não existe na forma 1,6-anidro. Explique.

25.71 A acetil coenzima A (acetil-CoA) é o intermediário principal no metabolismo de alimentos. Qual é o açúcar presente no acetil-CoA?

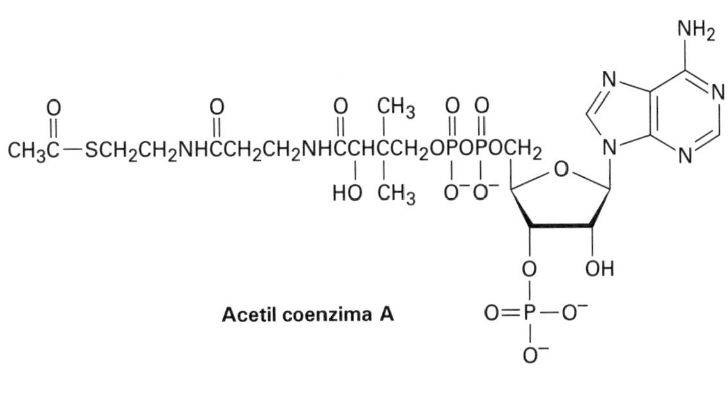

Acetil coenzima A

capítulo 26

Biomoléculas: Aminoácidos, Peptídeos e Proteínas

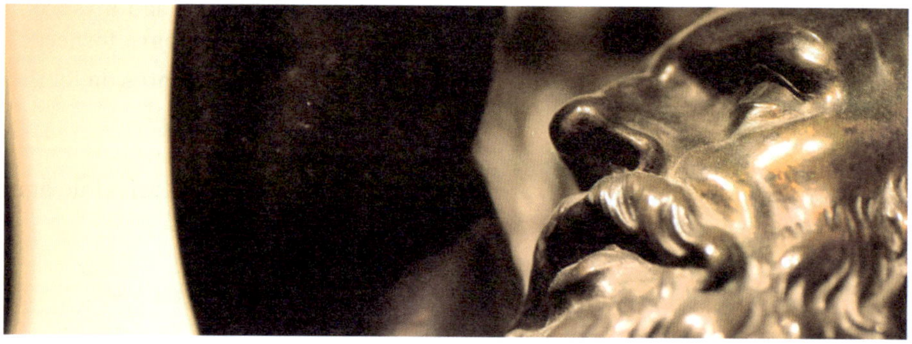

Os blocos de construção da vida que chamamos de proteínas são assim chamados devido a Proteus, o deus grego do mar, cujo nome significa "primeiro" ou "primordial".

Neste capítulo:

POR QUE ESTE CAPÍTULO? Continuando o nosso olhar para as principais classes de biomoléculas, vamos nos concentrar neste capítulo nos aminoácidos, os blocos de construção fundamentais, a partir dos quais até 2 milhões ou mais de proteínas diferentes em nossos corpos são feitas. Vamos, então, ver como os aminoácidos são incorporados nas proteínas e examinar suas estruturas. Qualquer entendimento de bioquímica seria impossível sem este conhecimento.

As *proteínas* ocorrem em todos os organismos vivos, são de vários tipos e possuem muitas funções biológicas diferentes. A queratina da pele e das unhas, a fibroína da seda e das teias de aranha e as cerca de 50.000 ou mais enzimas que catalisam as reações biológicas em nossos corpos são todas proteínas. Independentemente da sua função, todas as proteínas têm uma estrutura fundamentalmente semelhante e são feitas de muitos aminoácidos ligados em conjunto em uma cadeia longa.

Os aminoácidos, como indica seu nome, apresentam duas funções. Contêm um grupo amina básico e um grupo carboxila ácido.

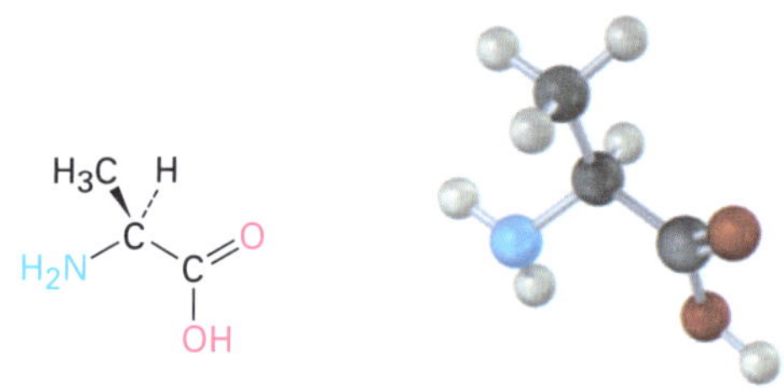

Alanina, um aminoácido

Seu valor como blocos fundamentais para fazer proteínas vem do fato que os aminoácidos podem se juntar em longas cadeias formando ligações de amida entre o $-NH_2$ de um aminoácido e do $-CO_2H$ de outro. Para os propósitos de classificação, as cadeias com pouco menos de 50 aminoácidos geralmente são chamadas de **peptídeos**, enquanto o termo **proteína** é utilizado para cadeias maiores.

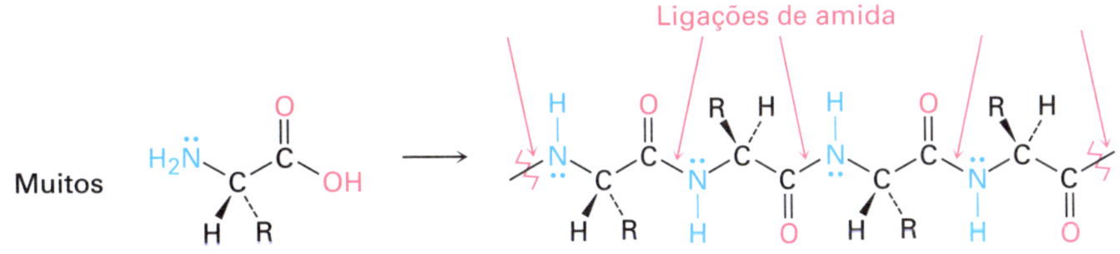

26.1 Estruturas dos aminoácidos

Vimos nas **Seções 20.3 e 24.5** que o grupo carboxila é desprotonado e existe como o ânion carboxilato em um pH fisiológico de 7,3, enquanto um grupo amino é protonado e existe como cátion amônio. Assim, existem aminoácidos em solução aquosa, principalmente sob a forma de um íon dipolar ou **zwitterion** (do alemão *zwitter*, que significa "híbrido").

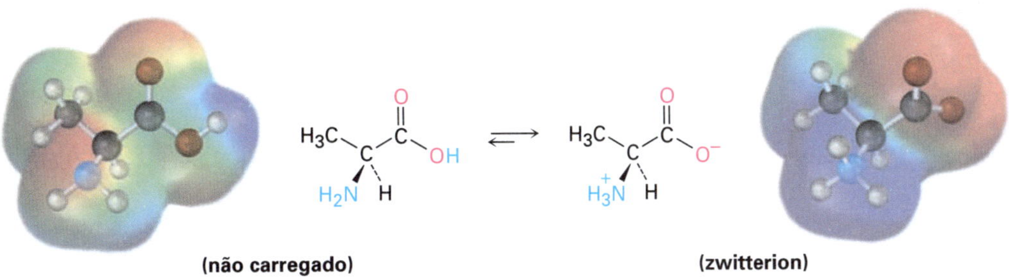

Alanina

Zwitterions de aminoácidos são sais internos e, portanto, têm muitas das propriedades físicas associadas com sais. Eles têm grandes momentos dipolo, são relativamente solúveis em água, mas insolúveis em hidrocarbonetos e são cristalinos, com pontos de fusão relativamente elevados. Além disso, os aminoácidos são *anfóteros*; eles podem reagir quer como ácidos, quer como bases, dependendo das circunstâncias. Em solução aquosa ácida, um zwitterion de aminoácido é uma base que aceita um próton em seu grupo CO_2^- para se obter um cátion. Em solução básica aquosa o *zwitterion* é um ácido que perde um próton do seu grupo $-NH_3^+$ para formar um ânion.

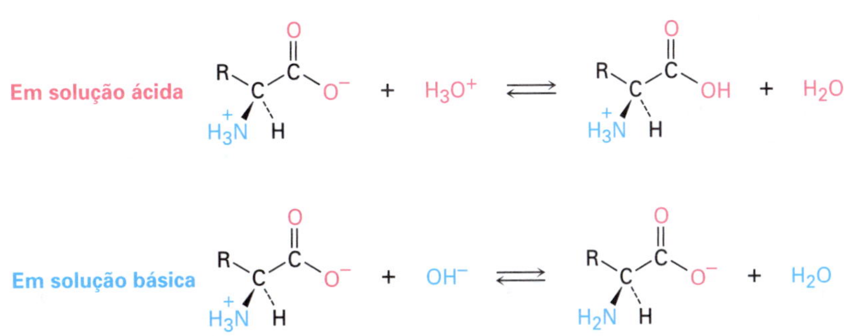

As estruturas, abreviações (tanto com três quanto com uma letra), e valores de pK_a dos 20 aminoácidos comumente encontrados em proteínas são mostrados na **Tabela 26.1**.

TABELA 26.1 Os 20 aminoácidos comuns em proteínas

Nome	Abreviações		MM	Estrutura	pK_a do α-CO_2H	pK_a do α-NH_3^+	pK_a da cadeia lateral	pI
Aminoácidos neutros								
Alanina	Ala	A	89	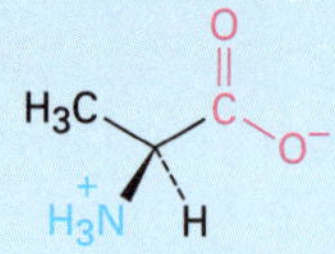	2,34	9,69	–	6,01
Aspargina	Asn	N	132	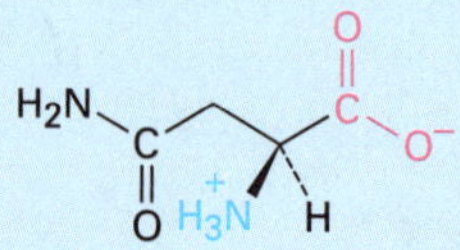	2,02	8,80	–	5,41
Cisteína	Cys	C	121	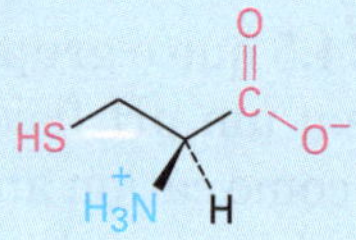	1,96	10,28	8,18	5,07
Glutamina	Gln	Q	146	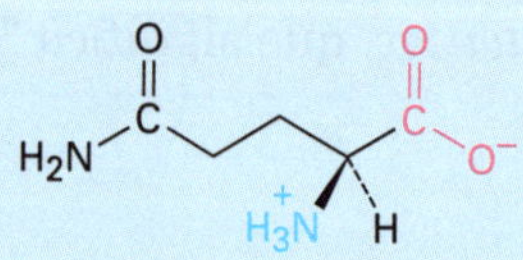	2,17	9,13	–	5,65
Glicina	Gly	G	75	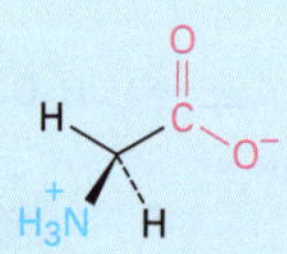	2,34	9,60	–	5,97
Isoleucina	Ile	I	131	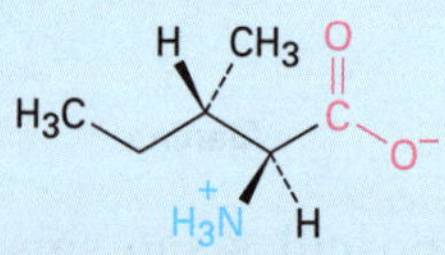	2,36	9,60	–	6,02
Leucina	Leu	L	131	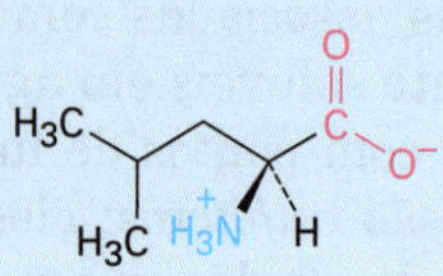	2,36	9,60	–	5,98
Metionina	Met	M	149	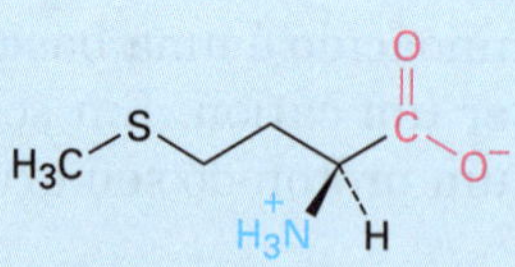	2,28	9,21	–	5,74
Fenilalanina	Phe	F	165	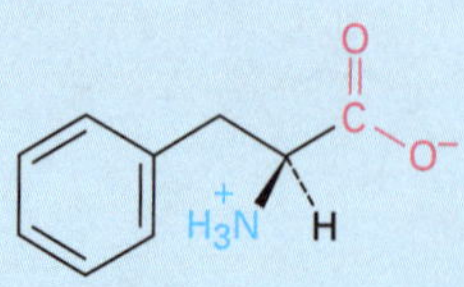	1,83	9,13	–	5,48
Prolina	Pro	P	115	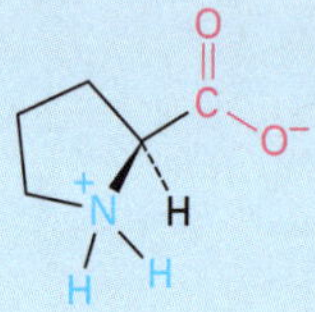	1,99	10,60	–	6,30

(*continua*)

TABELA 26.1 Os 20 aminoácidos comuns em proteínas (*continuação*)

Nome	Abreviações		MM	Estrutura	pK_a do α-CO_2H	pK_a do α-NH_3^+	pK_a da cadeia lateral	pI
Aminoácidos neutros								
Serina	Ser	S	105	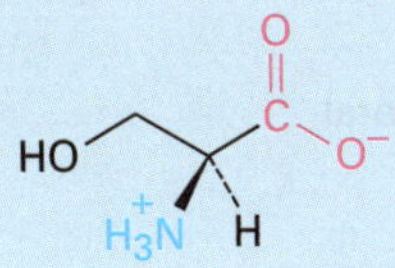	2,21	9,15	–	5,68
Treonina	Thr	T	119	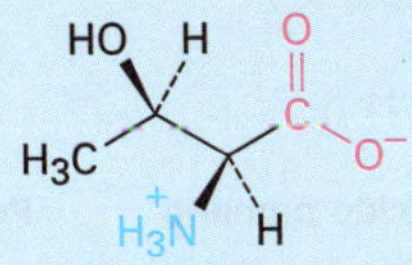	2,09	9,10	–	5,60
Triptofano	Trp	W	204	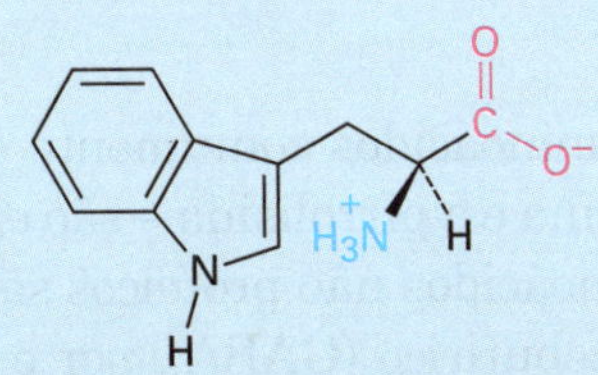	2,83	9,39	–	5,89
Tirosina	Tyr	Y	181	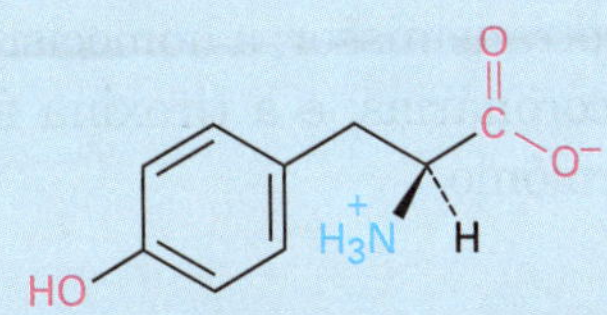	2,20	9,11	10,07	5,66
Valina	Val	V	117	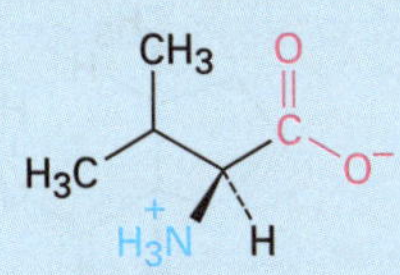	2,32	9,62	–	5,96
Aminoácidos ácidos								
Ácido aspártico	Asp	D	133	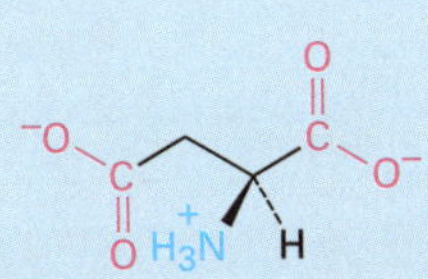	1,88	9,60	3,65	2,77
Ácido glutâmico	Gly	E	147	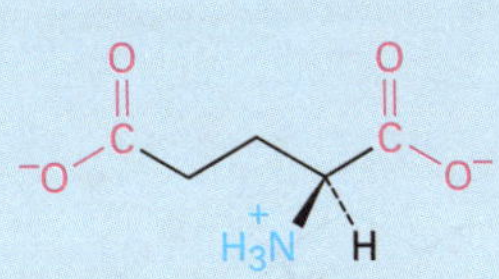	2,19	9,67	4,25	3,22
Aminoácidos básicos								
Arginina	Arg	R	174	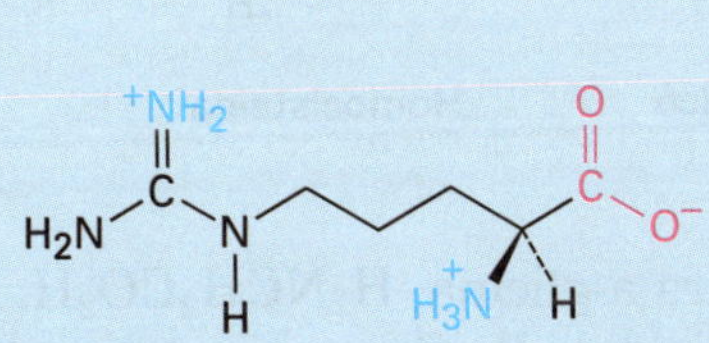	2,17	9,04	12,48	10,76
Histidina	His	H	155	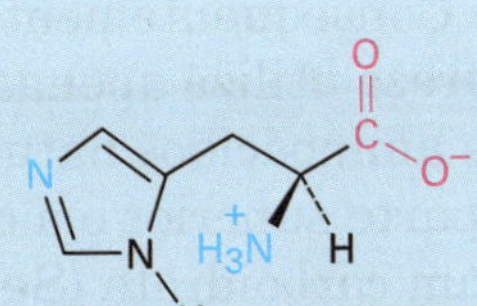	1,82	9,17	6,00	7,59
Lisina	Lys	K	146	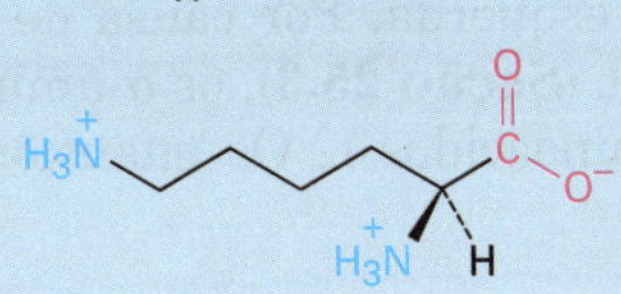	2,18	8,95	10,53	9,74

Todos são **α aminoácidos**, o que significa que o grupo amina em cada um é um substituinte no átomo de carbono α – aquele perto do grupo carbonila. Dezenove dos vinte aminoácidos são aminas primárias, RNH_2, e diferem apenas na natureza da sua **cadeia lateral** – o substituinte ligado ao carbono α. A prolina é uma amina secundária cujos átomos de nitrogênio e de carbono α são parte de um anel de pirrolidina de cinco membros.

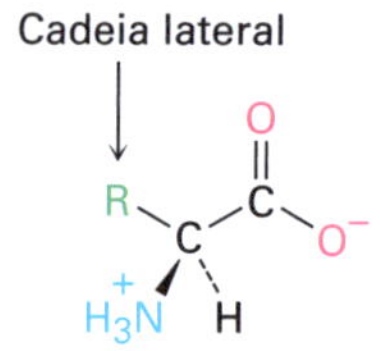

Um α aminoácido primário

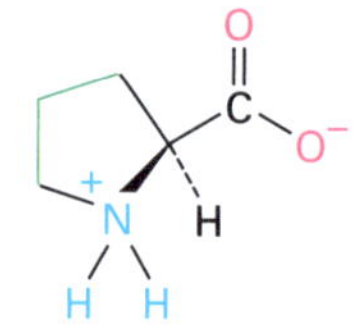

Prolina, um α aminoácido secundário

Além dos 20 aminoácidos comumente encontrados nas proteínas, outros dois – a selenocisteína e a pirrolisina – são encontrados em alguns organismos, e mais de 700 aminoácidos não proteicos são encontrados também na natureza. O ácido γ-aminobutírico (GABA), por exemplo, é encontrado no cérebro e age como um neurotransmissor; a homocisteína é encontrada no sangue e está ligada a doenças coronárias; e a tiroxina é encontrada na glândula tireoide, onde age como hormônio.

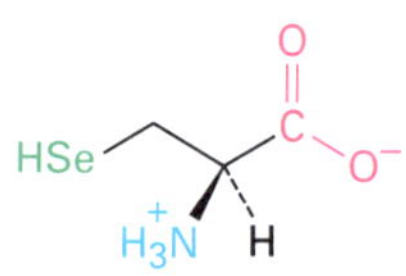

Selenocisteína

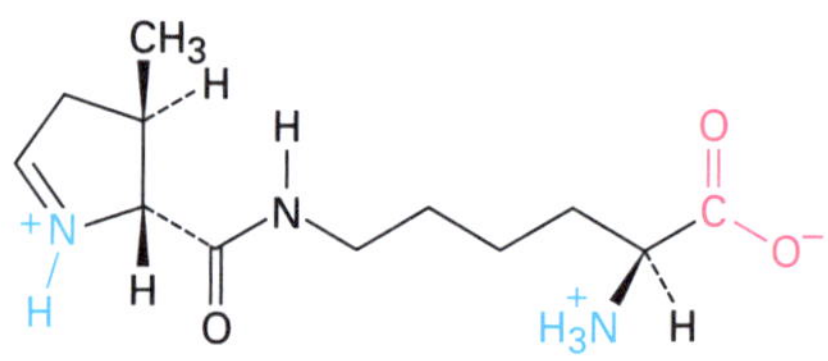

Pirrolisina

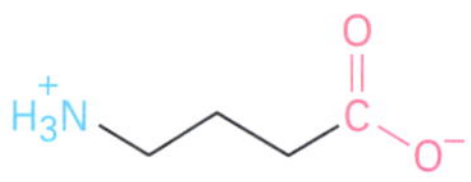

Ácido γ-aminobutírico

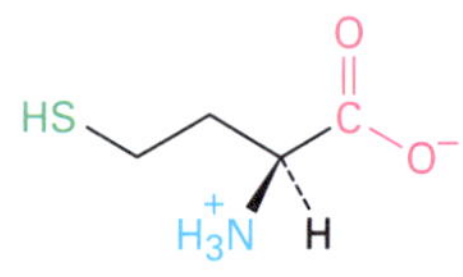

Homocisteína

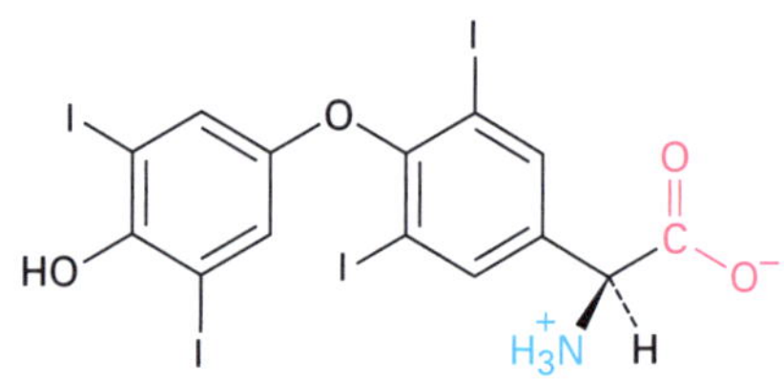

Tiroxina

Exceto para a glicina, $H_2NCH_2CO_2H$, os carbonos α de aminoácidos são centros de quiralidade. Consequentemente são possíveis dois enantiômeros de cada um, mas a natureza utiliza apenas um para produzir proteínas. Nas projeções de Fischer, os aminoácidos naturais são representados colocando-se o grupo $-CO_2^-$ na parte superior e a cadeia lateral para baixo, como se estivesse desenhando um carboidrato (**Seção 25.2**), e então colocando-se o grupo $-NH_3^+$ à esquerda. Por causa de sua similaridade estereoquímica com os açúcares L (**Seção 25.3**), os α-aminoácidos naturais geralmente são chamados de aminoácidos L. Os enantiômeros naturais são chamados de aminoácidos D.

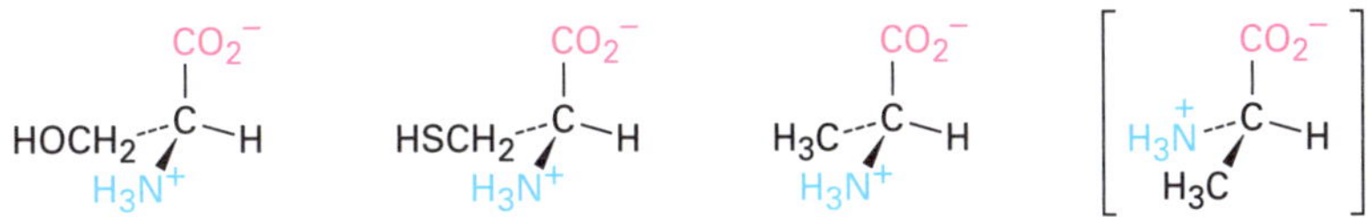

L-serina (*S*)-serina | L-cisteína (*R*)-cisteína | L-alanina (*S*)-alanina | D-alanina (*R*)-alanina

Os 20 aminoácidos comuns podem ser posteriormente classificados como neutros, ácidos ou básicos, dependendo da estrutura das suas cadeias laterais. Quinze dos vinte possuem cadeias laterais neutras, dois (o ácido aspártico e o ácido glutâmico) possuem uma função de ácido carboxílico extra em suas cadeias laterais, e três (lisina, arginina e histidina) têm grupos amino básicos em suas cadeias laterais. Note que tanto a cisteína (um tiol) quanto a tirosina (um fenol), embora geralmente classificados como aminoácidos neutros, têm cadeias laterais fracamente ácidas, que podem ser desprotonadas em uma solução suficientemente básica.

No pH fisiológico de 7,3 dentro das células, os grupos carboxila da cadeia lateral do ácido aspártico e ácido glutâmico estão desprotonados e os nitrogênios da cadeia lateral básica da lisina e arginina estão protonados. Entretanto, a histidina, que contém um anel heterocíclico de imidazol em sua cadeia lateral não é básica o suficiente para ser protonada em pH de 7,3. Observe que apenas o nitrogênio com ligação dupla similar à piridina na histidina é básico. O nitrogênio com ligação simples similar ao pirrol não é básico porque seu par solitário de elétrons faz parte do anel de imidazol aromático de 6 elétrons π (**Seção 24.9**).

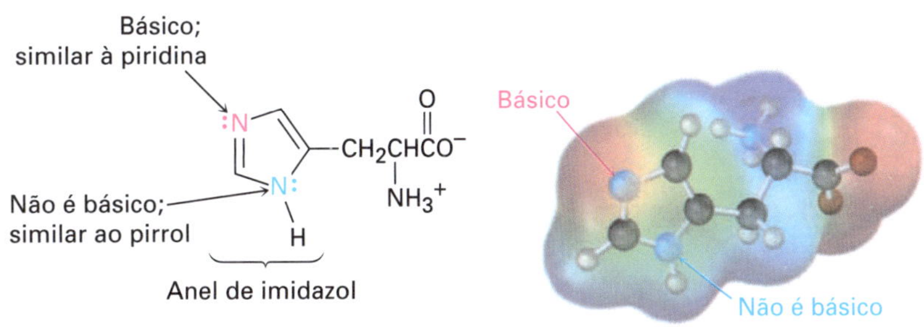

Histidina

Os seres humanos são capazes de sintetizar apenas 11 dos 20 aminoácidos das proteínas, chamados de aminoácidos não essenciais. Os outros 9, chamados de aminoácidos essenciais, são biossintetizados apenas nos vegetais e micro-organismos, e devem ser obtidos pela nossa dieta. A divisão entre os aminoácidos essenciais e não essenciais não é clara, no entanto. A tirosina, por exemplo, é por vezes considerada não essencial, porque os seres humanos podem produzi-la a partir da fenilalanina, mas a fenilalanina em si é essencial e deve ser obtida na dieta. A arginina pode ser sintetizada pelos seres humanos, mas a maior parte da arginina que precisamos também vem da nossa dieta.

PROBLEMA 26.1 Quantos dos α aminoácidos mostrados na **Tabela 26.1** contêm anéis aromáticos? Quantos contêm enxofre? Quantos contêm álcoois? Quantos contêm cadeias laterais de hidrocarbonetos?

PROBLEMA 26.2 Dos 19 aminoácidos L, 18 possuem a configuração *S* no carbono α. A cisteína é o único aminoácido L que possui uma configuração *R*. Explique.

PROBLEMA 26.3 O aminoácido treonina, ácido (2*S*,3*R*)-2-amino-3-hidroxibutanoico possui dois centros de quiralidade

(a) Desenhe a treonina, usando linhas normais, em cunha e tracejadas, para mostrar a dimensionalidade.

(b) Desenhe um diastereisômero de treonina e rotule seus centros de quiralidade como *R* ou *S*.

26.2 Aminoácidos e a equação de Henderson-Hasselbalch: pontos isoelétricos

De acordo com a equação de Henderson-Hasselbalch (**Seções 20.3 e 24.5**), se soubermos o pH de uma solução e o pK_a de um ácido HA, podemos calcular a proporção entre $[A^-]$ e [HA] em solução. Além do mais, quando pH = pK_a, as duas formas A^- e HA estão presentes em quantidades iguais porque log 1 = 0.

$$pH = pK_a + \log\frac{[A^-]}{[HA]} \quad \text{ou} \quad \log\frac{[A^-]}{[HA]} = pH - pK_a$$

Para aplicar a equação de Henderson-Hasselbalch a um aminoácido, vamos achar quais espécies estão presentes em solução de alanina 1,00 mol L^{-1} com pH = 9,00. De acordo com a **Tabela 26.1**, a alanina protonada $[^+H_3NCH(CH_3)CO_2H]$ possui pK_{a1} = 2,34, e a alanina zwitteriônica neutra $[^+H_3NCH(CH_3)CO_2^-]$ possui pK_{a2} = 9,69:

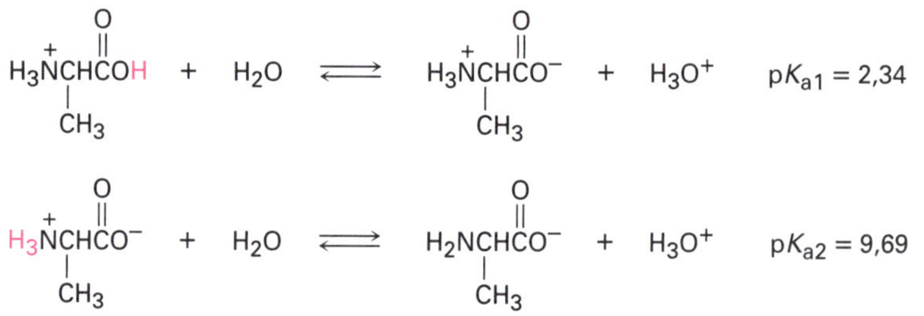

Uma vez que o pH da solução é muito mais próximo do pK_{a2} que do pK_{a1}, precisamos utilizar o pK_{a2} para o cálculo. A partir da equação de Henderson-Hasselbalch, temos:

$$\log\frac{[A^-]}{[HA]} = pH - pK_a = 9{,}00 - 9{,}69 = -0{,}69$$

então

$$\frac{[A^-]}{[HA]} = \text{antilog}(-0{,}69) = 0{,}20 \quad \text{e} \quad [A^-] = 0{,}20\,[HA]$$

Além disso, sabemos que

$$[A^-] + [HA] = 1{,}00 \text{ mol } L^{-1}$$

Resolvendo simultaneamente essas duas equações, obtemos [HA] = 0,83 e $[A^-]$ = 0,17. Em outras palavras, com pH = 9,00, 83% das moléculas de alanina em uma solução de 1,00 mol L^{-1} estão neutras (zwitteriônicas) e 17% estão desprotonadas. Podem-se fazer cálculos similares com qualquer outro pH e os resultados colocados em um gráfico para fornecer a curva de titulação mostrada na **Figura 26.1**.

Cada parte da curva de titulação é calculada separadamente. A primeira parte, de pH 1 a 6, corresponde à dissociação da alanina protonada, H_2A^+. A segunda parte, de pH 6 a 11, corresponde à dissociação da alanina zwitteriônica, HA. É como se começássemos com H_2A^+ em pH baixo e, então, titulássemos com NaOH. Quando 0,5 equivalente de NaOH é adicionado, a desprotonação de H_2A^+ está 50% completa; quando 1,0 equivalente de NaOH é adicionado, a desprotonação de H_2A^+ está terminada e HA predomina; quando 1,5 equivalente de NaOH é adicionado, a desprotonação de HA está 50% completa; e quando 2,0 equivalentes de NaOH são adicionados, a desprotonação de HA está terminada.

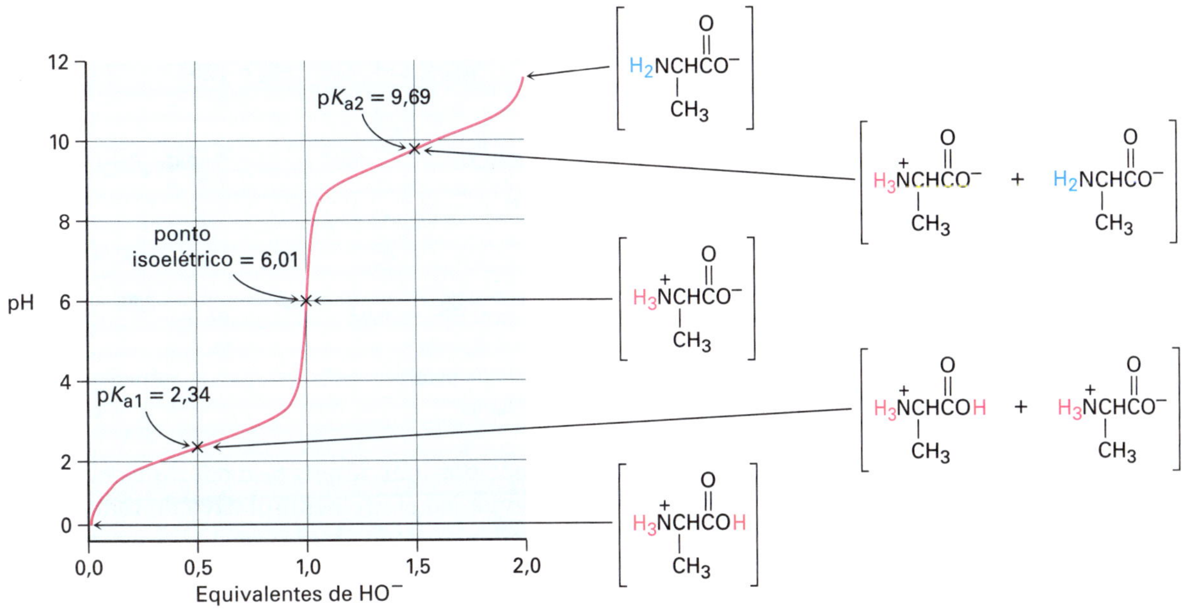

FIGURA 26.1 Uma curva de titulação para alanina, esboçada com a utilização da equação de Henderson-Hasselbalch. Cada parte é esboçada separadamente. Em pH < 1, a alanina está totalmente protonada; com pH = 2,34, a alanina é uma mistura 50:50 das formas protonada e neutra; em pH = 6,01, a alanina está totalmente neutra; em pH = 9,69, a alanina é uma mistura 50:50 das formas desprotonada e neutra; em pH $> 11{,}5$, a alanina está totalmente desprotonada.

Olhe atentamente para a curva de titulação na **Figura 26.1**. Em solução ácida, o aminoácido está protonado e existe praticamente como um cátion. Em solução básica, o aminoácido está desprotonado e existe principalmente como um ânion. Entre os dois está o pH intermediário no qual o aminoácido está balanceado exatamente entre as formas aniônicas e catiônicas e existe praticamente como o zwitterion dipolar neutro. Este pH é chamado de **ponto isoelétrico (p*I*)** do aminoácido e possui valor de 6,01 para a alanina.

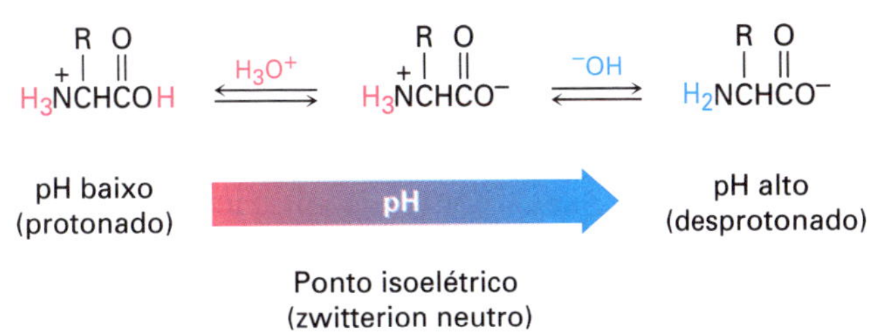

O ponto isoelétrico do aminoácido depende de sua estrutura, com os valores para os 20 aminoácidos comuns fornecidos na **Tabela 26.1**. Os 15 aminoácidos neutros possuem pontos isoelétricos perto da neutralidade, na faixa de pH de 5,0 a 6,5. Os dois aminoácidos ácidos possuem pontos isoelétricos em pH mais baixos de tal forma que a desprotonação do $-CO_2H$ da cadeia lateral não ocorre no seu p*I*, e os três aminoácidos básicos possuem pontos isoelétricos em pH mais alto de tal forma que a protonação do grupo amina da cadeia lateral não ocorre no seu p*I*.

Mais especificamente, o pI de qualquer aminoácido é a média das duas constantes de dissociação ácidas que envolvem o zwitterion neutro. Para os 13 aminoácidos com cadeia lateral neutra, o pI é a média entre pK_{a1} e pK_{a2}. Para os quatro aminoácidos com cadeia lateral fracamente ou fortemente ácida, o pI é a média entre os dois valores mais baixos de pK_a. Para os três aminoácidos com cadeia lateral básica, o pI é a média entre os dois valores mais altos de pK_a.

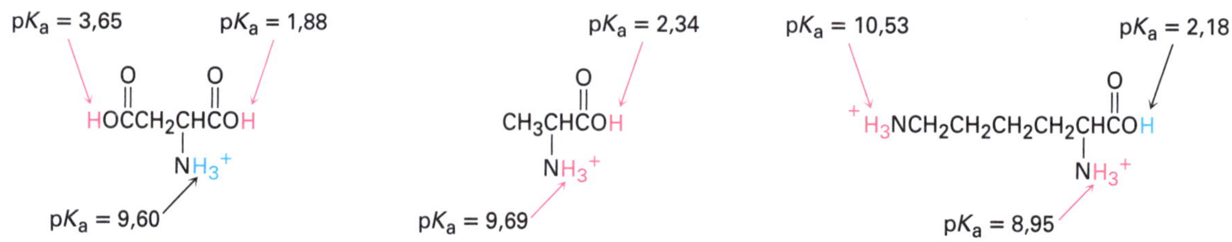

$$pI = \frac{1,88 + 3,65}{2} = 2,77 \qquad pI = \frac{2,34 + 9,69}{2} = 6,01 \qquad pI = \frac{8,95 + 10,53}{2} = 9,74$$

Aminoácido ácido — **Ácido aspártico**

Aminoácido neutro — **Alanina**

Aminoácido básico — **Lisina**

Assim como os aminoácidos individuais têm pontos isoelétricos, as proteínas têm um pI global devido ao efeito acumulativo de todos os aminoácidos ácidos ou básicos que podem conter. A enzima lisozima, por exemplo, tem uma preponderância de aminoácidos básicos e, portanto, tem um elevado ponto isoelétrico (pI = 11,0). A pepsina, no entanto, tem uma preponderância de aminoácidos ácidos e um baixo ponto isoelétrico (p$I \sim$ 1,0). Não surpreendentemente, a solubilidade e as propriedades das proteínas com diferentes pI são fortemente afetadas pelo pH do meio. A solubilidade em água é geralmente menor no ponto isoelétrico, onde a proteína não possui carga líquida e é superior tanto acima como abaixo do pI, onde a proteína é carregada.

Podemos tirar proveito das diferenças entre os pontos isoelétricos para separar uma mistura de proteínas em seus constituintes puros. Utilizando a tecnologia conhecida como *eletroforese*, uma mistura de proteínas é colocada próxima ao centro de uma tira de papel ou gel. O papel ou gel é umedecido com uma solução tampão aquosa de um determinado pH, e eletrodos são conectados nas extremidades das tiras. Quando um potencial elétrico é aplicado, as proteínas com cargas negativas (aquelas que estão desprotonadas porque o pH do tampão é superior ao seu ponto isoelétrico) migram lentamente em direção ao eletrodo positivo. Ao mesmo tempo, os aminoácidos com carga positiva (aqueles que estão protonados, porque o pH do tampão está abaixo do seu ponto isoelétrico) migram para o eletrodo negativo.

Diferentes proteínas migram em diferentes velocidades, dependendo dos seus pontos isoelétricos e do pH do tampão aquoso, afetando assim a separação da mistura nos seus componentes. A Figura 26.2 ilustra este processo para uma mistura contendo os componentes básicos, neutros e ácidos.

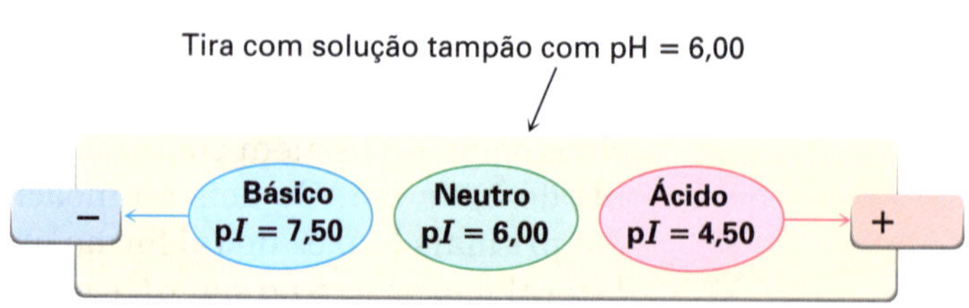

FIGURA 26.2 Separação de uma mistura de proteínas por eletroforese. Em pH = 6,00, uma proteína neutra não migra, uma proteína básica está protonada e migra em direção ao eletrodo negativo, e a proteína ácida está desprotonada e migra em direção ao eletrodo positivo.

PROBLEMA 26.4 A hemoglobina possui pI = 6,8. A hemoglobina possui carga líquida negativa ou carga líquida positiva em pH = 5,3? E em pH = 7,3?

26.3 Síntese de aminoácidos

Os aminoácidos podem ser sintetizados no laboratório com a utilização de algumas das reações discutidas nos capítulos anteriores. Um dos métodos mais antigos de síntese de aminoácidos começa com a bromação α do ácido carboxílico pelo tratamento com Br_2 e PBr_3 (a reação de Hell-Volhard-Zelinskii; **Seção 22.4**). A substituição S_N2 do ácido α-bromo com amônia produz um α-aminoácido.

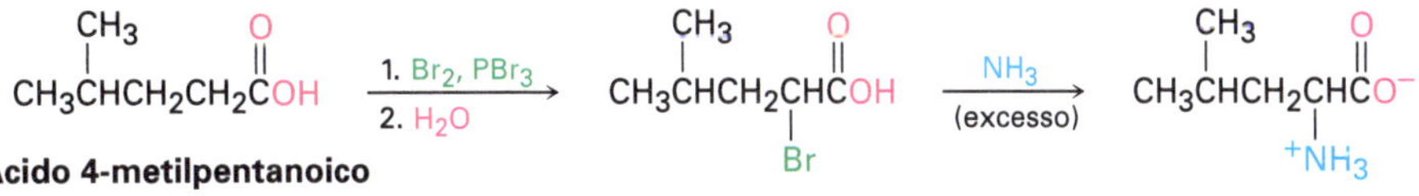

Ácido 4-metilpentanoico

Ácido 2-bromo-4-metilpentanoico

(*R,S*)-leucina (45%)

PROBLEMA 26.5 Mostre como você prepararia os α-aminoácidos a seguir a partir dos ácidos carboxílicos apropriados:

(a) Fenilalanina **(b)** Valina

A SÍNTESE DO AMIDOMALONATO

Um método mais geral para a preparação dos *α-aminoácidos* é a *síntese amidomalonato*, uma extensão direta da síntese do éster malônico (**Seção 22.7**). A reação começa com a conversão do acetamidomalonato de dietila em um íon enolato por meio do tratamento com base, seguida pela alquilação S_N2 com um haleto de alquila primário. A hidrólise tanto do grupo protetor da amida quanto dos ésteres ocorre quando o produto alquilado é aquecido com ácido aquoso e, então, ocorre a descarboxilização para produzir um α aminoácido. Por exemplo, o ácido aspártico pode ser preparado a partir do bromoacetato de etila, $BrCH_2CO_2Et$:

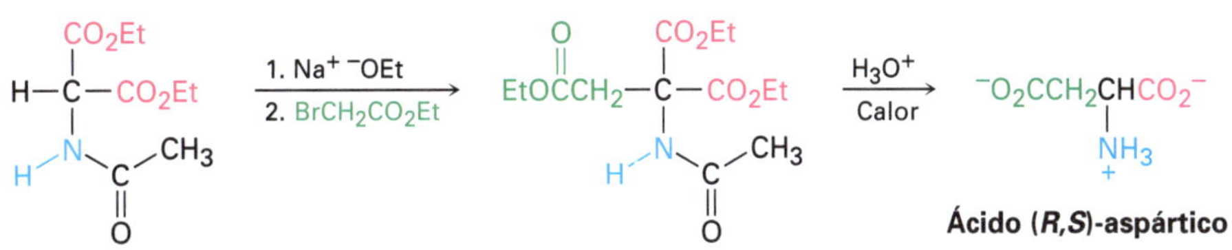

Acetamidomalonato de dietila

Ácido (*R,S*)-aspártico (55%)

PROBLEMA 26.6 Quais haletos de alquila você utilizaria para preparar o α-aminoácido a seguir pelo método de amidomalonato?

(a) Leucina **(b)** Histidina **(c)** Triptofano **(d)** Metionina

AMINAÇÃO REDUTIVA DE α-CETO-ÁCIDOS

Ainda um outro método para a síntese de α-aminoácidos é por aminação redutiva de um α-aceto-ácido com amônia e um agente redutor. Por exemplo, a alanina é preparada pelo tratamento do ácido pirúvico com amônia na presença do $NaBH_4$. Como descrito na **Seção 24.6**, a reação ocorre pela formação de uma imina intermediária que depois é reduzida.

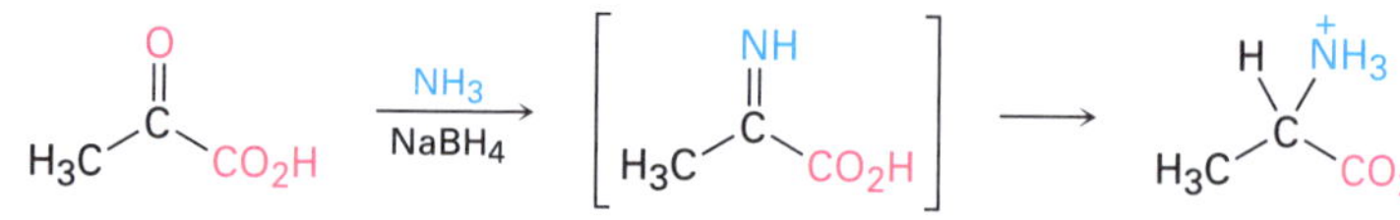

Ácido pirúvico

Imina intermediária

(*R,S*)-alanina

SÍNTESE ENANTIOSSELETIVA

A síntese de um α-aminoácido a partir de um precursor aquiral por qualquer um dos métodos recentemente descritos produz uma mistura racêmica, com quantidades iguais de enantiômeros *S* e *R*. Para usar um aminoácido na síntese laboratorial de uma proteína que ocorre naturalmente, contudo, o enantiômero puro *S* deve ser obtido.

Dois métodos são usados na prática para se obter aminoácidos enantiomericamente puros. Uma maneira requer resolver a mistura racêmica nos seus enantiômeros puros (**Seção 5.8**). Uma abordagem mais direta, no entanto, é a utilização de uma *síntese enantiosseletiva* para preparar diretamente apenas o enantiômero *S* desejado. Conforme discutido em *Algo Extra* no Capítulo 19, a ideia por trás da *síntese enantiosseletiva* é encontrar um catalisador quiral da reação que armazenará temporariamente uma molécula de substrato em um ambiente assimétrico, quiral. Enquanto estiver nesse ambiente quiral, o substrato pode estar mais aberto à reação de um lado que do outro, levando a uma produção em excesso de um produto enantiomérico em relação ao outro.

William Knowles descobriu há alguns anos, na empresa Monsanto, que os α-aminoácidos podem ser preparados enantiosseletivamente por hidrogenação de um ácido de enamida *Z* com um catalisador quiral de hidrogenação. (*S*)-fenilalanina, por exemplo, é preparada com 98,7% de pureza, contaminada por apenas 1,3% do enantiômero (*R*), quando se utiliza um catalisador quiral de ródio. Graças a essa descoberta, Knowles dividiu o Prêmio Nobel de química em 2001.

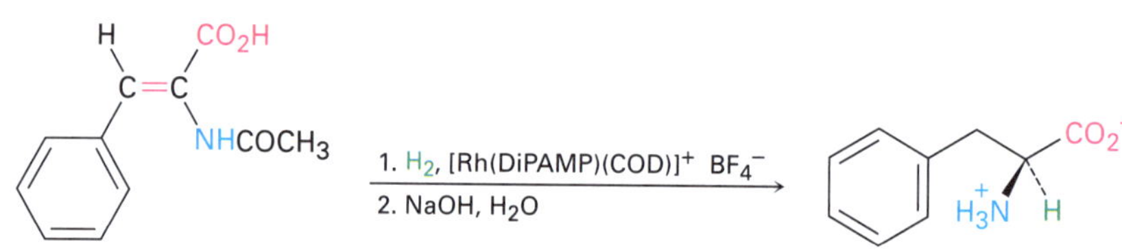

Um ácido de (*Z*)-enamida

(*S*)-fenilalanina

Os catalisadores mais eficientes para a síntese de aminoácidos enantiosseletivos são os complexos de coordenação de ródio(I) com 1,5-ciclooctadieno (COD) e uma difosfina quiral como (*R*,*R*)-1,2-bis(*o*-anisilfenilfosfino)etano, o chamado ligante DiPAMP. O complexo apresenta quiralidade devido à presença de átomos de fósforo trissubstituídos (**Seção 5.10**).

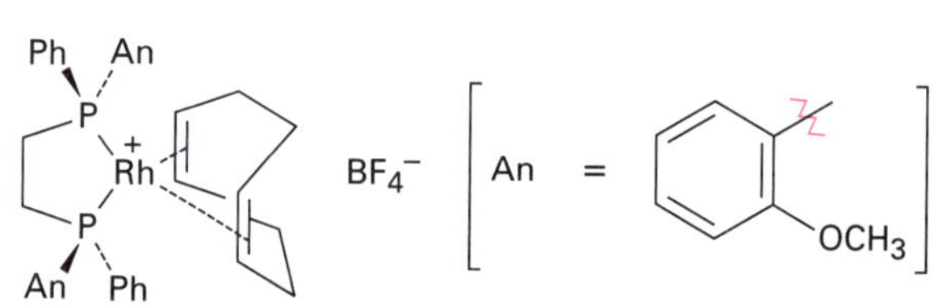

[Rh(*R,R*-DiPAMP)(COD)]$^+$ BF_4^-

PROBLEMA 26.7 Mostre como você prepararia o aminoácido a seguir de maneira enantiosseletiva:

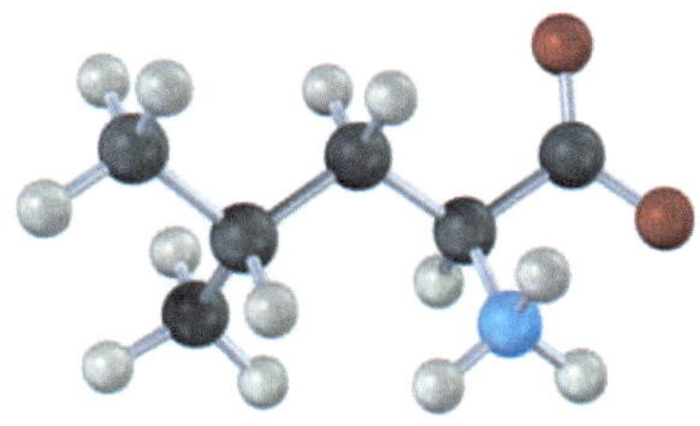

26.4 Peptídeos e proteínas

As proteínas e os peptídeos são polímeros de aminoácidos nos quais os aminoácidos individuais, chamados de **resíduos**, estão ligados por ligações de amida, ou *ligações peptídicas*. Um grupo amina de um resíduo forma uma ligação de amida com a carboxila de um segundo resíduo, o grupo amina do segundo forma uma ligação de amida com a carboxila de um terceiro, e assim por diante. Por exemplo, a alanilserina é o dipeptídeo que resulta da formação de uma ligação de amida entre o grupo carbonila da alanina e o grupo amina da serina.

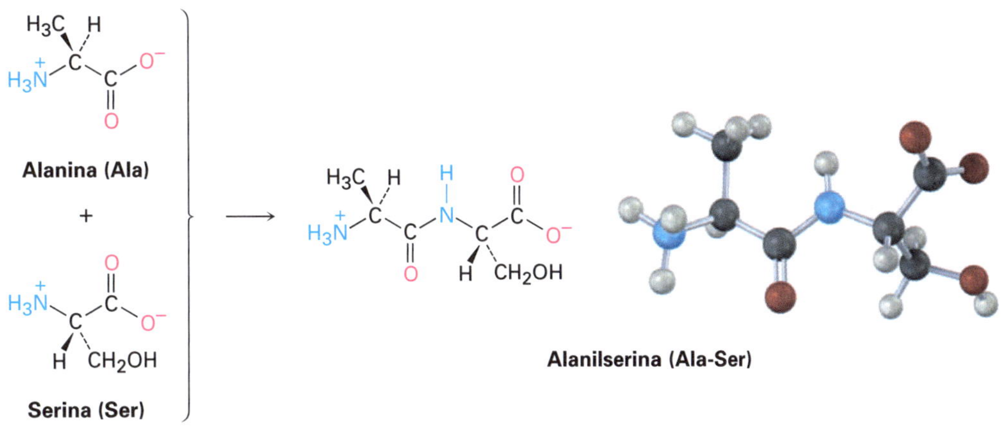

Observe que dois dipeptídeos podem resultar de uma reação entre a alanina e a serina, dependendo de qual grupo carboxila reage com qual grupo amina. Se o grupo amina da alanina reage com o grupo carboxila da serina, o resultado é a serilalanina.

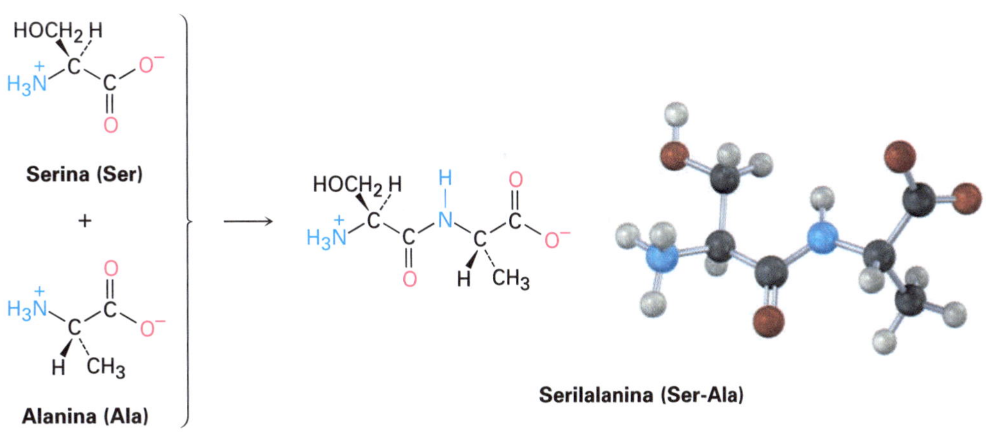

A sequência longa, repetitiva de átomos de $-N-CH-CO-$ que compõe uma cadeia contínua é chamada de **espinha dorsal** da proteína. Por convenção, os peptídeos são escritos com o **aminoácido N-terminal** (aquele com o grupo $-NH_3^+$ livre) à esquerda e o **aminoácido C-terminal** (aquele com o grupo $-CO_2^-$ livre) à direita. O nome de um peptídeo é denotado pelas abreviaturas indicadas na **Tabela 26.1** para cada aminoácido. Assim, alanilserina é abreviada Ala-Ser ou A-S e serilalanina é abreviada Ser-Ala ou S-A. As abreviaturas de uma letra são mais convenientes, embora menos imediatamente reconhecíveis, que as abreviaturas de três letras.

A ligação de amida que mantém aminoácidos juntos nos peptídeos não é diferente de qualquer outra ligação de amida (**Seção 24.3**). Um nitrogênio de amida não é básico porque seu par de elétrons não compartilhado é deslocalizado pela interação com o grupo carbonila. Essa superposição do orbital *p* do nitrogênio com os orbitais *p* do grupo carbonila transmitem certa quantidade de caráter de ligação dupla para a ligação $C-N$ e restringe a rotação em torno dela. Então, a ligação de amida é plana, e o $N-H$ está orientado a 180° em relação ao $C=O$.

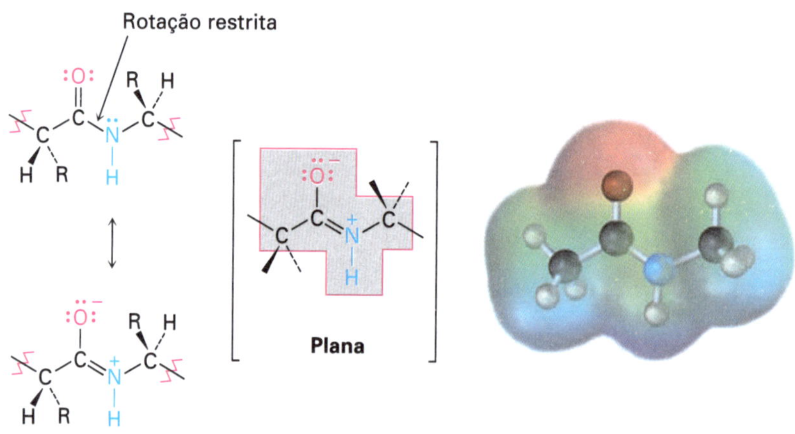

Um segundo tipo de ligação covalente nos peptídeos ocorre quando uma ligação de dissulfeto $RS-SR$ é formada entre dois resíduos de cisteína. Como vimos na **Seção 18.8**, um dissulfeto é formado pela oxidação branda de um tiol, RSH, e é quebrada por meio de redução branda.

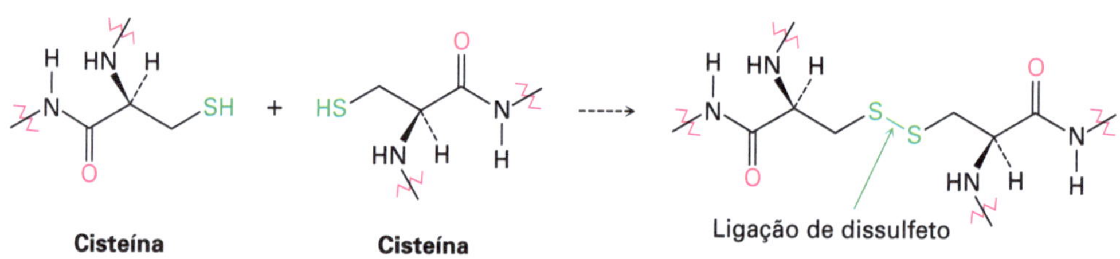

Uma ligação de dissulfeto entre resíduos de cisteína em diferentes cadeias peptídicas liga cadeias separadas de outra forma em conjunto, enquanto uma ligação de dissulfeto entre os resíduos de cisteína na mesma cadeia forma um laço. A insulina, por exemplo, é composta de duas cadeias nas quais o total de 51 aminoácidos é ligado por duas pontes de dissulfeto de cisteína.

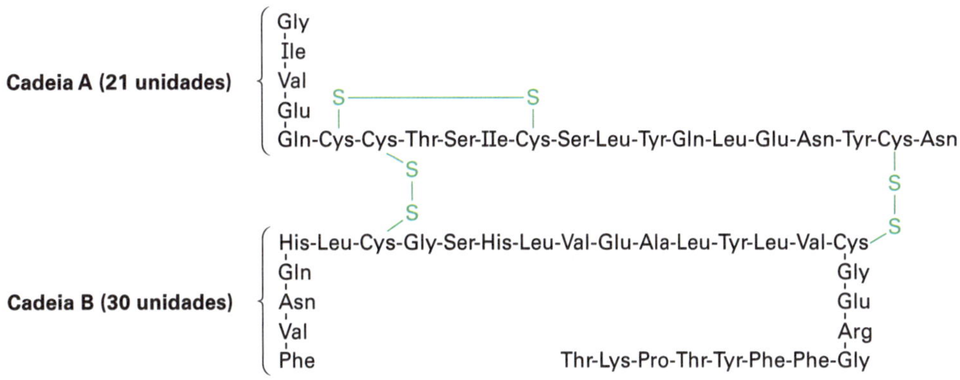

Insulina

PROBLEMA 26.8 Seis tripeptídeos isoméricos contêm valina, tirosina e glicina. Dê sua nomenclatura utilizando as abreviações de três letras e de uma letra.

PROBLEMA 26.9 Desenhe a estrutura de M-P-V-G e indique as ligações de amida.

26.5 Análise dos aminoácidos de peptídeos

Para determinar a estrutura de uma proteína ou peptídeo, precisamos responder a três questões: quais os aminoácidos presentes? Qual é a quantidade presente de cada um? Em qual sequência os aminoácidos aparece na cadeia de peptídeo? As respostas às primeiras duas questões são dadas por um instrumento automatizado chamado de analisador de aminoácido.

Um analisador de aminoácidos é baseado em técnicas trabalhadas na década de 1950 por William Stein e Stanford Moore, que dividiram o Prêmio Nobel de Química em 1972 por seus trabalhos. Na preparação para a análise, o peptídeo é quebrado em seus aminoácidos constituintes por redução de todas as ligações de dissulfeto, bloqueando os grupos $-SH$ de resíduos de cisteína por reação S_N2 com ácido iodoacético e hidrolisando as ligações de amida por aquecimento com HCl 6 mol L^{-1} a 110 °C aquoso durante 24 horas. A mistura de aminoácidos resultante é então separada nos seus componentes por uma técnica chamada *cromatografia*, tanto cromatografia líquida de alta eficiência (HPLC) como cromatografia de troca iônica.

Em ambas cromatografias, quer por HPLC, quer por troca iônica, a mistura a ser separada é dissolvida em um solvente, chamada de *fase móvel*, e passada através de um tubo de metal ou coluna de vidro que contém um material adsorvente, chamada de *fase estacionária*. Devido a diferentes compostos adsorvidos à fase estacionária em diferentes extensões, eles migram através da coluna cromatográfica com velocidades diferentes e são separados à medida que emergem (*eluem*) da extremidade.

Na técnica de troca iônica, os aminoácidos separados que eluem da coluna de cromatografia se misturam com uma solução de uma substância denominada *ninidrina* e passam por uma reação rápida que produz uma cor púrpura intensa. A cor é medida por um espectrômetro e obtém-se um gráfico do tempo de eluição *em função da* absorbância do espectrômetro.

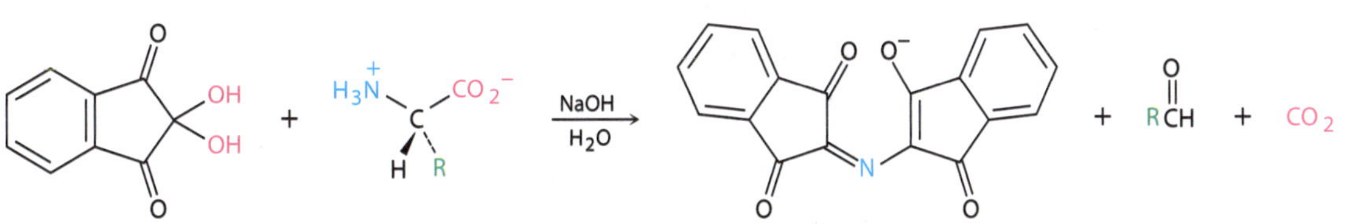

Ninidrina **α-aminoácido** **(coloração púrpura)**

Uma vez que o tempo necessário para um determinado aminoácido eluir de uma coluna padrão é reprodutível, podem ser determinadas as identidades dos aminoácidos em um peptídeo. A quantidade de cada um dos aminoácidos na amostra é determinada por medição da intensidade da cor púrpura resultante da sua reação com ninidrina. A **Figura 23.3** mostra os resultados da análise dos aminoácidos de uma mistura padrão equimolar de 17 α-aminoácidos. Em geral, a análise de aminoácidos necessita de 100 picomol (2-3 μg) de amostra para uma proteína contendo cerca de 200 resíduos.

PROBLEMA 26.10 Mostre a estrutura do produto que você espera obter por meio de uma reação S_N2 de um resíduo de cisteína com ácido iodoacético.

PROBLEMA 26.11 Mostre as estruturas dos produtos obtidos em uma reação de valina com a ninidrina.

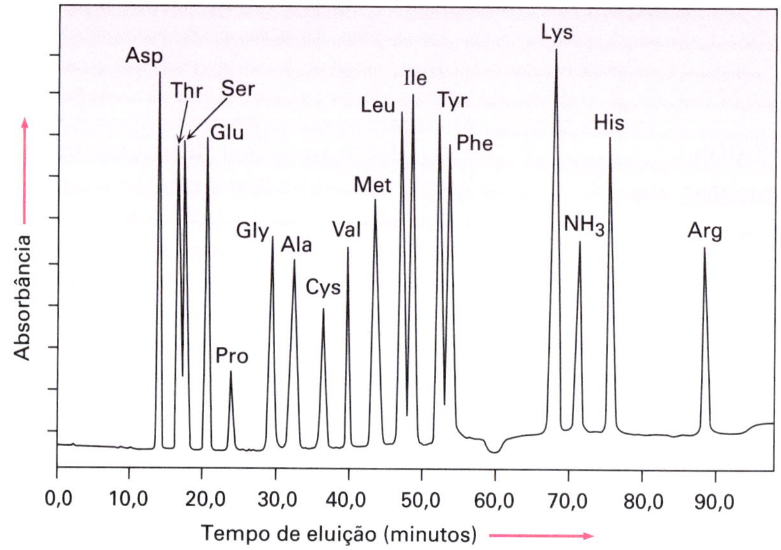

FIGURA 26.3 Análise dos aminoácidos de uma mistura equimolar de 17 aminoácidos.

26.6 Sequenciamento de peptídeo: a degradação de Edman

Com as identidades e quantidades dos aminoácidos conhecidos, o peptídeo pode ser *sequenciado* para saber em qual ordem os aminoácidos estão ligados. Muitos sequenciamentos de peptídeo são feitos atualmente por espectometria de massas, utilizando a ionização por electrospray (ESI) ou o analisador de massas de "tempo de voo" (TOF), como descrito na **Seção 12.4**. Também é comum a utilização de um método químico de sequenciamento de peptídeo chamado de degradação de Edman.

A ideia geral do sequenciamento pela degradação de Edman é quebrar um aminoácido por vez a partir de uma extremidade da cadeia de peptídeo. O aminoácido terminal é então separado e identificado, e as reações de quebra são repetidas na cadeia encurtada do peptídeo até que se saiba a sequência completa do peptídeo. Os sequenciadores mecanizados de proteínas estão disponíveis e permitem tantos quantos 50 ciclos de sequenciamento repetitivo possam ser executados antes que o acúmulo de subprodutos não desejados interfira nos resultados. Esses instrumentos são tão eficientes que a informação de sequência pode ser obtida com 1 a 5 picomol de amostra – menos de 0,1 μg.

Como mostrado na **Figura 26.4**, a **degradação de Edman** envolve o tratamento de um peptídeo com isotiocianato de fenila (PITC), $C_6H_5{-}N{=}C{=}S$, seguida por reação com ácido trifluoroacético. A primeira etapa liga o PITC ao grupo $-NH_2$ do aminoácido N-terminal, e a segunda etapa divide o resíduo

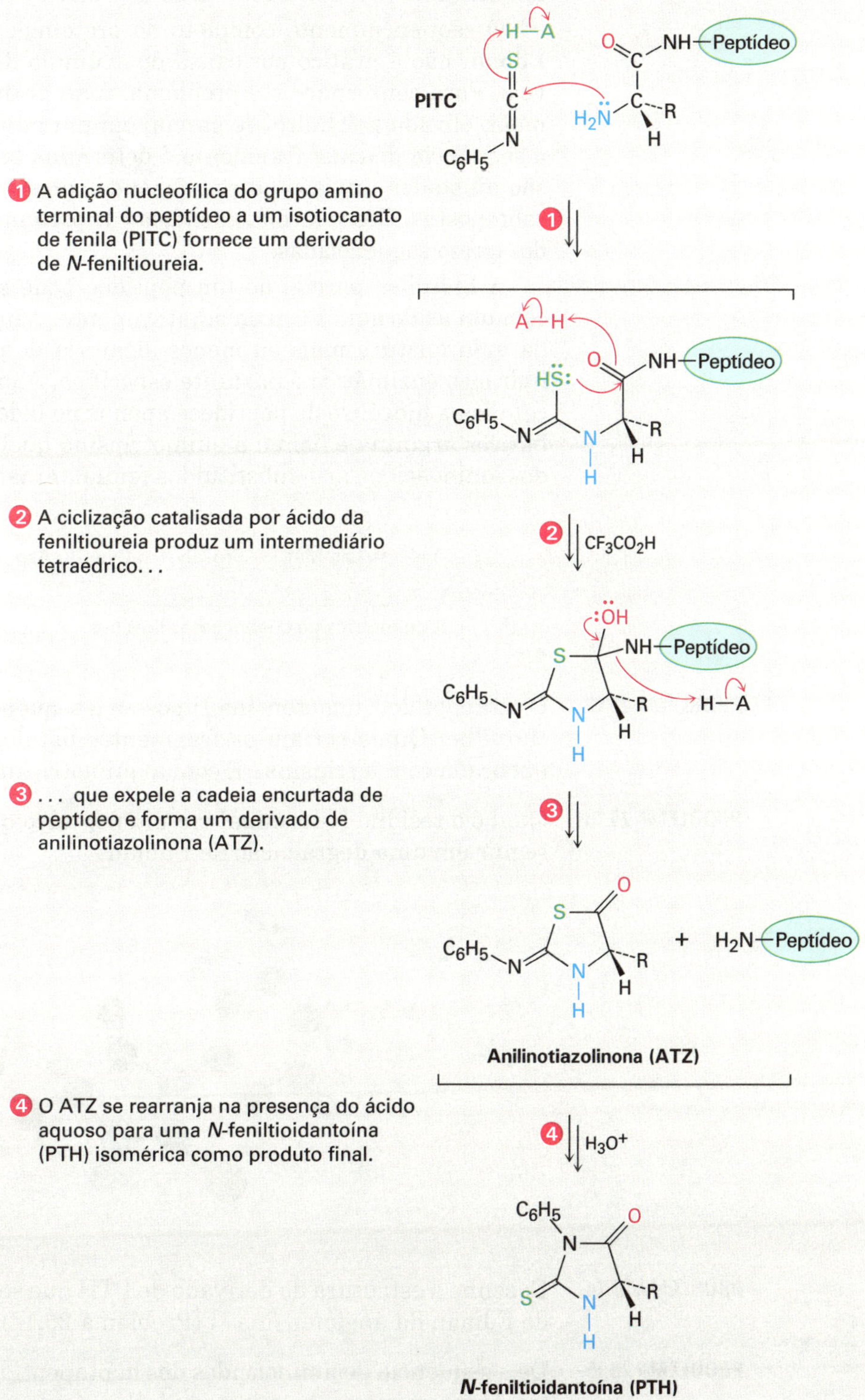

FIGURA 26.4 Mecanismo da degradação de Edman para a análise N-terminal de peptídeos.

N-terminal da cadeia peptídica, obtendo-se um derivado anilinotiazolinona (ATZ), mais o peptídeo de cadeia encurtada. Segue, então, o rearranjo catalisado por ácido do derivado de ATZ com ácido aquoso, convertendo-o em uma feniltioidantoína (PTH), que é identificada por comparação do seu tempo de eluição com os tempos de eluição conhecidos de derivados de PTH dos 20 aminoácidos comuns. O peptídeo de cadeia encurtada é então submetido automaticamente a outra rodada de degradação de Edman.

O sequenciamento completo de proteínas grandes pela degradação de Edman não é prático por causa do acúmulo de produtos laterais indesejáveis. Para contornar este problema, uma grande cadeia de peptídeo é primeiro clivada por hidrólise parcial em um número de fragmentos menores, a sequência de cada fragmento é determinada e os fragmentos individuais são ajustados uns aos outros, fazendo corresponder as suas extremidades sobrepostas. Dessa forma, as cadeias de proteínas com mais de 400 aminoácidos foram sequenciadas.

A hidrólise parcial de um peptídeo pode ser executada quimicamente com um ácido aquoso ou enzimaticamente. A hidrólise ácida é não seletiva e dá uma mistura mais ou menos aleatória de pequenos fragmentos, mas a hidrólise enzimática é bastante específica. A enzima tripsina, por exemplo, catalisa a hidrólise de peptídeos apenas no lado carboxílico dos aminoácidos básicos arginina e lisina; a quimotripsina quebra apenas o lado carboxílico dos aminoácidos aril-substituídos fenilalanina, tirosina e triptofano.

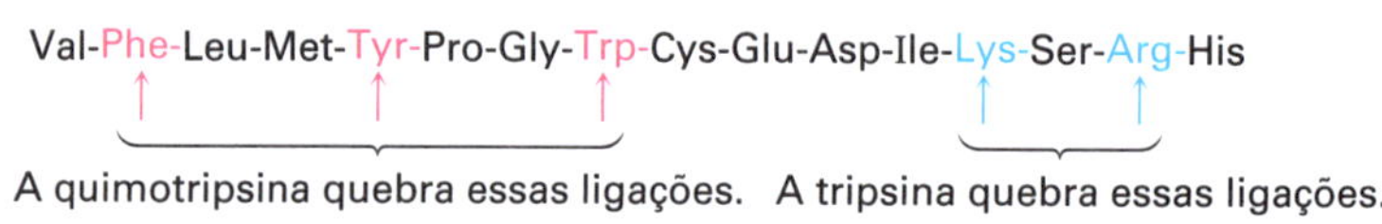

PROBLEMA 26.12 O octapeptídeo angiotensina II possui a sequência Asp-Arg-Val-Tyr-Ile-His--Pro-Phe. Quais seriam os fragmentos obtidos se a angiotensina II fosse quebrada com a tripsina? E com a quimotripsina?

PROBLEMA 26.13 Qual é o resíduo N-terminal em um peptídeo que fornece o derivado PTH a seguir em uma degradação de Edman?

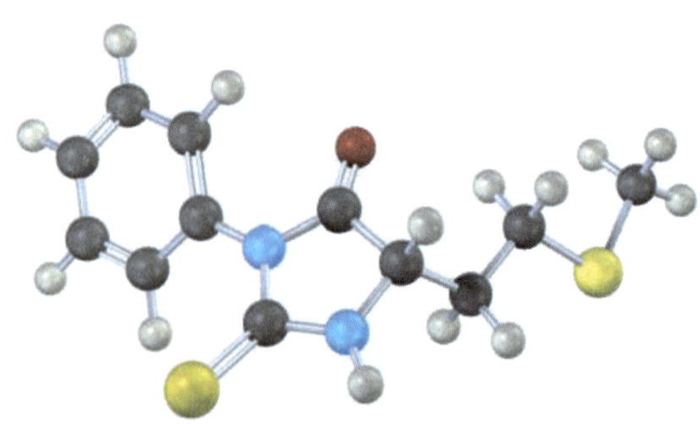

PROBLEMA 26.14 Desenhe a estrutura do derivado de PTH que seria formado pela degradação de Edman da angiotensina II (Problema 26.12).

PROBLEMA 26.15 Dê a sequência de aminoácidos dos heptapeptídeos que produzem os conjuntos de fragmentos a seguir na hidrólise ácida parcial:

(a) Arg, Gly, Ile, Leu, Pro, Val fornece Pro-Leu-Gly, Arg-Pro, Gly-Ile-Val

(b) N, L, M, W, V_2 fornece V-L, V-M-W, W-N-V

26.7 Síntese de peptídeos

Uma vez que a estrutura de um peptídeo é conhecida, sua síntese pode então ser empreendida – talvez para obter uma maior quantidade para avaliação biológica. Uma amida simples pode ser formada pelo tratamento de uma amina e de um ácido carboxílico com diciclohexilcarbodiimida (DCC; **Seção 21.7**), mas a síntese de peptídeo é um problema a mais porque diversas ligações de amida diferentes precisam ser formadas em uma ordem específica e não aleatória.

A solução para o problema da especificidade é a proteção (**Seção 17.8**). Se queremos unir alanina com leucina para sintetizar Ala-Leu, por exemplo, poderíamos proteger o grupo $-NH_2$ da alanina e o grupo $-CO_2H$ da leucina de reagir, em seguida, formar a ligação amida Ala-Leu desejada pela reação com DCC e em seguida, remover os grupos de proteção.

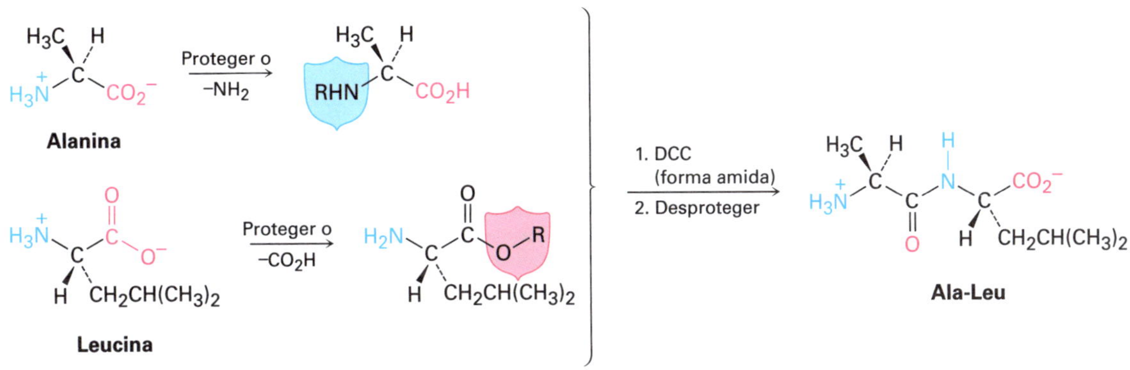

Muitos grupos protetores diferentes de amina e carboxila foram desenvolvidos, mas apenas poucos são amplamente utilizados. Os grupos carboxila, em geral, são protegidos simplesmente pela conversão deles em ésteres metílicos ou benzílicos. Os dois grupos são facilmente introduzidos por métodos padrão de formação de éster (**Seção 21.6**) e são simplesmente removidos por hidrólise branda com NaOH aquoso. Os ésteres benzílicos também podem ser quebrados por *hidrogenólise* catalítica da ligação benzílica C–O fraca ($RCO_2 - CH_2Ph + H_2 \rightarrow RCO_2H + PhCH_3$).

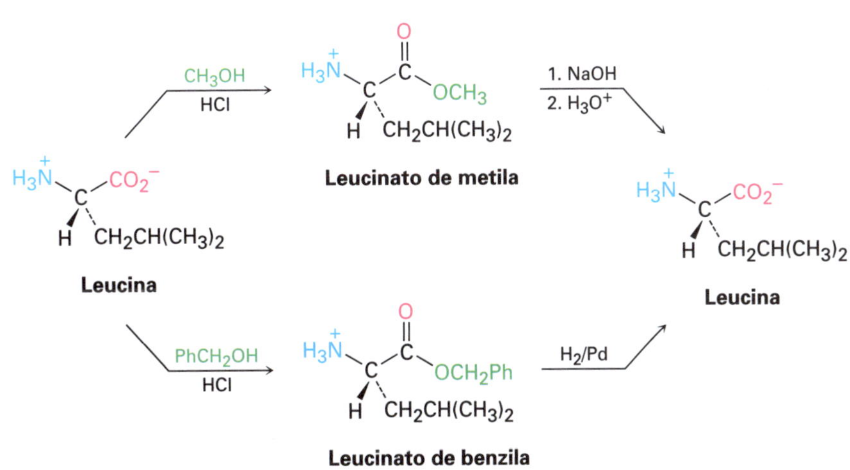

Os grupos amino são muitas vezes protegidos como sua amida de *terc*-butiloxicarbonila (Boc) ou derivados de amida fluorolnilmetiloxicarbonila (Fmoc). O grupo protetor Boc é introduzido por reação do aminoácido com dicarbonato de di-*terc*-butila em uma reação de substituição nucleofílica de acila e é removido por tratamento breve com um ácido forte, tal como ácido trifluoracético, CF_3CO_2H. O grupo protetor Fmoc é introduzido por reação com um cloreto de ácido e é removido por tratamento com base.

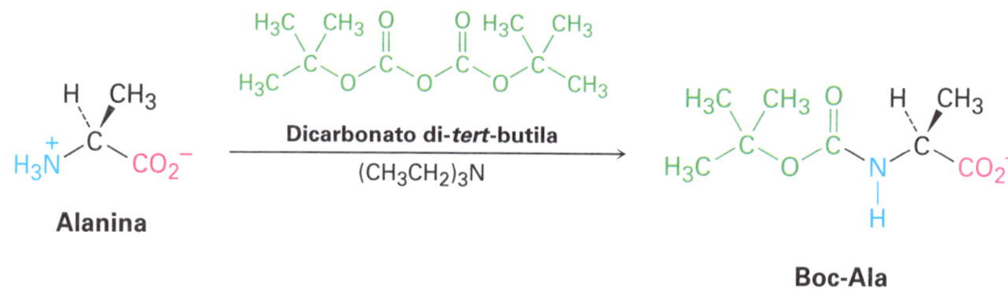

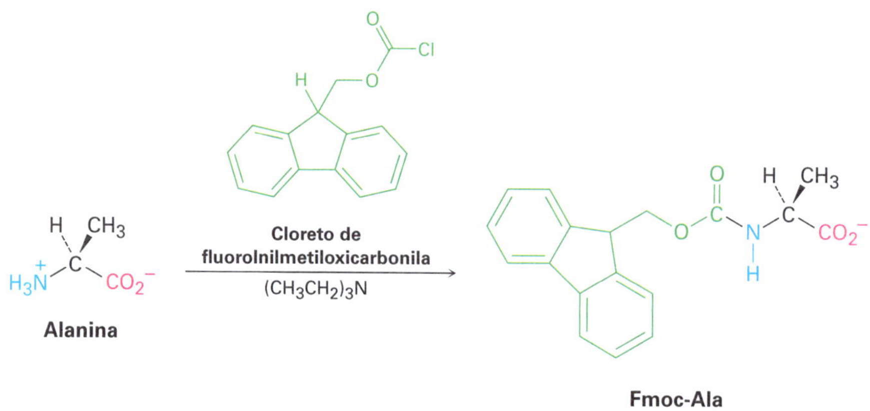

Sendo assim, são necessárias cinco etapas para sintetizar um dipeptídeo como o Ala-Leu:

1. O grupo amina da alanina é protegido como o derivado de Boc, e
2. o grupo carboxila da leucina é protegido pelo éster metílico.
3. Os dois aminoácidos protegidos são acoplados com a utilização do DCC.
4. O grupo protetor Boc é removido por tratamento com ácido.
5. O éster metílico é removido por meio de hidrólise básica.

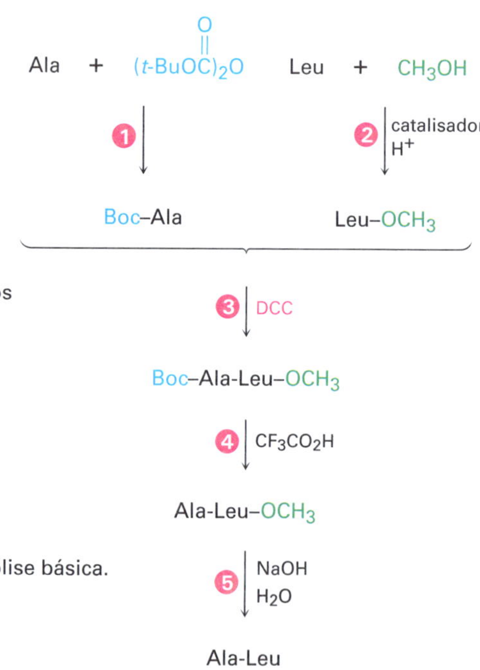

Essas etapas podem ser repetidas para se adicionar um aminoácido por vez para o crescimento da cadeia ou para ligar duas cadeias de peptídeos. Muitas conquistas memoráveis na síntese de peptídeos foram relatadas, incluindo uma síntese completa da insulina humana. A insulina é composta por duas cadeias que totalizam 51 aminoácidos ligados por duas pontes de dissulfeto. Sua estrutura, mostrada anteriormente na página 1073, foi determinada por Frederick Sanger, que recebeu o Prêmio Nobel de Química em 1958 por seu trabalho.

PROBLEMA 26.16 Mostre o mecanismo para a formação de um derivado de Boc por meio de uma reação de aminoácido com o dicarbonato de di-*tert*-butila.

PROBLEMA 26.17 Escreva as cinco etapas necessárias para a síntese da Leu-Ala a partir da alanina e da leucina.

26.8 Síntese automatizada de peptídeos: o método da fase sólida de Merrifield

Como você pode imaginar, a síntese de uma grande cadeia de peptídeos pela adição sequencial de um aminoácido de cada vez é um processo longo e árduo. Uma imensa simplificação é possível, no entanto, usando métodos introduzidos por R. Bruce Merrifield, que recebeu o Prêmio Nobel de Química em 1984 por seu trabalho. No método da fase sólida de Merrifield, a síntese de peptídeos é realizada com o crescimento da cadeia de aminoácidos ligados covalentemente a pequenas pérolas de uma resina de polímero, em vez de em solução.

No procedimento original, foi usada resina de poliestireno, preparadas de modo que cada um de cem ou mais anéis de benzeno continham um grupo ($-CH_2Cl$) clorometila. Um aminoácido C-terminal protegido com Boc foi ligado à resina através de uma ligação éster formada por reação S_N2.

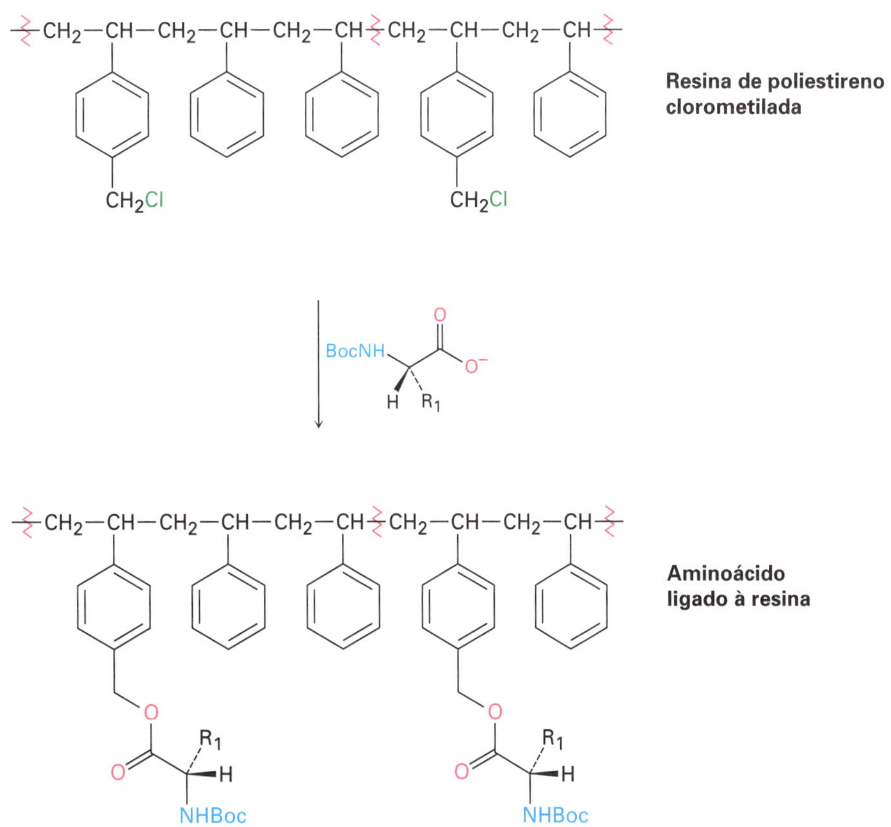

Com o primeiro aminoácido ligado a uma resina, uma série repetida de quatro etapas é executada para construir um peptídeo.

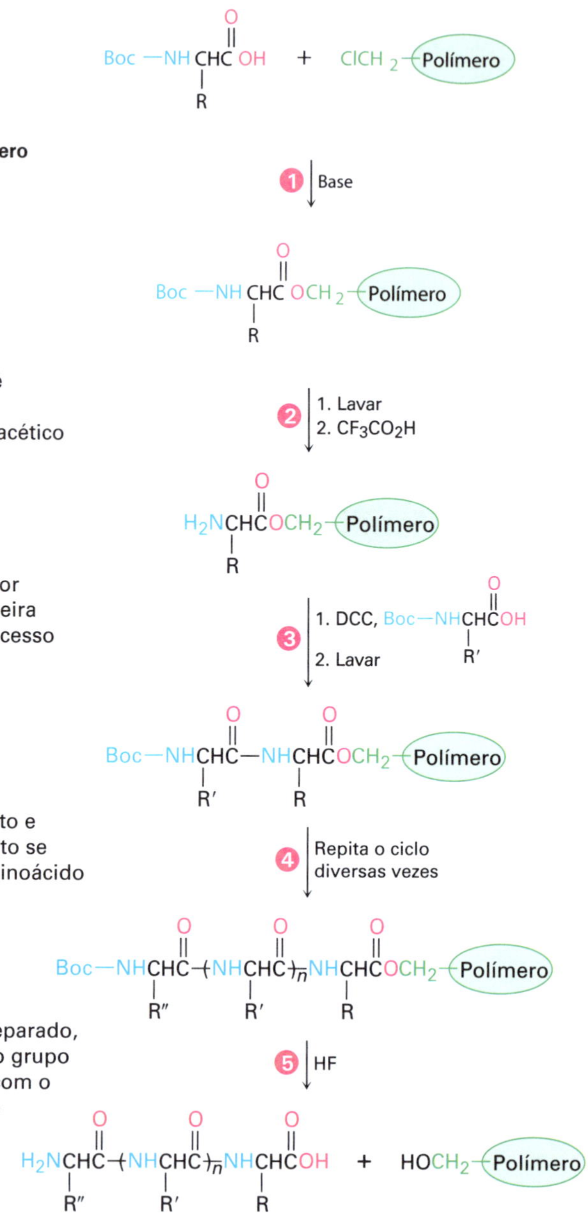

1 Um aminoácido protegido por Boc é ligado covalentemente ao polímero de poliestireno pela formação de uma ligação de éster (reação S_N2).

2 O aminoácido ligado a um polímero é lavado para retirar o reagente em excesso e tratado com ácido trifluoroacético para remover o grupo Boc.

3 Um segundo aminoácido protegido por Boc é acoplado ao primeiro pela primeira reação com DCC. Os reagentes em excesso são removidos ao lavá-los do polímero insolúvel.

4 O ciclo de desprotonação, acoplamento e lavagem é repetido tantas vezes quanto se quiser para adicionar unidades de aminoácido à cadeia em crescimento.

5 Após o peptídeo desejado ter sido preparado, o tratamento com HF anidro remove o grupo Boc final e quebra a ligação de éster com o polímero, produzindo o peptídeo livre

Os detalhes da técnica de fase sólida foram aperfeiçoados substancialmente com o passar dos anos, mas a ideia fundamental ainda permanece a mesma. As resinas mais comuns utilizadas atualmente são a resina de Wang ou a resina de PAM (fenilacetamidometila), e o grupo protetor de N mais comumente utilizado é o fluorolnilmetiloxicarbonila, ou Fmoc, e não o Boc.

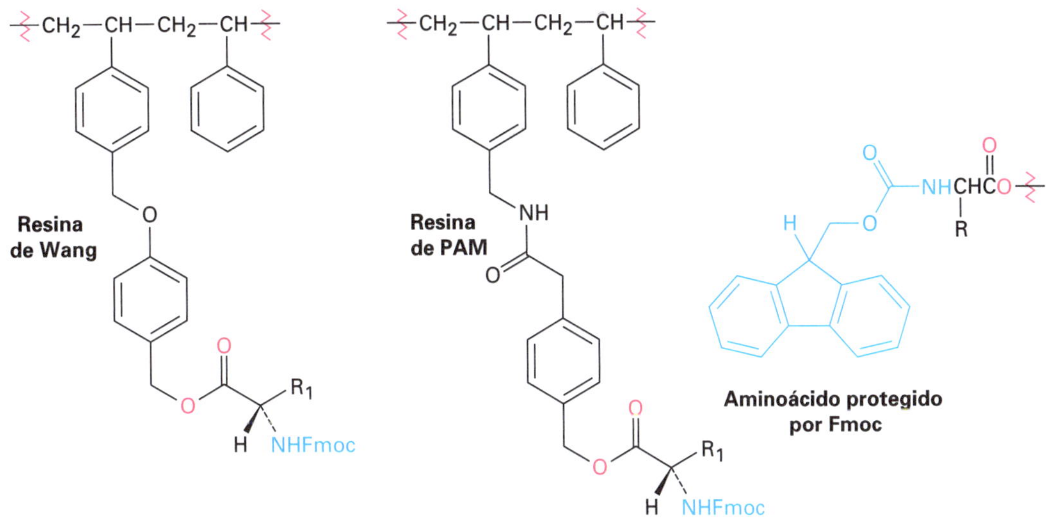

Os sintetizadores robóticos de peptídeo são atualmente utilizados para repetir automaticamente as etapas de acoplamento, lavagem e desprotonação com aminoácidos diferentes. Cada etapa ocorre com alto rendimento, e as perdas mecânicas são minimizadas porque os peptídeos intermediários nunca são removidos do polímero insolúvel até a etapa final. Utilizando esse procedimento, até 25 a 30 mg de um peptídeo com 20 aminoácidos pode ser rotineiramente preparado em poucas horas.

26.9 Estrutura das proteínas

Em geral, as proteínas são classificadas como fibrosas ou globulares, de acordo com a forma tridimensional. As **proteínas fibrosas**, como o colágeno nos tendões, o tecido conjuntivo e a miosina, consistem nas cadeias de polipeptídeos organizadas lado a lado em filamentos longos. Como essas proteínas são duras e insolúveis em água, são utilizadas na natureza para materiais estruturais. As **proteínas globulares**, pelo contrário, geralmente são enroladas em formas esféricas firmes. Essas proteínas, em geral, são solúveis em água e móveis nas células. A maior parte das 3 mil enzimas que foram caracterizadas são proteínas globulares.

As proteínas são tão grandes que a palavra *estrutura* leva a um significado além de compostos orgânicos mais simples. Na verdade, os químicos falam sobre quatro níveis diferentes de estrutura quando descrevem proteínas.

- A **estrutura primária** de uma proteína é simplesmente a sequência de aminoácidos.
- A **estrutura secundária** de uma proteína descreve como os *segmentos* da espinha dorsal do peptídeo se orientam em um padrão regular.
- A **estrutura terciária** descreve como a molécula *inteira* da proteína se enrola em uma forma tridimensional geral.
- A **estrutura quaternária** descreve como moléculas diferentes de proteínas que se juntam para produzir estruturas agregadas grandes.

A estrutura primária é determinada, como vimos, pelo sequenciamento da proteína. As estruturas secundárias, terciárias e quaternárias são determinadas por RMN ou por cristalografia de raios X (*Algo Extra* do Capítulo 12).

As estruturas secundárias mais comuns são a hélice-α e a folha β-pregueada. Uma **hélice-α** é uma mola enrolada à direita da espinha dorsal da proteína, muito semelhante à mola de uma escada em espiral (**Figura 26.5a**). Cada volta da hélice contém 3,6 resíduos de aminoácidos, com uma distância entre as molas de 540 pm, ou 5,4 Å. A estrutura é estabilizada por ligações de hidrogênio entre os N−H dos grupos amida e os grupos C=O, quatro resíduos de distância, com uma distância N−H····O de 2,8 Å. A hélice α é uma estrutura secundária extremamente comum, e quase todas as proteínas globulares contêm muitos segmentos helicoidais. Um exemplo disso é a mioglobina, uma proteína globular pequena que contém 153 resíduos de aminoácidos em uma única cadeia (**Figura 26.5b**).

A **folha β-pregueada** é diferente da hélice-α porque a cadeia de peptídeo é estendida, e não enrolada, e as ligações de hidrogênio ocorrem entre resíduos nas cadeias adjacentes (**Figura 26.6a**). As cadeias vizinhas podem correr na mesma direção (paralela) ou na direção oposta (antiparalela), embora a organização antiparalela seja mais comum e seja, de certa forma, mais favorável. Por exemplo, a concanavalina A consiste em duas cadeias idênticas com 237 resíduos, cada uma com regiões extensivas de folhas-β-pregueadas (**Figura 26.6b**).

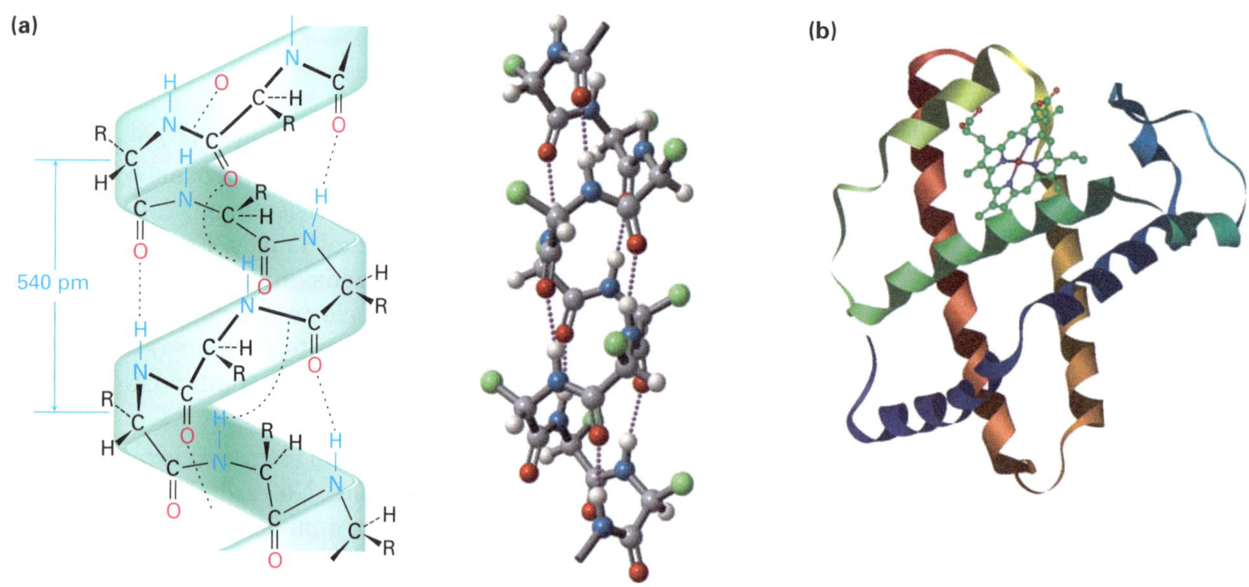

FIGURA 26.5 **(a)** A estrutura secundária α-helicoidal de proteínas estabilizadas por ligações de hidrogênio entre o grupo N−H de um resíduo e o grupo C=O afastado de quatro resíduos. **(b)** A estrutura da mioglobina, uma proteína globular com regiões helicodais extensivas que são mostradas como fitas enroladas nesta representação.

(a)

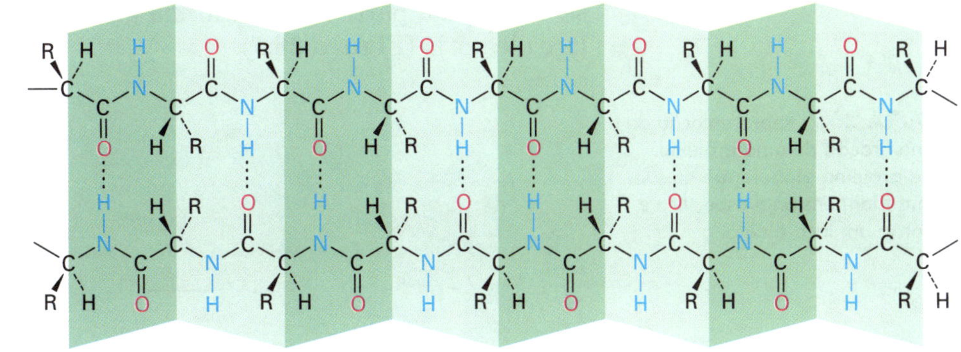

(b)

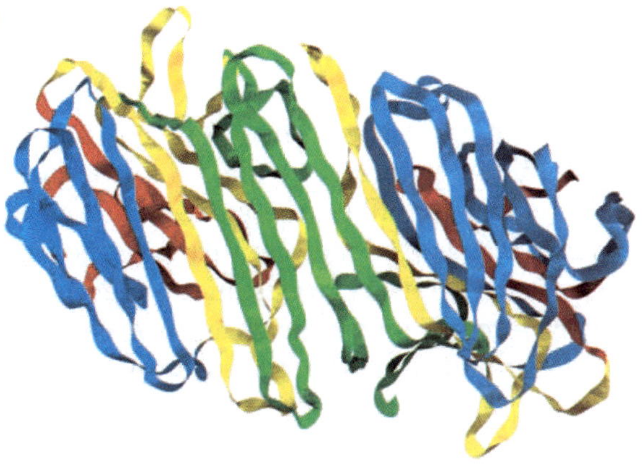

FIGURA 26.6 **(a)** A estrutura secundária de proteínas do tipo folha β-pregueada é estabilizada por ligações de hidrogênio entre as cadeias paralelas e antiparalelas. **(b)** A estrutura da concavalina A, uma proteína com regiões antiparalelas extensivas das folhas β, mostrada como fitas planas.

E as estruturas terciárias? Por que qualquer proteína adota o formato que adota? As forças que determinam a estrutura terciária de uma proteína são as mesmas forças que agem em todas as moléculas, independentemente do tamanho, para proporcionar a máxima estabilidade. Especialmente importantes são as interações hidrofílicas (amigas da água; **Seção 2.12**) das cadeias laterais polares em aminoácidos ácidos ou básicos e as interações hidrofóbicas (tementes a água) das cadeias laterais apolares. Estes aminoácidos ácidos ou básicos com cadeias laterais carregadas tendem a se reunir no exterior da proteína, onde eles podem ser solvatados pela água. Os aminoácidos com cadeias laterais neutras, apolares, tendem a se reunir no interior semelhante aos hidrocarbonetos de uma molécula de proteína, distante do meio aquoso.

Também importante para estabilizar a estrutura terciária de uma proteína são as formações de pontes de dissulfeto entre os resíduos de cisteína, a formação de ligações de hidrogênio entre resíduos de aminoácidos circunvizinhos e a presença de atrações iônicas, chamadas de pontes salinas, entre os locais de atração positiva e negativa nas diversas cadeias laterais de aminoácidos na proteína.

Como a estrutura terciária de uma proteína molecular é unida delicadamente por atrações intramoleculares, uma mudança modesta na temperatura ou no pH geralmente é suficiente para romper essa estrutura e fazer a proteína ficar **desnaturada**. A desnaturação ocorre em condições brandas nas quais a estrutura primária permanece intacta, mas a estrutura terciária se desdobra a partir de uma forma globular específica para uma cadeia de laço aleatória (**Figura 26.7**).

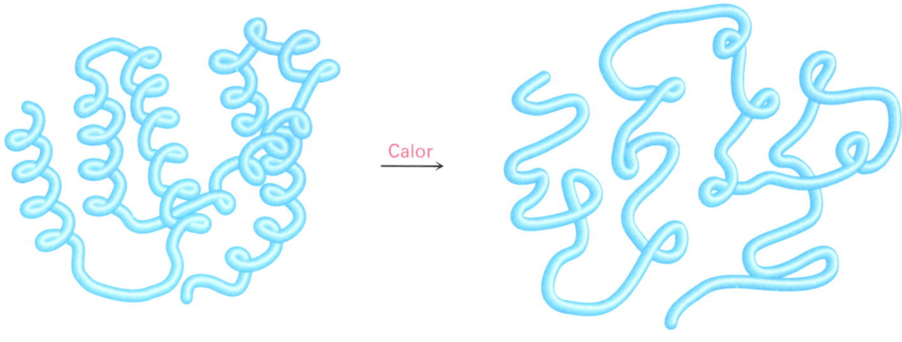

FIGURA 26.7 Representação da desnaturação de uma proteína. Uma proteína globular perde sua forma tridimensional específica e se torna um laço aleatório.

A desnaturação é conseguida por mudanças nas propriedades físicas e biológicas. A solubilidade diminui de maneira drástica, como ocorre na clara de ovo quando é cozida e a albumina se desdobra e coagula. A maior parte das enzimas perde toda a atividade catalítica quando são desnaturadas, desde que uma estrutura terciária precisamente definida seja necessária para sua ação. Embora a maior parte das desnaturações seja irreversível, alguns casos são conhecidos onde ocorre a renaturação de uma proteína desdobrada para sua estrutura terciária. A renaturação é acompanhada pela recuperação total da atividade biológica.

26.10 Enzimas e coenzimas

Uma **enzima** é uma substância – normalmente uma grande proteína – que atua como um catalisador para uma reação biológica. Assim como todos os catalisadores, uma enzima não afeta a constante de equilíbrio de uma reação e não pode ocasionar uma mudança química que poderia ser desfavorável. Uma enzima age somente para diminuir a energia de ativação de uma reação, fazendo que a reação aconteça com mais rapidez. Às vezes, na verdade, o aumento da velocidade de reação causada por enzimas é extraordinário. Aumentos de alguns milhões de vezes na velocidade são comuns, e as enzimas glicosidase que hidrolisam os polissacarídeos aumentam a velocidade da reação por um fator de mais de 10^{17}, o que modifica o tempo necessário para a reação de milhões de anos a milissegundos!

Diferente de muitos catalisadores que os químicos utilizam no laboratório, as enzimas geralmente são específicas em sua ação. Na verdade, muitas vezes, uma enzima catalisa apenas uma única reação de um único composto, chamado *substrato* da enzima. Por exemplo, a enzima amilase, encontrada no trato digestivo humano, catalisa apenas a hidrólise do amido para produzir a glicose; a celulose e outros polissacarídeos não são tocados pela amilase.

Enzimas diferentes têm especificidades diferentes. Algumas, como a amilase, são específicas para um único substrato, mas outras operam em uma gama de substratos. A papaína, por exemplo, uma proteína globular de 212 aminoácidos isolada do mamão, catalisa a hidrólise de diversos tipos de ligações de peptídeo. Na verdade, é essa capacidade de hidrolisar ligações de peptídeos que torna a papaína útil como amaciador de carne e limpador para lentes de contato.

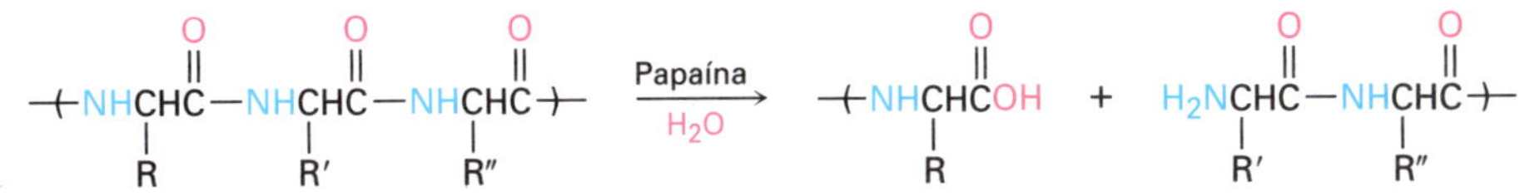

A enzima atua através de uma rota que envolve a formação inicial de um complexo substrato-enzima E · S, seguida por uma conversão química em diversas etapas do complexo enzima-substrato em complexo enzima-produto E · P e liberação final do produto a partir do complexo.

$$E + S \rightleftharpoons E \cdot S \rightleftharpoons E \cdot P \rightleftharpoons E + P$$

A constante de velocidade global para a conversão do complexo E · S para produtos E + P é chamado o **número de renovação (turnover)** porque ele representa o número de moléculas de substrato que uma única molécula de enzima transforma em produto por unidade de tempo. Um valor de cerca de 10^3 por segundo é típico, apesar de a anidrase carbônica poder chegar a um valor de até 600.000.

As acelerações de velocidade extraordinárias obtidas por enzimas são devidas a uma combinação de vários fatores. Um fator importante é a simples geometria: uma enzima ajustará a sua forma para manter o substrato, outros reagentes e vários sítios catalíticos nos resíduos ácidos ou básicos na geometria precisa necessária para a reação. Além disso, o envolvimento da enzima em torno do substrato pode criar microambientes especializados que protegem o substrato do meio aquoso e podem alterar dramaticamente o comportamento dos resíduos catalíticos ácido-base no sítio ativo. Mas talvez o mais importante seja que a enzima estabiliza e, assim, reduz a energia do estado de transição da etapa limitante para a reação. Ou seja, não é a capacidade da enzima em se ligar ao substrato que importa, mas sim sua capacidade de se ligar e estabilizar o *estado de transição*. Muitas vezes, na verdade, a enzima se liga à estrutura de transição até 10^{12} vezes mais fortemente que se liga ao substrato ou produtos. Um diagrama de energia para um processo catalisado por enzima pode assemelhar-se ao da **Figura 26.8**.

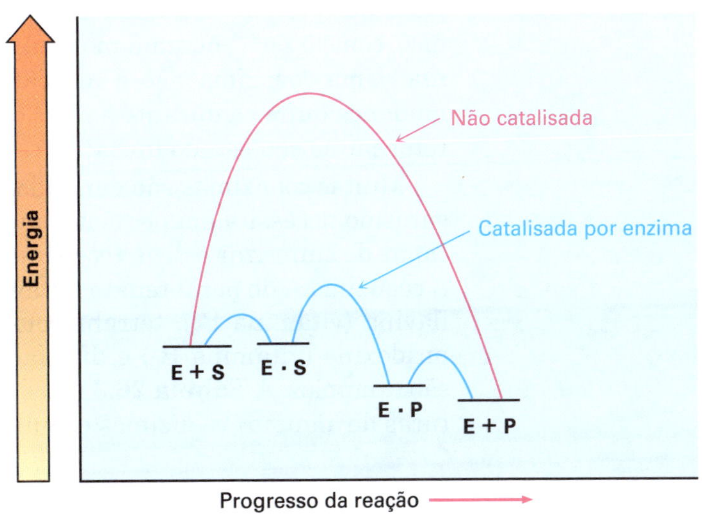

FIGURA 26.8 Diagramas de energia para os processos **não catalisados** e **catalisados**. A enzima possibilita uma rota alternativa de menor energia por **enzima**. O aumento da velocidade deve-se à capacidade de a enzima se ligar ao estado de transição para a formação do produto, diminuindo assim sua energia.

As enzimas são classificadas em seis categorias, dependendo do tipo de reação que catalisam, como mostrado na **Tabela 26.2**. As *oxirredutases* catalisam oxidações e reduções; as *transferases* catalisam a transferência de um grupo de um substrato para outro; as hidrolases catalizam as reações de hidrólises de esteres, amidas e substratos relacionados; as *liases* catalisam a eliminação ou a adição de uma molécula pequena, como H_2O, de ou para um substrato; as *isomerases* catalisam as isomerizações; e as *ligases* catalisam a ligação de duas moléculas, geralmente agrupadas com a hidrólise de ATP. O nome sistemático de uma enzima possui duas partes, terminadas com *-ase*. A primeira parte identifica o substrato da enzima, e a segunda parte identifica sua classe. Por exemplo, a hexoquimase é uma transferase que catalisa a transferência de um grupo fosfato de um ATP para um açúcar hexose.

TABELA 26.2 Classificação de enzimas

Classe	Algumas subclasses	Função
Oxidorredutases	Desidrogenases	Introdução de ligação dupla
	Oxidases	Oxidação
	Redutases	Redução
Transferases	Quinases	Transferência do grupo fosfato
	Transaminases	Transferência do grupo amina
Hidrolases	Lipases	Hidrólise de éster
	Nucleases	Hidrólise de fosfato
	Proteases	Hidrólise de amida
Liases	Descarboxilases	Perda de CO_2
	Desidrases	Perda de H_2O
Isomerases	Epimerases	Isomerização do centro de quiralidade
Ligases	Carboxiliases	Adição de CO_2
	Sintetases	Formação de nova ligação

Além da parte da proteína, a maioria das enzimas também contém uma parte não proteica chamada de cofator. Um **cofator** pode ser um íon inorgânico, como o Zn^{2+}, ou uma molécula orgânica pequena, chamada de **coenzima**. Uma coenzima não é um catalisador, mas é um reagente que sofre mudança química durante a reação e necessita de uma etapa adicional para retornar ao seu estado inicial.

Muitas coenzimas são derivadas de vitaminas – substâncias que um organismo necessita em pequenas quantidades para o crescimento, mas é incapaz de sintetizar e deve receber em sua dieta (*Algo Extra* do Capítulo 20). A coenzima A do pantotenato (vitamina B_3), NAD^+ da niacina, FAD da riboflavina (vitamina B_2), tetrahidrofolato do ácido fólico, fosfato piridoxal de piridoxina (vitamina B_6) e difosfato de tiamina da tiamina (vitamina B1) são exemplos. A **Tabela 26.3** nas duas páginas seguintes mostram as estruturas de algumas coenzimas comuns.

TABELA 26.3 Estruturas e funções de algumas coenzimas comuns

Trifosfato de adenosina – ATP (fosforilação)

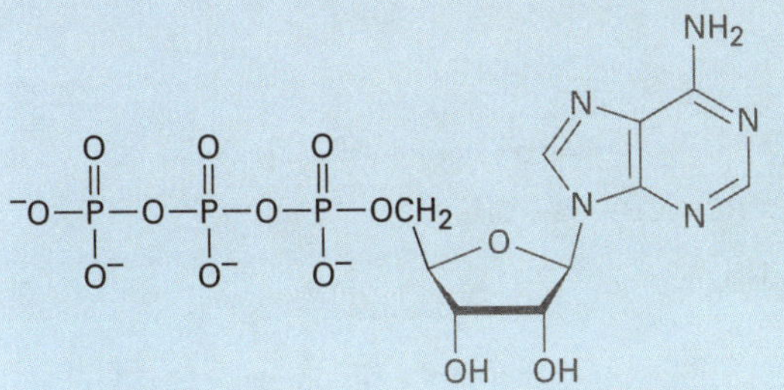

Coenzima A (transferência de acila)

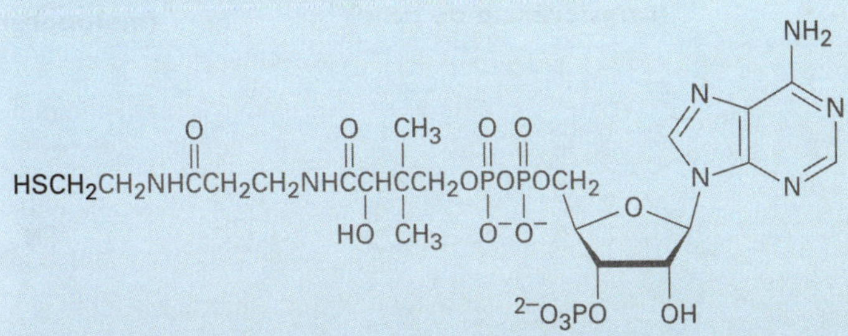

Nicotinamida adenina dinucleotídeo – NAD⁺ (oxidação/redução) (NAPD⁺)

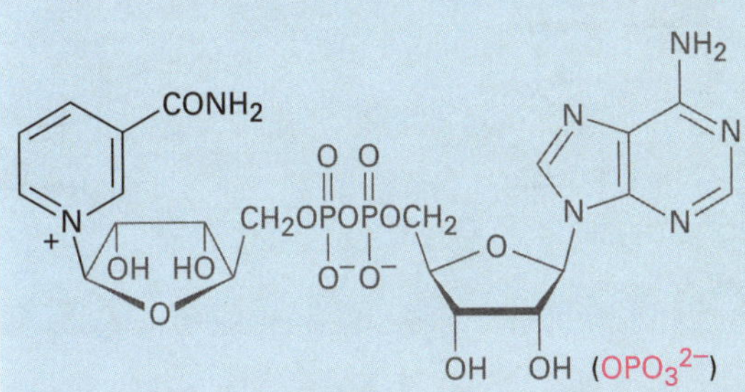

Flavina adenina dinucleotídeo – FAD (oxidação/redução)

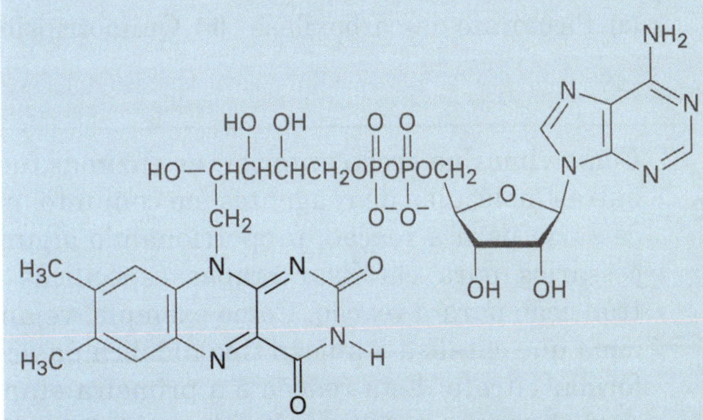

Tetrahidrofolato (transferência de unidades C_1)

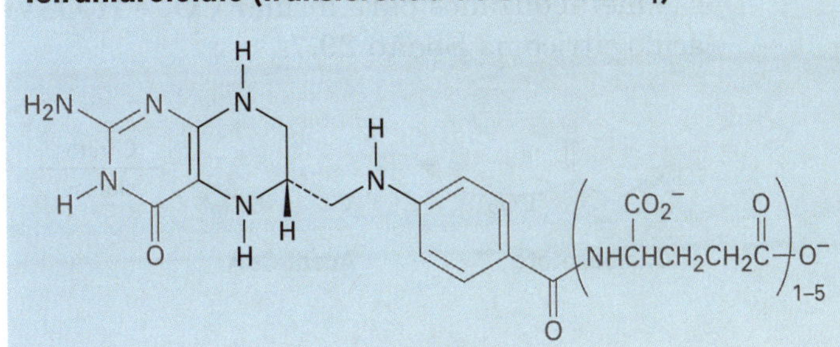

(continua)

TABELA 26.3 Estruturas e funções de algumas coenzimas comuns (*continuação*)

***S*-adenosilmetionina (transferência de metila)**

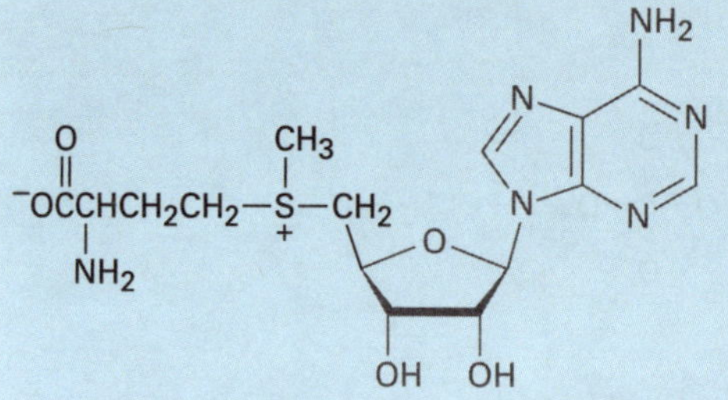

Ácido lipoico (transferência de acila)

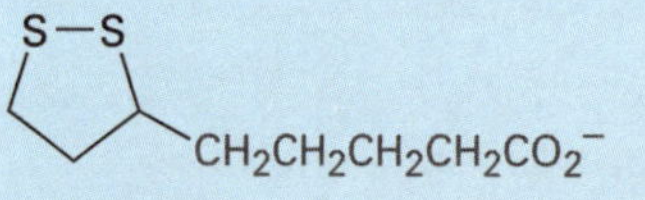

Fosfato piridoxal (metabolismo de aminoácido)

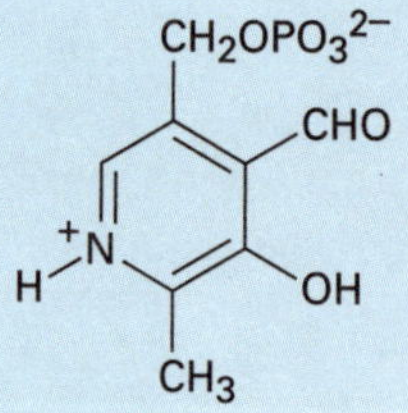

Difosfato de tiamina (descarboxilação)

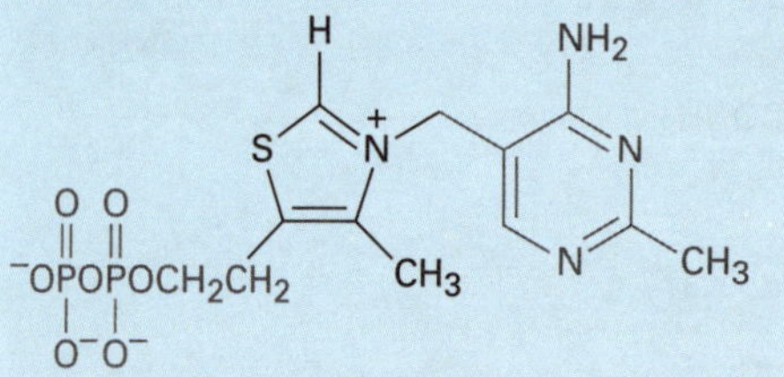

Biotina (carboxilação)

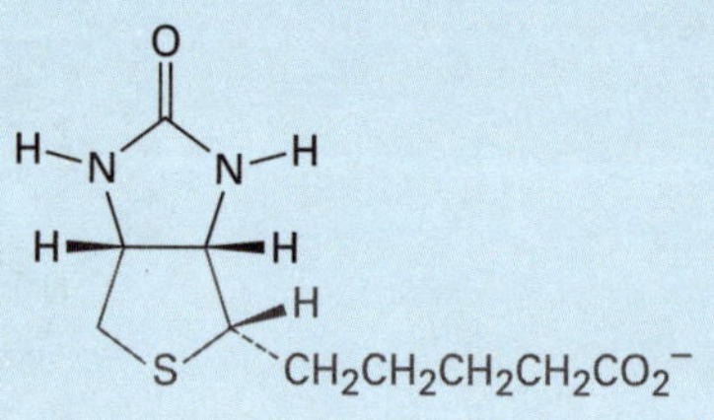

PROBLEMA 26.18 A quais classes pertencem as enzimas a seguir?

(a) Piruvirato descarboxilase **(b)** Quimotripsina **(c)** Álcool desidrogenase

26.11 Como as enzimas atuam? Citrato sintase

Como vimos na seção anterior, as enzimas funcionam juntando substrato e outras moléculas de reagentes em conjunto, mantendo-os na orientação necessária para a reação, proporcionando alguns sítios ácidos ou básicos necessários para catalisar etapas específicas e estabilizando o estado de transição para a reação. Como exemplo, vejamos a citrato sintase, uma enzima que catalisa a adição tipo aldólica da acetil-CoA ao oxaloacetato para formar citrato. Esta reação é a primeira etapa no ciclo do ácido cítrico, na qual os grupos acetila produzidos pela degradação de moléculas de alimento são metabolizados para formar CO_2 e H_2O. Veremos os detalhes do ciclo do ácido cítrico na **Seção 29.7**.

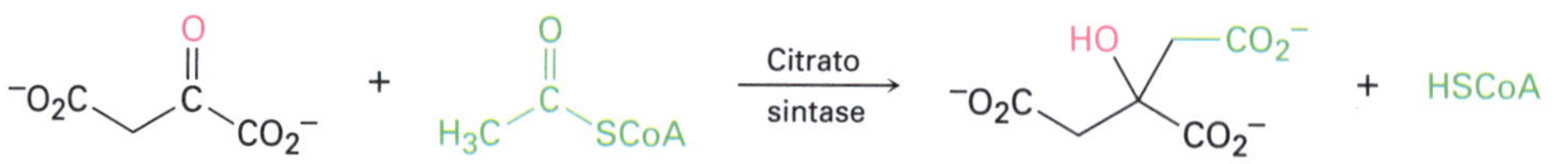

Oxaloacetato **Acetil-CoA** **Citrato**

A citrato sintase é uma proteína globular de 433 aminoácidos, com uma fenda profunda revestida por uma conjunto de grupos funcionais, que podem ligar-se ao substrato, oxaloacetato. Quando se liga ao oxaloacetato, a fenda original se fecha e outra se abre para ligar a acetil-CoA. A segunda fenda também está revestida por grupos funcionais, incluindo a histidina na posição 274 e um ácido aspártico na posição 375. Nesse momento, os dois reagentes estão agregados pela enzima com uma orientação adequada para a reação. A **Figura 26.9** mostra a estrutura da citrato sintase como determinado pela cristalografia de raios X, juntamente com o encurtamento da distância de sítios ativos.

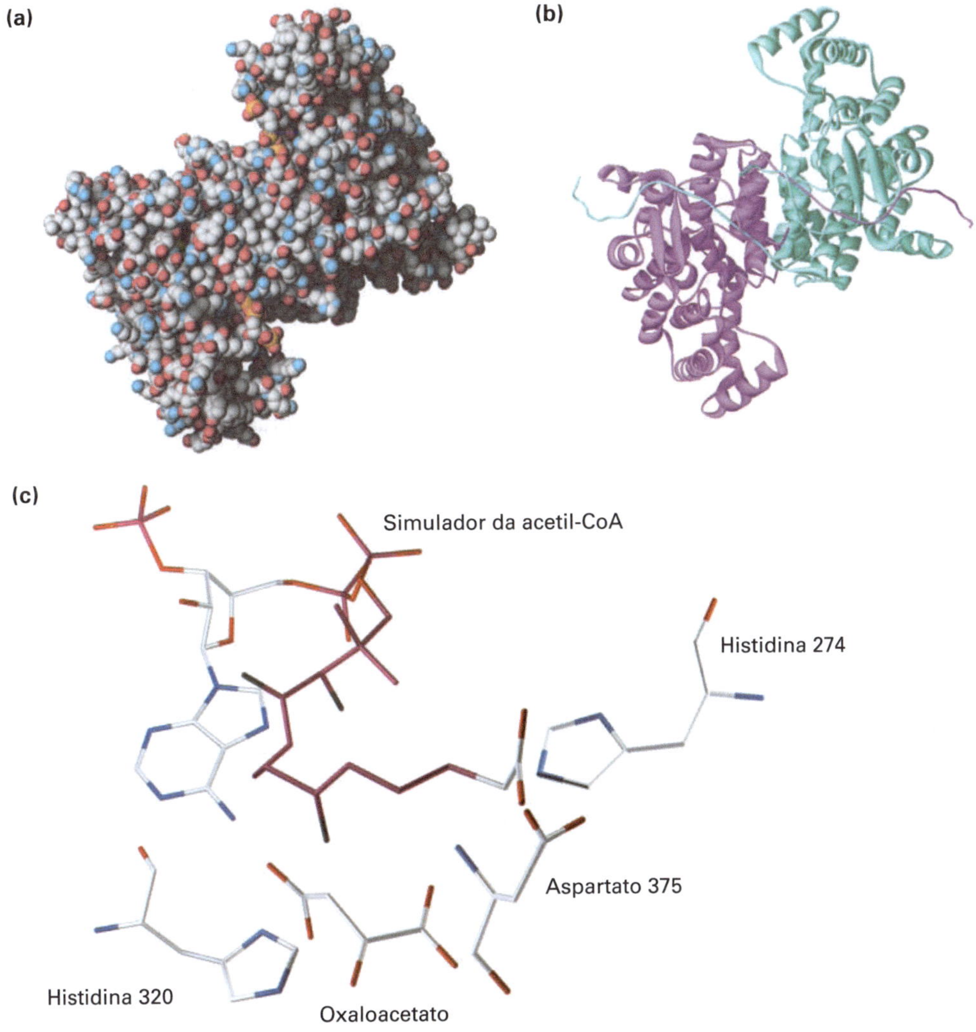

FIGURA 26.9 Estrutura cristalográfica de raios X da citrato sintase. A parte **(a)** é o modelo de preenchimento de espaço e a parte **(b)** é o modelo de fita, que enfatiza os segmentos α-helicoidais da cadeia de proteína e indica que a enzima é dimérica, isto é, consiste em duas cadeias idênticas agregadas pelas ligações de hidrogênio e outras atrações intermoleculares. A parte **(c)** é uma ampliação do sítio ativo no qual o oxaloacetato e um simulador da acetil-CoA são ligados.

Como mostrado na **Figura 26.10**, a primeira etapa na reação aldólica é a geração do enol da acetil-CoA. A carboxila da cadeia lateral de um resíduo de aspartato age como base para abstrair um próton α ácido, enquanto o anel de imidazol da cadeia lateral de uma histidina doa, ao mesmo tempo, um H^+ para o oxigênio da carbonila. O enol produzido realiza uma adição nucleofílica ao grupo carbonila de cetona de oxaloacetato. A primeira histidina age como uma base para remover o hidrogênio do $-OH$ do enol, enquanto um segundo resíduo de histidina doa um próton simultaneamente ao grupo carbonila do oxaloacetato, formando a citril-CoA. Depois, a água hidrolisa o grupo tiol éster na citril-CoA em uma reação de substituição nucleofílica de acila, liberando o citrato e a coenzima A como produtos finais.

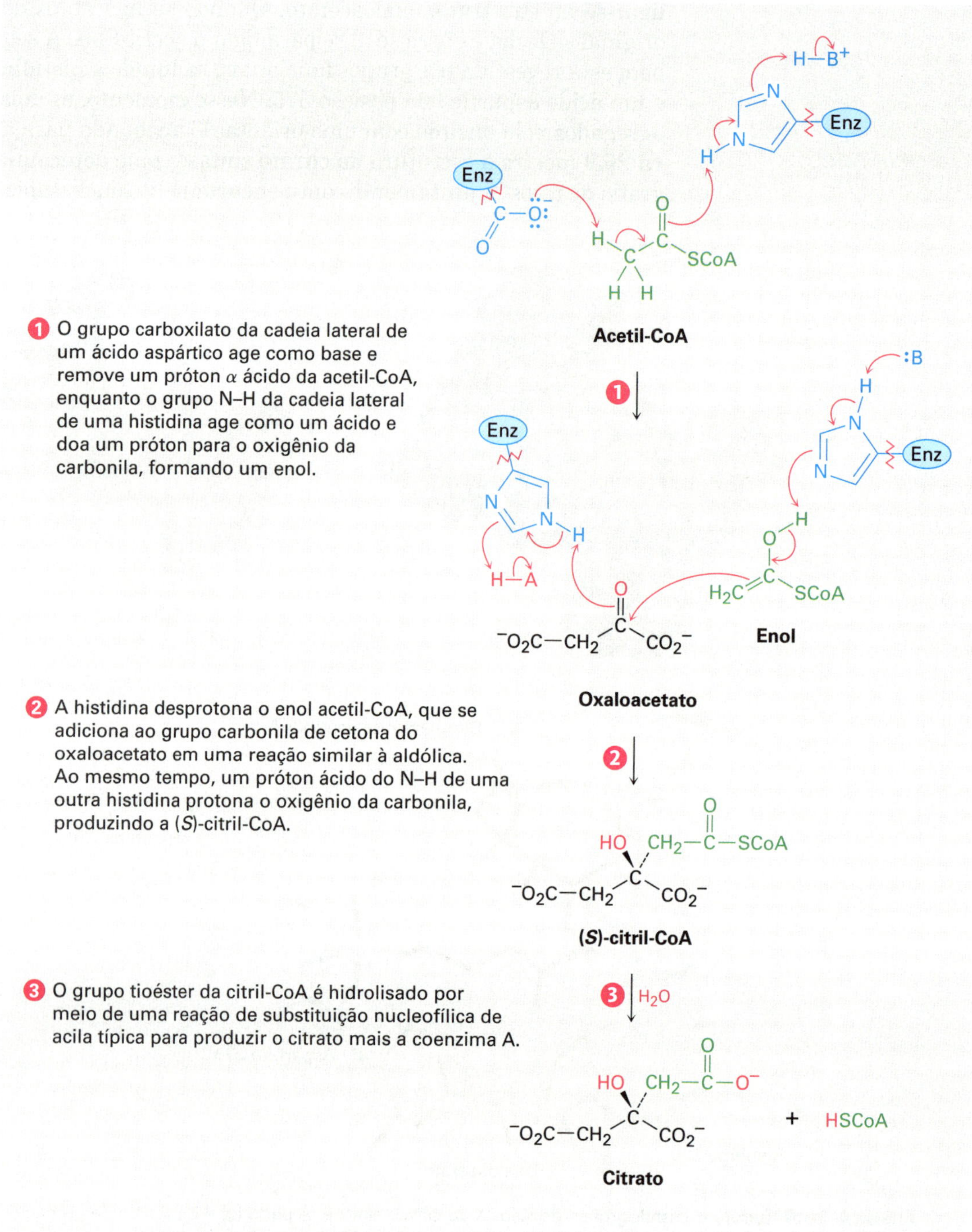

FIGURA 26.10 Mecanismo da adição de acetil-CoA ao oxaloacetato para formar (S)-citril-CoA, catalisada por uma citrato sintase.

Algo extra

O banco de dados de proteínas

As enzimas são tão grandes, tão estruturalmente complexas e numerosas que a utilização de bancos de dados e programas de computador de visualização molecular se tornou uma ferramenta essencial para o estudo da bioquímica. Dos diversos bancos de dados disponíveis on-line, o banco de dados *Kyoto Encyclopedia of Genes and Genomes* – KEGG (http://www.genome.jp/kegg/pathway.html), mantido pelo Laboratório Kanehisa do Centro de Bioinformática da Universidade de Quioto, é útil para obter informações sobre rotas biossintéticas do tipo que descreveremos no Capítulo 29. Para obter informações sobre uma enzima específica, o banco de dados BRENDA (http://www.brenda-enzymes.org), mantido pelo Instituto de Bioquímica da Universidade de Colônia, Alemanha, é particularmente valioso.

Talvez o mais útil de todos os bancos de dados biológicos seja o Protein Data Bank (PDB), operado pelo Research Collaboratory for Structural Bioinformatics (RCSB). O PDB é um repositório mundial de dados estruturais de raios X e RMN para macromoléculas biológicas. Em meados de 2014, os dados para mais de 100.000 estruturas estavam disponíveis e mais de 9.000 novos estavam sendo adicionados anualmente. Para acessar o Protein Data Bank, vá em http://www.rcsb.org/pdb/ e uma página inicial como a mostrada na **Figura 26.11** aparecerá. Tal como acontece com muita coisa que está disponível on-line, no entanto, o site do PDB está mudando rapidamente, assim você pode não ver exatamente a mesma coisa.

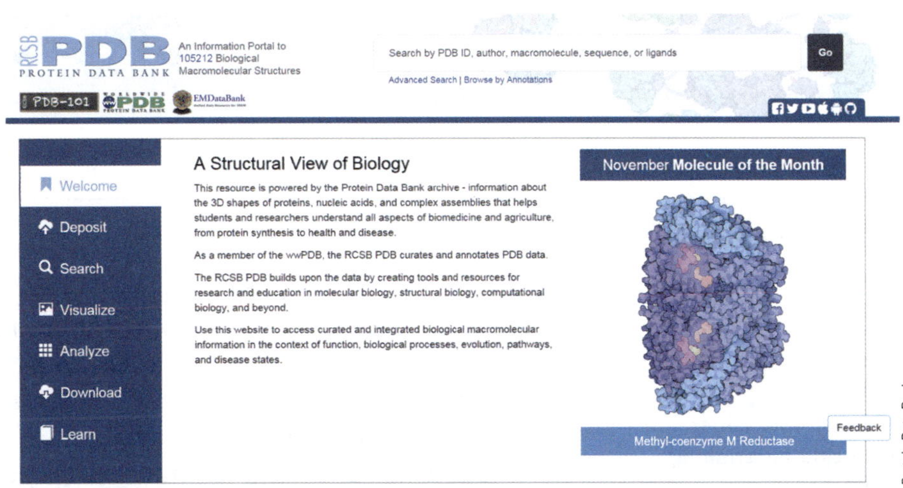

FIGURA 26.11 Página inicial do *Protein Data Bank*.

Protein Data Bank

Para aprender como usar o PDB, comece executando o pequeno tutorial listado em Getting started na parte inferior da página. Após essa introdução, comece a explorar.

Digamos que você deseja visualizar a citrato sintase, a enzima que catalisa a adição de acetil-CoA ao oxaloacetato para resultar no citrato.

(continua)

(continuação)

Digite "citrate synthase" (com aspas) na caixa de pesquisa pequena, na linha superior, clique em "Search" e uma lista de 42 ou mais estruturas aparecerão. Role para baixo, perto do fim da lista até encontrar a entrada com um código PDB de 5CTS e o título "Proposed Mechanism for the Condensation Reaction of Citrate Synthase: 1.9-Angstroms Structure of the Ternary Complex with Oxaloacetate and Carboxymethyl Coenzyme A". Alternativamente, se você souber o código da enzima que quer, pode inseri-lo diretamente na caixa de pesquisa. Clique no código PDB de entrada 5CTS, e uma nova página contendo informações sobre a enzima será aberta.

Se você quiser, pode baixar o arquivo da estrutura para o seu computador e abri-lo com qualquer um dos vários programas de gráficos moleculares para ver uma imagem como a da Figura 26.12. A molécula biologicamente ativa é um dímero de duas subunidades idênticas que consiste essencialmente de regiões α-helicoidais apresentadas como fitas enroladas. Por agora, basta clicar em "View in Jmol" sob a imagem da enzima no lado direito da tela para ver algumas das opções para visualizar e explorar ainda mais a enzima.

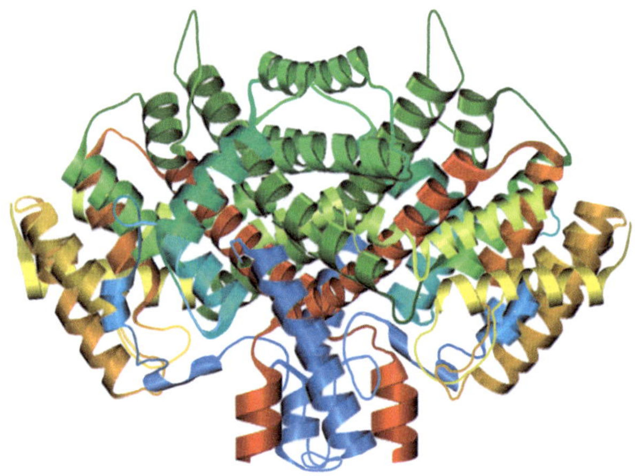

FIGURA 26.12 Uma imagem da citrato sintase, retirada do *Protein Data Bank*.

PDB ID: 1AL6 B. Schwartz, K. W. Vogel, K. C. Usher, C. Narasimhan, H. M. Miziorko, S.J. Remington, D. G. Drueckhammer. Mechanisms of Enzyme-Catalyzed Deprotonation of Acetyl-Coenzyme A

Resumo

Palavras-chave

aminoácido C-terminal, 1072
α aminoácidos, 1064
aminoácido N-terminal, 1072
cadeia lateral, 1064
coenzima, 1086
cofator, 1086
degradação de Edman, 1075
desnaturada, 1083
enzima, 1084
espinha dorsal, 1072

Proteínas e **peptídeos** são biomoléculas grandes constituídas de **resíduos de *aminoácidos*** ligados por amidas ou *peptídicas*. Vinte aminoácidos são comumente encontrados nas proteínas; e todos, exceto a glicina, possuem estereoquímica similar à dos açúcares L. Em solução neutra, os aminoácidos existem como **zwitterions** dipolares.

Os aminoácidos podem ser sintetizados na forma racêmica por diversos métodos, incluindo a aminólise de um ácido α-bromo, alquilação do acetamidomalonato de dietila e aminação redutiva de um α-ceto-ácido. Como alternativa, uma síntese enantiosseletiva de aminoácidos pode ser executada utilizando-se um catalisador quiral de hidrogenação.

A determinação da estrutura de um peptídeo ou proteína inicia-se com a análise dos aminoácidos. O peptídeo é hidrolisado a seus α-aminoácidos constituintes, que são separados e identificados. Em seguida, o peptídeo é sequenciado. A **degradação de Edman** por tratamento com fenilisotiocianato (PITC) cliva um resíduo do terminal N do peptídeo e forma um derivado facilmente identificável de feniltioidantoína (PTH) do **aminoácido N-terminal**. Uma série automatizada de degradações de Edman pode sequenciar cadeias peptídicas de até 50 resíduos de comprimento.

A síntese de peptídeos envolve o uso de grupos protetores. Um aminoácido N-protegido com um grupo $-CO_2H$ livre é acoplado usando DCC a um aminoácido O– protegido com um grupo $-NH_2$ livre. A formação de amida ocorre, os grupos protetores são removidos e a sequência é repetida. As aminas geralmente são protegidas como os seus derivados de *tert*-butiloxicarbonila (Boc) ou de fluoroenilmetiloxicarbonila (Fmoc); os ácidos normalmente são protegidos como ésteres. A síntese é muitas vezes realizada pelo método da fase sólida de Merrifield, em que o peptídeo é ligado a esferas de um polímero insolúvel.

As proteínas possuem quatro níveis de estrutura. A **estrutura primária** descreve a sequência de aminoácidos de uma proteína; a **estrutura secundária** descreve como os segmentos da cadeia de proteína se orientam em padrões regulares – **α-hélice** ou **folha β-pregueada**; a **estrutura terciária** descreve como a molécula inteira da proteína se enrola em uma forma tridimensional; e a **estrutura quaternária** descreve como as moléculas individuais de proteína se agregam em estruturas maiores.

As proteínas são classificadas como globulares ou fibrosas. As **proteínas fibrosas** como a α-queratina são duras, rígidas e insolúveis em água; as **proteínas globulares**, como a mioglobina, são solúveis em água e quase esféricas em sua forma. Diversas proteínas globulares são **enzimas** – substâncias que agem como catalisadores nas reações biológicas. As enzimas são classificadas em seis grupos de acordo com o tipo de reação que catalisam. Além da sua parte de proteína, muitas enzimas contêm **cofatores**, que podem ser íons metálicos ou moléculas orgânicas pequenas chamadas **coenzimas**.

Resumo das reações

1. Síntese de aminoácido (**Seção 26.3**)

(a) A partir de α-bromoácidos

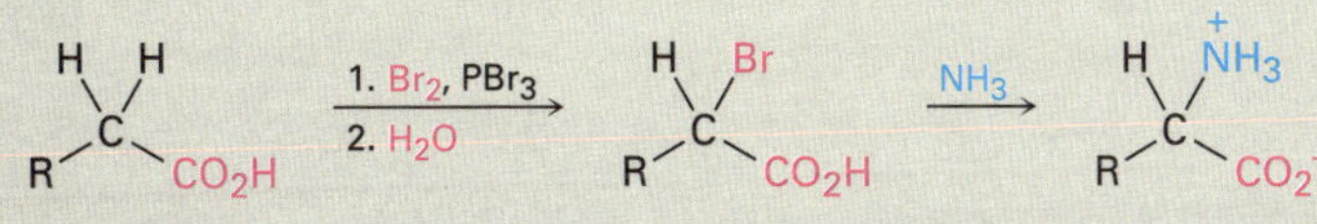

(b) Síntese de acetamidomalonato de dietila

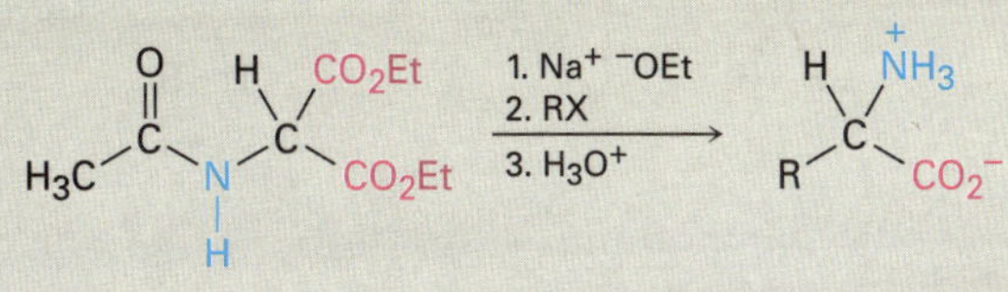

(c) Aminação redutiva de um α-ceto-ácido

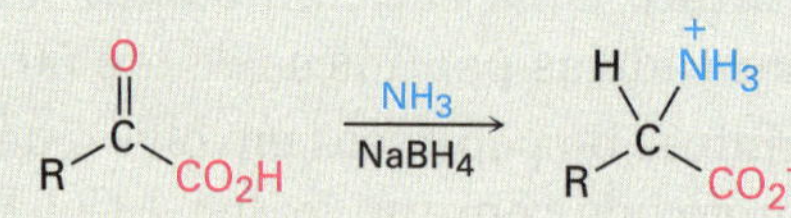

(d) Síntese enantiosseletiva

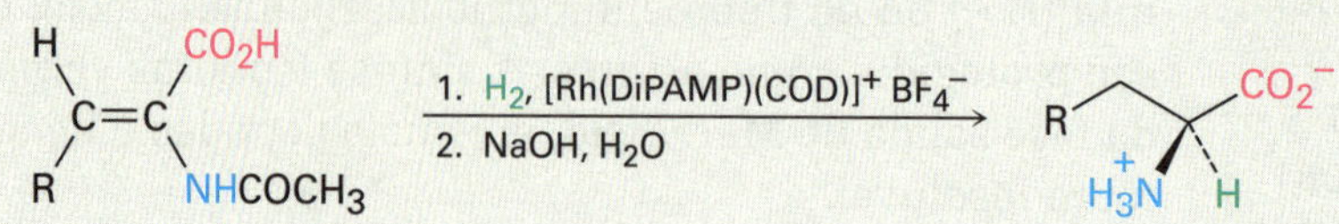

Um (*Z*)-enamidoácido **Um (*S*)-enamidoácido**

2. Sequenciamento de peptídeo pela degradação de Edman (**Seção 26.6**)

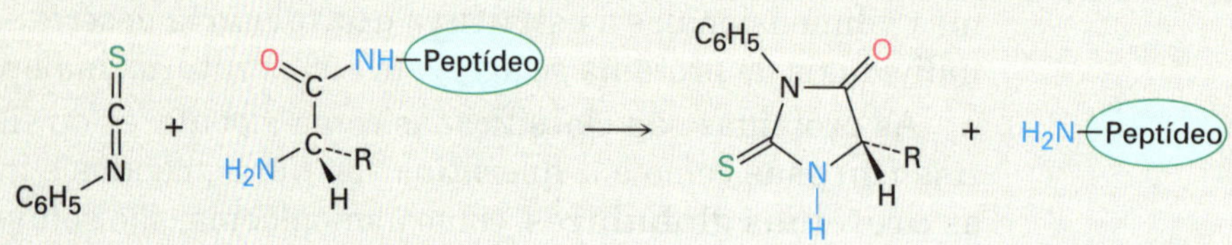

3. Síntese de peptídeo (**Seção 26.7**)

(a) Proteção de amina

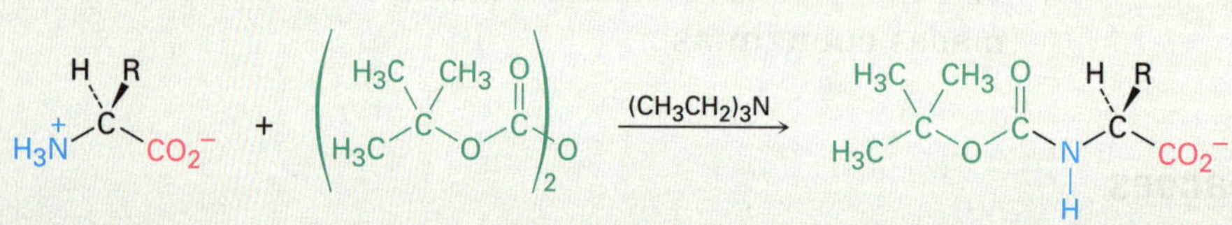

Aminoácido protegido por Boc

(b) Proteção de carboxila

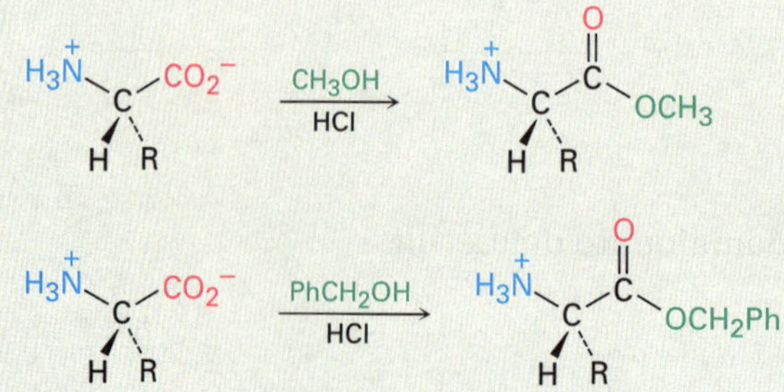

EXERCÍCIOS

Visualizando a química

(Os Problemas de 26.1 a 26.18 aparecem no decorrer do capítulo)

26.19 Identifique os seguintes aminoácidos:

(a)

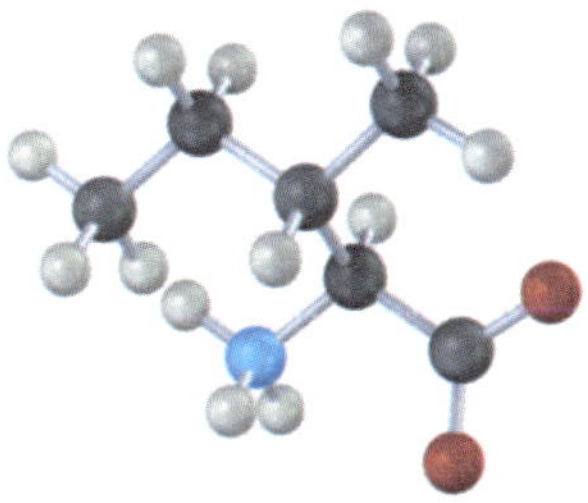

(b)

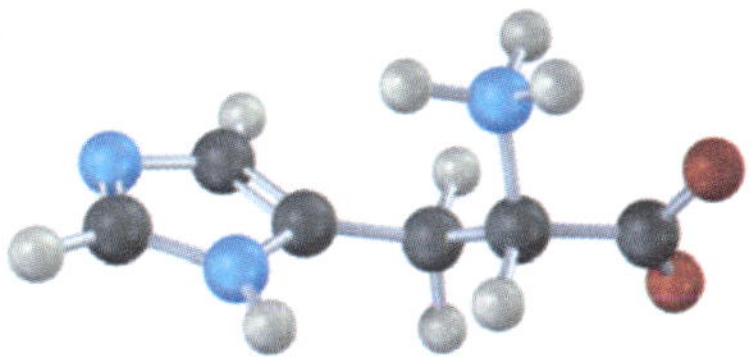

(c)

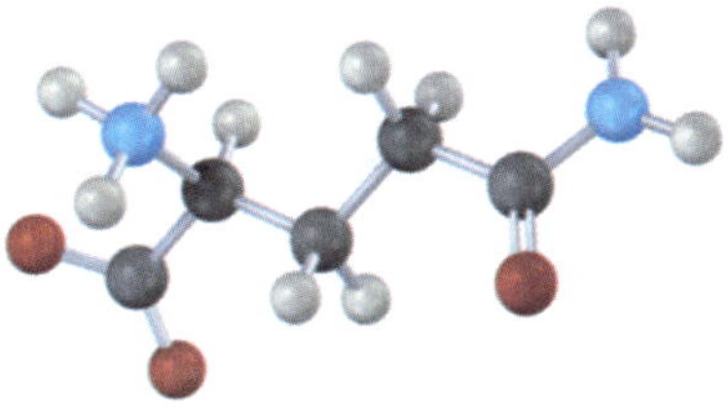

26.20 Dê a sequência do tetrapeptídeo a seguir (amarelo = S):

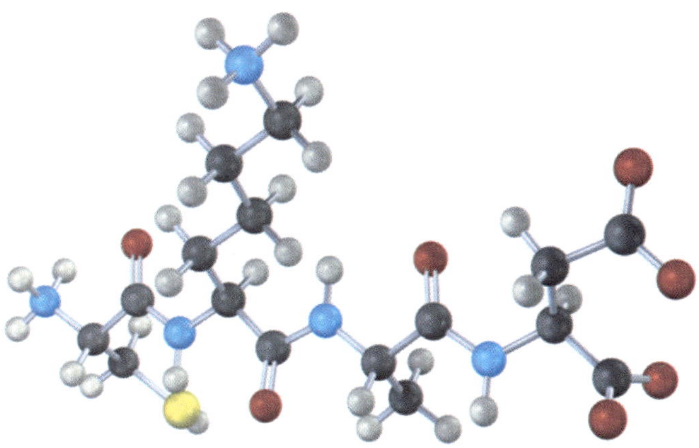

26.21 A isoleucina e a treonina são os dois únicos aminoácidos com dois centros de quiralidade. Atribua a configuração *R* ou *S* do átomo de carbono da isoleucina contendo a metila.

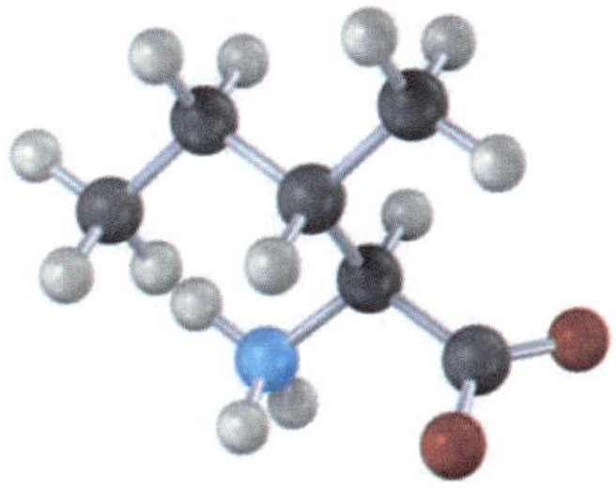

26.22 A estrutura a seguir é um aminoácido D ou um aminoácido L? Identifique-a.

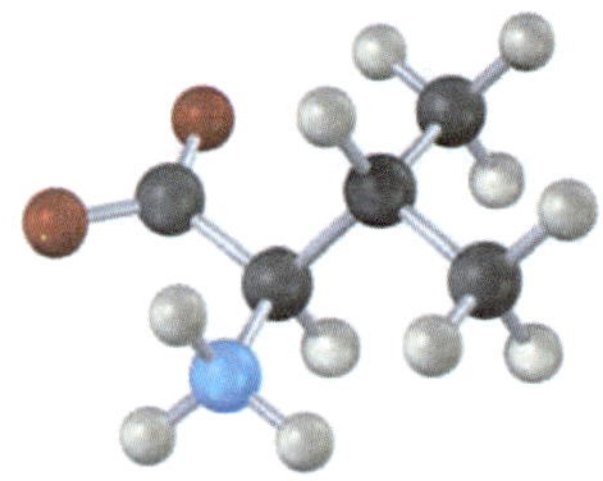

26.23 Dê a sequência do tetrapeptídeo a seguir:

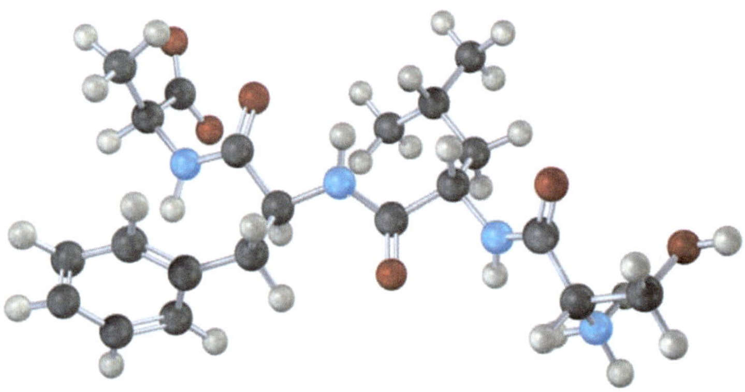

Problemas de mecanismo

26.24 A reação da ninidrina com um α-aminoácido ocorre em diversas etapas.

(a) A primeira etapa é a formação de uma imina por meio da reação de um aminoácido com a ninidrina. Mostre sua estrutura e o mecanismo de sua formação.

(b) A segunda etapa é a descarboxilação. Mostre a estrutura do produto e o mecanismo da reação de descarboxilação.

(c) A terceira etapa é a hidrólise de uma imina para produzir uma amina e um aldeído. Mostre as estruturas dos dois produtos e o mecanismo da reação de hidrólise.

(d) A etapa final é a formação do ânion purpúreo. Mostre o mecanismo da reação.

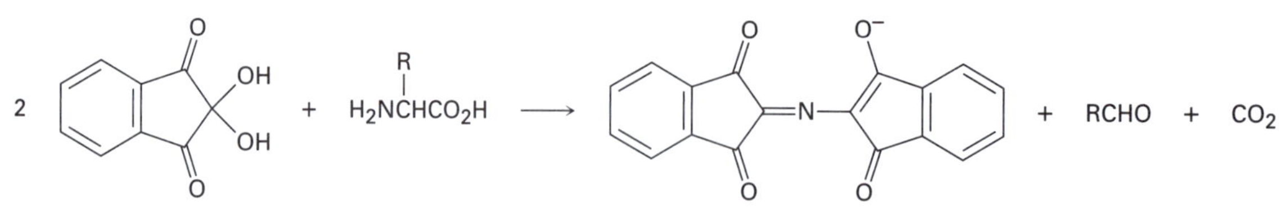

Ninidrina

26.25 A resina de poliestireno clorometilatada utilizada na síntese de peptídeo da fase sólida de Merrifield é preparada por meio de tratamento do poliestireno com o éter clorometil metílico e com um catalisador ácido de Lewis. Proponha um mecanismo para a reação.

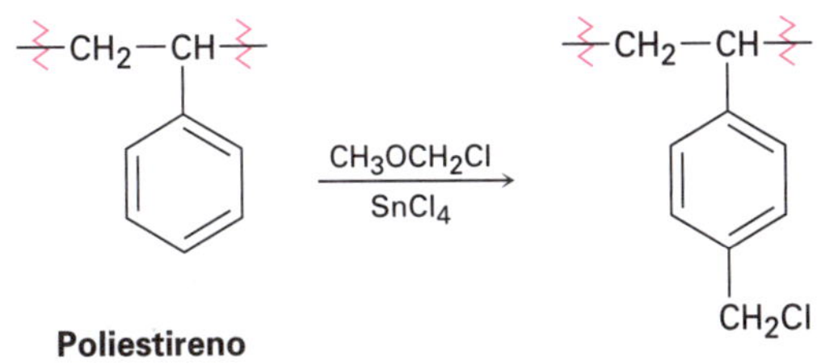

Poliestireno

26.26 Um grupo protetor Fmoc pode ser removido de um aminoácido por meio de tratamento com a amina básica piperidina. Proponha um mecanismo.

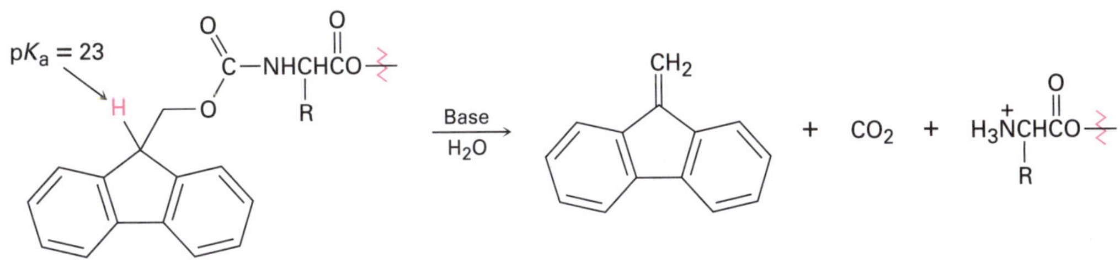

Aminoácido protegido por Fmoc

26.27 As proteínas podem ser quebradas especificamente na ligação de amida da lateral carboxílica dos resíduos de metionina por meio da reação com brometo de cianogênio, BrC≡N.

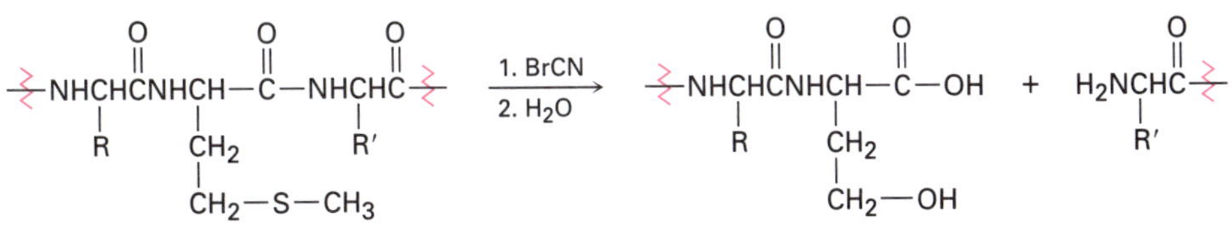

A reação ocorre em diversas etapas:

(a) A primeira etapa é a reação de substituição nucleofílica do enxofre na cadeia lateral de metionina com o BrCN para formar um íon cianossulfônico, $[R_2SCN]^+$. Mostre a estrutura do produto e proponha um mecanismo para a reação.

(b) A segunda etapa é uma reação S_N2 interna com o oxigênio da carbonila do resíduo de metionina desalojando o enxofre carregado positivamente no grupo abandonador e formando um produto com um anel de cinco membros. Mostre a estrutura do produto e proponha um mecanismo para a sua formação.

(c) A terceira etapa é a reação de hidrólise para dividir a cadeia de peptídeo. O grupo carboxila do antigo resíduo da metionina agora é parte de um anel de lactona (éster cíclico). Mostre a estrutura do produto lactona e proponha um mecanismo para a reação.

(d) A etapa final é a hidrólise da lactona para formar o produto mostrado. Mostre o mecanismo da reação.

26.28 Um novo método de quebra para a síntese de peptídeo envolve a formação de uma ligação de amida pela reação de um α-ceto-ácido com uma *N*-alquilhidroxilamina:

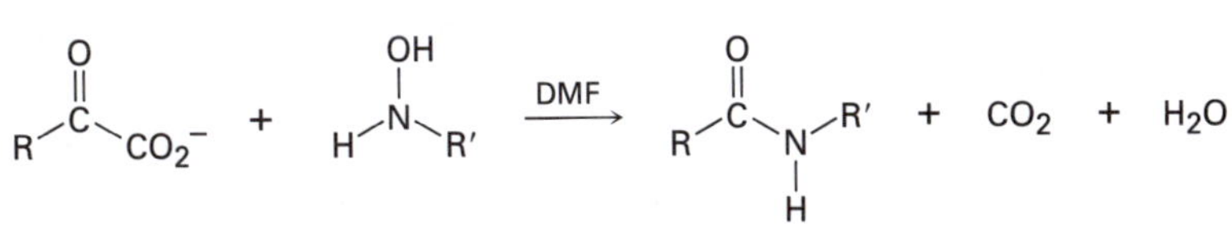

Um α-ceto-ácido **Uma hidroxilamina** **Uma amida**

Supõe-se que a reação ocorra por adição nucleofílica da *N*-alquilhidroxilamina ao ceto-ácido enquanto se forma a oxima (Seção 19.8), seguida pela descarboxilação e eliminação de água. Mostre o mecanismo.

Problemas adicionais

Estruturas e quiralidade de aminoácidos

26.29 Exceto pela cisteína, apenas os aminoácidos *S* ocorrem nas proteínas. Entretanto, diversos aminoácidos *R* são também encontrados na natureza. A (*R*)-serina é encontrada em minhocas e a (*R*)-alanina é encontrada em larvas de insetos. Desenhe as projeções de Fisher da (*R*)-serina e da (*R*)-alanina. Elas são aminoácidos D ou L?

26.30 A cisteína é o único aminoácido que possui estereoquímica L, mas configuração *R*. Faça uma estrutura para outro aminoácido L de sua própria criação que também tenha configuração *R*.

26.31 Desenhe uma projeção de Fisher da (*S*)-prolina.

26.32 Mostre as estruturas dos aminoácidos a seguir nas formas zwitteriônicas:
(a) Trp **(b)** Ile **(c)** Cys **(d)** His

26.33 A prolina possui pK_{a1} = 1,99 e pK_{a2} = 10,60. Utilize a equação de Henderson-Hasselbalch para calcular a proporção entre as formas protonada e neutra em pH = 2,50. Calcule a proporção entre as formas neutra e desprotonada em pH = 9,70.

26.34 Utilizando os códigos de aminoácidos de três letras e de uma letra, escreva as estruturas de todos os peptídeos possíveis que contenham os seguintes aminoácidos:
(a) Val, Ser, Leu **(b)** Ser, Leu_2, Pro

26.35 Olhe para as cadeias laterais dos 20 aminoácidos da Tabela 26.1 e reflita sobre o que *não* está presente. Nenhuma delas contém um grupo carbonila de aldeído ou cetona, por exemplo. Isso é apenas um engano da natureza ou existe uma razão química? Quais as complicações que um grupo carbonila de aldeído ou cetona poderia causar?

Síntese e reações de aminoácidos

26.36 Mostre como você utilizaria o método de acetamidomalonato para preparar os aminoácidos a seguir:
(a) Leucina **(b)** Triptofano

26.37 Mostre como você prepararia os aminoácidos a seguir utilizando uma aminação redutiva:
(a) Metiona **(b)** Isoleucina

26.38 Mostre como você prepararia os aminoácidos a seguir de maneira enantiosseletiva:
(a) Pro **(b)** Val

26.39 A serina pode ser sintetizada pela variação simples do método de amidomalonato utilizando formaldeído em vez de um haleto de alquila. Como isso pode ser feito?

26.40 Preveja o produto da reação da valina com os reagentes a seguir:
(a) CH_3CH_2OH, ácido **(b)** Dicarbonato de di-*tert*-butila
(c) KOH, H_2O **(d)** CH_3COCl, piridina; depois H_2O

26.41 Desenhe as formas de ressonância para o ânion purpúreo obtido pela reação da ninidrina com um α-aminoácido (Problema 26.24).

Peptídeos e enzimas

26.42 Escreva as estruturas completas para os peptídeos a seguir:

(a) C-H-E-M **(b)** P-E-P-T-I-D-E

26.43 Proponha duas estruturas para um tripeptídeo que forneça Leu, Ala e Phe na hidrólise, mas que não reaja com o isocianato de fenila.

26.44 Mostre as etapas envolvidas em uma síntese de Phe-Ala-Val utilizando o procedimento de Merrifield.

26.45 Desenhe a estrutura do produto derivado de PTH que se poderia obter por meio da degradação de Edman dos peptídeos a seguir:

(a) I-L-P-F **(b)** D-T-S-G-A

26.46 Quais ligações de amida no polipeptídeo a seguir são quebradas pela tripsina? E pela quimotripsina?

Phe-Leu-Met-Lys-Tyr-Asp-Gly-Gly-Arg-Val-Ile-Pro-Tyr

26.47 Quais tipos de reação as classes de enzima a seguir catalisam?

(a) Hidrolases **(b)** Liases **(c)** Transferases

26.48 Quais dos aminoácidos a seguir são encontrados com mais frequência fora da proteína globular, e quais os encontrados com mais frequência dentro? Explique.

(a) Valina **(b)** Ácido aspártico **(c)** Fenilalanina **(d)** Lisina

26.49 A leuprolida é um não peptídeo sintético utilizado no tratamento da endometriose em mulheres e de câncer de próstata em homens.

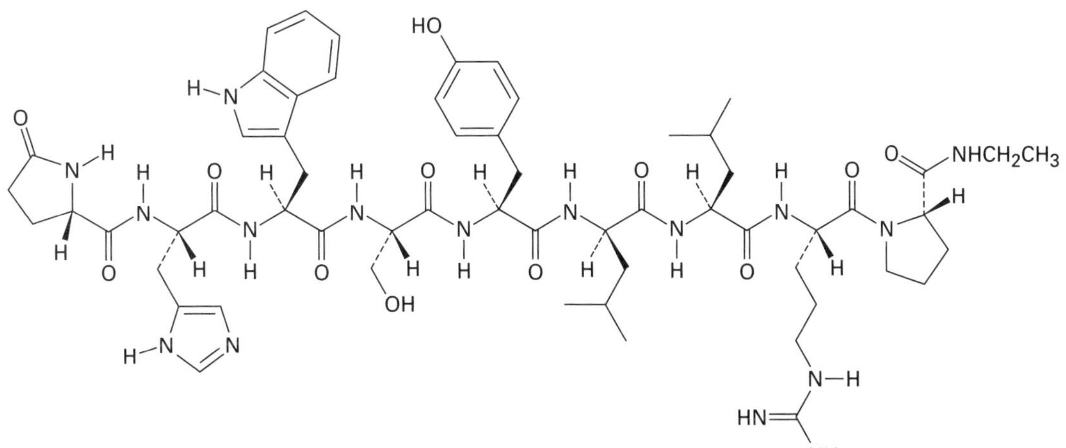

Leuprolida

(a) Os aminoácidos C-terminal e N-terminal na leuprolida foram estruturalmente modificados. Identifique as modificações.

(b) Um dos nove aminoácidos na leuprolida possui estereoquímica D, e não a usual L. Qual deles?

(c) Escreva a estrutura da leuprolida utilizando as abreviações com três letras e com uma letra.

(d) Qual carga se espera que tenha a leuprolida em pH neutro?

Problemas gerais

26.50 As partes α-helicoidais da mioglobina e de outras proteínas param sempre que um resíduo de prolina é encontrado na cadeia. Por que a prolina nunca está presente em uma α-hélice de proteína?

26.51 A arginina, o aminoácido mais básico entre os 20 mais comuns, contém um grupo funcional *guanidina* em sua cadeia lateral. Explique utilizando estruturas de ressonância para mostrar como o grupo guanidina protonado é estabilizado.

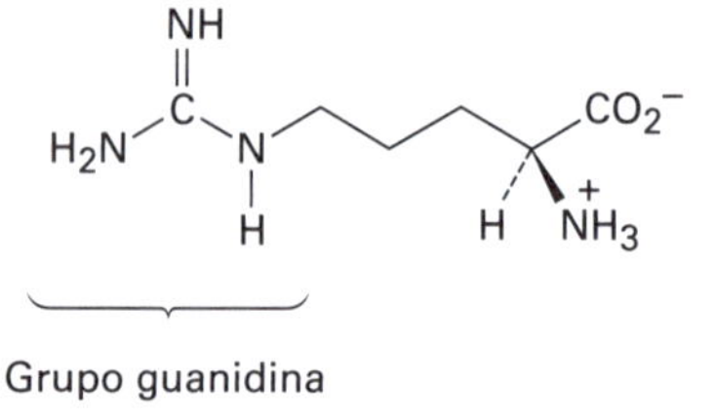

Arginina

26.52 O citocromo *c* é uma enzima encontrada nas células de todos os organismos aeróbicos. A análise elementar do citocromo *c* mostra que ele possui 0,43% de ferro. Qual é a massa molecular mínima dessa enzima?

26.53 A evidência para a rotação restrita em torno das ligações CO−N de amida vêm dos estudos de RMN. À temperatura ambiente, o espectro de RMN de ^{1}H da *N,N*-dimetilformamida mostra três picos: 2,9δ (simpleto, 3 H), 3,0δ (simpleto, 3 H) e 8,0δ (simpleto, 1 H). Entretanto, à medida que a temperatura é aumentada, os dois simpletos em 2,9δ e 3,0δ se juntam lentamente. A 180 °C, o espectro de RMN de ^{1}H mostra apenas dois picos: 2,95δ (simpleto, 6 H) e 8,0δ (simpleto, 1 H). Explique esse comportamento dependente da temperatura.

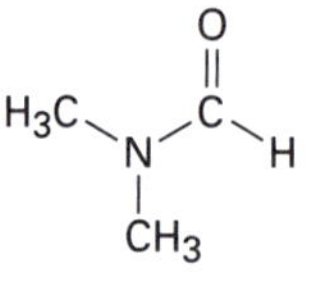

***N,N*-dimetilformamida**

26.54 Proponha uma estrutura para um octapeptídeo que mostra a composição Asp, Gly$_2$, Leu, Phe, Pro$_2$ e Val na análise de aminoácidos. A análise de Edman mostra um grupo glicina N-terminal, e a leucina é o grupo C-terminal. A hidrólise ácida forma os fragmentos a seguir:

Val-Pro-Leu, Gly, Gly-Asp-Phe-Pro, Phe-Pro-Val

26.55 Olhe para a estrutura da insulina humana e indique onde, em cada cadeia, a molécula é quebrada por meio da tripsina e da quimotripsina.

26.56 Qual é a estrutura de um não peptídeo que forma os seguintes fragmentos quando é quebrado?

Quebra por tripsina: Val-Val-Pro-Tyr-Leu-Arg, Ser-Ile-Arg

Quebra por quimotripsina: Leu-Arg, Ser-Ile-Arg-Val-Val-Pro-Tyr

26.57 A oxitocina, um hormônio não peptídeo secretado pela glândula pituitária, funciona estimulando a contração uterina e a lactação durante o parto. Sua sequência foi determinada a partir da evidência a seguir:

1. A oxitocina é um composto cíclico que contém uma ponte de dissulfeto entre dois resíduos de cisteína.
2. Quando a ponte de dissulfeto é reduzida, a oxitocina possui a constituição Asn, Cys$_2$, Gln, Gly, Ile, Leu, Pro, Tyr.
3. A hidrólise parcial de uma oxitocina reduzida produz sete fragmentos: Asp-Cys, Ile-Gly, Cys-Tyr, Leu-Gly, Tyr-Ile-Gly, Gly-Asp-Cys, Cys-Pro-Leu.

4. Gly é o grupo C-terminal.
5. Gly e Asp estão presentes como amidas de cadeia lateral (Gln e Asn) e não como ácidos de cadeia lateral.

Qual é a sequência do aminoácido da oxitocina reduzida? Qual é a estrutura da própria oxitocina?

26.58 *Aspartame*, um edulcorante não nutritivo, comercializado sob os nomes comerciais tais como Equal, NutraSweet e Canderel, é o éster metílico de um dipeptídeo simples, Asp-Phe-OCH_3.

(a) Desenhe a estrutura do aspartame.

(b) O ponto isoelétrico do aspartame é 5,9. Desenhe a estrutura principal presente em solução aquosa nesse pH.

(c) Desenhe a forma principal do aspartame presente no pH fisiológico igual a 7,3.

26.59 Consulte a **Figura 26.4** e proponha um mecanismo para a etapa final na degradação de Edman – o rearranjo catalisado por ácido do derivado de ATZ ao derivado de PTH.

26.60 Os aminoácidos são metabolizados por meio da reação de transaminação na qual o grupo $-NH_2$ de um aminoácido troca de lugar com o grupo ceto de um α-ceto-ácido. Os produtos são um novo aminoácido e um novo α-ceto-ácido. Mostre o produto da transaminação da isoleucina.

26.61 A primeira etapa na degradação biológica da histidina é a formação de uma 4-metiliden-5-imidazolona (MIO) por meio da ciclização de um segmento da cadeia de peptídeo na enzima de histidina amônia-liase. Proponha um mecanismo.

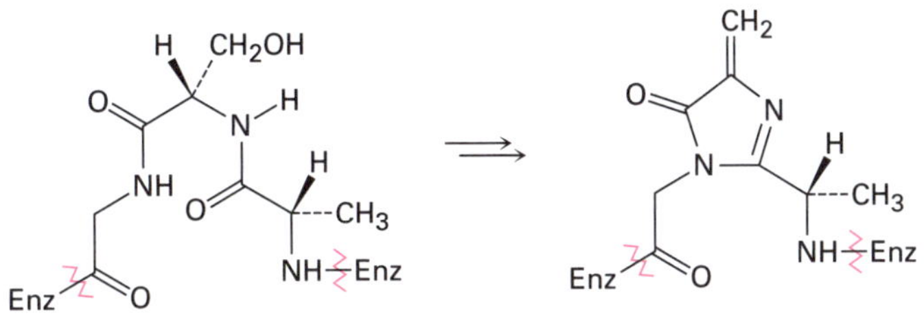

26.62 A primeira etapa na degradação biológica da lisina é a aminação redutiva com o α-cetoglutarato para fornecer a sacaropina. O nicotinamida adenina dinucleotídeo fosfato (NADPH), um parente do NADH, é o agente redutor. Mostre o mecanismo.

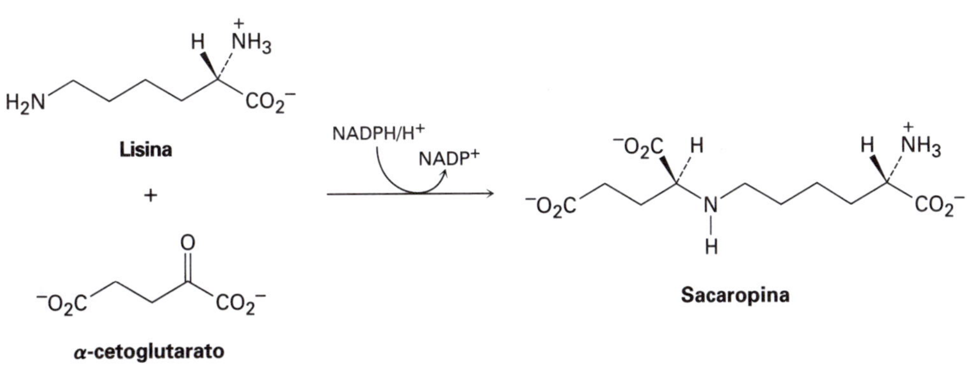

capítulo 27

Biomoléculas: Lipídeos

©Cuson/Shutterstock.com

Bolhas de sabão, tão comuns e tão belas, são feitas de gordura animal, um lipídeo.

Neste capítulo:

POR QUE ESTE CAPÍTULO? Agora abordamos duas das quatro maiores classes de biomoléculas – de proteínas e carboidratos – e ainda temos duas pendentes. Neste capítulo, vamos cobrir os lipídeos, a maior e mais diversificada classe de biomoléculas, olhando tanto sua estrutura e função quanto seu metabolismo.

Os **lipídeos** são moléculas orgânicas naturais que possuem solubilidade limitada em água e podem ser isoladas de organismos pela extração com solventes orgânicos apolares. Gorduras, óleos, ceras, muitas vitaminas e hormônios e a maioria dos componentes não proteicos da membrana celular são alguns exemplos. Observe que essa definição difere da utilizada para os carboidratos e proteínas pois os lipídeos são definidos por uma propriedade física (solubilidade) e não pela sua estrutura. Neste capítulo, dos diversos tipos de lipídeos, nos ocuparemos apenas com alguns: triacilgliceróis, eicosanoides, terpenoides e esteroides.

Os lipídeos são classificados em dois grandes grupos: aqueles como as gorduras e as ceras, que contêm ligações de ésteres e podem ser hidrolisados, e aqueles como o colesterol e outros esteroides, que não contêm ligações de ésteres e não podem ser hidrolisados.

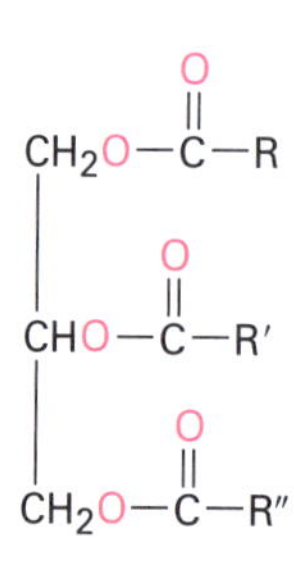

Gordura animal – um triéster
(R, R′, R″ = cadeias C_{11}–C_{19})

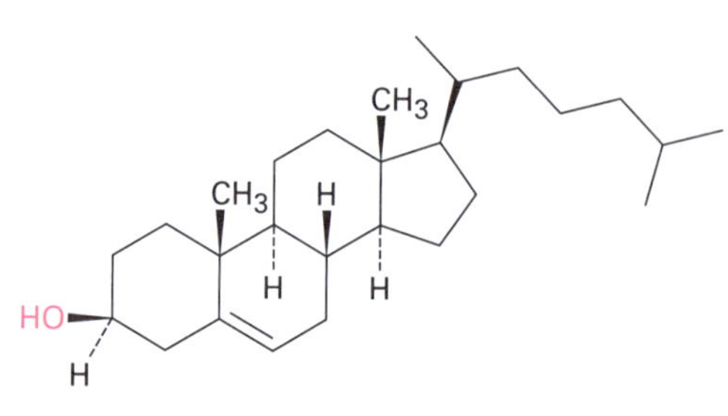

Colesterol

27.1

Ceras, gorduras e óleos

As **ceras** são misturas de ésteres de ácidos carboxílicos de cadeias longas com álcoois de cadeia longa. Geralmente, o ácido carboxílico possui um número par de carbonos, de 16 até 36, enquanto o álcool possui um número ímpar de carbonos, de 24 até 36. Por exemplo, um dos componentes principais da cera de abelhas é o hexadecanoato de triacontila, o éster do álcool-triacontanol C_{30} e o ácido hexadecanoico C_{16}. O revestimento ceroso em muitas frutas, bagas, folhas e pelugem de animais possui estruturas similares.

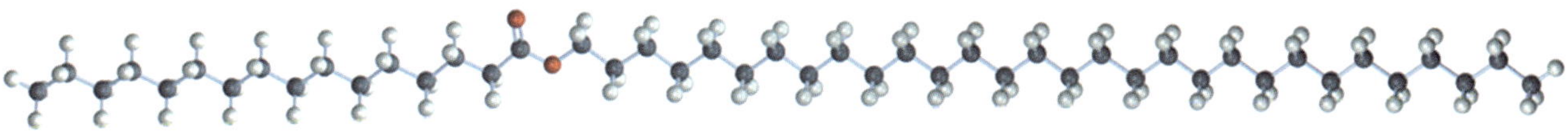

$$CH_3(CH_2)_{14}\overset{O}{\overset{\|}{C}}O(CH_2)_{29}CH_3$$

Hexadecanoato de triacontila (da cera de abelhas)

As *gorduras* animais e os *óleos vegetais* são os lipídeos mais encontrados. Embora pareçam diferentes – as gorduras animais, como a manteiga e a banha de porco, são sólidas, enquanto os óleos vegetais, como o de milho e de amendoim, são líquidos – suas estruturas estão bem relacionadas. Quimicamente, as gorduras e os óleos são *triglicerídeos*, ou **triacilgliceróis** – triésteres de glicerol com três cadeias longas de ácidos carboxílicos chamados de **ácidos graxos**. Os animais utilizam a gordura para armazenamento de energia de longo prazo porque são muito menos oxidadas que os carboidratos e proporcionam cerca de seis vezes mais energia que a mesma massa de glicogênio hidratado armazenado.

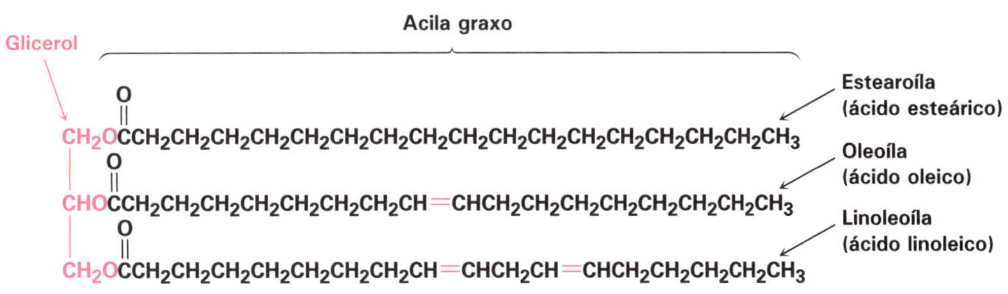

Um triacilglicerol

A hidrólise de uma gordura ou óleo com NaOH aquoso produz um glicerol e três ácidos graxos. Os ácidos graxos geralmente não possuem ramificações e contêm um número par de átomos de carbono entre 12 e 20. Se houver ligações duplas, possuem basicamente, mas não totalmente, geometria *Z* ou cis. Os três ácidos graxos em uma molécula específica de triacilglicerol não precisam ser os mesmos, e a gordura ou óleo de uma determinada fonte é provavelmente uma mistura complexa de diversos triacilgliceróis diferentes. A **Tabela 27.1** relaciona alguns dos ácidos graxos mais comuns, e a **Tabela 27.2** lista a composição aproximada das gorduras e óleos a partir de fontes diferentes.

Mais de 100 ácidos graxos são conhecidos e cerca de 40 são encontrados amplamente. O ácido palmítico (C_{16}) e o ácido esteárico (C_{18}) são os ácidos saturados mais abundantes; os ácidos oleico e linoleico (ambos C_{18}) são os insaturados mais abundantes. O ácido oleico é monoinsaturado porque possui apenas uma ligação dupla, enquanto os ácidos linoleico, linolênico e araquidônico são **ácidos graxos poli-insaturados** porque possuem mais de uma ligação dupla. Os ácidos linoleico e linolênico são encontrados na nata de leite

TABELA 27.1 Estrutura de alguns ácidos graxos comuns

Nome	Número de carbonos	Ponto de fusão (°C)	Estrutura
Saturados			
Láurico	12	43,2	$CH_3(CH_2)_{10}CO_2H$
Mirístico	14	53,9	$CH_3(CH_2)_{12}CO_2H$
Palmítico	16	63,1	$CH_3(CH_2)_{14}CO_2H$
Esteárico	18	68,8	$CH_3(CH_2)_{16}CO_2H$
Araquídico	20	76,5	$CH_3(CH_2)_{18}CO_2H$
Insaturados			
Palmitoleico	16	−0,1	(Z)-$CH_3(CH_2)_5CH{=}CH(CH_2)_7CO_2H$
Oleico	18	13,4	(Z)-$CH_3(CH_2)_7CH{=}CH(CH_2)_7CO_2H$
Linoleico	18	−12	(Z,Z)-$CH_3(CH_2)_4(CH{=}CHCH_2)_2(CH_2)_6CO_2H$
Linolênico	18	−11	(todo Z)-$CH_3CH_2(CH{=}CHCH_2)_3(CH_2)_6CO_2H$
Araquidônico	20	−49,5	(todo Z)-$CH_3(CH_2)_4(CH{=}CHCH_2)_4CH_2CH_2CO_2H$

TABELA 27.2 Composição aproximada de algumas gorduras e óleos

	Ácidos graxos saturados (%)				Ácidos graxos insaturados (%)	
Fonte	Láurico C_{12}	Mirístico C_{14}	Palmítico C_{16}	Esteárico C_{18}	Oleico C_{18}	Linoleico C_{18}
Gordura animal						
Banha de porco	–	1	25	15	50	6
Manteiga	2	10	25	10	25	5
Gordura humana	1	3	25	8	46	10
Gordura de baleia	–	8	12	3	35	10
Óleo vegetal						
Coco	50	18	8	2	6	1
Milho	–	1	10	4	35	45
Oliva	–	1	5	5	80	7
Amendoim	–	–	7	5	60	20

e são essenciais na dieta humana; as crianças não crescem e desenvolvem lesões cutâneas se ingerirem leite desnatado por muito tempo. O ácido linolênico, em particular, é um exemplo de um ácido graxo ômega 3, que descobriu-se diminuir os níveis de triglicérides no sangue e reduzir o risco de ataque cardíaco. O nome ômega 3 significa que existe uma ligação dupla a três carbonos da extremidade não carboxílica da cadeia.

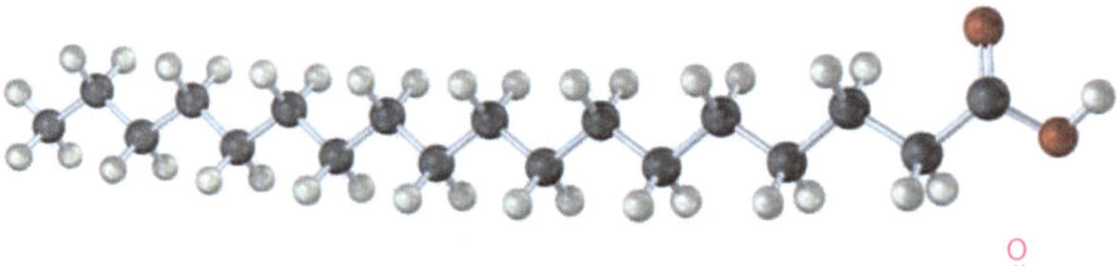

$CH_3CH_2CH_2CH_2CH_2CH_2CH_2CH_2CH_2CH_2CH_2CH_2CH_2CH_2CH_2CH_2CH_2C(=O)OH$

Ácido esteárico

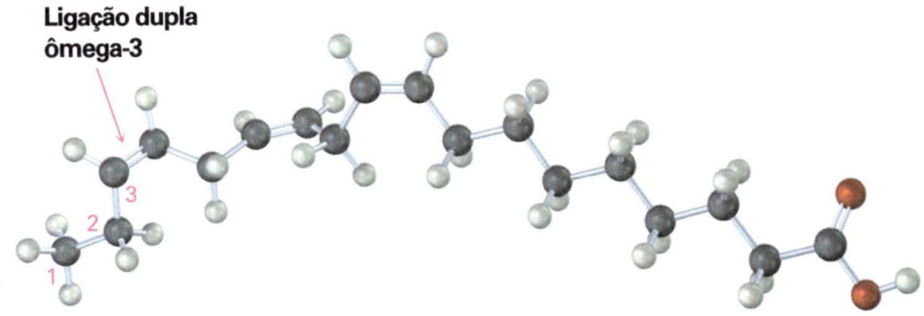

$$CH_3CH_2CH{=}CHCH_2CH{=}CHCH_2CH{=}CHCH_2CH_2CH_2CH_2CH_2CH_2CH_2\overset{O}{\overset{\|}{C}}OH$$

O ácido linolênico, um ácido graxo poli-insaturado ômega-3

Os dados na **Tabela 27.1** mostram que os ácidos graxos insaturados geralmente possuem pontos de fusão mais baixos que seus similares saturados, uma tendência que também acontece com os triacilgliceróis. Uma vez que os óleos vegetais geralmente possuem uma maior proporção de ácidos insaturados em relação aos ácidos saturados que as gorduras animais (**Tabela 27.2**), eles possuem pontos de fusão mais baixos. A diferença é uma consequência da estrutura. Gorduras saturadas possuem uma forma uniforme que permite que se agrupem eficientemente em uma rede cristalina. Entretanto, nos óleos vegetais insaturados, as ligações C=C introduzem dobras e rugas nas cadeias de hidrocarboneto, fazendo que a formação de cristal seja mais difícil. Quanto mais ligações duplas houver, mais difícil será a cristalização das moléculas e mais baixo o ponto de fusão do óleo.

As ligações C=C nos óleos vegetais podem ser reduzidas por meio da hidrogenação catalítica, geralmente realizada em alta temperatura com a utilização de um catalisador de níquel, para produzir gorduras saturadas sólidas ou semissólidas. A margarina e as manteigas vegetais são produzidas pela hidrogenação do óleo de soja, de amendoim ou de semente de algodão, até que a consistência adequada seja obtida. Infelizmente, a reação de hidrogenação é acompanhada pela isomerização cis-trans das ligações duplas remanescentes, o que produz gorduras com cerca de 10% a 15% de ácidos graxos insaturados trans. A ingestão alimentar dos ácidos graxos trans aumenta os níveis de colesterol no sangue, aumentando assim o risco de problemas cardíacos. A conversão de ácido linoleico em ácido elaídico é um exemplo.

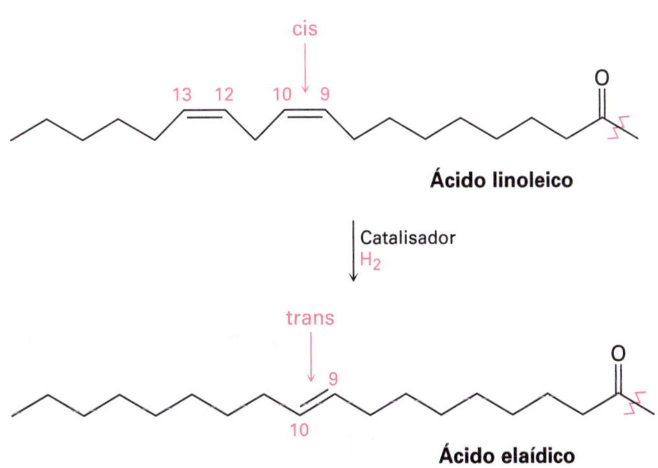

PROBLEMA 27.1 A cera de carnaúba, utilizada para polir pisos e móveis, contém um éster de álcool de cadeia linear C_{32} com um ácido carboxílico de cadeia linear C_{20}. Desenhe sua estrutura.

PROBLEMA 27.2 Desenhe as estruturas do tripalmitato de glicerila e do trioleato de glicerila. De qual deles se poderia esperar o ponto de fusão mais alto?

27.2 Sabão

O sabão tem sido usado por quase cinco mil anos. Já em 2800 a.C., os babilônios cozinhavam gorduras com cinzas para criar uma substância similar ao sabão. Papiros médicos egípcios antigos, que datam de 1550 a.C., revelam que os egípcios se banhavam regularmente com sabão feito de uma mistura de gorduras animais, óleos vegetais e sais alcalinos. Quimicamente, o sabão é a mistura do sal de sódio ou de potássio dos ácidos graxos de cadeia longa produzidos pela hidrólise (*saponificação*) de gordura animal com uma base. As cinzas de madeira eram utilizadas como fonte de base até o início dos anos 1800, quando o desenvolvimento do processo de LeBlanc para produzir o Na_2CO_3 pelo aquecimento do sulfato de sódio com calcário se tornou disponível.

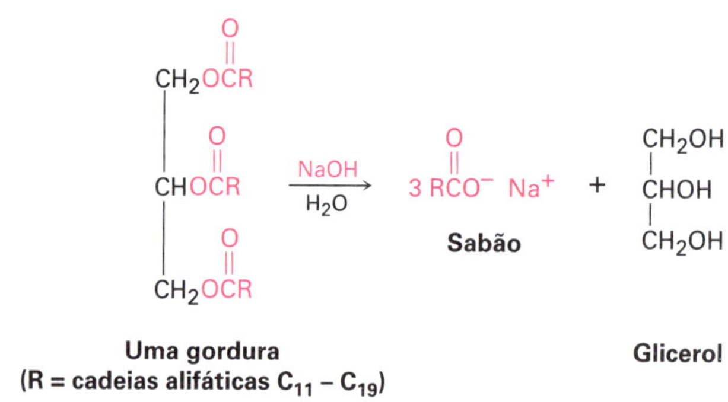

As pastas de sabão não processadas contêm glicerol e base em excesso, assim como o sabão, mas podem ser purificadas quando fervidas com água e NaCl ou KCl, para que os sais de carboxilatos se precipitem. O sabão suave que precipita é seco, perfumado e prensado em barras para uso doméstico. Para colorir os sabões, adicionam-se corantes; antissépticos para sabonetes medicinais; pedra-pome é adicionada em saponáceos, e sopra-se ar em sabões que flutuam. Independentemente desses tratamentos adicionais e do preço, todos os sabões são basicamente iguais.

Os sabões agem como limpadores porque as duas extremidades de uma molécula de sabão são muito diferentes. A extremidade de carboxilato da molécula de cadeia longa é iônica e, por isso, hidrofílica (**Seção 2.12**), ou atraída pela água. Entretanto, a porção longa de hidrocarboneto da molécula é apolar e hidrofóbica, que evita a água e que é mais solúvel em óleos. O efeito líquido dessas duas tendências opostas é que os sabões são atraídos tanto para os óleos como para a água e, assim, tornam-se limpadores úteis.

Quando os sabões são dispersados em água, a cauda de hidrocarboneto longo se agrupa dentro de uma bola hidrofóbica enrolada, enquanto a cabeça iônica da superfície do agrupamento se direciona para a água. Esses agrupamentos esféricos, chamados **micelas**, são mostrados esquematicamente na **Figura 27.1**. As gorduras e as gotículas de óleo são dissolvidas em água quando são revestidas por caudas apolares das moléculas de sabão no centro das micelas. Uma vez dissolvidas, a gordura e a sujeira podem ser enxaguadas.

Da mesma forma que são úteis, os sabões também possuem algumas desvantagens. Em água dura, que contém íons metálicos, os carboxilatos de sódio solúvel são convertidos em sais insolúveis de magnésio e de cálcio, deixando um anel de escuma nas banheiras e uma coloração cinza em roupas

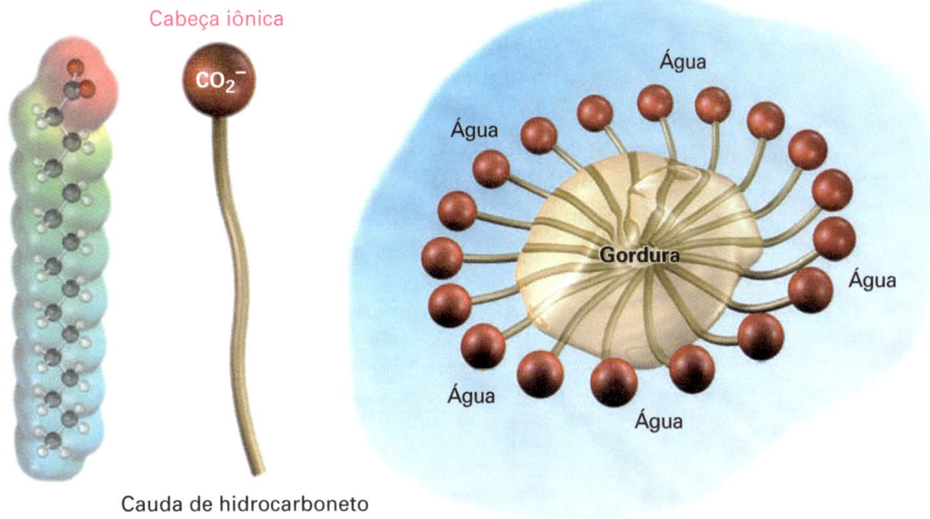

FIGURA 27.1 Uma micela de sabão solubilizando uma partícula de gordura em água. Um mapa do potencial eletrostático de um carboxilato de ácido graxo mostra como a carga negativa está localizada no grupo da cabeça.

brancas. Os químicos evitam esses problemas preparando uma classe de detergentes sintéticos, à base de sais de ácidos alquibenzenossulfônicos de cadeia longa. O mecanismo dos detergentes sintéticos é o mesmo dos sabões: a extremidade de alquilbenzeno da molécula é atraída para a gordura, enquanto a extremidade do sulfonato aniônico é atraída para a água. Diferentemente dos sabões, os detergentes de sulfonato não formam sais metálicos insolúveis em água dura e não deixam escumas desagradáveis.

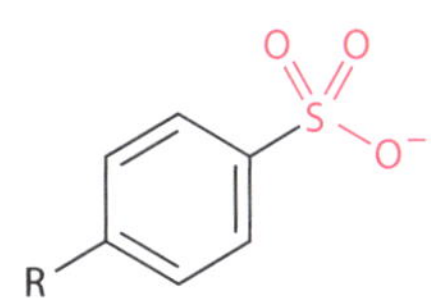

Um detergente sintético
(R = várias cadeias C_{12})

PROBLEMA 27.3 Desenhe a estrutura do oleato de magnésio, um componente da escuma de banheira.

PROBLEMA 27.4 Escreva a reação de saponificação do monopalmitato dioleato de glicerila com NaOH aquoso.

27.3 Fosfolipídeos

Assim como as ceras, as gorduras e os óleos são ésteres de ácidos carboxílicos, os **fosfolipídeos** são ésteres do ácido fosfórico, H_3PO_4.

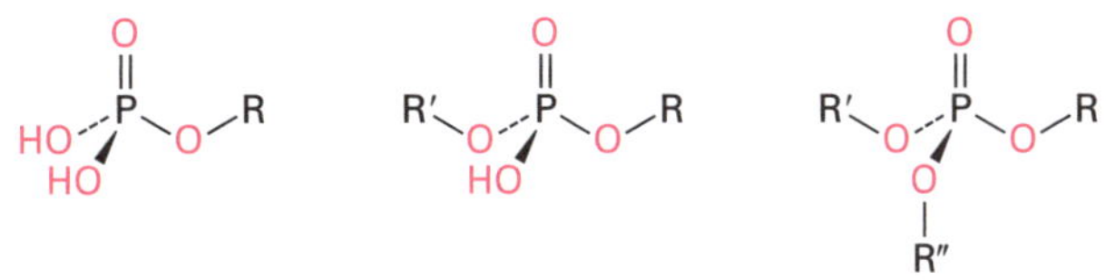

Um monoéster do ácido fosfórico | **Um diéster do ácido fosfórico** | **Um triéster do ácido fosfórico**

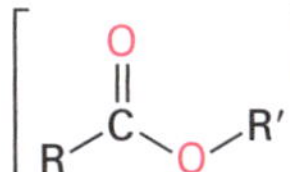

Um éster do ácido carboxílico

Os fosfolipídeos são de dois tipos gerais: *glicerofosfolipídeos* e *esfingomielinas*. Os glicerofosfolipídeos são baseados no ácido fosfatídico, que contém uma espinha dorsal de glicerol ligada por ligações de éster a dois ácidos graxos e um ácido fosfórico. Embora o resíduo dos ácidos graxos possa ser qualquer uma das unidades $C_{12}-C_{20}$ em geral presente nas gorduras, o grupo acila no C1 geralmente é saturado e aquele no C2 é geralmente insaturado. O grupo fosfato no C3 também está ligado a um amino álcool como a colina $[HOCH_2CH_2N(CH_3)_3]^+$, a etanolamina ($HOCH_2CH_2NH_2$) ou a serina $[HOCH_2CH(NH_2)CO_2H]$. Os compostos são quirais e possuem configuração L, ou *R*, no C2.

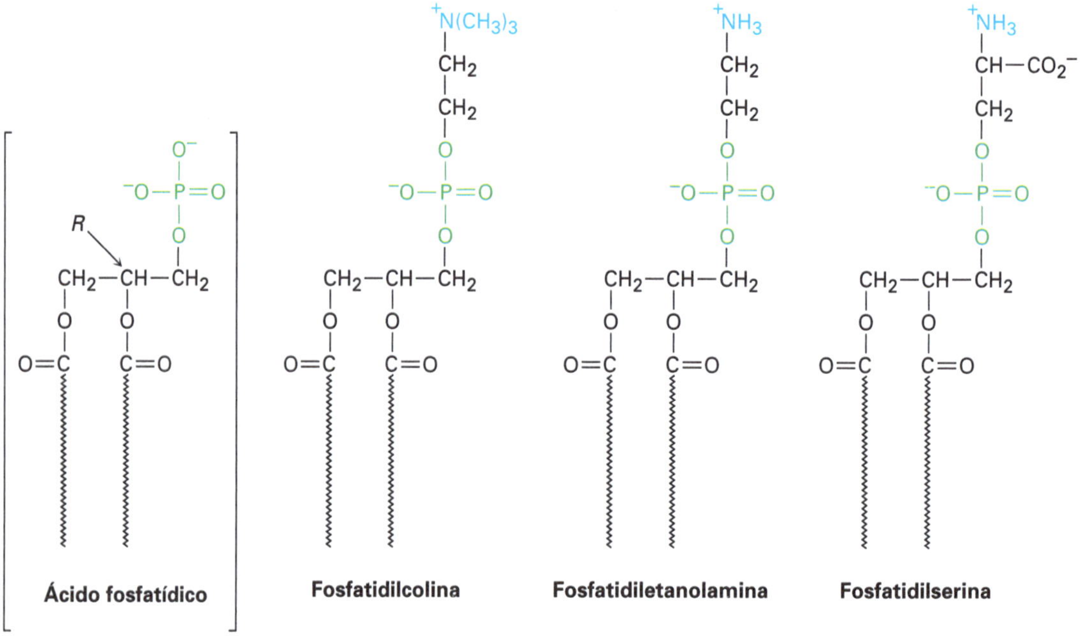

Ácido fosfatídico

Fosfatidilcolina

Fosfatidiletanolamina

Fosfatidilserina

As esfingomielinas são o segundo maior grupo de fosfolipídeos. Esses compostos possuem uma esfingosina ou uma dihidroxilamina, como sua espinha dorsal e são particularmente abundantes no cérebro e nos tecidos nervosos, onde são o constituinte principal do revestimento dos axônios das fibras nervosas.

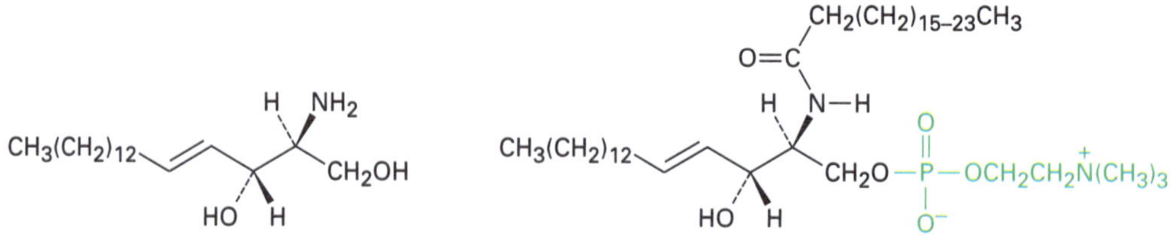

Esfingosina

Uma esfingomielina

Os fosfolipídeos são encontrados amplamente nos tecidos das plantas e dos animais e fazem parte de aproximadamente 50% a 60% das membranas celulares. Como são iguais aos sabões e possuem uma cauda de hidrocarboneto apolar longa, ligada a uma cabeça iônica polar, os fosfolipídeos nas membranas celulares se organizam em uma **bicamada lipídica**, com cerca de 5,0 nm (50 Å) de espessura. Como mostrado na **Figura 27.2**, as caudas apolares se agregam no centro da bicamada de uma forma muito parecida com a forma que a cauda dos sabões se agregam no centro de uma micela.

Essa bicamada serve como uma barreira eficiente contra a passagem de água, íons e outros componentes para dentro e fora das células.

FIGURA 27.2 Agregação de glicerofosfolipídeos na bicamada lipídica, que compõe as membranas celulares.

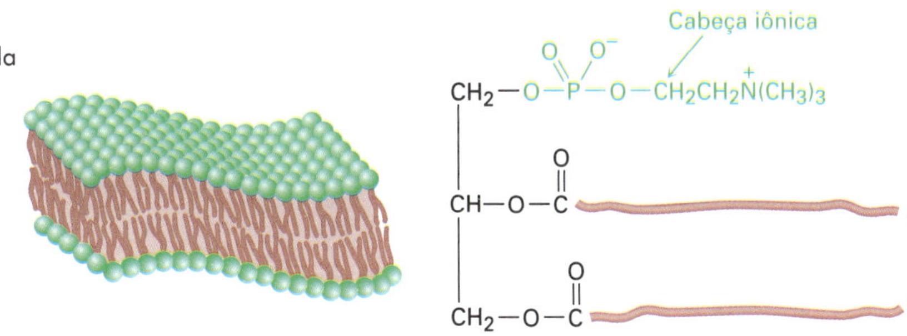

27.4 Prostaglandinas e outros eicosanoides

As **prostaglandinas** formam um grupo de lipídeos C_{20} que contém um anel de cinco membros com duas cadeias laterais longas. Foram isoladas pela primeira vez nos anos 1930, por Ulf von Euler, no Instituto Karolinska, na Suécia, e a maioria do trabalho estrutural e químico sobre as prostaglandinas foi realizado por Sune Bergström e Bengt Samuelsson. Todos os três receberam o Prêmio Nobel por seus trabalhos. O nome *prostaglandina* vem do fato de os compostos terem sido isolados a partir das glândulas da próstata de ovelha, porém, subsequentemente, mostraram-se presentes em pequenas quantidades em todos os tecidos e fluidos do corpo.

As diversas dezenas de prostaglandinas conhecidas possuem uma ampla faixa de efeitos biológicos. Dentre suas muitas propriedades, elas podem baixar a pressão arterial, afetar a agregação das plaquetas durante a coagulação, diminuir a secreção gástrica, controlar inflamações, afetar a função renal, afetar o sistema reprodutivo e estimular as contrações uterinas durante o parto.

As prostaglandinas, juntamente com compostos relacionados chamados de tromboxanos e leucotrienos, formam uma classe de compostos chamada **eicosanoides**, pois derivam biologicamente do ácido 5,8,11,14-eicosatetraenoico, ou do ácido araquidônico (**Figura 27.3**). As prostaglandinas (PG) possuem um anel de ciclopentano, com duas cadeias laterais longas; os tromboxanos (TX) possuem um anel de seis membros com oxigênio; e os leucotrienos (LT) são acíclicos.

Os eicosanoides são nomeados com base em seu sistema de anel (PG, TX ou LT), padrão de substituição e número de ligações duplas. Os vários padrões de substituição no anel são indicados por letras, como mostrado na **Figura 27.4**, e o número de ligações duplas é indicado por um índice inferior. Sendo assim, a PGE_1 é uma prostaglandina com padrão de substituição "E" e uma ligação dupla. A numeração dos átomos nos vários eicosanoides é a mesma no ácido araquidônico, começa com o carbono $-CO_2H$ como C1, continua ao redor do anel e termina com o carbono $-CH_3$ na outra extremidade das cadeias como C20.

FIGURA 27.3 Estruturas de alguns eicosanoides representativos. Todos são derivados biologicamente do ácido araquidônico.

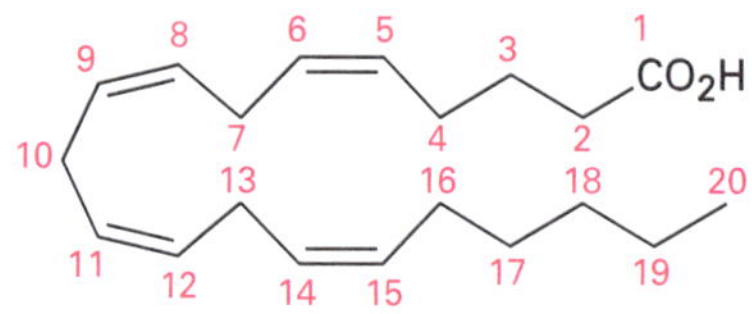

Ácido araquidônico

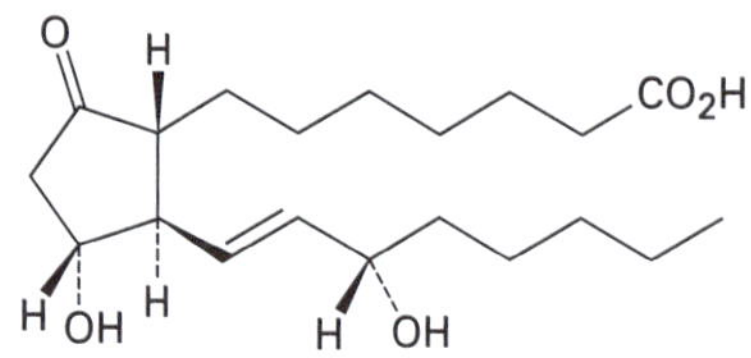

Prostaglandina E_1 (PGE_1)

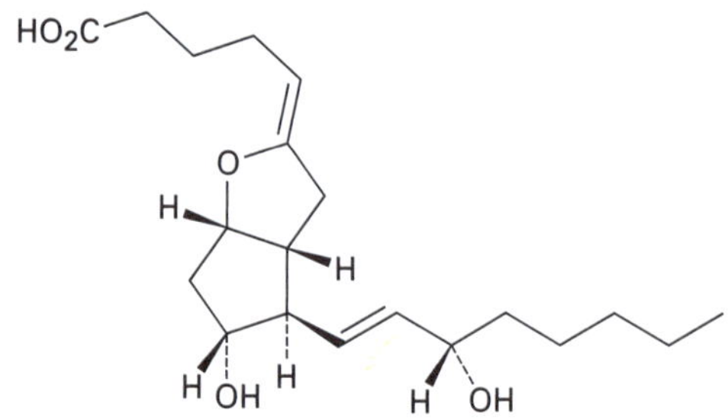

Prostaglandina I_2 (PGI_2) (prostaciclina)

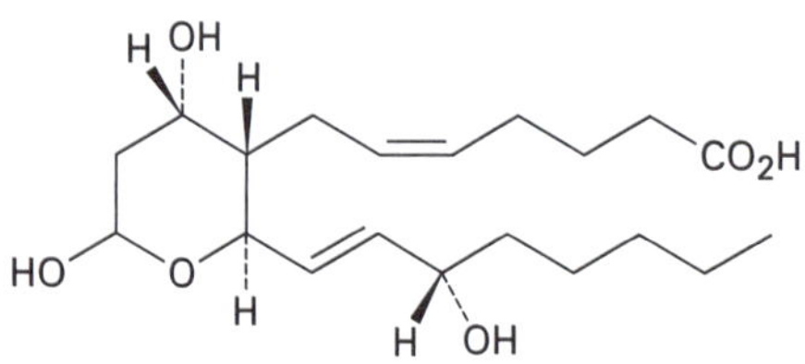

Tromboxano B_2 (TXB_2)

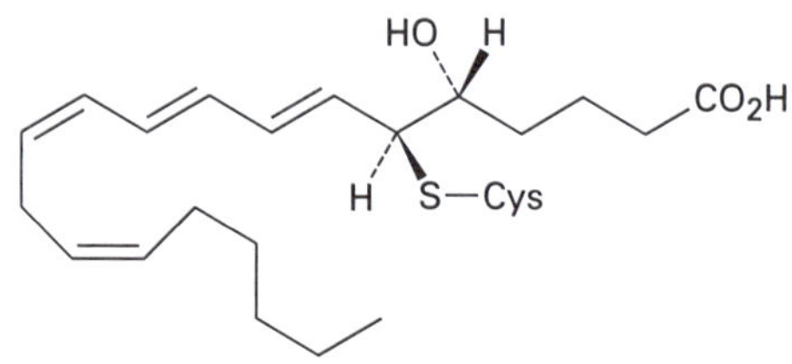

Leucotrieno E_4 (LTE_4)

FIGURA 27.4 O sistema de nomenclatura para eicosanoides.

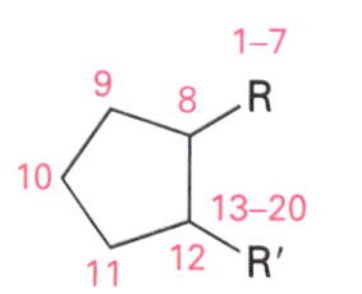

Uma prostaglandina (PG)

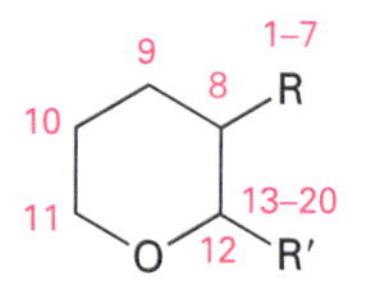

Um tromboxano (TX)

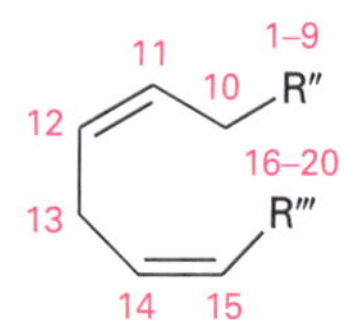

Um leucotrieno (LT)

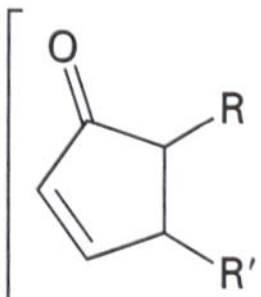

PGA

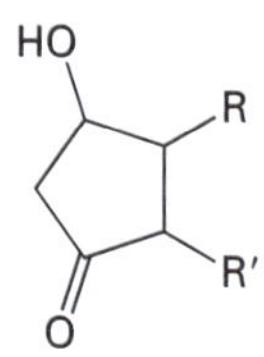

PGD

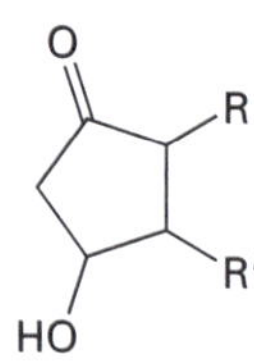

PGE

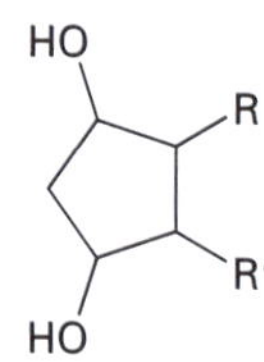

PGF

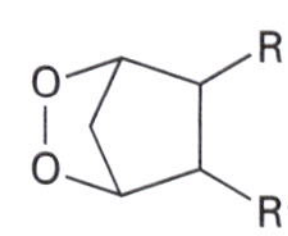

PGG, PGH

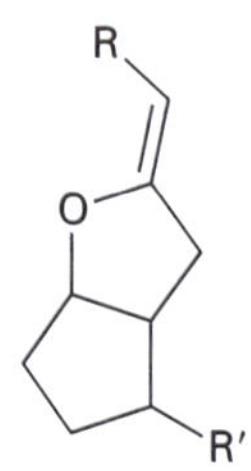

PGI

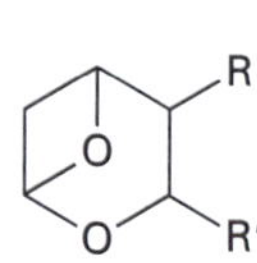

TXA

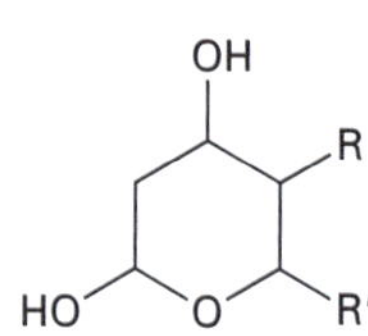

TXB

A biossíntese dos eicosanoides começa com a conversão do ácido araquidônico em PGH_2, catalisada pela multifuncional PGH sintase, também chamada de ciclooxigenase (COX). Existem duas enzimas distintas, a PGHS-1 e a PGHS-2 (ou COX-1 e COX-2), ambas realizam a mesma reação, mas parecem funcionar independentemente. A COX-1 realiza a produção fisiológica normal de prostaglandinas, e a COX-2 produz a prostaglandina adicional em resposta à artrite ou outra condição inflamatória. O Vioxx, Celebrex, Bextra e muitas outras drogas inibem seletivamente a enzima COX-2, mas também parecem causar sérios problemas cardíacos em pacientes enfraquecidos (veja *Algo Extra* do Capítulo 15).

A PGHS realiza duas transformações: uma reação inicial do ácido araquidônico com O_2 para produzir a PGH_2 e uma redução subsequente do grupo hidroperóxido (−OOH) ao PGH_2. A sequência de etapas envolvidas nestas transformação foi mostrada na **Figura 8.10**.

O processamento adicional da PGH_2 leva a outro eicosanoide. A PGE_2, por exemplo, surge por meio de uma isomerização da PGH_2 catalisada pela PGE sintase (PGES). A coenzima glutationa é necessária para a atividade da enzima, embora não seja quimicamente modificada durante a isomerização, e seu papel não seja totalmente entendido. Uma possibilidade é a do ânion tiolato de glutationa quebrar a ligação O–O na PGH_2 por meio de um ataque do tipo S_N2 a um dos átomos de oxigênio, formando um intermediário tioperóxido (R−S−O−R'), que elimina a glutationa para formar a cetona (**Figura 27.5**).

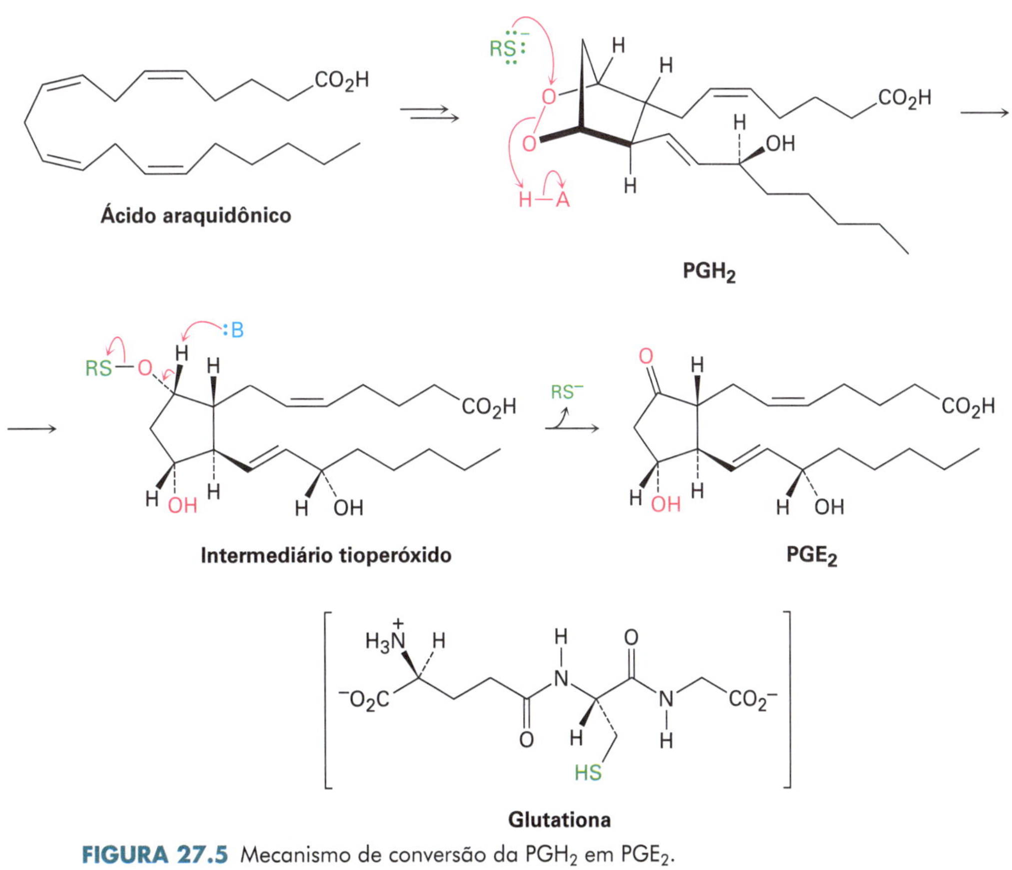

FIGURA 27.5 Mecanismo de conversão da PGH_2 em PGE_2.

PROBLEMA 27.5 Atribua a configuração *R* ou *S* para cada centro de quiralidade na prostaglandina E_2 (**Figura 27.5**), a mais abundante e biologicamente potente entre as prostaglandinas dos mamíferos.

27.5 Terpenoides

Vimos em *Algo Extra* do Capítulo 8 que os **terpenoides** são um grupo grande e diverso de lipídeos encontrados em todos os organismos vivos. Apesar de suas diferenças estruturais aparentes, todos os terpenoides contêm um múltiplo de cinco carbonos e são derivados biossinteticamente do precursor de cinco carbonos difosfato de isopentenila (**Figura 27.6**). Embora formalmente um *terpenoide* contenha oxigênio, enquanto um hidrocarboneto é chamado de *terpeno*, usaremos o termo *terpenoide* ao nos referirmos a ambos para simplificar.

FIGURA 27.6 Estruturas de alguns terpenoides representativos.

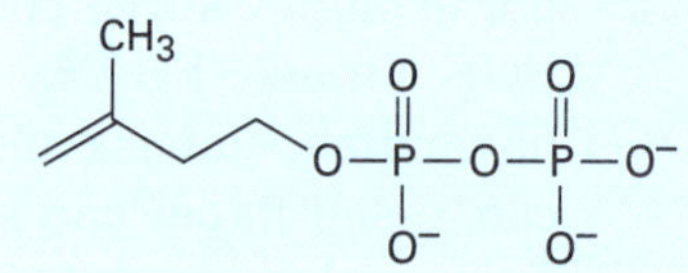

Difosfato de isopentenila

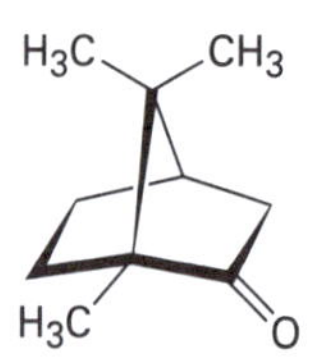

Cânfora
(um monoterpenoide – C_{10})

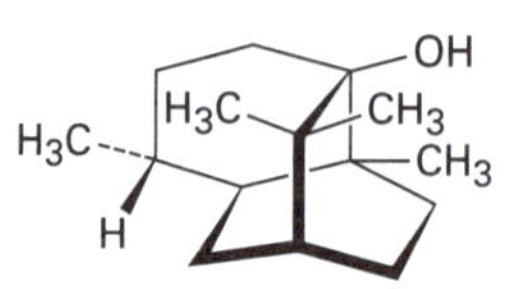

Álcool de patchouli
(um sesquiterpenoide – C_{15})

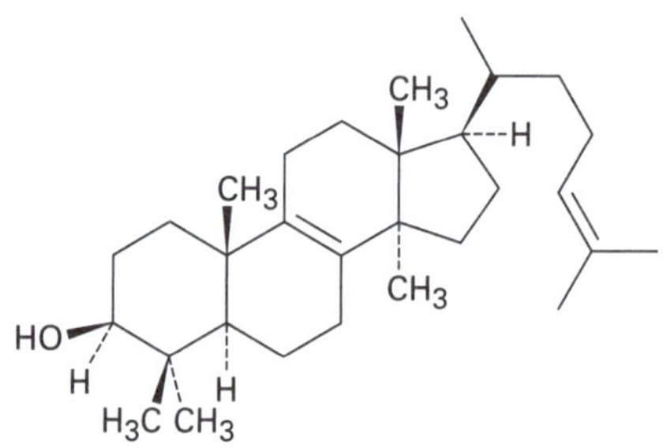

Lanosterol
(um triterpenoide – C_{30})

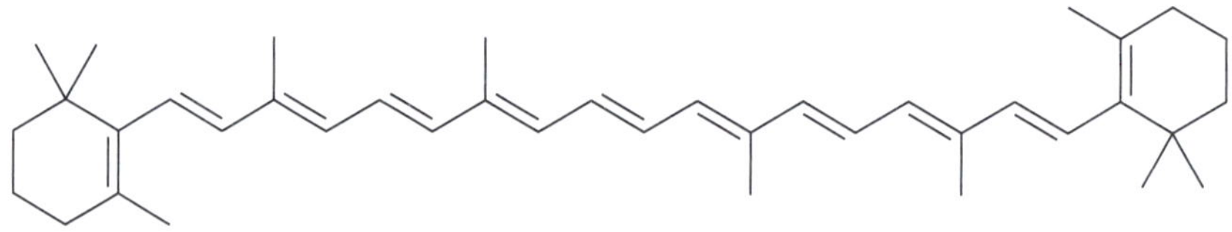

β-caroteno
(um tetraterpenoide – C_{40})

Você pode se lembrar do Capítulo 8, que os terpenoides são classificados de acordo com o número de múltiplos de cinco carbonos que eles contêm. *Monoterpenoides* contêm 10 carbonos e são derivados de dois difosfatos de isopentenila; *sesquiterpenoides* contêm 15 átomos de carbono e são derivados de três difosfatos de isopentenila; diterpenoides contêm 20 carbonos e são derivados de quatro difosfatos de isopentenila, e assim por diante, até triterpenoides (C_{30}) e tetraterpenoides (C_{40}). Lanosterol, por exemplo, é um triterpenoide do qual os hormônios esteroides são feitos e o β-caroteno é um triterpenoide que serve como uma fonte de vitamina A (**Figura 27.6**).

O terpenoide precursor difosfato de isopentenila, antigamente chamado de pirofosfato de isopentenila e com abreviação IPP, é biossintetizado por duas rotas diferentes, dependendo do organismo e da estrutura do produto final. Em animais e plantas superiores, os sesquiterpenoides e triterpenoides resultam essencialmente da rota do *mevalonato*, enquanto os monoterpenoides, diterpenoides e tetraterpenoides são biossintetizados pela rota do *1-deoxixilulose-5-fosfato* (*DXP*), também chamada de rota fosfato de metileritritol ou MEP. Nas bactérias ambas as rotas são utilizadas. Veremos apenas a rota do mevalonato, que é mais comum e mais bem compreendida atualmente.

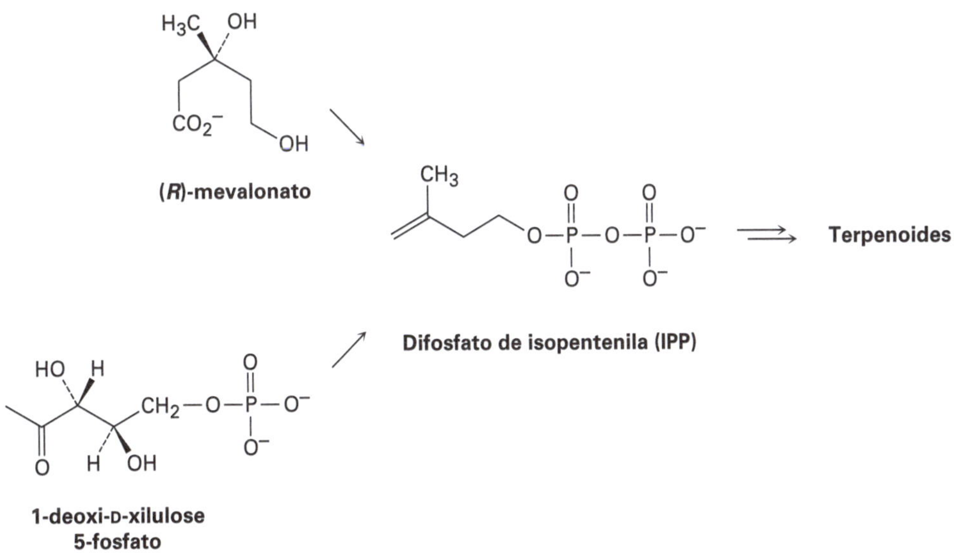

A ROTA DO MEVALONATO AO DIFOSFATO DE ISOPENTENILA

Como mostrado na **Figura 27.7**, a rota do mevalonato começa com a conversão do acetato em acetil-CoA, seguida por uma condensação de Claisen para produzir a acetoacetil-CoA. Acontece uma segunda reação de condensação de carbonila, com uma terceira molécula de acetil-CoA, esta, com o processo similar ao aldólico, produz o composto com seis carbonos 3-hidroxi-3-metil-glutaril-CoA, que é reduzido para formar o mevalonato. A fosforilação, seguida pela perda de CO_2 e de íon fosfato, completa o processo.

Etapa 1 da Figura 27.7: condensação de Claisen A primeira etapa na biossíntese do mevalonato é a condensação de Claisen (**Seção 23.7**) para formar a acetoacetil-CoA, uma reação catalisada pela acetoacetil-CoA acetiltransferase. Primeiro, um grupo acetila se liga à enzima por reação de substituição nucleofílica de acila com um grupo –SH da cisteína. A formação de um íon enolato, a partir de uma segunda molécula de acetil-CoA, seguida pela condensação de Claisen, então forma o produto.

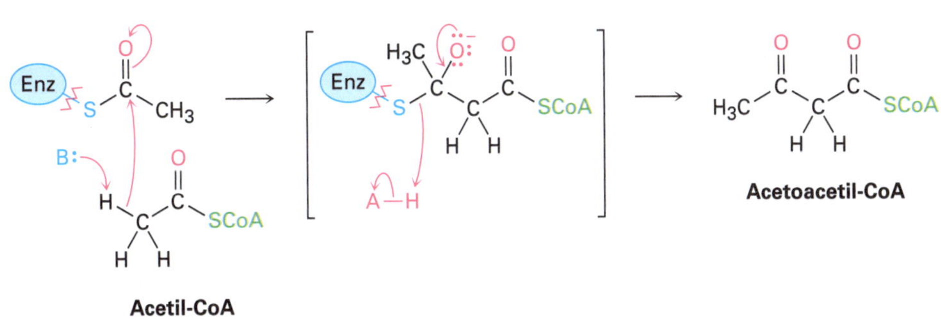

Etapa 2 da Figura 27.7: condensação aldólica Depois que o acetoacetil-CoA sofre uma adição similar à aldólica (**Seção 23.1**), de um íon enolato de acetil-CoA, em uma reação catalisada pela 3-hidroxi-3-metilglutaril-CoA sintase da cisteína.

FIGURA 27.7
A rota do mevalonato para a biossíntese do difosfato de isopentenila a partir de três moléculas de acetil-CoA. As etapas individuais estão explicadas no texto.

MECANISMO

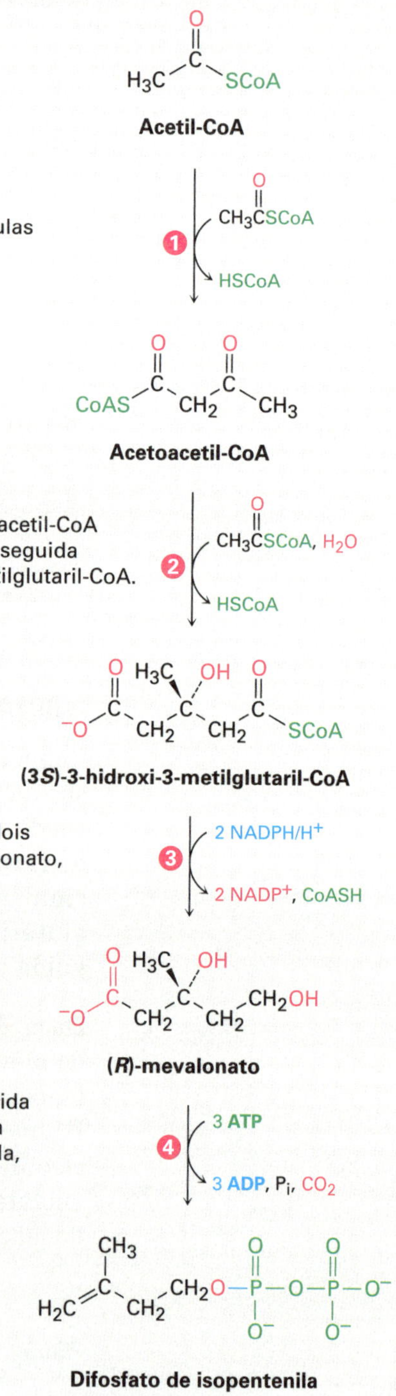

1 A condensação de Claisen de duas moléculas de acetil-CoA forma um acetoacetil-CoA.

2 A condensação similar à aldólica do acetoacetil-CoA com uma terceira molécula de acetil-CoA, seguida por hidrólise, forma o (3*S*)-3-hidroxi-3-metilglutaril-CoA.

3 A redução do grupo tioéster por meio de dois equivalentes de NADPH forma o (*R*)-mevalonato, um ácido dihidroxi.

4 A fosforilação da hidroxila terciária e a difosforilação da hidroxila primária, seguida por descarboxilação e expulsão simultânea do fosfato, forma o difosfato de isopentenila, o precursor dos terpenoides.

A reação ocorre por ligação inicial do substrato a um grupo –SH da cisteína na enzima, seguida pela adição de íon enolato e hidrólise subsequente para formar o (3*S*)-3-hidroxi-3-metilglutaril-CoA (HMG-CoA).

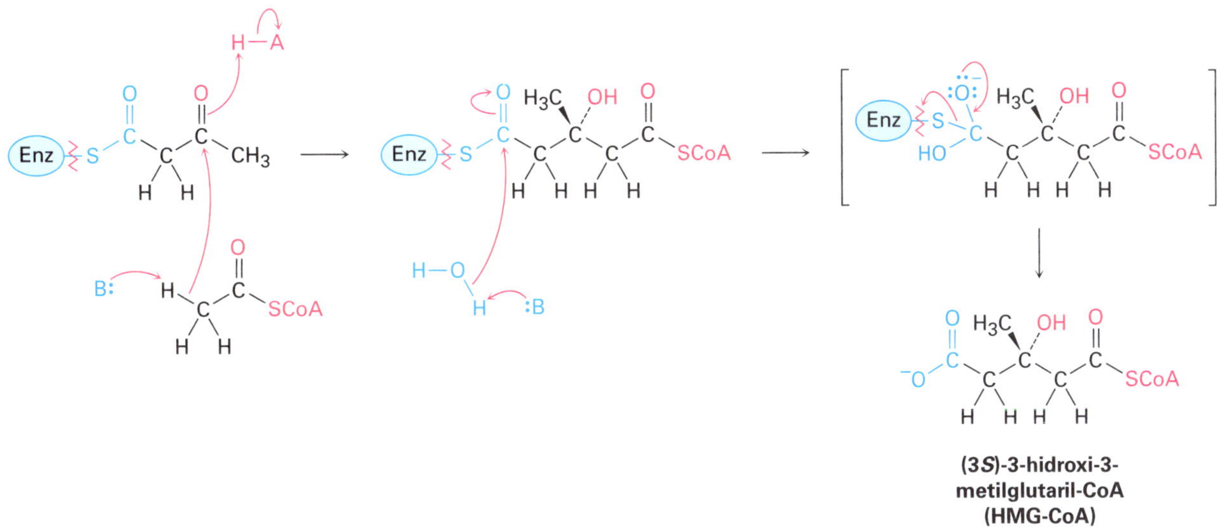

Etapa ❸ da Figura 27.7: redução A redução da HMG-CoA para formar o (*R*)--mevalonato é catalisada pela 3-hidroxi-3-metilglutaril-CoA redutase e necessita de dois equivalentes de nicotinamida adenina dinucleotideo fosfato (NADPH), um parente próximo do NADH (**Seção 19.12**). A reação ocorre em duas etapas e envolve um aldeído intermediário. A primeira etapa é uma reação de substituição nucleofílica de acila que envolve a transferência do hidreto do NADPH para o grupo carbonila do tioéster do HMG-CoA. Após a expulsão do HSCoA como grupo abandonador, o aldeído intermediário sofre uma segunda adição de hidreto para formar o mevalonato.

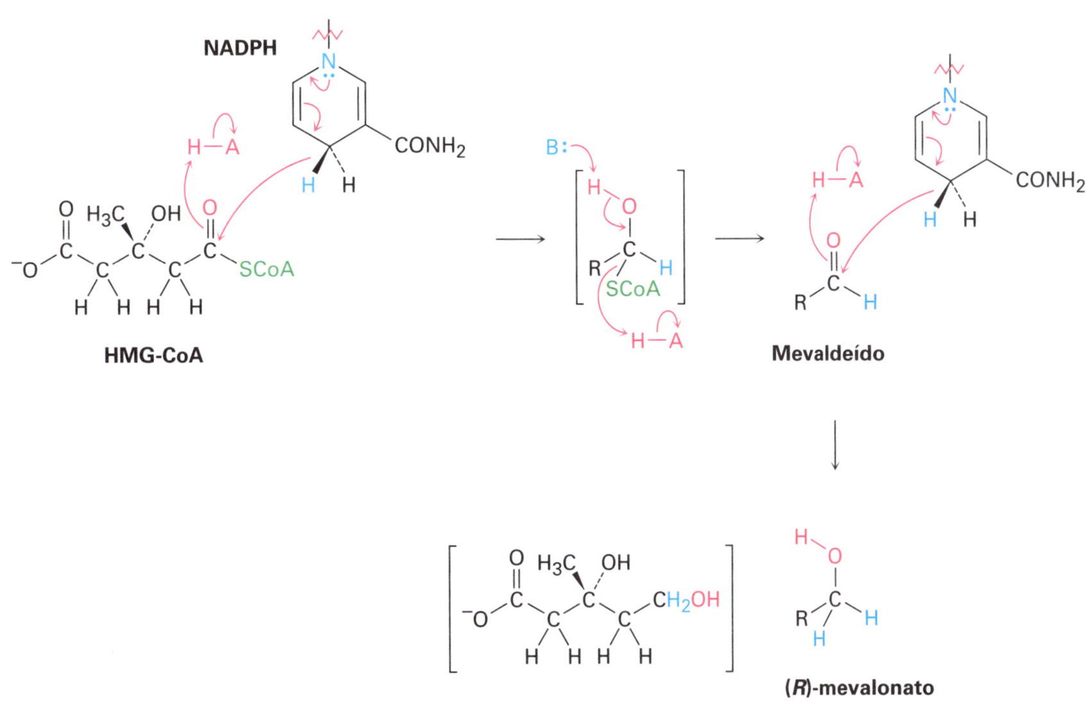

Etapa ❹ da Figura 27.7: fosforilação e descarboxilação Três reações adicionais são necessárias para converter o mevalonato no difosfato de isopentenila. As duas primeiras são fosforilações simples por ATP que ocorrem por meio de reações de substituição nucleofílica no fósforo terminal. O mevalonato é primeiro convertido em mevalonato-5-fosfato (fosfomevalonato) por reação com ATP; o mevalonato-5-fosfato, em seguida, reage com um segundo ATP para dar o mevalonato-5-difosfato (difosfomevalonato). A terceira reação resulta na fosforilação do grupo hidroxila terciário, seguida pela descarboxilação e perda de um íon fosfato.

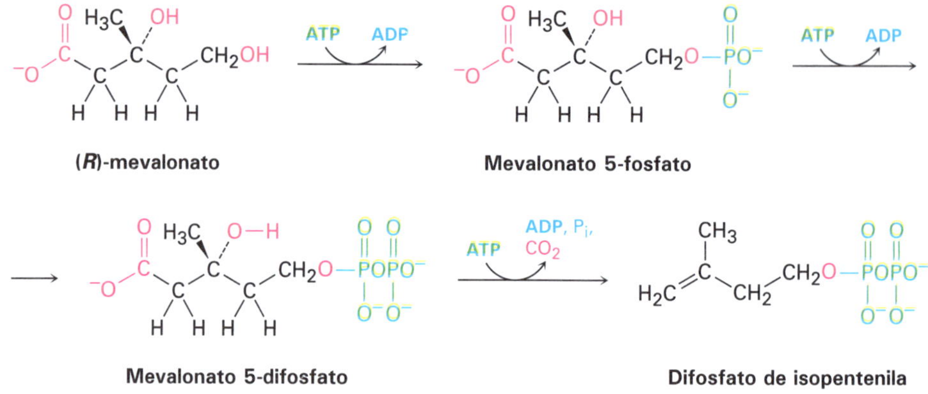

A descarboxilação final do mevalonato 5-difosfato não parece comum porque as descarboxilações de ácidos não ocorrem normalmente em β-ceto-ácidos e em ácidos malônicos, nas quais o grupo carboxilato está a dois átomos de distância de um grupo carbonila adicional. Como discutido na **Seção 22.7**, a função deste segundo grupo carbonila é para atuar como um receptor de elétrons e estabilizar a carga resultante da perda de CO_2. De fato, no entanto, a descarboxilação de um β-ceto-ácido e a descarboxilação do mevalonato-5-difosfato estão intimamente relacionadas.

Catalisado pelo mevalonato-5-difosfato descarboxilase, o substrato é inicialmente fosforilado no grupo −OH livre por reação com o ATP para dar um fosfato terciário, que sofre dissociação espontânea similar a S_N1 para se obter um carbocátion terciário. A carga positiva age como receptor de elétrons para facilitar a descarboxilação, exatamente da mesma forma que o grupo carbonila β faz, formando o difosfato de isopentenila (nas estruturas a seguir, o grupo difosfato é abreviado como OPP).

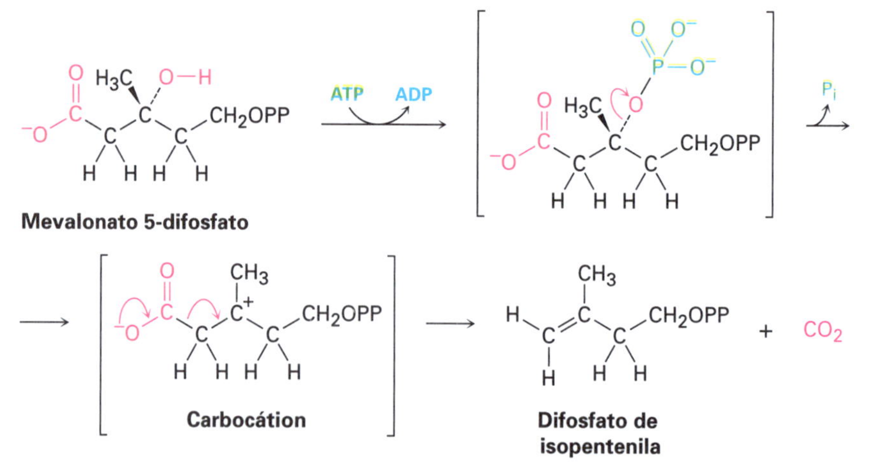

PROBLEMA 27.6 A conversão do mevalonato 5-difosfato em difosfato de isopentenila ocorre com o resultado a seguir. Qual hidrogênio, *pro-R ou pro-S*, termina como cis em relação ao grupo metila e qual termina como trans?

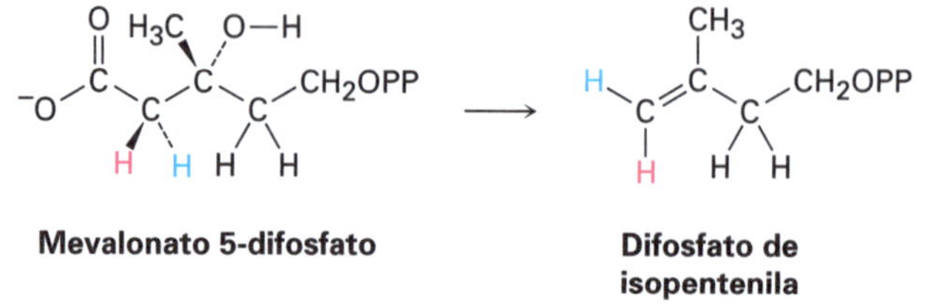

CONVERSÃO DO DIFOSFATO DE ISOPENTENILA EM TERPENOIDES

A conversão do difosfato de isopentenila (IPP) em terpenoides começa com a sua isomerização para difosfato de dimetilalila, com abreviação DMAPP e chamado antigamente de pirofosfato de dimetilalila. Esses dois blocos fundamentais de C_5 se combinam para formar a unidade C_{10} do difosfato de geranila (GPP). O álcool correspondente, o geraniol, é um terpenoide fragrante encontrado no óleo de rosas.

A combinação posterior de GPP com outro IPP forma a unidade C_{15} do difosfato de farnesila (FPP), e assim por diante, até C_{25}. Os terpenoides com mais de 25 moléculas de carbono, isto é, triterpenoides (C_{30}) e tetraterpenoides (C_{40}), são sintetizados, respectivamente, por meio de dimerização das unidades C_{15} e C_{20} (**Figura 27.8**). Em particular, os triterpenoides e os esteroides surgem da dimerização redutiva do difosfato de farnesila para formar o esqualeno.

FIGURA 27.8 Uma visão geral da biossíntese dos terpenoides a partir do difosfato de isopentenila.

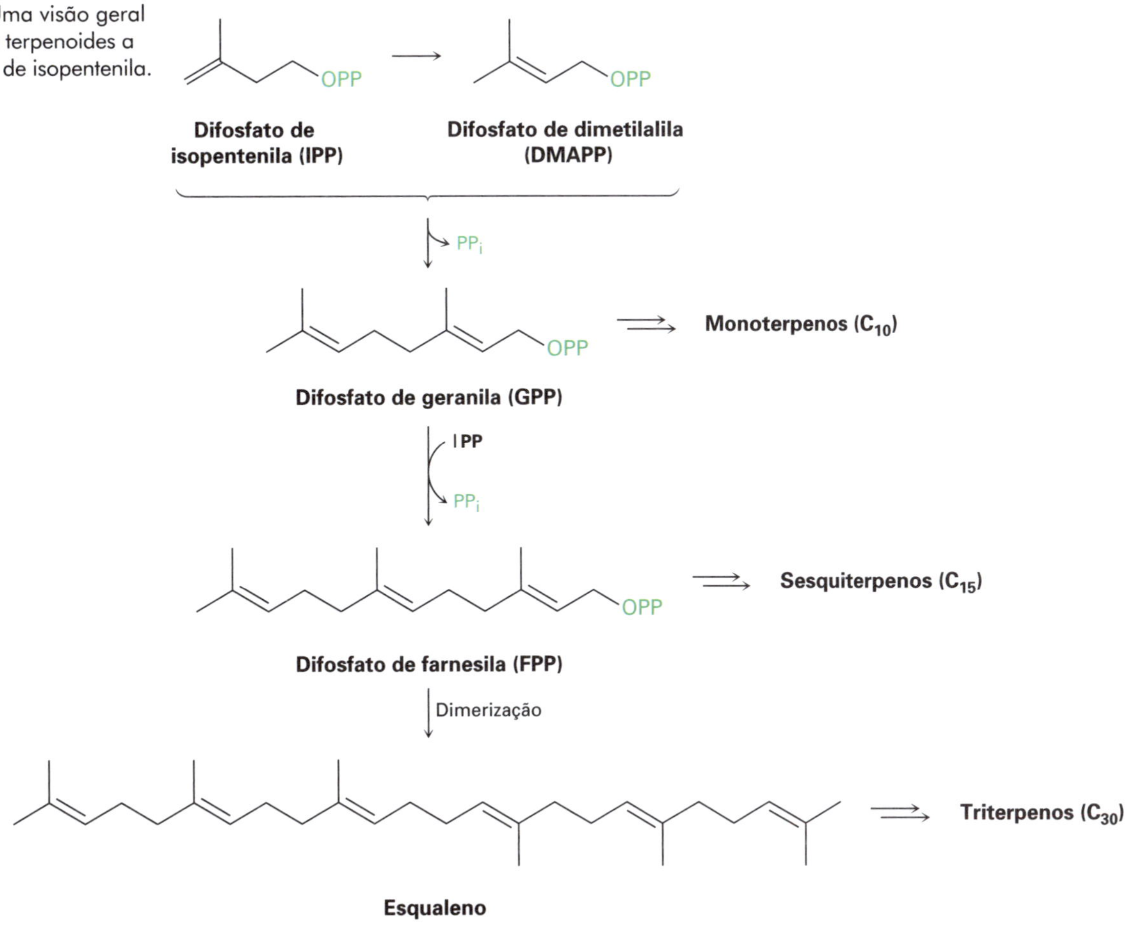

A isomerização do difosfato de isopentenila em difosfato de dimetilalila é catalisada por meio da IPP isomerase e ocorre por uma rota de carbocátion. A protonação da ligação dupla do IPP, por um resíduo de cisteína com ligação de hidrogênio com a enzima, forma um carbocátion terciário intermediário, que é desprotonado por um resíduo de glutamato como base para produzir um DMAPP. Estudos estruturais de raios X da enzima mostram que ela retém o substrato em um local bem protegido em profundidade não usual para bloquear o carbocátion altamente reativo contra a reação com solvente ou outras substâncias externas.

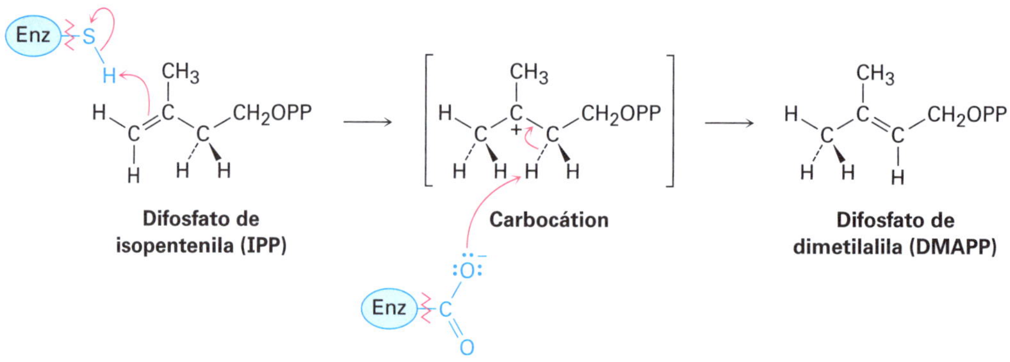

Tanto o acoplamento inicial do DMAPP com o IPP para formar um difosfato de geranila como o acoplamento subsequente do GPP com uma segunda molécula de IPP para formar o difosfato de farnesila são catalisados pelo difosfato de farnesila sintase. O processo requer o íon Mg^{2+} e a etapa-chave é uma reação de substituição nucleofílica na qual a ligação dupla de IPP comporta-se como um nucleófilo ao deslocar o grupo abandonador íon difosfato (PP_i) no DMAPP. Evidências sugerem que o substrato desenvolve caráter catiônico considerável e que provavelmente ocorra a dissociação espontânea do íon difosfato alílico em uma rota similar à S_N1 (**Figura 27.9**).

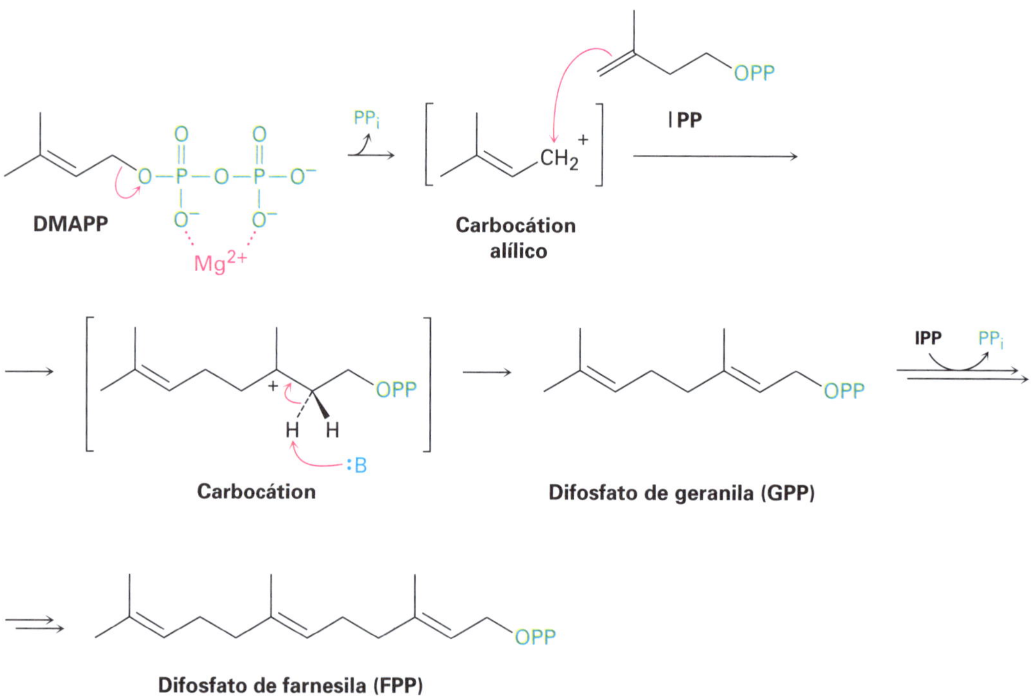

FIGURA 27.9 Mecanismo de reação de acoplamento do difosfato de dimetilalila (DMAPP) e do difosfato de isopentenila (IPP) para formar um difosfato de geranila (GPP).

A conversão adicional do difosfato de geranila em monoterpenoides normalmente envolve carbocátions intermediários e rotas de reação de várias etapas que são catalisadas por terpeno sintases. O funcionamento das monoterpeno ciclases ocorre primeiro por meio da isomerização do difosfato de geranila para o seu isômero alílico, o difosfato de linalila (LPP), um processo que ocorre por dissociação espontânea similar a S_N1 para um carbocátion alílico, seguida por recombinação. O efeito dessa isomerização é a conversão da ligação dupla C2–C3 do GPP em uma ligação simples, o que torna possível a ciclização e permite a isomerização *E*/*Z* da ligação dupla.

A dissociação e a ciclização posterior, por meio de adição eletrofílica de um carbono catiônico a uma ligação dupla terminal, formam um cátion cíclico, que pode sofrer rearranjo, um deslocamento de hidreto, ser capturado por um nucleófilo ou desprotonado para formar centenas de monoterpenoides conhecidos. Apenas como exemplo, o limoneno, um monoterpeno encontrado em diversos óleos cítricos, surge por meio da rota biossintética mostrada na **Figura 27.10**.

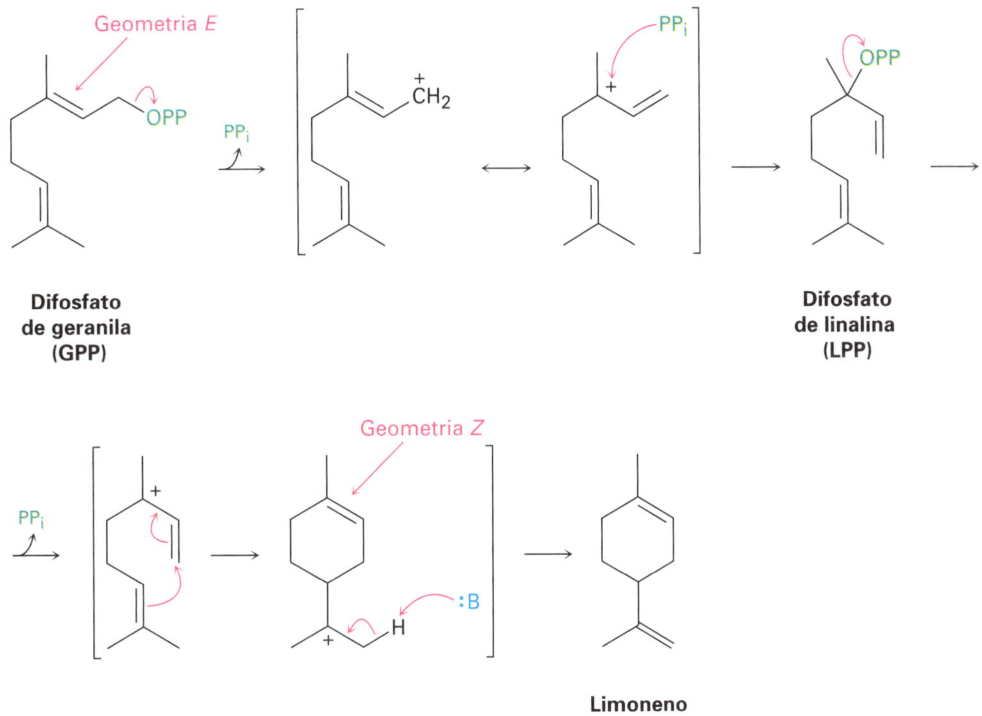

FIGURA 27.10 Mecanismo de formação do monoterpeno limoneno, a partir do difosfato de geranila.

Problemas para praticar 27.1

Propondo uma rota de biossíntese de terpenoide

Proponha uma rota de mecanismo para a biossíntese do α-terpineol a partir de um difosfato de geranila.

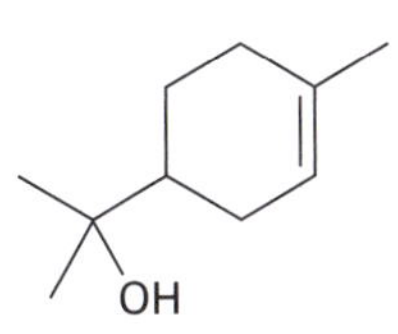

α-terpineol

Estratégia O α-terpineol, um monoterpenoide, deve ser biologicamente derivado de um difosfato de geranila por meio de seu isômero difosfato de linalila. Desenhe o precursor em uma conformação que aproxima a estrutura de uma molécula-alvo, e realize a ciclização catiônica utilizando a ligação dupla apropriada para deslocar o grupo abandonador difosfato. Já que o alvo é um álcool, o carbocátion resultante da ciclização deve reagir com água.

Solução

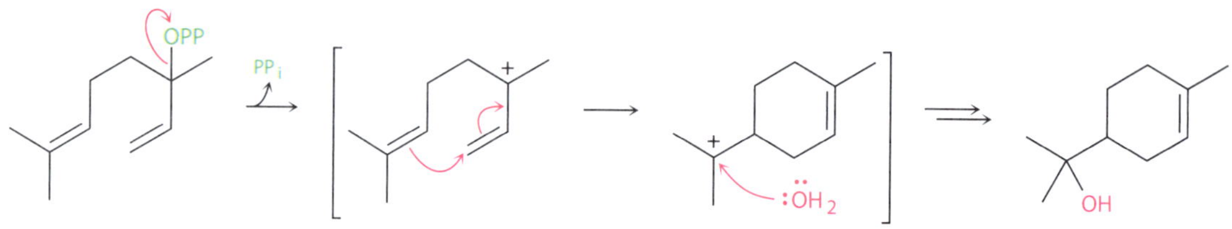

Difosfato de linalina — **α-terpineol**

PROBLEMA 27.7 Proponha uma rota de mecanismo para a formação biossintética dos terpenos a seguir:

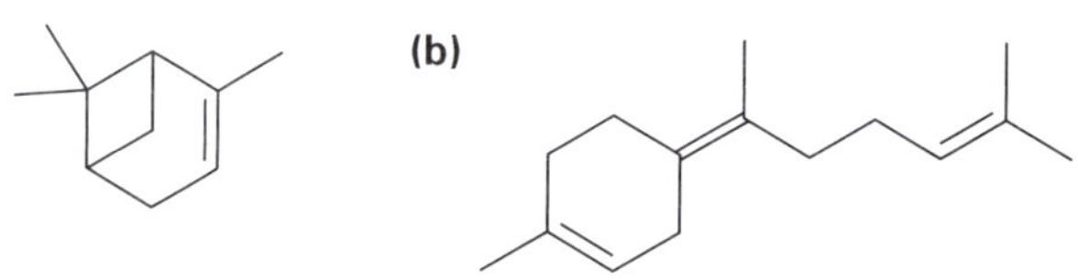

α-pineno — **γ-bisaboleno**

27.6

Esteroides

Além das gorduras, fosfolipídeos, eicosanoides e terpenoides, o lipídeo extraído dos vegetais e animais também contém **esteroides**, moléculas que são derivadas do triterpenoide lanosterol (**Figura 27.6**) e cujas estruturas são baseadas em um sistema de anéis tetracíclicos. Os quatro anéis são designados por A, B, C e D, começando na parte inferior esquerda e os átomos de carbono são numerados começando pelo anel A. Os três anéis de seis membros (A, B e C) adotam as conformações em cadeira, mas são impedidos por sua geometria rígida de sofrer a inversão de anel usual do ciclohexano (**Seção 4.6**).

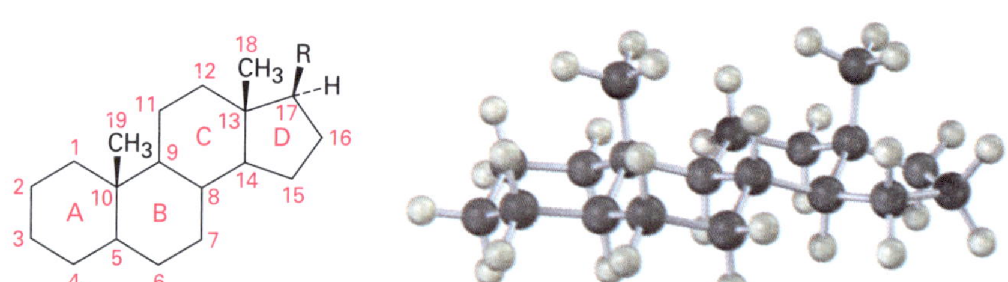

Um esteroide
(R = várias cadeias laterais)

Dois anéis de ciclohexano podem se juntar de maneira cis ou trans. Com a fusão cis para formar a *cis*-decalina, os dois grupos nas posições de união do anel (os grupos *angulares*) estão do mesmo lado dos dois anéis. Com a fusão trans para formar a *trans*-decalina, os grupos nas posições de união do anel estão em lados opostos.

cis-decalina

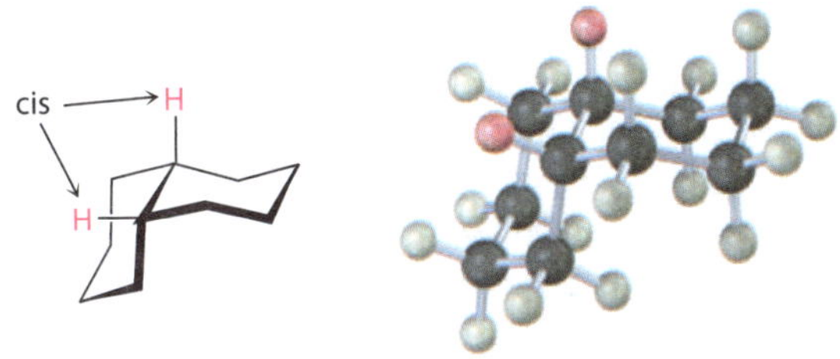

trans-decalina

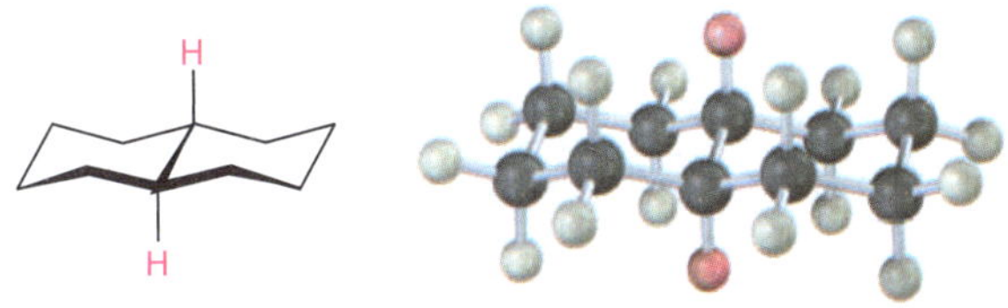

Como mostrado na **Figura 27.11**, os esteroides podem ter ou uma fusão cis ou trans dos anéis A e B, mas as outras fusões do anel (B–C e C–D) são normalmente trans. Um esteroide trans A–B tem o grupo metila angular no C19 apontando para cima, denotado β, e o átomo de hidrogênio no C5 apontando para baixo, denotado β. Os dois tipos de esteroides são moléculas relativamente longas e planas, que possuem seus dois grupos metila (C18 e C19) sobressaindo axialmente acima do sistema do anel. Os esteroides trans A–B são os mais comuns, embora os esteroides cis A–B sejam encontrados na bile do fígado.

FIGURA 27.11 Conformações de esteroides. Os três anéis de seis membros possuem conformações em cadeira, mas não podem sofrer inversão de anel. Os anéis A e B podem ser de fusão cis ou fusão trans.

Um esteroide trans A–B

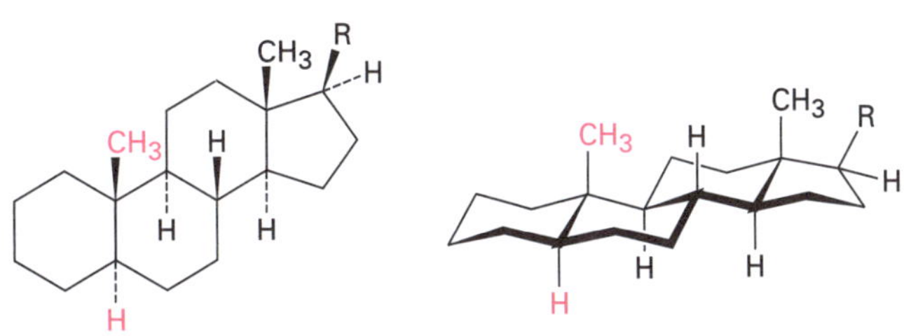

Um esteroide cis A–B

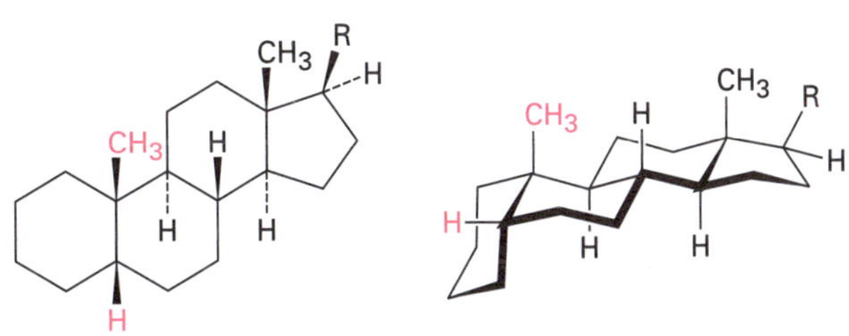

Os grupos substituintes no sistema dos anéis de esteroide podem ser axiais ou equatoriais. Assim como os ciclohexanos (**Seção 4.7**), a substituição equatorial geralmente é mais favorecida que a substituição axial – por motivos estéricos. O grupo hidroxila no C3 do colesterol, por exemplo, possui a orientação equatorial mais estável. Entretanto, diferente do que acontece com os ciclohexanos simples, os esteroides são moléculas rígidas, cuja geometria impede a inversão do anel do ciclohexano.

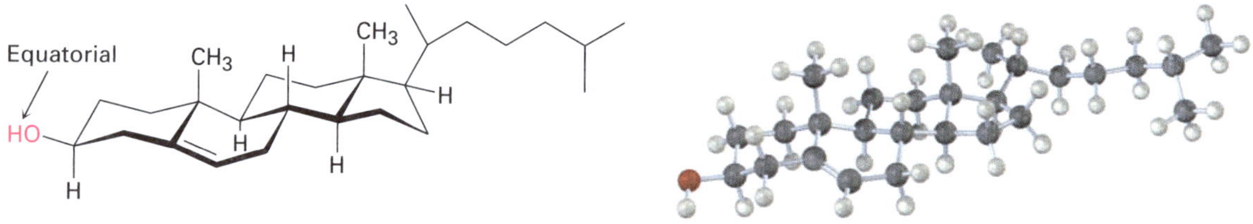

Colesterol

PROBLEMA 27.8 Desenhe as moléculas a seguir nas conformações em cadeira, e diga se os substituintes dos anéis são axiais ou equatoriais:

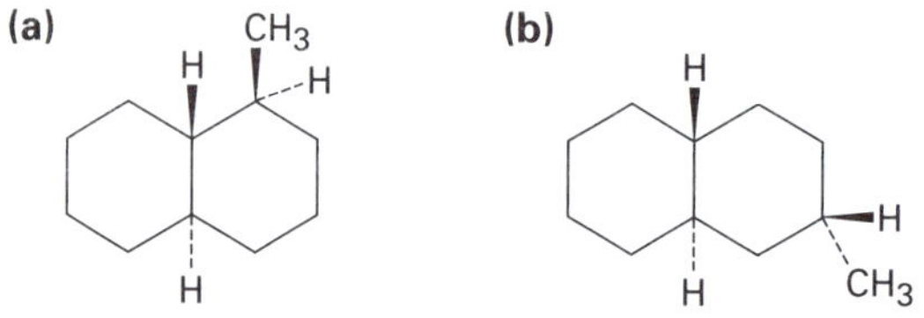

PROBLEMA 27.9 O ácido litocólico é um esteroide cis A–B encontrado na bile humana. Desenhe o ácido litocólico mostrando as conformações em cadeira de acordo com a **Figura 27.11**, e diga se o grupo hidroxila no C3 é axial ou equatorial.

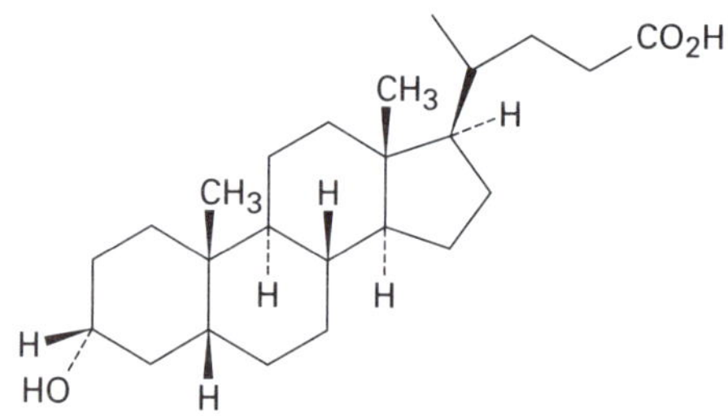

Ácido litocólico

HORMÔNIOS ESTEROIDES

Em humanos, a maior parte dos esteroides funciona como **hormônios**, mensageiros químicos que são secretados pelas glândulas endócrinas e levados pela corrente sanguínea para os tecidos-alvo. Existem duas classes principais de hormônios esteroides: os *hormônios sexuais*, que controlam a maturação, o crescimento de tecidos e a reprodução, e os *hormônios adreno-corticais*, que regulam uma variedade de processos metabólicos.

Hormônios sexuais A testosterona e a androsterona são os dois hormônios sexuais masculinos mais importantes, ou *androgênios*. Os androgênios são responsáveis pelo desenvolvimento das características sexuais masculinas secundárias durante a puberdade e pela promoção do crescimento dos tecidos e músculos. Os dois são sintetizados nos testículos a partir do colesterol. A androstenediona é outro hormônio minoritário que recebe atenção especial por causa da sua utilização por atletas em destaque.

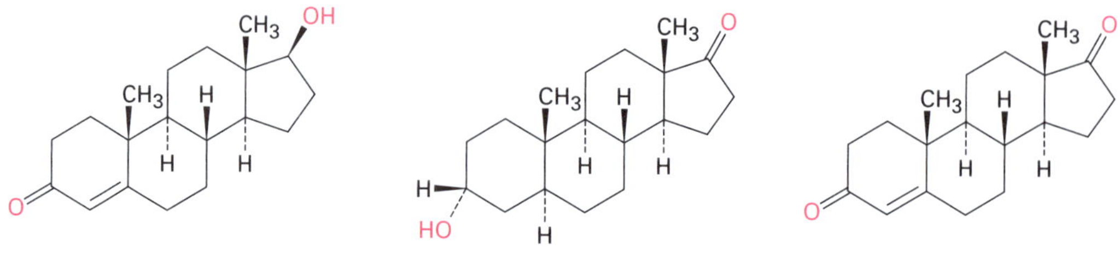

Testosterona **Androsterona** **Androstenediona**

(Androgênios)

A estrona e o estradiol são os dois hormônios sexuais femininos mais importantes, ou *estrogênios*. Sintetizados nos ovários a partir da testosterona, os hormônios estrogênios são responsáveis pelo desenvolvimento das características sexuais femininas secundárias e pela regulação do ciclo menstrual. Observe que os dois possuem anéis A, similares aos aromáticos. Além disso, outro hormônio sexual chamado *progestina* é essencial para a preparação do útero para a implantação de um óvulo fertilizado durante a gravidez. A progesterona é a progestina mais importante.

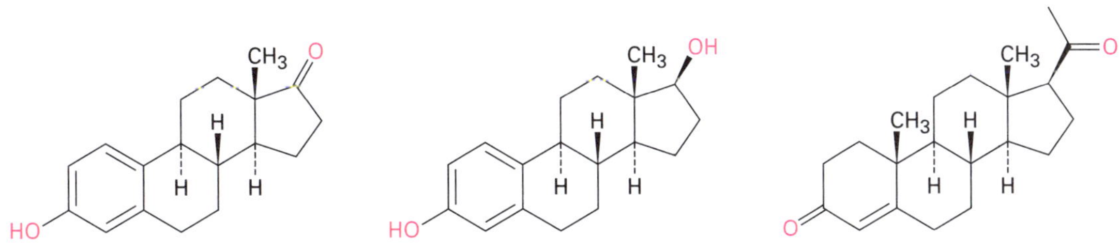

Estrona **Estradiol** **Progesterona (uma progestina)**

(Estrogênios)

Hormônios adrenocorticais Os esteroides adrenocorticais são secretados pelas glândulas adrenais, pequenos órgãos localizados próximos à parte superior de cada rim. Existem dois tipos de esteroides adrenocorticais, chamados de *mineralocorticoides* e *glicocorticoides*. Os mineralocorticoides, como a aldosterona, controlam o inchaço dos tecidos, regulando o equilíbrio do sal celular entre o Na^+ e o K^+. Os glicocorticoides, como a hidrocortisona, estão envolvidos na regulagem do metabolismo da glicose e no controle de inflamações. As pomadas à base de glicocorticoide são muito utilizadas para diminuir o inchaço causado pela exposição ao carvalho venenoso ou à hera venenosa.

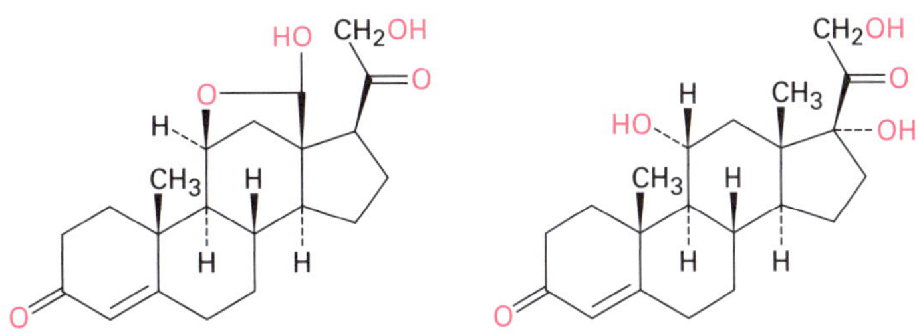

Aldosterona (um mineralocorticoide) **Hidrocortisona (um glicocorticoide)**

Esteroides sintéticos Além das centenas de esteroides isolados de vegetais e animais, milhares foram sintetizadas em laboratórios farmacêuticos em uma busca de novos medicamentos. Entre os esteroides sintéticos mais conhecidos estão os contraceptivos orais e os agentes anabólicos. A maior parte das pílulas anticoncepcionais é uma mistura de dois compostos: um estrogênio sintético – como o etinilestradiol – e uma progestina sintética – como a noretindrona. Os *esteroides anabólicos*, como a metandrostenolona (Dianabol), são androgênios sintéticos que imitam os efeitos da construção de tecidos da testosterona natural.

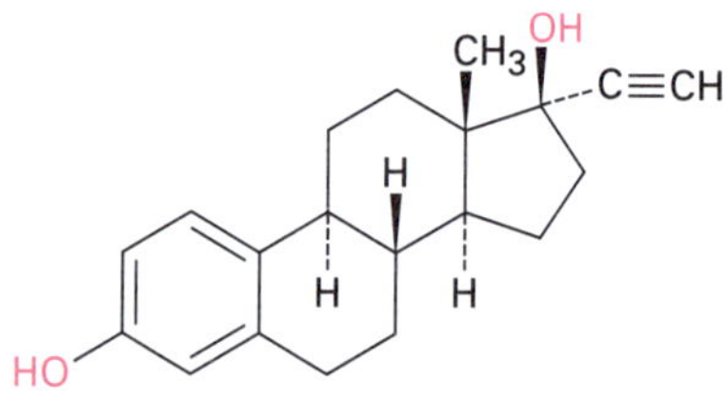

Etinilestradiol
(um estrogênio sintético)

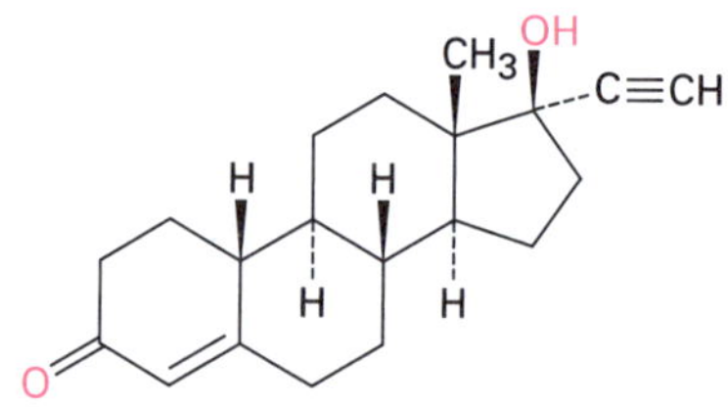

Noretindrona
(uma progestina sintética)

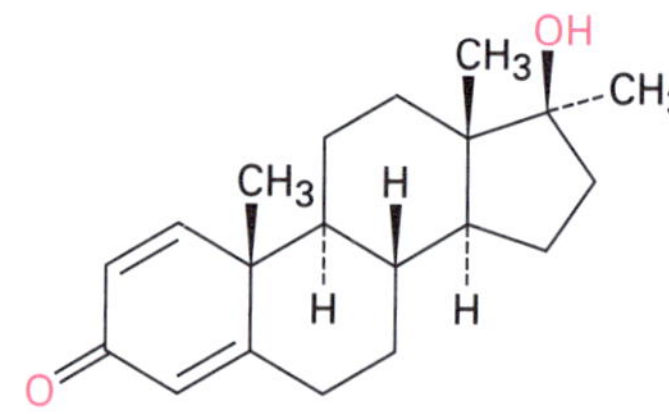

Metandrostenolona
(Dianabol)

27.7

Biossíntese de esteroides

Os esteroides são triterpenoides fortemente modificados que são biossintetizados em organismos vivos a partir do difosfato de farnesila (C_{15}). A dimerização redutiva primeiro converte o difosfato de farnesila no hidrocarboneto acíclico esqualeno (C_{30}), que é convertido em lanosterol (**Figura 27.12**). Os rearranjos e degradações posteriores acontecem para formação de diversos esteroides. A conversão do esqualeno em lanosterol está entre as estudadas de maneira mais intensiva entre todas as transformações biossintéticas. Começando por um polieno aquiral de cadeia aberta, o processo completo necessita apenas de duas enzimas e resulta na formação de seis ligações carbono-carbono, quatro anéis e sete centros de quiralidade.

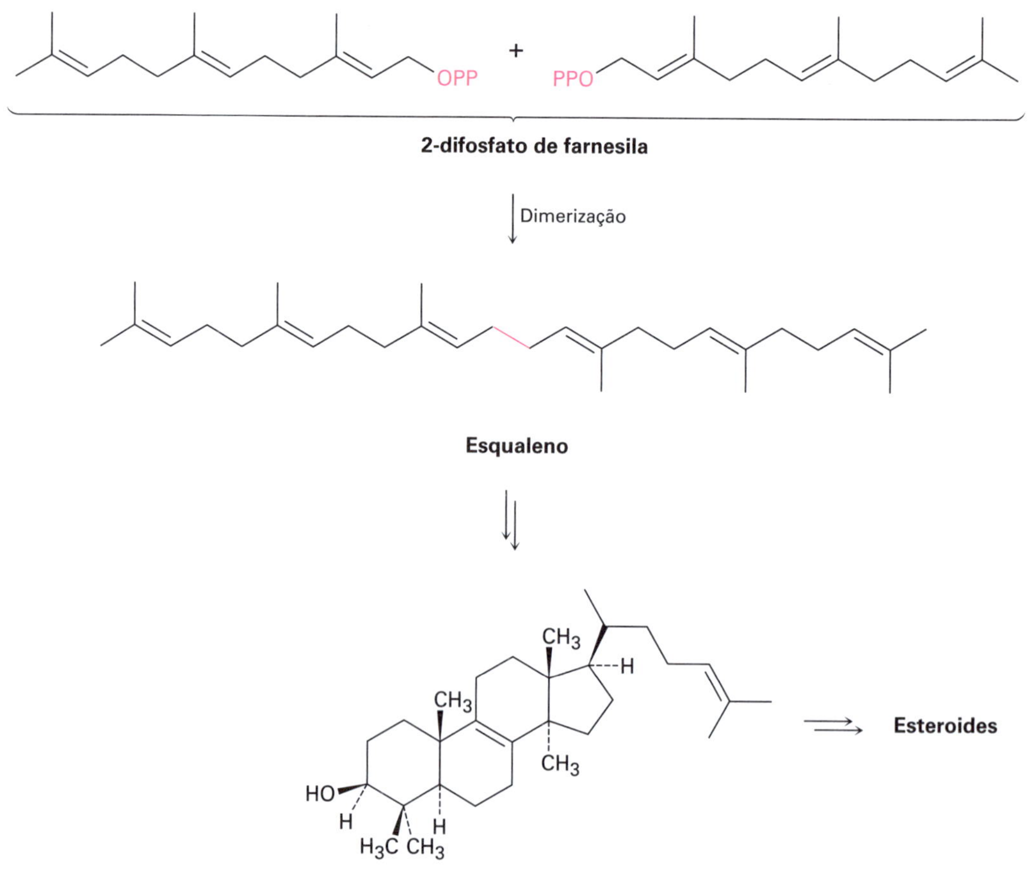

Lanosterol

FIGURA 27.12 Uma visão geral da biossíntese a partir do difosfato de farnesila.

A biossíntese do lanosterol começa com a conversão seletiva do esqualeno ao seu epóxido (3*S*)-2,3-oxidoesqualeno, catalisado por meio do esqualeno epoxidase. O O_2 molecular proporciona a fonte do átomo de oxigênio do epóxido, e o NADPH é necessário, juntamente com a coenzima flavina. O mecanismo proposto envolve a reação do $FADH_2$ com o O_2 para produzir um intermediário hidroperóxido de flavina (ROOH), que transfere uma molécula de oxigênio a um esqualeno por uma rota iniciada pelo ataque nucleofílico da ligação dupla do esqualeno ao oxigênio terminal do hiperóxido (**Figura 27.13**). O álcool flavina formado como um subproduto perde H_2O para formar o FAD, que é novamente reduzido para o $FADH_2$ pelo NADPH. Como observado na **Seção 8.7**, tal mecanismo de epoxidação é o análogo bem próximo àqueles nos quais os peroxiácidos (RCO_3H) reagem com os alcenos para formar os epóxidos em laboratório.

FIGURA 27.13 Mecanismo proposto para a oxidação do esqualeno, por um hidroperóxido de flavina.

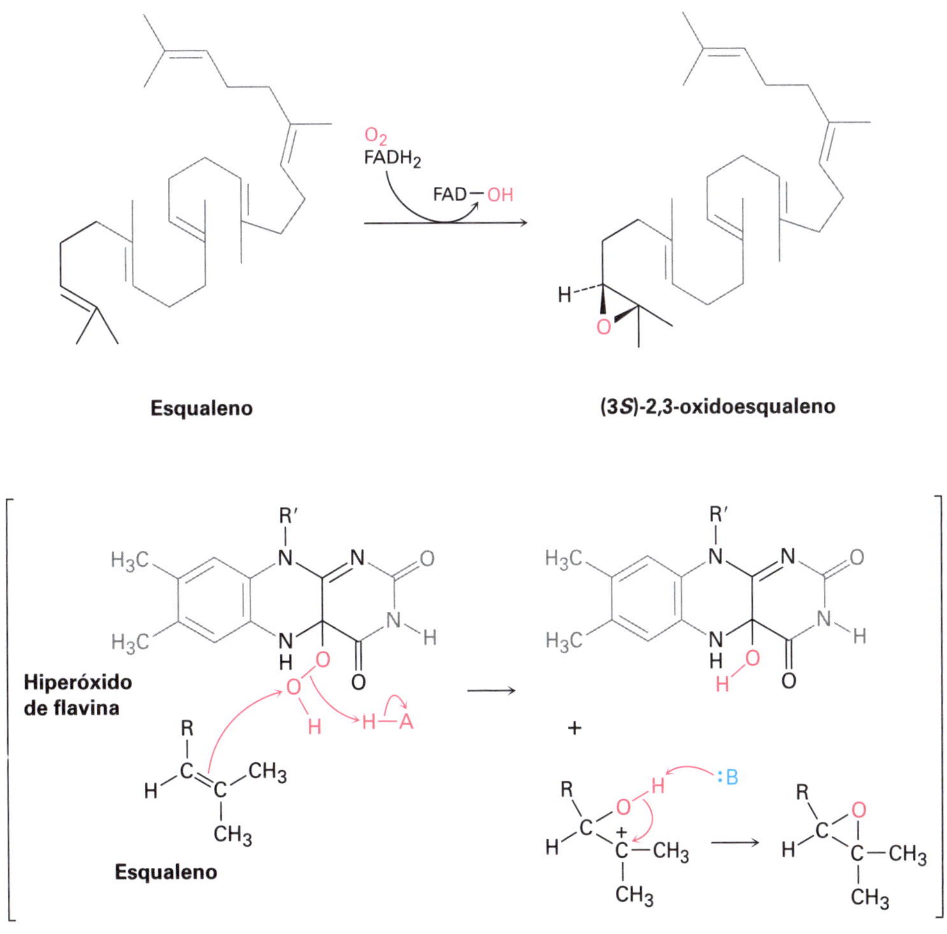

A segunda parte da biossíntese do lanosterol é catalisada pelo óxido-esqualeno lanosterol ciclase, e ocorre como mostrado na **Figura 27.14**. O esqualeno é dobrado pela enzima em uma conformação que alinha as diversas ligações duplas para sofrerem uma cascata de adições eletrofílicas intramoleculares sucessivas, seguida por uma série de migrações de hidreto e de metila. Exceto pela protonação/ciclização inicial do epóxido, o processo provavelmente é gradual e parece envolver carbocátions intermediários discretos que são estabilizados por meio de interações eletrostáticas com aminoácidos aromáticos ricos em elétrons na enzima.

MECANISMO

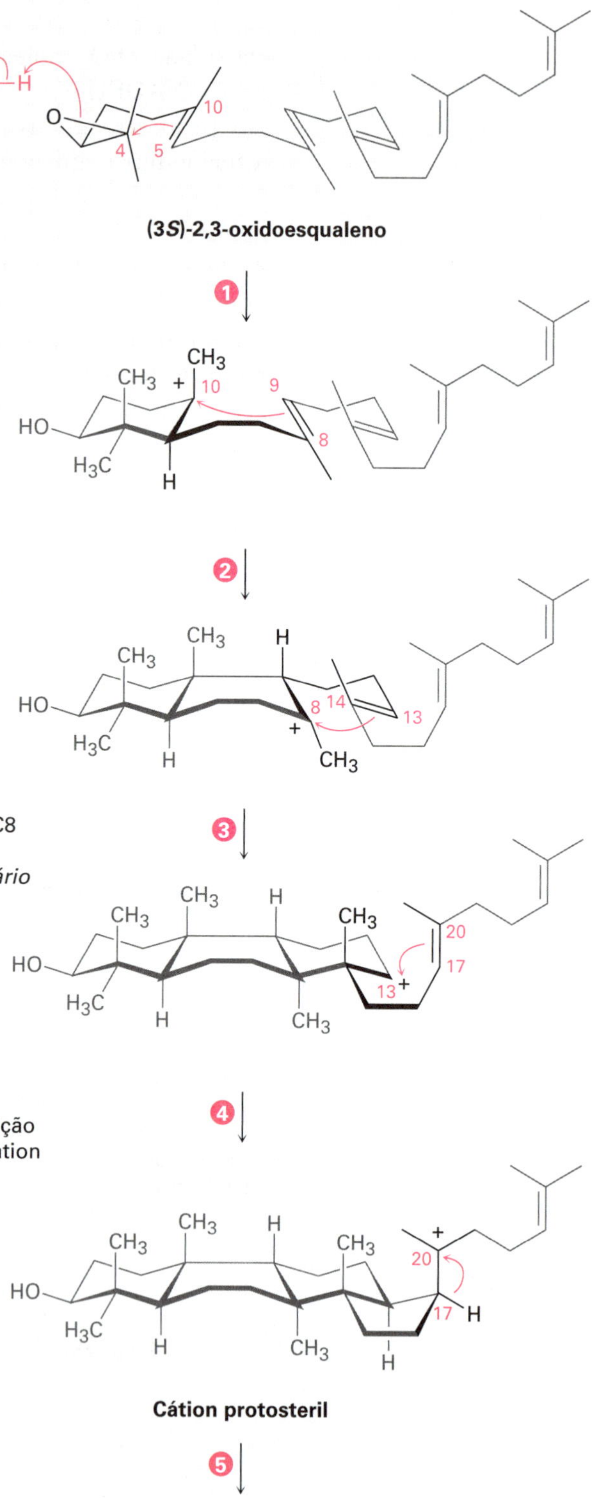

1. A protonação do oxigênio abre o anel de epóxido e forma um carbocátion terciário no C4. A adição eletrofílica intramolecular do C4 à ligação dupla 5,10 produz um carbocátion monocíclico terciário no C10.

2. O carbocátion C10 se adiciona à ligação dupla 8,9, formando um carbocátion bicíclico terciário C8.

3. A adição intramolecular posterior do carbocátion C8 à ligação dupla 13,14 ocorre com a regioquímica anti-Markovnikov e forma um carbocátion *secundário* tricíclico no C13.

4. A quarta e última ciclização ocorre por meio da adição do cátion C13 à ligação dupla 17,20, formando o cátion protosteril com a estereoquímica 17β.

(continua)

FIGURA 27.14 Mecanismo de conversão do 2,3-oxidoesqualeno a lanosterol. Quatro ciclizações catiônicas são seguidas por quatro rearranjos e pela perda final do H^+ no C9. O sistema de numeração de esteroides é utilizado para referência a posições específicas nos intermediários (**Seção 27.6**). As etapas individuais estão explicadas no texto.

5 Ocorre a migração do hidreto de C17 para C20, estabelecendo a estereoquímica *R* no C20.

6 Acontece uma segunda migração de hidreto do C13 para o C17, estabelecendo a estereoquímica 17β final na cadeia lateral.

7 Ocorre a migração da metila do C14 para C13.

8 Ocorre uma segunda migração de metila, do C8 para C14.

9 A perda de um próton do C9 forma uma ligação dupla 8,9 e forma o lanosterol.

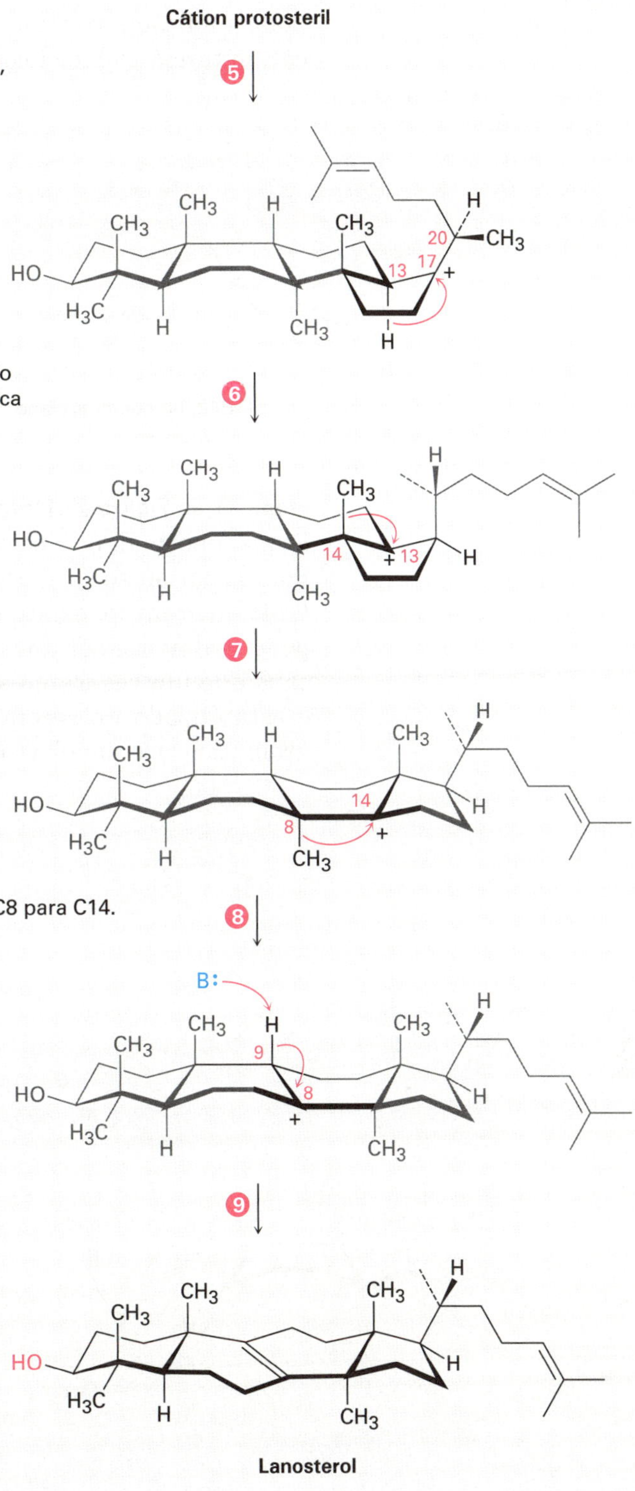

FIGURA 27.14 *(continuação)*

Etapas 1-2 da Figura 27.14: abertura de epóxido e ciclizações iniciais A ciclização é iniciada na etapa 1 por meio da protonação de um anel de epóxido por um resíduo de ácido aspártico na enzima. A abertura nucleofílica do epóxido protonado pela ligação dupla 5,10 próxima (numeração de esteroide; **Seção 27.6**) então forma um carbocátion terciário no C10. Depois, a adição posterior do C10 à ligação dupla 8,9, na etapa 2, forma um cátion terciário bicíclico no C8.

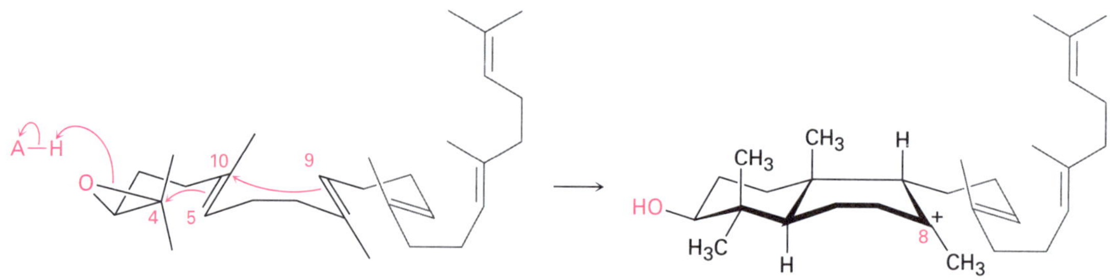

(3*S*)-2,3-oxidoesqualeno

Etapa 3 da Figura 27.14: terceira ciclização A terceira ciclização é, de certa forma, anormal, pois ocorre com uma regioquímica anti-Markovnikov e forma um cátion secundário no C13, e não um cátion terciário alternativo no C14. Entretanto, existe uma evidência crescente de que o cátion terciário pode realmente ser formado no início e que o cátion secundário surge por causa de um rearranjo subsequente. O cátion secundário provavelmente é estabilizado no receptáculo da enzima por proximidade com um anel aromático rico em elétron.

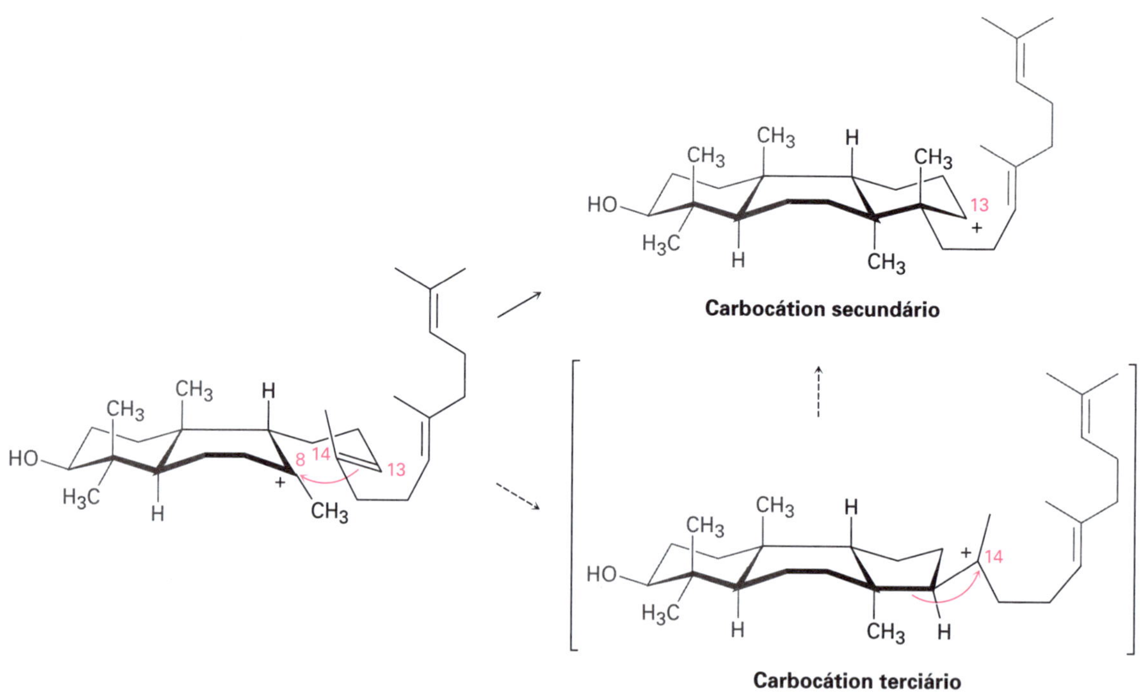

Etapa 4 da Figura 27.14: ciclização final A quarta e última ciclização ocorre na etapa 4 por meio da adição de um centro catiônico no C13 para a ligação dupla 17,20, formando o que se conhece como cátion *protosteril*. O grupo alquila da cadeia lateral no C17 possui estereoquímica β (para cima), embora essa estereoquímica seja perdida na etapa 5, sendo então refeita na etapa 6.

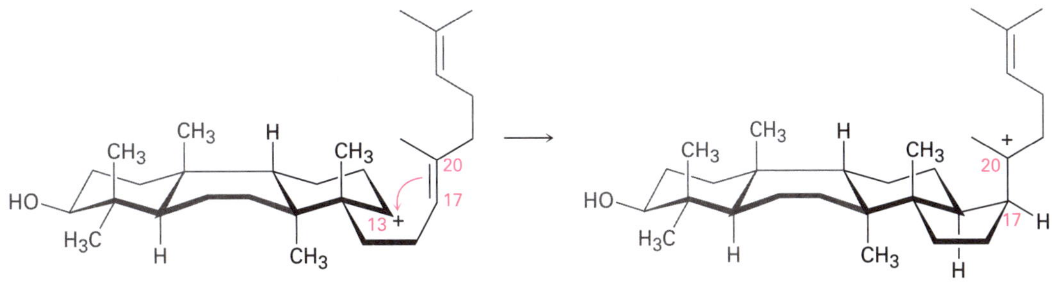

Cátion protosteril

Etapas 5-9 da Figura 27.14: rearranjos de carbocátion Uma vez que o esqueleto do carbono tetracíclico do lanosterol foi formado, uma série de rearranjos do carbocátion ocorre (**Seção 7.11**). O primeiro rearranjo, a migração do hidreto de C17 para C20, ocorre na etapa 5 e resulta na criação da estereoquímica *R* no C20 na cadeia lateral. Na etapa 6, uma segunda migração de hidreto ocorre de C13 para C17 na face α (inferior) do anel e restabelece a orientação 17β da cadeia lateral. Por fim, duas migrações do grupo metila, a primeira do C14 para o C13, na face superior (β), e a segunda do C8 para o C14, na face inferior (α), colocam a carga positiva no C8. O resíduo de histidina básica na enzima remove o próton β, vizinho do C9, para formar o lanosterol.

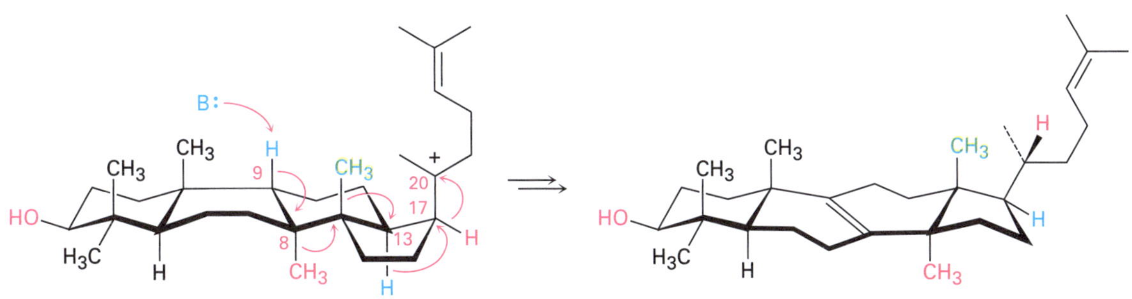

Cátion protosteril　　　　Lanosterol

A partir do lanosterol, a rota para a biossíntese do esteroide continua para produzir o colesterol. O colesterol se torna um ponto de ramificação, servindo como precursor comum, de onde derivam todos os esteroides.

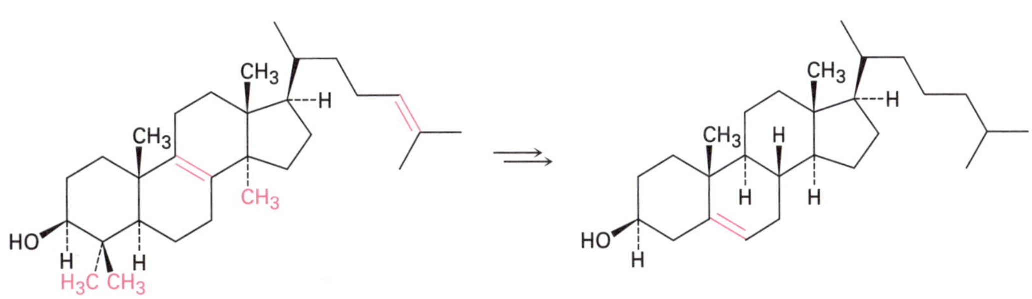

Lanosterol　　　　Colesterol

PROBLEMA 27.10 Compare as estruturas do lanosterol e do colesterol e catalogue as mudanças necessárias para a transformação.

Algo extra

Gorduras saturadas, colesterol e doença cardíaca

É difícil resistir, mas uma alta ingestão de gorduras saturadas de origem animal não colabora com o seu nível de colesterol.

Hoje em dia, ouvimos muito sobre a relação entre as gorduras saturadas, o colesterol e as doenças cardíacas. Quais são os fatos? Está estabelecido que uma dieta rica em gordura saturada de origem animal geralmente leva ao aumento do colesterol no plasma sanguíneo, particularmente em pessoas sedentárias e acima do peso. De modo contrário, uma dieta pobre em gorduras saturadas e alta em gorduras poli-insaturadas leva à diminuição dos níveis de colesterol no plasma. Estudos mostram que o nível de colesterol no plasma superior a 240 mg dL^{-1} (o valor satisfatório é de < 200 mg dL^{-1}) está correlacionado a um aumento na incidência de doenças coronarianas, nas quais os depósitos de colesterol se fixam nas paredes internas das artérias coronarianas, bloqueando o fluxo de sangue para os músculos do coração.

Uma melhor indicação do risco de uma pessoa vir a ter doenças cardíacas é a medida dos níveis de lipoproteínas no sangue. *Lipoproteínas* são moléculas complexas com componentes lipídicos e proteínas que os lipídeos transportam através do corpo. Podem ser divididas em três tipos de acordo com a densidade, como mostrado na **Tabela 27.3**. As lipoproteínas com densidade muito baixa (VLDL) agem primariamente como transportadoras de triglicerídeos do intestino para os tecidos periféricos, enquanto as lipoproteínas de densidade baixa (LDL) e as lipoproteínas de densidade alta (HDL) agem como transportadoras de colesterol a partir do fígado.

Existem evidências de que as LDL transportem colesterol como seu éster de ácido graxo *para* os tecidos periféricos, enquanto as HDL removem o colesterol como seu éster estearato das células que estão morrendo. Se as LDL transportam mais colesterol que o necessário, e não há HDL suficiente para removê-lo, o excesso é depositado nas artérias. Sendo assim, um nível *baixo* de lipoproteínas de densidade *baixa* é bom porque significa que menos colesterol está sendo transportado, e um nível *alto* de lipoproteínas de densidade *alta* é bom porque significa que mais colesterol está sendo removido. Além disso, a HDL contém uma enzima que possui propriedades antioxidantes, o que oferece proteção futura contra doenças cardíacas.

Como regra prática, o risco de uma pessoa ter doenças cardíacas cai em torno de 25% para cada aumento de 5 mg dL^{-1} na concentração de HDL. Os valores normais estão em torno de 45 mg dL^{-1} para homens e de 55 mg dL^{-1} para mulheres, o que talvez explique porque mulheres que estão na pré-menopausa parecem ser um pouco menos suscetíveis a doenças cardíacas que os homens.

(continua)

(continuação)

Não é surpresa que o fator mais importante para se ter altos níveis de HDL geralmente é um estilo de vida saudável. A obesidade, o tabagismo e a falta de exercícios físicos levam a níveis de HDL baixos, enquanto exercícios regulares e dieta saudável levam a níveis altos de HDL. Maratonistas e outros atletas de resistência possuem níveis de HDL 50% acima dos da população geral. Na falta de vontade de fazer tanto exercício – nem todo mundo quer correr 50 quilômetros ou andar de bicicleta 61 quilômetros por semana – a dieta também é importante. As dietas ricas em peixes de água fria, como salmão e peixe branco, elevam o HDL e diminuem o colesterol no sangue, porque estes peixes contêm gordura quase inteiramente poli-insaturada, incluindo uma grande porcentagem de ácidos graxos ômega-3. A gordura animal da carne vermelha e as gorduras cozidas devem ser minimizadas porque as gorduras saturadas e as gorduras trans monossaturadas aumentam o colesterol no sangue.

TABELA 27.3 Lipoproteínas do soro

Nome	Densidade (g ml^{-1})	% de lipídeo	% de proteína	Bom (mg dL^{-1})	Ruim (mg dL^{-1})
VLDL	0,940-1,006	90	10	–	–
LDL	1,006-1,063	75	25	< 100	> 130
HDL	1,063-1,210	60	40	> 60	< 40

Resumo

Palavras-chave

ácidos graxos, 1103
ácidos graxos poli-insaturados, 1103
bicamada lipídica, 1108
ceras, 1103
eicosanoides, 1109
esteroides, 1120
fosfolipídeos, 1107
hormônios, 1122
lipídeos, 1102
micelas, 1106
prostaglandinas, 1109
terpenoides, 1112
triacilgliceróis, 1103

Os **lipídeos** são materiais naturais isolados a partir de vegetais e animais, por extração com solventes orgânicos apolares. As gorduras animais e os óleos vegetais são os lipídeos mais encontrados. Os dois são **triacilgliceróis** – triésteres de glicerol com ácidos graxos de cadeia longa. Em geral, as gorduras animais são saturadas e os óleos vegetais geralmente possuem resíduos de ácido graxo.

Os **fosfolipídeos** são constituintes importantes das membranas celulares e possuem dois tipos. Os *glicerofosfolipídeos*, como a fosfatidilcolina e a fosfatidiletanolamina, são parentes próximos das gorduras no sentido de que têm uma espinha dorsal de glicerol esterificada para dois ácidos graxos (um saturado e outro insaturado) e uma para o éster fosfato. As *esfingomielinas* possuem o aminoálcool esfingosina como sua espinha dorsal.

Os **eicosanoides** e os **terpenoides** são outras classes de lipídeos. Os eicosanoides, dos quais as prostaglandinas são o tipo mais abundante, são biossinteticamente derivados do ácido araquidônico, encontrados em todos os tecidos do corpo e possuem uma vasta gama de atividade fisiológica. Os terpenoides geralmente são isolados a partir de óleos essenciais das plantas, possuem uma diversidade imensa de estrutura e são produzidos biossinteticamente a partir do precursor difosfato de isopentenila (IPP), com cinco carbonos. O próprio difosfato de isopentenila é biossintetizado a partir de três equivalentes de acetato, na rota do mevalonato.

Os **esteroides** são lipídeos de animais e vegetais com esqueleto de carbonos tetracíclicos característico. Assim como os eicosanoides, os esteroides são amplamente encontrados nos tecidos do corpo e possuem uma grande variedade de atividades fisiológicas. Os esteroides são parentes próximos dos terpenoides e surgem de maneira biossintética a partir do triterpenoide lanosterol. Por sua vez, o lanosterol surge de uma ciclização do hidrocarboneto acíclico esqualeno.

EXERCÍCIOS

Visualizando a química

(Os Problemas de 27.1 a 27.10 aparecem no decorrer do capítulo.)

27.11 O modelo a seguir é o do ácido cólico, um constituinte da bile humana. Localize os três grupos hidroxila e identifique cada um deles como axial ou equatorial. O ácido cólico é um esteroide trans A–B ou um esteroide cis A–B?

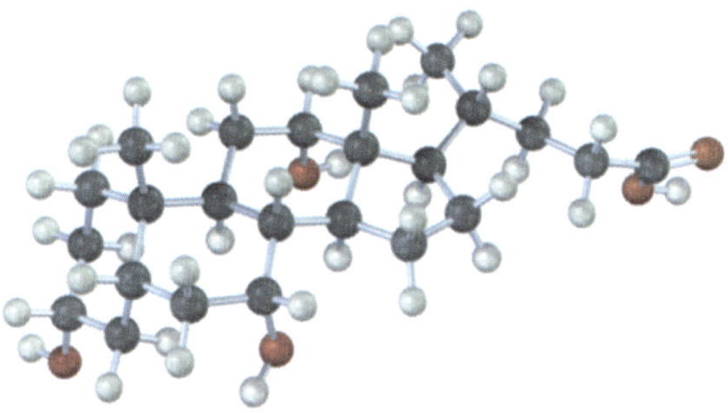

27.12 Proponha uma rota biossintética para o sesquiterpeno helmintogermacreno a partir do difosfato de farnesila.

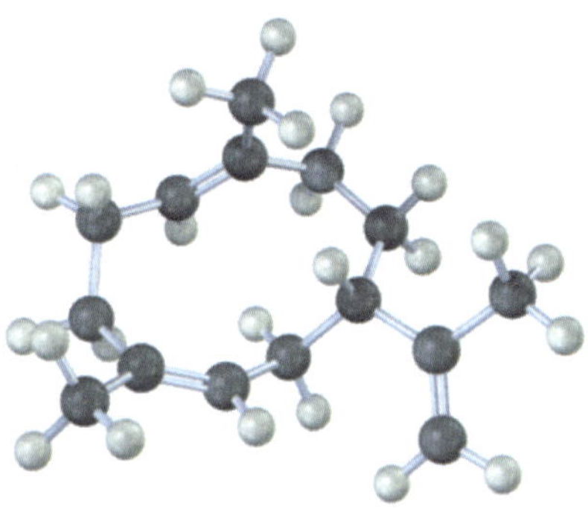

27.13 Identifique as ácidos graxos a seguir e diga se é mais provável encontrá-los no amendoim ou na carne vermelha:

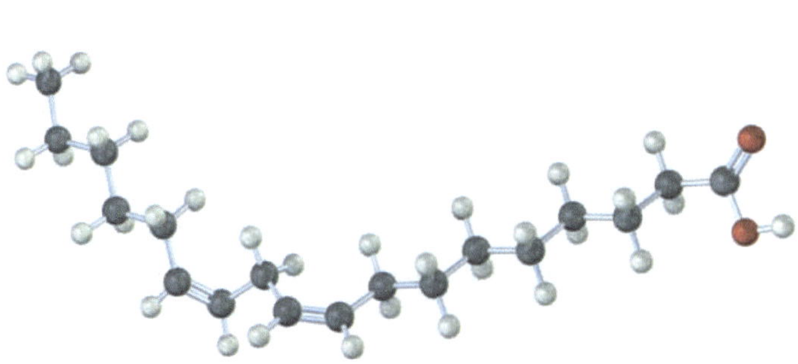

Problemas de mecanismo

27.14 Proponha uma rota de mecanismo para a biossíntese do cariofileno, uma substância encontrada no óleo de cravo.

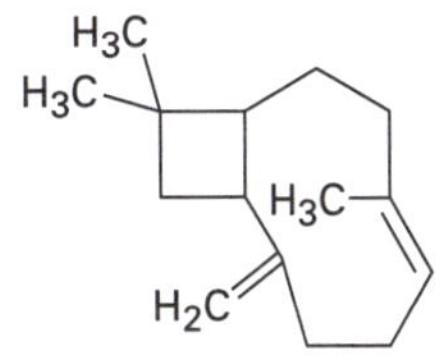

Cariofileno

27.15 Sugira um mecanismo pelo qual a ψ-ionona seja transformada em β-ionona no tratamento com ácido.

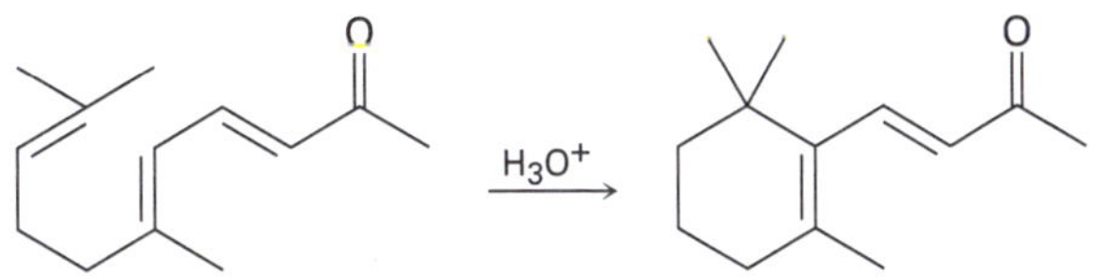

ψ-**ionona** β-**ionona**

27.16 O isoborneol (Problema 27.38) é convertido em canfeno no tratamento com ácido sulfúrico diluído. Proponha um mecanismo para a reação que envolva um rearranjo de carbocátion.

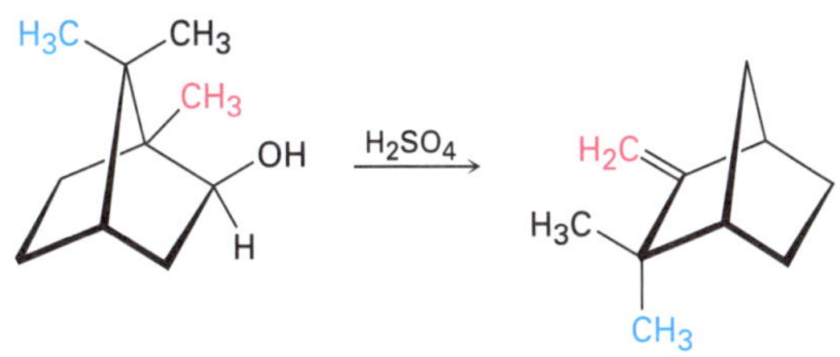

Isoborneol **Canfeno**

Problemas adicionais

Gorduras, óleos e lipídeos relacionados

27.17 Peixes gordurosos como o salmão e o albacora são ricos em ácidos graxos ômega-3, que têm uma ligação dupla a três carbonos da extremidade não carboxila da cadeia e mostraram baixar os níveis de colesterol no sangue. Desenhe a estrutura do ácido 5,8,11,14,17-eicosapentaenoico, um exemplo comum. (Eicosano = $C_{20}H_{42}$.)

27.18 As gorduras podem ser oticamente ativas ou inativas, dependendo de sua estrutura. Desenhe a estrutura de uma gordura oticamente ativa que produza dois equivalentes de ácido esteárico e um equivalente de ácido oleico na hidrólise. Desenhe a estrutura de uma gordura oticamente inativa que produza os mesmos produtos.

27.19 O espermacete, uma substância fragrante do esperma de baleias, era muito utilizado em cosméticos até ter sido proibido, em 1976, para proteger as baleias da extinção. Quimicamente, o espermacete se chama palmitato de cetila, o éster do álcool cetílico (n-$C_{16}H_{33}OH$) com o ácido palmítico. Desenhe a sua estrutura.

27.20 Mostre os produtos que poderiam ser obtidos de uma reação do trioleato de glicerila com os reagentes a seguir:

(a) Excesso de Br_2 em CH_2Cl_2 **(b)** H_2/Pd
(c) $NaOH/H_2O$ **(d)** O_3, depois Zn/CH_3CO_2H
(e) $LiAlH_4$, depois H_3O^+ **(f)** CH_3MgBr, depois H_3O^+

27.21 Como você converteria o ácido oleico nas substâncias a seguir:

(a) Oleato de metila
(b) Esterato de metila
(c) Nonanal
(d) Ácido nonanodioico
(e) Ácido 9-octadecinoico
(f) Ácido 2-bromoesteárico
(g) 18-pentatriacontanona, $CH_3(CH_2)_{16}CO(CH_2)_{16}CH_3$

27.22 Os *plasmogênios* fazem parte de um grupo de lipídeos encontrados em nervos e nas células musculares. Como os plasmalogênios se diferem das gorduras?

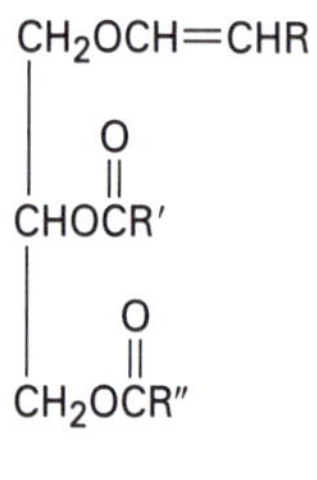

Um plasmalogênio

27.23 Quais produtos poderiam ser obtidos a partir da hidrólise de um plasmalogênio (Problema 27.22) com NaOH aquoso? E com H_3O^+?

27.24 As *cardiolipinas* fazem parte de um grupo de lipídeos encontrados nos músculos do coração. Quais os produtos que poderiam ser formados se todas as ligações de éster, incluindo os fosfatos, fossem saponificadas por meio de tratamento com NaOH aquoso?

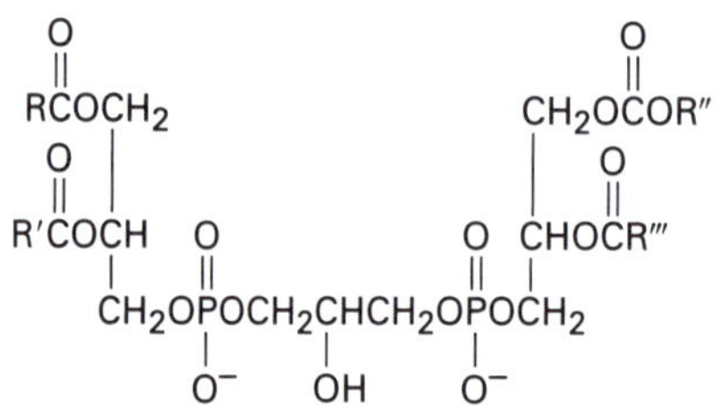

Uma cardiolipina

27.25 O ácido estearólico, $C_{18}H_{32}O_2$, produz o ácido esteárico na hidrogenação catalítica e sofre quebra oxidativa com o ozônio para formar o ácido nonanoico e o ácido nonanodioico. Qual a estrutura do ácido estearólico?

27.26 Como você sintetizaria o ácido estearólico (Problema 27.25) a partir do 1-decino e do 1-cloro-7-iodoheptano?

Terpenoides e esteroides

27.27 Sem propor a rota biossintética completa, desenhe o precursor apropriado, seja o difosfato de geranila, ou seja, o difosfato de farnesila, em uma conformação que mostre a semelhança com cada um dos terpenoides a seguir:

(a)

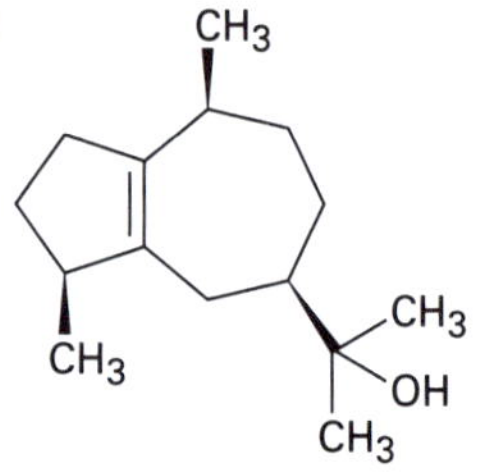

Guaiol

(b)

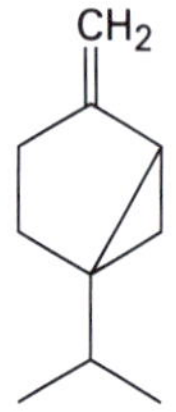

Sabineno

27.28 Indique com asteriscos os centros de quiralidade presentes em cada um dos terpenoides mostrados no Problema 27.27. Qual é o número máximo possível de estereoisômeros para cada um deles?

27.29 Suponha que os três terpenoides no Problema 27.27 sejam biossinteticamente derivados a partir do difosfato de isopentenila e do difosfato de dimetilalila, cada um dos quais foi marcado isotopicamente no átomo de carbono contendo o difosfato (C1). Em quais posições os terpenoides estariam marcados isotopicamente?

27.30 Suponha que a acetil-CoA, que contém uma marcação isotópica de ^{14}C no átomo de carbono da carboxila, seja utilizada como material de partida para a biossíntese do mevalonato, como mostrado na Figura 27.7. Em quais posições no mevalonato apareceria a marcação isotópica?

27.31 Suponha que a acetil-CoA, que contém uma marcação isotópica de ^{14}C no átomo de carbono da carboxila, seja utilizada como material de partida e que siga a rota do mevalonato. Identifique as posições no α-cadinol onde a marcação apareceria.

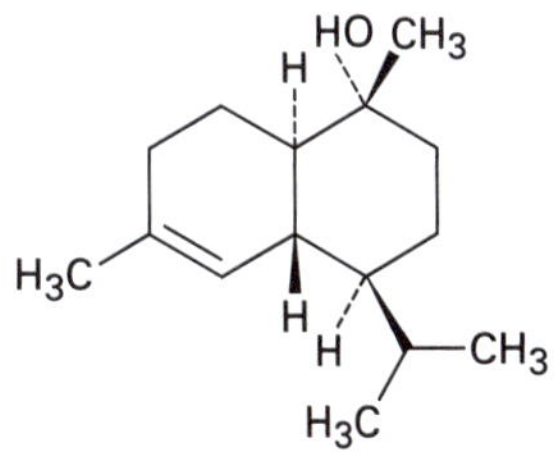

α-cadinol

27.32 Suponha que a acetil-CoA, que contém uma marcação isotópica de ^{14}C no átomo de carbono da carboxila, seja utilizada como material de partida e que siga a rota do mevalonato. Identifique as posições no esqualeno onde a marcação apareceria.

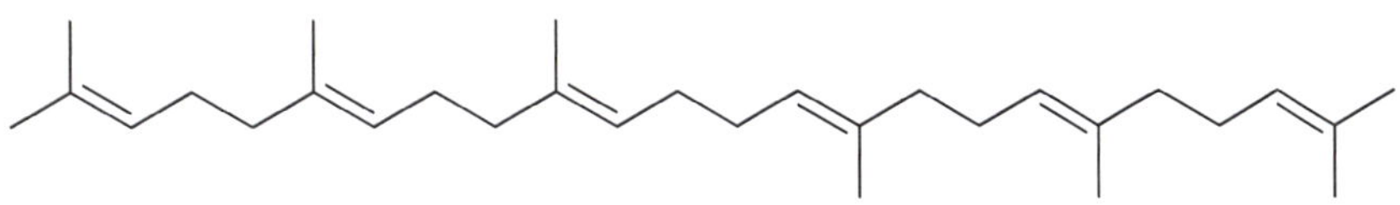

Esqualeno

27.33 Suponha que a acetil-CoA, que contém uma marcação isotópica de ^{14}C no átomo de carbono da carboxila, seja utilizada como material de partida e que siga a rota do mevalonato. Identifique as posições no lanosterol onde a marcação apareceria.

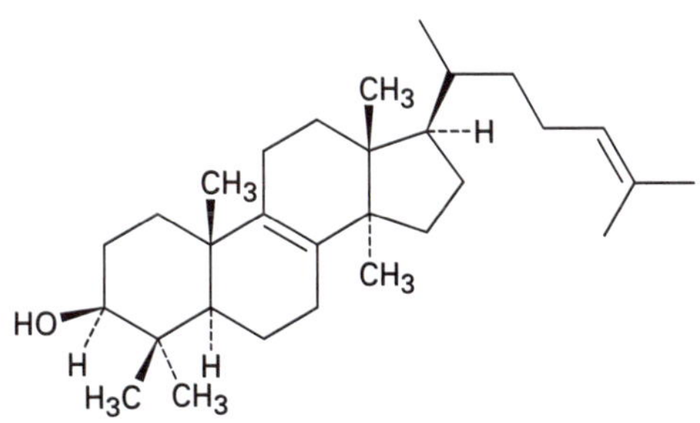

Lanosterol

Problemas gerais

27.34 Flexibileno, um composto isolado do coral marinho, é o primeiro terpenoide conhecido contendo um anel de 15 membros. Qual é a estrutura do precursor biossintético acíclico do flexibileno? Mostre o mecanismo da biossíntese.

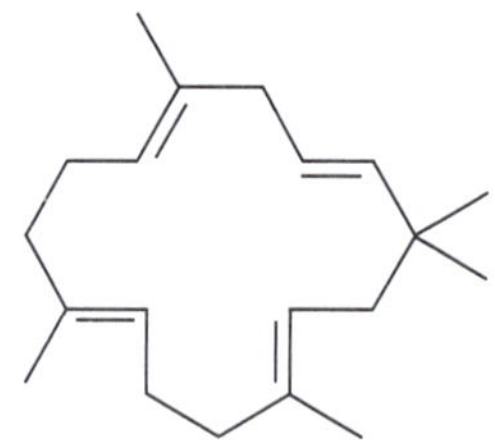

Flexibileno

27.35 Desenhe a conformação em cadeira mais estável da dihidrocarvona.

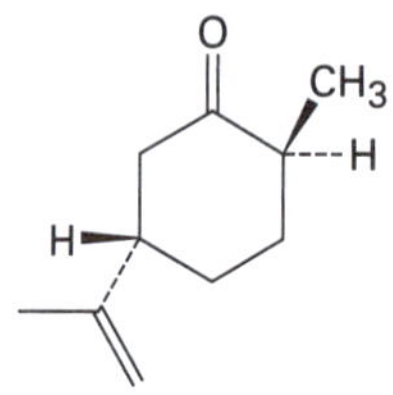

Dihidrocarvona

27.36 Desenhe a conformação em cadeira mais estável do mentol e classifique cada substituinte como axial ou equatorial.

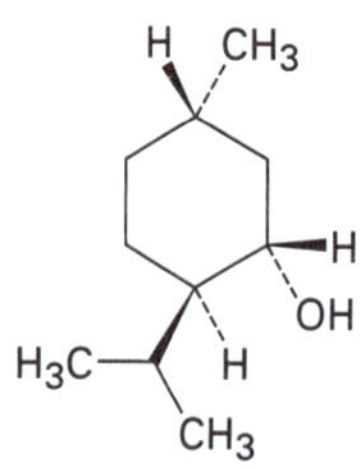

Mentol (do óleo de hortelã)

27.37 Como regra geral, os álcoois equatoriais são esterificados mais rapidamente que os álcoois axiais. Quais produtos você esperaria obter de uma reação dos dois compostos a seguir com 1 equivalente de anidrido acético?

(a)

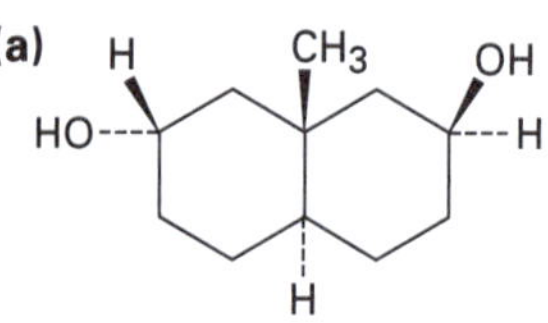

(b)

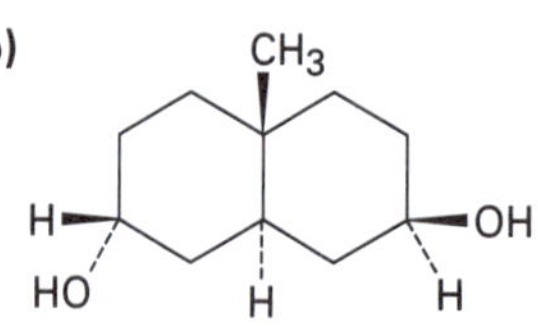

27.38 Proponha um mecanismo para a biossíntese do isoborneol. É necessário um rearranjo de carbocátion em um ponto no esquema.

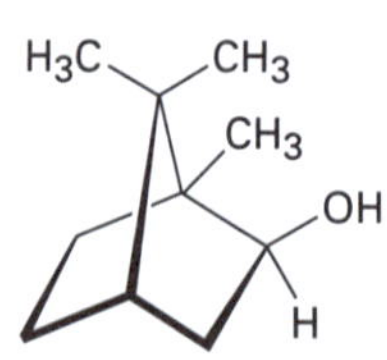

Isoborneol

27.39 A digitoxigenina é um estimulante cardíaco obtido da dedaleira-vermelha *Digitalis purpurea* e utilizada no tratamento de doenças cardíacas. Desenhe a conformação tridimensional da digitoxigenina e identifique os dois grupos −OH como axiais ou equatoriais.

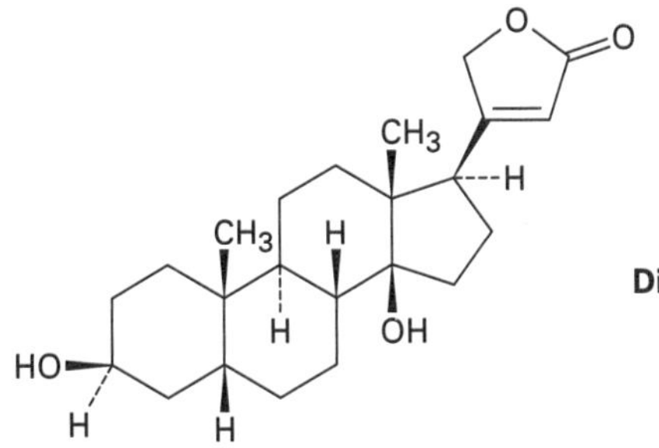

Digitoxigenina

27-40 Qual produto você obteria pela redução da digitoxigenina (Problema 27.39) com $LiAlH_4$? E por oxidação com o periodinano de Dess-Martin?

27.41 O ácido vacênico, $C_{18}H_{34}O_2$, é um ácido graxo raro que forma o heptanal e o ácido 11-oxoundecanoico [$OHC(CH_2)_9CO_2H$] por ozonólise seguida pelo tratamento com zinco. Quando se permite que ele reaja com o CH_2I_2/Zn(Cu), o ácido vacênico é convertido em ácido lactobacílico. Quais são as estruturas dos ácidos vacênico e lactobacílico?

27.42 O ácido eleosteárico, $C_{18}H_{30}O_2$, é um ácido graxo raro encontrado no óleo de tungue, utilizado para acabamento em móveis. Na ozonólise seguida pelo tratamento com zinco, o ácido eleosteárico fornece uma parte de pentanal, duas partes de glioxal (OHC−CHO) e uma parte de ácido 9-oxononanoico [$OHC(CH_2)_7CO_2H$]. Qual é a estrutura do ácido eleosteárico?

27.43 Os diterpenoides são biossinteticamente derivados do difosfato de geranila (GGPP), que é biossintetizado por meio da reação do difosfato de farnesila com um difosfato de isopentenila. Mostre a estrutura do GGPP e proponha um mecanismo para sua biossíntese a partir do FPP e do IPP.

27.44 O dietilestilbestrol (DES) possui atividade estrogênica mesmo sem ter parentesco estrutural com os esteroides. Já usado como aditivo de ração animal, o DES foi apontado como agente causador de diversos tipos de câncer. Mostre como o DES pode ser desenhado para que fique estericamente similar ao estradiol.

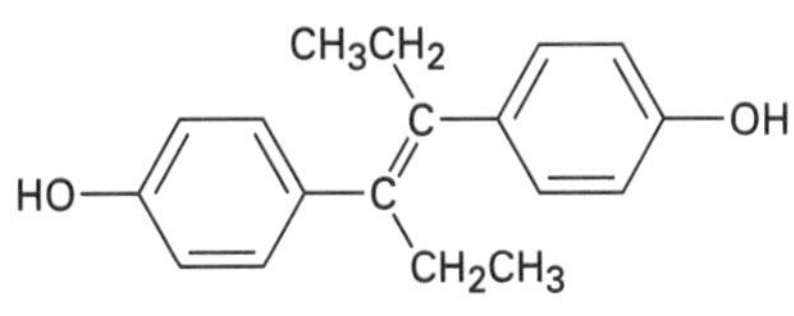

Dietilestilbestrol

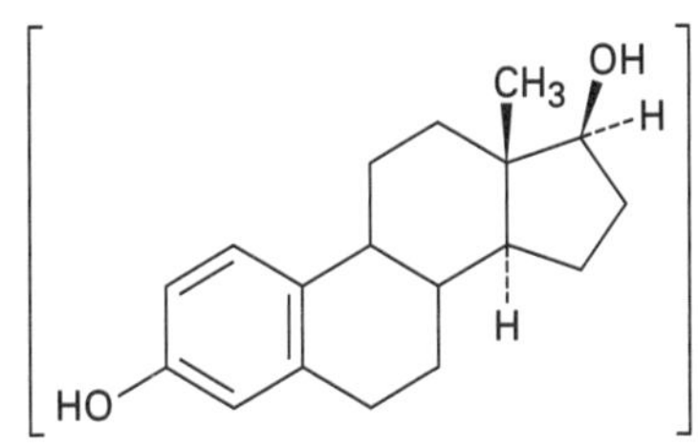

Estradiol

27.45 Proponha uma síntese do dietilestilbestrol (Problema 27.44) a partir do fenol e de qualquer outro composto orgânico necessário.

27.46 Quais são os produtos que se esperaria da reação do estradiol (Problema 27.44) com os reagentes a seguir?

(a) NaH, depois o CH_3I
(b) CH_3COCl, piridina
(c) Br_2, $FeBr_3$
(d) Periodinamo de Dess-Martin

27.47 O cembreno, $C_{20}H_{32}$, é um hidrocarboneto diterpenoide isolado da resina do pinheiro. O cembreno possui absorção UV em 245 nm, mas o dihidrocembreno ($C_{20}H_{34}$), o produto da hidrogenação com 1 equivalente de H_2, não apresenta absorção UV. Na hidrogenação exaustiva, 4 equivalentes de H_2 reagem e o octahidrocembreno, $C_{20}H_{40}$, é produzido. Na ozonólise do cembreno, seguida pelo tratamento do ozoneto com zinco, obtêm-se quatro produtos com carbonilas:

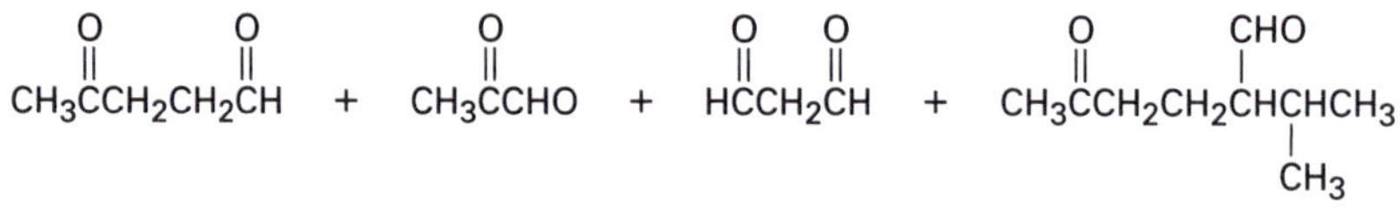

Proponha uma estrutura para o cembreno que seja consistente com a sua formação a partir do difosfato de geranilgeranila.

27.48 A α-fenchona é um terpenoide de odor agradável, isolado do óleo de lavanda. Proponha uma rota para a formação da α-fenchona a partir do difosfato de geranila. É necessário um rearranjo de carbocátion.

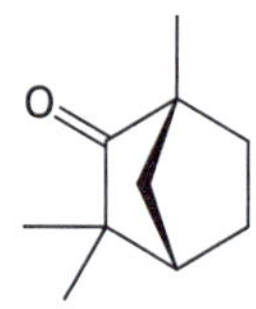

α-fenchona

27.49 Os ácidos graxos são sintetizados por meio de uma rota de múltiplas etapas que começa com o acetato. A primeira etapa é a reação entre uma proteína ligada a acetato e unidades de malonila para fornecer uma proteína ligada à unidade 3-cetobutirila. Mostre o mecanismo e diga qual é o tipo de reação que está ocorrendo.

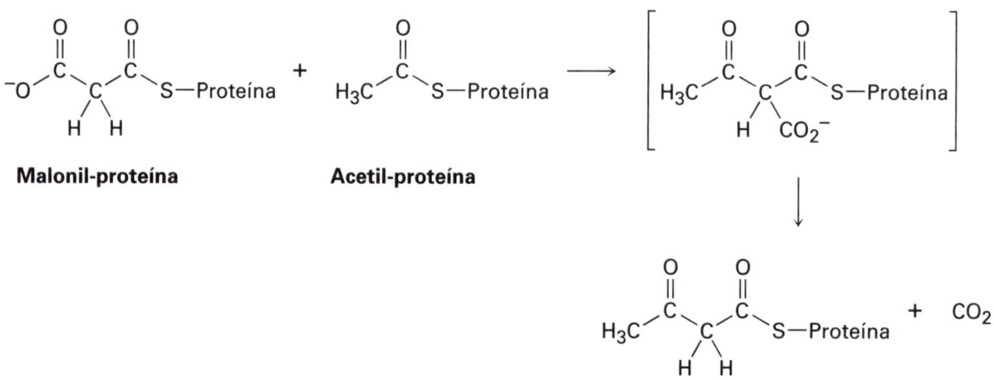

3-cetobutiril-proteína

27.50 Proponha um mecanismo para a biossíntese do sesquiterpeno tricodieno a partir do difosfato de farnesila. O processo envolve ciclização para formar um carbocátion secundário intermediário, seguido por diversos rearranjos de carbocátion.

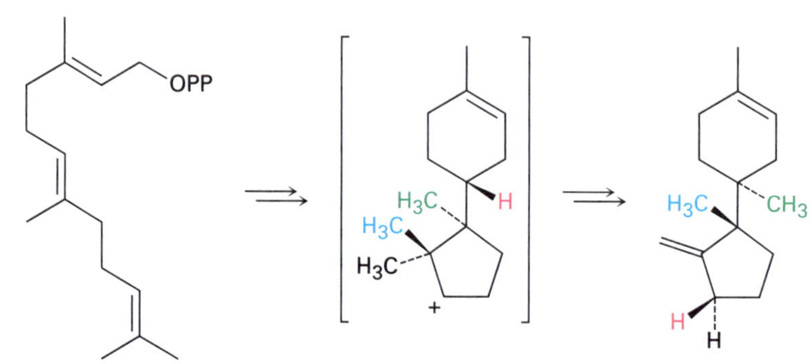

Difosfato de farnesila (FPP) | **Tricodieno**

Pratique Sua Análise e Raciocínio Científico VI

MELATONINA E SEROTONINA

A melatonina (ou *N*-acetil-5-metoxitriptamina) é um hormônio encontrado em animais, plantas e micro-organismos. Uma de suas principais funções é regular o ciclo claro-escuro de 24 horas em nossos cérebros, o que afeta a produção de hormônios e a temperatura corporal. A serotonina (ou 5-hidroxitriptamina), um precursor da melatonina, também desempenha um papel importante no corpo, já que afeta o apetite e o humor. Os baixos níveis de serotonina podem levar à depressão; antidepressivos farmacológicos são utilizados para moderar os níveis perturbados de serotonina.

Na biossíntese da melatonina, a enzima triptofano hidroxilase adiciona um grupo hidroxila ao anel do L-triptofano para formar 5-hidroxitriptofano, seguido por descarboxilação utilizando um aminoácido descarboxilase. O *N*-acetil-transferase, então, adiciona um grupo acetila à amina seguido pela 5-hidroxi-indol-*O*-metil transferase convertendo o fenol a um éter metílico para se obter o produto final.

A serotonina é produzida por descarboxilação do 5-hidroxitriptofano. A coenzima fosfato de piridoxal é a porção reagente da enzima. Após a etapa de descarboxilação, a imina tautomeriza à enamina, que forma então a serotonina ao ser submetida a hidrólise.

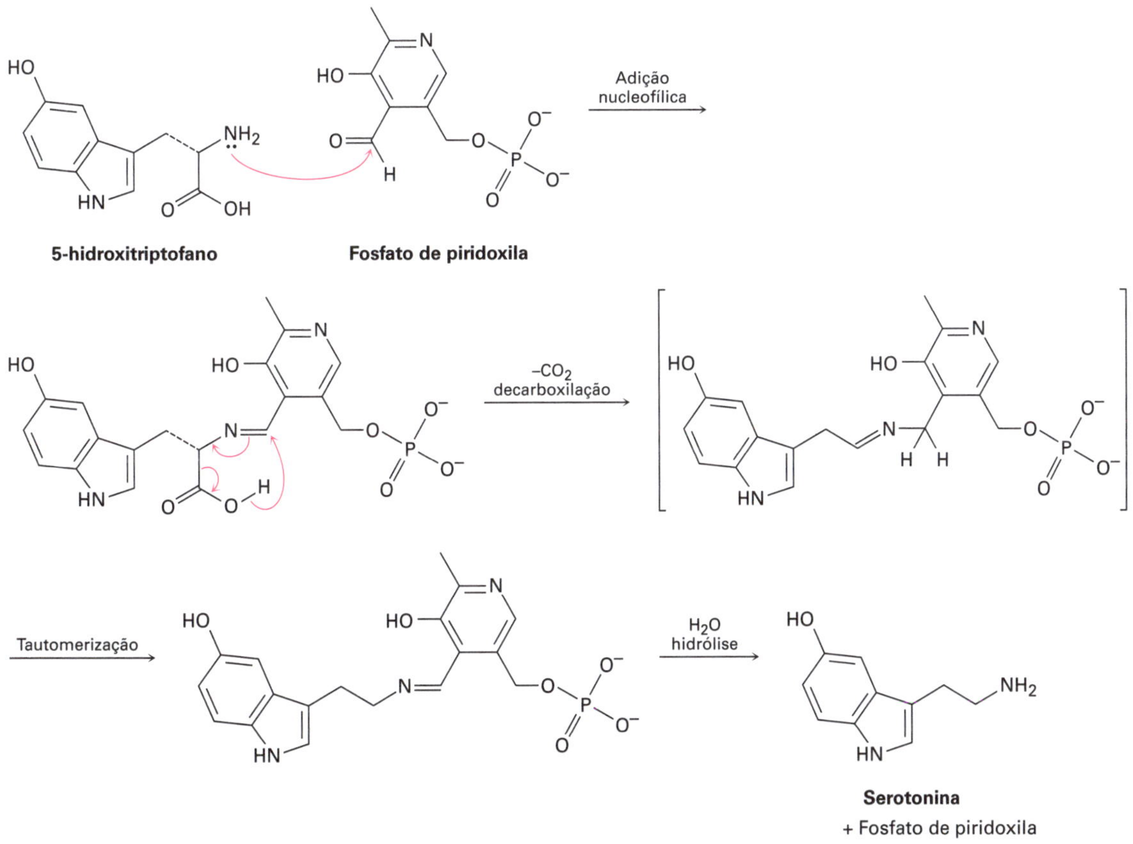

As perguntas a seguir ajudarão você a entender esta aplicação prática da química orgânica e são semelhantes às questões existentes nos exames profissionais.

1. Na biossíntese da serotonina, qual é o grupo funcional produzido mediante a adição nucleofílica da amina primária à porção aldeídica do fosfato de piridoxila?
   (a) Oxima
   (b) Enamina
   (c) Imina
   (d) Cianidrina
   (d) Hidrazona

Nós podemos produzir melatonina de uma indolina bromada em laboratório. A síntese de amina de Gabriel é um método eficiente para converter tal haleto de alquila primário em melatonina. Use a síntese mostrada na figura a seguir para responder às perguntas de 2 a 5.

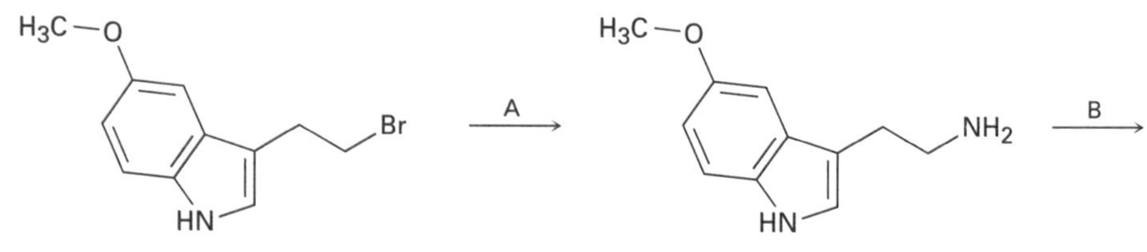

3-(2-bromoetil)-5-metoxiindolina

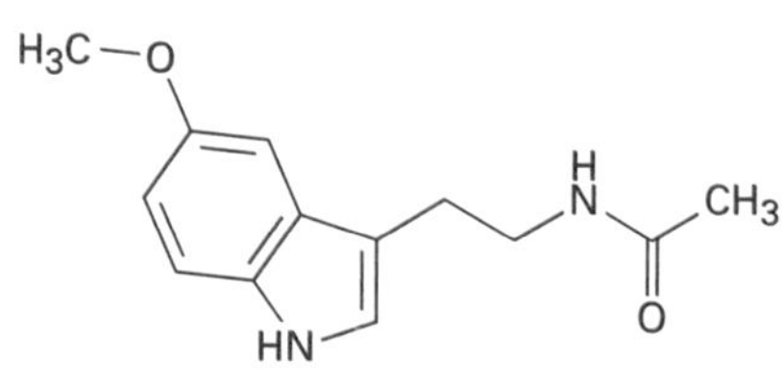

Melatonina

2. Qual conjunto de reagentes pode ser utilizado para realizar de forma eficiente a Etapa **A** no esquema mostrado? (R−Br refere-se a 3-(2-bromoetil)-5-metoxiindolina.)
   (a) i. Ftalimida, KOH/EtOH
   ii. R−Br, EtOH
   iii. NaOH, H_2O
   (b) i. Ftalimida, KOH/DMF
   ii. R−Br, DMF
   iii. NaOH, H_2O
   (c) i. CN^-, DMF
   ii. H_2, Pd/C, THF
   iii. H_2O
   (d) i. CN^-, EtOH
   ii. H_2, Pd/C, THF
   iii. H_2O

3. Qual combinação de solvente e mecanismo está envolvida com o ataque de ftalimida no haleto de alquila?
   (a) S_N2 com um solvente aprótico polar
   (b) S_N2 com um solvente prótico
   (c) S_N1 com um solvente aprótico
   (d) S_N1 com um solvente prótico

4. Na Etapa **B**, uma reação de acilação acontece para formar a melatonina. A acilação encontra uso generalizado na química orgânica; dois exemplos são a proteção dos fenóis e das aminas. Em tais casos, o grupo N–H é protegido para reduzir a basicidade da amina. Qual é a principal razão pela qual o nitrogênio da amida na melatonina é menos básico que a amina primária?
   (a) O par de elétrons no átomo de nitrogênio na amida está em ressonância com o grupo carbonila.
   (b) Os efeitos estéricos do grupo carbonila diminuem a exposição do par isolado de nitrogênio.
   (c) O grupo carbonila retira elétrons do nitrogênio por indução.
   (d) O grupo carbonila doa elétrons para o nitrogênio por indução.

5. Qual das seguintes estruturas melhor ilustra o reagente utilizado na preparação de melatonina na Etapa **B**?
   (a)
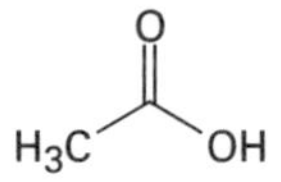

   (b)
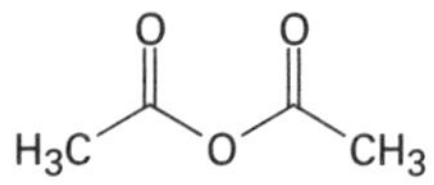

   (c)
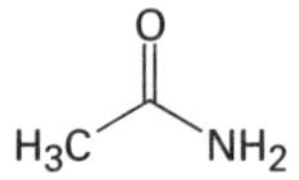

   (d)
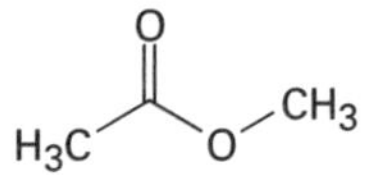

6. Amidas, como a melatonina, mostram um estiramento N–H distintivo no IV. Qual seria a absorção N–H observada no IV para esta amida N–H?
   (a) Um singleto a 3,8 ppm
   (b) Um tripleto a 3,8 ppm
   (c) Um único pico a 3.300-3.500 cm^{-1}
   (d) Um único pico largo a 1.700 cm^{-1}

capítulo 28

Biomoléculas: Ácidos Nucleicos

Neste capítulo:

- **28.1** Nucleotídeos e ácidos nucleicos
- **28.2** Emparelhamento de bases no DNA: o modelo de Watson-Crick
- **28.3** Replicação do DNA
- **28.4** Transcrição do DNA
- **28.5** Tradução do RNA: biossíntese de proteínas
- **28.6** Sequenciamento do DNA
- **28.7** Síntese do DNA
- **28.8** A reação em cadeia de polimerase

ALGO EXTRA
Impressão digital do DNA

Chung Sung-Jun/Getty Images

Se estes golden retrievers parecem semelhantes, é porque eles são idênticos – todos clonados de células somáticas do mesmo doador.

POR QUE ESTE CAPÍTULO? Os ácidos nucleicos são os últimos das quatro classes principais de biomoléculas que vamos considerar. Tanto já foi escrito ou falado sobre o DNA na mídia que provavelmente você já saiba o básico de replicação e transcrição de DNA. Assim, vamos passar rapidamente pelos fundamentos e, então, olhar mais de perto os detalhes químicos do sequenciamento, síntese e metabolismo do DNA. Este campo está se modificando muito rapidamente e há muita coisa com que você pode não estar familiarizado.

Os ácidos nucleicos, **ácido desoxirribonucleico (DNA)** e o **ácido ribonucleico (RNA)**, são os transportadores químicos de informações genéticas de uma célula. Codificada em um DNA celular está a informação que determina a natureza da célula, controla seu crescimento e divisão e dirige a biossíntese de enzimas e outras proteínas necessárias para as funções celulares.

Além dos próprios ácidos nucleicos, os derivados dos ácidos nucleicos, como o ATP, estão envolvidos como agentes fosforilantes em diversas rotas bioquímicas, e várias enzimas importantes, incluindo NAD^+, FAD e a coenzima A, possuem componentes de ácidos nucleicos. Veja a Tabela 26.3 para as suas estruturas.

28.1 Nucleotídeos e ácidos nucleicos

Assim como as proteínas são biopolímeros constituídos de aminoácidos, os ácidos nucleicos são biopolímeros constituídos de **nucleotídeos** unidos para a formação de uma longa cadeia. Cada nucleotídeo é composto de um **nucleosídeo** ligado a um grupo fosfato, e cada nucleosídeo é composto de um açúcar aldopentose ligado por seu carbono anomérico a um átomo de nitrogênio de uma base heterocíclica purina ou pirimidina.

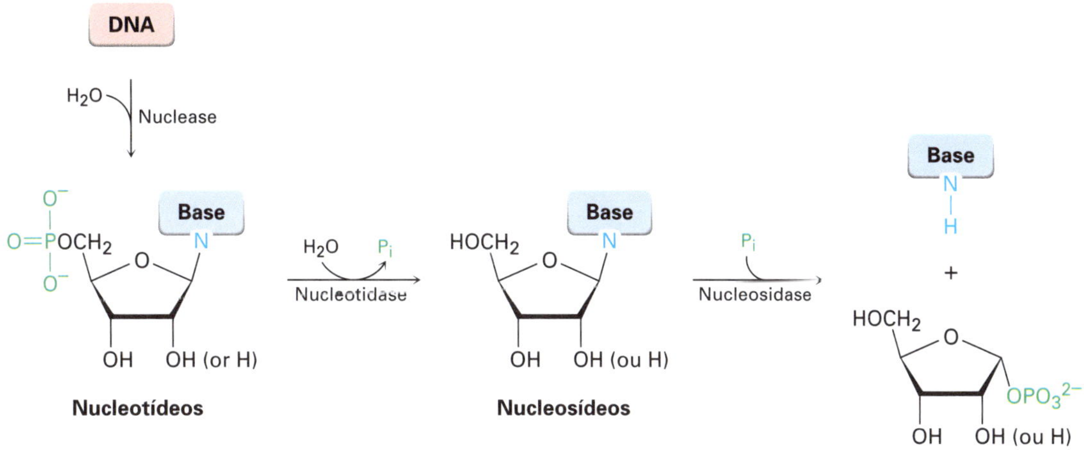

O componente de açúcar no RNA é a ribose e o açúcar do DNA é a 2′-desoxirribose. (Na nomeação e numeração dos nucleotídeos, os números com um apóstrofo referem-se a posições no açúcar e os números sem um apóstrofo referem-se a posições na base heterocíclica. Assim, o prefixo 2′-desoxi indica que o oxigênio está ausente do C2′ da ribose.) O DNA contém quatro diferentes bases de amina: duas purinas substituídas (adenina e guanina) e duas pirimidinas substituídas (citosina e timina). O DNA contém quatro bases de amina, duas purinas substituídas (adenina e guanina) e duas pirimidinas substituídas (citosina e timina). A adenina, a guanina e a citosina também aparecem no RNA, mas a timina é substituída no RNA por uma base intimamente relacionada com a pirimidina chamada uracila.

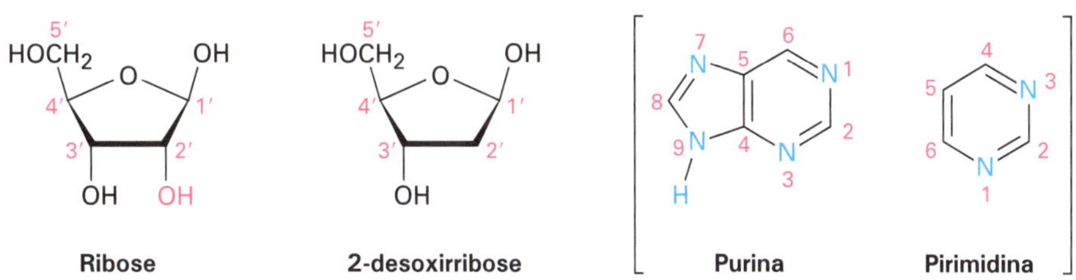

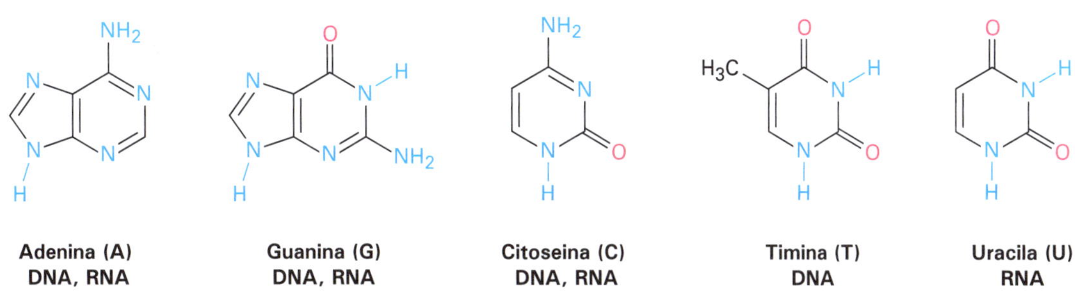

As estruturas dos quatro desoxirribonucleotídeos e dos quatro ribonucleotídeos são mostradas na **Figura 28.1**. Embora quimicamente semelhantes, o DNA e o RNA diferem dramaticamente de tamanho. As moléculas de DNA são enormes, contendo até 245 milhões de nucleotídeos e tendo massas moleculares tão elevadas quanto 75 bilhões. As moléculas de RNA, por outro lado, são muito menores, contendo tão poucos como 21 nucleotídeos e possuindo massas moleculares tão baixas quanto 7.000.

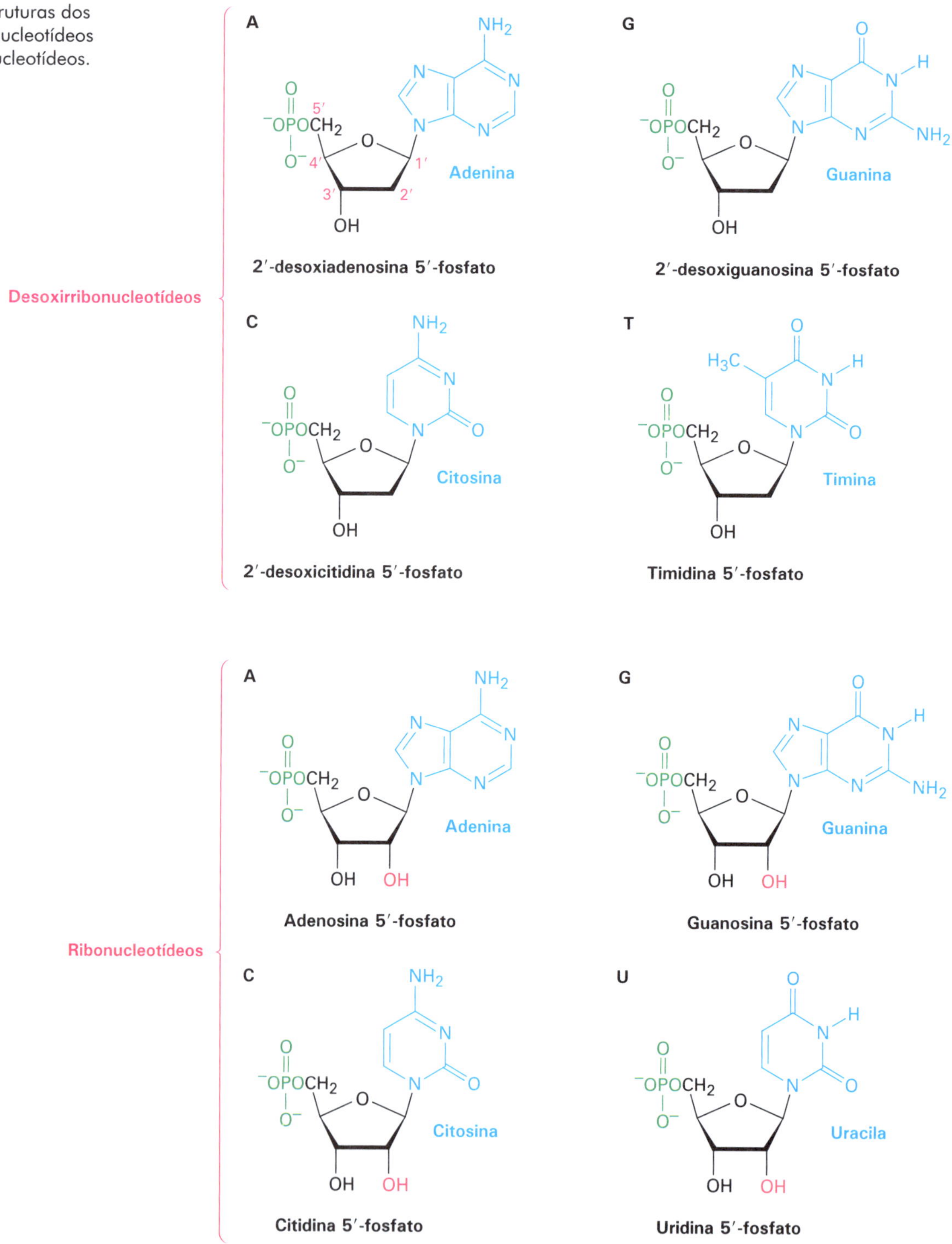

FIGURA 28.1 Estruturas dos quatro desoxirribonucleotídeos e dos quatro ribonucleotídeos.

Os nucleotídeos são conectados no DNA e no RNA por ligações de *fosfodiester* [RO–(PO_2^-)–OR′] entre o fosfato, o grupo 5′-hidroxila em um nucleosídeo e o grupo 3′-hidroxila em outro nucleosídeo. Uma extremidade do polímero de ácido nucleico possui uma hidroxila livre no C3′ (a **extremidade 3′**) e a outra extremidade possui um fosfato no C5′ (a **extremidade 5′**). A sequência de nucleotídeos na cadeia é descrita a partir da extremidade 5′

e a identificação das bases em ordem de ocorrência, utilizando as abreviações G, C, A, T (ou U para o RNA). Desta forma, uma sequência típica de DNA poderia ser escrita TAGGCT.

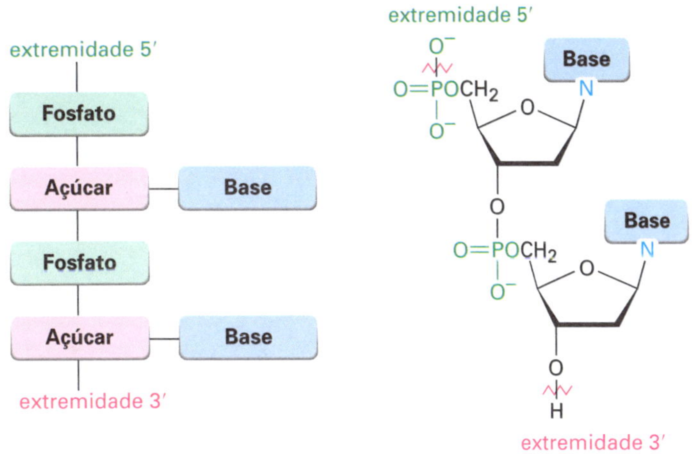

PROBLEMA 28.1 Desenhe a estrutura completa do dinucleotídeo AG do DNA

PROBLEMA 28.2 Desenhe a estrutura completa do dinucleotídeo UA do RNA.

28.2 O emparelhamento de bases no DNA: o modelo de Watson-Crick

Amostras de DNA isoladas de diferentes tecidos da mesma espécie possuem as mesmas proporções de bases heterocíclicas, mas amostras de espécies diferentes frequentemente apresentam uma proporção de bases bastante diferente. O DNA humano, por exemplo, contém cerca de 30% de adenina e timina cada e cerca de 20% de guanina e citosina cada. A bactéria *Clostridium perfringens*, entretanto, contém cerca de 40% de adenina e timina cada e apenas 13% de guanina e citosina cada. Observe que em ambos os exemplos as bases ocorrem em pares, adenina e timina estão presentes em quantidades iguais, assim como a citosina e a guanina. Por quê?

Em 1953, James Watson e Francis Crick fizeram sua clássica proposta sobre a estrutura secundária do DNA. Segundo o modelo Watson-Crick, o DNA, sob condições fisiológicas consiste em duas fitas de polinucleotídeos que se estendem em sentidos opostos e se enrolam uma à outra em uma **dupla hélice**, como os corrimãos de uma escada em espiral. As duas fitas são complementares, e não idênticas, e são mantidas juntas por ligações de hidrogênio entre pares específicos de bases, A com T e C com G. Isto é, sempre que aparece uma base A em uma fita, uma base T aparece na fita oposta; quando uma base C aparece em uma fita, uma base G aparece na outra (**Figura 28.2**). Esse pareamento de bases complementares explica por que A e T sempre são encontrados na mesma quantidade, assim como C e G.

Uma volta completa da dupla hélice do DNA é mostrada na **Figura 28.3**. A hélice possui 20 Å de largura, 10 pares de bases por volta e cada volta possui 34 Å de comprimento. Observe na Figura 28.3 que as duas fitas da dupla hélice se enrolam de tal maneira que dois tipos de "encaixes" se formam, um *grande encaixe* com 12 Å de largura e um *pequeno encaixe* com 6 Å de largura. O encaixe maior é ligeiramente mais profundo que o encaixe menor, e ambos são revestidos por bases heterocíclicas planas. Como consequência, uma variedade de outras moléculas aromáticas policíclicas são capazes de deslizar lateralmente, ou *intercalarem-se*, entre as bases

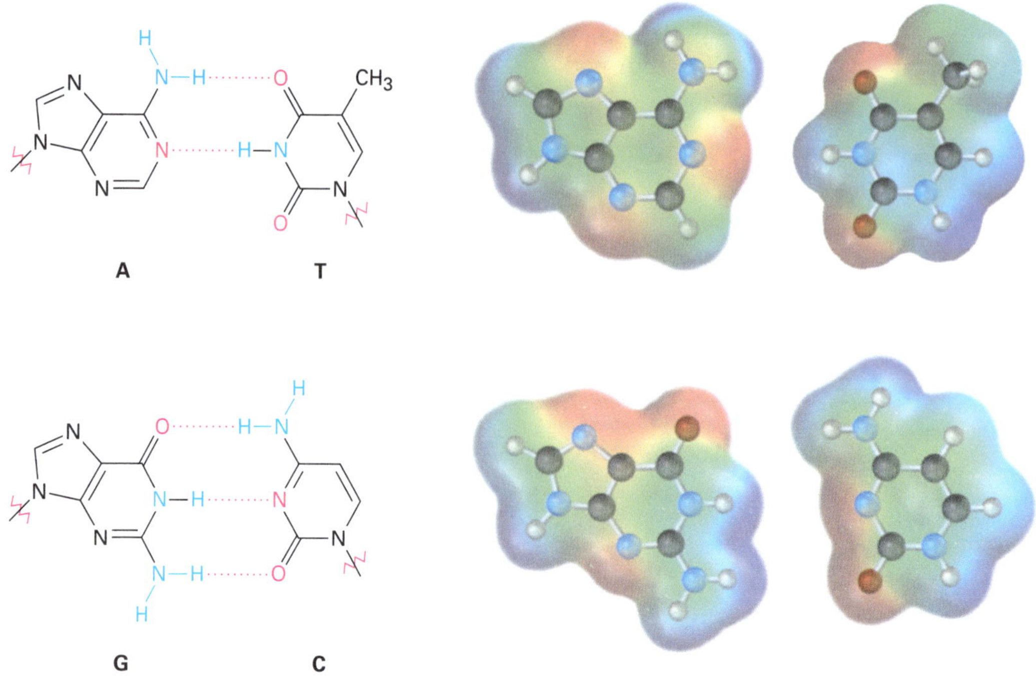

FIGURA 28.2 A ligação de hidrogênio entre os pares de bases na dupla hélice do DNA. Os mapas de potencial eletrostático mostram que as faces das bases são relativamente **neutras** enquanto as extremidades possuem regiões **positivas** e **negativas**. Os pares G com C e A com T unem regiões com cargas opostas.

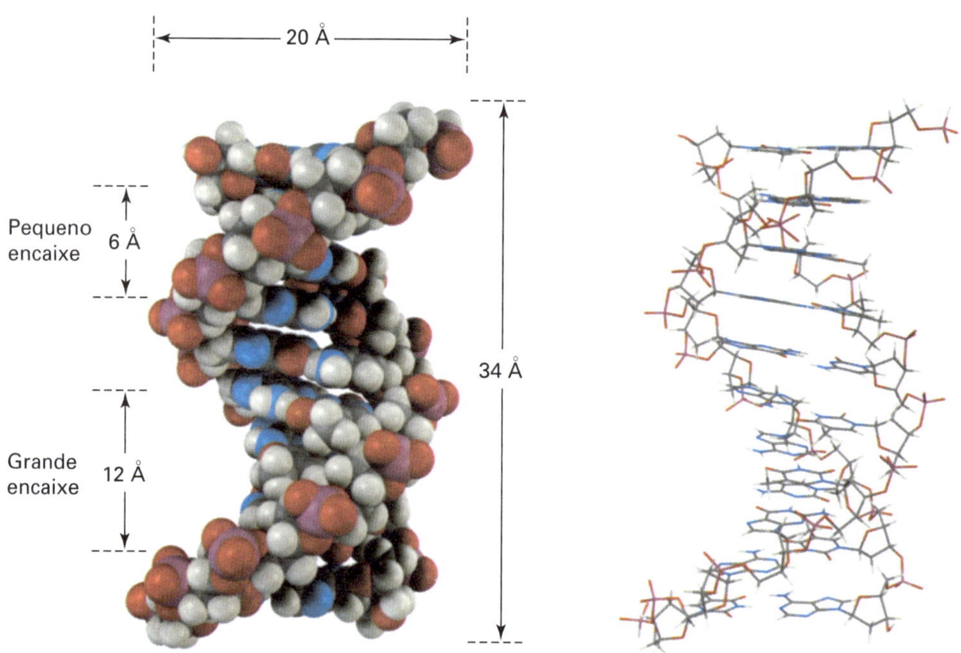

FIGURA 28.3 Uma volta da dupla hélice do DNA nos formatos de preenchimento do espaço e estrutura em hastes. A espinha de açúcar-fosfato corre junto à parte externa da hélice e os hidrogênios das bases de amina se ligam uns aos outros no interior. Tanto os pequenos quanto os grandes encaixes estão visíveis.

empilhadas. Muitos agentes causadores e de prevenção ao câncer funcionam interagindo com o DNA dessa maneira.

A informação genética de um organismo está armazenada como uma sequência de desoxirribonucleotídeos amarrados em conjunto na cadeia do DNA. Para que a informação seja preservada e passada às gerações futuras, deve haver um mecanismo para copiar o DNA. Para que a informação seja utilizada, deve existir um mecanismo para decodificar a mensagem do DNA e a implantação das instruções que ele contém.

O que Crick chamou de "dogma central da genética molecular" diz que a função do DNA é armazenar informações e passá-las ao RNA. A função do RNA, por sua vez, é ler, decodificar e utilizar as informações recebidas do DNA para produzir proteínas. Assim, acontecem três processos fundamentais.

- **Replicação** – processo pelo qual cópias idênticas de DNA são feitas para que as informações possam ser preservadas e passadas à descendência.
- **Transcrição** – processo pelo qual as mensagens genéticas são lidas e carregadas dos núcleos das células para os ribossomos, onde ocorre a síntese de proteínas.
- **Tradução** – processo pelo qual as mensagens genéticas são decodificadas e utilizadas na síntese de proteínas.

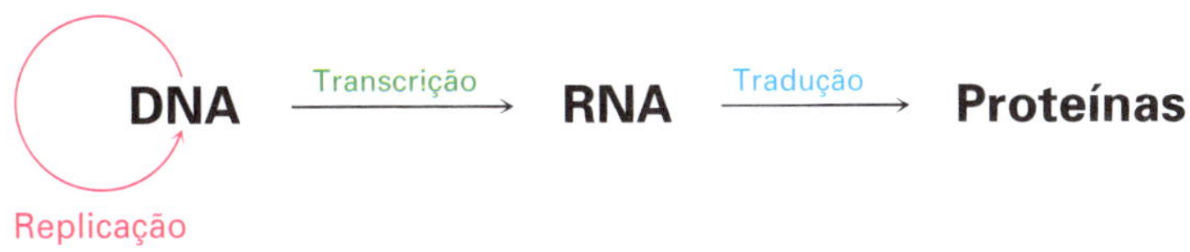

Problemas para praticar 28.1

Prevendo a sequência complementar de bases em um DNA de dupla fita

Qual sequência de bases em uma fita do DNA é complementar à sequência TATGCAT na outra fita?

Estratégia Lembre-se de que A e G formam pares complementares com T e C, respectivamente, e depois faça uma substituição na sequência de A por T, G por C e T por A e C por G. Lembre-se também de que a extremidade 5′ fica à esquerda e a extremidade 3′ fica à direita na fita original.

Solução

Original: (5′) TATGAT (3′)

Complemento: (3′) ATACGTA (5′) ou (5′) ATGCATA (3′)

PROBLEMA 28.3 Qual sequência de bases em uma fita do DNA é complementar à seguinte sequência na outra fita?

(5′) GGCTAATCCGT (3′)

28.3 Replicação do DNA

A **replicação** do DNA é um processo catalisado por enzima que inicia com um desenrolamento parcial da dupla hélice em vários pontos ao longo da cadeia, provocado por enzimas denominadas *helicases*. As ligações de hidrogênio são quebradas, os dois filamentos separam-se para formar uma "bolha", e as bases são expostas. Novos nucleotídeos, em seguida, se alinham em cada filamento em uma forma complementar, A a T e G a C, e dois novos filamentos começam a crescer nas extremidades da bolha, chamados de bifurcações de replicação. Cada nova fita é complementar à sua fita modelo antiga e duas duplas hélices de DNAs são produzidas (**Figura 28.4**). Como cada uma das novas moléculas de DNA contém uma fita velha e uma nova, o processo é descrito como uma *replicação semiconservativa*.

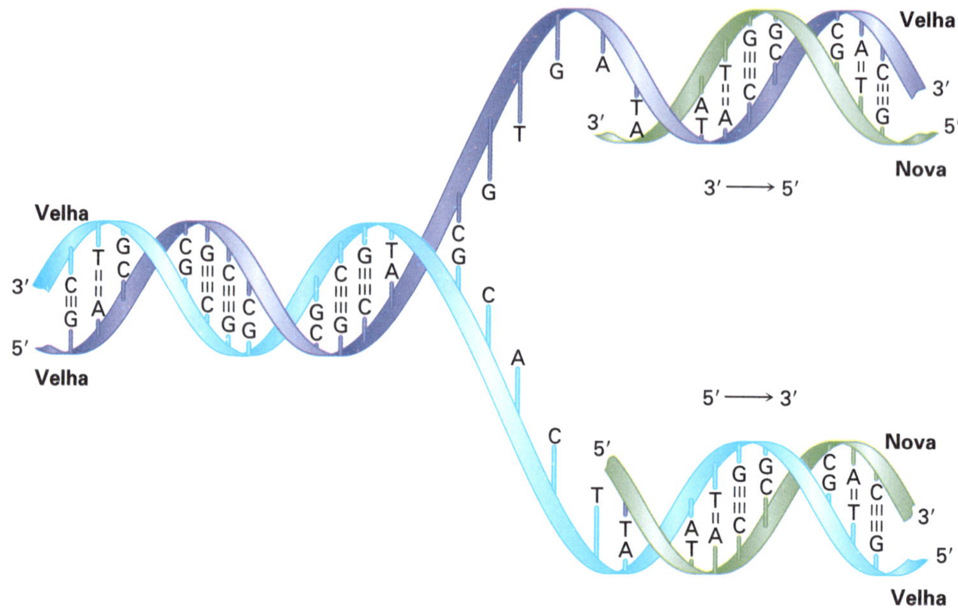

FIGURA 28.4 Uma representação da replicação semiconservativa do DNA. A fita dupla do DNA original se desenrola parcialmente, as bases são expostas, os nucleotídeos se alinham em cada fita de maneira complementar e duas novas fitas começam a se formar. Ambas as fitas são sintetizadas no mesmo sentido 5′ → 3′, uma de forma contínua e outra em fragmentos

A adição de nucleotídeos na cadeia em formação ocorre no sentido 5′ → 3′ e é catalisada pela polimerase de DNA. A etapa fundamental é a adição de um nucleosídeo 5′-trifosfato ao grupo livre 3′-hidroxila da cadeia em formação com a perda de um grupo abandonador difosfato.

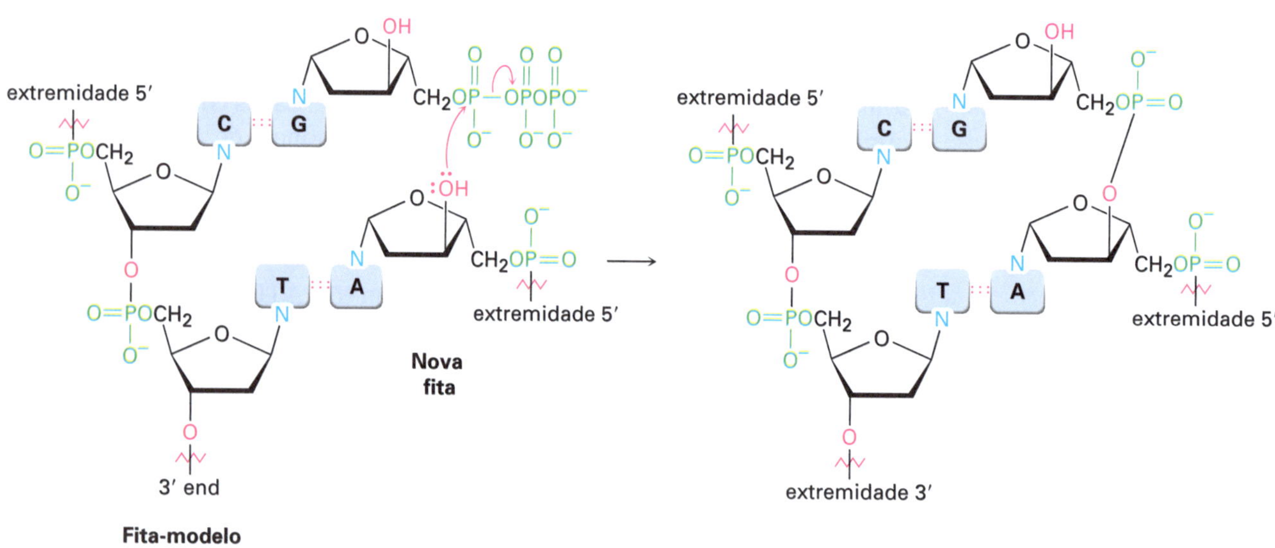

Como ambas as novas fitas de DNA são sintetizadas no sentido 5′ → 3′, elas não podem ser feitas exatamente da mesma maneira. Um novo filamento deve ter a sua extremidade 3′ mais próxima de uma bifurcação de replicação, enquanto o outro novo filamento tem a sua extremidade 5′ mais próxima de uma bifurcação de replicação. O que acontece é que o complemento da fita 5′ → 3′ original é sintetizado continuamente em uma única parte para formar uma cópia nova sintetizada chamada de *fita líder*, enquanto o complemento da fita 3′ → 5′ original é sintetizado de forma descontínua em pequenas partes chamadas *fragmentos de Okazaki* que são posteriormente ligadas pelos DNA ligases para formar uma *fita retardatária*.

A magnitude do processo de replicação é impressionante. O núcleo de cada célula humana contém 2 cópias de 22 cromossomos mais um adicional de 2 cromossomos sexuais para um total de 46. Cada cromossomo é constituído por uma molécula de DNA muito grande e a soma do DNA em cada um dos dois conjuntos de cromossomos é estimada como 3,0 bilhões de pares de bases ou 6,0 bilhões de nucleotídeos. Apesar do tamanho dessas moléculas enormes, a sua sequência de bases é fielmente copiada durante a replicação. Todo o processo de cópia leva apenas algumas horas e após a revisão e reparação, um erro acontece apenas cerca de uma vez por 10 a 100 bilhões de bases. Na verdade, apenas cerca de 60 dessas mutações aleatórias são passadas de pai para filho pela geração humana.

28.4 Transcrição do DNA

Como observado anteriormente, o RNA é estruturalmente semelhante ao DNA, mas contém ribose em vez de desoxirribose e uracila em vez de timina. O RNA tem três tipos principais, cada um deles tem uma finalidade específica. Além disso, há ainda os pequenos RNA que aparecem para controlar uma grande variedade das funções celulares importantes. Todas as moléculas de RNA são muito menores que as de DNA, e todas permanecem em filamento simples em vez de filamento duplo.

- **RNA mensageiro (RNAm)** carrega mensagens genéticas do DNA para o ribossomo, pequenas partículas granulares no citoplasma de uma célula onde ocorre a síntese de proteína.
- **RNA ribossômico (RNAr)** complexado com proteínas, fornece a constituição física dos ribossomos.
- **RNA transportador (RNAt)** transporta os aminoácidos para os ribossomos, onde são unidos para a formação de proteínas.
- **RNA pequenos**, também chamados *RNA funcionais*, têm uma variedade de funções no interior da célula, incluindo o silenciamento de transcrição e a catálise das modificações químicas de outras moléculas de RNA.

A informação genética do DNA está contida em segmentos denominados genes, cada um dos quais consiste de uma sequência de nucleotídeos específica que codifica uma proteína específica. A conversão dessa informação do DNA em proteínas começa no núcleo das células com a síntese do RNAm por **transcrição** do DNA. Nas bactérias, o processo começa quando a RNA polimerase reconhece e se une à *sequência promotora* no DNA, normalmente formada por cerca de 40 pares de base localizados acima (5′) do local do início da transcrição. Nessa sequência promotora há duas *sequências de consenso* hexaméricas, uma localizada 10 pares de base acima do início e a segunda localizada a 35 pares de base acima.

Após a formação do complexo promotor-polimerase, várias voltas da dupla hélice do DNA se desenrolam, formando uma bolha e expondo 14 ou mais pares de base das duas fitas. Os ribonucleotídeos adequados se alinham por meio de ligação de hidrogênio às suas bases complementares no DNA, ocorrem formações de ligação no sentido 5′ $\rightarrow$ 3′, a RNA polimerase se move ao longo da cadeia de DNA e a molécula de RNA em formação se desprende do DNA (**Figura 28.5**). A cada vez, cerca de 12 pares de base do RNA em formação permanecem unidos por ligação de hidrogênio ao modelo de DNA.

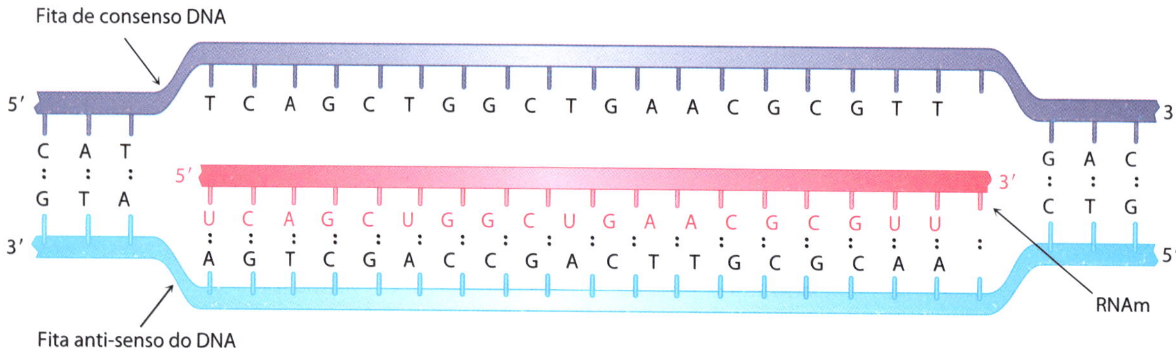

FIGURA 28.5 Biossíntese do RNA utilizando um segmento de DNA como modelo.

Diferentemente do que acontece na replicação do DNA, onde as duas fitas são copiadas, somente uma das duas fitas do DNA é transcrita no RNAm. O filamento de DNA que contém o gene é muitas vezes chamado de **filamento de consenso** ou *filamento codificante*, e o filamento de DNA que se torna transcrito para obter o RNA é chamado de **filamento anti-senso**, ou *filamento não codificante*. Uma vez que o filamento de consenso e o filamento anti-senso no DNA são complementares, e devido ao filamento de DNA anti-senso e o filamento de RNA recém-formado também serem complementares, a *molécula de RNA produzida durante a transcrição é uma cópia do filamento do DNA de consenso*. Isto é, o complemento do complemento é o mesmo que o original. A única diferença é que a molécula de RNA tem um U em todos os lugares que o filamento de consenso do DNA tem um T.

Outra parte da descrição em vertebrados e plantas com flor é de que os genes frequentemente não são segmentos contínuos da cadeia de DNA. Em vez disso, um gene começará em uma pequena seção de DNA chamada de *exon*, depois será interrompido por uma seção não codificada chamada de *íntron* e depois é retomado mais adiante na cadeia em outro exon. A molécula final de RNAm é obtida apenas após os segmentos não codificados serem cortados e as partes remanescentes unidas por spliceossomos. O gene para a triose fosfato isomerase no milho, por exemplo, contém oito íntrons não codificantes, que representam aproximadamente 70% dos pares de bases do DNA e nove exons codificantes que representam apenas 30% dos pares das bases.

PROBLEMA 28.4 Mostre como a uracila pode formar fortes ligações de hidrogênio com a adenina.

PROBLEMA 28.5 Qual sequência de base do RNA é complementar à seguinte sequência de base do DNA?

(5′) GATTACCGTA (3′)

PROBLEMA 28.6 De qual sequência de base do DNA a seguinte sequência do RNA foi transcrita?

(5′) UUCGCAGAGU (3′)

28.5 Tradução do RNA: biossíntese de proteínas

A função celular primária do RNAm é a de dirigir a biossíntese dos diversos milhares de peptídeos e proteínas necessários por um organismo – cerca de 150.000 em um ser humano. A mecânica da biossíntese de proteína acontece nos ribossomos, pequenas partículas granulares no citoplasma de uma célula que consiste em cerca de 60% de RNA ribossomal e 40% de proteínas.

A sequência de ribonucleotídeos específicos no RNAm forma uma mensagem que determina a ordem na qual os resíduos de aminoácido devem ser unidos. Cada "palavra", ou **códon,** ao longo da cadeia do RNAm consiste em uma sequência de três ribonucleotídeos que é específica para determinado aminoácido. Por exemplo, a série UUC no RNAm é um códon que dirige a incorporação do aminoácido fenilalanina na proteína em formação. Dos $4^3 = 64$ tripletos possíveis das quatro bases do RNA, 61 codificam aminoácidos específicos e três codificam finalização de uma cadeia. A **Tabela 28.1** mostra o significado de cada códon.

TABELA 28.1 Tarefas dos códons de tripletos de base

Primeira base (extremidade 5′)	Segunda base	Terceira base (extremidade 3′) U	C	A	G
U	U	Phe	Phe	Leu	Leu
	C	Ser	Ser	Ser	Ser
	A	Tyr	Tyr	Pare	Pare
	G	Cys	Cys	Pare	Trp
C	U	Leu	Leu	Leu	Leu
	C	Pro	Pro	Pro	Pro
	A	His	His	Gln	Gln
	G	Arg	Arg	Arg	Arg
A	U	Ile	Ile	Ile	Met
	C	Thr	Thr	Thr	Thr
	A	Asn	Asn	Lys	Lys
	G	Ser	Ser	Arg	Arg
G	U	Val	Val	Val	Val
	C	Ala	Ala	Ala	Ala
	A	Asp	Asp	Glu	Glu
	G	Gly	Gly	Gly	Gly

A mensagem embutida no RNAm é lida pelo RNA transportador (RNAt) em um processo chamado **tradução**. Há 61 RNAt diferentes, um para cada um dos 61 códons que especificam um aminoácido. Um RNAt típico possui fita única e quase a forma de uma folha de trevo, como mostrado na **Figura 28.6**. Ele consiste de 70 a 100 ribonucleotídeos e é ligado a um aminoácido específico por meio de uma ligação de éster através da 3′ hidroxila na ribose e na extremidade 3′ do RNA. Cada RNAt contém também em sua folha do meio um segmento chamado de **anticódon**, uma sequência de três ribonucleotídeos complementares à sequência do códon. Por exemplo, a sequência do códon UUC presente no RNAm é lida por um RNAt portador da fenilalanina que possui o anticódon complementar de sequência de base GAA. [Lembre-se que as sequências de nucleotídeos são escritas na direção 5′ → 3′, de forma que a sequência em um anticódon deve ser revertida. Isto é, o complemento de (5′) UUC (3′) é (3′) AAG (5′), que é escrito como (5′) GAA (3′).]

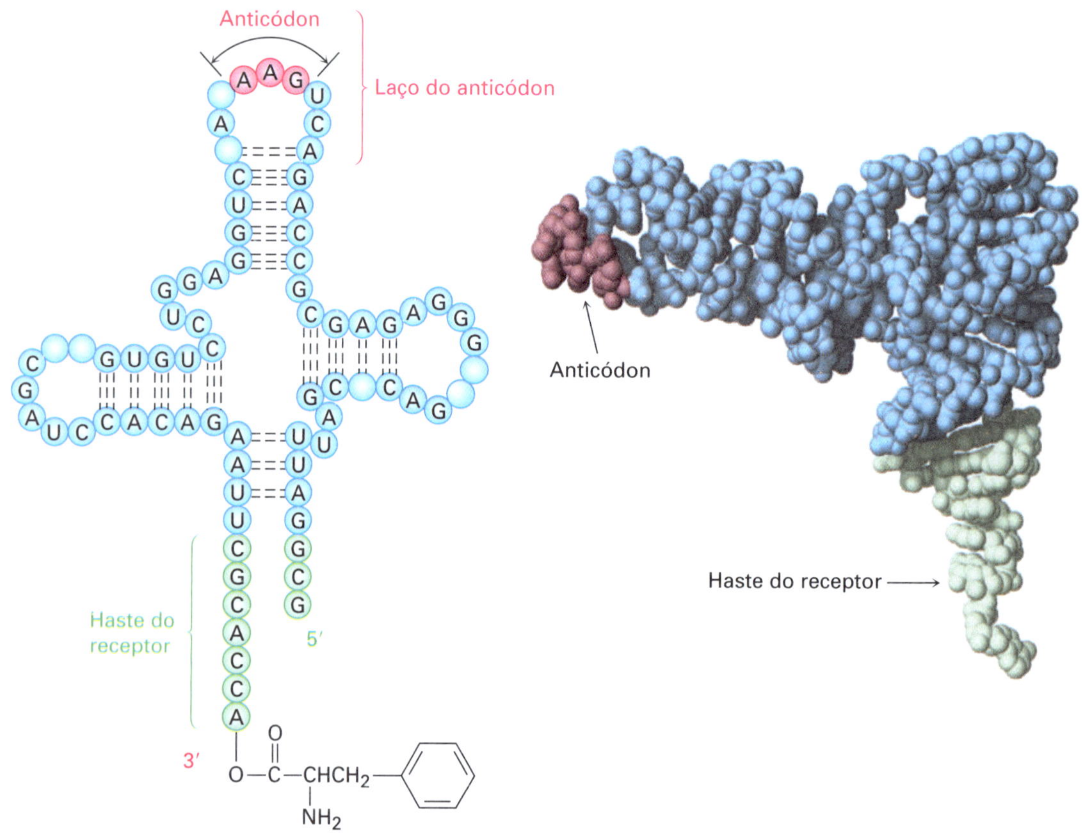

FIGURA 28.6 A estrutura de uma molécula de RNAt possui quase a forma de uma folha de trevo e contém um tripleto anticódon em uma "folha" e uma unidade de aminoácido ligada covalentemente em sua extremidade 3′. O exemplo mostrado é um RNAm de levedura que codifica a fenilalanina. Os nucleotídeos que não estão especificamente identificados são quimicamente modificados para se tornar análogos aos nucleotídeos comuns.

À medida que cada códon sucessivo é lido no RNAm, diferentes RNAt trazem os aminoácidos corretos para a posição para uma transferência mediada por enzimas para o peptídeo em formação. Quando a síntese da proteína adequada é finalizada, um códon de "pare" sinaliza o final e a proteína é liberada do ribossomo. O processo é ilustrado na **Figura 28.7**.

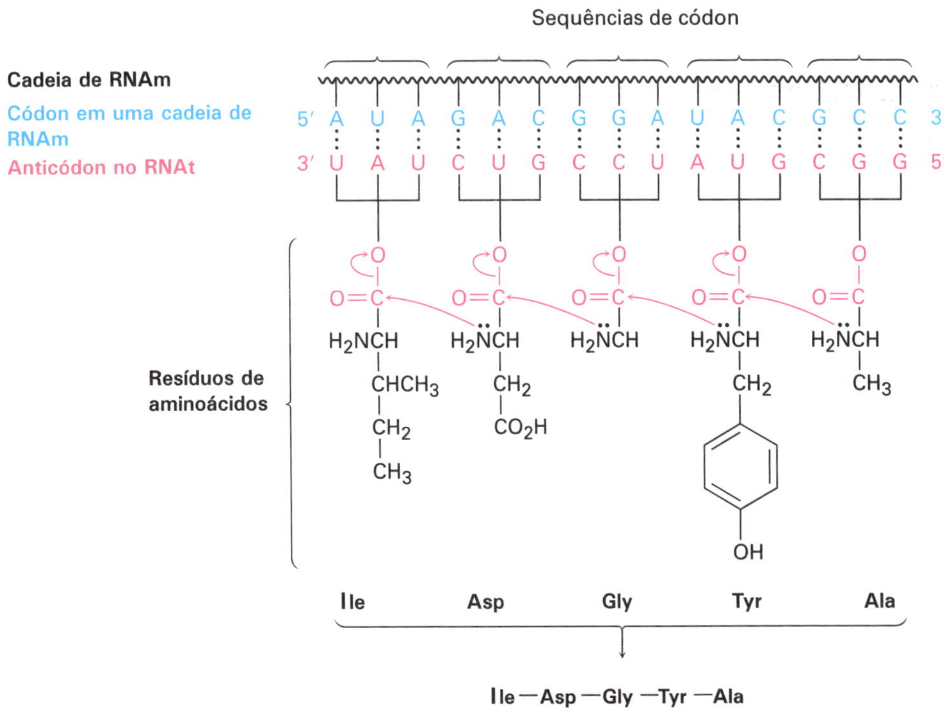

FIGURA 28.7 Representação da biossíntese de uma proteína. As sequências de base do códon no RNAm são lidas pelos RNAt que contêm as sequências de base dos anticódons complementares. Os RNA de transferência reúnem os aminoácidos adequados para sua incorporação no peptídeo em formação.

Problemas para praticar 28.2

Prevendo a sequência de aminoácidos transcritas do DNA

Qual é a sequência de aminoácidos codificada pelos seguintes segmentos de uma fita de codificação de um DNA (fita de consenso)?

(5′) CTA-ACT-AGC-GGG-TCG-CCG (3′)

Estratégia O RNAm produzido durante a tradução é uma cópia da fita de codificação do DNA, com cada T sendo substituído por U. Assim, o RNAm possui a sequência

(5′) CUA-ACU-AGC-GGG-UCG-CCG (3′)

Cada conjunto de três bases forma um códon cujo significado pode ser encontrado na Tabela 28.1.

Solução Leu-Thr-Ser-Gly-Ser-Pro.

PROBLEMA 28.7 Enumere as sequências de códon para os seguintes aminoácidos:
(a) Ala **(b)** Phe **(c)** Leu **(d)** Tyr

PROBLEMA 28.8 Enumere as sequências de RNAt que carregam os aminoácidos mostrados no Problema 28.7.

PROBLEMA 28.9 Qual sequência de aminoácido é codificada pela seguinte sequência de base do RNAm?

CUU-AUG-GCU-UGG-CCC-UAA

PROBLEMA 28.10 Qual é a sequência de base na fita do DNA original, da qual a sequência do RNAm no Problema 28.9 foi feita?

28.6

Sequenciamento do DNA

Uma das grandes revoluções científicas da história está em curso hoje na biologia molecular, à medida que os cientistas aprendem como manipular e domar a maquinaria genética dos organismos. Nenhum dos avanços extraordinários das últimas duas décadas teria sido possível, no entanto, se não fosse a descoberta em 1977 dos métodos de sequenciamento de imensas cadeias de DNA.

A primeira etapa no sequenciamento do DNA é partir a enorme cadeia em pontos conhecidos para produzir pedaços menores, mas manuseáveis, uma tarefa realizada com o uso de *endonucleases de restrição*. Cada enzima de restrição diferente, das quais mais que 3.800 são conhecidas e, aproximadamente, 375 encontram-se comercialmente disponíveis, cliva uma molécula de DNA em um ponto no filamento onde uma sequência de bases específica ocorre. Por exemplo, a enzima de restrição *Alu*I quebra entre G e C em uma sequência de quatro bases AG-CT. Observe que a sequência é um *palíndromo*, o que significa que a sequência (5′)-AGCT-(3′) é a mesma que seu complemento (3′)-TCGA-(5′) quando ambas são lidas no mesmo sentido 5′ → 3′. O mesmo acontece em outras endonucleases de restrição.

Se a molécula do DNA original é cortada com outra enzima de restrição que possui uma especificidade diferente para a quebra, outros segmentos são produzidos cujas sequências sobrepõem-se parcialmente às produzidas pela primeira enzima. O sequenciamento de todos os segmentos, seguido pela identificação das regiões de sobreposição, permite um sequenciamento completo do DNA.

Uma dúzia ou mais de diferentes métodos de sequenciamento do DNA estão agora disponíveis e pelo menos outra meia dúzia estão em desenvolvimento. O **método didesoxi de Sanger** é atualmente o mais utilizado e foi o método responsável pelo primeiro sequenciamento de todo o genoma humano de 3,0 bilhões de pares de bases. Em instrumentos de sequenciamento comerciais, o método de didesoxi começa com uma mistura dos seguintes:

- O fragmento de restrição a ser sequenciado
- Uma pequena parte do DNA chamada de *primer*, cuja sequência é complementar à da extremidade 3′ do fragmento de restrição
- Os quatro 2′-desoxirribonucleosídeos trifosfatos (dNTPs)
- Quantidades muito pequenas dos quatro 2′,3′-didesoxirribonucleotídeo trifosfatos (ddNTPs), cada um dos quais marcados com um corante fluorescente de uma cor diferente (Um 2′,3′-didesoxirribonucleotídeo trifosfato é aquele no qual estão faltando tanto o grupo –OH 2′ quanto o 3′ na ribose.)

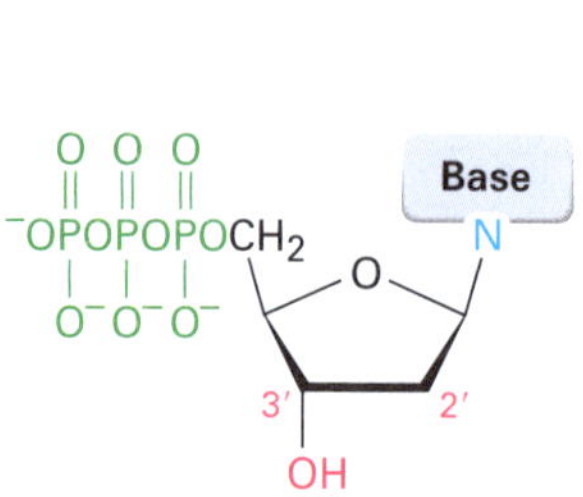

2′-desoxirribonucleosídeo trifosfato (dNTP)

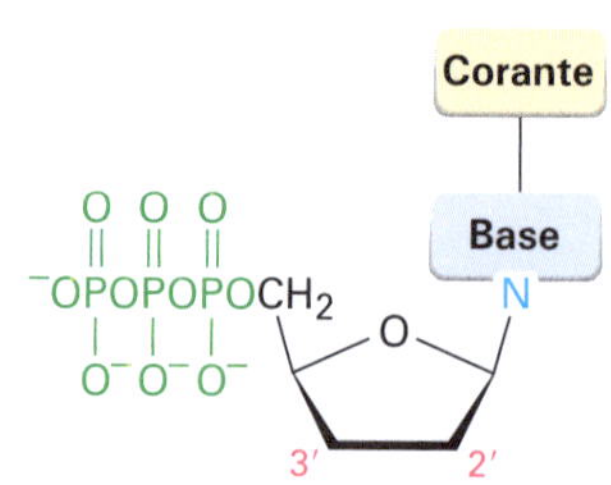

2′,3′-didesoxirribonucleosídeo trifosfato (ddNTP)

A DNA polimerase é adicionada à mistura e uma fita do DNA complementar ao fragmento de restrição começa a crescer a partir da extremidade do primer. Na maior parte do tempo, somente os desoxirribonucleotídeos normais são incorporados na cadeia em formação graças às suas concentrações bem mais altas na mistura, mas, de vez em quando, um didesoxirribonucleotídeo é incorporado. Quando isso acontece, a síntese do DNA para porque a extremidade da cadeia não possui mais um grupo 3'-hidroxila para a adição de mais nucleotídeos.

Quando a reação está completa, o produto consiste em uma mistura de fragmentos de DNA de todos os comprimentos possíveis, cada um deles terminado por um dos quatro didesoxirribonucleotídeos marcados com corante. Essa mistura de produtos é, em seguida, separada de acordo com o tamanho dos pedaços por eletroforese em gel (**Seção 26.2**), e a identidade do didesoxiribonucleotídeo terminal em cada pedaço – e assim, a sequência do fragmento de restrição – é determinada observando a cor com a qual o corante anexado fluoresce. A **Figura 28.8** mostra um resultado típico.

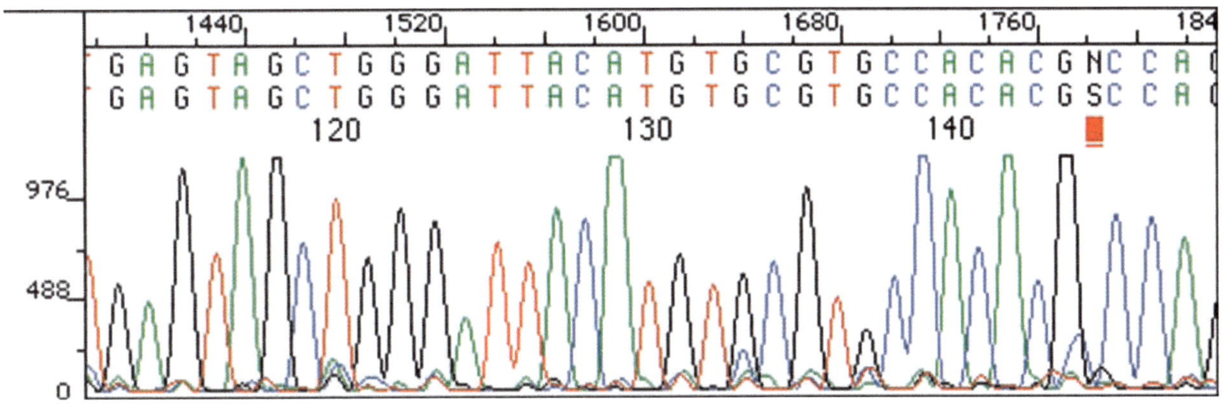

FIGURA 28.8 Uma sequência de um fragmento de restrição determinada pelo método didesoxi de Sanger pode ser lida simplesmente observando as cores do corante ligado a cada um dos vários nucleotídeos terminais.

Tão eficiente quanto é o método didesoxi automatizado que sequencia até 1.100 nucleotídeos em comprimento, com um rendimento de até 19.000 bases por hora, podem ser sequenciados com uma precisão de 98%. Após uma década de trabalho e um custo de cerca de US$ 500 milhões, informação da sequência preliminar para todo o genoma humano de 3,0 bilhões de pares de bases foi anunciada no início de 2001 e a informação completa foi liberada em 2003. Mais recentemente, o sequenciamento do genoma dos indivíduos, incluindo o de James Watson, descobridor da dupla hélice, foi realizado. O preço do sequenciamento por genoma está caindo rapidamente e atualmente está próximo de US$ 10.000, o que significa que o sequenciamento de rotina de indivíduos está ao nosso alcance.

Notavelmente, nosso genoma parece conter apenas cerca de 21.000 genes, menos de um quarto do número previsto anteriormente e apenas cerca de duas vezes o número encontrado na minhoca comum. É também interessante notar que o número de genes de um ser humano (21.000) é muito menor que o número de tipos de proteínas (talvez 500.000). Esta discrepância surge porque a maioria das proteínas são modificadas de várias maneiras após a tradução (*modificações pós-traducional*), assim um único gene pode gerar muitas proteínas diferentes.

28.7

Síntese do DNA

A revolução em progresso na biologia molecular trouxe com ela uma demanda crescente pela síntese química eficiente de segmentos curtos do DNA, chamados de *oligonucleotídeos* ou simplesmente *oligos*. Os problemas na síntese de DNA são similares aos da síntese de proteínas (**Seção 26.7**), mas são mais difíceis por causa da complexidade dos monômeros de nucleotídeos. Cada nucleotídeo possui múltiplos sítios reativos que devem ser seletivamente protegidos e desprotegidos em momentos específicos e o acoplamento dos quatro nucleotídeos deve ser realizado na sequência apropriada. Sintetizadores de DNA automatizados, no entanto, estão disponíveis e permitem uma síntese rápida e confiável de segmentos de DNA com até 200 nucleotídeos de comprimento.

Os sintetizadores de DNA operam em um princípio similar ao do sintetizador de peptídeo em fase sólida Merrifield (**Seção 26.8**). Na essência, um nucleotídeo protegido é ligado de forma covalente a um suporte sólido e um nucleotídeo por vez é adicionado à cadeia em crescimento através do uso de reagentes de acoplamento. Depois de o último nucleotídeo ser adicionado todos os grupos de proteção são removidos e o DNA sintético é quebrado do suporte sólido. São necessárias cinco etapas:

ETAPA Nº 1 A primeira etapa na síntese do DNA é ligar um desoxirribonucleosídeo a um suporte de sílica (SiO_2) através de uma ligação de éster com o grupo −OH 3′ do desoxirribonucleosídeo. Tanto o grupo −OH 5′ do açúcar quanto os grupos $-NH_2$ livres nas bases heterocíclicas precisam ser protegidos. As bases adenina e citosina são protegidas por grupos benzoíla; a guanina é protegida por um grupo isobutirila e a timina não necessita de proteção. A desoxirribose −OH 5′ é protegida como seu éter *p*-dimetoxitritil (DMT).

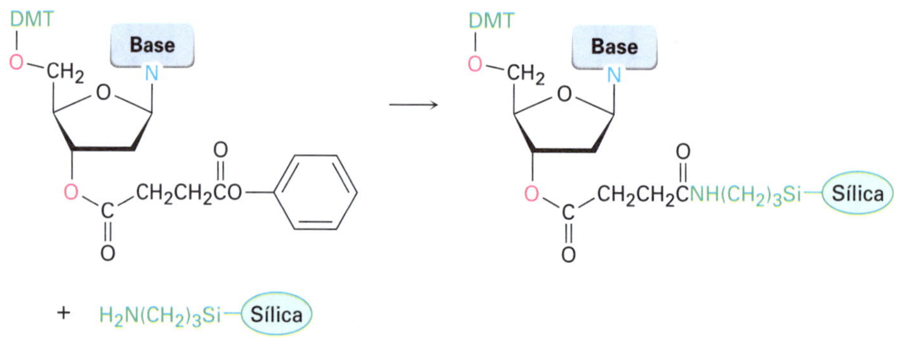

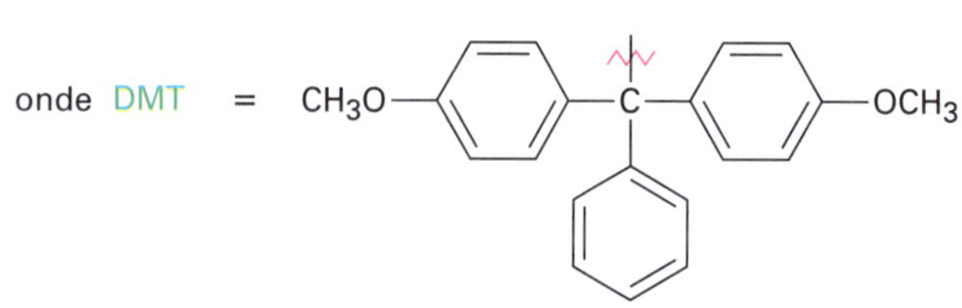

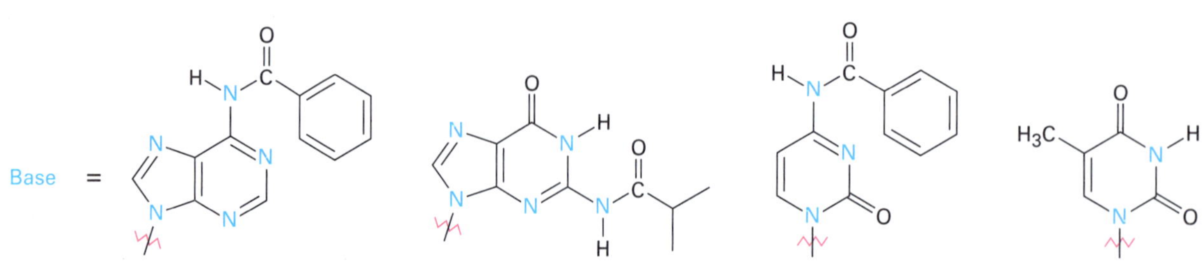

Adenina N protegida | Guanina N protegida | Citosina N protegida | Timina

ETAPA Nº 2 A segunda etapa é a remoção do grupo protetor DMT por meio de tratamento com ácido dicloroacético em CH_2Cl_2. A reação ocorre por um mecanismo S_N1 e ocorre rapidamente por causa da estabilidade do cátion terciário dimetoxitritil benzílico.

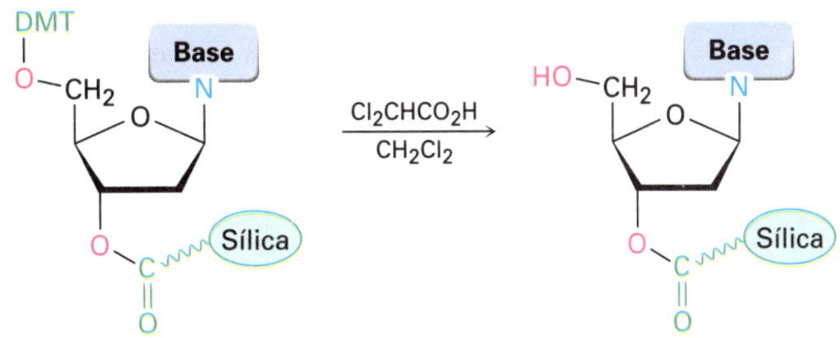

ETAPA Nº 3 A terceira etapa é o acoplamento do desoxinucleotídeo ligado a um polímero com um desoxinucleosídeo protegido que contém um grupo *fosforamideto* em sua posição 3′. [Um grupo fosforamideto possui a estrutura $R_2NP(OR)_2$.] A reação de acoplamento acontece no solvente aprótico polar acetonitrila; necessita de catálise pela amina heterocíclica tetrazol e leva a um *fosfito*, $P(OR)_3$, como produto. Observe que um dos átomos de oxigênio ligado ao fósforo é protegido por um grupo β-cianoetila, $-OCH_2CH_2C{\equiv}N$. A etapa de acoplamento acontece com mais de 99% de rendimento.

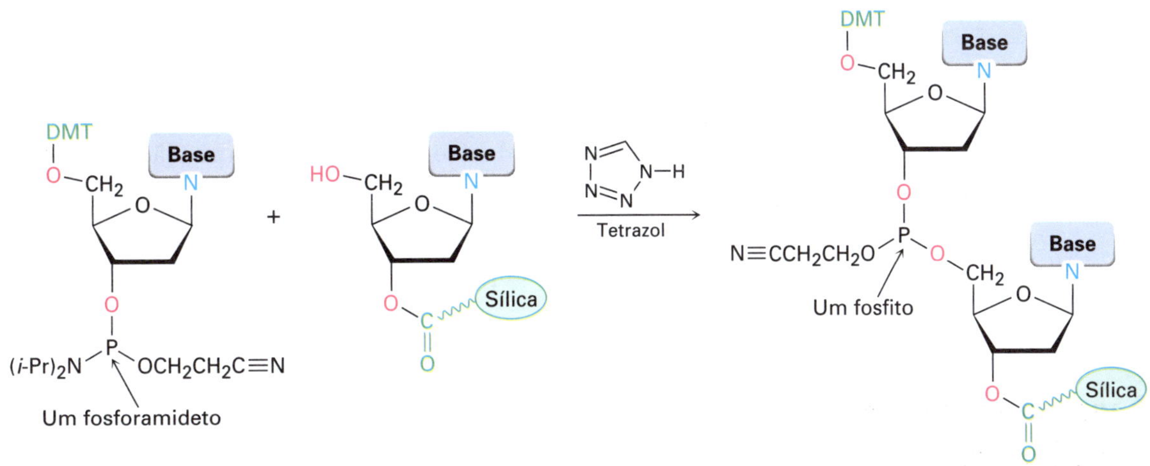

ETAPA Nº 4 Com o acoplamento finalizado, o produto fosfito é oxidado a um fosfato por meio de tratamento com iodo em tetrahidrofurano aquoso na presença da 2,6-dimetilpiridina. O ciclo de (1) desproteção, (2) acoplamento e (3) oxidação é então repetido até que uma cadeia de oligonucleotídeo da sequência desejada tenha sido construída.

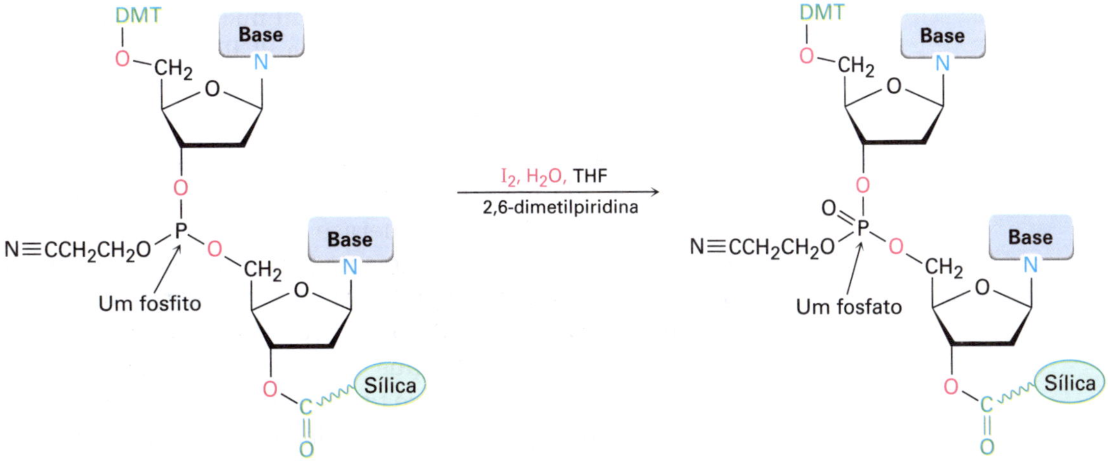

ETAPA Nº 5 A etapa final é a remoção de todos os grupos protetores e a quebra da ligação de éster que liga o DNA à sílica. Todas essas reações são feitas ao mesmo tempo, por meio de tratamento com NH_3 aquoso. A purificação por eletroforese produz então o DNA sintético.

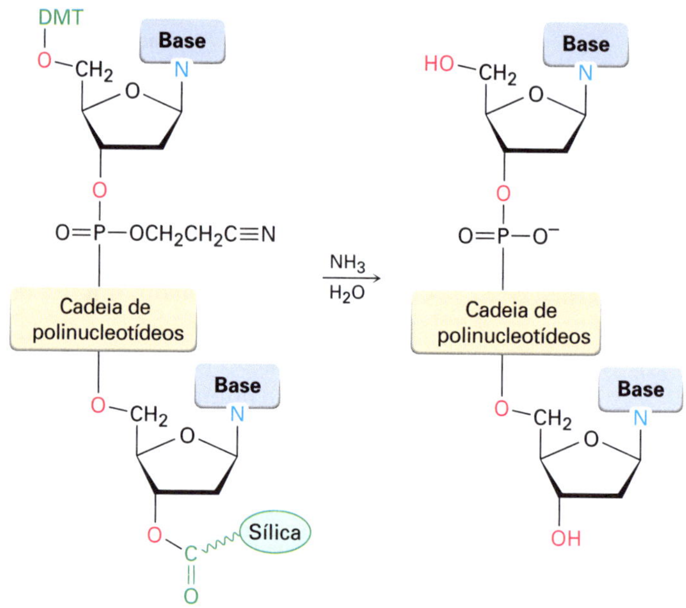

PROBLEMA 28.11 Éteres *p*-dimetoxitritílicos (DMT) são quebrados facilmente pelo tratamento brando com ácido. Mostre o mecanismo da reação de quebra.

PROBLEMA 28.12 Proponha um mecanismo para explicar a quebra do grupo protetor β-cianoetila dos grupos fosfato no tratamento com amônia aquosa. (Acrilonitrila, $H_2C{=}CHCN$, é um subproduto.) Que tipo de reação está ocorrendo?

28.8 A reação em cadeia de polimerase

Muitas vezes acontece de apenas uma pequena quantidade de DNA poder ser obtida diretamente, como pode ocorrer em uma cena de crime, assim métodos para obter maiores quantidades às vezes são necessários para realizar o sequenciamento e a caracterização. A invenção da **reação em cadeia de polimerase (PCR)** por Kary Mullis em 1986 foi descrita como sendo para os genes o que a invenção da prensa por Gutemberg foi para o mundo da escrita. Assim como a prensa produz múltiplas cópias de um livro, a PCR produz múltiplas cópias de um determinado DNA. Começando com menos de um picograma de DNA com uma cadeia de 10 mil nucleotídeos de comprimento (1 pg = 10^{-12} g; cerca de 100 mil moléculas), a PCR torna possível obter vários microgramas (1 μg = 10^{-6}; cerca de 10^{11} moléculas) em apenas algumas horas.

O segredo da reação em cadeia da polimerase é a *Taq* DNA polimerase, uma enzima termoestável isolada da bactéria termofílica *Thermus aquáticus,* encontrada em fonte térmica no Parque Nacional de Yellowstone nos Estados Unidos. A *Taq* polimerase é capaz de pegar um único filamento de DNA tendo um pequeno segmento primer da cadeia complementar em uma extremidade e, em seguida, terminar a construção de toda a cadeia complementar. O processo geral possui três etapas, como mostrado esquematicamente na **Figura 28.9**. Mais recentemente, enzimas de DNA polimerase termoestáveis melhoradas se tornaram disponíveis, incluindo a Vent polimerase e a *Pfu* polimerase, ambas isoladas de uma bactéria que cresce perto de aberturas geotérmicas no fundo do oceano. A taxa de erros de ambas as enzimas é substancialmente menor que a da *Taq*.

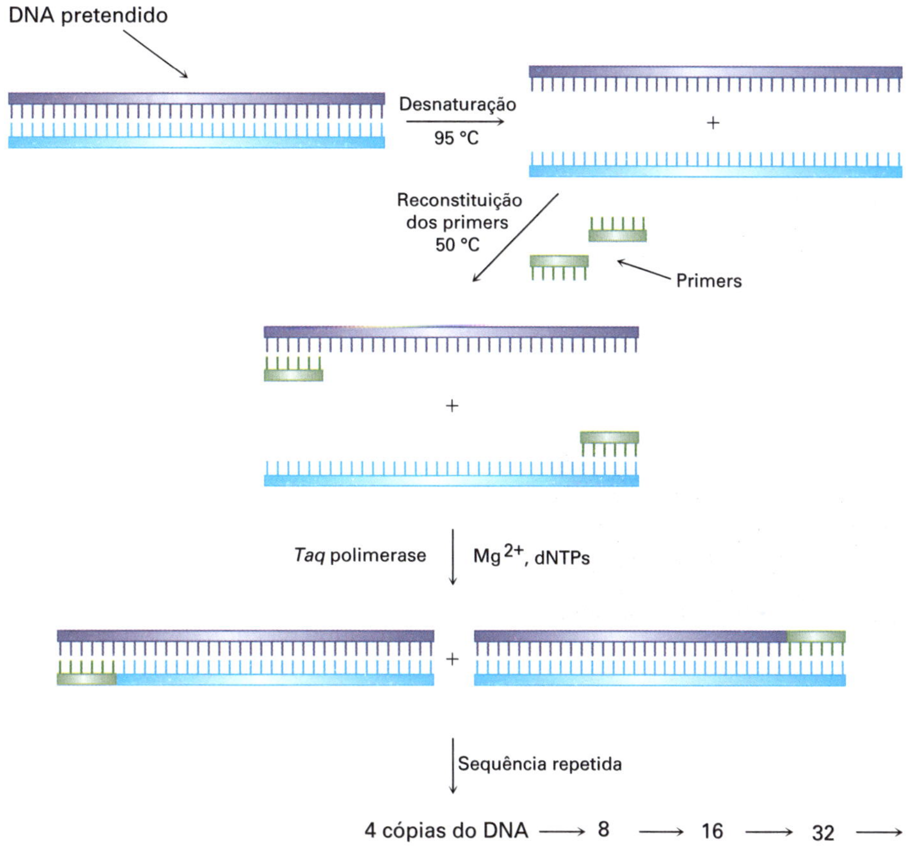

FIGURA 28.9 A reação em cadeia de polimerase. Detalhes são explicados no texto.

ETAPA Nº 1 O DNA de fita dupla a ser ampliado é aquecido na presença da *Taq* polimerase, íon de Mg^{2+}, os quatro monômeros desoxinucleotídeo trifosfato (dNTPs) e um grande excesso de dois primers de oligonucleotídeos curtos com cerca de 20 bases cada. Cada primer é complementar à sequência na extremidade de um dos segmentos de DNA pretendidos. À temperatura de 95 °C, o DNA de dupla fita se desnatura, separando-se espontaneamente em duas fitas simples.

ETAPA Nº 2 A temperatura é abaixada para entre 37 °C e 50 °C, permitindo que os primers, graças à sua concentração relativamente alta, se reconstituam através de ligações de hidrogênio a suas sequências complementares na extremidade de cada fita pretendida.

ETAPA Nº 3 A temperatura então é aumentada para 72 °C, e a *Taq* polimerase catalisa a adição de mais nucleotídeos às duas fitas de DNA iniciadas. Quando a replicação de cada filamento está completa, duas cópias do DNA original agora existem. Repetindo o ciclo da desnaturação-reconstituição-síntese uma segunda vez produzem-se quatro cópias do DNA; repetindo o ciclo pela terceira vez, temos oito cópias do DNA original e assim por diante em uma série exponencial.

A PCR foi automatizada e 30 ciclos ou mais podem ser realizados em uma hora, resultando em um fator de ampliação teórico de 2^{30} (~10^9). Na prática, entretanto, a eficiência de cada ciclo é menor que 100%, e uma ampliação experimental com cerca de 10^6 a 10^8 geralmente é atingida para os 30 ciclos.

Algo extra

Impressão digital do DNA

Rembrandt Peale (1805)/New York Historical Society

Os historiadores têm se perguntado por muitos anos se Thomas Jefferson teve um filho com Sally Hemings. Evidências da impressão digital do DNA obtidas em 1998 sugerem fortemente que sim.

A invenção do sequenciamento do DNA afetou a sociedade de várias maneiras, poucas delas foram mais surpreendentes que a *impressão digital do DNA*. A impressão digital do DNA decorreu da descoberta, em 1984, de que os genes humanos contêm pequenas sequências repetidas de DNA não codificado, as STRs, abreviatura para *short tandem repeat* (repetições curtas em tandem). Além disso, os locais STR são levemente diferentes para cada indivíduo, exceto nos gêmeos idênticos. Sequenciando essas áreas, pode-se obter um padrão único para cada pessoa.

Talvez o uso mais comum e mais veiculado do teste de DNA seja o realizado pelos laboratórios criminais para ligar suspeitos a evidências biológicas – sangue, folículos de cabelo, pele ou sêmen – encontrados na cena de um crime. Muitos milhares de processos judiciais já foram decididos com base em provas de DNA.

Para o uso em casos criminais, laboratórios forenses nos Estados Unidos fizeram um acordo sobre os 13 núcleos das áreas STR que são mais precisos para a identificação de um indivíduo. Com base nestes 13 lugares, um Sistema Combinado de Índice de DNA (CODIS) foi estabelecido para servir como registro de réus acusados. Quando uma amostra de DNA é obtida de uma cena de um crime, a amostra é submetida à quebra com endonucleases de restrição que cortam os fragmentos que contêm os locais STR, estes fragmentos são amplificados utilizando-se a reação em cadeia da polimerase e as sequências dos fragmentos são determinadas.

Se o perfil das sequências de um indivíduo conhecido e o perfil do DNA obtido em uma cena de crime combinam, a probabilidade é de aproximadamente 82 bilhões para 1 de que o DNA seja do mesmo indivíduo. Em casos de paternidade, em que o DNA do pai e do descendente estão relacionados, mas não totalmente idênticos, a identidade do pai pode ser estabelecida com uma probabilidade de cerca de 100.000 para 1. Mesmo depois de várias gerações, a paternidade ainda pode ser inferida pela análise do DNA do cromossomo Y dos descendentes da linha masculina direta. O caso mais conhecido é o de Thomas Jefferson, a quem muitos haviam atribuído a paternidade de um filho de sua escrava Sally Hemings. Embora o próprio Jefferson não tenha descendentes da linha masculina, as análises de DNA dos descendentes da linha masculina do tio por parte de pai de Jefferson continha o mesmo cromossomo Y que um descendente da linha masculina de Eston Hemings, o filho mais novo de Sally Hemings. Assim, a mistura dos dois genomas é clara, embora o indivíduo masculino responsável não possa ser identificado de forma conclusiva.

(continua)

(continuação)

Entre suas muitas aplicações, os testes de DNA são largamente utilizados para o diagnóstico de transtornos genéticos, em exames pré-natais e em recém-nascidos. Fibrose cística, hemofilia, doença de Huntington, doença de Tay-Sachs, anemia falciforme e talassemia estão entre as diversas doenças que podem se detectadas, permitindo assim um tratamento precoce de uma criança afetada. Além disso, estudando as impressões digitais do DNA de parentes com uma história de um transtorno específico, é possível identificar os padrões de DNA associados à doença e talvez obter pistas para a cura. O Departamento de Defesa dos EUA hoje exige uma amostra de saliva e de sangue de toda a equipe militar. As amostras são armazenadas, e o DNA é extraído caso decorra a necessidade de identificação em uma casualidade.

Resumo

Palavras-chave

ácido desoxirribonucleico (DNA), 1142
ácido ribonucleico (RNA), 1142
anticódon, 1152
códon, 1151
dupla hélice, 1145
extremidade 3', 1144
extremidade 5', 1144
filamento anti-senso, 1150
filamento de consenso, 1150
método didesoxi de Sanger, 1154
nucleosídeo, 1142
nucleotídeos, 1142
reação em cadeia de polimerase (PCR), 1158
RNA mensageiro (RNAm), 1149
RNA pequeno, 1149
RNA ribossomômico (RNAr), 1149
RNA transportador (RNAt), 1149
replicação, 1147
tradução, 1151
transcrição, 1149

O **DNA (ácido desoxirribonucleico)** e o **RNA (ácido ribonucleico)** são polímeros biológicos que atuam como veículos químicos de informação genética de um organismo. A hidrólise dos ácidos nucleicos catalisada por enzimas produz os **nucleotídeos**, as unidades monoméricas a partir das quais o RNA e o DNA são construídos. Uma hidrólise suplementar dos nucleotídeos catalisada por enzimas produz os **nucleosídeos** mais fosfato. Os nucleosídeos, por sua vez, são constituídos por uma base de purina ou pirimidina ligada no C1 de um açúcar aldopentose – a ribose no RNA e a 2-desoxirribose no DNA. Os nucleotídeos são unidos através de ligações de fosfato entre o fosfato 5' de um nucleotídeo e a hidroxila 3' do açúcar de outro nucleotídeo.

As moléculas de DNA consistem em duas fitas de polinucleotídeos complementares mantidas unidas por ligações de hidrogênio entre as bases heterocíclicas nas diferentes fitas e enroladas em uma **hélice dupla**. A adenina e a timina formam as ligações de hidrogênio entre si, assim como fazem a citosina e a guanina.

Três processos ocorrem na decifração das informações genéticas do DNA:

- A **replicação** DNA é o processo pelo qual são feitas cópias idênticas do DNA. A dupla hélice do DNA se desenrola, os desoxirribonucleotídeos se alinham em ordem e duas novas moléculas do DNA são produzidas.
- A **transcrição** é o processo pelo qual o RNA é produzido para transportar as informações genéticas dos núcleos até os ribossomos. Um pequeno segmento da dupla hélice do DNA se desenrola e ribonucleotídeos complementares se alinham para produzirem um **RNA mensageiro (RNAm)**.
- A **tradução** é o processo pelo qual o RNAm dirige a síntese das proteínas. Cada RNAm é dividido em **códons**, tripletos de ribonucleotídeos que são reconhecidos por pequenas moléculas transportadoras de aminoácidos de **RNA transportador (RNAt)**, que entrega o aminoácido adequado necessário para a síntese da proteína.

O sequenciamento do DNA é realizado pelo **método didesoxi de Sanger** e pequenos segmentos de DNA podem ser sintetizados no laboratório por meio de instrumentos automatizados. Pequenas quantidades de DNA podem ser amplificadas por fatores de 10^6 utilizando a **reação em cadeia da polimerase (PCR)**.

EXERCÍCIOS

Visualizando a química

(Os Problemas 28.1 a 28.12 aparecem no decorrer do capítulo.)

28.13 Identifique as seguintes bases e diga se cada uma é encontrada no DNA, RNA ou em ambos:

(a)

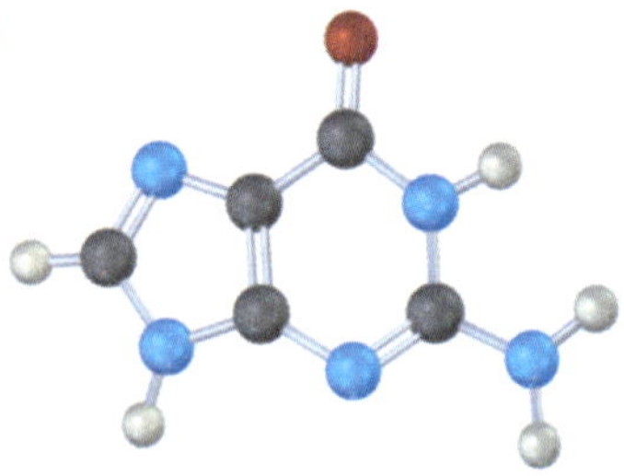

(b)

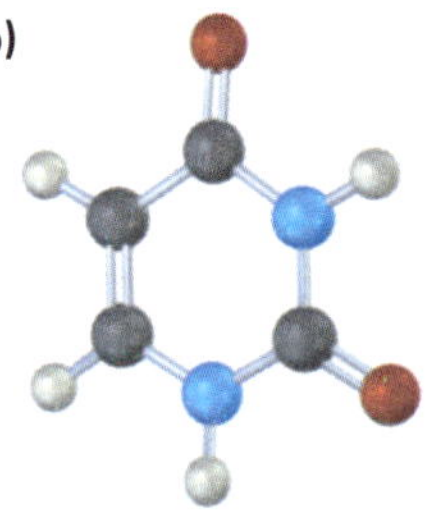

(c)

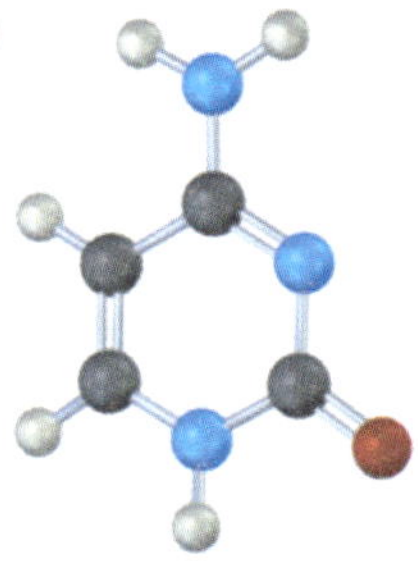

28.14 Identifique o seguinte nucleotídeo e diga como ele é utilizado:

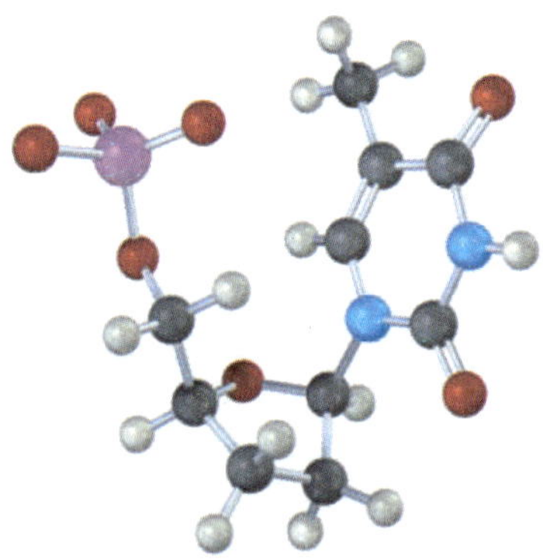

28.15 As bases de aminas nos ácidos nucleicos podem reagir com agentes alquilantes em reações S_N2 típicas. Olhe para os seguintes mapas de potencial eletrostático e diga qual é o melhor nucleófilo, guanina ou adenina. As posições reativas em cada um estão indicadas.

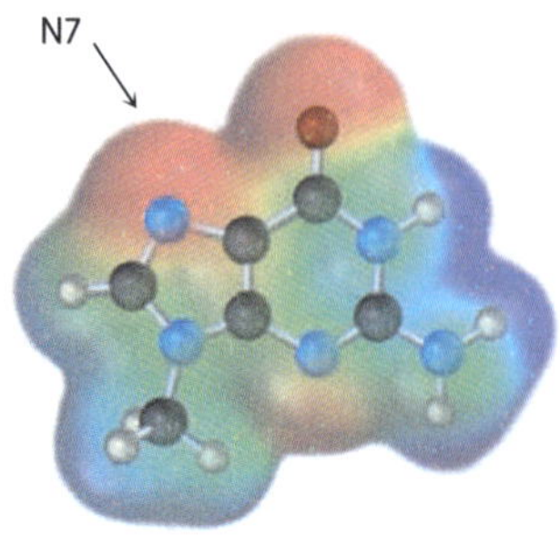

9-metilguanina

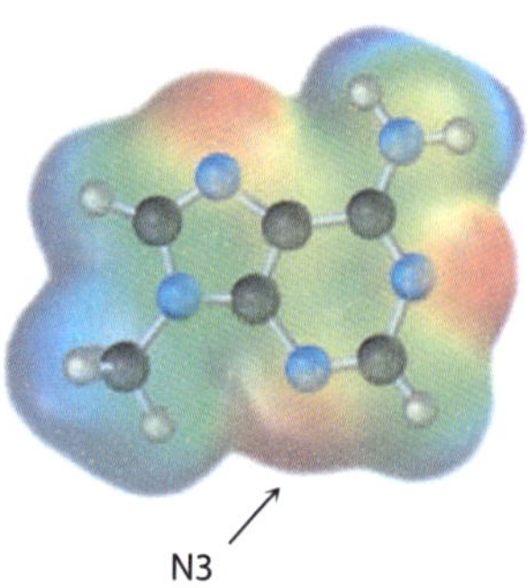

9-metiladenina

Problemas de mecanismo

28.16 A etapa final na síntese do DNA é a desproteção através de tratamento com amônia aquosa. Mostre o mecanismo pelo qual a desproteção ocorre nos pontos indicados na seguinte estrutura.

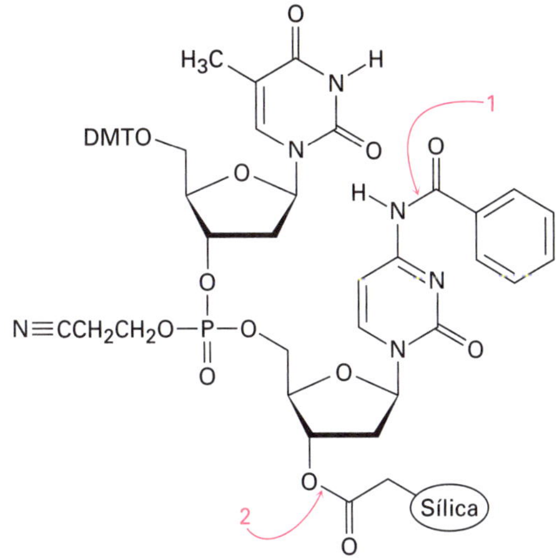

28.17 A etapa final na degradação metabólica da uracila é a oxidação do semialdeído malônico para o fornecimento da malonil-CoA. Proponha um mecanismo.

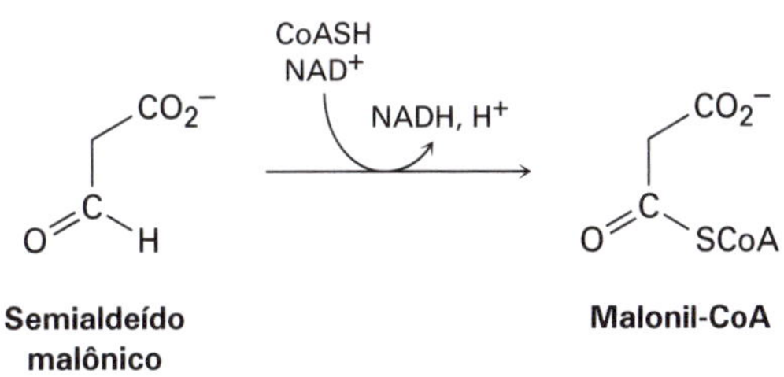

28.18 Uma das etapas na biossíntese de um nucleotídeo chamado de monofosfato de inosina é a formação de um ribonucleotídeo aminoimidazol a partir de um ribonucleotídeo formilglicinamidina. Proponha um mecanismo.

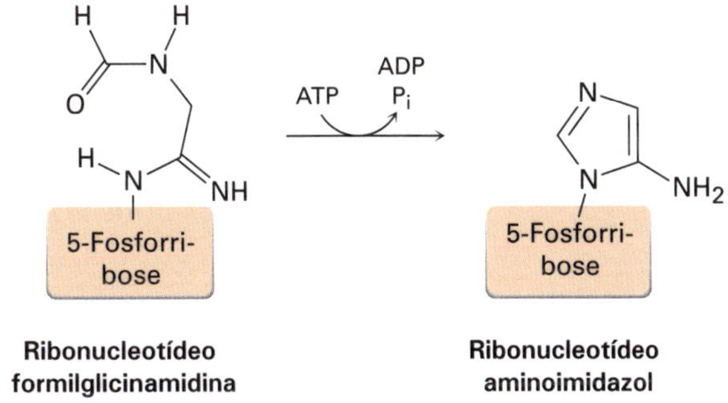

28.19 Uma das etapas na degradação metabólica da guanina é a hidrólise para o fornecimento de xantina. Proponha um mecanismo.

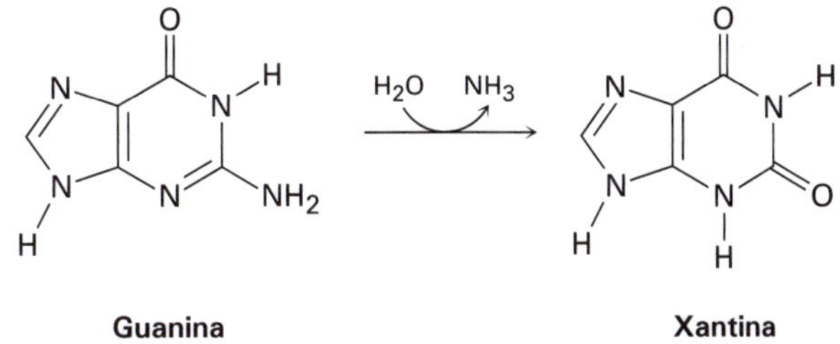

28.20 Uma das etapas na biossíntese do monofosfato de uridina é a reação do aspartato com fosfato de carbamoíla que fornece o aspartato de carbamoíla seguido por uma ciclização que forma o dihidroorotato. Proponha um mecanismo para ambas as etapas.

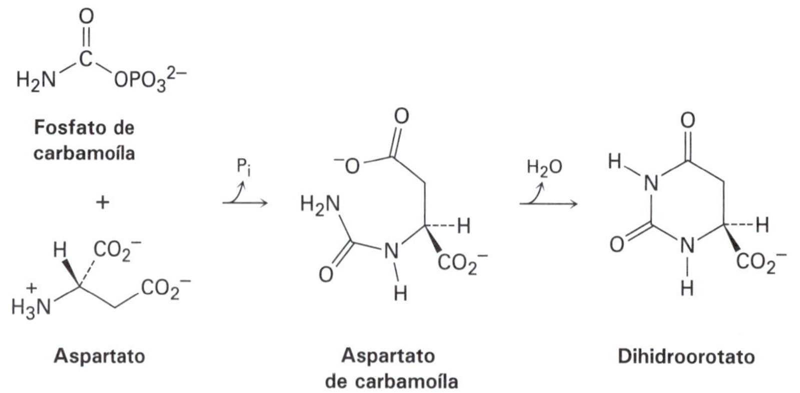

Problemas adicionais

28.21 O peptídeo natriurético do cérebro humano (BNP) é um pequeno peptídeo de 32 aminoácidos utilizado no tratamento da falência congestiva do coração. Quantas bases nitrogenadas estão presentes no DNA que codificam a BNP?

28.22 A insulina humana e a do cavalo possuem duas cadeias polipeptídicas, com uma cadeia contendo 21 aminoácidos e a outra com 30. Elas diferem em sua estrutura primária em dois locais. Na posição 9 em uma cadeia, a insulina humana possui Ser e a insulina do cavalo possui Gly; na posição 30 na outra cadeia, a insulina humana possui Thr e a do cavalo, Ala. Como o DNA para as duas insulinas devem se diferir?

28.23 O DNA dos ouriços-do-mar contém cerca de 32% de A. Quais porcentagens das outras bases você esperaria encontrar no DNA do ouriço-do-mar?

28.24 O códon UAA interrompe a síntese de proteína. Por que a sequência UAA na seguinte faixa do RNAm não causa nenhum problema?

-GCA-UUC-GAG-GUA-ACG-CCC-

28.25 Quais das seguintes sequências de bases seria mais provavelmente reconhecida por uma endonuclease de restrição? Explique

(a) GAATTC **(b)** GATTACA **(c)** CTCGAG

28.26 Para quais aminoácidos os seguintes tripletos de ribonucleotídeos codificam?

(a) AAU **(b)** GAG **(c)** UCC **(d)** CAU

28.27 Para quais sequências de DNA cada sequência de códons de RNAm no Problema 28.26 foi transcrita?

28.28 Quais sequências de anticódons de RNAt são codificadas para os códons no Problema 28.26?

28.29 Desenhe a estrutura completa do códon ribonucleotídeo UAC. Quais aminoácidos a sequência codifica?

28.30 Desenhe a estrutura completa da sequência do desoxirribonucleotídeo do qual o códon do RNAm no Problema 28.29 foi transcrito.

28.31 Forneça uma sequência que codificará a síntese da metaencefalina.

Tyr-Gly-Gly-Phe-Met

28.32 Forneça uma sequência de RNAm que codificará a síntese da angiostesina II.

Asp-Arg-Val-Tyr-Ile-His-Pro-Phe

28.33 Qual sequência de aminoácidos é codificada pela seguinte fita codificadora do DNA (fita de consenso)?

(5′) CTT-CGA-CCA-AGC-TTT (3′)

28.34 Qual sequência de aminoácido é codificada pela seguinte sequência de bases do RNAm?

(5′) CUA-GAC-CGU-UCC-AAG-UGA (3′)

28.35 Se a sequência de codificação do DNA-CAA-CCG-GAT- fosse copiada de forma errada durante uma replicação e se tornasse -CGA-CCG-GAT-, qual efeito ocorreria sobre a sequência da proteína produzida?

28.36 Mostre as etapas envolvidas na síntese no laboratório do fragmento de DNA com a sequência CTAG.

28.37 Desenhe a estrutura do monofosfato de adenosina cíclico (cAMP), um mensageiro envolvido na regulação da produção de glicose no corpo. O AMP cíclico possui um anel de fosfato se conectando aos grupos hidroxila 3′ e 5′ na adenosina.

28.38 Valganciclovir, comercializado como Valcyte, é um agente antiviral utilizado para o tratamento de infecção por citomegalovírus. Chamado de *pró-fármaco*, o valganciclovir é inativo por si só, mas é rapidamente convertido no intestino, por hidrólise das suas ligações de ésteres para a produção de um medicamento ativo, chamado ganciclovir, juntamente com um aminoácido.

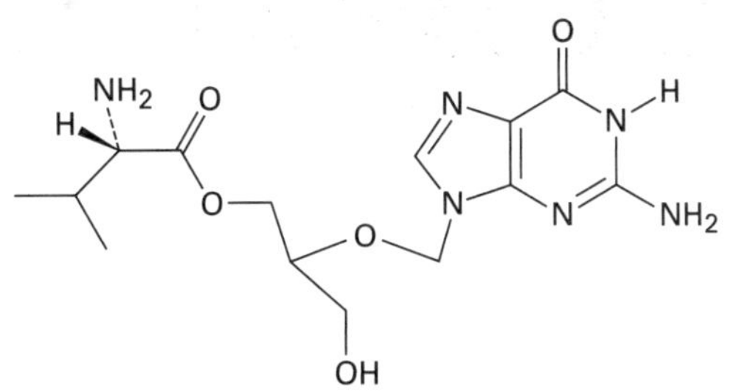

Valganciclovir

(a) Qual aminoácido é produzido pela hidrólise da ligação do éster no valganciclovir?

(b) Qual é a estrutura do ganciclovir?

(c) Quais átomos presentes no nucleotídeo desoxiguanina estão faltando no ganciclovir?

(d) Qual papel os átomos ausentes da desoxiguanina têm na replicação do DNA?

(e) Como pode o valganciclovir interferir na síntese do DNA?

capítulo 29

A Química Orgânica das Rotas Metabólicas

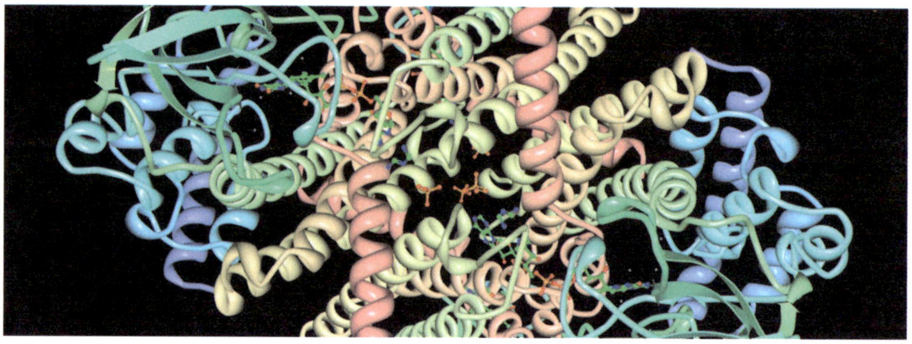

Acil-CoA desidrogenase é uma enzima que catalisa a introdução de uma ligação dupla C=C em ácidos graxos durante o seu metabolismo. PDB ID: 2WBI. Muniz, J.R.C., Guo, K., Savitsky, P., Roos, A., Yue, W., Pilka, E., Vondelft, F., Edwards, A.M., Bountra, C., Arrowsmith, C.H., Weigelt, J., Oppermann, U. CRYSTAL STRUCTURE OF HUMAN ACYL-COA DEHYDROGENASE 11.

Neste capítulo:

POR QUE ESTE CAPÍTULO? Neste capítulo, analisaremos algumas rotas pelas quais os organismos realizam sua química, focando principalmente em como eles metabolizam as gorduras e carboidratos. A abordagem não será completa, mas deve lhe dar uma ideia dos tipos de processos que ocorrem.

Qualquer pessoa que queira entender ou contribuir com a revolução em andamento nas ciências biológicas precisa primeiro entender os processos da vida no nível molecular. Esta compreensão, por sua vez, precisa ser baseada em um conhecimento detalhado das reações químicas e rotas utilizadas pelos organismos vivos. Saber apenas o *que* acontece não é o bastante; é necessário também compreender *como* e *por que* os seres vivos utilizam a química da maneira que eles fazem.

Reações bioquímicas não são misteriosas. Mesmo que as reações biológicas, que ocorrem nos organismos vivos, muitas vezes pareçam complicadas, elas seguem as mesmas regras de reatividade que as reações no laboratório e operam pelos mesmos mecanismos.

Uma palavra de cautela: algumas das moléculas que nós encontraremos são substancialmente maiores e mais complexas que aquelas que temos lidado até agora. Mas não se deixe intimidar; mantenha seu foco nas partes das moléculas onde ocorrem as mudanças e ignore as partes onde nada muda. As reações são exatamente as mesmas adições, eliminações, substituições, condensações carbonílicas e assim por diante, que temos lidado o tempo todo. No final deste capítulo, deve ficar claro que a química dos organismos vivos *é* química orgânica.

29.1

Uma visão geral do metabolismo e da energia bioquímica

As muitas reações que ocorrem na célula de organismos vivos são coletivamente chamadas de **metabolismo**. As rotas que quebram grandes moléculas em pequenas são chamadas de **catabolismo**, e as rotas que sintetizam grandes biomoléculas a partir de pequenas são conhecidas como **anabolismo**. As rotas das reações catabólicas geralmente são exergônicas e liberam energia, enquanto as rotas anabólicas são, em geral, endergônicas e absorvem energia. O catabolismo pode ser dividido em quatro estágios exibidos na **Figura 29.1**.

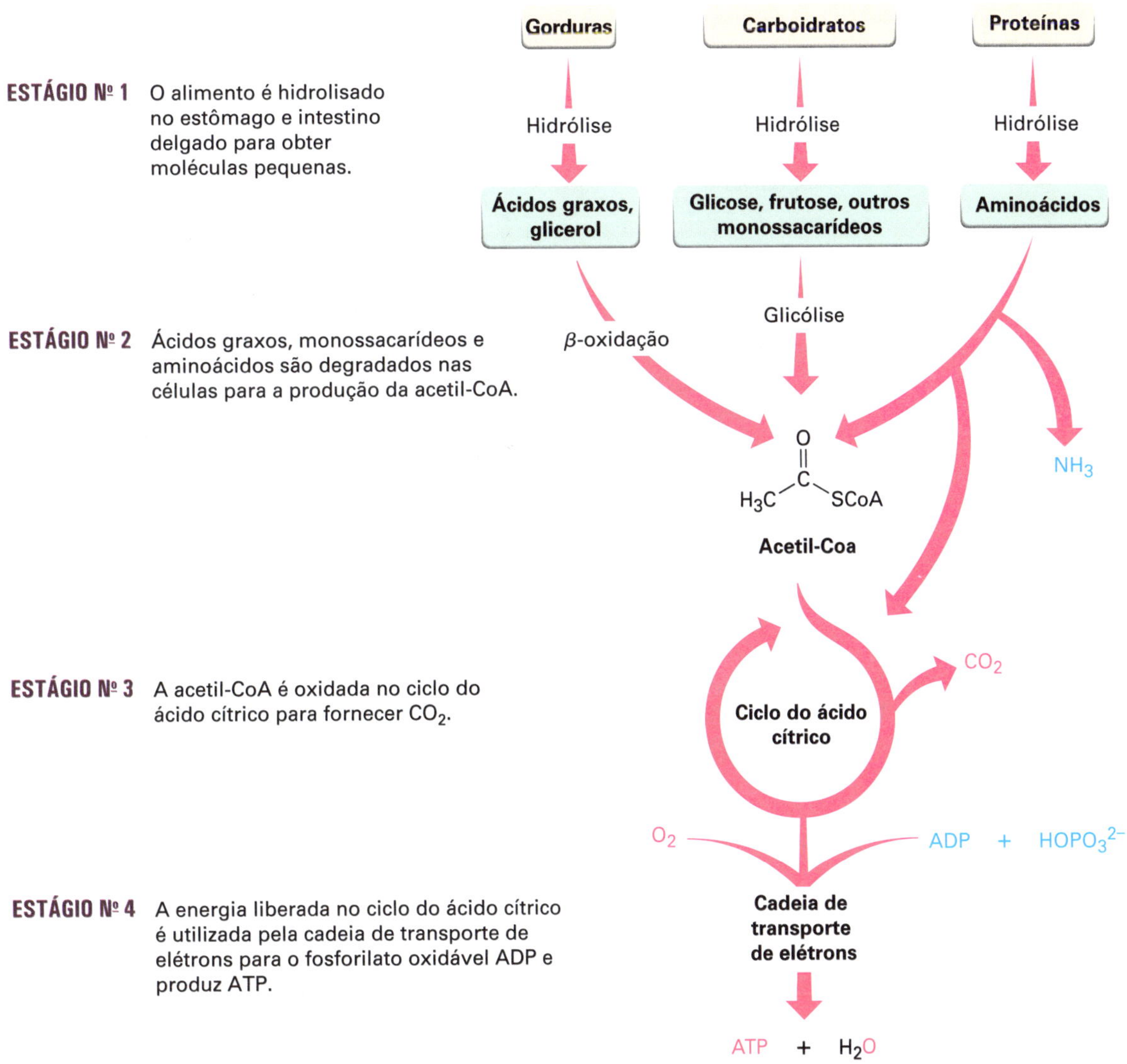

FIGURA 29.1 Uma visão geral das rotas catabólicas para a degradação dos alimentos e a produção de energia bioquímica. Os principais produtos do catabolismo de alimentos são CO_2 e H_2O, com a energia liberada no ciclo do ácido cítrico utilizada para operar a síntese endergônica do trifosfato de adenosina (ATP) a partir do difosfato de adenosina (ADP) mais o íon hidrogenofosfato $HOPO_3^{2-}$.

No primeiro estágio catabólico, vulgarmente chamado *digestão*, o alimento é quebrado na boca, estômago e intestino delgado, por meio da hidrólise de ligações de éster, acetal (glicosídicas) e amida (peptídicas), para obter os ácidos graxos, os açúcares simples e aminoácidos. Estas moléculas menores são então absorvidas e degradadas no segundo estágio do catabolismo para produzir grupos acetila ligados por uma ligação tioéster à molécula transportadora grande, a coenzima A. O composto resultante, acetil-coenzima A (acetil-CoA), é uma substância fundamental no metabolismo das moléculas alimentares e em muitos outros processos biológicos. Como observado na **Seção 21.8**, o grupo acetil na acetil-CoA está ligado a um átomo de enxofre da fosfopanteteína, que está por sua vez ligada à adenosina 3′,5′-bifosfato.

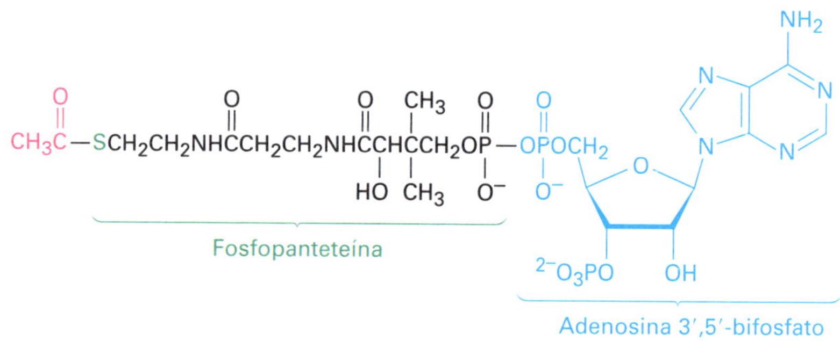

Acetil-CoA – um tioéster

Os grupos acetil são oxidados dentro das mitocôndrias celulares no terceiro estágio do catabolismo, o *ciclo do ácido cítrico*, para a produção de CO_2. (Veremos os detalhes do processo na **Seção 29.7**). Como a maioria das oxidações, esse estágio libera uma grande quantidade de energia, que é usada no quarto estágio, a *cadeia de transporte de elétrons*, para realizar a fosforilação endergônica do difosfato de adenosina (ADP) com íon hidrogenofosfato ($HOPO_3^{2-}$, abreviado P_i) para obter o trifosfato de adenosina (ATP).

Como resultado final do catabolismo do alimento, o ATP tem sido chamado de "moeda energética" da célula. As reações catabólicas "compram" ATP com a energia que elas liberam para sintetizá-la a partir do ADP e do íon hidrogenofosfato. As reações anabólicas, em seguida, gastam o ATP através da transferência de um grupo fosfato para outra molécula, regenerando assim o ADP. A produção e o uso de energia em organismos vivos se resumem então em torno da interconversão ATP $\rightleftarrows$ ADP.

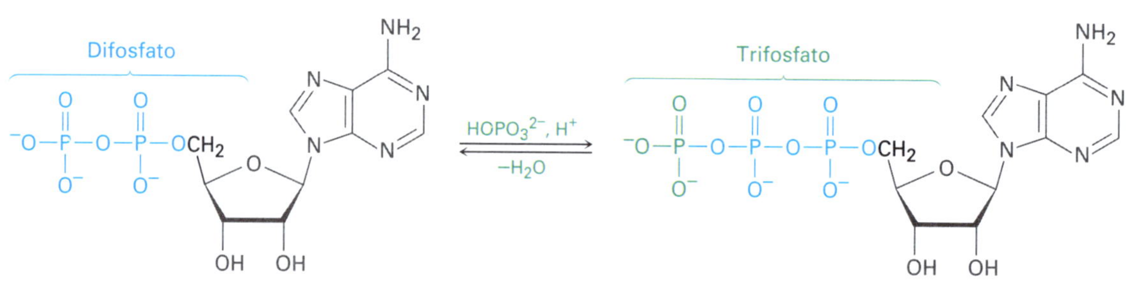

Difosfato de adenosina (ADP) **Trifosfato de adenosina (ATP)**

O ADP e o ATP são *anidridos do ácido fosfórico*, que contém ligações $-\overset{\overset{\displaystyle O}{\|}}{P}-O-\overset{\overset{\displaystyle O}{\|}}{P}-$ análogas à ligação $-\overset{\overset{\displaystyle O}{\|}}{C}-O-\overset{\overset{\displaystyle O}{\|}}{C}-$ nos anidridos de ácidos carboxílicos. Assim como os anidridos de ácidos carboxílicos reagem com os álcoois por quebra de uma ligação C–O e formam um éster carboxílico, ROCOR′ (**Seção 21.5**), os anidridos do ácido fosfórico reagem com os álcoois por quebra de uma ligação P–O e formam um éster de fosfato, $ROPO_3^{2-}$. A reação é, com efeito, uma substituição nucleofílica de acila no fósforo. Observe que as reações de fosforilação com o ATP geralmente exigem a presença de um cátion metálico bivalente na enzima, geralmente o Mg^{2+}, para formar um complexo ácido/base de Lewis com átomos de oxigênio do fosfato e neutralizar alguma carga negativa.

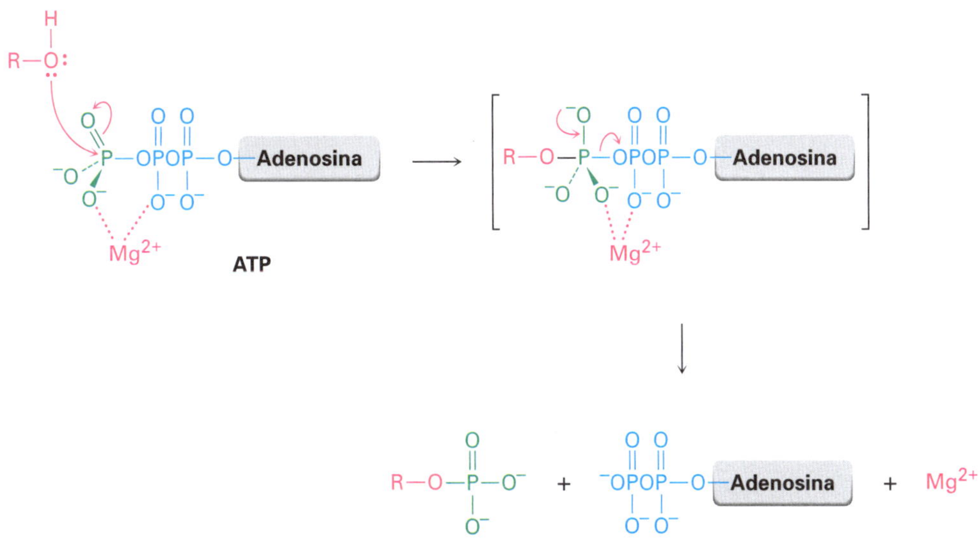

Como o corpo usa o ATP? Lembre-se da **Seção 6.7** que o ΔG deve ser negativo e a energia deve ser liberada para uma reação para ser energeticamente favorável e ocorrer espontaneamente. Se ΔG é positivo, a reação é energeticamente desfavorável, e o processo não pode ocorrer espontaneamente.

Para uma reação energeticamente desfavorável ocorrer, ela deve ser "acoplada" a uma reação energeticamente favorável, de modo que a variação de energia livre global para as duas reações em conjunto seja favorável. Para entender o que significa o acoplamento de reações, imagine que a reação 1 não ocorra em uma extensão razoável por possuir uma constante de equilíbrio pequena e seja energicamente desfavorável; isto é, a reação possua $\Delta G > 0$.

$$(1)\ \mathbf{A} + m \rightleftharpoons \mathbf{B} + n \qquad \Delta G > 0$$

onde **A** e **B** são as substâncias bioquimicamente "importantes", enquanto *m* e *n* são cofatores de enzimas, H_2O, ou outras pequenas moléculas.

Imagine também que o produto *n* possa reagir com a substância *o* para produzir *p* e *q* em uma segunda reação extremamente favorável que possua uma constante de equilíbrio grande e $\Delta G << 0$.

$$(2)\ n + o \rightleftharpoons p + q \qquad \Delta G < 0$$

Considerando as duas reações em conjunto, elas compartilham, ou são acopladas pelo intermediário comum *n*, que é um produto da primeira reação e um reagente na segunda. Quando até mesmo uma quantidade mínima de *n* é formada na reação 1, ela sofre uma conversão essencialmente completa na reação 2, removendo-a assim do primeiro equilíbrio e forçando a reação 1 a reabastecer continuamente *n* até que o reagente **A** tenha acabado. Isto significa que as duas reações reunidas possuem um $\Delta G < 0$ favorável, e dizemos que a reação 2 favorável "comanda" a reação 1 desfavorável. Como as duas reações estão acopladas por *n*, a transformação de **A** e **B** se torna favorável.

(1)	$A + m \rightleftharpoons B + \cancel{n}$	$\Delta G > 0$
(2)	$\cancel{n} + o \rightleftharpoons p + q$	$\Delta G << 0$
Global:	$A + m + o \rightleftharpoons B + p + q$	$\Delta G < 0$

Para um exemplo de duas reações que são acopladas, olhe para a reação de fosforilação da glicose para produzir glicose 6-fosfato mais água, uma etapa importante no metabolismo de carboidratos ingeridos.

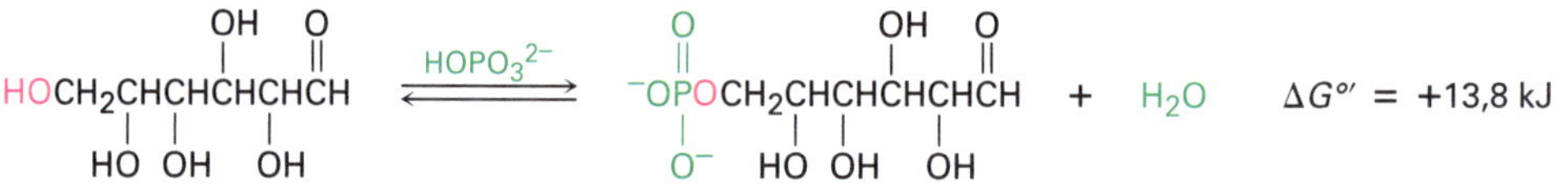

Glicose **Glicose 6-fosfato**

A reação da glicose com o $HOPO_3^{2-}$ não ocorre espontaneamente porque é energicamente desfavorável com $\Delta G°' = +13{,}8$ kJ mol^{-1}. (A variação de energia livre padrão para uma reação biológica é denominada $\Delta G°'$ e se refere a um processo no qual os reagentes e produtos possuem uma concentração de 1,0 mol L^{-1} em uma solução de pH = 7.) Ao mesmo tempo, no entanto, a reação de água com ATP para produzir ADP mais $HOPO_3^{2-}$ é fortemente favorável, com $\Delta G°' = -30{,}5$ kJ mol^{-1}. Quando as duas reações são acopladas, a glicose reage com ATP para produzir glicose 6-fosfato mais ADP em uma reação que é favorável por cerca de 16,7 kJ mol^{-1} (4,0 kcal mol^{-1}). Isto é, o ATP comanda a reação de fosforilação da glicose.

	Glicose + $\cancel{HOPO_3^{2-}}$ ⟶ Glicose 6-fosfato + $\cancel{H_2O}$	$\Delta G°' = +13{,}8$ kJ mol^{-1}
	ATP + $\cancel{H_2O}$ ⟶ ADP + $\cancel{HOPO_3^{2-}}$ + H^+	$\Delta G°' = -30{,}5$ kJ mol^{-1}
Global:	Glicose + ATP ⟶ Glicose 6-fosfato + ADP + H^+	$\Delta G°' = -16{,}7$ kJ mol^{-1}

É a sua capacidade de promover reações de fosforilação desfavoráveis que torna o ATP tão útil. Os fosfatos resultantes são muito mais reativos como grupos abandonadores nas eliminações e substituições nucleofílicas que os álcoois correspondentes dos quais são derivados e, portanto, são mais úteis quimicamente.

PROBLEMA 29.1 Uma das etapas do metabolismo de gorduras é a reação do glicerol (1,2,3-propanotriol) com ATP que produz glicerol 1-fosfato. Escreva a reação e desenhe a estrutura do glicerol 1-fosfato.

29.2 Catabolismo de triacilgliceróis: o destino do glicerol

A degradação metabólica dos triacilgliceróis começa com a sua hidrólise no estômago e intestino delgado para produzir glicerol mais ácidos graxos. A reação é catalisada pela lipase cujo mecanismo de ação é mostrado na **Figura 29.2**. O sítio ativo da enzima contém uma tríade catalítica de ácido aspártico, histidina e resíduos de serina, que atuam cooperativamente para fornecer a catalise ácida e básica necessária para as etapas individuais. A hidrólise é realizada por duas reações de substituições nucleofílicas de acila sequenciais, uma que liga covalentemente um grupo acila ao –OH da cadeia lateral de um resíduo de serina na enzima e uma segunda que liberta os ácidos graxos da enzima.

Etapas 1-2 da Figura 29.2: formação de enzima acila A primeira etapa de substituição nucleofílica de acila – a reação do triacilglicerol com a serina do sítio ativo que fornece uma enzima acila – começa com a desprotonação do álcool da serina pela histidina para formar os nucleófilos mais fortes íons alcóxidos. Esta transferência de próton é facilitada pelo ânion carboxilato do ácido aspártico de uma cadeia lateral que torna a histidina mais básica e estabiliza o cátion de histidina resultante através de interações eletrostáticas. A serina desprotonada se adiciona ao grupo carbonila de um triacilglicerol para fornecer um intermediário tetraédrico.

MECANISMO

1. O sítio ativo da enzima contém um ácido aspártico, uma histidina e uma serina. Primeiro, a histidina atua como uma base para desprotonar o grupo –OH da serina, com o carboxilato negativamente carregado do ácido aspártico estabilizando o cátion de histidina vizinho que é produzido. A serina então se adiciona ao grupo carbonila do triacilglicerol, produzindo um intermediário tetraédrico.

2. Este intermediário expele um diacilglicerol como um grupo abandonador em uma reação de substituição nucleofílica de acila, fornecendo uma enzima acila. O diacilglicerol é protonado pelo cátion da histidina.

3. A histidina desprotona a molécula de água, que se adiciona ao grupo acila. Um intermediário tetraédrico é formado novamente, e o cátion de histidina é estabilizado novamente por um carboxilato vizinho.

4. O intermediário tetraédrico expele a serina como um grupo abandonador em uma segunda reação de substituição nucleofílica de acila, a qual produz um ácido graxo livre. A serina recebe um próton da histidina e, então, a enzima retorna a sua estrutura inicial.

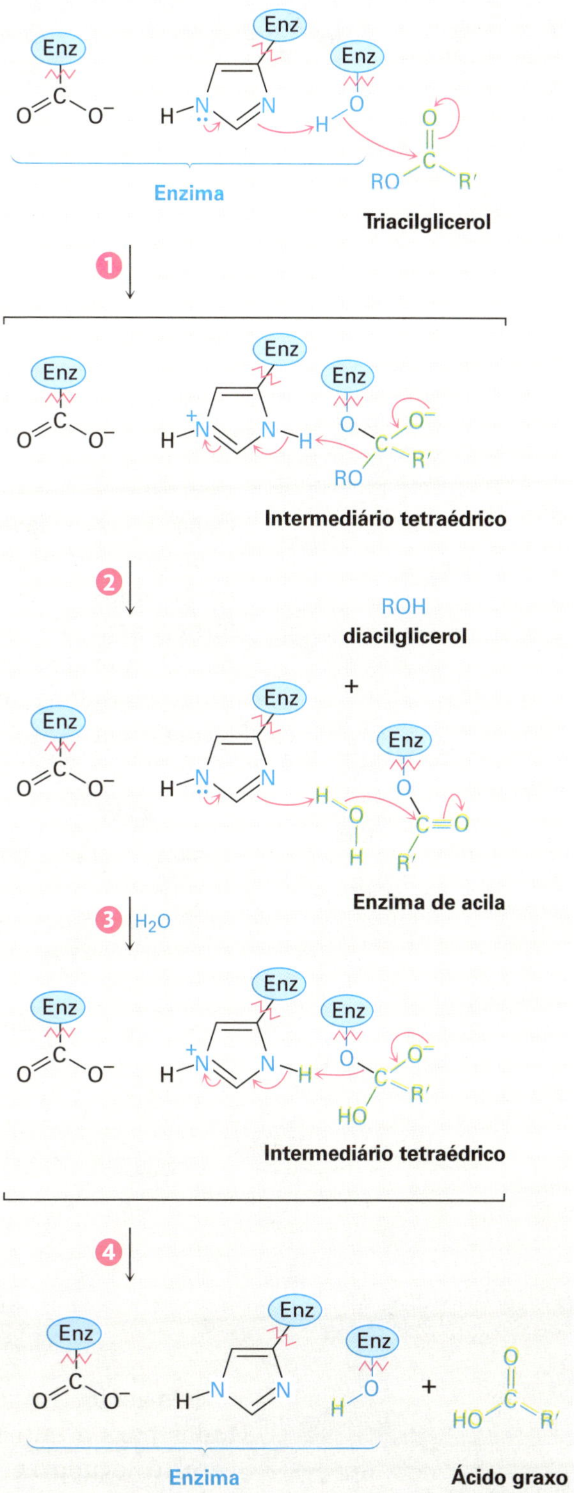

FIGURA 29.2 Mecanismo de ação da lipase. O sítio ativo da enzima contém uma tríade catalítica de ácido aspártico, histidina e serina, que reage cooperativamente para realizar duas reações de substituição nucleofílica de acila. As etapas individuais estão explicadas no texto.

O intermediário tetraédrico expele um diacilglicerol como grupo abandonador e produz uma enzima de acila. A etapa é catalisada pela transferência de prótons da histidina para tornar o grupo abandonador um álcool neutro.

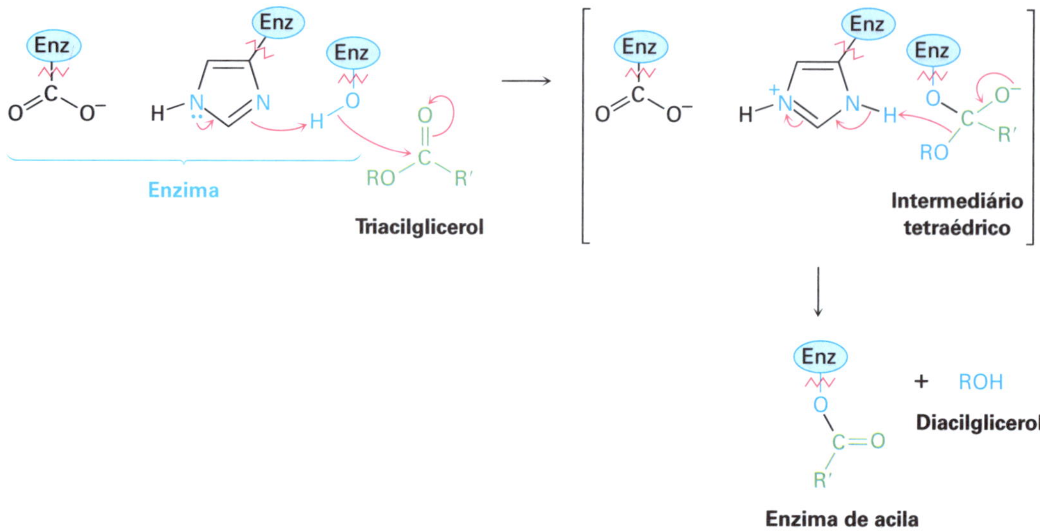

Etapas 3-4 da Figura 29.2: hidrólise A segunda etapa de substituição hidrolisa a enzima de acila e fornece ácido graxo através de um mecanismo análogo ao das duas primeiras etapas. A água é desprotonada pela histidina para o fornecimento do íon hidróxido, que se adiciona ao grupo acila ligado à enzima. O intermediário tetraédrico expele o resíduo neutro de serina como o grupo abandonador, liberando o ácido graxo e retornando a enzima à sua forma ativa.

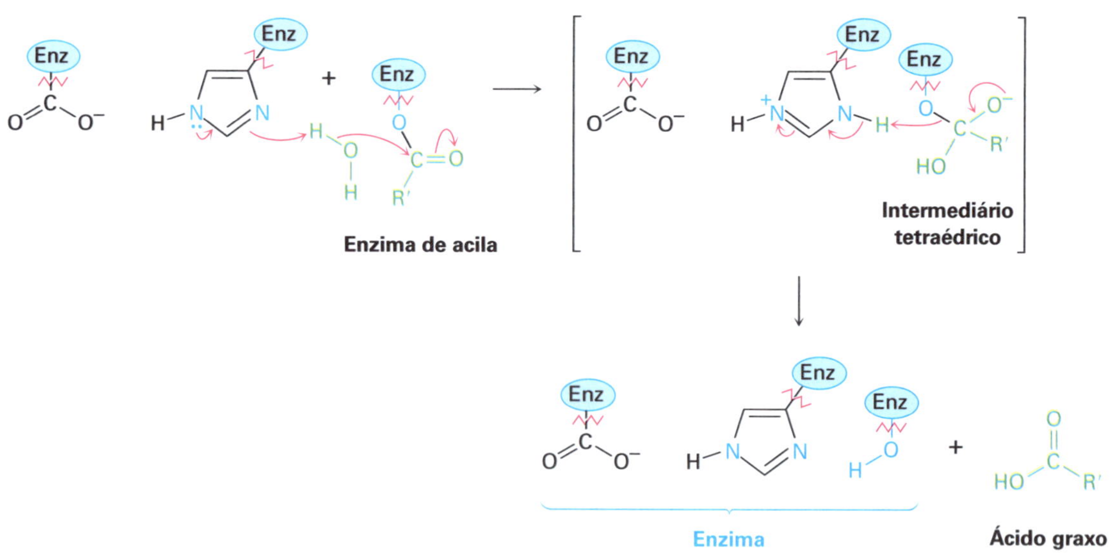

Os ácidos graxos liberados na hidrólise do triacilglicerol são transportados para a mitocôndria e degradados pela acetila-CoA, enquanto o glicerol é levado ao fígado para ser metabolizado. No fígado, o glicerol é primeiro fosforilado por reação com ATP e, em seguida, oxidado por NAD^+. O fosfato de dihidroxiacetona (DHAP) resultante entra na via da glicólise dos carboidratos, que discutiremos na **Seção 29.5**.

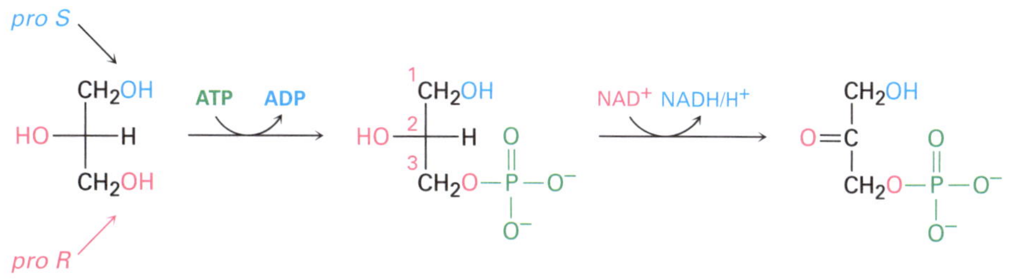

Você pode observar que o C2 do glicerol é um centro proquiral (**Seção 5.11**) com dois "braços" idênticos. Como é típico nas reações catalisadas por enzimas, a fosforilação do glicerol é seletiva. Somente o braço *pro-R* sofre a reação, embora isso não possa ser previsto com antecedência.

Observe também que o produto da fosforilação é chamado de *sn*-glicerol 3-fosfato, onde o prefixo *sn*- significa "numeração estereoespecífica" (*stereospecific numbering*). Nesta convenção, a molécula é desenhada na projeção de Fischer com o grupo −OH no C2 apontando para a esquerda e os átomos do carbono glicerol numerados a partir do topo.

29.3 Catabolismo de triacilgliceróis: β-oxidação

Os ácidos graxos que resultam da hidrólise dos triacilgliceróis são convertidos em tioésteres com a coenzima A e, em seguida, catabolizados por uma sequência de quatro etapas repetitivas de reações chamada **rota da β-oxidação**, mostrada na **Figura 29.3**. Cada passagem ao longo da rota resulta na quebra de um grupo acetila da extremidade da cadeia do ácido graxo, até que toda a molécula seja finalmente degradada. À medida que cada grupo acetila é produzido, ele entra no ciclo do ácido cítrico e é degradado em CO_2, como veremos na **Seção 29.7**.

Etapa 1 da Figura 29.3: introdução de uma ligação dupla A rota da β-oxidação começa quando dois átomos de hidrogênio são removidos do C2 e C3 da acil-CoA graxo por uma de uma família de acil-CoA desidrogenases para produzir uma acil-CoA α,β-insaturada. Este tipo de oxidação – a introdução de uma ligação dupla conjugada em um composto de carbonila – ocorre frequentemente em rotas bioquímicas e, em geral, envolve a coenzima dinucleotídeo flavina-adenina (FAD). O subproduto é o $FADH_2$ reduzido.

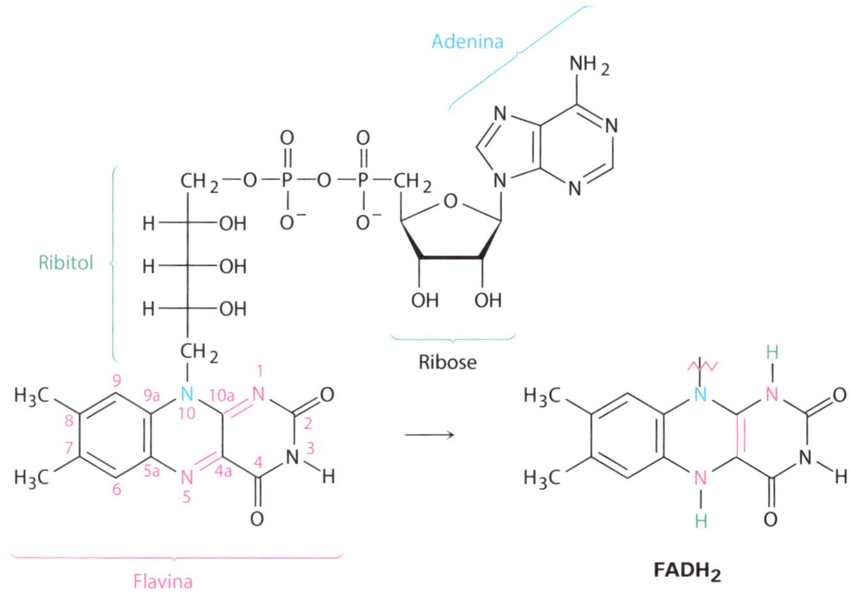

FADH$_2$

[Dinucleotídeo flavina-adenina FAD]

FIGURA 29.3 As quatro etapas da rota da β-oxidação, resultando na quebra de um grupo de acetila da extremidade da cadeia do ácido graxo. A importante etapa do encurtamento da cadeia é uma reação retro-Claisen de um β-cetotioéster. As etapas individuais estão explicadas no texto.

MECANISMO

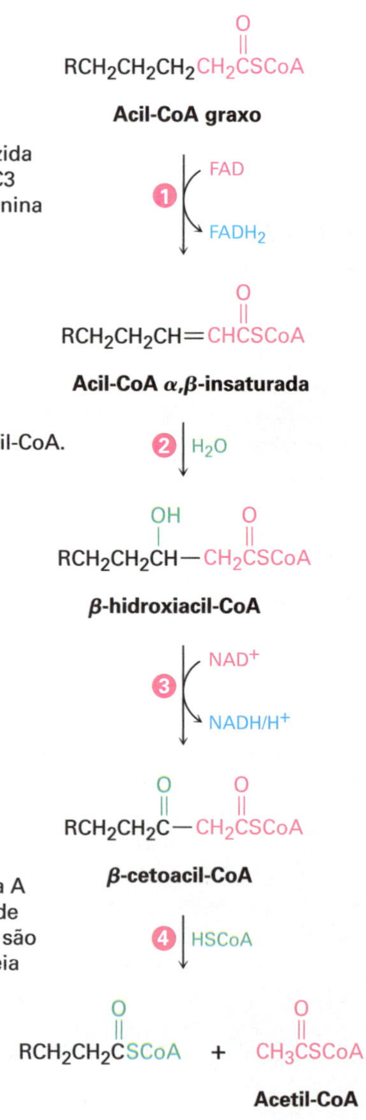

1. Uma ligação dupla conjugada é introduzida pela remoção dos hidrogênios no C2 e C3 pela coenzima dinucleotídeo flavina-adenina (FAD).

2. Adição nucleofílica conjugada de água à ligação dupla fornece uma β-hidroxiacil-CoA.

3. O álcool é oxidado pelo NAD$^+$ para fornecer um β-cetotioéster.

4. Ocorre a adição nucleofílica da coenzima A ao grupo ceto, seguida por uma reação de condensação retro-Claisen. Os produtos são acetil-CoA e uma acil-CoA graxo de cadeia encurtada.

Os mecanismos das reações catalisadas por FAD são muitas vezes difíceis de estabelecer porque as coenzimas flavina podem seguir tanto a rota de dois elétrons (polar) quanto a de um elétron (radicalar). Como resultado, estudos da família das acil-CoA desidrogenases ainda não forneceram uma imagem clara de como estas enzimas funcionam. O que se sabe é que: (1) A primeira etapa é a abstração do hidrogênio *pro-R* da posição ácida α da acil-CoA para produzir um íon enolato de tioéster. A ligação de hidrogênio entre os grupos acila da carbonila e as hidroxilas do ribitol da FAD aumenta a acidez do grupo acila. (2) O hidrogênio *pro-R* na posição β é transferido para a FAD. (3) A acil-CoA α,β-insaturada resultante possui uma ligação dupla trans.

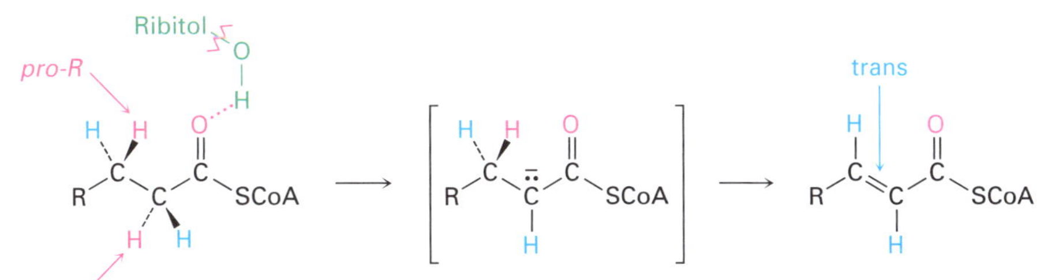

Um mecanismo sugerido tem a reação acontecendo por uma adição nucleofílica conjugada de hidreto, análogo ao que ocorre durante as oxidações do álcool com NAD^+. Elétrons no íon enolato podem expelir um íon β hidreto, que poderia se adicionar ao nitrogênio N5 unido por ligação dupla na FAD. A protonação em N1 do intermediário fornece o produto.

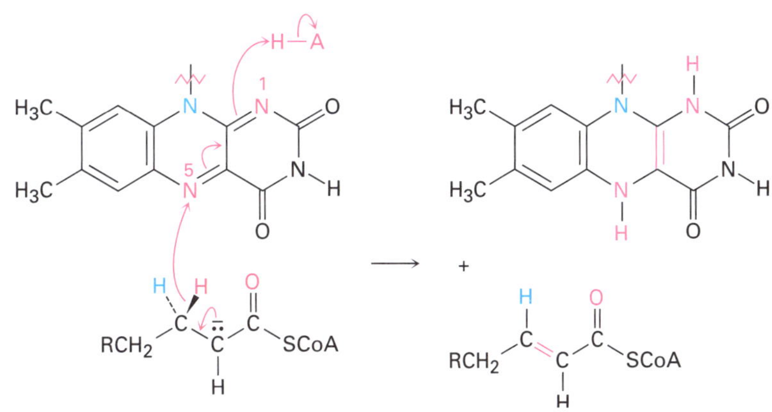

Etapa 2 da Figura 29.3: adição conjugada de água A acil-CoA α,β-insaturada produzida na etapa 1 reage com a água por uma rota de adição conjugada (**Seção 19.13**) para produzir uma β-hidroxiacil-CoA em um processo catalisado pela enoil-CoA hidratase. A água enquanto nucleófilo se adiciona ao carbono β da ligação dupla, produzindo um íon enolato intermediário que é protonado na posição α.

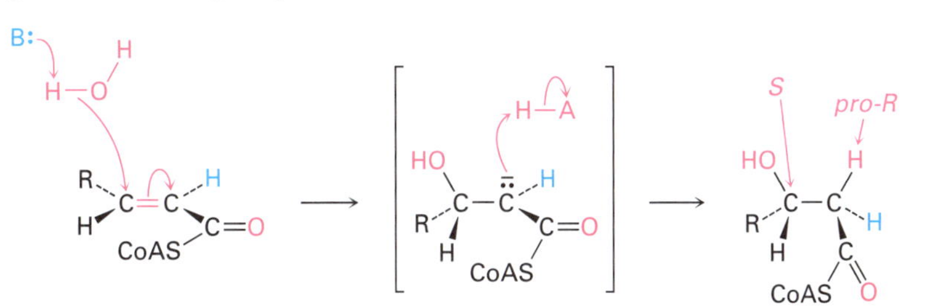

(3*S*)-hidroxiacil-CoA

Etapa 3 da Figura 29.3: oxidação do álcool O β-hidroxiacil-CoA da etapa 2 é oxidado a uma β-cetoacil-CoA em uma reação catalisada por uma de uma família de L-3-hidroxiacil-CoA deisidrogenases, que difere na especificidade do substrato segundo o comprimento da cadeia do grupo acil. Assim como na oxidação do *sn*-glicerol 3-fosfato para um fosfato de dihidroxiacetona mencionado no final da **Seção 29.2**, esta oxidação de álcool necessita do NAD^+ como uma coenzima e produz $NADH/H^+$ como subproduto. A desprotonação do grupo hidroxila é realizada por um resíduo de histidina no sítio ativo.

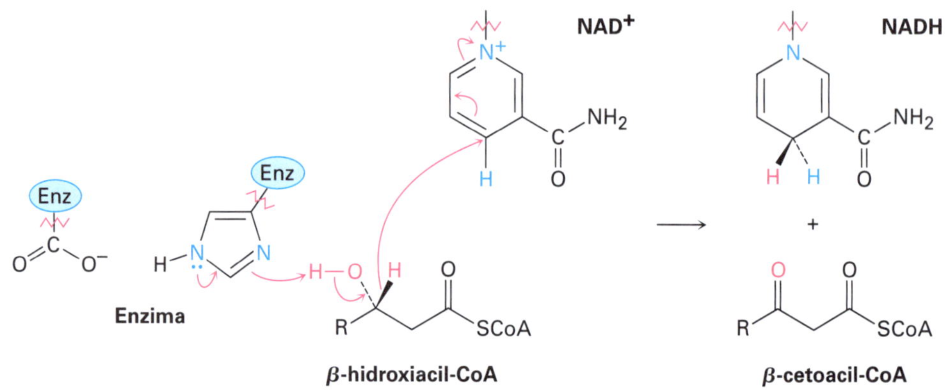

Etapa 4 da Figura 29.3: quebra da cadeia A acetil-CoA é expelida da cadeia na etapa final da β-oxidação, deixando uma acil-CoA dois carbonos mais curta que a original. A reação é catalisada pela β-cetoacil-CoA tiolase e é, em termos de mecanismo, o reverso da reação de condensação de Claisen (**Seção 23.7**). No sentido *direto*, uma condensação de Claisen une dois ésteres para formar um produto β-ceto-ester. No sentido *reverso*, uma reação retro-Claisen divide o β-ceto-ester (ou β-cetotioéster neste caso) para formar dois ésteres (ou dois tioésteres).

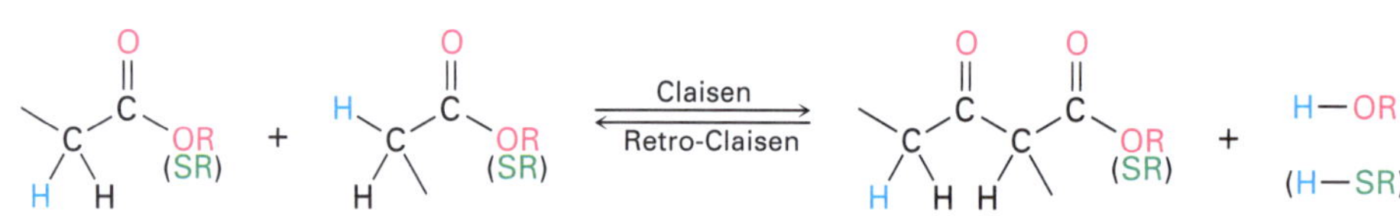

A reação retro-Claisen ocorre pela adição inicial de um grupo −SH de cisteína na enzima ao grupo ceto da β-cetoacil-CoA para a produção de um íon alcóxido intermediário. A clivagem da ligação C2−C3 então segue, com a expulsão de um íon enolato acetil-CoA que é imediatamente protonado. O grupo acil ligado à enzima passa por substituição nucleofílica de acila por reação com uma molécula da coenzima A e a acil-CoA de cadeia mais curta que resulta na reentrada na rota da β-oxidação para degradação adicional.

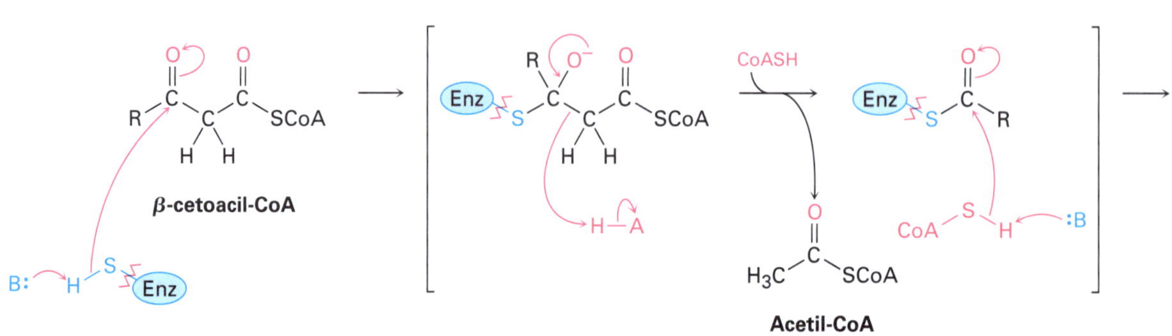

Acil-CoA de cadeia encurtada

Observe o catabolismo do ácido mirístico mostrado na **Figura 29.4** e note os resultados gerais da rota da β-oxidação. A primeira passagem converte a miristoil-CoA de 14 carbonos em lauroil-CoA de 12 carbonos mais acetil-CoA; a segunda passagem converte a lauroil-CoA em caproil-CoA de 10 carbonos mais acetil-CoA; a terceira passagem converte a caproil-CoA em caprioloil--CoA de 8 carbonos, e assim por diante. Observe que a passagem final produz *duas* moléculas de acetil-CoA, pois o precursor possui quatro carbonos.

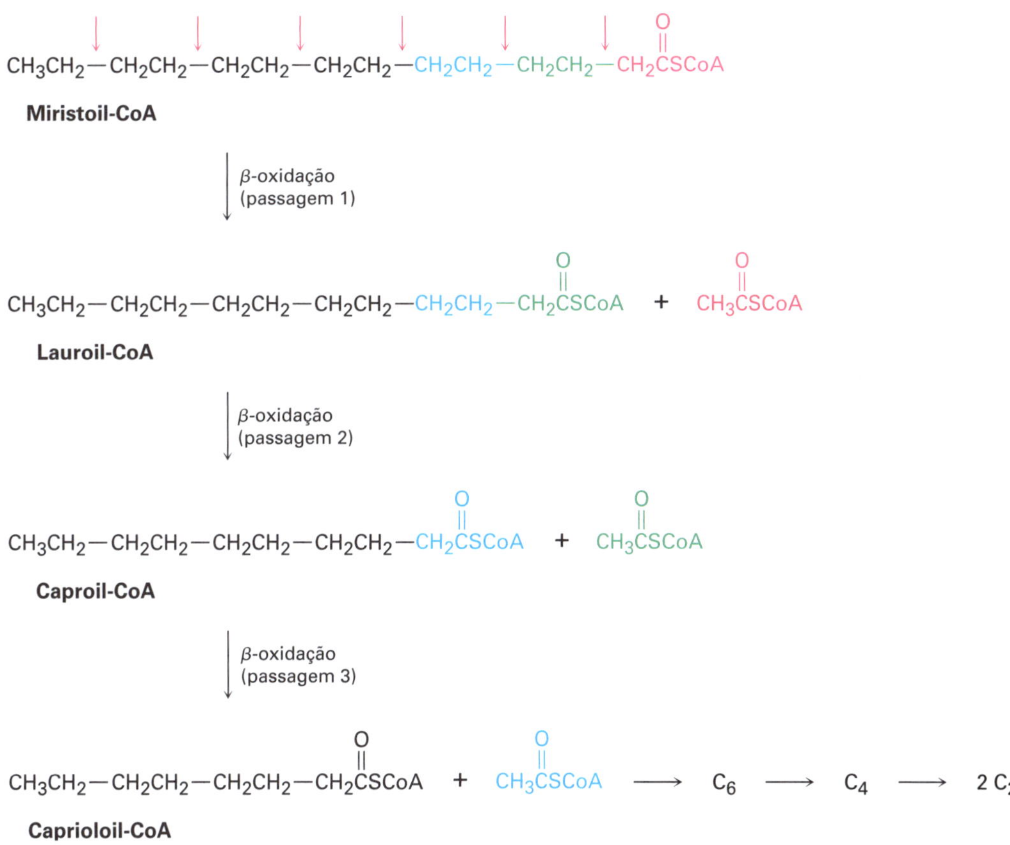

FIGURA 29.4 O catabolismo do ácido mirístico de 14 carbonos através da rota da β-oxidação produz sete moléculas de acetil-CoA após seis passagens.

A maioria dos ácidos graxos possui um número par de átomos de carbono, logo não sobra nenhum após a β-oxidação. Os ácidos graxos com um número ímpar de átomos de carbono produzem as propionil-CoA de 3 carbonos na β-oxidação final. A propionil-CoA é então convertida em um succinato através de uma rota radicalar de etapas múltiplas, e o succinato entra no ciclo do ácido cítrico (**Seção 29.7**) Note que o grupo propionila de três carbonos deveria tecnicamente ser chamado de *propanoila*, mas os bioquímicos geralmente usam o nome não sistemático.

PROBLEMA 29.2 Escreva as equações para as passagens remanescentes da rota da β-oxidação que se seguem às mostradas na **Figura 29.4**.

PROBLEMA 29.3 Quantas moléculas de acetil-CoA são produzidas pelo catabolismo dos seguintes ácidos graxos, e quantas passagens da rota da β-oxidação são necessárias?

(a) ácido palmítico, $CH_3(CH_2)_{14}CO_2H$

(b) ácido araquídico, $CH_3(CH_2)_{18}CO_2H$

29.4 Biossíntese dos ácidos graxos

Uma das características mais marcantes dos ácidos graxos comuns é que eles têm um número par de átomos de carbono (**Tabela 27.1**). Isso ocorre porque todos os ácidos graxos são derivados biossinteticamente da acetil-CoA pela adição sequencial de unidades de dois carbonos a uma cadeia em crescimento. A acetil-CoA, por sua vez, decorre principalmente da quebra metabólica de carboidratos na rota da glicólise que veremos na Seção 29.5. Dessa forma, os carboidratos alimentares consumidos além da necessidade de energia imediata são transformados em gordura para armazenamento.

Como uma regra geral na bioquímica, a rota anabólica pela qual uma substância é feita não é o inverso da rota catabólica, através da qual a mesma substância é degradada. As duas rotas precisam ser diferentes em alguns aspectos para que ambas sejam energeticamente favoráveis. Assim, as rotas da β-oxidação para a conversão de ácidos graxos em acetil-CoA e a biossíntese dos ácidos graxos a partir da acetil-CoA são relacionadas, mas não exatamente opostas. As diferenças incluem a identidade do transportador do grupo acila, a estereoquímica do intermediário de reação do β-hidroxiacil e a identidade da coenzima de redox. A FAD é utilizada para introduzir uma ligação dupla na β-oxidação, enquanto a NADPH é utilizada para reduzir a ligação dupla na biossíntese do ácido graxo.

Nas bactérias, cada etapa na síntese dos ácidos graxos é catalisada por uma enzima separada. Nos vertebrados, no entanto, a síntese dos ácidos graxos é catalisada por um imenso complexo multienzimático chamado *sintase* que contém duas subunidades idênticas de 2.505 aminoácidos cada e catalisa todas as etapas na rota. Uma visão geral da biossíntese de ácidos graxos é apresentada na **Figura 29.5**.

Etapas 1 e 2 da Figura 29.5: transferências de acila O material de partida para a síntese de ácidos graxos é a acetil-CoA tioéster, o produto final da quebra do carboidrato, como veremos na **Seção 29.6**. A rota começa com várias reações de iniciação, que transportam acetil-CoA e convertem a mesma em mais espécies reativas. A primeira reação preparatória é uma substituição nucleofílica de acila que converte a acetil-CoA em acetil-ACP (proteína transportadora de acetil, *acyl carrier protein*, na sigla em inglês). A reação é catalisada pela ACP transaciclase.

Observe que o mecanismo da etapa de substituição nucleofílica de acila pode ser fornecido em uma forma abreviada que economiza espaço não mostrando explicitamente o intermediário tetraédrico da reação. Em vez disso, o movimento do elétron é mostrado como um caminho em forma de coração em torno do oxigênio carbonílico para indicar as duas etapas do mecanismo completo. Os bioquímicos geralmente usam este tipo de formato e nós também o usaremos de vez em quando pelo restante deste capítulo.

MECANISMO

1 Um grupo acetila é transferido da CoA para a ACP (proteína transportadora de acila).

3 A acetil-CoA é carboxilado para a formação da malonil-CoA.

2 O grupo acetila é novamente transferido, da ACP para a enzima sintase.

4 O grupo malonila é transferido da CoA para a ACP.

5 Ocorre uma condensação do tipo Claisen da malonil-ACP com a acetil sintase seguida pela descarboxilação que produz acetoacetil-ACP, um β-cetotioéster.

6 Redução da cetona pelo NADPH produz o β-hidroxitioéster correspondente.

7 A desidratação da β-hidroxibutiril-ACP forma a crotonil-ACP, um tioéster α,β-insaturado.

8 A redução da ligação dupla produz a butiril-ACP saturada de cadeia alongada.

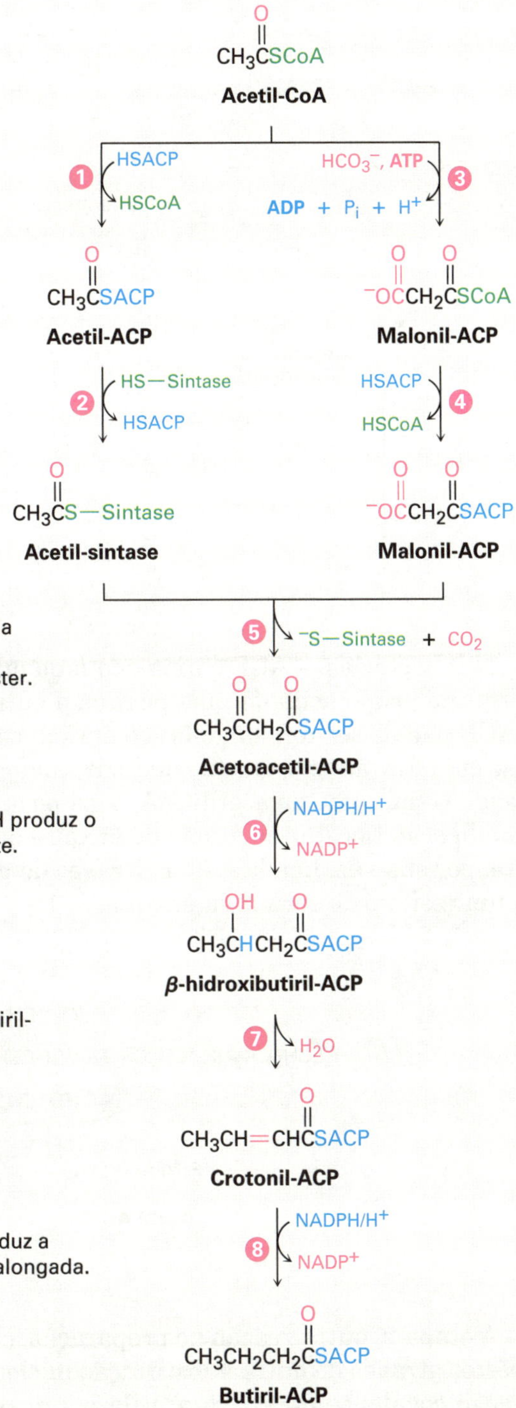

FIGURA 29.5 A rota para a biossíntese de ácidos graxos a partir do precursor de dois carbonos, a acetil-CoA. As etapas individuais estão explicadas no texto.

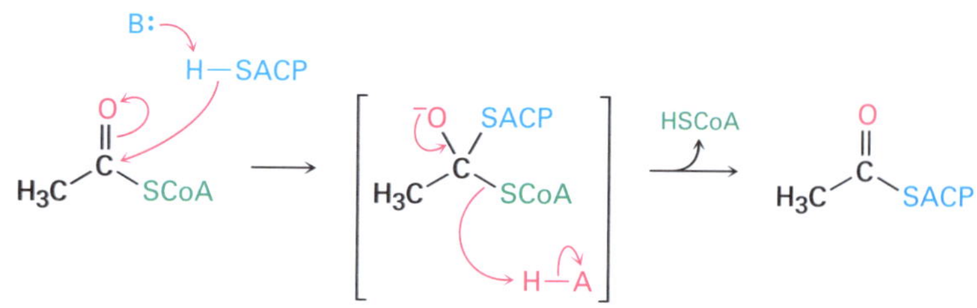

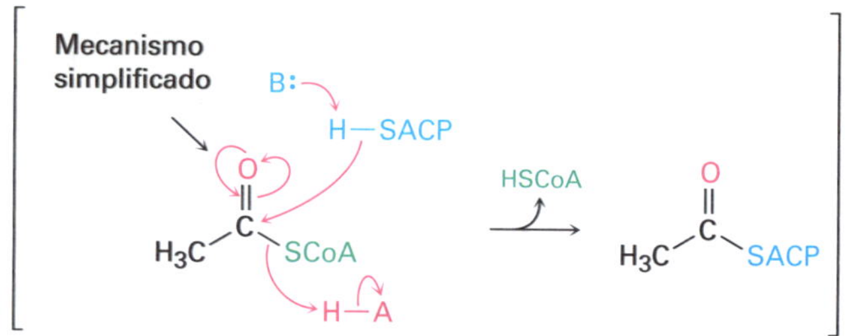

Nas bactérias, a ACP é uma pequena proteína de 77 resíduos que transporta um grupo acila de uma enzima à outra. Nos vertebrados, entretanto, a ACP parece ser um longo braço em um complexo multienzimático de sintase cuja função aparente é conduzir um grupo acila de sítio a sítio no complexo. Assim como na acetil-CoA, o grupo acila na acetil-ACP está unido por uma ligação tioéster ao átomo de enxofre da fosfopanteína. A fosfopanteína está, por sua vez, ligada à ACP através de um grupo −OH da cadeia lateral de um resíduo de serina na enzima.

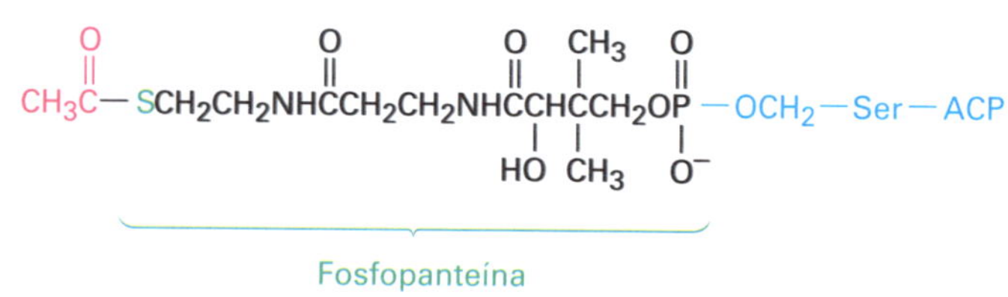

Acetil-ACP

A etapa 2, outra reação de preparação, envolve mais troca de ligações de tioéster através de outra substituição nucleofílica de acila e resulta em uma ligação covalente do grupo acetila a um resíduo de cisteína no complexo sintase que irá catalisar a etapa de condensação seguinte.

Etapas 3-4 da Figura 29.5: carboxilação e transferência de acila A terceira etapa é uma reação de *carregamento* na qual a acetil-CoA é carboxilada pela reação com o HCO_3^- e ATP para produzir a malonil-CoA mais o ADP. Esta etapa exige a coenzima biotina, que está ligada a um resíduo de lisina da acetil-CoA carboxilase e atua como um transportador de CO_2. A enzima biotina reage primeiro com o íon bicarbonato para fornecer *N*-carboxibiotina, que reage então com o íon enolato da acetil-CoA e transfere o grupo CO_2. Assim, a enzima biotina atua como transportadora de CO_2, ligando-o em uma etapa e liberando-o na outra.

Acredita-se que o mecanismo da reação de transferência de CO_2 com a acetil-CoA que resulta na malonil-CoA envolva o CO_2 como a espécie reativa. Uma proposta é que a perda de CO_2 seja favorecida pela formação de uma ligação de hidrogênio entre o grupo carbonila da *N*-carboxibiotina e um sítio ácido próximo na enzima. A desprotonação simultânea da acetil-CoA por um sítio básico na enzima fornece um íon enolato de tioéster que pode reagir com o CO_2 à medida que ele é formado (**Figura 29.6**).

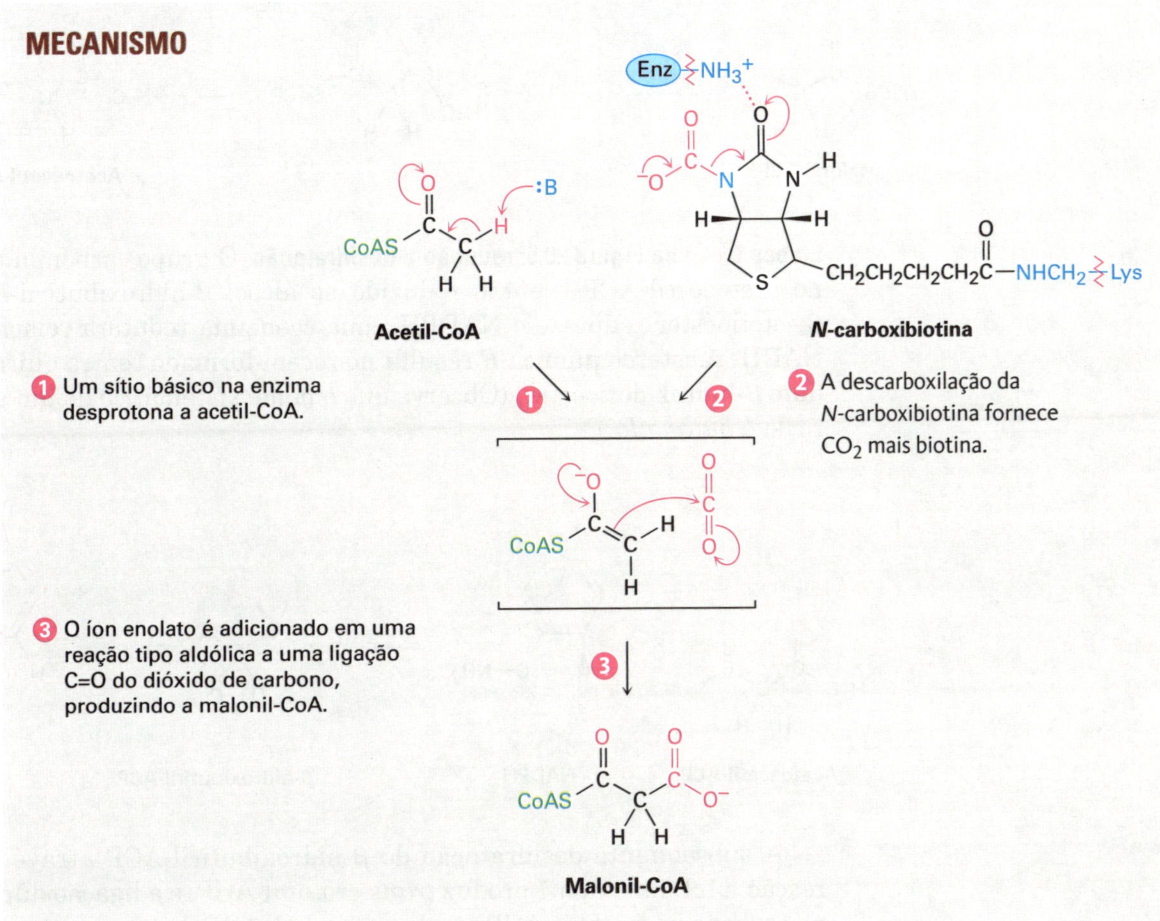

FIGURA 29.6 Mecanismo da etapa 3 na Figura 29.5, a carboxilação da acetil-CoA dependente da biotina para produzir a malonil-CoA.

Seguindo a formação da malonil-CoA, ocorre outra reação de substituição nucleofílica de acila na etapa 4 para formar um malonil –ACP mais reativo, e através disso ligar o grupo malonila a um braço do ACP da multienzima sintase. Neste ponto, os grupos acetila e malonila estão ligados a uma enzima e a etapa é iniciada para suas condensações.

Etapa 5 da Figura 29.5: condensação A reação-chave da formação da ligação carbono-carbono que constrói a cadeia de ácidos graxos ocorre na etapa cinco. Esta etapa é simplesmente uma condensação de Claisen entre a acetil sintase como uma receptora eletrofílica e o malonil-ACP como o doador nucleofílico. Pensa-se que o mecanismo da condensação envolva a descarboxilação da malonil-ACP para obter um íon enolato, seguido pela adição nucleofílica imediata do íon enolato com o grupo carbonila da acetil sintase. A quebra do intermediário tetraédrico fornece o produto de quatro carbonos da condensação, o acetil-ACP, e libera o sítio da ligação da sintase para a anexação do grupo acila de cadeia alongada ao final da sequência.

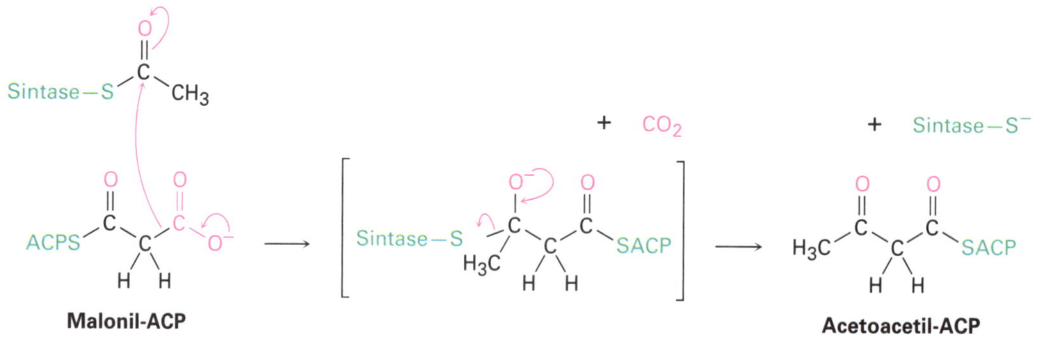

Etapas 6-8 da Figura 29.5: redução e desidratação O grupo carbonila de cetona no acetoacetil-ACP é então reduzido ao álcool β-hidroxibutiril-ACP pela β-cetotioéster redutase e NADPH, uma coenzima redutora relacionada ao NADH. A estereoquímica *R* resulta no recém-formado centro quiral no produto β-hidroxidotioéster. (Observe que o nome sistemático de um grupo butirila é *butanoila*.)

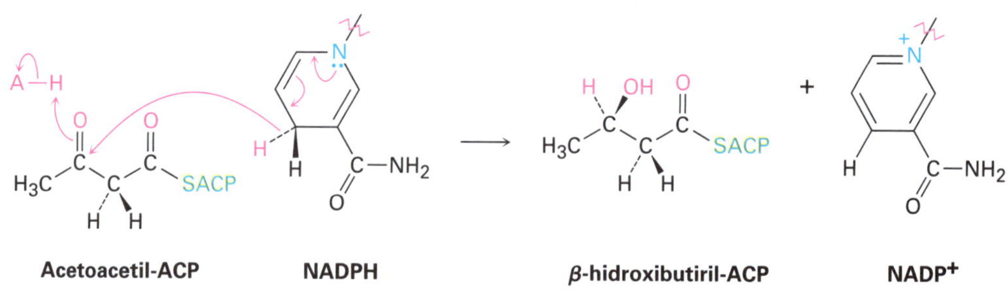

A subsequente desidratação do β-hidroxibutiril-ACP através de uma reação E1cB na etapa 7 produz *trans*-crotonil-ACP, e a ligação dupla carbono-carbono do crotonil-ACP é reduzida pelo NADPH na etapa 8 para produzir butiril-ACP. A redução da ligação dupla ocorre por adição nucleofílica conjugada de um íon hidreto proveniente do NADPH ao carbono β do *trans*-crotonil-ACP. Nos vertebrados, esta redução ocorre por uma adição *sin* global, mas outros organismos realizam química semelhante com estereoquímica diferente.

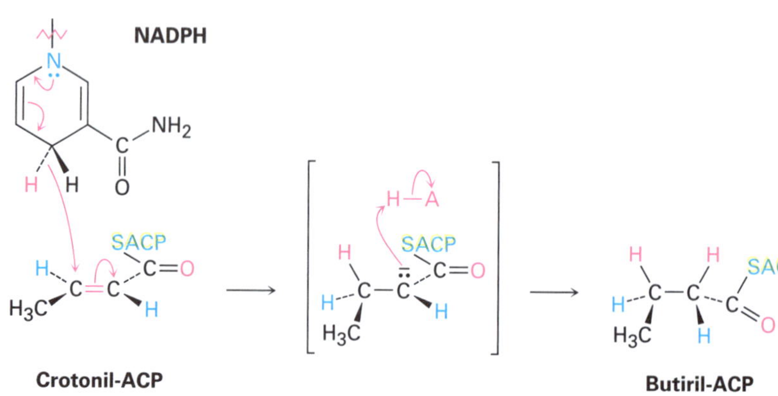

O efeito líquido das oito etapas na rota de síntese do ácido graxo é pegar dois grupos acetila de 2 carbonos e combiná-los em um grupo butirila de 4 carbonos. A condensação adicional do grupo butirila com outro malonil-ACP produz uma unidade de 6 carbonos e ainda mais repetições adicionam dois átomos de carbono de cada vez até que o palmitoil-ACP de 16 carbonos seja produzido.

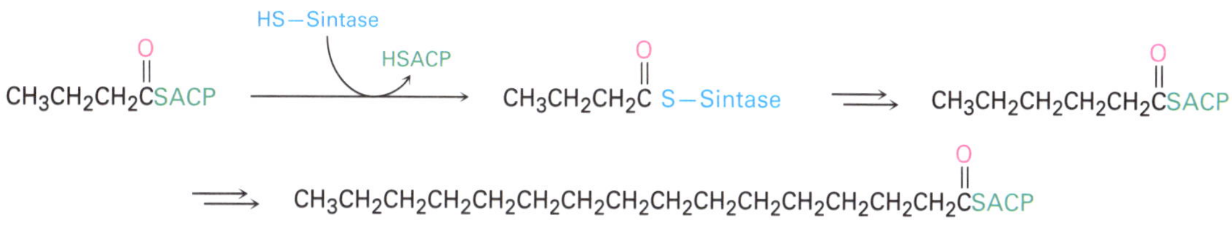

Palmitoil-ACP

Um alongamento adicional da cadeia do ácido palmítico ocorre através de reações similares às recém-descritas, mas a CoA em vez do ACP é o grupo transportador e são necessárias enzimas separadas para cada etapa em vez de um complexo multienzimático de sintase.

PROBLEMA 29.4 Escreva um mecanismo para que a reação de hidratação da β-hidroxibutiril-ACP produza crotonil-ACP na etapa 7 da síntese dos ácidos graxos.

PROBLEMA 29.5 A evidência para o papel do acetato na biossíntese do ácido graxo vem dos experimentos com marcação isotópica. Se o acetato marcado com ^{13}C no grupo metila ($^{13}CH_3CO_2H$) fosse incorporado nos ácidos graxos, em quais posições na cadeia do ácido graxo você esperaria que a marcação ^{13}C fosse aparecer?

PROBLEMA 29.6 A redução do acetoatil-ACP na etapa 6 ocorre na face *Re* ou na face *Si* da molécula?

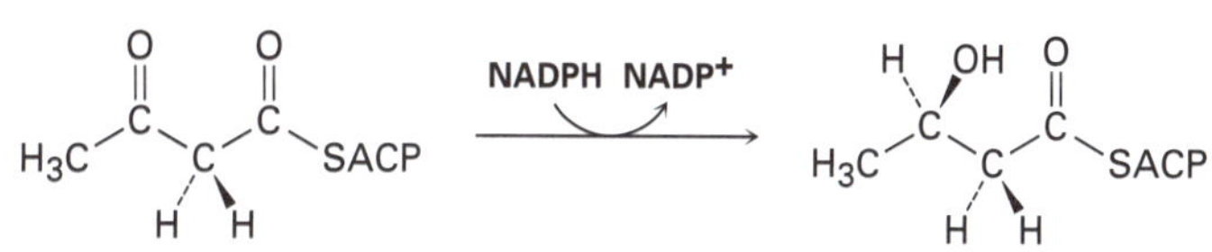

Acetoacetil-ACP $\qquad$ β-hidroxibutiril-ACP

29.5 Catabolismo de carboidratos: glicólise

A glicose é a fonte de energia primária de curto prazo do corpo. Seu catabolismo começa com a **glicólise**, uma série de dez reações catalisadas por enzimas que quebram a glicose em dois equivalentes do piruvato, $CH_3COCO_2^-$. As etapas da glicólise, também chamadas de *rota de Embden-Meyerhoff,* por causa dos nomes de seus descobridores, estão resumidas na **Figura 29.7**.

Etapas ❶-❷ da Figura 29.7: fosforilação e isomerização A glicose, produzida pela digestão de carboidratos obtidos na alimentação, é fosforilada no grupo hidroxila do C6 por reação com ATP num processo catalisado por hexoquinase. Como observado na **Seção 29.1**, a reação exige Mg^{2+} como cofator

MECANISMO

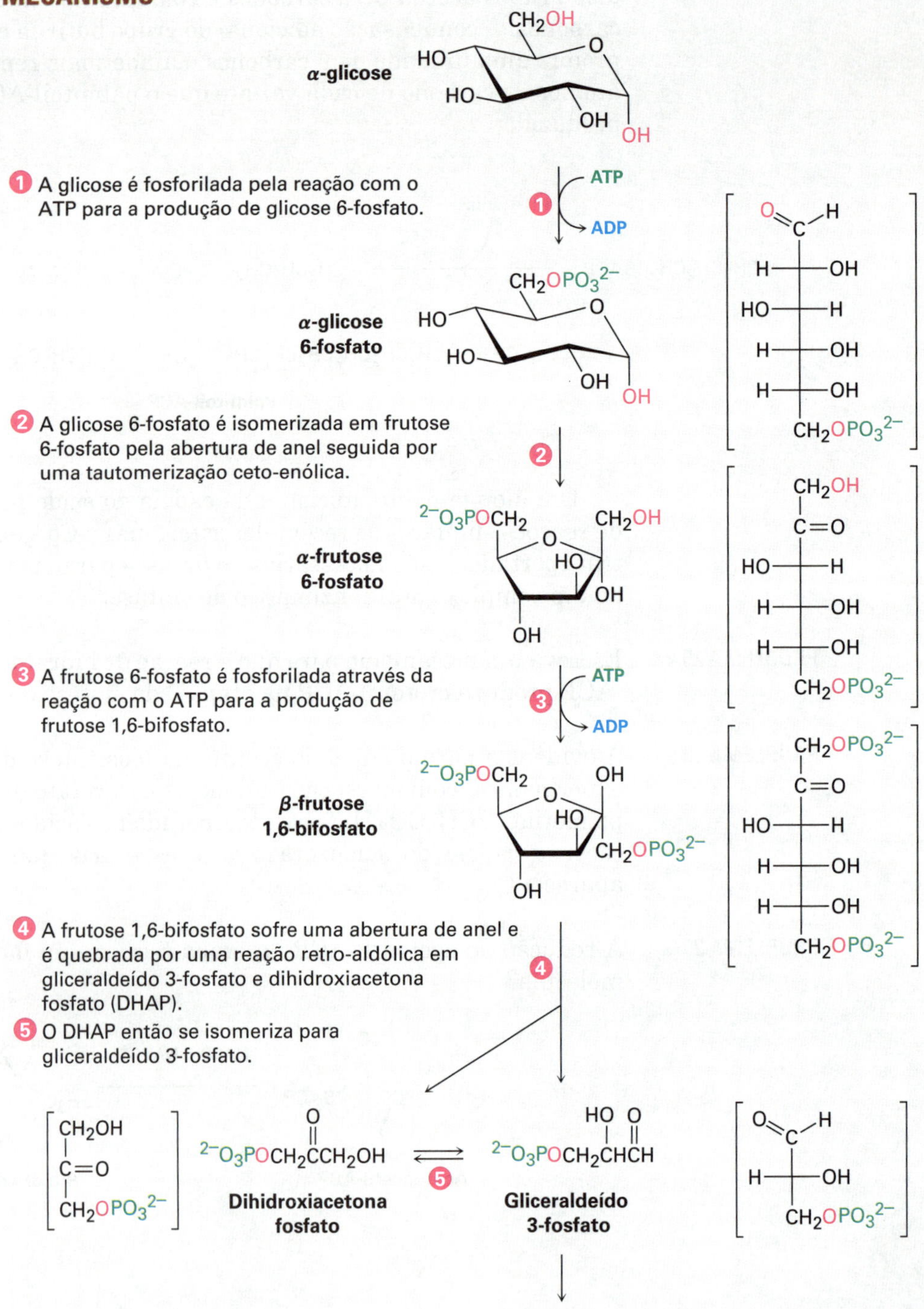

FIGURA 29.7 A rota de 10 etapas da glicólise para catabolizar a glicose em duas moléculas de piruvato. As etapas individuais estão descritas no texto. *(Continua)*

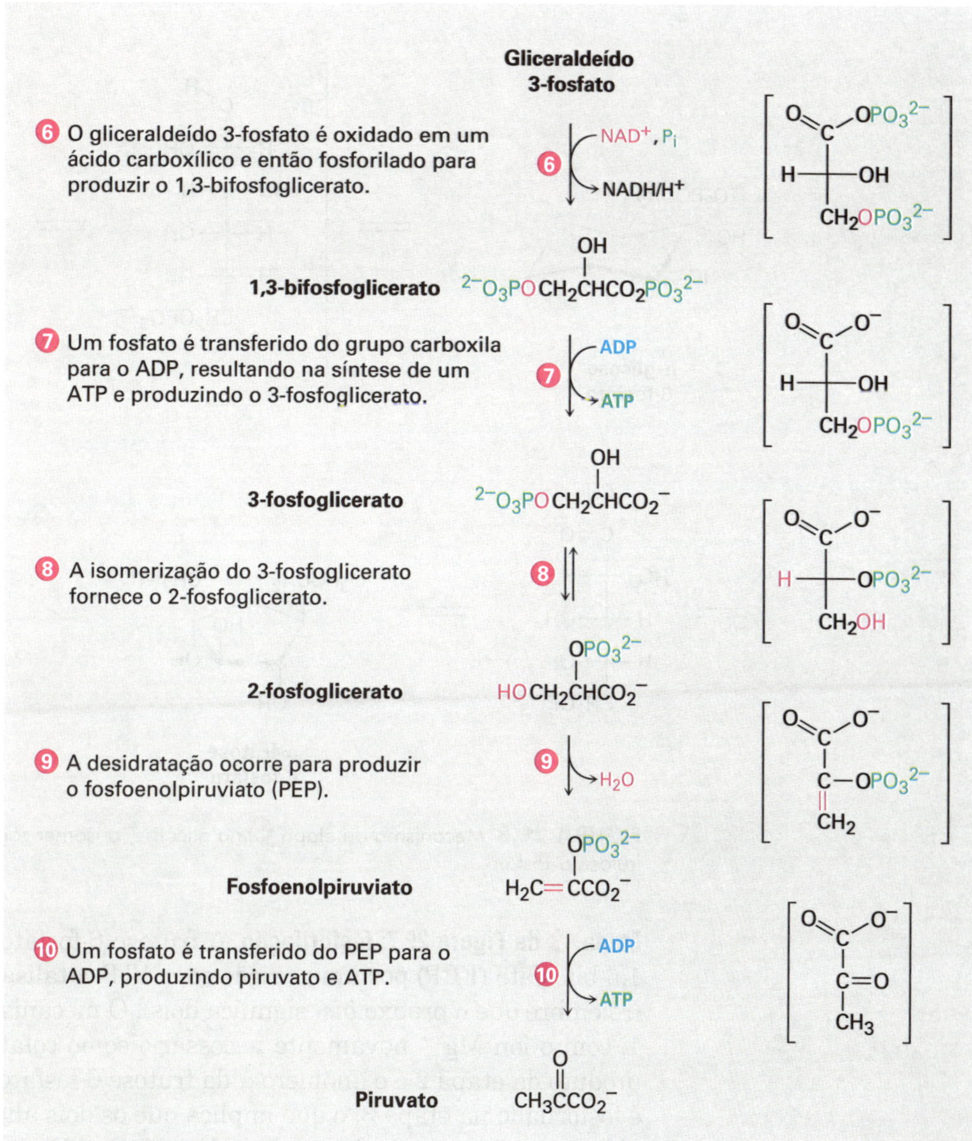

FIGURA 29.7 *(Continuação)*

para formar um complexo com os oxigênios de cargas negativas do fosfato. A glicose 6-fosfato resultante é isomerizada na etapa 2 pela glicose 6-fosfato isomerase para a produção da frutose 6-fosfato. A isomerização acontece inicialmente pela abertura de um anel hemiacetal da glicose para a forma de cadeia aberta seguida pela tautomerização ceto-enólica em um enodiol cis, HO−C=C−OH. Mas, como a glicose e a frutose compartilham um enodiol comum, outra tautomerização em uma forma ceto diferente produz uma frutose de cadeia aberta e a ciclização completa o processo (**Figura 29.8**).

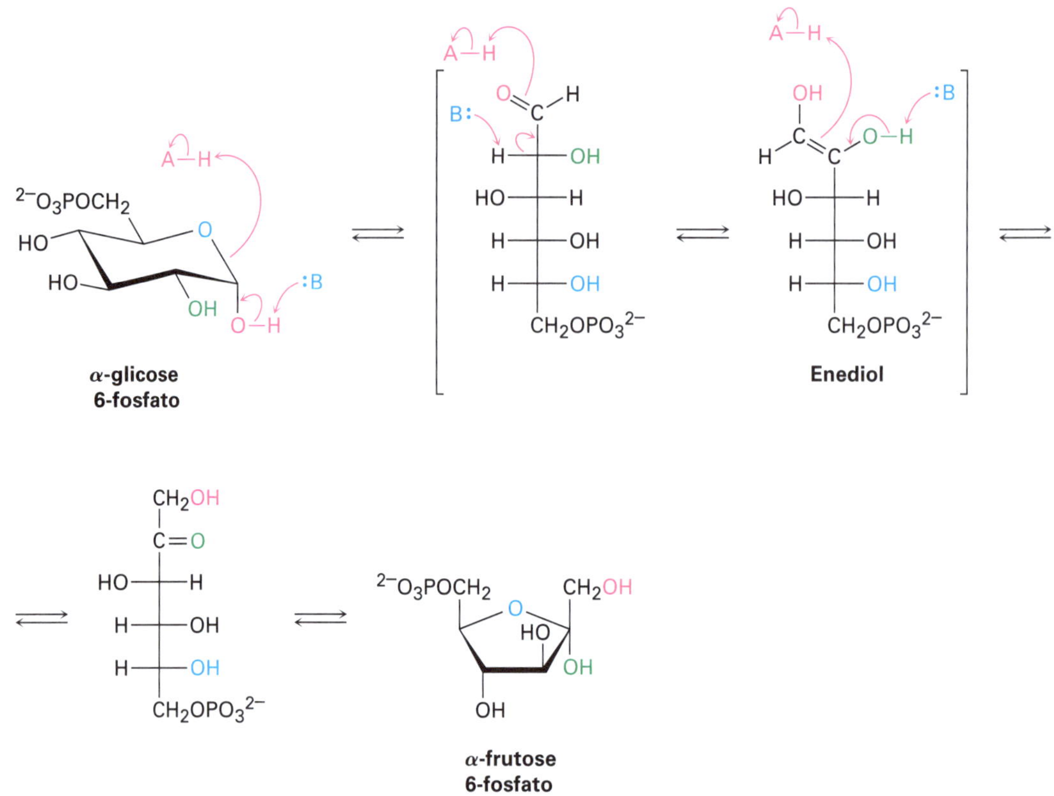

FIGURA 29.8 Mecanismo da etapa 2 na glicólise, a isomerização da glicose 6-fosfato a frutose 6-fosfato.

Etapa 3 da Figura 29.7: fosforilação A frutose 6-fosfato é convertida na frutose 1,6-bifosfato (FBP) por uma reação com ATP catalisada por fosfofrutoquinase (relembre que o prefixo *bis-* significa dois). O mecanismo é similar ao da etapa 1, com o íon Mg^{2+} novamente necessário como cofator. Interessante é que o produto da etapa 2 é o anômero α da frutose 6-fosfato, mas é o anômero β que é fosforilado na etapa 3, o que implica que os dois anômeros se equilibram rapidamente através da forma de cadeia aberta. O resultado da etapa 3 é uma molécula pronta para ser partida em dois intermediários de três carbonos que irão finalmente se tornar duas moléculas de piruvato.

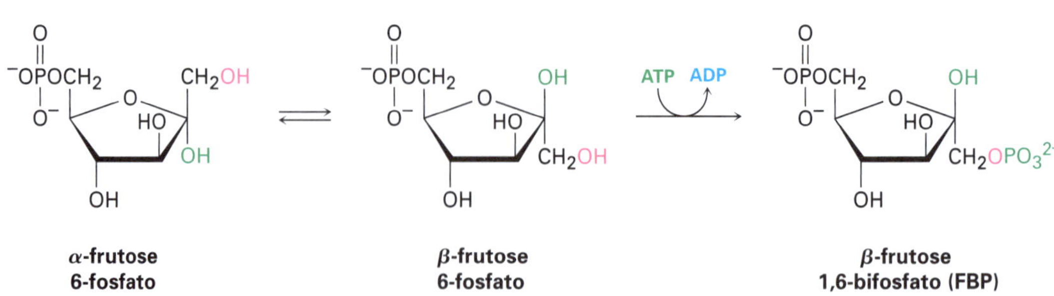

Etapa 4 da Figura 29.7: quebra A frutose 1,6-bifosfato é quebrada na etapa 4 em dois pedaços de três carbonos, a dihidroxiacetona fosfato (DHAP) e o gliceraldeído 3-fosfato (GAP). A ligação entre o C3 e o C4 da frutose 1,6-bifosfato se quebra e um grupo C=O se forma no C4. Em termos de mecanismo, a quebra é o inverso de uma reação aldólica (**Seção 23.1**) e é catalisada por uma aldolase. Uma reação aldólica direta une dois aldeídos ou cetonas e fornece um composto β-hidroxicarbonílico, enquanto uma reação aldólica inversa como a que ocorre aqui parte um composto β-hidroxicarbonílico em dois aldeídos ou cetonas.

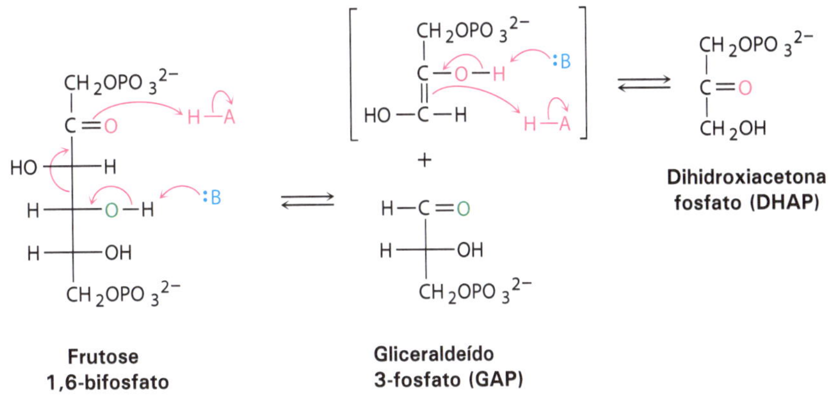

Duas classes de aldolases são utilizadas pelos organismos para a catálise da reação aldólica inversa. Em fungos, algas e algumas bactérias, a reação retro-aldólica é catalisada pela aldolase classe II, que funciona por coordenação do grupo carbonila da frutose com Zn^{2+} como ácido de Lewis. Em plantas e animais, a reação é catalisada por aldolases de classe I e não acontece na cetona livre. Em vez disso, a frutose 1,6-bifosfato sofre uma reação com o grupo $-NH_2$ da cadeia lateral de um resíduo de lisina na aldolase para produzir uma imina protonada ligada por enzima (**Seção 19.8**), geralmente chamada de **base de Schiff** na bioquímica.

Por causa de sua carga positiva, o íon imínio é um melhor receptor de elétrons que um grupo carbonila de cetona. A reação aldólica inversa se segue, fornecendo um gliceraldeído 3-fosfato e uma enamina, que é protonada para dar outro íon imínio que é por sua vez hidrolisado para a produção da dihidroxiacetona fosfato (**Figura 29.9**).

FIGURA 29.9
O mecanismo da etapa 4 na Figura 29.7, a quebra da frutose 1,6-bifosfato para a formação do gliceraldeído 3-fosfato e a dihidroxiacetona fosfato. A reação ocorre por meio de um íon imínio formado por reação com um resíduo de lisina na enzima.

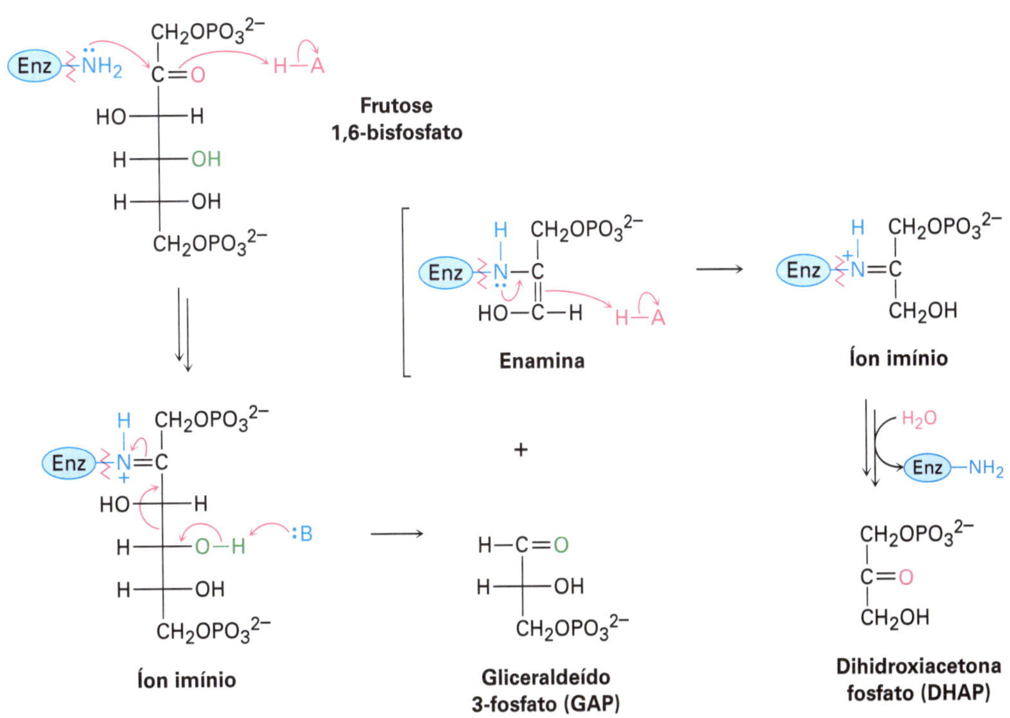

Etapa 5 da Figura 29.7: isomerização A dihidroxiacetona fosfato é isomerizada na etapa 5 através da triose fosfato isomerase para formar um segundo equivalente do gliceraldeído 3-fosfato. Assim como na conversão da glicose 6-fosfato em frutose 6-fosfato na etapa 2, a isomerização acontece por tautomerização ceto enólica através de um intermediário enodiol comum. Uma base desprotona o C1 e depois reprotona o C2 utilizando o mesmo hidrogênio. O resultado das etapas 4 e 5 é a produção de duas moléculas de gliceraldeído 3-fosfato, ambas as quais passam para o resto da rota. Assim, cada uma das cinco etapas resultantes da glicólise acontecem duas vezes para cada molécula de glicose que entre na etapa 1.

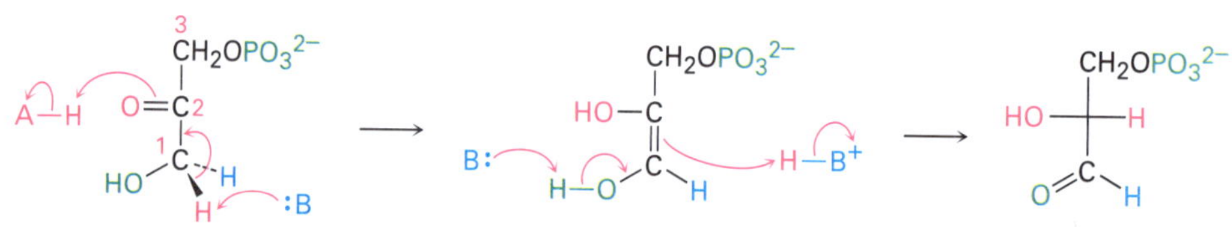

Dihidroxiacetona fosfato (DAHP) — cis enodiol — Gliceraldeído 3-fosfato (GAP)

Etapas 6-7 da Figura 29.7: oxidação, fosforilação e desfosforilação O gliceraldeído 3-fosfato é oxidado e fosforilado na etapa 6 para fornecer o 1,3-bifosfoglicerato (**Figura 29.10**). A reação é catalisada por gliceraldeído 3-fosfato desidrogenase e começa pela adição nucleofílica do grupo –SH de um resíduo de cisteína na enzima ao grupo carbonila de aldeído para a produção de um *hemitioacetal*, o análogo com enxofre do hemiacetal. A oxidação do grupo –OH do hemiacetal pelo NAD^+, produz um tioéster, que reage com o íon fosfato em uma etapa de substituição nucleofílica de acila para se obter 1,3-bisfosfoglicerato, um anidrido misto derivado de um ácido carboxílico e um ácido fosfórico.

Assim como todos os anidridos (**Seção 21.5**), o anidrido fosforicocarboxílico é um substrato reativo nas reações de substituição nucleofílica de acila (ou fosforila). A reação do 1,3-bifosfoglicerato com ADP ocorre na etapa 7 através da substituição do fósforo, resultando na transferência de um grupo fosfato para o ADP fornecendo ATP mais 3-fosfoglicerato. O processo é catalisado por fosfoglicerato quinase e requer Mg^{2+} como cofator. Juntas as etapas 6 e 7 finalizam a oxidação de um aldeído a um ácido carboxílico.

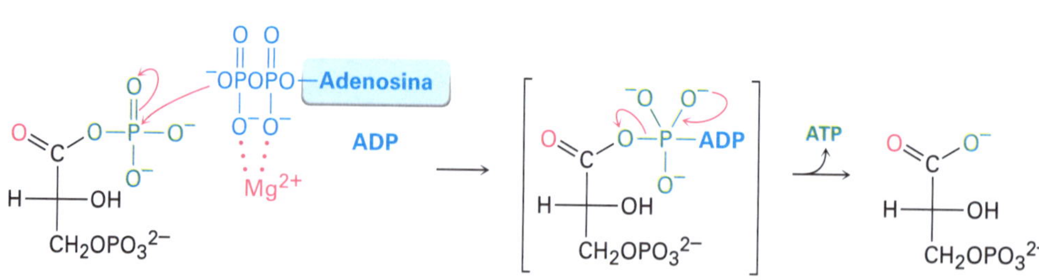

1,3-bifosfoglicerato — 3-fosfoglicerato

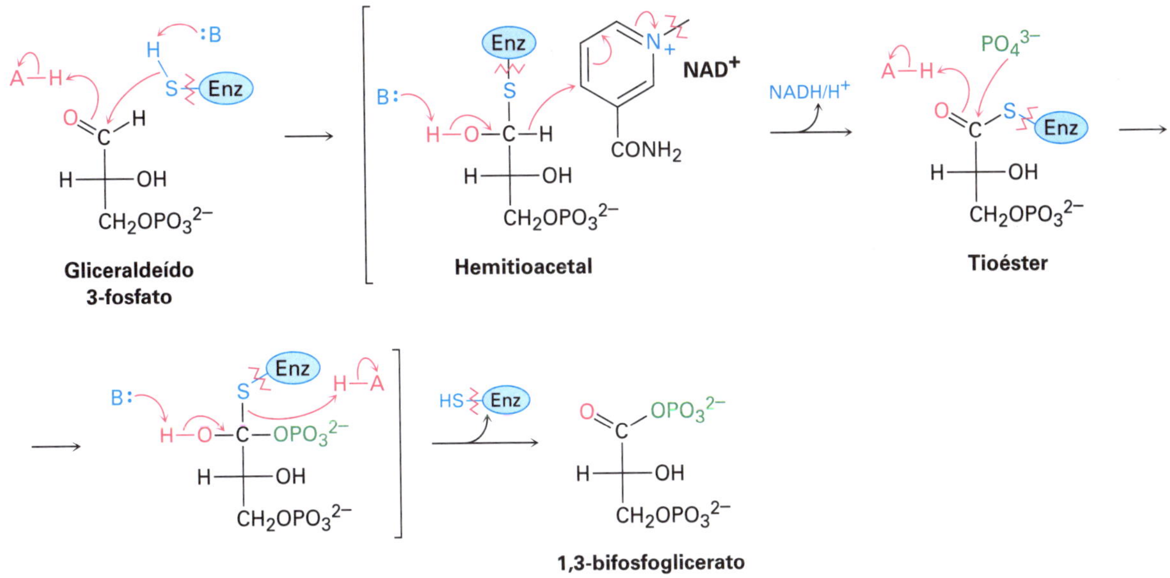

FIGURA 29.10 Mecanismo da etapa 6 na Figura 29.7, a oxidação e fosforilação do gliceraldeído 3-fosfato para formar o 1,3-bifosfoglicerato. O processo ocorre através da formação inicial de um hemiacetal que é oxidado a tioéster e convertido em um fosfato de acila.

Etapa 8 da Figura 29.7: isomerização O 3-fosfoglicerato isomeriza-se para 2-fosfoglicerato em uma etapa catalisada por fosfoglicerato mutase. Nos vegetais, o 3-fosfoglicerato transfere seu grupo fosforila de seu oxigênio no C3 para um resíduo de histidina na enzima em uma etapa e depois recebe o mesmo grupo fosforila de volta no oxigênio C2 em uma segunda etapa. Em animais e leveduras, entretanto, a enzima contém uma histidina fosforilada, que transfere seu grupo fosforila ao oxigênio C2 do 3-fosfoglicerato na forma do 2,3-bifosfoglicerato como intermediário. A mesma histidina recebe então um grupo fosforila do oxigênio C3 para produzir o produto isomerizado mais a enzima regenerada. Como explicado na **Seção 29.4**, ocasionalmente usaremos um mecanismo simplificado para as reações de substituição nucleofílica de acila para economizar espaço.

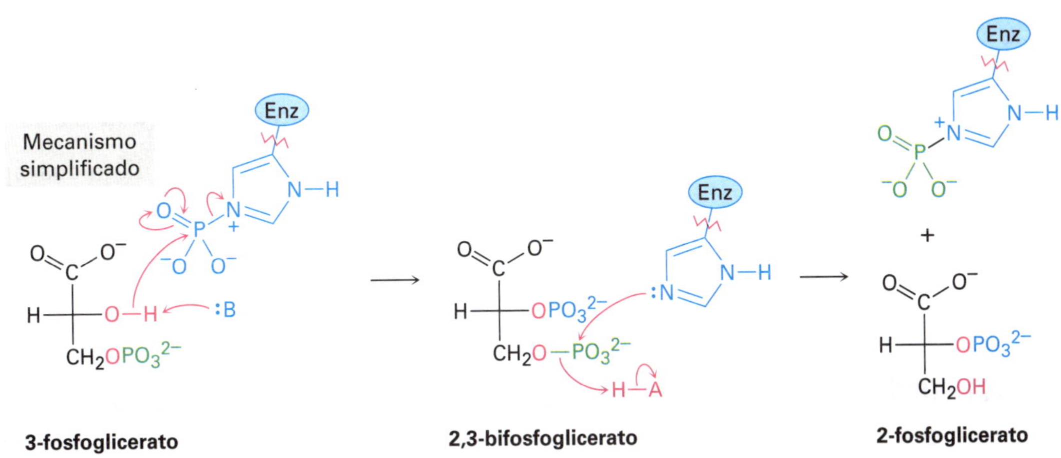

Etapas 9-10 da Figura 29.7: desidratação e desfosforilação Como a maioria dos compostos β-hidroxicarbonílicos, 2-fosfoglicerato sofre uma desidratação na etapa 9 por um mecanismo E1cB (**Seção 23.3**). O processo é catalisado pela enolase e o produto é o fosfoenolpiruvato, abreviado como PEP. Dois íons Mg^{2+} estão associados com o 2-fosfoglicerato para neutralizar as cargas negativas.

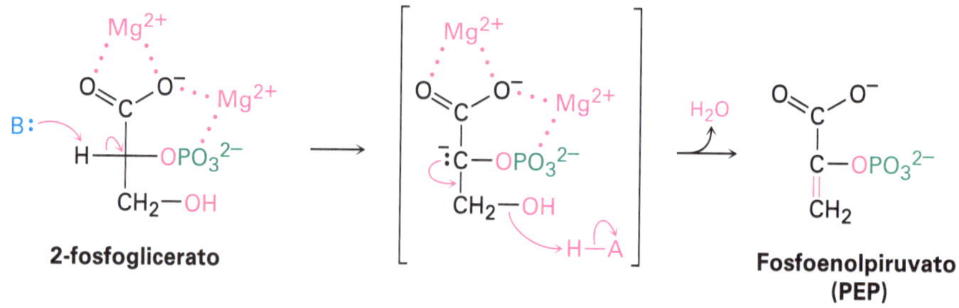

A transferência do grupo fosfato para ADP na etapa 10 gera então ATP e dá o enolpiruvato, que tautomeriza para piruvato. A reação é catalisada pela piruvato quinase e exige que a molécula de frutose 1,6-bifosfato também esteja presente, assim como dois equivalentes do Mg^{2+}. Um íon Mg^{2+} se coordena ao ADP e o outro aumenta a acidez de uma molécula de água necessária para a protonação do íon enolato.

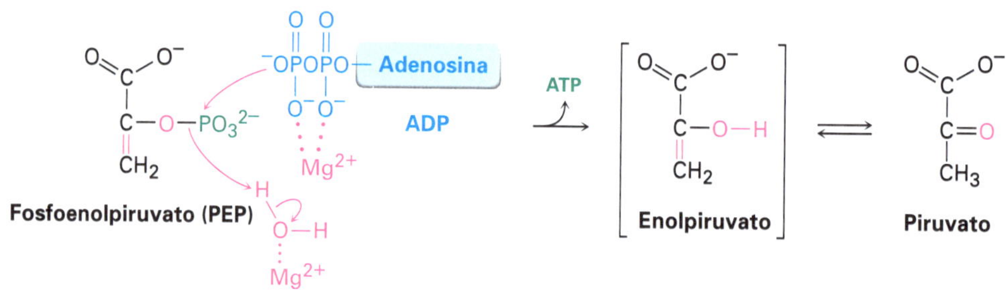

O resultado global da glicólise pode ser resumido pela seguinte equação:

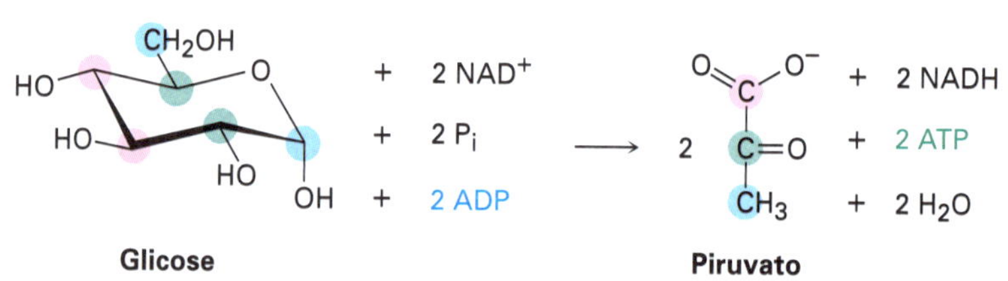

PROBLEMA 29.7 Identifique as duas etapas na glicólise nas quais o ATP é produzido.

PROBLEMA 29.8 Veja a rota completa da glicólise e faça uma lista dos tipos de reações orgânicas que acontecem – substituições nucleofílicas de acila, reações aldólicas, reações E1cB e assim por diante.

29.6 Conversão do piruvato a acetil-CoA

O piruvato, produzido pelo catabolismo da glicose (e pela degradação de vários aminoácidos), pode sofrer várias transformações adicionais dependendo das condições e do organismo. Na falta de oxigênio, o piruvato pode ser tanto reduzido pelo NAD para produzir lactato [$CH_3CH(OH)CO_2^-$] ou, na levedura, fermentado para fornecer o etanol. Sob condições aeróbicas típicas nos mamíferos, entretanto, o piruvato é convertido por um processo chamado de *descarboxilação oxidativa* para fornecer acetil-CoA mais CO_2. (*Oxidativa* porque o estado da oxidação do carbono da carbonila aumenta do estado da cetona para o do tioéster.)

A conversão ocorre através de uma sequência de várias etapas de reações catalisadas por um complexo de enzimas e cofatores chamado de *complexo piruvato desidrogenase*. O processo ocorre em três estágios, cada um catalisado por uma das enzimas do complexo, como destacado na **Figura 29.11**. A acetil-CoA, o produto final, então atua como combustível para o estágio final do catabolismo, o ciclo do ácido cítrico.

Etapa 1 da Figura 29.11: adição de tiamina difosfato A conversão do piruvato em acetil-CoA começa com a reação do piruvato com a tiamina difosfato, um derivado da vitamina B_1. Antes chamado de tiamina *piro*fosfato, a tiamina difosfato é geralmente abreviada como TPP.

O elemento estrutural-chave na tiamina difosfato é o anel de tiazólio – um heterociclo de cinco membros, insaturado contendo um átomo de enxofre e um átomo de nitrogênio carregado positivamente. O anel de tiazólio é fracamente ácido, com um pK_a de cerca de 18 para o hidrogênio do anel entre N e S. As bases podem, portanto, desprotonar a tiamina difosfato, levando à formação de uma ilida muito semelhante às ilidas de fosfônio utilizadas nas reações de Wittig (**Seção 19.11**). Assim como na reação de Wittig, a ilida da TPP é um nucleófilo e se adiciona ao grupo carbonila de cetona do piruvato para levar a um álcool como produto de adição.

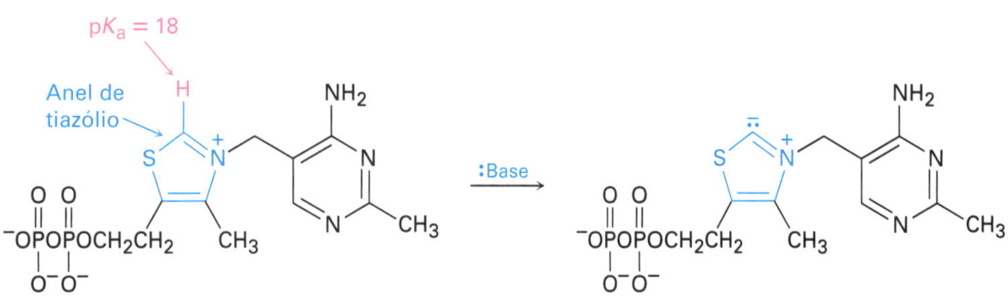

Tiamina difosfato (TPP)

Ilida de tiamina difosfato (Cargas + e – adjacentes)

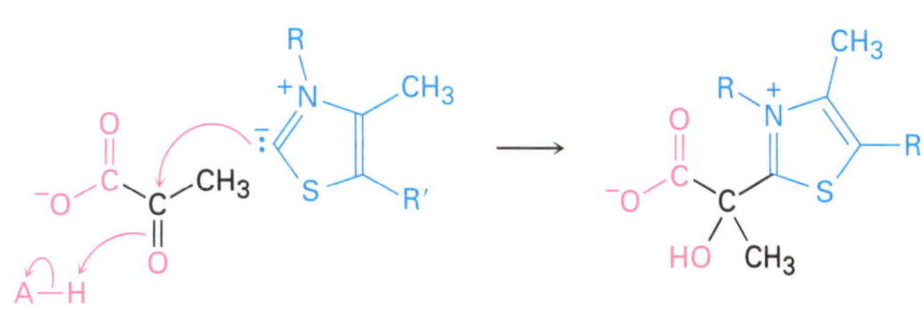

Piruvato

Ilida de tiamina difosfato

Etapa 2 da Figura 29.11: descarboxilação O produto TPP da adição, que contém um íon-imínio β em relação a um ânion carboxilato, sofre descarboxilação quase da mesma maneira que um β-ceto-ácido se descarboxila na síntese do éster acetoacético (**Seção 22.7**). A ligação $C{=}N^+$ do produto de adição de piruvato atua como a ligação C=O do β-ceto-ácido para receber elétrons à medida que o CO_2 sai, fornecendo hidroxietiltiamina difosfato (HETPP).

MECANISMO

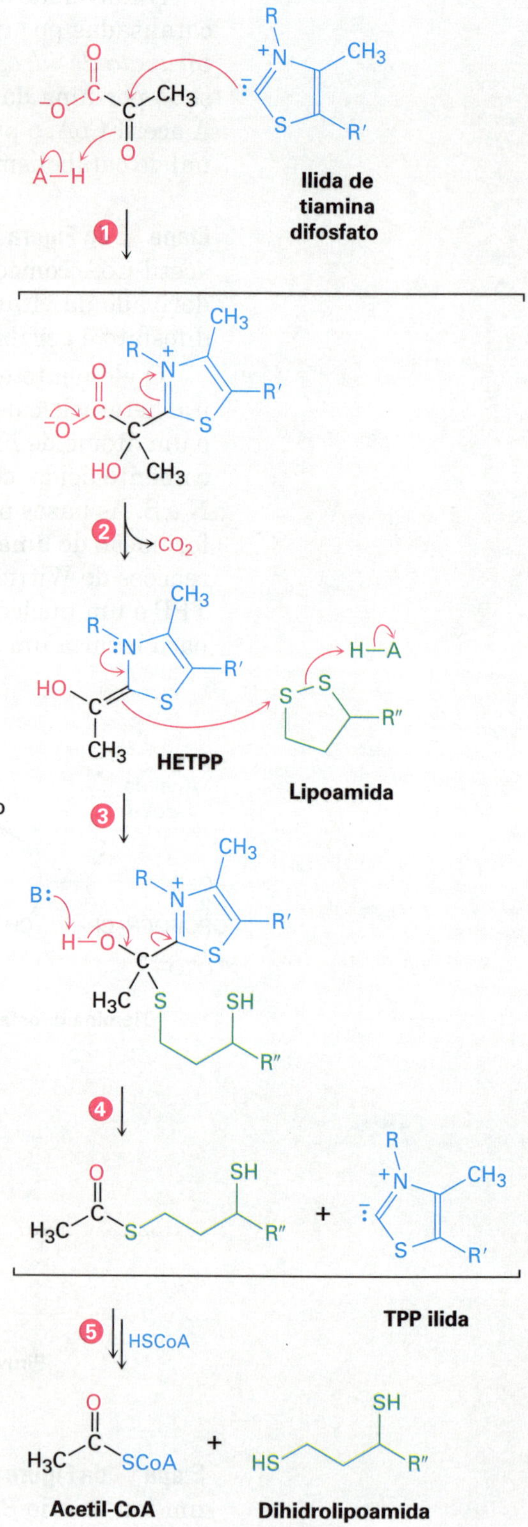

❶ A adição nucleofílica da ilida de tiamina difosfato (TPP) ao piruvato resulta em um álcool como produto de adição.

❷ A descarboxilação ocorre em uma etapa análoga à perda de CO_2 pelo β-cetoácido, formando a enamina hidroxietiltiamina difosfato (HETPP).

❸ A ligação dupla da enamina ataca um átomo de enxofre da lipoamida e realiza substituição S_N2 do segundo enxofre para produzir um hemitioacetal.

❹ A eliminação da ilida de tiamina difosfato do intermediário hemitioacetal produz acetil dihidrolipoamida . . .

❺ . . . que reage com a coenzima A em uma reação de substituição nucleofílica de acila para trocar um tioéster por outro e produzir acetil-CoA mais dihidrolipoamida.

FIGURA 29.11 Mecanismo da conversão do piruvato em acetil-CoA por meio de uma sequência de reações de várias etapas que exige três enzimas diferentes e quatro coenzimas. As etapas individuais estão explicadas no texto.

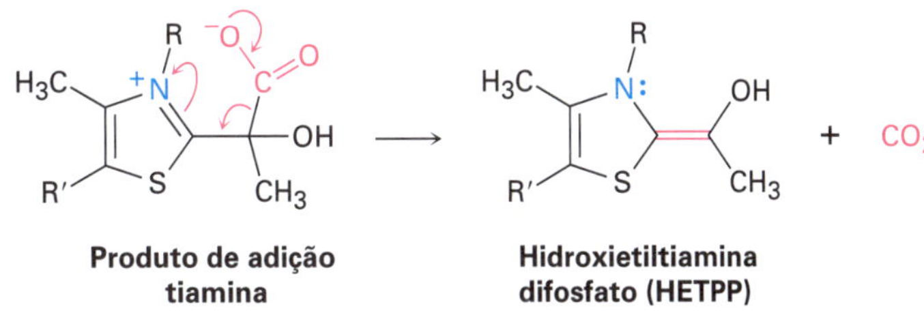

Etapa 3 da Figura 29.11: reação com a lipoamida A hidroxietiltiamina difosfato é uma enamina ($R_2N-C=C$), que, como todas as enaminas, é nucleofílica (**Seção 23.11**). Ela reage, portanto, com o dissulfito lipoamida ligado à enzima através de um ataque nucleofílico em um átomo de enxofre, deslocando o segundo enxofre em um processo do tipo S_N2.

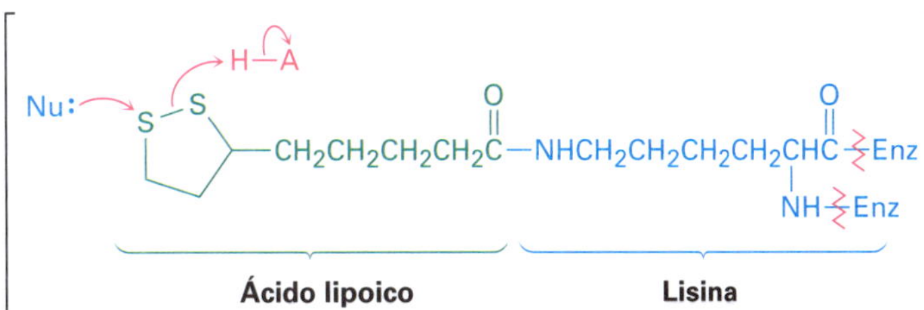

Lipoamida: O ácido lipoico está ligado através de uma ligação de amida a um resíduo de lisina na enzima.

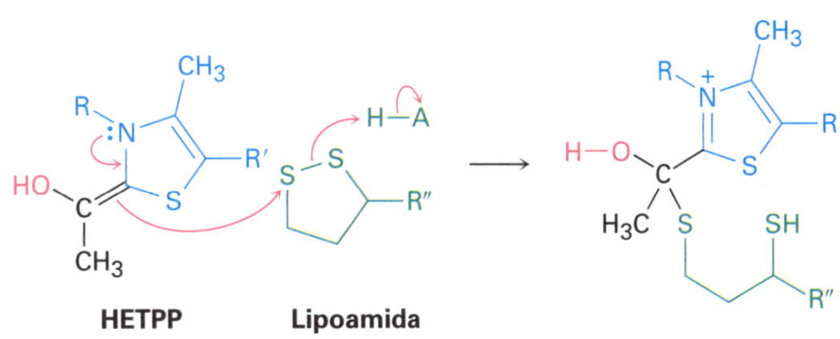

Etapa 4 da Figura 29.11: eliminação da tiamina difosfato O produto da reação do HETPP com a lipoamida é um hemitioacetal, que elimina a ilida de tiamina difosfato. Esta eliminação é o inverso da adição de cetona na etapa 1 e gera a acetil dihidrolipoamida.

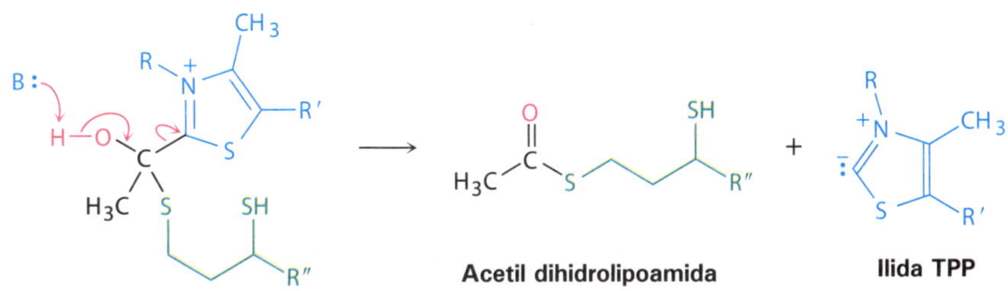

Etapa 5 da Figura 29.11: transferência da acila A acetil dihidrolipoamida, um tioéster, sofre uma reação de substituição nucleofílica de acila com a coenzima A para produzir a acetil-CoA mais dihidrolipoamida. A dihidrolipoamida é então oxidada de volta a uma lipoamida pelo FAD (**Seção 29.3**), e o $FADH_2$ resultante por sua vez é oxidado de volta ao FAD por NAD^+, completando o ciclo catalítico.

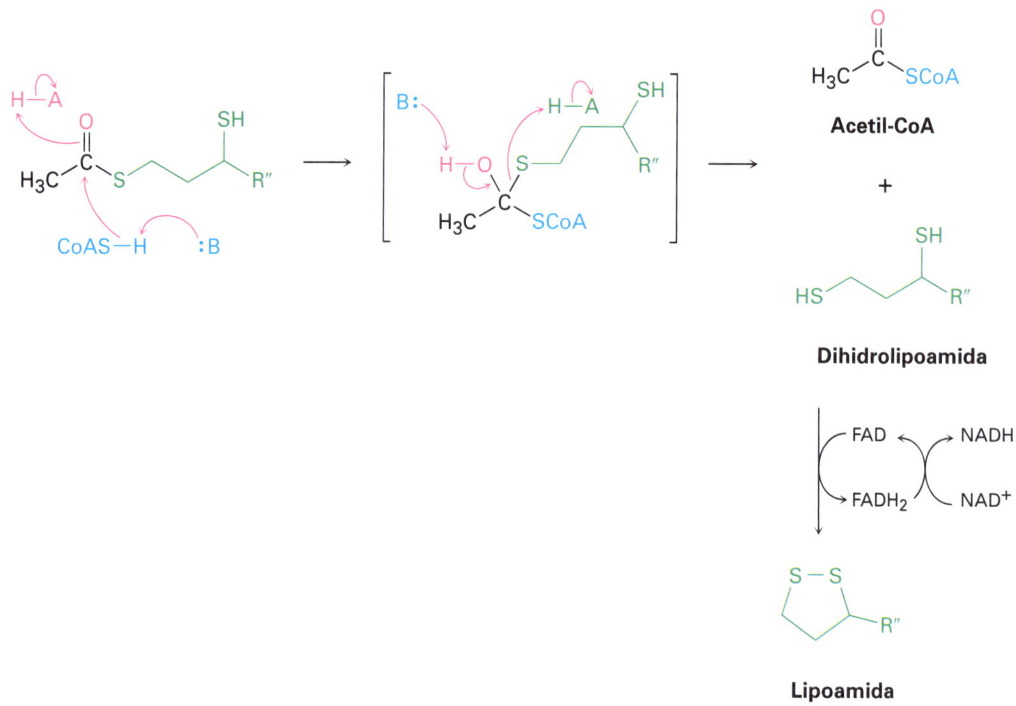

PROBLEMA 29.9 Quais átomos de carbono na glicose terminam como carbonos $-CH_3$ na acetil-CoA? Quais carbonos terminam como CO_2?

29.7 O ciclo do ácido cítrico

As etapas iniciais do catabolismo resultam na conversão de gorduras e carboidratos em grupos acetila ligados através de uma ligação de tioéster com a coenzima A. A acetil-CoA que entra na próxima etapa do catabolismo – **ciclo do ácido cítrico**, também chamado *ciclo do ácido tricarboxílico* (*TCA*), ou *ciclo de Krebs*, em homenagem a Hans Krebs, que resolveu suas complexidades em 1937. O resultado geral do ciclo é a conversão do grupo acetila em duas moléculas de CO_2 mais coenzimas reduzidas através de uma sequência de reações em oito etapas mostrada na **Figura 29.12**.

Como o próprio nome diz, o *ciclo* do ácido cítrico é um circuito fechado de reações no qual o produto da etapa final (oxaloacetato) é um reagente na primeira etapa. Os intermediários são constantemente regenerados e fluem continuamente pelo ciclo, que funciona enquanto as coenzimas oxidantes NAD^+ e FAD estiverem disponíveis. Para atender a esta condição, as coenzimas reduzidas NADH e $FADH_2$ precisam ser reoxidadas através de uma cadeia de transporte de elétrons, que por sua vez conta com o oxigênio como o principal receptor de elétrons. Assim, o ciclo depende da disponibilidade do oxigênio e da operação da cadeia de transporte de elétrons.

Etapa 1 da Figura 29.12: adição ao oxaloacetato A acetil-CoA entra no ciclo do ácido cítrico na etapa 1 por meio da adição nucleofílica ao grupo carbonila do oxaloacetato para fornecer a (*S*)-citril-CoA. Esta adição é uma reação aldólica e é catalisada pela citrato sintase, como discutido na **Seção 26.11**. (*S*)-citril-CoA é então hidrolisada para citrato por uma reação de substituição nucleofílica de acila típica com água, catalisada pela mesma enzima citrato sintase.

MECANISMO

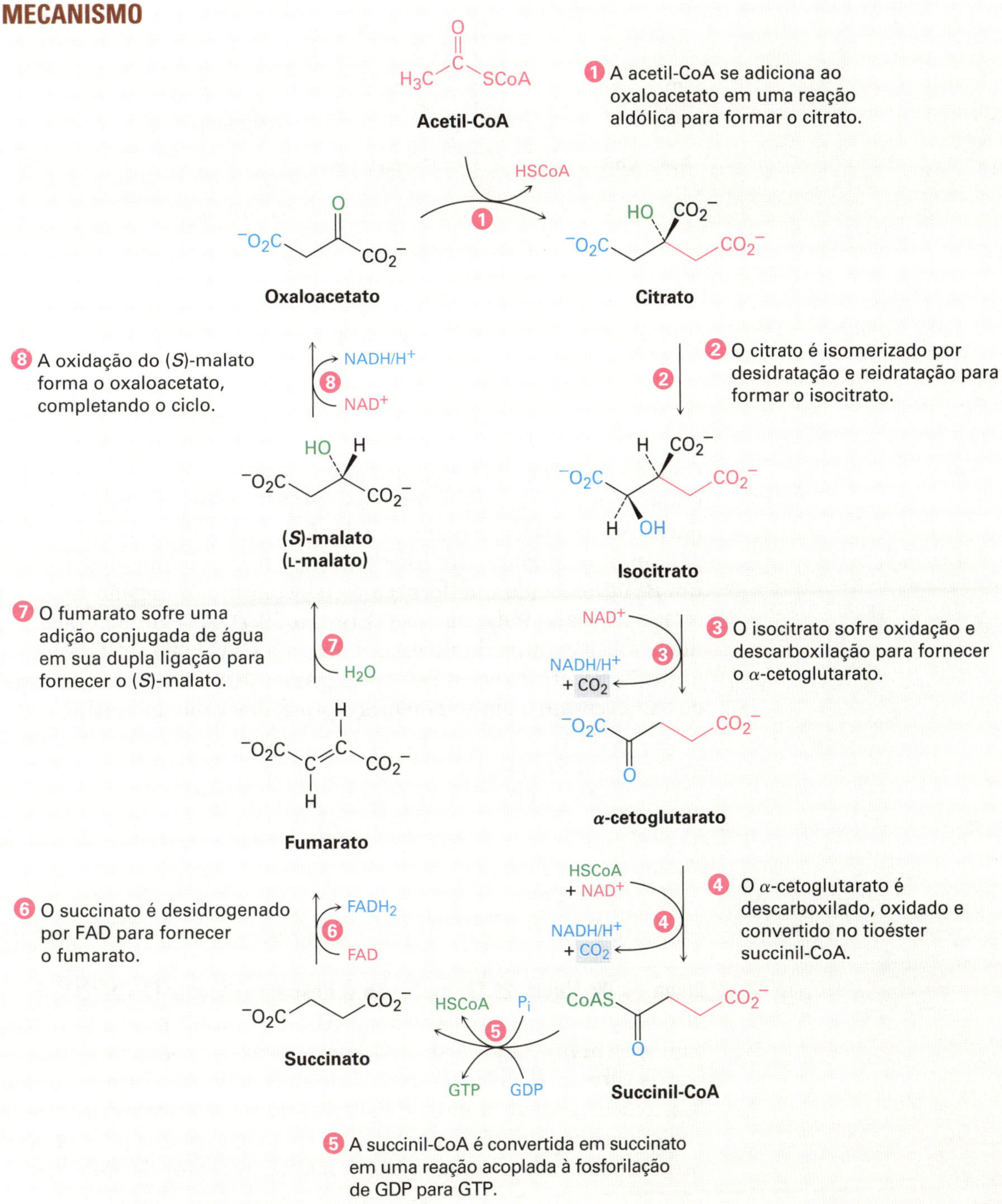

FIGURA 29.12 O ciclo do ácido cítrico é uma série de reações de oito etapas que resulta na conversão de um grupo acetila em duas moléculas de CO_2 mais coenzimas reduzidas. As etapas individuais estão explicadas no texto.

Observe que o carbono do citrato que contém a hidroxila é um centro proquiral e contém dois "braços" idênticos. Uma vez que a reação aldólica inicial de acetil-CoA para oxaloacetato ocorre especificamente na face *Si* do grupo carbonila cetona, o braço *pro-S* do citrato é derivado da acetil-CoA e o braço *pro-R* é derivado do oxaloacetato.

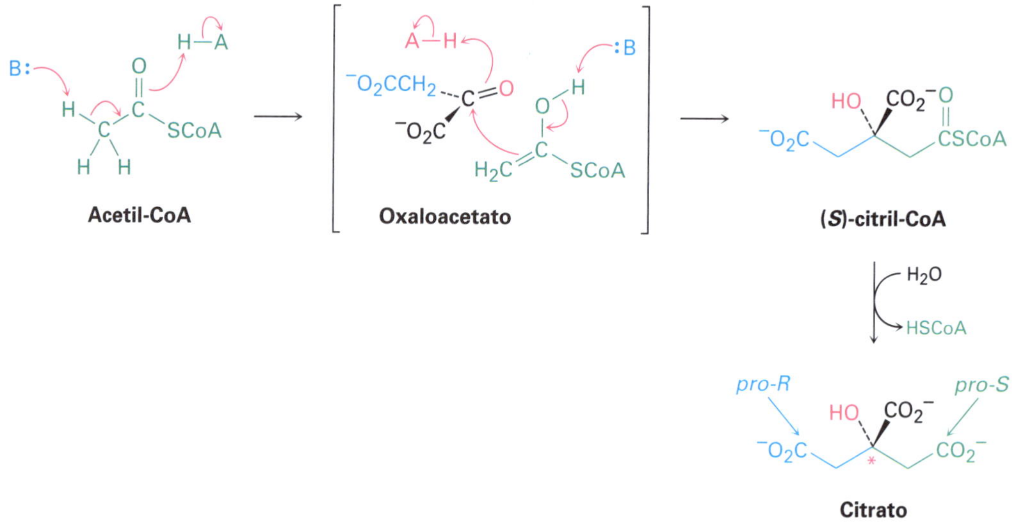

Etapa 2 da Figura 29.12: isomerização O citrato, um álcool proquiral terciário, então é convertido em seu isômero (2*R*,3*S*)-isocitrato, um álcool quiral secundário. A isomerização ocorre em duas etapas, ambas as quais são catalisadas pela mesma enzima aconitase. A etapa inicial é uma desidratação E1cB de um β-hidroxiácido que fornece o *cis*-aconitato, o mesmo tipo de reação que ocorre na etapa 9 da glicólise (**Figura 29.7**). A segunda etapa é uma adição nucleofílica conjugada de água à ligação C=C (veja a **Seção 19.13**). A desidratação do citrato acontece especificamente no braço *pro-R* – aquele derivado do oxaloacetato – em vez do braço *pro-S* derivado da acetil-CoA.

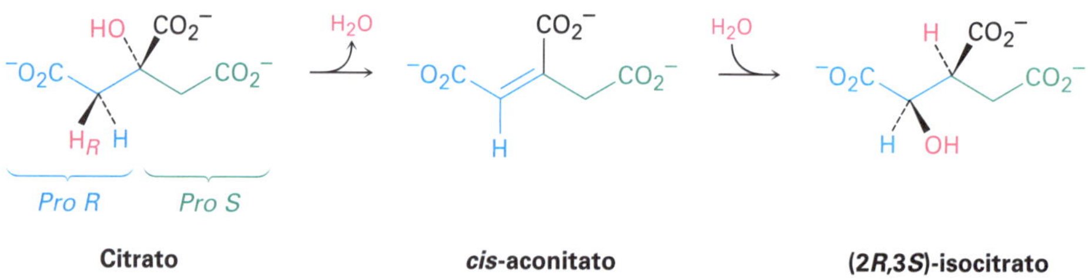

Etapa 3 da Figura 29.12: oxidação e descarboxilação O (2*R*,3*S*)-isocitrato, um álcool secundário, é oxidado por NAD^+ na etapa 3 para a formação da cetona oxalosuccinato, que perde CO_2 para fornecer α-cetoglutarato. Catalisada por isocitrato desidrogenase, a descarboxilação é uma reação típica do β-ceto-ácido, assim como a da síntese do éster acetoacético (**Seção 22.7**). A enzima requer um cátion bivalente, como um cofator para polarizar o grupo carbonila da cetona e torná-lo um melhor receptor de elétrons.

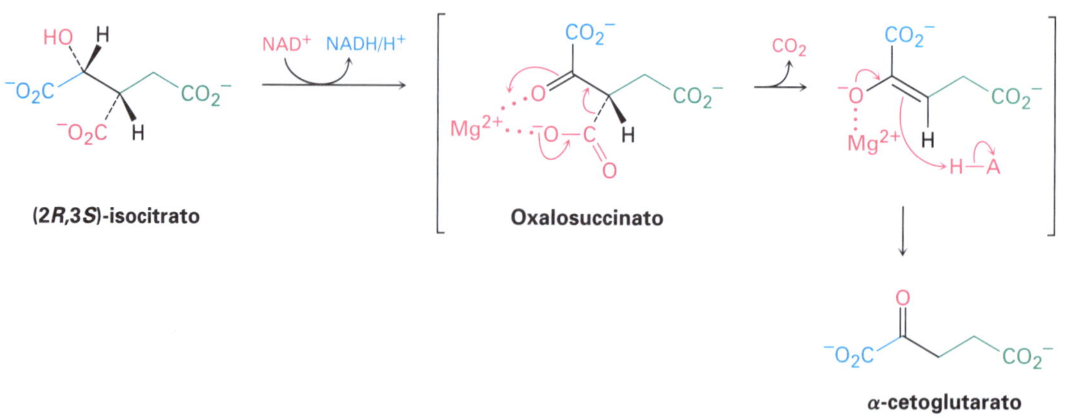

Etapa 4 da Figura 29.12: descarboxilação oxidativa A transformação de α-cetoglutarato em succinil-CoA na etapa 4 é um processo de várias etapas como a transformação do piruvato em acetil-CoA que vimos na **Figura 29.11**. Em ambos os casos, um α-ceto ácido perde CO_2 e é oxidado a um tioéster em uma série de etapas catalisadas por um complexo multienzático desidrogenase. Como na conversão do piruvato em acetil-CoA, a reação envolve uma reação de adição nucleofílica inicial de ilida de difosfato de tiamina ao α-cetoglutarato, seguida de descarboxilação. A reação com lipoamida, eliminação de ilida TPP e, finalmente, uma transesterificação do tioéster com dihidrolipoamida com a coenzima A produz succinil-CoA.

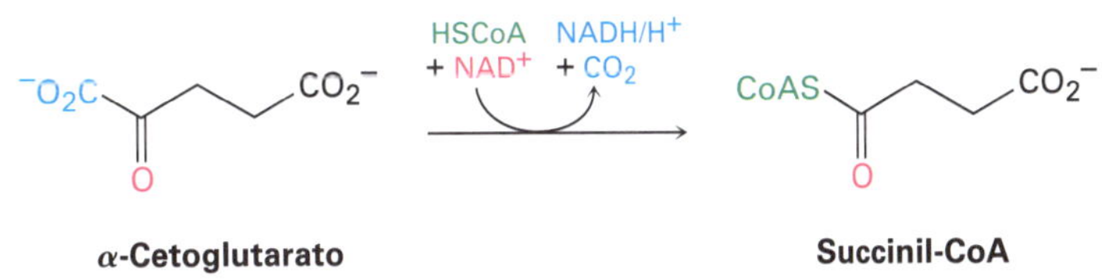

Etapa 5 da Figura 29.12: quebra da acil-CoA A succinil-CoA é convertida em succinato na etapa 5. A reação é catalisada pela succinil-CoA sintase e é acoplada com a fosforilação da guanosina difosfato (GDP) para a produção da guanosina trifosfato (GTP). A transformação global é similar à das etapas 6 a 8 da glicólise (**Figura 29.7**), nas quais o tioéster é convertido em um fosfato de acila e um grupo fosfato é então transferido ao ADP. O resultado global é uma "hidrólise" do grupo tioéster sem envolvimento de água.

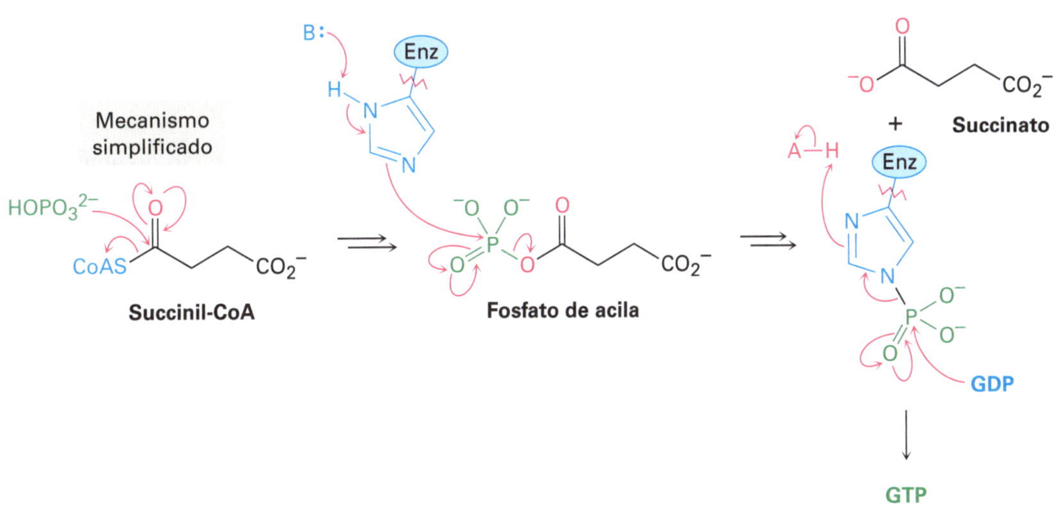

Etapa 6 da Figura 29.12: desidrogenação O succinato é desidrogenado na etapa 6 pela succinato desidrogenase dependente do FAD para a formação do fumarato. O processo é análogo ao que ocorre durante a rota da β-oxidação do catabolismo de ácidos graxos (**Seção 29.3**). A reação é estereoespecífica, removendo o hidrogênio *pro-S* de um carbono e o hidrogênio *pro-R* de outro.

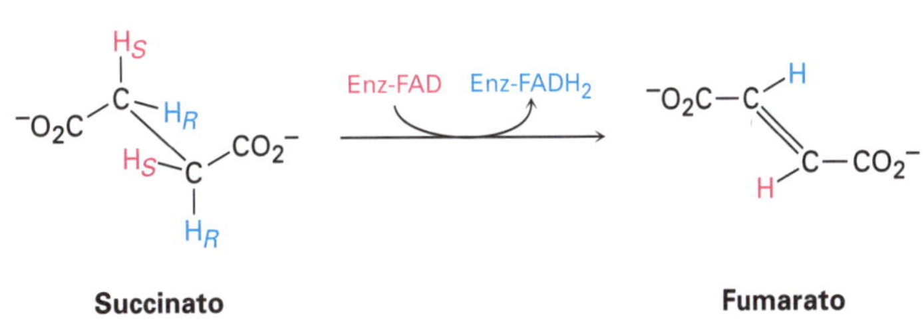

Etapas 7-8 da Figura 29.12: hidratação e oxidação As duas etapas finais no ciclo do ácido cítrico são a adição nucleofílica conjugada de água ao fumarato para a produção do (*S*)-malato e a oxidação do (*S*)-malato por NAD^+ para a produção do oxaloacetato. A adição é catalisada por fumarase e é, em termos de mecanismo, similar à adição de água ao *cis*-aconitato na etapa 2. Esta reação ocorre através de um íon enolato intermediário, que é protonado no lado oposto ao OH, levando a um adição líquida anti.

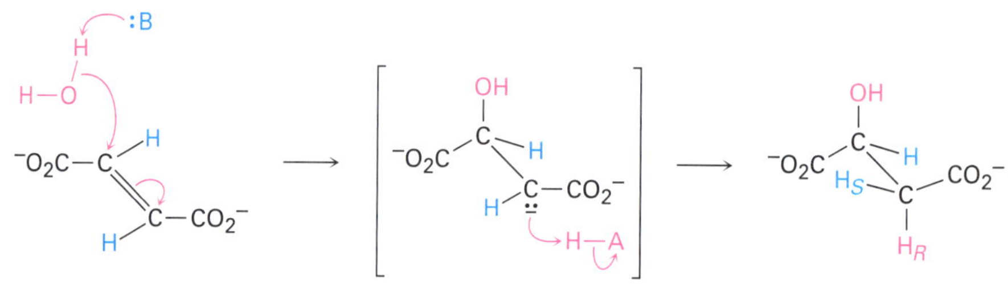

A etapa final é a oxidação do (*S*)-malato por NAD^+ para a produção do oxaloacetato, uma reação catalisada por malato desidrogenase. O ciclo do ácido cítrico retornou agora ao seu ponto de partida, pronto para começar novamente. O resultado global do ciclo é:

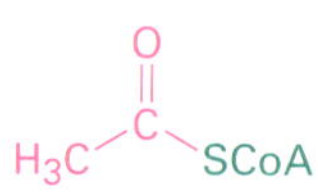

Acetil-CoA

$$+ \ 3\ NAD^+ + FAD + GDP + P_i + 2\ H_2O \longrightarrow 2\ CO_2 + HSCoA + 3\ NADH + 2\ H^+ + FADH_2 + GTP$$

PROBLEMA 29.10 Quais das substâncias no ciclo do ácido cítrico são ácidos tricarboxílicos, que dão ao ciclo seu nome alternativo?

PROBLEMA 29.11 Escreva os mecanismos da etapa 2 do ciclo do ácido cítrico, a desidratação do citrato e a adição de água ao aconitato.

PROBLEMA 29.12 O hidrogênio *pro-R* ou *pro-S* é removido do citrato durante a desidratação na etapa 2 do ciclo do ácido cítrico? A reação de eliminação ocorre com a geometria sin ou anti?

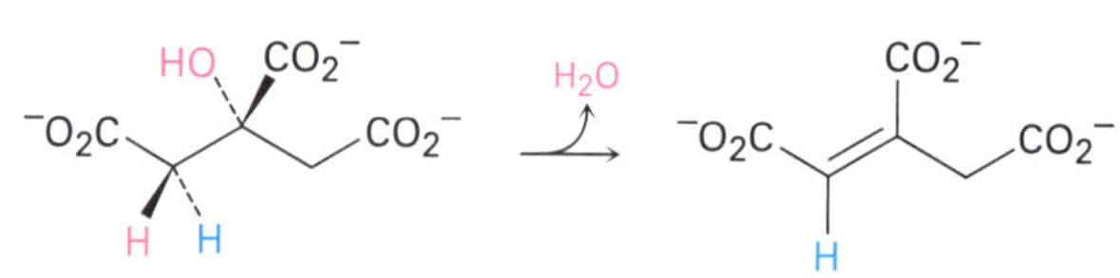

29.8 Biossíntese dos carboidratos: gliconeogênese

A glicose é o principal combustível do corpo quando há alimentos, mas em momentos de jejum ou exercícios prolongados, os armazenamentos de glicose podem se esgotar. A maioria dos tecidos começam então a metabolizar as gorduras como sua fonte de acetil-CoA, mas o cérebro é diferente. O cérebro conta inteiramente com a glicose para seu combustível e é dependente de um fornecimento pelo sangue. Quando o suprimento de glicose falha, até mesmo por um breve momento, danos irreversíveis podem ocorrer. Assim, necessita-se de uma rota para sintetizar glicose a partir de precursores simples.

Organismos superiores não são capazes de sintetizar glicose a partir da acetil-CoA, mas precisam em vez disso utilizar um dos precursores de três carbonos, lactato, glicerol ou alanina ou todos os três que são facilmente convertidos em piruvato.

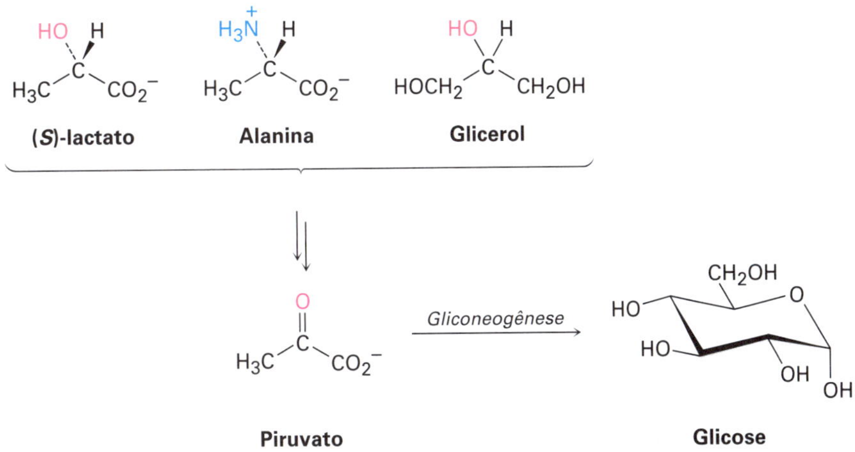

O piruvato se torna então o ponto de partida para a **gliconeogênese**, uma rota biossintética de 11 etapas pela qual os organismos fazem a glicose (Figura **29.13**). A rota da gliconeogênese não é o inverso da rota da glicólise através da qual ela é degradada. Assim como nas rotas catabólicas e anabólicas para os ácidos graxos (**Seções 29.3** e **29.4**), as rotas anabólicas e catabólicas para os carboidratos diferem em alguns detalhes para que ambas sejam energicamente favoráveis.

Etapa 1 da Figura 29.13: carboxilação A gliconeogênese começa com a carboxilação do piruvato para produzir oxaloacetato. A reação é catalisada pela piruvato carboxilase e necessita de ATP, íon bicarbonato e a coenzima biotina, que atua como carregadora para o transporte do CO_2 para o sítio ativo da enzima. O mecanismo é análogo ao da etapa 3 da biossíntese de ácidos graxos (**Figura 29.5**), na qual a acetil-CoA é caboxilada para produzir a malonil-CoA.

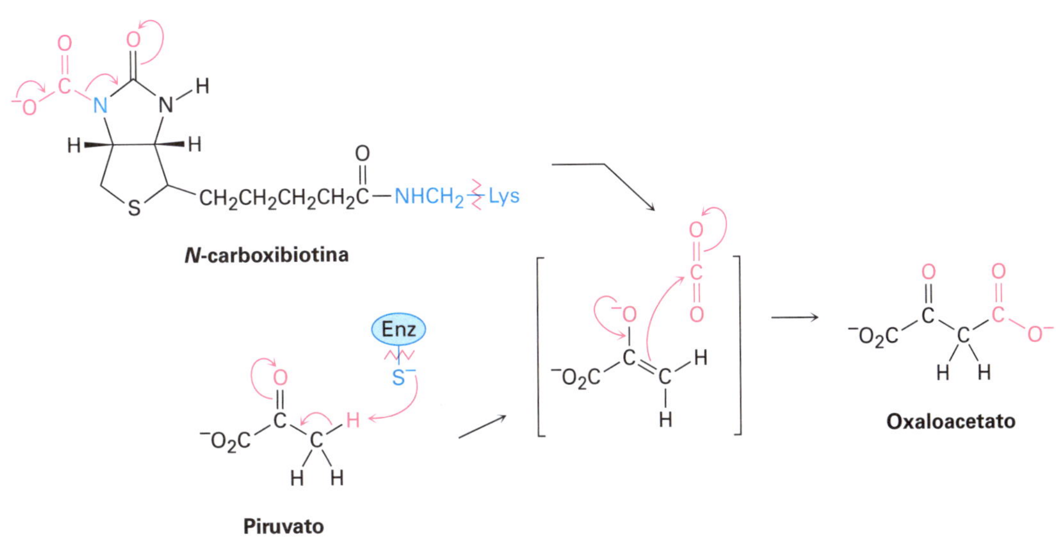

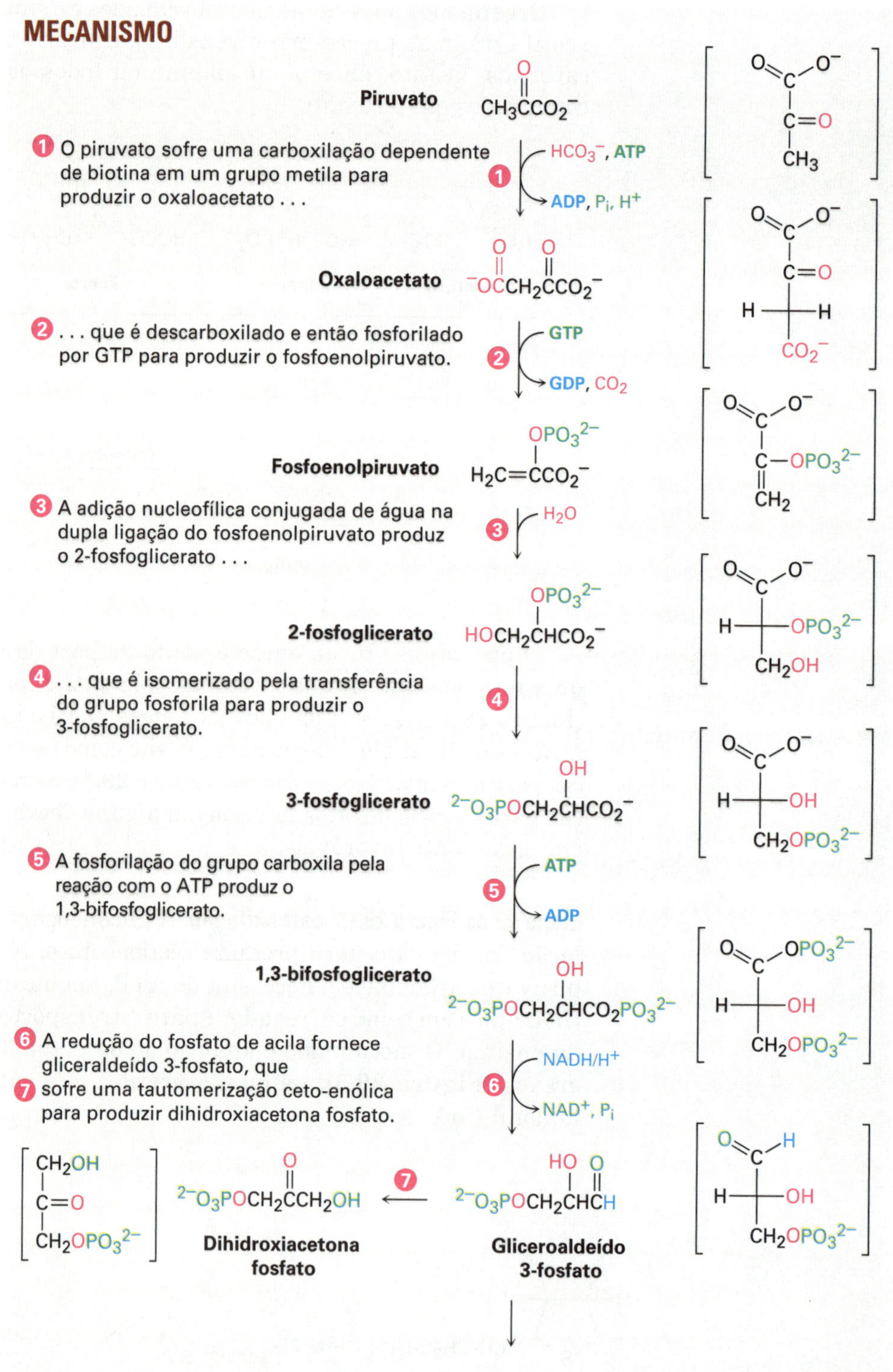

FIGURA 29.13 A rota da gliconeogênese para a biossíntese da glicose a partir do piruvato. As etapas individuais estão explicadas no texto. *(Continua)*

Etapa 2 da Figura 29.13: descarboxilação e fosforilação A descarboxilação do oxaloacetato, um β-ceto-ácido, ocorre pelo mecanismo retro-aldólico típico como o da etapa 3 no ciclo do ácido cítrico (**Figura 29.12**), e a fosforilação do íon enolato do piruvato resultante por GTP ocorre simultaneamente para formar o fosfoenolpiruvato. A reação é catalisada por fosfoenolpiruvato carboxiquinase.

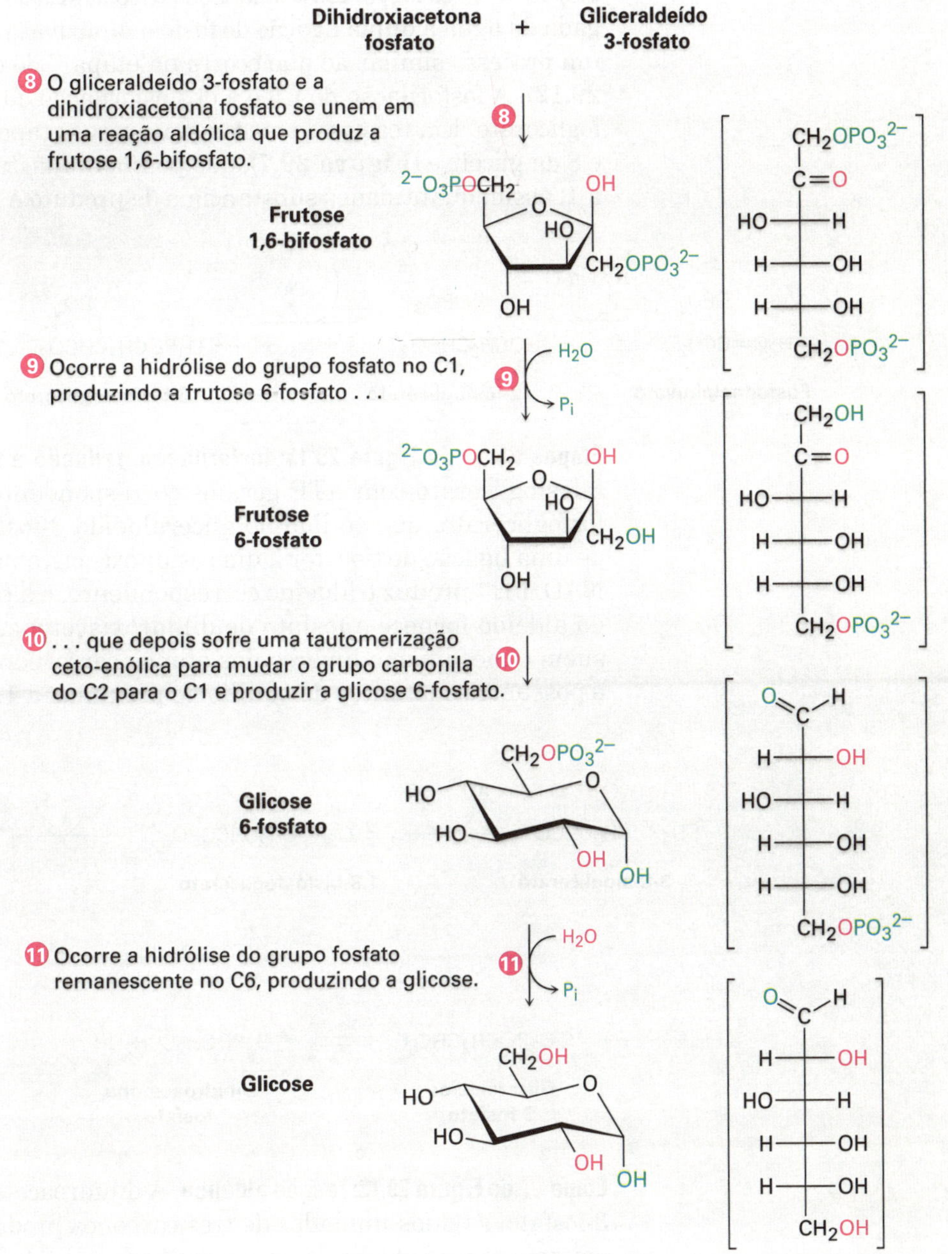

FIGURA 29.13 *(Continuação)*

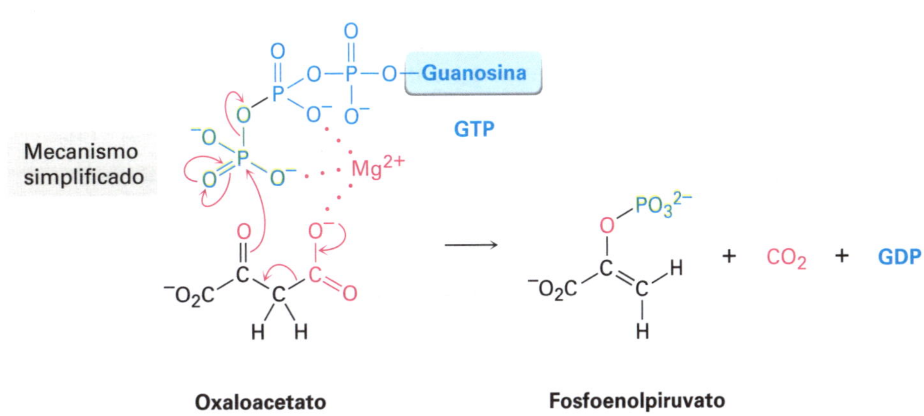

Etapas 3-4 da Figura 29.13: hidratação e isomerização A adição nucleofílica conjugada da água à dupla ligação do fosfoenolpiruvato produz o 2-fosfoglicerato por um processo similar ao que ocorre na etapa 7 do ciclo do ácido cítrico (Figura **29.12**). A fosforilação do C3 e a desfosforilação do C2 produzem então o 3-fosfoglicerato. Em termos de mecanismo, essas etapas são o inverso das etapas 9 e 8 da glicólise (**Figura 29.7**), que possuem constantes de equilíbrio próximas a 1, assim quantidades substanciais de produto e reagente estão presentes.

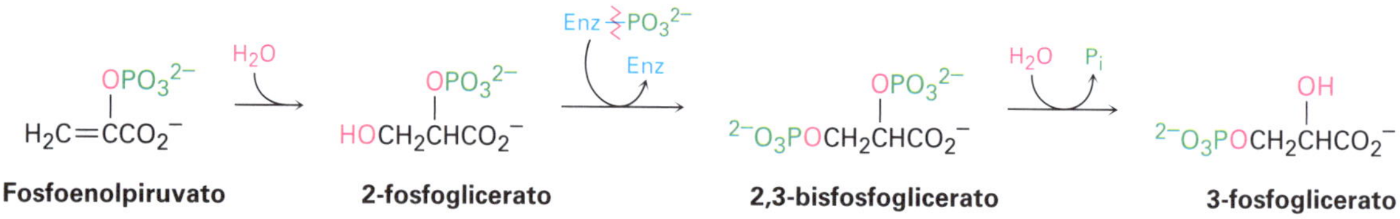

Etapas 5-7 da Figura 29.13: fosforilação, redução e tautomerização A reação do 3-fosfoglicerato com ATP gera os correspondentes fosfato de acila, 1,3-bisfosfoglicerato, que se liga ao gliceraldeído 3-fosfato desidrogenase através de uma ligação de tioéster a um resíduo de cisteína. A redução do tioéster por NADH/H^+ produz o aldeído correspondente, e a tautomerização ceto-enólica do aldeído fornece o fosfato de dihidroxiacetona. Todas as três etapas possuem o mecanismo inverso das etapas correspondentes 7, 6 e 5 da glicólise e possuem constantes de equilíbrio próximas a 1.

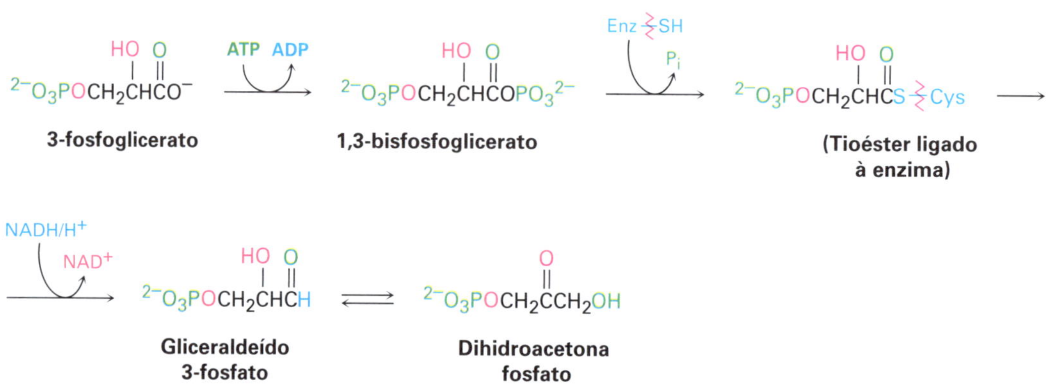

Etapa 8 da Figura 29.13: reação aldólica A dihidroacetona fosfato e o gliceraldeído 3-fosfato, as duas unidades de três carbonos produzidas na etapa 7, se unem em uma reação aldólica e produzem frutose 1,6-bifosfato, o inverso da etapa 4 na glicólise (**Figura 29.9**). Como na glicólise, a reação é catalisada em plantas e animais por uma aldolase de classe I e ocorre em um íon imínio formado por reação da dihidroxiacetona fosfato com grupo $-NH_2$ da cadeia lateral de uma lisina na enzima. A perda de um próton do carbono vizinho gera uma enamina, uma reação do tipo aldólica se sucede e o produto é hidrolisado.

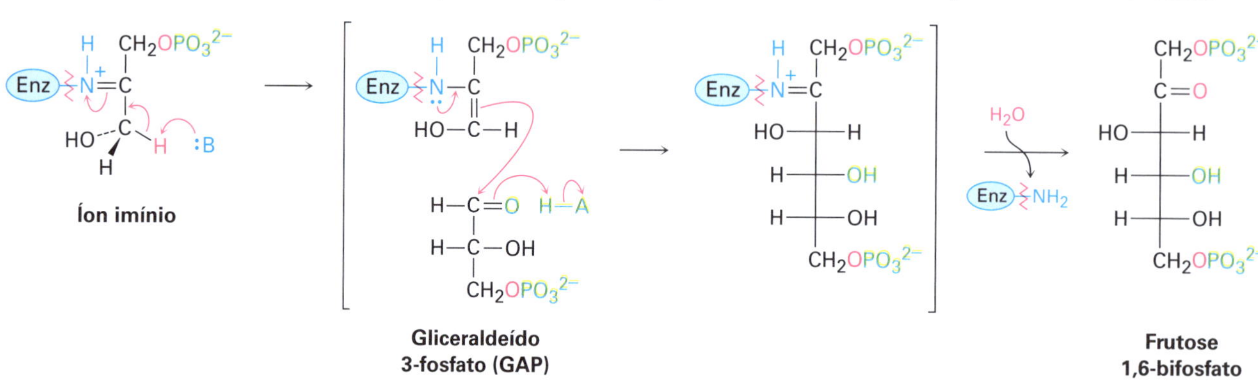

Etapas 9-10 da Figura 29.13: hidrólise e isomerização A hidrólise do grupo fosfato no C1 da frutose 1,6-bifosfato produz a frutose 6-fosfato. Embora o resultado da reação seja exatamente o oposto da etapa 3 na glicólise, o mecanismo não é. Na glicólise, a fosforilação é realizada pela reação da frutose com ATP. O reverso deste processo, entretanto – a reação da frutose 1,6-bifosfato com ADP produz a frutose 6-fosfato e ATP – é energicamente desfavorável por que o ATP possui muita energia. Assim, uma rota alternativa é utilizada, na qual o grupo fosfato no C1 é removido por reação de hidrólise direta, catalisada pela frutose 1,6-bifosfatase.

Seguindo a hidrólise, a tautomerização ceto-enólica do grupo carbonila de C2 a C1 produz a glicose 6-fosfato. A isomerização é o inverso da etapa 2 na glicólise.

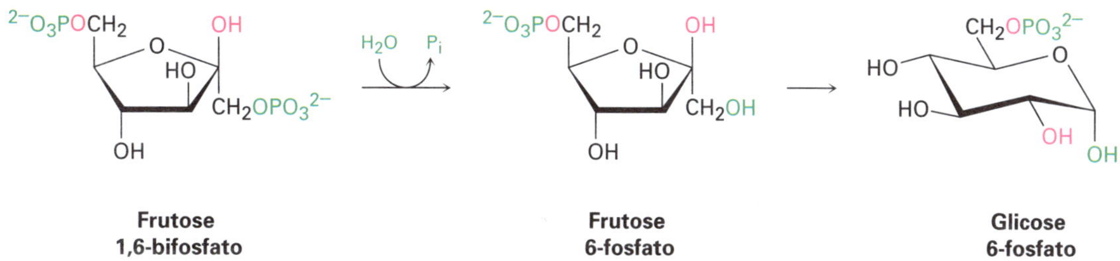

Etapa 11 da Figura 29.13: hidrólise A etapa final da gliconeogênese é a conversão da glicose 6-fosfato em glicose por outra reação de hidrólise catalisada por fosfatase. Como acabamos de discutir na hidrólise da frutose 1,6-bifosfato na etapa 9, e por causa das mesmas razões energéticas, o mecanismo da hidrólise da glicose 6-fosfato não é exatamente o oposto da etapa 1 correspondente na glicólise.

O que é interessante, entretanto, é que os mecanismos das duas reações de hidrólises de fosfato nas etapas 9 e 11 não são os mesmos. Na etapa 9, a água é o nucleófilo, mas, na reação da glicose 6-fosfato da etapa 11, um resíduo de histidina na enzima ataca o fósforo, produzindo a enzima fosforil intermediária que reage subsequentemente com a água.

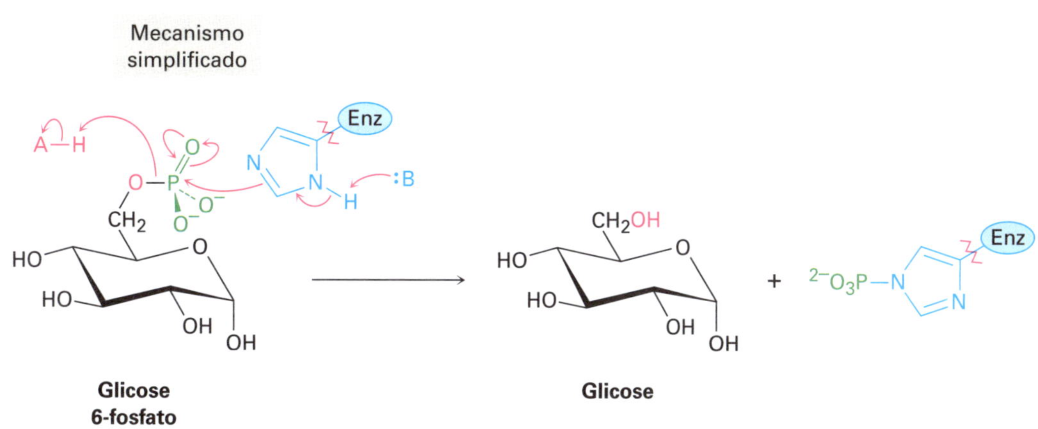

O resultado global da gliconeogênese é resumido pela seguinte equação:

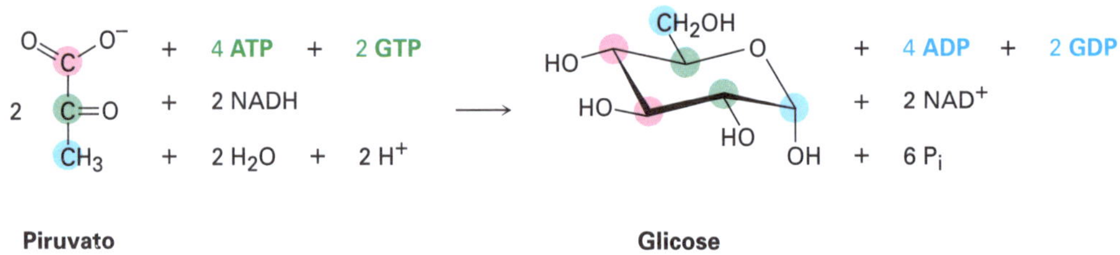

PROBLEMA 29.13 Escreva um mecanismo para etapa 6 da gliconeogênese, a redução do 3-fosfogliceril fosfato com NADH/H^+ que produz gliceraldeído 3-fosfato.

29.9 Catabolismo de proteínas: desaminação

O catabolismo de proteínas é muito mais complexo que o das gorduras e dos carboidratos porque cada um dos 20 aminoácidos é degradado através de sua própria rota única. A ideia geral, no entanto, é que (1) o grupo amino α seja primeiro removido como amônia por um processo de desaminação, (2) a amônia seja convertida em ureia e (3) o esqueleto de carbono do aminoácido remanescente (geralmente um α-ceto-ácido) seja convertido em um composto que entra no ciclo do ácido cítrico.

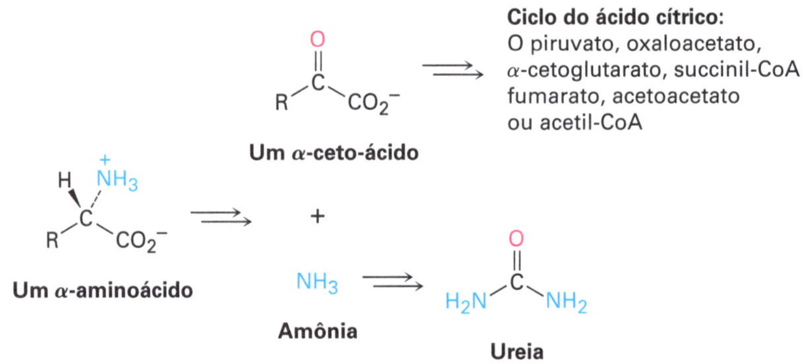

TRANSAMINAÇÃO

A desaminação é normalmente realizada por uma reação de **transaminação** na qual o grupo $-NH_2$ do aminoácido é trocado com o grupo ceto do α-cetoglutarato, formando um novo α-ceto-ácido mais glutamato. O processo global ocorre em duas partes, é catalisado por aminotransferases e envolve a participação da coenzima fosfato de piridoxal, abreviada PLP, um derivado da piridoxina (vitamina B_6). As aminotransferases diferem na sua especificidade para os aminoácidos, mas o mecanismo permanece o mesmo.

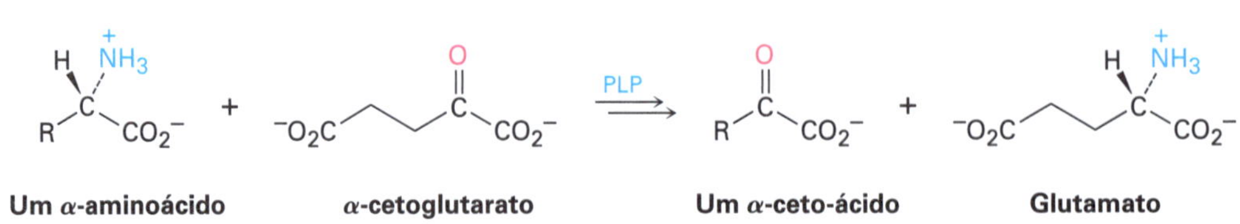

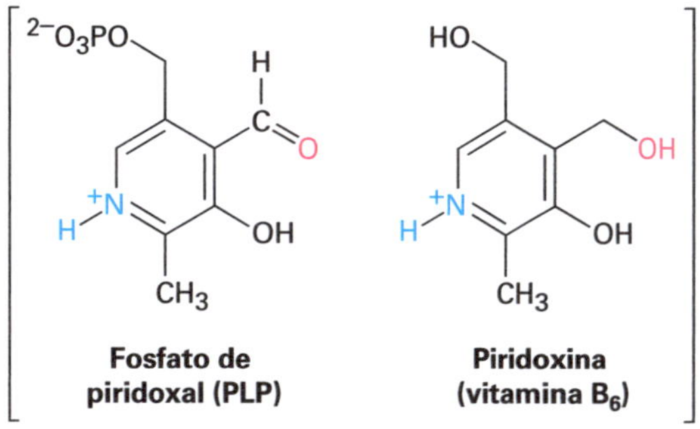

O mecanismo da primeira parte da transaminação é mostrado na **Figura 29.14**. O processo começa com uma reação entre o α-aminoácido e o fosfato de piridoxal, que é ligado convalentemente à aminotransferase por uma ligação imina entre o grupo $-NH_2$ de um resíduo de lisina na enzima e o grupo aldeído do PLP. A desprotonação/reprotonação da imina do PLP-aminoácido nas etapas 2 e 3 realiza a tautomerização da ligação C=N da imina, e a hidrólise da imina tautomerizada na etapa 4 produz um α-ceto-ácido mais fosfato de piridoxamina (PMP).

Etapa 1 da Figura 29.14: transaminação A primeira etapa na trans*aminação* é a trans*iminação* – a reação da enzima imina-PLP com um α-aminoácido para produzir um aminoácido imina-PLP mais a enzima expelida como grupo abandonador. A reação ocorre pela adição nucleofílica do grupo $-NH_2$ do aminoácido à ligação C=N da imina-PLP, parecido com a adição de uma amina à ligação C=O de uma cetona ou aldeído em uma reação de adição nucleofílica (**Seção 19.8**). O intermediário diamina protonado sofre uma transferência de prótons e expele o grupo amino da lisina para completar a etapa.

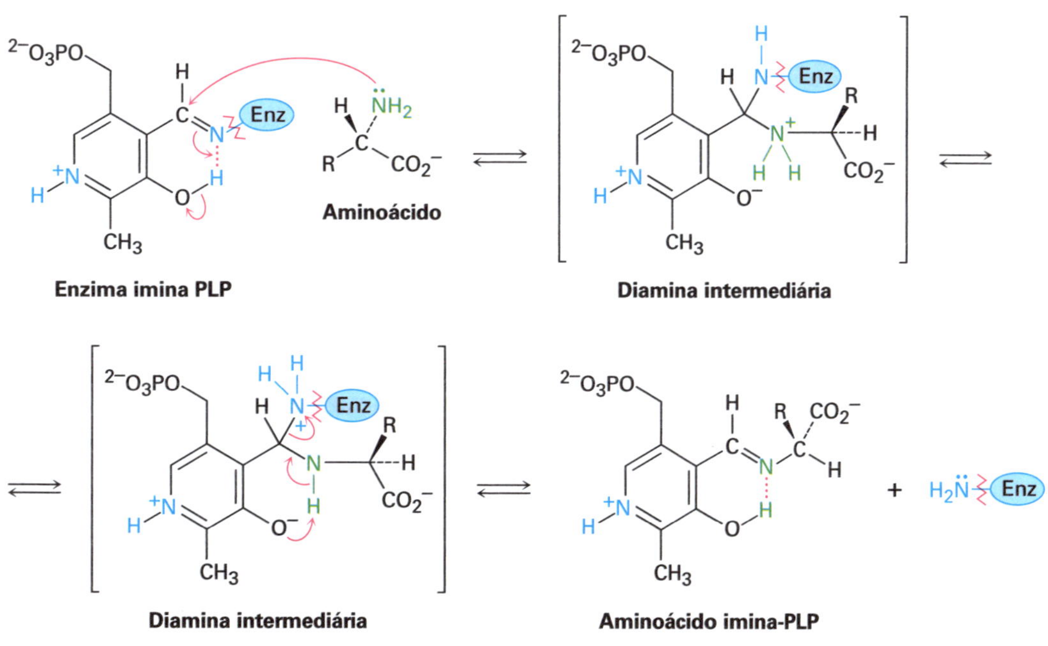

Etapas 2-4 da Figura 29.14: tautomerização e hidrólise Seguindo a formação de uma imina-PLP aminoácido na etapa 1, a tautomerização da ligação C=N ocorre na segunda etapa. O resíduo de lisina básica que foi expelido como um grupo abandonador durante a transaminação desprotona a posição α

MECANISMO

1 Um aminoácido reage com a PLP imina ligada à enzima por adição nucleofílica de seu grupo $-NH_2$ à ligação C=N da imina, produzindo um imina PLP aminoácido e liberando um grupo amino da enzima.

Inima PLP aminoácido (base de Schiff)

2 A desprotonação do carbono α ácido do aminoácido produz uma α-ceto-ácido imina . . .

α-ceto-ácido imina

3 . . . que é reprotonado no carbono do PLP. O resultado líquido desta sequência de desprotonação/reprotonação é a tautomerização da ligação C=N da imina.

Tautômero α-ceto-ácido imina

4 A hidrólise do α-ceto-ácido imina através da adição nucleofílica de água na ligação C=N gera os produtos da transaminação fosfato de piridoxamina (PMP) e α-ceto-ácido.

Fosfato de piridoxamina (PMP)

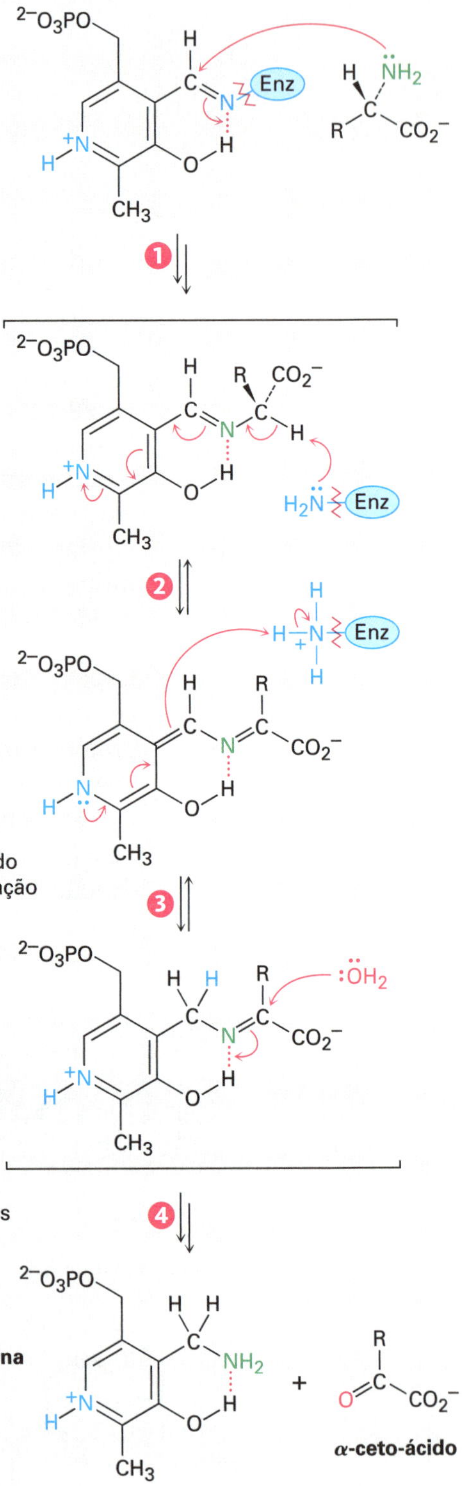

FIGURA 29.14 O mecanismo de uma transaminação, catalisada por enzima, dependente de PLP de um α-aminoácido que produz um α-ceto-ácido. As etapas individuais são explicadas no texto.

ácida do aminoácido, com o anel piridina de PLP atuando como um receptor de elétrons. A reprotonação ocorre no átomo de carbono próximo ao anel (etapa 3), gerando um produto tautomérico que é a imina de um α-ceto-ácido com o fosfato de piridoxamina, abreviado como PMP.

A hidrólise deste PMP-α-ceto-ácido imina na etapa 4 completa então a primeira parte da reação de transaminação. Isso é o mecanismo inverso da formação de imina e ocorre por adição nucleofílica de água à imina, seguida por transferência de prótons e de expulsão de PMP como grupo abandonador.

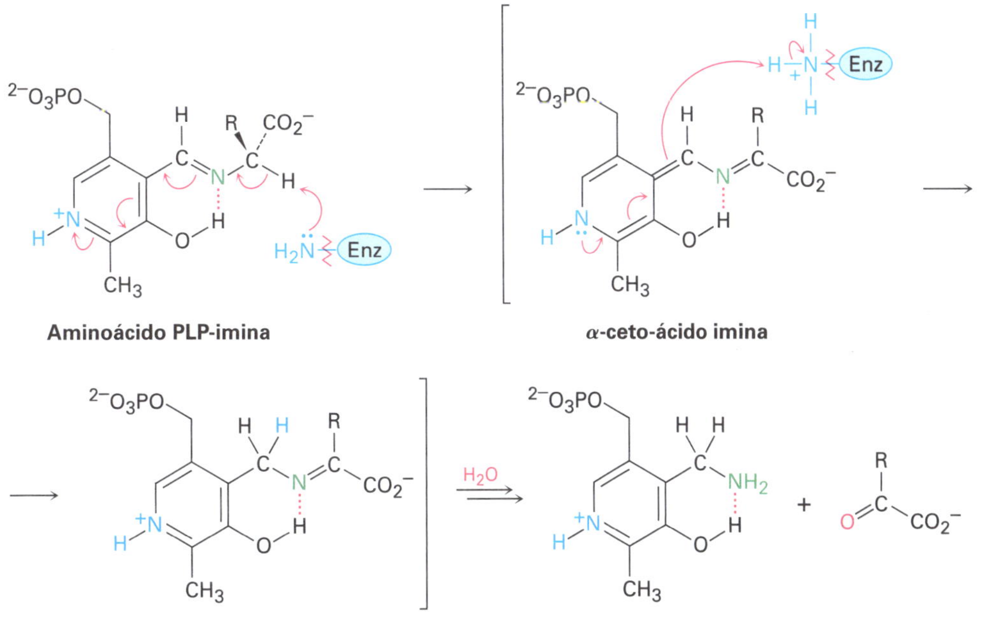

Aminoácido PLP-imina | α-ceto-ácido imina | Tautômero α-ceto-ácido imina-PMP | Fosfato de piridoxamina (PMP) | α-ceto-ácido

REGENERAÇÃO DE PLP A PARTIR DE PMP

Com a PLP mais o α-aminoácido agora convertidos em PMP mais α-ceto--ácido, o PMP precisa ser transformado de volta em PLP para completar o ciclo catalítico. A conversão ocorre por outra reação de transaminação, esta entre o PMP e um α-ceto-ácido, geralmente o α-cetoglutarato. Os produtos são PLP mais glutamato e o mecanismo é o inverso exato do mostrado na **Figura 29.14**. Isto é, PMP e α-cetoglutarato produz uma imina; o PMP-α--cetoglutarato imina sofre uma tautomerização da ligação C=N para produzir um PLP-glutamato imina; e o PLP-glutamato imina reage com um resíduo de lisina na enzima em um processo para a produção da enzima imina-PLP mais glutamato.

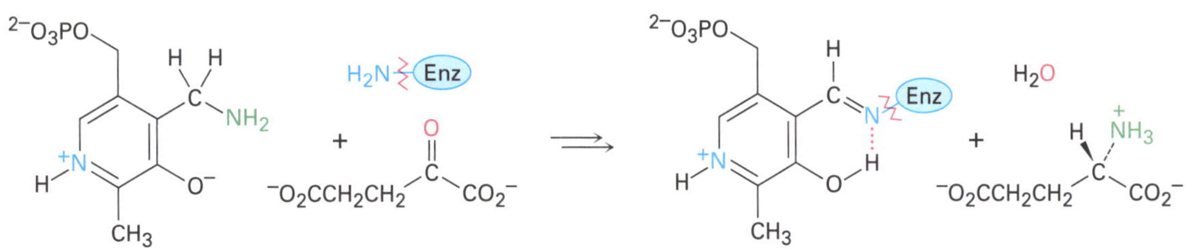

PMP | α-cetoglutarato | Enzima imina-PLP | Glutamato

PROBLEMA 29.14 Escreva todas as etapas da reação de transaminação do PMP com α-cetoglutarato mais um resíduo de lisina na enzima para produzir enzima imina-PLP mais glutamato.

PROBLEMA 29.15 Que α-ceto-ácido é formado na transaminação da leucina?

PROBLEMA 29.16 De qual aminoácido o seguinte α-ceto-ácido é derivado?

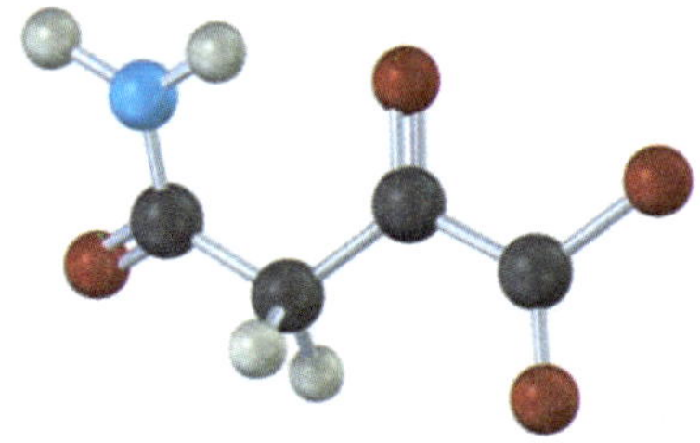

29.10 Algumas conclusões sobre a bioquímica

Como prometido na introdução do capítulo, as últimas seções foram um rápido passeio por várias reações. Segui-las é, sem dúvida, um grande trabalho e muitas páginas viradas para consultar as seções anteriores.

Após examinar as várias rotas metabólicas, talvez a conclusão principal sobre a bioquímica seja sua notável similaridade entre os mecanismos das reações biológicas e os mecanismos das reações no laboratório. Se você estivesse olhando para as etapas de biossíntese da vitamina B_{12}, veria os mesmos tipos de reações que temos visto ao longo do livro – substituições nucleofílicas, eliminações, reações aldólicas, substituições nucleofílica de acila e assim por diante. Existem, naturalmente, algumas complexidades, mas os mecanismos fundamentais da química orgânica permanecem os mesmos, seja no laboratório com as moléculas menores ou nos organismos com moléculas maiores.

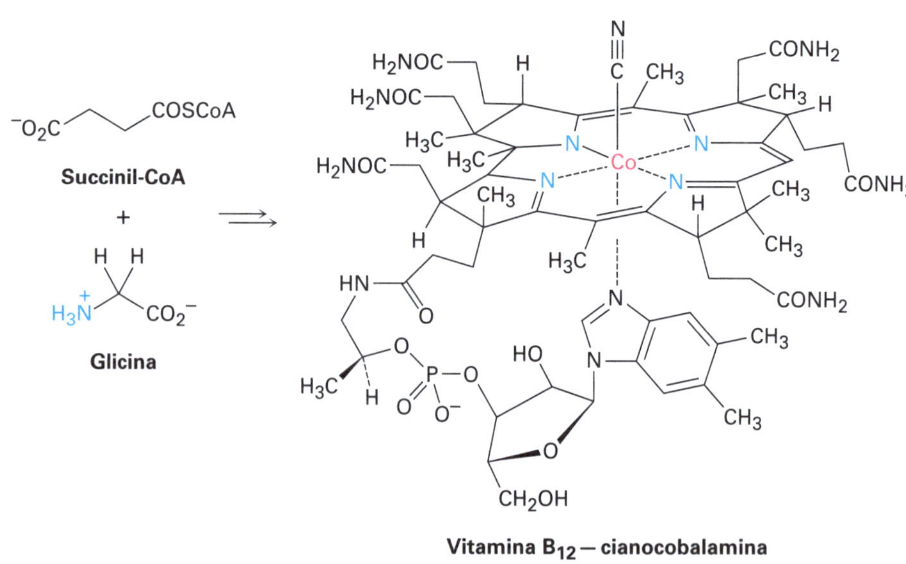

Então, o que há para ser aprendido com o estudo do metabolismo? Uma boa resposta é dada no seguinte *Algo Extra*, que relata a história de como o conhecimento de uma rota biossintética levou ao desenvolvimento de novos medicamentos que salvaram milhões de vidas.

Algo extra

Fármacos estatinas

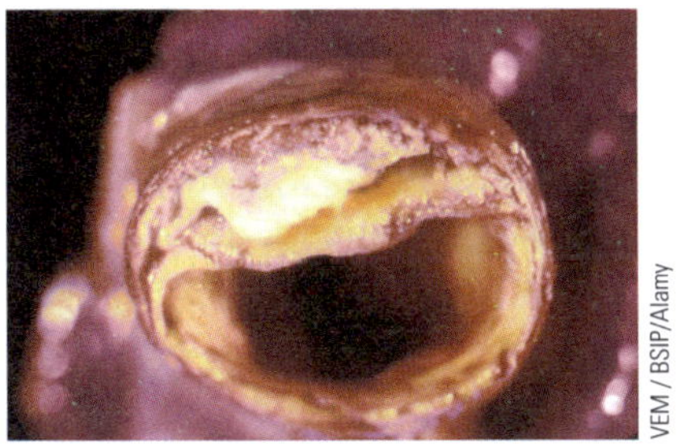

O acúmulo de depósitos de colesterol no interior das artérias pode causar doença cardíaca coronária, a principal causa de morte em homens e mulheres.

A doença cardíaca coronarina – o acúmulo de placas contendo colesterol nas paredes das artérias do coração – é a principal causa de morte em homens e mulheres com mais de 20 anos nos países industrializados. Estima-se que até um terço das mulheres e metade dos homens desenvolverão a doença em algum momento de suas vidas.

O início da doença cardíaca coronariana está diretamente correlacionado aos níveis de colesterol no sangue (veja **Capítulo 27**, *Algo Extra*), e o primeiro passo na prevenção da doença é diminuir esses níveis. Acontece que apenas cerca de 25% do seu colesterol no sangue vêm do que você come; os outros 75% – cerca de 1.000 mg por dia – são biossintetizados em seu fígado a partir de gorduras alimentares e carboidratos. Assim, qualquer plano eficaz para reduzir o seu nível de colesterol significa limitar a quantidade que seu corpo fabrica, que é onde um conhecimento químico detalhado da biossíntese do colesterol entra.

Vimos nas **Seções 27.5** e **27.7** que todos os esteroides, incluindo o colesterol, são biossintetizados a partir do triterpenoide lanosterol, que por sua vez vem da acetil-CoA através do difosfato de isopentenila. Se você soubesse todos os mecanismos para todas as etapas químicas da biossíntese do colesterol, poderia ser capaz de desenvolver um medicamento que bloquearia uma dessas etapas, curto-circuitando assim o processo de biossíntese e controlando a quantidade de colesterol produzida.

Mas nós conhecemos esses mecanismos! Olhe novamente a rota para a biossíntese do difosfato de isopentenila da acetil-CoA, mostrado na **Figura 27.7**. Acontece que a etapa limitante da velocidade na rota é a redução da 3-hidroxi-3-metilglutaril-CoA (abreviada HMG-CoA) a mevalonato, promovida pela enzima HMG-CoA redutase. Se essa enzima pudesse ser impedida de funcionar, a biossíntese do colesterol também seria interrompida.

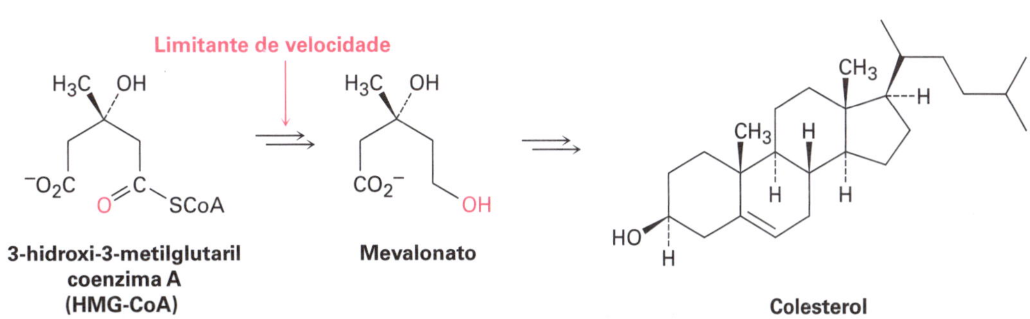

Para encontrar um fármaco que bloqueie a HMG-CoA redutase, os químicos fizeram duas experiências simultâneas em um grande número de potenciais candidatos a fármacos isolados de micróbios do solo. Em uma experiência, o candidato a fármaco e mevalonato foram adiciona-

(continua)

(continuação)

dos a extrato de fígado; no segundo experimento, apenas o candidato a fármaco foi adicionado, sem mevalonato. Se o colesterol foi produzido apenas na presença de mevalonato adicionado, mas não na ausência de mevalonato, o candidato a fármaco deve ter bloqueado a enzima para a síntese de mevalonato.

Os fármacos que bloqueiam a HMG-CoA redutase, e assim controlam a síntese de colesterol no organismo, são chamados estatinas. Elas são os medicamentos mais amplamente prescritos no mundo, com cerca de 15 bilhões de dólares em vendas anuais. Elas são tão eficazes que, no período de dez anos após a sua introdução em 1994, a taxa de morte por doença cardíaca coronariana diminuiu 33% nos Estados Unidos. Atorvastatina (Lipitor), simvastatina (Zocor), rosuvastatina (Crestor), pravastatina (Pravachol) e lovastatina (Mevacor) são alguns exemplos. Uma estrutura cristalina de raio X do sítio ativo da enzima HMG-CoA redutase é mostrada no gráfico a seguir, com uma molécula de atorvastatina (azul) que está rigidamente ligada ao sítio ativo e para o funcionamento da enzima. Um bom entendimento da química orgânica certamente valeu a pena neste caso.

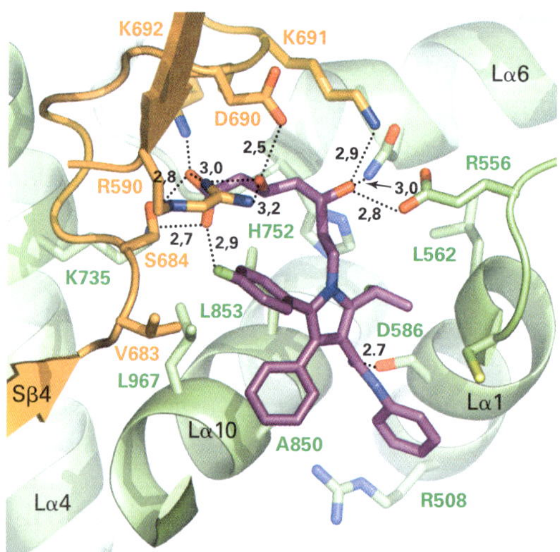

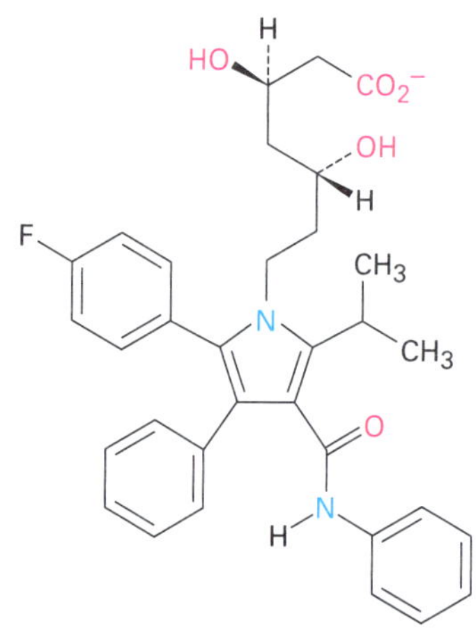

Atorvastatina
(Lipitor)

Resumo

Palavras-chave
anabolismo, 1167
base de Schiff, 1187
catabolismo, 1167
ciclo do ácido cítrico, 1194
glicólise, 1183
gliconeogênese, 1199
metabolismo, 1167
rota da β-oxidação, 1173
transaminação, 1204

O **metabolismo** é a soma de todas as reações químicas do corpo. Reações que quebram grandes moléculas em pequenos fragmentos são chamadas de **catabolismo**; e as reações que formam grandes moléculas a partir de pequenos pedaços são chamadas de **anabolismo**. Embora os detalhes de rotas bioquímicas específicas às vezes sejam complexos, todas as reações que ocorrem seguem regras normais da reatividade da química orgânica.

O catabolismo de gorduras começa pela digestão, na qual ligações de éster são hidrolisadas para a produção de glicerol e ácidos graxos. Os ácidos graxos são degradados na **rota da β-oxidação** através da remoção de dois carbonos por vez, produzindo o acetil-CoA. O catabolismo dos carboidratos começa com a hidrólise das ligações glicosídicas para a formação da glicose, que é degradada na rota de 10 etapas da **glicólise**. O piruvato, o produto inicial da glicólise, então é convertido em acetil-CoA. Depois, a acetil-CoA entra no **ciclo do ácido cítrico**, que conta com 8 etapas, onde é ainda mais degradada a CO_2. O ciclo é um circuito fechado de reações nas quais o produto da etapa final (oxaloacetato) é um reagente da primeira etapa.

O catabolismo das proteínas é mais complexo que o das gorduras ou carboidratos por que cada um dos 20 aminoácidos diferentes é degradado através de uma rota exclusiva. Em geral, no entanto, os átomos de nitrogênio de amina são removidos e as substâncias que sobram são convertidas em compostos que entram no ciclo do ácido cítrico. A maioria dos aminoácidos perde seus átomos de hidrogênio pela **transaminação**, uma reação na qual o grupo $-NH_2$ do aminoácido troca de posição com o grupo ceto de um α-ceto-ácido como o α-cetoglutarato. Os produtos são um novo α-ceto-ácido e o glutamato.

A energia liberada nas rotas catabólicas é utilizada na *cadeia de transporte de elétrons* para fazer moléculas de adenosina trifosfato, o ATP. O ATP, o resultado final do catabolismo dos alimentos, se acopla e conduz muitas reações que eram desfavoráveis.

As biomoléculas são sintetizadas assim como são degradadas, mas as rotas para o anabolismo e para o catabolismo não são exatamente o reverso uma da outra. Os ácidos graxos são biossintetizados a partir de acetato por uma rota de 8 etapas, e os carboidratos são feitos a partir do piruvato através da rota de 11 etapas da **gliconeogênese**.

EXERCÍCIOS

Visualizando a química

(Os Problemas 29.1 a 29.16 aparecem no decorrer do capítulo.)

29.17 Identifique o aminoácido que é o precursor catabólico de cada um dos seguintes α-ceto-ácidos:

(a)

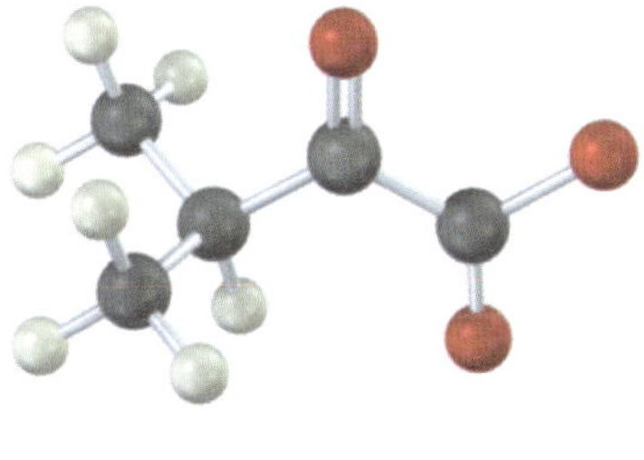

(b)

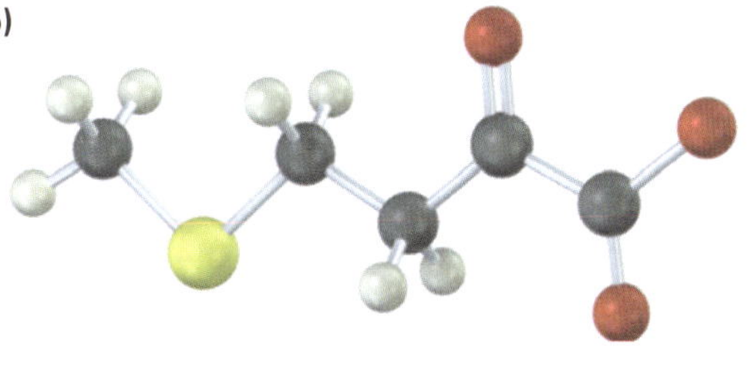

29.18 Identifique o seguinte intermediário no ciclo do ácido cítrico e diga se ele possui estereoquímica *R* ou *S*:

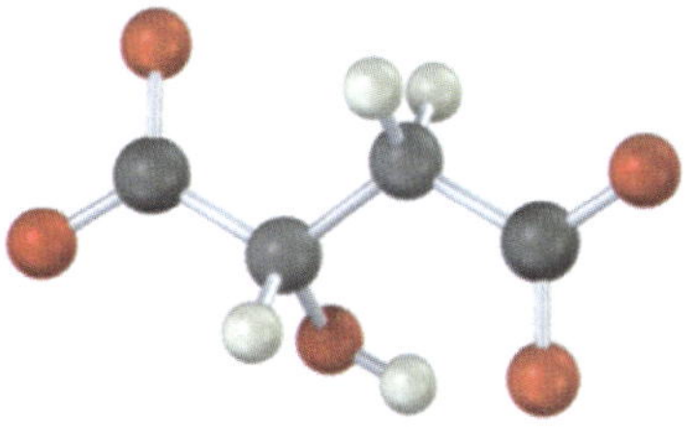

29.19 O composto a seguir é um intermediário na biossíntese de um dos 20 α-aminoácidos comuns. Qual é provavelmente esse intermediário e que tipo de mudança química precisa ocorrer para que a biossíntese fique completa?

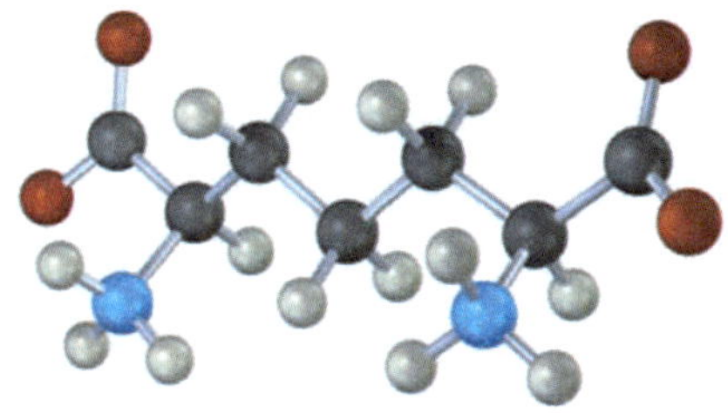

29.20 O seguinte composto é um intermediário na rota da pentose fosfato, uma rota alternativa para o metabolismo da glicose. Identifique o açúcar do qual ele é derivado.

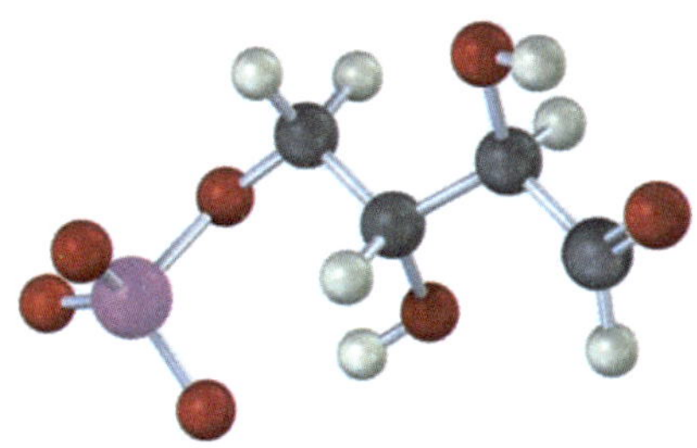

Problemas de mecanismo

29.21 Na rota da *pentose fosfato* para a degradação de açúcares, a ribulose 5-fosfato é convertida em ribose 5-fosfato. Proponha um mecanismo para a isomerização.

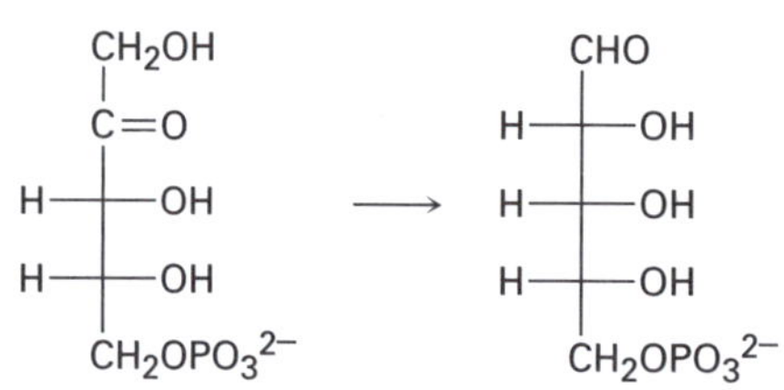

Ribulose 5-fosfato **Ribose 5-fosfato**

29.22 Outra etapa na rota da pentose fosfato para a degradação de açúcares (Problema 29.21) é a conversão da ribose 5-fosfato em gliceraldeído 3-fosfato. Que tipo de processo orgânico está ocorrendo? Proponha um mecanismo para a conversão.

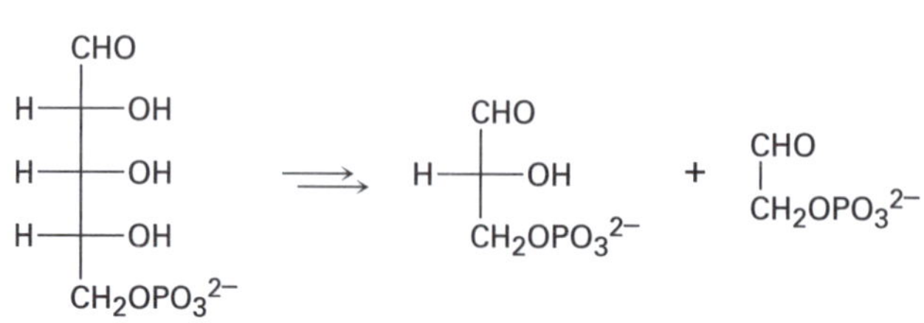

Ribose 5-fosfato **Gliceraldeído 3-fosfato**

29.23 Uma das etapas na rota da pentose fosfato para o catabolismo da glicose é a reação da sedoheptulose 7-fosfato com o gliceraldeído 3-fosfato na presença de uma transaldolase para a produção da eritrose 4-fosfato e da frutose 6-fosfato.

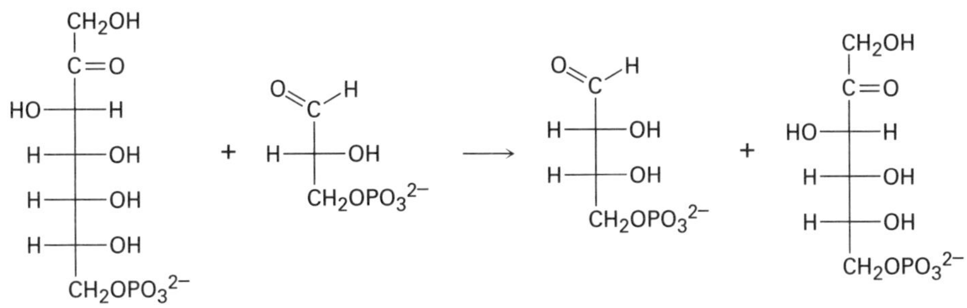

Sedoheptulose 7-fosfato **Gliceraldeído 3-fosfato** **Eritrose 4-fosfato** **Frutose 6-fosfato**

(a) A primeira parte da reação é a formação de uma base de Schiff protonada da sedoheptulose 7-fosfato com um resíduo de lisina na enzima seguida por uma quebra retro-aldólica para produzir uma enamina mais eritrose 4-fosfato. Mostre a estrutura da enamina e o mecanismo pelo qual ela é formada.

(b) A segunda parte da reação é uma adição nucleofílica da enamina ao gliceraldeído 3-fosfato seguida pela hidrólise da base de Schiff para a produção da frutose 6-fosfato. Mostre o mecanismo.

28.24 Uma das reações na rota da pentose fosfato para o catabolismo da glicose é a reação da xilulose 5-fosfato com a ribose 5-fosfato na presença de transcetolase para a produção do gliceroaldeído 3-fosfato e sedoheptulose 7-fosfato.

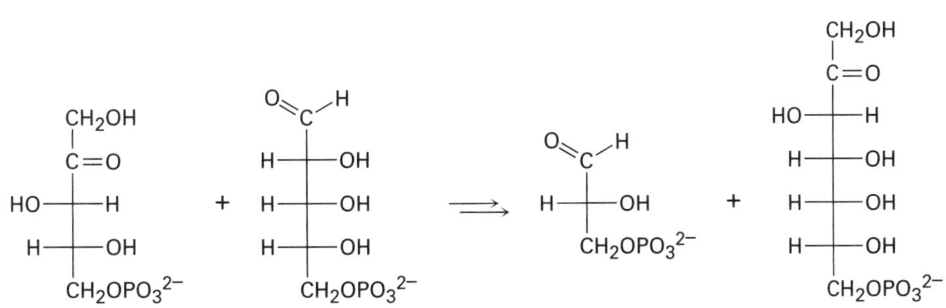

Xilulose 5-fosfato **Ribose 5-fosfato** **Gliceroaldeído 3-fosfato** **Sedoheptulose 7-fosfato**

(a) A primeira parte da reação é a adição nucleofílica de ilida de tiamina difosfato (TPP) à xilulose 5-fosfato, seguida por uma quebra retroaldólica para produzir o gliceraldeído 3-fosfato e a enamina contendo TPP. Mostre que a estrutura da enamina e o mecanismo pela qual ela é formada.

(b) A segunda parte da reação é a adição da enamina à ribose 5-fosfato seguida pela perda da ilida de TPP para produzir a sedoheptulose 7-fosfato. Mostre o mecanismo.

29.25 O aminoácido tirosina é biologicamente degradado por uma série de etapas que incluem as seguintes transformações:

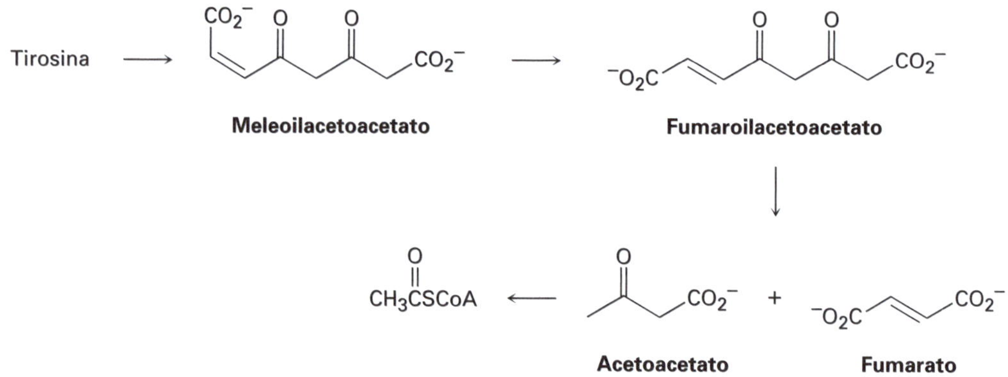

A isomerização da ligação dupla do meleoilacetoacetato em fumaroilacetoacetato é catalisada por praticamente qualquer nucleófilo, :Nu$^-$. Proponha um mecanismo.

29.26 Proponha um mecanismo para a conversão do fumaroilacetoacetato em fumarato mais acetoacetato (Problema 29.25).

29.27 Proponha um mecanismo para a conversão do acetoacetato em acetil-CoA (Problema 29.25).

29.28 Projete sua própria rota degradativa. Você conhece as regras (mecanismos orgânicos) e você observou os tipos de reação que ocorrem na degradação biológica das gorduras e carboidratos em acetil-CoA. Se você fosse a mãe natureza, que série de etapas você utilizaria para degradar o aminoácido serina em acetil-CoA?

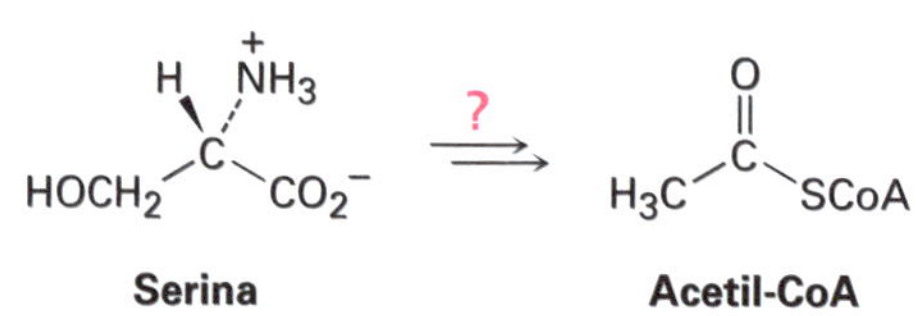

29.29 O aminoácido serina é biossintetizado por uma rota que envolve a reação de 3-fosfohidroxipiruvato com glutamato para se obter 3-fosfoserina. Proponha um mecanismo.

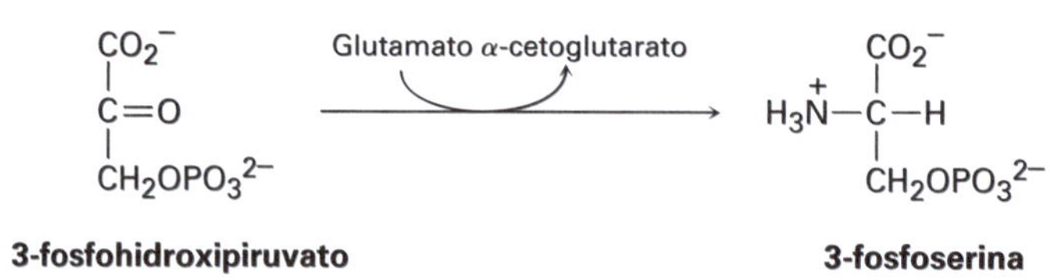

29.30 O aminoácido leucina é biossintetizado a partir de um α-cetoisocaproato, que é preparado a partir do α-cetoisovalerato por uma rota de várias etapas que envolve (1) reação com acetil-CoA, (2) hidrólise, (3) desidratação, (4) hidratação, (5) oxidação e (6) descarboxilação. Mostre as etapas na transformação e proponha um mecanismo para cada.

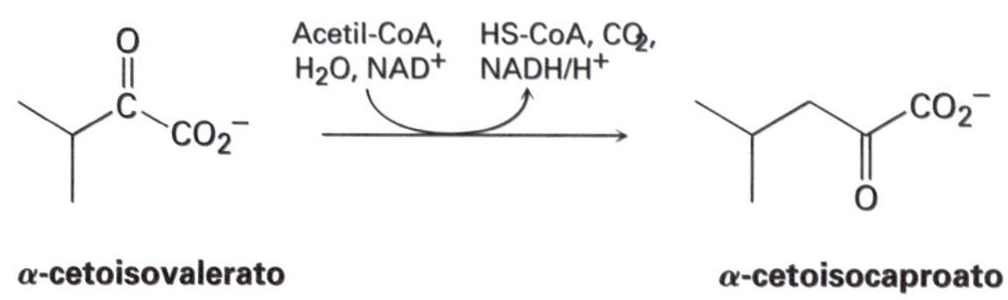

29.31 O aminoácido cisteína, $C_3H_7NO_2S$, é biossintetizado a partir de uma substância chamada cistationina por uma rota de várias etapas.

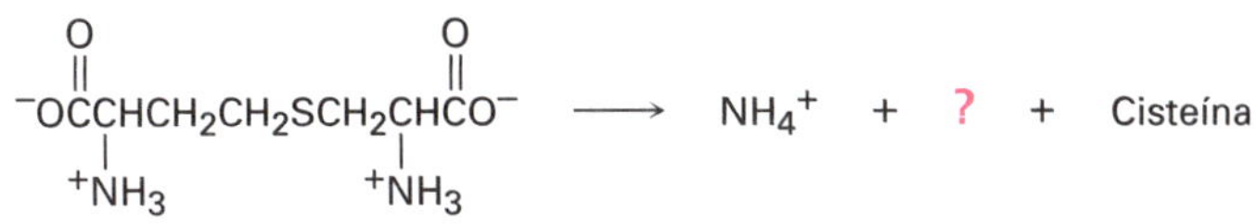

Cistationina

(a) A primeira etapa é uma transaminação. Qual é o produto?

(b) A segunda etapa é uma reação E1cB. Mostre os produtos e o mecanismo da reação.

(c) A etapa final é uma redução da ligação dupla. Qual cofator orgânico é necessário para esta reação e qual é o produto representado pelo ponto de interrogação na equação?

Problemas adicionais

Enzimas e coenzimas

29.32 Quais eventos químicos ocorrem durante a digestão dos alimentos?

29.33 Qual é a diferença entre a digestão e o metabolismo?

29.34 Qual é a diferença entre o anabolismo e o catabolismo?

29.35 Desenhe a estrutura da adenosina 5′-monofosfato (AMP), um intermediário de algumas rotas bioquímicas.

29.36 A adenosina monofosfato cíclica (AMP cíclica), um modulador da ação de hormônios, está relacionada à AMP (Problema 29.35), mas tem o seu grupo fosfato ligado a *dois* grupos hidroxila no C3′ e no C5′ do açúcar. Desenhe a estrutura da AMP cíclica.

29.37 Que tipo de reação geral o ATP realiza?

29.38 Que tipo de reação geral o NAD^+ realiza?

29.39 Que tipo de reação geral o FAD realiza?

29.40 Qual cofator de enzima está associado a cada um dos seguintes tipos de reações?

(a) Transaminação **(b)** Carboxilação de uma cetona **(c)** Descarboxilação de um α-ceto-ácido

29.41 O lactato, um produto do catabolismo da glicose nos músculos com falta de oxigênio, pode ser convertido em piruvato pela oxidação. Qual coenzima você acha que é necessária? Escreva uma equação no formato bioquímico normal utilizando setas curvas.

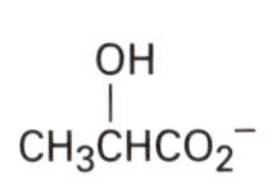

Lactato

Metabolismo

29.42 Escreva a equação para a etapa final na rota da β-oxidação de qualquer ácido graxo com um número par de átomos de carbono.

29.43 Mostre os produtos de cada uma das seguintes reações:

(a)

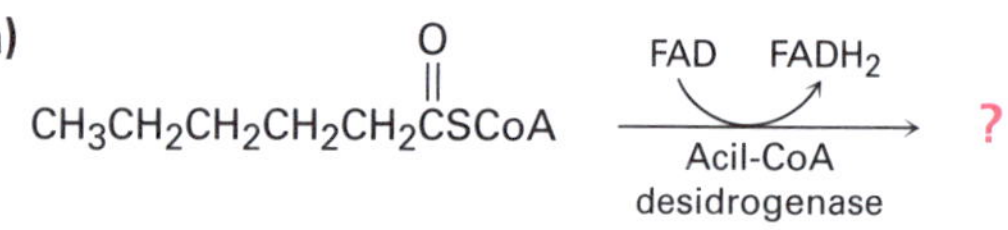

(b)

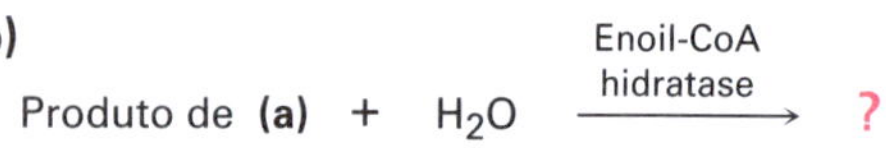

(c)

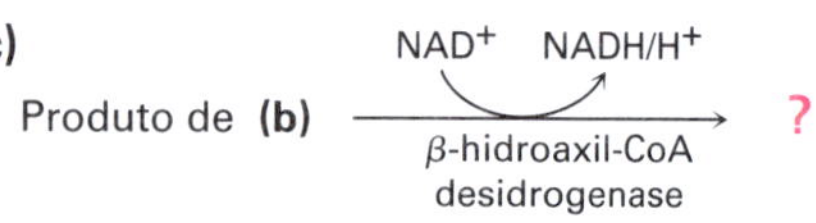

29.44 Por que as rotas da glicólise e da gliconeogênese não são exatamente o reverso uma da outra?

29.45 Qual quantidade de matéria de acetil-CoA é produzida pelo catabolismo das seguintes substâncias?

(a) 1,0 mol de glicose **(b)** 1,0 mol de ácido palmítico **(c)** 1,0 mol de maltose

29.46 Quantos gramas de acetil-CoA (MM = 809,6 *u*) são produzidas pelo catabolismo das seguintes substâncias? Qual substância é o precursor mais eficiente da acetil-CoA em termos de massa?

(a) 100,0 g de glicose **(b)** 100,0 g de ácido palmítico **(c)** 100,0 g de maltose

29.47 Qual é a estrutura do α-ceto-ácido formado pela transaminação de cada um dos seguintes aminoácidos?

(a) Treonina **(b)** Fenilalanina **(c)** Aspargina

29.48 A rota da glicólise mostrada na Figura 29.7 possui vários intermediários que contêm grupos fosfato. Por que um 3-fosfogliceril fosfato e um fosfoenolpiruvato transferem um grupo fosfato para o ADP enquanto uma glicose 6-fosfato não?

29.49 Escreva um mecanismo para a conversão do α-cetoglutarato em succinil-CoA na etapa 4 do ciclo do ácido cítrico (Figura 29.12).

29.50 Na etapa 2 do ciclo do ácido cítrico (Figura 29.12), o *cis*-aconitato reage com a água para formar o (2*R*, 3*S*)-isocitrato. O –OH adiciona-se pela face *Re* da ligação dupla ou pela face *Si*? E quanto ao –H? A adição de água ocorre com geometria sin ou anti?

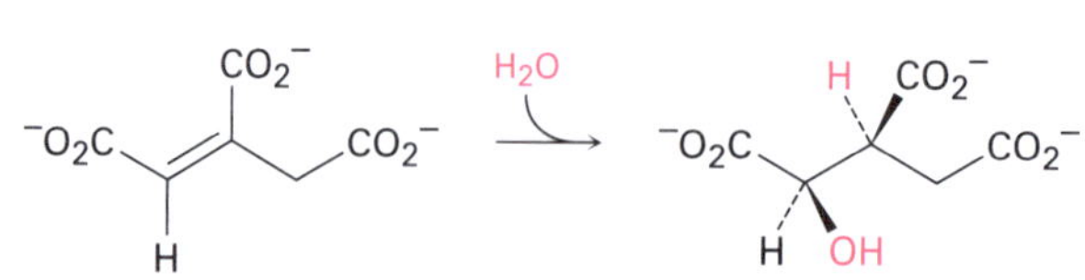

***cis*-aconitato** **(2*R*, 3*S*)-isocitrato**

Problemas gerais

29-51 No metabolismo do glicerol, a oxidação do *sn*-glicerol 3-fosfato para se obter dihidroxiacetona fosfato é catalisada pela *sn*-glicerol-3-fosfato desidrogenase, com NAD^+ como cofator. A reação é estereoespecífica, ocorrendo exclusivamente na face *Re* do anel de nicotinamida.

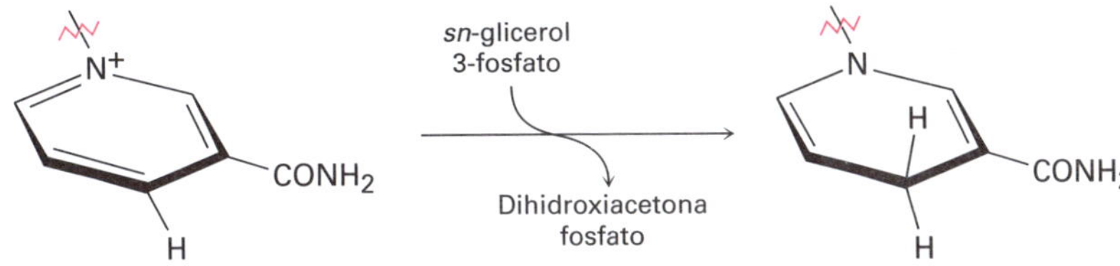

NAD⁺ **NADH**

Qual hidrogênio no produto NADH vem do *sn*-glicerol-3-fosfato? Ele tem estereoquímica *pro-R* ou *pro-S*?

29.52 O principal destino da acetil-CoA sob condições metabólicas normais é a degradação no ciclo do ácido cítrico para a produção de CO_2. Quando o corpo está estressado pela falta prolongada de alimentos, entretanto, a acetil-CoA é convertida em compostos chamados de *corpos cetônicos*, que podem ser utilizados pelo cérebro como um combustível temporário. Preencha a informação faltante indicada pelos quatro pontos de interrogação na seguinte rota bioquímica para a síntese dos corpos cetônicos a partir de acetil-CoA:

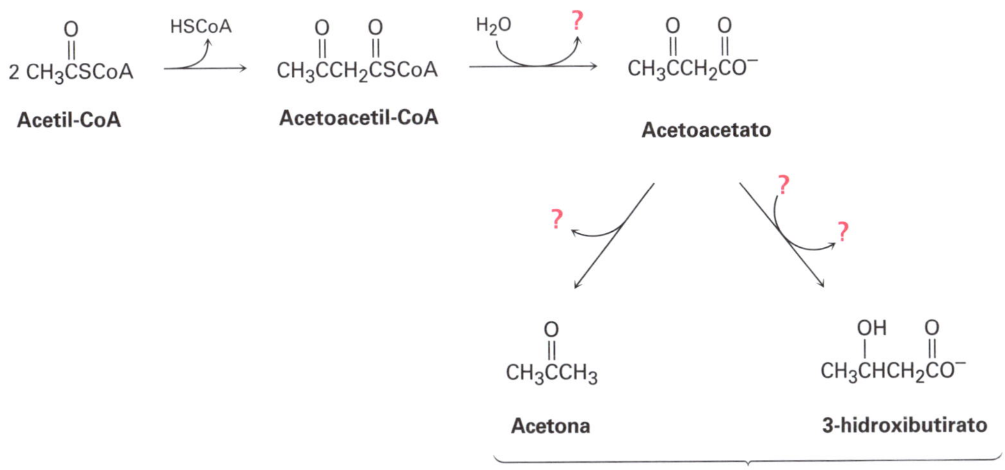

Corpos cetônicos

29.53 A reação inicial no problema 29.52, a conversão de duas moléculas de acetil-CoA em uma molécula de acetoacetil-CoA, é uma reação de Claisen. Assumindo que há uma base presente, mostre o mecanismo da reação.

29.54 Na etapa 6 da biossíntese dos ácidos graxos (Figura 29.5), a acetoacetil-ACP é reduzida estereoespecificamente pelo NADPH para produzir álcool. O íon hidreto se adiciona à face *Si* ou à face *Re* do acetoacetil-ACP?

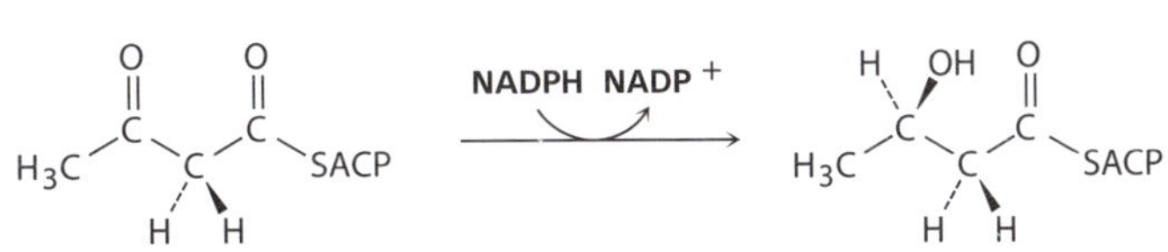

Acetoacetil-ACP **β-hidroxibutiril-ACP**

29.55 Na etapa 7 da biossíntese dos ácidos graxos (Figura 29.5), a desidratação do β-hidroxitioéster ocorre para produzir o *trans*-crotonil-ACP. A hidratação é uma eliminação sin ou anti?

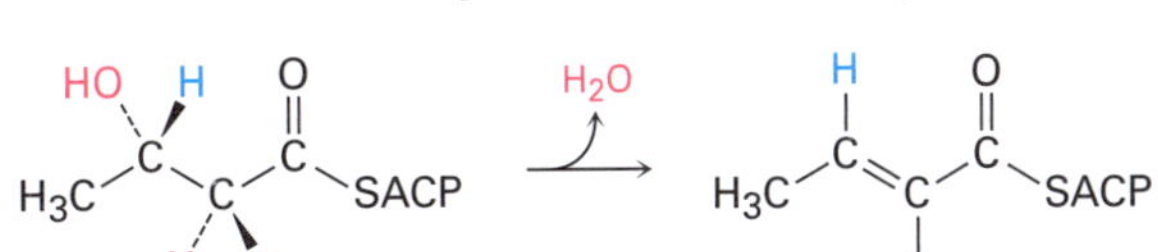

***trans*-crotonil-ACP**

29.56 Na etapa 8 da biossíntese dos ácidos graxos (Figura 29.5), a redução do *trans*-crotonil-ACP produz o butiril-ACP. Um hidreto do NADPH se adiciona ao C3 do grupo crotonil pela face *Re* e ocorre uma protonação no C2 pela face *Si*. A redução é uma adição sin ou anti?

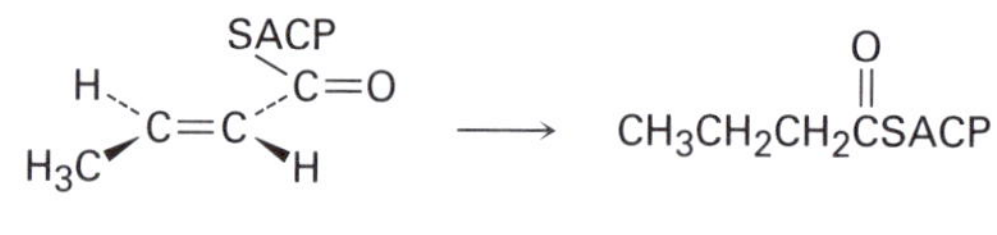

Crotonil-ACP **Butiril-ACP**

capítulo 30

Orbitais e Química Orgânica: Reações Pericíclicas

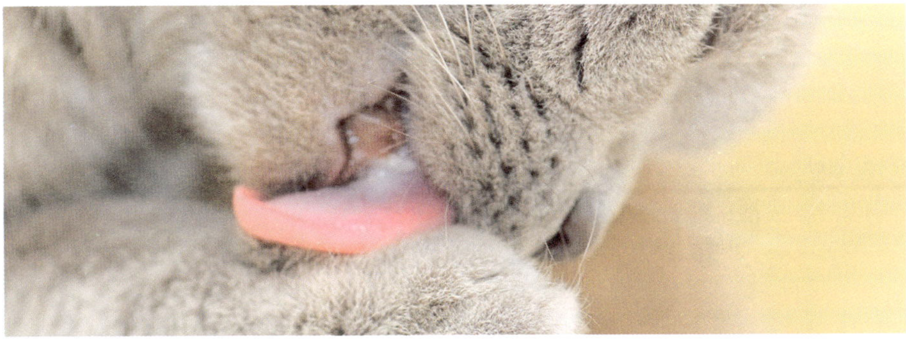

©Krylova Ksenia/Shutterstock.com

Todos os vertebrados precisam de vitamina D, que é sintetizada por uma reação pericíclica quando os óleos da pele são expostos à luz solar. Se o animal não tem pele exposta, no entanto, a vitamina D é feita a partir de secreções oleosas da pele que são depositadas sobre o pelo e depois ingeridas durante a higiene.

Neste capítulo:

POR QUE ESTE CAPÍTULO? As linhas gerais das reações polares e radicalares estão em vigor há mais de um século, mas a nossa compreensão das reações pericíclicas surgiram mais recentemente. Antes de meados dos anos 1960, na verdade, elas chegaram a ser referidas como "reações sem mecanismo". Elas ocorrem em maior número no laboratório do que nos processos biológicos, mas um conhecimento sobre elas é necessário, tanto pela integralidade no estudo da química orgânica como na compreensão das rotas biológicas nas quais elas ocorrem.

A maioria das reações orgânicas acontece através de mecanismos polares, nos quais um nucleófilo doa dois elétrons para um eletrófilo, formando uma nova ligação. Outras reações ocorrem através de mecanismos radicalares, nos quais cada um dos reagentes doa um elétron na formação de uma nova ligação. Ambos os tipos de reações ocorrem frequentemente no laboratório e nos organismos vivos. Menos comum, entretanto, é a terceira classe principal de mecanismos de reações orgânicas – as *reações pericíclicas.*

Uma **reação pericíclica** é aquela que ocorre por um processo concertado através de um estado de transição cíclica. Uma *reação concertada* é aquela na qual todas as alterações da ligação ocorrem simultaneamente; nenhum intermediário está envolvido. Em vez de tentar expandir essa definição agora, começaremos revendo brevemente algumas das ideias da teoria do orbital molecular introduzidas nos Capítulos 1 e 14 e, depois, veremos individualmente as três classes principais de reações pericíclicas: *reações eletrocíclicas, cicloadições* e *rearranjos sigmatrópicos.*

30.1

Orbitais moleculares de sistemas pi conjugados

Um polieno conjugado, como vimos na **Seção 14.1**, é aquele com ligações duplas e simples alternadas. Segundo a teoria do orbital molecular (OM), os orbitais *p* nos carbonos hibridizados sp^2 de um polieno conjugado interagem para formar um conjunto de orbitais moleculares π cujas energias dependem do número de nós que eles possuem entre os núcleos. Orbitais moleculares com menos nós são mais baixos em energia que orbitais atômicos isolados *p* e são *OM ligantes*; orbitais moleculares com mais nós têm mais energia que os orbitais isolados *p* e são *OM antiligantes*. Orbitais moleculares π do etileno e do 1,3-butadieno estão apresentados na **Figura 30.1**.

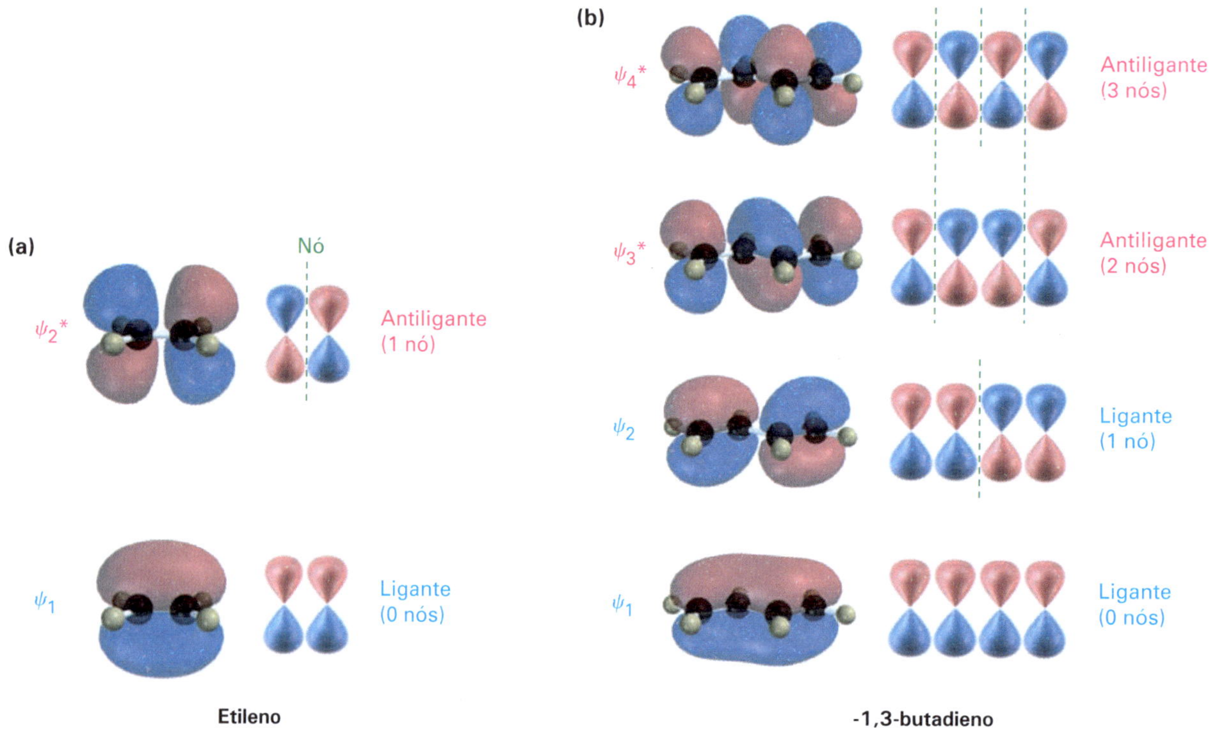

FIGURA 30.1 Orbitais moleculares π do **(a)** etileno e **(b)** 1,3-butadieno.

Um tipo similar de descrição dos orbitais moleculares pode ser obtido para qualquer sistema conjugado de elétrons π. O 1,3,5-hexatrieno, por exemplo, possui três ligações duplas e seis OMs π, como mostrado na **Figura 30.2**. No estado fundamental, somente os três orbitais ligantes, ψ_1, ψ_2, e ψ_3 estão completos. Ao ser irradiado com luz ultravioleta, entretanto, um elétron é promovido do orbital preenchido de maior energia (ψ_3) para o orbital vazio de menor energia (ψ_4*) para fornecer um estado excitado (**Seção 14.7**), no qual ψ_3 e ψ_4* estão, cada um deles, preenchidos pela metade. (Um asterisco indica um orbital antiligante.)

O que os orbitais moleculares e seus nós têm a ver com as reações pericíclicas? A resposta é: *tudo*. Segundo uma série de regras formuladas na metade da década de 1960 por R. B. Woodward e Roald Hoffmann, uma reação pericíclica pode ocorrer apenas se as simetrias dos OMs dos reagentes forem as mesmas simetrias dos OMs dos produtos. Em outras palavras, os lóbulos dos OMs dos reagentes precisam ter o sinal algébrico correto para que a ligação ocorra no estado de transição que leva ao produto.

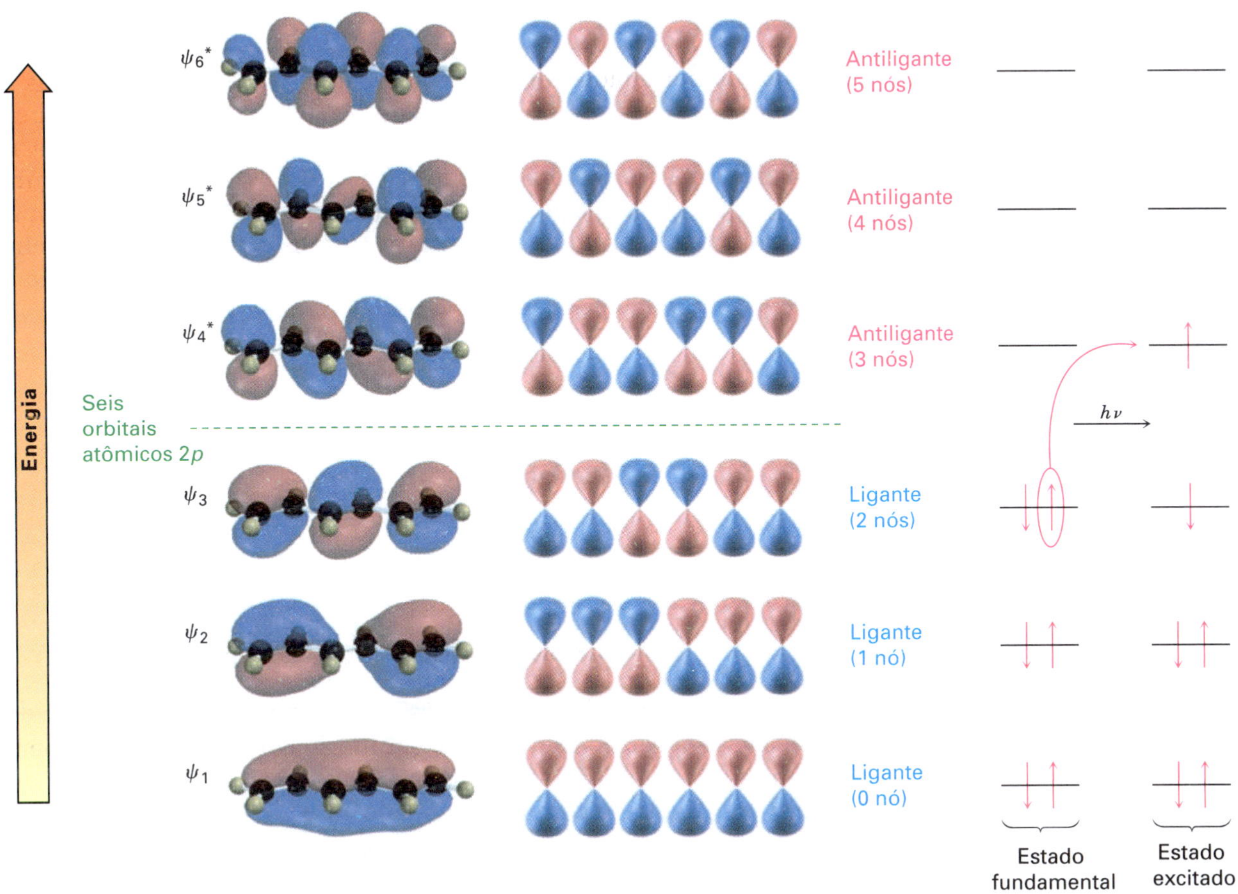

FIGURA 30.2 Os seis orbitais moleculares π de 1,3,5-hexatrieno. No estado fundamental, OMs ligantes ψ_1, ψ_2 e ψ_3, estão preenchidos. No estado excitado, ψ_3 e ψ_4* estão ambos preenchidos pela metade.

Se as simetrias dos orbitais dos reagentes e do produto se encaixam, ou são correlatas, diz-se que a reação é **permitida por simetria**. Se as simetrias dos orbitais dos reagentes e do produto não são correlatas, a reação é **impedida por simetria**.

As reações permitidas por simetria geralmente ocorrem sob condições relativamente moderadas, mas as reações não permitidas pela simetria não podem ocorrer por rotas concertadas. Ou elas ocorrem por rotas não concertadas de alta energia ou não ocorrem.

As regras de Woodward-Hoffmann para as reações pericíclicas exigem uma análise de todos os orbitais moleculares dos reagentes e dos produtos, mas Kenichi Fukui, na Universidade Imperial de Kyoto, no Japão, introduziu uma versão simplificada. Segundo Fukui, temos que considerar apenas dois orbitais moleculares, os chamados **orbitais de fronteira**. Esses orbitais de fronteira são os **orbitais moleculares ocupados de mais alta energia (HOMO)** e os **orbitais moleculares desocupados de mais baixa energia (LUMO)**. No 1,3,5-hexatrieno no estado fundamental, por exemplo, o ψ_3 é o HOMO e o ψ_4* é o LUMO (**Figura 30.2**). No estado excitado, entretanto, o ψ_4* é o HOMO e o ψ_5* é o LUMO.

PROBLEMA 30.1 Analise a **Figura 30.1** e diga qual orbital molecular é o HOMO e qual é o LUMO para os estados fundamental e excitado do etileno e do 1,3-butadieno.

30.2

Reações eletrocíclicas

A melhor maneira para entender como a simetria do orbital afeta as reações pericíclicas é analisar alguns exemplos. Vamos analisar primeiro um grupo de rearranjos de polieno chamados de *reações eletrocíclicas*. Uma **reação eletrocíclica** é um processo pericíclico que envolve a ciclização de um polieno conjugado. Uma ligação π é quebrada, outras ligações π mudam de posição, uma nova ligação σ é formada e obtém-se um composto cíclico. Por exemplo, um trieno conjugado pode ser convertido em um ciclohexadieno, e um dieno conjugado pode ser convertido em um ciclobuteno.

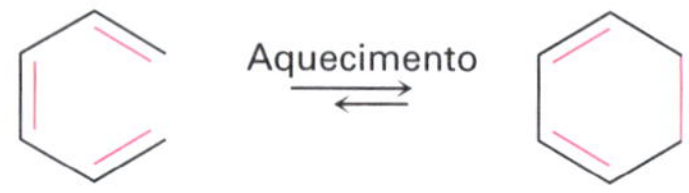

Um trieno conjugado **Um ciclohexadieno**

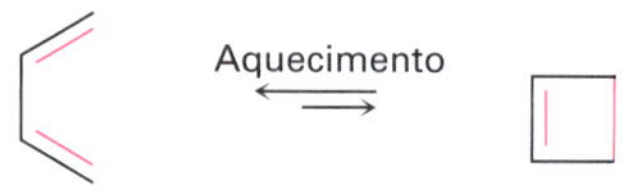

Um dieno conjugado **Um ciclobuteno**

As reações pericíclicas são reversíveis e a posição do equilíbrio depende de cada caso específico. Em geral, o equilíbrio trieno ⇄ ciclohexadieno favorece o produto cíclico, enquanto o equilíbrio dieno ⇄ ciclobuteno favorece o produto de cadeia aberta não tensionado.

A característica mais marcante das reações eletrocíclicas é sua estereoquímica. Por exemplo, o (2*E*,4*Z*,6*E*)-2,4,6-octatrieno produz apenas o *cis*-5,6-dimetil-1,3-ciclohexadieno quando aquecido e o (2*E*, 4*Z*, 6*Z*)-2,4,6-octatrieno produz apenas o *trans*-5,6-dimetil-1,3-ciclohexadieno. Notavelmente, entretanto, os resultados estereoquímicos mudam completamente quando as reações são realizadas sob o que se chama de condições fotoquímicas, em vez de condições térmicas. A irradiação, ou *fotólise*, do (2*E*,4*Z*,6*E*)-2,4,6-octatrieno com luz ultravioleta produz o *trans*-5,6-dimetil-1,3-ciclohexadieno (**Figura 30.3**).

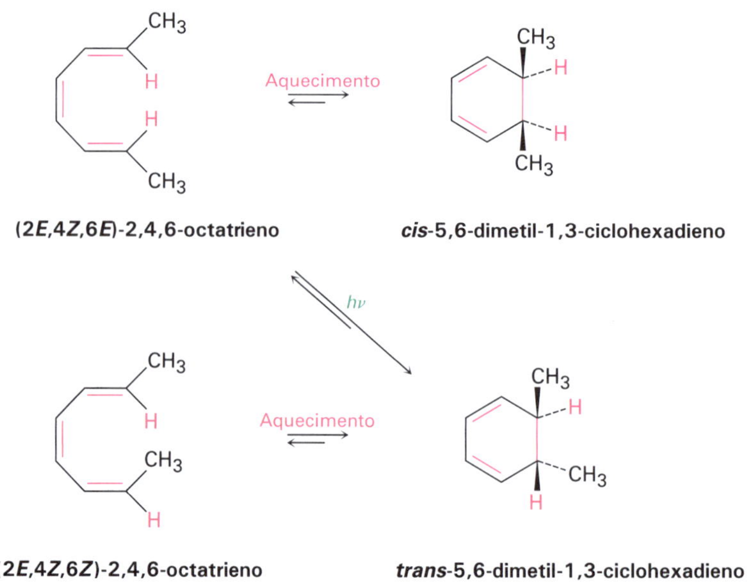

FIGURA 30.3 Interconversões eletrocíclicas dos isômeros 2,4,6-octatrieno e 5,6-dimetil-1,3-ciclohexadieno.

Um resultado similar é obtido para a abertura eletrocíclica térmica de anel do 3,4-dimetilciclobuteno. O isômero trans produz apenas o (2*E*,4*E*)-2,4-hexadieno quando aquecido, e o isômero cis produz apenas o (2*E*,4*Z*)-2,4-hexadieno. Sob irradiação UV, entretanto, os resultados são opostos. A ciclização do isômero 2*E*,4*E* sob condições fotoquímicas leva a um produto cis (**Figura 30.4**).

FIGURA 30.4 Interconversões eletrocíclicas dos isômeros do 2,4-hexadieno e dos isômeros do 3,4-dimetilciclobuteno.

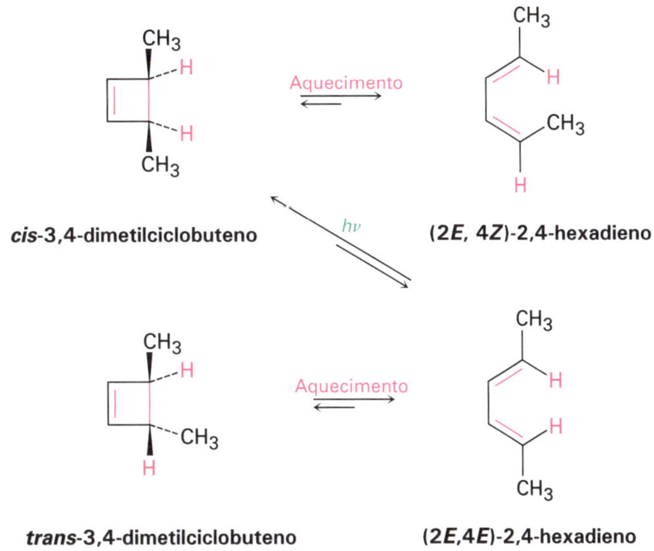

Para explicar esses resultados, precisamos analisar os dois lóbulos mais externos dos OMs do polieno – os lóbulos que interagem quando a ligação ocorre. Há duas possibilidades: os lóbulos de mesmo sinal podem estar tanto do mesmo lado da molécula quanto em lados opostos.

Para a formação de uma ligação, os lóbulos π mais externos precisam girar para que uma interação ligante favorável seja alcançada – um lóbulo positivo com um lóbulo positivo ou um negativo com um negativo. Se dois lóbulos de sinais iguais estiverem no *mesmo* lado da molécula, os dois orbitais precisam girar em sentidos *opostos* – um no sentido horário e outro no sentido anti-horário. Esse tipo de movimento é chamado de **disrotatório**.

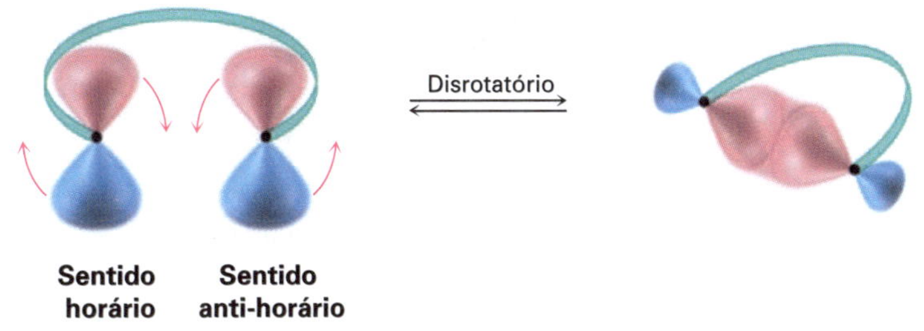

Reciprocamente, se os lóbulos de sinal igual estiverem em lados *opostos* da molécula, ambos os orbitais precisam girar no *mesmo* sentido, ambos no sentido horário ou ambos no sentido anti-horário. Esse tipo de movimento é chamado de **conrotatório.**

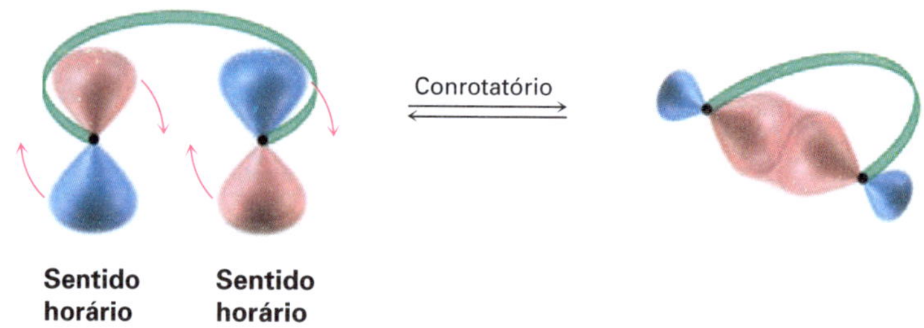

30.3

Estereoquímica das reações eletrocíclicas térmicas

Como podemos prever se um movimento conrotatório ou um movimento disrotatório irá ocorrer em determinado caso? Segundo a teoria do orbital de fronteira, *a estereoquímica de uma reação eletrocíclica é determinada pela simetria do HOMO do polieno.* Os elétrons no HOMO são os elétrons mais livres e com a energia mais alta e, portanto, são os mais fáceis de serem movidos durante a reação. Para as reações térmicas, a configuração eletrônica do estado fundamental é utilizada para identificar o HOMO; para as **reações fotoquímicas**, a configuração eletrônica do estado excitado é a utilizada.

Vamos olhar novamente o fechamento térmico do anel em *trienos* conjugados. Segundo a **Figura 30.2**, o HOMO de um trieno conjugado no seu estado fundamental possui lóbulos de sinais iguais do mesmo lado da molécula, uma simetria que prevê o fechamento disrotatório do anel. A ciclização disrotatória é exatamente o que se observa na ciclização térmica do 2,4,6-octatrieno. O isômero 2*E*,4*Z*,6*E* leva a um produto cis; o isômero 2*E*,4*Z*,6*Z* leva a um produto trans (**Figura 30.5**).

FIGURA 30.5 As ciclizações térmicas dos 2,4,6-octatrienos ocorrem por fechamento disrotatório do anel.

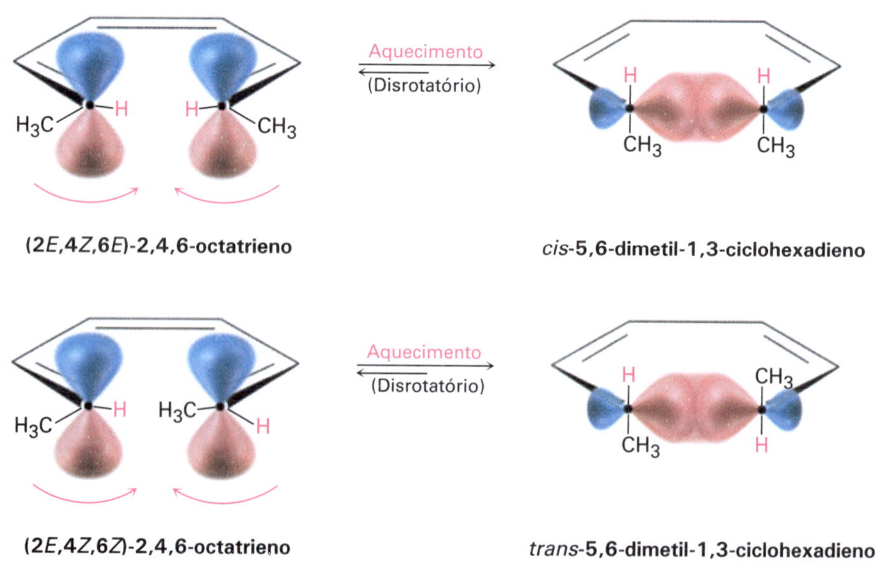

Da mesma maneira, o HOMO do estado fundamental de *dienos* conjugados (**Figura 30.1**) possui uma simetria que prevê o fechamento conrotatório do anel. Na prática, entretanto, a reação do dieno conjugado pode ser observada apenas no sentido reverso (ciclobuteno → dieno) por causa da posição de equilíbrio. Descobrimos, portanto, que o anel do 3,4-dimetilciclobuteno *se abre* de maneira conrotatória. O *cis*-3,4-dimetilciclobuteno produz o (2*E*,4*Z*)-2,4-hexadieno, e o *trans*-3,4-dimetilciclobuteno produz o (2*E*,4*E*)-2,4-hexadieno através de abertura conrotatória (**Figura 30.6**).

FIGURA 30.6 As aberturas térmicas de anel do *cis*- e *trans*- dimetilciclobuteno ocorrem por rotas conrotatórias.

***cis*-3,4-dimetilciclobuteno** **(2*E*,4*Z*)-2,4-hexadieno**

***trans*-3,4-dimetilciclobuteno** **(2*E*,4*E*)-2,4-hexadieno**

Observe que um dieno conjugado e um trieno conjugado reagem com estereoquímicas opostas. O dieno se abre e se fecha por uma rota conrotatória, enquanto o trieno se abre e se fecha por uma rota disrotatória. Isto é devido às diferentes simetrias dos HOMOs dieno e do trieno.

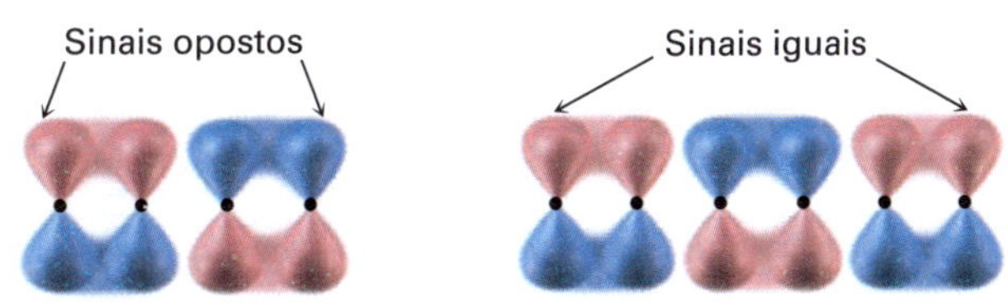

HOMO do dieno **HOMO do trieno**

Verifica-se, então, que há uma relação alternada entre o número de pares de elétrons (duplas ligações) sofrendo uma reorganização de ligações e a estereoquímica da abertura ou fechamento do anel. Polienos com um número par de pares de elétrons sofrem reações eletrocíclicas térmicas no sentido conrotatório, enquanto polienos com um número ímpar de pares de elétrons sofrem as mesmas reações no sentido disrotatório.

PROBLEMA 30.2 Desenhe os produtos que você esperaria das ciclizações conrotatórias e disrotatórias do (2*Z*,4*Z*,6*Z*)-2,4,6-octatrieno. Qual das duas rotas você espera que a reação térmica siga?

PROBLEMA 30.3 O *trans*-3,4-dimetilciclobuteno pode se abrir em duas rotas conrotatórias para formar o (2*E*,4*E*)-2,4-hexadieno ou o (2*Z*,4*Z*)-2-4-hexadieno. Explique por que os dois produtos são permitidos por simetria e, então, explique o fato de apenas o isômero 2*E*,4*E* ser obtido na prática.

30.4

Reações eletrocíclicas fotoquímicas

Observamos anteriormente que as reações fotoquímicas eletrocíclicas tomam um curso estereoquímico diferente de suas correlacionadas térmicas, e agora podemos explicar essa diferença. A irradiação ultravioleta de um polieno provoca a excitação de um elétron do HOMO no estado fundamental para o LUMO no estado fundamental, dessa forma modificando suas simetrias. Mas, uma vez que a excitação eletrônica muda a simetria do HOMO e do LUMO, ela também modifica a estereoquímica da reação. O (2*E*,4*E*)-2,4-hexadieno, por exemplo, sofre a ciclização fotoquímica por uma rota disrotatória, enquanto a reação térmica é conrotatória. De maneira similar, o (2*E*,4*Z*,6*E*)-2,4,6-octatrieno sofre a ciclização fotoquímica por uma rota conrotatória, enquanto a reação térmica é disrotatória (**Figura 30.7**).

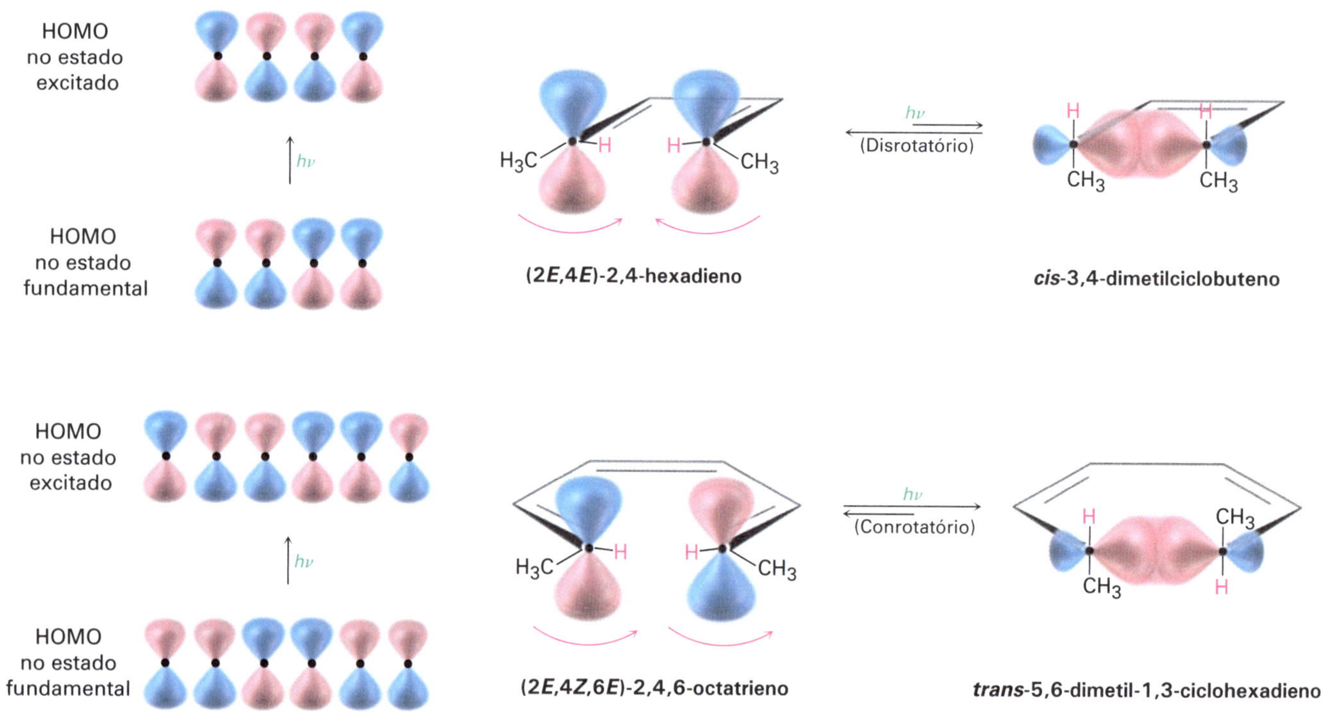

FIGURA 30.7 Ciclizações fotoquímicas de dienos e trienos conjugados. Os dois processos ocorrem com diferentes estereoquímicas por causa de suas diferentes simetrias dos orbitais.

As reações eletrocíclicas térmicas e fotoquímicas sempre acontecem com estereoquímicas opostas por que as simetrias dos orbitais de fronteira sempre são diferentes. A **Tabela 30.1** fornece algumas regras simples que tornam possível prever a estereoquímica das reações eletrocíclicas.

TABELA 30.1 Regras estereoquímicas para as reações eletrocíclicas

Pares de elétrons (ligações duplas)	Reação térmica	Reação fotoquímica
Numero par	Conrotatória	Disrotatória
Número ímpar	Disrotatória	Conrotatória

PROBLEMA 30.4 Qual produto você esperaria obter da ciclização fotoquímica do (2*E*,4*Z*,6*E*)-2,4,6-octatrieno? E do (2*E*,4*Z*,6*Z*)-2,4,6-octatrieno?

30.5

Reações de cicloadição

Uma **reação de cicloadição** é uma reação na qual duas moléculas insaturadas se adicionam uma à outra, levando a um produto cíclico. Assim como as reações eletrocíclicas, as cicloadições são controladas pela simetria de orbital dos reagentes. Processos permitidos por simetria ocorrem prontamente, mas processos não permitidos por simetria ocorrem com dificuldade, quando ocorrem, e apenas por rotas não concertadas. Analisemos dois exemplos para ver como eles diferem.

A cicloadição de Diels-Alder (**Seção 14.4**) é um processo pericíclico que acontece entre um dieno (quatro elétrons π) e um dienófilo (dois elétrons π) para levar a um ciclohexeno como produto. Milhares de reações de Diels-Alder são conhecidas. Elas ocorrem facilmente em temperatura ambiente ou um pouco mais altas e são estereoespecíficas em relação aos substituintes. Por exemplo, a reação na temperatura ambiente entre o 1,3-butadieno e o maleato de dietila (cis) leva exclusivamente o produto ciclohexeno não substituído cis. Uma reação similar entre o 1,3-butadieno e o fumarato de dietila (trans) forma exclusivamente o produto não substituído trans.

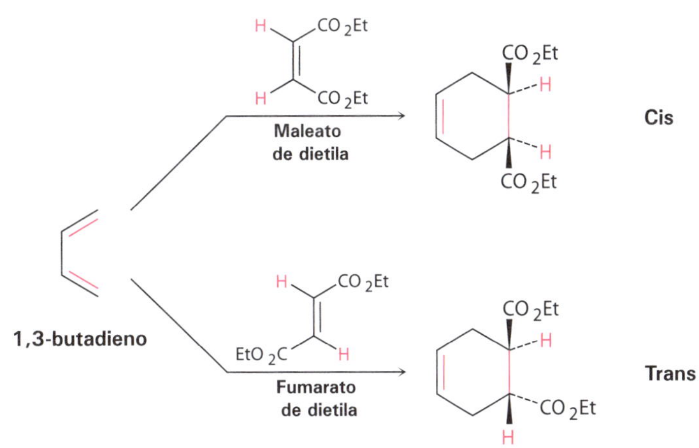

Em contraste com a reação [4 + 2]-elétrons-π de Diels-Alder, a cicloadição [2 + 2]-elétrons-π entre dois alcenos não ocorre termicamente. Esta cicloadição [2 + 2] ocorre somente com irradiação, gerando produtos ciclobutano.

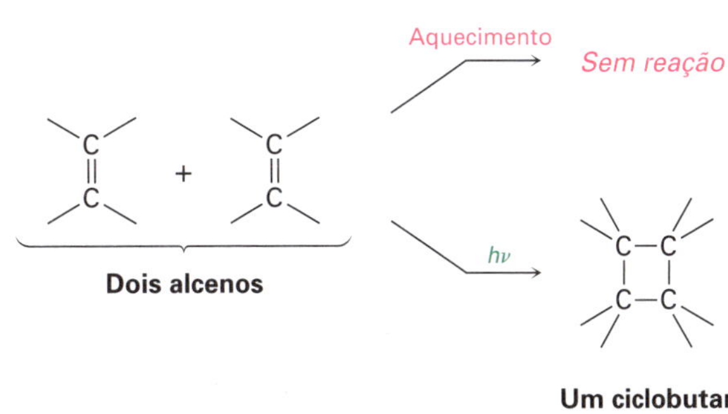

Para uma cicloadição bem-sucedida ocorrer, os lóbulos π terminais dos dois reagentes precisam ter uma simetria correta para que a ligação aconteça. Isso ocorre em qualquer um dos dois modos, chamados *suprafacial* e *antarafacial*. As cicloadições **suprafaciais** acontecem quando ocorre uma interação ligante entre os lóbulos na mesma face de um reagente e os lóbulos na mesma face de outro reagente. As cicloadições **antarafaciais** acontecem quando ocorre uma interação ligante entre os lóbulos na mesma face de um reagente e os lóbulos nas *faces opostas* de outro reagente (**Figura 30.8**).

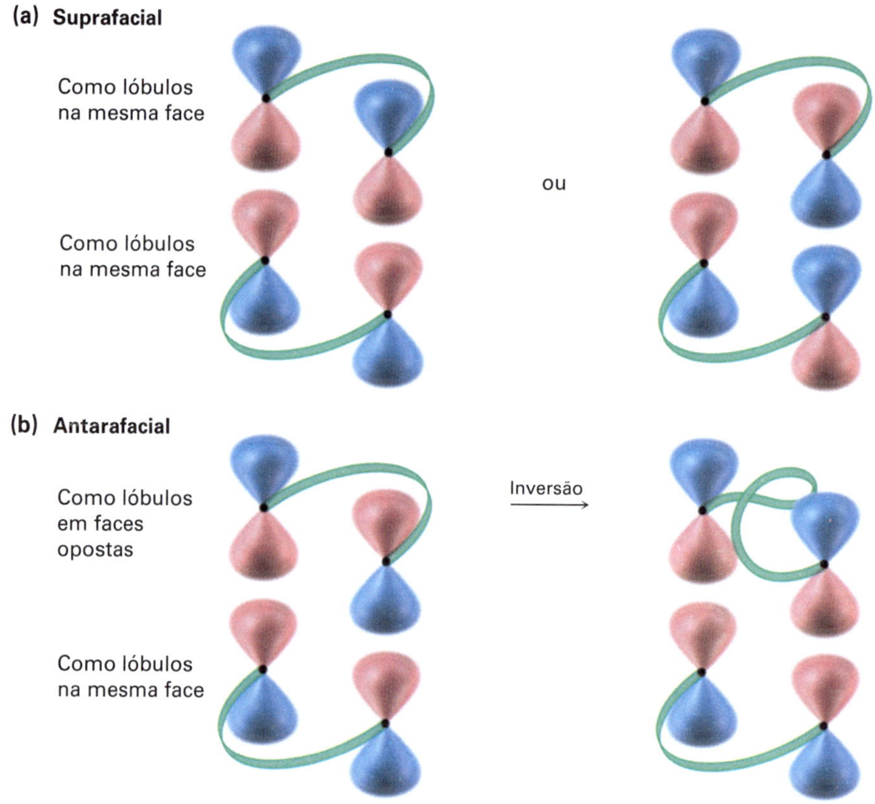

FIGURA 30.8 **(a)** A cicloadição suprafacial ocorre quando há interação ligante entre os lóbulos na mesma face de um reagente e os lóbulos na mesma face de outro reagente. **(b)** A cicloadição antarafacial ocorre quando há interação ligante entre os lóbulos da mesma face de um reagente e os lóbulos de faces opostas de outro reagente, o que exige uma inversão no sistema π.

Observe que as cicloadições suprafaciais e antarafaciais são permitidas por simetria. Entretanto, restrições geométricas geralmente dificultam as reações antarafaciais porque deve haver uma inversão do sistema de orbital π em um dos reagentes. Assim, as cicloadições suprafaciais são mais comuns em sistemas π pequenos.

30.6 Estereoquímica das cicloadições

Como podemos prever se uma determinada reação de cicloadição ocorrerá com geometria suprafacial ou antarafacial? Segundo a teoria do orbital de fronteira, uma reação de clicloadiação acontece quando ocorre uma interação ligante entre o HOMO de um reagente e o LUMO de outro reagente. Uma explicação intuitiva dessa regra é imaginar que um reagente doa elétrons para outro. Assim como nas reações eletrocíclicas, são os elétrons no HOMO do primeiro reagente que estão menos fortemente presos e têm mais probabilidade de serem doados. É claro que quando o segundo reagente aceita esses elétrons, eles devem entrar em um orbital vazio, desocupado – o LUMO.

Para uma cicloadição [4 + 2] (reação de Diels-Alder), vamos selecionar arbitrariamente o LUMO do dieno e o HOMO do alceno. As simetrias dos dois orbitais no estado fundamental permitem que a interação ligante dos lóbulos terminais ocorra com uma geometria suprafacial (**Figura 30.9**), logo a reação de Diels-Alder ocorre prontamente sob condições térmicas. Observe que, assim como nas reações eletrocíclicas, precisamos nos preocupar apenas com os lóbulos terminais. Para propósitos de previsão, as interações entre os lóbulos internos não precisam ser consideradas.

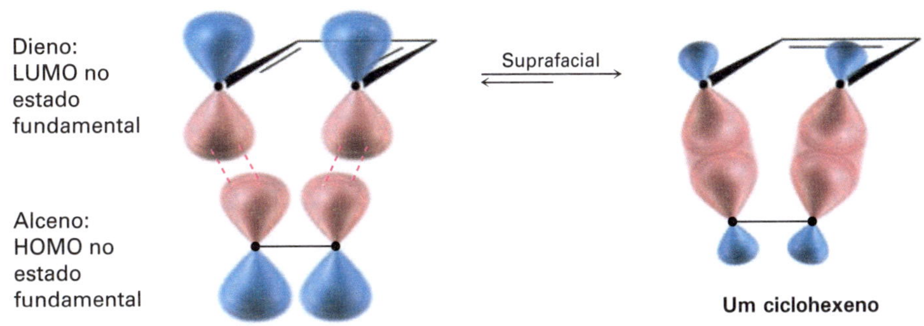

FIGURA 30.9 Interação entre o LUMO do dieno e o HOMO do alceno em uma reação de cicloadição [4 + 2] suprafacial (reação Diels-Alder).

Em contraste com a reação de Diels-Alder [4 + 2] térmica, a cicloadição [2 + 2] de dois alcenos para a produção de um ciclobutano somente pode ser observada fotoquimicamente. A explicação vem de argumentos de simetrias de orbitais. Observando o HOMO no estado fundamental de um alceno e o LUMO do segundo alceno, fica evidente que deve ocorrer uma cicloadição [2 + 2] térmica por uma rota antarafacial (**Figura 30.10a**). Entretanto, as restrições geométricas tornam difícil o estado de transição antarafacial e, portanto, não são observadas cicloadições [2 + 2] concertadas.

Em contraste com o processo térmico, *são* observadas cicloadições [2 + 2] fotoquímicas. A irradiação de um alceno com luz UV excita um elétron do ψ_1, o HOMO no estado fundamental, para o $\psi_2{}^*$, que se torna o HOMO no estado excitado. A interação entre o HOMO no estado excitado de um alceno e o LUMO do segundo alceno permite que uma reação de cicloadição [2 + 2] fotoquímica ocorra por uma rota suprafacial (**Figura 30.10b**).

FIGURA 30.10 **(a)** A interação do HOMO no estado fundamental com um LUMO no estado fundamental em uma cicloadição [2 + 2] em potencial não ocorre termicamente porque a geometria antarafacial é muito tensionada. **(b)** Entretanto, uma interação de um HOMO no estado excitado com um LUMO no estado fundamental em uma reação de clicloadição [2 + 2] fotoquímica é menos tensionada e ocorre com geometria suprafacial.

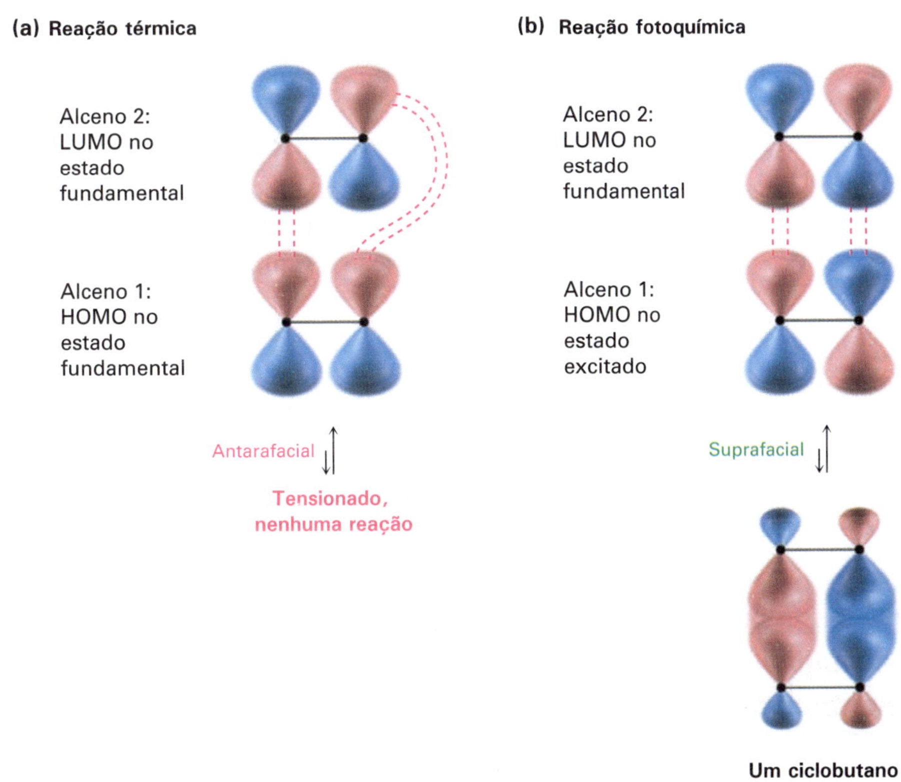

A reação [2 + 2] de cicloadição fotoquímica ocorre sem problema, particularmente com compostos carbonílicos α,β-insaturados e representa um dos melhores métodos conhecidos para a síntese de anéis de ciclobutano. Por exemplo:

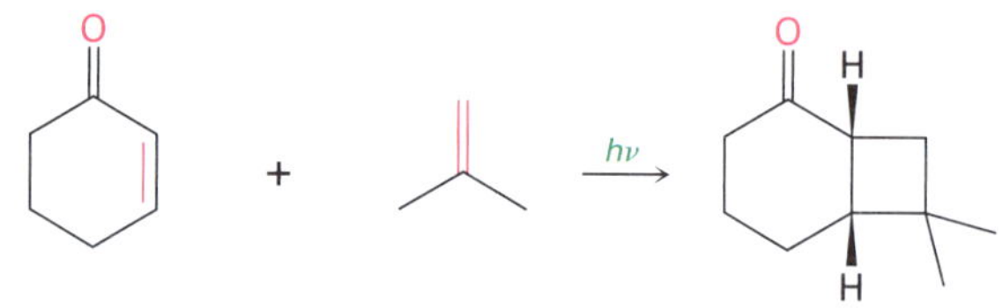

2-ciclohexenona 2-metilpropeno (40%)

As reações de cicloadição térmicas e fotoquímicas sempre ocorrem com estereoquímicas opostas. Assim como nas reações eletrocíclicas, podemos categorizar as cicloadições segundo o número total de pares de elétrons (ligações duplas) envolvidos no rearranjo. Dessa forma, uma reação de Diels-Alder [4 + 2] térmica entre um dieno e um dienófilo envolve um número ímpar de pares de elétrons (três) e ocorre em uma rota suprafacial. Uma reação [2 + 2] térmica entre dois alcenos envolve um número par (dois) de elétrons e deve ocorrer por uma rota antarafacial. Para ciclizações fotoquímica, essas seletividades são invertidas. As regras gerais são fornecidas na **Tabela 30.2**.

TABELA 30.2 Regras estereoquímicas para as reações de cicloadição

Pares de elétrons (ligações duplas)	Reação térmica	Reação fotoquímica
Número par	Antarafacial	Suprafacial
Número ímpar	Suprafacial	Antarafacial

PROBLEMA 30.5 Qual estereoquímica você esperaria para o produto de uma reação de Diels-Alder entre o (2*E*,4*E*)-2,4-hexadieno e o etileno? Qual estereoquímica você esperaria se fosse utilizado o (2*E*,4*Z*)-2,4-hexadieno?

PROBLEMA 30.6 O 1,3-ciclopentadieno reage com a cicloheptatrienona para levar ao produto mostrado. Diga que tipo de reação está envolvido e explique o resultado observado. A reação é suprafacial ou antarafacial?

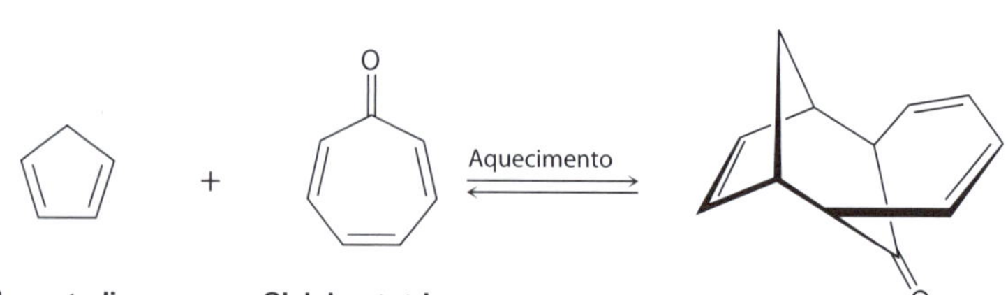

Ciclopentadieno Cicloheptatrienona

30.7 Rearranjos sigmatrópicos

Um **rearranjo sigmatrópico**, o terceiro tipo geral de reações pericíclicas, é um processo no qual um grupo ou átomo substituinte unido por ligação σ migra através de um sistema de elétrons π de uma posição para outra. Uma ligação σ é quebrada no reagente, as ligações π se movimentam e uma nova ligação σ se forma no produto. O grupo unido por ligação σ pode ficar na extremidade ou no meio do sistema π, como ilustram os rearranjos [1,5] e [3,3] a seguir:

Um rearranjo sigmatrópico [1,5]

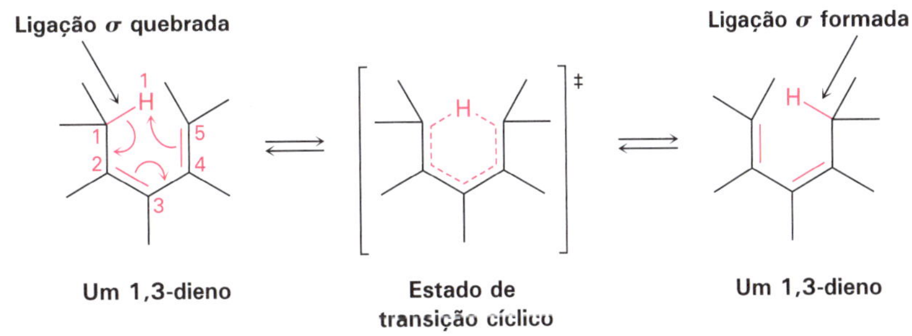

Um rearranjo sigmatrópico [3,3]

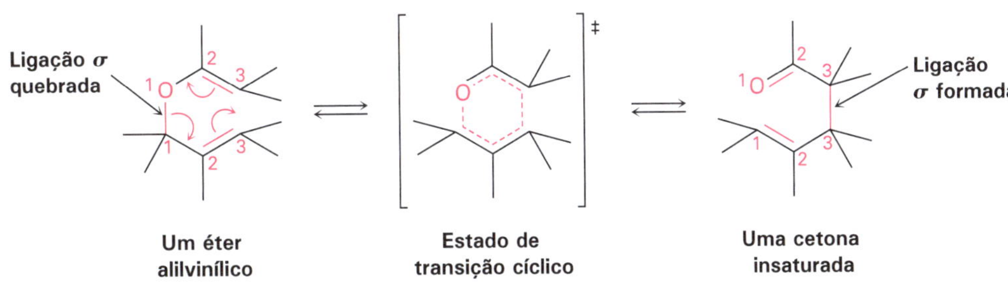

As notações [1,5] e [3,3] descrevem o tipo de rearranjo que está ocorrendo. Os números se referem aos dois grupos conectados pela ligação σ e designam as posições nos grupos nos quais a migração ocorre. Por exemplo, no rearranjo sigmatrópico de um dieno, os dois grupos conectados pela ligação σ são um átomo de hidrogênio e um grupo pentadienila. A migração ocorre para a posição 1 do grupo H (a única possibilidade) e para a posição 5 do grupo pentadienila. No rearranjo de Claisen [3,3] de um éter alilvinílico (**Seção 18.4**), os dois grupos conectados pela ligação σ são um grupo alílico e o éter vinílico. A migração ocorre para a posição 3 do grupo alílico e também para a posição 3 do éter vinílico.

Como as reações eletrocíclicas e cicloadições, os rearranjos sigmatrópicos são controlados por simetrias de orbitais. Há dois modos possíveis de reação: a migração de um grupo através da mesma face do sistema π é suprafacial, e a migração de um grupo a partir de uma face do sistema π para a outra face é antarafacial (**Figura 30.11**).

Tanto os rearranjos sigmatrópicos suprafaciais quanto os antarafaciais são permitidos por simetria, mas os suprafaciais são geralmente mais fáceis por razões geométricas. As regras para os rearranjos sigmatrópicos são idênticas àquelas para as reações de cicloadição (**Tabela 30.3**).

FIGURA 30.11 Rearranjos sigmatrópicos suprafacial e antarafacial.

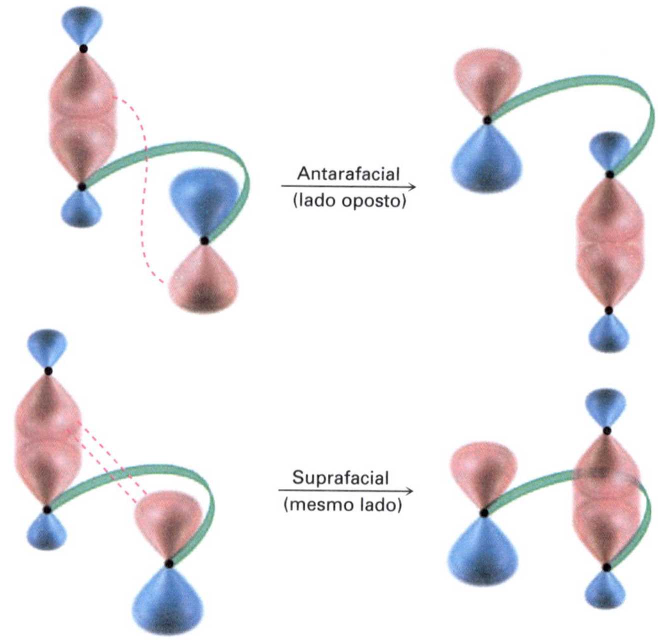

TABELA 30.3 Regras estereoquímicas para rearranjos sigmatrópicos

Pares de elétrons (ligações duplas)	Reação térmica	Reação fotoquímica
Número par	Antarafacial	Suprafacial
Número ímpar	Suprafacial	Antarafacial

PROBLEMA 30.7 Classifique a seguinte reação sigmatrópica por ordem [*x,y*] e diga se ela procederá com estereoquímica suprafacial ou antarafacial.

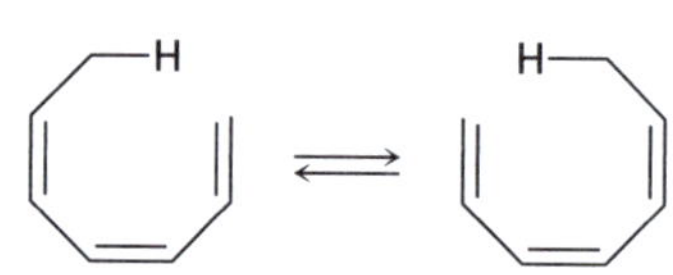

30.8 Alguns exemplos de rearranjos sigmatrópicos

Como um rearranjo sigmatrópico envolve três pares de elétrons (duas ligações π e uma ligação σ), as regras de simetria de orbital da Tabela 30.3 prevêem uma reação suprafacial. Na verdade, o deslocamento suprafacial [1,5] de um átomo de hidrogênio através de duas ligações duplas de um sistema π é um dos rearranjos sigmatrópicos mais comumente observados. Por exemplo, o 5-metil-1,3-ciclopentadieno se rearranja rapidamente à temperatura ambiente para produzir uma mistura dos produtos 1-metil-, 2-metil- e 5-metil-substituídos.

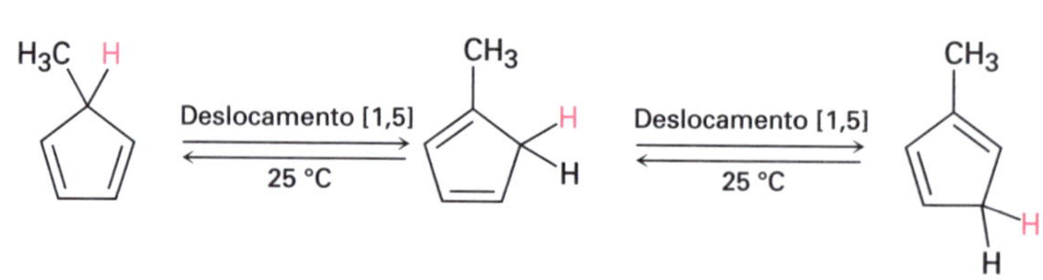

Como outro exemplo, o aquecimento do 5,5,5-trideutério-(*Z*)-1,3-pentadieno causa um movimento do deutério entre as posições 1 e 5.

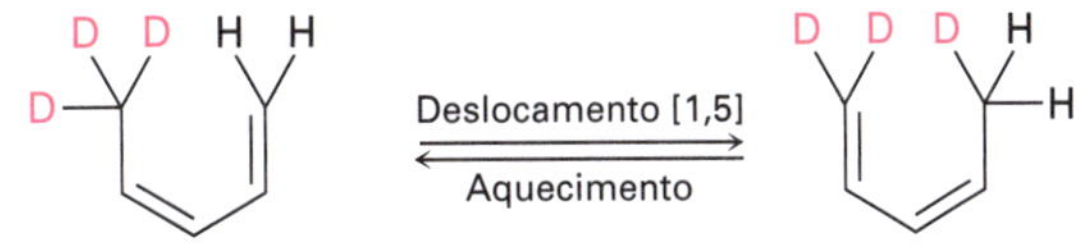

Esses dois deslocamentos [1,5] de hidrogênio ocorrem por rearranjo suprafacial permitido por simetria, como ilustrado na **Figura 30.12**. Em contraste com esses deslocamentos sigmatrópicos térmicos [1,5] de hidrogênio, entretanto, os deslocamentos térmicos [1,3] de hidrogênio são desconhecidos. Se fossem ocorrer, teriam de proceder por uma rota de reação antarafacial tensionada.

FIGURA 30.12 Uma visão em termos de orbitais do deslocamento [1,5] suprafacial de hidrogênio.

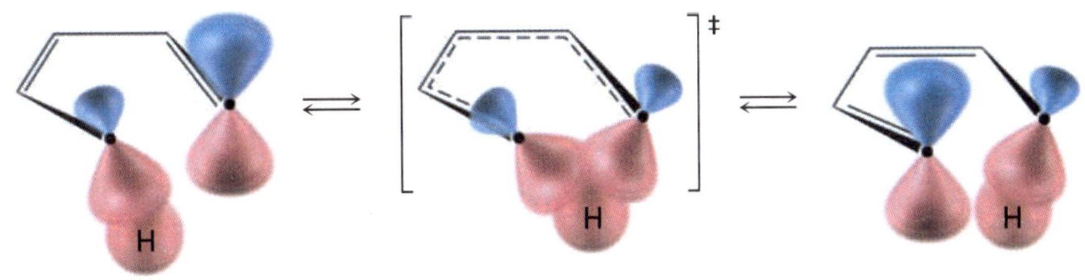

Duas outras reações sigmatrópicas importantes são o **rearranjo de Cope** de um 1,5-hexadieno e o *rearranjo de Claisen* de um éter alilarílico ou um éter alilvinílico discutidas na **Seção 18.4**. Essas duas, juntamente com a reação de Diels-Alder, são as reações pericíclicas mais úteis para a síntese orgânica; muitos milhares de exemplos de todas as três são conhecidos.

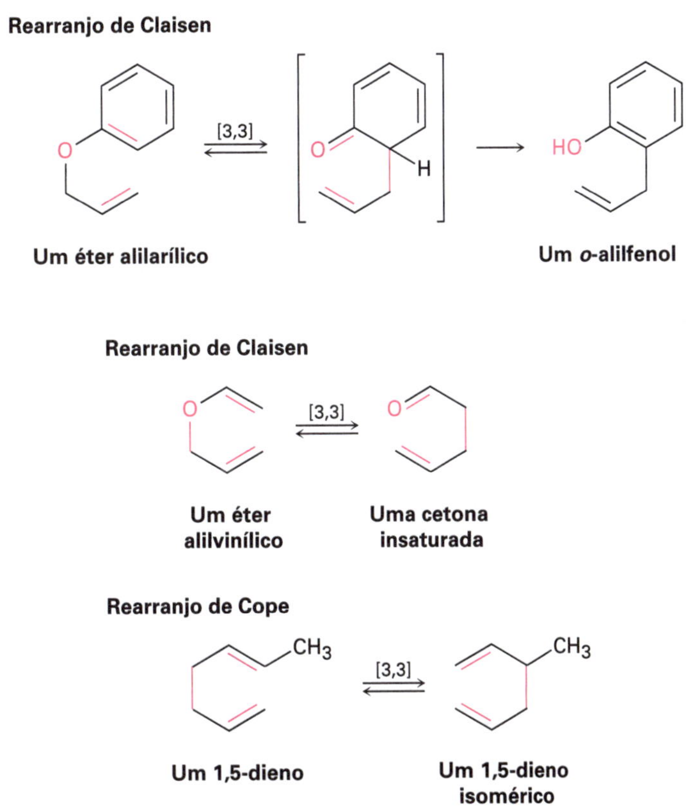

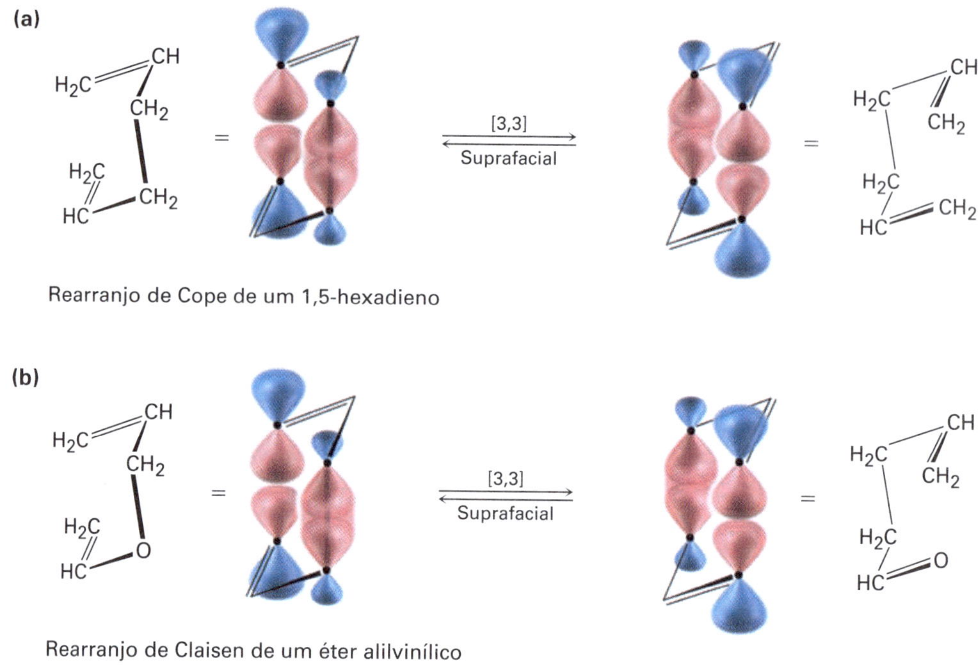

FIGURA 30.13 Rearranjos [3,3] de **(a)** Claisen e **(b)** Cope suprafaciais.

Os rearranjos tanto de Claisen quanto de Cope envolvem a reorganização de um número ímpar de pares de elétrons (duas ligações π e uma ligação σ) e ambas reagem por rotas suprafaciais (**Figura 30.13**).

Exemplos biológicos de reações pericíclicas são relativamente raros, embora um exemplo bastante estudado ocorra durante a biossíntese do aminoácido essencial fenilalanina nas bactérias. A fenilalanina surge de seu precursor corismato através de um rearranjo de Claisen no prefenato seguido pela descarboxilação do fenilpiruvato e sua aminação redutiva (**Figura 30.14**). Você poderá notar que a aminação redutiva do fenilpiruvato é o inverso exato do processo de transaminação mostrado na **Figura 29.14**, no qual os aminoácidos são desaminados. Além disso, a aminação redutiva de cetonas é um método padrão para a preparação de aminas em laboratório, como vimos na **Seção 24.6**.

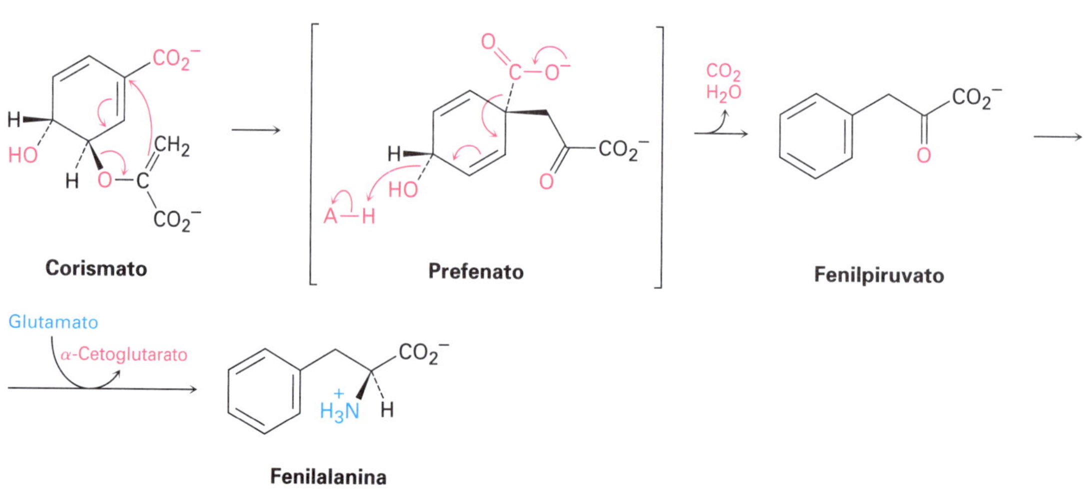

FIGURA 30.14 Rotas para a biossíntese nas bactérias da fenilalanina a partir do corismato envolvendo um rearranjo de Claisen.

PROBLEMA 30.8 Proponha um mecanismo para explicar o fato de que o aquecimento do 1-deuterioindeno mistura a marcação isotópica para todas as três posições no anel de cinco membros.

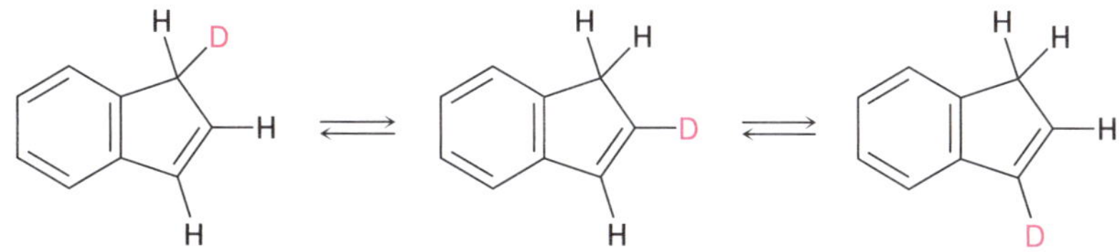

1-1-deuterioindeno

PROBLEMA 30.9 Quando o éter alilfenílico 2,6-dissubstituído é aquecido em uma tentativa de rearranjo de Claisen, ocorre uma migração que leva ao produto *p*-alílico como resultado de duas reações pericíclicas sequenciais. Explique.

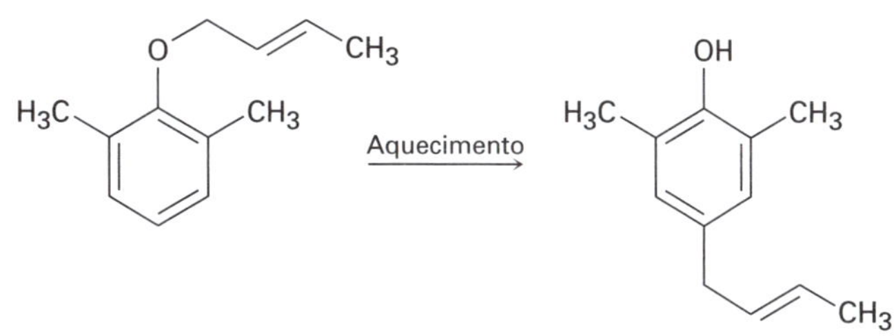

30.9

Um resumo das regras para as reações pericíclicas

Uma mudança de térmica para fotoquímica ou de número par de elétrons para número ímpar de elétrons muda o resultado de conrotatório/antarafacial para disrotatório/suprafacial. Uma mudança tanto de térmico para fotoquímico quanto de par para ímpar não provoca nenhuma mudança, pois dois negativos formam um positivo.

Estas regras de seleção estão resumidas na **Tabela 30.4**; conhecê-las lhe dá capacidade de prever a estereoquímica de literalmente milhares de reações pericíclicas.

TABELA 30.4 Regras estereoespecíficas para as reações pericíclicas

Estado eletrônico	Pares de elétrons	Estereoquímica
Estado fundamental (térmico)	Número par	Antara-con
	Número ímpar	Supra-dis
Estado excitado (fotoquímico)	Número par	Supra-dis
	Número ímpar	Antara-com

PROBLEMA 30.10 Preveja a estereoquímica das seguintes reações pericíclicas:

(a) A ciclização térmica de um tetraeno conjugado

(b) A ciclização fotoquímica de um tetraeno conjugado

(c) Uma cicloadição [4 + 4] fotoquímica

(d) Uma cicloadição [2 + 6] térmica

(e) Um rearranjo sigmatrópico fotoquímico [3,5]

Algo extra

Vitamina D, a vitamina da luz solar

Sintetizar a vitamina D requer dedicação e trabalho duro.

A vitamina D, descoberta em 1918, é um nome geral para dois compostos relacionados, o *colecalciferol* (vitamina D_3) e o *ergocalciferol* (vitamina D_2). Ambos são derivados de esteroides (**Seção 27.6**) e diferem apenas na natureza da cadeia lateral de hidrocarboneto ligada ao anel de cinco membros. Colecalciferol é obtido principalmente de produtos lácteos e peixes; ergocalciferol, de alguns vegetais.

A função da vitamina D no corpo é controlar a calcificação dos ossos, aumentando a absorção intestinal de cálcio. Quando vitamina D suficiente está presente, aproximadamente 30% do cálcio ingerido é absorvido, mas na ausência da vitamina D, a absorção de cálcio cai para cerca de 10%. Uma deficiência de vitamina D leva, assim, ao crescimento ósseo deficiente e às doenças *raquitismo* em crianças e *osteoporose* em adultos.

Na verdade, nem a vitamina D_2 nem a D_3 estão presentes nos alimentos. Em vez disso, os alimentos contêm as moléculas precursoras 7-desidrocolesterol e ergosterol. Na presença da luz solar, ambos os precursores são convertidos na camada externa da epiderme da pele para as vitaminas ativas, por conseguinte, o apelido da vitamina D de a "vitamina da luz solar".

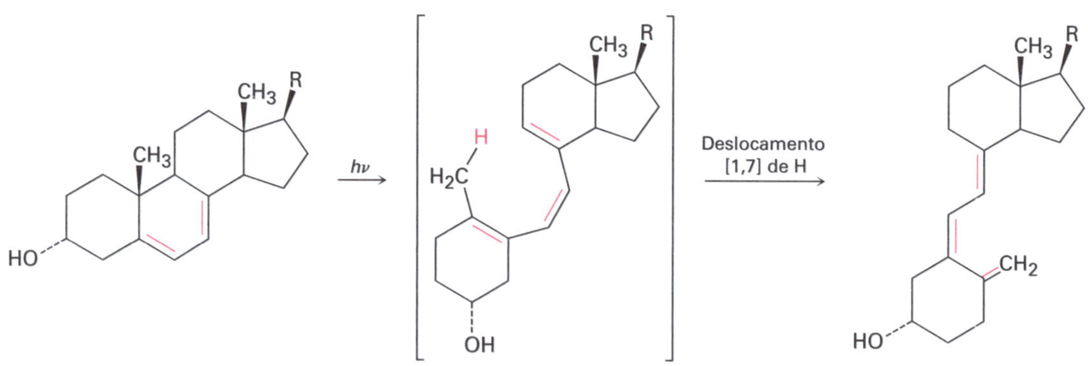

7-desidrocolesterol
Ergosterol

$R = CH(CH_3)CH_2CH_2CH_2CH(CH_3)_2$
$R = CH(CH_3)CH{=}CHCH(CH_3)CH(CH_3)_2$

Colecalciferol
Ergocalciferol

As reações pericíclicas não são comuns nos organismos vivos e a síntese fotoquímica da vitamina D é apenas um dos poucos exemplos bem estudados. A reação acontece em duas etapas, uma abertura eletrocíclica do anel de um ciclohexadieno, para se obter um hexatrieno de cadeia aberta, seguida por um deslocamento sigmatrópico [1,7] de H para se obter um hexatrieno isomérico. Apenas a abertura eletrocíclica inicial do anel requer irradiação pela chamada luz UVB de 295 a 300 nm

(continua)

(continuação)

de comprimento de onda. O deslocamento sigmatrópico [1,7] de H subsequente ocorre espontaneamente por uma isomerização térmica.

Após a síntese sob a pele, o tratamento posterior metabólico do colecalciferol e do ergocalciferol no fígado e nos rins introduz dois grupos –OH adicionais para dar as formas ativas da vitamina, calcitriol e ergocalciferol.

Resumo

Palavras-chave

Antarafacial, 1228
Conrotatório, 1224
Disrotatório, 1223
Orbitais de fronteira, 1221
Orbitais moleculares desocupados de mais baixa energia (LUMO), 1221
Orbitais moleculares ocupados de mais alta energia (HOMO), 1221
Permitida por simetria, 1221
Impedida por simetria, 1221
Reação de cicloadição, 1227
Reação eletrocíclica, 1222
Reação pericíclica, 1219
Reações fotoquímicas, 1224
Rearranjo sigmatrópico, 1230
Suprafacial, 1227

Uma **reação pericíclica** é uma reação que acontece em uma única etapa através de um estado de transição cíclico sem intermediários. Há três classes principais de processos pericíclicos: as reações eletrocíclicas, as reações de cicloadição e os rearranjos sigmatrópicos. A estereoquímica dessas reações é controlada pela simetria dos orbitais envolvidos na reorganização das ligações.

Reações eletrocíclicas envolvem a ciclização de polienos acíclicos conjugados. Por exemplo, 1,3,5-hexatrieno cicliza para 1,3-ciclohexadieno sob aquecimento. As reações eletrocíclicas podem ocorrer ou por rota **conrotatória** ou **disrotatória**, dependendo da simetria dos lóbulos terminais do sistema π. A ciclização conrotatória exige que ambos os lóbulos girem no mesmo sentido, enquanto a ciclização disrotatória exige que os lóbulos girem em sentidos opostos. O curso da reação em um caso específico pode ser encontrado analisando-se a simetria do **orbital molecular ocupado de mais alta energia (HOMO).**

As **reações de cicloadição** são aquelas nas quais duas moléculas insaturadas se adicionam uma à outra para levar a um produto cíclico. Por exemplo, a reação de Diels-Alder entre um dieno (quatro elétrons π) e um dienófilo (dois elétrons π) produz um ciclohexeno. As cicloadições podem ocorrer por rotas **suprafaciais** e **antarafaciais**. A cicloadição suprafacial envolve a interação entre os lóbulos na mesma face de um componente e os lóbulos na mesma face do segundo componente. A cicloadição antarafacial envolve a interação entre os lóbulos na mesma face de um componente e nas fases opostas do outro componente. O curso da reação em um caso específico pode ser encontrado analisando-se a simetria do HOMO de um componente e do **orbital molecular desocupado de mais baixa energia (LUMO)** do outro componente.

Os **rearranjos sigmatrópicos** envolvem a migração de um grupo unido por ligação σ através de um sistema de elétrons π. Por exemplo, o rearranjo de Claisen de um éter alilvinílico produz um composto carbonílico insaturado, e um rearranjo de Cope de um 1,5-hexadieno produz um 1,5-hexadieno isomérico. Os rearranjos sigmatrópicos podem ocorrer tanto com estereoquímica antarafacial como suprafacial; as regras de seleção para um determinado caso são as mesmas que as das reações de cicloadição.

EXERCÍCIOS

Visualizando a química

(Os Problemas 30.1 a 30.10 aparecem no decorrer do capítulo.)

30.11 Preveja o produto obtido quando a seguinte substância é aquecida:

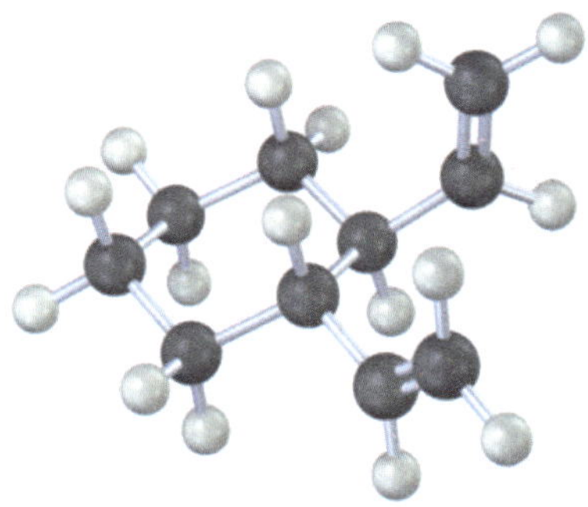

30.12 O espectro de RMN de ^{13}C do homotropilideno obtido à temperatura ambiente mostra apenas três picos. Explique.

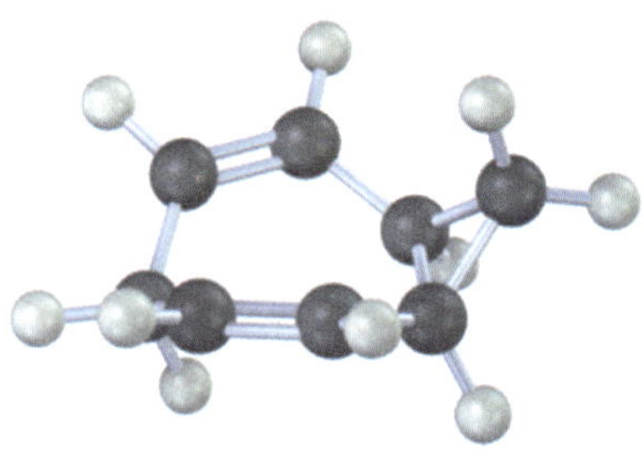

Problemas de mecanismo

30.13 O seguinte rearranjo do íon *N*-alil-*N,N*-dimetilanilínio foi observado. Proponha um mecanismo.

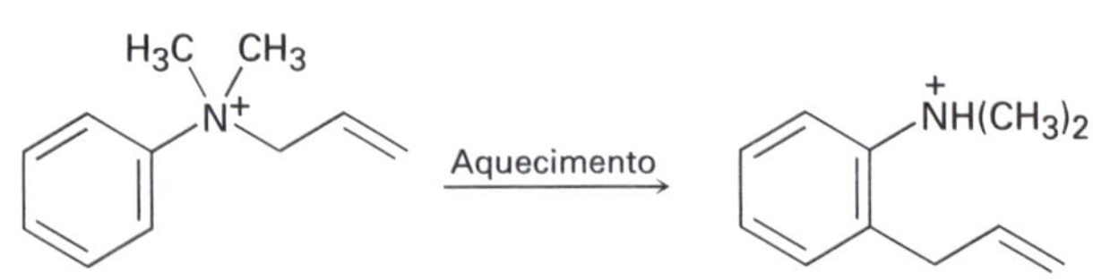

Íon *N*-alil-*N,N*-dimetilanilínio **Íon *o*-alil-*N,N*-dimetilanilínio**

30.14 Os óculos de sol fotocromáticos de plástico baseiam-se no seguinte rearranjo reversível de um corante dentro da lente, que ocorre quando elas são expostas à luz solar. O corante original absorve a luz UV, mas não a luz visível e é, portanto, incolor, enquanto o produto do rearranjo absorve a luz visível e é, portanto, escurecido.

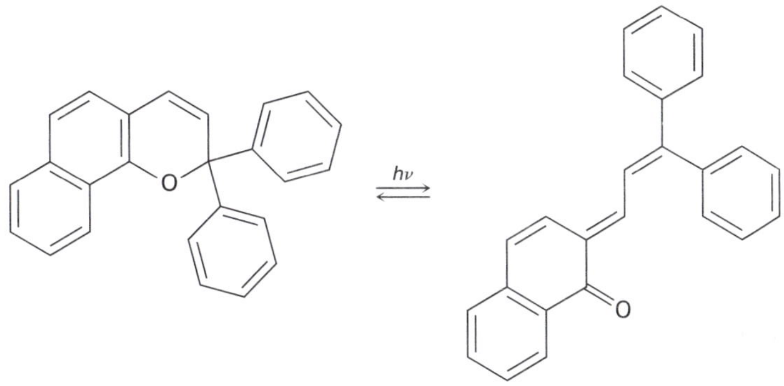

(Incolor) (Escuro)

(a) Mostre o mecanismo do rearranjo.

(b) Por que o produto do rearranjo absorve em um comprimento de onda maior (luz visível) que o corante original (UV)?

30.15 O hormônio sexual estrona foi sintetizado através de uma rota que envolve a seguinte etapa. Identifique as reações pericíclicas envolvidas e proponha um mecanismo.

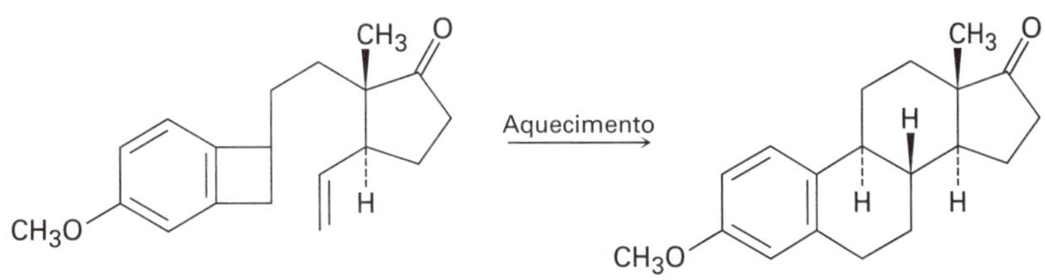

Éter estronametílico

30.16 O ácido coronafácico, uma toxina bacteriana, foi sintetizado usando-se uma etapa-chave que envolve três reações pericíclicas em sequência. Identifique-as e proponha um mecanismo para a transformação global. Como você completaria a síntese?

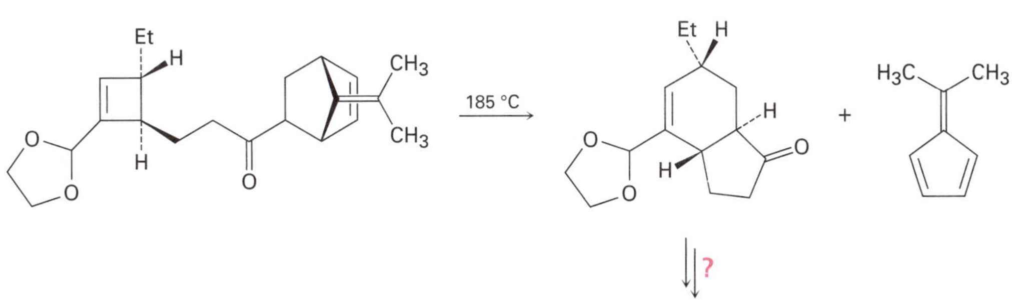

Ácido coronafácico

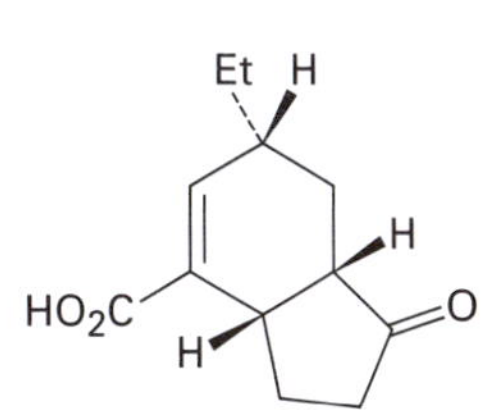

30.17 O seguinte rearranjo térmico envolve duas reações pericíclicas em sequência. Identifique-as e proponha um mecanismo para explicar o resultado observado.

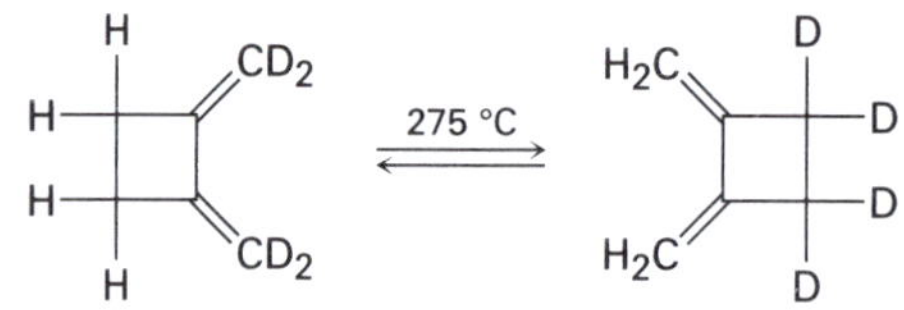

Problemas adicionais

Reações eletrocíclicas

30.18 As seguintes reações eletrocíclicas acontecem de uma forma conrotatória ou disrotatória? Sob quais condições, térmicas ou fotoquímicas, você realizaria cada reação?

(a)

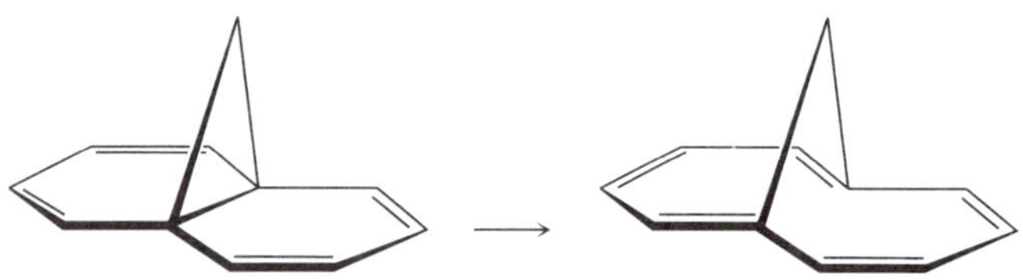

(b)

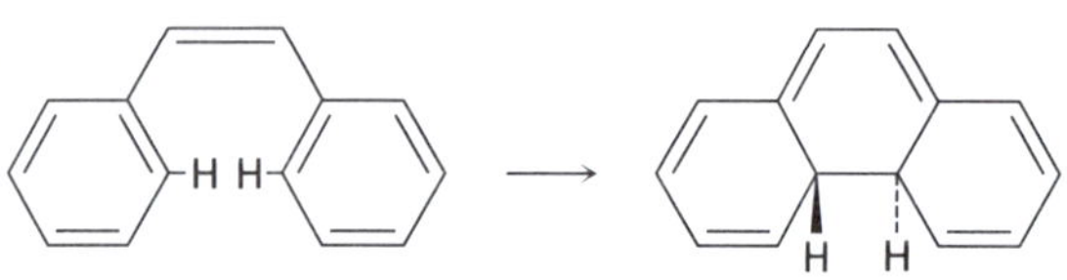

30.19 A seguinte isomerização térmica ocorre sob condições relativamente moderadas. Identifique as reações pericíclicas envolvidas e mostre como o rearranjo ocorre.

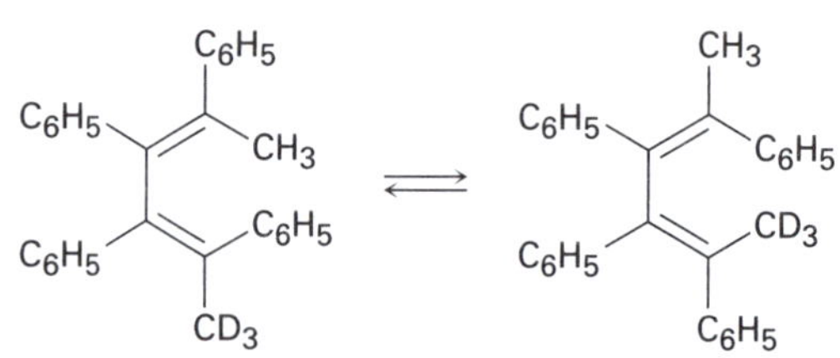

30.20 Você esperaria que a seguinte reação procedesse de maneira conrotatória ou disrotatória? Mostre a estereoquímica do produto ciclobuteno e explique sua resposta.

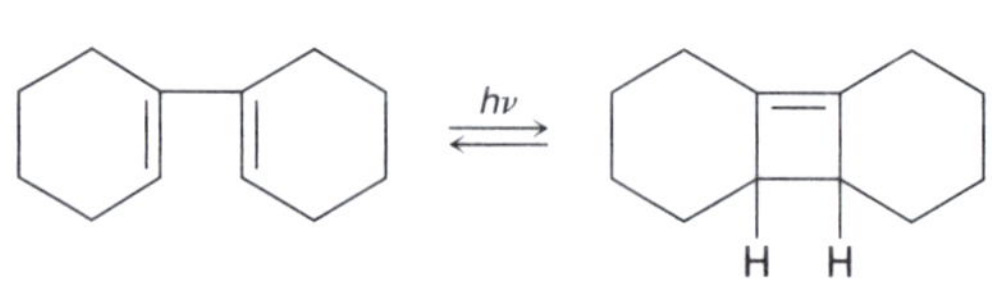

30.21 O aquecimento do (1*Z*,3*Z*,5*Z*)-1,3,5-ciclononatrieno a 100 °C causa a ciclização e a formação de um produto bicíclico. A reação é conrotatória ou disrotatória? Qual é a relação estereoquímica dos dois hidrogênios nas junções do anel, cis ou trans?

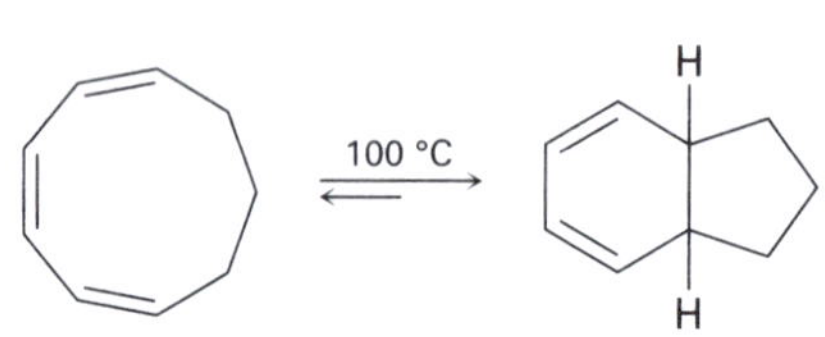

(1*Z*,3*Z*,5*Z*)1,3,5-ciclononatrieno

30.22 O (2*E*,4*Z*,6*Z*,8*E*)-2,4,6,8-decatetraeno foi ciclizado para fornecer o 7,8-dimetil-1,3,5-ciclooctatrieno. Preveja a maneira de fechamento do anel – conrotatório ou disrotatório – para as reações fotoquímicas e térmicas e a estereoquímica do produto em cada caso.

30.23 Responda ao problema 30.22 quanto às ciclizações fotoquímicas e térmicas do (2*E*,4*Z*,6*Z*,8*E*)-2,4,6,8-decatetraeno.

30.24 O ciclohexadecaoctaeno mostrado isomeriza-se em dois isômeros diferentes, dependendo das condições da reação. Explique os resultados observados e indique se cada reação é conrotatória ou disrotatória.

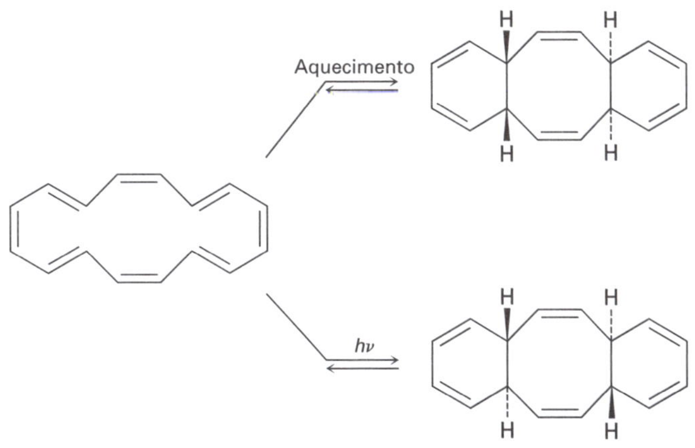

Reações de cicloadição

30.25 Qual das seguintes reações é mais provável de ocorrer? Explique.

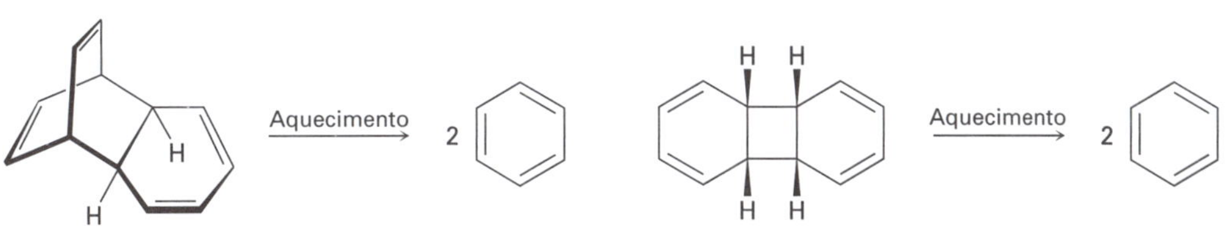

30.26 A reação seguinte acontece em duas etapas, uma das quais é uma cicloadição, enquanto a outra é uma cicloadição *reversa*. Identifique as duas reações pericíclicas e mostre como elas ocorrem.

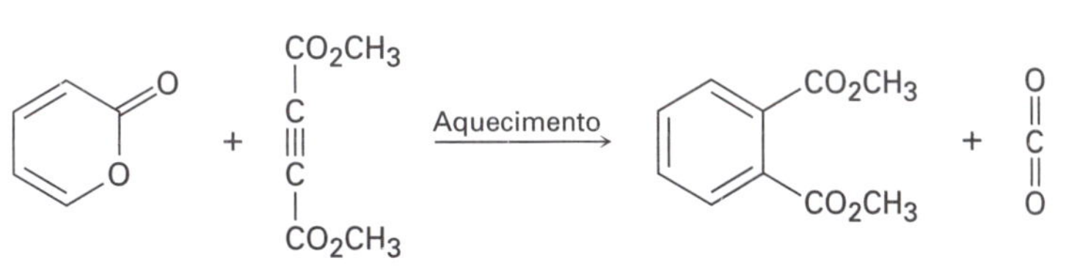

30.27 Duas reações pericíclicas sequenciais estão envolvidas na seguinte síntese do furano. Identifique-as e proponha um mecanismo para a transformação.

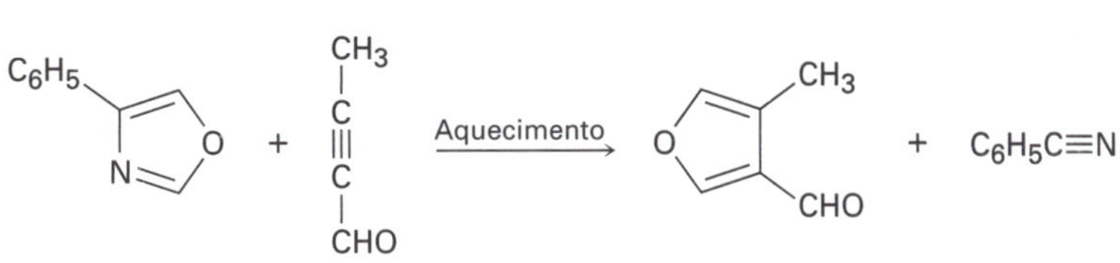

Rearranjos sigmatrópicos

30.28 Preveja o produto da seguinte reação pericíclica. Este deslocamento [5,5] é um processo suprafacial ou antarafacial?

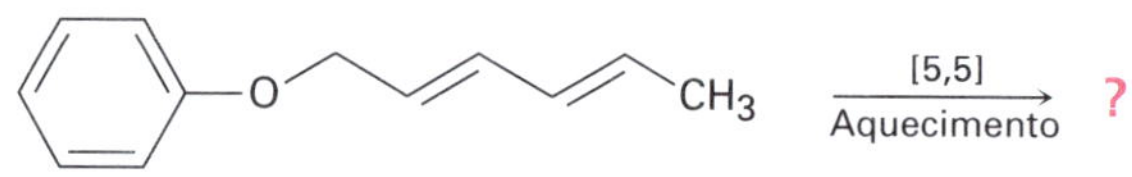

30.29 Proponha um mecanismo pericíclico para explicar a seguinte transformação:

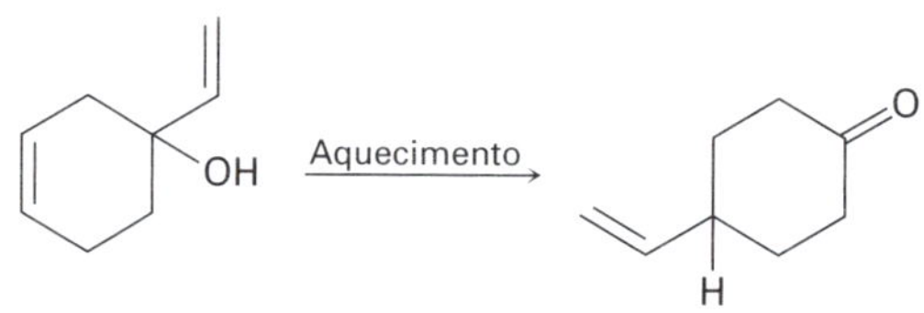

30.30 Os ciclopropanos com substituintes vinílicos sofrem um rearranjo térmico para produzir ciclopentenos. Proponha um mecanismo para a reação e identifique o processo pericíclico envolvido.

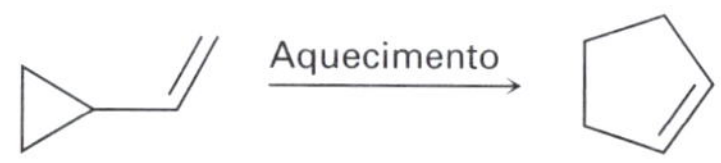

Vinilciclopropano **Ciclopenteno**

30.31 A seguinte síntese de dienonas ocorre rapidamente. Proponha um mecanismo para explicar os resultados e identifique o tipo de reação pericíclica envolvida.

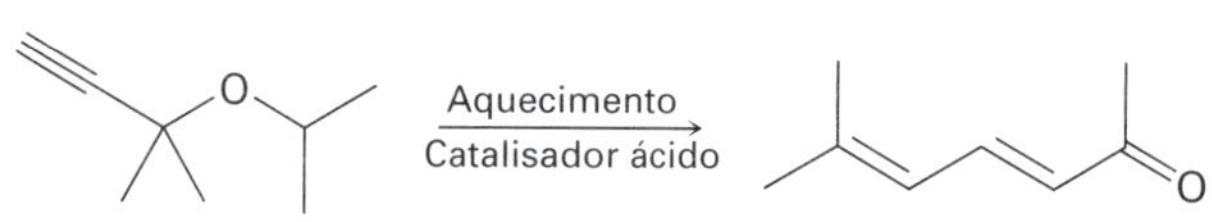

30.32 A kara-hanaenona, um terpenoide isolado do óleo do lúpulo, foi sintetizada através da reação térmica mostrada. Identifique o tipo de reação pericíclica e explique como a kara-hanaenona é formada.

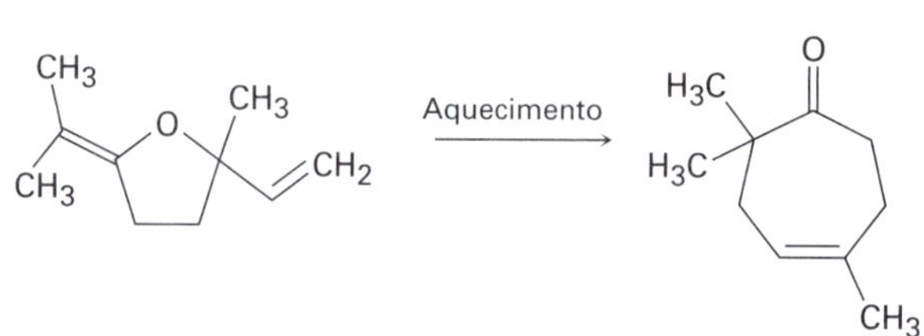

Kara-hanaenona

Problemas gerais

30.33 Qual estereoquímica – antarafacial ou suprafacial – você esperaria observar nas seguintes reações?

(a) Um rearranjo sigmatrópico fotoquímico [1,5]

(b) Uma cicloadição térmica [4 + 6]

(c) Um rearranjo sigmatrópico térmico [1,7]

(d) Uma cicloadição fotoquímica [2 + 6]

30.34 O biciclohexadieno, também conhecido como *benzeno de Dewar*, é extremamente estável apesar do fato de seu rearranjo para o benzeno ser energeticamente favorável. Explique por que esse rearranjo é tão lento.

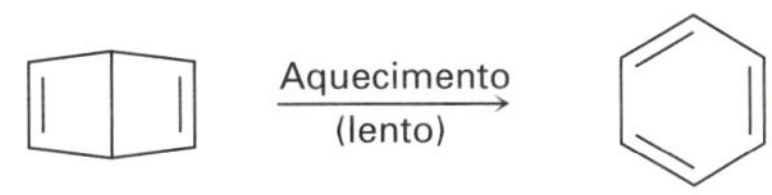

Benzeno de Dewar **Benzeno**

30.35 A abertura de anel do isômero *trans*-ciclobuteno mostrada ocorre a uma temperatura muito mais baixa do que a abertura de anel similar do isômero *cis*-ciclobuteno. Explique o efeito da temperatura e identifique a estereoquímica de cada reação como conrotatória ou disrotatória.

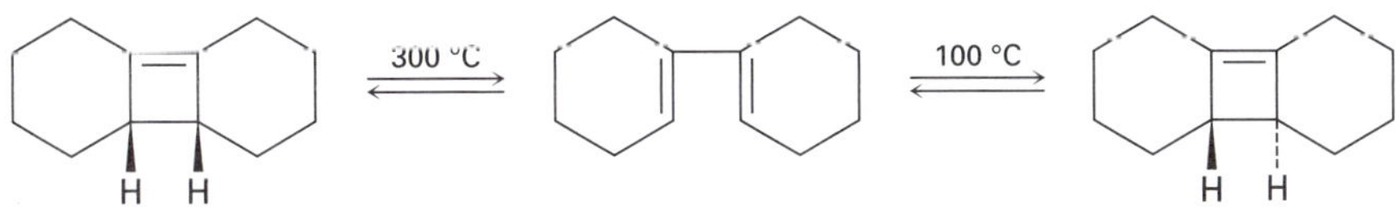

30.36 A fotólise do isômero *cis*-ciclobuteno no Problema 30.35 produz o *cis*-ciclododecaen-7-ino, mas a fotólise do isômero trans produz o *trans*-ciclododecaen-7-ino. Explique esses resultados e identifique o tipo e a estereoquímica da reação pericíclica.

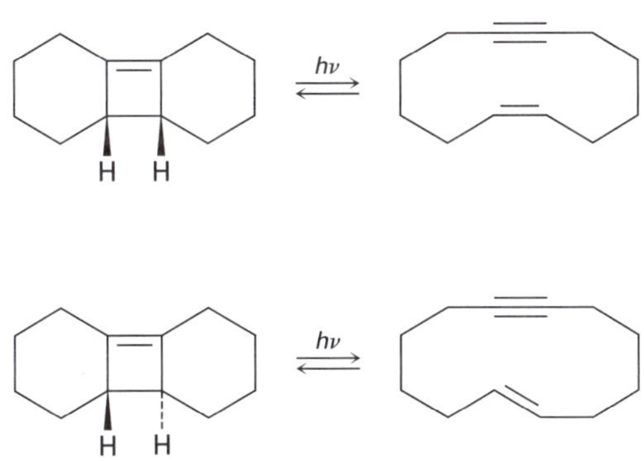

30.37 O espectro de RMN de ^1H do bulvaleno a 100 °C consiste apenas de um único pico em 4,22δ. Explique.

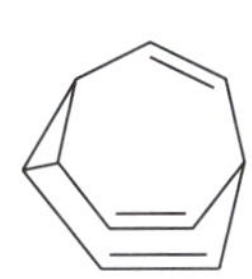

Bulvaleno

30.38 Os seguintes rearranjos foram criados e realizados para provar a estereoquímica de deslocamentos sigmatrópicos [1,5] de hidrogênio. Explique como o resultado observado confirma as previsões de simetria dos orbitais.

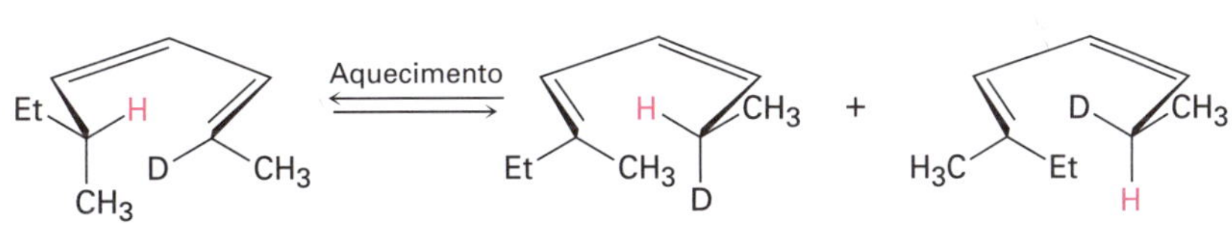

30.39 A seguinte reação é um exemplo de um rearranjo sigmatrópico [2,3]. Você esperaria que a reação fosse suprafacial ou antarafacial? Explique.

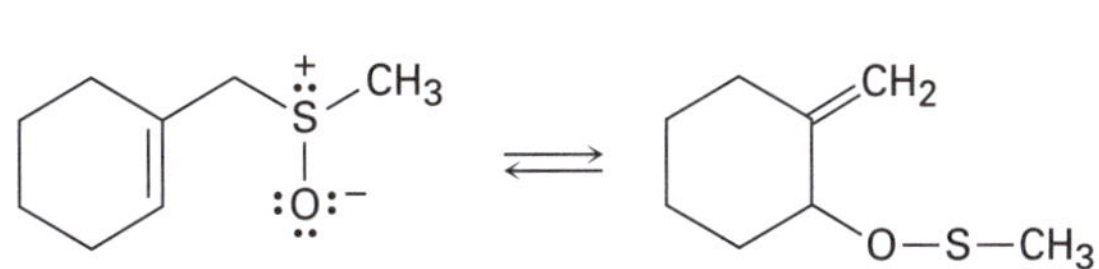

30.40 Quando o composto tendo um ciclobuteno fundido a um anel de cinco membros é aquecido, forma-se o (1*Z*,3*Z*)-1,3-cicloheptadieno. Quando o composto relacionado que possui um ciclobuteno fundido a um anel de oito membros é aquecido, entretanto, o (1*E*,3*Z*)-1,3-ciclodecadieno é formado. Explique esses resultados e sugira uma razão para a abertura do anel de oito membros ocorrer a uma temperatura mais baixa.

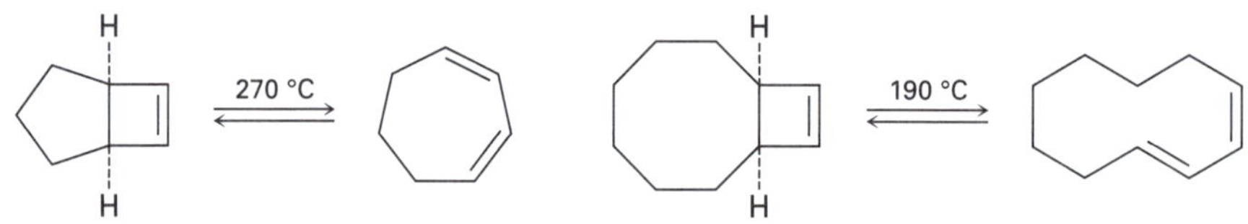

30.41 À luz de sua resposta ao problema 30.40, explique por que uma mistura de produtos ocorre na seguinte reação:

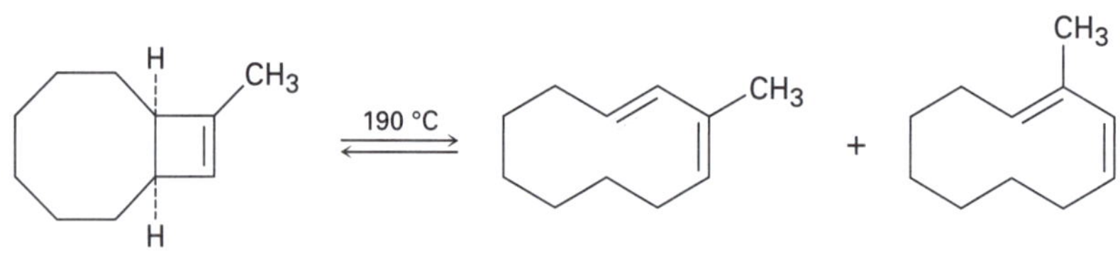

Pratique Sua Análise e Raciocínio Científico VII

O NOTÁVEL PODER ANTIBIÓTICO DO ÁCIDO ENDIÂNDRICO C

Os antibióticos podem ser de grande valor na assistência ao paciente quando prescritos e tomados corretamente. No entanto, o uso disseminado, tanto na medicina quanto na agricultura, tornou os antibióticos menos eficazes em matar organismos infecciosos. Ao longo de muitas gerações de utilização, os organismos tornaram-se mais adaptáveis e resistentes aos antibióticos. Assim, os químicos medicinais estão continuamente à procura de produtos naturais como fontes de novos produtos farmacêuticos. Os ácidos endiândricos A até D são isolados a partir de folhas da planta australiana *Endiandra introrsa* (Lauraceae). Apesar da presença de oito centros assimétricos nestas moléculas policíclicas incomuns, elas ocorrem na natureza, em misturas racêmicas em vez de em formas enantiomericamente puras. Um carbono assimétrico é um com um centro quiral, o que significa que tem quatro grupos diferentes ligados a ele com atribuição R/S. Os centros R/S são imagens especulares não superponíveis um ao outro. Uma mistura 50:50 destes enantiômeros cria um sistema racêmico. O ácido endiândrico C apresenta excelentes qualidades antibacterianas e tem sido utilizado para tratar várias infecções e tumores, incluindo tumores uterinos e rubéola. Sua biossíntese ocorre a partir de uma série de reações pericíclicas permitidas termicamente com base nas regras de Woodward-Hoffmann.

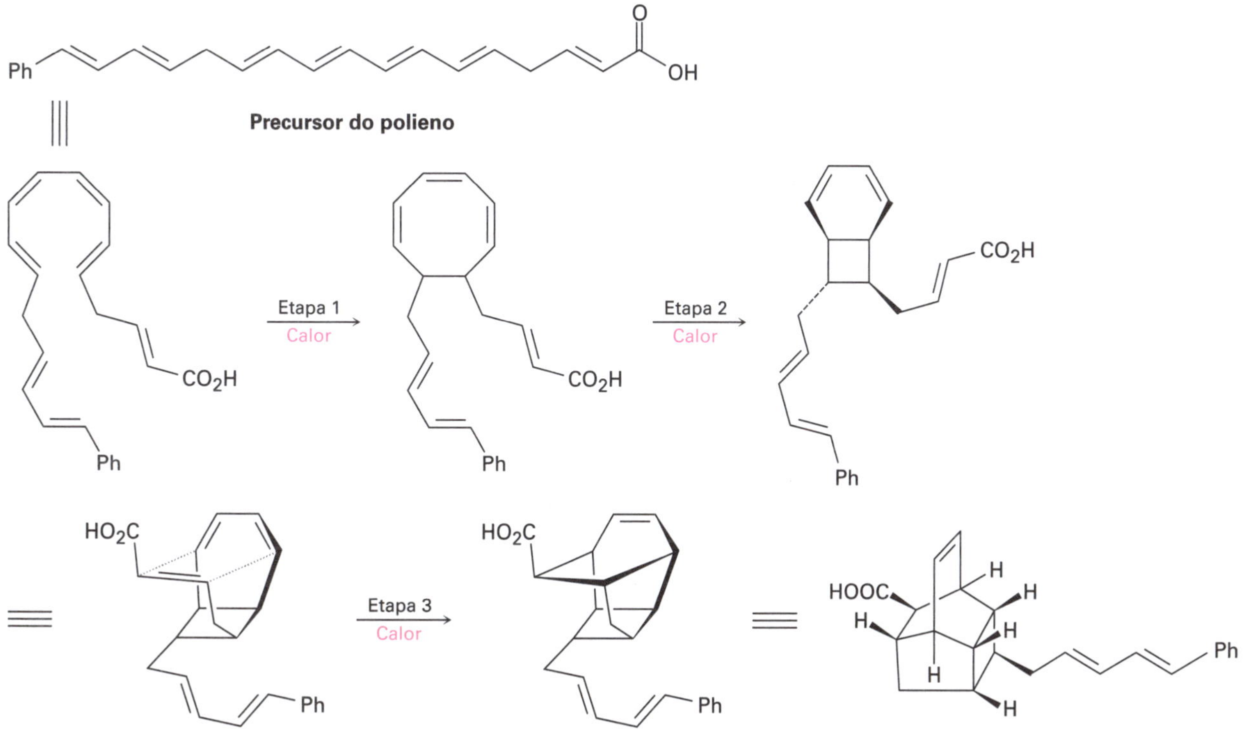

Ácido endiândrico C

Estas regras estabelecem que as reações pericíclicas baseiam-se nos orbitais moleculares de fronteira (OMF). No caso de reações de cicloadição, o HOMO (orbital molecular ocupado de mais alta energia) do dieno e o LUMO (orbital molecular desocupado de mais baixa energia) do dienófilo são os OM significativos; enquanto nas reações de eletrociclização e nos rearranjos sigmatrópicos, apenas a simetria do HOMO é necessária. Neste sistema biossintético, todas as reações são permitidas termicamente.

As perguntas a seguir ajudarão você a entender esta aplicação prática da química orgânica e são semelhantes às questões encontradas nos exames profissionais.

1. Na Etapa 1, a reação é
   (a) eletrociclização disrotatória 6 π
   (b) eletrociclização disrotatória 8 π
   (c) eletrociclização conrotatória 6 π
   (d) eletrociclização conrotatória 8 π

2. Na Etapa 2, a reação é
   (a) eletrociclização disrotatória 6 π
   (b) eletrociclização disrotatória 8 π
   (c) eletrociclização conrotatória 8 π
   (d) cicloadição suprafacial 4 π-2 π

3. Na Etapa 3, a reação é
   (a) eletrociclização disrotatória 4 π
   (b) eletrociclização disrotatória 6 π
   (c) cicloadição suprafacial 4 π-2 π
   (d) deslocamento suprafacial [1,5] de hidrogênio

4. Em uma reação normal de Diels-Alder de demanda de elétron, o HOMO do dieno rico em elétrons interage com o LUMO do dienófilo deficiente de elétrons. Existe também uma reação de Diels-Alder de demanda inversa, que ocorre entre o LUMO de um ***dieno pobre em elétrons*** e o HOMO de um ***dienófilo rico em elétrons***. Quais são os orbitais moleculares envolvidos na reação de Diels-Alder de demanda inversa?

(a)

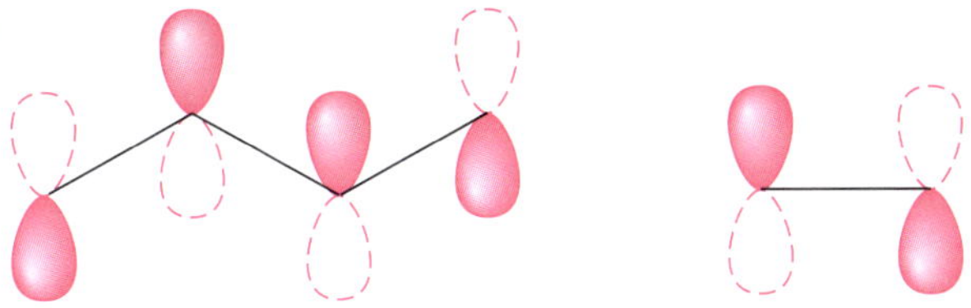

(b)

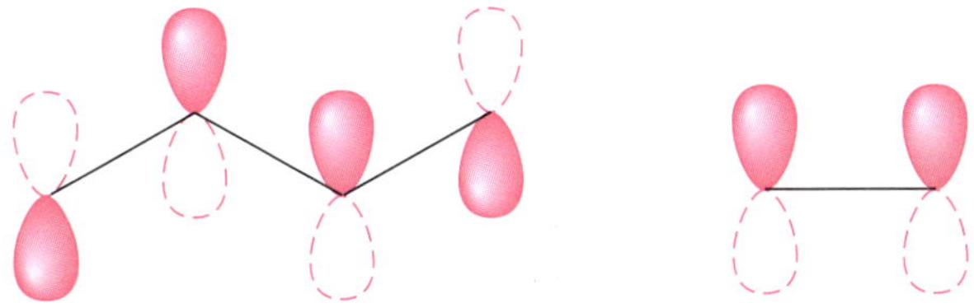

(c)

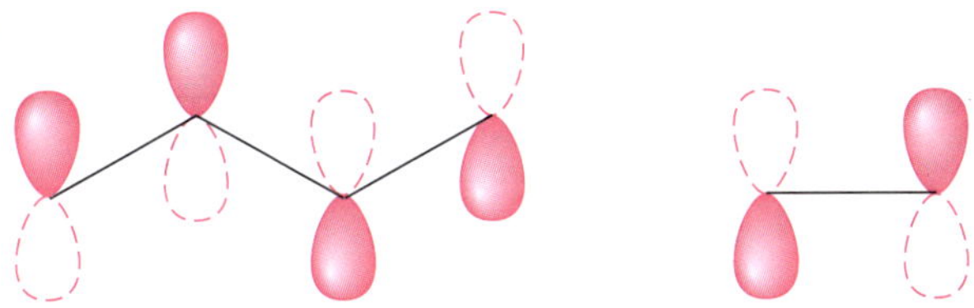

(d)

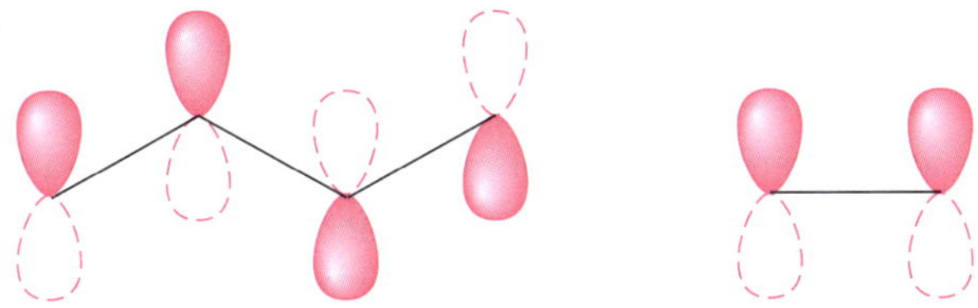

capítulo 31

Polímeros Sintéticos

Neste capítulo:

Tim Robbins/Mint Images/Getty Images

Se você andar de bicicleta, use seu capacete! A maioria dos capacetes de bicicletas são feitos de dois polímeros diferentes, uma concha de policarbonato dura e uma camada interior de poliestireno.

POR QUE ESTE CAPÍTULO? Nossa abordagem sobre os polímeros tem sido até agora dispersa em vários capítulos, mas também é importante ter uma visão mais abrangente. Neste capítulo, analisaremos melhor como os polímeros são feitos e também como a estrutura do polímero se relaciona com suas propriedades físicas. Nenhum curso sobre química orgânica estaria completo sem uma análise dos polímeros.

Os polímeros são uma parte fundamental do mundo moderno, usado em tudo, de copos de café a automóveis e roupas. Na medicina, sua importância está crescendo para propósitos tão diversos, quanto a fabricação de marca-passos cardíacos, válvulas cardíacas artificiais e suturas biodegradáveis.

Vimos em vários momentos, nos capítulos anteriores, que um **polímero**, biológico ou sintético, é uma molécula grande constituída por meio da ligação de muitas unidades muito menores que se repetem, ou **monômeros**. O polietileno, por exemplo, é um polímero sintético feito de etileno (**Seção 8.10**), o náilon é uma poliamida sintética feita de um diácido e de uma diamina (**Seção 21.9**), e as proteínas são poliamidas biológicas feitas de aminoácidos. Observe que os polímeros geralmente são desenhados pela indicação de suas unidades que se repetem entre parênteses. A unidade que se repete no poliestireno, por exemplo, é originária do monômero estireno.

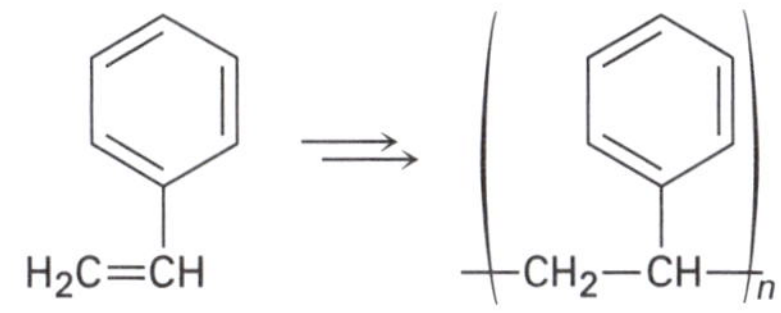

Estireno **Poliestireno**

31.1 Polímeros de crescimento em cadeia

Os polímeros sintéticos são classificados por seu método de síntese como *polímeros de crescimento em cadeia* e *polímeros de crescimento em etapas*. As categorias são de certo modo imprecisas, mas mesmo assim fornecem uma distinção útil. Os polímeros de crescimento em cadeia são produzidos por polimerização de reação em cadeia, na qual um iniciador se adiciona a uma ligação dupla carbono-carbono de um substrato insaturado (um *monômero vinílico*) para produzir um intermediário reativo. Este intermediário reage com uma segunda molécula de monômero para produzir um novo intermediário, que reage com a unidade de um terceiro monômero, e assim por diante.

O iniciador pode ser um radical, um ácido ou uma base. Historicamente, como vimos na **Seção 8.10**, a polimerização radicalar era o método mais comum porque ele pode ser conduzido com praticamente qualquer monômero vinílico.

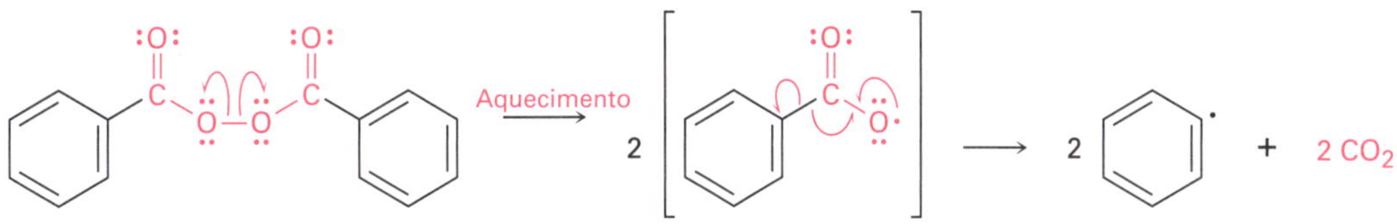

Peróxido de benzoíla **Radical benzoilóxi** **Radical fenila (Ph ·)**

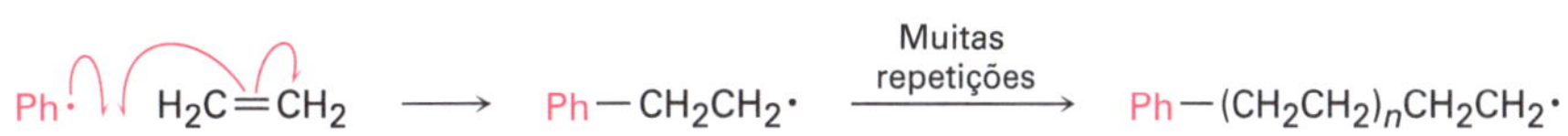

A polimerização catalisada por ácido (catiônica), em contrapartida, é eficaz apenas com monômeros vinílicos que contêm um grupo doador de elétrons (GDE) capaz de estabilizar o intermediário carbocátion de formação de cadeia.

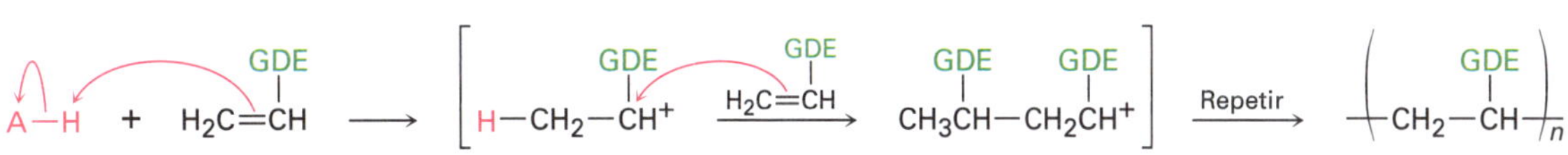

Onde GDE = grupo doador de elétrons

Isobutileno (2-metilpropeno) é um bom exemplo de um monômero que polimeriza rapidamente sob condições catiônicas. A reação é realizada comercialmente a −80 °C, usando BF_3 e uma pequena quantidade de água para gerar o catalisador $BF_3OH^-\ H^+$. O produto é utilizado na fabricação de câmaras para pneus de caminhões e bicicletas.

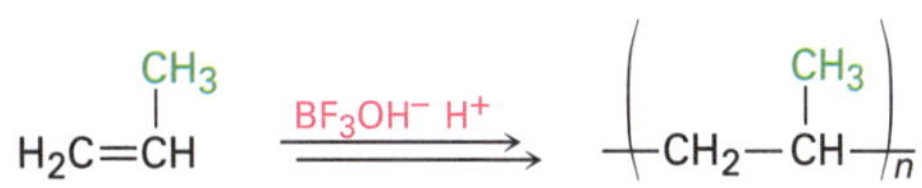

Isobutileno **Poliisobutileno**

Os monômeros vinílicos com grupos retiradores de elétrons (GRE) podem ser polimerizados por catalisadores básicos (aniônicos). A etapa de formação da cadeia é uma adição nucleofílica conjugada de um ânion a um monômero insaturado (**Seção 19.13**).

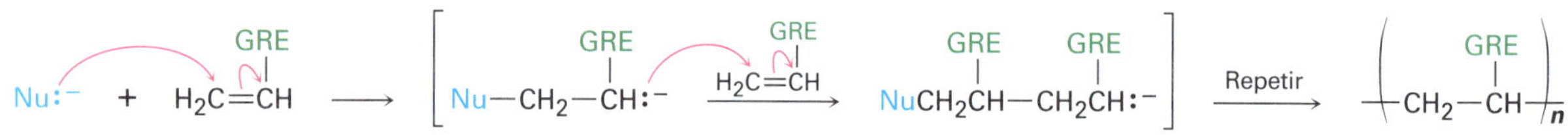

Onde GRE = grupo retirador de elétrons

A acrilonitrila ($H_2C{=}CHCN$), o metacrilato de metila [$H_2C{=}C(CH_3)CO_2CH_3$] e o estireno ($H_2C{=}CHC_6H_5$) podem ser polimerizados anionicamente. O poliestireno utilizado em copos de isopor para café, por exemplo, é preparado pela polimerização aniônica do estireno utilizando o butillítio como catalisador.

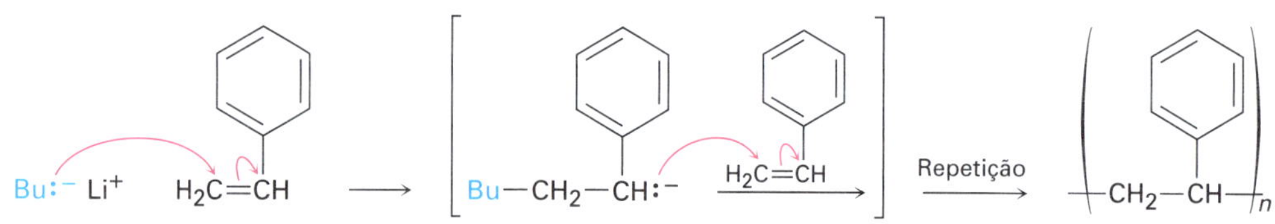

Estireno **Poliestireno**

Um exemplo interessante da polimerização aniônica são as propriedades notáveis da "supercola", cuja gota pode segurar até 900 kg. A supercola é apenas uma solução de α-cianoacrilato de metila puro, que possui dois grupos retiradores de elétrons que tornam a adição aniônica particularmente fácil. Quantidades ínfimas de água ou bases na superfície de um objeto são suficientes para iniciar a polimerização do cianoacrilato e unir os artigos. A pele é uma boa fonte de iniciadores básicos necessários e muitas pessoas se veem com os dedos colados depois de tocarem inadvertidamente a supercola. A supercola é tão eficaz na união de tecidos que os ésteres de cianoacrilatos relacionados, como o Dermabond, são utilizados em hospitais no lugar de suturas para o fechamento de ferimentos.

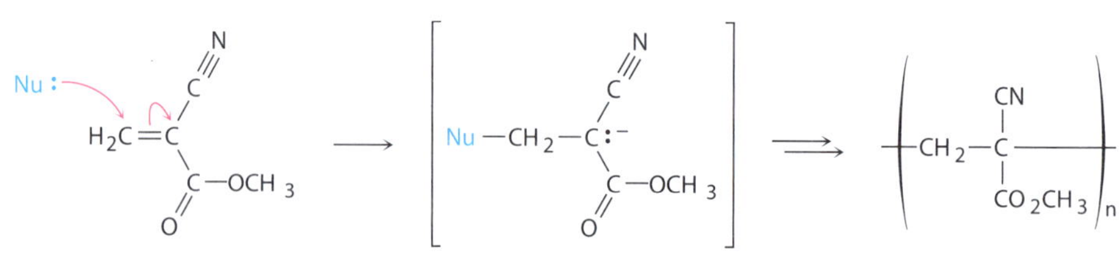

α-cianoacrilato de metila

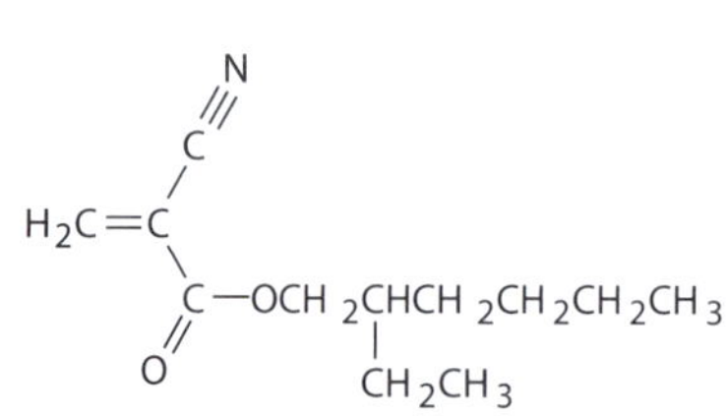

Dermabond
(α-cianoacrilato de 2-etilexila)

PROBLEMA 31.1 Ordene os seguintes monômeros com relação às suas reatividades esperadas na polimerização catiônica e explique sua resposta:

$$H_2C{=}CHCH_3,\ H_2C{=}CHCl,\ H_2C{=}CH{-}C_6H_5,\ H_2C{=}CHCO_2CH_3$$

PROBLEMA 31.2 Ordene os seguintes monômeros com relação às suas reatividades esperadas na polimerização aniônica e explique sua resposta:

$$H_2C{=}CHCH_3,\ H_2C{=}CHC{\equiv}N,\ H_2C{=}CHC_6H_5$$

PROBLEMA 31.3 O poliestireno é produzido comercialmente pela reação do estireno com o butillítio como um iniciador aniônico. Utilizando as estruturas de ressonância, explique como o intermediário de formação de cadeia é estabilizado.

31.2 Estereoquímica da polimerização: catalisadores de Ziegler-Natta

Embora não destacamos quando discutimos os polímeros de crescimento em cadeia na **Seção 8.10**, a polimerização de um monômero vinílico substituído pode conduzir a um polímero com vários centros de quiralidade na sua cadeia. Propileno, por exemplo, pode polimerizar com qualquer um dos três resultados estereoquímicos mostrados na **Figura 31.1**. Um polímero que tem todos os grupos metila no mesmo lado da estrutura em ziguezague é chamado **isotático**, um em que os grupos metila alternam regularmente em lados opostos da estrutura é chamado **sindiotático** e um tendo um dos seus grupos metila orientados aleatoriamente é chamado **atático**.

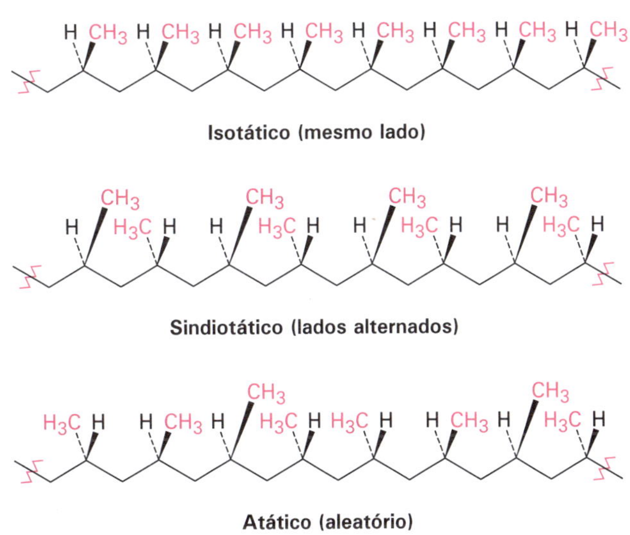

FIGURA 31.1 Formas isotáticas, sindiotáticas e atáticas do propileno.

As três formas estereoquímicas diferentes do propileno possuem de alguma maneira propriedades diferentes e todas podem ser produzidas utilizando-se o catalisador de polimerização correto. A polimerização do propileno por meio do uso de iniciadores radicalares não funciona bem, mas a polimerização usando *catalisadores de Ziegler-Natta* permite a preparação de propileno atático, sindiotático e isotático.

Os **catalisadores de Ziegler-Natta** – há diversas formulações diferentes – são complexos organometálicos de metais de transição preparados pelo tratamento de um alquil alumínio com um composto de titânio. O trietilalumínio e o tetracloreto de titânio formam uma preparação típica.

$$(CH_3CH_2)_3Al + TiCl_4 \longrightarrow \text{Um catalisador de Ziegler-Natta}$$

Após a sua introdução em 1953, os catalisadores de Ziegler-Natta revolucionaram o campo da química de polímeros devido a duas vantagens: em primeiro lugar, os polímeros resultantes são lineares, com praticamente nenhuma ramificação na cadeia e em segundo lugar, eles são estereoquimicamente controláveis. Formas isotáticas, sindiotáticas e atáticas podem ser produzidas, dependendo do sistema de catalisador usado.

A forma ativa de um catalisador de Ziegler-Natta é um intermediário de alquiltitânio com um sítio de coordenação vago no metal. Acontece a coordenação do monômero de alceno com o titânio e o alceno coordenado insere-se, então, na ligação titânio-carbono para aumentar a cadeia alquílica. Um novo sítio de coordenação se abre durante a etapa de inserção, de forma que o processo se repete indefinidamente.

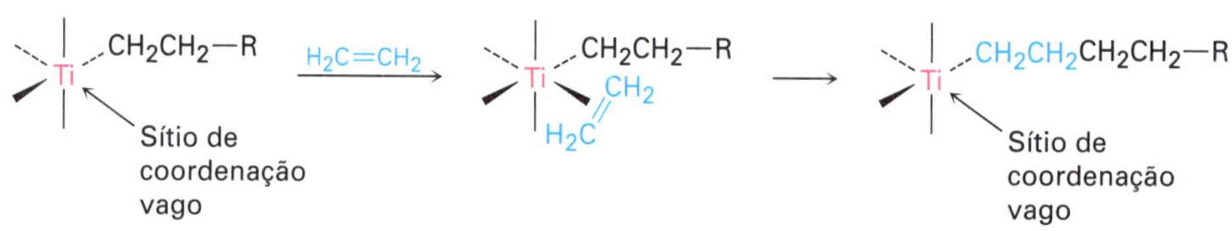

O polietileno linear produzido pelo processo de Ziegler-Natta, chamado de *polietileno de alta densidade,* é um polímero altamente cristalino contendo de 4.000 a 7.000 unidades de etileno por cadeia e massa molecular na faixa de 100.000 a 200.000 *u*. O polietileno de alta densidade possui mais força e resistência ao calor que o produto ramificado de polimerização induzida por radicais, chamado de *polietileno de baixa densidade*, utilizado para a produção de garrafas de plástico e utensílios domésticos moldados.

Polietilenos de massa molecular ainda maior são produzidos para aplicações especiais. O chamado polietileno de alta massa molecular (HMW) contém entre 10.000 e 18.000 unidades de monômeros por cadeia (MM = 300.000-500.000 *u*) e é utilizado para fazer canos e grandes recipientes. O polietileno de massa molecular ultra-alta (HMW) contém mais de 100.000 monômeros por cadeia e possui massas moleculares que vão de 3.000.000 a 6.000.000 *u*. Ele é utilizado para suportes, esteiras rolantes e coletes à prova de bala, entre outras aplicações que exigem uma resistência incomum ao desgaste.

PROBLEMA 31.4 O cloreto de vinilideno, $H_2C{=}CCl_2$ não se polimeriza em formas atáticas, sindiotáticas e isotáticas. Explique.

PROBLEMA 31.5 Os polímeros como o polipropileno contêm um grande número de centros quirais. Você esperaria, então, que amostras de propilenos isotáticos, sindiotáticos ou atáticos girem a luz polarizada no plano? Explique.

31.3 Copolímeros

Até agora, discutimos somente **homopolímeros** – polímeros que são feitos de unidades idênticas que se repetem. Na prática, entretanto, os *copolímeros* são comercialmente mais importantes. Os **copolímeros** são obtidos quando dois ou mais monômeros diferentes são deixados se polimerizar juntos. Por exemplo, a copolimerização do cloreto vinílico com o cloreto de vinilideno (1,1-dicloroetileno) em uma proporção 1 : 4 leva ao polímero Saran.

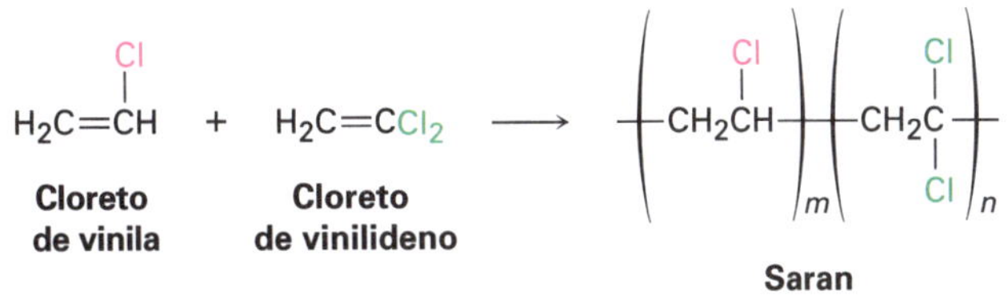

A copolimerização de misturas de monômeros geralmente leva a materiais com propriedades bastante diferentes dos homopolímeros correspondentes, proporcionando ao químico de polímeros uma grande quantia de flexibilidade para a criação de novos materiais. A **Tabela 31.1** relaciona alguns copolímeros e suas aplicações comerciais.

TABELA 31.1 Alguns copolímeros comuns e seus usos

Monômeros	Estruturas	Nome comercial	Usos
Cloreto vinílico Cloreto de vinilideno	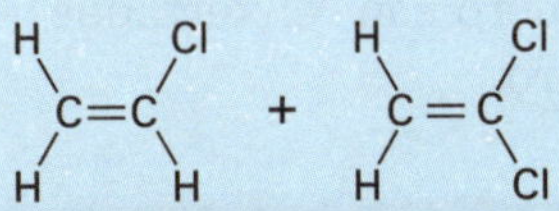	Saran	Fibras e embalagens para alimentos
Estireno 1,3-butadieno	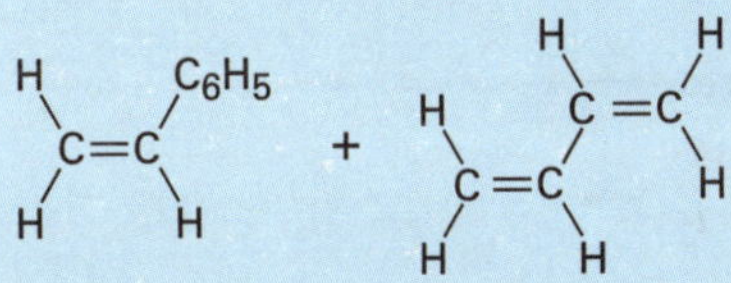	SBR (borracha de estireno-butadieno, em inglês)	Pneus, artigos de borracha
Hexafluoropropeno Fluoreto de vinilideno	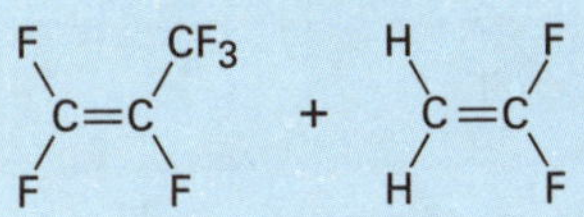	Viton	Juntas e vedações
Acrilonitrila 1,3-butadieno	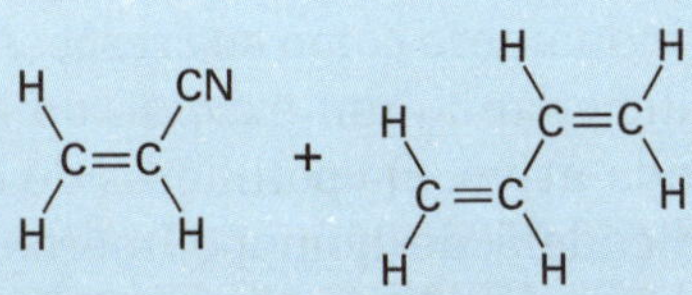	Borracha nitrílica	Adesivos e mangueiras
Isobutileno Isopropeno	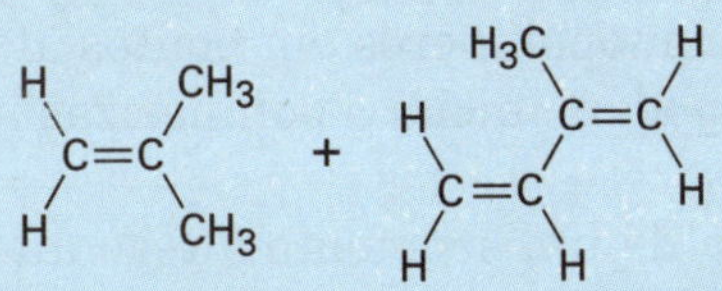	Borracha butílica	Câmaras de pneus
Acrilonitrila 1,3-butadieno Estireno	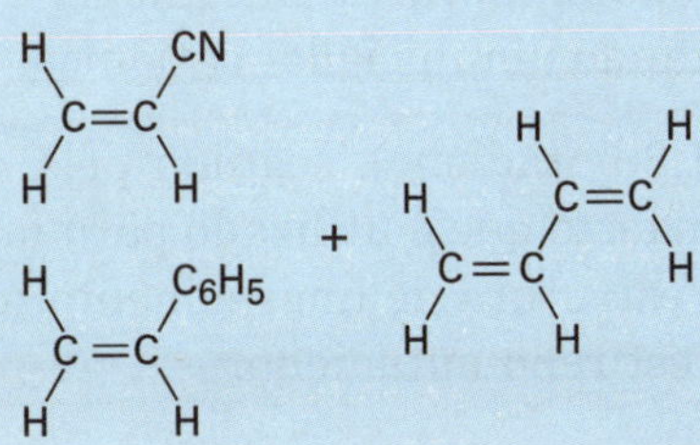	ABS (iniciais dos monômeros, em inglês)	Tubos, aplicações de alto impacto

Vários tipos de copolímeros diferentes podem ser definidos, dependendo da distribuição das unidades de monômeros na cadeia. Se o monômero A é copolimerizado com o monômero B, por exemplo, o produto resultante pode possuir uma distribuição aleatória de duas unidades por toda a cadeia ou pode ter uma distribuição alternada.

—A—A—A—B—A—B—B—A—B—A—A—A—B—B—B—

Copolímero aleatório

—A—B—A—B—A—B—A—B—A—B—A—B—A—B—A—

Copolímero alternado

A distribuição exata das unidades de monômeros depende das proporções iniciais dos dois monômeros reagentes e suas reatividades relativas. Na prática, não se encontram nem copolímeros perfeitamente aleatórios nem copolímeros perfeitamente randômicos. A maioria dos copolímeros possui imperfeições aleatórias.

As outras duas formas de copolímeros que podem ser preparadas em certas circunstâncias são chamadas de *copolímeros em bloco* ou *copolímeros de enxerto*. Os **copolímeros em bloco** são aqueles nos quais diferentes blocos de unidades de monômeros idênticos se alternam entre si; os **copolímeros de enxerto** são aqueles nos quais ramificações de homopolímeros de uma unidade de monômero são "enxertadas" em cadeias de polímeros de outra unidade de monômero.

Um copolímero em bloco —A—A—A—A—A—A—A—A—B—B—B—B—B—B—B—B—

Um copolímero de enxerto

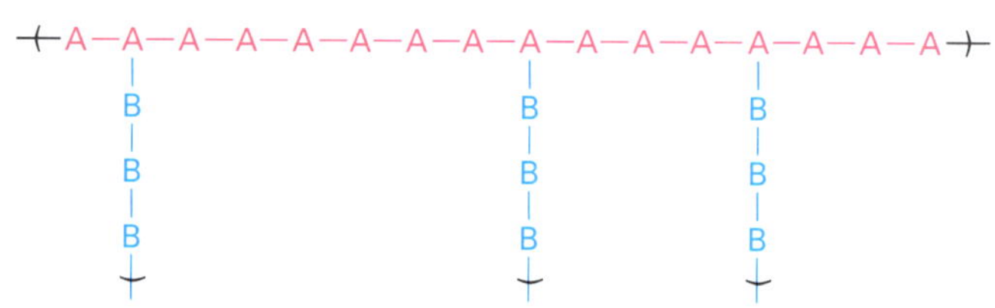

Os copolímeros em bloco são preparados por meio da inicialização da polimerização de um monômero como se crescesse em uma cadeia de homopolímeros e depois adicionando um excesso do segundo monômero a uma mistura de reação ainda ativa. Os polímeros de enxerto são feitos por irradiação gama de uma cadeia de homopolímeros completa na presença do segundo monômero. A irradiação de alta energia retira os átomos de hidrogênio da cadeia de homopolímeros em pontos aleatórios, gerando assim sítios radicalares que podem iniciar a polimerização do monômero adicionado.

PROBLEMA 31.6 Desenhe a estrutura de um segmento alternante da borracha butílica, um copolímero de isopreno (2-metil-1,3-butadieno) e isobutileno (2-metilpropeno) preparado utilizando um iniciador catiônico.

PROBLEMA 31.7 Irradiação do poli(1,3-butadieno), seguida pela adição do estireno, produz um copolímero de enxerto que é utilizado para fazer solas de borracha para sapatos. Desenhe a estrutura de um segmento representativo deste copolímero de enxerto de estireno-butadieno.

31.4 Polímeros de crescimento em etapas

Os polímeros de crescimento em etapas são produzidos por reações nas quais cada ligação no polímero é formada por etapas, independentemente das outras. Como as poliamidas (náilons) e poliésteres que vimos na **Seção 21.9**, a maioria dos polímeros de crescimento em etapas é produzida pela reação entre dois reagentes difuncionais. O náilon 66, por exemplo, é preparado pela reação entre o ácido adípico de seis carbonos e uma hexametilenodiamina (1,6-hexanodiamina) de seis carbonos. De maneira alternativa, um único reagente com dois grupos funcionais diferentes pode se polimerizar. O náilon 6 é preparado pela polimerização da caprolactama. A reação é iniciada pela adição de uma pequena quantidade de água, que hidrolisa parte da caprolactama a ácido 6-aminoxanoico. A adição nucleofílica do grupo amina à caprolactama então propaga a polimerização.

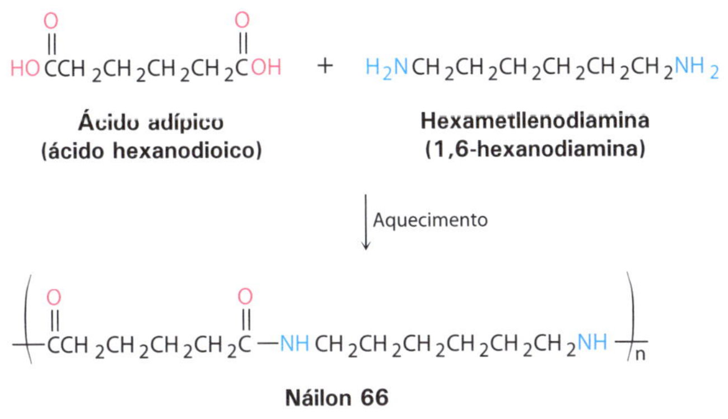

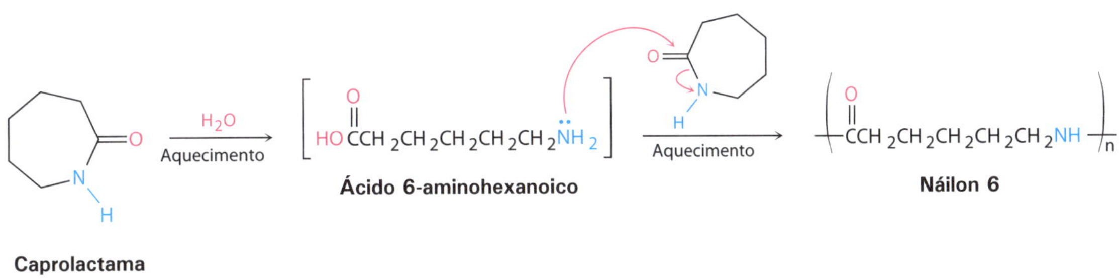

POLICARBONATOS

Os **policarbonatos** são como os poliésteres, mas seu grupo carbonila é ligado a dois grupos $-OR$, $[O{=}C(OR)_2]$. O lexan, por exemplo, é um policarbonato preparado a partir de carbonato de difenila e um difenol chamado bisfenol A. O lexan possui uma força contra impactos fora do comum, o que o torna valioso para os invólucros de máquinas, telefones, capacetes para ciclismo e vidro à prova de bala.

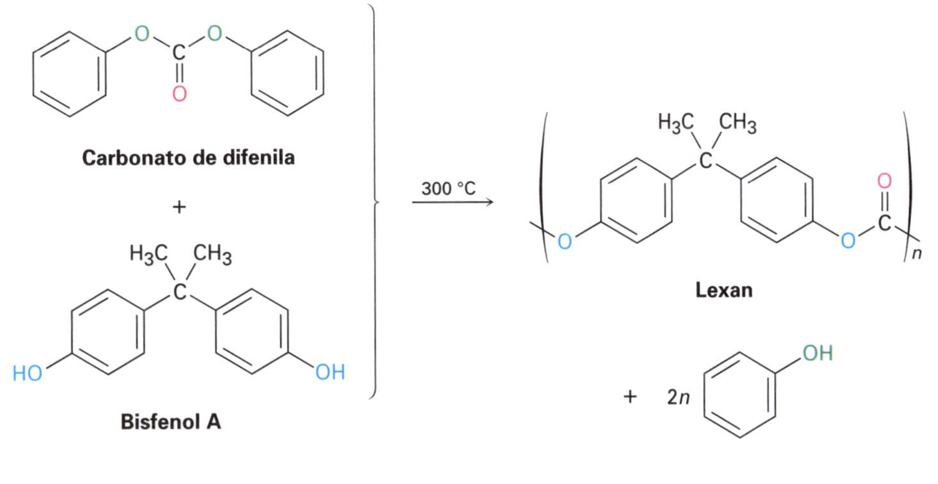

POLIURETANOS

Um *uretano* é um grupo funcional que contém carbonila, no qual o carbono da carbonila está ligado a um grupo $-OR$ e a um grupo $-NR_2$. Assim, um uretano está entre um carbonato e a ureia.

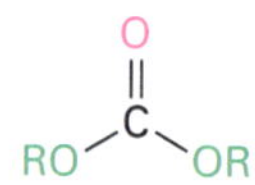

Um carbonato

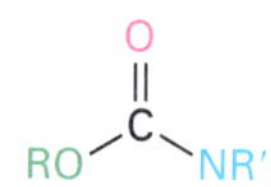

Um uretano

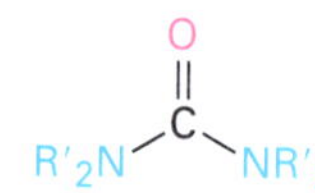

Uma ureia

Um uretano é normalmente preparado por reação de adição nucleofílica entre um álcool e um isocianato ($R-N=C=O$); portanto, um **poliuretano** é preparado pela reação entre um diol e um diisocianato. O diol é geralmente um polímero de baixa massa molecular (MM $\approx$ 1.000 *u*) com grupos hidroxila nas extremidades; o diisocianato é geralmente o tolueno-2,4-diisocianato.

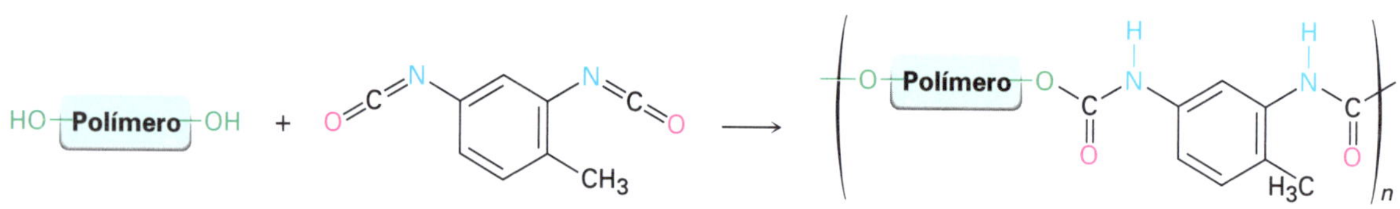

Tolueno-2,4-diisocianato **Um poliuretano**

Vários tipos diferentes de poliuretanos podem ser produzidos, dependendo da natureza do álcool polimérico utilizado. O principal uso do poliuretano é nas fibras de spandex esticável utilizado em trajes de banho e vestimentas atléticas. Esses poliuretanos possuem um grau bastante baixo de ligações cruzadas de forma que o polímero resultante é macio e elástico. Um segundo uso importante dos poliuretanos está nas espumas usadas para o isolamento. A formação da espuma ocorre quando uma pequena quantidade de água é adicionada durante a polimerização, fornecendo um ácido carbâmico intermediário que espontaneamente solta bolhas de CO_2.

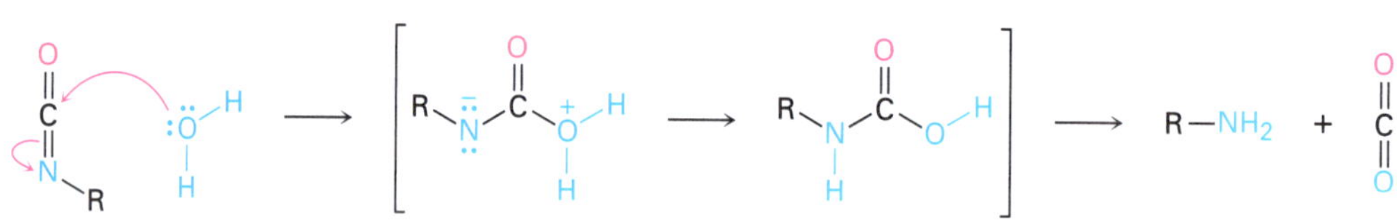

Um ácido carbâmico

As espumas de poliuretano geralmente são feitas usando-se um *poli*álcool em vez de um diol como monômero, de forma que o polímero possua uma grande quantidade de ligações cruzadas em três dimensões. O resultado é uma espuma rígida, mas muito leve, adequada ao uso como isolante térmico na construção civil e caixas de gelo portáteis.

PROBLEMA 31.8 O poli(tereftalato de etileno), ou PET, é um poliéster utilizado para a fabricação de garrafas de refrigerantes. Ele é preparado por meio da reação do etilenoglicol com o ácido 1,4-benzenodicarboxílico (ácido tereftálico). Desenhe a estrutura do PET.

PROBLEMA 31.9 Mostre o mecanismo da reação de adição nucleofílica de um álcool com um isocianato para a produção de um uretano.

31.5 Polimerização de metátese de olefinas

Talvez o avanço mais importante na síntese dos polímeros nos últimos anos tenha sido o desenvolvimento da *polimerização de metátese de olefinas*. Na sua forma mais simples, uma reação de metátese de olefinas são duas olefinas (alcenos) trocando substituintes em suas ligações duplas.

Uma reação de metátese de olefinas

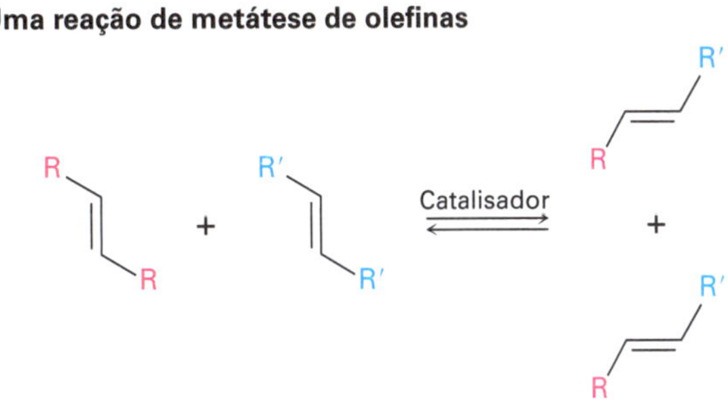

Os catalisadores de metátese de olefinas, como o catalisador de Grubbs agora em uso comum, contém uma ligação dupla carbono-metal (geralmente rutênio, Ru) e têm a estrutura geral M=CHR. Eles funcionam reagindo reversivelmente com um alceno para formar um intermediário de quatro membros contendo metal chamado um *metalaciclo*, o qual se abre imediatamente para formar um catalisador diferente e um alceno diferente. O mecanismo é exibido na **Figura 31.2**.

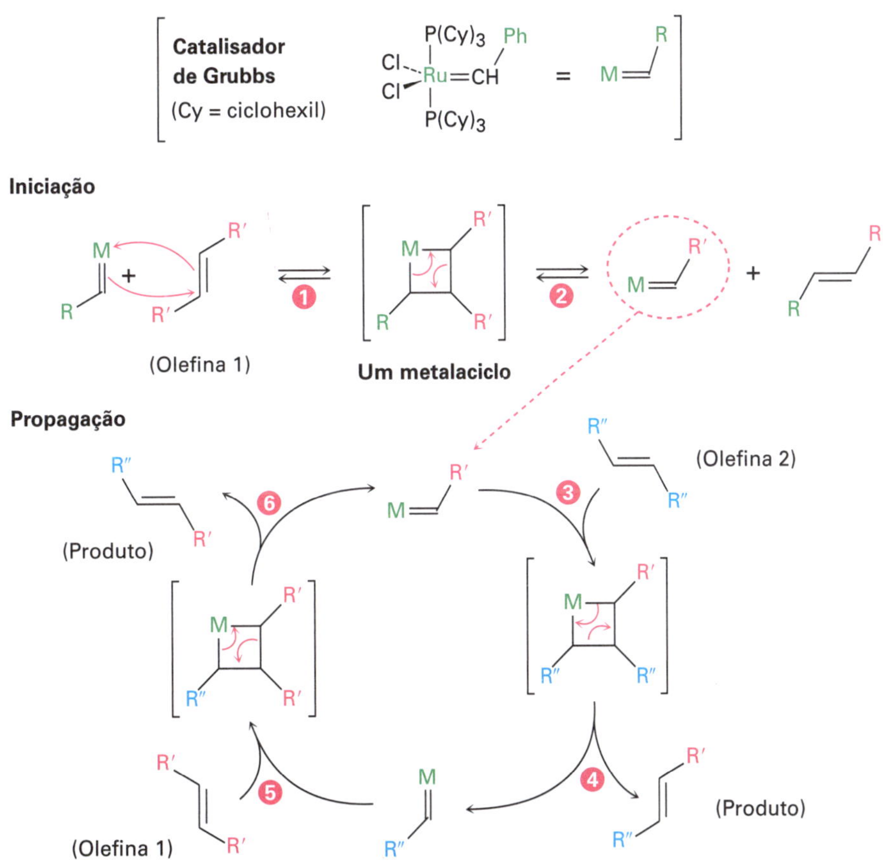

FIGURA 31.2 O mecanismo da reação de metátese de olefina. O processo é iniciado por uma sequência de duas etapas que envolve (1) a reação do catalisador e da olefina 1 para gerar um intermediário metalaciclo de quatro membros, seguido pela (2) abertura do anel para dar uma forma diferente do catalisador que contenha parte da olefina 1. (3) A reação deste novo catalisador com a olefina 2 dá outro metalacíclico intermediário, (4) o qual se abre para dar o produto de metátese e outra forma de catalisador. (5, 6) As etapas repetitivas que formam o anel e a abertura do anel então continuam.

Existem vários métodos para a implementação da reação de metátese de olefinas para preparar polímeros. Um método, chamado de *polimerização via metátese por abertura do anel*, ou ROMP, envolve o uso de um cicloalcano moderadamente tensionado, como o ciclopenteno. A tensão do anel favorece sua abertura, conduzindo assim à formação do produto de cadeia aberta. O polímero resultante tem ligações duplas espaçadas regularmente ao longo da cadeia, permitindo tanto a hidrogenação como a funcionalização adicional se desejada.

Polimerização via metátese por abertura de anel (ROMP)

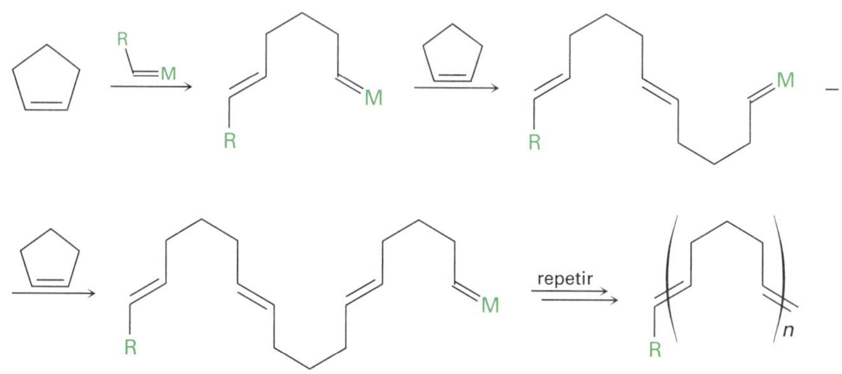

Um segundo método de utilização de metátese de olefina para preparar polímeros é por *metátese de dieno acíclico*, ou ADMET. Tal como o nome sugere, ADMET envolve metátese de olefinas de um substrato de cadeia aberta com duas ligações duplas nas extremidades de uma cadeia longa, como 1,8-nonadieno. À medida que a reação prossegue, o subproduto etileno gasoso escapa, deslocando assim o equilíbrio para o produto polimérico. Esta reação é tão eficiente que os polímeros com massas moleculares tão elevadas quanto 80.000 *u* foram preparados.

Metátese de dieno acíclico (ADMET)

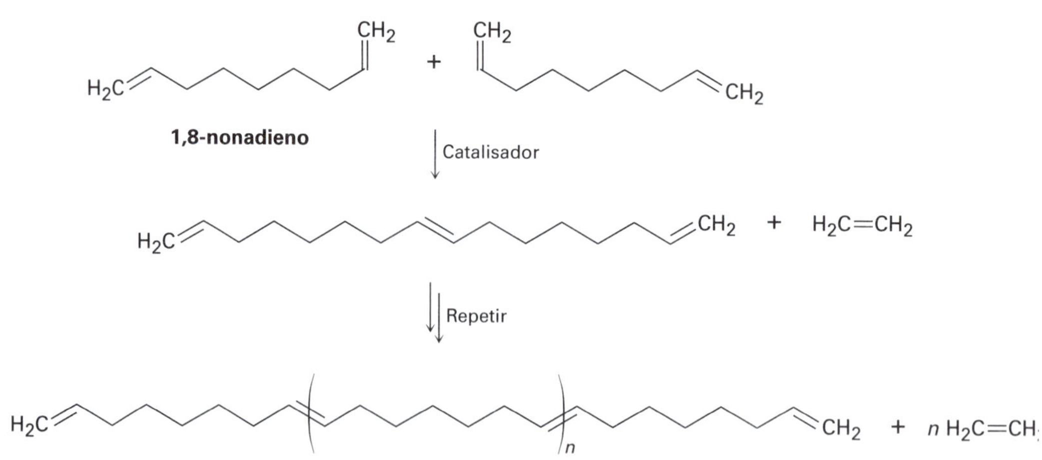

Os procedimentos ROMP e ADMET são particularmente valiosos, porque a reação de metátese é compatível com a presença no monômero da olefina de diversos grupos funcionais diferentes. Além disso, as ligações duplas nos polímeros proporcionam ainda mais flexibilidade para manipulações posteriores. Entre os polímeros comerciais produzidos por metátese de olefinas estão o Vestenamer, utilizado na fabricação de pneus e outros objetos de borracha moldados e o Norsorex, utilizado na indústria automotiva como um material vedante.

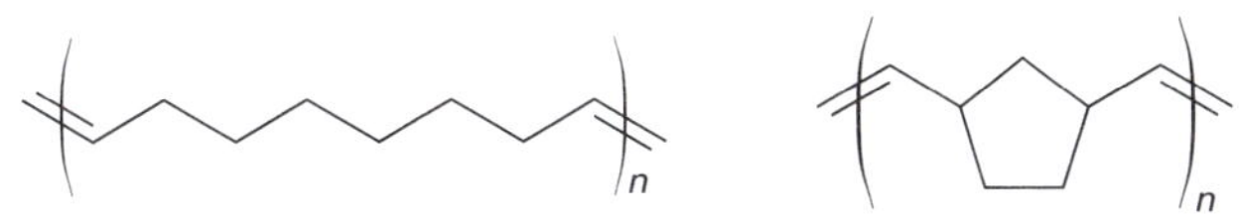

PROBLEMA 31.10 Olhe para as estruturas do Vestenamer e do Norsorex e mostre como eles podem ser obtidos por polimerização de metátese de olefina.

31.6 Estrutura e propriedades físicas dos polímeros

Os polímeros na verdade não são tão diferentes de outras moléculas orgânicas. Eles são muito maiores, é claro, mas sua química é similar à de moléculas análogas menores. Dessa forma, as cadeias de alceno do polietileno sofrem uma halogenação iniciada por radicais, os anéis aromáticos do poliestireno sofrem reações típicas de substituição aromática nucleofílica, e as ligações de amida de um náilon são hidrolisadas por uma base aquosa.

A maior diferença entre moléculas pequenas e grandes está em suas propriedades físicas. Por exemplo, seu tamanho grande significa que o polímero está sujeito a forças de Van der Waals substancialmente maiores que as moléculas pequenas (**Seção 2.12**). Mas como a força de Van der Waals atua somente em pequenas distâncias, ela é mais forte em polímeros como o polietileno de alta densidade, polímeros nos quais as cadeias podem se acomodar juntas de maneira regular. Muitos polímeros, na verdade, possuem regiões essencialmente cristalinas. Essas regiões, chamadas de **cristalitos**, consistem de porções altamente ordenadas nas quais as cadeias em zigue-zague do polímero são mantidas juntas por forças de Van der Waals (**Figura 31.3**).

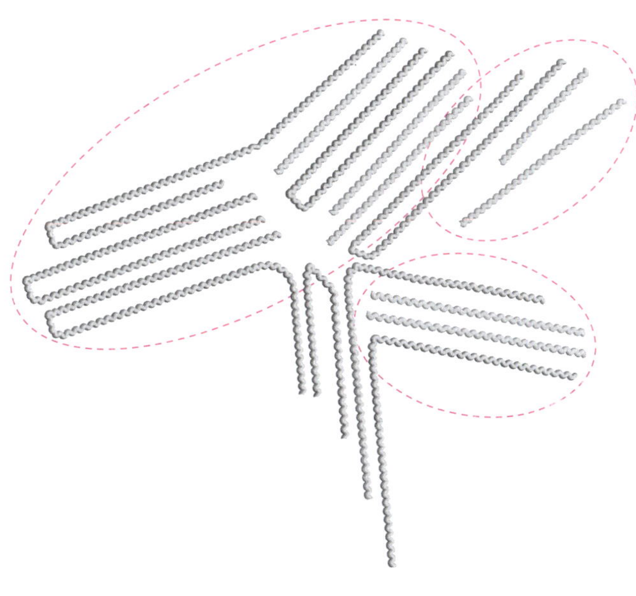

FIGURA 31.3 Cristalitos em um polietileno linear. As longas cadeias do polímero estão dispostas em linhas paralelas nas regiões cristalinas.

Como você pode imaginar, a cristalinidade de um polímero é fortemente afetada pelas exigências estéricas dos grupos substituintes nas cadeias. O polietileno linear é altamente cristalino, mas o poli(metacrilato de metila) não é cristalino porque as cadeias não conseguem se acomodar juntas de maneira regular. Polímeros com alto grau de cristalinidade geralmente são rígidos e duráveis. Quando aquecidas, as regiões cristalinas fundem na **temperatura de transição de fusão, T_f**, para produzir um material amorfo.

Polímeros amorfos e não cristalinos como o poli(metacrilato de metila), vendido sob o nome de Plexiglas, possuem pouca ou curta ordenação entre as cadeias, mas podem, no entanto, ser bastante duros à temperatura ambiente. Quando aquecido, os polímeros amorfos duros se tornam moles e flexíveis e um ponto chamado **temperatura de transição vítrea, T_v**. Muito da arte em qualquer síntese de polímeros está em encontrar métodos para o controle do grau de cristalinidade e da temperatura de transição vítrea, dando assim propriedades úteis ao polímero.

Em geral, os polímeros podem ser divididos em quatro categorias maiores, dependendo de seu comportamento físico: *termoplásticos, fibras, elastômeros* e *resinas termofixas*. Os **termoplásticos** são polímeros nos quais a maioria das pessoas pensa quando a palavra *plástico* é mencionada. Esses polímeros possuem uma T_v alta e, portanto, são duros à temperatura ambiente, mas se tornam moles e viscosos quando aquecidos. Como resultado, eles podem ser moldados em brinquedos, pérolas, carcaças de telefones ou milhares de outros itens. Como os termoplásticos possuem pouca ou nenhuma ligação cruzada, as cadeias individuais podem escorregar umas sobre as outras na fusão. Alguns polímeros termoplásticos, como o poli(metacrilato de metila) e o poliestireno, são amorfos e não cristalinos; outros, como o náilon e o polietileno, são parcialmente cristalinos. Entre os termoplásticos mais conhecidos estão o poli(tereftalato de etileno), ou PET, utilizado para fazer garrafas de refrigerante.

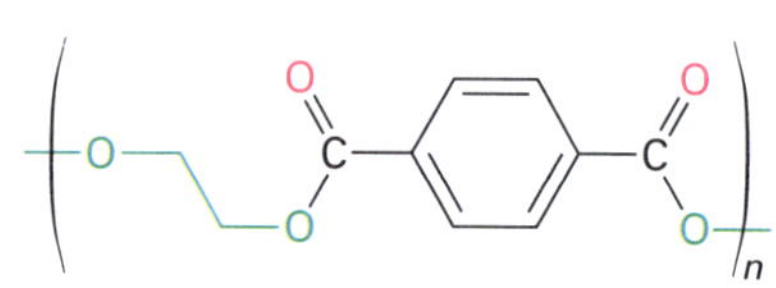

Poli(tereftalato de etileno)

Os **plastificantes** – pequenas moléculas orgânicas que atuam como lubrificantes entre cadeias – geralmente são adicionados aos termoplásticos para evitar que fiquem quebradiços à temperatura ambiente. Um exemplo é o poli(cloreto de vinila), que é quebradiço quando puro, mas que se torna maleável e flexível quando é adicionado um plastificante. Na verdade, a maioria das bolsas de soro utilizadas em hospitais para o fornecimento de soluções intravenosas é feita de poli(cloreto de vinila), embora substitutos estejam aparecendo.

Os ftalatos de dialquila como o ftalato de di(2-etilhexila) (chamado geralmente de ftalato de dioctila) são usados comumente como plastificantes, embora questões sobre sua segurança tenham sido levantadas. A U.S. Food and Drug Administration (FDA) recomendou o uso de materiais alternativos em pacientes com a saúde comprometida e crianças, mas não encontrou nenhuma evidência de toxicidade para os indivíduos saudáveis. Além disso, os brinquedos infantis que contêm ftalatos foram proibidos nos Estados Unidos.

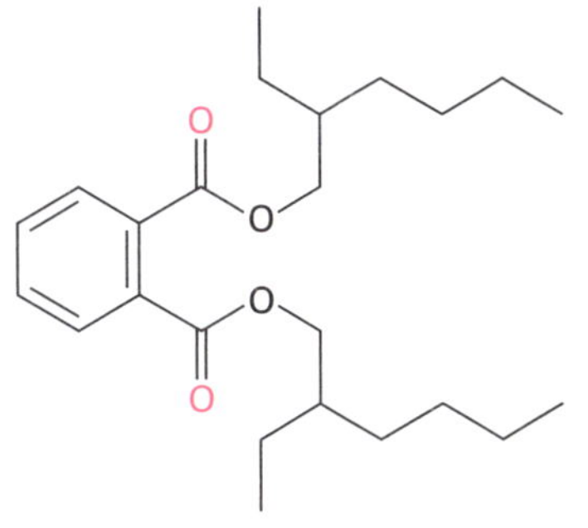

Ftalato de di(2-etilhexila) (ou ftalato de dioctila), um plastificante

As **fibras** são fios finos produzidos pela extrusão de um polímero fundido por meio de pequenos orifícios em um molde ou fiandeira. As fibras são então resfriadas e puxadas, o que orienta as regiões cristalinas ao longo do eixo da fibra e adiciona uma força de tensão considerável (**Figura 31.4**). O náilon, o dacron e o polietileno possuem a estrutura semicristalina necessária para formarem fibras orientadas.

Os **elastômeros** são polímeros amorfos que possuem a capacidade de se esticarem e restaurarem sua forma. Esses polímeros precisam possuir valores baixos de T_v e uma pequena quantidade de ligações cruzadas para prevenir que as cadeias escorreguem umas sobre as outras. Além disso, as cadeias devem possuir um formato irregular para prevenir a formação de cristalitos. Quando esticadas, as cadeias aleatoriamente enroladas se endireitam e se orientam na direção em que são puxadas. As forças de Van der Waals são muito fracas e muito poucas para manterem esta orientação e, então, o elastômero é revertido para seu estado de enrolamento aleatório quando a força que o mantém esticado é liberada (**Figura 31.5**).

FIGURA 31.4 Regiões orientadas de cristalito em uma fibra de polímero.

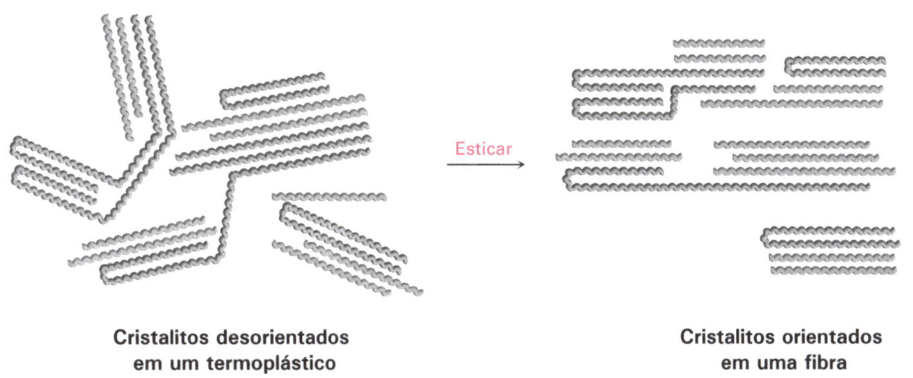

FIGURA 31.5 Formas esticadas e relaxadas de um elastômero.

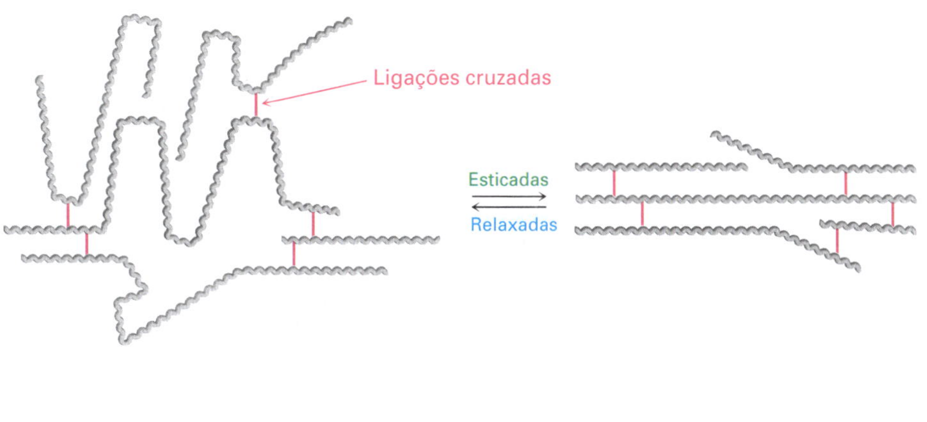

A borracha natural (**Seção 14.6**) é o exemplo mais comum de um elastômero. A borracha possui longas cadeias e ligações cruzadas ocasionais necessárias para a elasticidade, mas sua geometria irregular evita um empacotamento condensado das cadeias nos cristalitos. A guta-percha, em contrapartida, é altamente cristalina e não é um elastômero (**Figura 31.6**).

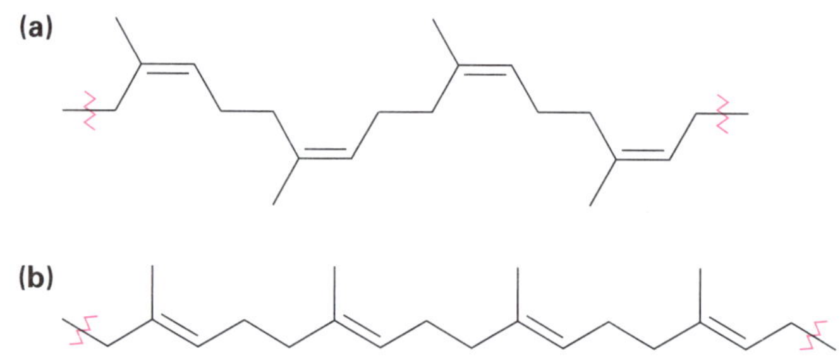

FIGURA 31.6 (a) A borracha natural é elástica e não cristalina por causa de sua geometria de ligação dupla cis, mas a **(b)** guta-percha não é elástica e é cristalina porque sua geometria permite maior empacotamento das cadeias.

As **resinas termofixas** são polímeros que adquirem muitas ligações cruzadas e solidificam em uma massa dura e insolúvel quando aquecidos. A *baquelite*, uma resina termofixa produzida pela primeira vez em 1907, está em uso comercial há mais tempo que qualquer outro polímero sintético. Ela é vastamente utilizada para peças moldadas, adesivos, revestimentos e mesmo aplicações de altas temperaturas, como cones de pontas de mísseis.

Quimicamente, a baquelite é uma *resina fenólica*, produzida pela reação do fenol e do formaldeído. No aquecimento, a água é eliminada, muitas ligações cruzadas são formadas e o polímero torna-se uma massa igual a uma rocha. As ligações cruzadas na baquelite e outras resinas termofixas são tridimensionais e tão extensas que não podemos falar na verdade de "cadeias" de polímero. Um pedaço de baquelite é essencialmente uma grande molécula.

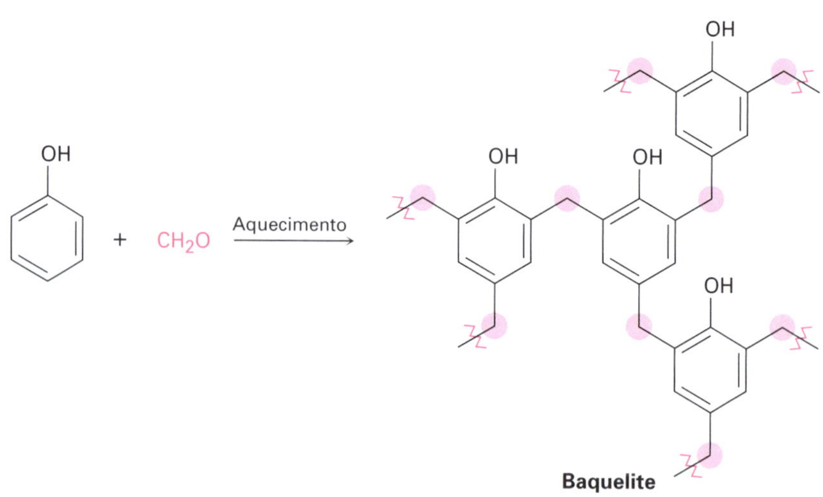

PROBLEMA 31.11 Qual produto você esperaria obter da hidrogenação catalítica da borracha natural? O produto seria sindiotático, atático ou isotático?

PROBLEMA 31.12 Proponha um mecanismo para explicar a formação da baquelite a partir da polimerização do fenol e do formaldeído catalisada por ácido.

Algo extra

Polímeros biodegradáveis

Joy Fera/iStockphoto.com

O que acontece com o plástico que vem parar aqui?

A alta estabilidade química de muitos polímeros é ao mesmo tempo uma bênção e uma maldição. A resistência ao calor, ao desgaste e uma vida longa são características valiosas para fibras de roupas, capacetes para ciclismo, tubulações subterrâneas, embalagens de comida e muitos outros itens. Mas quando esses produtos sobrevivem à sua utilidade, o descarte se torna um problema.

A reciclagem de polímeros descartados é a melhor solução, e seis tipos de plásticos em uso comum frequentemente são marcados com códigos de identificação atribuídos pela Society of the Plastic Industry (**Tabela 31.2**). Depois de serem separados por tipo, os itens a serem reciclados são triturados em pequenos pedaços, lavados, secos e derretidos para reutilização. Garrafas de refrigerante, por exemplo, são feitas de poli(tereftalato de etileno) reciclado; sacolas de lixo são feitas de polietileno de baixa densidade reciclado; e a mobília de plástico é feita de polipropileno reciclado e plásticos misturados.

TABELA 31.2 Plásticos reciclados

Polímero	Código de reciclagem	Uso
Poli(tereftalato de etileno)	1–PET	Garrafas de refrigerante
Polietileno de alta densidade	2–HDPE	Garrafas
Poli(cloreto de vinila)	3–V	Tapetes
Propileno de baixa densidade	4–LDPE	Sacolas de compras
Polipropileno	5–PP	Mobília
Poliestireno	6–PS	Artigos moldados
Plásticos misturados	7	Bancos, madeira plástica

Frequentemente, entretanto, os plásticos são simplesmente descartados em vez de reciclados, e muito trabalho tem sido realizado no desenvolvimento de polímeros *biodegradáveis*, que podem ser decompostos rapidamente pelos micro-organismos do solo. Entre os polímeros biodegradáveis mais comuns estão o ácido poliglicólico (PGA), o ácido poliláctico (PLA) e o polihidroxibutirato (PHB). Todos são poliésteres e, portanto, estão sujeitos à hidrólise de suas ligações. Os copolímeros de PGA com PLA encontraram, particularmente, uma vasta gama de utilidades. Um copolímero 90/10 de ácido poliglicólico e poliláctico é utilizado para a fabricação de suturas absorventes, por exemplo. As suturas

(continua)

(continuação)

são inteiramente degradadas e absorvidas pelo corpo após 90 dias depois da cirurgia.

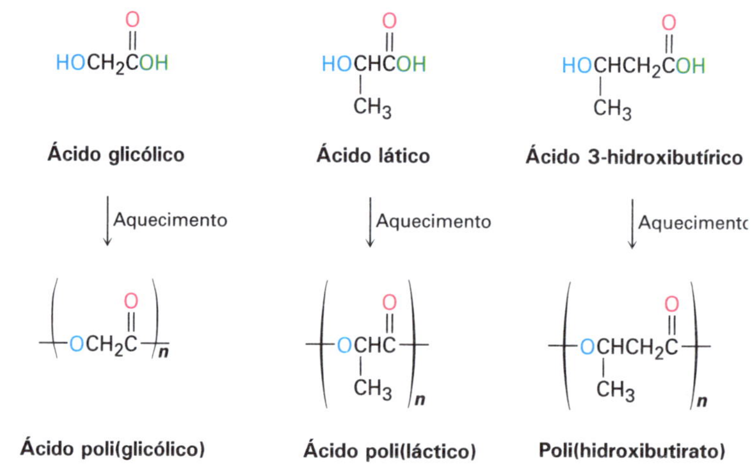

Resumo

Palavras-chave

Atático, 1251
Catalisadores de Ziegler-Natta, 1251
Copolímeros, 1252
Copolímeros em bloco, 1254
Copolímeros de enxerto, 1254
Cristalitos, 1259
Elastômeros, 1261
Fibras, 1261
Homopolímeros, 1252
Isotático, 1251
Manômeros, 1248
Plastificantes, 1260
Policarbonatos, 1255
Polímeros, 1248
Poliuretano, 1256
Temperatura de transição de fusão (T_f), 1260
Temperatura de transição vítrea (T_v), 1260
Termoplásticos, 1260
Resinas termofixas, 1262
Sindiotático, 1251

Os polímeros sintéticos podem ser classificados como polímeros de crescimento em cadeia ou polímeros de crescimento em etapas. Os polímeros de crescimento em cadeia são preparados pela reação de polimerização em cadeia de *monômeros vinílicos* na presença de um radical, um ânion ou um cátion iniciador. A polimerização radicalar às vezes é utilizada, mas alcenos como o 2-metilpropeno, que possuem substituintes doadores de elétrons na ligação dupla, polimerizam-se facilmente por uma rota catiônica por meio de carbocátions intermediários. De maneira similar, monômeros como o α-cianoacrilato de metila, que possuem substituintes retiradores de elétrons na ligação dupla, polimerizam-se por uma rota de adição aniônica conjugada.

A copolimerização de dois monômeros forma um produto com propriedades diferentes de cada homopolímero. Os **copolímeros de enxerto** e os **copolímeros em blocos** são dois exemplos.

A polimerização do alceno pode ser realizada de maneira controlada utilizando um **catalisador de Ziegler-Natta.** A polimerização de Ziegler-Natta minimiza a quantidade de ramificações de cadeia no polímero e leva a cadeias estereorregulares – tanto **isotáticas** (substituintes no mesmo lado da cadeia) ou **sindiotática** (substituintes em lados alternados da cadeia) em vez de **atáticas** (substituintes dispostos aleatoriamente).

Os polímeros de crescimento em etapas, a segunda maior classe de polímeros, são preparados por reações entre moléculas difuncionais, com ligações individuais no polímero formadas independentemente umas das outras. Os **policarbonatos** são formados por um diéster e um diol, e os **poliuretanos** são formados de um diisocianato e um diol.

A química dos polímeros sintéticos é similar à das pequenas moléculas com os mesmos grupos funcionais, mas as propriedades físicas dos polímeros são altamente afetadas por seu tamanho. Os polímeros podem ser classificados pela propriedade física em quatro grupos: **termoplásticos**, **fibras**, **elastômeros** e **resinas termofixas**. As propriedades de cada grupo podem ser explicadas quanto à sua estrutura, ao seu grau de cristalinidade e à quantidade de ligações cruzadas.

EXERCÍCIOS

Visualizando a química

(Os problemas 31.1 a 31.12 aparecem no decorrer do capítulo.)

31.13 Identifique a classe estrutural à qual o seguinte polímero pertence e mostre a estrutura das unidades do monômero utilizado para formá-lo:

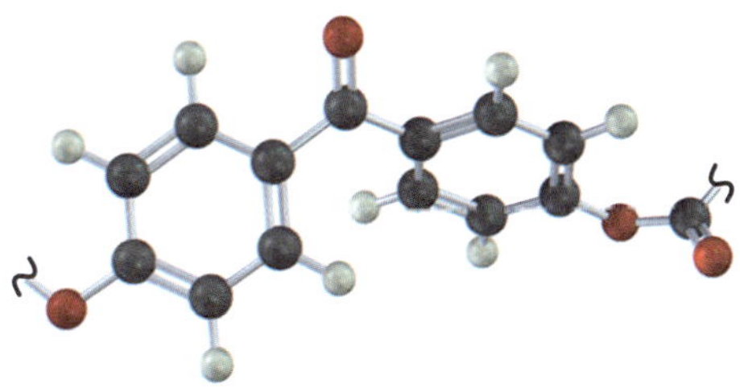

31.14 Mostre as estruturas dos polímeros que podem ser formados a partir dos seguintes monômeros (verde = Cl):

(a)

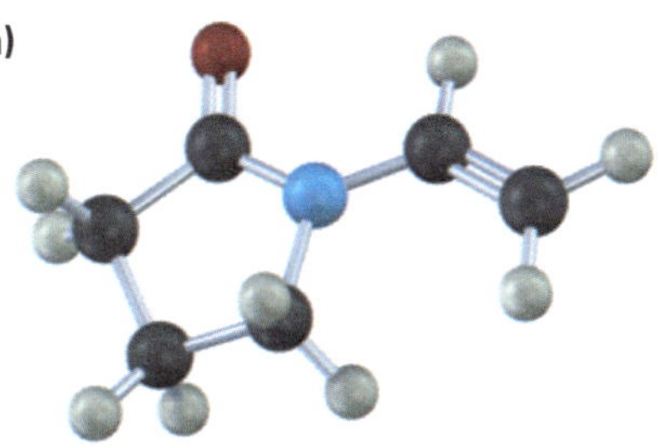

(b)

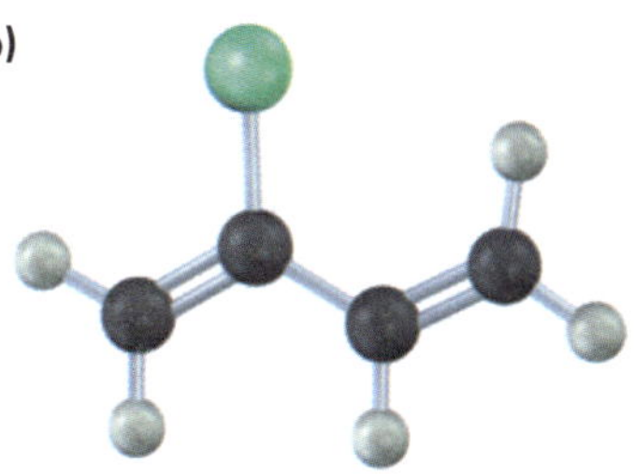

Problemas de mecanismo

31.15 O poli(etilenoglicol), ou Carbowax, é feito através da polimerização aniônica do óxido de etileno utilizando NaOH como catalisador. Proponha um mecanismo.

$$\left[O-CH_2CH_2 \right]_n \quad \textbf{Poli(etilenoglicol)}$$

31.16 A espuma de poliuretano utilizada para isolamentos domésticos utiliza o metanodifenildiisocianato (MDI) como monômero. O MDI é preparado pela reação catalisada por ácido da anilina com o formaldeído, seguida por tratamento com fosgênio, $COCl_2$. Proponha mecanismos para ambas as etapas.

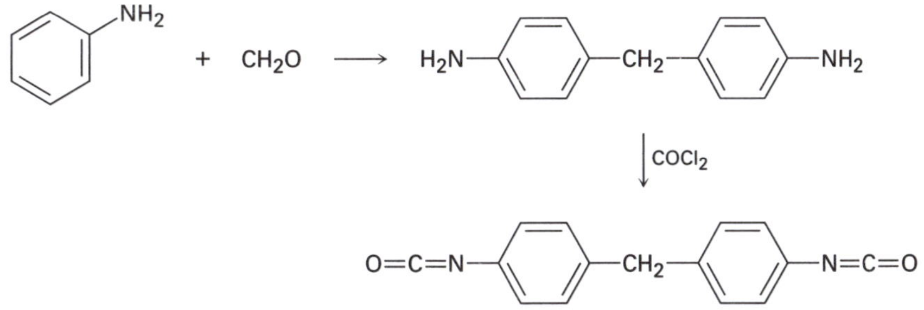

MDI

31.17 Escreva a estrutura de um segmento representativo do poliuretano preparado pela reação do etilenoglicol com o MDI (Problema 31.16).

31.18 A resina polimérica utilizada na síntese de peptídeo em fase sólida de Merrifield (Seção 26.8) é preparada pelo tratamento de poliestireno com *N*-(hidroximetil) ftalimida e ácido trifluorometanosulfônico, seguido pela reação com a hidrazina. Proponha um mecanismo para ambas as etapas.

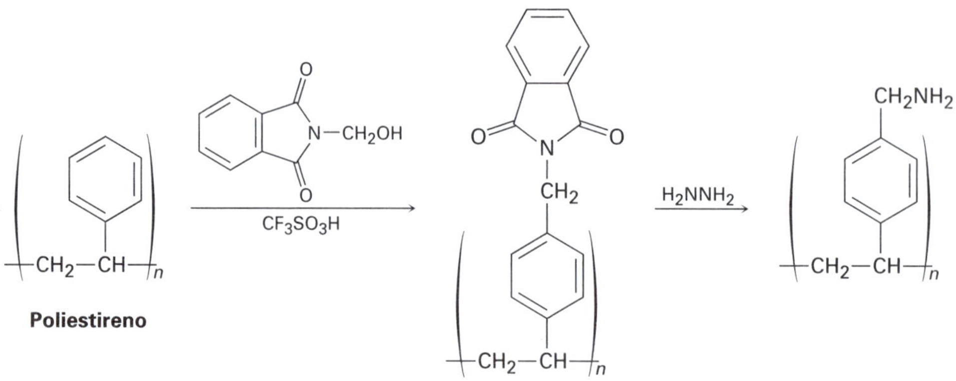

31.19 Polidiciclopentadieno (PDCPD), comercializado como Telenor ou Metton, é uma resina termofixa altamente reticulada utilizada para a moldagem de peças resistentes a impactos, como cabines para grandes caminhões e equipamentos de terraplanagem. PDCPD é preparado por polimerização de metátese de abertura de anel do diciclopentadieno, que é ele próprio preparado a partir do 1,3-ciclopentadieno. A polimerização ocorre por metátese inicial da ligação dupla mais tensionada na parte biciclo[2.2.1] heptano da molécula (Seção 4.9), para gerar um polímero linear, seguida por ligação cruzada de cadeias diferentes em uma segunda metátese da ligação dupla do restante ciclopenteno.

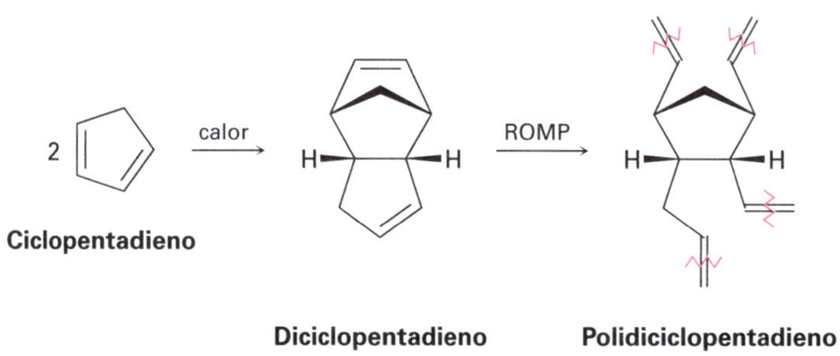

(a) Mostre o mecanismo da formação de diciclopentadieno a partir do ciclopentadieno.

(b) Desenhe a estrutura de uma amostra representativa do polímero linear inicialmente formado contendo três unidades de monômero.

(c) Desenhe a estrutura de uma amostra representativa de PDCPD que mostra como a reticulação das cadeias lineares ocorre.

Problemas adicionais

31.20 Identifique as unidades de monômero a partir da qual os seguintes polímeros são feitos e diga se se trata de um polímero de crescimento em cadeia ou de crescimento em etapas.

(a) $\left(CH_2—O \right)_n$ **(b)** $\left(CF_2—CFCl \right)_n$ **(c)** $\left(NHCH_2CH_2CH_2\overset{O}{\overset{\|}{C}} \right)_n$

(d)

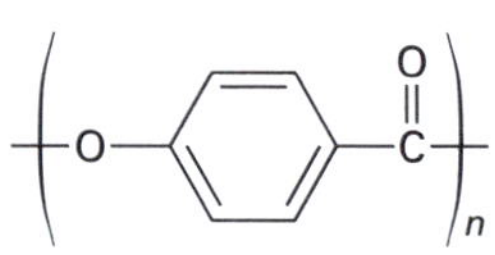

(e)

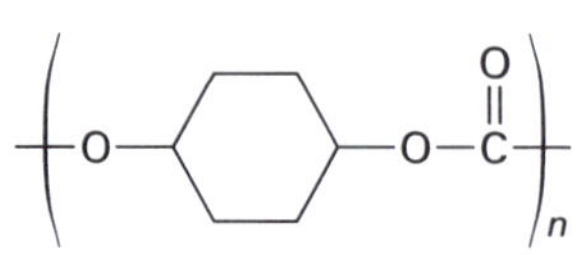

31.21 Desenhe uma representação tridimensional dos segmentos dos seguintes polímeros:

(a) Poliacrilonitrila sindiotática
(b) Poli(metacrilato de metila) atático
(c) Poli(cloreto de vinila) isotático

31.22 Desenhe a estrutura do Codel, um poliéster preparado pelo aquecimento do 1,4-benzenodicarboxilato de dimetila com o 1,4-bis(hidroximetil)ciclohexano.

1,4-bis(hidroximetil)ciclohexano

31.23 Mostre a estrutura do polímero obtido pelo aquecimento do diepóxido e da diamina a seguir:

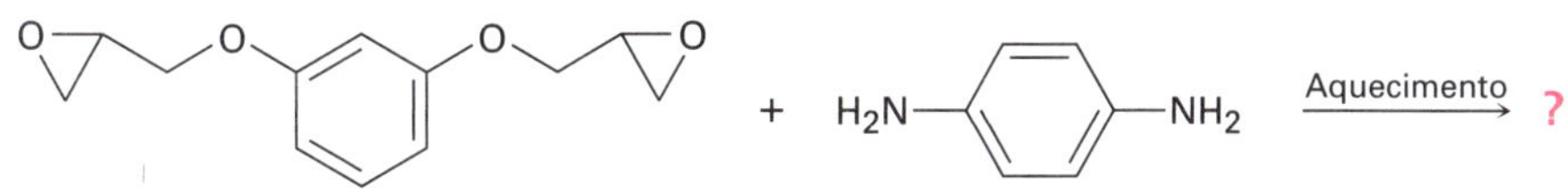

31.24 O Nomex, uma poliamida utilizada em aplicações, como em tecidos retardantes de chama, é preparado pela reação do 1,3-benzenodiamina com cloreto de 1,3-benzenodicarbonila. Mostre a estrutura do Nomex.

31.25 O náilon 10,10 é um polímero extremamente forte e resistente utilizado para fazer hastes de reforço concreto. Desenhe um segmento do náilon 10,10 e mostre suas unidades de monômero.

31.26 1,3-ciclopentadieno sofre polimerização térmica, para se obter um polímero que não tem ligações duplas na cadeia. Após forte aquecimento, o polímero se decompõe para regenerar o ciclopentadieno. Proponha uma estrutura para o polímero.

31.27 Quando o estireno, $C_6H_5CH{=}CH_2$, é copolimerizado na presença de uma pequena porcentagem de *p*-divinilbenzeno, um polímero duro e insolúvel com ligações cruzadas é obtido. Mostre como ocorrem essas ligações cruzadas da cadeia do poliestireno.

31.28 O nitroetileno, $H_2C{=}CHNO_2$, é um composto sensível que deve ser preparado com bastante cuidado. A tentativa de purificação do nitroetileno através de destilação geralmente resulta em uma baixa recuperação do produto e um revestimento branco das paredes internas do equipamento de destilação. Explique.

31.29 O poli(vinilbutiral) é utilizado como laminado plástico na preparação do vidro do para-brisa dos automóveis. Como você sintetizaria esse polímero?

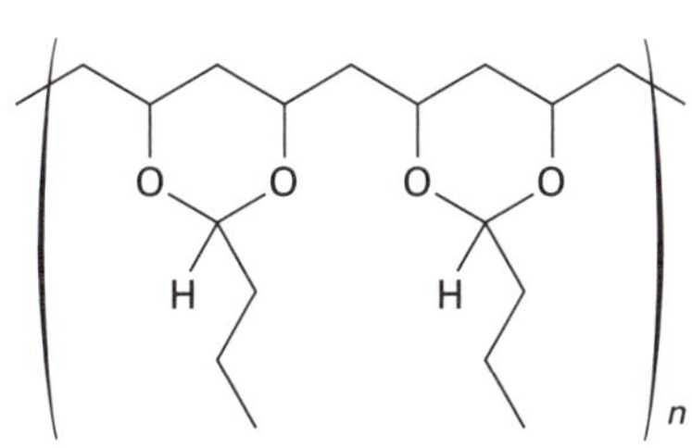

Poli(vinilbutiral)

31.30 Qual é a estrutura do polímero produzido por polimerização aniônica da β-propiolactona utilizando o NaOH como catalisador?

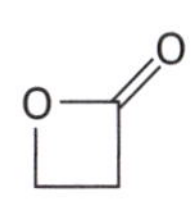

β-propiolactona

31.31 O Gliptal é uma resina termofixa com muitas ligações cruzadas produzida pelo aquecimento do glicerol e anidrido ftálico (anidrido do ácido 1,2-benzenocarboxílico). Mostre a estrutura de um segmento representativo do Gliptal.

31.32 O Melmac, uma resina termofixa utilizada para a fabricação de pratos de plástico, é preparada pelo aquecimento da melamina com o formaldeído. Olhe para a estrutura da baquelite mostrada na Seção 31.6 e então proponha uma estrutura para o Melmac.

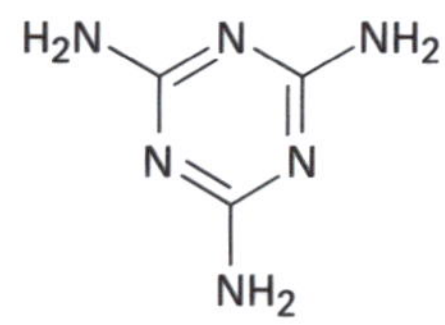

Melamina

31.33 As colas epóxi são resinas de ligação cruzada preparadas em duas etapas. A primeira envolve uma reação S_N2 do sal dissódio de bisfenol A com a epicloroidrina para formar um polímero de baixa massa molecular. Esse polímero é então "curado" para uma resina de ligação cruzada por tratamento com uma triamina como $H_2NCH_2CH_2NHCH_2CH_2NH_2$.

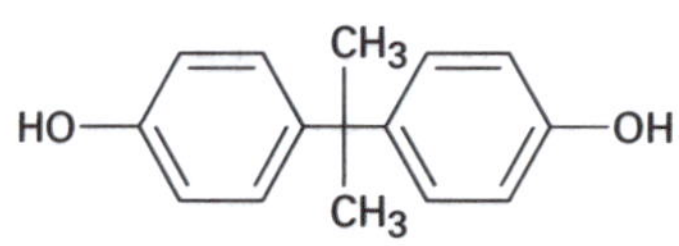

Bisfenol A

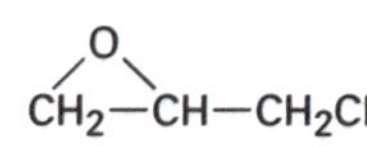

Epicloroidrina

(a) Qual é a estrutura do pré-polímero?

(b) Como a adição da triamina ao pré-polímero resulta em ligação cruzada?

31.34 Os salões para fumantes do Hindenburg e outros dirigíveis cheios com hidrogênio da década de 1930 eram isolados com espumas do polímero de ureia-formaldeído. A estrutura deste polímero é altamente reticulada, como a da baquelite (Seção 31.6). Proponha uma estrutura.

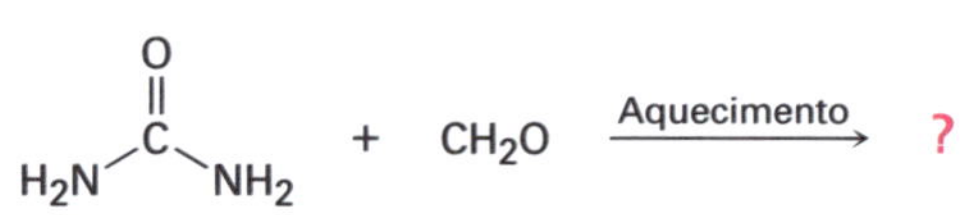

31.35 O 2-etil-1-hexanol, utilizado na síntese do plastificante ftalato de di(2-etilhexila), é preparado comercialmente a partir do butanal. Mostre a provável rota de síntese.

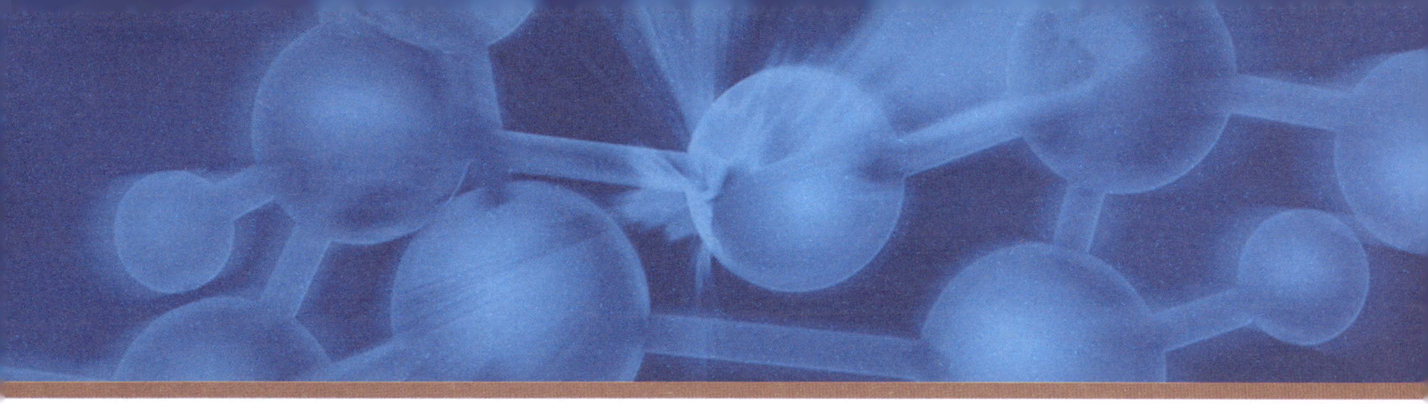

apêndice **A**

Nomenclatura de Compostos Orgânicos Polifuncionais

Com mais de 4 milhões de compostos orgânicos já conhecidos e milhares sendo criados diariamente, nomear cada um deles é realmente um problema. Parte do problema se deve à complexidade absoluta das estruturas orgânicas, mas parte também se deve ao fato de que os nomes químicos possuem mais de um propósito. Para o *Chemical Abstracts Service* (CAS), que cataloga e classifica a literatura química mundial, cada composto deve ter apenas um nome correto. Seria caótico se metade das entradas para o CH_3Br fosse classificada em "M" de *methyl bromide* e metade em "B" de *bromomethane.*[1] Além do mais, um nome CAS precisa ser completamente sistemático para que possa ser atribuído e interpretado por softwares de computadores; os nomes usuais não são permitidos.

As pessoas possuem, entretanto, necessidades diferentes em relação aos computadores. Estudantes e químicos profissionais em suas comunicações orais e escritas – é melhor que um nome químico seja pronunciável e que seja o mais fácil possível de se atribuir e interpretar. Além do mais, é conveniente que os nomes sigam os precedentes históricos, mesmo que isso signifique que um composto bem conhecido tenha mais de um nome. As pessoas podem entender imediatamente que o *bromomethane* e o *metyl bromide* fazem referência ao CH_3Br.

Como observado no texto, os químicos utilizam o sistema de nomenclatura desenvolvido e mantido pela *International Union of Pure and Applied Chemistry*, ou IUPAC, até a exaustão. As regras para efetuar a nomenclatura de compostos monofuncionais foram dadas durante o texto no momento em que um novo grupo funcional foi introduzido, e a lista dessas regras pode ser encontrada na Tabela A.1.

---

[1] Como o CAS é um sistema de catalogação na língua inglesa, mantivemos os nomes para CH_3Br em inglês para que o leitor entenda a confusão que seria gerada com a existência de dois nomes corretos (N.T.).

TABELA A.1 Regras de nomenclatura para os grupos funcionais

Grupo funcional	Seção do texto	Grupo funcional	Seção do texto
Ácidos carboxílicos	20.1	Compostos aromáticos	15.1
Alcanos	3.4	Ésteres	21.1
Alcenos	7.3	Éteres	18.1
Alcinos	9.1	Fenóis	17.1
Álcoois	17.1	Fosfatos de acila	21.1
Aldeídos	19.1	Haletos de ácidos	21.1
Amidas	21.1	Haletos de alquila	10.1
Aminas	24.1	Nitrilas	20.1
Anidridos de ácidos	21.1	Sulfetos	18.8
Cetonas	19.1	Tioésteres	21.1
Cicloalcanos	4.1	Tióis	18.8

Nomear um composto monofuncional é razoavelmente simples, mas mesmo os químicos experientes encontram problemas quando se deparam com a nomenclatura de um composto polifuncional. Tenha como exemplo o composto a seguir. Ele possui três grupos funcionais, éster, cetona e C=C, mas como nomeá-lo? Como um éster com terminação *-oato*, como uma cetona com terminação *-ona* ou como um alceno com terminação *-eno*? Ele na realidade possui a nomenclatura 3-(2-oxo-6-ciclohexenil)propanoato de metila.

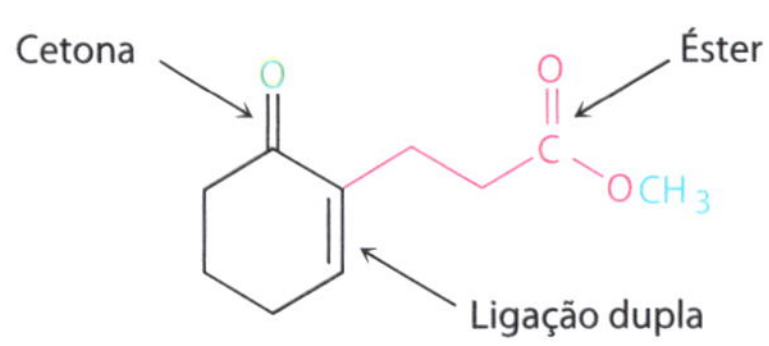

3-(2-oxo-6-ciclohexenil)propanoato de metila

O nome de uma molécula polifuncional orgânica possui quatro partes – sufixo, cadeia principal, prefixos e localizadores – que devem ser identificadas e expressas na ordem e no formato adequados. Vejamos cada um dos quatro.

PARTE 1 DO NOME. O SUFIXO: PRECEDÊNCIA DO GRUPO FUNCIONAL

Embora uma molécula orgânica polifuncional possa conter diversos grupos funcionais diferentes, devemos escolher apenas um sufixo para fins de nomenclatura. Não é correta a utilização de dois sufixos. Assim, o ceto-ester **1** deve receber o nome como uma cetona com o sufixo *–ona* ou como um éster com sufixo *-oato*, mas não pode receber um nome com o sufixo *-onoato*. Da mesma maneira, o amino álcool **2** deve receber o nome como um álcool (*-ol*) ou como uma amina (*-amina*), mas não pode receber um nome com o sufixo *-olamina* ou *-aminol*.

1.
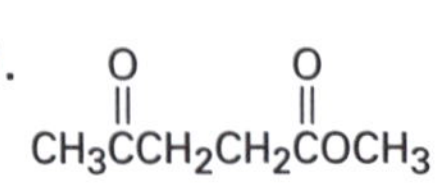

2.
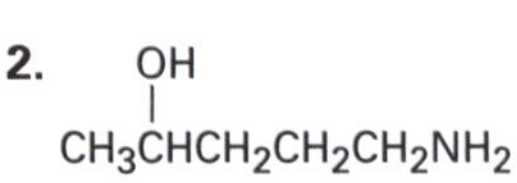

A única exceção para essa regra que exige um único sufixo é para o caso de os compostos nomeados possuírem ligações duplas ou triplas. Assim, o ácido insaturado $H_2C{=}CHCH_2CO_2H$ é o ácido 3-butenoico, e o álcool acetilênico $HC{\equiv}CCH_2CH_2CH_2OH$ é o 5-pentin-1-ol.

Como escolhemos qual prefixo utilizar? Os grupos funcionais são divididos em duas classes, **grupos principais** e **grupos subordinados**, como mostrado na Tabela A.2. Os grupos principais podem ser citados como prefixos ou sufixos, enquanto os grupos subordinados são citados apenas como prefixos. Dentro dos grupos principais, uma ordem de prioridade foi estabelecida: o sufixo adequado para um determinado composto é definido pela escolha do grupo principal de prioridade mais alta. Por exemplo, a **Tabela A.2** indica que o ceto-ester **1** deve receber o nome como um éster em vez de uma cetona, porque o grupo funcional éster tem prioridade mais alta que uma cetona. Da mesma maneira, o amino álcool **2** deve receber o nome como um álcool, e não como uma amina.

TABELA A.2 Classificação dos grupos funcionais[a]

Grupo funcional	Nomenclatura como sufixo	Nomenclatura como prefixo
Grupos principais		
Ácidos carboxílicos	ácido -oico ácido -carboxílico	carboxi
Anidridos de ácidos	anidrido -oico anidrido -carboxílico	–
Ésteres	-oato -carboxilato	alcoxicarbonil
Tioésteres	-tioato -carbotioato	alquiltiocarbonil
Haletos de ácidos	haleto -oíla haleto -carbonila	halocarbonil
Amidas	-amida -carboxamida	carbamoíl
Nitrilas	-nitrila -carbonitrila	ciano
Aldeídos	-al -carbaldeído	oxo
Cetonas	-ona	oxo
Álcoois	-ol	hidroxi
Fenóis	-ol	hidroxi
Tióis	-tiol	mercapto
Aminas	-amina	amino
Iminas	-imina	imino
Éteres	éter	alcoxi
Sulfetos	sulfeto	alquiltio
Dissulfetos	dissulfeto	–
Alcenos	-eno	–
Alcinos	-ino	–
Alcanos	-ano	–
Grupos subordinados		
Azidas	–	azido
Haletos	–	halo
Nitro compostos	–	nitro

[a] Os grupos principais estão listados em ordem de prioridade decrescente; os grupos subordinados não possuem ordem de prioridade.

Assim, o nome de **1** é 4-oxopentanoato de metila, e o nome de **2** é 5-amino-2-pentanol. A seguir, mais exemplos:

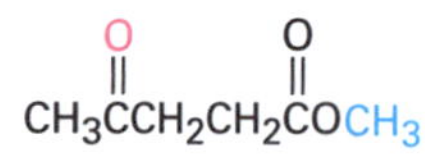

1. 4-oxopentanoato de metila
(um éster com um grupo cetona)

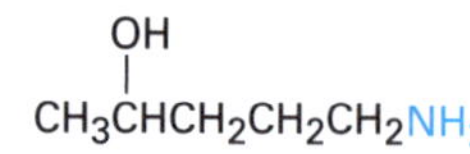

2. 5-amino-2-pentanol
(um álcool com um grupo amina)

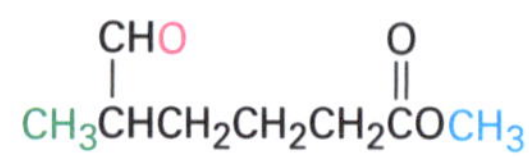

3. 5-metil-6-oxoexanoato de metila
(um éster com um grupo aldeído)

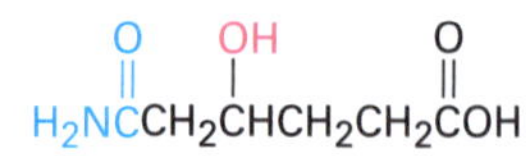

4. Ácido 5-carbamoil-4-hidroxipentanoico
(um ácido carboxílico com grupos amida e álcool)

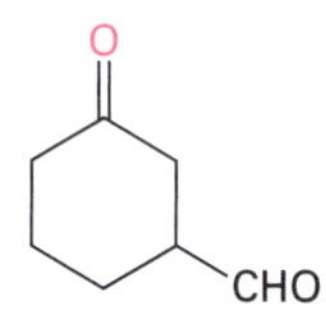

5. 3-oxociclohexanocarbaldeído
(um aldeído com um grupo cetona)

PARTE 2 DO NOME. A CADEIA PRINCIPAL: SELEÇÃO DA CADEIA OU DO ANEL PRINCIPAL

O nome da cadeia principal de um composto orgânico polifuncional geralmente é fácil de ser identificado. Se o grupo principal com prioridade mais alta faz parte de uma cadeia aberta, o nome da cadeia principal é aquele da cadeia mais longa que contém o maior número de grupos principais. Por exemplo, os compostos **6** e **7** são amida-aldeídos isoméricos, que devem receber, de acordo com a Tabela A.2, o nome de amida e não de aldeído. A cadeia mais longa no composto **6** possui seis carbonos, e a substância é nomeada como 5-metil-6-oxohexanamida. O composto **7** possui uma cadeia com seis carbonos, mas a cadeia mais longa que contém os dois grupos funcionais principais possui apenas quatro carbonos. O nome correto do **7** é 4-oxo-3-propilbutanamida.

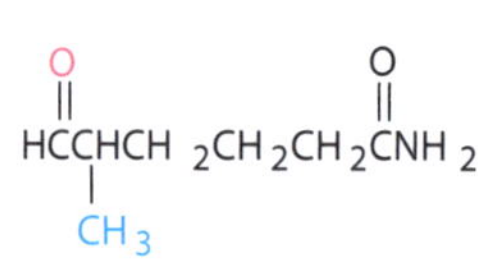

6. 5-metil-6-oxohexanamida

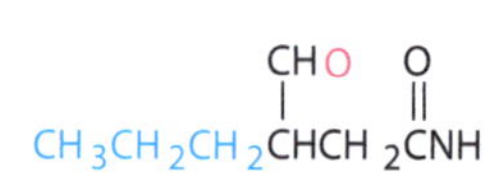

7. 4-oxo-3-propilbutanamida

Se o grupo principal com prioridade mais alta está afixado no anel, o nome da cadeia principal é o do sistema do anel. Os compostos **8** e **9**, por exemplo, são cetonitrilas isoméricas e as duas devem receber o nome de acordo com a Tabela A.2. A substância **8** recebe o nome como uma benzonitrila porque o grupo funcional –CN é substituinte no anel aromático, mas a substância **9** recebe o nome como uma acetonitrila porque o grupo funcional –CN está na cadeia aberta. Assim, seus nomes são 2-acetil-(4-bromometil)-benzonitrila (**8**) e (2-acetil-4-bromofenil)-acetonitrila (**9**).

Como próximos exemplos, os compostos **10** e **11** são ceto-ácidos e devem receber nomes como ácidos, mas o nome da cadeia principal no **10** é o do sistema do anel (ácido ciclohexanocarboxílico) e o nome principal da cadeia no **11** é o da cadeia aberta (ácido propanoico). Assim, os seus nomes são ácido *trans*-2-(3-oxopropil)-ciclohexanocarboxílico (**10**) e ácido 3-(2-oxociclohexil)propanoico (**11**).

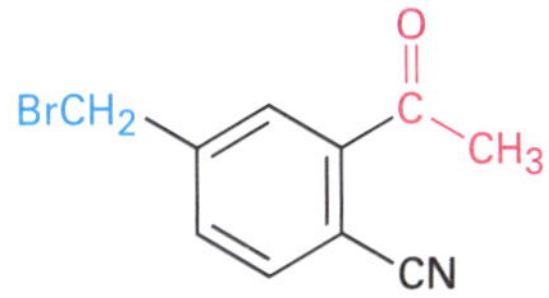

8. 2-acetil-(4-bromometil)benzonitrila

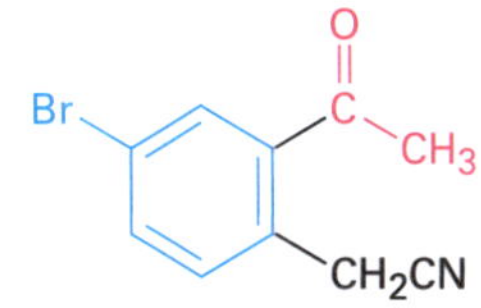

9. (2-acetil-4-bromofenil)acetonitrila

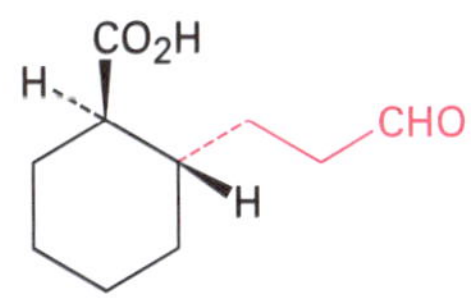

10. ácido *trans*-2-(3-oxopropil)--ciclohexanocarboxílico

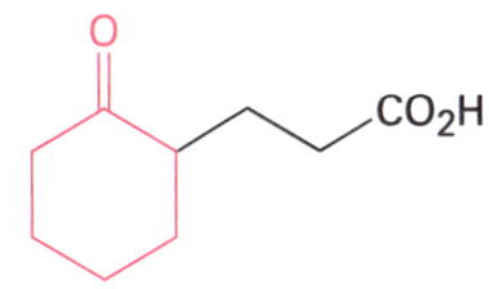

11. ácido 3-(2-oxociclohexil)propanoico

PARTES 3 E 4 DO NOME. OS PREFIXOS E LOCALIZADORES

Com o nome da cadeia principal e o sufixo estabelecidos, a próxima etapa é identificar e atribuir números, ou *localizadores*, a todos os substituintes na cadeia principal ou no anel. Esses substituintes incluem todos os grupos alquila e todos os grupos funcionais, exceto aquele citado no sufixo. Por exemplo, o composto **12** contém três grupos funcionais diferentes (carboxila, ceto e ligação dupla). Como o grupo carboxila possui prioridade mais alta e como a cadeia mais longa que contém os grupos funcionais possuem sete carbonos, o composto **12** é um ácido heptenoico. Além disso, a cadeia principal contém um substituinte ceto (oxo) e três grupos metila. A numeração a partir da extremidade mais próxima do grupo funcional de prioridade mais elevada dá o nome de ácido (*E*)-2,5,5-trimetil-4-oxo-2-heptenoico. Reveja outros compostos que nomeamos para exemplificar como os prefixos e localizadores são atribuídos.

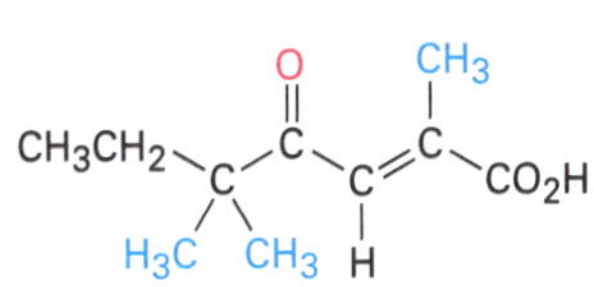

12. ácido (*E*)-2,5,5-trimetil-4-oxo-hept-2-enoico

ESCREVENDO O NOME

Com as partes do nome estabelecidas, o nome todo é escrito. Diversas regras adicionais são aplicadas:

1. **Ordem dos prefixos.** Quando os substituintes são identificados, a cadeia principal é numerada, e os multiplicadores próprios como *di-* e *tri-* são atribuídos, o nome é escrito com os substituintes listados em ordem alfabética em vez de em ordem numérica. Os multiplicadores como *di-* e *tri-* não são utilizados na ordem alfabética, mas os prefixos *iso-* e *sec-* são utilizados.

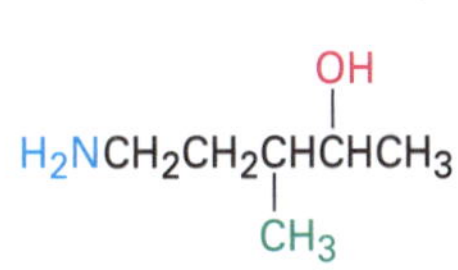

13. 5-amino-3-metil-2-pentanol

2. **Utilização de hífens; nomes simples e nomes compostos.** A regra geral é determinar se o principal é um elemento ou um composto. Se for, então o nome é escrito como uma única palavra; se não, o nome é escrito com várias. Por exemplo, o metilbenzeno é escrito com uma palavra porque o principal – o benzeno – é um composto por si só. Entretanto, o éter dietílico é escrito como palavra composta porque o principal – o éter – é um nome da classe, e não um nome de composto. A seguir, mais exemplos:

$H_3C—Mg—CH_3$

14. Dimetilmagnésio
(uma palavra, pois o magnésio é um elemento)

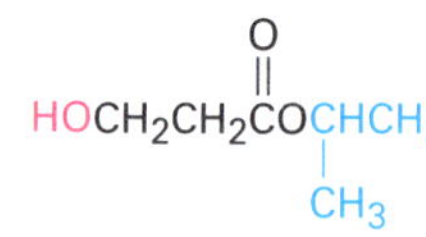

15. 3-hidroxipropanoato de isopropila
(duas palavras, pois o "propanoato" não é um composto)

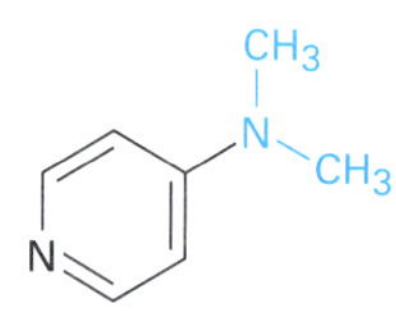

16. 4-(dimetilamino)piridina
(uma palavra, pois a piridina é um composto)

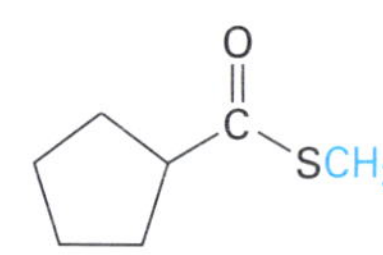

17. Metil ciclopentanocarbotioato de metila
(duas palavras, pois o "ciclopentanocarbotioato" não é um composto)

3. **Parênteses.** Os parênteses são utilizados para denotar os substituintes complexos quando possa, talvez, ocorrer ambiguidade. Por exemplo, o clorometilbenzeno possui dois substituintes em um anel de benzeno, mas o (clorometil)benzeno tem apenas um substituinte complexo. Observe que a expressão entre parênteses não é separada por hífens do restante do nome.

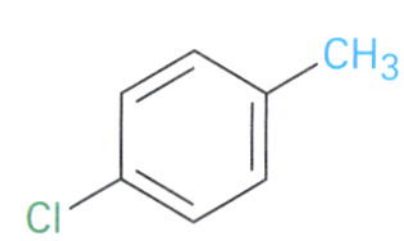

18. *p*-clorometilbenzeno

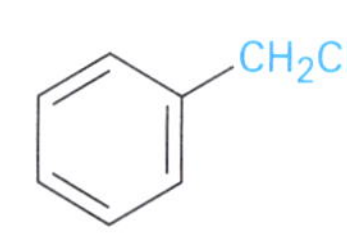

19. (Clorometil)benzeno

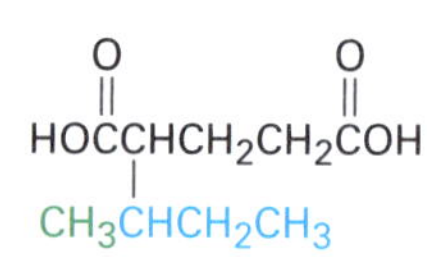

20. Ácido 2-(1-metilpropil)pentanodioico

LEITURA COMPLEMENTAR

Informações mais detalhadas sobre as regras de nomenclatura em química orgânica podem ser encontradas on-line, em http://www.acdlabs.com/iupac/nomenclature/ (acessado em janeiro de 2015) e nas seguintes referências:

1. *A Guide to IUPAC Nomenclature of Organic Compounds*. Boca Raton, FL: CRC Press, 1993.
2. *Nomenclature of Organic Chemistry, Sections A, B, C, D, E, F, and H*. International Union of Pure and Applied Chemistry. Oxford: Pergamon Press, 1979.

apêndice B

Constantes de Acidez para Alguns Compostos Orgânicos

Composto	pK_a
CH_3SO_3H	−1,8
$CN(NO_2)_3$	0,1
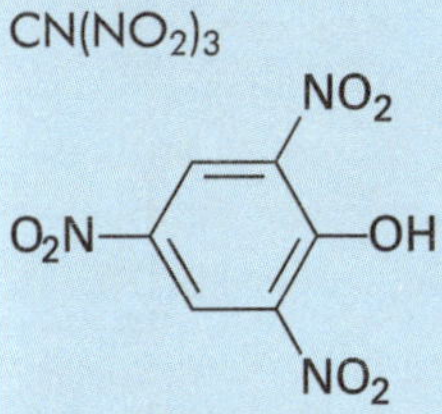	0,3
CCl_3CO_2H	0,5
CF_3CO_2H	0,5
CBr_3CO_2H	0,7
$HO_2CC{\equiv}CCO_2H$	1,2; 2,5
HO_2CCO_2H	1,2; 3,7
$CHCl_2CO_2H$	1,3
$CH_2(NO_2)CO_2H$	1,3
$HC{\equiv}CCO_2H$	1,9
(Z)$HO_2CCH{=}CHCO_2H$	1,9; 6,3
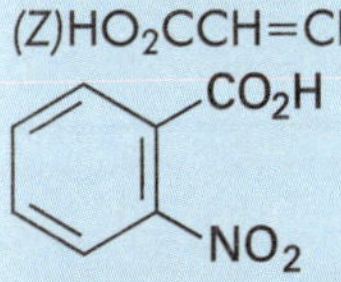	2,4
CH_3COCO_2H	2,4
$NCCH_2CO_2H$	2,5
$CH_3C{\equiv}CCO_2H$	2,6
CH_2FCO_2H	2,7
CH_2ClCO_2H	2,8
$HO_2CCH_2CO_2H$	2,8; 5,6
CH_2BrCO_2H	2,9
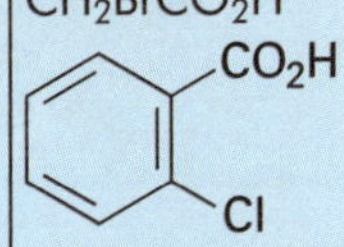	3,0
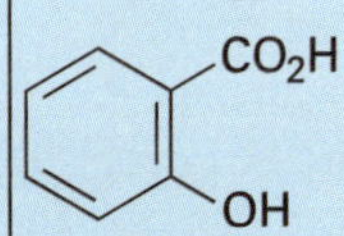	3,0
CH_2ICO_2H	3,2
$CHOCO_2H$	3,2
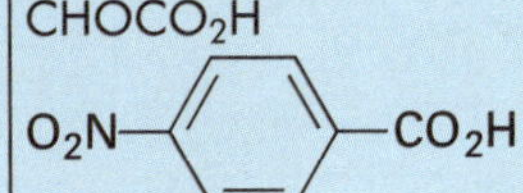	3,4
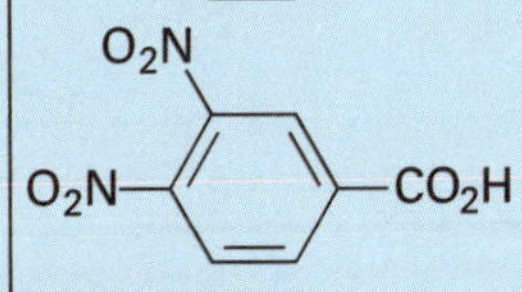	3,5
$HSCH_2CO_2H$	3,5; 10,2
$CH_2(NO_2)_2$	3,6
$CH_3OCH_2CO_2H$	3,6
$CH_3COCH_2CO_2H$	3,6
$HOCH_2CO_2H$	3,7
HCO_2H	3,7
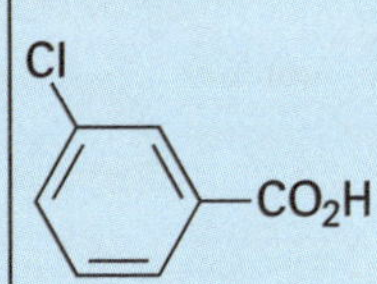	3,8
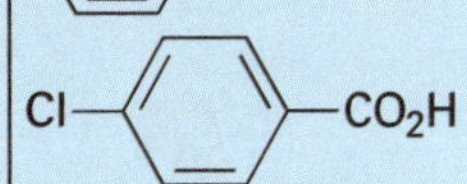	4,0
$CH_2BrCH_2CO_2H$	4,0
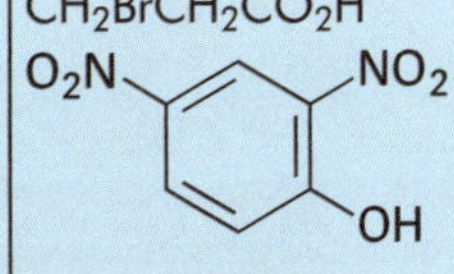	4,1
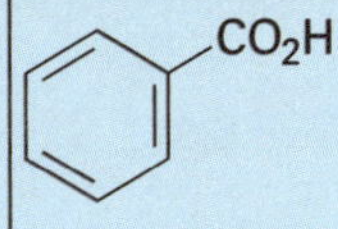	4,2
$H_2C{=}CHCO_2H$	4,2
$HO_2CCH_2CH_2CO_2H$	4,2; 5,7
$HO_2CCH_2CH_2CH_2CO_2H$	4,3; 5,4
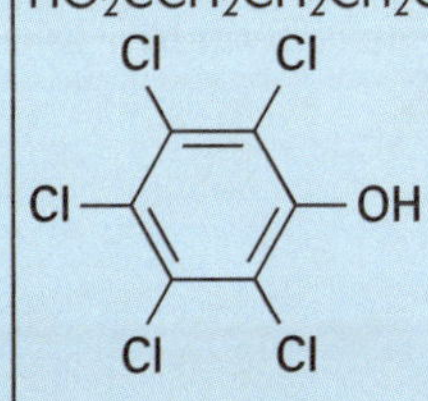	4,5
$H_2C{=}C(CH_3)CO_2H$	4,7
CH_3CO_2H	4,8

(continua)

(continuação)

Composto	pK$_a$	Composto	pK$_a$	Composto	pK$_a$
$CH_3CH_2CO_2H$	4,8	$CH_3COCH_2COCH_3$	9,0	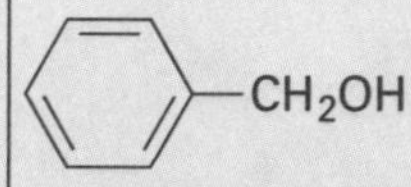	15,4
$(CH_3)_3CCO_2H$	5,0	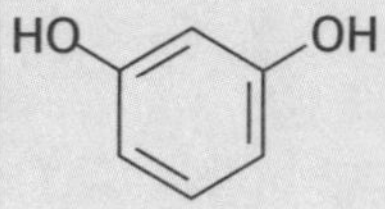	9,3; 11,1	CH_3OH	15,5
$CH_3COCH_2NO_2$	5,1	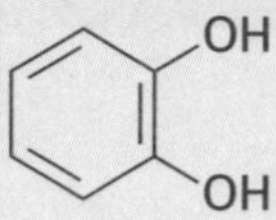	9,3; 12,6	$H_2C{=}CHCH_2OH$	15,5
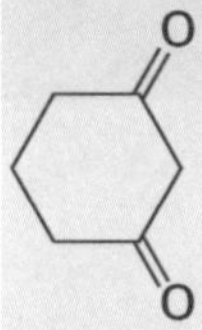	5,3	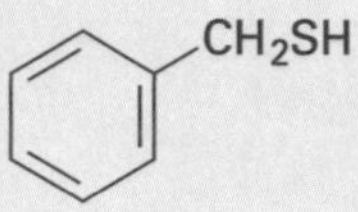	9,4	CH_3CH_2OH	16,0
$O_2NCH_2CO_2CH_3$	5,8	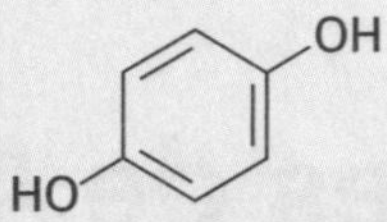	9,9; 11,5	$CH_3CH_2CH_2OH$	16,1
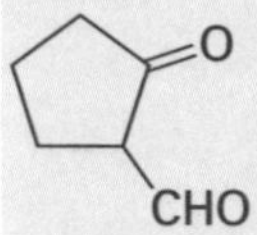	5,8	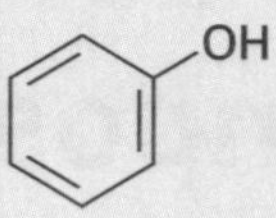	9,9	CH_3COCH_2Br	16,1
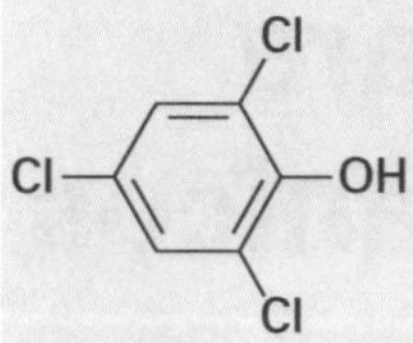	6,2	$CH_3COCH_2SOCH_3$	10,0	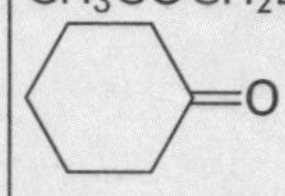	16,7
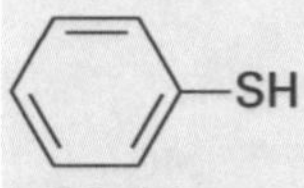	6,6	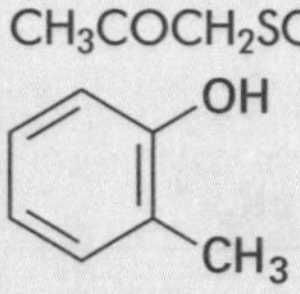	10,3	CH_3CHO	17
HCO_3H	7,1	CH_3NO_2	10,3	$(CH_3)_2CHCHO$	17
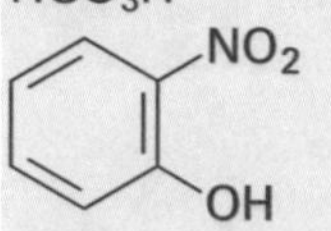	7,2	CH_3SH	10,3	$(CH_3)_2CHOH$	17,1
$(CH_3)_2CHNO_2$	7,7	$CH_3COCH_2CO_2CH_3$	10,6	$(CH_3)_3COH$	18,0
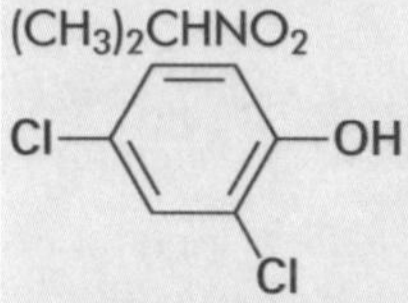	7,8	CH_3COCHO	11,0	CH_3COCH_3	19,3
CH_3CO_3H	8,2	$CH_2(CN)_2$	11,2	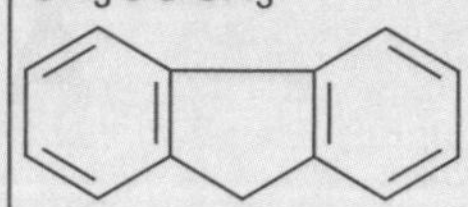	23
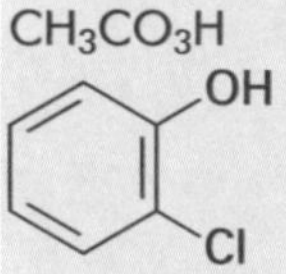	8,5	CCl_3CH_2OH	12,2	$CH_3CO_2CH_2CH_3$	25
$CH_3CH_2NO_2$	8,5	Glicose	12,3	$HC{\equiv}CH$	25
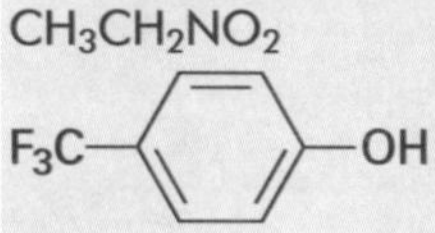	8,7	$(CH_3)_2C{=}NOH$	12,4	CH_3CN	25
		$CH_2(CO_2CH_3)_2$	12,9	$CH_3SO_2CH_3$	28
		$CHCl_2CH_2OH$	12,9	$(C_6H_5)_3CH$	32
		$CH_2(OH)_2$	13,3	$(C_6H_5)_2CH_2$	34
		$HOCH_2CH(OH)CH_2OH$	14,1	CH_3SOCH_3	35
		CH_2ClCH_2OH	14,3	NH_3	36
		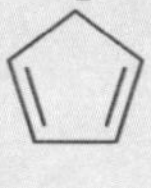	15,0	$CH_3CH_2NH_2$	36
				$(CH_3CH_2)_2NH$	40
				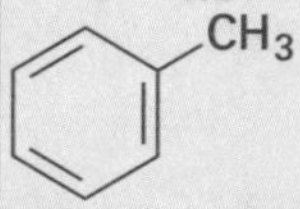	41
				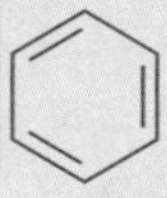	43
				$H_2C{=}CH_2$	44
				CH_4	~60

Foi publicada uma lista de acidez com mais de 5 mil compostos orgânicos: E. P. Serjeant e B. Dempsey (eds.), "Ionization Constants of Organic Acids in Aqueous Solution", Série de dados da IUPAC n. 23, Pergamon Press, Oxford, 1979.

apêndice C

Glossário*

α-aminoácidos (Seção 26.1): composto bifuncional com um grupo amina no átomo de carbono próximo de um grupo carboxila, $RCH(NH_2)CO_2H$.

β-ceto-ester (Seção 22.5): um 3-oxoéster.

β-dicetona (Seção 22.5): uma 1,3-dicetona.

β-Lactama (Capítulo 21, *Algo extra*): uma lactama com quatro membros ou amida cíclica. Os antibióticos penicilina e cefalosporina contêm anéis β-lactâmicos.

Absorbância (*A*) (Seção 14.7): na espectroscopia ótica, o logaritmo da intensidade da luz incidente dividido pela intensidade da luz transmitida através de uma amostra; $A = \log I_0/I$.

Absortividade molar (Seção 14.7): medida da quantidade de luz UV absorvida pela amostra.

Acetais, $R_2C(OR')_2$ (Seção 19.10): um tipo de grupo funcional consistido de dois grupos $-OR$ ligados ao mesmo carbono, $R_2C(OR')_2$. Os acetais são frequentemente utilizados como grupos protetores para cetonas e aldeídos.

Ácido aldárico (Seção 25.6): o ácido dicarboxílico resultante da oxidação de uma aldose.

Ácido aldônico (Seção 25.6): o ácido monocarboxílico resultante da oxidação do grupo $-CHO$ de uma aldose.

Ácido carboxílico, $-CO_2H$ (Capítulo 20, Introdução): composto que contém o grupo funcional $-CO_2H$.

Ácido conjugado (Seção 2.7): produto que resulta da desprotonação de uma base de Brøsnsted-Lowry.

Ácido de Brønsted-Lowry (Seção 2.7): substância que doa um íon de hidrogênio (próton; H^+) para uma base.

Ácido de Lewis (Seção 2.11): substância com um orbital de baixa energia vazio que pode aceitar um par de elétrons de uma base. Todos os eletrófilos são ácidos de Lewis.

Ácido desoxirribonucleico (DNA) (Seção 28.1): transportadores químicos da informação genética de uma célula.

Ácido graxo (Seção 27.1): ácido carboxílico de cadeia linear longa encontrado em gorduras e óleos.

Ácido graxo poli-insaturado (Seção 27.1): ácido graxo que contém mais de uma ligação dupla.

Ácido nucleico (Seção 28.1): ácido desoxirribonucleico (DNA) e ácido ribonucleico (RNA); polímeros biológicos feitos de nucleotídeos ligados para formar longas cadeias.

Ácido ribonucleico (RNA) (Seção 28.1): biopolímero encontrado em células que serve para transcrever as informações genéticas encontradas no DNA, utilizando-as para direcionar a síntese de proteínas.

Ácido siálico (Seção 25.7): composto que faz parte de um grupo com mais de 300 carboidratos baseados em um ácido acetilneurâmico.

Ácido urônico (Seção 25.6): ácido monocarboxílico resultante de uma oxidação da extremidade do grupo $-CH_2OH$ de uma aldose, sem afetar a extremidade $-CHO$.

Acilação (Seções 16.3, 21.4): a introdução de um grupo acila, $-COR$, em uma molécula. Por exemplo, a acilação de um álcool produz um éster, a acilação de uma amina produz uma amida e a acilação de um anel aromático, uma alquilarilcetona.

Açúcar D (Seção 25.3): açúcar cujo grupo hidroxila no centro de quiralidade está o mais distante do grupo carbonila que tem a mesma configuração que o D-gliceraldeído e à direita dos pontos quando desenhado em uma projeção de Fischer.

Açúcar desoxi (Seção 25.7): açúcar com um dos grupos $-OH$ substituídos por um $-H$.

* Este glossário contém os termos da obra completa.

Açúcar L (Seção 25.3): açúcar cujo grupo hidroxila no centro de quiralidade mais distante do grupo carbonila está voltado para a esquerda quando desenhado em uma projeção de Fischer.

Açúcar redutor (Seção 25.6): açúcar que reduz o íon de prata no teste de Tollens ou o íon cúprico nos testes de Fehling ou de Benedict.

Açúcar simples (Seção 25.1): carboidrato que não pode ser quebrado em açúcares menores por meio de hidrólise.

Adição 1,2 (Seções 14.2, 19.13): a adição de um reagente nas duas extremidades de uma ligação dupla.

Adição 1,4 (Seções 14.2, 19.13): a adição de um reagente nas extremidades de um sistema conjugado π. Os dienos conjugados produzem o aduto 1,4 quando tratados com eletrófilos tais como HCl. As enonas conjugadas produzem o aduto 1,4 quando tratadas com nucleófilos, tais como aminas.

Adição conjugada (Seção 19.13): adição de um nucleófilo a um átomo de carbono β de um composto de carbonila α,β-insaturado.

Alcaloide (Capítulo 2, *Algo extra*): base orgânica de ocorrência natural, como a morfina.

Alcano (Seção 3.2): composto de carbono e hidrogênio que contém apenas ligações simples.

Alcano de cadeia linear (Seção 3.2): alcano cujos átomos de carbono estão conectados sem ramificações.

Alcano de cadeia ramificada (Seção 3.2): alcano que contém uma conexão ramificada de carbonos em contraste a um alcano de cadeia linear.

Alcano normal (Seção 3.2): alcano de cadeia linear, em contraste ao alcano ramificado. Os alcanos normais são denotados pelo sufixo *n*, como em n-C_4H_{10} (n-butano).

Alceno (Capítulo 7, Introdução): hidrocarboneto que contém uma ligação dupla carbono-carbono, $R_2C{=}CR_2$.

Alcino (Capítulo 9, Introdução): um hidrocarboneto que contém uma ligação tripla carbono-carbono, $RC{\equiv}CR$.

Álcool (Capítulo 17, Introdução): uma classe de compostos com um grupo $-OH$ ligado a um carbono saturado hibridizado sp^3, ROH.

Alcoximercuração (Seção 18.2): método para a síntese de éteres por adição catalisada do íon mercúrio de um álcool a um alceno, seguida por demercuração no tratamento com $NaBH_4$.

Aldeído (RCHO) (Capítulo 19, Introdução): composto que contém o grupo funcional $-CHO$.

Alditol (Seção 25.6): o poliálcool resultante da redução de um grupo carbonila de um açúcar.

Aldose (Seção 25.1): carboidrato de um grupo funcional aldeído.

Alicíclico (Seção 4.1): hidrocarboneto cíclico não aromático, como um cicloalcano ou um cicloalceno.

Alifático (Seção 3.2): hidrocarboneto não aromático, como um alcano, alceno ou alcino simples.

Alílico (Seção 10.3): a posição próxima de uma ligação dupla. Por exemplo, $H_2C{=}CHCH_2Br$ é um brometo alílico.

Alquilação (Seções 9.8, 16.3, 18.2, 22.7): introdução de um grupo alquila em uma molécula. Por exemplo, os anéis aromáticos podem ser alquilados para produzir arenos, e os ânions enolatos podem ser alquilados para produzir os compostos de carbonila α-substituídos.

Alquilamina (Seção 24.1): alcano aminossubstituído RNH_2, R_2NH ou R_3N.

Ambiente quiral (Seção 5.12): é o entorno da molécula ou as condições nas quais ela se encontra.

Amida (Capítulo 21, Introdução): composto que contém o grupo funcional $-$ $CONR_2$.

Amina (Capítulo 24, Introdução): composto que contém um ou mais substituintes orgânicos ligados a um átomo de nitrogênio, RNH_2, R_2NH ou R_3N.

Aminação redutora (Seções 24.6, 26.3): método para preparar as aminas por meio da reação de um aldeído ou cetona com amônia e com um reagente doador.

Aminoácido (Seção 26.1): Veja α-aminoácido.

Aminoácido C terminal (Seção 26.4): aminoácido com um grupo $-CO_2H$ livre no fim de uma cadeia de proteína.

Aminoácido essencial (Seção 26.1): um dos nove aminoácidos que são sintetizados apenas em plantas e microrganismos e devem ser obtidos pelos seres humanos na dieta.

Aminoácido não essencial (Seção 26.1): um dos onze aminoácidos que são biossintetizados pelos seres humanos.

Aminoácido N-terminal (Seção 26.4): o aminoácido com um grupo $-NH_2$ livre no fim da cadeia de proteína.

Aminoaçúcar (Seção 25.7): açúcar com um dos seus grupos $-OH$ substituído pelo $-NH_2$.

Amplitude (Seção 12.5): a altura de uma onda medida a partir de um ponto médio até o máximo. A intensidade da energia radiante é proporcional ao quadrado da amplitude da onda.

Anabolismo (Seção 29.1): grupo de rotas metabólicas que constrói moléculas grandes a partir de moléculas menores.

Analisador quadrupolar de massas (Seção 12.1): um tipo de espectrômetro de massas que utiliza quatro hastes cilíndricas para criar um campo eletrostático oscilante. As trajetórias do íon são determinadas pela suas relações m/z. Em um determinado campo, apenas um valor m/z o fará passar através da região quadrupolar – os outros colidirão com as hastes do quadrupolo ou com as paredes do instrumento e nunca chegarão ao detector.

Análise conformacional (Seção 4.8): meio para se calcular a energia de um cicloalcano substituído somando as interações estéricas presentes na molécula.

Androgênio (Seção 27.6): hormônio esteroide sexual masculino.

Anelação (Seção 23.12): a construção de um novo anel em uma molécula existente.

Anfiprótico (Seção 26.1): capaz de agir tanto como um ácido quanto como uma base. Os aminoácidos são anfipróticos.

Ângulo de ligação (Seção 1.6): o ângulo formado entre duas ligações adjacentes.

Ângulo diedro (Seção 3.6): ângulo entre duas ligações de carbonos adjacentes, como visto na ligação $C-C$.

Anidrido do ácido fosfórico (Seção 29.1): substância que contém a ligação PO_2PO, análoga à ligação CO_2CO nos anidridos de ácidos carboxílicos.

Anidrido de ácido (Seção 21.1): um tipo de grupo funcional com dois grupos acila ligados a um átomo de oxigênio comum, RCO_2COR'.

Ânion acetileto (Seção 9.7): o ânion formado por remoção de um próton de um alcino terminal, $R-C\equiv C:^-$.

Anômero (Seção 25.5): estereoisômeros cíclicos de açúcar que diferem apenas em sua configuração no carbono (anomérico) hemiacetal.

Anômero α (Seção 25.5): a forma hemiacetal cíclica de um açúcar que possui o grupo $-OH$ hemiacetal cis em relação ao $-OH$ no centro de quiralidade mais baixo em uma "projeção" de Fischer.

Anômero β (Seção 25.5): A forma hemiacetal cíclica de um açúcar que possui o grupo $-OH$ hemiacetal trans em relação ao $-OH$ no centro de quiralidade mais baixo em uma projeção de Fischer.

Antarafacial (Seção 30.5): reação pericíclica que ocorre nas faces opostas às duas extremidades de um sistema de elétrons π.

Antiaromático (Seção 15.3): refere-se a uma molécula conjugada plana com $4n$ elétrons π. A deslocalização dos elétrons π leva a um aumento na energia.

Anticódon (Seção 28.5): sequência de três bases no RNAt que lê os códons no RNAm e traz os aminoácidos corretos para a posição para a síntese de proteínas.

Antiperiplanar (Seção 11.8): descrição de uma relação estereoquímica na qual duas ligações em carbonos adjacentes estão no mesmo plano em um ângulo de 180°.

Aquiral (Seção 5.2): falta de quiralidade. Uma molécula é aquiral se possuir um plano de simetria e, portanto, pode se superpor a sua imagem especular.

Areno (Seção 15.1): benzeno alquilssubstituído.

Arilamina (Seção 24.1): compostos aromáticos aminossubstituídos, $Ar-NH_2$.

Aromaticidade (Capítulo 15, Introdução): as características especiais das moléculas conjugadas cíclicas, que incluem a estabilidade não usual e a tendência de sofrer reações de substituição, em vez de reações de adição no tratamento com eletrófilos. As moléculas aromáticas são espécies conjugadas planas e cíclicas que possuem $4n + 2$ elétrons π.

Atático (Seção 31.2): polímero de crescimento de cadeia no qual os substituintes são orientados aleatoriamente ao longo da espinha dorsal.

Átomo cabeça de ponte (Seção 4.9): átomo que é compartilhado por mais de um anel em uma molécula policíclica.

Banco de Dados de Proteínas (Capítulo 19, *Algo extra*): repositório mundial on-line de dados estruturais de raios X e RMN para macromoléculas biológicas. Para acessar o Banco de Dados de Proteínas, visite http://www.rcsb.org/pdb/.

Base conjugada (Seção 2.7): produto que resulta da desprotonação de um ácido de Brønsted-Lowry.

Base de Brønsted-Lowry (Seção 2.7): substância que aceita um H^+ de um ácido.

Base de Lewis (Seção 2.11): substância que doa um par solitário de elétrons para um ácido. Todos os nucleófilos são bases de Lewis.

Base de Schiff (Seções 19.8, 29.5): nome alternativo para uma imina, $R_2C{=}NR'$, utilizada principalmente na bioquímica.

Benzila (Seção 15.1): grupo $C_6H_5CH_2-$.

Benzílico (Seção 11.5): a posição seguinte a um anel aromático.

Benzino (Seção 16.8): composto instável que possui uma ligação tripla em um anel de benzeno.

Benzoíla (Seção 19.1): grupo C_6H_5CO-.

Betaína (Seção 19.11): molécula neutra bipolar com cargas não adjacentes positivas e negativas. Por exemplo, o aduto de um reagente de Wittig com um composto de carbonila é uma betaína.

Bicamada de lipídeo (Seção 27.3): estrutura de lipídeo ordenada que forma uma membrana celular.

Bicicloalcano (Seção 4.9): cicloalcano que contém dois anéis.

Bifurcação de replicação (Seção 28.3): ponto de separação em uma cadeia de DNA onde acontece a replicação.

Blindagem (Seção 13.2): efeito observado na RMN que faz com que um núcleo absorva à direita do gráfico (campo alto). A blindagem acontece pela doação de densidade eletrônica ao núcleo.

Bromidrina (Seção 8.3): bromoálcool 1,2-dissubstituído obtido por meio da adição do HOBr a um alceno.

Cadeia de transporte de elétron (Seção 29.1): estágio final do catabolismo no qual se produz o ATP.

Cadeia lateral (Seção 26.1): substituinte ligado ao carbono α de um aminoácido.

Calor de combustão (Seção 4.3): a quantidade de calor liberada quando um composto queima completamente em oxigênio.

Calor de hidrogenação (Seção 7.6): quantidade de calor liberada quando uma ligação carbono-carbono dupla é hidrogenada.

Calor de reação (Seção 6.7): nome alternativo para a variação de entalpia em uma reação, ΔH.

Campo alto (Seção 13.3): porção à direita do gráfico de RMN.

Campo baixo (Seção 13.3): porção à esquerda do gráfico de RMN.

Carbânion (Seções 10.6, 19.7): ânion de carbono ou substância que contém um átomo de carbono trivalente carregado negativamente ($R_3C:^-$). Carbânions alquílicos são hibridizados sp^3 e possuem oito elétrons no nível mais externo do carbono carregado negativamente.

Carbeno, R_2C (Seção 8.9): substância neutra que contém um átomo de carbono bivalente que possui apenas seis elétrons no nível externo ($R_2C:$).

Carbinolamina (Seção 19.8): molécula que contém o grupo funcional $R_2C(OH)NH_2$. As carbinolaminas são produzidas como intermediários durante a adição nucleofílica de aminas a compostos carbonílicos.

Carbocátion (Seções 6.5, 7.9): um cátion de carbono ou substância que contém um átomo de carbono trivalente carregado positivamente que possui seis elétrons no nível mais externo (R_3C^+).

Carboidrato (Capítulo 25, Introdução): polihidroxialdeído ou cetona. Os carboidratos podem ser açúcares simples, como a glicose, ou açúcares complexos, como a celulose.

Carboidrato complexo (Seção 25.1): carboidrato constituído de dois ou mais açúcares simples ligados uns aos outros por ligações glicosídicas.

Carboxilação (Seção 20.5): a adição de CO_2 a uma molécula.

Carga formal (Seção 2.3): diferença entre número de elétrons ganhos por um átomo em uma molécula e pelo mesmo átomo em seu estado fundamental.

Catabolismo (Seção 29.1): o grupo das rotas metabólicas que quebra moléculas maiores em moléculas menores.

Catalisador (Seção 6.11): substância que aumenta a velocidade de uma transformação química proporcionando um mecanismo alternativo, mas ela própria não muda na reação.

Catalisador de Adams (Seção 8.6): catalizador PtO_2 utilizado para hidrogenação de alcenos.

Catalisador de Lindlar (Seção 9.5): catalisador de hidrogenação utilizado para converter os alcinos em alcenos cis.

Catalisador de Ziegler-Natta (Seção 31.2): catalisador de alquilalumínio e um composto de titânio utilizado para a preparação de polímeros de alceno.

Cátion radicalar (Seção 12.1): espécie reativa, normalmente formada na espectrometria de massas pela perda de um elétron de uma molécula neutra e tendo tanto uma carga positiva quanto um número ímpar de elétrons.

Centro anomérico (Seção 25.5): o átomo de carbono hemiacetal na forma de piranose ou de furanose cíclica de um açúcar.

Centro de proquiralidade (Seção 5.11): um átomo em um composto que pode ser convertido em um centro de quiralidade pela modificação de um de seus substituintes.

Centro de quiralidade (Seção 5.2): um átomo (geralmente o carbono) que está ligado a quatro grupos diferentes.

Centro estereogênico (Seção 5.2): nome alternativo para um centro de quiralidade.

Cera (Seção 27.1): mistura de ésteres de ácidos carboxílicos de cadeia longa com álcoois de cadeia longa.

Cetal (Seção 19.10): nome alternativo para acetais derivados de uma cetona, em vez de um aldeído e que consiste de dois grupos $-OR$ ligados ao mesmo carbono, $R_2C(OR')_2$. Os acetais geralmente são utilizados como grupos de proteção para as cetonas.

Cetona (R_2CO) (Capítulo 19, Introdução): compostos com dois substituintes orgânicos ligados a um grupo carbonila, $R_2C{=}O$.

Cetose (Seção 25.1): carboidrato com um grupo funcional cetona.

Cianidrina (Seção 19.6): composto com um grupo $-OH$ e um grupo $-CN$ ligado ao mesmo átomo de carbono; formado pela adição de HCN a um aldeído ou cetona.

Ciclo de Krebs (Seção 29.7): nome alternativo para o ciclo do ácido cítrico, no qual a acetil-CoA é degradada a CO_2.

Ciclo do ácido cítrico (Seção 29.7): rota metabólica pela qual a acetil-CoA é degradada a CO_2.

Ciclo do ácido tricarboxílico (Seção 29.7): nome alternativo para o ciclo do ácido cítrico pelo qual a acetil-CoA é degradada a CO_2.

Cicloalcano (Seção 4.1): alcano que contém um anel de carbono.

Ciclohexano em barco (Seção 4.5): conformação de um ciclohexano que lembra a de um barco. O ciclohexano em "barco" não possui tensão angular, mas as interações eclipsadas o tornam menos estável que o ciclohexano em cadeira.

Cinética (Seção 11.2): referente à velocidade de reação. As medidas cinéticas são úteis para a determinação dos mecanismos de reação.

Cloridrina (Seção 8.3): um 1,2-cloroálcool; obtido pela adição de HOCl a um alceno.

Códon (Seção 28.5): sequência de três bases de uma cadeia de RNA mensageiro que codifica a informação genética necessária para deixar um aminoácido específico ser incorporado em uma proteína. Os códons do RNAm são lidos por anticódons de RNAt complementares.

Coenzima (Seção 26.10): pequena molécula orgânica que age como um cofator em uma reação biológica.

Cofator (Seção 26.10): pequena parte não proteica de uma enzima que é necessária para a atividade biológica.

Complexo de Meisenheimer (Seção 16.7): intermediário formado pela adição de um nucleófilo a um anel aromático halossubstituído.

Composto aromático policíclico (Seção 15.6): composto com dois ou mais anéis aromáticos similares ao benzeno que está fundido.

Composto azo (Seção 24.8): composto com estrutura geral $R{-}N{=}N{-}R'$.

Composto meso (Seção 5.7): composto que contém centros de quiralidade, mas apesar disso aquirais por causa de um plano simétrico.

Composto organometálico (Seção 10.6): composto que contém uma ligação carbono-metal. Reagentes de Grignard, RMgX, são exemplos.

Comprimento de ligação (Seção 1.5): a distância de equilíbrio entre o núcleo de dois átomos que estão ligados entre si.

Comprimento de onda, λ (Seção 12.5): comprimento de uma onda de pico a pico. O comprimento de onda da radiação eletromagnética é inversamente proporcional à frequência e inversamente proporcional à energia.

Configuração (Seção 5.5): arranjo tridimensional de átomos ligados a um centro quiral.

Configuração absoluta (Seção 5.5): a estrutura tridimensional exata de uma molécula quiral. As configurações absolutas são especificadas verbalmente pela convenção *R,S* de Cahn-Ingold-Prelog.

Configuração eletrônica (Seção 1.3): lista de orbitais ocupados por elétrons em um átomo.

Configuração eletrônica do estado fundamental (Seção 1.3): configuração eletrônica mais estável e com energia mais baixa de uma molécula ou átomo.

Configuração *R* (Seção 5.5): configuração em um centro de quiralidade usando as regras de sequência de Cahn-Ingold-Prelog.

Configuração *S* (Seção 5.5): configuração em um centro de quiralidade usando as regras de sequência de Cahn-Ingold-Prelog.

Conformação (Seção 3.6): forma tridimensional de uma molécula em um determinado momento, presumindo que a rotação em torno da ligação simples está parada.

Conformação alternada (Seção 3.6): arranjo tridimensional de átomos em torno de uma ligação simples carbono-carbono na qual as ligações em um carbono dividem os ângulos de ligação no segundo, visto da extremidade.

Conformação anti (Seção 3.7): disposição geométrica em torno de uma ligação simples carbono-carbono na qual os dois maiores substituintes estão a 180° de distância, vistos em uma projeção de Newman.

Conformação eclipsada (Seção 3.6): o arranjo geométrico em torno de uma ligação simples carbono-carbono, no qual as ligações do substituinte de um dos carbonos estão paralelas às ligações dos substituintes sobre o carbono vizinho, visto em uma projeção de Newman.

Conformação em barco torcido (Seção 4.5): conformação do ciclohexano que, em alguns casos, é mais estável que a conformação de barco pura.

Conformação em cadeira (Seção 4.5): conformação tridimensional do ciclohexano que se assemelha à forma de uma cadeira. A forma de cadeira do ciclohexano é a conformação de menor energia da molécula.

Conformação gauche (Seção 3.7): conformação do butano na qual os dois grupos metila estão a 60º de distância, como visto na projeção de Newman. Essa conformação tem tensão estérica de 3,8 kJ mol^{-1}.

Conformação *s*-cis (Seção 14.5): conformação de um dieno conjugado que é similar ao cis em torno da ligação simples.

Confôrmero (Seção 3.6): isômero conformacional.

Conjugação (Capítulo 14, Introdução): série de orbitais *p* superpostos, geralmente alternando ligações simples e múltiplas. Por exemplo, 1,3-butadieno é um dieno conjugado, 3-buten-2-ona é uma enona conjugada, e o benzeno é um trieno cíclico conjugado.

Conrotatória (Seção 30.2): termo usado para indicar que os orbitais *p* precisam girar na mesma direção durante a abertura ou fechamento de um anel cíclico.

Constante de acidez, K_a (Seção 2.8): medida da força de um ácido. Para qualquer ácido HA, a constante de acidez é fornecida pela expressão

$$K_a = \frac{[H_3O^+]\,[A^-]}{[HA]}$$

Constante de acoplamento, *J* (Seção 13.6): grandeza (expressa em hertz) da interação entre núcleos, cujos spins estão acoplados.

Constante de basicidade, K_b (Seção 24.3): a medida de força de uma base na água. Para qualquer base B, a constante de basicidade é dada pela expressão

$$B + H_2O \rightleftharpoons BH^+ + OH^-$$

$$K_b = \frac{[BH^+]\,[OH^-]}{[B]}$$

Constante de velocidade (Seção 11.2): a constante *k* em uma equação de velocidade.

Controle cinético (Seção 14.3): uma reação que segue o caminho de energia de ativação mais baixa é cineticamente controlada. O produto é formado mais rapidamente, mas não é necessariamente o mais estável.

Controle termodinâmico (Seção 14.3): uma reação de equilíbrio que leva ao produto mais estável com energia mais baixa é controlada termodinamicamente.

Copolímero (Seção 31.3): polímero obtido quando se permite a dois ou mais monômeros diferentes polimerizarem-se juntos.

Copolímero de enxerto (Seção 31.3): copolímero no qual as ramificações de homopolímeros da unidade de um monômero são "enxertadas" em uma cadeia de homopolímero de outra unidade de monômero.

Copolímero em bloco (Seção 31.3): polímero nos quais diferentes blocos de unidades monoméricas idênticas se alternam umas com as outras.

Corrente de anel (Seção 15.7): a circulação de elétrons π induzidos em um anel aromático pelo campo magnético externo. Esse é o efeito do deslocamento em campo baixo dos hidrogênios do anel aromático no espectro de RMN de ^1H.

Craqueamento (Capítulo 3, *Algo extra*): processo utilizado no refinamento do petróleo, no qual alcanos de cadeias longas são termicamente quebrados em fragmentos menores.

Cristalito (Seção 31.6): região semelhante ao cristal altamente ordenada dentro de uma longa cadeia de polímero.

Cristalografia de raios X (Capítulo 12, *Algo extra*): técnica que utiliza raios X para determinar a estrutura das moléculas.

Cromatografia (Seção 26.5): técnica para a separação de uma mistura de compostos em componentes puros. Componentes diferentes se adsorvem em uma fase de suporte estacionária, apresentando diferentes velocidades por meio de uma fase móvel.

Debye (D) (Seção 2.2): unidade para medir o momento dipolo; 1 D = $3{,}336 \times 10^{-30}$ coulomb metro (C m).

Degradação de Edman (Seção 26.6): método para o sequenciamento de cadeias N-terminais de peptídeos por meio do tratamento com o *N*-fenilisotiocianato.

Degradação de Wohl (Seção 25.6): método utilizado para encurtar a cadeia de um açúcar aldose por um carbono.

Derivado ATZ (Seção 26.6): uma anilinotiazolinona, formada a partir de um aminoácido durante a degradação de Edman de um peptídeo.

Derivado de ácido carboxílico (Capítulo 21, Introdução): composto no qual um grupo acila está ligado a um átomo eletronegativo ou substituinte que pode agir como grupo abandonador em uma reação de substituição. Ésteres, amidas e haletos de ácidos são exemplos.

Derivado Boc (Seção 26.7): aminoácido N-protegido pelo butiloxicarbonil.

Derivado Fmoc (Seção 26.7): aminoácido N-protegido pela fluoroenilmetiloxicarbonila.

Desaminação (Seção 29.9): remoção de um grupo amina de uma molécula, como ocorre com os aminoácidos durante a degradação metabólica.

Desblindado (Seção 13.2): efeito observado na RMN que faz com que o núcleo absorva para a esquerda (em campo mais baixo) do gráfico. A desblindagem é provocada pela retirada de densidade eletrônica do núcleo.

Descarboxilação (Seção 22.7): a perda de um dióxido de carbono de uma molécula. Os β-ceto-ácidos se descarboxilam rapidamente no calor.

Desdobramento *spin-spin* (Seção 13.6): desdobramento de um sinal de RMN em multipleto por causa de uma interação entre os núcleos magnéticos circunvizinhos cujos spins estão acoplados. A magnitude de um desdobramento *spin-spin* é fornecida pela constante de acoplamento, J.

Desidratação (Seções 8.1, 11.10, 17.6): a perda da água de um álcool para produzir um alceno.

Desidrohalogenação (Seções 8.1, 11.8): a perda de HX de um haleto de alquila. Os haletos de alquila sofrem desidrohalogenação para produzir alcenos no tratamento com base forte.

Deslocalização (Seções 10.4, 15.2): distribuição da densidade eletrônica sobre um sistema de elétrons π conjugados. Por exemplo, cátions alílicos e ânions alílicos são deslocalizados porque suas cargas estão espalhadas em todo o sistema de elétrons π. Compostos aromáticos têm $4n + 2$ elétrons π deslocalizados em seu anel.

Deslocamento de hidreto (Seção 7.11): o deslocamento de um átomo de hidrogênio e seu par de elétrons para um centro catiônico próximo.

Deslocamento químico (Seção 13.3): a posição no gráfico de RMN onde um núcleo absorve. Por convenção, o deslocamento químico do tetrametilsilano (TMS) é estabelecido como zero, e todas as absorções em geral ocorrem na parte inferior (à esquerda do gráfico). Os deslocamentos químicos são expressos em unidades delta δ, onde 1δ é igual a 1 ppm da frequência de operação do espectrômetro.

Desnaturalização (Seção 26.9): as mudanças físicas que ocorrem em uma proteína quando estruturas secundárias e terciárias são rompidas.

Dextrorrotatório (Seção 5.3): palavra utilizada para descrever a substância oticamente ativa que gira o plano da luz polarizada para a direita (posição horária).

Diagrama de energia (Seção 6.9): representação do curso de uma reação na qual a energia livre é representada graficamente como uma função do progresso da reação. Representa os reagentes, os estados de transição, intermediários e produtos, e indica suas energias apropriadas.

Diagrama em árvore (Seção 13.8): diagrama utilizado na RMN para classificar os padrões de desdobramento complicados que podem surgir de acoplamentos múltiplos.

Diastereisômeros (Seção 5.6): estereoisômeros que não são idênticos às suas imagens especulares; os diastereisômeros possuem a mesma configuração em um ou mais centros quirais, mas diferem em outros.

Diastereotópico (Seção 13.7): hidrogênios em uma molécula cuja substituição por outro grupo leva a diferentes diasteroisômeros.

Diazotização (Seção 24.8): a conversão de uma amina primária, RNH_2, em um íon diazônio, RN_2^+, por meio do tratamento com ácido nitroso.

Dienófilo (Seção 14.5): composto que contém uma ligação dupla que pode fazer parte da reação de cicloadição de Diels-Alder. Os dienófilos mais reativos são aqueles que possuem grupos retiradores de elétrons na ligação dupla.

Digestão (Seção 29.1): o primeiro estágio do catabolismo no qual o alimento é quebrado por meio da hidrólise do éster, ligações de glicosídeo (acetal) e de peptídeo (amida) para produzir ácidos graxos, açúcares simples e aminoácidos.

Disrrotatório (Seção 30.2): termo usado para indicar que os orbitais p giram em direções opostas durante as reações de abertura, ou fechamento, eletrocíclicas do anel.

Dissacarídeo (Seção 25.8): carboidrato formado pela ligação de dois açúcares simples por meio de uma ligação de acetal.

Dissulfeto (RSSR′) (Seção 18.8): compostos com estrutura geral RSSR′.

Dupleto (Seção 13.6): absorção de duas linhas de RMN causada por desdobramento *spin-spin* quando o spin do núcleo em observação se acopla com o spin do núcleo magnético vizinho.

Efeito de ressonância (Seção 16.4): doação ou retirada de elétrons por meio da superposição de orbital com as ligações π vizinhas. Por exemplo, um oxigênio ou nitrogênio substituinte doa elétrons para um anel aromático por superposição do orbital do O ou do N com os orbitais p do anel aromático.

Efeito do isótopo de deutério (Seção 11.8): ferramenta utilizada em investigações de mecanismos para estabelecer se uma ligação C−H é quebrada na etapa limitante da velocidade de uma reação.

Efeito indutivo (Seções 2.1, 7.9, 16.5): efeito de atração ou de retirada de elétron transmitido por ligações σ. Os elementos eletronegativos possuem um efeito indutivo de retirada de elétrons.

Eicosanoide (Seção 27.4): lipídeo derivado biologicamente do ácido eicosa-5,8,11,14-tetraenoico, ou ácido araquidônico. As prostaglandinas, os trombohexanos e os leucotrienos são exemplos.

Elastômero (Seção 31.6): polímero amorfo que possui a capacidade de se esticar e voltar à sua forma original.

Eletrófilo (Seção 6.4): "companheiro do elétron" ou substância que aceita um par de elétrons de um nucleófilo em uma reação de formação de ligação polar.

Eletroforese (Seções 26-2, 28-6): técnica utilizada para separar moléculas orgânicas carregadas, especialmente proteínas e aminoácidos. A mistura a ser separada é colocada em um gel tampão ou de papel, e aplica-se um potencial elétrico nas extremidades do instrumento. As moléculas carregadas negativamente migram em direção ao eletrodo positivo, e as moléculas carregadas positivamente migram em direção ao eletrodo negativo.

Eletronegatividade (EN) (Seção 2.1): a capacidade de um átomo atrair elétrons em uma ligação covalente. A eletronegatividade aumenta na tabela periódica da esquerda para a direita e de baixo para cima.

Elétrons não ligantes (Seção 1.4): elétrons de valência que não são utilizados na formação de ligações covalentes.

Eluição (Seção 26.5): remoção de uma substância de uma coluna de cromatografia.

Enamina (Seção 19.8): composto com o grupo funcional $R_2N-CR=CR_2$.

Enantiômeros (Seção 5.1): estereoisômeros de uma substância quiral que possuem um relacionamento de imagem especular. Os enantiômeros precisam ter configurações opostas em todos os centros de quiralidade.

Enantiotópico (Seção 13.7): hidrogênios em uma molécula cuja substituição por outro grupo leva a enantiômeros diferentes.

Endergônica (Seção 6.7): reação que possui uma variação de energia livre positiva e que também é não espontânea. Em um diagrama de energia de reação, o produto de uma reação endergônica possui um nível de energia mais alto que o dos reagentes.

Endo (Seção 14.5): termo que indica a estereoquímica de um substituinte em um bicicloalcano em ponte. Um substituinte endo é sin em relação à maior das duas pontes.

Endonuclease de restrição (Seção 28.6): enzima que pode quebrar uma molécula de DNA em pontos da cadeia onde ocorre uma sequência de base específica.

Endotérmica (Seção 6.7): reação que absorve calor e que também possui variação de entalpia positiva.

Energia de ativação (Seção 6.9): a diferença na energia entre o estado fundamental e o estado de transição em uma reação. A quantidade de energia de ativação determina a velocidade na qual a reação acontece. A maioria das reações orgânicas possui energias de ativação de 40-100 kJ mol^{-1}.

Energia de dissociação de ligação, *D* (Seção 6.8): a quantidade de energia necessária para quebrar uma ligação e produzir dois fragmentos radicalares.

Enol (Seções 9.4, 22.1): álcool vinílico que está em equilíbrio com um composto de carbonila, $C=C-OH$.

Enzima (Seções 6.11, 26.10): catalisador biológico. As enzimas são proteínas grandes que catalisam reações bioquímicas específicas.

Epímero (Seção 5.6): diastereisômeros que diferem na configuração em apenas um centro de quiralidade, mas são iguais em todos os outros.

Epoxidação de Sharpless (Capítulo 19, *Algo extra*): método para a síntese enantiosseletiva de um epóxido quiral, por tratamento de um álcool alílico com *tert*-butilhidroperóxido, $(CH_3)_3C-OOH$, na presença de tetraisopropóxido de titânio e tartarato de dietila.

Epóxido (Seção 8.7): grupo funcional de éter com anel de três membros.

Equação de Henderson-Hasselbalch (Seções 20.3, 24.5, 26.2): uma equação para se determinar a extensão de dissociação de um ácido fraco em vários valores de pH.

Equação de onda (Seção 1.2): expressão matemática que define o comportamento de um elétron.

Equação de velocidade (Seção 11.2): uma equação que expressa a dependência da velocidade de uma reação em relação à concentração dos reagentes.

Escala delta (δ) (Seção 13.3): escala arbitrária utilizada para calibrar os gráficos de RMN. Uma unidade delta (δ) é igual a 1 parte por milhão (ppm) da frequência de operação do espectrômetro.

Esfingomielina (Seção 27.3): fosfolipídeo que possui uma esfingosina como sua espinha dorsal.

ESI (Seção 12.4): ionização por *eletrospray*; método de ionização "brando" usado para a espectrometria da massas de amostras biológicas de alta massa molecular.

Espectro de absorção (Seção 12.5): uma representação gráfica do comprimento de onda de luz incidente em função da quantidade de luz absorvida. As moléculas orgânicas mostram os espectros de absorção nas regiões do infravermelho e do ultravioleta do espectro eletromagnético.

Espectro eletromagnético (Seção 12.5): faixa de energia eletromagnética, incluindo a radiação no infravermelho, no ultravioleta e no visível.

Espectrometria de massas (EM) (Seção 12.1): técnica para medir as massas e, consequentemente, a massa molecular (MM) de íons.

Espectroscopia no infravermelho (IV) (Seção 12.6): tipo de espectroscopia ótica que utiliza energia na região do infravermelho. A espectroscopia no IV é particularmente útil na química orgânica para a determinação dos tipos de grupos funcionais presentes nas moléculas.

Espectroscopia no ultravioleta (UV) (Seção 14.7): espectroscopia ótica que emprega a radiação ultravioleta. A espectroscopia no UV fornece informações estruturais sobre a extensão da conjugação de elétrons π em moléculas orgânicas.

Espinha dorsal (Seção 26.4): a cadeia contínua de átomos que percorre o comprimento de uma proteína ou de outro polímero.

Estado de transição (Seção 6.9): complexo ativado entre reagentes, representando o ponto de energia mais alto em uma curva de reação. Os estados de transição são complexos instáveis que não podem ser isolados.

Estatina (Capítulo 29, *Algo extra*): fármaco que controla a biossíntese do colesterol no corpo através do bloqueio da enzima redutase HMG-CoA.

Éster (Capítulo 21, Introdução): composto que contém o grupo funcional $-CO_2R$.

Estereocentro (Seção 5.2): nome alternativo para um centro de quiralidade.

Estereoisômeros (Seção 4.2): isômeros que possuem seus átomos conectados na mesma ordem, mas têm arranjos tridimensionais diferentes. O termo estereoisômero inclui ambos, os enantiômeros e os diastereisômeros.

Estereoquímica (Capítulos 3, 4, 5): o ramo da química que trata dos arranjos tridimensionais dos átomos nas moléculas.

Estereoquímica anti (Seção 8.2): o oposto da estereoquímica sin. Uma reação de adição anti é uma reação na qual as duas extremidades da ligação dupla são atacadas em lados diferentes. Uma reação de eliminação anti é aquela na qual os dois grupos saem de lados opostos da molécula.

Estereoquímica sin (Seção 8.5): oposto da anti. Uma reação de adição sin é aquela na qual as duas extremidades da ligação dupla reagem do mesmo lado. Uma eliminação sin é aquela na qual os dois grupos deixam o mesmo lado da molécula.

Esteroespecífico (Seção 8.9): termo que indica que apenas um único estereoisômero é produzido em uma determinada reação, em vez de em uma mistura.

Esteroide (Seção 27.6): lipídeo cuja estrutura é baseada no esqueleto tricíclico de carbonos com três anéis de 6 membros e um de 5 membros. Os esteroides ocorrem nas plantas e nos animais e possuem uma variedade de funções hormonais importantes.

Esteroide anabólico (Seção 27.6): androgênio sintético que mimetiza os efeitos da construção natural do tecido da testosterona.

Estrogênio (Seção 27.6): hormônio esteroide sexual feminino.

Estrutura condensada (Seção 1.12): modo resumido de se escrever estruturas, no qual as ligações carbono-hidrogênio e carbono-carbono são presumidas, em vez de serem mostradas explicitamente. O propano, por exemplo, tem a estrutura condensada $CH_3CH_2CH_3$.

Estrutura de Kekulé (Seção 1.4): nome alternativo para uma estrutura de ligação de linha, que representa uma molécula mostrando ligações covalentes como linhas entre átomos.

Estrutura de Lewis (Seção 1.4): representação de uma molécula que mostra os elétrons de valência como pontos.

Estrutura de ligação de linha (Seção 1.4): nome alternativo para uma estrutura de Kekulé, que representa uma molécula mostrando as ligações covalentes como linhas entre os átomos.

Estrutura de cavalete (Seção 3.6): maneira de representação da estereoquímica que utiliza um desenho com varetas e apresenta uma visão de perspectiva da conformação em torno de uma ligação simples.

Estrutura eletrônica de pontos (Seção 1.4): representação de uma molécula que mostra os elétrons de valência como pontos.

Estrutura esquelética (Seção 1.12): atalho para escrever estruturas onde se presume que os átomos de carbono estejam em cada intersecção de duas linhas (ligação) e na extremidade de cada uma delas.

Estrutura primária (Seção 26.9): sequência de um aminoácido em uma proteína.

Estrutura quaternária (Seção 26.9): nível mais alto da estrutura da proteína, envolvendo uma agregação específica de proteínas individuais em um agrupamento grande.

Estrutura secundária (Seção 26.9): nível de subestrutura de proteína que envolve o rearranjo das seções de cadeia em rearranjos ordenados como as folhas β-pregueadas ou hélices α.

Estrutura terciária (Seção 26.9): nível da estrutura de proteína que envolve a maneira na qual a cadeia de proteína inteira se dobra em um arranjo tridimensional.

Etapa de propagação (Seção 6.3): a etapa em uma reação radicalar em cadeia que mantém a cadeia. As etapas de propagação precisam gerar os produtos e os intermediários reativos.

Etapa limitante da velocidade (Seção 11.4): a etapa mais lenta em uma sequência de reação de etapas múltiplas. A etapa limitante da velocidade age como um tipo de "gargalo" em reações de etapas múltiplas.

Éter (Capítulo 18, Introdução): composto que contém dois substituintes orgânicos ligados ao mesmo átomo de oxigênio, ROR′.

Éter silílico (Seção 17.8): substância com a estrutura $R_3Si-O-R$. O éter silílico atua como um grupo protetor para os álcoois.

Éteres de coroa (Seção 18.7): poliéster de anel grande; utilizados como catalisadores de transferência de fase.

Exergônica (Seção 6.7): reação que possui variação de energia livre negativa e que também é espontânea. Em um diagrama de energia de reação, o produto de uma reação exergônica possui um nível de energia mais baixo que o dos reagentes.

Exo (Seção 14.5): termo que indica a estereoquímica de um substituinte em um bicicloalcano em ponte. Um substituinte exo é anti em relação à maior das duas pontes.

Exon (Seção 28.4): seção de DNA que contém a informação genética.

Exotérmica (Seção 6.7): reação que libera calor e que também possui variação de entalpia negativa.

Extremidade 3′ (Seção 28.1): extremidade de uma cadeia de ácido nucleico com um grupo hidroxila livre no C3′.

Extremidade 5′ (Seção 28.1): extremidade de uma cadeia de ácido nucleico com um grupo hidroxila livre no C5′.

Face *Re* (Seção 5.11): uma das duas faces de um átomo planar com hibridização sp^2.

Face *Si* (Seção 5.11): uma das duas faces de um átomo hibridizado sp^2 plano.

Fenil (Seção 15.1): nome para a unidade $-C_6H_5$ quando o anel de benzeno é considerado um substituinte. Um grupo fenila é abreviado como −Ph.

Fenol (Capítulo 17, Introdução): compostos com um grupo −OH diretamente ligado a um anel aromático, ArOH.

Fibra (Seção 31.6): trama fina produzida pela extrusão de um polímero derretido por pequenos furos em uma fieira.

Fita condutora (Seção 28.3): O complemento da fita de DNA 5′→3′ original que é sintetizado continuamente em uma único pedaço.

Fita de antisenso (Seção 28.4): molde, fita não codificante do DNA de dupla hélice que não contém o gene.

Fita de consenso (Seção 28.4): a cadeia de DNA de dupla hélice que contém o gene.

Fita de retardamento (Seção 28.3): o complemento da fita de DNA original 3′→5′ que é sintetizado de forma descontínua em pedaços pequenos que subsequentemente são ligados por DNA ligases.

Fita molde (Seção 28.4): fita de DNA de dupla hélice que não contém o gene.

Fita não codificante (Seção 28.4): designação alternativa para fita de DNA antisenso.

Folha *β-pregueada* (Seção 26.9): tipo de estrutura secundária de uma proteína.

Forças de dispersão (Seção 2.12): interações não covalentes entre moléculas que surgem por causa da constante mudança da distribuição eletrônica nas moléculas.

Força de ligação (Seção 1.5): nome alternativo para a energia de dissociação de ligação.

Força dipolo-dipolo (Seção 2.12): interação eletrostática não covalente entre moléculas polares.

Forças de van der Waals (Seção 2.12): forças intermoleculares que são responsáveis por manter as moléculas juntas nos estados líquido e sólido.

Forma *d, l* (Seção 5.8): mistura racêmica de um composto quiral.

Forma de ressonância (Seção 2.4): estrutura individual de um híbrido de ressonância.

Formila (Seção 19.1): grupo $-CHO$.

Fosfato de acila (Seção 21.8): grupo funcional com um grupo acila ligado a um fosfato, $RCO_2PO_3^{2-}$.

Fosfina (Seção 5.10): composto de fósforo trivalente, R_3P.

Fosfito (Seção 28.7): composto com a estrutura $P(OR)_3$.

Fosfolipídeo (Seção 27.3): lipídeo que contém um resíduo de fosfato. Por exemplo, os glicofosfolipídeos contêm uma espinha dorsal de glicerol ligada a dois ácidos graxos e a um ácido fosfórico.

Fosforamideto (Seção 28.7): composto com a estrutura $R_2NP(OR)_2$.

Fragmento de Okazaki (Seção 28.3): segmento curto de um filamento de retardo de DNA que é biossintetizado de forma descontínua e, em seguida, ligado por DNA ligases.

Frequência *ν* (Seção 12.5): número de ciclos de ondas eletromagnéticas que migraram de um ponto em uma determinada unidade de tempo. As frequências são expressas em unidades de ciclos por segundo, ou hertz.

Função de onda (Seção 1.2): solução para a equação de onda para definir o comportamento de um elétron em um átomo. O quadrado da função de onda define a forma de um orbital.

Funcional (Seção 3.1): um átomo ou grupo de átomos que faz(em) parte de uma grande molécula e tem reatividade química característica.

Furanose (Seção 25.5): anel com cinco membros de um açúcar simples.

Gás natural (Capítulo 3, *Algo extra*): mistura de hidrocarbonetos que ocorre naturalmente e consiste principalmente de metano, juntamente com quantidades menores de etano, propano e butano.

Geminal (Seção 19.5): referente a dois grupos ligados ao mesmo átomo de carbono. Por exemplo, o hidrato formado pela adição nucleofílica de água a um aldeído ou cetona é um diol geminal.

Geometria *E* (Seção 7.5): termo utilizado para descrever a estereoquímica de uma ligação dupla carbono-carbono. Os dois grupos em cada carbono são classificados de acordo com as regras de sequência de Cahn-Ingold-Prelog, e os dois carbonos são comparados. Se os grupos com prioridade mais alta em cada carbono estão em lados opostos da ligação dupla, a ligação possui geometria *E*.

Geometria *Z* (Seção 7.5): termo utilizado para descrever a estereoquímica de uma ligação dupla carbono-carbono. Os dois grupos em cada carbono possuem prioridades atribuídas de acordo com as regras de sequência de Cahn-Ingold-Prelog, e os dois carbonos são comparados. Se os grupos com prioridade mais alta em cada carbono estão no mesmo lado da ligação dupla, a ligação possui geometria *Z*.

Glical (Seção 25.9): açúcar insaturado com uma ligação dupla $C1-C2$.

Glicoconjugada (Seção 25.6): molécula na qual um carboidrato está ligado através do seu centro anomérico a outra molécula biológica, tal como um lipídeo ou proteína.

Glicofosfolipídeo (Seção 27.3): lipídeo que contém uma espinha dorsal ligada a dois ácidos graxos e um ácido fosfórico.

Glicol (Seção 8.7): diol, como etileno glicol, $HOCH_2CH_2OH$.

Glicolipídeo (Seção 25.6): molécula biológica na qual um carboidrato está unido por uma ligação de glicosídeo a um lipídeo.

Glicólise (Seção 29.5): série de dez reações catalisadas por enzimas que quebra a glicose em dois equivalentes de piruvato, $CH_3COCO_2^-$.

Gliconeogênese (Seção 29.8): rota anabólica pela qual os organismos fabricam a glicose a partir de precursores de três carbonos simples.

Glicoproteína (Seção 25.6): uma molécula biológica na qual um carboidrato está unido por uma ligação glicosídica a uma proteína.

Glicosídeo (Seção 25.6): acetal cíclico formado pela reação de um açúcar com outro álcool.

Gordura (Seção 27.1): triglicerol sólido derivado de uma fonte animal.

Grau de insaturação (Seção 7.2): o número de anéis e/ou ligações duplas em uma molécula.

Grupo abandonador (Seção 11.2): grupo que é substituído na reação de substituição.

Grupo acetila (Seção 19.1): o grupo CH_3CO-.

Grupo acila (Seções 16.3, 19.1): um grupo $-COR$.

Grupo alila (Seção 7.3): substituinte $H_2C{=}CHCH_2-$.

Grupo alquila (Seção 3.3): a estrutura parcial que permanece quando um átomo de hidrogênio é removido de um alcano.

Grupo carbonila (Pré-visualização da Química da Carbonila): grupo funcional $C{=}O$.

Grupo carboxila (Seção 20.1): grupo funcional $-CO_2H$.

Grupo desativador (Seção 16.4): substituinte retirador de elétrons que diminui a reatividade de um anel aromático em uma substituição eletrofílica aromática.

Grupo mercapto (Seção 18.8): nome alternativo para o grupo tiol, $-SH$.

Grupo metileno (Seção 7.3): grupo $-CH_2-$ ou $=CH_2$.

Grupo protetor (Seções 17.8, 19.10, 26.7): grupo introduzido para proteger o grupo funcional sensível na reação que acontece em qualquer lugar da molécula. Após executar sua função de proteção, o grupo é removido.

Grupo vinila (Seção 7.3): substituente $H_2C{=}CH-$.

Grupos ativadores (Seção 16.4): grupos doadores de elétrons como hidroxila ($-OH$) ou amina ($-NH_2$) que aumentam a reatividade de um anel aromático ante a substituição aromática eletrofílica.

Haleto de alquila (Capítulo 10, Introdução): um composto com um átomo de halogênio ligado a um átomo de carbono saturado hibridizado sp^3.

Haleto orgânico (Capítulo 10, Introdução): composto que contém um ou mais átomos de halogênio ligados ao carbono.

Haleto de ácido (Seção 21.1): um tipo de grupo funcional com um grupo acila ligado a um átomo de halogênio, RCOX.

Halogenação (Seções 8-2, 16-1): reação de halogênio com um alceno para produzir um produto de adição 1,2-dihaleto ou com um composto aromático para produzir um produto de substituição.

Halohidrina (Seção 8.3): um 1,2-haloálcool, como obtido por meio de uma adição de HOBr a um alceno.

Hélice *α* (Seção 26.9): a estrutura secundária enrolada de uma proteína.

Hélice dupla (Seção 28.2): a estrutura do DNA na qual duas fitas de polinucleotídeos se enrolam uma na outra.

Hemiacetal (Seção 19.10): grupo funcional que consiste em um grupo $-OR$ e um $-OH$ ligados ao mesmo carbono.

Hertz, Hz (Seção 12.5): unidade de medida de frequência eletromagnética, o número de ondas que passam por um ponto fixo por segundo.

Heterociclo (Seções 15-5, 24-9): molécula cíclica cujos anéis contêm mais de um tipo de átomo. Por exemplo, a piridina é um heterociclo que contém cinco átomos de carbono e um átomo de nitrogênio em seu anel.

Híbrido de ressonância (Seção 2.4): molécula, como o benzeno, que não pode ser representada adequadamente por uma única estrutura de Kekulé, mas que, em vez disso, deve ser considerada uma média de duas ou mais estruturas de ressonância. As estruturas de ressonância diferem apenas nas posições de seus elétrons, não nas de seus núcleos.

Hidratação (Seção 8.4): adição de água a uma molécula, assim como ocorre quando os alcenos são tratados com ácido sulfúrico aquoso para formar álcoois.

Hidroboração (Seção 8.5): adição de borano (BH_3) ou um alquilborano a um alceno. Os produtos de trialquilborano resultantes podem ser oxidados para se obter álcoois.

Hidrocarboneto (Seção 3.2): composto que contém apenas carbono e hidrogênio.

Hidrofílico (Seção 2.12): que é atraído pela água.

Hidrofóbico (Seção 2.12): repelido pela água.

Hidrogenação (Seção 8.6): adição de hidrogênio a uma ligação dupla ou tripla para produzir um produto saturado.

Hidrogenólise (Seção 26.7): quebra de uma ligação por meio da reação com hidrogênio. Os éteres e ésteres benzílicos, por exemplo, são quebrados por hidrogenólise.

Hidroquinona (Seção 17.10): 1,4-dihidroxibenzeno.

Hidroxilação (Seção 8.7): a adição de dois grupos $-OH$ a uma ligação dupla.

Hiperconjugação (Seções 7.6, 7.9): interação eletrônica que resulta da superposição de um orbital *p* vazio em um átomo com uma ligação σ C$-$H vizinha. A hiperconjugação é importante na estabilização de carbocátions e para a estabilização dos alcenos substituídos.

Homopolímero (Seção 31.3): polímero feito de unidades repetidas idênticas.

Homotópico (Seção 13.7): hidrogênio em uma molécula que forma a estrutura idêntica na substituição por X e, assim, mostra absorções de RMN idênticas.

Hormônio (Seção 27.6): mensageiro químico que é secretado por uma glândula endócrina e transportado pela corrente sanguínea para o tecido-alvo.

Hormônio adrenocortical (Seção 27.6): hormônios esteroides secretados pelas glândulas adrenais. Há dois tipos destes hormônios: mineralocorticoides e glicocorticoides.

HPLC (Seção 26.5): cromatografia de líquidos de alta eficiência; uma variante da cromatografia em coluna, utilizando alta pressão para forçar o solvente através das partículas absorventes muito pequenas.

Ilida (Seção 19.11): espécie neutra com cargas adjacentes + e − como os fosforanos utilizados nas reações de Wittig.

Imagem por ressonância magnética, IRM (Capítulo 13, *Algo extra*): técnica de diagnóstico médico com base na ressonância magnética nuclear.

Imida (Seção 24.6): composto com o grupo funcional $-CONHCO-$.

Imina (Seção 19.8): composto com o grupo funcional $R_2C{=}NR$.

Iniciador (Seções 6-3, 31-1): substância utilizada para iniciar uma reação radicalar em cadeia ou polimerização. Por exemplo, a cloração radicalar dos alcanos é iniciada quando uma energia luminosa quebra a ligação fraca Cl$-$Cl para formar radicais Cl·.

Insaturada (Seção 7.2): molécula que possui uma ou mais ligações múltiplas.

Integração (Seção 13.5): técnica de medição da área sob um pico de RMN para determinar o número relativo de cada tipo de hidrogênio em uma molécula.

Interação 1,3-diaxial (Seção 4.7): energia de repulsão causada pela interação estérica entre os grupos axiais separados por três átomos de carbono no ciclohexano com forma de cadeira.

Interação não covalente (Seção 2.12): interação não ligante entre as moléculas, como forças dipolo-dipolo, forças de dispersão e ligações de hidrogênio.

Intermediário (Seção 6.10): espécie que é formada durante o curso de uma reação de múltiplas etapas, mas não no produto final. Os intermediários são mais estáveis que os estados de transição, mas podem ou não ser estáveis o suficiente para serem isolados.

Intramolecular, intermolecular (Seção 23.6): reação que ocorre na mesma molécula é intramolecular; uma reação que acontece entre duas moléculas é intermolecular.

Intron (Seção 28.4): seção do DNA que não contém informação genética.

Inversão de Walden (Seção 11.1): inversão da configuração em um centro de quiralidade que acompanha a reação S_N2.

Inversão do anel (Seção 4.6): movimento molecular que converte uma conformação em cadeira do ciclohexano em outra conformação em cadeira. O efeito de uma inversão do anel é a conversão de um substituinte axial em um substituinte equatorial.

Inversão piramidal (Seção 24.2): a inversão rápida da estereoquímica de um composto de nitrogênio trivalente.

Íon acílio (Seção 16.3): um carbocátion estabilizado por ressonância no qual a carga positiva está localizada em um grupo carbonila, $R-\overset{+}{C}=O \leftrightarrow R-C\equiv O^+$. Íons acílio são intermediários em reações de acilação de Friedel-Crafts.

Íon alcóxido, RO^- (Seção 17.2): o ânion formado pela desprotonação de um álcool.

Íon bromônio (Seção 8.2): espécie com um bromo bivalente carregado positivamente, R_2Br^+.

Íon enolato (Seção 22.1): ânion de um enol, $C=C-O^-$.

Íon fenóxido, ArO^- (Seção 17.2): ânion de um fenol.

Íon halônio (Seção 8.2): espécie que contém um halogênio bivalente carregado positivamente. Os íons bromônios com anéis de três membros são intermediários na adição eletrofílica de Br_2 aos alcenos.

Íon molecular (Seção 12.1): o cátion produzido no espectrômetro de massas por perda de um elétron a partir da molécula principal. A massa do íon molecular corresponde à massa molecular da amostra.

Íon sulfônico (Seção 18.8): espécie que contém um átomo de enxofre trivalente carregado positivamente, R_3S^+.

Íon tiolato (Seção 18.8): ânion de um tiol, RS^-.

Isômero ótico (Seção 5.4): nome alternativo para os enantiômeros. Os isômeros óticos são isômeros que possuem uma relação de imagem especular.

Isômeros (Seções 3.2, 5.9): compostos que possuem a mesma fórmula molecular, mas têm estruturas diferentes.

Isômeros cis-trans (Seções 4.2, 7.4): estereoisômeros que diferem em sua estereoquímica em relação a uma ligação dupla ou um anel.

Isômeros constitucionais (Seções 3.2, 5.9): isômeros que possuem seus átomos conectados em uma ordem diferente. Por exemplo, o butano e o 2-metilpropano são isômeros constitucionais.

Isotático (Seção 31.2): polímero de crescimento em cadeia no qual os substituintes são orientados regularmente do mesmo lado da espinha dorsal.

Isótopos (Seção 1.1): átomos do mesmo elemento que possuem números de massas diferentes.

Lactama (Seção 21.7): amida cíclica.

Lactona (Seção 21.6): éster cíclico.

LD_{50} (Capítulo 1, *Algo extra*): a quantidade de uma substância por quilo de massa corporal que é letal para 50% dos animais de teste.

LDA (Seção 22.5): Diisopropilamideto de lítio, $LiN(i\text{-}C_3H_7)_2$, uma base forte normalmente utilizada para converter compostos de carbonila nos seus íons enolatos.

Levorrotatória (Seção 5.3): substância oticamente ativa que gira o plano de polarização da luz polarizada no plano para a esquerda (anti-horário).

Ligação 1→4 (Seção 25.8): ligação glicosídica entre o grupo $-OH$ do C1 de um açúcar e o grupo $-OH$ do C4 de outro açúcar.

Ligação axial (Seção 4.6): ligações ou posições em um ciclohexano em cadeira que está ao longo do eixo perpendicular ao plano aproximado do anel até o plano rígido dele.

Ligação covalente (Seção 1.5): ligação formada por elétrons compartilhados entre átomos.

Ligação covalente polar (Seção 2.1): ligação covalente na qual a distribuição de elétrons entre os átomos é assimétrica.

Ligação de hidrogênio (Seções 2.12, 17.2): atração fraca entre um átomo de hidrogênio ligado a um átomo eletronegativo e um par isolado de elétrons em outro átomo eletronegativo.

Ligação peptídica (Seção 26.4): ligação de amida em uma cadeia de peptídeo.

Ligação dupla (Seção 1.8): ligação covalente formada pelo compartilhamento de dois pares de elétrons entre os átomos.

Ligação equatorial (Seção 4.6): ligação ou posição no ciclohexano em cadeira que se encontra ao longo do equador aproximado do anel.

Ligação iônica (Seção 1.4): atração eletrostática entre íons de carga contrária.

Ligação *pi* (π) (Seção 1.8): a ligação covalente formada pela superposição lateral dos orbitais atômicos. Por exemplo, as ligações duplas carbono-carbono contêm uma ligação π formada pela superposição lateral de dois orbitais π.

Ligação sigma (σ) (Seção 1.5): ligação covalente formada pela superposição frontal de orbitais atômicos.

Ligação simples (Seção 1.8): ligação covalente formada por compartilhamento de um par de elétrons entre os átomos.

Ligações eclipsadas (Seção 4.4): as ligações em anéis pequenos, como ciclopropano, que se dobram a partir da linha internuclear e se sobrepõem em um ângulo pequeno, e não de frente. As ligações eclipsadas são altamente entrelaçáveis e altamente reativas.

Ligações triplas (Seção 1.9): ligação covalente formada por compartilhamento de três pares de elétrons entre os átomos.

Lipídeo (Capítulo 27, Introdução): substância natural isolada das células e dos tecidos por extração com um solvente apolar. Os lipídeos pertencem a diversas classes estruturais diferentes, incluindo gorduras, terpenos, prostaglandinas e esteroides.

Lipoproteína (Capítulo 27, *Algo extra*): molécula complexa, com partes de lipídeo e proteína que transporta os lipídeos pelo corpo.

Localizador (Seção 3.4): um número em um nome químico que localiza as posições dos grupos funcionais e substituintes na molécula.

Luz polarizada no plano (Seção 5.3): luz que possui suas ondas eletromagnéticas oscilando em um único plano em vez de planos aleatórios. O plano de polarização gira quando a luz passa pela solução de uma substância quiral.

MALDI (Seção 12.4): ionização de desorção a laser auxiliada por matriz; método brando para ionização usado para espectrometria de massas de amostras biológicas de massa molecular elevada.

Mapa de potencial eletrostático (Seção 2.1): representação molecular que utiliza cores para indicar a distribuição de carga na molécula, derivada de cálculos da mecânica quântica.

Massa atômica (Seção 1.1): massa média ponderada dos isótopos naturais de um elemento.

Mecânica molecular (Capítulo 4, *Algo extra*): método computacional para calcular a conformação de energia mínima de uma molécula.

Mecanismo (Seção 6.2): descrição completa de como a reação ocorre. Um mecanismo deve justificar todos os materiais de partida e todos os produtos e deve descrever os detalhes de cada etapa individual no processo total da reação.

Meta (*m*) (Seção 15.1): prefixo de nomenclatura utilizado para os benzenos 1,3-dissubstituídos.

Metabolismo (Seção 29.1): nome coletivo para diversas reações que acontecem nas células dos organismos vivos.

Metabólito secundário (Capítulo 7, *Algo extra*): pequena molécula que ocorre naturalmente e que não é essencial para o crescimento e o desenvolvimento do organismo produtor e não é classificada pela estrutura.

Metalaciclo (Seção 31.5): composto cíclico que contém um átomo de metal no seu anel.

Metátese de dieno acíclico (ADMET) (Seção 31.5): um método de síntese de polímeros que utiliza a reação de metátese de olefinas de um dieno de cadeia aberta.

Método de montagem glical (Seção 25.9): método que une monossacarídeos para sintetizar polissacarídeos.

Método didesoxi de Sanger (Seção 28.6): método comumente utilizado para o sequenciamento de DNA.

Micela (Seção 27.2): agrupamento esférico de moléculas similares às do sabão, que se agregam em soluções aquosas. As cabeças iônicas das moléculas permanecem fora quando são solvatadas por água e as caudas orgânicas se juntam no interior da micela.

Modificação pós-translacional (Seção 28.6): modificação química de uma proteína que ocorre após a translação de DNA.

Molécula (Seção 1.4): conjunto neutro de átomos que se unem por ligações covalentes.

Molozonida (Seção 8.8): produto da adição inicial do ozônio com um alceno.

Momento dipolo, μ (Seção 2.2): medida da polaridade líquida da molécula. Um momento de dipolo aparece quando os centros de massa das cargas positivas e negativas na molécula não coincidem.

Monômero (Seções 8.10, 21.9; Capítulo 31, Introdução): unidade inicial de amostra da qual se faz um polímero.

Monômero de vinila (Seções 8.10, 31.1): monômero de alceno substituído utilizado para formar polímeros de crescimento em cadeia.

Monossacarídeo (Seção 25.1): açúcar simples.

Monossacarídeo essencial (Seção 25.7): um dos oito açúcares simples que é mais bem obtido na dieta, em vez da biossíntese.

Monoterpenoide (Capítulo 8, *Algo extra*, Seção 27.5): lipídeo com dez carbonos.

Multipleto (Seção 13.6): padrão de pico em um espectro de RMN que surge pelo desdobramento *spin-spin* de uma absorção simples graças ao acoplamento entre os núcleos magnéticos vizinhos.

Mutarrotação (Seção 25.5): a mudança em uma rotação ótica observada quando um anômero puro de um açúcar é dissolvido em água. A mutarrotação é causada pela abertura e o fechamento reversíveis da ligação acetal, que produz uma mistura de equilíbrio de anômeros.

Náilon (Seção 21.9): poliamida sintética, polímero de crescimento em etapas.

Neuraminidase (Seção 25.11): enzima presente na superfície das partículas virais que quebra a ligação que mantém essas partículas recentemente formadas nas células hospedeiras.

Nitração (Seção 16.2): substituição de um grupo nitro em um anel aromático.

Nitrila (Seção 20.1): compostos contendo o grupo funcional C≡N.

Níveis eletrônicos (Seção 1.2): grupo de elétrons de um átomo com o mesmo número quântico principal.

Nível de valência (Seção 1.4): nível eletrônico mais externo de um átomo.

Nó (Seção 1.2): superfície de densidade eletrônica zero em um orbital. Por exemplo, um orbital *p* possui um plano nodal passando pelo centro do núcleo, perpendicular ao eixo do orbital.

Nova entidade molecular, NME (Capítulo 6, *Algo extra*): nova substância química ativa biologicamente, aprovada para venda como um fármaco pela U.S. Food and Drug Administration.

NSAID (Capítulo 15, *Algo extra*): droga anti-inflamatória não esteroidal, como o ácido acetilsalicílico ou o ibuprofeno.

Nucleofilicidade (Seção 11.3): capacidade de uma substância agir como um nucleófilo em uma reação S_N2.

Nucleófilo (Seção 6.4): espécie rica em elétrons que doa um par deles para um eletrófilo em uma reação de formação de ligação polar. Os nucleófilos também são bases de Lewis.

Nucleosídeo (Seção 28.1): constituinte do ácido nucleico que consiste de um resíduo de açúcar ligado a uma purina heterocíclica ou a uma base pirimidina.

Nucleotídeo (Seção 28.1): constituinte do ácido nucleico que consiste de um resíduo de açúcar ligado a uma purina heterocíclica ou base pirimidina e em um ácido fosfórico. Os nucleotídeos são as unidades monoméricas que constituem o DNA e o RNA.

Número atômico, *Z* (Seção 1.1): número de prótons no núcleo de um átomo.

Número de massa (*A*) (Seção 1.1): número total de prótons mais o de nêutrons em um átomo.

Número de onda, $\tilde{\nu}$ (Seção 12.6): a recíproca do comprimento de onda em centímetros.

Número de renovação (Seção 26.10): número de moléculas de substrato que agiram por uma enzima por unidade de tempo.

Olefina (Capítulo 7, Introdução): nome alternativo para um alceno.

Óleo essencial (Capítulo 8, *Algo extra*): óleo volátil obtido por meio da destilação a vapor do extrato de uma planta.

Óleo vegetal (Seção 27.1): triacilglicerol líquido derivado de uma fonte vegetal.

Oligonucleotídeos (Seção 28.7): pequenos segmentos de DNA.

OM antiligante (Seção 1.11): orbital molecular que possui energia mais alta que os orbitais atômicos que lhe deram origem.

OM ligante (Seção 1.11): orbital molecular que possui energia mais baixa que os orbitais atômicos que lhe deram origem.

Orbitais de fronteira (Seção 30.1): orbitais moleculares ocupados de mais alta energia (HOMO) e os desocupados de mais baixa energia (LUMO).

Orbitais degenerados (Seção 15.2): dois orbitais ou mais que possuem o mesmo nível de energia.

Orbital (Seção 1.2): função de onda que descreve o volume do espaço em torno de um núcleo onde um elétron provavelmente será encontrado.

Orbital híbrido (Seção 1.6): orbital derivado de uma combinação de orbitais atômicos. Os orbitais híbridos, como híbridos sp^3, sp^2 e sp do carbono são fortemente direcionados e formam ligações mais fortes que os orbitais atômicos.

Orbital híbrido *sp* (Seção 1.9): orbital híbrido derivado da combinação de um orbital atômico *s* com um *p*. Os dois orbitais *sp* que resultam da hibridação são orientados com um ângulo de 180° entre si.

Orbital híbrido sp^2 (Seção 1.8): orbital híbrido derivado da combinação de um orbital atômico *s* com dois orbitais atômicos *p*. Os três orbitais híbridos sp^2 que resultam estão em um plano com ângulos de 120° entre si.

Orbital híbrido sp^3 (Seção 1.6): orbital híbrido derivado da combinação de um orbital atômico *s* com três orbitais atômicos *p*. Os quatro orbitais híbridos sp^3 que resultam da hibridização estão dirigidos para os vértices de um tetraedro regular com ângulos de 109° entre si.

Orbital molecular desocupado de mais baixa energia (LUMO) (Seções 14.7, 30.1): as simetrias do LUMO e do HOMO são importantes na determinação da estereoquímica das reações pericíclicas.

Orbital molecular ocupado de mais alta energia (HOMO) (Seções 14.7, 30.1): as simetrias do HOMO e do LUMO são importantes em reações pericíclicas.

Organofosfato (Seção 1.10): composto que contém um átomo de fósforo ligado a quatro átomos de oxigênio, com um dos oxigênios também ligado ao carbono.

Orto (*o*) (Seção 15.1): prefixo de nomenclatura utilizado para os benzenos 1,2-dissubstituídos.

Oticamente ativa (Seção 5.3): propriedade de algumas moléculas orgânicas, em que o plano de polarização é girado de um ângulo, quando um feixe de luz polarizada no plano passa através de uma solução das moléculas.

Oxidação (Seção 10.8): reação que causa diminuição do número de elétrons do carbono, pela formação de ligação entre o carbono e um átomo mais eletronegativo (geralmente oxigênio, nitrogênio ou halogênio) ou por quebra de ligação entre o carbono e um átomo mais eletronegativo (geralmente o hidrogênio).

Oxima (Seção 19.8): composto com o grupo funcional $R_2C{=}NOH$.

Oximercuração (Seção 8.4): método para hidratação da ligação dupla por meio de reação de um alceno com acetato de mercúrio aquoso seguida por tratamento com $NaBH_4$.

Oxirano (Seção 8.7): nome alternativo para um epóxido.

Ozoneto (Seção 8.9): o produto formado pela adição de ozônio a uma ligação dupla carbono-carbono. Os ozonetos geralmente são tratados com um agente redutor, como o zinco em ácido acético, para produzir compostos de carbonila.

Par iônico (Seção 11.5): complexo livre entre dois íons em solução. Os pares de íon estão envolvidos como intermediários nas reações S_N1 para explicar a retenção parcial da estereoquímica que geralmente se observa.

Para (*p*) (Seção 15.1): prefixo de nomenclatura utilizado para os benzenos 1,4-dissubstituídos.

Parafina (Seção 3.5): nome comum dos alcanos.

Pares isolados de elétrons (Seção 1.4): pares de elétrons não ligantes no nível de valência mais externo. Os elétrons de pares solitários são utilizados pelos nucleófilos em suas reações com os eletrófilos.

Peptídeo (Capítulo 26, Introdução): pequeno polímero de aminoácido no qual os resíduos individuais são unidos por ligações de amida.

Periodinano de Dess-Martin (Seção 17.7): reagente à base de iodo utilizado para a oxidação em laboratório de um álcool primário em um aldeído ou um álcool secundário em uma cetona.

Periplanar (Seção 11.8): conformação na qual as ligações com átomos vizinhos possuem arranjo paralelo. Em uma conformação eclipsada, as ligações vizinhas são periplanares sin; em uma conformação alternada, as ligações são periplanares anti.

Periplanar sin (Seção 11.8): descreve a relação estereoquímica na qual duas ligações em carbonos adjacentes estão no mesmo plano e são eclipsadas.

Peroxiácido (Seção 8.7): composto com o grupo funcional $-CO_3H$. Os peroxiácidos reagem com os alcenos para formar os epóxidos.

Peróxido (Seção 18.1): molécula que contém um grupo funcional de ligação oxigênio-oxigênio, ROOR′ ou ROOH.

pH fisiológico (Seção 20.3): o pH de 7,3 que existe no interior das células.

Pico base (Seção 12.1): o pico mais intenso em um espectro de massas.

Pico principal (Seção 12.1): o pico em um espectro de massas correspondente ao íon molecular. A massa do pico principal representa, portanto a massa molecular do composto.

Piranose (Seção 25.5): forma hemiacetal cíclica de seis membros de um açúcar simples.

PITC (Seção 26.6): fenilisotiocianato; utilizado na degradação de Edman.

pK_a (Seção 2.8): negativo do logaritmo comum de K_a; utilizado para expressar a força do ácido.

Plano de simetria (Seção 5.2): plano que divide uma molécula de tal forma que uma das metades dela é a imagem especular da outra. As moléculas que contém um plano de simetria são aquirais.

Plastificante (Seção 31.6): pequena molécula orgânica adicionada a polímeros para agir como lubrificante entre as cadeias deles.

Polaridade (Seção 2.1): distribuição assimétrica de elétrons em uma molécula que resulta quando um átomo atrai os elétrons com mais força que outros.

Polarizabilidade (Seção 6.4): medida da mudança na distribuição de elétrons de uma molécula em resposta às mudanças nas interações elétricas com os solventes ou reagentes iônicos.

Policarbonato (Seção 31.4): poliéster no qual os grupos carbonila estão ligados a dois grupos $-OR$, $[O{=}C(OR)_2]$.

Policíclico (Seção 4.9): composto que contém mais de um anel.

Polimerização de metátese de olefina (Seção 31.5): método de síntese do polímero baseado na utilização de uma reação da metátese de olefina.

Polimerização via metátese de abertura de anel (ROMP) (Seção 31.5): método de síntese do polímero que utiliza a reação de metátese de olefinas de um cicloalceno.

Polímero (Seções 8.10, 21.9; Capítulo 31, Introdução): uma molécula grande feita a partir de unidades repetitivas pequenas. Por exemplo, o polietileno é um polímero sintético feito a partir de unidades repetitivas de etileno, e o DNA é um biopolímero feito a partir de unidades repetitivas de desoxirribonucleico.

Polímero de crescimento em cadeia (Seções 8.10, 31.1): polímeros cujas ligações são produzidas por mecanismos de reações em cadeia. Os polietilenos e outros polímeros de alcenos são exemplos.

Polissacarídeo (Seção 25.9): carboidrato que é feito a partir de açúcares simples ligados por ligações (acetal) glicosídicas.

Polímero de crescimento em etapas (Seções 21.9, 31.4): polímero no qual cada ligação é formada independentemente das outras. Os poliésteres e as poliamidas (náilons) são exemplos.

Poliuretano (Seção 31.4): polímero da etapa de crescimento preparado por reação entre um diol e um diisocianato.

Ponte salina (Seção 26.9): atração iônica entre dois grupos carregados de maneira oposta em uma cadeia de proteína.

Ponto isoelétrico (p*I*) (Seção 26.2): o pH no qual o número de cargas positivas e o número de cargas negativas de uma proteína ou aminoácido são iguais.

Posição α (Capítulo 22, Introdução): a posição seguinte a um grupo carbonila.

Postulado de Hammond (Seção 7.10): declara que é possível se ter uma imagem de um determinado estado de transição que se pareça com a estrutura da espécie estável mais próxima. As reações exergônicas têm estados de transição que lembram o reagente; e as reações endergônicas têm estados de transição que lembram o produto.

Primário, secundário, terciário e quaternário (Seção 3.3): termos utilizados para descrever o padrão de substituição em um sítio específico. Um sítio primário possui um substituinte orgânico ligado a ele, um sítio secundário tem dois sítios, o terciário possui três e o quaternário possui quatro.

	Carbono	Carbocátion	Hidrogênio	Álcool	Amina
Primário	RCH_3	RCH_{2+}	RCH_3	RCH_2OH	RNH_2
Secundário	R_2CH_2	R_2CH^+	R_2CH_2	R_2CHOH	R_2NH
Terciário	R_3CH	R_3C^+	R_3CH	R_3COH	R_3N
Quaternário	R_4C				

Princípio da edificação (Seção 1.3): regras de determinação da configuração eletrônica em um átomo.

Princípio de exclusão de Pauli (Seção 1.3): o mesmo orbital não pode ser ocupado por mais de dois elétrons, e esses dois precisam possuir spins de sinais opostos.

Produto natural (Capítulo 7, *Algo extra*): termo genérico que normalmente significa um metabólito secundário encontrado em bactérias, plantas e outros organismos vivos.

Projeção de Fischer (Seção 25.2): meio para se desenhar a configuração absoluta de uma molécula quiral em uma folha plana. Uma projeção de Fischer utiliza uma cruz para representar o centro de quiralidade. Os braços horizontais da cruz representam as ligações que saem do plano da página, e os braços verticais da cruz representam as ligações para o plano de trás da página.

Projeção de Newman (Seção 3.6): meio para indicar as relações estereoquímicas entre grupos substituintes no carbono vizinho. A ligação carbono-carbono é vista de ponta a ponta, e os carbonos são indicados por um círculo. As ligações que saem do centro do círculo estão ligadas ao carbono da frente, e as ligações que saem do eixo do círculo estão ligadas ao carbono da parte de trás.

Proquiral (Seção 5.11): molécula que pode ser convertida de aquiral para quiral em uma única etapa química.

pro-R (Seção 5.11): um dos dois átomos idênticos ou grupos de átomos em um composto, cuja substituição leva a um centro de quiralidade *R*.

pro-S (Seção 5.11): um dos dois átomos idênticos ou grupos de átomos em um composto cuja substituição conduz a um centro de quiralidade *S*.

Prostaglandina (Seção 27.4): lipídeo derivado do ácido araquidônico. As prostaglandinas estão presentes em quase todos os tecidos e fluidos do corpo, onde executam muitas funções hormonais importantes.

Proteína (Capítulo 26, Introdução): peptídeo grande que contém 50 ou mais resíduos de aminoácidos. As proteínas servem para materiais estruturais e como enzimas que controlam a química do organismo.

Proteína fibrosa (Seção 26.9): proteína que consiste de cadeias de polipeptídeo organizadas lado a lado em longas tramas. Essas proteínas são rígidas, insolúveis em água e utilizadas na natureza em materiais estruturais, como cabelos, cascos e unhas.

Proteínas globulares (Seção 26.9): proteína que se enrola em formato quase esférico e compacto. Proteínas globulares, que são geralmente solúveis em água e móveis no interior da célula, são a classe estrutural às quais as enzimas pertencem.

Quarteto (Seção 13.6): conjunto de quatro picos em um espectro de RMN causado pelo desdobramento *spin-spin* de um sinal por três spins nucleares adjacentes.

Quaternário: Veja Primário.

Quebra heterolítica de ligação (Seção 6.2): tipo de quebra de ligação que ocorre em reações polares quando um fragmento sai com os dois elétrons de ligação: $A{:}B \rightarrow A^{+} + B{:}^{-}$.

Quebra homolítica de ligação (Seção 6.2): tipo de quebra de ligação que ocorre nas reações radicalares quando cada fragmento sai com um elétron da ligação: $A{:}B \rightarrow A\cdot + B\cdot$.

Química combinatória (Capítulo 16, *Algo extra*): procedimento no qual algo entre algumas dezenas e milhares de substâncias são preparadas simultaneamente.

Química orgânica (Capítulo 1, Introdução): estudo dos compostos de carbono.

Química verde (Capítulos 11, 24, *Algo extra*): projeto e implementação de produtos químicos e processos que reduzem o desperdício e minimizam ou eliminam a geração de substâncias perigosas.

Quinona (Seção 17.10): ciclohexa-2,5-dien-1,4-diona.

Quiral (Seção 5.2): ter quiralidade. As moléculas quirais são aquelas que não possuem um plano de simetria e não possuem imagens especulares superponíveis. Uma molécula quiral também existe em duas formas, uma dextrógira e uma levógira. A causa mais comum de quiralidade em uma molécula é a presença de um átomo de carbono ligado a quatro substituintes diferentes.

R (Seção 3.3): abreviatura generalizada para uma parte da estrutura orgânica.

Racemato (Seção 5.8): mistura que consiste em partes iguais de enantiômeros (+) e (−) de uma substância quiral; também chamada uma mistura racêmica.

Radical (Seção 6.2): espécie que contém um número ímpar de elétrons, como o radical do cloro, $Cl\cdot$.

Reação aldólica (Seção 23.1): a reação de condensação carbonílica de um aldeído ou cetona, para dar um composto β-hidroxicarbonílico.

Reação bimolecular (Seção 11.2): uma reação cuja etapa limitante de velocidade ocorre entre dois reagentes.

Reação concertada (Seção 30.1): reação que acontece em uma única etapa, sem intermediários. Por exemplo, a reação de cicloadição de Diels-Alder é um processo concertado.

Reação de adição (Seção 6.1): a reação que ocorre quando dois reagentes são adicionados juntos para formar um único produto sem "sobras" de átomos.

Reação de adição eletrofílica (Seção 7.7): adição de um eletrófilo a uma ligação dupla carbono-carbono para levar a um produto saturado.

Reação de adição nucleofílica (Seção 19.4): reação na qual um nucleófilo é adicionado a um grupo carbonila eletrofílico de uma cetona ou de um aldeído para formar um álcool.

Reação de anelação de Robinson (Seção 23.12): síntese de ciclohexanonas pela reação de sequenciamento de Michael e pela reação aldólica intramolecular.

Reação de Cannizzaro (Seção 19.12): a reação de desprotonação de um aldeído para produzir um álcool e um ácido carboxílico no tratamento com uma base.

Reação de ciclização de Dieckmann (Seção 23.9): reação de condensação intramolecular de Claisen de um diéster para produzir um β-ceto-ester cíclico.

Reação de cicloadição (Seções 14.4, 30.5): reação pericíclica na qual dois reagentes são adicionados juntos em uma etapa única para produzir um produto cíclico. A reação de Diels-Alder entre um dieno e um dienófilo para formar um ciclohexano é um exemplo.

Reação de condensação de Claisen (Seção 23.7): reação de condensação carbonílica de um éster para produzir um produto β-ceto-ester.

Reação de Diels-Alder (Seções 14.4, 30.5): reação de cicloadição de um dieno com um dienófilo para produzir um ciclohexeno.

Reação de eliminação (Seção 6.1): o que ocorre quando um reagente simples se desdobra em dois produtos.

Reação de eliminação de Hofmann (Seção 24.7): reação de eliminação de uma amina para produzir um alceno pela reação com o iodometano, seguida por aquecimento com Ag_2O.

Reação de esterificação de Fischer (Seção 21.3): reação de substituição nucleofílica de acila catalisada por ácido entre um ácido carboxílico e um álcool para obter um éster.

Reação de Friedel-Crafts (Seção 16.3): substituição eletrofílica aromática para alquilar ou acilar um anel aromático.

Reação de Hell-Volhard-Zelinskii (HVZ) (Seção 22.4): a reação de um ácido carboxílico com Br_2 e com fósforo para produzir um ácido α-bromocarboxílico.

Reação de Koenigs-Knorr (Seção 25.6): método para a síntese de glicosídeos por meio da reação de um álcool com um brometo de piranosila.

Reação de metátese de olefinas (Seção 31.5): reação na qual duas olefinas (alcenos) trocam substituintes em suas ligações duplas.

Reação de Michael (Seção 23.10): reação de adição conjugada de um íon enolato a um composto carbonílico insaturado.

Reação de primeira ordem (Seção 11.4): reação cuja etapa limitante da velocidade é unimolecular e cuja cinética depende da concentração de apenas um reagente.

Reação de rearranjo (Seção 6.1): o que ocorre quando um reagente simples sofre uma reorganização de ligações e átomos para produzir um produto isomérico.

Reação de Sandmeyer (Seção 24.8): reação de substituição nucleofílica de um sal de arenodiazônio com um haleto de cobre(I) para produzir um haleto de arila.

Reação de segunda ordem (Seção 11.2): reação cuja etapa limitante da velocidade é bimolecular e cujas cinéticas são dependentes da concentração de dois reagentes.

Reação de Simmons-Smith (Seção 8.9): a reação de um alceno com CH_2I_2 e o Zn–Cu para formar um ciclopropano.

Reação de Stork (Seção 23.11): adição conjugada de uma enamina a um composto carbonílico α,β-insaturado, seguida por hidrólise para formar um produto 1,5-dicarbonílico.

Reação de substituição (Seção 6.1): ocorre quando dois reagentes trocam partes para formar novos produtos. As reações S_N1 e S_N2 são exemplos.

Reação de substituição α (Seção 22.2): a substituição do átomo de hidrogênio α de um composto de carbonila através de reação com um eletrófilo.

Reação de substituição eletrofílica aromática (Capítulo 16, Introdução): reação na qual um eletrófilo (E^+) reage com um anel aromático e substitui um dos hidrogênios do anel.

Reação de substituição nucleofílica (Seção 11.1): reação na qual um nucleófilo substitui outro ligado a um átomo de carbono saturado.

Reação de substituição nucleofílica aromática (Seção 16.7): reação de substituição de um haleto de arila por um nucleófilo.

Reação de substituição nucleofílica de acila (Seção 21.2): reação na qual um nucleófilo ataca um composto de carbonila e o substitui em um grupo abandonador ligado a um carbono de carbonila.

Reação de Suzuki-Miyaura (Seção 10.7): reação de acoplamento catalisada por paládio de um haleto aromático ou vinílico com ácido borônico vinílico ou aromático.

Reação de Wittig (Seção 19.11): a reação de uma ilida de fósforo com uma cetona ou um aldeído para produzir um alceno.

Reação de Wolff-Kishner (Seção 19.9): conversão de um aldeído ou cetona em um alceno pela reação com hidrazina e base.

Reação do halofórmio (Seção 22.6): a reação de uma metilcetona com halogênio e base para produzir um halofórmio (CHX_3) e um ácido carboxílico.

Reação E1 (Seção 11.10): reação de eliminação unimolecular na qual o substrato se dissocia espontaneamente para formar um carbocátion intermediário, que perde um próton em uma etapa separada.

Reação E1cB (Seção 11.10): reação de eliminação unimolecular na qual primeiro o próton é removido para formar um carbânion intermediário, que depois expele o grupo abandonador em uma etapa separada.

Reação E2 (Seção 11.8): Uma reação de eliminação bimolecular na qual as clivagens das ligações C–H e C–X são simultâneas.

Reação eletrocíclica (Seção 30.2): reação pericíclica unimolecular na qual um anel é formado ou quebrado por meio de uma reorganização concertada de elétrons em um estado de transição cíclico. Por exemplo, a ciclização do 1,3,5-hexatrieno para produzir o 1,3-ciclohexadieno é uma reação eletrocíclica.

Reação em cadeia (Seção 6.3): reação que, uma vez iniciada, se sustenta em etapas de propagação em um ciclo repetitivo infinito. A cloração radicalar de alcenos é um exemplo de uma reação em cadeia que é iniciada por irradiação com luz e continua em uma série de etapas de propagação.

Reação em cadeia da polimerase, PCR (Seção 28.8): método para amplificar quantidades pequenas de DNA para produzir grandes quantidades.

Reação fotoquímica (Seção 30.2): reação executada por irradiação dos reagentes com luz.

Reação pericíclica (Capítulo 30, Introdução): reação que ocorre pela reorganização concertada dos elétrons ligantes em um estado de transição cíclica.

Reação polar (Seção 6.4): reação na qual as ligações são feitas quando o nucleófilo doa dois elétrons para um eletrófilo, e, quando as ligações se quebram, um fragmento sai com os dois elétrons da ligação.

Reação radicalar (Seção 6.3): reação na qual as ligações são feitas por meio de doação de um elétron de cada um dos dois reagentes e na qual as ligações são quebradas quando cada fragmento sai com um elétron.

Reação sigmatrópica (Seção 30.8): reação pericíclica que envolve a migração do grupo de uma extremidade de um sistema eletrônico π para a outra.

Reação S_N1 (Seção 11.4): reação de substituição nucleofílica unimolecular.

Reação S_N2 (Seção 11.2): reação de substituição nucleofílica bimolecular.

Reação unimolecular (Seção 11.4): reação que ocorre por meio de transformação espontânea do material de partida sem a intervenção de outros reagentes. Por exemplo, a dissociação de um haleto de alquila terciário em uma reação S_N1 é um processo unimolecular.

Reações acopladas (Seção 29.1): duas reações que compartilham um intermediário comum para que a energia liberada na etapa favorável permita que a desfavorável ocorra.

Reações de condensação carbonílica (Seção 23.1): reação que agrega dois compostos carbonílicos juntos por uma combinação de α-substituição e reações de adição nucleofílica.

Reagente de Gilman (LiR_2Cu) (Seção 10.7): reagente diorganocobre.

Reagente de Grignard (RMgX) (Seção 10.6): haleto de organomagnésio.

Reagente de Tollens (Seção 25.6): solução de Ag_2O em amônia aquosa; utilizada para oxidar aldeídos a ácidos carboxílicos.

Rearranjo de Claisen (Seções 18.4, 30.8): conversão pericíclica de um éter alilfenílico em um *o*-alilfenol ou um éter alifenílico em uma cetona γ,δ-insaturada por aquecimento.

Rearranjo de Cope (Seção 30.8): rearranjo sigmatrópico de um 1,5-hexadieno.

Rearranjo de Curtius (Seção 24.6): a conversão de um cloreto de ácido em uma amina por meio de reação com um íon azida, seguida por aquecimento com água.

Rearranjo de Hofmann (Seção 24.6): conversão de uma amida em uma amina por reação com Br_2 e uma base.

Rearranjo de McLafferty (Seção 12.3): rota de fragmentação espectral de massas para compostos carbonílicos.

Redução (Seção 10.8): reação que causa o aumento do número de elétrons do carbono, pela quebra da ligação entre o carbono e um átomo mais eletronegativo ou pela formação de ligação entre carbono e átomo menos eletronegativo.

Refinamento (Capítulo 3, *Algo extra*): processo no qual o petróleo é convertido em gasolina e em outros produtos úteis.

Região de impressão digital (Seção 12.7): a região complexa do espectro de infravermelho de 1.500 a 400 cm^{-1}.

Regioespecífico (Seção 7.8): termo que descreve a reação que ocorre com uma regioquímica específica para a obtenção de um produto simples em vez de uma mistura de produtos.

Regioquímica (Seção 7.8): termo que descreve a orientação de uma reação que ocorre em um substrato assimétrico.

Regra de Hückel $4n + 2$ (Seção 15.3): regra que estabelece que as moléculas conjugadas monocíclicas que possuem $4n + 2$ elétrons π (n = um número inteiro) são aromáticas.

Regra de Hund (Seção 1.3): se estiverem disponíveis dois ou mais orbitais vazios de energia igual, um elétron ocupa cada um deles, com seus spins paralelos, até que todos estejam preenchidos pela metade.

Regra de Markovnikov (Seção 7.8): guia para a determinação da regioquímica (orientação) das reações de adição eletrofílicas. Na adição de HX em um alceno, o átomo de hidrogênio liga-se ao carbono do alceno que tem menos substituintes alquilas.

Regra de Zaitsev (Seção 11.7): regra que designa as reações de eliminação E2 que normalmente produzem o alceno mais substituído como produto principal.

Regra do isopreno (Capítulo 8, *Algo extra*): uma observação para o efeito que os terpenoides parecem ser constituídos de unidades de isopreno (2-metil-1,3-butadieno) conectadas de ponta a ponta.

Regra do nitrogênio (Seção 24.10): composto com número ímpar de átomos de nitrogênio possui uma massa molecular ímpar.

Regra $n + 1$ (Seção 13.6): hidrogênio com outros n hidrogênios nos carbonos vizinhos mostram $n + 1$ picos em seu espectro de RMN de ^1H.

Regras de sequência (Seções 5.5, 7.5): série de regras para atribuir as prioridades relativas aos grupos substituintes em um átomo de carbono com ligação dupla ou em um centro de quiralidade.

Regras de sequência de Cahn-Ingold-Prelog (Seções 5.5, 7.5): série de regras que atribui prioridades relativas aos grupos substituintes em um átomo de carbono com ligação dupla ou em um centro de quiralidade.

Relação magnetogira (Seção 13.1): uma relação do momento magnético dos isótopos com seu momento angular.

Replicação (Seção 28.3): o processo no qual as fitas duplas de DNA se desenrolam e são replicadas para produzir duas cópias novas.

Replicação semiconservadora (Seção 28.3): o processo no qual as moléculas de DNA são feitas contendo uma fita do DNA antigo e uma fita do DNA novo.

Resíduo (Seção 26.4): aminoácido em uma cadeia de proteína.

Resina termofixa (Seção 31.6): polímero que se torna altamente interconectado e se solidifica em uma massa rígida e insolúvel quando aquecido.

Resolução (Seção 5.8): processo no qual uma mistura racêmica é separada em seus dois enantiômeros puros.

Ressonância magnética nuclear, RMN (Capítulo 13, Introdução): técnica espectroscópica que fornece informação sobre a estrutura de carbono-hidrogênio de uma molécula. A RMN funciona pela detecção de energia de absorção acompanhando a transição entre os estados de spin nuclear que ocorre quando uma molécula é colocada em um campo magnético forte e irradiada com ondas de radiofrequência.

Retrossintética (Seções 9.9, 16.11): estratégia para as sínteses orgânicas que trabalham de trás para frente a partir do produto final para o material de partida.

RMN DEPT (Seção 13.12): método de RMN para distinção entre sinais por causa de CH_3, CH_2, CH e carbonos quaternários. Isto é, pode-se determinar o número de átomos de hidrogênio ligados a cada carbono.

RMN FT (Seção 13.10): RMN com transformada de Fourier; técnica rápida para a gravação de espectros de RMN na qual todos os núcleos magnéticos absorvem ao mesmo tempo.

RNA (Seção 28.1): Ácido ribonucleico.

RNA de transferência (Seção 28.4): tipo de RNA que transporta os aminoácidos aos ribossomos, com os quais se agrupam para formarem as proteínas.

RNA funcional (Seção 28.4): nome alternativo para RNA pequeno.

RNA mensageiro (RNAm) (Seção 28.4): tipo de RNA formado pela transcrição do DNA e utilizado para transportar mensagens genéticas do DNA para os ribossomos.

RNA pequeno (Seção 28.4): tipo de RNA que tem uma variedade de funções dentro da célula, incluindo a transcrição do silenciamento e a catálise das modificações químicas de outras moléculas de RNA.

RNA ribossomal (Seção 28.4): tipo de RNA utilizado na construção de ribossomos.

Rota da β-oxidação (Seção 29.3): rota metabólica para a degradação de ácidos graxos.

Rota de Embden-Meyerhof (Seção 29.5): nome alternativo para a glicólise.

Rotação específica, $[\alpha]_D$ (Seção 5.3): rotação ótica de um composto quiral em condições padrões.

Sacarídeo (Seção 25.1): um açúcar.

Sal de arenodiazônio (Seção 24.8): composto aromático $Ar-\overset{+}{N}\equiv N\ X^-$; utilizado na reação de Sandmeyer.

Sal de diazônio (Seção 24.8): composto com a estrutura geral $RN_2^+\ X^-$.

Sal quaternário de amônio (Seção 24.1): composto iônico que contém um átomo de hidrogênio carregado positivamente com quatro grupos ligados, $R_4N^+X^-$.

Saponificação (Seção 21.6): termo antigo utilizado para a hidrólise induzida por uma base de um éster para formar um sal de ácido carboxílico.

Saturada (Seção 3.2): molécula que possui apenas ligações simples e, portanto, não pode sofrer reações de adição. Os alcanos são saturados, mas os alcenos são insaturados.

Secundário: Veja Primário.

Sequência promotora (Seção 28.4): curta sequência de DNA localizada à direita do local de início da transcrição e reconhecida pela polimerase de RNA.

Sesquiterpenoide (Seção 27.5): um lipídeo com 15 carbonos.

Simetria permitida, simetria não permitida (Seção 30.2): uma reação de simetria permitida é um processo pericíclico que possui uma simetria de orbitais favoráveis para a reação por meio de uma rota concertada. Uma reação de simetria não permitida é aquela que não possui uma simetria de orbitais favoráveis para a reação por meio de uma rota concertada.

Sindiotático (Seção 31.2): polímero de crescimento em cadeia no qual os substituintes se alternam regularmente em lados opostos da espinha dorsal.

Síntese de amidomalonato (Seção 26.3): um método para a preparação de α-aminoácidos pela alquilação de aminomalonato de dietila com um haleto de alquila, seguido pela hidrólise e descarboxilação.

Síntese de amina de Gabriel (Seção 24.6): método para a preparação de uma amina por meio de reação S_N2 de um haleto de alquila com ftalamida de potássio, seguido por hidrólise.

Síntese de azida (Seção 24.6): método para a preparação de aminas por meio da reação S_N2 de um haleto de alquila com um íon azida, seguida por redução.

Síntese de éster acetoacético (Seção 22.7): a síntese de uma metilcetona por alquilação de um haleto de alquila com acetoacetato de etila, seguida por hidrólise e descarboxilação.

Síntese de éster malônico (Seção 22.7): síntese de um ácido carboxílico por meio da alquilação de um haleto de alquila com malonato de dietila, seguida por hidrólise e descarboxilação.

Síntese de éter de Williamson (Seção 18.2): método utilizado para sintetizar éteres por meio da reação S_N2 de um haleto de alquila com um íon alcóxido.

Síntese de fase sólida (Seção 26.8): técnica de síntese pela qual o material de partida é ligado de maneira covalente a uma pérola de polímero sólido e as reações são executadas no substrato de ligação. Após as transformações desejadas terem sido efetuadas, o produto é quebrado do polímero.

Síntese de Killiani-Fischer (Seção 25.6): um método para aumentar a cadeia de um açúcar aldose.

Síntese enantiosseletiva (Capítulo 19, *Algo extra*): método de reação que produz um único enantiômero de um produto quiral, começando de um substrato aquiral.

Sistema de nomenclatura da IUPAC (Seção 3.4): regras para nomear compostos, criadas pela União Internacional de Química Pura e Aplicada.

Sítio ativo (Seções 6-11, 26-11): o local de uma enzima no qual um substrato está ligado e sofre reação.

Solvatação (Seção 11.3): agregação de moléculas de solvente em torno de uma partícula de soluto para estabilizá-la.

Solvente aprótico polar (Seção 11.3): solvente polar que não funciona como doador de íon hidrogênio. Os solventes apróticos polares como o dimetilssulfóxido (DMSO) e a dimetilformamida (DMF) são particularmente úteis nas reações S_N2 por causa de sua capacidade para solvatar cátions.

Solvente prótico (Seção 11.3): solvente como a água ou o álcool que podem agir como um doador de próton.

STR loci (Capítulo 28, *Algo extra*): sequências curtas repetidas em tandem de DNA não codificante que são únicas para cada indivíduo e permitem a impressão digital de DNA.

Sulfeto (Seção 18.8): composto que possui dois substituintes orgânicos ligados ao mesmo átomo de enxofre, o RSR′.

Sulfona (Seção 18.8): composto da estrutura geral RSO_2R'.

Sulfonação (Seção 16.2): substituição de um grupo ácido sulfônico ($-SO_3H$) em um anel aromático.

Sulfoxido (Seção 18.8): composto da estrutura geral RSOR′.

Suprafacial (Seção 30.5): palavra utilizada para descrever a geometria das reações pericíclicas. As reações suprafaciais acontecem no mesmo lado das duas extremidades de um sistema de elétrons π.

Tautomerismo ceto-enólico (Seções 9.4, 22.1): o equilíbrio entre uma forma de carbonila e a forma de álcool vinílico de uma molécula.

Tautômeros (Seções 9.4, 22.1): isômeros que se interconvertem espontaneamente, normalmente com a mudança na posição de um hidrogênio.

Temperatura de transição de fusão, T_f (Seção 31.6): a temperatura na qual as regiões cristalinas de um polímero fundem para formar um material amorfo.

Temperatura de transição vítrea, T_v (Seção 31.6): temperatura na qual um polímero duro e amorfo se torna mole e flexível.

Tensão angular (Seção 4.3): a tensão introduzida em uma molécula quando um ângulo de ligação é deformado em relação ao seu ângulo ideal. A tensão angular é particularmente importante em cicloalcanos de anéis pequenos, nos quais ela resulta da compressão dos ângulos de ligação para valores menores que seus valores tetraédricos ideais.

Tensão eclipsada (Seção 3.6): energia de repulsão em uma molécula provocada pelas repulsões eletrônicas entre ligações eclipsadas. A tensão eclipsada também é chamada repulsão torsional.

Tensão estérica (Seções 3.7, 4.7): tensão imposta a uma molécula quando dois grupos estão pertos demais e tentam ocupar o mesmo espaço. A tensão estérica é responsável pela grande estabilidade dos alcenos trans *versus* os cis e pela grande estabilidade dos ciclohexanos substituintes na equatorial *versus* os substituintes na axial.

Tensão torcional (Seção 3.6): a tensão em uma molécula causada pela repulsão eletrônica entre ligações eclipsadas. A tensão torsional também é chamada de tensão eclipsada.

Teoria da ligação de valência (Seção 1.5): teoria de ligação que descreve uma ligação covalente como resultado de uma superposição de dois orbitais atômicos.

Teoria do orbital molecular (OM) (Seções 1.11, 14.1): descrição da formação de ligação covalente como resultado de uma combinação matemática dos orbitais atômicos (funções de onda) para formar orbitais moleculares.

Terciário: Veja Primário.

Termoplástico (Seção 31.6): polímero que possui o T_v alto e que mesmo assim é rígido na temperatura ambiente, mas se torna mole e viscoso quando aquecido.

Terpenoide (Capítulo 8, *Algo extra*, Seção 27.5): lipídeo que é formalmente derivado da polimerização da ponta a ponta das unidades de isoprenos.

Tioéster (Seção 21.8): compostos com o grupo funcional RCOSR′.

Tiol (Seção 18.8): composto que contém o grupo funcional −SH.

TMS (Seção 13.3): tetrametilsilano; utilizado como padrão de calibração para a RMN.

TOF (Seção 12.4): espectrometria de massas de tempo de voo; método sensível e preciso para a detecção de massas em cerca de 3 ppm.

Tosilato (Seção 11.1): éster *p*-toluenosulfonato; útil como grupo abandonador nas reações de substituição nucleofílica.

Transaminação (Seção 29.9): a troca de um grupo amino e um grupo ceto entre reagentes.

Transcrição (Seção 28.4): processo pelo qual as informações genéticas codificadas no DNA são lidas e utilizadas para sintetizar o RNA no núcleo da célula. Uma pequena porção das fitas duplas de DNA não enroladas e os ribonucleoides complementares se alinham na sequência correta para a síntese de DNA.

Translação (Seção 28.5): processo pelo qual as informações genéticas transcritas do DNA no RNAm são lidas pelo RNAt e utilizadas para direcionar a síntese de proteínas.

Triacilgliceróis (Seção 27.1): lipídeos, como os encontrados em gorduras animais e óleos vegetais, que são um triéster de glicerol com ácidos graxos de cadeia longa.

Tripleto (Seção 13.6): exemplo de desdobramento de três linhas simétricas observadas no espectro de RMN de ^{1}H quando um hidrogênio possui dois hidrogênios vizinhos equivalentes.

Uretano (Seção 31.4): grupo funcional no qual o grupo carbonila está ligado tanto ao grupo −OR quanto ao grupo $-NR_2$.

Variação da energia livre de Gibbs (ΔG) (Seção 6.7): variação da energia livre que ocorre durante a reação fornecida pela equação $\Delta G = \Delta H - T\Delta S$. Uma reação com uma variação de energia livre negativa é espontânea e uma reação com uma variação de energia livre positiva é não espontânea.

Variação de entalpia (ΔH) (Seção 6.7): calor de uma reação. A variação de entalpia que ocorre durante uma reação é a medida da diferença na energia de ligação total entre os reagentes e os produtos.

Variação de entropia (ΔS) (Seção 6.7): variação na quantidade de desordem molecular. A variação de entropia que ocorre durante uma reação é a medida da diferença da desordem entre reagentes e produtos.

Vicinal (Seção 9.2): termo utilizado para indicar um exemplo de dissubstituição-1,2. Por exemplo, 1,2-dibromoetano é um dibrometo vicinal.

Vinílico (Seção 9.3): termo que se refere a um substituinte na ligação dupla do átomo de carbono. Por exemplo, o cloroetileno é um cloreto vinílico, e os enóis são álcoois vinílicos.

Vírion (Seção 25.11): partícula viral.

Vitamina (Seção 26.10): pequena molécula orgânica que precisa ser obtida pela dieta e é necessária nas quantidades ínfimas para o crescimento e função adequados.

Vulcanização (Seção 14.6): técnica utilizada para obter ligações cruzadas e endurecimento de um dieno polimérico por meio de aquecimento com uma pequena porcentagem de enxofre.

Zwitterion (Seção 26.1): molécula bipolar neutra cujas cargas positivas e negativas não são adjacentes. Por exemplo, aminoácidos existem como zwitterions, $H_3\overset{+}{N}-CHR-CO_2^-$.

apêndice D

Respostas dos Problemas do Livro

Abaixo estão as respostas para os exercícios propostos no conteúdo dos capítulos.

CAPÍTULO 18

18.1 **(a)** Éter diisopropílico
(b) Éter ciclopentilpropílico
(c) *p*-bromoanisola ou 4-bromo-1-metoxibenzeno
(d) 1-metoxiciclohexeno
(e) Éter etilisobutílico
(f) Éter alilvinílico

18.2 Uma mistura de éter dietílico, éter dipropílico e éter etilpropílico se forma em uma proporção 1 : 1 : 2.

18.3 **(a)** $CH_3CH_2CH_2O^- + CH_3Br$
(b) $PhO^- + CH_3Br$
(c) $(CH_3)_2CHO^- + PhCH_2Br$
(d) $(CH_3)_3CCH_2O^- + CH_3CH_2Br$

18.4

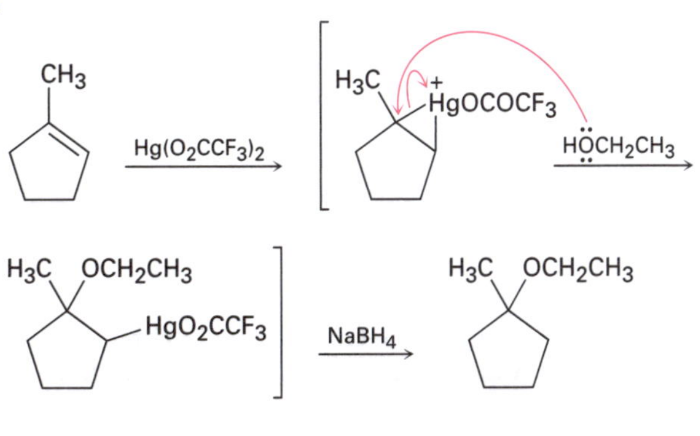

18.5 **(a)** Quaisquer dos métodos **(b)** Williamson
(c) Alcoximercuração **(d)** Williamson

18.6 **(a)** Bromoetano > 2-bromopropano > bromobenzeno
(b) Bromoetano > cloroetano > 1-iodopropeno

18.7 **(a)**

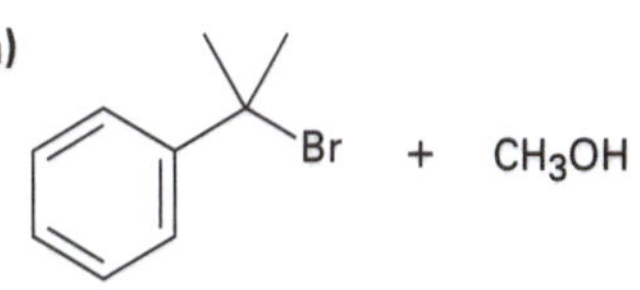

(b)

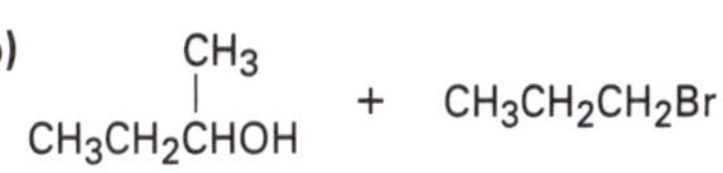

18.8 Protonação do átomo de oxigênio, seguida por reação E1.

18.9 O Br^- e o I^- são nucleófilos melhores que o Cl^-.

18.10 *o*-(1-metilalil)fenol

18.11 A epoxidação do *cis*-2-buteno produz o *cis*-2,3-epoxibutano, enquanto a epoxidação do *trans*-2-buteno produz o *trans*-2,3-epoxibutano.

18.12 **(a)**

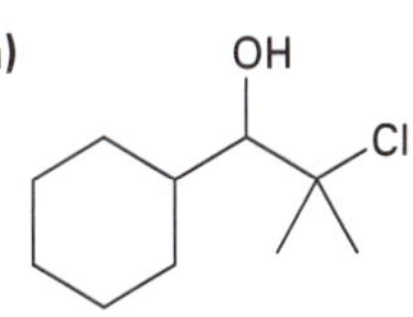

(b)

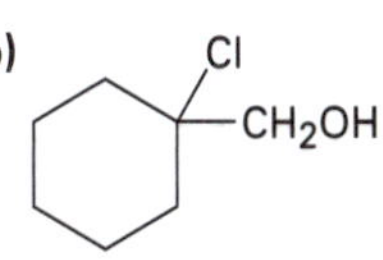

18.13 **(a)** 1-metilciclohexeno + OsO4, depois $NaHSO_3$
(b) 1-metilciclohexeno + ácido *m*-cloroperoxibenzoico, depois H_3O^+

18.14 **(a)** 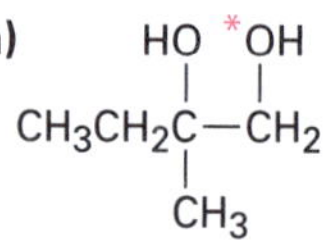 **(b)** 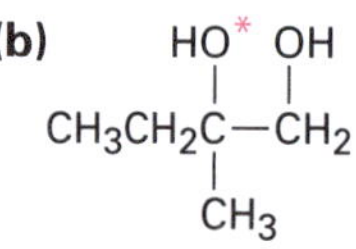

(c) 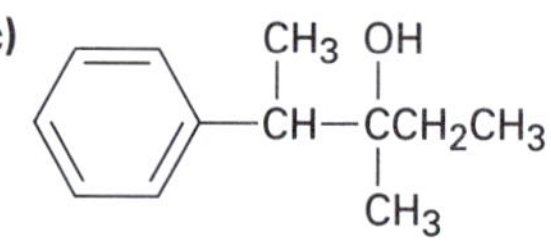

18.16 **(a)** 2-butanotiol
(b) 2,2,6-trimetil-4-heptanotiol
(c) 2-ciclopenteno-1-tiol
(d) Etil isopropil sulfeto
(e) *o*-di(metiltio)benzeno
(f) 3-(etiltio)ciclohexanona

18.17 **(a)** 1. $LiAlH_4$; 2. PBr_3; 3. $(H_2N)_2C{=}S$; 4. H_2O, NaOH
(b) 1. HBr; 2. $(H_2N)_2C{=}S$; 3. H_2O, NaOH

18.18 1,2-epoxibutano

PRÉVIA DA QUÍMICA DE COMPOSTOS CARBONÍLICOS

1. O cloreto de acetila é mais eletrofílico que a acetona.

2. 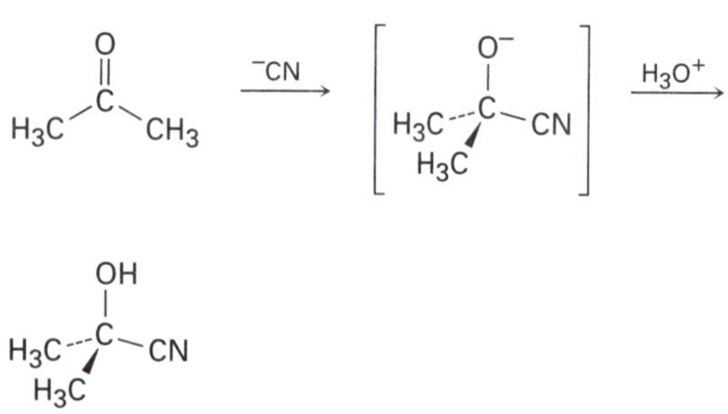

3. **(a)** Substituição nucleofílica de acila
(b) Adição nucleofílica
(c) Condensação carbonílica

CAPÍTULO 19

19.1 **(a)** 2-metil-3-pentanona
(b) 3-fenilpropanal
(c) 2,6-octanodiona
(d) *trans*-2-metilciclohexanocarbaldeído
(e) 4-hexanal
(f) *cis*-2,5-dimetilciclohexanona

19.2
(a) 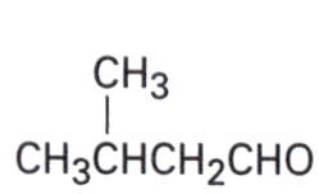 **(b)** 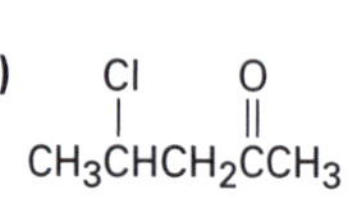

(c) 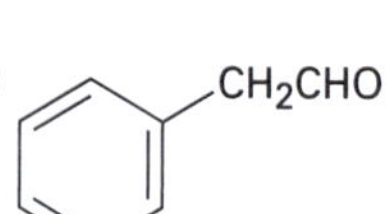 **(d)** 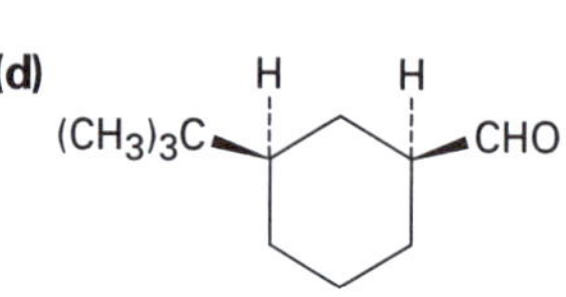

(e) 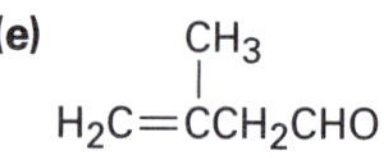 **(f)** 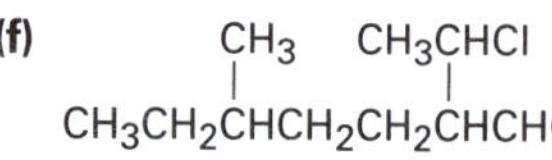

19.3 **(a)** Periodinano de Dess-Martin
(b) 1. O_3; 2. Zn
(c) DIBAH
(d) 1. BH_3, então H_2O_2, NaOH;
2. Periodinano de Dess-Martin

19.4 **(a)** $HgSO_4$, H_3O^+
(b) 1. CH_3COCl, $AlCl_3$; 2. Br_2, $FeBr_3$
(c) 1. Mg; 2. CH_3CHO; 3. H_3O^+; 4. CrO_3
(d) 1. BH_3; 2. H_2O_2, NaOH; 3. CrO_3

19.5 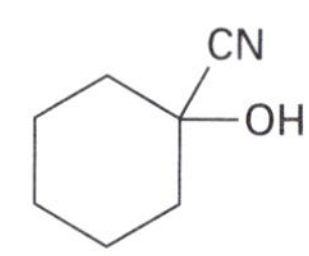

19.6 A retirada de elétrons do grupo nitro no *p*-nitro-benzaldeído polariza o grupo carbonila.

19.7 $CCl_3CH(OH)_2$

19.8 A água marcada é adicionada reversivelmente ao grupo carbonila.

19.9 O equilíbrio não é favorável para as cetonas estericamente impedidas.

19.10 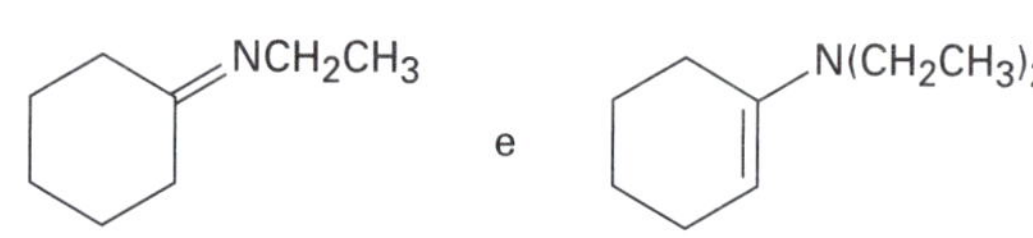

19.11 As etapas são o inverso exato da reação direta mostrada na Figura 19.6.

19.12 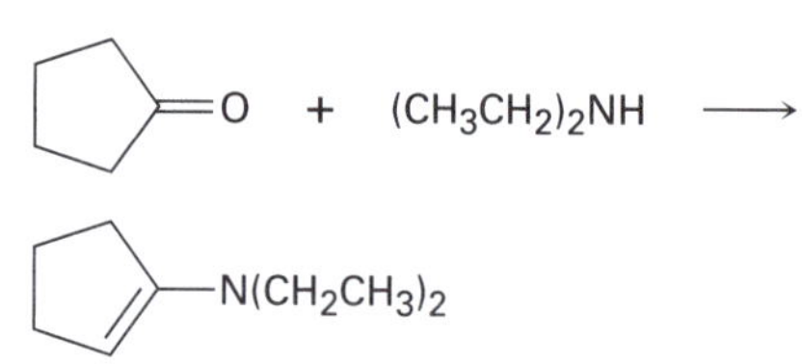

19.13 **(a)** H_2/Pd **(b)** N_2H_4, KOH
(c) 1. H_2/Pd; 2. N_2H_4, KOH

19.14 O mecanismo é idêntico àquele entre uma cetona e 2 equivalentes de um monoálcool (Figura 19.10 do texto).

19.15 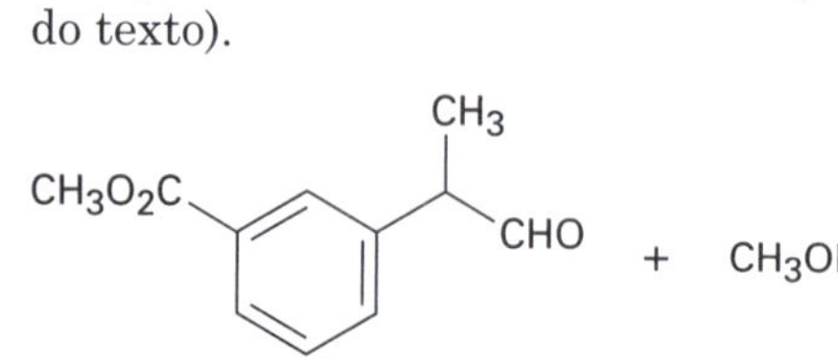

19.16 **(a)** Ciclohexanona + $(Ph)_3P{=}CHCH_3$
(b) Ciclohexanocarbaldeído + $(Ph)_3P{=}CH_2$
(c) Acetona + $(Ph)_3P{=}CHCH_2CH_2CH_3$
(d) Acetona + $(Ph)_3P{=}CHPh$
(e) $PhCOCH_3$ + $(Ph)_3P{=}CHPh$
(f) 2-ciclohexenona + $(Ph)_3P{=}CH_2$

19.17

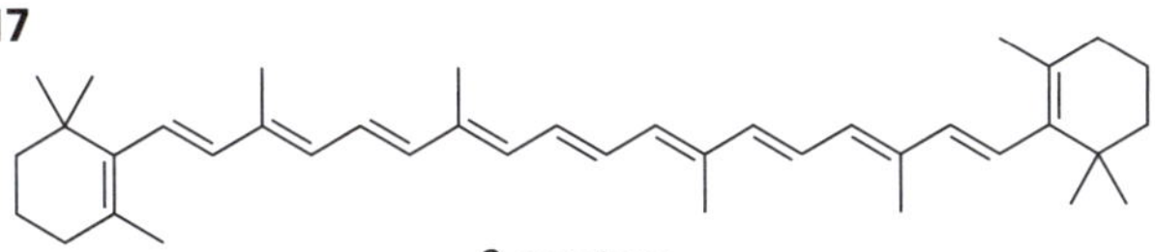

β-caroteno

19.18 Reação intramolecular de Cannizzaro.

19.19 A adição do hidrogênio *pro-R* do NADH acontece na face *Re* do piruvirato.

19.20 O grupo –OH é adicionado na face *Re no* C_2, e -H é adicionado na face *Re* no C3 para formar o (2*R*,3*S*)-isocitrato.

19.21

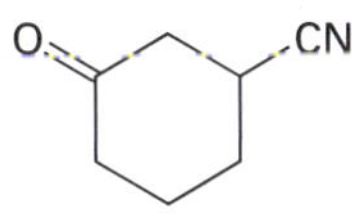

19.22 **(a)** 3-buten-2-ona + $(CH_3CH_2CH_2)_2CuLi$
(b) 3-metil-2-ciclohexenona + $(CH_3)_2CuLi$
(c) 4-*tert*-butil-2-ciclohexenona + $(CH_3CH_2)_2$ CuLi
(d) Cetona insaturada + $(H_2C{=}CH)_2CuLi$

19.23 Veja a aparência de um álcool ou de uma cetona saturada no produto.

19.24 **(a)** 1.715 cm^{-1} **(b)** 1.685 cm^{-1}
(c) 1.750 cm^{-1} **(d)** 1.705 cm^{-1}
(e) 1.715 cm^{-1} **(f)** 1.705 cm^{-1}

19.25 **(a)** Picos diferentes devido ao rearranjo de McLafferty.
(b) Picos diferentes devido à clivagem α e ao rearranjo de McLafferty.
(c) Picos diferentes devido ao rearranjo de McLafferty.

19.26 IV: 1.750 cm^{-1}; MS: 140, 84

CAPÍTULO 20

20.1 **(a)** Ácido 3-metilbutanoico
(b) Ácido 4-bromopentanoico
(c) Ácido 2-etilpentanoico
(d) Ácido *cis*-4-hexenoico
(e) 2,4-dimetilpentanonitrila
(f) Ácido *cis*-1,3-ciclopentanodicarboxílico

20.2

(a)

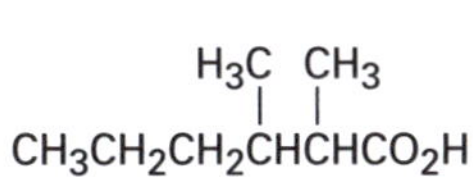

(b)

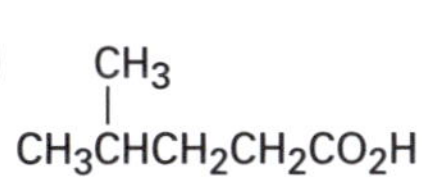

(c)

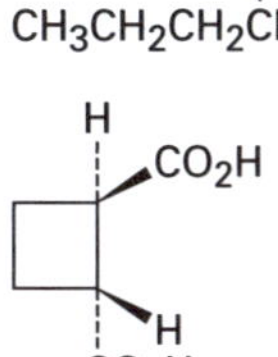

(d)

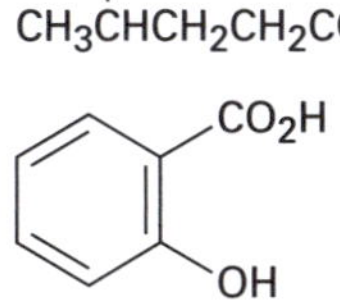

(e)

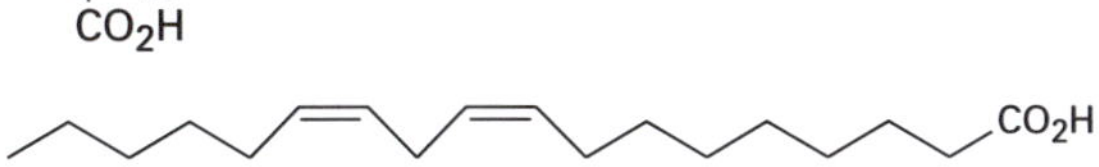

(f) $CH_3CH_2CH{=}CHCN$

20.3 Dissolver a mistura em éter, extrair com NaOH aquoso, separar e acidificar a camada aquosa, e extrair com éter.

20.4 43%

20.5 **(a)** 82% de dissociação **(b)** 73% de dissociação

20.6 O ácido lático é mais forte por causa do efeito indutivo do grupo –OH.

20.7 O diânion é desestabilizado por repulsão entre as cargas.

20.8 Mais reativo.

20.9 **(a)** Ácido *p*-metilbenzoico < ácido benzoico < ácido *p*-clorobenzoico
(b) Ácido acético < ácido benzoico < ácido *p*-nitrobenzoico

20.10 **(a)** 1. Mg; 2. CO_2; 3. H_3O^+
(b) 1. Mg; 2. CO_2; 3. H_3O^+ ou 1. NaCN; 2. H_3O^+

20.11 1. NaCN; 2. H_3O^+; 3. $LiAlH_4$

20.12 1. PBr_3; 2. NaCN; 3. H_3O^+; 4. $LiAlH_4$

20.13 **(a)** Propanonitrila + CH_3CH_2MgBr, depois H_3O^+
(b) *p*-nitrobenzonitrila + CH_3MgBr, depois H_3O^+

20.14 1. NaCN; 2. CH_3CH_2MgBr, depois H_3O^+

20.15 Um ácido carboxílico possui absorção –OH muito larga em 2.500-3.300 cm^{-1}.

20.16 4-hidroxiciclohexanona: absorção H–C–O próxima de 4δ no espectro de ^1H e absorção C=O próxima de 210δ no espectro de ^{13}C.

Ácido ciclopentanocarboxílico: absorção $-CO_2H$ próxima de 12δ no espectro de ^1H e absorção $-CO_2H$ próxima de 170δ no espectro de ^{13}C.

CAPÍTULO 21

21.1 **(a)** Cloreto de 4-metilpentanoila
(b) Ciclohexilacetamida
(c) 2-metilpropanoato de isopropila
(d) Anidrido benzoico
(e) Ciclopentanocarboxilato de isopropila
(f) 2-metilpropanoato ciclopentila
(g) *N*-metil-4-pentanamida
(h) Fosfato de (*R*)-2-hidroxipropanoila
(i) 2,3-dimetil-2-butenotioato de etila

21.2

(a) $C_6H_5CO_2C_6H_5$ **(b)** $CH_3CH_2CH_2CON(CH_3)CH_2CH_3$

(c) $(CH_3)_2CHCH_2CH(CH_3)COCl$ **(d)**

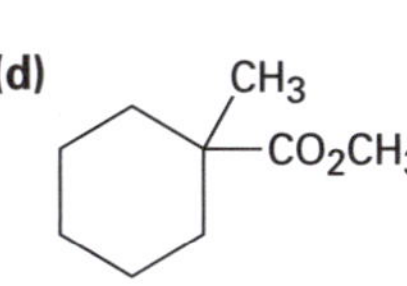

(e) 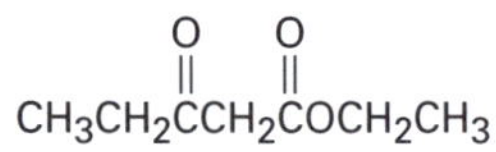

(f) 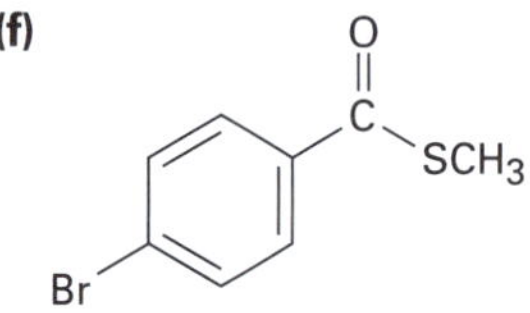

(g) 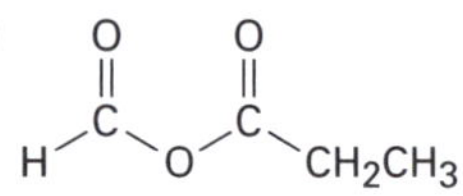

(h) 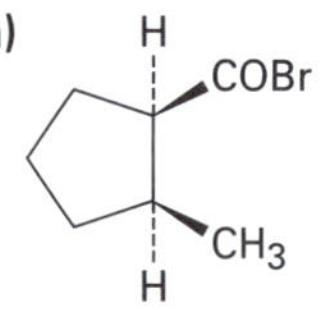

21.3 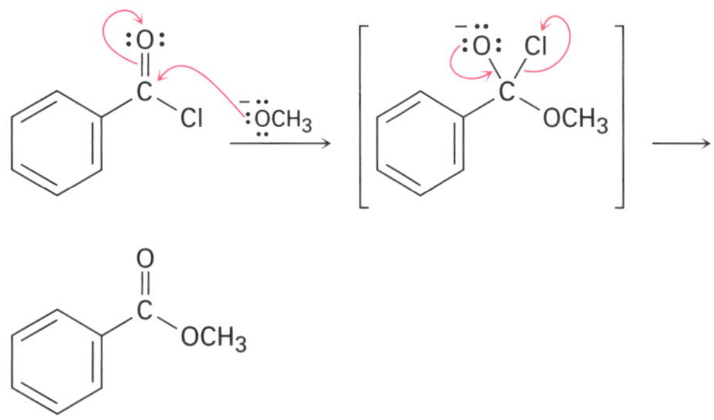

21.4 **(a)** Cloreto de metila > acetato de metila > acetamida

(b) Acetato de hexafluorisopropila > acetato de 2,2,2-tricloroetila > acetato de etila

21.5 **(a)** $CH_3CO_2^-Na^+$ **(b)** CH_3CONH_2

(c) $CH_3CO_2CH_3 + CH_3CO_2^-Na^+$

(d) $CH_3CONHCH_3$

21.6 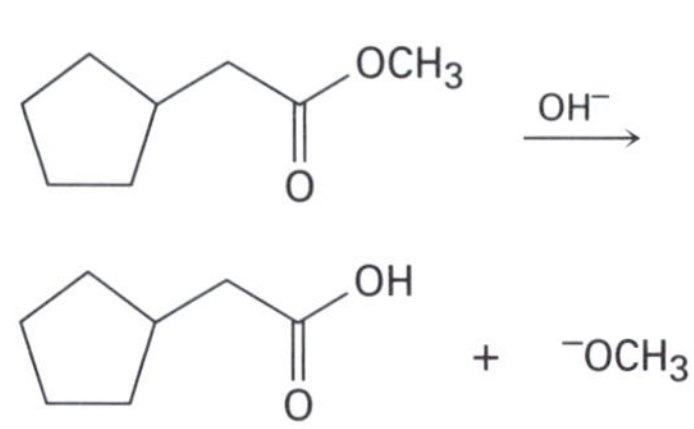

21.7 **(a)** Ácido acético + 1-butanol

(b) Ácido butanoico + metanol

(c) Ácido ciclopentanocarboxílico + álcool isopropílico

21.8 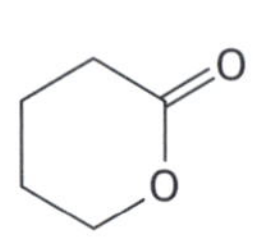

21.9 **(a)** Cloreto de propanoíla + metanol

(b) Cloreto de acetila + etanol

(c) Cloreto de benzoíla + etanol

21.10 Cloreto de benzoíla +ciclohexanol

21.11 Essa é uma reação típica de substituição nucleofílica de acila, com a morfolina como nucleófilo e o íon acetato como grupo abandonador.

21.12 **(a)** Cloreto de propanoíla + metilamina

(b) Cloreto de propanoíla + dietilamina

(c) Cloreto de propanoíla + amônia

21.13 **(a)** Cloreto de benzoíla + $[(CH_3)_2CH]_2CuLi$ ou cloreto de 2-metilpropanoíla + Ph_2CuLi

(b) Cloreto de 2-propenoíla + $(CH_3CH_2CH_2)_2CuLi$ ou cloreto de butanoíla + $(H_2C{=}CH)_2CuLi$

21.14 Essa é uma reação típica de substituição nucleofílica de acila, com a *p*-hidroxilanilina como nucleófilo e o íon acetato como grupo abandonador.

21.15 Éster monometílico do ácido benzeno-1,2-dicarboxílico.

21.16 A reação de um ácido carboxílico com um íon alcóxido forma o íon carboxilato.

21.17 $LiAlH_4$ fornece $HOCH_2CH_2CH_2CH_2OH$; DIBAH fornece $HOCH_2CH_2CH_2CHO$.

21.18 **(a)** $CH_3CH_2CH_2CH(CH_3)CH_2OH + CH_3OH$

(b) $PhOH + PhCH_2OH$

21.19 **(a)** Benzoato de etila + 2 CH_3MgBr

(b) Acetato de etila + 2 PhMgBr

(c) Pentanoato de etila + 2 CH_3CH_2MgBr

21.20 **(a)** H_2O, NaOH

(b) Ácido benzoico + $LiAlH_4$

(c) $LiAlH_4$

21.21 1. Mg; 2. CO_2, depois H_3O^+; 3. $SOCl_2$; 4. $(CH_3)_2NH$; 5. $LiAlH_4$

21.22 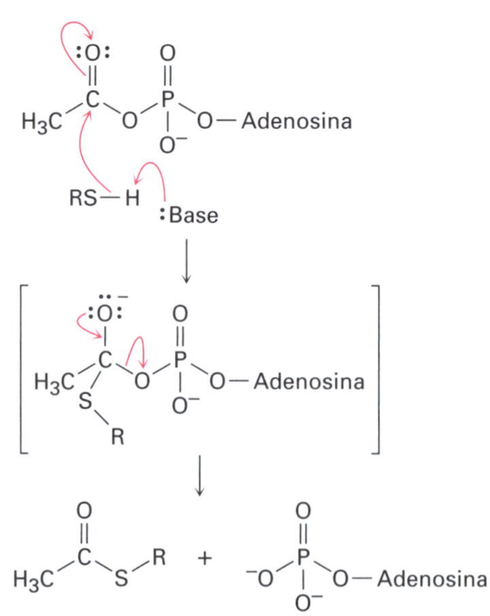

Acetil-CoA

21.23 **(a)** $\left(\!OCH_2CH_2CH_2OCH_2CH_2CH_2\!\right)_n$

(b)

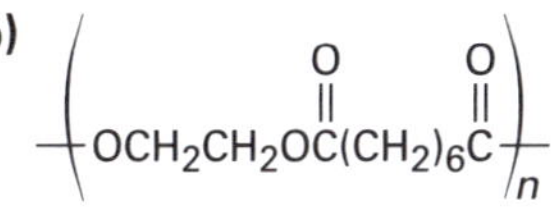

(c)

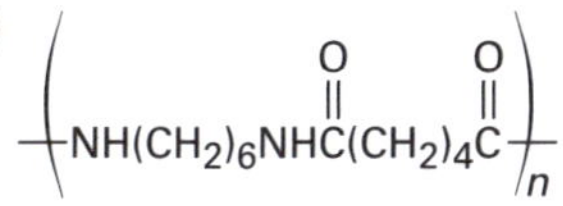

21.24

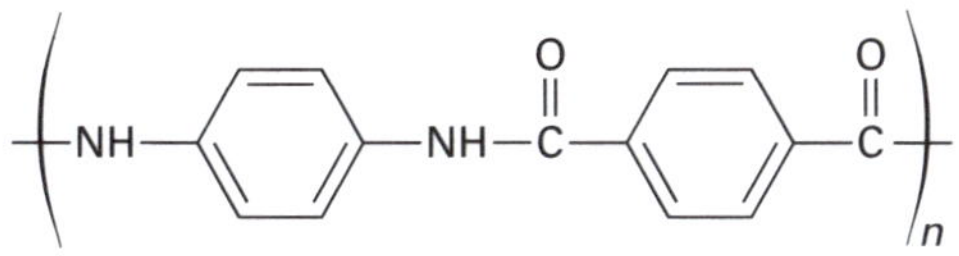

21.25 **(a)** Éster
(b) Cloreto de ácido
(c) Ácido carboxílico
(d) Cetona alifática ou ciclohexanona

21.26 **(a)** $CH_3CH_2CH_2CO_2CH_2CH_3$ e outras possibilidades
(b) $CH_3CON(CH_3)_2$
(c) $CH_3CH{=}CHCOCl$ ou $H_2C{=}C(CH_3)COCl$

CAPÍTULO 22

22.1

(a)

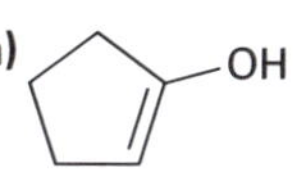

(b)

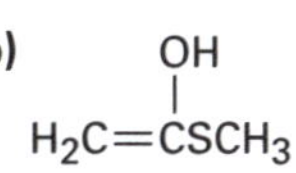

(c)

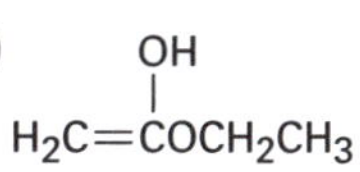

(d) $CH_3CH{=}CHOH$

(e)

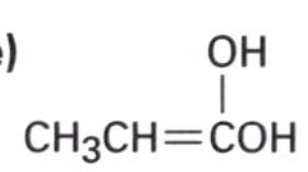

(f)

22.2 **(a)** 4 **(b)** 3 **(c)** 3 **(d)** 2 **(e)** 4 **(f)** 5

22.3

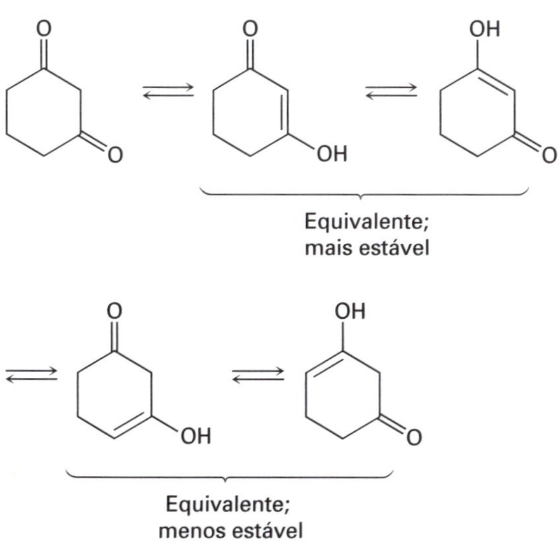

22.4 A formação de um enol catalisada por ácido é seguida pela deuteronação da ligação dupla do enol e da desdeuteronação do oxigênio.

22.5 1. Br_2; 2. Piridina, calor

22.6 O intermediário brometo do ácido α-bromo sofre uma reação de substituição nucleofílica de acila com o metanol para formar um α-bromo éster.

22.7 **(a)** CH_3CH_2CHO **(b)** $(CH_3)_3CCOCH_3$
(c) CH_3CO_2H **(d)** $PhCONH_2$
(e) $CH_3CH_2CH_2CN$ **(f)** $CH_3CON(CH_3)_2$

22.8 $^{-}\!:CH_2C{\equiv}N: \longleftrightarrow H_2C{=}C{=}\ddot{N}:^{-}$

22.9 O ácido é regenerado, mas a base é utilizada de maneira estequiométrica.

22.10 **(a)** 1. $Na^+ \,^-OEt$; 2. $PhCH_2Br$; 3. H_3O^+
(b) 1. $Na^+ \,^-OEt$; 2. $CH_3CH_2CH_2Br$; 3. $Na^+ \,^-OEt$; 4. CH_3Br; 5. H_3O^+
(c) 1. $Na^+ \,^-OEt$; 2. $(CH_3)_2CHCH_2Br$; 3. H_3O^+

22.11 O éster malônico possui apenas dois hidrogênios ácidos para serem substituídos.

22.12 1. $Na^+ \,^-OEt$; 2. $(CH_3)_2CHCH_2Br$; 3. $Na^+ \,^-OEt$; 4. CH_3Br; 5. H_3O^+

22.13 **(a)** $(CH_3)_2CHCH_2Br$ **(b)** $PhCH_2CH_2Br$

22.14 Não se pode preparar nenhum.

22.15 1. 2 $Na^+ \,^-OEt$; 2. $BrCH_2CH_2CH_2CH_2Br$; 3. H_3O^+

22.16 **(a)** Alquilato fenilacetona com CH_3I
(b) Alquilato pentanonitrila com CH_3CH_2I
(c) Alquilato ciocloexanona com $H_2C{=}CHCH_2Br$
(d) Alquilato ciocloexanona com CH_3I
(e) Alquilato $C_6H_5COCH_2CH_3$ com CH_3I
(f) Alquilato metil 3-metilbutanoato com CH_3CH_2I

CAPÍTULO 23

23.1 **(a)**

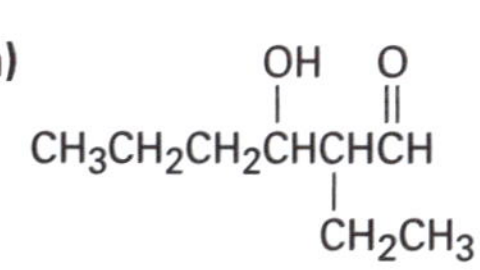

(b)

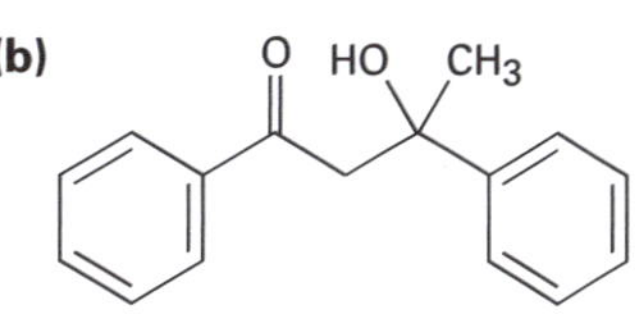

(c)

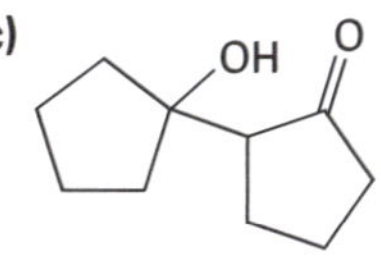

23.2 A reação inversa é exatamente o oposto da reação direta mostrada na Figura 23.1.

23.3

(a)

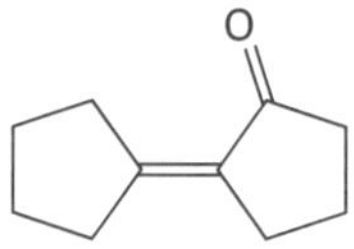

(b)

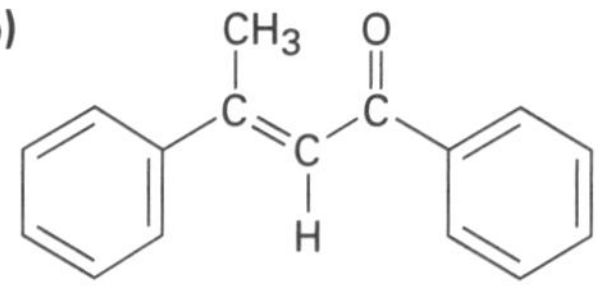

(c) $(CH_3)_2CHCH_2CH{=}C(CH(CH_3)_2)CH{=}O$

23.4

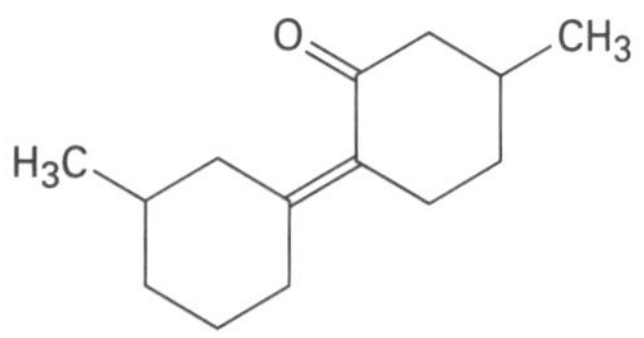

e

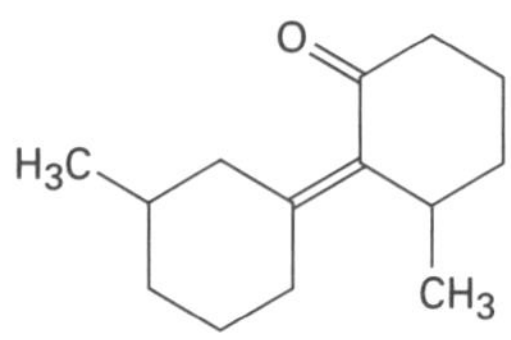

23.5 **(a)** Não é um produto aldol **(b)** 3-pentanona

23.6 1. NaOH; 2. $LiAlH_4$; 3. H_2/Pd

23.7

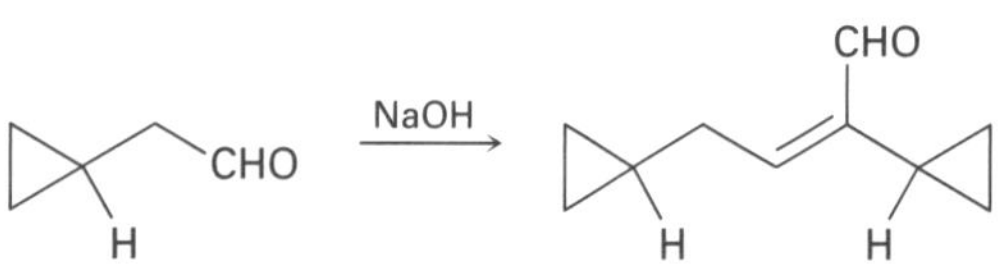

23.8 **(a)** $C_6H_5CHO + CH_3COCH_3$

(b), (c) Não é facilmente preparado

23.9 A posição do CH_2 entre dois grupos carbonila é tão ácida que é completamente desprotonada para formar um íon enolato estável.

23.10

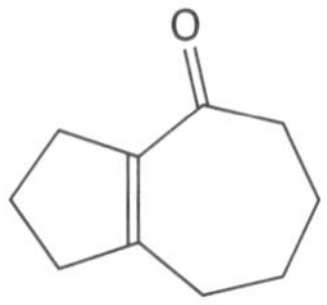

23.11 **(a)** $CH_3CH(CH_3)CH_2C(O)CH(CH(CH_3)_2)C(O)OEt$

(b) $PhCH_2C(O)CH(Ph)C(O)OEt$

(c) $C_6H_{11}CH_2C(O)CH(C_6H_{11})C(O)OEt$

23.12 A reação de quebra é exatamente o contrário da reação seguinte.

23.13

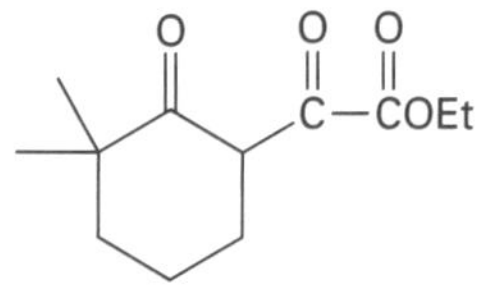

23.14

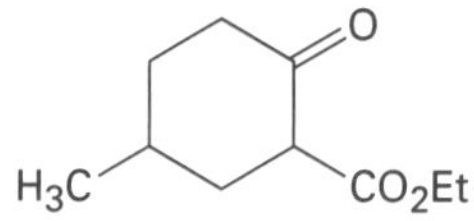

23.15

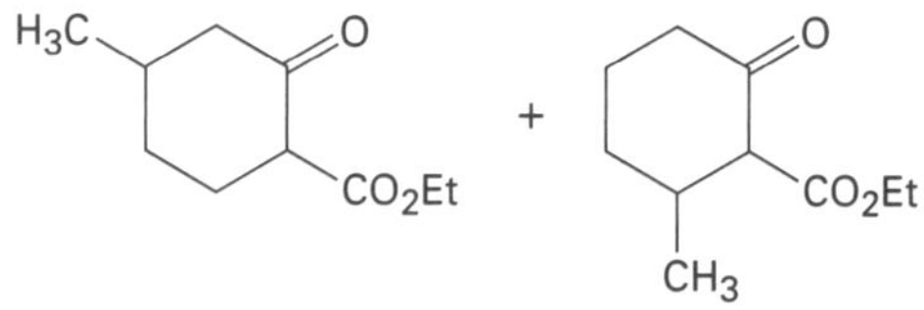

23.16 **(a)**

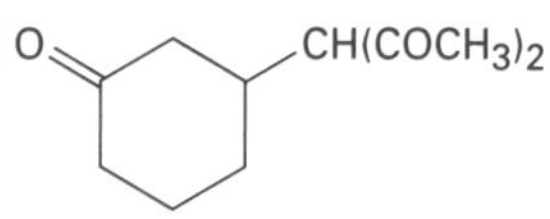

(b) $(CH_3CO)_2CHCH_2CH_2CN$

(c) $(CH_3CO)_2CHCH(CH_3)CH_2C(O)OEt$

23.17

(a) $(EtO_2C)_2CHCH_2CH_2C(O)CH_3$

(b)

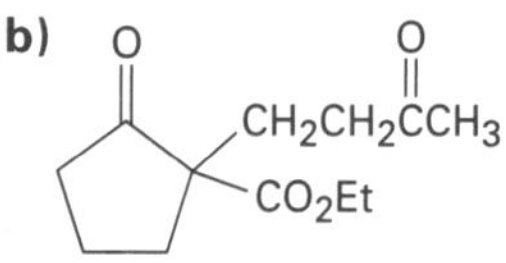

23.18 $CH_3CH_2COCH{=}CH_2 + CH_3CH_2NO_2$

23.19

(a)

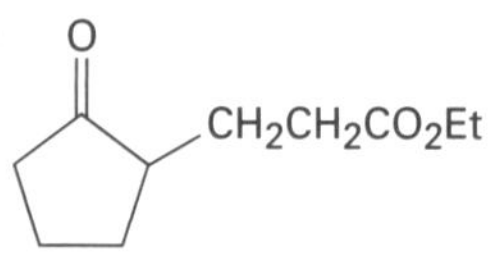

(b)

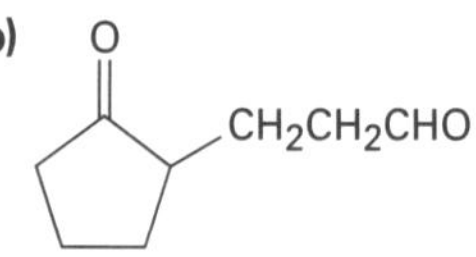

(c)

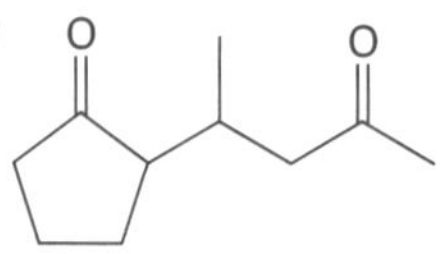

23.20 **(a)** Enamina da ciclopentanona + propenonitrila

(b) Enamina da ciclopentanona + propenoato de metila

23.21

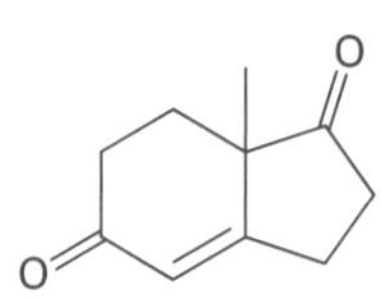

23.22 2,5,5-trimetil-1,3-ciclohexanodiona + 1-penten--3-ona.

CAPÍTULO 24

24.1 **(a)** *N*-metiletilamina
(b) Triciclohexilamina
(c) *N*-etil-*N*-metilciclohexilamina
(d) *N*-metilpirrolidina
(e) Diisopropilamina
(f) 1,3-butanodiamina

24.2 **(a)** $[(CH_3)_2CH]_3N$ **(b)** $(H_2C{=}CHCH_2)_2NH$

(c) 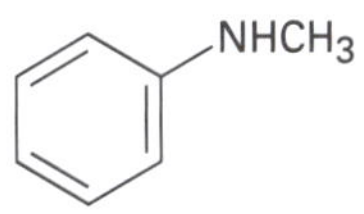
(d) 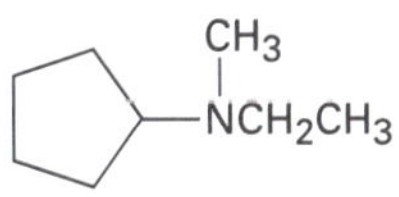
(e) 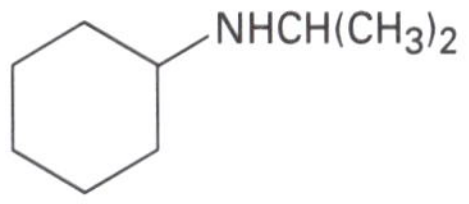
(f) 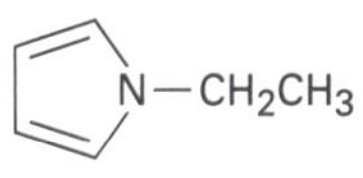

24.3 **(a)** 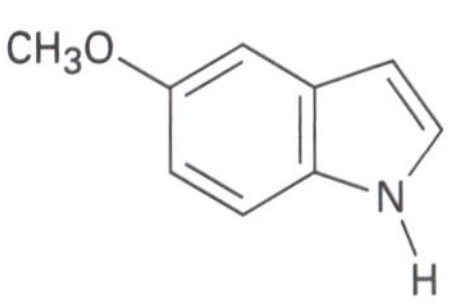
(b) 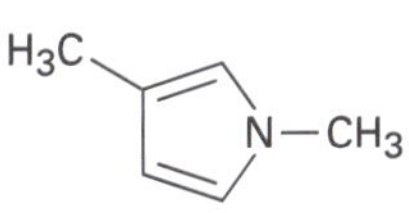
(c) 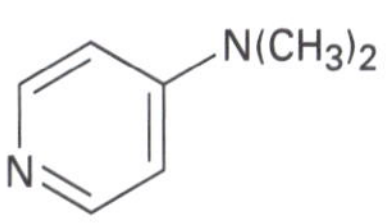
(d) 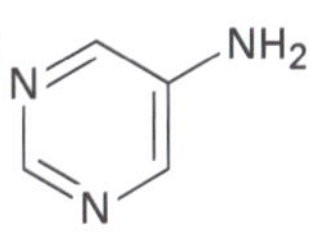

24.4 **(a)** $CH_3CH_2NH_2$ **(b)** NaOH
(c) CH_3NHCH_3

24.5 A propilamina é mais forte; benzilamina pK_b = 4,67; propilamina pK_b = 3,29

24.6 **(a)** *p*-nitroanilina < *p*-aminobenzaldeído < *p*-bromoanilina
(b) *p*-aminoacetofenona < *p*-cloroanilina < *p*-metilanilina
(c) *p*-(trifluorometil)anilina < *p*-(fluorometil) anilina < *p*-metilanilina

24.7 A pirimidina é, por essência, 100% neutra (não protonada).

24.8 **(a)** Propanonitrila ou propanamida
(b) *N*-propilpropanamida
(c) Benzonitrila ou benzamida
(d) *N*-fenilacetamida

24.9 A reação ocorre por meio de duas reações de substituição nucleofílicas de acila.

24.10 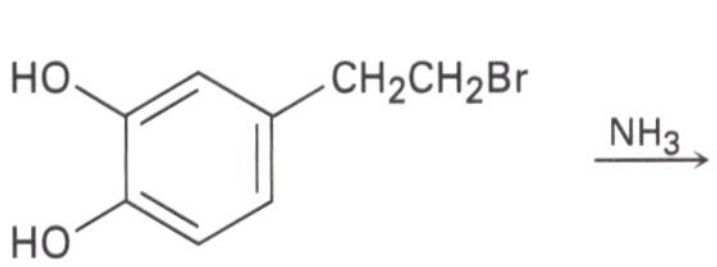

ou

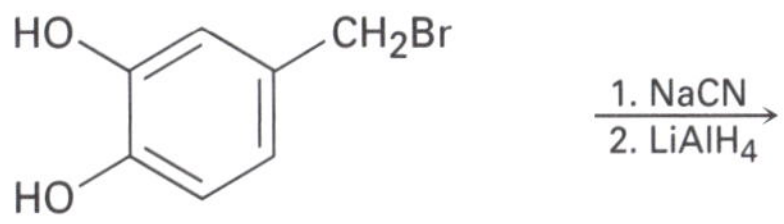

24.11 **(a)** Etilamina + acetona ou isopropilamina + acetaldeído
(b) Anilina + acetaldeído
(c) Ciclopentilamina + formaldeído ou metilamina + ciclopentanona

24.12 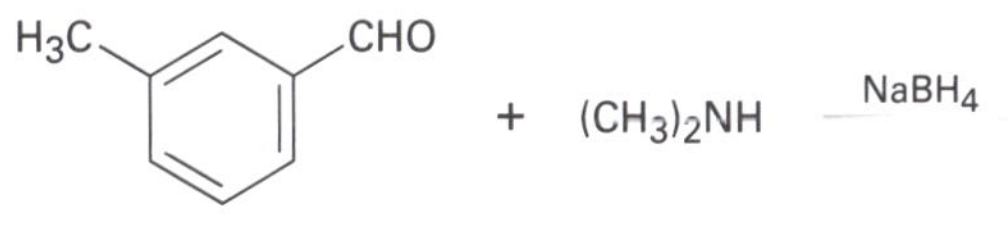

24.13 **(a)** 4,4-dimetilpentanamida ou 4,4-dimetilpentanoilazida
(b) *p*-metilbenzamida ou p-metilbenzoilazida

24.14 **(a)** 3-octeno e 4-octeno
(b) Ciclohexeno
(c) 3-hepteno
(d) Etileno e ciclohexeno

24.15 $H_2C{=}CHCH_2CH_2CH_2N(CH_3)_2$

24.16 1. HNO_3, H_2SO_4; 2. H_2/PtO_2; 3. $(CH_3CO)_2O$; 4. $HOSO_2Cl$; 5. aminotiazol; 6. H_2O, NaOH

24.17 **(a)** 1. HNO_3, H_2SO_4; 2. H_2/PtO_2; 3. 2 CH_3Br
(b) 1. HNO_3, H_2SO_4; 2. H_2/PtO_2; 3. $(CH_3CO)_2O$; 4. Cl_2; 5. H_2O, NaOH
(c) 1. HNO_3, H_2SO_4; 2. Cl_2, $FeCl_3$; 3. $SnCl_2$
(d) 1. HNO_3, H_2SO_4; 2. H_2/PtO_2; 3. $(CH_3CO)_2O$; 4. 2 CH_3Cl, $AlCl_3$; 5. H_2O, NaOH

24.18 **(a)** 1. CH_3Cl, $AlCl_3$; 2. HNO_3, H_2SO_4; 3. $SnCl_2$; 4. $NaNO_2$, H_2SO_4; 5. CuBr; 6. $KMnO_4$, H_2O
(b) 1. HNO_3, H_2SO_4; 2. Br_2, $FeBr_3$; 3. $SnCl_2$, H_3O^+; 4. $NaNO_2$, H_2SO_4; 5. CuCN; 6. H_3O^+
(c) 1. HNO_3, H_2SO_4; 2. Cl_2, $FeCl_3$; 3. $SnCl_2$; 4. $NaNO_2$, H_2SO_4; 5. CuBr
(d) 1. CH_3Cl, $AlCl_3$; 2. HNO_3, H_2SO_4; 3. $SnCl_2$; 4. $NaNO_2$, H_2SO_4; 5. CuCN; 6. H_3O^+
(e) 1. HNO_3, H_2SO_4; 2. H_2/PtO_2; 3. $(CH_3CO)_2O$; 4. 2 Br_2; 5. H_2O, NaOH 6. $NaNO_2$, H_2SO_4; 7. CuBr

24.19 1. HNO_3, H_2SO_4; 2. $SnCl_2$; 3a. 2 equiv. CH_3I; 3b. $NaNO_2$, H_2SO_4; 4. produto de 3a + produto de 3b.

24.20 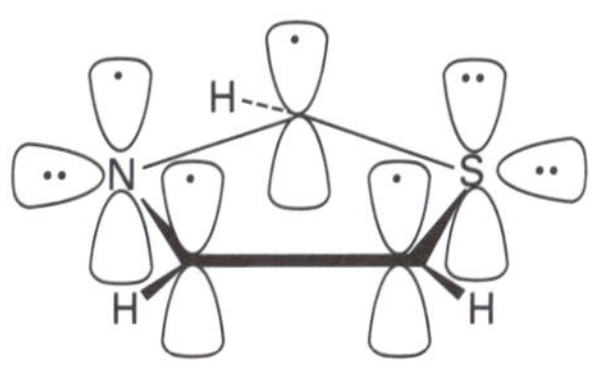

24.21 4,1% protonado

24.22

Ataque no C2:

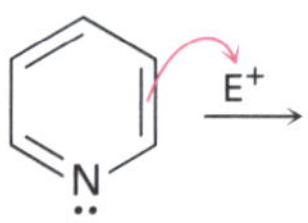

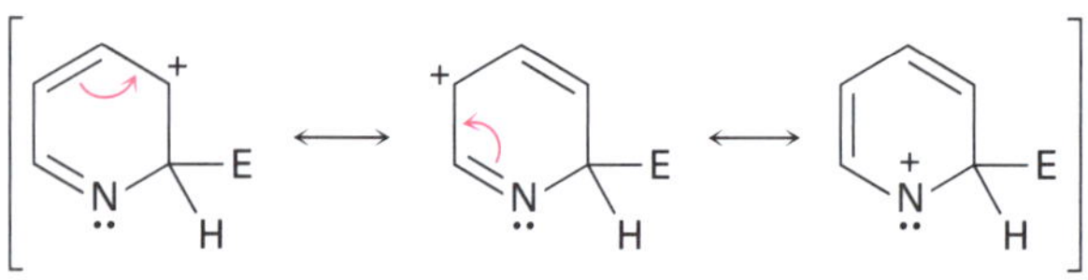

Desfavorável

Ataque no C3:

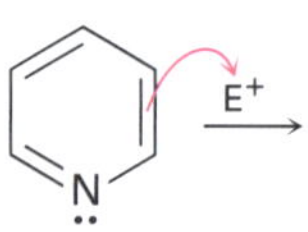

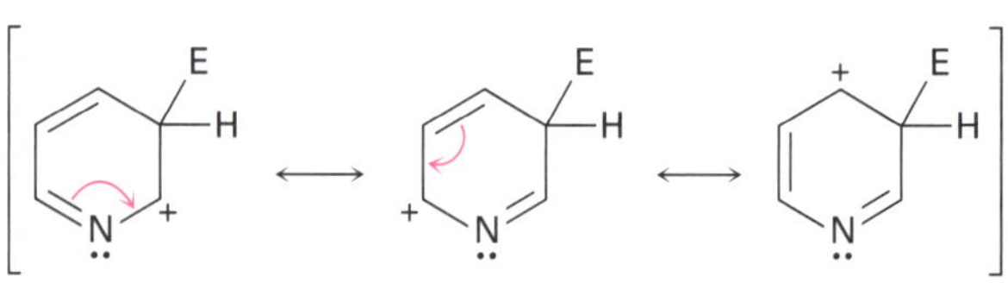

Ataque no C4:

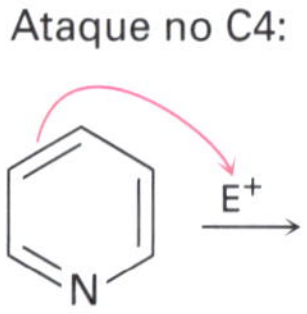

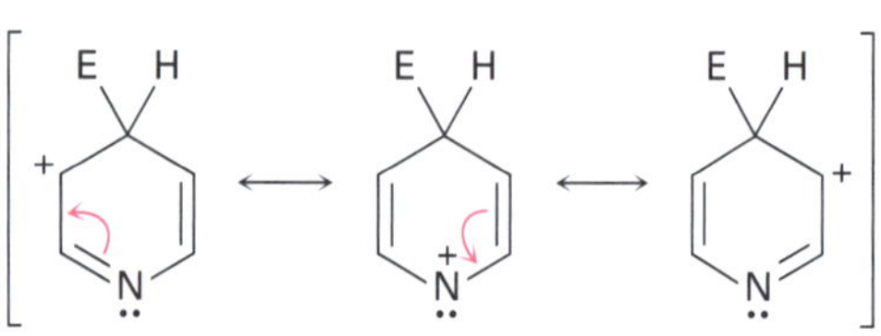

Desfavorável

24.23 O nitrogênio da cadeia lateral é mais básico que o nitrogênio do anel.

24.24 A reação no C2 é desfavorável porque o anel de benzeno perdeu a aromaticidade.

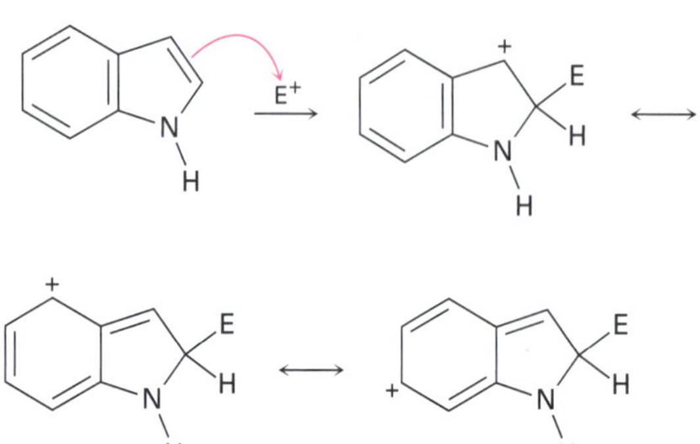

24.25 $(CH_3)_3CCOCH_3 \rightarrow (CH_3)_3CCH(NH_2)CH_3$

CAPÍTULO 25

25.1 **(a)** Aldotetrose
(b) Cetopentose
(c) Cetoexose
(d) Aldopentose

25.2 **(a)** *S* **(b)** *R* **(c)** *S*

25.3 A, B e C são os mesmos.

25.4

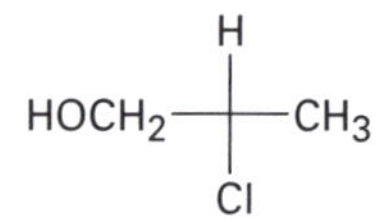

R

25.5

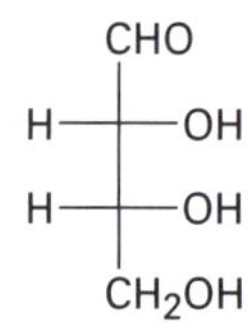

R
R

25.6 **(a)** L-eritrose; 2*S*,3*S*
(b) D-xilose; 2*R*,3*S*,4*R*
(c) D-xilulose; 3*S*,4*R*

25.7

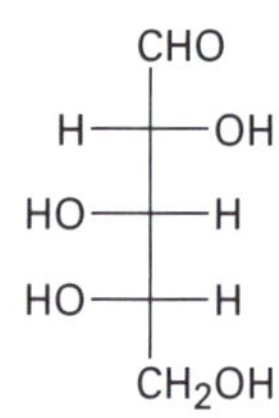

L-(+)-arabinose

25.8 **(a)**

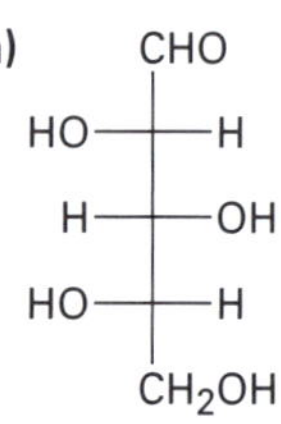

(b)

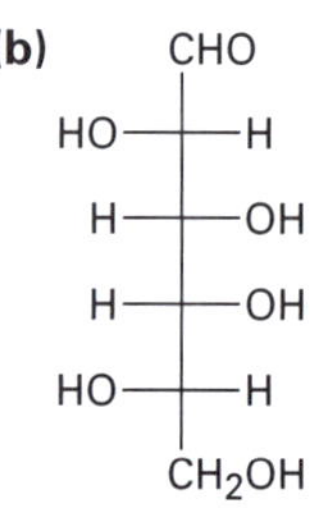

(c)

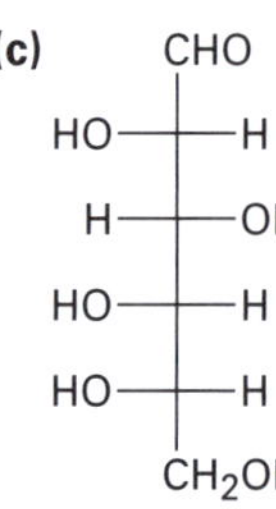

25.9 Aldopentoses 16 D e 16 L.

25.10

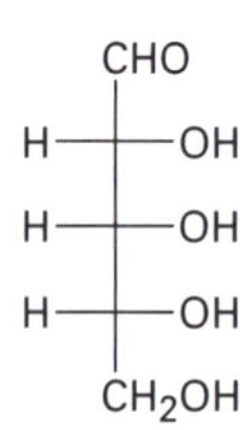

D-ribose

25.11

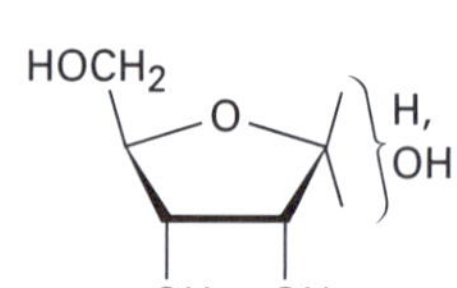

25.12

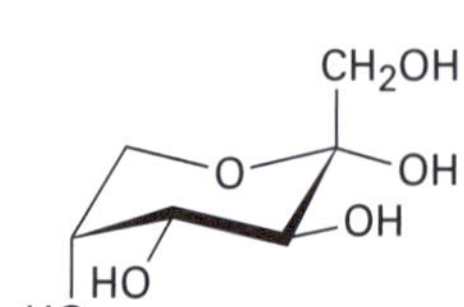

α-D-frutopiranose

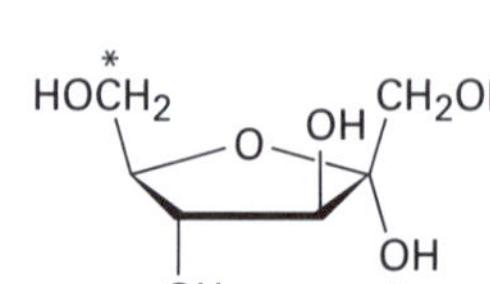

α-D-frutofuranose

25.13 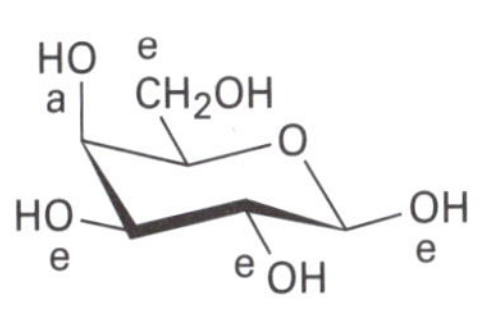

β-D-galactopiranose

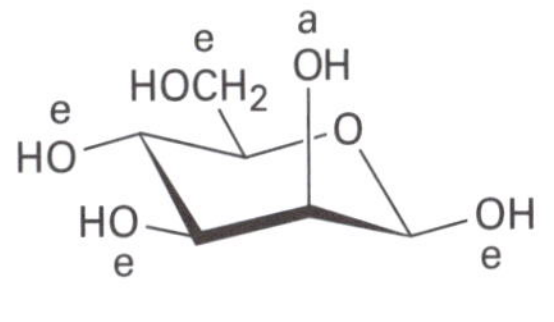

β-D-manopiranose

25.14 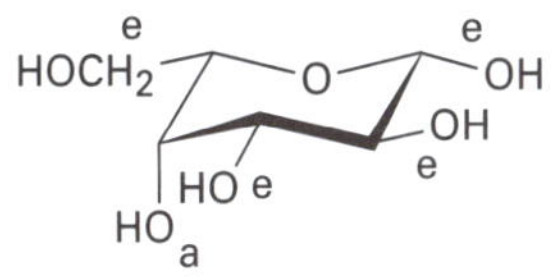

25.15 α-D-alopiranose

25.16 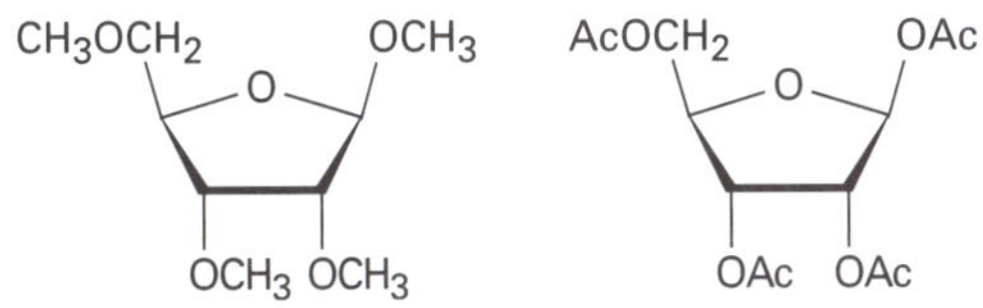

25.17 O D-galactitol possui simetria plana e é um composto meso, enquanto o D-glucitol é quiral.

25.18 A terminação $-CHO$ da L-gulose corresponde à terminação $-CH_2OH$ da D-glicose após a redução.

25.19 O ácido D-alárico possui simetria plana e é um composto meso, mas o ácido D-glucárico é quiral.

25.20 A D-alose e a D-galactose produzem ácidos aldáricos meso; as outras seis D-hexoses produzem ácidos aldáricos opticamente ativos.

25.21 D-xilose + D-altrose

25.22 L-xilose

25.23 D-xilose + D-lixose

25.24 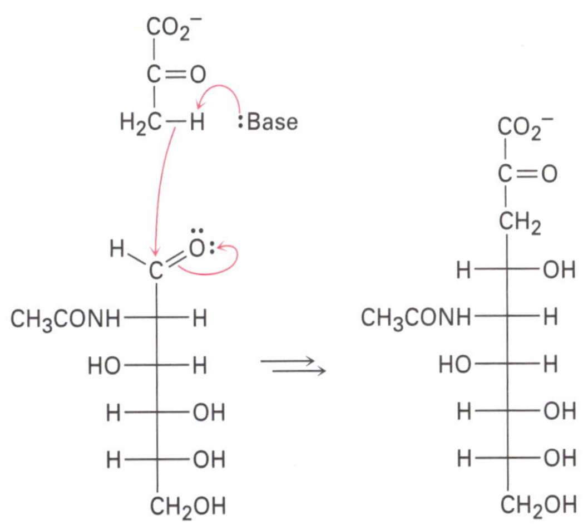

25.25 **(a)** O anel hemiacetal é reduzido.

(b) O anel hemiacetal é oxidado.

(c) Todos os grupos hidroxila são acetilados.

CAPÍTULO 26

26.1 Aromáticos: Phe, Tyr, Trp, His; que contém enxofre: Cys, Met; álcoois: Ser, Tyr; cadeias laterais de hidrocarboneto: Ala, Ile, Leu, Val e Phe.

26.2 O átomo de enxofre no grupo $-CH_2SH$ da cisteína faz com que a cadeia lateral tenha prioridade mais alta do que o grupo $-CO_2H$.

26.3 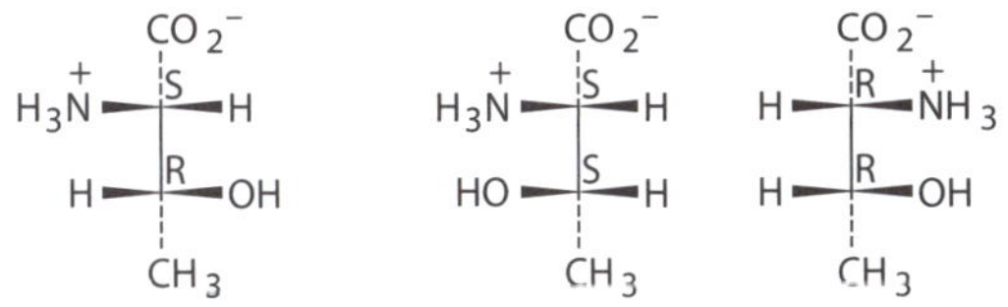

L-treonina Diastereoisômeros de L-treonina

26.4 Líquida positiva com pH = 5,3; líquida negativa com pH = 7,3

26.5 **(a)** Começa com o ácido 3-fenilpropanoico: 1. Br_2, PBr_3; 2. NH_3

(b) Começa com o ácido 3-metilbutanoico: 1. Br_2, PBr_3; 2. NH_3

26.6 **(a)** $(CH_3)_2CHCH_2Br$

(b) 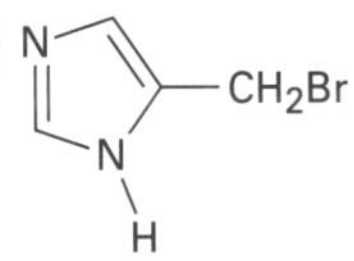

(c) 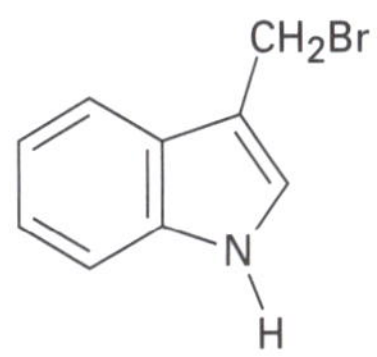

(d) $CH_3SCH_2CH_2Br$

26.7 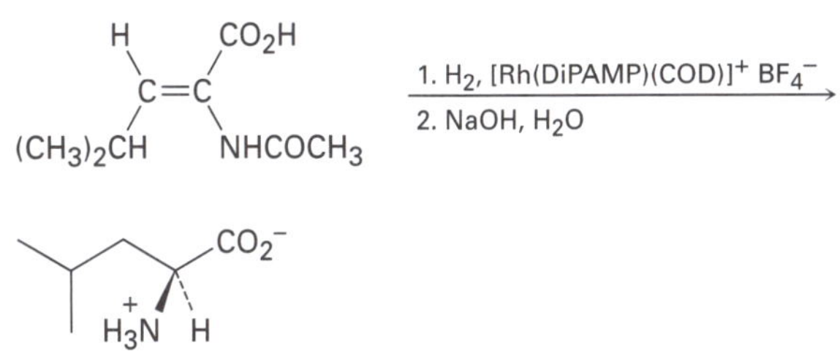

26.8 Val-Tyr-Gly (VYG), Tyr-Gly-Val (YGV), Gly-Val-Tyr (GVY), Val-Gly-Tyr (YVG), Gly-Tyr-Val (GYV)

26.9 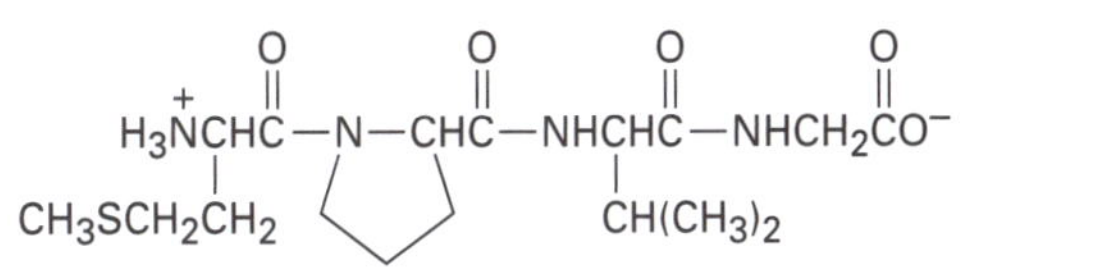

26.10 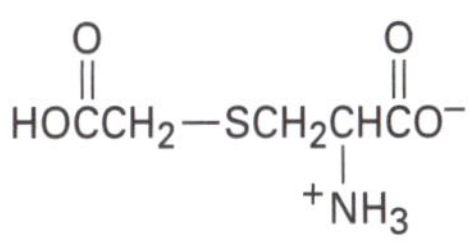

26.11

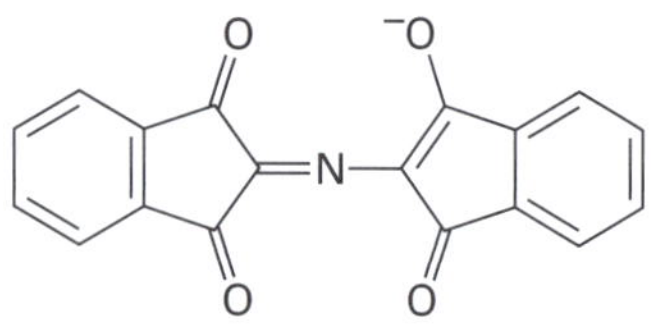 + $(CH_3)_2CHCHO$ + CO_2

26.12 Tripsina: Asp-Arg + Val-Tyr-Ile-His-Pro-Phe

Quimotripsina: Asp-Arg-Val-Tyr + Ila-His-Pro-Phe

26.13 Metionina

26.14

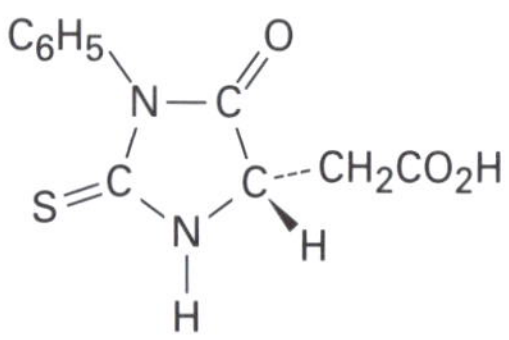

26.15 **(a)** Arg-Pro-Leu-Gly-Ile-Val
(b) Val-Met-Trp-Asp-Val-Leu (VMWNVL)

26.16 Essa é uma típica reação de substituição nucleofílica de acila, com a amina do aminoácido como nucleófilo e o carbonato de *tert*-butila como grupo abandonador. O carbonato de *tert*-butila perde o CO_2 e forma o *tert*-butóxido, que é protonado.

26.17 (1) Proteger o grupo amino da leucina.
(2) Proteger o grupo do ácido carboxílico da alanina.
(3) Acoplar os aminoácidos protegidos com DCC.
(4) Remover o grupo protetor da leucina.
(5) Remover o grupo protetor da alanina.

26.18 **(a)** Liase
(b) Hidrolase
(c) Oxidorredutase

CAPÍTULO 27

27.1 $CH_3(CH_2)_{18}CO_2CH_2(CH_2)_{30}CH_3$

27.2 O tripalmitato de glicerila possui ponto de fusão mais alto.

27.3 $[CH_3(CH_2)_7CH{=}CH(CH_2)_7CO_2^-]_2\ Mg^{2+}$

27.4 Monopalmitato dioleato de glicerila → glicerol + 2 oleato de sódio + palmitato de sódio

27.5

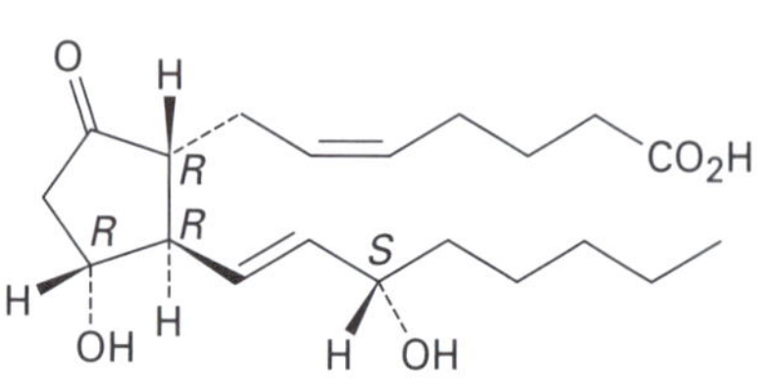

27.6 O hidrogênio *pro-S* é cis em relação ao grupo $-CH_3$; hidrogênio *pro-R* é trans.

27.7

(a)

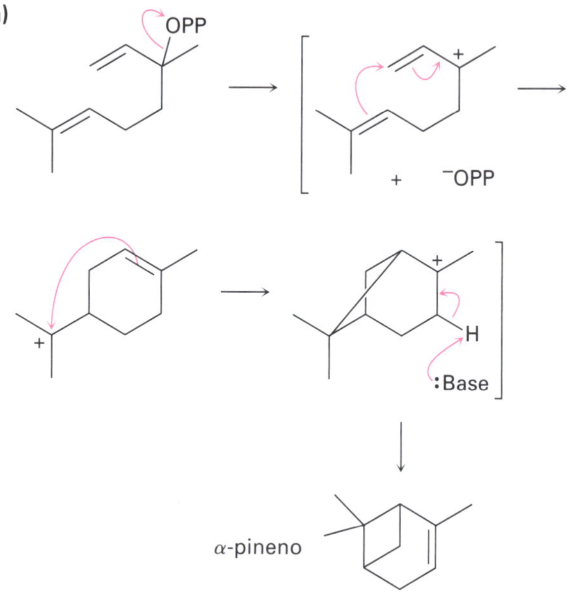

(b)

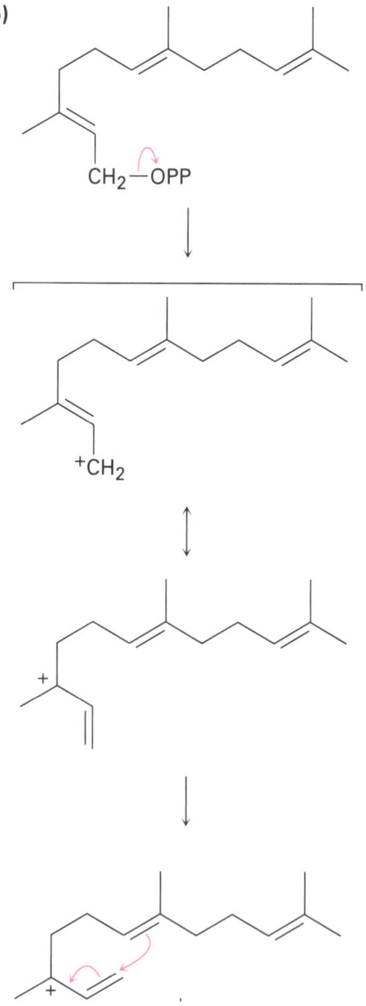

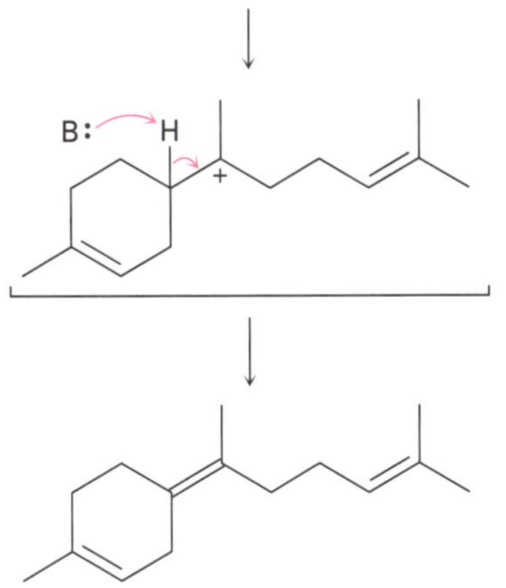

γ-bisaboleno

27.8

(a)

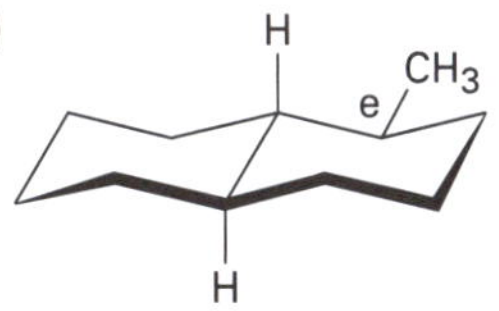

(b)

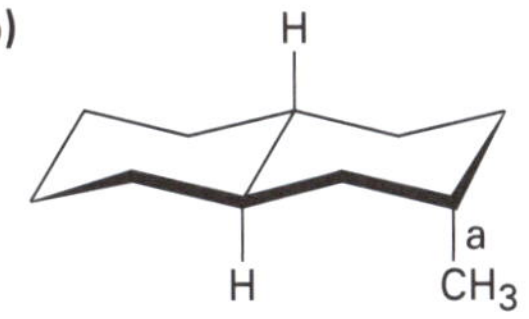

27.9

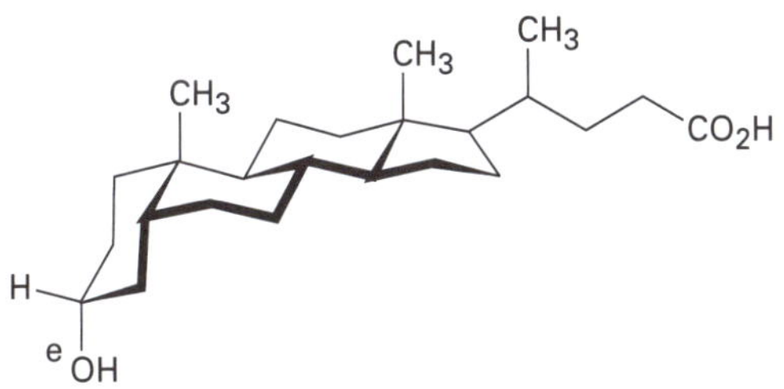

27.10 Três grupos metila são removidos, a ligação dupla da cadeia lateral é reduzida e a ligação dupla no anel B migra.

CAPÍTULO 28

28.3 (5′) ACGGATTAGCC (3′)

28.4

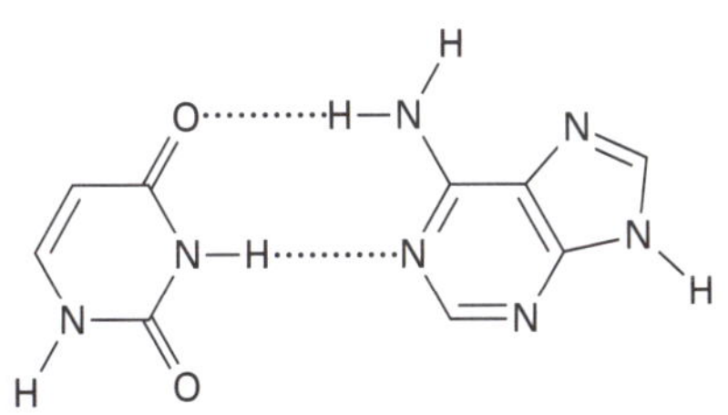

28.5 (3′) CUAAUGGCAU (5′)

28.6 (5′) ACTCTGCGAA (3′)

28.7 **(a)** GCU, GCC, GCA, GCG
(b) UUU, UUC
(c) UUA, UUG, CUU, CUC, CUA, CUG
(d) UAU, UAC

28.8 **(a)** AGC, GGC, UGC, CGC
(b) AAA, GAA
(c) UAA, CAA, GAA, GAG, UAG, CAG
(d) AUA, GUA

28.9 Leu-Met-Ala-Trp-Pro-Para

28.10 (5′) TTA-GGG-CCA-AGC-CAT-AAG (3′)

28.11 A quebra em uma reação S_N1 que ocorre por meio de protonação do átomo de oxigênio seguida pela perda de um carbocátion triarilmetil estável.

28.12

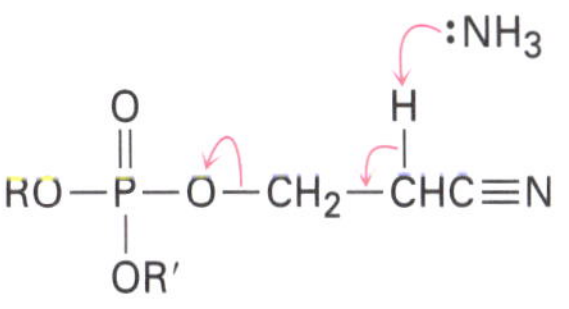

Reação E2

CAPÍTULO 29

29.1 $HOCH_2CH(OH)CH_2OH + ATP \rightarrow$
$HOCH_2CH(OH)CH_2OPO_3^{2-} + ADP$

29.2 Caprilil CoA → Hexanoil CoA →
Butiril CoA → 2 acetil CoA

29.3 **(a)** 8 acetil CoA; 7 passagens
(b) 10 acetil CoA; 9 passagens

29.4 A desidratação é uma reação E1cB.

29.5 No C2, C4, C6, C8, e assim por diante.

29.6 A face *Si*.

29.7 Etapas 7 e 10.

29.8 Etapas 1, 3: transferência de fosfato; etapas 2, 5, 8: isomerizações; etapa 4: reação de retroaldólica; etapa 5: oxidação e substituição nucleofílica de acila; etapas 7, 10: transferência de fosfato; etapa 9: desidratação E1cB.

29.9 O C1 e o C6 da glicose se tornam grupos $-CH_3$. O C3 e o C4 se tornam CO_2.

29.10 Citrato e isocitrato.

29.11 Eliminação E1cB de água, seguida pela adição conjugada.

29.12 *pro-R*; geometria anti.

29.13 A reação ocorre por meio de duas substituições nucleofílicas de acila sequenciais; a primeira por resíduo de cisteína na enzima, com o fosfato como grupo abandonador, e a segunda por doação de hidreto do NADH, com o resíduo de cisteína como grupo abandonador.

29.14 A formação inicial de imina entre o PMP e o α-cetoglutarato é seguida pelo rearranjo da ligação dupla a uma imina isomérica e hidrólise.

29.15 $(CH_3)_2CHCH_2COCO_2^-$

29.16 Aspargina

CAPÍTULO 30

30.1 Etileno: o ψ_1 é HOMO e o ψ_2* é LUMO no estado fundamental; o ψ_2* é HOMO e não há LUMO no estado excitado. 1,3-butadieno: ψ_2 é HOMO e o ψ_3* é LUMO no estado fundamental; o ψ_3* é HOMO e o ψ_4* é LUMO no estado excitado.

30.2 Disrrotatório: *cis*-5,6-dimetil-1,3-ciclohexadieno; conrrotatório: *trans*-5,6-dimetil-1,3-ciclohexadieno. Ocorre o fechamento disrrotatório.

30.3 Forma-se o mais estável entre dois produtos permitidos.

30.4 *trans*-5,6-dimetil-1,3-ciclohexadieno; *cis*-5,6-dimetil-1,3-ciclohexadieno

30.5 *cis*-3,6-dimetilciclohexeno; *trans*-3,6-dimetilciclohexeno

30.6 Uma cicloadição suprafacial [6 + 4]

30.7 Um rearranjo sigmatrópico antarafacial [1,7]

30.8 Ocorre uma série de deslocamentos [1,5] de hidrogênio

30.9 O rearranjo de Claisen é seguido pelo rearranjo de Cope.

30.10 **(a)** Conrrotatória
(b) Disrrotatória
(c) Suprafacial
(d) Antarafacial
(e) Suprafacial

CAPÍTULO 31

31.1 $H_2C{=}CHCO_2CH_3 < H_2C{=}CHCl < H_2C{=}CHCH_3 < H_2C{=}CH - C_6H_5$

31.2 $H_2C{=}CHCH_3 < H_2C{=}CHC_6H_5 < H_2C{=}CHC{\equiv}N$

31.3 O intermediário é um carbânion benzílico estabilizado por ressonância, Ph—C̈HR.

31.4 O polímero não possui centros de quiralidade.

31.5 Os polímeros são racêmicos e não têm rotação ótica.

31.6

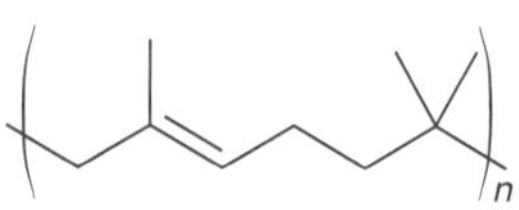

31.7

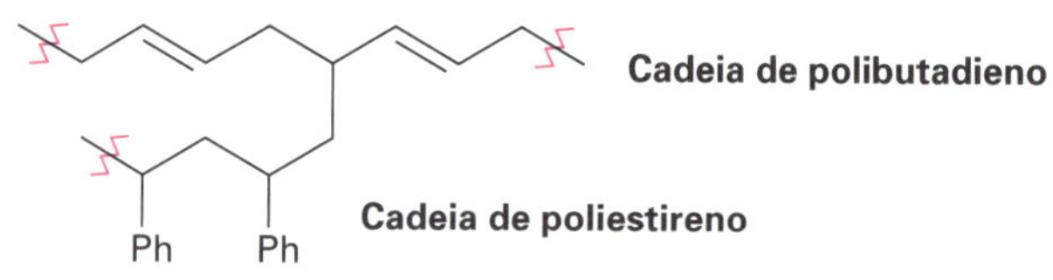

31.8

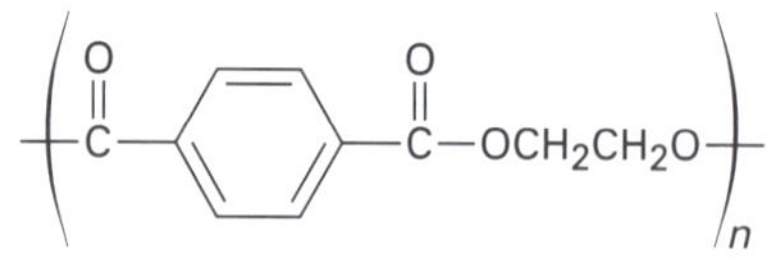

31.9

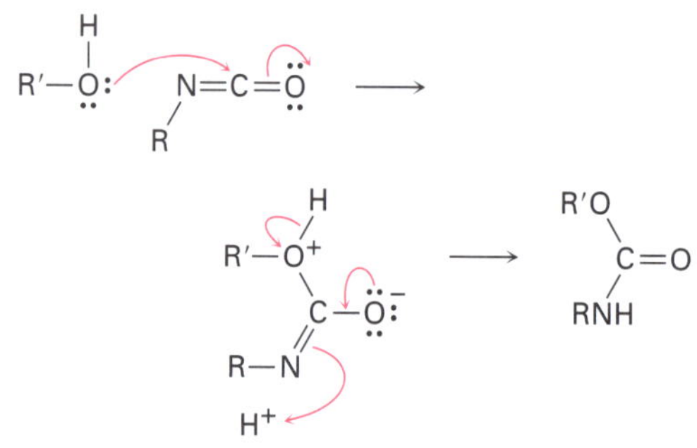

31-10 Vestenamer: polimerização ADMET de 1,9-decadieno ou ROMP de cicloocteno; Norsorex: ROMP de norborneno.

Norborneno

31.11

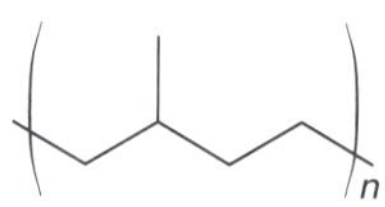

Atático

31.12

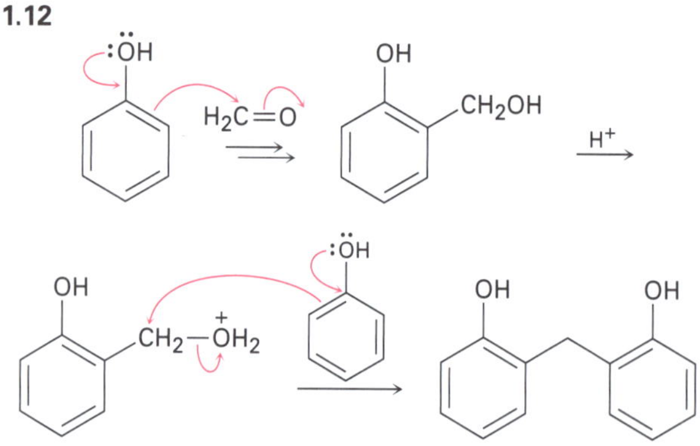

Índice Remissivo*

Referências em negrito referem-se às páginas onde os termos são definidos.

* Este índice remissivo contém os termos principais do conteúdo completo da obra Química Orgânica.

B

C

E

F

G

H

I

J

K

L

M

N

Q

R

S

T

U

V

W

X

Z

CLASSIFICAÇÃO PERIÓDICA DOS ELEMENTOS

Um elemento: 79 — Número atômico; **Au** — Símbolo; 197,0 — Massa atômica

1A — Nº do grupo sistema americano; **(1)** — Nº do grupo sistema IUPAC; **1** (à esquerda) — Nº do período; 1 / **H** / 1,008

- Metais (representativo)
- Metais (transição)
- Metais (transição interna)
- Semimetais
- Não metais

Período	1A (1)	2A (2)	3B (3)	4B (4)	5B (5)	6B (6)	7B (7)	8B (8)	8B (9)	8B (10)	1B (11)	2B (12)	3A (13)	4A (14)	5A (15)	6A (16)	7A (17)	8A (18)
1	1 **H** 1,008																	2 **He** 4,003
2	3 **Li** 6,941	4 **Be** 9,012											5 **B** 10,81	6 **C** 12,01	7 **N** 14,01	8 **O** 16,00	9 **F** 19,00	10 **Ne** 20,18
3	11 **Na** 22,99	12 **Mg** 24,31											13 **Al** 26,98	14 **Si** 28,09	15 **P** 30,97	16 **S** 32,07	17 **Cl** 35,45	18 **Ar** 39,95
4	19 **K** 39,10	20 **Ca** 40,08	21 **Sc** 44,96	22 **Ti** 47,88	23 **V** 50,94	24 **Cr** 52,00	25 **Mn** 54,94	26 **Fe** 55,85	27 **Co** 58,93	28 **Ni** 58,69	29 **Cu** 63,55	30 **Zn** 65,41	31 **Ga** 69,72	32 **Ge** 72,61	33 **As** 74,92	34 **Se** 78,96	35 **Br** 79,90	36 **Kr** 83,80
5	37 **Rb** 85,47	38 **Sr** 87,62	39 **Y** 88,91	40 **Zr** 91,22	41 **Nb** 92,91	42 **Mo** 95,94	43 **Tc** (98)	44 **Ru** 101,1	45 **Rh** 102,9	46 **Pd** 106,4	47 **Ag** 107,9	48 **Cd** 112,4	49 **In** 114,8	50 **Sn** 118,7	51 **Sb** 121,8	52 **Te** 127,6	53 **I** 126,9	54 **Xe** 131,3
6	55 **Cs** 132,9	56 **Ba** 137,3	57 **La** 138,9	72 **Hf** 178,5	73 **Ta** 180,9	74 **W** 183,9	75 **Re** 186,2	76 **Os** 190,2	77 **Ir** 192,2	78 **Pt** 195,1	79 **Au** 197,0	80 **Hg** 200,6	81 **Tl** 204,4	82 **Pb** 207,2	83 **Bi** 209,0	84 **Po** (209)	85 **At** (210)	86 **Rn** (222)
7	87 **Fr** (223)	88 **Ra** (226)	89 **Ac** (227)	104 **Rf** (263)	105 **Db** (262)	106 **Sg** (266)	107 **Bh** (267)	108 **Hs** (277)	109 **Mt** (268)	110 **Ds** (281)	111 **Rg** (272)	112 (285)	113 **Uut**	114 **Uug** (289)	115 **UUp**	116 **VUh** 292		

Número entre parênteses são massas de isótopos radioativos 9.

ELEMENTOS DE TRANSIÇÃO INTERNA

Período																
6	Lantanídeos	57 **La** 138,9	58 **Ce** 140,1	59 **Pr** 140,9	60 **Nd** 144,2	61 **Pm** (145)	62 **Sm** 150,4	63 **Eu** 152,0	64 **Gd** 157,3	65 **Tb** 158,9	66 **Dy** 162,5	67 **Ho** 164,9	68 **Er** 167,3	69 **Tm** 168,9	70 **Yb** 173,0	71 **Lu** 175,0
7	Actnídeos	89 **Ac** 227,0	90 **Th** 232,0	91 **Pa** (231)	92 **U** 238,0	93 **Np** (237)	94 **Pu** (242)	95 **Am** (243)	96 **Cm** (247)	97 **Bk** (247)	98 **Cf** (251)	99 **Es** (252)	100 **Fm** (257)	101 **Md** (258)	102 **No** (259)	103 **Lr** (260)

Estruturas de alguns grupos funcionais comuns

Nome	Estrutura*	Sufixo ou prefixo do nome	Exemplo
Alceno (ligação dupla)	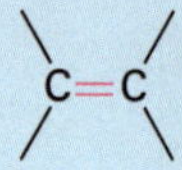	*-eno*	$H_2C{=}CH_2$ Eteno
Alcino (ligação tripla)	—C≡C—	*-ino*	$HC{\equiv}CH$ Etino
Areno (anel aromático)	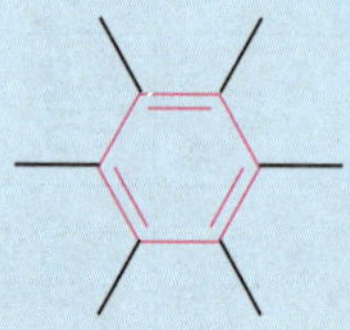	Nenhuma	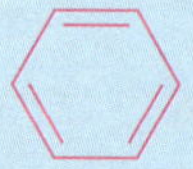 Benzeno
Haleto	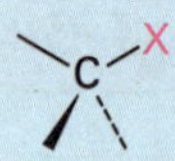 (X = F, Cl, Br, I)	Nenhuma	CH_3Cl Clorometano
Álcool	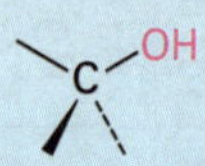	*-ol*	CH_3OH Metanol
Éter	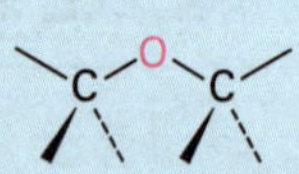	*Éter –ílico*	CH_3OCH_3 Éter dimetílico
Monofosfato	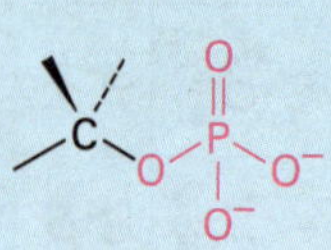	*Fosfato de –ila*	$CH_3OPO_3^{2-}$ Fosfato de dimetila
Difosfato	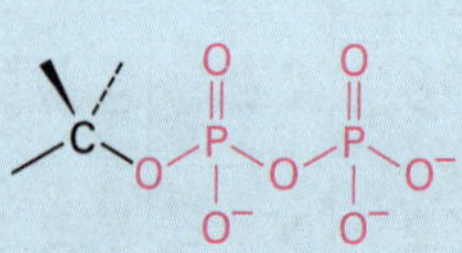	*Difosfato de –ila*	$CH_3OP_2O_6^{3-}$ Difosfato de metila
Amina	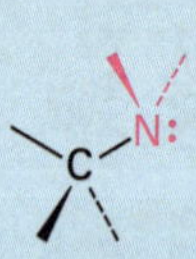	*-amina*	CH_3NH_2 Metilamina
Imina (base de Schiff)	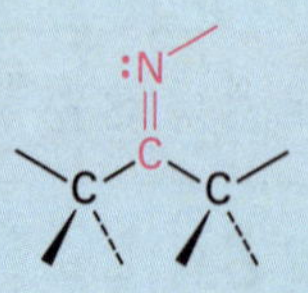	Nenhum	$CH_3C(=NH)CH_3$ Acetonaimina
Nitrila	—C≡N	*-nitrila*	$CH_3C{\equiv}N$ Metanonitrila
Tiol	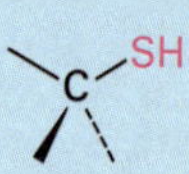	-tiol	CH_3SH Metanotiol

* As ligações cujas conexões não estão especificadas supõem-se ser com os átomos de carbono ou hidrogênio no resto da molécula

Estruturas de alguns grupos funcionais comuns

Nome	Estrutura*	Sufixo ou prefixo do nome	Exemplo
Sulfeto	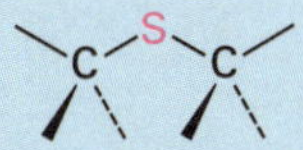	*Sulfeto de -ila*	CH_3SCH_3 Sulfeto de dimetila
Dissulfeto	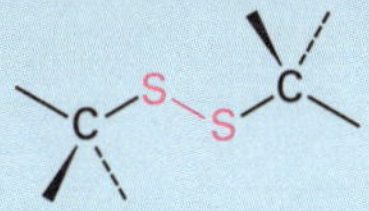	*Disulfeto de -ila*	CH_3SSCH_3 Dissulfeto de dimetila
Sulfóxido	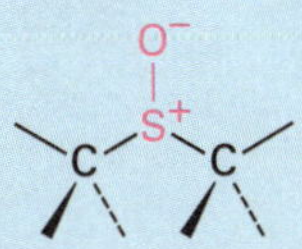	*sulfóxido*	$CH_3\overset{O^-}{\overset{\vert}{S^+}}CH_3$ Dimetilsulfóxido
Aldeído	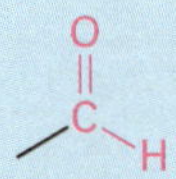	*-al*	$CH_3\overset{O}{\overset{\|}{C}}H$ Etanal
Cetonas	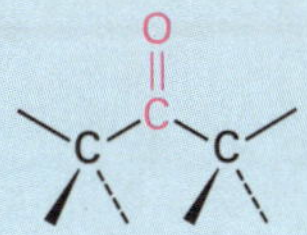	*-ona*	$CH_3\overset{O}{\overset{\|}{C}}CH_3$ Propanona
Ácido carboxílico	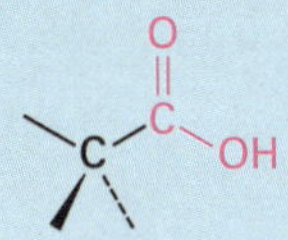	*Ácido –oico*	$CH_3\overset{O}{\overset{\|}{C}}OH$ Ácido etanoico
Éster	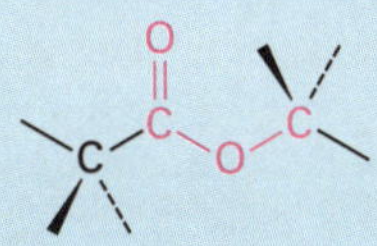	*-oato –ila*	$CH_3\overset{O}{\overset{\|}{C}}OCH_3$ Etanoato de metila
Tioéster	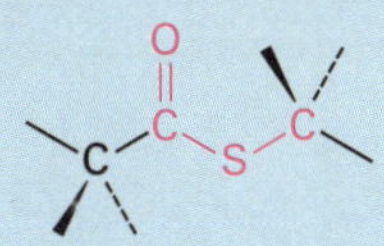	*-tioato –ila*	$CH_3\overset{O}{\overset{\|}{C}}SCH_3$ Etanotioato de metila
Amida	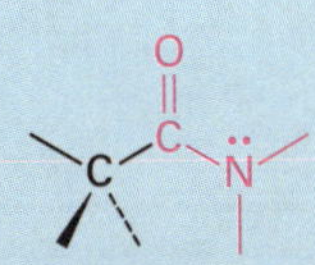	*-amida*	$CH_3\overset{O}{\overset{\|}{C}}NH_2$ Etanoamida
Cloreto de ácido	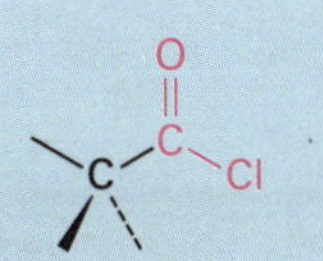	*Cloreto de –oila*	$CH_3\overset{O}{\overset{\|}{C}}Cl$ Cloreto de etanoila
Anidrido de ácido carboxílico	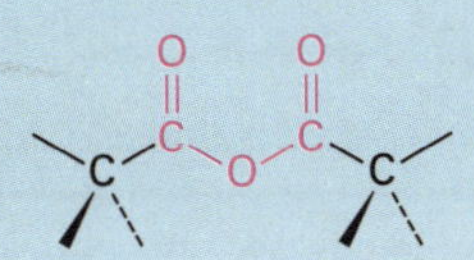	*Anidrido –oico*	$CH_3\overset{O}{\overset{\|}{C}}O\overset{O}{\overset{\|}{C}}CH_3$ Anidrido etanoico

* As ligações cujas conexões não estão especificadas supõem-se ser com os átomos de carbono ou hidrogênio no resto da molécula

Impressão e Acabamento
Bartira
Gráfica
(011) 4393-2911